|의|류|디|자|이|너|를|위|한| 제2판

테크니컬 디자인 지침서

Jaeil Lee, Camille Steen 지음 · 이재일, 조은주 옮김 · 김현화, 윤혜준 감수

Σ 시그마프레스

의류 디자이너를 위한

테크니컬 디자인 지침서, 제2판

발행일 | 2012년 7월 30일 초판 1쇄 발행
2019년 1월 15일 2판 1쇄 발행
2020년 1월 10일 2판 2쇄 발행

지은이 | Jaeil Lee, Camille Steen
옮긴이 | 이재일, 조은주
발행인 | 강학경
발행처 | (주)시그마프레스
디자인 | 김은경
편 집 | 문수진

등록번호 | 제10-2642호
주소 | 서울특별시 영등포구 양평로 22길 21 선유도코오롱디지털타워 A401~403호
전자우편 | sigma@spress.co.kr
홈페이지 | http://www.sigmapress.co.kr
전화 | (02)323-4845, (02)2062-5184~8
팩스 | (02)323-4197

ISBN | 979-11-6226-152-1

Technical Sourcebook for Designers, Second Edition

* 책값은 책 뒤표지에 있습니다.

이 도서의 국립중앙도서관 출판예정도서목록(CIP)은 서지정보유통지원시스템 홈페이지(http://seoji.nl.go.kr)와 국가자료공동목록시스템(http://www.nl.go.kr/kolisnet)에서 이용하실 수 있습니다.(CIP 제어번호 : CIP2018042935)

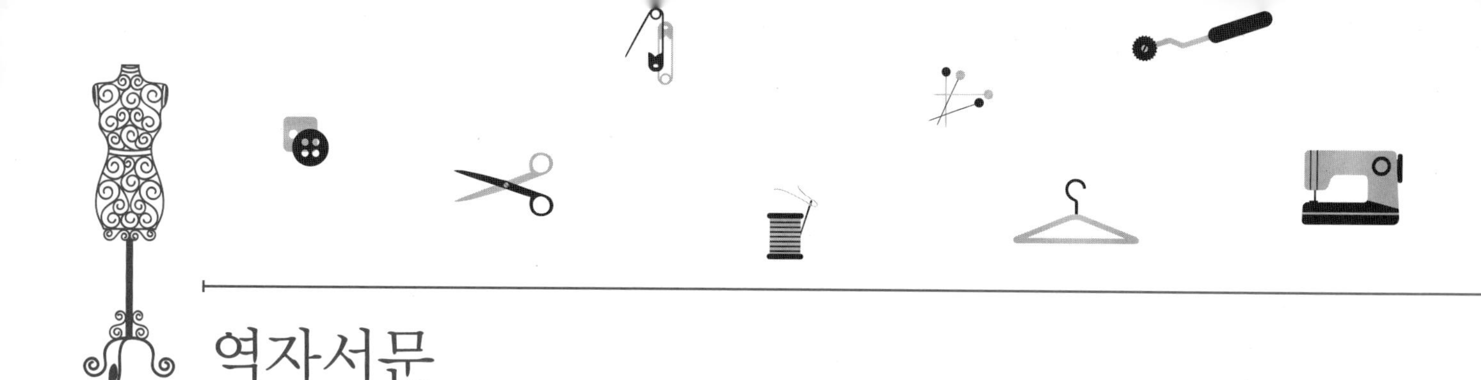

역자서문

의류업체가 디자인을 제공하고 제3자가 그 디자인에 맞게 제품을 생산한 후, 의류업체에서 판매를 위해 그 제품을 구입하는 것을 뜻하는 '특별 주문 생산(specification buying)'이라는 개념이 글로벌 의류 생산에 도입된 후, 이러한 글로벌 의류 생산 과정에 대한 교육이 구체적으로 이루어진 것은 불과 몇 년도 되지 않았다. 미국의 경우 최근 20년 사이에 의류학에서 테크니컬 디자인(technical design)이라는 과목을 도입하기 시작했고, 국내에서도 최근 몇년 사이에 테크니컬 디자인의 개념이 소개되었으며 국제복장학원 등에서 테크니컬 디자인 중심 과정을 만들어 가르치기 시작했다. 즉 국내의 대학교육에서도 의류상품 개발의 과정을 중심으로 가르치는 테크니컬 디자인 교육이 시도되고 있는 것이다. 이렇게 테크니컬 디자인에 대한 관심은 높아지는 데 반해 이를 다룬 전문 서적은 전무한 실정이었다. 그때 출간된 책이 저자이자 역자가 공동 저술한 *Technical Sourcebook for Designers*다.

이 책은 의류학을 전공하고 졸업 후 글로벌 의류산업에서 일할 전문 인재를 양성하는 것을 목표로 의류제품의 전체 상품화 과정에 대한 이해를 돕고 실무에 적용할 수 있도록 글로벌 의류시장에서 사용하는 글로벌 규정에 맞게 스탠다드로 쓰였다. 또한 의류학을 전공하는 학생들과 의류업체에서 일하는 전문인들이 자신이 알고 있는 의류와 관련된 전문지식을 통합하여 현재의 글로벌 의류 상품화 과정 전체에 총괄적인 관점을 가질 수 있도록, 디자인 기획부터 생산현장에서까지 사용되는 실제적인 지식과 기준에 맞출 수 있게 구성되었다.

이 책의 영문판 원본 *Technical Sourcebook for Designers*를 저술하는 데 5년의 시간이 걸려서 2010년 첫 영문판이 미국에서 출판되었고 이 책을 한국어로 번역하는 데 2년의 시간이 더 걸려서 2012년 독자들이 한국어 1판을 만났다. 미국에서 출판한 원본은 미국의 최고 대학교들인 FIDM, FIT, 코넬대학교 등에서 교과서로 사용되고 있고, 또한 영국, 호주, 홍콩 등의 전 세계 디자인 대학 교육에 널리 사용되고 있다. 이 책의 영문판 원본 2판을 2014년 미국에서 출판하였고 다시 3년의 시간이 걸려서 이제 한국어 번역본 2판을 출판하게 되었다. 역자들이 이 책을 번역한 가장 큰 이유는 대한민국의 젊은 의류학도들이 이 책을 통하여 전 세계로 나가 글로벌 의류산업의 리더로서 의류를 통하여 많은 사람들에게 긍정적으로 영향을 줄 수 있는 역량을 발휘하도록 돕기 위함이다.

이 책을 번역하면서 참으로 많은 수고가 따랐다. 현재 글로벌 시장에서 사용하는 많은 의류 생산과 관련된 용어들이 한국어에는 존재하지 않았고, 한국의 의류 생산 과정에서는 아직도 일본어와 영어가 혼합된 비표준용어의 사용이 빈번했으므로 새로운 용어를 만들며 작업하는 것은 매우 힘든 과정이었다. 그런 이유에서 이 책의 용어들과 내용은 현재 국내의 의류산업에서 사용되는 기준과는 좀 다를 수 있고, 이는 글로벌 의류산업의 기준에 맞게 글로벌 의류산업의 상품 개발과 글로벌 의류 시장에 기준하여 쓰였다고 밝혀두고 싶다. 이 책이 한국 의류제품의 생산 과정에 사용되는 용어들과 과정의 표준화를 이루는 데 많은 도움이 되기를 기대한다. 현재 이 책은 중국의 동화대학교 출판사에서 중국어로 번역 과정이 거의 마무리되었으며 조만간 중국 시장에 나올 준비를 하고 있다. 저자이자 역자로서 이 책이 다양한 언어로 번역되어 글로벌 의류 생산 시장의 의사소통을 돕고 하나의 테크니컬 디자인 언어로 사용되어, 전 세계 의류시장에서 의류상품 개발 과정의 테크니컬 디자인 과정을 표준화하는 중요한 초석이 되는 저자의 목표가 이루어져 가는 과정을 볼 수 있기에 참으로 행복하다.

이 책의 한국어 1판을 2012년 출판한 이후 많은 긍정적인 반응을 보았다. 그중 하나로 본인이 이 책을 가지고 2013년 서울대학교 FTC(Fashion Technology Center) 주최의 두 번의 '테크니컬 디자인 교수법' 세미나를 통해 한국 의류학계와 산업계 각각의 교육을 감당하였고 이때 국내 교육가들과 전문가들로부터의 뜨거운 관심과 열정을 경험하였다. 특히 국내의 의류산업을 이끄는 대기업 중 하나인 LG 패션에서 테크니컬 디자인과 관련된 직원 교육과 인턴십 프로그램 개발을 컨설팅하여, 2014년부터 국내 대기업 최초로 LG 패션에서 테크니컬 디자인 부서로 인턴사원들을 선발하며 트레이닝을 시작하였다. 이 일을 계기로 테크니컬 디자인이란 직종이 국내 의류산업에서 더욱 명백한 직업군으로 자리 잡을 수 있고 알려질 수 있는 기회가 되었다. 또한 한국의 의류학계에서도 눈에 띄는 변화가 일어나게 되었다. 2015년 국내에서 최초로 시작된 테크니컬 디자인 전문 학회인 사단법인 '테크니컬디자인학회'를 통해서 국내의 의류학계에서도 테크니컬 디자인의 교육에 박차를 가하게 되었고, 또한 테크니컬 디자인 검증 자격증 시험이 테크니컬디자인학회의 주도적 역할로 2017년부터 시작되어 많은 의류학도들이 관심을 보이고 있다.

저자이자 역자는 이 책이 계속 한국 의류학계와 산업의 밝은 미래를 이끌 한국 의류학도들의 글로벌 의류산업계 진출을 돕고, 또한 이들이 글로벌 의류시장에서 지도자로 쓰임받도록 돕는 멋진 도구로 사용되길 기대한다.

2018년 12월

미국 시애틀에서 이재일

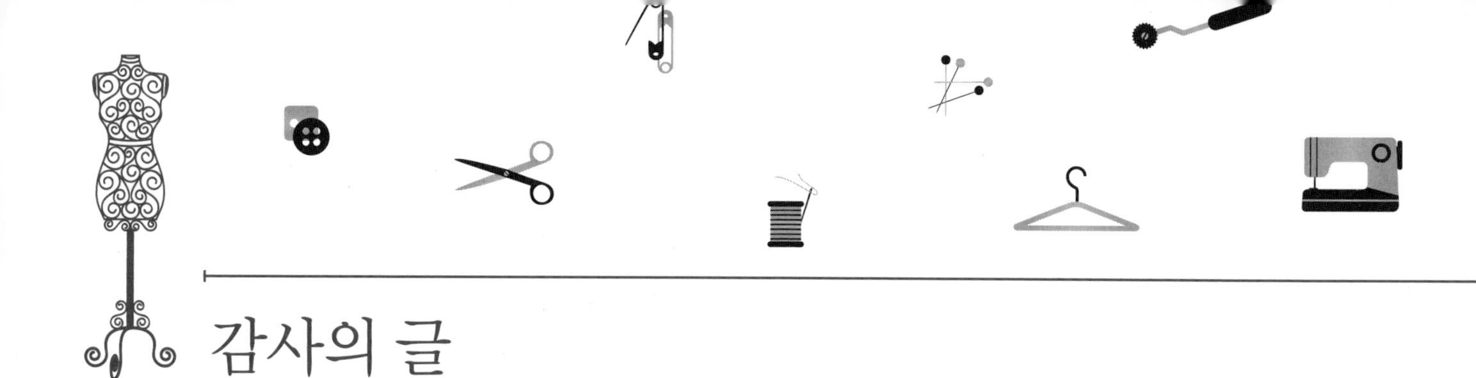

감사의 글

공동 역자들이 감사를 전하고 싶은 분들이 있다. 이분들의 도움이 없었으면 이 제2판 책은 한국의 독자들을 만나지 못했을 것이다.

제2판에서도 함께 일해준 공동번역자 조은주 교수님과 감수를 맡아주신 소중한 친구 김현화 선생님께 감사드린다. 제2판에서 새로 추가된 스웨터 장의 감수를 함께 맡아준 니트 전문가 윤혜준 박사님께도 감사의 말씀을 전하고 싶다. 또한 꼼꼼한 편집으로 멋진 책을 만들기 위해 열과 성을 다해 주신 ㈜시그마프레스의 편집부에 감사드린다.

늘 사랑과 기도로 함께하신 나의 이모 한애자 님께 마음 가득 감사와 사랑을 전한다. 마지막으로 미국과 한국의 글로벌 의류산업체에서 일하고, 미국, 한국, 몽골, 중국 등의 글로벌 교육 현장을 통한 다양한 지식과 경험을 쌓아 저술과 교육을 통해 전 세계의 많은 글로벌 의류학도들과 나누고자 하는 열정과 꿈을 주시고, 이를 이루어 가게 하시는 하나님께 감사드린다.

이재일

먼저, 이 책의 저자인 이재일 교수님과의 만남을 주관해 주신 하나님께 감사드리며 이 책을 공동으로 번역 · 출판하는 일에 참여할 수 있도록 제안하신 이재일 교수님께 감사드린다. 이 책의 출판을 위해 도움을 주신 ㈜시그마프레스 편집부 여러분께도 감사드린다.

조은주

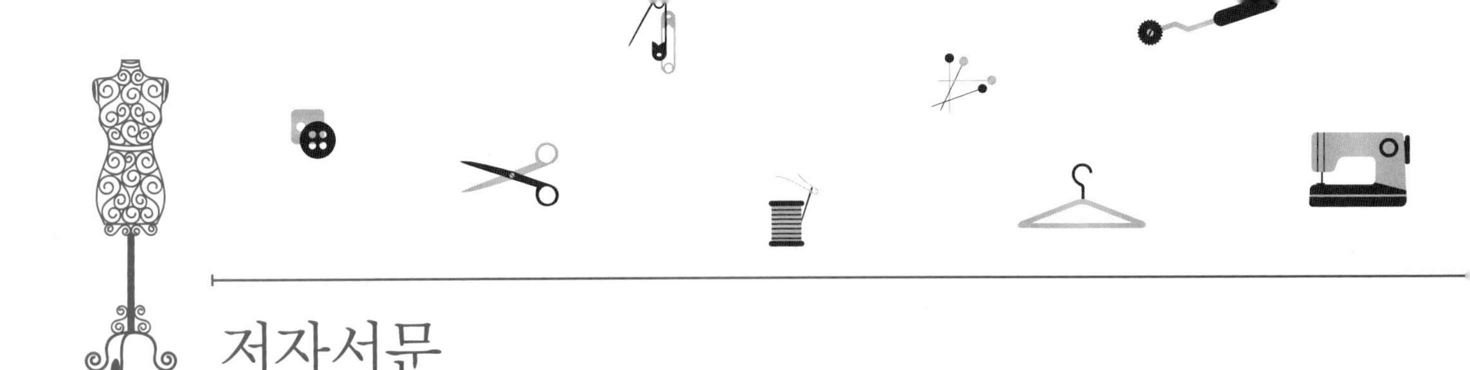

저자서문

과학 기술의 발달로 의류의 생산 과정이 국제산업으로 발전되었고, 특별 주문 생산, 즉 의류업체가 제3자인 의류 생산업자에게 자신이 원하는 디자인을 주문한 후 생산된 물품을 구입해 오는 방식이 의류 제조의 표준이 되었다.

이 결과, 테크니컬 디자인(technical design)은 특별 주문 생산의 의류 생산방식에 따라서 생산 과정을 총괄하고 의류상품의 품질을 관리하는 특수직인 생산 관리자가 생겨났다. 의류산업에 종사하는 패션 디자이너와 패션 머천다이저들에게 특수하게 요구되는 이런 관련 기술과 지식은 아주 중요한 부분이 되었고, '테크니컬 디자인'이라는 특수직종이 등장해 하나의 전문분야로 구분되었다.

그러나 미국을 비롯한 전 세계에서 이런 중요한 테크니컬 디자인에 대해 심도 있게 다룬 책이 전혀 없는 상황이었고 단지 이와 관련된 지식이 두서없이 산발적으로 조금씩 다루어지고 있다. 이런 이유에서 총괄적인 테크니컬 디자인을 심도 있게 다루기 위해 *Technical Sourcebook for Designers*란 이름의 이 책을 Fairchild Books를 통해 2009년 가을 미국에서 출판하였다.

이 책은 의류를 전공하는 학생들의 고학년용 교과서로 의류를 전공하고 졸업 후 의류산업에서 일할 전문 의류 인재를 양성하는 데 사용하고자 준비되었다. 이 책은 디자이너들이 디자인 영감을 받고 디자인을 시작하고 전체 생산 과정을 거쳐 완성된 상품을 만들어내기까지의 전체 상품화 과정에 대해 이해하고 적용하도록 쓰였다. 이 책은 의류 생산 과정에서의 테크니컬 디자이너의 역할에 대한 개념적인 이해부터 실제적인 적용까지, 즉 어떻게 디자인이 창조되고, 이 디자인이 다른 생산 과정에 있는 제조 관련자들에게 전해지며, 패션 트렌드가 바뀌고, 타깃 마켓이 선정되며, 전체 예산이 설정되고, 의복의 구성과 관련된 디테일이 어떻게 변화하는지, 그리고 디자인이 어떻게 소비자들을 위해 상품화되는지에 대한 구체적인 과정을 다루고 있다. 또한 이 책은 의류 생산공장으로부터 보내진 샘플들을 가봉하는 핏(fit) 세션을 하는 데 있어서 구체적인 가이드라인을 제공하고 샘플을 수정하도록 지시하는 상품 수정 지시서인 핏 코멘트(fit comment)를 쓰는 데 필요한 실제적인 지식을 제공한다. 따라서 의복 생산, 의류상품 품질 평가, 의류 디자인, 의복구성, 그리고 가봉, CAD(컴퓨터디자인), 플랫과 스펙(flats and specs) 등을 가르치는 다양한 교과목에 이 책을 추천한다.

이 책은 의류학을 전공하는 학생들과 의류업체에서 일하는 전문인들이 의복구성, 패턴구성, 의류 디자인, 직물학, 일러스트레이션, CAD 등에 대해 알고 있는 다양한 지식들을 통합해 의류 상품화 과정에 대한 총괄적인 관점을 갖는 것을 돕도록 설계되었다. 한 발 나아가, 이 책은 디자인 기획부터 생산현장까지, 산업현장에서 사용되는 실제적인 지식과 기준에 맞추도록 디자인되었다.

이 책은 전체 16개 장이고 체계적인 전개로 의류 상품화 과정에서의 테크니컬 디자인 과정과 테크니컬 디자이너의 역할에 대해 소개하고 있다. 제1장에서는 글로벌시장의 의류 상품화 과정을 생산자에서 소비자까지 포함한 리테일적인 측면까지 다루고 있다. 의류산업과 관계된 다양한 커리어 프로파일과 각 커리어에 대한 자세한 소개, 즉 필요한 기술과 지식들은 별도의 글상자로 다루고 있다. 제2장에서는 테크니컬 디자인, 즉 디자인에서 의류상품까지 생산 과정에서의 다양한 측면을 다루고 있다. 제3장에서는 '작업지시서', 즉 테크니컬 패키지(technical package, 줄여서 tech pack)의 내용과 작업지시서의 각 페이지에 담긴 아이템에 대해 자세히 소개한다.

제4장, 제5장, 그리고 제6장에서는 테크니컬 디자이너가 작업지시서를 만드는 데 있어서 실제 현장에서 쓰이는 실무용어나 정보에 초점을 맞추고 있다. 제4장에서는 다양한 의류상품의 디자인 플랫(flat), 즉 테크니컬 스케치를 정확한 스케일(비율에 맞는 그림)로 그리는 데 주로 사용되는 방법(design convention)에 대해 체계적인 주의사항을 제공하고 있다.

제5장에서는 실루엣과 의복의 형태를 결정하는 다양한 디자인 디테일에 관계된 테크니컬 용어들에 대해 나타내고 있다. 제6장에서는 의복의 형태를 결정하는 스타일 선들, 자세한 디테일들에 대한 용어를 다루고 있다. 또한 의복의 형태에 따른 디자인의 테크니컬한 측면을 표현하는 다양한 의사소통을 실제 현장에서 쓰이는 실무용어를 문서화하거나 말로 표현하는 예들을 포함한다.

제7장에서 제13장까지는 디자인의 결정 과정, 즉 원단의 선택과 디자인 디테일 등 의복을 만드는 데 드는 비용과 관련된 다양한 정보에 대해 다루고 있다. 제7장에서는 다양한 원단과 작업지시서와 연관된 직물의 마커를 만드는 것(marker layout, 재단을 위해 패턴을 직물에 배치하는 것)과 재단 등의 주의사항과 방법에 대해 다루고 있다. 제8장에서는 1판에서는 없던, 가장 인기 있는 의류상품군의 하나로서 소비자의 사랑을 꾸준히 받고 있는 스웨터와 니트류 상품 개발에 대한 내용이 첨부되었다. 이 장에서는 스웨터 디자인, 생산과 제조, 니트류 상품 개발과 스웨터 상품 개발과 관계된 다양한 기술과 기법 그리고 이들의 차이점, 직물류와 편물류의 차이점, 스웨터 구성과 상품 개발에 가장 중요한 필수 항목들, 스웨터 작업지시서 작성법 등의 상품 개발에 필수가 될 만한 내용이 상세히 기술되고 있다.

제9장에서는 다양한 의류상품의 용도에 따른 봉제의 방법과 다양한 재봉틀 기종에 대해 다루고 있다.

직물의 종류와 무게에 따른 특별한 심(seam)의 방법과 제10장에서는 끝단 처리 방법, 즉 솔기 처리 방법(edge treatment) 등의 실제적인 적용에 대해 다룬다.

제11장부터 제13장까지는 의류제품의 여러 가지 디자인 디테일에 대해 다루고 있다. 제11장에서는 기성복에 사용되는 다양한 포켓 방식과 디자인 디테일이나 강화에 사용되는 심미적인 스티치와 기능에 대해 설명한다. 제12장에서는 의복의 형태를 잡아 주는 여러 가지 심지와 안감에 대해 다루고, 제13장에서는 의류제품에 사용되는 여러 가지 다양한 여밈 도구들에 대해 다룬다.

제14장과 제15장, 제16장은 시제품(prototype)부터 상품생산을 다루고 있다. 제14장은 레이블, 행태그(hang-tag, 상품에 매다는 정보가 쓰인 택)와 포장과 관련된 법적인 규제사항과 마케팅 정보를 다루고 있다. 제15장에서는 의복을 측정하는 법, 사이즈와 다양한 의류상품에 따른 그레이딩(grading, S, M, L 등의 사이즈별로 의류 각 부분에서 나타나는 측정치의 차이) 등을 다루고 있다. 제16장에서는 멋진 디자인과 고품질 의류상품을 만들기 위한 핏, 이해하기 쉬운 작업지시서와 핏 코멘트의 중요성에 대해 설명한다.

이 책의 가장 큰 장점은 아주 포괄적이고 방대한 분량의 정보를 포함하고 있다는 것이다. 이 책을 사용하는 학생들과 전문인들의 교육을 돕기 위해, 각 장의 목표와 주요용어를 각 장의 도입부에 실었다. 이 책은 여성복과 남성복의 다양한 의복의 종류와 사용되는 다양한 원단 차이들, 즉 니트인 편물(knits)과 우븐인 직조물(wovnes)로 이루어진 의복류의 예들을 모두 포함한다.

이 책의 두 번째의 장점은 실제 산업현장에서 사용되는 정보를 담고 있다는 점이다. 이 책의 저자들은 의류산업 현장에서의 경험과 전문지식을 바탕으로 이 책을 저술했다. 산업체에서 사용하는 기준들을 이용해 구성된 연습문제는 실질적인 교육의 효과를 더욱 증대하며, 가상적으로 만들어진 의류업체인 XYZ 제품개발회사의 의류 생산 과정을 통해 이 책을 사용하는 학생들과 전문인들의 응용력을 높여줄 것이다. 이 책은 실제 의류산업에서 사용되는 도구와 용어, 방법들을 이용해 학생들과 전문인들이 지식과 기술들을 완전하게 습득하도록 돕고자 준비되었다. 각 장의 마지막 부분에는 산업체에서 사용되는 용어와 기준을 적용하는 연구문제와 이해 확인이 첨부되었다.

세 번째 장점으로는 시각적인 자료들이 충분하다는 점을 들 수 있다. 원단 재단, 디자인 디테일, 플랫, 그리고 실질적인 작업지시서에 관련된 다양한 시각적 자료를 사용해 독자들이 의류 산업체에서 사용하는 전문용어와 내용에 익숙해지도록 해, 산업체에서 의류 생산 과정에 관련된 전문인들과의 의사소통이 가능하도록 했다.

독자들은 이 책을 통해 다음과 같은 효과를 얻을 수 있다. 첫째, 디자인 개발에 대한 지식과 실질적인 기술들을 배울 수 있다. 둘째, 의류산업체에서 사용하는 테크니컬 디자인 과정(technical design process)에 익숙해질 수 있다. 셋째, 테크니컬 디자인에 관련된 특별한 지식과 기술, 즉 플랫 스케치를 그리는 것, 측정 치수를 정하고 재는 것, 사이징(sizing), 핏, 그레이딩하는 법에 익숙해질 것이다. 마지막으로, 이 책을 통해 얻게 된 기술과 지식은 의류상품 개발과 관련된 다양한 문제점을 해결하고 창조적인 비판능력(critical thinking)을 기를 수 있는 토대가 되어서 소비자에게 가장 적합하고 좋은 품질의 상품을 개발하는 데 기반이 될 것이다.

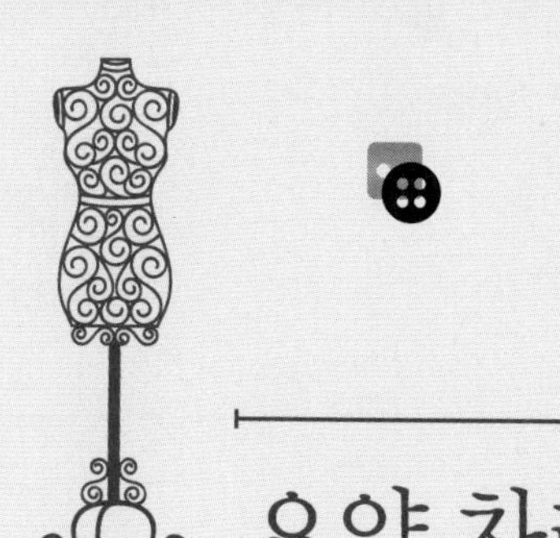

요약 차례

차례

1 의류산업의 개요

2 의류상품 개발 과정과 테크니컬 디자인

작업지시서에 대한 모든 것 3

테크니컬 스케치의 구성 4

실루엣과 디자인 디테일에 관련된 테크니컬 디자인의 용어 5

6 형태와 핏에 관련된 스타일, 라인, 디테일

7 직물과 재단 방법

8 스웨터 디자인과 제작

스티치와 솔기 9

시접 끝 처리 10

11 구성 방법에 관련된 디자인 디테일

12 형태를 잡아주는 부자재

13 여밈 도구

14 레이블과 패키징

15 치수와 사이즈를 측정하는 방법과 그레이드하는 방법

16 핏과 피팅

CHAPTER 1

의류산업의 개요

학습목표

1. 의류산업의 개요와 의류산업의 생산 과정을 알아본다.
2. 다양한 의류상품의 종류를 알아본다.
3. 의류산업에 종사하는 다양한 전문직종과 그 역할에 대해 알아본다.
4. 다양한 기성복 회사에 대해 알아본다.
5. 프라이빗 레이블의 역할을 구분해본다.
6. 의류산업의 다양한 트렌드를 알아본다.

주요용어

국가 브랜드(national brand)
그래픽 디자이너(graphic designer)
기성복(ready-to-wear)
대리인(agent)
라인플랜(line plan)
랩딥(lab dip)
렙(rep, representative)
리드 타임(lead time)
리쇼어링(reshoring)
머천다이저(merchandiser)
모다 프론토(moda pronto)
범세계화(globalization)
사회적 책임(social responsibility)
샘플 메이커(sample maker)
수직제조방식(vertical integration)
수평제조방식(horizontal integration)
스웨트숍(sweat shop)
소매점 브랜드(retail store brand)
스페시피케이션(specification)
아동 노동(child labor)
오트 쿠튀르(haute couture)
의류실험 분석 연구원(textile lab technician)
이월 스타일(carry-over style)
이중유통(dual distribution)
작업지시서(tech pack)
제품수명주기 관리(product life-cycle management, PLM)
컬러리스트(colorist)
크라우드 소싱(crowd sourcing)
테크니컬 디자이너(technical designer)
텍스타일 디자이너(textile designer)
특별 주문 생산(specification buying)
패턴사(pattern maker)
품질 평가 전문가(quality assurance professional)
프라이빗 레이블(private label)
프레타 포르테(prêt-á-porter)

산업혁명 이후 의류산업은 전 세계 경제의 가장 중요한 부분이 되었다. 이 장에서는 현재 세계 의류산업의 생산 과정과 기성복 산업을 개괄해 설명한다. 또한 의류 생산 과정에 참여하는 전문인들의 역할과 의류상품의 구분에 따른 다양한 의류상품 전체를 소개한다.

범세계화 의류산업

면화 농장에서 일하는 농부부터 의류 회사에서 의복을 디자인하는 디자이너와 백화점이나 상점에서 의복을 판매하는 판매직 직원들까지 의류산업 전체에 종사하는 모든 이들을 포함하면 의류산업이야말로 전 세계 경제에서 가장 많은 영향력을 끼치는 산업 부분이며, 또한 전 세계 많은 노동 고용의 원천이 되는 중요 산업 중 하나이다(Kunz & Garner, 2009; Dickerson, 1999).

의류산업의 생산공정 전체를 고려해보면 의류산업이야말로 더 이상 한 국가 내의 국내 산업으로만 규정할 수가 없다. 아직도 독립적으로 한 국가 내에서 모든 생산을 하는 소규모의 생산 회사와 디자이너도 있으나, 대부분의 의류 업체에서는 국내 디자인을 국외에서 물품으로 생산하는(outsourcing) 대규모의 글로벌 생산체제를 사용하고 있다.

각 분야의 의류 생산, 마케팅과 유통을 고려할 때 의류산업은 가장 범세계화된 산업이다. 간단한 예로 현재 우리가 입고 있는 의복의 상표를 검사해보자. 많은 경우에 이 의복들이 다양한 국외 생산공장에서 생산 · 제조된 의복일 것이다. 의류상품의 매우 독특한 특징들로 인해 의류산업은 가장 범 세계화된 산업이 되었다. **범세계화**(globalization)는 규정된 국가 경계선이나 범주와 상관없이 국가, 정부, 비즈니스가 상호 연계되는 근대의 생산과 제조 방법의 트렌드를 의미한다(Daly, 1999). 범세계화는 세계의 사람들이 하나의 통일화된 단일체로서 상품과 서비스, 노동력, 그리고 사람들의 자본과 기술에 의해 함께 연결해 일하도록 돕고 있다(Bhagwati, 2004). 범세계화에 의해 전 세계 사람들은 하나로 연결되어 의류제품 생산에 참여하고 있으며, 이로 인해 의류산업의 생산 과정이나 절차의 변화는 글로벌 복합체(global complex)로서 전 세계 의류시장에 영향을 끼치게 되었다.

사용 가능한 노동력

의류산업에 가장 중요한 영향을 끼치는 요소 중 하나는 의류산업이 매우 노동집약적(labor-intensive)이라는 특징일 것이다. 이런 이유에서 의류상품의 생산 · 제조는 항상 저임금이 가능한 지역으로 이동하였다. 역사를 살펴볼 때, 의류산업은 저개발국가의 경제 능력을 높여주고 개발도상국으로의 경제 성장을 가능하도록 하는 중요한 촉진제로 사용되었다.

또한 의류 생산이 이런 저개발국가들에서 이루어지기 때문에, 좀처럼 유행에 대한 정보를 얻기 힘들었던 이런 지역에도 좀 더 많은 트렌드를 소개하는 부수적인 역할도 가능하게 되었다. 현재는 우리 모두가 이런 범세계화의 영향으로 인한 범세계화 유행(global fashion)을 경험하게 되었다(Dickerson, 1999).

1980년대와 1990년대에 대만, 중국, 홍콩, 한국은 '아시아의 네 마리 용'이라고 불릴 정도로 의류 생산 과정에서 매우 중요한 역할을 감당했다. 의류산업은 이런 과거의 저개발국가들이 수출 중심 국가로 성장해 현재의 모습으로 발전해 나가는 데 기반 산업이 되었다. 의류산업은 그 특성상 매우 적은 초기 창업비용(예 : 재봉틀 구입 등)이 요구되며 노동집약적인 산업이므로, 충분한 노동력이 있고 특별한 기술에 대한 교육이나 훈련이 많이 요구되지 않는 단순한 기술로도 충분한, 즉 경제적인 자본이 빈약한 저개발국가들에게 가장 좋은 산업의 하나가 되어 왔다.

이런 이유에서 최근에는 가장 활발하게 의류 생산을 담당하고 있는 국가들이 중국, 베트남, 인도네시아 등이다. 중국은 최근에 가장 영향력을 끼치며 의류 생산에 참여하고 있는데, 중국으로부터의 수입물품을 고려할 때 미국에서 사용되는 의류제품(도매상품의 경우)은 꾸준히 증가세를 보이고 있다. 이 수입량은 2004년과 2005년 비교 시 2005년에 6.1% 증가한 205억 달러 수준이었다(American Apparel and Footwear Association Annual Report, 2005). 지난 10여 년간 중국은 전 세계에서 미국에 가장 많은 직물과 의류제품을 수출하는 국가가 되었을 뿐 아니라 중국의 직물 생산은 전 세계 직물시장을 압도하고 있는데, 2005년의 기록으로는 전 세계 생산물의 1/3을 중국에서 생산했다. 또한 2006년에 중국은 278억 달러 가치의 직물을 전 세계에 수출했다(Shen, 2008).

미국의 경우 대부분의 의류와 패션상품을 외국으로부터

수입하며 이는 의류의 경우는 95%, 신발류는 99%에 달한다(Trends, 2009).

사용 가능한 최첨단 과학기술

의류산업이야말로 또 다른 측면으로는 최첨단의 과학기술을 요구하는 산업 중 하나이다. 예를 들어 의류 생산 과정에는 CAD 프로그램이 사용된다. 그러나 재미있게도 이런 최첨단 과학기술과 더불어 저기술, 즉 봉제와 같은 수작업 등의 단순 기술이 동시에 요구되는 아주 특이한 산업이다. 따라서 선진국의 최첨단 디자인 기술을 가진 의류회사와 풍부한 노동력을 가진 저개발국가의 의류공장이 함께 어우러져 의류 생산이 이루어진다. 이때 의류 회사와 의류 공장을 연결하고 의류 생산 과정을 이끌기 위해 중간자인 **대리인**(agent)이 고용된다. 이 대리인은 중간자로서 선진국의 의류 회사에 고용되고, 저개발국가의 공장들과 공동작업을 하게 된다(Bonacich et al., 1994). 이런 대리인들은 각 공장의 특성과 장점에 대해 잘 연구해 각 의류회사의 디자인과 제품의 특성에 맞는 공장을 결정하고, 가격과 생산 스케줄을 결정하며, 제품을 출고해 각각의 회사로 보내는 것까지 담당하는 중간자적인 역할을 하게 된다.

웹사이트, 이메일, 디자인 관련 소프트웨어와 같은 IT산업의 발달은 의류 회사의 생산 과정을 범세계화하는 데 많은 영향을 주었다.

범세계화 생산을 위해 전 세계와 함께하는 공동작업

전 세계의 여러 생산자들이 함께 의류 생산 과정에 참여하기 때문에 완성된 의류제품은 범세계화 제품이 된다. 예를 들면 한 회사가 국외의 다양한 생산자들과 함께 의류 생산 과정에 참여한다. 미국 회사인 리즈 클레이본(Liz Claiborne)은 중국, 대만, 한국, 이탈리아, 헝가리 등 40여 개국 이상의 전문인들과 함께 의류 생산에 참여한다(Bonacich et al., 1994). 현재 우리가 입고 있는 옷들도 우리의 손에 들어오기까지 아마도 지구 반대편으로부터 이곳까지 수천 마일을 여행했을 것이다.

〈그림 1.1〉은 의류의 범세계 생산 과정을 잘 표현해 주고 있다. 예를 들면 재킷의 경우 디자인은 미국의 의류업체에서 이루어지고, 홍콩의 에이전트인 리 앤드 펑(Li & Fung)이라는 회사를 통해 생산 과정이 결정된다. 원단은 태국에서 직조되고, 샘플은 중국의 상하이 공장에서 만들어지며, 본 상품의 생산은 중국의 도시인 주첸에서 이루어지고, 완성 제품은 캐나다의 공장에 보내져서 화학약품 처리되며, 다시 미국의 샌프란시스코 창고로 보내져 그곳에서 네바다주에 있는 리노라는 작은 도시의 물품 유통창고로 보내졌다가 이곳에서 미국 전역과 전 세계의 판매 상점들로 보내지게 된다.

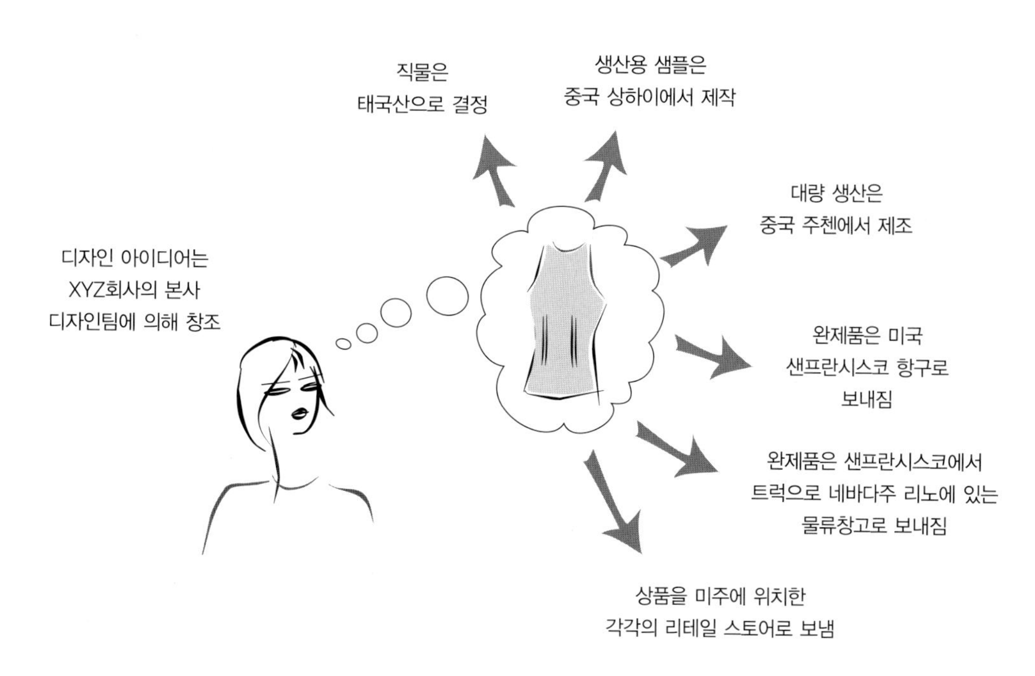

그림 1.1 범세계화

글로벌 경제와 정치의 영향

현대 사회의 여러 가지 문제는 글로벌 경제, 글로벌 정치의 영향과 관계되어 있다. 예를 들면 침체된 경제, 물자 이동에 사용되는 연료 가격의 급증, 글로벌 생산, 이런 것들이 모두 의류 생산에 영향을 준다. 급증하는 연료비용을 고려해볼 때, 미래에는 국외에서 의류를 생산하는 것보다 국내에서 의류를 생산하는 것이 더 나은 결정일 것이란 예상도 해볼 수 있다. 그러나 다른 여러 요소들 역시 영향을 줄 수가 있으므로 깊이 있는 연구와 신중한 결정이 필요하다.

빠르게 변화하는 의류산업의 특성상, 의류산업에서 성공하려면 의류 생산 · 제조 절차와 생산 시간을 단축해 짧은 시간 안에 소비자의 손에 상품을 전달하는 현대의 의류 제조 트렌드를 잘 이해할 필요가 있다.

기성복

과거에는 의류와 신발 등이 모두 맞춤 방식으로 제조되었다. 즉 각각의 제품이 개인의 신체 사이즈에 맞게 제조되었다. 각 사람의 신체 사이즈에 맞게 의류가 재단되고 봉제되고 가봉되어서 한 번에 한 제품씩 생산되어 소비자에게 전달되었다. 당시에는 현재 대량생산에서 사용되는 '사이즈'라는 개념조차 없었다. 기성복은 그 역사를 살펴볼 때 19세기 초에 시작되었고 대량생산은 1850년대에 시작되었다. 맞춤복을 살 수 없는 하류계층의 사람들이 기성복을 구입하기 시작했다. 그 후 기성복은 중류계층의 사람들에게 받아들여졌다. 1832년에 Walter Hunt, 1845년에 Elias Howe, 1846년에 Issac Singer가 재봉틀을 발명한 후 비로소 기성복의 대중화가 이루어지게 되었다(Burns, Mullet, & Bryant, 2007). 재봉틀의 개발과 기성복에 대한 높은 소비자 수요는 당시에 많은 재단사들로 하여금 기성복 사업에 뛰어들게 하는 기회를 제공했다.

군복에서의 사이즈 규격화와 여성에 비해서 남성들이 개인적인 체형에 잘 맞도록 하는 핏(fit)이 덜 까다롭다는 이유로 남성복의 '기성복화'가 가장 먼저 이루어졌고, 뒤따라서 여성복과 아동복이 기성복화되었다. 남성복의 기성복화는 19세기 중반에 이루어졌고, 여성복의 기성복화와 산업화의 확대는 19세기 말에 이루어졌다. 20세기 초에는 미국 의류시장에서 기성복 스커트와 셔츠(shirtwaist)가 대중에게 판매되었다 (Burns, Mullet, & Bryant, 2007).

오늘날 의류상품은 크게 두 가지로 구분할 수 있다. 하나는 **기성복**(ready-to-wear)으로, 이는 프랑스어로 **프레타 포르테**(prêt-á-porter), 이탈리아어로 **모다 프론토**(moda pronto)인데 '소비자에게 입히기 위해 준비된'이란 뜻을 가지고 있다. 이는 소비자들의 규격 사이즈에 맞게 만들어진 의류상품을 살 수 있다는 것이다. 기성복은 맞춤복이란 뜻의 프랑스어인 **오트 쿠튀르**(haute couture), 즉 고가의 재봉(high sewing)과는 다르다(Burns, Mullet, & Bryant, 2011). 오트 쿠튀르는 맞춤복 전문 컬렉션으로 대부분의 경우 하이패션 디자이너, 즉 크리스찬 디올, 샤넬, 지방시 등과 같이 고가 상품을 소량으로 제작하는 세계적인 디자이너들이 자신의 이름을 내건 브랜드들이다. 이들은 패션쇼 등을 통해 자신의 디자인을 시장에 발표한다.

많은 사람들이 쿠튀르 디자인(couture design)이란 용어를 상업용으로 사용하고 있는데 실제로 오트 쿠튀르란 매우 소수의 디자이너들에 의해 창조된 의복(collection)을 부르는 용어다. 프랑스의 정부산업청인 샴브레 신디카 드 라 오트 쿠튀르(Chambre Syndicale de la Haute Couture)에서 최고급의 원단과 가장 숙련된 기술자들을 고용해 이런 의복들을 만들고 있는 곳에만 오트 쿠튀르라는 명칭을 부여한다. 1950년대에는 100여 개의 회사들과 디자인 하우스들만이 이 오트 쿠튀르의 멤버십을 가지고 있었다. 오트 쿠튀르의 정회원이 되기 위해서는 몇 가지 규정을 반드시 지켜야 하는데, 쿠튀르 하우스가 반드시 프랑스에 있어야 하고, 최소한 20여 명의 정직원을 고용하고 있어야 하며, 최소한 1년에 두 번씩은 최소 50여 개씩의 오리지널 디자인을 소개해야 한다는 것이다. 2009년에는 9개의 회사가 정회원으로 있었고, 19개 정도의 회사들이 쿠튀르 쇼에 참석했으나 정회원이 아닌 디자이너들도 많이 있었는데 프랑스가 아닌 다른 나라에 위치해 정회원으로 인정은 받지 못한 회사들이었다. 예를 들면 발렌티노는 이탈리아에 위치하고 있어 정회원의 인증은 받지 못하고 있다 (Thames and Hudson, 1998).

요즘에는 '쿠튀르'란 용어가 별다른 뜻 없이 다양하게 사용되고 있다. 또한 고가의 의류에도 사이즈 태그를 붙여서 기성복처럼 판매하기도 한다.

요즘은 많은 쿠튀르 디자이너들이 고가의 쿠튀르 상품들과 저가의 상품을 함께 판매하기도 한다. 즉 디자이너들이 고가의 맞춤복형 오트 쿠튀르는 특별한 고객 그룹에게 맞춤제작해 자신의 쿠튀르 하우스에서 판매하고, 또한 이보다는 약간 가격대가 낮으나 그래도 다른 기성복들보다는 매우 고가인 기성복도 제작해 판매하기도 한다. 이런 기성복들은 백화점을 통해 다른 기성복들과 함께 판매되는데, 예를 들면 생 로랑의 기성복 라인인 리브 고슈(Rive Gauche)가 그중 하나다.

기성복 범주

기성복 상품은 의류상품의 제작 생산자와 판매자의 관계에 따라서 다양한 범주로 구분될 수가 있다. 리테일에 따른 기성복 범주의 구분은 다음과 같다.

도매판매만을 고집하는 브랜드

많은 브랜드들이 생산한 상품은 도매용 판매를 위해서다.

해인스(Hanes)와 여러 다른 속옷을 판매하는 브랜드들은 일반 소비자들에게는 잘 알려지지 않았으나 소매업자들에게는 익숙한 브랜드로 좋은 예가 된다. 현재 잘 알려진 몇몇 회사들도 이런 식으로 도매판매를 하다가 그 명성이 알려지고 브랜드 이름이 소비자에게 잘 알려져, 도매에서 일반 소매와 소비자 판매로 돌아서는 경우가 있다.

7 For All Mankind가 좋은 예로서, 이 브랜드는 최근까지도 도매 전문으로 백화점과 다양한 소매점에서 판매가 되었다. 하지만 최근에는 자신의 자사 브랜드만을 판매하는 자사 소매점도 열어서 소비자에게 직접 물건을 판매하고 있다. 또 다른 예로는 컬럼비아 스포츠(Columbia Sports)를 들 수 있다. 도매상으로 잘 알려진 이 회사는 최근에 자신의 회사 본점이 위치하고 있는 오리건주 포틀랜드에 플래그십 스토어(flagship store), 즉 자회사에서 가장 대표가 될 수 있는 가게를 열어 자신들이 미국 서부의 자연환경과 기후에 맞게 직접 디자인한 상품들을 전시 및 판매하고 있다.

현대의 비즈니스 환경은 급속히 변화하고 있고 많은 소매업자들은 다양한 마켓전략으로 자신들만의 독특한 성공을 얻기 위해 노력하고 변화해가고 있다.

소매판매와 도매판매를 동시에 하는 브랜드

자신의 소매판매 상점을 소유하고 있으면서도 다른 상점이나 브랜드에 도매판매를 하는 기업도 있다. 이들은 흔히 **국가 브랜드**(national brand, 그 나라의 국민이라면 누구나 잘 알고 있는 브랜드)라고 불리고 있다. 이는 대다수의 국민들에게 이 기업들의 상품이나 브랜드 이미지, 상품의 품질, 가격이 잘 알려진 브랜드란 뜻이다. 예를 들면 나이키, 폴로 랄프 로렌, 리즈 클레이본 등과 같은 브랜드들이다. 이들 기업들은 주로 **이중유통**(dual distribution) 방식을 사용하고 있는데, 이는 그들의 상품을 자신들의 소매점에서 판매하고 또한 백화점 등 그들의 브랜드를 소유하고 판매하는 다른 소매점에서도 동시에 판매하는 것을 의미한다. 이런 소매판매의 장점은 그들이 다른 소매 통로를 통해 더욱 많은 소비자에게 다가갈 수 있다는 것을 의미한다.

어떤 브랜드들은 백화점에 자신들의 독점적인 판매 계약을 맺어서 자신의 상품을 판매를 하기도 한다. 예를 들어 토미 힐피거(그림 1.2)는 2008년 가을에 미국 백화점 중 하나인 메이시스(Macy's)와 독점 판매 계약을 해서 2년 동안 메이시스에서만 자신의 상품을 판매하도록 해 더 이상 다른 경쟁 백화점[예를 들어 딜라즈(Dillard's)]에서 그의 상품을 판매할 수

그림 1.2 디자이너 토미 힐피거

없게 했다.

자신의 소매점에서만 독점적으로 판매하는 프라이빗 레이블

많은 프라이빗 레이블(private label)의 경우 자신의 소매점에서만 독점적으로 판매하는 경우가 많고 이런 상표를 다이렉트 마켓 브랜드(direct market brand) 또는 **소매점 브랜드**(retail store brand)라고 부르고 있다. 이렇게 잘 알려진 상표는 디자인의 독점성, 브랜드 이미지의 독특성, 스토어의 특별한 디자인과 레이아웃, 광고의 특이성 등 자신만의 매우 유일하고 특이한 장점을 살리고 있다. 예를 들면 애버크롬비 & 피치(Abercrombie and Fitch), 갭(Gap), 빅토리아 시크릿(Victoria's secret) 등이 있다.

갭의 경우 다양한 가격대의 상품 라인들을 자신의 모회사인 더 갭 스토어(The Gap Stores, Inc.)에 포함하고 있는데, 저가의 캐주얼인 올드네이비(Old Navy)를 비롯하여 갭, 바나나리퍼블릭(Banana Republic)까지 다양한 브랜드를 포함하고 있다.

프라이빗 레이블을 개발하는 소매점

몇몇 소매판매기업들이 **프라이빗 레이블**(private label)들을 개발하기도 하는데 이들은 스토어 브랜드(store brand)라고도 한다. 메이시스는 'I.N.C'라는 프라이빗 레이블을 개발해서 독점적으로 메이시스에서만 판매하고 있다. 메이시스는 여러 다른 상표들을 I.N.C. 상품과 함께 자사의 백화점인 메이시스에서 판매하고 있다.

또 다른 예로, 노드스트롬(Nordstrom)은 자사에서 개발한 상품을 자신의 백화점에서 독점 판매하는 프라이빗 레이블을 가지고 있는데, 클라시크 앙티어(Classiques Entier), 비피(B.P.), 캐슬론(Caslon) 등을 예를 들 수 있다. 노드스트롬 백화점의 한 소속 부서인 노드스트롬 프로덕트 그룹(Nordstrom Product Group)은 자신들만의 프라이빗 레이블 상품을 개발한다. 흥미롭게도 노드스트롬의 경우 다른 일반적인 프라이빗 레이블 회사들과는 달리 자신들의 인하우스 바이어(in-house buyer)가 있다. 같은 회사 소속인 구매 부서에서는 디자인 부서와는 독립적으로(어떤 의미에서는 서로가 경쟁하면서) 일하는데, 구매 부서에서는 디자인 부서에서 디자인한 상품을 구입할 수도 있고 구입하지 않을 수도 있다. 또 다른 백화점의 예로 중저가 의류상품을 판매하는 JC페니(JCPenney)가 있는데 애리조나 진(Arizona Jeans)은 그들이 독점적으로 개발, 생산, 판매하는 상품이다. REI(Recreational Equipment Incorporated)의 경우는 자신들이 독점적으로 개발한 브랜드를 다른 회사의 많은 브랜드와 함께 자신의 직영 대리점에서 판매하고 있는 리테일 회사이다. 이런 경우의 장점은 가격 자유화를 통한 가격 경쟁력을 높일 수 있다는 것과 소비자의 충성도(customer loyalty)를 높일 수 있다는 것이다.

모든 프라이빗 레이블 회사들은 자신만의 디자인팀과 상품개발팀이 있고 **특별 주문 생산**(specification buying)을 통해 의류상품을 개발한다. 프라이빗 레이블 회사들은 비록 자신들이 고용한 제조업체들에 의해 재단과 봉재 등의 실제적 생산과정이 이루어져도 이 전체 과정을 자신들이 직접 감독하며 총괄한다. 기성복은 이런 대량 생산 과정에 의해 생산되고 도매되어 소매상점이나 백화점 등을 통하여 소비자의 손에 도달한다. 이런 의미에서, 이런 회사들은 실제적으로 1차적 생산자 역할을 하지는 않았지만, 결국은 이들을 생산자 또는 제조자로 고려해야 한다.

다른 회사의 상품을 판매하는 프라이빗 레이블

어떤 회사들은 자신들의 상품을 개발하지 않고도 다른 회사들이 개발한 상품을 소매상으로부터 구입해서 자신의 상품명을 붙여 판매한다. 포에버 21(Forever 21)의 경우, 자신들이 직접 상품을 개발하지는 않아도 다양한 소매상과 제조자로부터 의복을 구입해서 자신들이 소유한 상점 체인, 즉 포에버21에서만 판매한다.

몇몇 회사들을 주로 카탈로그와 인터넷을 통해 상품을 판매하기도 하고 직영대리점에서 상품을 판매하기도 한다.

콜드워터 크릭(Coldwater Creek)이나 랜즈 엔드(Land's End), L.L. 빈(L.L. Bean)은 우편 주문 카탈로그 회사인데 이들은 주로 다른 제조자들이 만든 의복을 구입해서 자신의 브랜드 이름으로 판매하고 있다. 이럴 경우는 타깃 마켓(target market)의 소비자의 라이프스타일이나 체형에 잘 맞는 스타일임을 확인해야 한다. 만약에 소비자가 사이즈 10인 옷을 구입하려고 한다면, 카탈로그로 구입한 의복은 구입 전에 입어볼 수 없으므로 변함없이 잘 맞는 사이즈 10을 계속 제공해야 반품의 양을 줄이고 소비자의 충성도와 만족도를 늘릴 수 있게 된다. 이런 모든 과정에서, 정확한 생산 과정의 지도를 위한 테크니컬 디자인이야말로 대단히 중요한 부분을 차지한다.

브랜드가 없는 상품

프라이빗 레이블과는 달리 상표가 없이 도매판매와 소매판매를 위해 제조되는 상품들은 제네릭 브랜드(generic brand)라고 부르는데 이는 구매한 도매상과 소매상이 상표를 부착해 그들의 브랜드 이름으로 판매한다.

이 책에서 사용하는 상품 개발 정보들은 매우 명확하게 의류 생산 과정들을 포함하고 있고 또한 의류산업에서 여러 기업들이 사용하는 디자인과 의류 생산 과정이 매우 유사하기에 다양한 의류 기업에서 적용할 수 있다.

의류상품 구분

의류상품은 주로 상품의 가격대, 타깃 소비자의 성별과 나이에 따라서 구분된다.

가격대에 따른 구분

기성복은 다양한 가격대가 있다.

- 고가 또는 디자이너 브랜드 가격대(high or designer price zone) : 이는 도매가격으로는 가장 비싼 가격대를 의미한다. 캘빈클라인(Calvin Klein), 도나 카란(Donna Karan), 생 로랑(Saint Laurent), 샤넬(Chanel) 등과 같은 디자이너 컬렉션들이 포함된다. 이런 디자이너 컬렉션에서 새로운 상품 라인이 새 가격대에서 소개되는 것이 새로운 트렌드이다. 랄프 로렌은 퍼플 레이블(Purple Label)이라는 새로운 고가의 가격대 라인을 소개했는데 이는 좀 더 독점적인 디자인 라인으로 특정 소비자들에게 다가가려는 시도다.
- 고가와 중고가의 중간 가격대(bridge price zone) : 이는 고가 또는 디자이너 브랜드 가격대와 중고가 가격대의 중간을 차지하는 가격대의 상품을 의미한다. 이는 디자이너 라인이며 약간 가격이 낮은 라인들, 즉 캘빈 클라인의 CK 라인과 도나 카란의 DKNY 등을 예로 들 수 있다. 이 밖에도 엘렌 트레이시(Ellen Tracy)와 엠포리오 아르마니(Emporio Armani) 등의 브랜드가 있다. 이는 소비자층에게 가장 잘 알려지고 대다수에 의해 구매되는 브랜드 등을 포함한다.
- 중고가 가격대(better price zone) : 우리에게 잘 알려진 국가 브랜드인 토미 힐피거, 리즈 클레이본, 존스 뉴욕(Jones New York), 나이키, 노티카 등의 브랜드들을 포함하고 있다. 이 밖에도 프라이빗 레이블 상표인 앤테일러(Ann Taylor), 탈보트(Talbot), 바나나리퍼블릭과 같은 브랜드도 있다.
- 중간 가격대(moderate price zone) : 이는 대다수가 프라이빗 레이블 상표들도 게스, 리바이스, 갭 등의 상표가 있다.[1]
- 저가 가격대(mass or budget) : 미국 내의 대형 할인 소매상 백화점인 타깃(Target)과 케이 마트(Kmart) 등에서 판매되는 의류상품이 이 카테고리에 들어가며 대부분의 경우 저가의 상품 라인을 포함하고 있다. 대형

그림 1.3 고가 가격대 브랜드의 트레이드마크

1 역자 주 : 한국에서 판매되는 이런 중간 가격대의 상품은 수입 관계 비용이 포함되어 한국 소비자에게는 국외의 소비자들이 인식하는 중간 가격대보다 비싼 가격으로 판매되고 있는 것이 현실이다. 그러나 미국 내와 유럽시장에서 다른 의류상품과 비교했을 때 중간 가격대임을 알려두고 싶다.

그림 1.4 중반 가격대 상품의 한 예인 게스

> 도 · 소매 브랜드인 코스트코의 자체 브랜드인 커클랜드(Kirkland), 스웨덴의 H&M이나 포에버21 등을 한 예로 들 수가 있다.

요즘은 많은 의류회사들이 다른 가격대의 브랜드를 새롭게 첨가하며 성장하고 있다. 상류층이나 연예인들의 결혼식용 드레스를 디자인하는 톱 디자이너인 베라 왕은 기성복 라인인 심플리 베라(Simply Vera)라는 브랜드를 백화점 체인 콜스(Kohl's)에 독점 디자인 라인으로 소개해서 많은 이들로부터 주목받고 있다(Crawford, 2007). 1960년대와 1970년대 미국의 인기 디자이너 브랜드였던 할스톤(Halston)이 같은 부류의 백화점인 JC페니에 자신의 디자인 라인을 독점적으로 판매했다가 그의 디자인이 가지고 있던 고가의 하이패션 이미지를 잃고 큰 실패를 본 것을 기억하면서 많은 사람들은 베라 왕의 대담한 결정에 주목하고 있다.

포에버 21은 'Fast fashion, Cheap chic(저렴하고 세련된 패션)'을 이끄는 선두주자다. 지난 10년간 이 회사의 성장은 과히 놀랄 만하다. 포에버 21은 빠르게 변화하는 패션의 트렌

그림 1.5 트레이시 페이스(Tracy Feith)는 타겟 고 인터내셔널 브랜드의 한 예다.

드를 따라잡는 다양한 상품을 소개하며 소비자층을 여성부터 남성까지, 어린이에서 성인까지 다양한 계층으로 넓혀가고 있다. 10대들과 패션 트렌드에 민감한 여성들 위주로 판매되는 상표라는 이미지를 깨고 계속적으로 성별과 나이에 상관없는 온 가족을 위한 브랜드로 나아가고 있다. 이는 또한 다양한 상품군들인 여성용 신발, 란제리, 플러스 사이즈, 화장품 등을 포함한다(La Ferla, 2007). 2006년에는 남성복 그리고 2010년에는 아동복 생산도 추가되었다. 특히나 여성복에 몇 개의 라인을 더 첨부하였는데, 페이스 21(Faith 21)은 플러스 사이즈 여성복 라인이며, 트웰브 바이 트웰브(Twelve by Twelve)는 좀 더 도전적인 패션 브랜드인 하이패션 라인이다(Holmes, 2010).

개인 의류기업의 하나인 포에버 21(Forever 21)은 꾸준히 기업을 확장해 포에버 21, XXI 포에버, 러브 21, 21 맨, 헤리티지 1981, 페이스 21, 포에버 21 걸스, 러브 앤드 뷰티 등의 다양한 자회사 브랜드로 북아메리카, 아시아, 중동 지역, 유

럽, 멕시코시티, 라틴아메리카 등으로 세력을 확대하고 있다. 또한 온라인 몰(http://www.forever21.co.kr)을 통해서 다양한 소비자에게 찾아가고 있다. 포에버 21은 저가 패션 상품을 빠른 패션의 사이클로 만드는 브랜드이다. 예를 들면 마크 제이콥스(Marc Jacobs)가 6개월의 의류상품 사이클을 가지고 있다면 이들은 6주의 사이클로 상품을 개발한다.

성별과 나이에 따른 구분

의류상품의 구분은 타깃 소비자의 인구통계학적인 프로파일, 즉 성별과 나이에 따라서 이루어지기도 한다. 많은 회사들이 다양한 소비자 계층을 겨냥해 여러 가지 브랜드를 동시에 소유하고 있는데, 앞에서 소개한 것과 같이 갭은 바나나리퍼블릭, 갭, 올드네이비 등을 가지고 있다. 각 브랜드는 독특한 디자인과 상품 특색으로 각각의 소비자 계층을 겨냥하고 있다. 예를 들면 올드네이비는 남성, 여성, 소년, 소녀, 어린이, 임산부, 플러스 사이즈 등 다양한 연령과 성별에 따른 소비자 그룹을 겨냥하고 있다.

이런 상품 구분에 따르면, 의류상품은 크게 남성, 여성, 아동용으로 나누어볼 수가 있다. 과거에는 여성복이 의류업계의 가장 중요 초점이었다. 그러나 남성들이 스타일에 더욱 신경을 쓰고 중요시함에 따라서 남성복도 매우 다양하게 개발되었다. 남성복도 소비자의 특성에 따라서 다양한 상품 구분과 다양한 브랜드들이 소개되기 시작되었다. 여성복에서 시작한 회사들이 남성복, 아동복으로 자신들의 기업을 확장하고 새로운 의복 라인을 추가해 사업의 확장을 시도하는 것은 회사로서는 어려운 결정이다. 이는 각 상품 분야에 따른 전문인을 따로 양성하고 고용해서 다른 특징을 가진 상품을 개발해야 하므로 성공적인 기업 운영과 상품 창출을 위해서는 많은 도전과 노력이 요구된다.

많은 의류 회사들은 새로운 브랜드들을 창출하면서 회사를 확장해 나가고 있다. 의류 회사가 이런 도전들을 나름대로 해볼 만한 결정이라고 생각하는 데는 특별한 이유가 있다. 첫째, 각 기업에서는 자신들만이 쌓아온 의류 생산, 개발과 판매에 대한 독특한 방법을 가지고 있기 때문이다. 예를 들면 애버크롬비 & 피치는 2년마다 하나의 새로운 브랜드를 창출해 자신의 기업을 확장하려고 계획한다. 10대 후반과 20대 소비자층을 겨냥한 브랜드인 애버크롬비 & 피치에서 시작된 이 회사는 아동복을 위해 애버크롬비 키즈를 만들었고 그 후에 조금 싼 가격대이면서 애버크롬비 & 피치 성인복보다는 조금 더 어린 소비자를 겨냥한 홀리스터, 그리고 애버크롬비 & 피치보다는 조금 더 나이대가 높은 30대 소비자를 겨냥한 루엘 No. 925(Ruehl No.925)를 가지고 있다. 이 회사의 주된 목표는 다양한 소비자 계층을 모두 다 겨냥해 판매를 늘리는 것이다.

〈표 1.1〉은 나이 등의 여러 가지 인구통계학적 특성에 따라서 남성복, 여성복과 아동복의 상품군들에 따른 시장 분류(market segment)를 보여준다.

그림 1.6 포에버 21은 저가 가격대 브랜드의 한 예다.

그림 1.7 과거의 디자인 과정

표 1.1 성별, 나이, 신체형에 따른 의류상품의 구분

남성복	여성복	아동복
일반 남성 키와 체구가 큰 남성 젊은 남성	아가씨 플러스 사이즈 여성 체구가 작은 여성 키가 큰 여성 임산부 청소년	갓난아이(3, 6, 12, 18개월) 걷기 시작한 아기(2T~3T) 아동(3~6X) 소년(8~18) 키와 체구가 큰 소년(8~18) 소녀(7~16) 플러스 사이즈 소녀(7~16) 어린이(3~13)

의류상품 구분

〈표 1.1〉에서 보듯이 의류상품은 상품의 최종 사용목적에 따라 세부상품으로 구분된다. 아래는 여성복의 세부상품 구분이며 이들은 완전히 독립된 개념이라기보다는 상황에 따라 동시에 여러 부분에 속할 수 있다.

- 아우터웨어 : 코트, 재킷, 조끼
- 드레스
- 블라우스, 셔츠
- 스웨터
- 스커트
- 슈트
- 니트, 티
- 수영복
- 스포츠웨어 : 골프복, 테니스복, 스키복, 스노보드복, 요가복
- 이브닝웨어
- 웨딩드레스
- 임부복
- 유니폼
- 속옷 : 브라, 거들, 보정속옷
- 잠옷, 실내복
- 액세서리, 가방
- 신발
- 모자, 스카프, 장갑
- 양말
- 모피
- 가죽

일반적으로 의류업체들은 하나의 상품에 주력한다. 현대 의류산업의 경향 중 하나는 하나의 상품에 주력해 성공을 이루는 것인데, 오리건주에 자리 잡고 있는 수영복 전문회사인 잰트젠(Jantzen)은 오랜 역사를 가진 회사로 하나의 상품 종류에만 집중해 지금까지 성공의 길을 걷고 있다. 또한 오하이오주에 자리 잡고 있는 빅토리아 시크릿 역시 속옷과 잠옷, 라운지 웨어(lounge wear : 편안하게 집에서 쉬면서 입을 수 있는 의복류)를 전문으로 하는 브랜드의 좋은 예가 되고 있다.

의류 생산과 마케팅 과정에서 일하는 전문가와 전문 직종

의류산업에서 성공하려면 그 산업의 구조, 즉 제조와 판매, 의류시장과 상품의 특성과 변화 현황을 이해하는 것이 중요하다. 의류상품은 의류 생산 과정에 종사하는 특별한 지식과 기술을 가진 전문가들에 의해서 생산된다. 현재는 범세계화의 영향으로 특별 주문 생산 방식이 가장 널리 사용된다.

특별 주문 생산에 따른 의류 생산 관련 전문가의 역할 변화

과거에는 인하우스 생산(in-house production), 즉 가내수공적인 생산이 주된 의류 생산 방법이었다. 디자이너가 적은 수의 스타일을 디자인하고 맞춤 중심의 생산 과정을 통해 의류상품을 생산했다. 그러나 후에는 의복 생산이 소규모의 가내수공업을 벗어나서 자사 생산공장에서 직접 생산되었다. 그러나 대량생산이 하나의 법칙처럼 널리 사용되자 생산공장들은 외국으로 이동하고 그곳에서 대량생산이 이루어졌다.

현재 대부분의 기성복은 특별 주문 생산에 의해 생산되고 있다. 이런 경우에 대부분 기업의 본사는 미국과 같은 선진국에 자리 잡고 있으나, 이런 기업들은 생산시설을 소유하고 있지 않기에 계약 고용된 중간자가 생산공장에서 의류상품의 생산과 관련된 모든 과정을 관리하고 있다. 미국 내의 기업은 생산 과정에서 모든 디자인과 관련된 지시사항을 결정하는데, 여기에는 디자인, 소재, 디자인 디테일 등을 결정하는 것이 포함된다. 그러나 실질적 의복의 재단, 봉제, 상표를 붙이고 포장하고 회사로 완제품을 보내는 것은 중간업자인 대리인에 의해 이루어진다. 즉 의류기업들은 생산자로서 디자인

을 하고 그 디자인 과정을 관장한다. 미국의 의류기업들은 국외의 생산자들이 미국 의류기업이 제시한 특정 디자인 디테일, 핏과 스펙, 그레이드, 의복 구성, 레이블 선택, 특수 가공처리 등의 지정된 생산공정에 따라 제조한 의류상품 완제품을 돈을 내고 구입해 오는 것이다.

스페시피케이션(specification)은 줄여서 스펙이라 하는데, 이는 각각의 스타일에 따라 문서로 쓰여진 가이드라인으로 각 스타일의 의류상품 생산에 관계된 특정적인 정보를 의미한다. 스펙은 회사의 디자인팀과 의복 생산을 맡은 제3자의 공장이나 중간자들과의 의사소통을 위해서 사용되며, 무엇보다도 모든 정보가 간결하고 명백하게 쓰여 읽는 사람들이 쉽게 이해하도록 하는 것이 매우 중요하다. 이러한 가이드라인은 우리말로 **작업지시서**(technical package, tech pack)라고 하는데 작업지시서에 대한 자세한 내용은 제3장을 참조하라.

프라이빗 레이블 회사들은 대부분 특별 주문 생산을 통한 의류를 생산한다. 이 과정에 따라 생산된 의류제품들은 각 회사의 독특한 디자인과 생산품질기준에 따라 생산된다. 이 점에서 프라이빗 레이블의 다양한 장점을 찾을 수 있다. 첫째는 디자인의 독창성이다(Brown & Rice, 2001). 제품의 디자인은 회사 내의 디자인팀에 의해 그들의 타깃 소비자에 맞게 창조되고, 이렇게 만들어진 의류상품은 자회사의 직영 소매점에서만 판매가 되고 각각의 독특한 브랜드 이미지에 맞는 광고와 광고 문구, 시안, 판촉 등도 개발된다. 폴로, 갭, 애버크롬비 & 피치 등의 다양한 회사가 이 카테고리에 들어간다.

둘째, 의류기업의 측면에서는 회사를 쉽게 창업하고 쉽게 폐업할 수 있다는 장점이 있다. 이는 회사 자체로는 생산시설과 설비를 위한 직접적인 투자를 하지 않아도 되고 비교적 쉽게 에이전트를 고용해서 회사를 시작할 수 있기 때문이다(Brown & Rice, 2001).

셋째, 회사의 측면에서는 의류 생산 과정에 종사하는 직원들(특히 해외 생산업체의 경우)에 대한 직접적인 인사 관련 의무가 없다는 장점이 있다. 회사는 고용된 대리인에게 이런 의무를 부가하고 단지 생산된 의류상품에 대한 구매만 한다. 이때 다른 생산영역에 대한 것은 인사 의무가 없기 때문이다. 그러나 이런 입장에서 볼 때, 대리인을 고용하는 데 있어서 스웨트숍과 아동 노동 등의 커다란 문제점이 생길 수가 있다. 미국 내에서 윤리적인 노동기준과 기업 윤리에 대한 미국 국민의 관심이 높기에 이런 점을 유념하지 않으면 기업이 선택한 생산공장과 고용인들에 대한 책임을 소비자들이 기업에 물을 수 있다.

스웨트숍(sweatshop)이란 아주 열악한 근무조건, 즉 깨끗하지 않고 위험하며 근무에 좋지 않은 환경에서 근로자들이 자신들을 지킬 수 있는 노동조합도 없는 상황에서 아주 적은 임금을 받고 오랜 시간 일하는 환경을 말한다. 땀을 쭉 뺄(sweat) 정도의 아주 열악하고 환경이 나쁜 곳에서 일한다는 뜻으로, 아동 노동을 사용하는 경우가 많다고 보고된다. **아동 노동**(child labor)은 각 나라에 따라서 정해진 노동연령 이하의 어린이를 고용해 일을 시키는 경우를 말한다. 미국의 경우, 노동법으로 정해진 기준연령은 16세다. 스웨트숍이나 아동 노동에 대한 좀 더 많은 정보는 다음의 웹페이지에서 찾을 수 있다.

- 미국 노동감시단체 : www.fairlabor.org

의류업체에서는 이러한 노동인력과 관련된 문제들을 피하기 위해 자신들이 고용한 의복 제조자들의 작업환경을 계속 모니터링해야 한다. 대부분의 의류업체에서는 작업환경 및 노동과 관련된 규정을 계약서에 미리 규정해둔다. 예를 들면 나이키는 과거 10세 아이들이 신발, 옷, 축구공을 만드는 파키스탄과 캄보디아 공장을 방치했던 실수 이후에 회사의 고유한 노동규정을 제정했다(www.commondreams.org/headlines01/1020-01.htm).

수직제조방식과 수평제조방식

의류산업에서는 두 종류의 생산제조방식을 볼 수가 있다. 첫째가 **수직제조방식**(vertical integration)이다. 이는 의류 회사 자체가 생산공정 공장을 다 소유한 경우인데 이때는 경영부터 생산까지가 모두 한 회사에 의해 이루어진다. 많은 경우에 이 회사의 직원들은 한 건물에서 모두가 함께 일한다. 이 경우에는 몇 가지 장점을 찾아볼 수 있다 — (1) 전체 생산공정을 쉽게 통제할 수 있다는 것이다. 또한 모두가 한 건물 안에 있을 경우에는 공정의 진행 과정을 직접 확인할 수 있다는 장점도 있다. (2) 쉽게 의사소통을 할 수 있다는 것도 장점이다. 이렇게 건물까지 함께 쓰는 경우라면 생산공정에 참여하는 모두가 쉽게 얼굴을 보면서 의사소통하는 경우가 대부분이다. (3) 생산공정에 필요한 상품이나 재료들을 한 장소(공장)에서 다른 장소(공장)로 옮길 필요가 없다는 것이 또 다른 장점이다. 현재 전 세계의 중간 가격대 패션을 이끄는 인기 브랜드 중 하나인 스페인 회사 자라(Zara)가 좋은 예다. 이 회사는 의류제품의 생산 과정과 생산된 물품의 유통 과정 전체를 총괄하고 있다. 재미있는 것은 이 회사의 생산공장들은 대부분 자라의 자사 공장이고 이들은 주로 스페인에 위치해 있다는 것이다. 50%의 생산품이 회사가 위치한 스페인에 있는 자사 공장에서 생산되고, 26%는 유럽에 흩어져 있는 자사의 공장에서 생산되며, 24%의 물품만이 아시아 등의 다른 나라에서 생산되고 있다. 자라는 다른 회사에 비해 굉장히 짧은 **리드 타임**(lead time)을 가지고 있다. 리드 타임은 제품 생산과 유통시간 전체를 통틀어 말하는데, 하나의 디자인이 시작되어서 의류상품으로 생산되어 소비자의 손에 가도록 각각의 매장에 유통 · 진열되는 시간을 의미한다(www.tx.ncsu.edu/jtatm/volume5issue1/Zara fashion.htm). 가장 기본적인 의복 항목인 티셔츠처럼 유행의 변화 없이 사계절 내내 판매되어 오랜 기간 동안 매장에 진열될 수 있는 상품만이 인건비가 싼 아시아 국가들이나 터키 등 국외에서 생산되고 있다.

의류산업에서 시간경쟁만큼 중요한 것은 없다는 점을 고려할 때, 대부분의 의류회사들이 아시아 등의 국가에서 국외생산을 함으로써 전체 생산 · 유통 과정이 9개월 정도 걸린다는 점을 고려할 때 2주 만에 의복 생산과 유통을 마치는 자라와는 경쟁을 할 수 없는 것이 현실이다(Ferdows & Lewis, 2004).

고가의 의류제품 브랜드인 세인트 존(Saint John)은 다른 예이다. 캘리포니아주 어바인시에 위치한 이 회사는 실의 제조부터 봉제까지 대부분의 생산공정을 어바인 캠퍼스에서 하고 있다. 이는 실의 생산, 재단, 봉제 등 생산공정에 있는 모든 사람들과의 의사소통을 쉽게 할 뿐만 아니라 의류상품의 질과 독창성을 잘 고수할 수 있다는 장점이 있다.

그림 1.8 수직제조방식을 하는 대표적인 회사인 자라

또 다른 생산공정은 **수평제조방식**(horizontal integration)인데 이는 각 공정 과정이 각각의 제작자에 의해 따로 이루어지는 것이다. 부자재(trim), 직물, 재단, 봉제, 포장 등이 각각의 업자들에 의해 각각 다른 장소에서 이루어진다. 대부분의 의류업체가 이런 방식으로 의류상품을 생산하고 있다. 애버크롬비 & 피치, 폴로, 앤 테일러 등의 의류업체가 예가 된다. 수직제조방식과는 다르게 이런 수평제조방식의 단점은 디자이너들이 생산 과정을 옆에서 볼 수 없으므로 (1) 각각의 생산 과정을 통제하기 어렵고 (2) 생산 과정에 관련된 사람들과 의사소통이 어려우며 (3) 완제품을 만들기 위해서는 의류 생산 과정 중인 물품과 소재들을 한 장소에서 다른 장소로 계속 옮겨야 하고, 그러므로 (4) 생산시간이 더 많이 필요하고 특히 국외생산인 경우에는 더욱 오랜 시간이 필요하게 되는 것이다. 그러나 의류라는 상품의 특성상 사람의 손이 많이 가는 공정이 필수적이므로 인건비가 국내생산보다 싸다면 국외생산이란 조건은 피하기가 어려운 것이 현실이다. 결론적으로 처음 회사를 시작하는 경우에는 여러 변수를 고려해 자본이 덜 드는 국외생산이 좀 더 현실적인 방법일 수도 있다.

의류산업의 전문인과 전문 직종

미래의 의류산업을 책임질 의류 전공 학생들에게는 의류 생산 과정에 종사하는 전문인들의 역할과 직종에 대해 아는 것이 중요하다. 의류상품 생산과 유통 과정을 커다란 그림으로 볼 때 세 가지의 주된 직종을 생각할 수 있다.

유통 과정

소매업자들은 자신들의 고유한 프라이빗 레이블 상품을 디자인하고 대개 상품 생산을 위해서는 벤더(vendor)나 컨트랙터(contractor), 즉 중간업자인 에이전트를 고용해 이들에게 의류상품 생산을 맡긴다. 벤더는 에이전트로서 생산 과정을 주관하는 역할을 하는데 생산되는 의류상품들이 각 기업의 디자인팀이 정해준 규격과 양질의 기준에 맞게 생산되도록 주관한다. 국외생산의 경우 생산 과정에 종사하는 직원들이 대부분 영어를 이해하지 못하므로 영어와 자국어 등 양방향의 의사소통이 가능한 대리인이 생산 과정을 돕고 관리한다.

생산 과정

생산 코디네이터(product coordinator)의 역할은 생산 과정을 잘 조율하고 계약서의 정보와 상품배송 등과 관계된 일들을 처리하는 것이다. 이들은 중간업자들인 벤더(vendor) 또는 콘트랙터(contractor)들과 함께 일한다. 〈글상자 1.1〉은 실제 직종과 업무에 관계된 다양한 정보를 볼 수 있다. 이 예는 실제로 미국 중소 의류기업에서 직원을 구하는 공채광고 중 하나이다.

의류기업에 의해 고용된 컨트랙터들의 책임 중 하나는 의류기업이 정한 디자인과 품질에 맞는 상품을 개발하는 것이다. 컨트랙터들은 주로 자신이 실제로 소유하거나 자신들이 고용한 봉제 관련 공장을 관리한다. 세계에서 가장 큰 컨트랙터 중 하나는 한국 회사인 영원무역이다.

도매업자들은 자신의 상표를 붙인 의류상품들을 생산하기도 하는데 이를 소매상에게 판매하기도 한다. 소매상이나 제조자의 경우를 고려할 때, 디자인 과정에 관계된 다양한 직종들을 찾아볼 수 있다.

의류제품 개발 과정

머천다이저(merchandiser)는 시장을 조사하고 지난 시즌에 가장 잘 팔린 스타일을 조사·연구하며, 디자인 스태프들에게 디자인 방향을 제시한다. 많은 회사들의 경우에 이들은 디자이너들과 면밀하게 공동작업을 하고 소비자들에 대해 깊이 연구하며 어떤 스타일이 소비자에게 잘 받아들여지고 성공할지를 매일 연구한다. 이처럼 머천다이저는 바이어와 디자이너 사이에서 연결고리의 역할을 해주고, 다음 시즌에 유행할 색상과 스타일을 연구한다. 또한 이들은 가격 대비 스타일이 자신들의 타깃 소비자가 구입할 수 있는 범주 안에 있는지를 연구한다. 머천다이저는 예산과 판매자료와 동향분석을 면밀하게 조사한다. 이는 의사소통의 능력과 트렌드, 디자인, 판매 기록에 대한 비평적인 분석을 하는 능력이 요구되는 직업이다. 머천다이저는 새로운 스타일과 **이월 스타일**(carry-over style)' 또는 '리오더 스타일(reorder style)', 즉 지난 시즌에 인기가 있었던 스타일을 다시 생산할지 결정한다. 머천다이저들은 판매자료와 그들의 경험, 관점을 통해 각각의 계절에 맞는 **라인플랜**(lineplan)을 결정한다. 이는 각 계절에 생산되는 모든 스타일에 대한 정보다. 제2장의 〈표 2.1〉이 예다. 〈글상자 1.2〉는 중소기업 머천다이저의 실제 직종과 관련 업무에 대한 예이다.

의류 디자이너(apparel designer)는 의류상품의 실제적인 스

글상자 1.1 실제 의류산업에 관련된 직업 #1

직업명 : 생산 보조자(production assistant)

상사 : 다양한 부서의 의류상품을 관리하는 매니저들(생산 매니저)

업무의 주된 목적 : 생산과 머천다이징에 관심을 갖고 폭넓게 경험할 수 있는 자리로, 이 위치에 있는 직원은 제품을 관리하는 과정과 절차에 대하여 배워야 하는 책임을 갖게 된다. 이 업무를 맡은 직원들은 차례대로 돌아가면서 이런 업무를 경험하게 되는데 1년 동안 최소 두 가지 다른 부서의 일을 해보는 것이 원칙이다.

주된 업무

- 데이터를 컴퓨터 시스템에 입력한다. 스타일마스터(stylemaster), 파일 코드, 계약 발주서 및 수정본, 선적 통지서 등 생산과 계약에 관한 정보를 관리하고 조정한다.
- 개발할 샘플과 직물의 구매 발주를 발행하는 일을 돕는다.
- 생산을 분석하고 연구하는 일을 하며 소비자에게 인도하는 날짜를 최대한 맞춰 재고를 줄임으로써 제품의 수익성에 문제가 없게 한다. 문제가 생겼을 경우에는 제품 관리자들과 해결책에 대해 논의한다.
- 소비자 샘플과 더불어 세일즈 렙의 대표적인 판매 샘플을 주문하고 생산하는 일을 한다. 작업지시서의 내용을 수정하고 제품의 품질을 확인하는 등의 일을 한다.
- 제품의 가격 차트를 관리하고 선적 및 배달을 관리하는 등 제품의 생산 현황을 확인하고 회계를 감사하고 갱신하는 일을 한다.
- 전화나 이메일, 팩스를 사용해 제품 생산에 관하여 국내외 지사나 회사 내의 여러 부서들과 면밀한 의사소통을 한다.
- 부서에서 요청한 업무나 특별히 기획된 프로젝트를 맡는다.

자격 요건

- 최소한 1년 정도의 생산 일정을 짜고 재고를 관리하며 상품을 사들이는 직책을 맡은 경험이 있거나 다른 의류산업체에서 관계된 일을 한 경력이 있는 사람
- 최소한 1분에 45자를 타이핑할 수 있는 정도의 실력을 갖추었고 데이터를 입력해본 경험이 있는 사람
- 워드와 엑셀, 의류산업에 관련된 소프트웨어를 능숙하게 사용할 수 있는 사람
- 비즈니스나 의류, 직물학 전공 학위나 이에 관련된 업무 경력을 가진 사람
- 문서와 구두상으로 의사소통을 하는 능력이 뛰어난 사람
- 독립적으로 일할 수 있고 조직에서도 일할 수 있는 능력을 가진 사람. 분석적으로 일하며 중요한 정보에 우선순위를 둘 줄 알며 여러 가지 다양한 업무를 처리할 수 있고 기한에 맞춰서 일을 해낼 수 있는 능력이 있는 사람
- 비즈니스 변화에 적응하는 융통성과 업무 압박을 잘 견디며 일할 수 있는 능력을 가진 사람

글상자 1.2 실제 의류산업에 관련된 직업 #2

직업명 : 어시스턴트 머천다이저(assistant merchandiser)

상사 : 생산라인 매니저

업무의 주된 목적 : 시스템 유지 및 관리, 소싱(sourcing), 샘플을 관리하고 전술적으로 실행함으로써 머천다이징 부서에서 수익성 있게 판매할 수 있도록 돕는 역할

주된 업무

- 매주 판매 미팅 준비
- 모든 스타일별 제품 프로파일 준비(리테일과 카탈로그)
- 아이템과 소매가격 등을 기계로 정산
- 생산되는 제품의 샘플을 주문하고 정가표를 붙임
- 머천다이저들이 자리를 비웠을 때 대신함

주된 인터페이스

- 생산라인 매니저
- 소싱 매니저
- 기획팀
- 테크니컬 센터
- 디자인

자격 요건

- 머천다이징 학위나 상응하는 업무 경험을 가진 사람
- 팀 내에서 다른 직원들과 협력하여 일하고 독립적으로도 일할 수 있는 의사소통 능력이 있는 사람
- 윈도우, 엑셀, 로터스, 워드 프로그램 같은 컴퓨터 시스템에 대한 지식이 있는 사람
- 소매판매 업무에 관한 사전 지식 및 경험을 가진 사람

타일을 창조하는 직업이다. 리드 타임(기업에서 의류상품을 디자인 개발해 유통하고 소비자가 구입할 수 있도록 소매상에 전달하는 것까지의 시간으로 보통의 경우 6개월에서 1년까지의 시간이 소요된다)에 따라서 이들은 상품이 소비자에게 소개되기 한참 전부터 생산 과정을 준비한다. 의류 디자이너들이 준비하는 디자인은 과거와 현재 유행 연구에 기반해 준비된다. 디자이너들은 디자인 영감을 받기 위해 여러 곳을 여행하는데 텍스타일 전시회인 트레이드 쇼(textile trade

글상자 1.3 실제 의류산업에 관련된 직업 #3

직업명 : 어시스턴트 디자이너(남성복 우븐 상품 카테고리)

상사 : 남성복 시니어 디자이너

업무의 주된 목적 : 남성복 디자인, 특히 우븐 셔츠 제품의 디자인과 라인 개발을 보조

주된 업무

- 필요하면 다른 제품 범주에 관련된 일도 보조할 수 있는 능력
- 색상을 선택하고 스타일링하며 직물을 선택하고 핏과 스펙을 개발하는 일을 도움
- 직물의 디자인, 색상, 프린트 및 테크니컬 그림에 관한 의견을 제시
- 세일즈 샘플과 초기 샘플을 주문하는 일을 보조. 샘플 주문과 정확한 스펙, 직물, 액세서리, 디테일과 같이 생산에 관련된 디자인 정보를 추적하고 유지하며 실행
- 국내외 지사에 정확하고 완벽하게 관련 내용을 의사소통하며 디자인에 관련된 정보를 정확하게 문서화하여 전달함
- 타깃으로 하는 캐주얼 남성복 마켓을 잘 파악하여 대상 소비자의 인구통계적인 특징과 라이프스타일, 패션 트렌드와 소비자의 습관을 알아둠
- 국내외로 출장
- 다른 의무와 특별 사업이 주어질 수 있음

자격 요건

- 패션 머천다이징이나 의류제품 디자인에 관련된 학사 학위나 이에 상응하는 업무 경력. 특히 현재 남성복 시장을 대상으로 일하고 있는 경력자를 우대
- 일러스트레이터, 포토샵, 마이크로소프트 워드와 엑셀 프로그램을 능숙하게 다루는 능력
- 의류제품의 핏과 구성에 관련된 테크니컬 기술을 갖춤
- 조직에서 일할 수 있는 탁월한 능력과 디테일에 집중할 수 있는 능력
- 문서와 구두상으로 탁월하게 의사소통할 수 있는 기술
- 팀원들과 협력하여 일할 수 있고 또한 개인적으로도 일할 수 있는 능력. 끊임없이 스스로 동기부여하며 일하는 능력

show) 등의 전문적인 장소부터 쇼핑의 명소, 문화유적지, 도서관, 박물관 등 영감을 주는 다양한 장소가 포함된다.

의류 디자이너의 일을 잘 해내기 위해서는 전 세계의 전문인들과 일할 때 문화의 다양성에 대한 이해가 필요하다. 〈글상자 1.3〉은 의류 디자이너의 실제 직종과 관련 업무 예로서 미국 중소기업 프라이빗 레이블 디자이너의 예이다.

미국의 큰 의류업체에서 테크니컬 디자인 부서는 일반 의류 디자인 부서와는 구분되어 있고 이들은 디자인 스케치를 실제 상품으로 만드는 데 전문적인 일을 담당한다. **테크니컬 디자이너**(technical designer)의 업무는 작업지시서, 즉 스타일의 작업지시서를 살펴보고, 피팅을 하고, 핏 코멘트, 즉 상품 수정사항을 적는 일들이다. 테크니컬 디자이너들은 의복 생산 과정을 가장 가까이서 지휘하는 사람들이다. 테크니컬 디자이너들은 의류업체에서 정한 디자인과 디테일을 소화하면서 맵시 있게 잘 맞는 옷을 생산하기 위해 창조성과 문제 해결 능력을 갖추어야 한다. 국외에서 일하는 전문인들과의 면밀한 공동작업을 위해 가장 중요한 조건 중 하나가 바로 다른 나라의 문화에 민감해야 하는 것이다. 다양한 문화에 대한 이해는 하나의 팀으로 일할 때 서로의 스트레스를 줄여주고 상호 간의 관계 형성에 있어서도 서로의 이해 부족으로 발생할 수 있는 문제들을 피할 수 있도록 하기 때문이다. 〈글상자 1.4〉는 테크니컬 디자이너의 실제 직종과 관련된 업무로서 미국의 대기업 프라이빗 레이블 디자이너의 예이다.

의복, 상품 포장, 상표, 수장식, 물품의 문구나 장식들에 들어가는 다양한 그래픽을 창조하는 디자이너들이 바로 **그래픽 디자이너**(graphic designer)다. 이런 직종에서는 창조성과 비평적인 사고 능력이 중요한 요소가 된다. 예술 전공자이며 또한 색감과 디자인 감각이 많이 요구되는 직종이다.

텍스타일 디자이너(textile designer)는 의류제품에 이용되는 직물을 디자인하는 직종이다. 이들에게는 색상, 디자인 모티프 프린팅, 섬유와 직물구조, 컴퓨터 CAD 능력이 많이 요구된다. 텍스타일 디자이너는 남성 점퍼류부터 여성 드레스류, 아동복까지, 기능성 원단부터 예술성이 가미된 원단까지 다양한 영역을 다룬다. 현재의 유행을 따르면서도 타깃 마켓에 맞는 특이한 스타일의 상품을 만들기 위해서는 창조적인 직물 디자인이야말로 아주 중요한 요소 중 하나다.

소비자의 눈을 사로잡는 색상은 가장 중요한 디자인 요소다. 매 계절마다 새로운 색상이 소개되고 **컬러리스트**(colorist)들은 유행 예측 정보 회사와 함께 일하면서 새로운 색상의 경향을 조사 · 연구하고, 스토리보드(storyboard)를 만들어 새로운 색상을 소개하며 전 시즌의 색상을 새롭게 소개하기 위해 연구한다. 컬러리스트들은 이런 색상에 이름을 만들어 생산 과정에서 관계된 모든 사람들 사이의 의사소통을 돕는다. 많은 경우에는 시적인 이름이 주어진다. 예를 들면 색상의 이름

글상자 1.4 실제 의류산업에 관련된 직업 #4

직업명 : 테크니컬 디자인 보조자

상사 : 시니어 테크니컬 디자이너

업무의 주된 목적 : 우리 회사에서는 현재 긍정적이고 활기찬 태도를 가진 열정이 있는 사람을 찾고 있다. 성공적인 테크니컬 보조 디자이너는 패션 제품의 핏과 구성에 관련된 일을 하게 될 것이다.

주된 업무
- 일관된 사이즈와 핏의 기준, 품질 규격과 허용 범위를 유지하는 일을 보조
- 제품의 구성과 품질의 기준을 유지하는 일을 보조
- 핏과 구성에 관련된 문제점을 해결하기 위해 테크니컬 디자인팀과 함께 협력
- 핏 세션 준비 및 참여
- 완벽하고 정확한 작업지시서를 개발하는 일을 보조
- 가능한 한 정확하게 디자인을 이해하고 해석해야 함
- 브랜드팀과 협력
- 의복의 원형과 패턴을 개발하는 일에 참여하며 적절한 보조의 역할 담당
- 웹 PDM(web PDM)과 마이크로소프트 오피스 같은 디지털 프로그램을 능숙하게 사용
- 의류상품의 생산 과정 날짜를 기준으로 제품 생산의 과정과 진행 정도를 점검
- 상사와의 면밀한 의사소통을 통하여 효율적이고 생산적으로 일하는 능력
- 내 · 외부 동료들과 강한 파트너십을 만들고 유지

자격 요건
- 패턴 메이킹, 의류제품이나 직물 혹은 이에 관련된 분야의 학사 학위
- 의류나 직물의 산업에서 일한 경력자 우대
- 패턴 메이킹을 해본 경험이 있는 경력자 우대
- 공장에 직접 방문해본 경험이 있는 사람
- 훌륭한 컴퓨터 기술(엑셀, 워드, 아웃룩 등)

주 : 이러한 업무에 대한 설명은 이 범주 내 직원들이 담당하는 업무의 일반적인 특징과 수준을 나타내기 위해 작성된 것으로, 이러한 일을 하는 직원들에게 요구되는 모든 의무와 업무 및 자격 요건에 관하여 기술하려고 의도한 것은 아니다.

을 어두운 회색이라고 부르기보다는 '소나기가 오기 전' 등의 이름을 붙여준다. 컬러 스토리가 각 계절에 정해지면, 각각의 모든 색상에 대해 사용될 직물로 랩딥을 요구하게 된다. **랩딥**(lab dip)은 작은 직물 스와치에 표준색상표에 기준한 색상(예 : 팬톤에서 만든 팬톤 컬러들)을 정확하게 맞추도록 해 염색한다. 이 모든 과정을 컬러리스트들이 주관한다. 〈글상자 1.5〉는 텍스타일 디자이너와 컬러리스트의 실제 직종과 관련 업무로서 미국의 대기업의 프라이빗 레이블의 예이다.

〈글상자 1.6〉은 소재 개발자에 대한 직종과 관련 업무를 보여주고 있다. 소재 개발자는 디자이너, 의류상품 개발자들과 면밀하게 일하며 주로 직물과 색상들에 관련된 업무를 진행한다. 이들의 주된 업무는 다음 계절에 상품 라인에 맞는 유행의 방향성에 맞는 트렌디한 직물을 개발하는 것이다. 직물의 개발에 있어서 색상의 선정은 가장 중요한 요소 중 하나로 염색 등을 점검하며 컬러 랩딥을 코디네이트하고 직물을 제공하는 공장 및 벤더들과의 조율을 통하여 상품 개발 과정을 원활하게 하며 또한 가격을 정하는 과정을 담당한다.

기업의 샘플실이 있는 경우에는 **패턴사**(patternmaker) 또는 샘플 봉제사(sample maker) 또는 재단사라는 전문인이 있다. 〈글상자 1.7〉은 패턴사의 실제 직종과 관련 업무를 보여준다. 이들은 테크니컬 디자인 과정에서 패턴을 만들고 샘플을 핏하고 확인하는 과정과 관련이 있다. 회사의 규모가 작은 경우에는 패턴 메이커가 샘플 메이커이기도 하고 재단사이기도 하다. 회사에 이런 샘플실이 있는 경우에는 패턴과 핏을 의류 생산 과정 초기에 신속하게 확정지을 수 있으므로 전체 의복 생산의 시간을 줄이는 장점이 있다(샘플실이 없는 회사는 생산공장에서 패턴을 만든다).

패턴사들이 패턴을 만들면 **샘플 메이커**(sample maker)들이 첫 번째 샘플(first prototype sample)을 만든다. 패턴 메이킹과 마찬가지로 샘플 메이킹은 중간 생산업자, 즉 에이전트들의 책임이다. 많은 의류업체들은 그들만의 샘플실을 가지고 있지 않으며 주로 중간 생산업자들에게 샘플 제작을 의뢰한다. 검품사는 의류제품의 **품질 평가 전문가**(quality assurance professionals)들을 말한다. 이들은 디자인 분과에 속하며 의류제품의 품질관리를 책임진다. 외부의 공장으로부터 완성된 상품이 도착하면 의류제품은 작업지시서의 기준을 따라서 제조되었는지를 검사한다. 검품사들은 제품의 품질을 점검하고 특히 의복의 핏을 결정하는 각각의 길이와 넓이 등의 정확한 스펙(측정치수)이 지시된 대로 부자재가 적합하게 사용되었는지를 검사한다. 특히 세탁과 관련된 다양한 품질 관련 요소도 점검된다. 이들은 다른 디자인팀의 사람들과 함께 일하므로 원활한 의사소통 능력이 요구된다. 〈글상자 1.8〉은 검품사의 실제 직종과 관련 업무의 예로서 미국 중소기업의 프라이빗 레이블의 예이다.

글상자 1.5 실제 의류산업에 관련된 직업 #5

직업명 : 직물 프린트 디자이너/컬러리스트

상사 : 디자인 매니저

주된 업무

- 컬러나 프린트 패턴(artwork)에 관련된 업체에 연락하고 함께 일함
- 디자이너가 요구하는 대로 프린트의 여러 가지 컬러나 반복되는 프린트 무늬를 CAD로 만듦
- 컬러 기준에 맞게 컬러를 맞춤
- 생산되는 프린트 패턴의 컬러가 정확하게 맞도록 함
- 랩딥의 컬러를 평가하고 컬러를 컬러 기준에 정확하게 맞출 수 있도록 염색 업체와 의사소통
- 프린트와 패턴의 샘플(strike-off)과 니트 샘플, 즉 니트다운(knit-down)을 승인
- CAD로 만든 새로운 테크니컬 방법에 대한 저작권을 지킴
- 발주 시간(lead time)을 줄이기 위해 브랜드팀, 벤더들과 협력하여 시스템에 전자로 패턴을 입력
- 컬러 참고 도서관을 유지
- 구매회의에 사용할 컬러 발표 자료 준비를 도움
- 승인된 직물의 프린트 패턴이 실제 생산에 사용 가능한지 확인하여 프린트 패턴의 샘플과 생산에 사용하는 직물에 대한 견해를 밝힘
- 패턴의 니트 다운을 승인하는 일을 보조
- 생산되는 직물의 컬러와 패턴에 대하여 논평
- 구매회의 준비를 도움
- 필요하면 추가되는 다른 업무들도 진행

자격 요건

- 시작부터 생산까지 패턴에 관련된 모든 사안을 해결할 능력
- 컬러와 관련된 모든 문제를 해결할 능력
- 컬러를 매치할 수 있는 능력 : 먼셀 색상 테스트(Farnsworth Munsell Hue Test)에서 반드시 높은 점수를 받아야 함
- 컬러와 패턴의 레이아웃을 승인할 능력
- 직물 디자이너의 프린트와 패턴의 다양한 컬러를 만들어낼 수 있는 능력
- 완성된 제품에 예술적인 개념을 나타낼 수 있는 능력
- 브랜드의 일정에 의해 정해진 기한 내에 생산을 마칠 수 있는 능력
- 미술과 의류학 혹은 이와 관련된 분야의 학위를 선호
- 직물에 관련된 대중매체를 폭넓게 경험해본 것을 선호
- CAD 시스템 스캐너를 사용해본 경험
- 엑셀, 워드, 아웃룩 마이크로소프트 애플리케이션, 네드 그래픽스, 포토샵, 일러스트레이터, 컬러 테스트를 사용할 능력

의류실험 분석 연구원(textile lab technician)은 보통 의류 제품의 품질 평가 전문가와 함께 일하며 직물과 섬유와 관계된 특성과 규정에 대한 실험을 한다. 형체안정성(dimensional stability)은 세탁과 드라이클리닝 시 의복의 변형 정도, 즉 늘어나거나 줄어드는 것을 나타내는 데 쓰이는 용어다. 이 밖에 다른 중요한 기준들은 인장강도(tension), 절단강도(tenacity), 마찰 견뢰도(crocking, color rubbing off, 문질렀을 때 색상이 벗겨지는 정도), 일광 견뢰도(color fastness, 햇빛에 색상이 견디는 정도) 등이 포함된다. 직물을 이런 기준들에 비교해 평가하는 것이 의류실험 분석 연구원에게는 무척 중요한 일이다.

〈글상자 1.9〉는 프로덕트 라인 매니저의 직종과 관련 업무를 보여준다. 이 직종의 역할은 한 라인이 어떤 종류의 상품들로 구성되는지, 얼마나 많은 양의 상품을 개발하는지 전체 라인의 상품 계획을 주관한다.

인터넷과 전자상거래에 따른 e커머스(E-Commerce) 부분을 책임지는 직종인 e커머스 매니저에 대한 직종과 관련 업무는 〈글상자 1.10〉에서 소개한다. 모바일 판매와 소셜미디어, 인터넷 등의 전자상거래가 의류산업에서도 중요한 상품판매 영역이므로 e커머스 매니저는 상품 개발과 판매, 소비자 관리, IT 등의 부서와 면밀하게 일하는 것이 이 직종의 성공을 좌우하는 요소이다.

브랜드 매니저의 가장 중요한 목표는 프라이빗 레이블의 브랜드 플랜을 정책적으로 개발하고, 회사의 이윤을 창출하도록 소비자의 니즈를 충족시켜 줄 상품을 개발하도록 돕는 것이다. 브랜드 매니저는 머천다이징 디자인팀과 면밀하게 일하며 브랜드 파워를 기르도록 돕는다. 〈글상자 1.11〉은 브랜드 매니저 직종과 관련 업무에 대한 정보를 제공한다.

판매 과정

유럽과 미국의 대기업의 경우에는 그들의 라인을 리테일 바이어(retail buyer, 소비자들에게 판매하기 위해 물품을 구입하는 바이어)에게 보여준다. 또 다른 판매구조에 따라서 각각의 회사를 대표하는 판매사원이 있는데, 이들은 독립적으로 일하거나(이 경우에는 자영업자이며 수수료를 기준으로 돈을 받고, 여러 회사의 디자인 라인을 함께 취급한다), 또는 각 기업에 속해서 월급제로 일한다. 이들은 **렙**(rep, representatives)이라고 불린다. 의복은 각각의 지역에 있는 트레이드 쇼(trade show)에서 소매상들에게 보여지고 소매상들은 이곳에서 도매로 물건을 구입한다.

글상자 1.6 실제 의류산업에 관련된 직업 #6

직업명 : 소재 개발자

상사 : 소싱 디렉터

업무의 주된 목적 : 상품 개발 부서와의 면밀한 작업을 통하여 각 계절에 맞는 유행할 만한 직물과 색상을 개발한다. 디자인 부서, 머천다이징 부서, 상품 개발 부서와 면밀하게 공동작업을 한다.

주된 업무

직물 관련

- 생산 부서의 소재 개발을 돕고 유행할 직물 연구
- 생산공장과의 면밀한 연결을 통한 직물과 소재 소싱, 그리고 이와 관련된 상품품질 관련 테스트와 승인
- 불충분 상품품질 관련 소재에 대한 대체소재 개발
- 직물공장과의 조화로운 작업을 통한 상품 개발 과정과 생산 과정을 순조롭게 도움
- 컬러 랩딥과 벤더 승인
- 직물가격의 협상
- 직물테스트와 승인 과정

색상 관련

- 직물의 색상에 대한 완전한 이해를 통한 색상평가와 테스트
- 직물과 부자재 개발과 관리
- 직물과 부자재 가격 결정을 위해 프로덕트 라인 매니저와 가격관리를 하는 코스트 엔지니어와의 공동협력을 통한 가격 결정 규정 개발과 관리
- 온라인과 오프라인의 직물과 부자재 라이브러리 관리(현재 사용 중인 직물 규격과 리드타임, 직물취급요건, 직물 주문 시 최소량이 어느 정도인가 정보도 포함)
- 소재 선택 시의 정확한 기준조건(Material Adotpion Spec, MAS)도 포함
- 직물 쇼에 참가하며 상품 개발 과정에 참여하는 모든 부서의 직원들과 면밀하게 소통함
- 초기 샘플과 세일즈 샘플의 단계를 늘 확인하며 프로덕션 매니저와 인벤토리 메니저(inventory manager)에게 생산 과정이 원활하게 이루어지도록 도움
- 모든 직물 구입 시에 상품 가격청구내역서(invoice)가 정확하게 이루어지도록 도움
- 국내로 수입 시에 관세에 관련된 일을 함께 담당해 수입이 원활하도록 도움

자격 요건

- 직물 구성, 특성, 염색, 가공[최근의 가공법들과 액체를 이용한 모든 가공법(Wet-Processiong)]에 대한 지식 필요
- 합성섬유와 자연섬유의 특성에 대한 정확한 이해
- 현재 시중에 상품을 제공하고 있는 직물 회사 및 관계자들의 연락처를 알고 있음
- 급한 상황에서도 잘 대처할 수 있는 팀워크 능력과 혼자서도 일을 잘 처리할 수 있도록 자신감 있는 동기부여자
- 다양한 문화의 사람들과 뛰어나게 소통하는 능력이 있는 자(쓰기와 말하기 모두 포함)
- 정리정돈하는 능력과 일의 우선순위를 정하는 능력이 뛰어남(특히 정해진 날짜에 맞추어 여러 가지 일을 함께 처리할 수 있는 멀티태스킹 능력이 있는 자)
- 뛰어난 분석 능력과 협상 능력을 가지고 있는 자(정확성과 수학계산 능력 포함)
- PC 운영체제와 워드, 액셀에 능한 자
- 주어진 일을 마무리하기 위하여 PDM(Product Devemoplent Management) 프로그램을 배우는 것에 거리낌없는 자
- 회사를 대표하는 자로서 외모가 단정하고 전문인으로서의 예절을 가지고 있는 자
- 필요 시에는 오버타임과 출장을 감당할 수 있는 자
- 디자인 분야의 4년제 대학 학사 학위 소지자 또는 기술대학이나 2년제 전문대학 학위가 있는 자. 패션 디자인/머천다이징 또는 직물학과 학위를 선호함
- 디자인 또는 직물 소싱(색상 평가의 경험을 포함) 관련 분야에서 최소한 5년 이상의 경험 소유자

백화점에 입점하는 경우 숍 매니저(shop manager)라고 해서 수석 판매사원이 있다. 백화점 직원이 아니라 브랜드에 소속되어 월급을 받는 경우도 있고 능력에 따라 인센티브를 받는 자영업자 같은 형식으로 일하는 경우도 있다. 소매점을 운영하는 브랜드의 경우는 직영점 아니면 대리점 형식이다. 직영점의 경우 백화점처럼 월급을 받는 판매사원을 고용하고 대리점의 경우는 점주라고 해서 각각이 그 매장의 사장인 셈이다. 점주는 자신이 선호하는 상품을 고르기도 한다. 한국에서는 이렇듯 대부분의 경우 브랜드에서 상품 공급을 주도하는 게 현실이다.

디자인 부서의 소개

회사의 크기에 따라서 디자인 부서는 구분된다.

중소기업의 경우

중소기업의 경우에는 디자인 부서에서 여러 가지 다양한 일을 한다. 소규모 회사의 예를 들면 한 명의 디자이너가 여성복을 책임 전담하고 다른 디자이너가 남성복을 전담할 수 있다. 어떤 경우에 이들은 자신의 부서 외에 다른 부서의 일까지 돕기도 한다. 이런 경우 디자이너가 의류 생산 과정 전체에 참여하게 된다. 유니온베이(Union Bay) 같은 브랜드는 디자이너들이 계절의 색상을 정하고, 의류용 직물의 프린트를

글상자 1.7 실제 의류산업에 관련된 직업 #7

직업명 : 패턴사

상사 : 프로덕트 매니저

업무의 주된 목적 : 벤더들에게 보낼 패턴들을 개발하고 패턴 원형들을 만들고 관리한다.

주된 업무

- 패턴 원형(블록)을 정리하고 보관함
- 기존의 모든 패턴 원형들의 정확한 수치를 관리하고 필요에 의하여 패턴을 수정하여 업데이트하고 상품 개발 관련 테크니컬 디자이너에게 수시로 정보를 업데이트해줌
- 상품 반품 등의 소비자 반응과 상품개발팀의 상품 테스트 결과에 따라 기존의 패턴 원형(블록)을 수정하고 관리함
- 벤더들에게 수시로 패턴 원형의 업데이트 정보를 소통해줌
- 회사 내 사용을 위한 원형을 시험용으로 만드는 데 필요한 직물을 주문함
- 원형용 의복 구성을 하는 샘플 메이커의 작업을 지시함
- 핏을 바꿈에 따라서 블록 패턴을 컴퓨터 시스템에 업데이트함
- 결정적인 원형의 크기의 수치나 또는 원형의 번호가 바뀔 때마다 원형의 스펙을 업데이트함
- 의복의 스타일에 맞는 적절한 핏을 위하여 적절한 원형에 대해 테크니컬 디자이너와 디자이너에게 조언함
- 패턴을 데이터화하는 디지타이징(digitizing)과 이 패턴을 프린트하는 플로팅(plotting)하는 기계들을 관리
- 디지타이징과 패턴 플롯을 함
- 회사의 기준에 맞도록 벤더가 패턴들을 그레이딩하도록 관리함
- 테크니컬 디자이너가 전자 패턴 시스템을 익숙하도록 트레이닝하고 기술적인 자문을 제공

자격 요건

- 최소한 5년 이상의 패턴 관리/원형 개발, 테크니컬 디자인 경험
- 뛰어난 말하기 · 쓰기 소통 능력
- 패턴 디자인, 개발, 의류 생산에 대한 이해 필요
- 의류 또는 패션디자인 관련 학위나 자격증 우대

글상자 1.8 실제 의류산업에 관련된 직업 #8

직업명 : 품질 관리 보조자

상사 : 검품사

업무의 주된 목적 : 세워 놓은 기준과 오차허용치수 범위를 고려하여 선적할 제품의 품질 관리 과정을 돕는다. 결과를 보고하고 회계 감사의 정확한 기록과 유통 센터에서 참고 자료를 보관하는 도서관을 보존하도록 돕는다.

주된 업무

- 선적 샘플을 기준과 비교
  - 컬러
  - 구성
  - 패키징과 레이블링
  - 스펙
  - 봉제 기술
  - 직물/부자재
- 의류제품의 치수를 재고 스펙을 기록
- 오차허용치수를 넘는 치수를 표시
- 흠이나 불량, 치수의 차이를 밝힘
- 필요한 경우 샘플을 분류하여 다시 포장
- 새로운 직원과 임시 직원들을 훈련하는 일을 도움
- 필요한 경우, 간단한 불량 제품을 수정하는 일을 보조

자격 요건

- 의류학 전공 학위 이수
- 작업지시서를 읽을 수 있는 능력
- 영어로 효과적인 의사소통을 할 수 있는 능력
- 정확하게 치수를 측정할 수 있는 능력
  - 더하기와 빼기
  - 분수와 소수점을 호환
- 색상을 구분할 줄 아는 탁월함
- 의복 구성에 관한 지식
- 직물의 구조에 관한 지식
- 디테일과 정확성에 주의

우리 회사는 똑똑하고 창의적인 사람들로 구성되어 있습니다. 우리는 열심히 일하고 열심히 놀 줄 아는 사람을 선호하며, 당신도 그렇게 일할 준비가 되어 있기를 바랍니다. 우리 회사는 탁월한 의료보험을 제공하고 여기에 의료보험과 치과 및 안과 혜택, 노후 연금인 401K가 포함되는데, 회사가 일부를 분담해 직원들에게 혜택을 주고 있으며, 이 밖에도 회사의 제품에 대해서는 직원들에게 할인 혜택을 제공하고 유급 휴가 등도 주어집니다.

글상자 1.9 실제 의류산업에 관련된 직업 #9

직업명 : 프로덕트 라인 매니저(PLM)

상사 : 프로덕트 라인 디렉터

업무의 주된 목적 : 상품 개발과 전체 상품 범주를 총괄한다. 회사와 상품의 전체 회계 관련 목적, 이익의 극대화, 시장점유율 등에 관련된 모든 업무를 소통 및 관리한다.

아웃도어 의류에 대한 상품라인 개발에 참신한 아이디어를 가진 아주 창조적인 사람을 찾는다. 이 직업의 가장 중요한 업무는 시의적절하게 기업 이익을 창출할 성공적인 상품 개발을 담당하는 것이다. 이 직책은 브랜드 매니저, 마케팅, 세일즈 부서와 매우 가깝게 업무를 진행하며, 마켓에 대한 이해가 강하고 기술적 지식이 풍부한 실제 상품 개발 업무에 능력이 있는 자를 구한다.

프로덕트 라인 매니저는 상품 개발 철학에 맞는 상품 개발, 연구와 관리를 맡아 하며 마케팅과 다른 부서와 함께 타임라인에 맞게 일을 맞출 수 있는 능력이 있는 자를 구한다.

또한 상품 판매를 위한 다수의 마켓을 개발하며 소비자를 찾아내는 것도 하나의 업무이다. 자신의 재능과 기술을 사용하여 계속적으로 우리 회사의 비즈니스가 성장할 기회를 찾아낼 참신한 사람을 구한다.

이 프로덕트 매니저 직책은 국내 시장을 맡아서 책임질 직책이며 이 직책은 브랜드 매니저와 상품 개발 이사에게 보고한다.

주된 업무

- 마켓 채널에 대한 전문지식을 통하여 마켓 침투를 증대하도록 함
- 본사의 마케킹 전략과 목표에 맞추어 프로덕트 라인 플랜을 개발하고 상품 개발을 실행한다.
- 개발된 상품을 사용할 소비자와 교류를 통한 이벤트 등에 참여함으로써 새로운 아이디어를 획득한다.
- 상품 범주의 최근 경쟁 상황과 경향, 지식을 얻는다. 트레이드 쇼, 소비자 행사, 산업체 견학, 리테일러 방문, 소셜미디어 등을 통한 시장의 상황과 소비자 선호, 경쟁상품, 현재 트렌드 등을 이해한다.
- 소비자 니즈, 새로운 기술과 혁신 등을 연구, 연구 결과를 사내의 직원들과 교류한다.
- 계속적인 상품 개발을 추구, 즉 새로운 상품 디자인과 소재 추천, 마켓 전략 개발, 미래 상품 판매 예측, 마켓 연구에 따른 가격구조 등을 연구한다.
- 외부 디자인 파트너 또는 벤더들과 공동작업을 통한 시간, 상품 품질, 가격, 회사의 마진에 맞는 새로운 상품 개발. 디자이너들을 위한 상품의 간략한 요약(product brief)을 개발한다. 이는 스타일, 색상, 직물, 시제품 생산 샘플 리뷰와 테스팅 등에 대한 다양한 정보를 포함한다.
- 상품 개발 캘린더를 관리한다. 이는 가격, 상품 품질 평가, 직물로 된 부자재(fabric trim), 색상 승인 등을 포함한다.
- 상품 개발 미팅을 주관한다.
- 상품 개발과 관련된 의사소통을 주관한다.
- 매년 정해진 회사의 장기 목표에 맞는 매년의 마케팅 목표와 전략을 정하고 개발. 상품과 마케팅 플랜에 맞는 적정한 비용 관련 예산을 개발 관리한다.
- 마케팅 자료들, 즉 카탈로그, 광고, 행태그(Hang Tag), 판매 관련 자료, 소비가 일어나는 장소, 시간과 관련된 소비자, 상품, 돈과 관련된 모든 요소 등을 마케팅 매니저와 함께 관리하는 협력업무를 맡는다.
- 판매 관련 일들을 도울 수 있는 세일즈 미팅과 관련 행사들에 참석하고 마케팅 트랜드와 상황에 대한 통찰력을 얻는다. 미팅과 관련 행사들로는 마켓쇼 등을 포함한다. 세일즈 매니저에게 신상품 소개와 지속적 판매가 일어날 수 있도록 지원하고 신상품 소개 프레젠테이션을 담당한다.

자격 요건

- 계절별 상품군의 관리와 상품군의 유통 경로와 직접적으로 관련된 경험
- 신상품 소개와 라인 확장과 관련된 능력
- 브랜드 정립에 대한 경험과 성공을 입증해야 함
- 프로젝트 관리 능력과 세밀한 정보에 집중하며 디테일에 강한 능력
- 강한 의사소통 능력-쓰기, 말하기, 숫자 해석 능력
- 강한 문제 해결과 협상의 능력
- 창조적 사고 능력
- 관련된 분야의 석사 학위
- 5~7년의 멀티 스포츠, 아웃도어, 러닝 또는 소비자 상품 관련 산업의 지식과 상품 관리 능력
- 강한 디자인과 상품 개발 능력
- 능숙한 MS 오피스(워드, 액셀, 파워포인트) 사용 능력
- 관련 스포츠에 대한 열정과 참여 흥미
- 출장 관련 여행을 기쁘게 할 수 있는 자

경쟁적인 월급과 기타 관련 혜택(건강보험, 치과보험, 사망보험, 정년퇴직 연금을 개인의 참여 정도에 따라 회사에서 같은 비율로 맞추어 보조함, 충분한 휴가와 휴일 포함)

디자인하며, 의복 스타일을 디자인하고, 작업지시서를 만들며, 의복의 핏 과정을 모두 책임지는 등 디자인부터 완제품까지 전체 의복 생산 과정에 참여한다. 이때 각각의 회사에는 자신들만의 독특한 특징이 있으므로 전체 의류 생산 과정에 대한 전반적인 이해는 매우 중요한 요소이다. 작은 회사의 경우, 신입 디자이너가 스스로 처리해야 하는 업무에 대한 다양한 기술 습득과 테크니컬 디자인에 대한 충분한 이해는 필수적이다.

대기업의 경우

대기업의 경우에는 디자인 부서가 세분되어 있다. 예를 들면 한 디자이너가 여성복 중 한 부분인 여성 정장 니트류를 책임진다면 다른 디자이너는 남성 우븐 하의류를 책임질 것이다. 또한 명백한 각각의 직무에 대한 규정이 각각이 책임지는 세분된 부서, 즉 컬러리스트, 텍스타일 디자이너, 의상 디자이

글상자 1.10 실제 의류산업에 관련된 직업 #10

직업명 : e-커머스 매니저

상사 : 머천다이저 매니저

업무의 주된 목적

이 직책은 본사의 소비자와 직접적으로 관련된(Direct-to-consumer, D2C) 웹사이트 관련 업무로 모바일과 소셜미디어 관련 업무, 본사의 브랜드 전략 관련, 능력평가 등의 웹사이트의 계획, 개발, 비용 관리, 브랜드관리를 매일 주관한다.

이 직책은 수직적인 매니지먼트팀과 수평적인 기술 관련 직종인 세일즈, 세일즈 오퍼레이션, 크리에이티브 서비스, 상품 개발, 회계, 소비자 관리팀과 IT와 함께 협력함, e-커머스 팀을 관리하며 전략 밴더와 함께 일함

주된 업무

- D2C 채널의 매일의 업무를 관리 – 기술적, 개선적 여건, 브랜드 관리, 전체적 생산 전략/믹스, 소비자 경험, 이익창출 활동 등을 관리한다.
- 이익과 손해평가 Profit and Loss Statement(P&L) 책임, 채널에 대한 비용 관련 업무를 평가한다.
- 소비자군을 파악하고 전략적 메시지와 마케팅 프로그램 개발
- 웹을 통한 모든 소비자와의 연락점을 찾고 소비자 관리 메시지가 브랜드에 적절하고 한결같게 개발한다.
- D2C 관련 밴더들과 파트너들과의 협상과 관계를 관리한다.
- 웹사이트의 우선순위를 개발하고 비즈니스 사례들을 개발하며 발표한다.
- 소비자의 사용성(usuability), 기능성(functionality), 소비자 경험 관련 사례들을 추천하고 사용하도록 한다.
- D2C 채널을 선전하고 본사의 마크다운 스케줄에 따르며 회사의 이사단에게 제안서를 써서 제출하고 적절한 내부의 관련 업무자와 의사소통한다.
- D2C 채널의 정책들, 즉 프라이버시, 관련 규약과 조건, 배송과 반품, 교환 등과 관련하여 가장 현재의 정확한 정보를 의사소통한다.
- 웹페이지에 업로드된 상품군(Merchandise Assortment) 관련 이미지나 내용 설명글(copy) 등을 관리한다.

자격 요건

- 5년 이상의 온라인 또는 소프트웨어 개발 경험
- 5년 이상의 멀티채널 소비자 직접 마케팅(Consumer Direct Marketing Initiatives) 관련 업무 경험
- 3년 이상의 소비자 직접 마케팅 웹사이트의 관리 경험
- 사업 전략 개발, 마케팅 전략 개발, 웹사이트의 사용성과 기능성에 대한 개선 관련 경험 확증
- 마케팅 전략 개발과 관리 능력 확증, 따로 비용 지불을 안 하고도 자연스럽게 웹사이트에서 검색 엔진을 통한 소비자의 눈에 자주 띄게 하는 SEO(Search Engine Optimization)와, SEM(Search Engine Marketing), 이메일 캠페인
- 데이터와 매트릭스를 통한 운영 효율성을 만들어내는 경험
- 창조적 과정과 온라인 마케팅과 e-커머스의 최선의 사례를 이해
- 탁월한 리더십과 의사소통 능력, 인간관계 능력
- 탁월한 프로그램 관리 능력과 정리 능력
- 독립적으로 일할 수 있는 능력과 짧은 시간과 높은 스트레스 속에서도 효율적으로 일하는 능력
- 복잡하고 큰 프로젝트들을 효율적으로 이끌어낼 리더십
- 훌륭한 쓰기 능력
- 의사소통이 어려운 매우 민감한 정보들을 기술적으로 의사전달할 능력을 가진 자
- 팀원 간의 분쟁 문제나 의사소통 관련 문제를 잘 해결할 수 있는 자
- 늘 할 수 있다고 생각하는 긍정적이고 융통성 있으며 늘 새로운 기대와 책임들을 찾아서 성장할 가능성이 있는 자
- 의류업체 경험이 있는 자
- 마이크로소프트 오피스와 어도비 크리에이티브 스위트 프로그램들에 익숙한 자
- 학사학위가 있는 자(MBA 우대)

너(creative designer), 테크니컬 디자이너에 따라서 주어진다. 노드스트롬 프로덕트 그룹처럼 대기업의 경우는 각각의 부서에서 각자에게 명백하게 구분해 주어진 일들을 한다. 최근에 졸업해 이런 대기업에 처음 취업한 새내기의 경우에는 전체 생산 과정 중 각각에게 주어진 한 가지 부서의 일들에 대해 전문적인 지식과 기술을 가질 수 있을 것이다. 반면에 전반적인 의류 생산 과정에 대한 이해는 부족하게 될 것이다. 그러므로 이럴 경우 이 직장이 첫 직장이라면, 장차 능력 있는 디자이너가 되기 위한 자기관리 차원에서라도 전반적인 의류 생산 과정에 대한 지식과 이해를 얻기 위한 개인적인 노력이 필요할 것이다.

〈그림 1.9〉는 XYZ 회사의 상품 개발팀과 이들이 회사 전체의 조직구조에서 어떻게 연결되어 있는지를 자세한 직책별 조직표로 보여주고 있다. 회색으로 구분되어 있는 직책을 〈글상자 1.11〉에서 자세히 보여주고 있다.

의류 커리어를 시작할 때

성공적인 커리어를 갖기 위해서는 현재 의류업계의 유행 정보나 디자인 과정에서의 가장 최근 정보를 입수하는 것이 중요하다. 다양한 웹사이트가 이런 정보를 얻는 데 많은 도움이 된다. 학계나 산업체의 전문적인 기관이 이런 정보를 제공해준다. ITAA(International Textiles and Apparel Association)는 가장 잘 알려지고 널리 활동하는 세계의류학계이다. ITAA는 학생들에게 장학금을 제공하는 패션 콘테스트 등 다양한 기회를 제공한다. 또한 Student Fashion Group International은 학생들을 의류산업에서 일하는 다양한 전문인들과 연결해

글상자 1.11 실제 의류산업에 관련된 직업 #11

직업명 : 브랜드 매니저

주된 업무

이 직책은 프로덕트 라인 매니저들을 이끌어서 계획한 세일목표, 이익창출, 매년의 재고목표(In-stock goal), 즉 보관하고 있는 전체 상품량을 90~150억 달러에 맞추는 본사의 성공에 중요한 역할을 하는 위치이다. 본사의 정책에 맞는 전략적인 프라이빗 브랜드의 계획을 개발하고 소비자와 상품라인 개발에 맞는 회계적인 성과가 있도록 돕는다.

프라이빗 브랜드 포지셔닝, 마케팅, 머천다이징, 카테고리와 컬렉션 개발, 회계 계획을 관리하고 이끈다. 프로덕트 라인 매니저, 디자인팀, 그리고 다양한 회사 내의 파트너 부서와 협력하여 상품 개발, 마케팅, e-커머스, 다이렉트 메일(예 : 신문 안의 첨부광고지 등), 비주얼 머천다이징, 리테일 안에서의 스토리에 잘 맞는 브랜드와 상품의 프레젠테이션을 확고히 한다. 광고 등에서의 모델들이나 Acts 등에서도 회사의 가치와 미션이 잘 드러나도록 관리한다.

자격 요건

- 소비자, 마켓 트렌드, 우선순위, 컬렉션 등을 포함한 1~5년 사이의 브랜드 계획을 창출하고 적용한다.
- 프로덕트 개발 이사들과 공동협력하여 본사 브랜드의 전략적인 목표, 마켓과 산업체의 트렌드에 맞는 브랜드와 스페셜티 숍(specialty shop, 즉 콘셉트 스토어처럼 작은 규모의 스토어에 소수 범위의 브랜드를 판매하는 가격에 민감한 소비자를 위한 스토어 형태)의 회계계획을 창출한다.
- 브랜드와 카테고리에 영향을 많이 주는 주요 마켓, 라이프스타일, 프로덕트 트렌드 등을 정확히 이해하고 마켓의 기회에 맞는 브랜드와 컬렉션 플랜을 개발한다.
- 세일 가능성, 마켓 사이즈, 판매 가능 상품군(product assortment)들의 필요조건, 관련성 등에 맞는 새로운 상품 카테고리의 개발에 맞는 비즈니스 플랜을 개발한다.
- 브랜드와 각 부분 브랜드의 목표에 맞는 프로덕트 라인 오퍼링과 초기 마진을 확인한다.
- 프로덕트 라인 매니저와 공동협력하여 전략을 세우고 적절한 브랜드 포지션과 컬렉션, 성별에 따라 본사 안의 관련 부서와의 공동협력에 따른 프로덕트 라인 개발에 관련한 일관성을 갖도록 조율한다.
- 브랜드 매니저와 공동협력하여 1~5년간의 프로덕트 플랜 방향을 개발하고 이 비전을 관련 부서원들과 나눈다.
- 본사에서 전체 관련 부서들에 일관성 있는 컬렉션, 스토리와 주제를 갖도록 일관성 있는 상품군의 개발을 돕고 조율한다.
- 콘텐트와 브랜드 스토리를 모든 마케팅 프로그램, 공공업무(public affairs), 세일즈 채널들에 제공한다.
- 브랜드 창조성, 포지셔닝, 차별화 등에서의 청렴성(integirty)을 확증한다.
- 브랜드의 판매원과 관련 문건 등에서의 전략과 방향을 개발한다.
- 프라이빗 레이블 브랜드와 연결된 소비자 관련 마케팅 연구, 소셜미디어, 리테일 이벤트 등에서의 전략의 창출과 지원을 제공한다.

주고 장학금의 혜택까지 제공한다. 유행 정보를 연구할 수 있는 그룹으로는 WGSN(Worth Global Style Network) 등을 들 수 있는데, 런던에 자리 잡은 이 유행 예측 회사는 학생들이 무료로 이용할 수 있었지만 여러 가지 경제적인 이유로 무료 이용의 혜택을 2010년부로 중단했다. WWD(Women's Wear Daily)는 선도적인 유행 동향 연구잡지로 현재 패션산업에서 가장 최근의 정보와 뉴스를 다루고 있다.

패션산업에서의 현재 트렌드

글로벌 소싱과 리쇼어링

글로벌 소싱과 글로벌 생산은 현재 글로벌 의류산업체의 가장 보편적인 의류상품 생산 방법이다. 글로벌 소싱은 글로벌 서플라이 채널에서 최종 부자재(즉 직물, 지퍼, 실, 단추 등)와 생산방법 등을 모두 결정하는 것이다. 그러나 글로벌 소싱은 의류상품 생산을 하는 공장을 결정하는 과정도 포함된다. 국제무역교류에 관련된 규약과 기준의 변화가 급속하게 이루어지기에, 무엇보다 전체 글로벌 마켓 영역에서 국제 무역을 할 때 각 나라의 경쟁적 장점(competitive advantages)을 제대로 이해하는 것이 중요하다. 성공적인 글로벌 의류상품의 개발을 이루기 위해서는 비평적이고 창조적으로 각 나라에 대한 과거, 현재 그리고 미래의 경쟁적 전략, 디자인, 마켓 관련 시간, 생산의 신속성, 생산처에 대한 신뢰성, 청렴성 등을 고려한 각각의 서플라이 채널에 대한 이해를 정확하게 하는 것이 중요하다.

리쇼어링(reshoring)은 글로벌 소싱과는 반대되는 용어이다. 리쇼어링은 해외의 생산을 국내로 들여오는 것을 의미한다. 글로벌 소싱은 생산비의 가장 큰 부분을 차지하는 노동비용을 절약하기 위해서 해외의 싼 노동력을 이용하는 것이다. 그러나 최근에는 많은 생산자들이 국내 생산이 더 나은 방법이라고 결정하고 다시 국내생산을 결정하는 경우를 많이 찾아볼 수 있다. 국내생산을 할 경우 가격경쟁으로도 선호되고 언어장벽도 없으며, 밤낮이 바뀌는 시차 없이 효과적인 의사소통이 가능한 것을 고려해볼 때 독특한 전략적 장점이 있으며 또한 상품의 운송 관련 여건으로 볼 때도 우월하다. 이런 국내생산의 경우 빠르고 유연한 생산 과정을 가져올 수 있다. 또한 프로토타입의 개발이나 샘플 생산에서도 신속한 턴어라

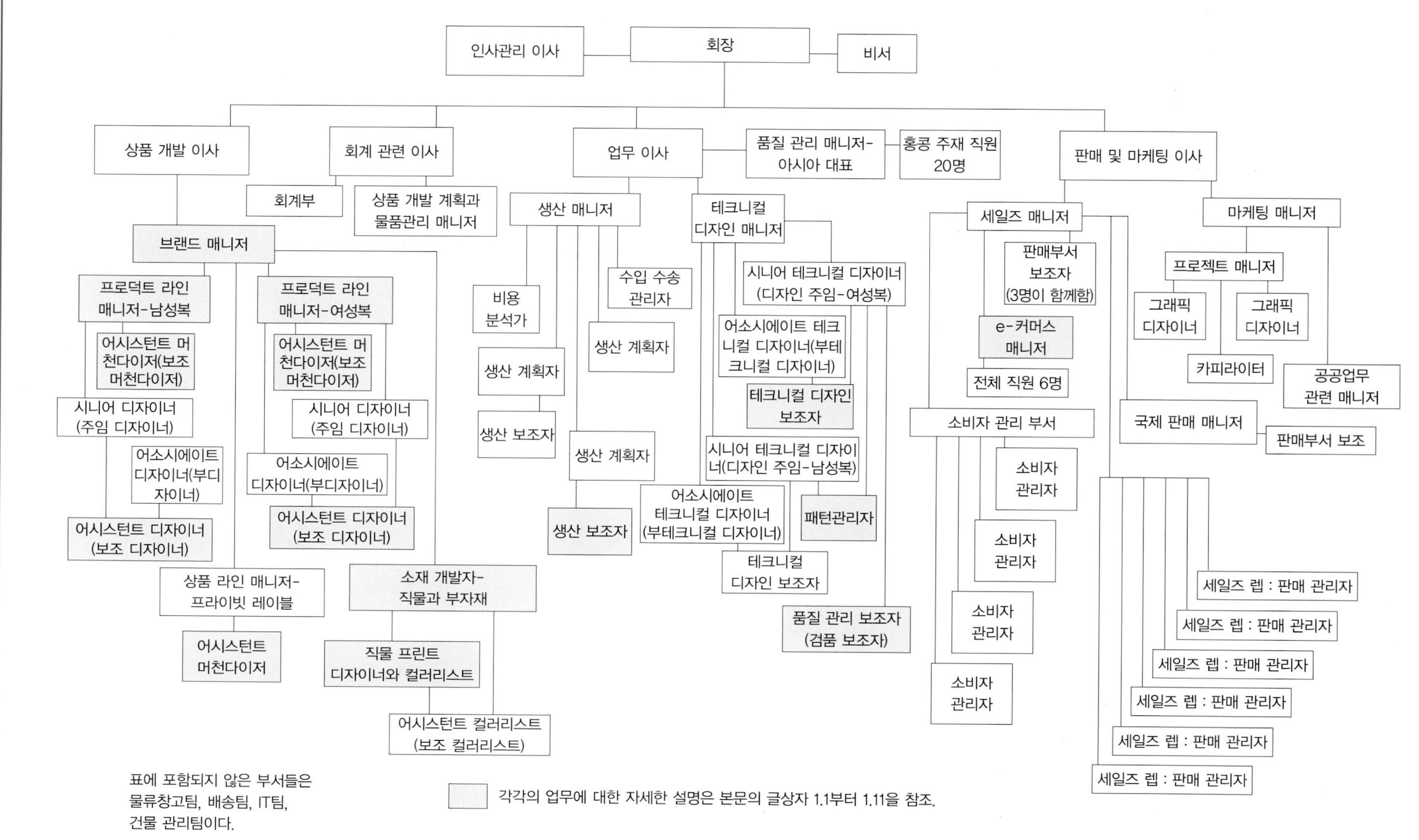
XYZ 제품개발회사 조직도
인사관리 이사
회장
비서
상품 개발 이사
회계 관련 이사
업무 이사
품질 관리 매니저-아시아 대표
홍콩 주재 직원 20명
판매 및 마케팅 이사
회계부
상품 개발 계획과 물품관리 매니저
생산 매니저
테크니컬 디자인 매니저
세일즈 매니저
마케팅 매니저
브랜드 매니저
프로덕트 라인 매니저-남성복
프로덕트 라인 매니저-여성복
어시스턴트 머천다이저(보조 머천다이저)
어시스턴트 머천다이저(보조 머천다이저)
시니어 디자이너 (주임 디자이너)
시니어 디자이너 (주임 디자이너)
어소시에이트 디자이너(부디자이너)
어소시에이트 디자이너(부디자이너)
어시스턴트 디자이너 (보조 디자이너)
어시스턴트 디자이너 (보조 디자이너)
상품 라인 매니저-프라이빗 레이블
어시스턴트 머천다이저
소재 개발자-직물과 부자재
직물 프린트 디자이너와 컬러리스트
어시스턴트 컬러리스트 (보조 컬러리스트)
비용 분석가
수입 수송 관리자
생산 계획자
생산 계획자
생산 보조자
생산 계획자
생산 보조자
시니어 테크니컬 디자이너 (디자인 주임-여성복)
어소시에이트 테크니컬 디자이너(부테크니컬 디자이너)
테크니컬 디자인 보조자
시니어 테크니컬 디자이너(디자인 주임-남성복)
어소시에이트 테크니컬 디자이너 (부테크니컬 디자이너)
패턴관리자
테크니컬 디자인 보조자
품질 관리 보조자 (검품 보조자)
판매부서 보조자 (3명이 함께함)
e-커머스 매니저
전체 직원 6명
소비자 관리 부서
소비자 관리자
소비자 관리자
소비자 관리자
소비자 관리자
프로젝트 매니저
그래픽 디자이너
그래픽 디자이너
카피라이터
공공업무 관련 매니저
국제 판매 매니저
판매부서 보조
세일즈 렙 : 판매 관리자
세일즈 렙 : 판매 관리자
세일즈 렙 : 판매 관리자
세일즈 렙 : 판매 관리자
세일즈 렙 : 판매 관리자
세일즈 렙 : 판매 관리자
표에 포함되지 않은 부서들은 물류창고팀, 배송팀, IT팀, 건물 관리팀이다.
각각의 업무에 대한 자세한 설명은 본문의 글상자 1.1부터 1.11을 참조.

그림 1.9

운드 타임(turnaround time)을 가져올 수가 있다는 장점이 있다(Kilara Le, 2013). 비록 리쇼어링이 모든 의류 생산의 최고의 답은 아니어도, 근래에 들어서 대세가 되는 아주 인기 있는 선택방법 중 하나이다.

사회적 책임

사회적 책임(social resposibility)을 강조하는 것은 윤리적이고 사회적으로 책임 있는 결정을 하는 데 중요한 문제이다. 모든 의류 생산과 판매 과정의 각 단계에서 사회적으로 책임 있는 의사결정이 요구된다. 이것은 예를 들면 아동 노동과 스웨트숍(노동자의 권리와 인권을 보호하지 않는 산업체나 생산체) 없이 지속 가능한 노동력을 결정하는 것, 환경친화적인 재료를 사용하는 것, 친환경 포장과 마케팅의 사용, 소매 제품을 효율적으로 운영하여 이산화탄소의 발생을 줄이고 탄소 발자국을 줄이는 것을 포함한다. 사회적 책임은 사회적으로 책임감 있는 공급사슬관리(supply chain management), 즉 사회적 책임은 디자인, 생산, 마케팅 및 유통 과정 처리를 포함한다. 최근 몇 년 동안 의류 공장에서의 비극(2013년 방글라데시에 위치한 라나플라자 공장이 불안정한 건물 구조 때문에 붕괴하여 약 1,100명의 노동자가 목숨을 잃었던 일)을 포함하여 명확하게 소매유통업체의 사회적 책임과 소싱 결정의 중요성이 우리의 관심을 끌었다. 현재 직면하는 이러한 사회적 문제를 해결하려면 소매 업체, 제조 업체, 그리고 소비자 등의 협력을 통한 노동자의 안전을 증가하려는 일들이 이루어져야 한다.

크라우드 소싱

과거에는 제품 개발이 회사 내의 디자인 및 제품 개발팀의 전적인 작업으로 이루어졌다. 그런데 **크라우드 소싱**(crowd sourcing)은 전통적인 직원 또는 공급 업체의 회사와는 관련이 없는 사람들이 힘을 모아서 제품을 만드는 새로운 방법이다. 인터넷 기술은 온라인 커뮤니티에서 아이디어를 요청하는 회사의 제품 개발을 가능하게 했다. 패션산업에서 몇 가지 인기 있는 웹사이트 중 예를 들어 www.designcrowd.com은 소비자들이 직접적으로 디자인과 생산에 참여하도록 요청하며 티셔츠와 같은 의류제품 생산을 한다.

제품 개발 기술 발전

의류산업 및 소비자 시장은 매우 경쟁력이 요구된다. 소비자들은 높은 혁신을 요구하며 더 큰 선택, 그리고 점점 더 적은 비용으로 더 나은 품질의 상품을 기대한다. 그 결과, 상품 개발에 들어가는 시간인 '리드 타임'은 줄이면서 마진은 높이고 비용은 줄이라고 각 회사의 제품 개발팀에 계속적으로 압력을 넣는다. 동시에 글로벌한 파트너들과 협력하여 개발하는 리사이클링, 테스팅 등과 관련한 제품의 수는 계속적으로 증가하고 있다.

기술 개발은 패스트 패션(fast fashion)의 트렌드를 더욱더 빠른 속도가 되게 부채질하고 있다. IT의 예로 디자인 개발 프로그램인 PLM(제품수명주기 관리 프로그램)과 이것과 연결된 하위 프로그램인 PDM(Product Data Management)인 디자인 개발 소프트웨어 프로그램, 3D 가상 피팅 프로그램인 Opti Tex(http://www.optitex.com/) 및 Clo 등이 있다.

제품수명주기 관리

점점 더 많은 기업이 **제품수명주기 관리**(producct lifecycle management, PLM) 프로그램을 사용하고 있는데, 이는 전체 제품의 수명주기를 관리하는, 즉 콘셉트 개발부터 디자인, 상품 개발, 소싱, 제조 등의 전 과정을 더욱 효율적으로 관리하도록 돕는다. PLM 시스템은 적은 오류와 더 많은 협력, 간소하고 빠른 제품 혁신에 대한 인프라 구조를 제공하며 이를 통하여 좀 더 잘 관리되고, 협력적이고, 빠른 시간에 제품비용 감소 등의 이익을 제공한다. 이 시스템은 또한 실시간으로 글로벌 제품팀이 공유하는 데이터의 가시성과 투명성을 증가시킬 수 있으며, 실시간으로 일정 및 제품 정보 등을 공유할 수 있다.

PLM 시스템은 회사 제품 개발 프로세스의 전체 구조를 지탱해주는 포괄적인 소프트웨어 도구이다. 머천다이저들은 계절 캘린더 및 라인 플랜을 만들 수 있다. 디자이너와 상품 개발자들은 디자인 디테일, 자재내역(Bill of Material)과 샘플의 치수 측정 지점 등의 기타 정보들을 포함한 작업지시서를 만들 수 있으며 샘플 주문 관리 및 공급업체와의 샘플 리뷰 등도 관리할 수 있다.

소재와 부자재 개발자들은 랩딥(디자인된 색상에 맞게 염색된 스와치 샘플), 스트라이크-오프(요구된 디자인에 맞게 제조된 약 45cm 정도 크기의 직물 스와치), 재료 품질 요구사항 및 테스트 등의 정보도 관리할 수 있다. 소싱 및 생산팀은 비용관리서와 생산일정 등도 관리하여 일정에 맞게 주문

된 제품이 생산 및 배달되도록 관리한다. PLM 시스템은 또한 상품화를 포함한 다른 기업 시스템과 통합될 수 있어서 머천다이징, 주문 등과 연동되어 원활한 기업 데이터 공유 및 의사결정에 대한 처리 시스템을 돕는다.

지난 5~10년 동안 다양한 회사가 PLM을 생산하고 의류산업 시장의 요구를 충족시키기 위해 애쓰고 있다. 때로는 심지어 대기업 의류산업 기술 업체인 PTC(Flex PLM), Gerber Technology(Yunique PLM)와 틈새시장 공급자들인 Lectra PLM(패션에 초점)과 TEXbase Inc.(자재에 초점) 등이 있다. 최근 이 시장에 도전장을 낸 카멜레온(Chameleon) PLM은 시장에서 강력한 아직 저렴한 PLM 솔루션 서비스 기술로 클라우드 기반 소프트웨어를 제공하고 있다.

3차원 가상 피팅 프로그램

Opti Tex(http://www.optitex.com/) 및 Clo(http://www.clo3d.com)는 최근 의류제품 개발 과정에서 가상 피팅 프로그램으로 많이 채택되고 있다(그림 1.10). 두 프로그램 모두 3D 가상 프로토타입, 피팅, 실제 샘플 및 가상 직물 시뮬레이션을 만든다. 디자이너들은 프로토 샘플을 만들고 이 샘플을 검토하고, 실제 패턴을 공장에서 디자인 회사의 본사로 보내고 받는 시간을 단축할 수 있어서 의류상품 개발의 리드 타임을 상당히 절약할 수 있다. 그 결과 제품이 소비자와 시장에게 소개되는 시간을 신속하게 할 수 있다.

또한 핏의 변화에 따른 다양한 핏 모델 아바타를 3D로 만들고 수정할 수 있다. 3D 시뮬레이션 또한 쉽게 디자인 세부사항을 수정할 수 있게 하는데, 예를 들어 다양한 부자재 또는 디자인 디테일, 즉 지퍼, 징(rivet) 등의 크기를 손쉽게 변경하고 디자인 요소인 솔기의 처리를 바꾸거나 주름, 페이싱, 인터라이닝(충전재) 등의 내용물도 쉽게 바꿀 수 있다.

현재의 기술로는 3D 소프트웨어 프로그램은 니트류 같은 경우 정확하게 신체에 맞는 니트의 신축성(stretchability)을 창출하지 못하는 등 몇 가지 단점이 있기는 하지만, 생산 과정을 빠르게 하고 비용을 절감한다는 점에 있어서는 매우 혁신적인 접근방법이다.

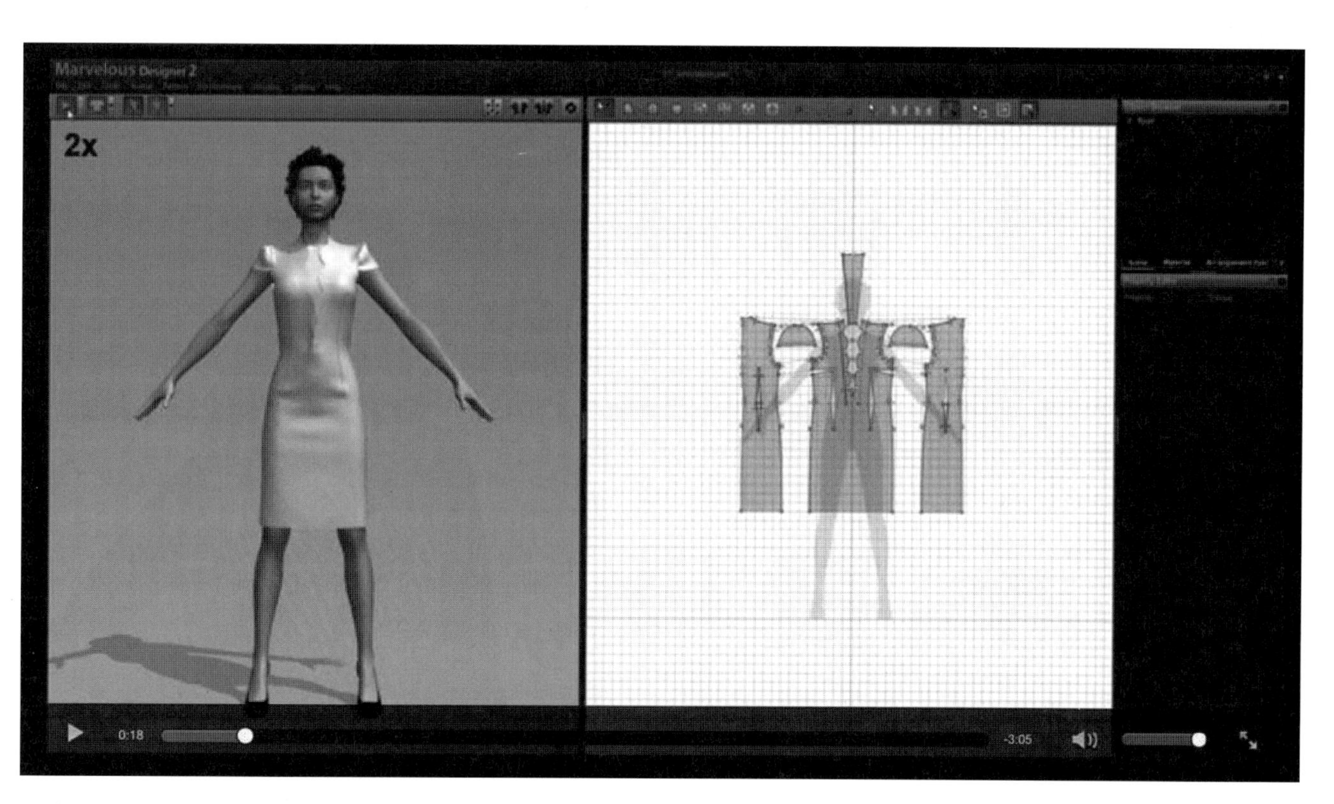

그림 1.10 CLO 3D : 의류 CAD 및 3D 시뮬레이션 소프트웨어

요약

제1장에서는 의류산업과 의류상품 개발의 전반적인 내용을 보여주었다. 의류 생산자와 의류 판매자의 관계에 따른 기성복의 다양한 카테고리도 다루었다. 다양한 프라이빗 레이블 브랜드를 예를 들어 구분했고 현재 의류산업의 동향도 알아보았다. 가격 범위와 성별, 나이에 따라 의류상품을 구분했고, 의류산업의 현장에서 일하는 주요 전문직과 업무에 대해서는 실제적인 의류업체에서 사용하는 채용공고를 예로 들어 알아보았다.

도움이 된 웹사이트

전문 기관

- International Textile and Apparel Association(www.itaaonline.org)
- American Association of Family and Consumer Sciences(www.aafcs.org)
- American Association of Textile Chemists and Colorists(www.aatcc.org)
- The Fashion Group International, Inc.(http://newyork.fgi.org/index.php)

기타 업체

- Worth Global Style Network(WGSN): www.wgsn.com
- Daily News Record(DNR) : www.dnrnews.com
- Fashion.net: www.fashion.net
- Fashion Center — New York City: www.fashioncenter.com
- First View.com: http://firstview.com
- Just Style: www.just-style.com
- Women's Wear Daily(WWD): www.wwd.com
- ApparelSearch.com: www.apparelsearch.com
- Fabric University: www.fabriclink.com/University.html
- Fiber World: www.afma.org/FiberWorld/fiber.html

연구문제

1. 2개의 여성용 의류 브랜드의 웹사이트를 방문하여 각각의 회사 이름, 판매 상품의 가격 범위, 판매 상품 카테고리를 적어보자. 두 의류 회사 상품 사이의 다른 점들을 적어보자.
2. 뉴욕타임스 등의 외국 신문에서 1개의 논문을 찾아보자(참고 : 뉴욕타임스의 목요일자 신문에는 'The Thursday Styles'란 부문이 있고 비즈니스 섹션을 읽어보면 의류 생산과 관계된 논문을 찾기 쉬울 것이다). 기사논문은 직접적 · 간접적으로 의류 생산의 현재나 미래와 관련된 것이면 된다. 예를 들면 주식시장, 수출입 관계, 지구의 온난화와 관계된 것도 있을 것이다.
   (1) 낭신이 선택한 기사논문의 주제는 무엇인가?
   (2) 왜 선택한 논문이 의류 생산과 관련이 있다고 생각하는가?
   (3) 이런 의류 생산이 앞으로의 미래의 의류 생산 과정과 의류산업에 어떤 영향을 끼칠 것이라고 생각하는가?
   (4) 기사논문을 출력하여 첨부하라.
3. 가격대가 다른 그러나 같은 성과 연령대의 의복을 판매하는 2개 의류업체 브랜드의 웹사이트를 방문해보자. 각각의 회사 이름, 홈페이지 주소를 적어보자. 각 브랜드의 타깃 소비자의 프로파일을 적고 판매 상품의 가격 범위를 적어보자. 현재 판매되는 비슷한 2개의 상품을 각각의 브랜드에서 정해보자. 상품의 특징을 알아보자. 직물 가격, 부자재의 가격, 노동력의 비용을 고려해보자. 상품의 생산지를 고려하고 이에 따라 노동력의 비용이 상품의 가격에 미치는 영향을 논의해보자. 이 밖에도 다른 영향력이 가격의 차이를 결정했다면 찾아서 알아보자.
4. 의복을 하나 고르고 의복의 제조자로서 아니면 판매자로서 상품의 가격을 조정할 수 있는 세 가지 특징을 찾아보자. 그런 다음, 소비자의 측면에서 세 가지 특징을 찾아보자. 제조자 또는 소매상의 입장에서 찾아본 조건들이 소비자의 입장에서 찾은 조건들과 같은가? 이때의 차이점(혹은 공통점)을 어떻게 설명할 수 있는가?

이해 확인

1. 기성복이란 무엇인가?

2. 의류기업에서 범세계화가 필수적인 이유는 무엇인가?
3. 의류 생산과 제조의 미래 모습은 어떨 것이라고 예상하는가?
4. 의류산업에서 범세계화의 장점과 단점은 무엇인가?
5. 의류 디자인 과정에서 테크니컬 디자이너의 역할을 무엇인가?

참고문헌

American Apparel Association Annual 2005 report. June 2006. www.apparelandfootwear.org/UserFiles/File/Statistics/trends2005. pdf. Retrieved Jan 7, 2008.

Barbaro, M. 2007. "Macy's and Hilfiger Strike Exclusive Deal," *New York Times*, October 26, 2007

Bhagwati, J. 2004. *In Defense of Globalization*. Oxford, New York : Oxford University Press.

Boggan, S. 2001. "We blew it. Nike Admits to Mistakes Over Child Labor." Common Dreams.org News Center. www.commondreams.org/headlines01/1020-01.htm

Bonacich, E. et al., 1994. The garment industry in the restructuring global economy(ed.). In *Global Production: The Appare Iindustry in the pacific rim.* Edited by Edna Bonacich, Lucie Cheng, Norma Chinchilla, Nora Hamilton, and Paul Ong. Philadelphia: Temple University Press, pp. 3-18.

Brown, P. & Rice, J. 2001. Ready to Wear Apparel Analysis(3rd ed.). Upper Saddle River, New Jersey: Prentice Hall.

Burns, L. D., Mullet, K. K., and N.O. Bryant. 2011. *The Business of Fashion*. New York: Fairchild Publications.

Crawford, Z. "Critical Shopper, You Won't Believe Who I Saw at Kohl's," *The New York Times*, September 20, 2007. www.nytimes.com/2007/09/20/fashion/20CRITIC.html?scp=1&sq=You%20Won%92t%20Believe%20Who%20I%20Saw%20at%20Kohl%92s&st=cse#.

Daly, H.1999. Globalization versus Internationalization — Some Implications. *Ecological Economics 31*:31-37.

Dickerson, K. 1999. *Textiles and Apparel in the Global Economy*(3rd ed.), Upper Saddle River, New Jersey: Prentice Hall.

Ferdows, K., M. A. Lewis, and J. A. D. Machuca. 2004. "Rapid-fire fulfillment." *Harvard Business Review*, 82(11). http://edition.cnn.com/BUSINESS/programs/yourbusiness/stories2001/zara/.

Homes, E. "Forever 21 Pursues Big-Store Branding." The *New York Times. June 24, 2010.*

Kunz, G. & Garner, M (2009). *Going Global: The Textile and Apparel Industry*. NY: New York. Fairchild Publications.

La Ferla, R. "Faster Fashion, Cheaper Chic." *The New York Times*, May 10, 2007.

Le, Kilara. (2013, March 27). Reshoring, Bringing Manufacturing Jobs Back to the United States. *(TC)^2 Technology Communicator*, Retrieved March 9, 2014, from http://www.tc2.com/newsletter/2013/032713.html.

Levy, M., and B. A. Weitz. 2007. *Retailing Management* (6th ed.). Boston: McGraw-Hill/Irwin.

Shen, D. 2008. What's Happening in China's Textile and Clothing Industries? *Clothing and Textiles Research Journal* 26(3), 220-222.

Trends: An Annual Statistical Analysis of the U.S. Apparel and Footwear Industries. (2009, August). Arlington, VA: American Apparel and Footwear Association.

Thames and Hudson(1998). The *Thames and Hudson Dictionary of Fashion and Fashion Designers*. New York: Thames and Hudson.

Thoney-Barletta, K., and L. Hartman. Zara Fast Forward Workshop. Journal of North Carolina State University. http://www.tx.ncsu.edu/jtatm/volume5issue1/ Zara_fashion.htm. Retrieved June 13, 2008.

CHAPTER 2

의류상품 개발 과정과 테크니컬 디자인

학습목표

1. 디자인 캘린더에 대해 이해한다.
2. 디자인 캘린더와 의류 생산 과정을 이해한다.
3. 의류 생산 과정에서 다양하게 사용되는 여러 작업 샘플에 대해 이해한다.
4. 테크니컬 디자인을 정의한다.
5. 다양한 스타일의 의복을 디자인하는 기술과 테크니컬 디자인에 대해 이해한다.

주요용어

도착가격(landed price)
라인플랜(line plan)
벤더 매뉴얼(vendor manual)
봉제 디테일(construction detail)
부재료(finding)
사이즈 세트 샘플(size set sample)
상품화 과정(commercialization process)
색상(colorway)
샘플 사이즈(sample size)
샘플 평가서(sample evaluation comment)
생산 샘플[top of production(TOP) sample]
스타일 번호(style number)
시제품 샘플(prototype samples)
실루엣(silhouette)
예비생산 샘플(pre-production sample)
오차허용치수(tolerance)
유행 예측 회사(forecast company)
치수 측정법(how to measure)
컬러 스토리(color story)
콘셉트 보드(concept board)
테크니컬 플랫(technical flat)
트레이드 쇼(trade show)
FOB 가격(free-on-board Price)
SKU(stock keeping unit)

이 책에서 의류 생산이라는 단어는 '의류상품의 생산'을 의미한다. 의류 생산의 과정은 초기의 아이디어 창출부터 시작해 상품의 생산과 납품까지 다양한 과정을 포함하고 있다. 이 장에서는 각 의류 생산 과정을 다루어 보고, 각 단계를 설명하면서 각 생산 과정에 따른 다양한 상품 개발용 샘플에 대해 설명하고자 한다.

디자인 개발

의류 생산 과정의 첫 단계는 디자인 개발이다. 디자인 개발 캘린더(design development calendar)는 작지만 아주 여러 가지 일들로 가득 차 있다. 대부분의 여성복은 1년을 네 계절에서 간절기를 포함해 많게는 여섯 계절로 나눈다. 각각의 상품 개발용 계절(season)은 세부화되어서 각 계절 안에서도 여러 개로 나뉘어 매장에 디스플레이되도록 해 소비자에게 신선하게 새 상품을 계속적으로 경험할 수 있도록 한다. 디자이너들은 이런 이유에서 여러 계절의 의복 생산 작업을 동시에 한다. 즉 하나의 계절을 마무리하고, 다른 계절 상품들을 계속 개발하며, 또한 새로운 계절을 계획하는 등 세 계절의 상품 개발을 동시에 한다.

디자이너의 역할

의류상품 개발에서 팀워크의 중요성은 아무리 강조해도 지나치지 않다. 그렇다면 팀 멤버는 누구를 말하는가? (23쪽의 그림 1.9 조직도를 참조하라.)

디자인에 대한 초기 방향을 정하는 사람은 디자인 디렉터(design director)와 프로덕트 라인 매니저(PLM), 또는 수석 디자이너(senior designer)이다.

디자이너의 주요 작업 중 하나는 창의적인 문제 해결이다. 만약 새로운 디자인이 고객이 원하는 요구와 목표 가격을 명중하고 전체적으로 라인에 맞는 새로운 디자인이 된다면 이 디자인은 성공한 것이다. 디자이너의 임무는 모든 중요한 변수에 맞는 멋진 디자인을 창출하는 것이기 때문이다. 주요한 디자인 요소들은 〈그림 2.1〉에 나열되어 있다.

대부분의 디자이너들은 어시스턴트 디자이너 등의 디자인 부서에 도움을 제공하는 지원 역할을 하는 것에서부터 그들의 경력을 시작한다. 이는 디자인 캘린더와 마감일을 이해하고 지키는 것으로부터 시작하며 시간을 맞추기 위한 위기의 감각과 성공적 제품 개발을 위해 필요한 일을 기꺼이 하려는 마음이 필요하다. 다양한 일상적인 작업(레이블 승인, 에이전트 또는 공장이나 벤더에게 중요한 정보를 의사소통하는 것)들을 포함한다. 대부분의 직업이 중요하지만 별로 재미있지는 않은 일상의 업무들로 이루어진 것처럼 의류도 예외는 아니다. 그러나 매일의 일은 다르며 일하는 환경은 늘 매우 변화무쌍하다. 그리고 스포츠에서처럼 성공적인 팀의 일부가 되는 것은 힘들어도 매우 보람 있는 일이다.

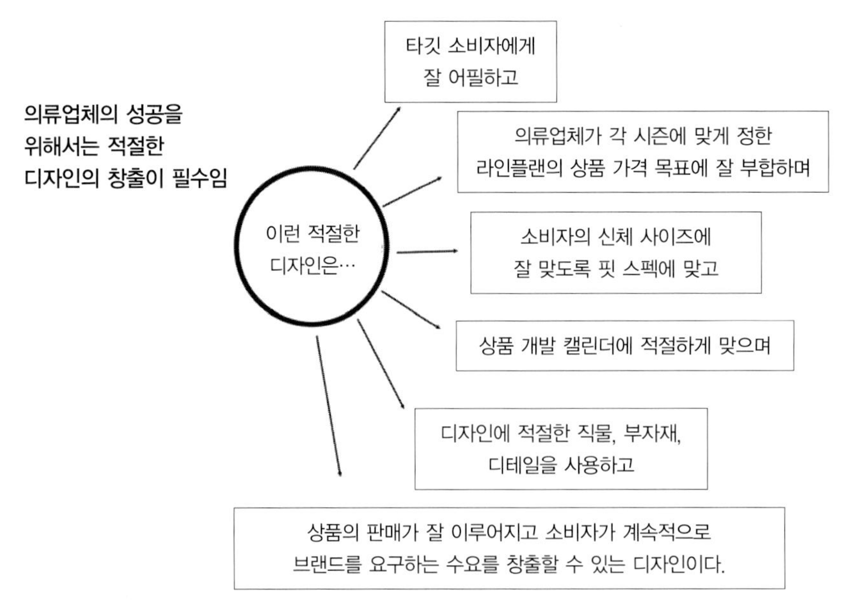

그림 2.1 디자이너의 역할

프로덕트 라인 매니저(PLM)의 역할

프로덕트 라인 매니저(PLM)는 전반적인 카테고리 기획 및 제품의 제작 과정에 대한 책임이 있다. 이는 디자인팀을 이끌고 각 시즌, 재무목표에 맞게 제품을 개발하고 비즈니스 전략 및 시장점유율을 창출한다. 시즌 초에는 PLM이 회사에 적합한 아이디어를 개발하는 예비 프레임워크를 준비한다. 연구 완료 후 스프레드시트, 즉 모든 새로운 스타일과 전 계절의 이월 스타일(carry over style), 시즌에 맞는 이 스타일의 예상된 가격 목록을 포함한 **라인플랜**(line plan)이 준비된다. 라인플랜은 각 스타일에 대한 예상 판매량과 예상 판매 가격을 포함한다.

〈표 2.1〉은 관련 업무와 주요 책임자가 누구인지 보여준다. 대부분의 업무는 여러 부서 간의 협업으로 이루어진다.

타깃 마켓에 맞는 디자인 구상

의류업체들은 과거의 판매량 등에 따른 자신들의 타깃 소비자들에 대한 이해를 가지고 있다. 이렇게 의류업체들이 소비자들에 대하여 더욱 많이 알고 있을수록 이들의 사업은 성공적일 것이다. 과거의 소비자들은 광고 혹은 기업의 의류 브랜드 자체에 좀 더 높은 브랜드 충성도가 있었다. 그러나 최근에는 이와 달리 젊은 소비자들은 다른 구매자들의 의견이나 온라인 상품평 또는 자신의 친구들의 의견에 좀 더 많은 영향을 받는다. 의류업체가 자신의 타깃 소비자에 대하여 이해하는 데 도움을 주는 4개의 가이드라인을 참고하라.

소비자의 연령, 사이즈, 성별

소비자의 연령, 사이즈, 성별은 매우 중요하게 고려되어야 할 요소들이다. 이 요소들은 서로 연결된다. 특히 사이즈의 규격

표 2.1 각 의류 생산 과정을 총괄하는 직업군

	라인 개발과 관련된 업무		업무 주요 책임자	
1	계절별 라인플랜의 개발	→	프로덕트 라인 매니저	1
2	디자인/연구/스케치/컬러 스토리 개발	→	디자이너	2
3	직물/직물의 프린트와 컬러 선택/랩딥과 스트라이크 오프 요청	→	디자이너/패브릭 스페셜리스트	3
4	팀 미팅/콘셉트 보드/첫 번째 프로토 샘플을 요구할 수 있도록 스타일 승인	→	프로덕트 라인 매니저/ 디자인 매니저/프로덕션 매니저	4
5	프로토 샘플을 만들기 위해 선정된 직물을 공장에 보냄	→	패브릭 스페셜리스트	5
6	작업지시서/첫 번째 프로토 샘플 요청	→	디자이너	6
7	패턴 제작/샘플 제작/비용 예측/제작된 첫 번째 프로토 샘플과 비용 리스트를 의류공장에 보냄	→	에이전트/공장	7
8	부서에서의 디자인 리뷰, 첫 번째 샘플을 핏하고 제품 생산 시 상품 관련 코스팅(비 결정용)	→	브랜드 매니저/상품 라인 매니저/디자이너/테크니컬 디자이너/상품 개발자	8
9	판매홍보 샘플 승인 또는 생산 관련 시간의 여유가 있다면 '두 번째 프로토 샘플' 요청	→	프로덕트 라인 매니저/디자이너/테크니컬 디자이너/프로덕트 플래너	9

과 각각의 사이즈 차이의 범위는 스타일링을 결정하는 중요한 요소가 된다. 예를 들면 10대의 스타일과 핏은 50대의 스타일이나 핏과는 매우 차이가 있기 때문이다. 성별 역시 중요한 요소다. 여성의 경우에 있어서 핏은 남성과는 다르게 더욱 중요한 요소다. 이는 여성의 체형을 옷으로 보완함으로써 더욱 맵시 있게 보이게 하기 위해 숨겨야 할 부분은 숨겨 주고 강조해야 할 부분은 강조해야 하기 때문이다. 예를 들면 남성의 테일러드 셔츠는 보통의 경우 여성의 것보다 더욱 헐렁하다. 왜냐하면 여성이 좀 더 몸에 딱 맞는 핏을 선호하기 때문이다.

연령과 사이즈, 성별에 관계없이 자신의 회사가 겨냥한 소비자들이 가장 좋아하는 기능적이고 편안하며 그들의 몸에 잘 어울리는 옷을 만드는 것이 디자이너의 가장 중요한 목표다. 특히 연령이 브랜드 정체성에서 가장 중요한 부분일 때는 연령에 맞게 디자인하는 것이 매우 중요하다.

몇몇 회사들이 자신의 고유 고객들은 신경 쓰지 않고 젊고 유행 감각에 민감한 고객들을 위한 의류상품 생산에 중점을 두고 있는 경우가 있다. 새로운 고객들에게 집중하기 위해서는 그들을 위한 새로운 브랜드 이름과 그에 맞는 새로운 마케팅 개발 및 관리로 새 고객들과 연결되는 새로운 상품 라인을 개발하는 노력을 보인다. 애버크롬비 & 피치는 오래전 상류층의 사냥용 의복에서 시작하였으나 젊고 섹시한 10대와 20대의 젊은이들을 겨냥한 새로운 의류상품 라인으로 탈바꿈하였고 이런 타깃 마켓의 변화를 통해 성공적인 기업으로 변신하는 신화를 창조하였다.

상품가격의 범위

각각의 회사들은 각 회사에 맞는 가격 범위가 있다. 소비자들은 각각의 회사에 따른 상품의 특성과 가격에 대한 아이디어를 가지고 있다. 예를 들면 낮은 가격대의 상품을 판매하는 회사의 경우는 높은 가격의 좋은 상품들을 소개해도 소비자의 인식을 바꿀 수 없으므로 소비자들은 구매를 하지 않을 것이다. 게다가 이익의 극대화를 위해서는 낮은 가격대의 상품은 많은 양을 판매해야 하고 넓은 범위의 소비자층을 겨냥해야 한다. 이런 브랜드의 경우 매우 적은 수의 소비자들에게 사랑을 받는 독특한 유행 트렌드를 따라간다는 것은 좋지 않은 마케팅 전략이다. 동시에, 디자이너와 머천다이저들은 타깃 소비자에 맞는 가격대의 상품을 개발해야 하고, 가격 차이를 조금씩 단계적으로 이루어 가야 한다. 예를 들어 〈표 2.2〉의 라인플랜을 보면, Skirt 1의 도매가격은 34달러지만 Skirt 2의 도매가격은 56.75달러이다. 이는 바이어들에게 아주 눈에 띄는 차이일 것이다. 이런 것을 막기 위해서는 가격을 신중하게 결정해서 각각의 상품 라인에 따른 적정한 상품가격 범위 안에서 결정해야 할 것이다.

타깃 소비자의 라이프스타일

디자이너들이 창출하는 의류상품은 다양한 라이프스타일을 가진 소비자 그룹에 맞게 만들어진다. 만약 소비자 그룹들의 라이프스타일이 아주 캐주얼하거나 매우 스포티하거나 또는 편안함을 추구한다면 바이어들은 이런 것을 잘 이해하고 있어야 자신의 타깃 소비사들에게 낮는 상품을 구입할 수 있다. 또 다른 예로, 소비자가 관리나 사용이 편한 의복을 선호한다면 드라이클리닝이나 다림질이 필요한 의복은 피하는 것이 좋다. 미혼 소비자의 경우 아마도 자신을 위해서 사용할 수 있는 여윳돈이 있기에 패션에 더욱 관심이 많고 좀 더 유행에 민감하며 의복 구매를 다른 그룹의 사람들보다 많이 한다. 어린아이가 있는 소비자들의 경우는 자신을 위한 의복 구매보다는 자녀를 위한 의복 구매에 소비를 할 것이다. 대학생들의 경우는 자신이 원하는 스타일로 의복을 구매하고 입을 것이나 그들이 대학을 졸업하고 직장을 잡게 되면 직업에 맞는 전문인으로서의 의복을 구매할 것이다. 산악용 자전거를 타거나 하이킹을 즐기거나 스케이트 혹은 스노보드를 타는 활동적인 라이프스타일을 가진 사람들은 주말의 여가생활을 위한 아주 캐주얼하고 편안한 스포츠 의복을 구입할 것이다. 성공적인 의류 회사라면 각 소비자들의 라이프스타일을 잘 이해하고 이런 라이프스타일에 맞는 효과적인 의류상품을 생산할 것이다.

이미지

의류업체들이 소개하는 자사의 브랜드 이미지는 타깃 소비자의 라이프스타일과 깊은 관련이 있다. 각 회사 상품의 특성들은 상품의 가격과 상관없이 이런 브랜드 이미지와 잘 맞아야 한다. 성공적인 의류업체의 경우는 자신의 타깃 마켓에 맞는 지속되고 변함없는 브랜드 이미지를 가지고 있어야 한다. 각 회사의 제품들은 패션 지향적인 소비자들이나 보수적인 스타일을 원하는 소비자들 모두에게 그 회사에게 기대하는 '룩'을 가진 상품을 판매해야 한다. 미국 의류업체인 토미 바하마

(Tommy Bahama)는 가상의 인물인 미스터 토미 바하마를 창출해 그 사람에게 맞는 브랜드의 이미지를 창출해 나가고 또한 계속적으로 그가 누구인지(즉 그가 어떻게 그의 시간을 보내고 여가 활동을 하는지를), 그가 여가를 보낼 때 어떤 옷을 입는지를 소비자에게 교육시킨다.

소비자들이 신분 상승의 열망이 있을 때는 그들 원하는 타깃 라이프스타일에 맞는 스타일과 브랜드의 의복을 구입한다. 브랜드 이미지는 각 의류업체가 어떤 타깃 소비자를 찾아서 그들에게 각 브랜드 이미지가 그려내는 라이프스타일을 자신들의 의복을 사서 입음으로써 받아들이게 하는 데 가장 중요한 필수요소 중 하나다.

디자인을 위해 사용하는 방법

유행을 연구하는 유행 예측 회사들은 18~24개월 후에 유행할 색상과 트렌드를 연구해서 이를 책으로 만들며 미래 유행의 방향을 예측한다. 대기업들은 이들 유행 예측 회사들을 고용하여 미래 패션에 대한 연구를 발표하게 한다. 어떤 의류회사는 자신의 회사 내부에 트렌드를 연구하는 트렌드 디렉터라는 직책을 두고 이들이 현재 패션을 해석하도록 한다. 이런 회사는 회사 내부에 패션 도서관을 가지고 있으며 신문, 잡지, 트렌드 리포트, 직물 스와치, 단추, 부자재들을 보관해 디자인적 영감을 얻는 데 사용한다. 패션 디자인의 디자인 방향, 즉 라인플랜을 결정하기 위해서 디자인 과정에 참여하는 모든 직원과의 면밀한 토론을 거쳐 회사에 가장 적절한 디자인을 결정한다. 이런 이유에서, 라인플랜은 각 계절의 디자인 개발에 가장 중요한 요소이다.

타깃 소비자를 위한 디자인

디자이너들은 다양하게 수집된 정보를 통하여 얻은 디자인 영감을 가지고 의류상품의 디자인 과정을 시작한다. 이 과정에서 가장 중요한 것은 역시 연구, 연구, 연구이다. 현재 유행하는 트렌드의 연구가 이때 이루어지는데, 이는 거리에서, TV, 패션쇼의 런웨이, 잡지, 뉴스, 영화, 뮤직비디오 등의 다양한 곳으로부터 얻게 된다. 예를 들면 젊은 남성들을 위한 남성복의 유행은 유명한 스포츠 선수들로부터 시작된다. 스포츠 스타, 스케이트보딩, 스노보딩 등이 유행에 특히 많은 영향을 끼친다. 또 하나의 다른 예는 힙합 음악이다. 그러나 이 과정에서 무엇보다 가장 중요한 것은 각 회사의 독특한 타깃 마켓과 그들이 원하는 각 회사가 개발하는 상품의 독특한 디자인 특징을 잘 이해해야 한다는 것이다. 각 회사는 자신들이 정한 타깃 마켓에 맞는 독특한 의류상품을 개발하므로 현재 유행하는 모든 트렌드를 모든 회사가 다 고려하여 받아들일 필요는 없다. 예를 들면 모든 아우터웨어에 아이팟이나 이어폰 포켓이 필요한 것은 아니다. 이는 좀 더 젊은 층의 소비자들에만 주로 필요한 것이다.

계절별 아웃라인의 기본

하나의 라인은 서로 관계된 의류상품의 한 그룹을 의미한다. 그러면 어떻게 라인이 개발되는가? 이것은 의류산업과 의류생산 과정에 종사하는 다양한 사람들로부터의 동향분석과 시장조사 과정을 통해 이루어진다. 이 책에서는 독자의 이해를 돕기 위해 사용된 가상의 의류업체 XYZ의 상품 개발 과정을 설명한다.

이 라인은 미시 여성정장(Missy Career Division)의 20XX년 봄의 것으로, '알프레스코(Alfresco)'라는 이름으로 불린다. 타깃 소비자들은 미시 사이즈이고 나이는 25~45세의 전문 직장 여성들로서 중간 가격대, 즉 중고가인 베터(better)에서 중간 가격대인 모더레이트(moderate) 정도 가격대의 상품 라인이다. 스타일링은 전반적으로 클래식하고, 약간 몸에 붙는 세미 피티드 스타일이다. 이제 어떻게 이 상품들이 개발되는지를 단계별로 알아보도록 하자.

시장조사

머천다이저들은 유행의 동향을 분석하고 판매동향을 분석하며 라인플랜들을 만들어낸다. 이것은 회사의 예산에 따라 결정되는 〈표 2.2〉의 예에 잘 나타나 있다.

디자인팀에서는 유행 예측 회사, 즉 프로모 스타일(Promostyle) 등과 같은 회사에서 색상과 트렌드 정보를 모아서 연구한다.

컬러 스토리

첫 번째 단계는 컬러 스토리를 개발하는 것이다. 디자이너와 컬러리스트들은 앞으로 유행하게 될 색상들을 결정하는 데 상당한 도움이 되는 유행 예측 회사의 정보를 이용한다. 색상 예측은 직물 스와치들과 컬러 칩, 또는 다양한 색상별 실들을 사용하고 여기서 **컬러 스토리**(color story)는 각각의 주제에 따

표 2.2 알프레스코 라인플랜

XYZ 미시 커리어 라인플랜, 봄 20XX, 알프레스코 라인									
아이템	직물	컬러웨이	사이즈	전체 생산량	FOB	도착가격	도매가격	소매가격	전체 도매가격
skirt 1, A-line (C/O)	stretch twill " "	lavendrine bamboo black	2-16 " "	2,600	$12.75	$17.00	$34.00	$68.00	$88,400.00
skirt 2, cigarette (new)	silk jersey " "	honeycomb white black	2-16 " "	1,850	$23.41	$31.21	$56.75	$113.50	$104,987.50
skirt 3, sarong (new)	dot print	print-multi	xs-xl	900	$22.05	$29.40	$49.00	$98.00	$44,100.00
Dress 1 (C/O)	crepe "	bamboo black	2-16	3,100	$18.56	$24.75	$49.50	$99.00	$153,450.00
pant 1 (new)	crepe "	honeycomb black	2-16 "	2,900	$21.14	$28.19	$51.25	$102.50	$148,625.00
jacket 1 (new)	stretch twill " "	lavendrine white bamboo	2-16 " "	2,200	$26.33	$35.10	$67.50	$135.00	$148,500.00
jacket 2 (new)	crepe "	black honeycomb	2-16 "	1,200	$30.73	$40.98	$74.50	$149.00	$89,400.00
top 1, tie blouse (C/O)	voile print "	honeycomb lipstick	xs-xl "	1,250	$12.68	$16.91	$29.15	$58.30	$36,437.50
top 2, halter sweater (C/O)	large gauge " "	lipstick honeycomb black	xs-xl " "	1,800	$13.46	$17.94	$34.50	$69.00	$62,100.00
top 3 knit tank (C/O)	silk jersey " " " " "	light lipstick light honeycomb white light lavendrine light bamboo black	xs-xl " " " " "	4,000	$12.56	$16.74	$31.00	$62.00	$124,000.00
						total wholesale dollars			$1,000,000.00

른 색상들을 의미한다.

유행 예측 회사에서는 계절별로 유행을 예상한 책을 발간해 판매한다. 이런 회사들의 고객들로는 자동차 제조회사, 인테리어 디자이너, 화장품 회사, 가구 회사, 의류업체 등이 있다. 미국 뉴욕에 자리 잡고 있는 회사들인 미국색상협회(The Color Association of the United States)나 컬러협회(Color Committee) 등을 예로 들 수가 있다. 이런 회사들에서는 다양한 잡지나 유럽 디자이너들의 색상 선택 등 소비자들의 상품 구매에 따른 과거의 판매 정보 등의 다양한 곳에서 정보를 얻어서 미래의 색상 팔레트들을 예측한다(Burns, Mullet, & Bryant, 1997).

서로 조화가 잘 될 색상들의 선택이 이루어지면, 각 색상들에 대해 계절의 주제와 타깃 소비자의 분위기에 맞는 이름을 정한다. 예를 들면 한 회사에서는 색상의 이름을 '가을 단풍'이라 하고 어떤 회사에서는 '불타는 사랑'이라고 부를 것이다. 아동복에서는 색상 이름에 재미난 표현들을 많이 사용하고 남성복의 경우는 자동차나 기계에 관계된 이름 등 남성들이 좋아하고 관심을 갖는 주제와 관련해 결정하기도 한다.

녹색의 경우 같은 색상이라도 다양한 이름으로 불린다. 예를 들면 편하게 고유 명사로 불러서 켈리란 사람이 디자인한 색상이라고 해서 켈리 그린(kelly green), 또는 에머랄드, 나뭇잎, 앵무새 녹색 등으로 불린다. 이는 각 계절의 주제에 맞추고 바이어들의 눈길을 더 끌기 위해 결정된다.

XYZ 회사에서는 20XX년 봄의 주제를 알프레스코로 잡았다. 이는 봄의 느낌이 가득한 야외를 의미하며 신선함, 꽃들이 만발함, 여성스러움을 내포하고 있다. 이런 주제 안에서 정해진 색상의 이름들로는 립스틱, 뱀부, 라벤더, 허니컴(벌집, 검은색과 흰색 등을 들 수 있다. 이 색상의 팔레트는 클래식하면서도 유행색들을 섞어서 포함하고 있다. 즉 라벤더, 뱀부, 허니컴은 이 계절의 새로운 유행 색상이고, 검은색과 흰색은 약간의 변화를 주어서 매 계절 꾸준하게 사용되는 기본 색상이며, 계절의 유행 색상인 립스틱은 지난 시즌에 아주 좋은 반응을 보였던 성공적인 색상이다. 특히 이 색상은 작년에 바이어에게 좋은 반응을 가져왔고 또한 지난 계절 동안 꾸준하게 소비자에게 선택된 색상이다. 립스틱이란 이름은 실은 알프레스코 주제에는 그리 잘 맞는 것은 아니지만, 워낙 색상 자체가 인기가 있었고 전 시즌에도 불렸던 이름이어서, 또한 직물을 제조하는 공장에 혼란을 주고 싶지 않아서 계속 같은 이름을 사용한다.

프린트

또 다른 단계로는 직물을 위한 프린트 디자인을 들 수가 있다. 이들은 각 회사 내부의 디자이너들에 의해 창조되거나 또한 각각의 프린트 개발을 전문으로 하는 개인 회사에 의해 구입된다. 의류상품 품목에 따라서 어떤 회사들은 좀 더 많은 프린트들을 개발하고 사용하는데, 하나의 좋은 예가 바로 수영복이다. 이에 반해 아우터웨어는 무늬가 있는 프린트 직물을 많이 사용하지 않는다. 대규모 회사의 경우는 회사 내부에 직물 디자이너들이 있다. 그러나 작은 중소 규모의 회사에서는 보통의 직종 구분이 없이 디자이너들이 이런 일들을 모두 담당하고 있다. XYZ 회사의 알프레스코 라인의 경우, 직물 프린트 개발을 위해 디자이너들은 우선 다양한 디자인 아이디어를 연구하고, 그런 디자인들이 자신의 소비자 마켓에 적절한지를 조사한다. 새 계절을 위해 예상된 키워드들은 흰색, 흑색, 앤틱 트로피칼, 스카프 프린트, 레트로 플로랄, 변형된 폴카도트, 보더 프린트, 페이즐리, 격자무늬(trellis), 텍스처 프린트, 바틱 나염(batik-type), 디지털 프린트, 기하학적 점들(geometric dots), 모티프를 스텐실한 것, 수채화 효과를 낸 직물(water color effect), 로고 프린트 등이다.

직물

다양한 직물을 개발하는 것은 디자인의 중요한 단계이다. 새로운 디자인 라인을 개발하는 데 있어서 직물의 트렌드를 아는 것이 매우 중요하다. 디자이너들과 머천다이저들은 새로운 직물들이 전시되고 다양한 색상과 프린트 경향을 알 수 있는 인터내셔널 트레이드 쇼(international trade show), 즉 독일에서 열리는 인터스토프(interstoff) 또는 프랑스 파리에서 열리는 프리미어 비전(premier visison) 등에 방문한다. 또 다른 정보 중 하나는 직물공장을 위해 일하는 세일즈 랩(sales represenatitives)으로 이들은 직물 스와치들을 가지고 각 회사를 방문한다. 또한 각각의 텍스타일 트레이드 잡지, 트레이드 신문, 예를 들면 우먼스웨어 데일리(Women's Wear Daily)나 DNR(Daily News Record)을 통해서도 정보를 얻는다. 디자이너들은 잡지에서 스크랩한 사진 등 다양한 곳에서 디자인의 영감을 수집하게 되고 자신의 노트북에 이런 다양한 아이디어를 그림으로 그려두기도 한다(제4장에서 다양한 스케치에 대해 다루고 있다).

어떤 직물들은 다른 곳에서는 함께 사용되지 않도록 독점으로 주문 생산되기도 하고 또는 별도의 주문제작을 하지 않고 직물 생산업체가 계속해서 만들어내는 직물을 사용하기도 한다. 만일 직물을 별도 주문 생산하려면 플래너는 이 새로운 직물이 완성되기까지의 과정과 시간에 대한 정확한 정보를 알고 있어야 한다. 하나의 특정한 회사에만 납품하기 위해 직물을 생산하는 경우라면, 각각의 직물공장에서는 요구되는 최소생산주문량이 정해져 있으므로(보통의 경우에는 3,000야드다) 정확한 양에 대한 계산이 미리 이루어져야 주문 생산에 착오가 없을 것이다.

디자이너나 머천다이저의 면밀한 시장조사와 유행조사가 진행된 후 직물의 선택이 이루어지면 이 새로운 직물들은 현재 사용되는 직물들과 잘 조화되어 적정 판매 가격 범위 내에서 소비자들에게 소개된다.

직물의 유행 정보는 직물을 정하는 것과 함께 다양한 직물을 묘사하는 단어들과 함께 사용되는데, 대표적인 예로 두 가지 색상이 표현되는 투 톤 이펙트(two torn effect), 부드러운 실크 같은 촉감, 손으로 만지는 촉감, 모래와 같은 표면 등을 들 수 있다. 흥미롭게도 니트와 우븐들은 특성들이 달라서 서로가 각각의 트렌드를 따라간다.

20XX 봄 니트 유행의 방향은 포인텔(pointelle, 다양한 패턴이 가능한 니트 디자인)과 포인텔 보더(pointelle boarder, 보더에 포인텔 디테일이 첨부된 니트 디자인), 실크 저지(silk jersey), 와이드 립(wide rib), 립 텍스처(rib texture), 매트 저지(matt jersey), 컷-앤드-소 스웨터 니트(cut-and sew sweater knits), 드롭 니들 스트라이프(drop needle stripes, 립 효과를 평행한 스트라이프에 만들어 인터벌 효과를 내는 니트 디자인)이다. 20XX년 봄에 우븐 직물 트렌드의 다른 예들로는 아주 부드러운 광채가 나는 섬세한 반짝임(delicate shine), 투명한 거즈(gauze transparency), 가벼운 슈팅(lighter suitings), 부드러운 외면 등을 들 수 있다.

좀 더 정확한 우븐에 대한 방향들로는 진주광택의 산퉁(shantung), 격자무늬, 체크, 선염 스트라이프, 꽃무늬 스트라이프, 크레이프, 보일과 프린트 보일, 시폰, 워싱 가공한 바랜 듯한 리넨과 면혼방, 스트레치 리넨, '데님' 같은 리넨, 손으로 짠 듯한 우븐들을 들 수 있다. 알프레스코 라인을 위해 선정된 직물들은 〈표 2.2〉에 나와 있다.

실루엣

네 번째 단계는 실루엣을 정하는 것이다. **실루엣**(silhouette)은 전체적인 의복의 형태를 의미한다. 정확하게 말하면 이는 의복의 어떤 부분이 딱 맞고 어떤 부분이 헐렁하며 몸의 어떤 부분이 커버되고 또한 몸의 어떤 부분이 커버되지 않는지를 의미한다.

트렌드 리포트는 특정한 마켓을 겨냥해 이루어진다. 예를 들어 액티브 마켓(active market, 캐주얼 스포츠 마켓)인 경우에는 스포츠로부터, 젊은이인 경우는 음악과 거리의 유행으로부터 이루어진다. 트렌드 분석 자료들은 앞으로 유행할 스타일의 스케치들을 보여준다. 또한 미국과 유럽의 주요 도시뿐만 아니라 도쿄, 바르셀로나, 생트로페같이 유행을 선도하는 도시들의 거리 패션과 매장의 윈도우 디스플레이를 담은 사진까지 포함하고 있다.

여성복의 경우 유행의 경향이나 실루엣이 하이패션, 즉 쿠튀르 디자이너들의 런웨이 쇼로부터 시작되어 대중의 유행으로 내려와 각자의 타깃 마켓에 맞게 받아들여진다. 예를 들면 파리와 런던의 고객층에 맞는 꼭 끼는 허리 스타일의 재킷이 모든 고객의 취향에 맞는 것은 아니다. 그러나 한 계절 또는 두 계절 후에 그런 스타일이 계속된다면, 재킷에 수직으로 봉제선을 넣어서 몸에 너무 꼭 끼지는 않아도 시각적으로 허리선에 꼭 끼는 스타일로 보이도록 만든 스타일이 개발된다.

각 여성복의 상품 카테고리들(예를 들면 상의류, 하의류, 드레스류, 아우터웨어류)은 각각의 독특한 실루엣을 가지고 있다. 여성복 20XX 봄 알프레스코 라인의 실루엣에 있어서 키워드는 정장, 단순한 라인, 눈에 띄는 봉제 구성, 60년대풍, 스페인의 플라멩코춤, 여성스럽고 유쾌한 그리고 비대칭적 디테일이다. 이에 따른 상품 카테고리별 유행 경향은 다음과 같다.

- **스커트** : 집시 스커트, 플립과 플레어, 펜슬 스커트, 던늘, 패털 스커트, 플리트 디테일
- **팬츠** : 옆쪽 여밈, 라이딩 팬츠, 이브닝용 무릎길이 팬츠, 할리우드 웨이스트팬츠, 스포티한 디테일의 슬림팬츠, 사선방향으로 지나는 절개선(seaming)
- **블라우스** : 새로운 로맨틱 블라우스, 끈 여밈, 리본 디테일, 슬리브 볼륨과 디테일
- **드레스** : 시폰 드레스, 매우 길거나 매우 짧은 길이의 드레스, 로맨틱 디테일, 얇은 레이어들, 드레이프가 된 보디스와 컬러 디테일
- **슈트와 재킷** : 파자마 재킷, 큰 블레이저, 작은 재킷, 매치가 안 되는 것 같은 슈트, 롱스커트와 함께 입는 짧은 재킷
- **디테일** : 밀리터리, 플리츠, 턱, 프로그 클로저, 타이 넥, 하이 넥, 카울 넥, 반대되는 색상의 단추, 디자인을 위한 절개선(structured seaming), 숨은 여밈법, 구리로 된 금속 장식

어떤 경우에 이런 다양하고 많은 스타일을 모두 사용한다는 것이 이해가 가지 않을 것이다. 이 중 어떤 것은 XYZ 회사에서 채택될 것이고 어떤 것은 사용되지 않을 것이다. 그러나 소비자들이 그런 유행을 받아들일 수 있다면 이 중 몇 가지 스타일은 그다음 해에 사용될 수 있다. 〈그림 2.1〉은 소비자들과 계절에 맞는 콘셉트 보드를 보여주고 있다.

콘셉트 보드

결정된 콘셉트를 바탕으로 디자이너들은 프레젠테이션을 위

해 자료를 수집하고 그들만의 영감을 떠올리며 각각의 아이디어를 준비한다. 이때 미리 머천다이저에 의해 결정되었던 것 외에 새로운 것이 추가될 수도 있다. 왜냐하면 프레젠테이션을 통해 머천다이저들과 의견을 조절하며 몇 가지 아이디어가 탈락하거나 수정되므로 별도의 새로운 아이디어가 필요하기 때문이다.

디자이너들은 새로운 계절의 디자인 아이디어를 발표할 때 **콘셉트 보드**(concept board) 또는 포커스 보드(focus board)를 사용하는데 이것에는 다양한 스케치와 스와치, 다양한 영감에 대한 자료들을 부착한다. 〈그림 2.2〉는 예비 콘셉트 보드를 보여준다. 이 스타일보드는 패션 일러스트레이션과 다양한 색상, 영감을 주는 사진들, 직물의 스와치들, 프린트 샘플, 장식 재료, 즉 단추나 스티칭 디테일들을 포함하고 있다. 이들은 전체 디자인라인을 대표하는 모든 것을 포함하고 있지는 않으나 유행의 방향을 제시하는 기본적인 정보들을 포함하고 있다.

머천다이저 매니저는 디자이너들과 함께 콘셉트 보드를 살펴보고 제안된 디자인들에 대한 토론을 한다. 개개의 디자인들은 이전 해에 많이 판매된 디자인라인을 기준으로 방향이 정해진다. 스와치들과 **부재료**(finding, 이는 직물을 제외한 의류 제작에 사용되는 실, 단추, 지퍼 등 모든 소재료를 의미한다) 등은 디자이너들에게 좀 더 명백한 디자인의 이해를 돕고 또한 의복 구성과 관련해 일어날 수 있는 다양한 문제에 대한 해결을 돕는 데 도움이 된다. 콘셉트 보드는 디자인 그룹의 콘셉트와 디자인의 이해를 빠르게 하며 의사소통을 돕는다. 이는 또한 의복들을 조화롭고 성공적인 스타일로 만들도록 돕는다.

의사소통기술

의사소통기술은 성공의 열쇠다. 각각의 디자인은 라인플랜에 잘 나타나 있어야 한다. 만약에 디자인 콘셉트가 명백하게 머천다이저에게 의사소통되지 않는다면, 어떤 디자인은 각 계

그림 2.2 20XX 봄 '알프레스코' 콘셉트 보드[1]

1 역자 주 : 색상 샘플은 실제와 다르다.

절에 맞게 받아들여지지 않을 것이다. 의복 제작 과정에서 디자이너나 다른 팀원들도 디자인을 정확하게 이해하고 있어야 의복의 품질과 관계된 다양한 문제점과 이로 인한 생산 시간 연장 등의 문제점들을 피할 수 있기 때문이다. 디자이너들은 디자인 프레젠테이션을 통하여 디자인된 상품이 현재의 패션 트렌드와 브랜드 스타일에 얼마나 부합하는지 또한 타깃 소비자들에게 얼마나 잘 받아들여질 수 있는지를 팀원들과 의사소통한다. 특히나 신임 디자이너에게 이런 과정은 디자인 과정을 배우는 교육의 기간이 되며, 이는 자신의 개인적 선호도에 따른 디자인을 하는 것이 아니라 회사와 타깃 소비자들의 선호도에 따른 판매를 염두에 둔 의류상품을 개발하는 것을 배우는 교육의 기회이다. 함께 일하는 팀원들로부터 자신이 디자인한 상품에 대한 비평을 듣는 것은 쉬운 일은 아니다. 그러나 이 과정을 통해 자신의 선호도에 따른 디자인이 아닌 회사 전체의 디자인라인에 잘 부합하고 판매가 가능하여 회사의 이익을 가져올 수 있는 전체 라인에 잘 부합하는 최고의 판매 상승효과를 일으키는 디자인을 개발하는 것이다. 만약 어떤 스타일 하나의 생산단가가 너무 과하거나, 타깃 소비자의 취향에 맞지 않거나, 바이어가 구매를 거부하거나 하면 이런 스타일은 수정을 고려해야 한다. 어떤 경우에 같은 가격대의 2개의 멋진 디자인이 있다면 이는 서로가 경쟁자가 되어 판매이익을 2개로 나눌 수 있기에 이상적이지 않다. 예를 들면 2개의 디자인을 각각 5,000장을 생산하는 것보다는 한 가지 디자인을 10,000장 생산할 경우에 대량생산에 따른 생산비의 디스카운트 등 추가로 생산비 절감을 할 수 있기 때문이다.

각 디자인은 각각의 디자인라인에 포함되기 위해 명확한 디자인 정당성이 필요하다. 정당한 디자인 콘셉트가 프로덕트 라인 매니저에게 전달되지 않는다면 어떤 디자인은 채택되지 않는다. 이때 상품 개발 과정에 참여하는 모든 팀원들도 디자인의 명확한 이유와 바람직한 디자인에 대한 이해를 갖도록 해야 한다. 또한 디자이너들은 상품 개발 팀원들이 부딪히는 상품품질 관련 문제들이나 상품 개발 기간 연장 등과 관련한 다양한 문제점도 면밀히 이해하고 있어야 한다.

〈그림 2.3〉은 완성된 머천다이즈 그룹인 알프레스코 라인을 보여준다. 약간의 수정이 있었기에 의류상품들은 서로의 상품들이 잘 어울리게 대량생산되었다. 예를 들면 〈그림 2.2〉에서 스커트 2는 치마의 밑단에 주름이 있었다. 그러나 최종 디자인을 위해 결정된 직물은 니트였고 니트는 주름의 선이 깨끗하게 들어가지 않기에 결국은 스커트 2는 주름이 없는 스타일로 바뀌게 되었다. 재킷 2와는 탑스티치가 들어가도록 수정되었다. 테일러드 소매의 곡선형 절개선을 맞주름 솔기로 처리하는 것은 어려운 일이기 때문이다. 또한 바지 1의 허리선에 3줄 탑스티치가 들어가는데 이것은 2개의 의복이 시각적으로 잘 어울리도록 돕는다. 재킷 2의 안에 입고 있는 탑은 번잡스러운 디자인을 피하기 위해 스카프의 보더 프린트를 이용하지 않았다. 대신에 색상을 재킷과 바지에 매치시켰고 더 환한 파스텔의 색상을 따랐다. 왜냐하면 머리부터 발끝까지의 색상매치에 관심이 있는 사람들은 소수에 지나지 않기 때문이다.

라인플랜

라인플랜은 퍼즐과 같이 완벽하게 짜맞춰야 하는 것이다. 모든 스타일은 서로가 잘 코디네이트되어야 성공적인 계획을 이루고 전체 의류상품의 판매를 늘릴 수 있기 때문이다.

라인플랜의 개요

라인플랜은 스타일들과 함께 개발된다. 각 계절마다 많은 새로운 스타일과 다양한 아이디어가 개발된다. 〈표 2.2〉는 단순화된 알프레스코의 라인플랜을 보여준다. 라인플랜은 커다란 수수께끼 안에 아주 많은 작은 수수께끼가 담긴 것과 같다. 커다란 수수께끼는 100만 달러라는 올해 판매금액 목표를 의미한다. 작은 수수께끼란 얼마나 많은 숫자의 디자인, 어떤 스타일의 디자인, 어떤 색상, 그리고 각각의 디자인에 따라 얼마나 많은 양을 생산해야 하는지를 의미하는데, 디자이너와 머천다이저들은 이를 잘 판단하여 계획해야 한다.

전체 생산된 물품으로 100만 달러라는 판매금액 달성을 위해 생산비와 경상비를 충당하고 이익을 내기 위해 얼마만큼 판매가 이루어져야 하는지를 면밀히 분석해야 한다. 당연히 좀 더 많은 물품을 판매하면 이익이 창출된다. 그러나 예를 들어 계획했던 양의 2배가 판매가 되면, 회사는 자신들의 예산을 크게 뛰어넘는 금액이어서 필요한 소재 등의 물품을 구입하는 비용을 충당하는 데 어려움을 겪게 될 것이다. 그러므로 머천다이저가 판매금액을 정확하게 예상하는 것은 매우 중요한 일이다.

라인플랜을 통하여, 머천다이저가 미리 계획한 판매량에

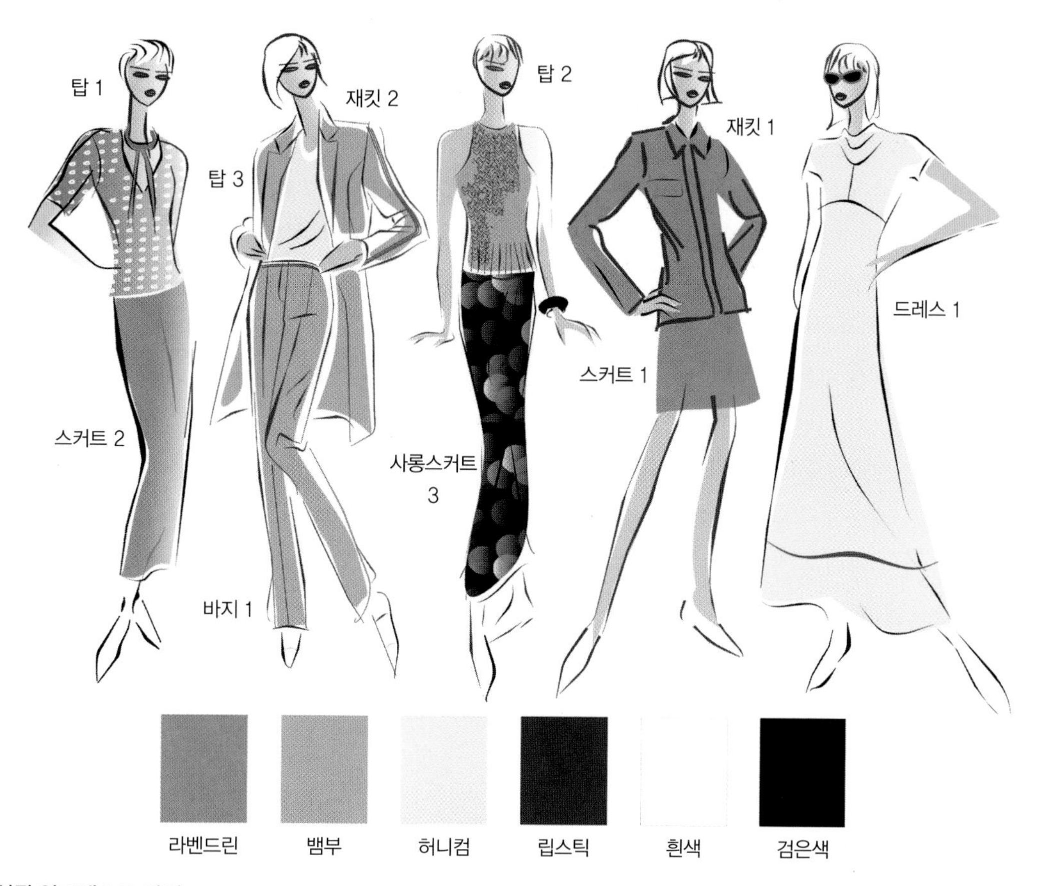

그림 2.3 완성된 알프레스코 라인

맞게 정해진 숫자의 상의와 하의가 정해진다. 예를 들면 〈표 2.2〉에서 보듯이 재킷 2는 크레이프 직물로 만들어진 새로운 스타일인데 바지 1도 같은 직물로 만들어지고 비슷한 디테일이 사용되어서 같은 색상으로 만들어진다. 이는 소비자들이 2개 상품을 동시에 구입해 한 벌의 옷으로 입을 수 있게 도와준다.

라인플랜은 다양한 머천다이징과 판매전략을 보여준다. 예를 들면 하의의 경우 적은 수의 색상으로 제공된다. 이는 많은 경우에 소비자들은 하의의 경우는 자연스럽고 어두운 색상의 옷들을 선호하기 때문이다. 흰색의 재킷이 봄에 많이 판매되고 봄에 입는 민소매 탑은 이에 반해 여러 색상으로 만들어서 다양한 연출을 가능하게 한다.

회사의 직접적인 목표는 이익의 창출이다. 라인플랜은 각 의복의 생산과 관련된 다양한 비용을 각각의 요소로 구분하고, 벤더로부터 제안된 가장 최초의 가격은 **FOB**(free on board) 가격이라고 부른다. 예를 들어 만약 의류제품의 가격이 FOB 상하이로 정해졌다면 이는 그 의류제품이 상하이 부근의 항구까지 가는 것만 포함한다는 것, 즉 이는 직물, 재단, 봉제, 가공, 상품포장을 위해 접고 포장하고 상자에 넣고 항구까지 보내는 운송료 등만 포함된 비용이다. 이때 실제 수상 운반비, 관세, 목적지까지의 운송료 등은 따로 계산되어야 한다는 것이다. 이런 비용까지도 다 포함되어 가격이 결정되었다면 이는 또 다른 용어인 **도착가격**(landed price)이라고 불린다.

〈표 2.2〉 마지막의 수정이 라인플랜에 더해지는데 이는 작업지시서가 만들어지기 전에 이루어진다. 현재 사롱스커트 3은 900개를 만드려고 하는데 이는 도트무늬 직물의 최저 주문량인 3,000야드를 다 사용할 수가 없다. 또한 작년의 판매기록을 볼 때, 소비자 반응은 무늬가 있는 스커트를 구입하기보다는 탑을 구입하는 경향으로 나와 있다. 그래서 스커트였던 것을 탑으로 바꾸기로 해 이 제품이 다른 상품들, 즉 홀터 스웨터 탑과 민소매인 탑 2와 단색의 니트 민소매 탑 3와도 잘 어울리게 하였다.

SKU와 라인플랜

라인플랜을 점검하는 데 쓰이는 방법은 SKU이다. **SKU**란 'stock-keeping-unit'의 줄인 말이다. 이는 한 의복에 제공되는 다양한 **색상**(colorway)의 개수와 사이즈의 개수를 곱한 숫자이다. 예를 들면 라인플랜의 첫 번째 항목인 스커트 1은 8개의 사이즈(2, 4, 6, 8, 10, 12, 14, 16)를 가지고 있고 세 가지 색상(라벤드린, 뱀부, 검은색)이 있다. 그래서 합계인 SKU는 (8×3) 24이다.

라인플랜을 위해 어떤 회사에서는 간단하게 사이즈를 제외한 색상과 항목을 곱한 숫자를 사용하기도 하는데 이때는 세 가지 SKU로 사용되기도 한다. 이런 방식들은 회사마다 다르게 쓰일 수 있으니 각 회사의 사용방법을 주의해야 한다. 어떤 경우에는 너무나 많은 색상이 사용되면 SKU의 수가 늘어나서 라인을 개발하는 데 초점이 분산되어 오히려 단점이 될 수가 있으므로 이 점은 특히 주의가 필요하다.

라인플랜은 **상품화 과정**(commercialization process), 즉 콘셉트를 실제의 상품으로 변화하는 과정에서 매우 중요한 프레임으로 사용된다. 각각의 스타일들이 라인플랜에 다 맞게 잘 조화되어야 회사가 너무 많지도 적지도 않은 적절한 항목의 의복을 시장에 내놓을 수가 있다. 콘셉트 보드가 승인되면, 드디어 디자이너들은 각각의 디자인에 맞는 작업지시서를 만들고 상품 생산에 박차를 가하게 된다.

디자인 과정에서의 테크니컬 디자인

테크니컬 디자인은 의류 상품화 과정에서 매우 중요한 요소다. 디자인과 디자인 디테일을 분석하고, 정확성을 기하는 CAD 스케치를 그림으로 그리고 수정하며, 의복이 어떻게 핏 되는지를 확인하고 생산공장과 정확한 의사소통을 통해 어떤 것들을 디자인팀에서 원하는지를 정확하게 확인하고 작업지시서를 점검하는 과정이다.

테크니컬 디자인은 의복 생산에서 가장 중요한 과정이며 나름대로의 분할된 작업 영역이나 의류 디자이너들과 함께 작업하면서 의류 디자이너들의 디자인이 실제 의복제품으로 생산되도록 돕는 것이다. 그렇지 않으면 그들의 디자인은 실제 의복과는 다른 모습이 될 수가 있다.

디자이너는 디자인 과정에서 다음과 같은 점을 항상 고려해야 한다.

- 암홀의 봉재 시 어떤 스티치를 사용할까? 로크스티치 아니면 커버스티치?
- 이 바지의 바짓단은 얼마나 넓게 해야 할까? 몇 인치가 좋을까?
- 이 상의의 가슴 부분에 다트를 넣어야 할까? 아니면 요크로 개더를 넣을까? 개더를 넣는다면 몇 개를 넣어야 다트를 넣는 것과 같은 효과를 가져올까?
- 이런 키 크고 날씬한 모델들이 입는 하이패션의 런웨이 디자인을 어떻게 수정해야 모델과는 다른 보통 정도의 키를 가진 우리 브랜드의 타깃 소비자를 만족시키는 스타일이 될까?
- 야드당 100달러인 이탈리아산 모직물 대신 사용할 수 있는 직물에는 어떤 것이 있을까?
- 나의 디자인 매니저가 나에게 상품으로 개발해보라고 한 파스망트리 장식(passementerie trim)이 된 레그 오브 머튼 소매(Leg of mutton sleeve)의 스펜서 재킷(Spencer jacket)을 어떻게 디자인해야 할까? 이런 디자인을 잘 구상해낼 수 있을까?
- 늘 대할 수 있는 질문인, 상품생산 스케줄에 차질이 없는 한 공장에 샘플을 하나 더 만들어 보내달라고 요청할 수 있는 시간이 있을까?

간단하게 말하면, 의복 생산 과정에서의 테크니컬 디자인은 다음과 같이 정의된다.

- 의류제품의 청사진을 작성하는 과정, 즉 비율이 정확한 앞면, 뒷면, 부분면의 스케치를 작성하는 것
- 직물과 디자인에 맞는 수치를 정하는 것
- 원하는 스타일을 만들 수 있는 봉제방법을 정하는 것
- **시제품 샘플**(prototype samples)을 평가하는 것, 샘플이 오면 이것을 작업지시서에 나오는 내용과 비교해 확인하고 핏을 평가하는 것
- 생산공장과 정확하게 의사소통하면서 원하는 디자인에 맞게 수정하고자 하는 부분을 확인하고 검증하는 것

콘셉트를 개발하고 스타일을 정하는 것은 디자인의 첫 번째 과정이다. 그리고 두 번째 과정이 바로 생산을 위해 이에 따르는 설명서를 만들어주는 것인데, 이것이 바로 '작업지시서', 영어로는 '테크니컬 패키지(technical package)'이다.

테크니컬 디자인은 디자인이 성공적인 의류상품으로 개발되기 위해 가능한 한 최소의 샘플공정을 요구하고 라인에 채택되어 실제 생산공정이 착수되도록 돕는 데 필수 과정이다. 왜냐하면 대부분의 상품 제조 공정이 국내외에 고용된 제조업자들에 의해 이루어지기에 효과적인 의사소통을 위해 작업지시서는 간단하고 정확하게 기록되어야 하기 때문이다(작업지시서에 대한 자세한 내용은 제3장 참조). 바로 이 상품 개발에서의 작업지시서가 국외에 고용된 생산자에게 보내지고 첫 번째의 샘플이 개발되고 테크니컬 디자이너에 의해 확인과 점검의 과정을 거친다.

샘플 개발

작업지시서가 준비되고 고용된 중간업자에게 보내진 후 2주 내에 첫 번째 샘플이 디자인실에 배달된다. 고용된 중간업자(제조업자를 고용한 중간업자)의 업무 중 하나는 계약에 따라 정해진 시간에 맞게 완성된 샘플들을 생산 과정에 맞게 생산하고 의류 회사로 배송하는 것이다. 일반적으로 2~3주 사이에 샘플이 개발되고 페덱스나 특급우편(express mail)을 통해 배달이 이루어지게 된다.

샘플에 부착되는 샘플태그에 포함된 정보

각각의 생산 과정에서 각기 다른 샘플에는 각각의 이름과 목적이 표기된다. 새로운 샘플이 도착하면 날짜를 적고 스펙을 측정하며 다양한 정보를 잘 기록한다. 관리 차원에서 어떤 회사들에서는 특별하게 주어진 번호나 바코드가 매겨지기도 한다. 고품질의 상품을 개발하기 위해서는 처음 샘플부터 나중의 생산확정 샘플까지의 각각의 생산 단계에 따른 샘플들을 확인하는 것이 매우 중요하다. 초기 단계 샘플은 프로토타입(prototype), 줄여서 프로토라고 부른다. 〈그림 2.4〉는 실제로 이 책에서 가상으로 설정된 XYZ회사의 샘플태그로, 다양한 정보를 잘 보여주고 있다.

공장에서 아래 사항들을 정확하게 확인하여 샘플태그를 의복에 잘 부착해야 한다.

- 날짜 : 샘플이 보내진 일시와 샘플이 도착한 일시 등이 정확하게 기록된다.
- ID# : 각각의 샘플에 따른 번호
- 스타일 번호 : **스타일 번호**(style number)는 매우 중요한 정보로서 컴퓨터에 저장되는 작업지시서의 번호이기도 하다. 그렇기 때문에 스타일의 이름이나 형태에 대한 설명 외에 별도로 기재한다. 〈그림 2.4〉에서 보는 바와 같이 missy woven top(여성복 상의)의 줄임말인 MWT와 (스타일의) 번호순으로 매겨진 1770을 붙여서 스타일 번호로 사용한다.

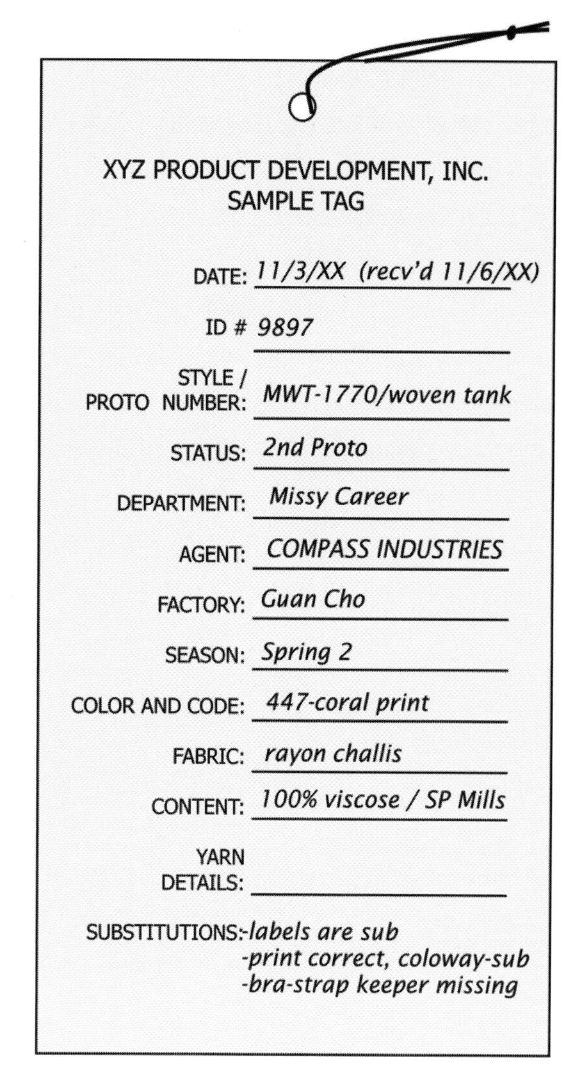

그림 2.4 XYZ 회사의 실제 샘플태그

- 상품 개발 단계(status) : 이는 샘플이 의복 생산 과정의 어디에 위치하고 있는지를 알려준다. 생산 과정에 따라 다양한 단계에 따른 같은 스타일의 샘플이 있을 것이므로 각각의 샘플을 구분하고 차별화하는 것이 중요하다. 각각의 상품 개발 단계는 샘플의 핏 과정 후에 내용을 적는 핏 코멘트의 가장 마지막 부분에 표시한다. 예를 들면 〈그림 2.4〉의 샘플은 두 번째 프로토 샘플이다.

이는 첫 번째 초기 샘플은 벌써 과거에 핏을 했다는 것이고 앞으로 이 두 번째 프로토 샘플이 승인되면 그다음 단계 샘플인 판매홍보샘플(sales sample)이 요구된다는 것을 의미한다.

- **부서 이름과 상품 카테고리** : 남성복 캐주얼, 여성복 커리어, 소녀들의 잠옷, 소년들의 외투류 등이 각 부서 이름의 예이다. 각각의 부서는 다양한 상품 카테고리에 의해서 나누어지는데 예를 들면 우븐 탑과 스웨터 등을 들 수 있다.
- **중간업자나 공장이름** : 각각의 중간업자는 자신이 관리하거나 함께 일하는 다양한 나라에 위치한 다른 공장들을 가지고 있을 수 있다. 그래서 공장의 이름을 정확히 표기하는 것이 중요하다. 또한 각 공장마다 차별화된 강점 상품이나 기술이 있으므로, 각 스타일의 특성을 잘 살릴 수 있는 공장에 생산을 의뢰하는 것이 중요하다.
- **판매계절(봄 1, 여름, 가을, 겨울 등)** : 각각의 상품 개발에 대한 기간이나 시기를 정하는 데 계절을 표기하는 것이 매우 중요하다. 이에 따라서 지난 계절의 이월 상품과 이번 계절의 새로운 상품을 구별할 수 있기 때문이다.
- **색상과 코드** : 색상과 각 색상의 깊이에 따른 정확한 정보 역시 숫자로 정리되어 컬러코드로 기록하는 것이 매우 중요하다.
- **직물과 성분** : 직물과 직물성분도 기록되어야 한다. 직물업자와 염색업자 역시 기록되어야 한다. 특히 스웨터에는 어떤 실이 사용되었는지 각각의 실의 정보를 표기하는 것이 매우 중요하다.
- **실에 대한 정보** : 스웨터의 경우 실의 무게는 스웨터의 품질을 표시하기 위한 표준적인 방법이므로 정확히 표기되어야 한다. 〈그림 2.4〉의 경우는 우븐 직물이라 연관이 없으므로 이 칸이 빈칸으로 남겨졌다.
- **대체된 부분** : 만약 샘플을 만들 때 지정된 옷감이 없을 경우에는 공장이 임의로 대체해 사용한 소재에 대해 표시해야 한다. 공장에서는 각각의 대채물에 대한 자세한 내용을 샘플태그에 표기해야 한다.

샘플의 종류

의류상품의 상품화 과정, 즉 생산, 배달, 판매의 전 과정에서 다양하게 사용되는 모든 샘플의 종류는 다음과 같다.

1차 프로토 샘플

제품에 대한 아이디어가 생산 과정의 팀에 발표되고(그림 2.5) 이 디자인 아이디어가 채택되면, 〈그림 2.6〉과 같이 작업지시서로 만들어져서 샘플을 만들어줄 생산공장으로 보내진다. 이때 많은 경우에 정확한 직물이 준비되지 않아, 특히 직물 자체에 독특한 디자인이 사용되어야 한다면, 급한 경우 대체직물이 이 단계에서 사용되기도 한다. 이 경우에 대체직물은 상품에 직접 사용될 정확한 직물과 비슷한 무게나 드레이프가 있는 것을 사용해야 한다.

그림 2.5 아이디어의 시작

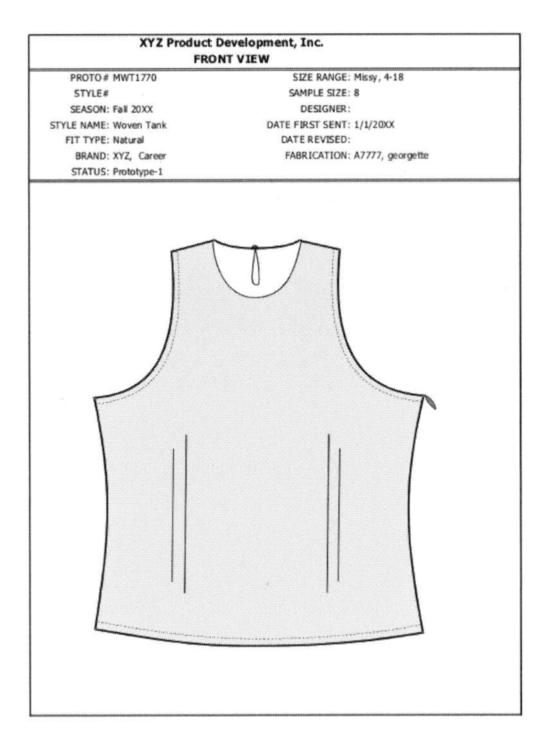

그림 2.6 민소매 탑 작업지시서, 1차 프로토 샘플

〈그림 2.6〉의 스케치는 보통의 디자이너들이 그리는 패션 일러스트레이션 스케치와는 다른 독특한 그림이다. 이는 **테크니컬 플랫**(technical flat, 도식화)이다(제4장에서 다양한 스케치의 종류와 사용에 대해 더욱 자세히 다루겠다). 이 그림은 다양한 스케치와 정보가 들어간 작업지시서의 첫 번째 페이지이다.

공장에서 작업지시서를 받으면 1차 프로토 샘플에 대한 작업에 들어간다(그림 2.7 참조). 그림은 알프레스코 도트 프린트를 사용한 민소매 블라우스다. 이 스타일의 뒷면의 모습은 앞면과 같이 수직의 4개의 다트를 가지고 있고 뒷목에 단추와 제감으로 된 루프고리가 있다. 허리에서부터 몸에 꼭 맞게 된 디자인이고 왼쪽 옆선에 지퍼가 달려 있다.

공장은 2~3주 내에 1차 프로토 샘플을 회사의 디자인팀에 보내야 하는 책임이 있다. 샘플이 디자인팀에 도착하면, 디자이너들은 샘플의 각 치수를 재고 핏을 확인하여 핏과 품질에 대해 평가한다. 일반적으로 생산기간이 짧을 경우에는 이 과정을 2~3일 내에 완수한다. 핏을 할 때 의복은 의복 개발 팀원들(예 : 디자이너, 테크니컬 디자이너, 머천다이저)에 의해 이 스타일이 전체 라인에 얼마나 잘 어울리는지, 타깃 소비자에게는 잘 팔리게 될지, 정한 가격으로는 상품화될 수 있는지 등이 평가된다. 의복의 핏은 드레스폼 또는 핏 모델에 의해 평가되는데 디자인과 관련된 여러 가지 요인도 이때 평가된다. 이 단계에서 드레스폼은 일반적인 핏을 평가하는 데 사용되고 정확한 평가를 위해서는 고용된 핏 모델이 의복의 몸에 잘 맞는 정도인 핏과 착용 시의 편안한 정도, 그리고 기능성을 함께 평가하게 된다(제16장 참조).

이 스타일은 XYZ 회사의 미시 커리어 라인에 확정되기 전에 다양한 수정 과정을 거치게 된다. 이 스타일이 라인플랜에 타깃 가격대에 맞지 않아서 의복 개발 팀원들은 가격을 내릴 여러 가지 방안을 고려하게 된다. 의복 앞뒤의 수직 다트 4개를 2개의 가슴다트로 바꾸고 옆선에 달렸던 지퍼, 뒷목에 달렸던 단추와 루프고리 없이도 의복을 입고 벗기 쉽게 하기 위해 치수를 조정해 생산공정을 단순화해 인건비와 부자재 비용을 절감했다. 게다가 목선과 진동선에 안단을 대는 대신에 바이어스 바인딩(bias binding)을 사용해 직물의 사용도 줄였다. 이런 수정 과정을 통하여 인건비와 봉제비를 줄여서 이 스타일이 적정 가격대 안에 만들어지도록 비용을 절약했다.

이런 모든 중요한 변화는 작업지시서에 포함되고, 수정된 작업지시서는 주요 논의사항을 포함한 **샘플 평가서**(sample evaluation comment)와 함께 공장에 다시 보내 2차 샘플을 요구하게 된다(그림 2.8). 핏 코멘트(comments)는 샘플에 관계한 모든 노트, 주의사항, 수정사항, 변화사항과 핏에 대한 기록 등을 면밀하게 포함한다.

각각의 의류 회사는 의류상품의 실제적인 제조자인 공장의 직원들과의 명백한 의사소통을 위해 작업과 관계된 중요

그림 2.7 1차 프로토 샘플, 사용 가능한 직물을 이용(디자인에서 요구하는 정확한 직물은 아님)

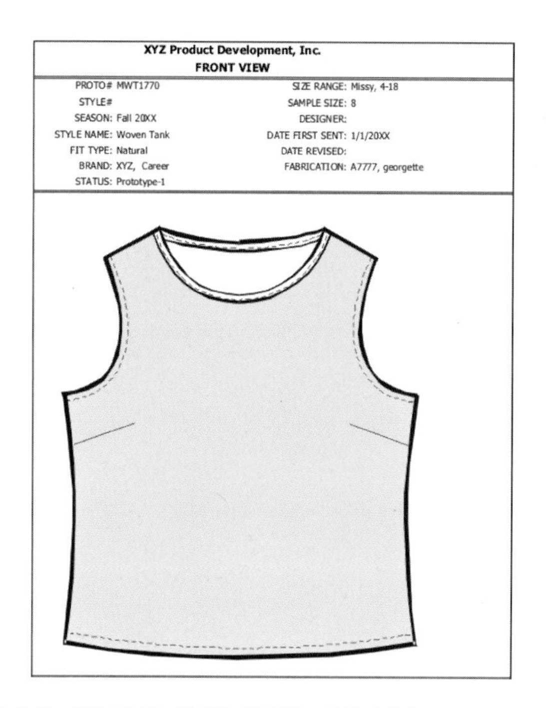

그림 2.8 2차 프로토 샘플을 요구하는 작업지시서

한 정보들을 포함하고 여러 가지 작업 시의 방법적인 면을 보여주는 정보를 포함한 작업 안내서, 즉 **벤더 매뉴얼**(vendor manual)을 확립되어 있고 이 작업 안내서는 생산 과정에 참여하는 각 의류 생산업자들 모두에게 보내진다. 이는 회사가 선정한 여러 가지 기준에 지켜야 할 일종의 동의사항으로 의류 생산 관련, 즉 재봉 기준과 관련 용어, 용어 줄임말, 주요 서류의 예, 치수 측정법 등과 배송, 공정노동 관련, 품질평가 등을 포함한다(제14장에서는 의복의 크기를 재는 법을 잘 보여주고 있다). 의류 생산 공정에서 가장 중요한 것 중 하나가 생산 중간업자가 자신이 함께 일하는 모든 관련된 생산공장에서 같은 방법과 기준을 가지고 이를 이해하고 이에 따라 생산 과정을 진행하도록 하는 것이다.

2차 프로토 샘플

2차 프로토 샘플은 스타일의 지징된 옷감(또는 여분이 남은 가능한 옷감)으로 만든다. 2차 샘플은 1차 샘플을 평가하면서 수정이 된 작업지시서의 내용을 반영하며 여분의 옷감을 이용해 만들 수 있다. 도트 프린트는 작업지시서에 의한 것이다. 의복의 수치도 수정되었는데 현재 수정된 의복의 핏 타입은 '슬림'이 아니라 '릴랙스'여서 의복을 벗고 입기에 편하도록 되었다(핏 타입에 대한 정보는 제15장에 소개된다).

2차 샘플(그림 2.9 참조)이 의류업체에 도착하면 1차 프로토 샘플과 같은 평가 과정을 거친다. 소비자에게 가장 잘 맞는 스펙(의복의 수치)으로 만들어진 2차 샘플이 판매 홍보 샘플로 승인된다(그림 2.10 참조).

판매 홍보 샘플

판매 홍보 샘플의 생산량은 회사의 각 라인을 대표하는 판매 사원이 얼마나 많은지에 따라서 결정된다. 이 판매 홍보 샘플을 사용해 판매량의 예측에 대한 중요한 정보를 수집하는데 이에 따라서 판매되지 않을 것 같은 스타일들은 사멸되고 판매될 스타일의 예상 총판매량이 결정된다. 이런 판매 홍보 샘플의 스타일은 소량 생산되기에 제조자들은 판매 홍보 샘플 제작 시 다양한 봉제방법을 시험해보아 가장 적절한 최종 봉제방법을 결정하는 데 도움을 얻는다.

구매된 샘플

채택된 스타일이 트레이드 쇼에서 바이어에 의해 선정되었거나 구매가 이루어졌다면 이런 스타일은 이제 대량생산에 들어간다.

만약 의류 회사에 테크니컬 디자인이 구별된 부서로 존재한다면(예 : 대기업의 경우) 디자인은 일반 의류 디자이너들이 디자인 회의를 마친 후에 테크니컬 디자이너들에게 전해지고 이들은 생산 과정에 들어가게 된다. 만약 테크니컬 디자인 부서가 구별된 부서로 존재하지 않는다면(예 : 중소기업) 일반 의류 디자이너들이 **봉제 디테일**(construction details)을 평가한다. 봉제 디테일이란 의복의 각 부분이 어떻게 봉제되어 의복으로 이루어지는가를 나타내는 것이다. 이 디자이너들은 다른 여러 가지 디테일(장식, 첨부물, 상표 등), 샘플의

그림 2.9 2차 프로토 샘플

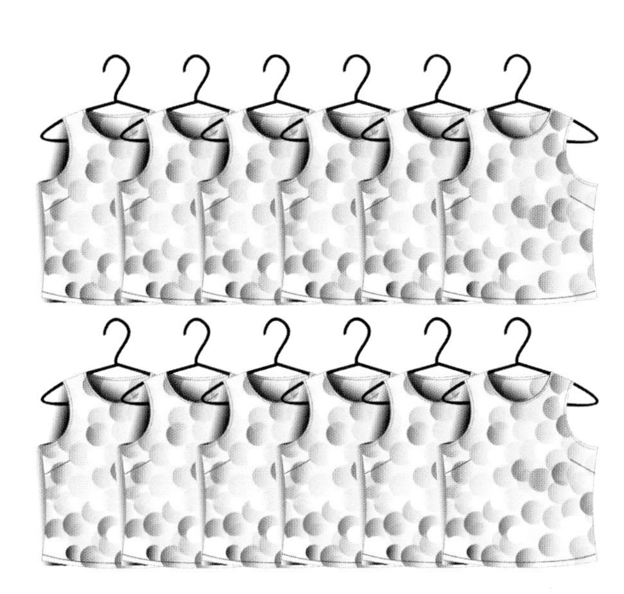

그림 2.10 판매 홍보 샘플

스펙들과 의복의 생산 과정에 관계된 다른 모든 것을 확인하게 된다. 자재 발주는 생산 부서에서 이루어진다. 바로 이때에 사이즈 세트 샘플이 공장에 의해 요구된다(그림 2.11 참조).

사이즈 세트 샘플

이제까지 설명한 모든 샘플들은 샘플 기본 사이즈, 즉 중간 크기인 미디엄(M)에 가까운 사이즈였다. 즉 여성의 샘플 사이즈는 M(미디엄)이나 7 또는 8이고 남성은 상의는 L(라지)이고 바지는 34이다. 스타일이 바이어에 의해 채택되고 모든 핏 디테일이 정확하게 수정되면 **사이즈 세트 샘플**(size set sample, 그림 2.11)가 요구된다. 각각의 사이즈에 맞게 그레이드된 샘플(여성의 경우 사이즈 4, 6, 8, 10, 12, 14, 16) 또는 대표적인 핏 샘플(4, 8, 12, 16)(그림 2.11)이 생산되고 모델에게 직접 핏되어 각각의 사이즈와 디테일이 비율에 맞게 제작되었는지 확인된다. 특히 슬림 핏일 경우 이런 그레이드가 더욱 중요하게 여겨진다. 그레이드 룰(grade rule)에 따라 각 사이즈 의복의 각 부분에 대한 패턴의 크기가 결정된다. 각각의 회사는 각자가 정한 자신만의 표준 그레이딩 규격이 있고 각각의 디테일에 따른 특별한 수칙이 있을 수 있다. 예를 들면 가슴에 달리는 패치 포켓은 대부분 모든 사이즈의 옷에 같은 크기로 달아주지만 재킷의 아래에 달리는 패치 포켓은 사이즈 14와 16의 경우에만 비율에 따라 치수를 크게 그레이드해서 만들어준다. 왜냐하면 이것은 시각적인 기준에 따라 결정되고 실제 샘플의 의복을 사용해서 핏하고 평가하는 것이 중요하기 때문이다. 이럴 경우에는 정확한 포켓의 크기 차이에 따른 명확한 그레이드 룰이 필요하다.

예비생산 샘플(빨간 태그 샘플)

생산공장에서 디자인실로 보내는 이 단계의 샘플을 **예비생산 샘플**(preprodcution sample)이라 부른다(그림 2.12 참조). 이 샘플은 최종생산을 맡을 공장에서 만들며 모든 직물, 부자재, 의복의 디테일, 상품을 포장하기 위해 접고 포장하고 행태그를 다는 등의 과정을 포함한다(예비생산이란 용어는 때로는 최종생산 과정 전의 모든 절차를 포함하는 것이나 이 샘플의 경우는 1개의 샘플을 의미해 쓰여진다). 이 경우에 승인되면 샘플에는 빨간색의 태그가 붙고 최종생산 과정에 착수하므로 이 단계에서는 핏을 바꾸는 등의 큰 수정을 하지 않고 작은 수정만 하는 것이 원칙이다.

생산 샘플 또는 배송 샘플

빨간 태그 샘플은 품질 관련 부서에 의해 다음의 샘플인 **생산 샘플**(top of production, TOP), 즉 생산라인의 첫 번째 나오는 생산품들을 비교함으로써 이루어진다. 품질 관련 부서에서는 생산 샘플과 예비 생산 샘플을 비교함으로써 배송 샘플(Shipment Sample)이 배송이 가능한 품질인지를 점검한다. 두 종류의 샘플들은 서로가 매우 비슷하다. 〈그림 2.13〉은 샘플이 비닐 백에 포장되고 바코드 스티커와 행태그를 붙여 배송을 기다리는 상태로 준비된 모습을 보여준다. 품질 관련 부서에서는 최종 작업지시서를 가지고 모든 색상, 직물, 부자재 등에 대해 꼼꼼하게 비교하고 평가한다. 의복의 치수와 스펙에 대해서는 작건 크건 **오차허용치수**(tolerance) 안에 든다면 승인을 한다. 디자인팀은 디자인에 큰 문제가 있지 않은 한은 이 과정에 개입하지 않는다. 이 단계에서는 생산 과정이 거의 완성되었으므로 더 이상 스타일 수정을 할 수 없다.

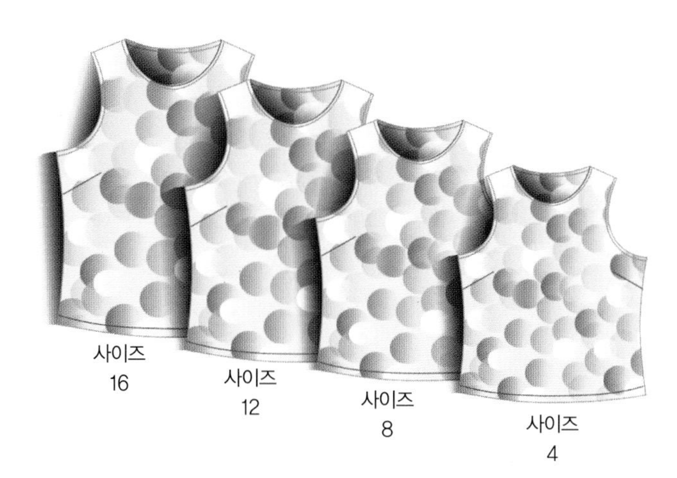

그림 2.11 사이즈 세트 샘플

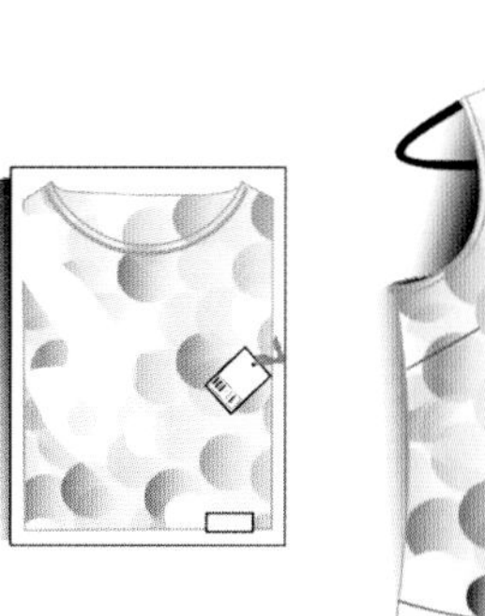

그림 2.12 예비 생산 샘플

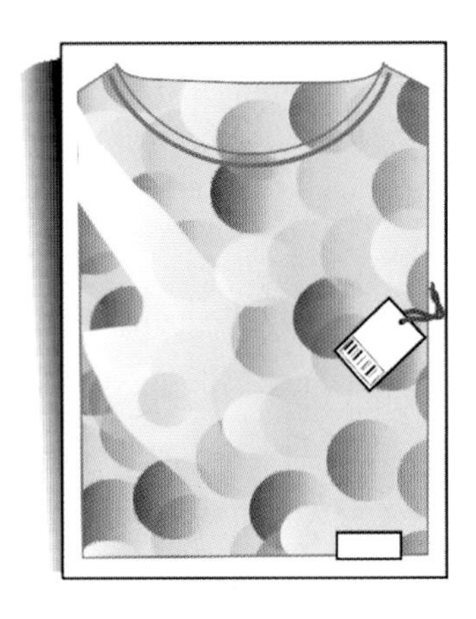

그림 2.13 배송 샘플

샘플 완성 시간

샘플 완성 시간(sample lead time)은 리드 타임, 턴어라운드 타임(turnaround time), 턴 타임(turn time)이라고도 불린다. 이는 제품 개발 과정에서의 모든 샘플들이 생산되는 총 소요시간을 의미한다. 〈표 2.3〉은 XYZ 회사의 제품 개발 과정에서의 샘플 완성 시간의 예를 보여준다. 완성 시간은 작업지시서가 보내진 날부터 시작된다. 각각의 의류업체에서는 국내와 국제 생산의 루트를 이용해 의류제품을 생산하므로 샘플 완성시간은 어떤 루트를 이용할지에 따라 다르게 주어진다. 〈표 2.3〉에서 보듯이 각 의복의 종류에 따라서도 서로가 다른 시간이 요구된다. 중요한 것은 모든 스타일은 디자인 미팅 시간에 맞게 완성되어야 한다는 것이다. 또한 관세청에 따라서 때로는 국외에서 들어오는 샘플들은 생산시간이 더욱 요구되므로 좀 더 시간적인 여유가 필요하다.

표 2.3 상품 개발을 위한 샘플 완성 시간

XYZ 회사의 상품 개발을 위한 샘플 완성 시간			
상품 카테고리	제품 생산지역	1차 프로토 샘플 개발에 걸리는 시간(주)	2차 프로토 샘플 개발에 걸리는 시간(주)
니트 상의	국외	4	2
	국내	3	2
하의	국외	5	3
	국내	3	2
재킷/아우터웨어	국외	7	5
	국내	4	3
스웨터	국외	10	7
	국내	7	4

다량의 생산제품이 국내로 들어올 경우에는 여러 가지 다른 규약을 따라야 하기도 한다. 따라서 이러한 국외로부터의 배송 샘플의 경우 세 가지 종류로 구분되는데, (1) 표기된 샘플(marked), (2) 파손된 샘플(mutilated), (3) 쿼터 샘플(quota)이 그것이다. **표기된 샘플**은 샘플에 '샘플'이라고 도장으로 찍혀 있거나 잉크로 쓰여 있는 경우다. 이때 글씨는 최소한 1인치 이상으로 표기되어야 한다. **파손된 샘플**의 경우에는 2인치 이상으로 구멍이 나 있거나 잘려 있고 외부에 '샘플'이라고 써 있는 경우를 의미한다. 이 두 가지의 경우는 좋은 품질의 의복을 의도적으로 쓸모없게 만드는 경우이나 이는 샘플의복이 판매되는 경우를 막기 위해서다. 샘플이 바이어에게 보여지기 위해 아무런 흠 없이 수입되어야 한다면 이 경우에 **쿼터 샘플**로 수입되고 관세청의 규약에 의해 제재를 받게 된다. 이 경우 샘플이 도착하기까지 시간이 오래 걸리기에 대부분의 경우에 샘플은 표기되거나 파손된 상태로 보내진다. 국내 생산 샘플의 경우에는 이런 적용을 받지 않게 된다.

의복 생산 과정

의복의 생산 과정은 의류제품이 자회사가 아닌 외부의 다른 회사에서 자회사의 세일즈 렙(sales rep)에 의해 판매되는지 회사 내의 바이어들에 의해 판매되는지에 따라 결정된다.

세일즈 렙을 통해 판매할 경우

〈그림 2.14〉는 회사 내에 판매를 담당하는 세일즈 렙이 트레이드 쇼에서 자회사의 스타일을 보여주면서 판매하는 과정을 나타낸다. 이 경우는 중소기업이나 소규모의 회사에 해당한다. 일반적으로 구매하려는 회사의 본부에서 세일즈 미팅이 이루어지는데 세일즈 렙들에게 라인을 보여주고 디자인팀과 구매자(회사인 경우가 많다)들을 잘 아는 세일즈 렙 사이에 의견을 주고받는 회의가 이루어진다. 이 회의에서 어떤 스타일은 없어지기도 한다. 예를 들면 두 가지의 니트 상의가 있는데 둘 다 판매가 잘 이루어질 듯한 스타일이고 가격대도 비슷하고 같은 타깃 소비자들을 가지고 있다면 그 두 스타일은 서로가 경쟁하게 되어 결국은 판매수입을 나누게 될 것이다. 이러한 경우에는 한 스타일을 없앰으로써 한 스타일에 판매수입을 몰아주는 것이 생산 과정의 간소화, 취급의 간소화, 인력 절약 등으로 이익이 될 것이다. 세일즈 렙은 이러한 고

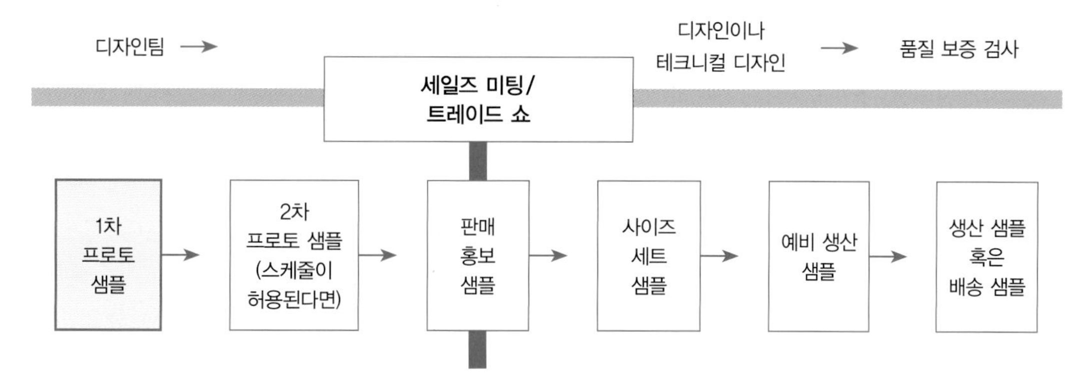

그림 2.14 세일즈 렙이 있을 경우(타 회사에게 판매할 경우)의 샘플 개발 단계

려할 사항에 대하여 좋은 조언을 제공해줄 수 있을 것이다.

만약 세일즈 미팅에서 너무 많은 스타일이 없어지거나 채택되지 못한다면 이는 플래닝이나 머천다이징의 약점을 보여준 것이다. 상품의 개발에 시간이 많이 걸리는 것을 고려할 때 처음부터 바른 스타일을 찾고 개발하고 바이어와 타깃 소비자의 필요한 요구를 미리 발견해 상품을 개발하는 것이 무엇보다도 중요하다.

회사의 타깃 소비자층이 보수적이라면 다음 계절의 스타일을 예상하는 것이 좀 더 쉬워진다. 왜냐하면 계절별 차이가 많지 않고 눈에 띄지 않게 살짝 이루어지기 때문이다. 좀 더 패션에 관심이 많고 유행에 민감한 마켓들, 예를 들어 주니어 마켓(청소년)이라면 인기 스타일을 인기 색상에 맞추어 직물, 핏, 가격 등을 결정하는 것이 매우 중요하므로 좀 더 모험이 있는 편이다. 그러나 이때 만약 적절한 결정들이 이루어지면 이에 대한 경제적인 보상은 매우 크게 나타나는 장점이 있다.

트레이드 쇼에서 각각의 회사들은 자신들만의 공간에서 자사의 라인을 소개한다. 트레이드 쇼는 새로운 디자인을 선보이는 쇼케이스이고 한 장소에서 미래에 함께 일할 수 있는 여러 바이어에게 자사의 상품을 소개하는 중요한 곳이다. 트레이드 쇼는 무역협회나 프로모션 회사들 등에 의해 스폰서된다. 세일즈 렙들은 이 트레이드 쇼에 참석하여 그들의 소비자인 바이어들을 만나고 주문을 평가하여 라인과 여러 가지 색상을 보여주는 과정을 통해 다양한 업데이트와 수정을 한다.

미국의 경우 주요 트레이드 쇼는 캘리포니아의 멘스 어패럴길드(MAGIL), 또는 솔트레이크시티에서 열리는 아웃도어 리테일러(OR) 쇼를 예로 들 수 있는데, 후자의 경우는 아웃도어 활동인 하이킹, 클라이밍, 마운틴 바이킹 등에 관계된 의류와 하드웨어 물품을 판매한다. **트레이드 쇼**(trade show, 수주회라고도 번역할 수 있음)에서는 바이어들이 모여서 주문을 하거나, 새로운 디자인라인을 볼 수 있고, 트레이드 협회에 의해 이루어진 판촉용 이벤트, 예를 들면 패션쇼나 콘테스트, 인기 연예인의 모습을 볼 수 있게 된다. 이런 경우에 회사들은 자신의 상품을 바이어들에게 옷걸이에 걸어 판매하는 것 같은 단순한 방법보다 더 흥미로운 방법으로 판촉할 수 있다. 이런 쇼는 상품의 판매 및 구매와 관계된 관계자만 출입이 가능하고 공공 대중인 소비자들에게는 개방되지 않는다.

이런 회사들은 전형적으로 세일즈 렙을 고용해서 지역별로 자신의 판매 영역을 정해 일하게 된다. 예를 들어 미국의 경우 '한 지역'으로 구별할 때, 펜실베이니아, 뉴저지, 매릴랜드, 버지니아 북부, 워싱턴 DC 등의 도시들을 포함해 넓은 영역을 관리하게 된다. 세일즈 렙의 책임은 자신의 지역을 여행하고 각 계절의 새로운 라인을 자신의 지역에 있는 소매상에게 소개하고 각 스타일의 디자인 디테일을 설명해주고 배송과 관계된 문제나 다른 관련 문제 등을 해결해 소매상들을 만족시키는 역할을 담당하고 있다.

렙들은 회사의 다른 직원처럼 월급을 받거나 자신의 지역에서 판매되는 상품의 이익에 대한 커미션에 근거한 수당을 받게 된다.

렙들은 트레이드 쇼 전에 새로운 스타일 라인들을 제공받게 된다. 각각의 스타일은 소량으로 생산되어 세일즈 렙들이 트레이드 쇼에 이용하거나 카탈로그 등의 사진을 찍는 용도로 생산된다.

트레이드 쇼에 참가할 때 얻을 수 있는 효과는 여러 가지가 있는데 이 중에서도 자신의 소비자인 바이어들을 만나는 것, 다른 경쟁사에서 어떤 디자인의 의복을 생산했는지를 보는 것, 시장의 미래 방향이 어떻게 나가는지 등에 관한 아이디어를 얻는 것 등 다양하다.

하우스 레이블을 개발하는 회사

〈그림 2.15〉는 자신의 이름을 걸고 자신들이 직접 자신의 소매점에서 판매하는 인하우스 레이블(in-house lable)을 만드는 회사들이다. 이런 회사에서는 회사 내의 바이어들이 시즌의 상품을 구매한다. 이런 경우에 사용되는 것이 특별 주문 생산이다. 이 경우에, 판매용 샘플은 만들어지지 않는다. 예를 들면 애버크롬비 & 피치, 갭, 폴로 또는 여러 백화점의 '프라이빗 레이블' 등의 회사로서 이들은 자사 안에 있는 구매팀에서 구매결정을 내린다. 스타일들이 회사 내의 구매팀에 의해 구매될 경우에는 이를 생산 스케줄에 첨부하여 다른 회사와 같은 샘플 생산 과정을 따르게 된다(사이즈 세트, 예비 생산, 생산 샘플). 대규모 회사의 바이어들은 자신의 타깃 소비자에 대한 기존의 지식을 토대로 세일즈 샘플을 만들거나 트레이드 쇼에 가지 않음으로 인해 발생하는 위험을 감수하면서 비즈니스를 한다.

요약

이 장에서는 의류산업 상품 개발 과정을 생산자와 소매업자의 관계를 통해 설명하였다. 또한 의류산업 현장에서의 다양한 회사 구조에 따른 의류 상품 개발에 관련된 다양한 직종에 대하여 설명하고 이해를 도왔다. 패션산업의 디자인 개발 과정을 실제의 예를 사용하여 각각의 계절에 맞는 라인 개발 과정의 시작부터 마무리까지 설명하였다. 의류상품 개발 과정을 설명하기 위하여 테크니컬 디자인과 테크니컬 디자이너의 역할의 중요성을 설명하였다. 마지막으로, 의류기업들에 따른 의류상품 개발 과정의 다양한 샘플을 설명하고 각 단계별 차이를 이해하였다.

연구문제

1. 디자인 개발 과정에서 고려해야 할 중요한 점은 무엇인가? 왜 그러한 점이 중요한가? 디자인이란 무엇인가? 당신이 지금 입고 있는 의복이 개발되기 위해 디자인 과정에서 고려된 것들은 무엇인가?
2. 세일즈 렙이 있는 회사의 경우, 샘플 개발 순서와 과정을 논해보자(즉 1차 프로토 샘플, 2차 프로토 샘플, 세일즈 샘플, 사이즈 세트 샘플, 예비 생산 샘플, 생산 샘플 등). 자신의 이름을 걸고 직접 자신의 소매점에서 판매하는 인하우스 레이블의 경우에 샘플의 개발 순서와 과정이 어떠한가?
3. 의류상품을 개발하기 위해 라인플랜을 개발하는 과정을 설명해보자.
4. 〈그림 2.3〉에서 알프레스코 라인을 개발하는 데 어떤 유행 예측이 영향을 끼치게 되는지를 설명해보자.
5. 콘셉트 보드는 무엇이고 어떻게 사용되는가? 어떤 정보가 콘셉트 보드에 포함되는가?

이해 확인

1. 왜 디자인라인을 개발하는 데 있어서 타깃 소비자에 대한 이해가 중요한가?
2. 의류 생산 과정에서 샘플들을 사용하는 데 이용되는 여러 가지 정보를 설명해보라.

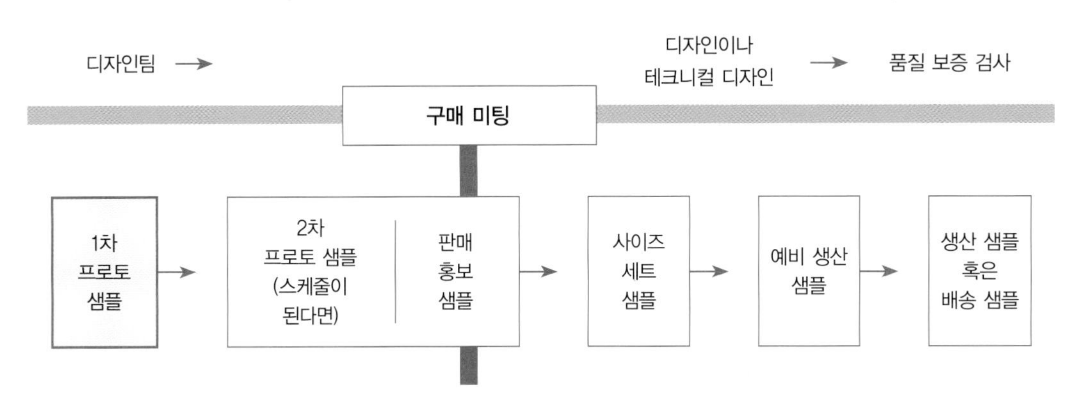

그림 2.15 인하우스 레이블의 의류상품 생산 시 샘플 개발 단계

3. 파스망트리 장식이 된 레그 오브 머튼 소매의 스펜서 재킷을 디자인해보라.

참고문헌

Burns, L. D., K. K. Mullet, and N. O. Bryant. 2011. *The Business of Fashion: Designing, Manufacturing, and Marketing* (4th ed.). New York: Fairchild Publications.

CHAPTER 3

작업지시서에 대한 모든 것

학습목표

1. 작업지시서에 대한 자세한 내용을 이해한다.
2. 의류상품 개발에 사용되는 다양한 정보를 탐구한다.

주요용어

그레이드 룰(grade rule)
바택(bartack)
벤더 매뉴얼 또는 벤더 사용자 약관(vendor manual)
샘플 상태(sample status)
샘플 평가서(sample evaluation comment)
숫자로 표기하는 사이즈(numeric sizing)
스타일 번호(style number)
스타일 요약(style summary)
스트라이크 오프(strike off)
알파 사이징(alpha sizing)
웨트 프로세싱(wet-processing)
치수 측정 지점(point of measure, POM)
색상(colorway)
핸드룸(handloom)
DTM(dyed to match)
SPI(stitches per inch)

의류상품 개발의 전 과정에 사용되는 문서가 바로 **작업지시서**(technical package)이다. 이 문서는 회사에 따라서 다양한 이름으로 불려 **스페시피케이션 패키지**(specification package), **스펙 팩**(spec pack), **스타일 파일**(style file), **도시어**(dossier)라고도 한다.

이제부터 **작업지시서**라는 이름을 사용해서 의류상품의 생산 과정에 대한 자세한 정보를 설명하고자 한다.

작업지시서의 목표

작업지시서는 디자이너와 생산공장 사이의 의사소통을 위한 가장 기본적인 도구로 사용되기 위해 다음과 같은 정보를 포함하고 있다.

- 봉제공정의 확인
- 직물과 부자재 지시
- 각 스타일의 색상 지시
- 핏 스펙(fit spec)과 그레이드 룰
- 레이블과 행태그, 의류상품에 부착되는 다른 정보들
- 상품의 포장 방법

의류제품을 상품화하는 과정에서 작업지시서를 만드는 것이 첫 단계다. 이는 제조자들이 제품의 생산비용을 미리 계산하고 샘플을 정확하게 만들도록 필요한 정보를 제공한다. 즉 제품 생산에서 각각 제품의 가장 중요한 기준들을 제공해준다. 이는 의류 생산 중간업자와 의류 회사 간의 계약이기도 해 이 작업지시서의 내용에 따라서 중간업자는 정해진 가격대의 상품을 제공하는 것에 동의하게 된다(이것이 의류 생산업자, 즉 실제 재단, 봉제, 포장 등을 하는 생산 과정 책임자를 컨트랙터라고 부르는 이유다). 그러므로 생산비용이나 품질에 관계된 여러 조건은 의류상품 생산 과정의 초기단계에서 결정되어야 하고 상품의 가격은 정확하게 표기되어야 한다.

작업지시서의 구성요소

각 의류업체들은 자신들만의 독특한 형식의 작업시지서를 사용하나 보통의 경우 다음과 같은 구성요소를 포함한다.

- 앞면 그림
- 뒷면 그림
- 상세한 그림
- 샘플 스펙, 각 부분의 치수
- 그레이드 페이지
- 자재 내역
- 봉제와 구성방법
- 상표와 포장
- 핏에 대한 기록, 샘플 평가 기록

예를 들어 남성용 청바지가 하나 있다고 하자. 이 바지는 5개의 주머니가 있는 청바지로서 가장 전형적인 실루엣을 가지고 있고 1873년 리바이스가 리벳(Rivet)을 사용하는 것을 특허낸 후로 수십 년 동안 아주 인기를 얻은 스타일이다. 청바지야말로 가장 고전적인 상품의 카테고리로서 '비슷하나 서로 다른 다양한 스타일'이 있는 대표 상품이다. 디자이너는 주로 스타일에 아주 작은 변화를 주어서 다음 계절의 새로운 스타일을 만들게 된다. 청바지의 경우는 뒷주머니의 장식을 바꾸는 것을 예로 들 수 있다. 상품의 후가공 과정(finishes and processing, 즉 습식가공)을 통해 변화를 만들 수도 있다. 예를 들면 염색방법, 표백, 효소세탁 등을 들 수 있는데 이는 **웨트 프로세싱**(wet-processing)이라고 불린다.

최근의 새로운 청바지 스타일로는 밑위가 짧거나(low-rise) 밑위가 긴 스타일(high rise) 또는 바지통이 넓은 벨보텀(bell-bottom), 허리 아래와 엉덩이가 풍성한 페그드(pegged), 전반적으로 헐렁한 배기(baggy), 꼭 끼는 스킨 타이트(skin-tight), 스트레치(stretch), 주름이 잡힌 플리츠, 덧단이 바지에 달린 커프 등을 들 수 있다. 이 장에서 다루는 예는 가장 전형적인 남성용 리바이스 바지이고 허벅지에 솔기를 가지고 있다. 다른 표준적인 청바지의 디테일과 봉제방법은 리벳이 달린 핸드 포켓, 7개의 벨트 고리, 진 태그 단추(jean tag button)가 달린 지퍼 플라이(zipper fly), 오른편에 달리는 리벳장식이 된 코인 포켓이다. 백요크(back yoke), 밑위(rise), 인심(in-seam)은 펠드 심(felled seam)으로 되고 허리밴드는 직물을 접어주는 기계인 폴더(folder)에 놓여서 고정되고 체인스티치에 의해 봉제된다.

스타일 요약

각 페이지의 가장 윗부분에는 **스타일 요약**(style summary)이 있는데 이는 각 스타일을 구분해주는 중요한 정보로서 **스타일 번호**(style number), 계절, 직물, 사이즈 정보, 스타일이 디자인된 날짜, 핏 타입, 스타일이 수정된 마지막 날짜 등의 상품 개발 단계를 보여주는 **샘플 상태**(sample status)가 포함된다. 이는 모든 작업지시서의 페이지에 동일하게 나타난다.

프로토 번호 : SWB1778은 상품 개발 단계에서 잠정적으로 주어진 번호다(그림 3.1a). 이 경우에 있어서, SWB는 'Sports Woven Bottom'의 줄인 말이다. 1778이란 이 스타일에 배정된 번호로 이는 스타일 간에 연결되는 번호다. 연결된 번호란 다음 스타일에는 1779란 번호가 주어진다는 뜻이다.

스타일 번호 : 디자인된 스타일이 생산되기로 채택되었을 때 드디어 각각의 스타일에 실제의 번호가 매겨진다. 그리고 공장에도 이 새 번호를 알려주게 된다(그림 3.1b). 초기 상품 개발 단계에서 스타일 번호가 아직 주어지지 않고 앞에서 살펴본 것처럼 단지 프로토 번호만 주어지게 된다. 스타일 번호는 스타일이 채택되어 생산이 결정되었을 때만 첨가된다. 그러므로 스타일 번호가 주어졌다면 상품으로 생산되는 것을 볼 수 있다는 의미다. 회사마다 이런 법칙은 다르게 적용되는데 어떤 회사에서는 스타일 번호를 개발 단계에서 정해 그 스타일이 생산이 되건 안 되건 상관없이 끝까지 이 번호를 사용하기도 한다.

계절 : 스타일이 판매되는 계절을 의미한다. Fall 20XX가 바로 그것을 의미하고 보통의 경우에 제품의 생산은 각 상품의 시즌보다 3~6개월 정도 전에 생산에 들어가게 된다. 판매 계절에 가깝게 의류상품의 생산이 이루어지고 대부분 매우 유행에 민감한 하이 패션 상품은 판매 가능 기간(셸프라이프, shelf life)이 매우 짧으므로 몇 주 안에 제품 생산이 이루어지기도 한다.

스타일 이름 : 이는 직접적인 머천다이즈 그룹을 의미한다(그림 3.1d). 미시라인의 상품그룹들은 머천다이저가 계절과 상품 부서에 맞게 부르고 싶은 여러 가지 이름으로 자유롭게 불릴 수 있다.

핏 타입 : 핏 타입은 디자이너나 머천다이저에 의해서 결정되고 보통의 경우 원하는 실루엣이나 스타일에 어떤 패턴이나 기본 원형을 사용해야 하는지에 따라 결정된다(그림 3.1e). 이 작업지시서는 '스탠다드 5포켓 청바지(standard 5-pocket jean)'고 이는 XYZ 회사의(전체 의류산업체에서 공통으로 사용하는 기준이 아니라 각 개인의 회사에 따른) 표준 규격 사이즈를 의미한다. 재밌는 것은 각각의 회사는 자신들만의 독특한 표준 규격 사이즈를 가지고 있다는 점이다. 각 회사의 기준에 따라 스타일에 얼마만큼의 여유분(ease)을 두는 것이 중요하다. 변함없이 몸에 잘 맞는 사이즈 체계는 많은 소비자들이 계속적으로 그 브랜드의 의복을 구매하도록 하는 브랜드 충성도를 높이는 데 아주 중요한 역할을 할 것이다.

브랜드 : 어떤 경우에는 회사가 여러 가지 브랜드를 가지고 있고 여러 부류의 소비자층에게 다른 브랜드의 상품을 판매하는 경우가 있으므로 브랜드를 표기하는 것이 중요하다(그림 3.1f).

상태 : 의류제품의 생산 과정에서는 여러 가지 단계를 거치게 된다(그림 3.1g). 다양한 샘플의 단계가 이를 잘 설명해주고 이 작업지시서의 경우는 프로토 타입 1, 즉 제일 첫 번째로 만든 샘플을 의미한다.

사이즈 범위 : 사이즈 범위(그림 3.1h)는 가격에 영향을 끼치고 그레이딩을 잘 맞게 해야 하므로 매우 중요하다. 더욱

XYZ Product Development, Inc.
FRONT VIEW

a	PROTO#	SWB1778	SIZE RANGE:	Mens 30-42	h
b	STYLE#		SAMPLE SIZE:	34 / 32	i
c	SEASON:	Fall 20XX	DESIGNER:	Monica Smith	j
d	NAME:	Mens Woven Pant	DATE FIRST SENT:	1/2/20XX	k
e	FIT TYPE:	Standard 5-pocket jean	DATE REVISED:		l
f	BRAND:	XYZ, Sport	FABRICATION:	11 oz denim	m
g	STATUS:	Prototype-1			

그림 3.1 스타일 요약 정보

이 전체 사이즈 범위보다 몇 개의 사이즈만을 구입하고자 하는 소규모 구매 바이어들일 경우에는 더욱 중요하다. 또한 사이즈를 알파벳 기준인 S–M–L로 만들 것인지[**알파 사이징**(alpha sizing)] 아니면 30이나 42처럼 숫자로 만들 것인지를 결정해야 한다.

샘플 사이즈 : 샘플 사이즈는 회사에 따라서 각 계절에 상관없이 같은 것이 사용된다(그림 3.1i). 이 경우에 남성복 스타일의 샘플 사이즈는 34/32, 즉 34인치의 허리 사이즈에 인심 길이는 32인치다. 의류업체가 상품 개발 시에 샘플 사이즈를 바꾸는 것은 효율적이지 못한데, 예를 들어 여성복 샘플의 경우 사이즈가 8인데 한 계절에는 8이고 다른 계절에는 6이라면 샘플 패턴이나 핏 모델까지 사이즈의 변화에 따라 바꾸어야 하기 때문이다.

디자이너 : 이 디자인을 창조한 사람의 이름(그림 3.1j)을 넣는 것으로, 제조공장에서는 어떤 질문이나 문제가 생겼을 때 이 정보를 이용해서 담당 디자이너를 찾게 된다.

보낸 날짜 : 공장에 작업지시서를 처음 보낸 날짜를 의미하며 제품의 개발 진척사항을 살펴보기 위해 매우 중요한 요소다(그림 3.1k).

수정 날짜 : 디자인에서 수정이 이루어졌을 때 공장에서는 이런 새로운 정보에 대해 주목해야 하므로 중요한 정보가 된다(그림 3.1l).

직물직조 특성 : 참고사항으로서 스케치를 해석할 때 이해를 돕는 정보다(그림 3.1m).

앞면과 뒷면의 그림

앞면(그림 3.2)과 뒷면(그림 3.3)의 그림은 비율이 정확하게 이루어진 앞면과 뒷면의 테크니컬 도식화로서 탑스티치나 다른 정확한 디테일 정보(단추 등)를 포함한다. 이때 측면의 그림도 필요하다면 첨부될 수 있다.

대부분의 회사는 자사의 표준화된 기준으로 작업지시서의 앞면과 뒷면의 그림에는 다른 사항은 기록을 하지 않고 깨끗하게 스타일을 보여주도록 한다. 공장에서는 이 페이지에 자신들의 기록을 써 넣거나 생산자들이 제2외국어를 쓸 경우 자신들의 언어로 해석해 기록할 수 있다. 정확한 노트와 해석을 포함한 디테일 스케치들이 자유롭게 첨가되어 의사소통을 돕는다.

디테일 그림

모든 디테일 치수들, 스티칭(stitching), 가까이 보는 클로즈업 스케치들은 봉제와 의복의 질을 표현하기 위해 그려져야 한다(그림 3.4). 만약 첨가 그림들이 필요하다면 원하는 대로 첨가가 가능하다(그림 3.5). 아주 복잡한 스타일의 경우에는 6~7페이지의 디테일 스케치가 필요하다. 줄여서 쓰는 단어들도 사용되는데 CF는 'center front'이고 CB는 'center back'이다. BT는 **바택**(bartack)으로 흔하게 사용되는 강화 스티치(reinforcement stitch)인데 스트레스를 받는 의복에 첨부되어 그 부분에 힘을 제공하는 스티치다. 포켓이나 다른 디테일의 치수, 달려야 할 장소가 정확하게 제시되어야 한다.

샘플의 치수 측정 지점

〈그림 3.6〉에는 샘플의 완성된 치수가 표기되어 있다. 이는 의복의 핏을 결정하는 아주 중요한 요소이다. 예를 들면 1차 프로토 샘플의 경우 단지 샘플 사이즈만 표기되어 있는데 허리 사이즈가 34이다. 각각의 사이즈에 따라 그레이딩된 치수는 나중에 사이즈 세트 샘플이 요구되면 첨부될 것이다.

〈그림 3.6〉은 각각의 의복 부분에 따른 치수를 지정하는 참고 지점이 표기되어 있는데 이를 **치수 측정 지점**(point of measure)이라고 부르며 줄여서 POM이라고도 한다(제4장에서 POM에 대해 더 자세히 소개한다).

대부분의 회사에서는 각자의 회사에서 어떻게 샘플의 치수를 재는지 치수 측정 지점에 대한 안내책자를 개발해서 배치하고 있다. 이는 직물로 직조된 우븐 제품에 주로 사용되기 때문이다. 많은 경우에 POM은 의복의 위에서 아래로 자연스럽게 재어 나가도록 표기된다(제15장에는 의복의 치수를 재는 법에 대한 자세한 내용이 나온다).

만약 각각의 치수를 재는 방법이 다를 수 있을 경우에는 이에 대한 정확한 설명과 지정이 필요하다. 예를 들면 밑위 길이를 재는 방법이 허리밴드를 포함하는가 하지 않는가에 따라서 다른 결과를 가지고 오기 때문이다. 밑위는 측정을 잘못했을 경우 착용 시 불편함을 느끼기 쉬우므로 정확한 정보를 전달하고 정확하게 만들어 좋은 핏을 제공하는 것이 매우 중요하다. 전체 허리밴드(앞과 뒤 모두 포함)만큼의 치수가 다르게 된다면 그 바지는 입을 수가 없을 정도로 크므로 혼란을 피하고 정확한 치수의 의복을 만드는 것이 매우 중요하다. 또한 의류상품의 개발이 벌써 시작되었다면 POM 정보를 수

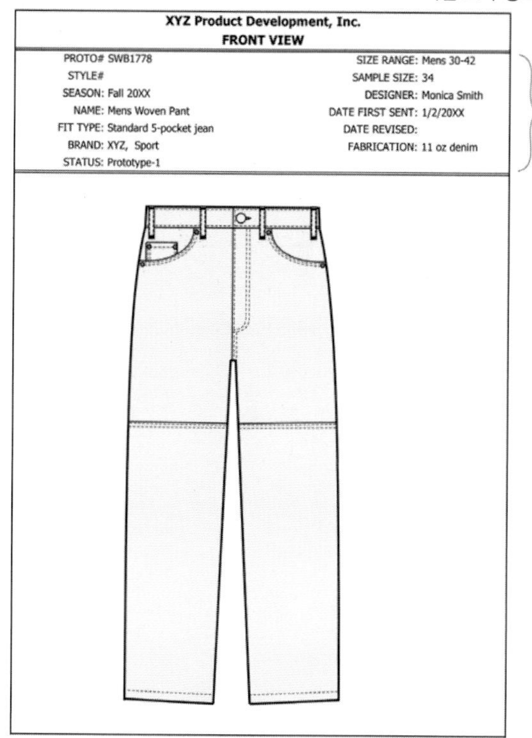

그림 3.2 작업지시서-앞면 도식화

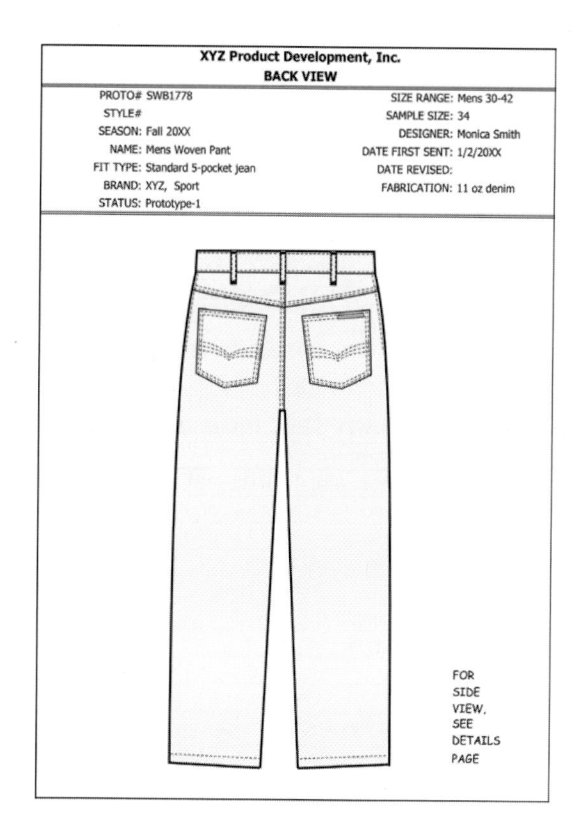

그림 3.3 작업지시서-뒷면 도식화

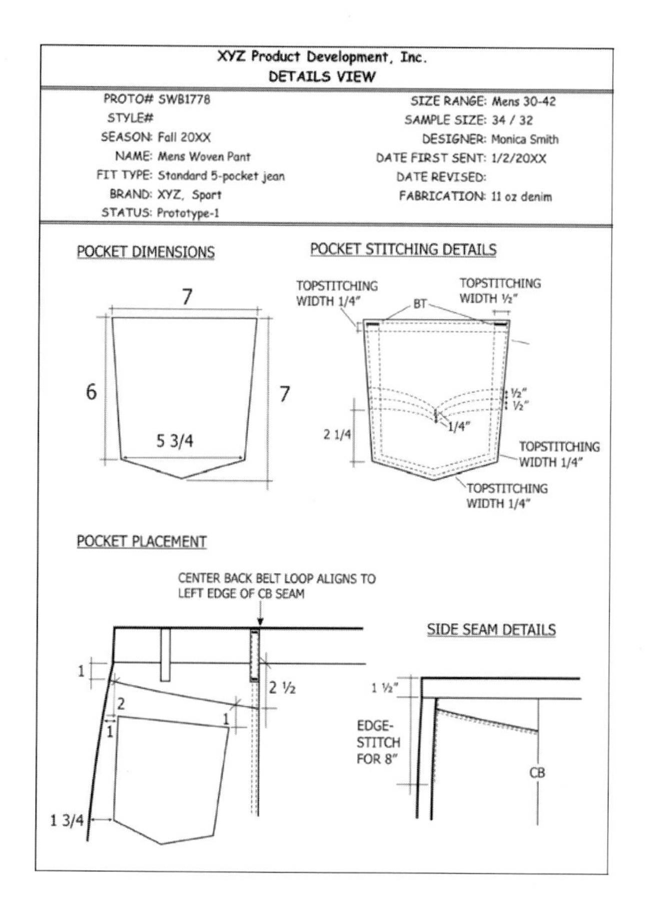

그림 3.4 작업지시서-디테일 그림 1

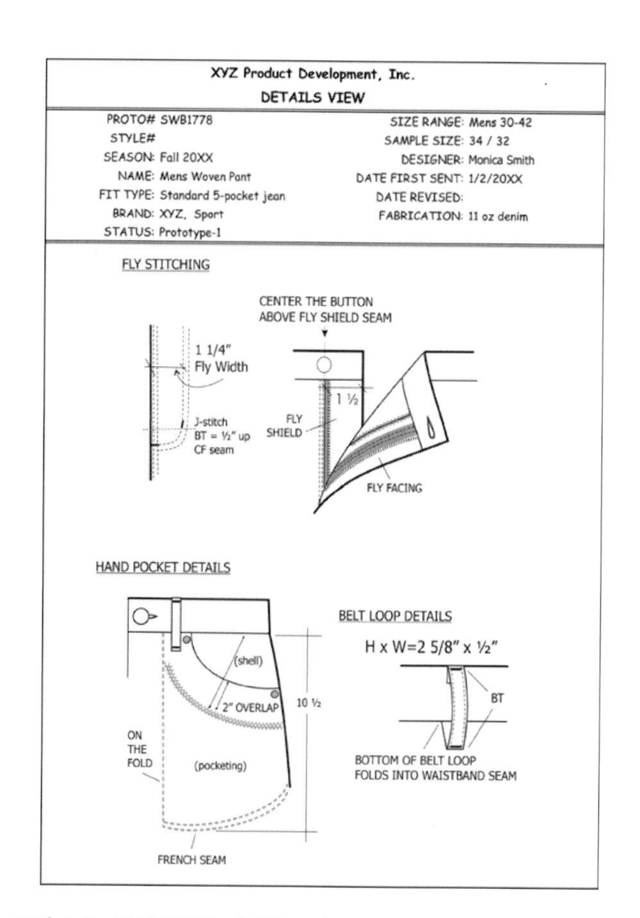

그림 3.5 작업지시서-디테일 그림 2

XYZ Product Development, Inc.
POINTS OF MEASURE

PROTO# SWB1778
STYLE#
SEASON: Fall 20XX
NAME: Mens Woven Pant
FIT TYPE: Standard 5-pocket jean
BRAND: XYZ, Sport
STATUS: Prototype-1

SIZE RANGE: Mens 30-42
SAMPLE SIZE: 34 / 32
DESIGNER: Monica Smith
DATE FIRST SENT: 1/2/20XX
DATE REVISED:
FABRICATION: 11 oz denim

POINTS of MEASURE, **WOVEN--FULL MEASURE**

code	**PANT SPEC measurements**	Tol (+)	Tol (-)	size 34
B-A	Waist relaxed	1 1/4	1	35
B-G	Front Rise (to waist seam)	1/4	1/4	10 1/2
B-H	Back Rise (to waistseam)	1/4	1/4	15 1/2
B-K	Hip @ 8" fm seam (3 point measure)	1 1/4	1	46
B-L	Thigh @ 1"	1/2	1/2	28
B-M	Knee @ halfway point	1/4	1/4	21
B-N	Bottom Opening	1/4	1/4	20
B-Q	Inseam	1/2	1/2	32
	STYLE SPEC measurements			
B-T	Pocket Opening, (Hand Pocket)	1/4	1/4	6 1/4
--	Thigh seam from rise	1/4	1/4	8
--	Back pocket, see details page	1/4	1/4	--
--	Front belt loops from CF	1/4	1/4	3 1/2

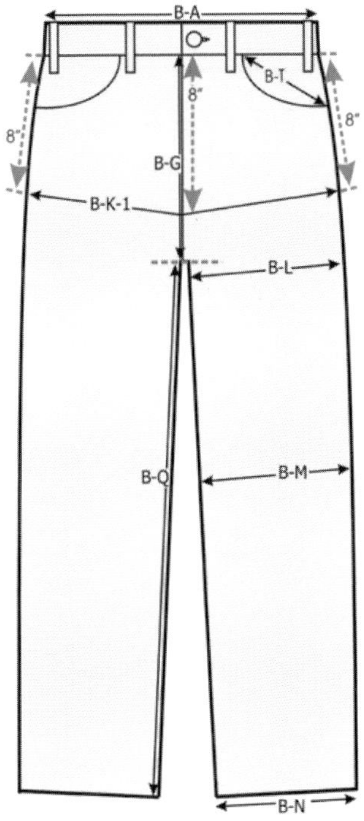

SKETCH IS FOR REFERENCE ONLY,
NOT FOR DETAIL

그림 3.6 작업지시서-치수 측정 지점

정하지 않고 한 번 정한 것을 그대로 따라가는 것이 혼란을 막는 방법일 것이다. POM을 표준화하는 것은 공장에서 제품 생산을 훨씬 수월하게 하기 때문이다.

오차허용치수는 정해진 측정치수와 실제 샘플치수 사이에서 허용되는 오차다. 주목할 것은 플러스(+) 허용치수와 마이너스(-) 허용치수가 있고, 이는 각 상황에 따라 다르다는 것이다. 샘플은 각 영역에서 치수가 측정되고 이 치수는 오차허용치수 범위 안에 드는지 확인된다.

그레이드 룰

그레이드 룰(grade rule)에 대한 페이지는 샘플의 크기가 각각의 사이즈에 따라 어떻게 이루어지는지를 보여주고 있다(그림 3.7). 그레이드 룰은 생산공장에서 가격을 정하기 위해 필요하다. 예를 들면 사이즈의 범위가 4~14까지만 있을 경우 4~18까지 있는 경우에 비교해서 전체적으로 직물을 사는 데 드는 비용을 절감할 수가 있기 때문이다.

〈그림 3.7〉의 예에서는 오차허용치수가 세 번째와 네 번째 세로줄에 나와 있다. 이때 플러스와 마이너스의 오차허용치수가 다를 수 있다. 예를 들면 허리둘레의 경우 플러스 오차허용치수는 1¹/₄인치이고 마이너스 오차허용치수는 1인치이다. 어떤 경우에는 팬츠의 스타일에 따라서 허리의 치수가 너무 작은 것보다는 조금 큰 것이 나을 수 있기 때문이다.

작은 부위의 디테일에 대해서 예를 들면 허리밴드의 높이는 매우 적은 오차허용치수인 ¹/₈인치이다. ¹/₈인치를 넘는 차이가 나면 이는 시각적 · 비율적으로 맞지 않아 보이기 때문이다. 둘레의 항목에 대한 오차허용치수는 보통의 경우에 그레이드의 반에 대한 치수를 따라 정해지는데, 예를 들면 각 사이즈 사이의 그레이드 치수가 1인치라면 오차허용치수는 이의 반인 ¹/₂인치가 된다.

각 회사는 자신의 타깃 소비자층에 맞게 각자의 사이즈 범위와 그레이드 룰을 변화시킨다. 이때 주목할 점은 모든 부분의 치수 측정이 다 그레이드되는 것은 아니라는 것이다. 예를 들어 허리밴드 높이의 경우는 스타일 포인트로서 각 사이즈에 관계없이 모두가 같은 크기로 사용된다.

〈그림 3.8〉은 모든 치수가 포함된 그레이드 페이지를 보여준다. 대부분의 그레이드 페이지는 자동적으로 입력되어 정확한 치수를 계산한다. 샘플 사이즈의 치수를 입력하면 그 페이지가 자동적으로 생긴다. 첫째 세로줄인 POM 코드는 자동적으로 생겨난다. 그런데 어떤 경우에는 POM 코드가 없다. 이는 바로 이 디자인에만 꼭 필요한 스타일에 한정된 특정한 부분의 치수이기 때문이다. 인심은 32인치로서 이는 모든 사이즈에 동일하게 사용된다. 청바지의 경우는 다양한 길이의 인심이 사용된다. 그러나 이번 경우는 전체 생산량이 2,000장밖에 되지 않는 소량생산이므로 인심의 길이를 한 가지로 통일하였다. 대량생산의 경우에는 3개의 인심 길이로 생산될 수가 있는데, 예를 들어 짧은 것(30인치), 보통의 것(32인치),

XYZ Product Development, Inc.
GRADE PAGE

PROTO# SWB1778
STYLE#
SEASON: Fall 20XX
NAME: Mens Woven Pant
FIT TYPE: Standard 5-pocket jean
BRAND: XYZ, Sport
STATUS: Prototype-1

SIZE RANGE: Mens 30-42
SAMPLE SIZE: 34 / 32
DESIGNER: Monica Smith
DATE FIRST SENT: 1/2/20XX
DATE REVISED:
FABRICATION: 11 oz denim

POINTS of MEASURE, **WOVEN--Specs and tolerances are FULL MEASURE**

code	**PANT SPEC measurements**	Tol (+)	Tol (-)	30	32	34	36	38	40	42
B-A	Waist relaxed	1 1/4	1	-4	-2		+2	+4	+6	+8
B-G	Front Rise (to waist seam)	1/4	1/4	- 1/2	- 1/4		+1/4	+1/2	+3/4	+1
B-H	Back Rise (to waistseam)	1/4	1/4	- 1/2	- 1/4		+1/4	+1/2	+3/4	+1
B-K	Hip @ 8" fm seam (3 point measure)	1 1/4	1	-4	-2		+2	+4	+6	+8
B-L	Thigh @ 1"	1/2	1/2	-2	-1		+1	+2	+3	+4
B-M	Knee @ halfway point	1/4	1/4	-1	- 1/2		1/2	+1	1 1/2	+2
B-N	Bottom Opening	1/4	1/4	- 1/2	- 1/4		+1/4	+1/2	+3/4	+1
B-Q	Inseam	1/2	1/2	0	0		0	0	0	0
	STYLE SPEC measurements									
B-T	Pocket Opening, straight (Hand Pocket)	1/4	1/4	0	0		0	0	0	0
--	Thigh seam from rise	1/4	1/4	0	0		0	0	0	0
--	Back pocket, see details page	1/4	1/4	--	--		--	--	--	--
--	Front belt loops from CF	1/4	1/4	- 1/4	- 1/8		+1/8	+1/4	+3/8	+1/2

그림 3.7 작업지시서-그레이드 페이지

XYZ Product Development, Inc.
GRADE PAGE

PROTO# SWB1778
STYLE#
SEASON: Fall 20XX
NAME: Mens Woven Pant
FIT TYPE: Standard 5-pocket jean
BRAND: XYZ, Sport
STATUS: Prototype-1

SIZE RANGE: Mens 30-42
SAMPLE SIZE: 34 / 32
DESIGNER: Monica Smith
DATE FIRST SENT: 1/2/20XX
DATE REVISED:
FABRICATION: 11 oz denim

POINTS of MEASURE, **WOVEN--Specs and tolerances are FULL MEASURE**

code	**PANT SPEC measurements**	Tol (+)	Tol (-)	**30**	**32**	**34**	**36**	**38**	**40**	**42**
B-A	Waist relaxed	1 1/4	1	31	33	35	37	39	41	43
B-G	Front Rise (to waist seam)	1/4	1/4	10	10 1/4	10 1/2	10 3/4	11	11 1/4	11 1/2
B-H	Back Rise (to waistseam)	1/4	1/4	15	15 1/4	15 1/2	15 3/4	16	16 1/4	16 1/2
B-K	Hip @ 8" fm seam (3 point measure)	1 1/4	1	42	44	46	48	50	52	54
B-L	Thigh @ 1"	1/2	1/2	26	27	28	29	30	31	32
B-M	Knee @ halfway point	1/4	1/4	21	21 1/2	22	22 1/2	23	23 1/2	24
B-N	Bottom Opening	1/4	1/4	19 1/2	19 3/4	20	20 1/4	20 1/2	20 3/4	21
B-Q	Inseam	1/2	1/2	32	32	32	32	32	32	32
	STYLE SPEC measurements									
B-T	Pocket Opening, straight (Hand Pocket)	1/4	1/4	6 1/4	6 1/4	6 1/4	6 1/4	6 1/4	6 1/4	6 1/4
--	Thigh seam from rise	1/4	1/4	8	8	8	8	8	8	8
--	Back pocket, see details page	1/4	1/4	--	--	--	--	--	--	--
--	Front belt loops from CF	1/4	1/4	3 1/4	3 3/8	3 1/2	3 5/8	3 3/4	3 7/8	4

그림 3.8 **작업지시서-그레이드 페이지**

그리고 긴 것(34인치)으로 구분해볼 수 있다.

자재 내역

자재 내역서, 즉 소재 비용(bill of materials, BOM) 페이지(그림 3.9)는 어떤 자재를 사용해 생산하느냐에 대한 내용이다. 의복의 봉제에 필요한 모든 소재인 직물과 부자재가 바로 이 자재 내역서에 나타난다. 부자재는 직물을 뺀 의복을 생산하는 데 들어간 모든 자재를 의미한다. 주된 재료인 직물이 가장 먼저 기록되고 그런 다음 안감이나 다른 직물들이 포함된다. 직물의 경우는 수량이 표기되지 않는데 이는 직물 양의 계산은 직물의 폭과 관련한 비용 계산에 포함되고 이는 생산 관련 부서와 제조업자 사이에서 결정되기 때문이다. 이 페이지는 1개의 의류제품을 생산하는 데 필요한 소재에 대한 것이므로 실의 양도 표기되지 않는데 이 역시 제조공장에서 계산된다. 하지만 좋은 품질의 실은 의류 생산에서 매우 중요하다. 왜냐하면 직물의 무게와 실의 무게가 연관이 되고 봉제 시 실과의 조화가 잘 이루어져야 하기 때문이다. 〈그림 3.9〉의 작업지시서에 제시된 두꺼운 실(tex 90)은 장식 또는 강화 역할로(청바지의 경우) 사용된다. 다른 스타일들 중에서 신축성 있는 원단을 사용한다면 특수한 신축사를 사용해야 한다. 그러므로 이런 특별한 실은 의류상품의 비용을 정하는 데 영향을 끼치고 자재 내역서(BOM)에 표기되어야 한다. 행태그나 포장용 주머니도 비록 의류제품은 아니나 제품의 완성에 중요한 항목이므로 레이블이나 패키지 페이지에 반드시 표기되어야 한다.

자재 내역서에는 각각에 제공되는 **색상**(colorway)이 표기된다. 각 소재와 부자재에 사용되는 색상들에 대한 표기가 이루어진다. 〈그림 3.15〉와 〈그림 3.16〉에서 보는 것처럼 검은색 염색의 경우는 은색의 탑스티칭이 사용되고, 어두운 색상의 데님에는 황색의 탑스티칭이 첨부된다. 그리고 2개의 색상에는 공통적으로 구리 단추와 리벳이 사용된다.

DTM(dyed to match)은 정확하게 '같은 색상으로 염색된다'라는 뜻으로 주로 실 색상의 매치를 표기할 때 사용된다. 단추나 다른 부자재의 경우에도 DTM으로 표기되기도 한다.

XYZ Product Development, Inc. Bill Of Materials	
PROTO# SWB1778	SIZE RANGE: Mens 30-42
STYLE#	SAMPLE SIZE: 34 / 32
SEASON: Fall 20XX	DESIGNER: Monica Smith
NAME: Mens Woven Pant	DATE FIRST SENT: 1/2/20XX
FIT TYPE: Standard 5-pocket jean	DATE REVISED:
BRAND: XYZ, Sport	FABRICATION: 11 oz denim
STATUS: Prototype-1	

ITEM / description	CONTENT	PLACEMENT	SUPPLIER	WIDTH / WEIGHT / SIZE	FINISH	QTY
Indigo denim, 32/2x32/2, 116x62	100% COTTON	body	Luen Mills UFTD-9702	58" cuttable, 11.4 oz	garment laundered, 60 min.	--
Pocketing	65 polyester 35 cotton, 45dx45d, 110x76	HAND POCKETS	K. Obrien Company	58"	pre-shrunk	--
interfacing, non-woven fusible	100% poly	waistband, fly	PCC	style 246	--	--
Zipper	4YGC , brass teeth	CF fly	YKK Tokyo	6 1/2"	See below	1
Button, Jean Tack	--	CF waistband	Schneider Button, style w345t	27L, shank height=1/4"	Copper C-21	1
rivet	--	hand pkts x 2, coin pkt x 2	Zupan Trims	9mm	Copper C-21	6
thread-DTM body	100% spun polyester	join & overlock	A & E	tex 30	--	--
thread-DTM LABEL	100% spun polyester	back pocket	A & E	tex 30	--	--
thread-CONTRAST	100% spun polyester	topstitch	A & E	tex 90	--	--

COLORWAY SUMMARY

color #	main body color	zipper tape	zipper finish	topstitching	
477	wash black--enzyme	580	antique brass	A-448	
344B	dark denim--enzyme	560	golden brass	R-783	

그림 3.9 작업지시서-자재 내역서 페이지

봉제 디테일

〈그림 3.10〉에서 보는 것 같은 봉제 페이지에는 밑단을 처리하는 방법, 솔기와 스티치의 종류들이 포함되어서 제조자들이 의복을 어떻게 봉제해야 규격에 맞는 좋은 품질의 의복을 만드는지를 보여준다. 특정한 **SPI**(stitches per inch), 즉 1인치 당 얼마나 많은 스티치가 들어가는지도 이곳 봉제 페이지에

표기한다. 작업지시서에서 표기된 대로, 11 +/- 1은 10 SPI, 11 SPI 또는 12 SPI로 받아들여진다는 것이다. +/-라고 표기된 것이 바로 오차허용치수를 의미하는 것이다(스티치, 심, 봉제에 관한 자세한 사항은 제4장과 제5장을 참조하기 바란다). 〈그림 3.10〉을 〈그림 3.11〉과 비교해보면 재밌는 차이점을 찾을 수 있다. 〈그림 3.10〉은 많은 표기가 줄임말 없이 나타나 있고 〈그림 3.11〉은 많은 설명과 단어가 줄여서 표기되어 있다. 〈그림 3.11〉이 더 전형적인 방법으로 페이지의 공간을 줄이고 간단하게 많은 표기를 하기 위해 사용한다. 그림의 윗부분에는 재단 방법에 대한 정보가 나타난다. 이는 패턴, 격자무늬의 위치한 방향으로 재단해야 하는 직물의 매칭에 대한 정보를 포함한다(직물의 매칭에 대한 정보는 제7장에 좀 더 자세하게 나타난다).

각 회사마다 사용하는 특정한 줄임말이 있고 이는 각 상품의 특정화 과정(specification)에서 사용된다. 각 회사의 벤더 매뉴얼을 보면 각 회사에서 사용하는 줄임말에 대한 정보가 자세하게 요약되어 벤더들에게 교육자료로서 사용된다.

상표와 패키지

레이블(label)과 태그(tag)는 매우 중요한 판매도구이고 전체 의류상품의 가격에 영향을 주는 중요한 요소다. 의복은 각기 다른 회사에서 제조되지만 이에 사용되는 레이블은 색상과 품질을 통일하기 위해 한 곳의 공급업체를 통해 만들어진다. 레이블의 크기와 종류에 대한 정보, 어느 곳에 어떤 방법으로 부착할지와 의류상품이 어떻게 접히고 포장되는지가 '레이블과 패키지 페이지'에 표기된다(그림 3.12 참조). 모든 레이블과 행태그 정보 역시 레이블 페이지에 포함된다. 의류상품을 어떻게 접어 포장해야 하는지는 개별 매뉴얼에 표기되기도 한다. 이 경우에 그 정보가 참고정보로 이 페이지에 포함된다. 그런 이유에서 〈그림 3.12〉의 팬츠 스타일은 이 작업지시서의 스타일과 다르지만 공통으로 사용되는 일반적인 팬츠의 스케치로서 XYZ 회사의 상품을 접는 방법에 대한 매뉴얼에 포함된 그림이다.

핏에 대한 기록

작업지시서의 마지막 페이지는 핏에 대한 기록(그림 3.13)과 **샘플 평가서**(sample evaluation comments)다(그림 3.14). 샘플링하는 과정에서 대부분의 작업지시서 페이지는 업데이트되는 정보나 디테일을 정확하게 표기하는 것을 제외하고는 별다른 변화가 없다. 이와는 반대로, 핏에 대한 기록과 샘플 평가서는 각 샘플의 단계에 따라 업데이트된다.

이 작업지시서는 처음 만들어져서 새로운 스타일을 요구하는 것을 보여주고 이에 대한 어떤 기록도 없다. 핏에 대한 기록 페이지는 전례적으로 상품 개발 단계에 따라 각 샘플의 각 부분에 대한 치수의 변화에 대한 계속적인 기록이다. 이는 표준으로 정해진 스펙과 샘플의 스펙을 비교해 스펙에 맞았는지 맞지 않았는지를 결정하는 데 사용된다(제16장은 공장에서 얼마나 작업지시서의 규격에 맞는 상품을 제조하였는지를 평가하는 것에 대해 이야기한다).

샘플 평가서

〈그림 3.14〉의 샘플 평가서는 의복에 대한 평가를 기록하고 스타일의 디테일을 확인, 수정하는 것에 대한 기록을 남길 수 있는 장소다. 이런 평가서는 공장의 실무자들이 주의 깊게 읽어야 하고 다음 샘플 공정에 반영한다. 가장 최근의 샘플 정보가 가장 위쪽에 자리 잡고 각 샘플의 단계에 따라 약간의 공간이 있다. 샘플에 따라 짧게 또는 여러 페이지에 걸쳐 평가를 적을 수도 있다.

특정한 직물 개발을 위한 특정화 공정

대부분의 직물은 보통의 스타일 개발을 위해 사용되나 어떤 경우에는 특정한 직물을 개발하기도 한다. 프린트나 선염 체크 직물 등이 개발될 때는 그 직물에 맞는 특정한 정보가 주어져야 하고 이는 개별용지에 각 색상에 따른 특정한 내용이 기록된다. 예를 들면 〈그림 3.15〉에는 남성복을 위한 선염 체크 직물(yarn-dyed plaid)이 나와 있다. 이 예는 세 가지 색상으로 개발되었다. 각 컬러웨이별로 다섯 가지 색상이 체크직조되었다. 각각의 컬러웨이별로 사용되는 색상들은 자세하게 표기되어 있다.

각 컬러웨이별로 사용된 색상은 스탠다드로 표기되어 있다. 스탠다드들은 원사염색요구에 따라 보내지는데 이런 스탠다드들은 색상 예측 회사(color forecasting company)에서 사용하는 것과 같이 작은 직물조각인 스와치, 페인트 가게에 가면 샘플로 보여주는 것과 같은 페인트 칩(paint chip) 또는 색상 회사인 팬톤사에서 나오는 색상 샘플과 같이 생긴 팬톤스

XYZ Product Development, Inc. CONSTRUCTION PAGE	
PROTO# SWB1778	SIZE RANGE: Mens 30-42
STYLE#	SAMPLE SIZE: 34 / 32
SEASON: Fall 20XX	DESIGNER: Monica Smith
NAME: Mens Woven Pant	DATE FIRST SENT: 1/2/20XX
FIT TYPE: Standard 5-pocket jean	DATE REVISED:
BRAND: XYZ, Sport	FABRICATION: 11 oz denim
STATUS: Prototype-1	

Cutting information: 1 way, lengthwise

Match Horizontal: NA

Match Vertical: NA

Match, other: NA

Stitches per inch (SPI) 11 +/- 1 for joining, 8 +/- 1 for topstitching

AREA	DESCRIPTION	JOIN STITCH	SEAM FINISH	TOPSTITCH	INTER- LINING
back yoke, back rise, inseams	join & topstitch	flatfell	flatfell	flatfell	--
front rise, below fly	join & topstitch	single-needle lock	flat fell	two needle lock (to match flatfell)	--
side seams	join	5-thread safety	5-thread safety	1/16 (partial)	--
waistband	folder-attached	two-needle chain	--	1/16	fusible
waistband	ends	single-needle lock	--	1/16	--
belt loops	form & finish	1/4" two-needle bottom coverstitch			--
Bartacks	see detail sketches	--	--	--	--
coin pkt, set	see detail sketches	single-needle lock	--	1/16-1/4	--
coin pkt	hem	single-needle chain	clean finish	at 1/2"	--
hand pocket, side front	palm side, shell to pkt bag	1/4" two-needle top-and-bottom coverstitch		--	--
hand pocket bag	French seam across bottom	single-needle lock	--	1/4"	--
bottom opening	hem	single-needle lock	clean finish	at 1/2"	--
CLOSURES					
button, waistband	jean-tack	riveted	--	--	--
buttonhole	Buttonhole, keyhole	--	--	--	--
fly, J-stitching	--	single-needle lock	--	2 rows, 1/4"	--
fly shield edge	--	--	3-thread overlock	--	--
fly facing edge	CF edge, topstitch	single-needle lock	--	1/16	FUSIBLE

그림 3.10 작업지시서-봉제 관련 정보 페이지

XYZ Product Development, Inc.
CONSTRUCTION PAGE

PROTO# SWB1778	SIZE RANGE: Mens 30-42
STYLE#	SAMPLE SIZE: 34 / 32
SEASON: Fall 20XX	DESIGNER: Monica Smith
NAME: Mens Woven Pant	DATE FIRST SENT: 1/2/20XX
FIT TYPE: Standard 5-pocket jean	DATE REVISED:
BRAND: XYZ, Sport	FABRICATION: 11 oz denim
STATUS: Prototype-1	

Cutting information: 1 way, lengthwise
Match Horizontal: NA
Match Vertical: NA
Match, other: NA
Stitches per inch (SPI) 11 +/- 1 for joining, 8 +/- 1 for topstitching

AREA	DESCRIPTION	JOIN STITCH	SEAM FINISH	TOPSTITCH	INTER-LINING
back yoke, back rise, inseams	join & TS	FF	FF	FF	--
front rise	join & TS	SN-L	flat fell	2N-L (to match FF)	--
side seams	join	5Tsafe	5Tsafe	1/16 (partial)	--
waistband	folder-attached	2N-C		1/16	fusible
waistband	ends	SN-L		1/16	--
belt loops	form & finish	1/4" 2N-BTTM CvS			--
Bartacks	see detail sketches	--	--	--	--
coin pkt, set		SN-L		1/16-1/4	--
coin pkt	hem	SN-C	clean finish	at 1/2"	--
hand pocket, side front	palm side, shell to pkt bag	1/4" 2N-T&B-CvS		--	--
hand pocket bag	French seam across bottom	SN-L	--	1/4"	--
bottom opening	hem	SN-L	clean finish	at 1/2"	--
CLOSURES					
button	jean-tack	riveted	--	--	--
buttonhole	BH-keyh	--	--	--	--
fly, J-stitching	topstitching	SN-L	--	2 rows, 1/4"	--
fly shield edge		--	3T-OL	--	--
fly facing edge,	CF edge	SN-L		1/16	FUSIBLE

그림 3.11 작업지시서-봉제 관련 정보 요약 페이지

XYZ Product Development, Inc.
Labels and Packaging

PROTO# SWB1778	SIZE RANGE: Mens 30-42
STYLE#	SAMPLE SIZE: 34 / 32
SEASON: Fall 20XX	DESIGNER: Monica Smith
NAME: Mens Woven Pant	DATE FIRST SENT: 1/2/20XX
FIT TYPE: Standard 5-pocket jean	DATE REVISED:
BRAND: XYZ, Sport	FABRICATION: 11 oz denim
STATUS: Prototype-1	

ITEM / description	SKETCH	PLACEMENT	SUPPLIER	WIDTH / WEIGHT / SIZE	FINISH / description	QTY
woven loop label, #IDS15	#1 BELOW	inside CB waistband	Standard Label, factory sourced	standard size	permanent	1
woven endfold label, #IDS14	#2 BELOW	right back pocket	Standard Label, factory sourced	standard size	permanent	1
COO label (country of origin)	#1 BELOW	inside CB waistband	Standard Label, factory sourced	standard size	permanent	1
care content	#1 BELOW	inside CB waistband	factory sourced	to fit, see label manual	permanent	1
hang tag-sport	#3 BELOW	--	Phimpela Label Company	see label manual	removeable	1
barcode stickers	#3 BELOW	one polybag, one hangtag	Nakanishi Coding Systems	see label manual	adhesive back	2
retail ticket	#3 BELOW	standard placement, see label manual	Nakanishi Coding Systems	see label manual	removeable	1
safety pin--with string, for hangtags	#3 BELOW	see manual for placement	factory sourced	see sample sent	brass	1
poly bag, (Flatpack)	#3 BELOW	--	factory sourced	H X W = 18 X 13	self stick, closes at bottom	1

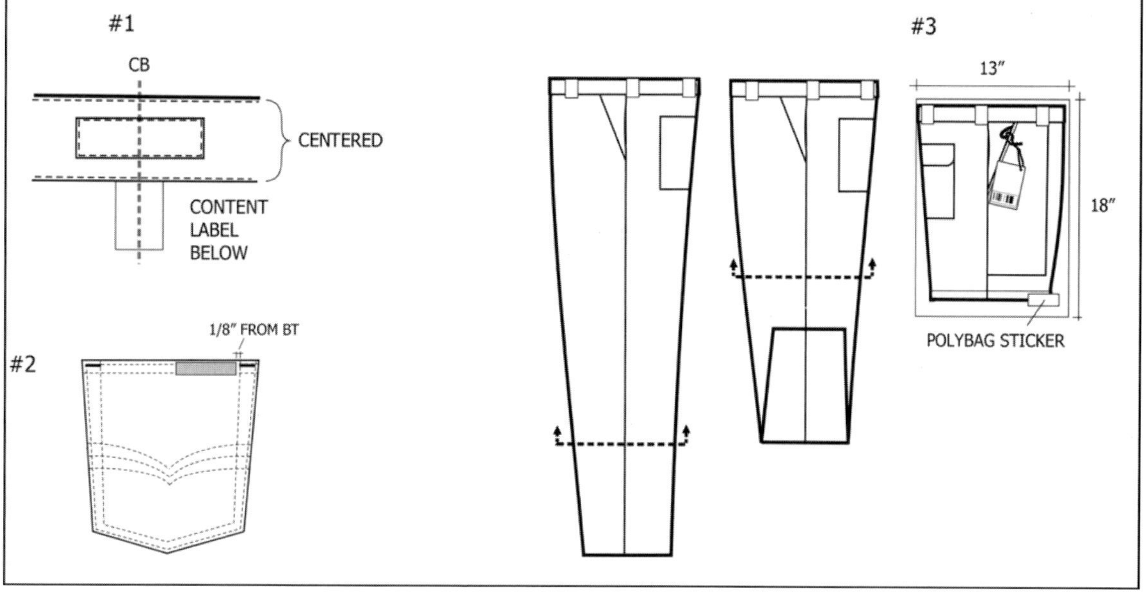

그림 3.12 작업지시서-레이블과 패키지 정보

XYZ Product Development, Inc.
Fit History

PROTO# SWB1778
STYLE#
SEASON: Fall 20XX
NAME: Mens Woven Pant
FIT TYPE: Standard 5-pocket jean
BRAND: XYZ, Sport
STATUS: Prototype-1

SIZE RANGE: Mens 30-42
SAMPLE SIZE: 34 / 32
DESIGNER: Monica Smith
DATE FIRST SENT: 1/2/20XX
DATE REVISED:
FABRICATION: 11 oz denim

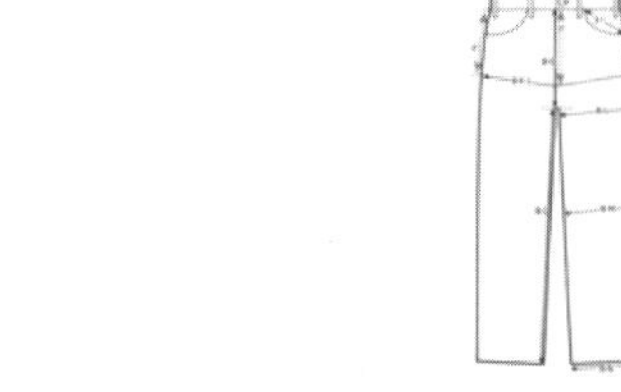

dates:

code	BODY SPEC measurements	Tol (+)	Tol (-)	SPEC	1st proto meas	Differ-ence	notes	Revised Spec, 2nd proto	2nd proto meas	Differ-ence	notes	New Spec
B-A	Waist relaxed	1 1/4	1	35								
B-G	Front Rise (to waist seam)	1/4	1/4	10 1/2								
B-H	Back Rise (to waistseam)	1/4	1/4	15 1/2								
B-K	Hip @ 8" fm seam (3 point measure)	1 1/4	1	46								
B-L	Thigh @ 1"	1/2	1/2	28								
B-M	Knee @ halfway point	1/4	1/4	21								
B-N	Bottom Opening	1/4	1/4	20								
B-Q	Inseam	1/2	1/2	32								
	STYLE SPEC measurements											
B-T	Pocket Opening, (Hand Pocket)	1/4	1/4	6 1/4								
--	Thigh seam from rise	1/4	1/4	8								
--	back pocket, see details page	1/4	1/4	--								
--	front belt loops from CF	1/4	1/4	3 1/2								

그림 3.13 작업지시서-핏에 대한 기록

와치(pantone swatch) 등으로 만들어지기도 한다. 직물공장에서는 염색되고 직조된 작은 스와치들, 즉 **핸드룸**(hand loom)이라고 불리는 샘플들을 디자이너의 승인을 받기 위해 회사에 보내기도 한다.

프린팅은 패턴을 직물 위에 찍어내는 다양한 공정이다. 제품 개발을 위한 특별 주문 프린팅을 위해서는 원사염색과 비슷한 선염 과정이 요구된다. 원본 아트워크의 패턴이 컬러스탠다드와 함께 직물공장으로 보내진다(그림 3.16).

직물공장에서는 이런 요구에 맞게 1/2야드 정도의 직물을 각각의 요구된 컬러웨이로 우선 제작한다. 이는 **스트라이크 오프**(strikeoff)라고 한다. 이곳에서 사용된 샘플의 경우는 각각의 컬러웨이에 다섯 가지 색상이 사용되고 두 가지 컬러웨이가 사용된다.

특별 주문된 프린트와 원사염색은 개발시간이 오래 걸리므로, 이런 특별 주문의 경우는 최소 주문량이 일반 주문제품보다는 많이 요구된다. 그러나, 이들은 독특한 디자인으로 각자 회사의 디자인이 다른 경쟁사보다 뛰어나게 하고 또한 특이한 디자인과 색상으로 전체 시즌의 컬러 스토리를 아주 멋지게 장식할 수 있다.

요약

작업지시서는 의류제품 생산에 가장 중요한 요소다. 디자이너들은 테크니컬 플랫을 이용해 디자인의 디테일을 명백하게 표기하고 원활한 의사소통을 이루어야 의류제품을 성공적으로 생산할 수 있다.

연구문제

1. 작업지시서란 무엇인가? 작업지시서를 사용하는 사람들을 모두 쓰고 이들이 작업지시서를 어떻게 사용하는지 설명해보라.
2. 〈그림 3.6〉에서 POM을 보고 각 수치가 어느 부분의 둘레를 나타내는지 구별해보라.
3. 사이즈 34인 남성용 청바지를 하나 구하고 교과서에서 사용된 남성용 리바이스 청바지와 비교해보자. 작업지시서의 각 페이지를 살펴보고 어떤 곳이 같고 다른지 표로 만들어보라.
4. 이 장에서 사용된 작업지시서의 그레이드 페이지(그림

XYZ Product Development, Inc.

Sample Evaluation Comments

PROTO#	SWB1778	SIZE RANGE:	Mens 30-42
STYLE#		SAMPLE SIZE:	34 / 32
SEASON:	Fall 20XX	DESIGNER:	Monica Smith
NAME:	Mens Woven Pant	DATE FIRST SENT:	1/2/20XX
FIT TYPE:	Standard 5-pocket jean	DATE REVISED:	
BRAND:	XYZ, Sport	FABRICATION:	11 oz denim
STATUS:	Prototype-1		

Date	
SAMPLE TYPE / ID#	preproduction
STATUS	**Approved to production**
Detail review	
Date	
SAMPLE TYPE / ID#	size set
STATUS	**Approved to preproduction, use production quality fabic and trims**
Detail review	
Date	
SAMPLE TYPE / ID#	sales sample
STATUS	**Approved to size set, send 32-40**
Detail review	
Date	
SAMPLE TYPE / ID#	Prototype-1
STATUS	**Approved to Sales Samples, send pattern tracing**
Detail review	
DATE	
SAMPLE STATUS	request for 1st prototype

그림 3.14 샘플 평가서

XYZ Product Development, Inc.
Print and Yarn Dye Request

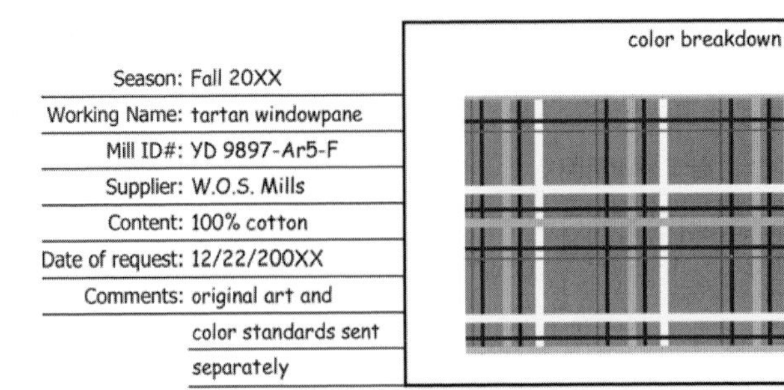

Season: Fall 20XX
Working Name: tartan windowpane
Mill ID#: YD 9897-Ar5-F
Supplier: W.O.S. Mills
Content: 100% cotton
Date of request: 12/22/200XX
Comments: original art and color standards sent separately

	COLOR 1	COLOR 2	COLOR 3	COLOR 4	COLOR 5	COLOR 6	COLOR 7
Colorway A	atlantic	tan	bone	twilight	midnight		
Colorway B	tan	russet	white	midnight	bone		
Colorway C	pine	bone	midnight	tan	russet		
Colorway D							

그림 3.15 원사염색 청구서

XYZ Product Development, Inc.
Print and Yarn Dye Request

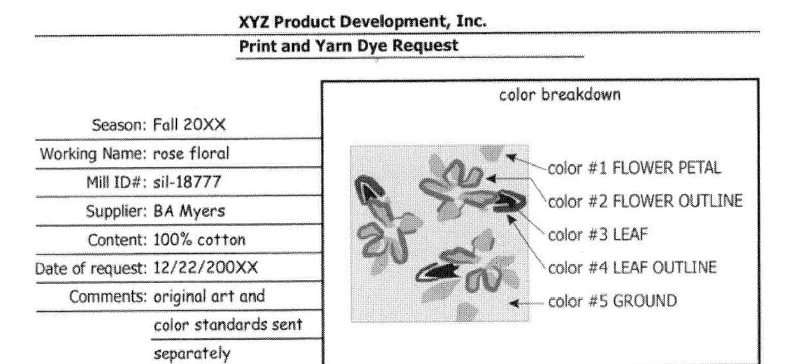

Season: Fall 20XX
Working Name: rose floral
Mill ID#: sil-18777
Supplier: BA Myers
Content: 100% cotton
Date of request: 12/22/200XX
Comments: original art and color standards sent separately

	COLOR 1	COLOR 2	COLOR 3	COLOR 4	COLOR 5	COLOR 6	COLOR 7
Colorway A	blush	lipstick	leaf	pine	white		
Colorway B	lipstick	lavendrine	bamboo	willow	storm		
Colorway C							

그림 3.16 프린트 청구서

3.8)에서 사이즈 40의 '허리-릴랙스드(waist relaxed)' 수치를 이용해 사이즈 40과 사이즈 38을 비교해 얼마나 차이가 있는지를 적어보라. 또한 사이즈 36과 38과 40을 비교할 때는 얼마나 차이가 있는가? 사이즈 34와 40은 얼마나 차이가 있는가? 사이즈 32와 40은 얼마나 차이가 있는가?

5. 오차허용치수란 무엇인가? 이것이 물건의 품질을 정하는 데 어떤 영향을 주는가? 남성용 청바지의 허벅지 오차허용치수는 얼마인가? 허벅지와 허리밴드 높이의 오차허용치수를 비교해보라. 왜 차이가 있는가?

6. 〈그림 3.16〉에서 각각의 컬러웨이에서 가장 주된 색상의 차이는 무엇인가?

이해 확인

1. 왜 의류제품 생산 개발에서 작업지시서가 사용되는가?
2. 작업지시서에서 사용되는 주된 정보는 무엇인가?
3. 타깃 소비자를 이해하는 것이 의류 생산에서 중요한가?
4. 의류 생산 과정에서의 다양한 제조공정을 설명해보라.

CHAPTER 4

테크니컬 스케치의 구성

학습목표

1. 인스퍼레이션 워크북(inspiration workbook)을 개발한다.
2. 다양한 스케치의 스타일을 이해한다.
3. 전형적인 디자인 프로세스를 탐구한다.
4. 테크니컬 스케치를 표준화해 그리는 법을 이해한다.
5. 플랫 스케치(flat sketch)를 그리는 방법을 이해한다.
6. 테크니컬 스케치를 그리는 데 사용되는 용어를 알아본다.
7. 디테일 스케치를 그리는 방법을 알아본다.

주요용어

그림 그리는 표준화된 방법(drawing convention)
비율에 맞게 그리는 것(drawing to scale)
착용자의 오른쪽(wearer's right)
콜아웃(callout)
크로키(croquis)
테크니컬 플랫(technical flat)
트루잉(trueing)
패션 스케치(fashion sketch, fashion illustration)
퍼스널 스케치(personal sketch)
플랫(flat, tech sketch)
플로트(float, portfolio flat)
하이 포인트 숄더(high point shoulder, HPS)

디자이너는 매일 다양한 스케치와 플랫을 그린다. 연필로 그리는 도식화에서부터 비율적으로 정확하게 그리는 테크니컬 플랫에 이르기까지 디자이너들은 자신의 디자인 아이디어와 영감을 의류 생산 과정에서 함께 일하는 다른 팀원들에게 잘 전달해 기능적이고 아름다운 의류제품을 정해진 기간 안에 개발해야 한다. 의류제품 생산에 소요되는 시간을 리드 타임이라 하는데 이는 패스트 패션(fast fashion)의 영향으로 점점 줄어들고 있으므로 디자이너에게는 빠르게 스케치를 그려내는 기술이 매우 중요하다. 특히 글로벌화되어 있는 의류시장의 현실을 볼 때 자신들이 가지고 있는 디자인 아이디어를 다른 나라에서 의류 생산공정에 참여하는 팀원들에게 원활하게 전달하는 것은 매우 중요하다. 스케치란 전 세계적으로 이해되는 국제적인 공통 언어이고 다양한 종류의 스케치들을 잘 이해하는 것이 효과적인 의사소통을 위해 중요하다.

다양한 스케치의 종류

다양하고 창조적인 그림을 그리는 것은 디자인을 하고 새로운 의류제품을 개발하는 데 있어서 매우 중요한 과정이다. 이 과정에는 떠오른 영감을 그린 것, 프레젠테이션을 위해 그린 것, 작업지시서 등에 나타난 특정한 정보를 제시하기 위한 세부 도식화를 그린 것 등이 있다.

인스퍼레이션을 위한 그림 : 퍼스널 스케치

개인이 그리는 스케치는 인스퍼레이션 스케치(inspiration sketch)에 포함된다. 이런 **퍼스널 스케치**(personal sketch)는 손으로 그리는 것이다. 디자이너들은 저마다 각자의 다이어리 또는 인스퍼레이션 노트에 자신들의 아이디어를 기록해둔다. 이런 자료들은 그간 모아둔 사진과 스케치들을 포함하며 디자인 인스퍼레이션의 가장 중요한 요소가 된다. 이러한 그림들이 꼭 완성된 그림일 필요는 없다. 디자이너들은 인스퍼레이션 노트에 순간순간 떠오르는 아이디어, 디테일과 디자인 요소들을 시각적으로 자유롭게 기록해 무엇인가 디자인에 유용하게 쓸 수 있는 것들은 다 모아둔다. 〈그림 4.1〉은 퍼스널 인스퍼레이션 노트의 예를 보여주고 있는데, 색상에 대한 아이디어, 앞면과 뒷면의 디자인 묘사 등을 포함하고 있다.

디자이너는 자신만의 독특하고 다양한 스타일로 표현하는데 디자이너에 따라 손으로 그리거나 컴퓨터로 그리는 등 그 방법은 자유롭다. 스케치북은 아이디어가 자유롭게 흘러가게 해주고 디자이너들이 기억에 남는 디자인 디테일들을 기록하고 기억할 수 있게 해준다. 퍼스널 스케치북은 개인의 아이디어를 자유롭게 기록하는 오픈 스케치북으로 사용된다. 이는 다른 이들에게 보여줄 필요가 없으므로 그림이나 아이디어, 사진, 요약된 캐리커처 등을 포함할 수 있다. 이는 부분적으로 디자이너의 삶의 모습을 기록한 콜라주, 여행 기록, 일기 등이 될 수도 있고 특히 박물관, 영화, 아트북, 잡지 등을 포함해 다양한 곳에서 비롯한 아이디어를 디자인 과정에서 사용할 수 있다.

디자인 직종에 지원할 때는 이런 퍼스널 인스퍼레이션 노트가 인터뷰에서 요구될 수 있다. 다른 포트폴리오, 샘플 프레젠테이션 보드 등과 함께 퍼스널 인스퍼레이션 노트가 디자이너의 창조 과정을 잘 표현해주기 때문이다.

프레젠테이션을 위한 그림 : 패션 스케치와 플로트

두 가지 종류의 스케치가 프레젠테이션에 포함되는데 하나는 패션 스케치이고 다른 또 하나는 패션 플로트다.

패션 스케치(fashion sketch)는 인체가 그려지는 피겨 드로잉(figure drawing)으로서 공식적인 프레젠테이션에 사용되며 몇 가지 중요한 기능이 있다. 패션 스케치는 패션 일러스트레이션(fashion illustration)이라고도 불린다. 이를 통해서는 어떤 스타일의 특징이 있는지, 타깃 소비자가 누구인지, 어떤 시장을 공략하는지, 상품들이 어떤 그룹들로 나뉘는지, 어떤 계절에 판매되는지를 나타내고 있다.

포트폴리오에 포함되는 프레젠테이션용 디자인 스케치는 디자이너로서 첫발을 내딛는 졸업생들에게 아주 중요한 요소이다. 시중의 많은 책들이 효과적인 포트폴리오 만드는 것에 대해 다루고 있다. 그러나 무엇보다 가장 중요한 것은 포트폴리오에서 다음과 같은 요소들을 명백하게 의사소통해야 한다는 것이다.

1. 의류상품 개발 과정에 있어서 꼭 필요한 기술을 나타내는 테크니컬 스케치와 상세 스케치를 포함해야 한다.
2. 지원자가 다양한 아이디어를 가지고 있고, 이들을 다양한 상품군에 적용할 수 있는 능력이 있음을 보여주어야 한다.
3. 지원자가 판매 가능한 의류상품을 개발하고 판매하는

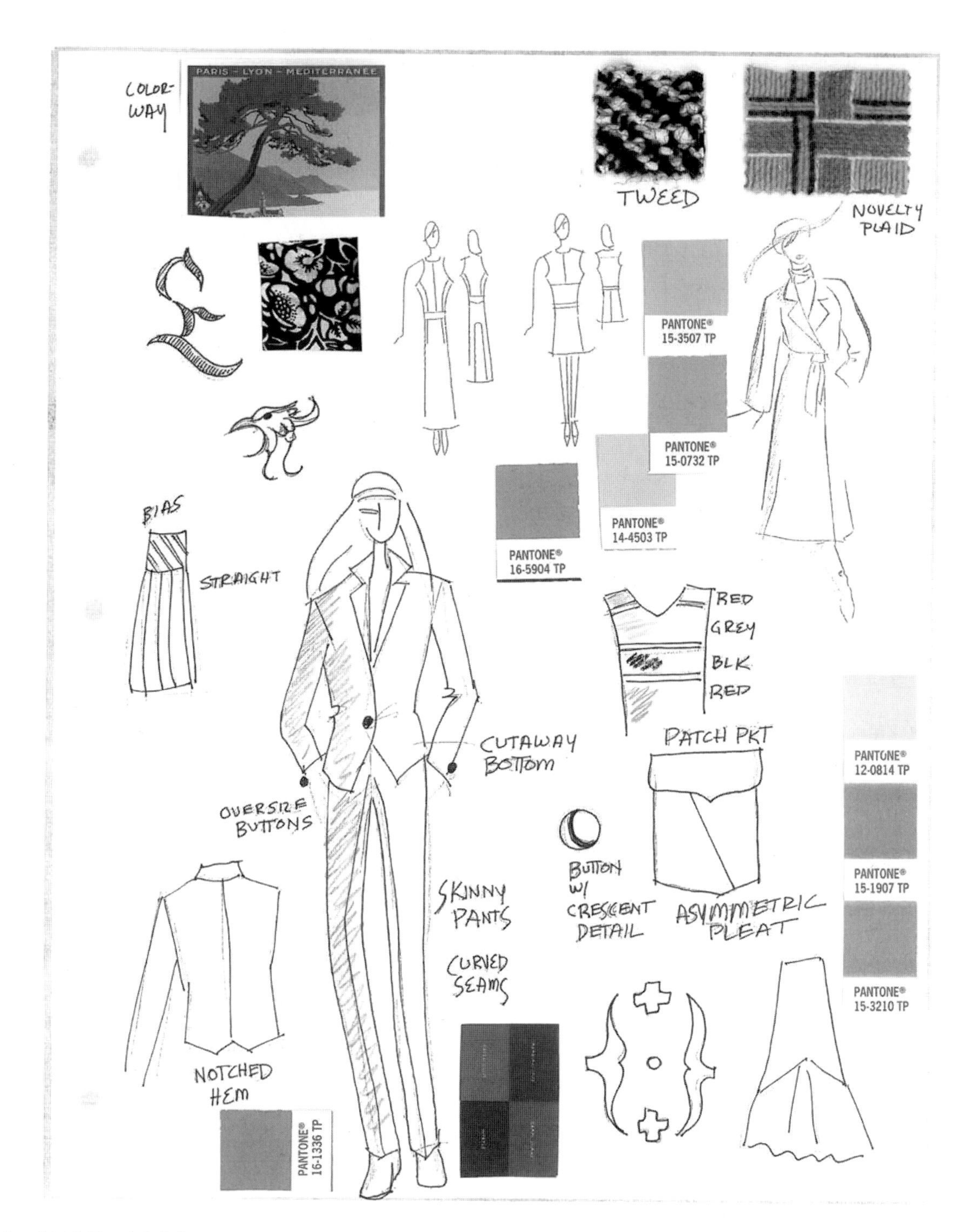

그림 4.1 퍼스널 인스퍼레이션 노트 또는 아이디어 북

전체 과정(merchandise)을 이해하고 있다는 것을 보여주어야 하는데, 이때 개발된 의류상품들은 전체 디자인라인과 조화되며 디자인라인 안에서의 다른 상품들과 서로 조화롭게 하나의 룩(look) 또는 아웃핏(outfit)을 창조할 수 있어야 한다.

〈그림 4.2〉를 통해 패션 스케치가 어떤 역할을 하는지 살펴보자. 이 머천다이즈 그룹의 이름은 '해변의 하루'다. 봄, 여름 또는 휴가시즌이라는 것과 액세서리, 헤어스타일, 특히 해변과는 어울리지 않는 하이힐을 묘사함으로써 수영보다는 사교모임을 더욱 중요시하는 타깃 소비자층임을 알 수 있게 해준다. 이 그림들은 프레젠테이션 보드에 정리된다.

그림 4.2 패션 스케치 '해변의 하루'

두 번째 종류의 프레젠테이션에 포함되는 스케치는 **플로트**(float)로 이는 인체가 순화된 스케치들을 의미하며 또 다른 용어로 포트폴리오 플랫(portfolio flat)이라고도 한다. 포커스 보드와 판매를 위한 보드에 플로트가 사용되기도 한다. 플로트는 간단하게 표현될 수 있으므로 디자인 그룹에 정보를 첨부하기 위해 사용되기도 한다. 이런 그림은 색상, 패턴, 질감, 그리고 의복의 드레이프 정도들을 표현하며 정확성을 주기 위해 비율에 맞게 그려진다. 〈그림 4.3〉의 플로트 구성은 제2장에서 언급했던 알프레스코 라인을 좀 더 구체적으로 설명하기 위해 제시된 것으로 이는 시각화된 라인플랜이다.

플로트는 패션 스케치를 보조하기 위해 사용된다. 이것은 바이어들이 컬러 스토리를 보고 시각적으로 구체화해 상품이 소매점에 디스플레이되어 팔리기까지의 상황을 상상하는 데 매우 중요한 도구다. 이것은 어떤 상의와 어떤 하의가 함께 판매되는지를 알고, 복합세일을 가능하게 하기 때문이다. 이들은 디자이너가 머천다이징에 관계된 다양한 문제들을 생각하게 하고 또한 바이어가 가질 수 있는 다양한 고민들을 생각하고 이해하게 도와준다. 왜냐하면 좋은 코디네이션은 소비자로 하여금 구매를 증가시키는 중요한 요소가 되기 때문이다. 소비자들은 아마도 바지 한 벌을 사러 매장에 왔다가도 디자인라인 전체가 매력적이고 다른 아이템과 잘 매칭된다면 매칭되는 아이템들, 즉 액세서리와 셔츠도 함께 구매할 것이기 때문이다. 플로트를 통해서 조화가 잘 이루어진 디자인을 성공적으로 의사소통할 수 있다면 그 플랫을 보는 누구든지 전체 라인의 조화를 빠르게 이해할 수 있다.

패션 일러스트레이션과 플로트는 많은 경우에 **크로키**(croquis)라는 마스터 스케치의 도움으로 개발된다. 크로키나 기본 실루엣은 그림을 그리는 과정을 빠르게 하기 위해 서로 다른 디자인의 디테일을 보여주는 데 사용된다. 또 다른 방법으로는 마스터 스케치 위에다가 트레이싱 페이퍼(tracing paper)를 올려놓고 이를 따라 그리는 방법인 핸드 드로잉이 이루어진다.

〈그림 4.3〉처럼 다양한 색상별로 플로트를 제시해야 하므로 마스터 스케치를 이용해 신속하게 그릴 수 있다. 이 과정

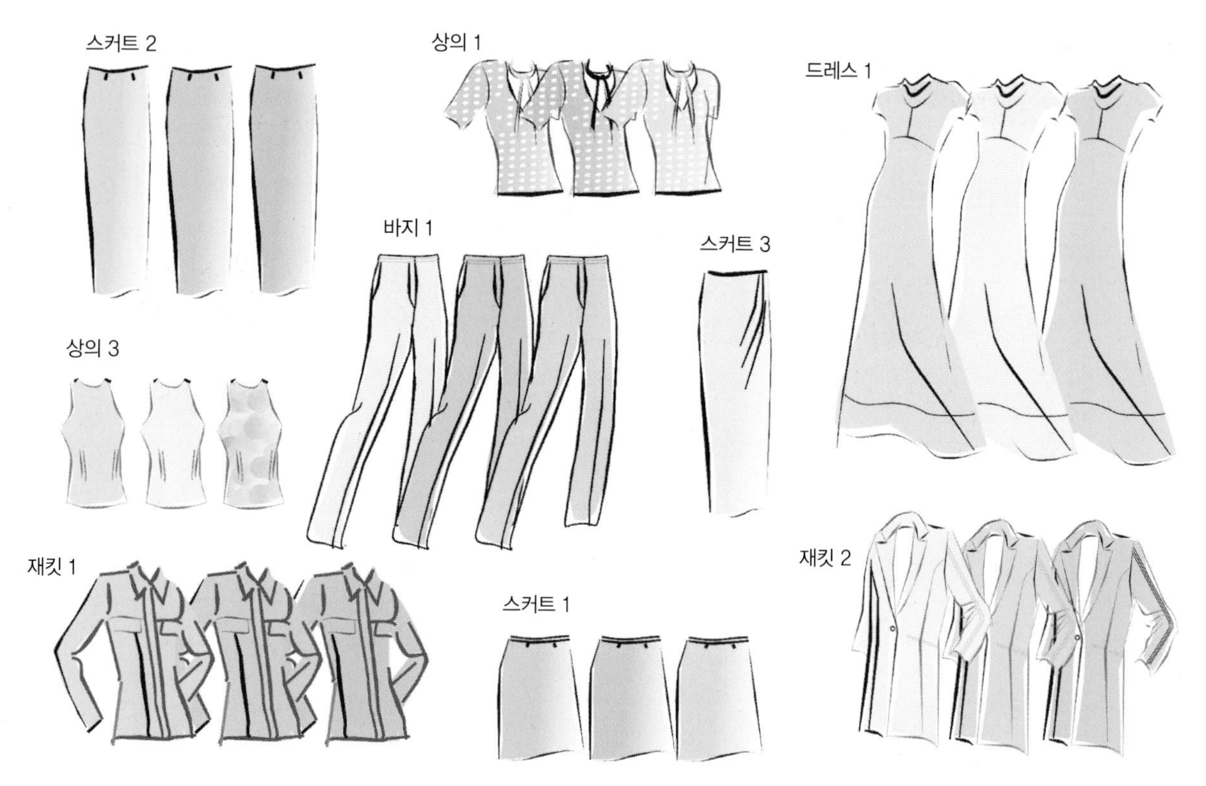

그림 4.3 알프레스코 라인 플로트의 예

은 손으로 그리거나 CAD를 이용하거나 과정은 거의 같다. CAD를 이용하면 디자이너가 크로키를 한 번만 그리면 다른 색상으로 바꾼 컬러 스토리를 쉽게 그릴 수가 있고, 프린트나 격자무늬를 스케일로 쉽게 표현할 수가 있다. 크로키는 간단한 디자인 과정으로 디자이너가 인체의 비율을 그리고 맞추는 데 신경을 쓰느라 정작 디자인에 집중하지 못하는 상황을 피할 수 있다. 앞모습과 뒷모습이 세트로 이루어진 크로키를 이용해서 디자인 과정을 쉽게 하고 이 스케치를 여러 개 복사해 두었다가 미래에 디자인을 할 때 쉽게 사용할 수 있게 한다. 이런 기본 크로키들은 퍼스널 인스퍼레이션 노트에도 사용해 쉽게 디자인을 개발하는 데 사용할 수가 있다.

〈그림 4.4〉는 남성복 아우터웨어 그룹을 보여주는 프레젠테이션 보드이다. 이 스케치는 폈다 접었다 할 수 있는 보드로 구성되어 있고 바이어들에게 바이어 미팅에서 보여줄 수 있다.

이는 패션 스케치나 플로트가 어떻게 함께 사용되는지를 잘 표현해주고 있다. 플로트는 아우터웨어에 걸맞은 액세서리인 장갑과 부츠, 그리고 스노보드를 든 타깃 소비자를 묘사한 패션 스케치와 함께 제시됨으로써 상호 보완의 역할을 해 많은 정보를 효율적으로 전달한다. 오른쪽 아래에는 컬러 스토리가 계절의 주제를 잘 보여주고 있다. 이 그룹은 독자들의 이해를 돕기 위한 하나의 예로 만들어진 것이며 실제로 1개의 그룹에는 보통 제2장의 라인플랜에서 본 것처럼 다양한 가격대의 10~12개 정도의 아이템을 포함하고 있다.

그림과 같이 플로트는 다양한 스타일로 그려질 수가 있고 어떤 경우에는 의복 안쪽의 모습을 그리기도 한다. 플로트는 바이어와 의사소통하기 위해 그려지는데 〈그림 4.5〉는 여러 가지 스타일의 플로트 구성을 보여준다.

프레젠테이션 보드에는 다양한 종류의 플로트를 사용하기도 한다(그림 4.5a와 b). 이는 텍스처(그림 4.5c), 무늬(그림 4.5d), 그리고 신체의 움직임(그림 4.5d부터 f까지), 비율, 에티튜드, 즉 소비자의 전반적인 스타일(그림 4.5a부터 g까지)을 보여준다. 〈그림 4.5f〉와 〈그림 4.5g〉는 서로가 다른 방식으로 같은 스타일을 표현하는 방법을 보여주고 있다. 〈그림 4.5f〉는 실제 사람이 입은 듯이 생동감 있게 표현했는데 이는 '투명인간' 스타일이라 부르기도 한다. 〈그림 4.5g〉는 같은 바지를 하나는 플로트로 또 하나는 플랫으로 같은 크기인 디멘젼과 콜아웃을 사용해 표현한 것이다. **콜아웃**(callout)이란 그림의 자세한 디테일을 글자로 설명하는 것을 의미하는데, 예를 들면 〈그림 4.5g〉의 집 오프 레그(zip-off leg, 지퍼로

그림 4.4 남성복 아우터웨어 그룹 플로트의 예

바지의 다리 부분을 탈부착 가능하게 하는 것) 또는 카고포켓(cargo pocket) 등이다.

세부 도식화 : 플랫 또는 테크니컬 스케치

플랫(flat)은 도식화라고 불리며 2차원적인 테크니컬 그림으로 세부묘사를 위해 비율에 맞게 정확하게 그려진다. 이 책에서 제시한 모든 플랫의 예는 드로잉 소프트웨어 프로그램을 이용해 그린 것이다. 작업지시서를 만들기 위해 가장 많이 사용되는 세 가지 프로그램으로는 어도비 일러스트레이터(Adobe Illustrator), 코렐드로(Corel-DRAW), 마이크로그래픽스 디자이너(Micrografx Designer) 등을 들 수 있다. 간단한 프로그램인 엑셀(Excel) 또한 작업지시서에서 중요한 숫자 정보를 제공하는 데 사용되고 다양한 의류상품 개발 정보 관리 시스템, 즉 생산자료관리(product data management, PDM) 시스템들이 사용되는데, 예를 들어 거버 PDM(Gerber PDM)은 작업지시서를 만들기 위한 출판용 프로그램이기도 하다. 이는 보통의 경우에 그림을 그리는 프로그램과 연결되어서 스케치를 출판 프로그램으로 불러오거나 또는 다른 프로그램으로 내보내 사용된다. 현재 웹을 기반으로 한 웹 PDM 프로그램이 점점 더 많이 사용되고 있다. 이런 시스템을 사용하여 빈번하게 발생하는 디테일 변경사항을 지구 반대편에서 의류생산 과정에 참여하는 사람들에게 바로바로 제공함으로써 가장 최근 작업지시서의 정보를 생산 과정에 즉시 반영할 수 있게 한다. 이로 인해 디자이너들은 디자인을 수정할 때마다 변경된 작업지시서를 공장에 따로 보낼 필요가 없어진다. 컴퓨터를 이용해 작업지시서를 만들 경우의 장점으로는 (1) 그림을 쉽게 고칠 수 있고 저장할 수 있으며, (2) 쉽게 그림을 확대 또는 축소할 수 있고, (3) 앞면을 가지고 거울(mirror) 이미지 처리로 뒷면을 쉽게 그릴 수 있으며, (4) 비율에 맞게 그리기 쉽고, (5) 항상 일관된 스케치를 그릴 수 있으며, 전자 크로키를 그려서 웹이나 이메일로 보내거나 받을 수 있다는 점이다. 경우에 따라서 손으로 테크니컬 스케치를 그린 후 스캔해서 컴퓨터 작업을 통해 작업지시서로 만들 수도 있으나, 현재 패션산업에서는 전자파일로 데이터를 빠르게 교환하고 의사소통하므로 컴퓨터를 이용해서 테크니컬 스케치를 만드는 것이 시간을 절약하는 방법이다.

그림 4.5 색상, 재질, 디테일을 보여주는 플로트의 예

CAD(computer aided design)는 일상적으로 많이 쓰이는 용어인데, 매우 정교한 CAD 프로그램은 디자이너들이 디자인이나 프린트를 시각화하는 것을 돕고 3차원적인 그림으로 1차원적인 디자인을 바꾸는 것을 돕는다. 이런 소프트웨어 프로그램은 다른 많은 기능들을 가지고 있는데 일부 회사들은 바이어들이 샘플을 온라인상으로 보고 상품을 선택하도록 돕고 있다. 그러나 중요한 것은 이런 온라인을 이용한 비즈니스가 보편화된다 해도 테크니컬 스케치와 문자로 적힌 정보를 포함한 작업지시서야말로 상품을 생산하기까지 매우 중요한 가치를 지닌다는 점이다.

성공적으로 프레젠테이션을 끝낸 디자이너가 머천다이저 그리고 상품 개발팀과 함께 회의를 한다고 하자. 당신의 많은 스타일들이 상품 개발에 선택되고 결정된 아이디어들이 작업지시서로 자세하게 그려지고 제2장과 제3장에서 설명한 것처럼 1차 프로토 샘플 제작을 위해 공장에 보내진다고 하자.

이런 목적으로 그려진 그림이 바로 **테크니컬 플랫**(technical flat)이다. 플랫이란 아주 특별한 목적의 그림인데 이는 마치 청사진과 같이 스케일에 맞게 그려지는 그림으로 봉제 방법과 스티치 등도 정확하게 포함해 그려진다. 예를 들면 제3장에서 본 청바지의 경우와 같다. 이런 종류의 그림에서는 의복이 인체에 입혀졌을 때 어떻게 보이는지는 중요하지 않다. 왜냐하면 테크니컬 스케치는 의복이 인체에 입혀지는 3차원적인 것을 고려하지 않고 의복이 테이블에 평평하게 놓여진 상태로 보이는 것처럼 그리기 때문이다. 정확한 비율에 맞게 그려졌는지를 중요시한다.

플랫은 정확하고 확실하며 세밀하게 그려진다. 이 그림을 기반으로 의복의 패턴이 만들어지고 봉제된 샘플이 만들어지기 때문이다. 상품 개발을 위한 샘플이 승인되고, 각 스타일은 해석 과정을 지나 작업지시서로 만들어진다. 첫 번째 과정이 바로 앞모습(그림 3.2), 뒷모습(그림 3.3), 그리고 디테일(그림 3.4와 그림 3.5)에 대한 테크니컬 플랫을 만드는 것이다.

〈그림 4.6a〉와 〈그림 4.6b〉를 비교해보라. 〈그림 4.6a〉는 바이어 또는 소비자에게 제시되는 것이다. 〈그림 4.6b〉는 작업지시서에 사용되고 의복 샘플을 만드는 데 사용된다. 〈그림 4.6b〉에서 보이는 것처럼 이 경우에는 직물의 텍스처와 프린트가 패턴을 만드는 데 영향을 주지 않는다면 이를 표시할 필요가 없다. 그러나 어떤 경우에는 영향을 줄 수도 있는데, 예를 들면 스트라이프의 방향을 나타내야 할 때 등이다. 이럴 경우에는 디테일 스케치 페이지를 첨부해주기도 한다.

〈그림 4.7〉은 같은 디자인을 각각의 플로트와 테크니컬 플랫으로 비교한 예를 보여주고 있다. 〈그림 4.7a〉의 플로트는 직물에 패턴을 어떻게 배치해 무늬를 어떻게 사용할지를 보여주고 드레이프의 느낌과 완성된 의복의 느낌을 동시에 나타내고 있다. 그러나 보여지는 정보가 모두 정확한 것은 아니다. 예를 들면 제시된 소매가 돌먼(dolman) 소매인가 아니면 기모노 소매(cuffs)인가? 얼마나 다양한 종류의 직물이 사용되고 있는가? 커프스의 끝 처리는 바인딩(binding)인가? 아니면 절개선이 따로 있는 배색인가? 아니면 위에 따로 덧대는 아플리케(appliqué)인가? 이 옷에 안감이 들어가는가? 비대칭인 것은 알겠으나 어떻게, 얼마나 비대칭인가? 이러한 모든 것들이 비용과 구성에 영향을 주기에 디자이너는 이러한 모든 질문에 대한 대답을 작업지시서에서 제공해야 한다.

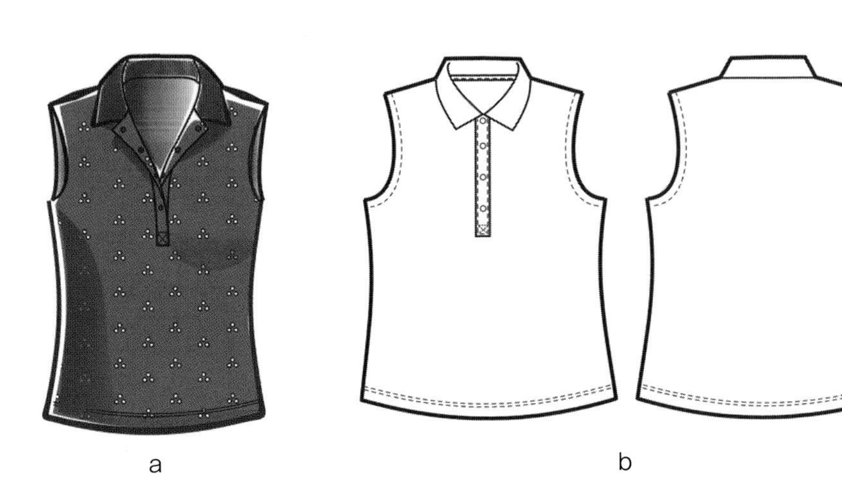

그림 4.6 플로트와 테크니컬 플랫 : 여성 민소매 탑

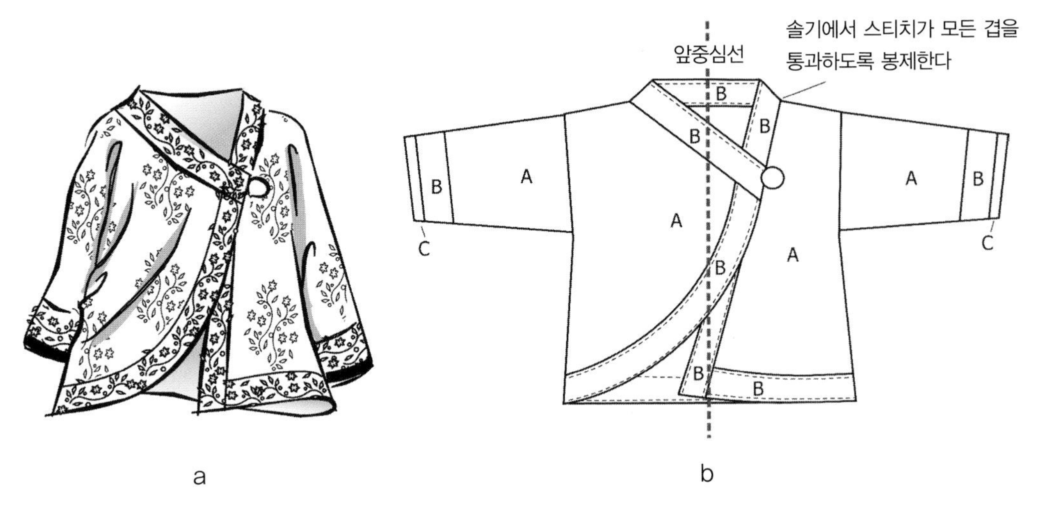

그림 4.7 플로트와 플랫 비교

〈그림 4.7a〉에서 던져진 모든 질문에 대한 답은 〈그림 4.7b〉에서 찾을 수 있다. 이제는 우리 모두가 보고 알 수 있듯이 스퀘어 드롭 숄더 슬리브(a square, drop-shoulder sleeve)이고, A, B, C 세 가지 원단이 사용되었으며, 소매에는 바인딩이나 아플리케 처리를 한 것이 아니라 C원단을 탑스티치 없이 배색으로 사용했다. 안감이 들어가며 탑스티치가 B원단을 사용한 밴드 부분에 쳐지고 또한 밑단 부분에서 안감이 연결되고 안감 밑단 쪽에도 함께 스티치가 쳐짐을 알 수 있다. 그림 중앙을 가로지르는 점선으로 표현된 중심선 덕분에 우리는 얼마만큼의 비대칭이 형성되는지 알 수 있다. 그리고 이것들이 어떻게 만나서 옷이 여며지는지를 정확하게 알 수 있다. 칼라는 두 겹이고 안쪽에서 클린피니시드(clean-finished)되었다. 다른 디테일은 다른 페이지에서 잘 설명될 수 있고 이는 매우 중요한 디테일 정보로 패턴사가 의복을 만들기 전에 반드시 대답해야 하는 내용이다.

그림 4.8은 우븐 직물로 된 캡 슬리브(cap sleeve) 블라우스 2개의 모습을 보여준다. 〈그림 4.8a〉는 블라우스가 마네킹에 입혀진 3차원적 그림을 보여준다. 〈그림 4.8b〉는 같은 의복이 평평한 테이블에 놓인 그림으로 이는 측정을 위하여 준비된 평면적인 그림이다. 이 두 종류의 그림은 서로 다른 관점을 가지고 있고 우리가 평상시에 보는 모습과는 다르다. 〈그림 4.8b〉는 테크니컬 스케치로서 비율이 완벽하게 맞는 그림이며 〈그림 4.9〉는 같은 스타일의 옷을 테크니컬 스케치와 일반 스케치로 비교하는 모습이다. 〈그림 4.9b〉 테크니컬 스케치는 〈그림 4.9a〉 사진이 보여주지 못하는 다양하고 상세한 정보를 제공해준다. 즉 개더(gather)가 몇 줄 들어갔는지 등이다. 이렇듯이 테크니컬 스케치는 패턴과 비슷한 형태로 스타일 개발에 있어서 매우 중요한 가이드를 제공한다.

의복을 묘사하는 데 쓰이는 용어들

테크니컬 스케치를 할 때 의류상품과 연관해 사용되는 용어를 이해하는 것이 중요하다. 의복 생산의 세계화로 비록 세계 각처에서 각각의 언어를 사용하는 구성원들과 함께 일을 하지만 표준화된 용어를 함께 공유함으로써 원활한 의사소통이 가능하다.

작업지시서에서는 디테일의 위치를 말할 때 착용자를 기준으로 왼쪽과 오른쪽으로 표기한다. 즉 의복의 스케치에서 라벨이 오른쪽으로 표기되어 있으면 이는 착용자의 오른쪽을 의미한다(보는 사람의 입장에서는 왼쪽이다). 이렇게 착용자를 기준으로 하는 것이 표기기준이며 당연하게 여겨져서 디테일 스케치 또는 위치를 특별하게 지정하는 경우를 제외하고는 거의 작업지시서에서 표기를 생략할 때가 많다.

테크니컬 플랫을 작성하고 이해하려면 의복에서 가장 주요한 부분들과 통용되는 축약어 등에 대해 알아야 하므로 이 책에서는 가장 기본적인 의복인 민소매 탑, 긴소매 셔츠, 바지

a

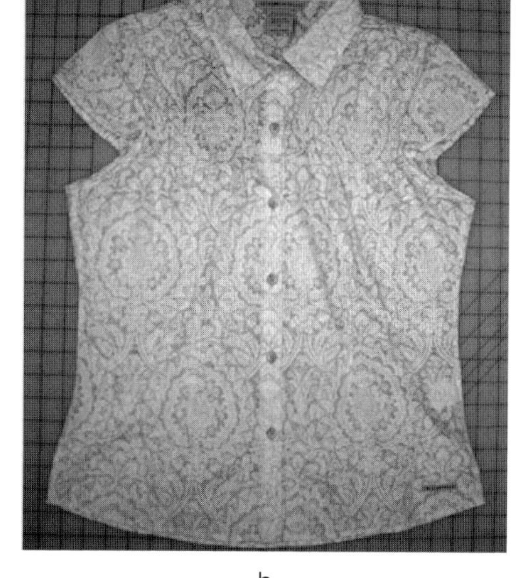

b

그림 4.8 의복을 마네킹에 입혔을 때(a), 의복을 평평한 평면에 놓았을 때(b)

a

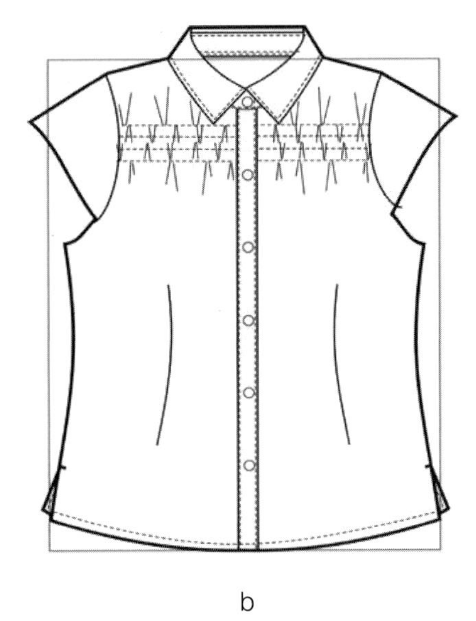
b

그림 4.9 플랫 가먼트(a)와 플랫 스케치(b)

등을 알아보자.

하이 포인트 숄더(high point shoulder, HPS)는 재킷, 셔츠와 같은 대부분의 상의와 드레스에서 가장 중요한 기준점으로 의복의 치수를 규정하는 데 사용된다. 이는 다양한 의복에 변함없이 사용되는 정확한 치수 계측을 위한 기준점이 된다. 예를 들어 세로 길이의 경우 목선을 비교해보면 다양한 스펙에 상관없이 기준점은 HPS다.

HPS를 정의하기 위해 패턴을 고려하는 것이 도움이 된다. HPS는 패턴이 접히는 곳이며 옆선(side seam)과 선을 맞추는 곳이기 때문이다. 〈그림 4.10a〉는 어깨솔기가 부착되었고, 〈그림 4.10b〉는 옆선과 접힌 곳을 보여주고 있다. HPS는 어깨 솔기와 다르다는 점이 중요하다. 〈그림 4.10b〉와 〈그림 4.10c〉를 비교해보면, 〈그림 4.10b〉는 어깨솔기가 1/2인치 앞쪽으로 나와 있고 〈그림 4.10c〉에서 하이포인트 숄더는 래글런 슬리브의 일부이고 이때 하이포인트 숄더의 위치는 같다. 〈그림 4.10d〉는 훨씬 넓은 목과 목 모양을 가지고 있으나 HPS는 패턴과 의복이 접힌 곳이다. 어떤 경우에는 의복의 핏과 스타일 때문에 어깨선을 앞쪽으로 내려주는 경우가 있다. 또한 래글런 슬리브(raglan sleeve)의 경우에는 어깨솔기가 없는데 이 경우에 HPS를 찾는 방법은 같다.

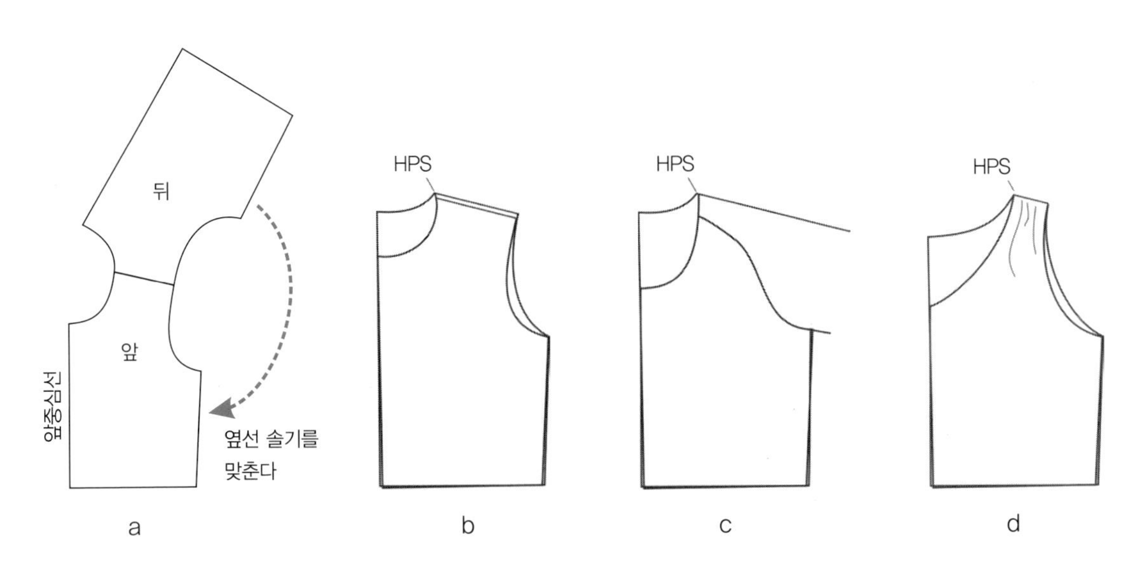

그림 4.10 기본 탑의 HPS

HPS는 디자인 디테일에 따라서 달라진다. 〈그림 4.11〉은 디자인 디테일에 따른 HPS의 예를 보여주고 있다. 〈그림 4.11〉의 a, b, c처럼 HPS는 목솔기에 있다. 〈그림 4.11d〉는 솔기가 전혀 없는 옷이고 HPS는 끝부분이다.

테크니컬 스케치를 그리는 기본 법칙

테크니컬 플랫을 그리는 데는 시각적으로 사용되는 기본적인 표준이 있어서 이는 보는 사람들에게 내용을 전달하는 데 도움을 준다. 무엇보다도 중요한 것은 모든 플랫을 그리는 데 사용되는 요소들의 일관성 있는 내용의 전달이다. 모든 회사들은 각자 **그림 그리는 표준화된 방법**(drawing conventions)을 사용해 각기 다른 요소들, 즉 솔기, 탑스티칭 등을 그린다. 이는 그림과 디테일을 이해하는 데 도움을 준다. 그림 그리는 표준화된 방법은 각 회사마다 약간씩 다르게 사용된다. 이 책에서 사용된 방법은 가상 회사인 XYZ에서 사용하는 방법을 바탕으로 설명하고 있다. 첫 번째 요소는 폰트와 선의 굵기다.

폰트

테크니컬 드로잉에서의 노트나 콜아웃용 **폰트**는 간단하고 읽기 쉬운 것들을 사용한다. 미국과 유럽처럼 알파벳을 사용하는 곳에서는 글씨체가 약간 두꺼우나 작은 크기일 때 특히 읽기 쉬운 타호마(Tahoma)를 사용하거나 산세리프 스타일(sans serif style), 즉 세리프가 없는 스타일인 에어리얼(Arial)과 아방가르드(Avant Garde)를 사용한다. 세리프란 글씨체의 끝에 매달리는 작은 꼭지들을 의미한다. 이런 이유에서 타임스 뉴 로만(Times New Roman)체는 끝에 매달리는 꼭지가 있어 읽기 어려우므로 좋은 선택이 아니다. 〈그림 4.12〉는 알파벳의 폰트를 비교한 예다. 주목할 것은 모든 글자에는 대문자가 사용된다는 점이다.

〈그림 4.13〉은 폰트의 크기에 대한 예다. 대부분의 콜아웃용 폰트는 10포인트이고 최소 사이즈로서 9포인트가 사용된다. 폰트를 너무 작게 사용하면 이메일 등으로 보냈을 때 읽기가 어렵게 되므로 주의해야 한다. 스케치 타이틀의 폰트 크기는 12포인트로 한다(그림 4.13).

선 굵기

선의 굵기를 표준화하는 것은 보는 사람이 그림을 보며 의복에 대한 이해를 쉽게 할 수 있도록 한다. 〈그림 4.14〉의 다양한 선 굵기는 보는 사람으로 하여금 그림에 대한 정보를 쉽게 파악하도록 한다. 외곽선은 2포인트의 실선을 사용하고 진동선의 탑스티치는 0.5포인트의 점선을 이용한다. 이처럼 다양한 선 모양은 각각의 용도별로 사용된다.

콜아웃(call out, 상표에 대한 설명과 각각의 의복의 부분적

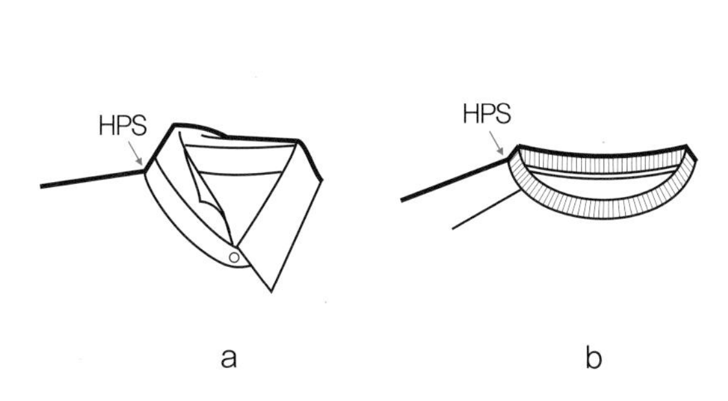

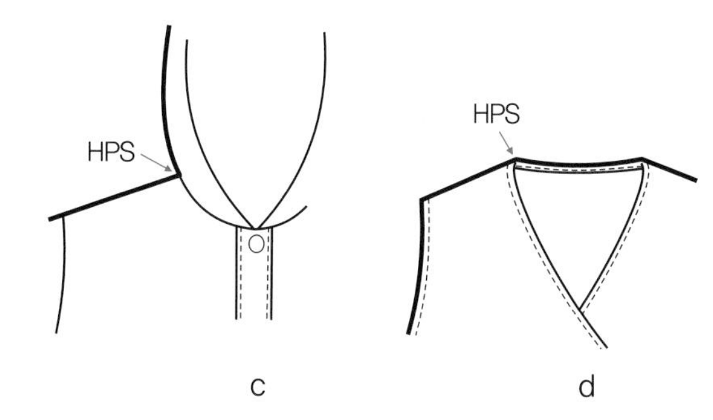

그림 4.11 다양한 스타일의 상의 HPS

그림 4.12 폰트의 예

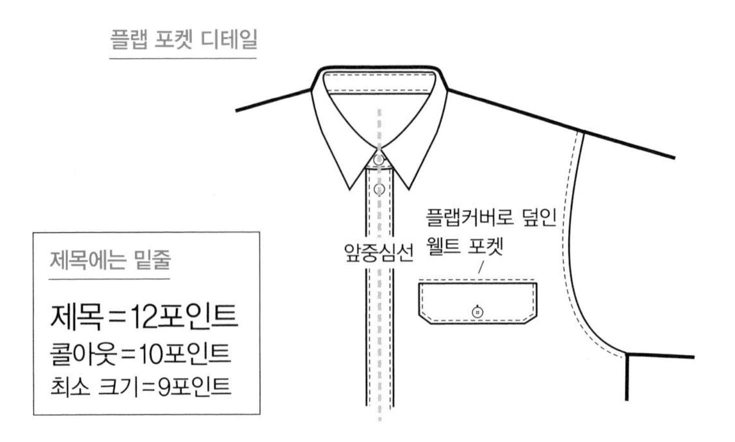

그림 4.13 **폰트의 예**

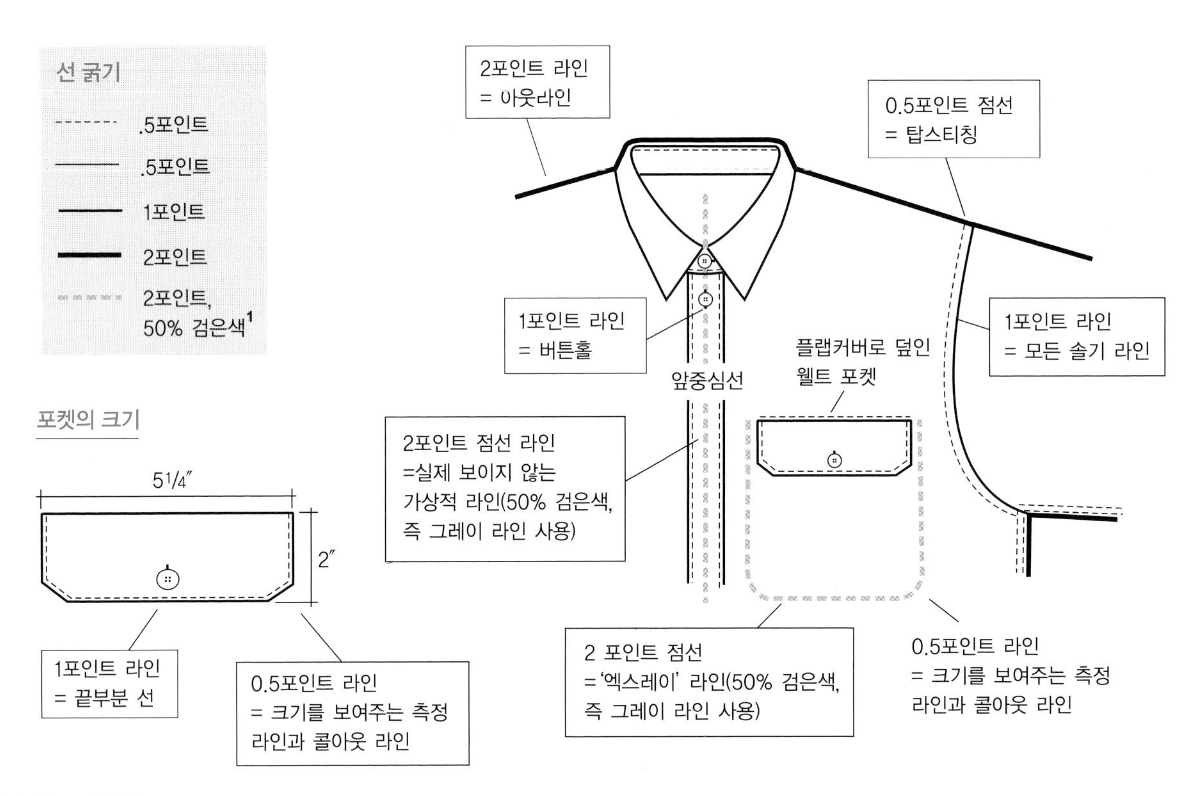

그림 4.14 **선 굵기**

특징을 설명)과 연결되어 있는 선은 콜아웃 선(call out line)이라고 한다. 이때 직선은 0.5포인트 두께(weight)를 사용하는데 이는 스케치에서 사용된 다른 선들과 혼동을 주지 않도록 이들만의 독특한 두께, 즉 0.5포인트 선을 사용한다. 이때 한 가지 중요한 점은 0.5포인트보다 얇은 선을 이용하면 안 된다는 것이다. 왜냐하면 스케치가 포함된 파일을 이메일 등으로 전자 전송할 때는 이들 선들이 눈에 보이지 않을 수 있기 때문이다. 2개 이상의 패널이 만나서 그려지는 솔기와 끝처리된 디테일(포켓 플랩과 같은 것)들은 1포인트의 선으로 그려진다. 전체 의복의 외곽선은 2포인트의 직선으로 그려진다. 〈그림 4.14〉에서 2포인트로 된 회색의 점선(50%의 검은색인 그림자 색)은 상상의 선, 즉 실제로는 존재하지 않는 선이다. 즉 중심선이나 측정을 하는 선들)을 보여준다. 같은 방식의 그림이 바로 포켓 주머니 형태를 회색의 점선으로 보여주는 엑스레이(X-Ray)식 그림인데, 이는 실제로는 안쪽에서만 보

1 역자 주 : 이 그림에서는 독자의 이해를 돕기 위해 실제와 다른 색을 사용했다.

여진다. 이는 탑스티칭과 혼동되지 않아야 한다. 〈그림 4.14〉에서 박스에 들은 정보들은 스케치 자체에 관한 것이 아니라, 단지 스케치를 그리는 방법에 대한 설명이다.

비율에 맞게 그리는 테크니컬 스케치(플랫)

기억해야 할 것은 바로 테크니컬 플랫은 **비율에 맞게 그려져야 한다**(drawn to scale)는 점이다. 이는 실제 의복치수에 대한 시각적인 반영이다. 대부분의 스케치는 1:8 비율로 그려진다. 이는 실제 사이즈의 1/8로 그려진다는 것이다. 예를 들면 1인치의 길이로 그려진 그림의 실제 길이는 8인치가 된다.

테크니컬 플랫의 경우, 성인복은 1:8 비율로 그려지고 아동복은 1:4의 비율로 그려진다. 〈그림 4.15〉는 유아복이나 아동복의 경우 플랫이 왜 1:4의 비율로 그려지는지를 보여주는데, 이는 성인복에 비해 너무 작은 의복을 더욱 작게 만들면 이해하는 데 어려움이 있고 기능적이지 않기 때문이다. 이에 비해 1:4 비율은 이해가 쉽다. 〈그림 4.15〉는 비율적으로 정확하게 그려진 여성복과 아동복 재킷을 보여주고 있다. 여성복 재킷의 경우 가슴둘레가 40인치인데 이는 앞판, 즉 양쪽 옆선 사이의 길이가 20인치라는 것으로 1:8의 비율의 그림에서는 2.5인치라는 것이다.

비록 그림 자체는 정확성을 위해서 비율에 맞게 그려지나 꼭 그림 자체에 비율을 표기할 필요는 없다. 왜냐하면 완성

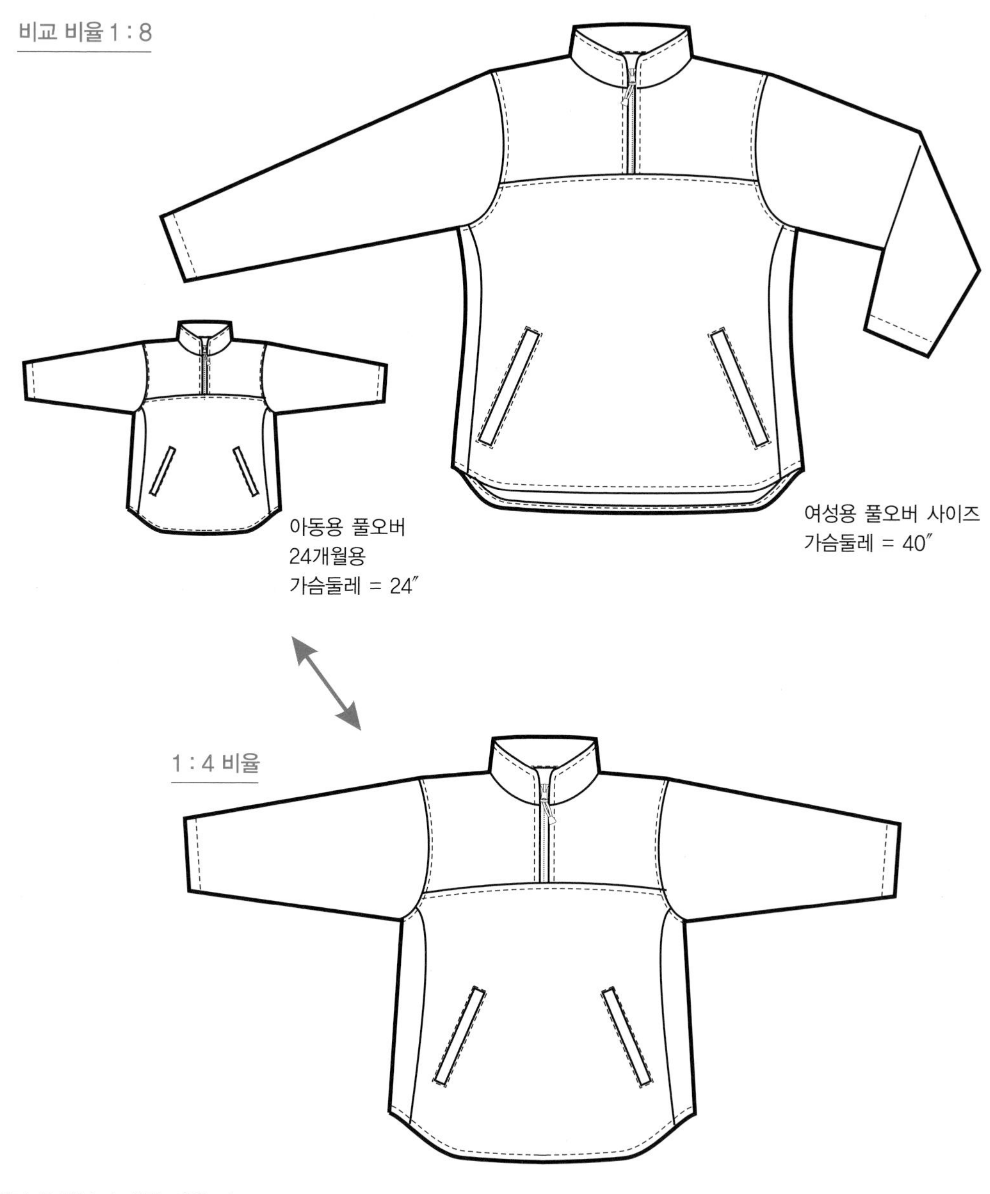

그림 4.15 성인과 아동복 스케치 비율 비교

된 의복의 사이즈가 작업지시서의 치수 측정 지점 페이지에 잘 표기되기 때문이다. 그림이 사이즈에 맞게 수정되지 않으면 이는 원래의 사이즈에 맞지 않기 때문이다. 그러므로 테크니컬 플랫이 비율에 맞게 그려지는 것이다. 그래서 사이즈가 1:7로 증가되거나 1:12376(또는 다른 어떤 사이즈로)으로 줄여지기도 한다. 이럴 경우에 같은 비율을 포함하므로 문제가 되지 않는다.

비율에 맞는 그림을 그리는 데는 또 다른 이유도 있다. 이는 테크니컬 스케치가 디자인 과정에서 패치 포켓과 같은 디테일의 크기가 비율에 맞는지 점검하는 데 사용되기도 하기 때문이다. 만약에 포켓이 너무 길거나 좁으면, 이는 의복 자체에도 영향을 줄 것이다. 탭스(tabs), 포켓(pocket), 플랩(flap), 레이블(label)과 같이 작은 부분 항목들은 실제로는 1:1(actual size)로 그리고 프린트해 자른 뒤 실제 의복에 놓고 비율을 확인하기도 한다.

〈그림 4.16a〉와 〈그림 4.16b〉는 포켓의 비율과 잘 조화되지 않는 플랩의 예를 보여준다. 〈그림 4.16c〉에서는 CAD 프로그램의 스케일 기능을 이용하거나 그래프 용지를 이용해서 완성된 포켓의 모습이 어떠한지를 미리 확인해볼 수 있다. 물론 개인의 취향에 따라 〈그림 4.16a〉와 〈그림 4.16b〉의 비율을 좋아할 수도 있다. 만약 그렇다면 치수를 이것들에 따라서 정할 수 있다.

각 부분의 치수, 즉 '샘플의 치수를 지정하는 점들'은 〈그림 4.16c〉에서 보여주는데 이는 간단한 패치 포켓과 플랩의 치수를 지정하는 법을 나타낸다. 그림을 그리는 방법에는 가이드라인을 지정하면 도움이 되는데 대부분의 CAD 프로그램에서는 자를 정하거나 또는 특정한 캡션을 정해 사용할 수 있다.

단계별로 비율에 맞게 의복을 그리는 방법

비율에 맞는 정확한 테크니컬 스케치를 그리려면 각 단계를 정확하게 이해하는 것이 중요하다. 각 제품의 카테고리는 독특한 측면을 가지고 있다. 기본적인 의류상품을 개발하는 방법을 단계별로 알아보자. 세 가지 의복의 종류, 즉 여성용 민소매 탑, 남성용 긴소매 셔츠, 여성용 바지를 예로 들어보겠다.

여성용 민소매 탑 그리기

첫 번째 예는 가장 간단한 여성용 민소매 탑이다. 기본적인 그림 그리는 방법은 다른 상의에도 적용된다. 왜냐하면 테크니컬 플랫은 시각적으로 의복의 측정치수를 해석하는 방법이며 이를 위해 첫 번째로 해야 할 것이 바로 의복의 측정치수를 측정하는 것이기 때문이다. 의복의 치수들을 포함하는 표는 치수 측정 지점들의 스펙을 포함하고 있다. 민소매 탑을 비율, 즉 스케일에 맞게 그리기 전에 간단한 축약용어를 점검해보자. 〈그림 4.17〉에 그림을 그리는 데 사용되는 축약용어들이 정리되어 있다.

- HPS=High Point Shoulder(그림 4.10 참조)
- FND=Front Neck Drop, 앞목처짐
- BND=Back Neck Drop, 뒷목처짐
- CF=Center Front, 앞중심선
- CB=Center Back, 뒷중심선

샘플의 치수를 지정하는 점들을 표기하는 것은 그래프에 점들을 표시하는 것과 비슷하다. 각각의 점은 수직과 수평의 위치가 있다. 측정치수에 따라 나온 각 수치를 그래프에 좌표로 표시하듯 길이와 너비에 따라 표시한다. 예를 들어 어깨선

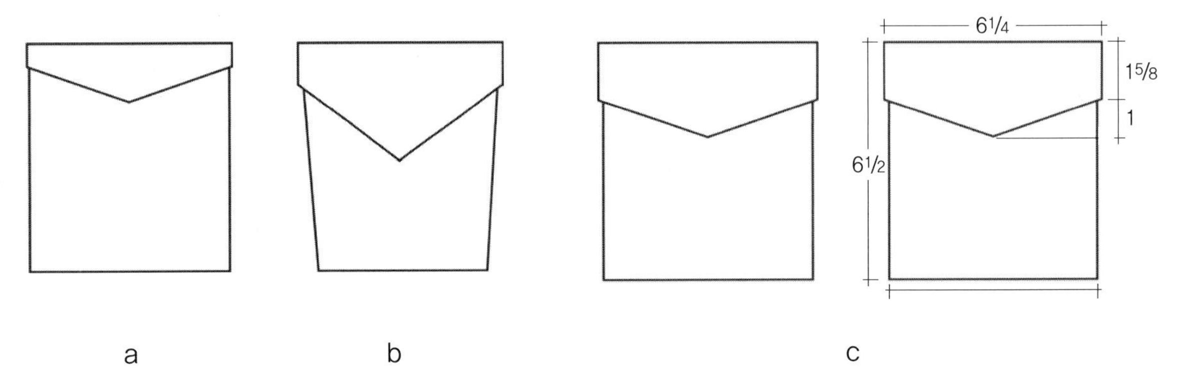

그림 4.16 포켓을 비율로 그리기

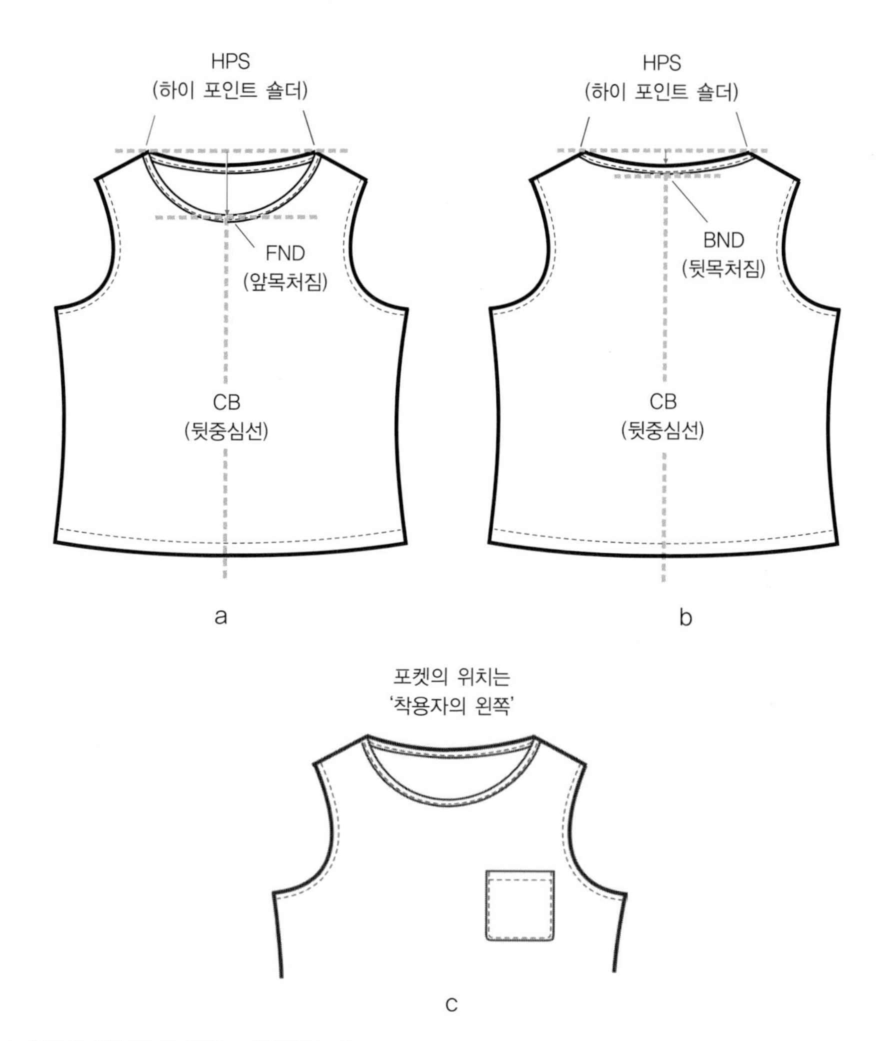

그림 4.17 여성용 민소매 탑의 치수를 측정하는 기본적인 점

은 HPS와 어깨처짐(shoulder drop) 분량의 위치를 찾아 연결했을 때 형성된다.

민소매 탑을 그리는 방법은 매우 단순한데 우선 치수 기준점들을 잡고 각 점들 간에 선을 이어줌으로써 그림을 완성한다. 그림이 정확하게 대칭을 이루게 하려면 우선 의복의 반($^1/_2$)인 오른쪽을 그린 다음 이를 정확하게 복사해 반대쪽을 그리면 된다.

그림을 그리기 전에 의복을 평가해야 하는데 이때는 니트인가, 직물인가, 또는 어떤 스타일인가, 사이즈는 무엇이고, 의복의 앞중심(center front)은 어디인가와 함께 각 부분의 '치수 기준점'을 모두 확인한다. 〈그림 4.18〉과 같이 이런 치수 기준점을 지정하고 각 점의 쌍들의 번호가 정확하게 매겨졌는지를 그림 그리기 전에 확인한다. 〈그림 4.18〉의 경우 점 1에서 점 7을 먼저 그리고, 점 8과 뒷중심선에서 뒷목선의 뒷목처짐(back neck drop at CB)을 먼저 그려야 한다.

HPS는 여러 다른 측정점들을 재는 데 기준이 되는 점이다. HPS에서 90도 각도가 되어야 하는 치수가 있는데, 진동깊이(armhole drop)를 그 예로 들 수 있다. HPS를 기준으로 해 수직으로 내려 표시되는 기준점(drop)은 〈그림 4.19〉에 잘 나타난다.

그리기 시작

CAD 프로그램의 새 페이지를 열어라(그림 4.20 참조). 페이지를 1:8의 비율로 정하고 직사각형의 안내용 상자를 그리는데 이때 실제 의복의 길이와 넓이를 사용해 그린다.

〈그림 4.21〉은 이 의복 치수의 스펙, 즉 각 샘플의 치수를 지정하는 점들의 치수를 나타내고 있다. 이 의복의 가슴둘레를 나타내는 가슴너비(chest measurement)는 18$^1/_2$인치로 이는 직사각형의 가로길이를 나타낸다. 앞판의 길이, 즉 HPS에서부터의 앞길이는 23인치인데, 이것이 앞판의 길이, 즉

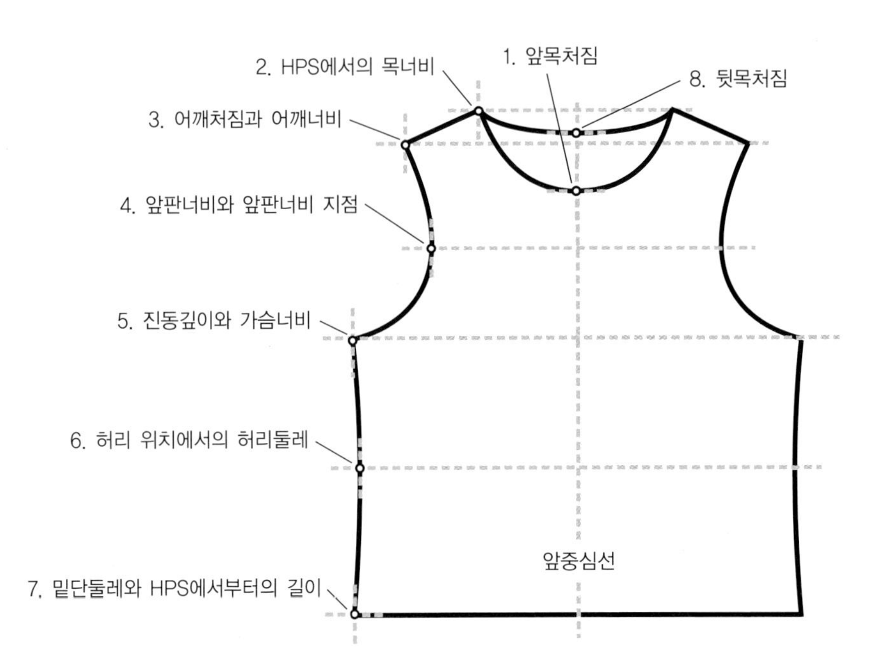

그림 4.18 여성용 민소매 탑의 치수를 측정하는 점

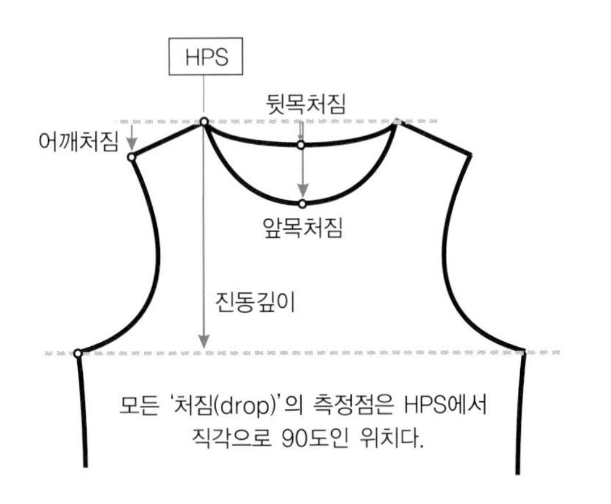

그림 4.19 HPS를 기준으로 해 수직으로 내려 표시되는 기준점들의 예

직사각형의 세로길이를 결정해준다. 즉 직사각형의 크기는 18¹/₂×23인치가 된다. 수직의 가이드라인은 정사각형의 정확한 중심에 자리 잡게 되고 수평의 가이드라인은 정사각형의 위쪽에 자리 잡게 된다.

가이드라인 정사각형은 그림의 일부가 아니라 일시적으로 사용되며 스케치가 완성되면 없애게 된다. 어떤 경우에는 CAD 프로그램에서 이것은 다른 레이어에 넣고 그려서 간단하게 제거하게 한다.

〈그림 4.20〉에서처럼 정사각형의 중앙에서 가이드라인을 시작하라. 그림은 언제나 **착용자의 오른쪽**(wearer's right)부터 그리기 시작한다. 언제나 그림에서 오른쪽이라고 하면 착용자의 오른쪽을 의미한다. 그림을 그리는 데 사용되는 기준치수는 오른쪽만을 측정한 것으로 〈그림 4.21〉의 오른쪽 그림에 잘 나타나 있다. 우리가 사용하는 가이드점인 사각형의 스펙들은 진한 글씨로 표현했다.

〈그림 4.22〉는 수평과 수직으로 표시되는 치수들을 시각적으로 미리 보여주고 있다. 이는 어떤 항목이 측정되고 어떻게 측정되는지를 잘 보여주고 있다. 〈그림 4.22〉의 표는 우리가 그려야 하는 테크니컬 플랫의 실제적인 치수 기준점의 리스트를 보여주므로 그림 그리는 과정을 살펴보는 것이 도움이 된다. 우리는 단지 의복의 오른쪽만을 그리므로 수평치수는 ¹/₂의 치수와 같다. 이 의복의 오른쪽이 완성되면 그것을 복사해 완전히 대칭을 이루도록 왼쪽을 그려 의복을 완성한다.

단계 1 첫 번째 포인트인 중앙의 앞목처짐(front neck drop at center)을 찾아라. 이는 5인치 내려간 점이다. 가이드 정사각형에 오른쪽 HPS, 즉 중앙에서 오른쪽으로 4인치 떨어진 점을 찾아라. 〈그림 4.23〉은 HPS에서의 목너비(neck width)인 4인치를 보여준다. 이 두 점을 연결하는 선을 곡선으로 그려라. 이것이 바로 〈그림 4.23〉에서 보이는 목선이다. 단계 2의 치수 기준점은 작은 동그라미로 표시하여 이해를 돕고 있으나 이는 완성된 테크니컬 플랫에 표시하지 않는다.

단계 2 〈그림 4.21〉 스펙표에서 제시한 어깨처짐 분량인

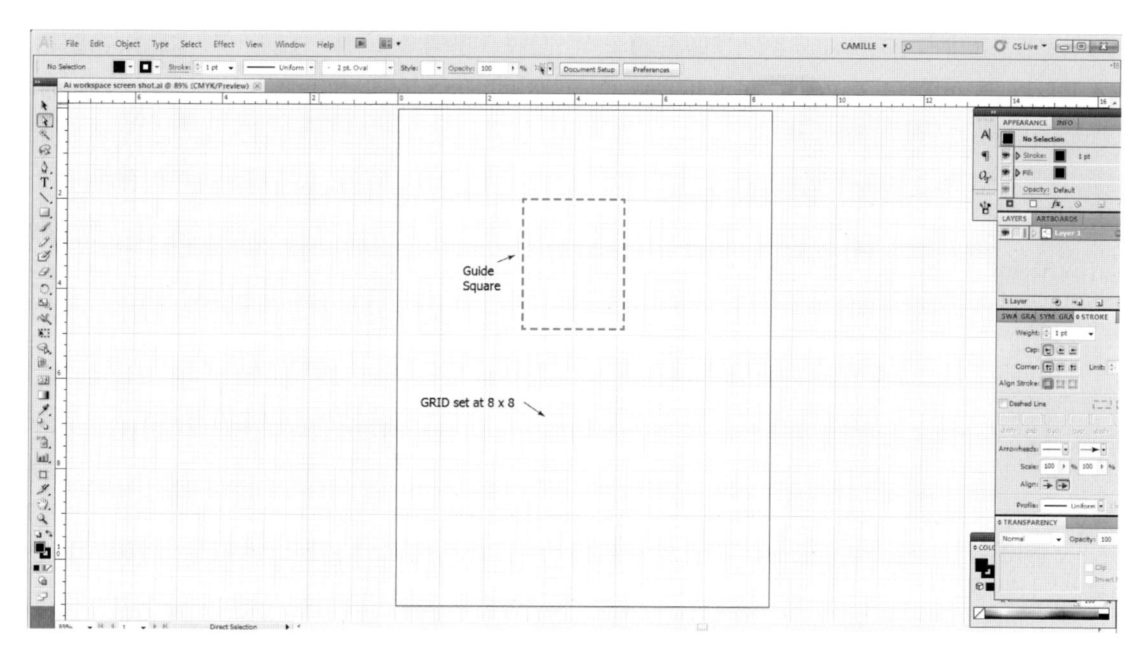

그림 4.20 여성용 민소매 탑 그리기–어도비 일러스트 프로그램 작업공간

측정 치수	스펙	중심선의 오른쪽
어깨너비	15	$7\frac{1}{2}$
어깨처짐	$1\frac{3}{8}$	
앞진동 중간점	13	$6\frac{1}{2}$
뒷진동 중간점	14	
HPS로부터 진동깊이	$8\frac{1}{2}$	
가슴너비	**$18\frac{1}{2}$**	$9\frac{1}{4}$
허리둘레	$17\frac{1}{2}$	$8\frac{3}{4}$
HPS로부터 허리 위치	$15\frac{1}{2}$	
밑단길이	$18\frac{1}{2}$	$9\frac{1}{4}$
HPS로부터 앞판길이	**23**	
HPS로부터 뒤판길이	24	
앞목처짐	5	
뒷목처짐	1	
목너비	8	4

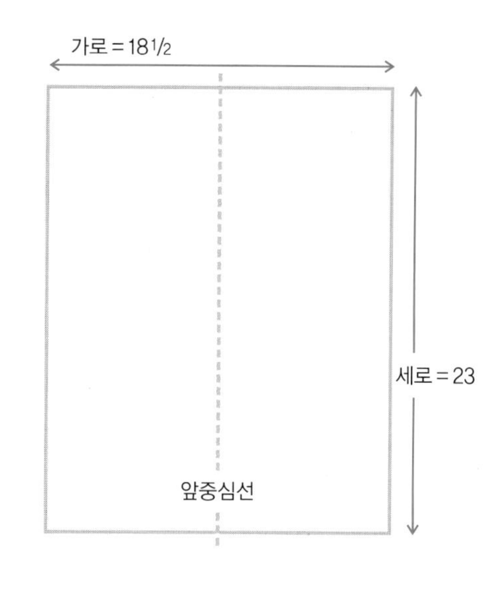

그림 4.21 가이드 정사각형 그리기

$1\frac{3}{8}$인치를 표시하라. 중심선에서 어깨 끝점까지의 길이인 $7\frac{1}{2}$인치를 표시한 뒤 이 두선의 교차점을 찾아 HPS와 연결하면 어깨선이 완성된다.

단계 3 어깨에서 진동깊이 $8\frac{1}{2}$인치 아래인 점에서 어깨 끝점과 이 점을 연결하는 선을 그려라. 이는 〈그림 4.24〉에서 보는 것처럼 가이드 정사각형을 뚫고 지나간다.

단계 4 다음 라인은 가이드 정사각형에서 아래 선의 코너(그림 4.24 참조)를 직접 그리는 것이다.

단계 5 앞중심선으로 그 선을 연결하라.

단계 6 중심선으로부터 앞진동 중간점의 $\frac{1}{2}$인치 스펙인 $6\frac{1}{2}$인치만큼 나간 위치에서 진동선을 곡선으로 그려라. 그런 다음 허리 부분에서 옆선을 살짝 곡선으로 그려라(그림 4.25 참조). 허리선이 있는 부분, 즉 허리너비가 결정되는 부분은 HPS에서 $15\frac{1}{2}$인치 아래에 위치한다. 허리둘레(실제는 앞허

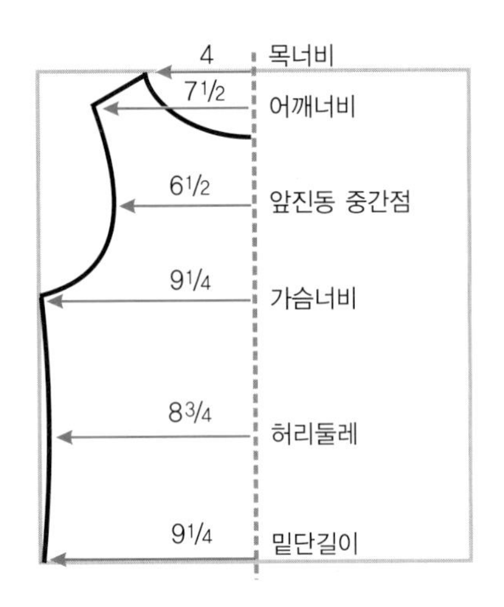

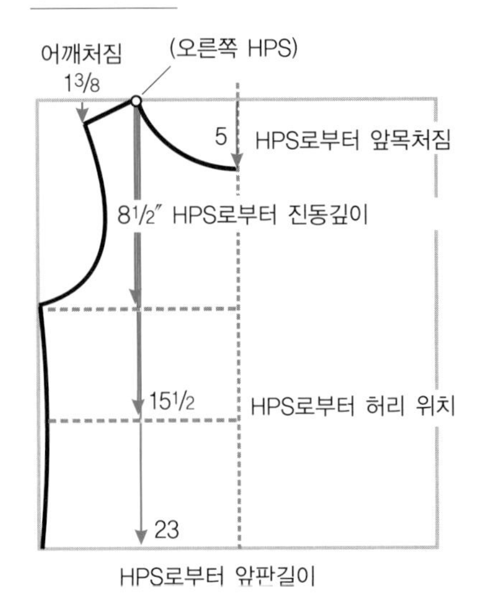

그림 4.22 수평과 수직으로 표시되는 치수들

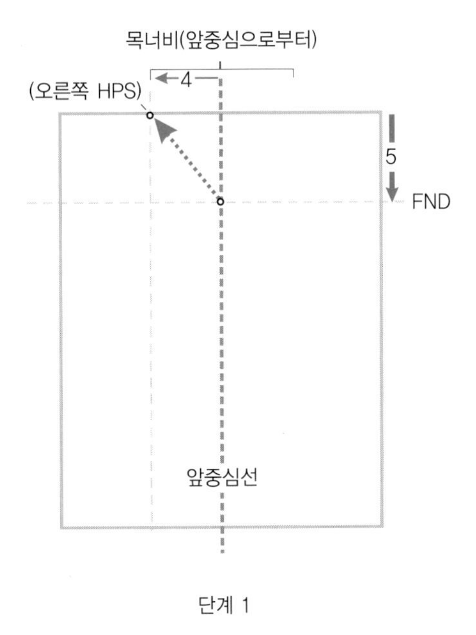

단계 1

측정 치수	스펙	중심선의 오른쪽
앞목처짐	**5**	$7\frac{1}{2}$
HPS에서의 목너비	8	**4**

어깨너비
$7\frac{1}{2}$
$1\frac{3}{8}$
어깨처짐
앞중심선

단계 2

측정 치수	스펙	중심선의 오른쪽
어깨처짐	**$1\frac{3}{8}$**	
어깨너비	15	**$7\frac{1}{2}$**

그림 4.23 목선과 어깨 그리기–단계 1, 2

리의 절반)는 $8\frac{3}{4}$인치로서 이에 맞게 그려준다. 마지막으로 뒷목처짐(back neck drop)은 〈그림 4.25〉에서의 단계 6처럼 1인치 아래로 내려준다.

단계 7 〈그림 4.26〉에서처럼 진동선에서 어깨 연결 부위, 목에서 어깨 연결 부위가 패턴을 트루잉하는 것처럼 직사각형을 사용하여 90도의 직각에 가깝도록 되었는지 확인해야 한다. **트루잉**(trueing)은 선들이 연결된 부분이 스무드하고 자연스럽게 연결되어 패턴이 만들어져 기능적이며 심미적인 의복을 만드는 과정이다. 테크니컬 플랫도 같은 방법으로 트루잉되어야 패턴 메이커들이 스타일에 맞는 패턴을 만드는 데 가이드라인을 제공할 수 있다. 〈그림 4.27〉은 어깨, 목, 진동선

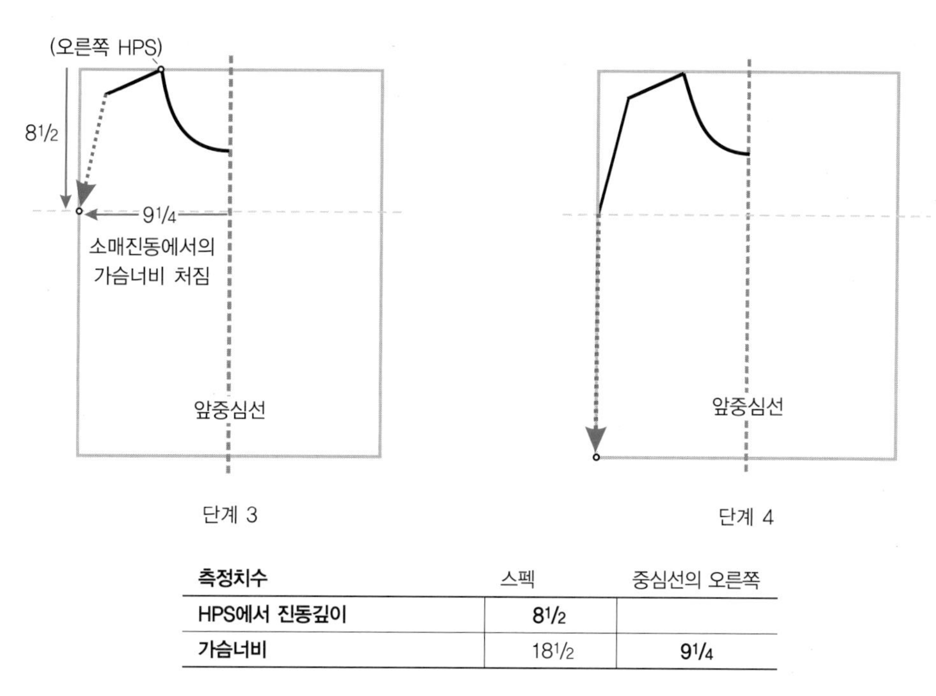

측정치수	스펙	중심선의 오른쪽
HPS에서 진동깊이	**8 1/2**	
가슴너비	18 1/2	**9 1/4**

그림 4.24 진동 그리기–단계 3, 4

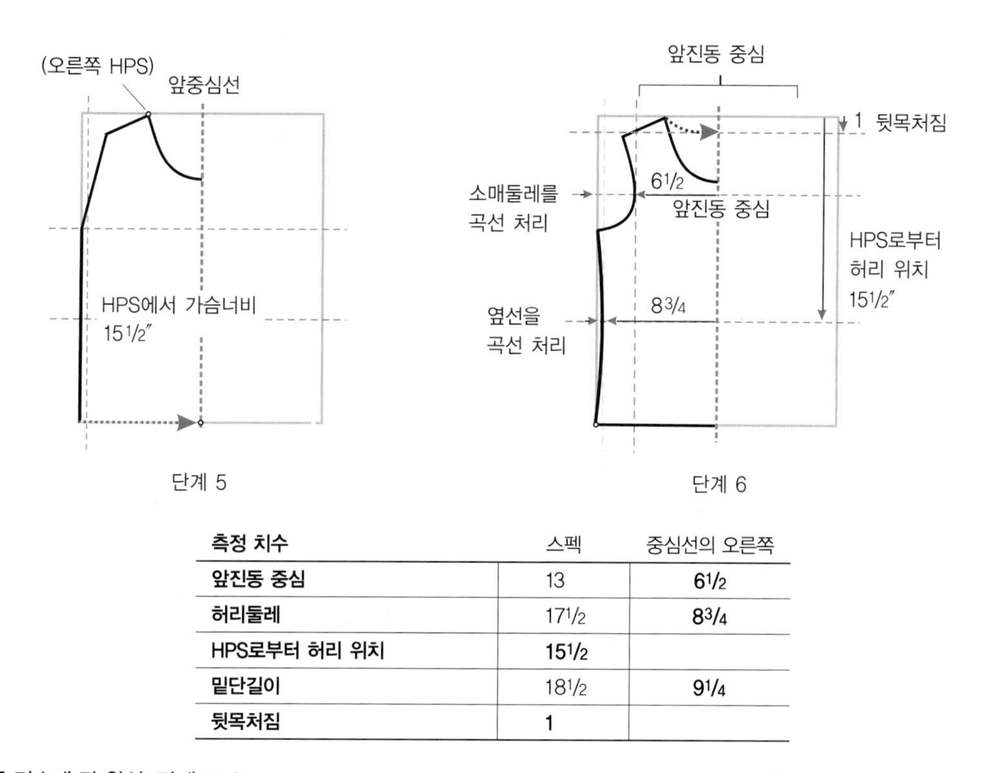

측정 치수	스펙	중심선의 오른쪽
앞진동 중심	13	**6 1/2**
허리둘레	17 1/2	**8 3/4**
HPS로부터 허리 위치	**15 1/2**	
밑단길이	18 1/2	**9 1/4**
뒷목처짐	**1**	

그림 4.25 반쪽 민소매 탑 완성–단계 5, 6

형태에서 직사각형으로 90도가 되는 것을 확인하는 것을 보여준다. 트루잉은 스케치의 반을 완성하기 전에 이루어져야 한다. 왜냐하면 이 과정 이후 나머지 반을 복사하여 거울에 비추듯 맞추어(mirroring) 전체 스케치를 완성하기 때문이다.

단계 8 가이드 정사각형과 가운데 가이드라인(그림 4.26 참조)을 제거하라. 드디어 의복의 몸통 부분이 완성된다.

단계 9 비율이 정확하게 맞는 정확한 플랫을 개발한 후에는, 의복의 스타일에 관한 디테일이 확인되고 스티치가 플랫

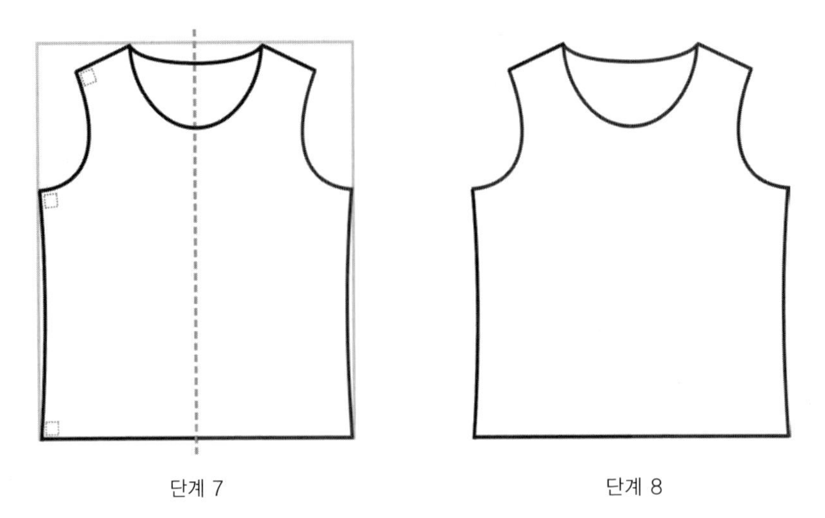

그림 4.26 몸판 완성–단계 7, 8

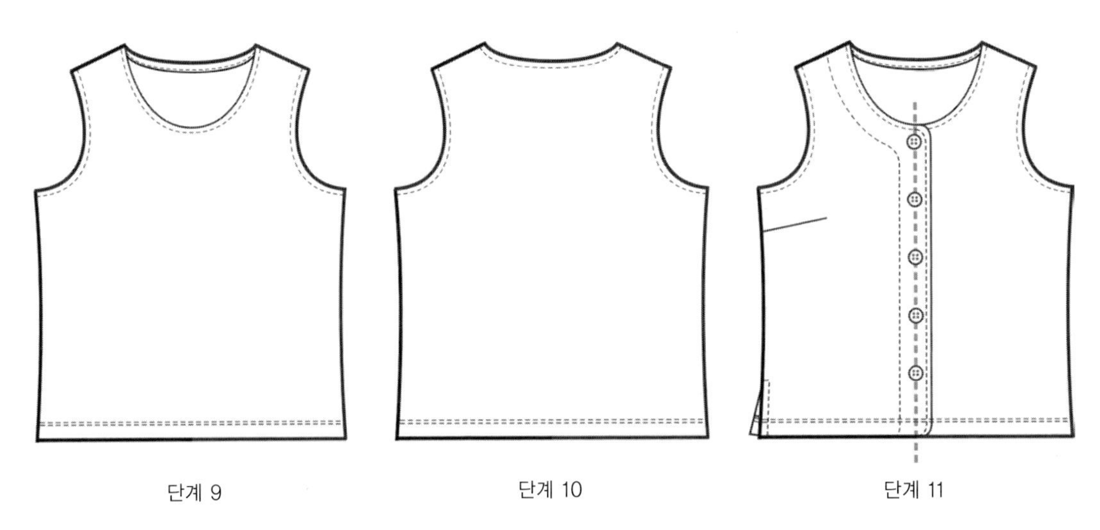

그림 4.27 디테일 완성–단계 9, 10, 11

에 첨부되어야 한다. 선의 두께는 〈그림 4.14〉에서처럼 기존의 그림을 그리는 데 사용되는 표준의 방식(standard drawing convention)에 맞게 이루어진다. 외관선은 2포인트이고, 스케치의 내부에 그려지는 의복의 선들은 1포인트가 사용된다. 이 경우에 앞 목선, 뒷목 바인딩 끝단은 1포인트이다. 목, 진동선, 밑단길이는 0.5포인트의 점선이 첨가되었다. 앞면의 그림은 이렇게 완성된다.

단계 10 다음 단계는 뒷면의 그림을 그릴 순서이다. 앞면의 스케치를 그대로 복사해서 내부에 있는 앞 목선의 디테일 선들(직선 하나, 스티치라인 하나)을 다 제거한다. 뒷목선은 아래편 직선인 앞 목선을 제거하고 나머지 선들인 뒷목 외곽선인 아웃라인과 스티칭라인을 그대로 두면서 뒷면의 그림도 완성되었다. 이제 이 스케치들은 정확한 측정치수의 비율에 맞는 스케치들로서 작업지시서에 넣을 준비가 되었다. 이때 그려지는 모든 스케치들은 남성복이건 여성복이건 아동복이건 간에, 언제나 샘플 사이즈로 정확하게 비율에 맞는 측정치수로 그려진다.

단계 11 우선 플랫 스케치가 완성된 후에 이는 어떤 의복이든 같은 비율로 사용될 수 있다. 이 스타일은 민소매 블라우스로서 다트가 있고, 옆트임인 벤트(vents)가 있으며, 스티치로 안쪽과 바깥쪽을 뚫고 구성된 페이싱(facing)이 있다. 스케치들에서는 디테일은 단지 착용자의 오른쪽 면만 보여주는데 이는 왼쪽은 당연히 같은 디테일이 들어간다는 가정하에 생략하여 이루어진다. 단추는 의복의 앞중심에 달리는데 이는 스케치가 완성된 후 가장 마지막에 그려진다.

비율에 맞게 손으로 그리는 스케치

가장 정확하게 비율에 맞는 그림은 그래프용지를 이용해서 손으로 그린 그림일 것이다(그림 4.28).

이 방법의 기본은 컴퓨터로 그리는 방법과 같고 그래프용지에 1:8의 비율로 그림을 그려서 시작한다. CAD 프로그램을 이용하면 쉽게 1/8인치 축도 방안용지를 만들어낼 수 있다. 하나의 사각은 1인치를 의미한다.

가이드 사각형을 그래프용지에 그릴 때는 18 1/2 사각넓이와 23 사각길이로 그려라. 넓이는 앞중심선에서 양쪽에 9 1/4 사각넓이가 될 것이다(그림 4.28a 참조). 트레이싱 페이퍼를 그래프용지 위에 대고 단계 1과 단계 2에서처럼 그려라(그림 4.23). 오른쪽을 그리고 그런 다음 왼쪽을 그리는데 단계 1부터 단계 11까지를 따라 그려라. 처음에는 기본적인 모양을 연필로 그려주어 나중에 수정이 가능하게 하고 마지막에는 잉크로 완성하라.

플랫을 그리는 데는 몇 가지 흥미로운 점을 고려해야 한다. 치수 기준점은 치수가 꼭 필요한 경우에만 그림에 사용해야 한다. 예를 들면 어떤 치수들은 실제적으로 플랫에 표기되지 않기 때문이다. 옆선길이와 같이 표준적으로 사용하지 않는 치수는 플랫에 기록하지 않는다. 그러나 옆선에 트림 디테일이 들어가는 경우는 트림 디테일의 위치가 어디에 있는지 등을 알려줘야 하므로 치수가 필요하다. 이런 스타일의 경우는 HPS로부터의 길이가 23인치로부터 진동깊이인 8 1/2인치인 경우이다(그림 4.29 참조).

이와 같은 방법이 다른 여러 의복의 부분에서 사용된다. 다른 하나가 바로 어깨너비, 즉 이 경우에는 스트랩 너비(strap width)이다. 이 길이는 바로 어깨끝점길이에서 목너비에 따라 결정된다. 이는 남겨진 부분이 특정한 점을 표시해서 상반된 정보를 제공해줄 수 있으므로 이 점은 치수 측정 지점에 포함되지 않는다. 이런 스타일의 경우에 스트랩 너비는 중요한 스타일 포인트로서 특정한 넓이여야 하고 이 경우에 3개 중 2개의 가능한 치수가 된다. 그러나 대부분의 스타일에서 어깨끝점길이와 목너비는 중요한 항목으로 표시되고 어깨너비는 대부분 주어지지 않는다. 〈그림 4.29〉의 경우, 스트랩 너비를 계산하기 위해서는 어깨끝점길이에서 목너비를 빼고 스트랩이 양쪽 어깨에 있는 것을 고려해 2로 나눈 것이다.

〈그림 4.29〉를 읽고 치수를 계산해서 이 치수가 정확하게 그려졌는지를 확인하라.

남성용 긴소매 니트셔츠 그리기

남성용 긴소매 니트셔츠의 치수 기준점은 여성용 민소매 탑

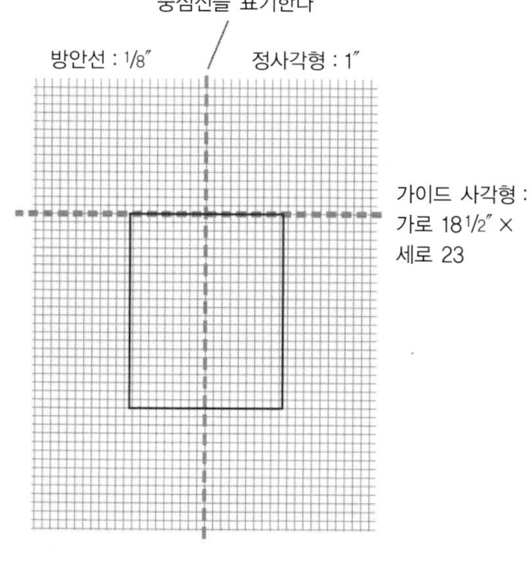

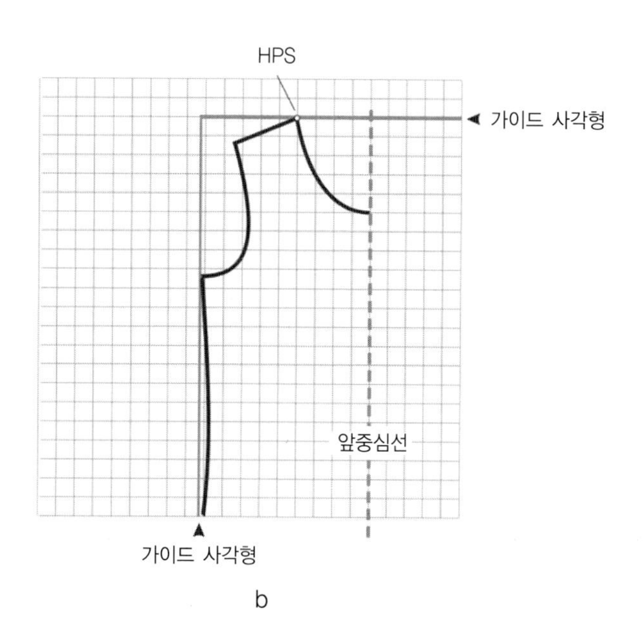

그림 4.28 손으로 1:8 비율에 맞는 스케치 그리기

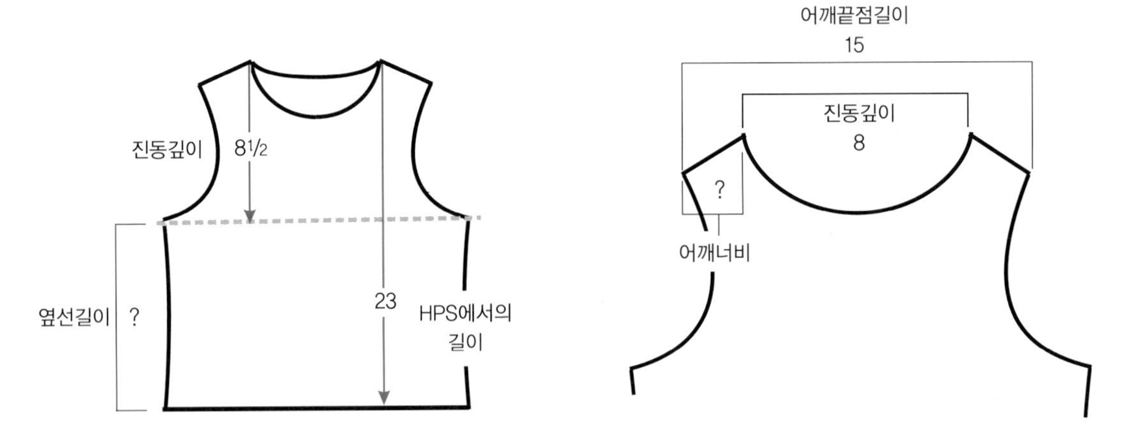

그림 4.29 실수를 막는 방법

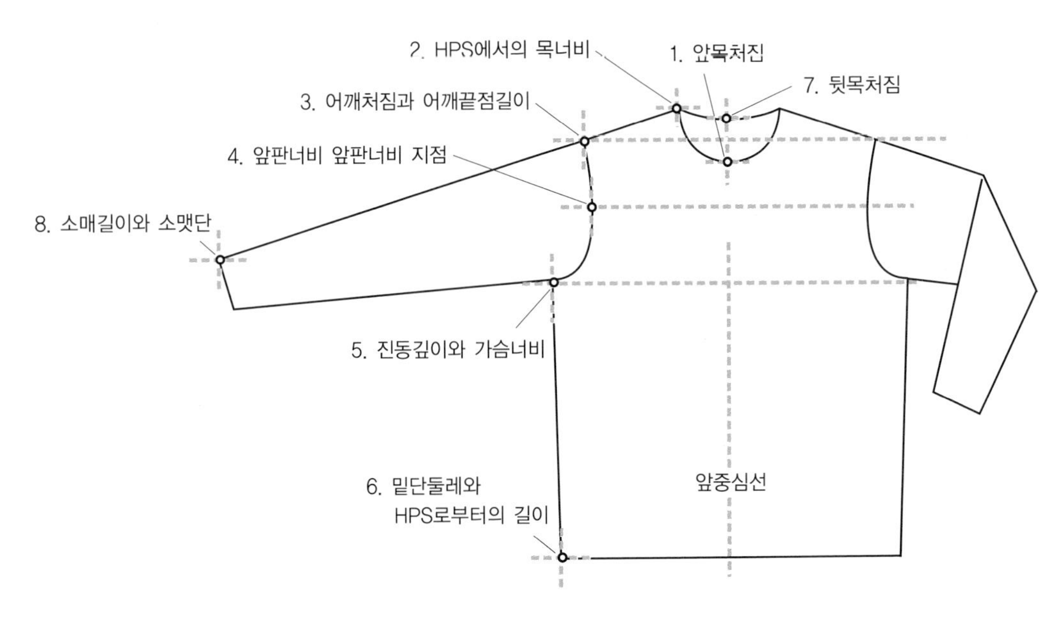

그림 4.30 남성용 긴소매 니트셔츠 치수 측정 지점

과 같은 방법으로 정해지고 단지 소매가 달렸다는 점만 다르다(그림 4.30 참조). 물론 실질적으로 사용되는 치수는 남성복의 크기가 훨씬 크다는 점이 다르다.

〈그림 4.32〉는 기초선을 그리는 것으로부터 시작한다. 여성용 민소매 탑을 그릴 때와 마찬가지로 앞중심선의 오른쪽 치수는 앞중심점을 기준으로 오른쪽에서 미리 계산한다. 길이와 넓이를 위한 가이드 사각형부터 그리고 1:8의 비율로 그려 나간다. 가로는 가장 넓은 점인 가슴둘레를 사용하는데 중요한 것은 가장 넓은 부분이 밑단길이(bottom opening)가 아니라는 점이다. 그림을 그리는 순서는 여성용 민소매 탑과 같은 방법을 사용해 오른쪽부터 시계 반대 방향으로 그리기 시작하며 목부터 밑단으로 그려 나간다.

그림 그리기 시작

여성용 민소매 탑처럼 가이드 사각형을 1:8의 비율로 그리기 시작해 가로 23인치, 세로 29인치로 그리기 시작한다. 이는 가슴둘레(여기서는 엄밀히 말해 가슴둘레의 절반 너비)와 의복길이(garment length)를 의미한다.

치수들 중 어떤 것들이 수평치수이고 어떤 것들이 수직치수인지를 확인한다. 〈그림 4.31〉에는 각각의 치수가 어떤 방향으로 놓이는지를 잘 정리하고 있다.

단계 1 앞목처짐과 목너비를 그리기 위한 수평적인 가이드라인을 정한다. HPS 위치를 정하고 앞목선을 스펙에 맞게 그린다(그림 4.32 참조).

수평 측정 치수

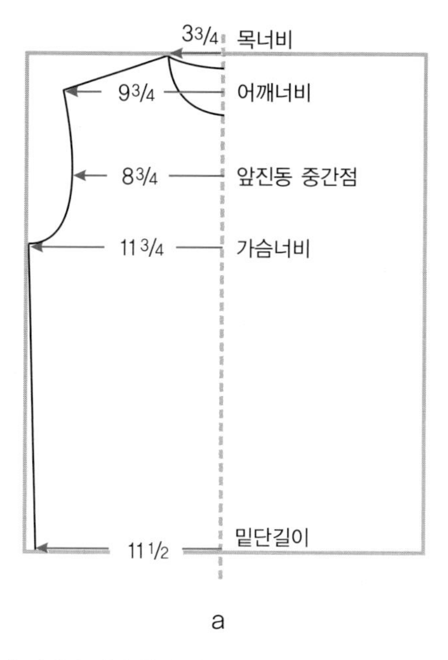

수직 측정 치수

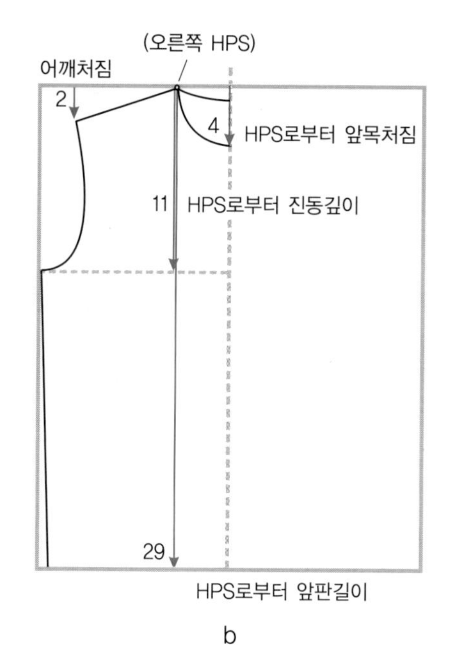

그림 4.31 수직과 수평의 측정 치수–남성용 셔츠

측정 치수	스펙	중심선의 오른쪽
어깨너비	19 1/2	**9 3/4**
어깨처짐	**2**	
앞진동 중간점	17 1/2	8 3/4
뒷진동 중간점	18 1/2	
HPS로부터 진동깊이	11	
가슴너비	**23 1/2**	11 3/4
허리	23	
HPS로부터 허리 위치	18	
밑단길이	23	11 1/2
HPS로부터 앞판길이	**29**	
HPS로부터 뒤판길이	29	
소매 뒷중심길이	35	
겨드랑이점에서 1″ 아래의 상완둘레	8 1/2	
소맷부리 너비	3 3/4	
앞목처짐	**4**	
뒷목처짐	3/4	
목너비	7 1/2	**3 3/4**

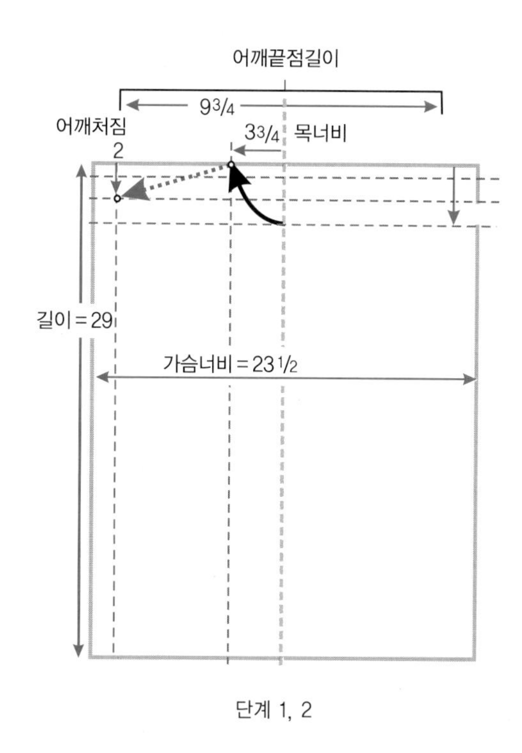

단계 1, 2

그림 4.32 남성용 긴소매 셔츠–단계 1, 2

단계 2 어깨끝점길이의 절반 너비와 어깨처짐을 표기한다. 어깨선을 그린다(그림 4.32 참조).

단계 3 어깨선이 그려지면 진동선을 그린다.

단계 4 옆선과 밑단을 그리고 중심선에서 끝낸다. 이 셔츠는 아래로 갈수록 넓이가 조금씩 줄어드는 스타일이다. 그러므로 가슴품이 밑단보다 넓다. 남성복 니트류에서는 이런 경우가 전형적이다.

단계 5 뒷목선을 그린다(그림 4.33처럼 단계 3에서 단계 5까지를 따라 그린다).

단계 6 단계 5에서 완성된 이미지와 완전한 대칭을 이루도록 왼쪽 부분을 그린다. 가이드 사각형을 지우고 중심선만 남겨두는데 이는 소매 위치를 정하는 데 사용될 것이다(그림 4.34 참조).

단계 7 오른쪽 슬리브를 그리기 위해 〈그림 4.35a〉에서는 수평적인 슬리브 가이드라인을 소매길이 쪽으로 그리는 방법을 보여주고 있다(센터백 슬리브가 사용해야 할 치수 측정 지점이다). 공간을 절약하기 위해 부분적인 그림을 이 일러스트레이션에 나타냈다. 이는 수평적으로 중심선에서부터 확장되어 그려지고 HPS를 지난다. 〈그림 4.33b〉처럼 슬리브 라인을 HPS를 따라서 회전해서 자연스럽게 어깨선을 지나도록 그리

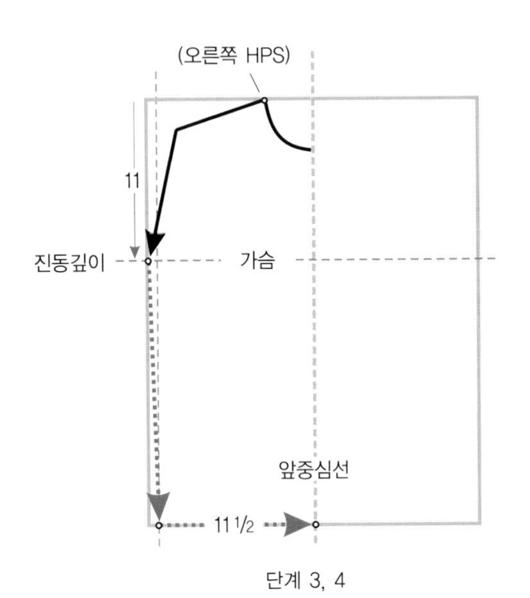

단계 3, 4

측정 치수	스펙	중심선의 오른쪽
HPS에서 진동깊이	11	
밑단길이	23	$11\frac{1}{2}$

BND $\frac{3}{4}$

$8\frac{3}{4}$

앞진동 중심

앞중심선

단계 5

측정 치수	스펙	중심선의 오른쪽
앞진동 중간점	$17\frac{1}{2}$	$8\frac{3}{4}$
뒷목처짐	$\frac{3}{4}$	

그림 4.33 남성용 긴소매 셔츠–단계 3, 4, 5

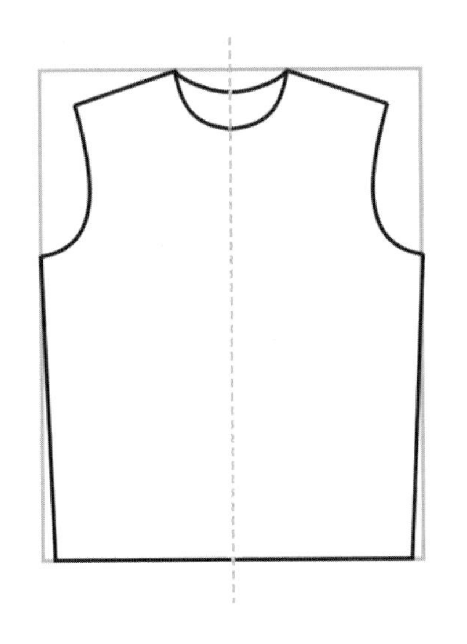

단계 6

그림 4.34 남성용 긴소매 셔츠–단계 6

고 숄더와 함께 교차되는 부분은 지워준다. 이 선이 바로 소매 위쪽 선이다. 소맷부리는 3³/₄인치로 한다(그림 4.33b). 이때에 소맷부리가 90도가 되도록 한다. 슬리브의 아래 소매선도 완성해주고 이것을 자연스럽게 몸통과 연결한다. 점 3과 4를 연결하는 데 따라야 할 치수는 없다(그림 4.35b).

단계 8 〈그림 4.36a〉는 왼쪽의 소매를 팔꿈치선에서 오른쪽과 대칭되도록 그리는 방법을 보여준다. 그런 다음 〈그림

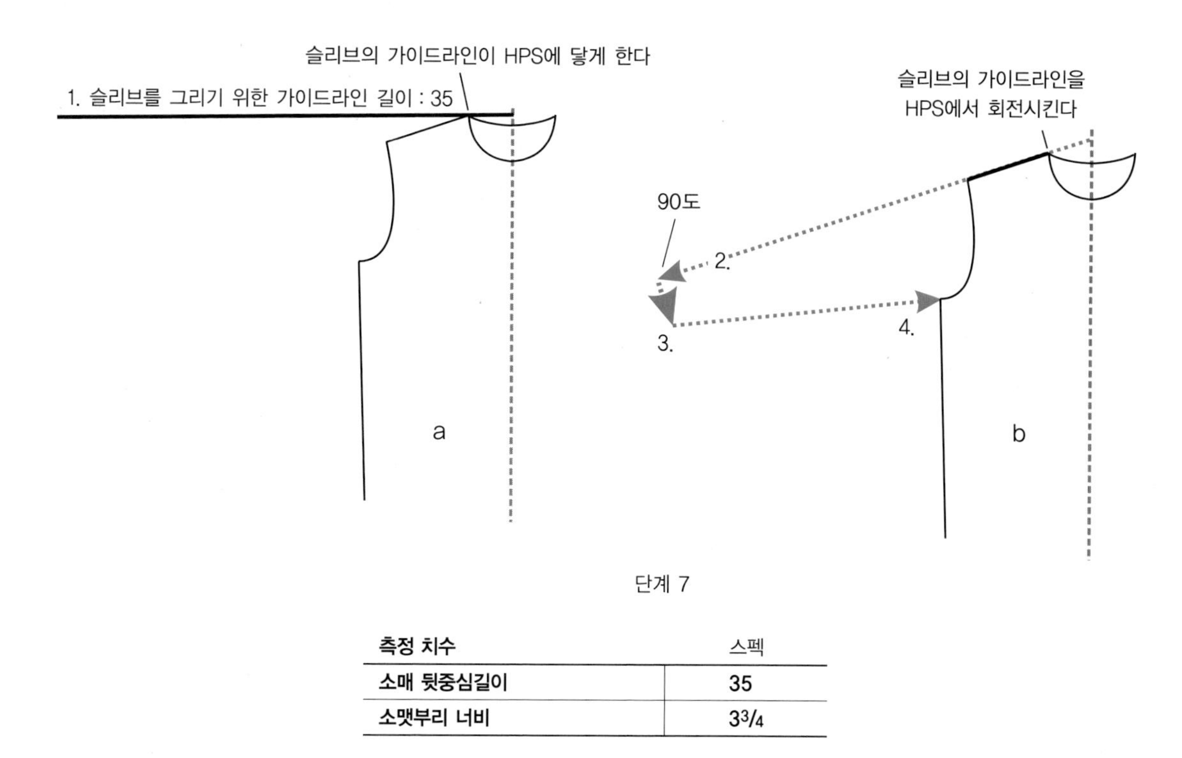

측정 치수	스펙
소매 뒷중심길이	35
소맷부리 너비	$3^3/_4$

그림 4.35 남성용 긴소매 셔츠 슬리브 그리기–단계 7

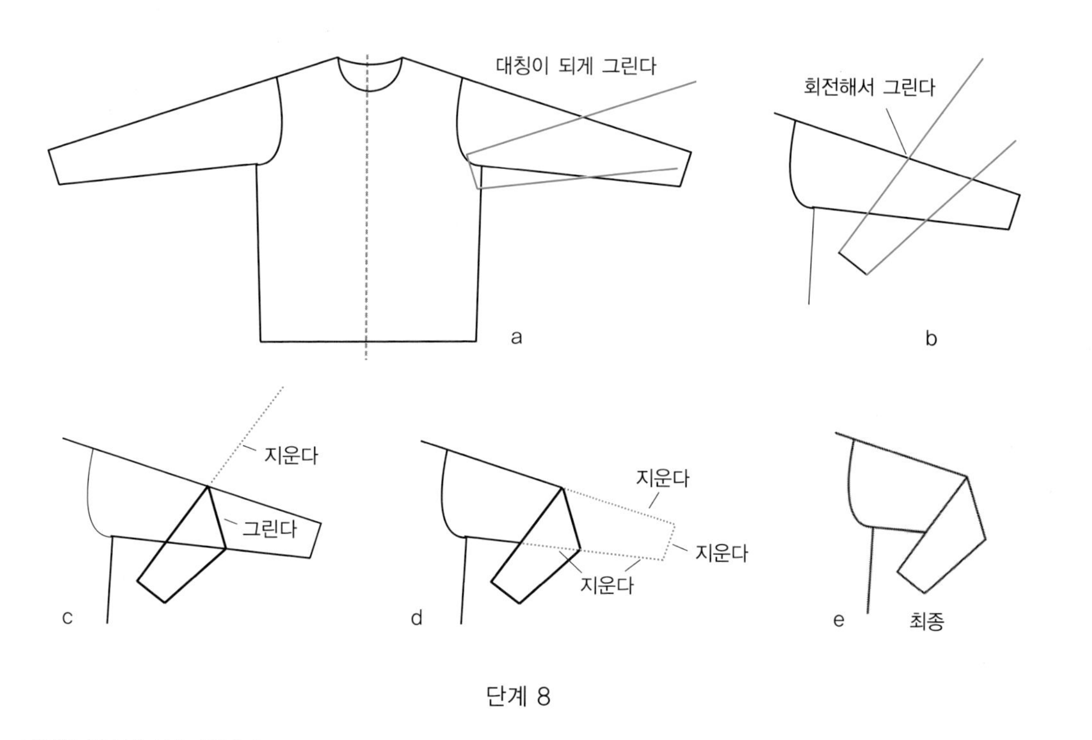

그림 4.36 남성용 긴소매 셔츠–단계 8

4.36b〉처럼 회전시킨다. 다양한 각도로 회전할 수 있으나 옆선 위로 소매가 겹치지 않도록 한다. 〈그림 4.36c〉는 팔꿈치선에서 정확하게 마지막 접는 선을 어느 곳에 넣을지를 보여주고 〈그림 4.36d〉는 어떤 선들을 제거하여 〈그림 4.36e〉와 같이 그림을 완성하는지를 보여준다.

단계 9　목 트림을 첨부하고 디테일을 그려주면 남성복 긴소매 니트셔츠의 앞판과 뒤판이 마무리된다(그림 4.37 참조).

단계 10　뒤판의 그림은 앞판과 대칭이 되도록 그려준다. 착용자의 왼쪽 소매가 〈그림 4.38〉처럼 구부러져 있게 그린다. 소매의 방향은 2개의 선을 움직이므로 쉽게 수정된다. 앞판의 칼라는 제거되고 뒤쪽의 칼라가 첨부되면 뒤판의 그림이 완성된다.

팬츠 그리기

우선 디자이너는 팬츠를 그리기 전에 플랫을 그리는 데 사용되는 용어를 잘 알아야 한다.

용어

팬츠에는 솔기인 심과 디테일에 사용되는 용어가 있다. 〈그림 4.39〉에는 다음 그림(남성용 청바지)에 사용될 용어가 정리되어 있다.

시작하기 전

팬츠를 정확한 비율로 그리면 그림 자체가 변형된 것으로 보이게 된다. 팬츠의 자연스러운 형태로 인해 실제적인 밑위 부분의 바지통이 겹쳐 보이게 될 것이고 이 그림으로는 정보를 제대로 알아볼 수 없다. 〈그림 4.40a〉는 특정한 치수 조합을 이용해 만든 여성용 팬츠로 사이즈 8을 보여준다.

〈그림 4.40b〉는 다소 형태가 변형되어 있고 실제 치수와 외관과의 차이의 균형을 보여주고 있다. 앞밑위(front rise)는 스펙보다 1인치가 길고, 밑위 부분의 바지통이 겹쳐 있다. 남성복과 아동복에서도 같은 원리가 적용되므로 동일한 변형

그림 4.37　남성용 긴소매 셔츠 앞면 완성–단계 9

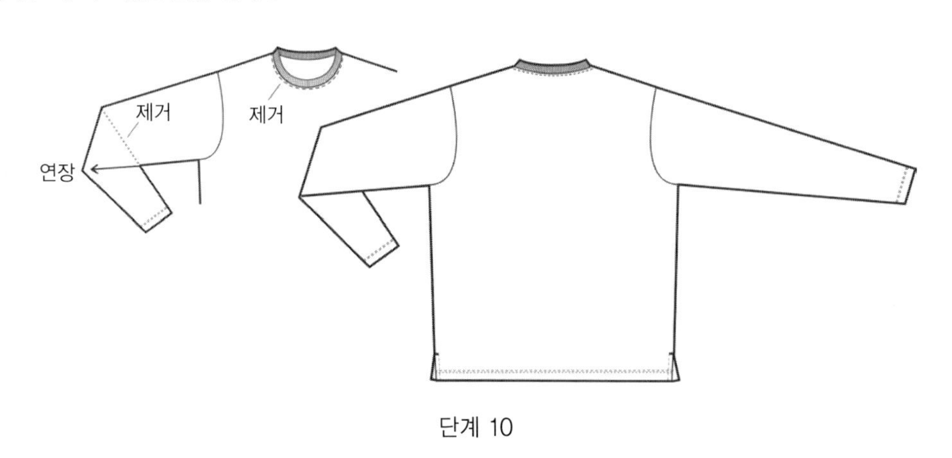

그림 4.38　남성용 긴소매 셔츠 뒷면 그리기–단계 10

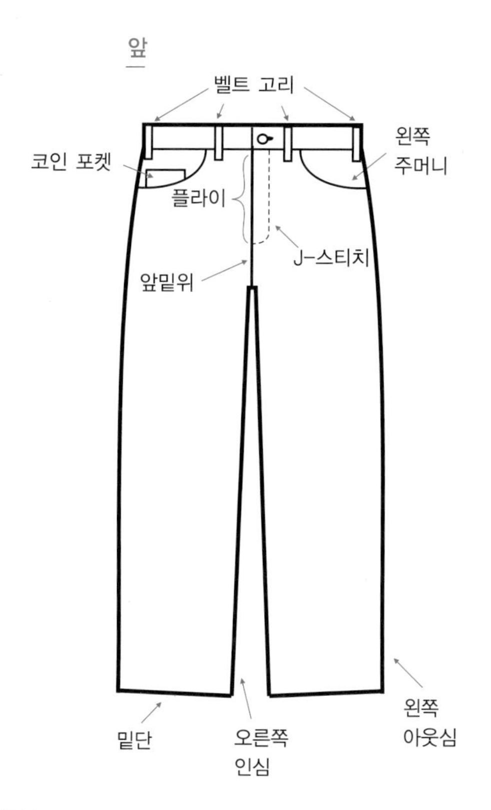

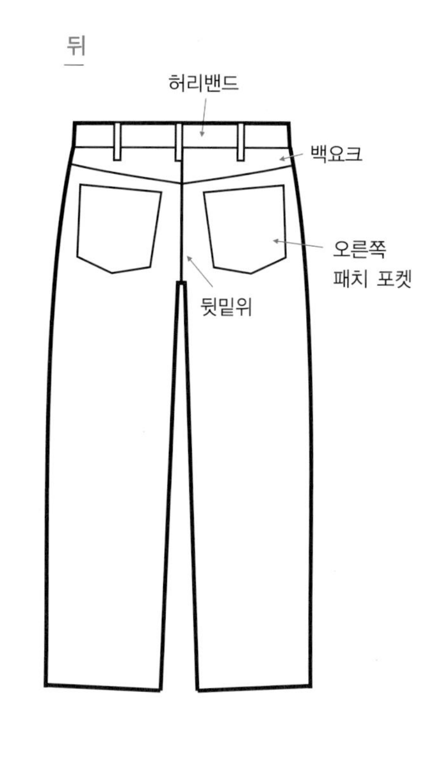

그림 4.39 팬츠 용어

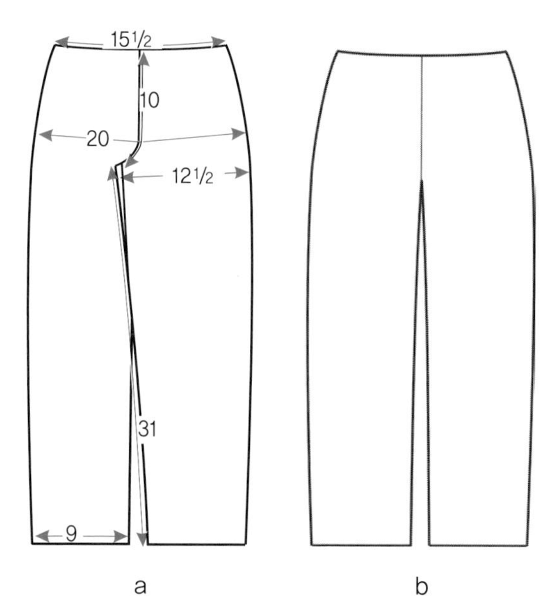

그림 4.40 여성용 팬츠의 기본 치수

이 필요하다. 왜냐하면 팬츠의 형태가 상의를 그릴 때 사용하였던 가이드 사각형과 맞지 않기 때문에 대신 중심선 가이드를 1:8의 비율로 정하고 그리기 시작한다(이 경우에 가이드는 CAD 프로그램을 이용하고 이는 그림이 완성된 후 제거한다). 우리가 다음에 그릴 팬츠는 남성용 청바지로 사이즈는 34/32(즉 허리 34, 인심 32)이다.

그림 그리기 시작

〈그림 4.41〉에는 단계별로 팬츠를 그리는 법이 나와 있다.

단계 1 〈그림 4.41〉처럼 허리밴드를 나타내는 직사각형을 스펙에 맞게 허리둘레인 17 3/4인치와 허리밴드 높이인 1 1/2인치로 실제 앞밑위 길이에다가 1인치를 더한 앞밑위선을 그린다.

단계 2 스펙인 32인치에 맞는 인심을 그린다.

단계 3 밑단은 9 3/4인치를 그린다. 이는 인심으로 직각이어서 직각보다 약간 큰 각도가 될 수 있다.

단계 4 아웃심이 바로 다음 단계이다. 이는 특별한 스펙이 없으므로 허리밴드의 끝에 연결하면 될 것이다.

단계 5 아웃심을 엉덩이선에서 곡선을 이루게 하고 완성된 반쪽의 그림과 대칭을 이루도록 반대편을 그리면 이것이 기본적인 실루엣이 되고(그림 4.42 참조) 이것을 복사하고 저장해서 뒤판의 그림을 그리는 데 사용한다.

단계 6 오른쪽 핸드 포켓의 디테일을 그려라. 탑스티칭이 있

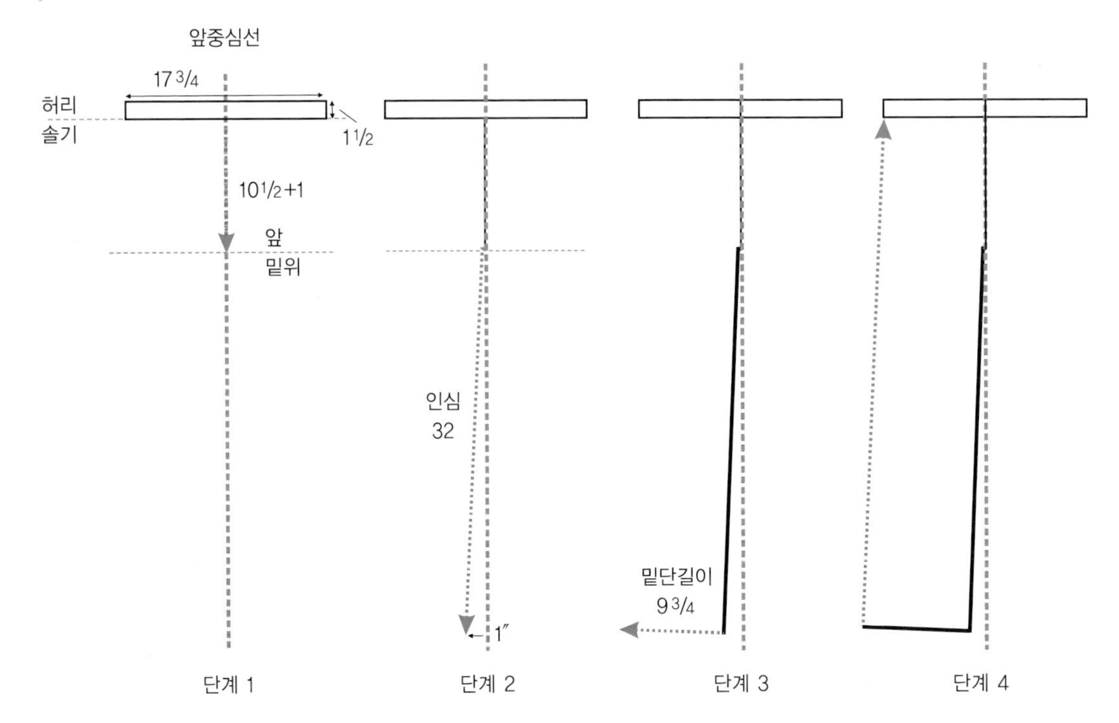

그림 4.41 비율에 맞는 팬츠 그리기–단계 1, 2, 3, 4

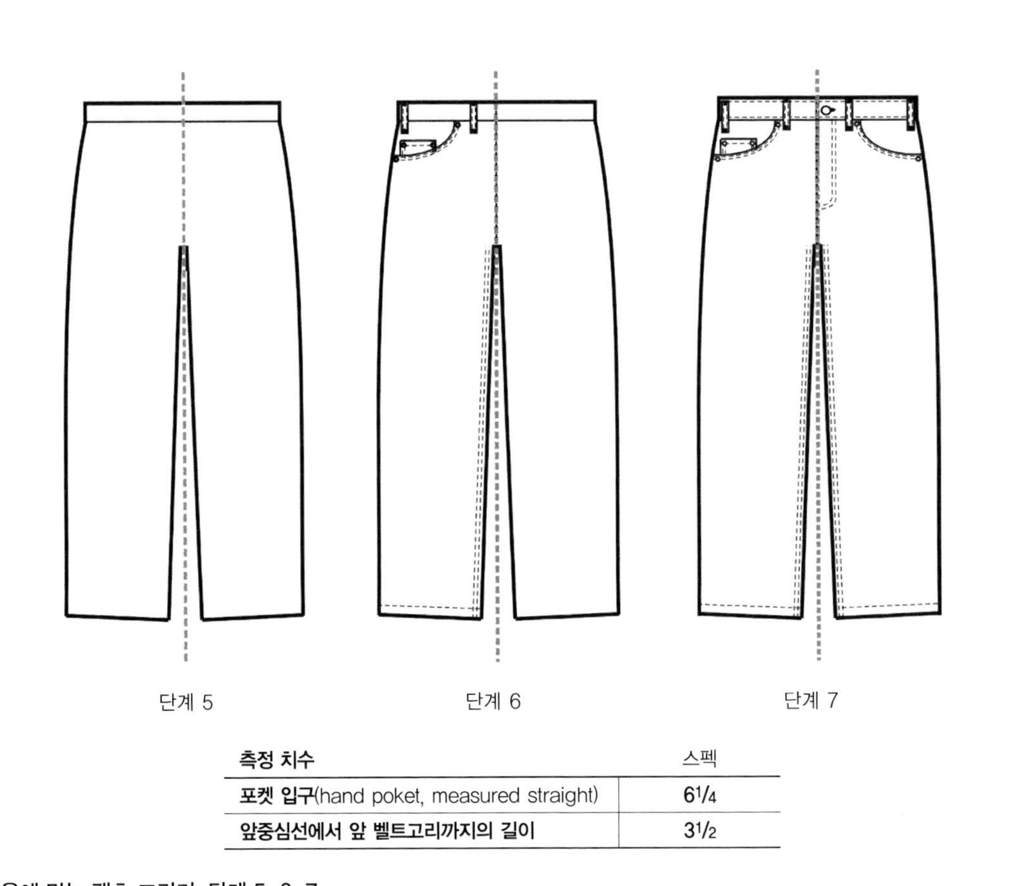

측정 치수	스펙
포켓 입구(hand poket, measured straight)	$6^1/_4$
앞중심선에서 앞 벨트고리까지의 길이	$3^1/_2$

그림 4.42 비율에 맞는 팬츠 그리기–단계 5, 6, 7

는 포켓, 코인 포켓, 리벳(rivet), 벨트고리, 인심과 밑단의 탑스티칭을 그려라(그림 4.42 참조).

단계 7 〈그림 4.42〉에서처럼, 오른쪽 디테일과 대칭이 되도록 왼쪽 디테일을 그려라(왼쪽에는 코인 포켓이 없으므로 엑스트라 코인 포켓을 제거하라). 플라이에 있는 J자 모양의 스티치(fly J-stitch), 허리밴드 탑스티치를 포함해 다른 디테일들을 그려라. 그러면 팬츠의 앞판은 완성된다.

단계 8 뒤판 그림은 앞판보다 쉽게 그림으로 표현할 수 있으므로 다양한 스펙을 필요로 하지 않는다. 이 단계에서는 단계 5에서처럼 간단한 실루엣을 첨부한다(그림 4.43 참조).

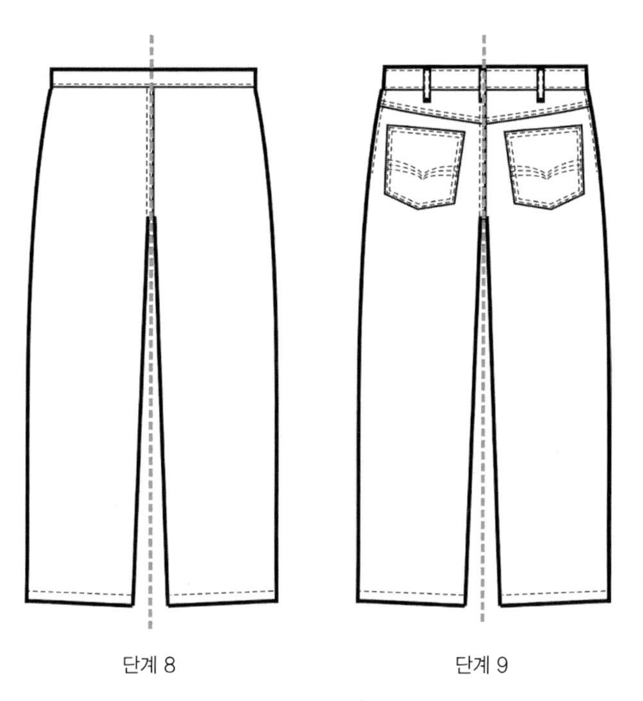

그림 4.43 비율에 맞는 팬츠 뒷면 그리기–단계 8, 9

단계 9 〈그림 4.43〉처럼 뒤판에 있는 디테일, 즉 요크, 패치 포켓, 벨트고리 등을 그린다. 실제적인 포켓의 위치와 크기, 자세한 디테일들은 이 디테일 페이지에 자세하게 첨부된다.

디테일 스케치 그리기

디테일 그림들은 앞판과 뒤판을 동반한다. 이런 그림들은 텍 스케치(tech sketche)라고 하는데 이는 매우 정확하고 자세하게 그려진다. 텍 스케치는 정확한 크기, 스티치 디테일, 위치, 의복구성, 다른 의복의 특징들을 규정하므로 각 스타일이 좋은 샘플, 즉 프로토타입으로 만들어진다. 회사의 규격된 상품의 품질을 따르는 것이 매우 중요하다.

디테일을 위한 선 굵기는 다른 의복의 그림과 같이 따라가는데 의복의 외곽선은 2포인트, 심은 1포인트를 사용한다. 우리가 앞에서 완성한 J-플라이 진은 가장 기본적인 포켓을 가지고 있는데 좀 더 세부적인 디테일들이 표시되어야 한다.

그림 그리기 시작

플라이 디테일 〈그림 4.44〉는 플라이 디테일을 보여준다. 〈그림 4.44a〉는 플라이와 바택의 위치와 관련된 스티치 간격들까지 보여주고 있다. 〈그림 4.44b〉는 지퍼를 열었을 때의 그림을 보여줌으로써 지퍼와 단추가 어떻게 달렸는지를 잘 보여주고 있다.

포켓과 벨트고리 〈그림 4.45〉는 핸드 포켓의 깊이와 구성 방법을 보여주고, 옆쪽의 앞부분에 2인치의 곁감과 동일한 안

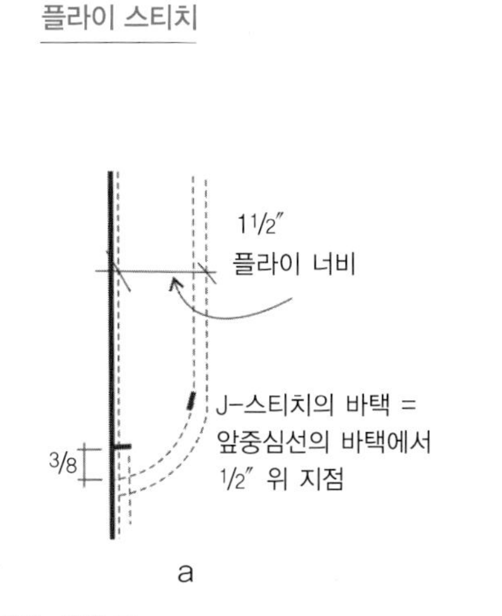

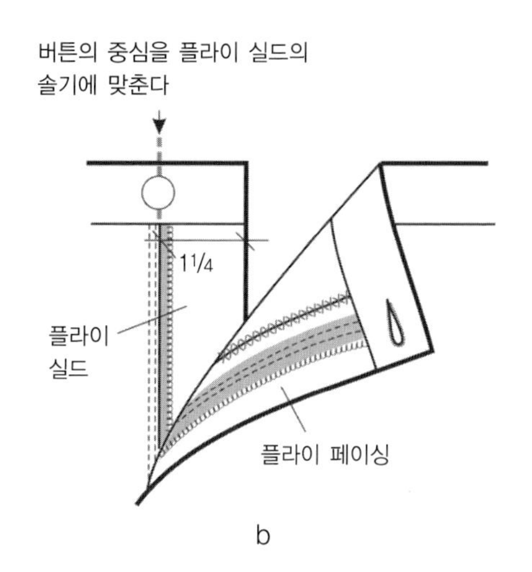

그림 4.44 디테일 스케치-플라이

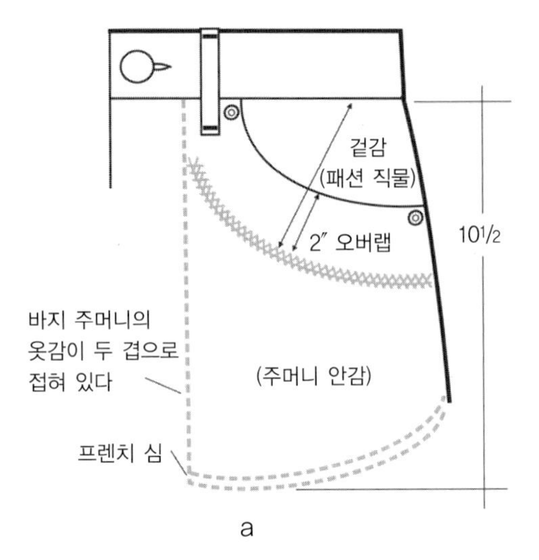

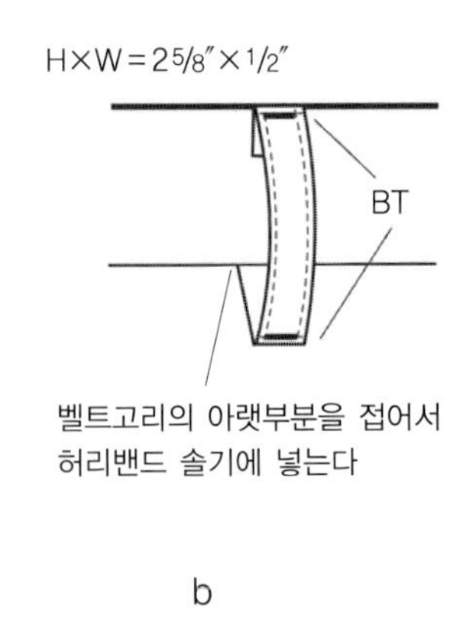

그림 4.45 디테일 스케치-포켓과 벨트고리

단을 대주었음을 보여준다. 겉감 주머니 안단은 주머니에 손을 넣고 뺄 때 주머니 안감이 바로 밀려나오지 않게 하는 것이다. 〈그림 4.45b〉는 벨트고리의 크기 및 구성에 대한 정보를 보여주고 있다. 〈그림 4.45a〉와 〈그림 4.45b〉에서는 허리밴드의 탑스티칭이 보이지 않는다.

이 그림은 많은 회사들에서 표준으로 사용하는 그림이므로 각 스타일이 가진 고유의 디테일은 포함되지 않았다. 이런 종류의 그림은 가장 단순화된 그림이고 꼭 필요한 정보만 표기되어 있다. 〈그림 4.45b〉는 벨트고리에 대한 것인데 디테일과 탑스티칭에 대한 정보가 포함되어 있다. 이 경우에 디테일 스케치는 허리밴드가 1줄의 스티치, 2줄의 탑스티치, 또는 탑스티치가 없는 스타일에 모두 이용될 수 있다.

디테일 스케치는 밸런스가 잘 맞는 가장 알맞은 양의 정보를 모두 제공할 수 있어야 하고 함께 첨부된 다른 스케치들과 상반되지 않게 주의를 기울여서 개발되어야 한다.

포켓 위치와 옆선 〈그림 4.46〉은 뒤판의 그림과 포켓 위치와 관련된 디테일을 보여주고 있다. 〈그림 4.46a〉는 뒷중심 벨트고리가 심의 중앙에 놓여 있지 않고 왼쪽 뒷밑위선의 탑스티칭에 놓여 있는 것을 보여주는데 이는 외관상 뒤 중앙에 놓여 있는 것처럼 보여지기 때문이다. 패치 포켓 윗부분의 끝은 백

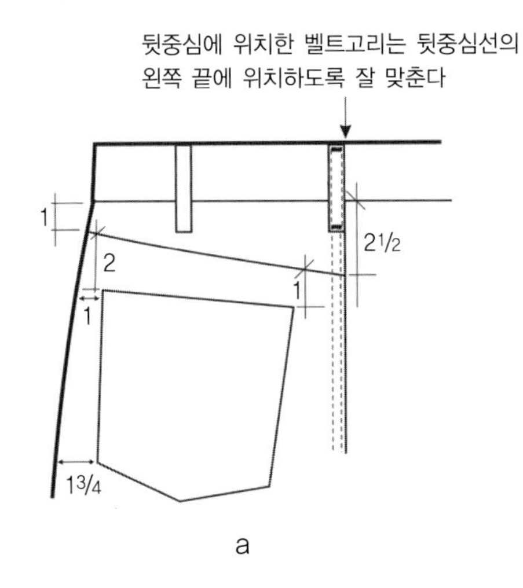

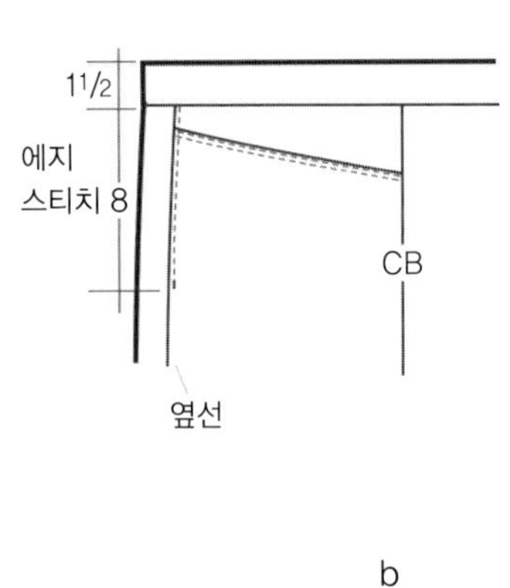

그림 4.46 디테일-포켓 위치(a)와 옆선 솔기(b)

요크의 절개선과 평행하지 않고 약간 각이 지게 놓여 있는데 이는 청바지의 전형적인 형태이다. 포켓은 뒤판 바지 패널의 중앙에 각이 지게 놓여진다. 그래도 정확한 치수를 지정하여 이에 대한 정확한 의사소통을 돕는다.

〈그림 4.46b〉는 또 다른 형태의 전형적인 청바지의 디테일을 보여주는데 부분적인 탑스티칭이 옆선에 놓인다. 옆선과 중심선이 표기되어 다른 디테일을 지정하는 데 도움을 준다.

뒤포켓 위치와 스티칭 청바지는 전형적으로 전통적인 스타일을 따라가기에 뒤포켓의 디자인으로 청바지에서 가장 독특한 스타일을 표현하기도 한다. 〈그림 4.47a〉는 전체적인 포켓의 크기에 대한 정보를 다루고 〈그림 4.47b〉는 스티칭 정보를 나타내준다. 탑스티칭의 간격에 대한 정보는 일반적으로 스케치에 표기되지 않으나 이 경우에는 표기되고 있다. 왜냐하면 스티치 간격이 포켓선에 따라 다른데 옆쪽의 아랫선은 1/4인치로부터 옆선의 위쪽은 1/2인치가 되기 때문이다. 다시 말하면, 컴퓨터 프로그램의 스케일 기능을 사용해서 포켓과 탭을 그리는 것과 다른 작은 디테일들을 그리는 데 도움을 받는 것이 좋다.

플랫에서 다른 디테일을 그리기

측면 그림

앞면 그림과 뒷면 그림을 그리는 것만으로는 측면을 묘사할 수 없기 때문에 전체적인 의복의 구성과 디테일에 대한 자세한 정보를 제공할 수 없다. 따라서 측면의 모습을 그린 그림이 첨부되기도 한다. 대부분 그림의 외곽선은 봉제선이나 접힌 모습이기도 하다. 예를 들면 〈그림 4.46a〉는 대부분의 바지에서처럼 허리밴드의 왼쪽 끝선은 접혀 있으나 허리밴드 아래 왼쪽 외곽선은 절개가 있는 봉제선이다. 〈그림 4.48a〉는 기본 블라우스 플랫을 보여주고 〈그림 4.48b〉는 어떤 선이 접힌 선이고 어떤 선이 봉제선인지를 보여준다. 어깨 봉제선은 약간 앞쪽으로 넘어오는 것이 표준적인 형태로서 끝부분은 접혀 있다. 옆선의 경우 트임처리가 되어 있고 슬릿으로 되어 있으므로 옆선은 봉제선이다.

〈그림 4.49〉에서의 블라우스 플랫은 〈그림 4.48b〉의 플랫보다 정확하지 않다. 옆선이 봉제선인지 옆에 별도의 패널이 있어 생긴 접힌 선인지 아니면 뒤패널이 연장되어 넘어온 접힌 선인지 이 그림으로는 알 수가 없다. 이 경우에는 뒷면의 모습이 별도의 정보를 제공해줄 뿐 아니라 이에 대한 정확한 결론을 내릴 수 있게 할 것이다. 〈그림 4.49b〉의 스커트는 옆선에 봉제선 없이 재단된 4쪽으로 된 고어 스커트(four-gore skirt) 같아 보인다. 그러나 옆의 외곽선이 절개된 봉제선으로 보이기도 한다. 이런 경우에는 그림에 정확한 정보를 제공해야 한다. 스커트의 허리밴드는 콘투어 허리밴드(contour waistband)이다. 이런 콘투어 허리밴드는 대부분의 경우에 절개선이 없다. 그러나 디자인의 특성이나 패턴의 매치를 이유로 절개선이 있을 수도 있는지 정확한 정보가 반드시 필요하다(그림 4.49).

〈그림 4.50〉은 어깨선과 옆선이 봉제선이 아니라 접힌 선이라는 것을 블라우스의 앞모습과 뒷모습의 그림에 명확하게 표시한 것을 보여준다. 이 블라우스의 어깨에는 좁은 패널이 있다.

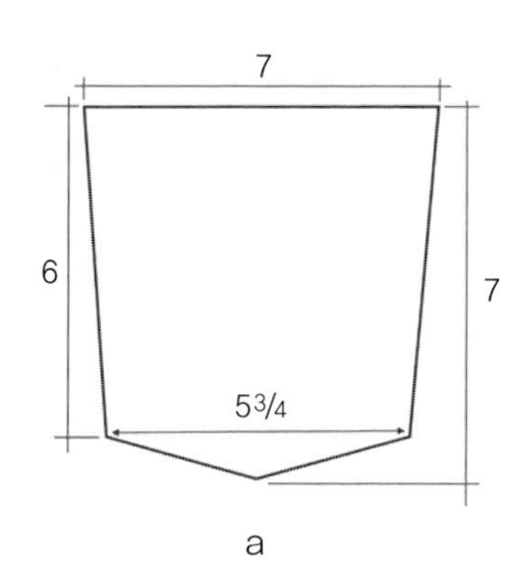

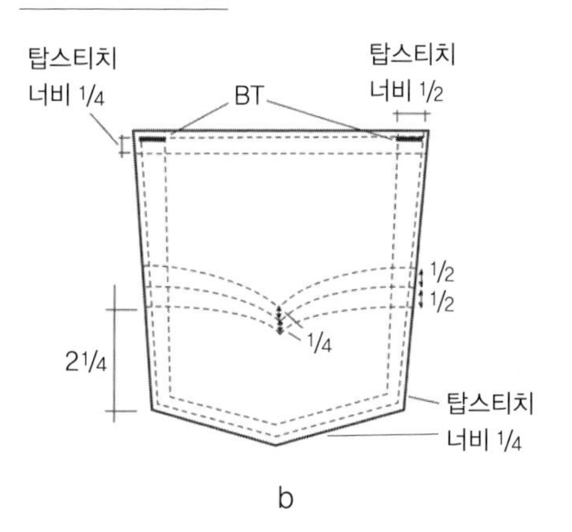

그림 4.47 디테일-포켓 크기와 스티칭

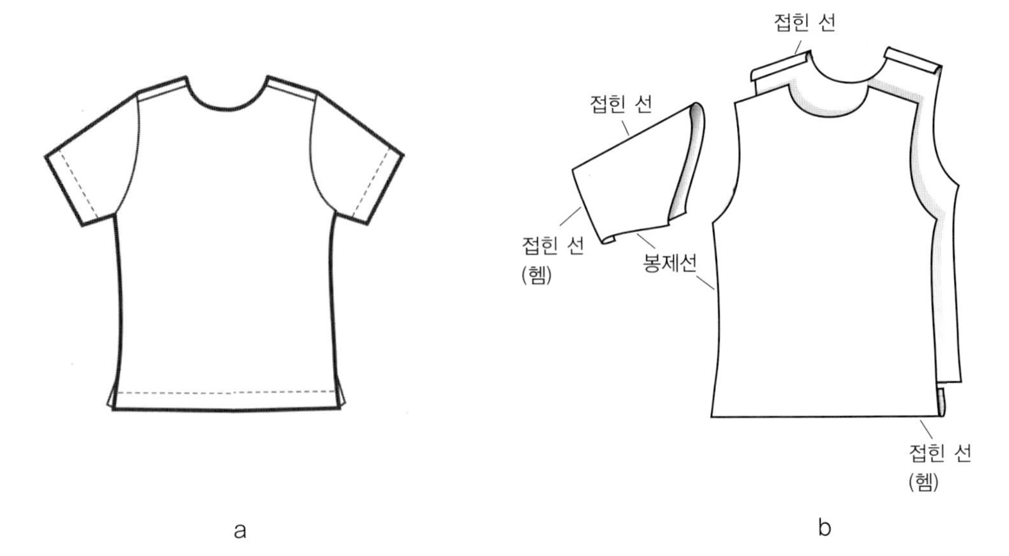

그림 4.48 봉제선과 접힌 선

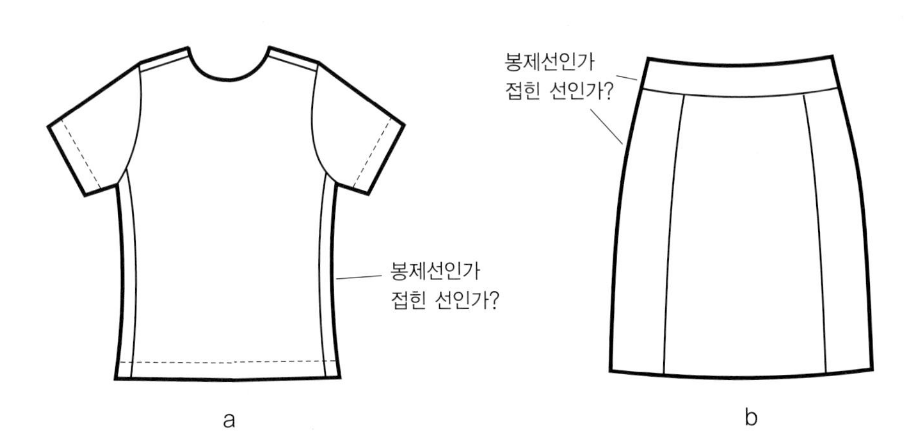

그림 4.49 봉제선과 접힌 선 구별하기

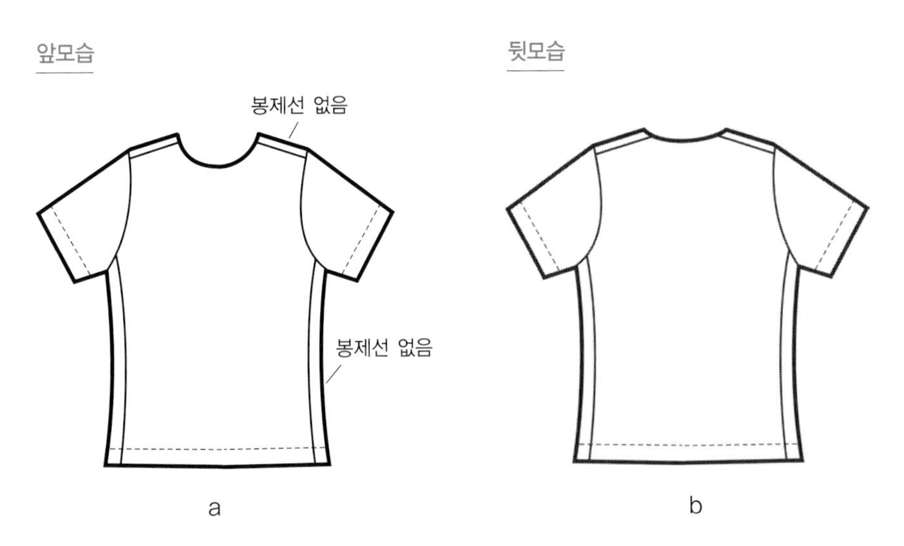

그림 4.50 봉제선이 없는 경우

가상 포지션

경우에 따라서는 정확한 위치 표시 등을 위해 기준이 될 수 있는 가상의 선들이 필요한 경우가 있다(그림 4.51 참조). 옆면의 모습은 가상의 옆 봉제선을 점선으로 표시해 웰트 포켓의 위치를 표기한다.

흔하게 사용되는 스티치들은 표준화되어야 한다. 〈그림 4.14〉에서 선 두께를 살펴본 것과 같이 탑스티칭은 그 기준에 맞게 쓰여야 한다. 커버스티치(coverstitch), 바인딩(binding), 멀티니들(multineedle)과 같이 다양하게 사용되는 많은 끝처리 방법들은 〈그림 4.52〉에서 볼 수 있듯이 잘 표기되어야 한다. 많은 스티치들은 시각적으로 보기에 윗모습(겉쪽)과 아래모습(안쪽)이 다양하므로 이런 스티치들은 의복의 외부에서 어떻게 보이는지에 따라 구별되어야 하고 부가적인 정보들이 작업지시서의 의복 구성 페이지에서 자세하게 제공되어야 한다. 제9장에서는 의복 구성의 방법과 더불어 다양한 스티치에 대해 다룬다(부록 A에도 다양한 스티치 리스트가 제공된다).

〈그림 4.52〉는 다양한 스티치에 대해 다룬다. 커버스티치는 니트에 매우 인기가 있는 스티치로서 티셔츠의 소매나 아랫단의 단 정리에 가장 많이 사용되는 방법이다.

〈그림 4.53a〉는 직물의 안쪽은 회색으로 표현해 명확하게

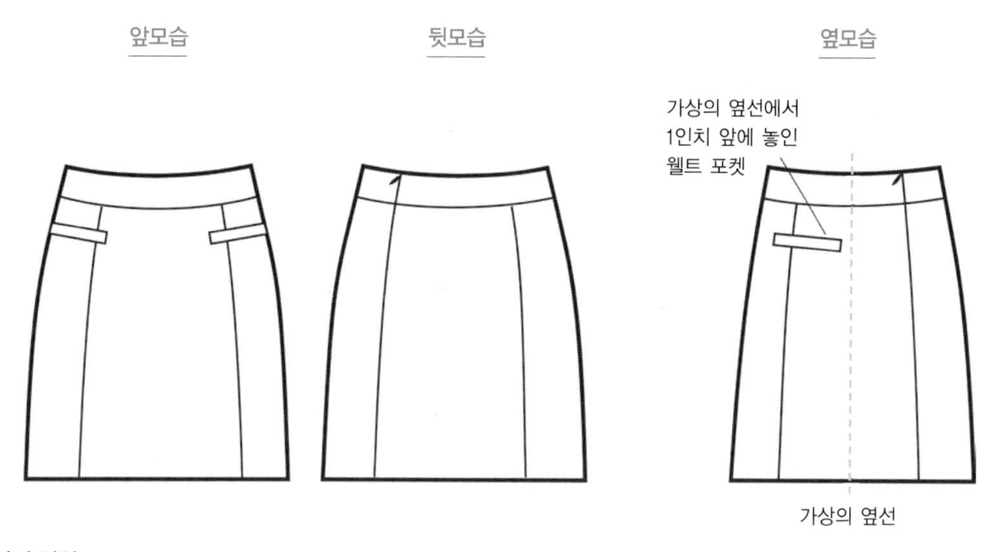

그림 4.51 가상의 옆선

그림 4.52 스티치 디테일

안쪽과 겉쪽을 구별하게 하였다. 〈그림 4.53b〉는 백요크의 구성방법을 디테일 스케치로 보여주는데 시접 여유분을 얼마만큼 줄 것인지(seam allowances)를 보여주고 있다.

〈그림 4.54a〉는 셔츠나 풀스커트의 허리선에서 볼 수 있는 개더이다. 커프(cuff)가 있는 부분에는 턱(tuck)을 보여준다. 이곳의 첨부된 설명은 턱 디테일을 봉제선이나 다트(dart)로부터 구별하는 것을 보여준다. 〈그림 4.54b〉는 스웨터 그림을 그리는 데 쓰이는 선 두께, 립 트림(rib trim) 또는 풀리 패션드 마크(fully fashioned marks, 풀리 패션드란 니트로 편직할 때 콧수를 줄이거나 늘려서 재단 없이 패턴을 완성하는 방

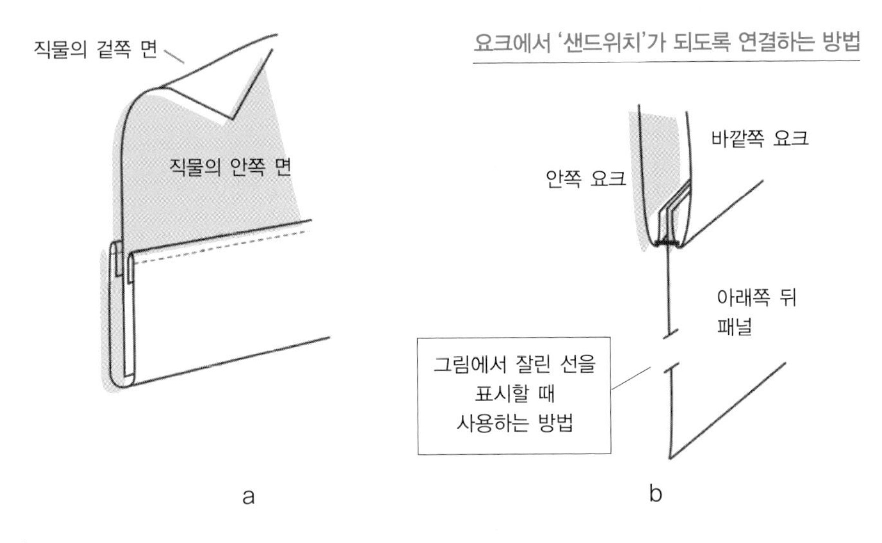

그림 4.53 안쪽 면 그림

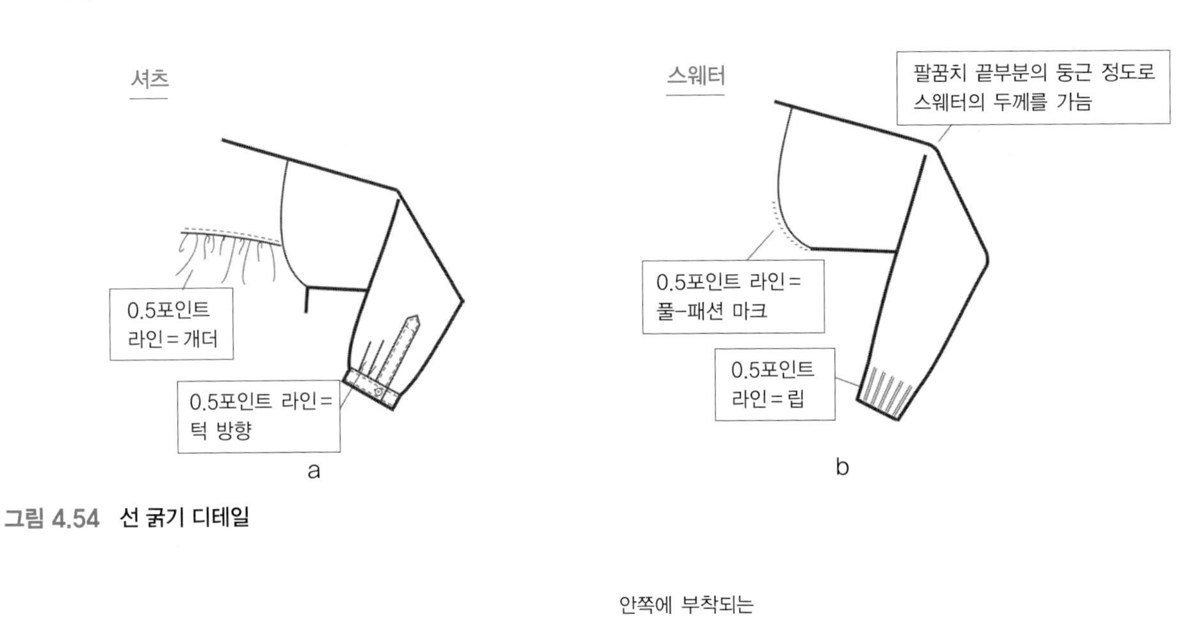

그림 4.54 선 굵기 디테일

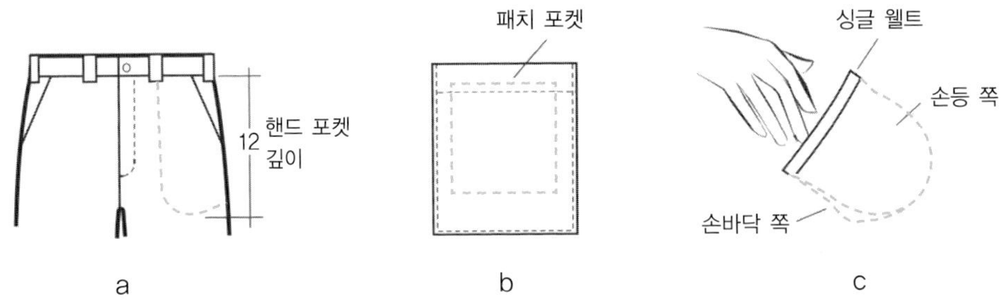

그림 4.55 포켓 디테일-X ray

법으로, 이때 첨부하는 작은 디테일인 스티치 마크를 일컫는 말. 국내 산업체에서는 일본어로 헤라시라고 한다-역자 주)처럼 스웨터의 형태를 구성하는 방법을 보여준다.

포켓백은 늘 의복의 안쪽에 위치해 엑스레이선처럼 표시되어서 위치와 크기를 표시하여 관찰하는 사람들이 마치 투시가 된 것처럼 밖에서 볼 수 있도록 표시한다. 〈그림 4.55a〉는 포켓의 깊이를 표시해준다. 그림에서는 포켓 속에 또 다른 포켓이 위치하고 있다. 이는 여행 등에 사용하는 의복의 안전용 포켓으로 사용된다. 〈그림 4.55c〉는 두 겹의 직물을 사용하는 포켓의 경우 두 직물의 용어에 대한 설명을 나타내고 있다. 손바닥 쪽이 바로 몸에서 가까운 쪽이고 손등 쪽은 손의 뒷면이다. 이런 포켓의 예는 의복의 바깥쪽에서는 잘 표시되지 않는다.

요약

플랫을 개발할 때는 정확성이 가장 중요하다. 디테일을 정교하게 주의하면서 그리는 것은 쉬운 일은 아니나 이런 디테일, 즉 스티치, 심, 스펙, 그리고 다른 의복의 요소들에 익숙해진다면 이런 개발 작업은 아주 신나고 재미있는 경험이 될 것이다. 테크니컬 디자인은 창조적인 디자인의 측면과 더불어 디테일에 주목하는 것 그리고 비판적인 사고 능력과 문제 해결 능력이 필요한 작업이다.

연구문제

1. 직물로 만들어진 우븐 블라우스나 스웨터, 반바지 하나를 테이블에 놓고 각각의 사진을 찍어보라. 그런 다음, 같은 의복을 인체나 또는 드레스 폼에 놓고 사진을 찍은 후 2개의 사진이 어떻게 다른지 비교해보라. 이들은 어떻게 다른가? 플랫을 그리는 데 있어서 이런 스케치의 차이는 각 의복의 카테고리에서 어떻게 나타나는가? 주목할 것은 플랫은 의복의 정확한 복사물로서 비율이 정확하게 나타난다는 점이다.
2. 옷장에서 간단한 민소매 탑을 하나 선택하고 기본 치수를 재는 방법에 따라 측정해보라(그림 4.21을 따라 기본 치수를 재라). 선정된 의복의 비율(1:8의 비율) 플랫 스케치를 그리고 정확한 스티치 디테일을 그려보라. 만약 CAD 프로그램이 없다면 연필로 정확한 스케치를 그려보라. 의복의 비율을 정확하게 그려보라.
3. 실제 의복 사이즈로 포켓을 하나 그려보라. 이는 민소매 탑이나 아니면 다른 실제적인 의복에 사용될 수 있는 것으로 하라. 그림을 그린 포켓을 잘라내어 핀으로 선정한 의복에 고정하는데 이때 위치와 모습을 잘 확인한다. 사이즈와 위치, 그리고 디테일에 대해서 선정한 의복에 잘 맞게 조정해보라. 스케치에 포켓 디테일을 첨부하고 이를 1:8의 사이즈로 고쳐 스케치해보라. 스케치에는 크기, 스티치 디테일, 놓일 위치 등을 잘 표기한다.
4. 옷장에 있는 단순한 스타일의 청바지 하나를 선정하고 치수를 기본 치수 선정 방법(그림 4.39 참조)으로 재보라. 플랫 스케치를 1:8의 비율로 그려보라. 정확한 스티치 디테일을 첨부한다. CAD 프로그램이 없다면 연필로 그리는데 이때 그림의 비율을 정확하게 맞춘다.
5. 여성복의 민소매 탑과 남성복의 셔츠 비율을 비교해보라.
   a) 남성복의 사이즈가 작게 만들어졌다면 이는 여성복의 스타일로 사용되도록 제공될 수 있다.
   b) 이때 어떻게 바꾸어야 좀 더 스타일리시한 여성복이 될 수 있는가?
   c) 어떤 부분의 치수 측정 지점을 바꾸어야 하는가?
   d) 여성복 민소매 탑의 어느 부분 치수를 바꾸어야 남성복의 민소매 탑으로 사용될 수 있는가?
6. 수영복 개발을 위한 크로키를 그려보라. 앞면과 뒷면 세트를 남성복, 여성복, 그리고 아동복(3~5세)을 만들어보라. 각각에 2개의 스타일을 그려보라.
7. (만약 CAD 프로그램이 있다면) 허리밴드가 있는 개더스커트를 그려보라. 아웃라인, 인테리어 심, 개더에 정확한 선 두께를 사용하라. 블레이저 등에 사용되는 웰트 포켓을 구해보라. 포켓백의 손바닥 쪽과 손등 쪽을 구별하라. 왜 디자이너는 손바닥 쪽과 손등 쪽을 구별해야 하는가?

이해 확인

1. 테크니컬 스케치는 무엇인가?
2. 플로트와 테크니컬 플랫의 공통점과 차이점은 무엇인가?
3. 티셔츠에 사용되는 기본 치수는 무엇인가?
4. 바지에 사용되는 기본 치수들은 무엇인가(body measurements compared to style measurements)?

CHAPTER 5

실루엣과 디자인 디테일에 관련된 테크니컬 디자인의 용어

학습목표

1. 실루엣과 디자인 디테일에 관한 다양한 테크니컬 용어를 정의한다.
2. 다양한 실루엣과 디자인 디테일을 설명한다.
3. 실루엣과 디자인 디테일에 관한 용어를 익히고 이를 생산 과정과 관련된 의사소통에 사용한다.
4. 실루엣과 디자인 특징에 관한 용어를 분석함으로써 트렌드를 이해한다.
5. 창조적인 디자인 과정에서 사용되는 다양한 디자인의 특징을 이해한다.

주요용어

가우초(gaucho)
개더드 플레어 스커트(gathered flared skirt)
고어드 스커트(gored skirt)
고지(gorge)
기모노 슬리브(kimono sleeve)
니커스(knickers)
던들 스커트(dirndl skirt)
도티(dhoti)
돌먼 슬리브(dolman sleeve)
드로스트링 팬츠(drawstring pants)
래글런 슬리브(raglan sleeve)
만다린 칼라(mandarin collar)
목 터틀(mock turtle)
바디스(bodice)
버사 칼라(bertha collar)
베이비돌 드레스(baby doll dress)
벨 보텀(bell bottom)
벨 슬리브(bell sleeve)
보우 칼라(bow collar)
보트 넥(boat neck)
브레이크 포인트(break point)
사롱 스커트(sarong skirt)
사파리 드레스(safari dress)
새들 슬리브(saddle sleeve)
세일러 칼라(sailor collar)
셋-인 슬리브(set-in sleeve)
셔츠웨이스트(shirtwaist)
소매산(sleeve cap)
숄 칼라(shawl collar)
쉬쓰(sheath)
슬립 드레스(slipdress)
실루엣(silhouette)
서플리스(surplice)
선드레스(sundress)
아워글래스(hourglass)
액티브 팬츠(active pants)
오버올(overall)
윙 칼라(wing collar)
점퍼(jumper)
조니 칼라(jonny collar)
조드퍼(jodhpur)
주트 슈트(zoot suit)
줄리엣 슬리브(juliet sleeve)
진동둘레(armscye or armseye)
집시 스커트(gypsy skirt)
차이니스 칼라(chinese collar)

청삼(cheongsam)
카프탄(caftan)
캐스케이드 칼라(cascade collar)
커프(cuff)
컨버터블 칼라(convertible collar)
컷-앤드-소(cut-and-sew)
코트 드레스(coatdress)
큐롯(culotte)
킬트(kilt)
텐트 드레스(tent dress)
튜닉 드레스(tunic dress)
트라우저 스타일(trouser style)
트래피즈 드레스(trapeze dress)
트럼펫 스커트(trumpet skirt)
팔라조 팬츠(palazzo pants)
팬츠(pants)
퍼프 스커트(pouf skirt)
페그드 스커트(pegged skirt)
페그드 팬츠(pegged pants)
페이퍼백 웨이스트(paperbag waist)
페전트 드레스(peasant dress)
페전트 스커트(peasant skirt)
폴로 드레스(polo dress)
프린세스 라인(princess seaming)
프린세스 라인 드레스(princess-seam dress)
필그림 칼라(pilgrim collar)
하렘 팬츠(harem pants)
호블 스커트(hobble skirt)
J-스티치(J-stitch)

이 장은 의류 디자인에 관한 용어를 다루고 실루엣과 디자인 디테일에 대한 용어의 이해를 돕도록 구성되었다. 다양한 의복 카테고리 안의 실루엣들과 디자인 디테일들도 자세하게 포함되어 있다. 각 디자인 디테일 부분에서는 테크니컬한 측면도 포함되어 각 부분이 테크니컬 디자인과 어떻게 연관되어 있는지도 다룬다.

의복의 용어

디자이너들은 의복을 디자인하고 이것이 상품화되기까지 이에 관련된 특정한 용어를 사용한다. 단계별로 다양한 용어가 쓰이므로 이것이 표준화되지 않는다면 매우 혼란스러운 상황이 전개될 것이다. 제품 생산에 관련된 모든 사람들 사이에 장소, 국경, 언어를 뛰어넘어 공감하는 의사소통은 필수 요건이다. 이런 이유로 의류 생산 과정과 관련된 전문용어를 아는 것은 매우 중요하다.

제4장에서는 테크니컬 플랫을 개발하는 과정에서의 니트 탑과 바지에 대한 용어가 설명되었다. 이 장에서는 바지에 관한 용어 중 다루지 않았던 것을 첨가했고 다른 의복 가데고리, 즉 우븐 셔츠, 드레스, 재킷, 팬츠, 챙이 있는 모자에 관련된 테크니컬한 용어도 첨가해 다루었다.

셔츠에 관련된 용어

셔츠란 상반신에 입는 소매와 칼라가 있는 상의를 말한다. 대부분의 경우에는 소매와 칼라가 있다. 남성복과 여성복의 드레스 셔츠는 두 종류의 플래킷, 즉 앞판 여밈의 단추 플래킷과 커프에 달리는 슬리브 플래킷을 가지고 있다. **커프**(cuff)란 소매 끝에 달리는 밴드를 의미한다. 〈그림 5.1〉은 백요크 셔

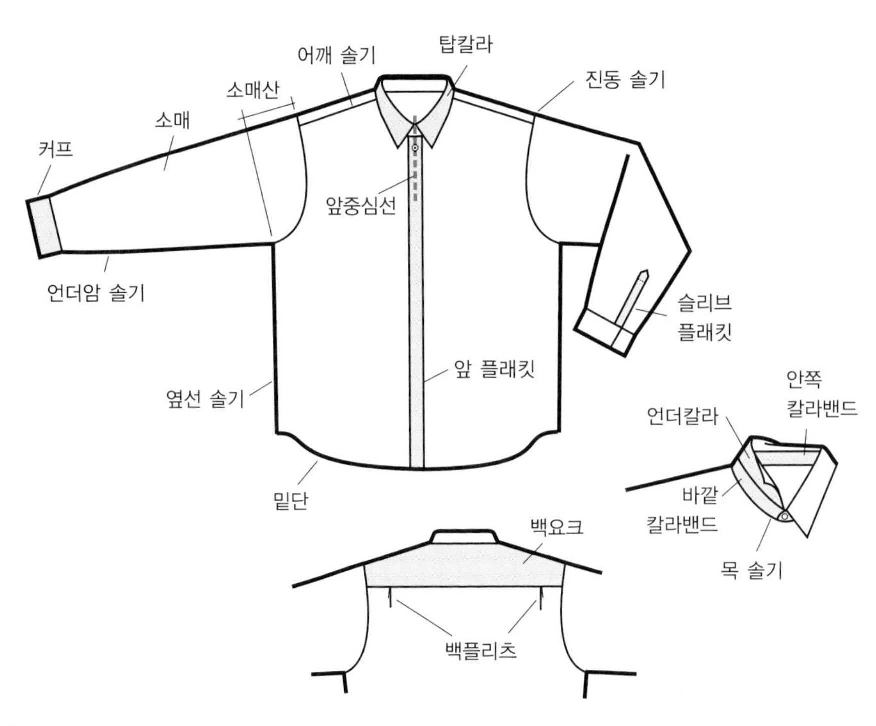

그림 5.1 셔츠에 관련된 용어

츠를 보여준다. 백요크는 신체 활동 시 편안하도록 여유를 주는 역할을 하는데 이 경우에는 플리츠(pleats) 형태로 여유분을 추가했다. 여성복의 블라우스에도 같은 용어를 사용한다.

칼라밴드(collar band)는 목 주변의 칼라를 세우는 데 사용된다. 〈그림 5.1〉과 같은 드레스 셔츠는 짧고 넓은 소매산을 사용해서 활동이 편리하도록 여유분을 제공한다.

〈그림 5.1〉은 남성복 상의에서의 왼쪽 여밈 그리고 여성복 상의에서의 오른쪽 여밈의 법칙을 설명해주고 있다. 여성복은 오른쪽이 위쪽으로 오는 여밈이고 남성복에서는 왼쪽이 위쪽으로 오는 여밈으로 기억하면 된다. 슈트와 코트도 이와 같은 방식을 따르고 있다.

탑칼라(topcollar)는 때로는 위칼라(upper collar)라고 불린다. 그러나 이런 용어는 의복의 부분을 설명하는 것이므로 혼란을 피하기 위해 이제부터는 탑칼라라는 용어로 사용한다. 대부분의 셔츠가 그렇듯이 어깨선은 조금 앞으로 향하게 되어 있다.

드레스에 관련된 용어

드레스는 여성복의 하나로 상체와 다리를 감싸는 의복이다. **바디스**(bodice)는 어깨와 허리를 이루는 부분을 의미한다(그림 5.2). 허리 아랫부분은 스커트이다. 〈그림 5.2〉의 예는 모두 요크를 가지고 있는데 이는 수평으로 난 절개선으로 미적으로 또는 기능적으로 사용한다. 〈그림 5.2a〉는 힙 요크가 있는 드레스를 보여주고 〈그림 5.2b〉는 앞품에 위치한 요크를 보여준다. 둘 다 고어(gore)를 가지고 있는데 이는 수직패널이 형태를 이루기 위해 사용되었다.

〈그림 5.2b〉는 **프린세스 라인**(princess seaming)을 이용해 다트 없이 드레스가 신체곡선에 따라 잘 맞도록 했다. 솔기가 바디스에서 헴라인까지 연장되어 있어 날씬한 실루엣을 보여준다.

〈그림 5.2b〉에서 보여주듯이 **소매산**(sleeve cap)은 상완(bicep) 부분을 나타낸다. 이 스케치에서는 셔츠 스타일(그림 5.1)보다 소매산이 훨씬 높고 좁게 되어 있다. **진동둘레**는 **암세이**(armscye, armseye)라고도 불린다. 삼각형 부분은 고뎃(godet)이라고도 하며 꼭 맞는 스커트의 밑단에 끼워 스커트의 폭을 넓혀 착용자의 운동성을 돕는 역할을 한다.

재킷에 관련된 용어

테일러드된 의복에는 전통적인 디자인 요소들이 칼라나 라펠의 디테일 등에 사용되고 이런 요소들은 의복 전체의 디자인 변화에 큰 영향을 줄 수 있다. 〈그림 5.3a〉는 피크드 라펠(peaked lapel)과 프린세스 라인을 가진 재킷을 보여준다.

테크니컬 스케치에서 단추의 위치를 주목해보면 단추의 중앙선이 앞중심선과 만나는 곳에 위치하는데 이는 라펠이 앞

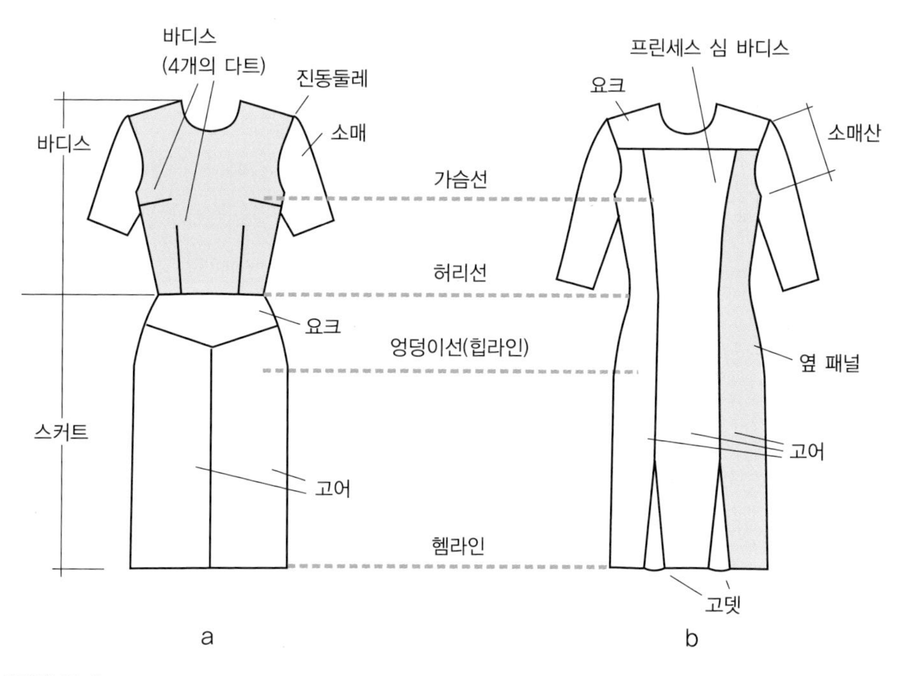

그림 5.2 드레스에 관련된 용어

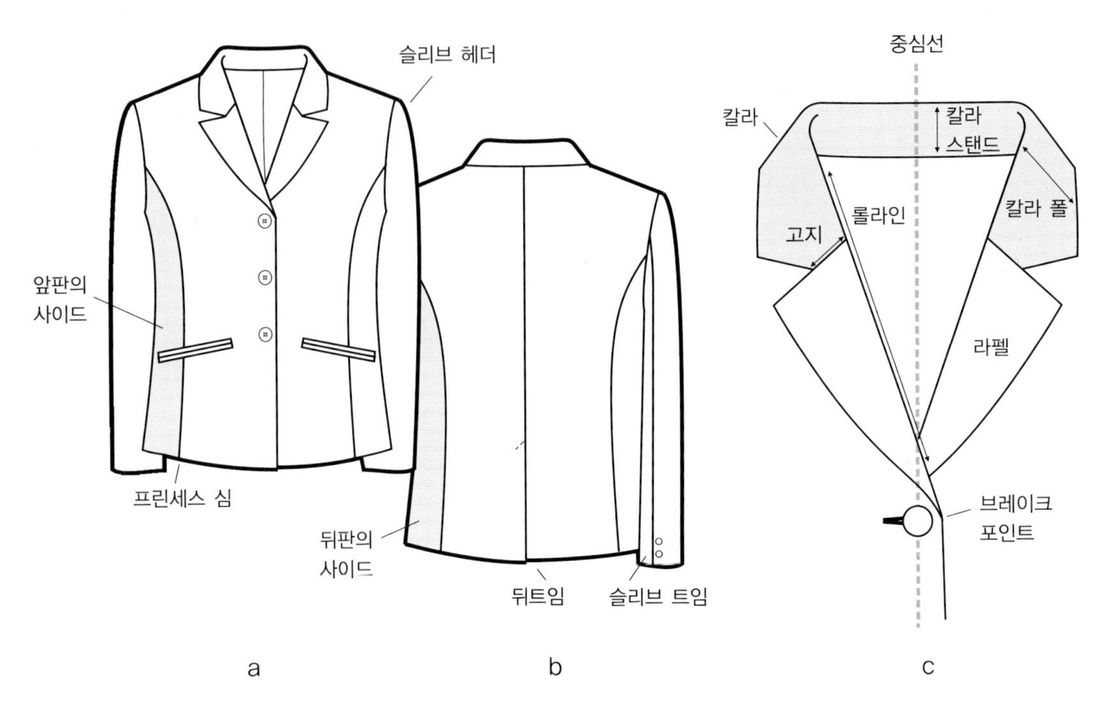

그림 5.3 재킷에 관련된 용어

중심선과 함께 만나는 곳이다. **브레이크 포인트**(break point)는 라펠이 뒤로 접히는 의복의 가장자리를 의미한다. 전통적인 클래식 테일러드 재킷은 옆선에 심이 없고, 반쪽의 패널이 옆선 쪽으로 연장되어 있는데 이는 좀 더 비싼 구성방법이나 부드러운 핏을 만들어주는 장점이 있다. 제4장에서 살펴본 바와 같이, 이 스케치를 보는 사람의 측면에서는 사이드에 심, 즉 솔기가 있는지를 알 수가 없으므로 이를 테크니컬 플랫에서 잘 표기해주어야 한다.

뒤판 밑단의 트임(vent)은 앉았을 때 여유분을 제공함으로써 착용자를 편하게 해주는 역할을 한다(그림 5.3b 참조). 그런 것들은 더 이상 잘 사용되지 않고 소매의 트임이나 단추들은 기능적인 용도보다는 장식용으로만 사용된다. 〈그림 5.3b〉에서는 뒤트임은 재킷의 뒷중심에 자리 잡고, 어떤 경우에는 트임을 2개로 하여 아랫단 부분의 뒤 프린세스 솔기에 자리 잡게 하기도 한다. 라펠과 관련된 용어는 〈그림 5.3c〉에 나온다.

팬츠에 관련된 용어

〈그림 5.4〉는 팬츠에서의 절개선과 패널에 대한 용어도 보여준다. 같은 용어가 남성복, 여성복, 아동복의 팬츠에 동일하게 사용된다. 앞으로는 이 책에서 이런 용어들을 사용해 각 의복의 디테일 처리와 디테일을 표기하도록 하겠다.

팬츠(pants)는 전통적으로 4개의 패널(2개의 앞판과 2개의 뒤판)으로 구성된다. 주목해야 할 것은 긴 솔기들이 특이한 이름, 즉 인심과 아웃심을 가지고 있다는 것이다. 바지의 앞여밈은 플라이라고 불리는데 이는 **J-스티치**(J-stitch) 모습의 탑스티치를 가지고 있다. 이런 모습 때문에 남성복의 플라이는 J-플라이라고 불리며, 플라이의 열림 방향은 오른쪽이 된다(그림 5.4a와 b 참조). 여성의 팬츠는 플라이의 열림 방향이 오른쪽일 수도 있고 왼쪽일 수도 있지만 남성복의 경우는 오른쪽으로 열리는 것을 원칙으로 한다.

테일러드 팬츠의 경우는 캐주얼 팬츠와는 다르게 단정하게 앞주름을 넣어 준다는 것을 유의해야 한다. 테크니컬 플랫에서 주름선은 0.5포인트의 선 두께로 표현해 의복의 솔기선과는 구별해준다.

핸드 포켓은 다양한 스타일로 만들어지는데 〈그림 5.4a〉와 〈그림 5.4b〉에서는 경사 포켓(slash pocket 또는 quarter top pocket)이 보여진다.

모자에 관련된 용어

모자는 전통적인 펠트 햇(felt hat)부터 니트 캡(knit cap)과 베레모(beret)에 이르기까지 다양한 스타일이 있다. 〈그림 5.5〉는 다양한 **컷-앤드-소**(cut-and-sew) 모자, 즉 패턴을 제작해 재단과 봉제 과정을 통해 만들어진 모자들을 보여준다.

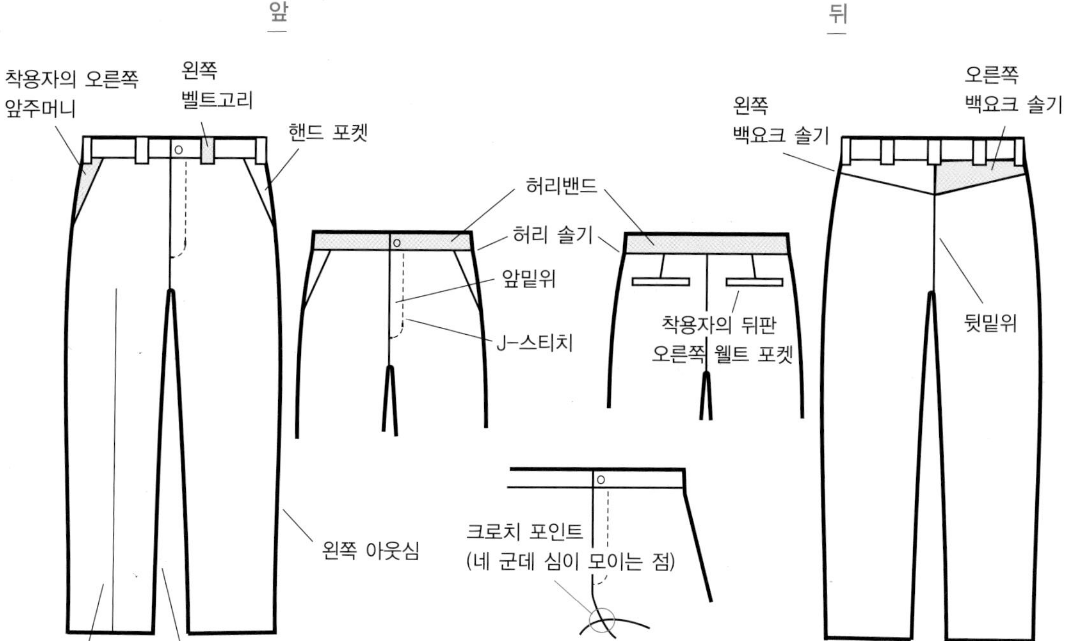

그림 5.4 **팬츠에 관련된 용어**

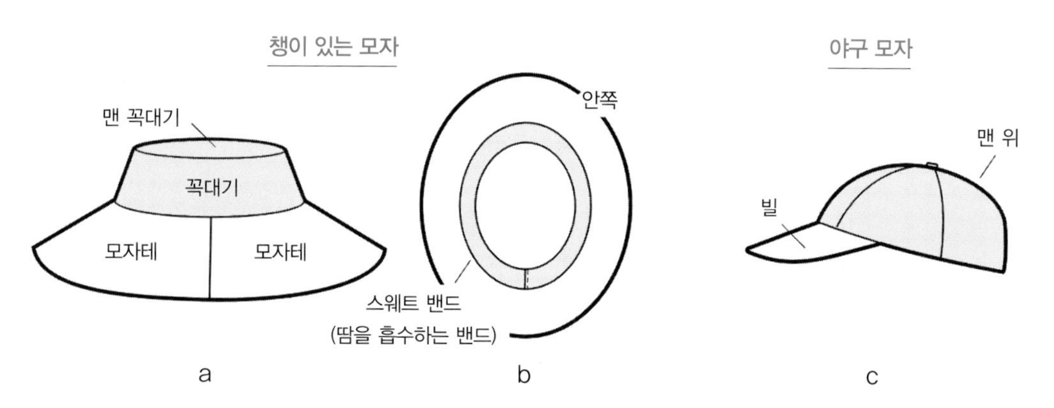

그림 5.5 **챙이 있는 모자(hat)와 야구모자(cap)**

실루엣

의복의 **실루엣**(silhouette)이란 의복의 외곽선(outline) 또는 모양(shape)을 의미한다. 다른 방법으로 생각해보면, 의복의 각 부분에서 어느 곳이 꼭 맞고 어느 곳이 헐렁한가를 나타내는 것, 즉 신체의 어느 부분이 감싸지고 어느 부분이 노출되는가를 나타내는 것이다. 실루엣의 변화는 스타일의 변화를 가져와서 의복에 새로운 느낌을 부여하므로 매우 중요한 요소이다. 남성복 실루엣의 변화는 여성복에 비해 매우 느린 편이지만 늘 변화하고 있다. 이와 비교해볼 때 여성복은 매우 빠르게 변화하고 길이와 핏이 눈에 띌 정도로 크게 변화한다.

패션 트렌드는 빠르게 변화하는데 이때 실루엣이 완전히 새롭게 변화되거나 과거에 유행했던 스타일과 실루엣이 다시 사용되기도 한다. 고가의 디자이너 브랜드 중심인 하이패션의 실루엣은 그 형태에서 좀 더 과장되고 이렇게 소개된 새로운 실루엣은 다양한 가격대의 시장에서 받아들여지며 각각의 시장에 맞게 변용된다.

몇 가지 예외를 제외하고, 허리선은 여성복에서 실루엣 변화의 가장 중점이 되었고 특히 허리선의 위치야말로 디자인 특성의 중심 요소로 사용되었다. 〈그림 5.6〉은 허리의 위치에 따른 다양한 의복 형태를 보여주고 있다. 이 장에서는 드레스, 스커트, 팬츠에 따른 다양한 실루엣을 표기하고 있고 스커트와 팬츠의 실루엣은 길이에 따라 설명하고 있다.

허리선의 위치에 따른 실루엣 변화

실루엣을 표현하는 데는 다양한 용어가 사용된다. 여성복의 기본 드레스 실루엣은 허리선의 위치와 드레스의 핏에 따라서 정해진다(그림 5.6 참조).

- 시스(sheath) 〈그림 5.6a〉와 〈그림 5.6b〉는 실제 인체의 허리선에 의복의 허리선이 놓인다. 첫 번째는 허리선에 절개선이 있는 스타일이며 두 번째는 다트를 이용해 허리선의 형태를 잡는 스타일이나. 〈그림 5.6a〉는 날씬한 허리선과 풍성한 가슴과 힙이 주가 된 모래시계, 즉 **아워글래스**(hourglass) 스타일이 유행할 때 함께 인기를 누렸던 스타일이다. 두 스타일 모두 스커트의 밑단인 헴라인이 좁은 페그드 헴(pegged hem)이고 이는 힙의 곡선을 더욱 강조하고 있다.
- 엠파이어 웨이스트(empire waist) 이 스타일은 가슴선 아래에 절개선 또는 스타일 라인이 있는 드레스를 말한다(그림 5.6c 참조).
- 하이 웨이스트(high waist) 이는 허리선이 위쪽으로 올라간 스타일을 의미한다(그림 5.6d 참조).
- 드롭드 웨이스트(dropped waist) 이는 주로 몸에 꼭 맞는 바디스를 갖고 허리선이 약간 내려간 스타일로 주로 드레스의 허리선을 강조하지 않는 스타일이다(그림 5.5e 참조).
- 슈미즈(chemise) 이는 허리선을 강조하지 않는 일사형의 스타일이다(그림 5.6f 참조).

전형적인 드레스 실루엣의 형태에 따른 분류

드레스 실루엣은 스타일 디테일링이 있느냐 없느냐에 따라

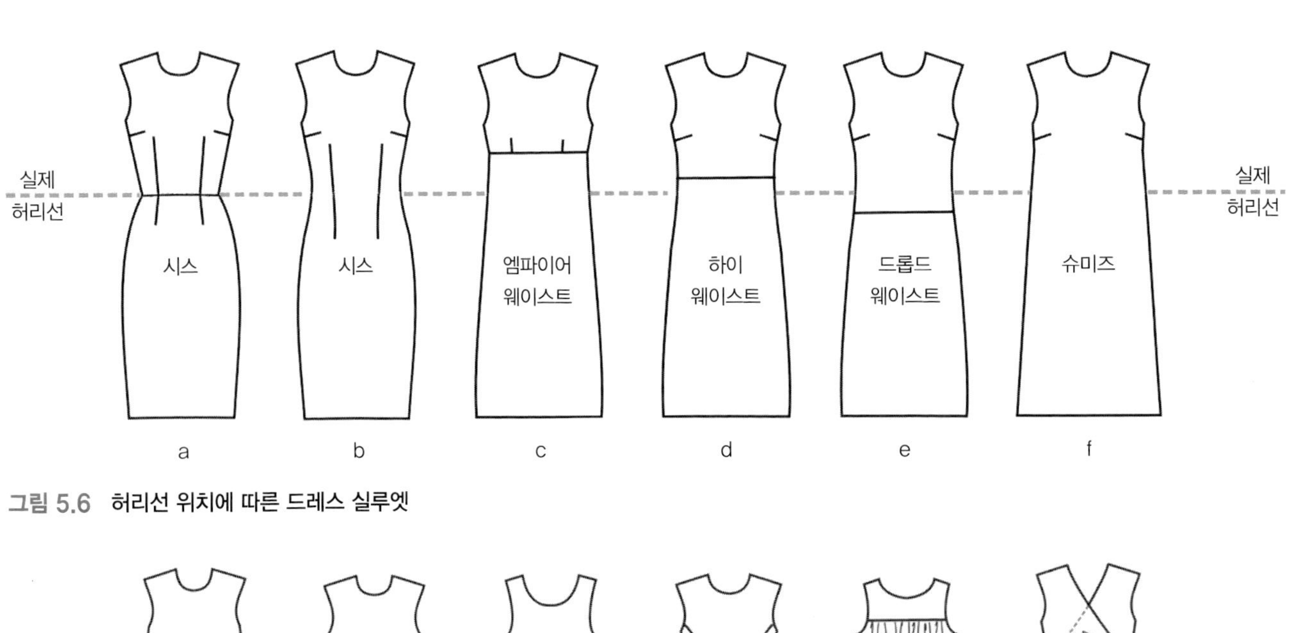

그림 5.6 허리선 위치에 따른 드레스 실루엣

a 트래피즈 | b 튜닉 | c 점퍼 | d 프린세스 | e 베이비돌 | f 서플리스

그림 5.7 클래식 드레스 실루엣

구분된다(그림 5.7 참조). 예를 들면 트래피즈 드레스는 길이에 상관없이 다양한 소매와 칼라가 조합되어도 같은 실루엣의 이름으로 불린다. 예외가 되는 것은 점퍼인데 이는 소매가 없는 스타일로 다른 의복 위에 겹쳐 입는다.

텐트 드레스(tent dress)는 과장된 A라인 형태의 드레스이다. 디자이너 크리스토발 발렌시아가에 의해 코트로 소개되었던 이 실루엣은 드레스와 코트로 1950년대에 사용되었다. **트래피즈 드레스**(trapeze dress)는 무릎 길이의 풀 텐트형 드레스로서 이브 생 로랑에 의해 1958년에 소개되었다. 이 스타일의 드레스는 좁은 어깨에서 시작해 아래로 내려갈수록 폭이 넓어지는, 몸에 끼지 않는 스타일이다. 비록 두 스타일은 형태적으로 다르나 〈그림 5.7a〉를 보면 피라미드 형태의 드레스로 둘 다 넓은 밑단을 가지고 있는 것이 특징이다.

튜닉 드레스(tunic dress)는 홀쭉한 스커트에 길이가 긴 상의를 걸쳐 도련선이 이중으로 된 드레스로 길쭉한 직사각형의 실루엣이다(그림 5.7b 참조).

점퍼(jumper)는 민소매 의복으로 보통의 경우 소매가 달린 블라우스나 셔츠 또는 스웨터와 함께 입게 된다(그림 5.7c 참조). 이런 형태의 옷은 어떤 신체형과도 자연스럽게 어울린다.

프린세스 라인 드레스(princess-seamed dress)는 수직의 심 라인으로 이루어졌고 보통의 경우에는 허리에 절개선이 없는 스타일이다(그림 5.7d 참조).

베이비돌 드레스(baby doll dress)는 짧은 드레스 또는 상의 스타일로서 요크에서 주름이나 개더가 있는데 소녀복이나 여성복으로 사용된다(그림 5.7e). 이 베이비돌이라는 용어는 20세기 초반에 아동복이나 유아복에 사용되었다.

서플리스(surplice, 그림 5.7f)는 랩드레스(wrap dress)라고도 불리는데 이는 앞여밈들이 서로 교차하도록 한다고 해서 오버랩핑 레이어(overlapping layer)라고도 불린다. 이 스타일은 양옆에 개더를 여러 개 넣어서 만든다. 어떤 경우에는 언더레이(underlay), 즉 아래에 놓이는 안쪽 겹을 사용하지 않고 만들기도 한다.

디자인 디테일에 따라 변하는 드레스 실루엣

세월이 지남에 따라 스타일은 늘 변화하지만 새롭게 사용되는 스타일은 과거에 소비자들의 사랑을 받던 스타일을 가져와서 다시 사용하는 경우가 많다. 이런 스타일들은 외관의 형태에 따라서만 정의되는 것은 아니다. 〈그림 5.8〉의 첫 번째부터 세 번째 그림은 서양 의복의 전통적 드레스 스타일이다. 그다음 3개는 다른 문화들로부터 온 스타일들이다.

셔츠웨이스트(shirtwaist)(그림 5.8a)는 칼라, 칼라밴드, 커프스, 프론트 플래킷 등과 같은 전통적인 테일러드 셔츠에서 유래했다. 주로 니트가 아닌 직조물로 만들어졌고 가끔은 벨트가 사용된다. **폴로 드레스**(polo dress)는 〈그림 5.29a〉에서 보는 것과 같이 폴로셔츠와 같은 캐주얼한 니트 스타일로 이루어진 드레스이다.

코트 드레스(coatdress)는 〈그림 5.8b〉에서 보는 것과 같이 두 줄의 단추로 앞여밈 부분이 구성(double breasted)되어 있다. 이의 다양한 변형 스타일은 코트 또는 트렌치코트(trench coat) 등에서 견장, 벨트 등과 같은 다양한 디자인 요소를 빌려오기도 한다. **슬립 드레스**(slipdress) 스타일은 〈그림 5.8c〉에서 보듯이 이브닝웨어로서 란제리, 즉 스파게티 스트랩, 레이스 장식, 그리고 가벼운 실크와 같은 직물의 디테일을 빌려와서 사용한다. 이런 드레스는 가끔씩 바이어스로 재단한다.

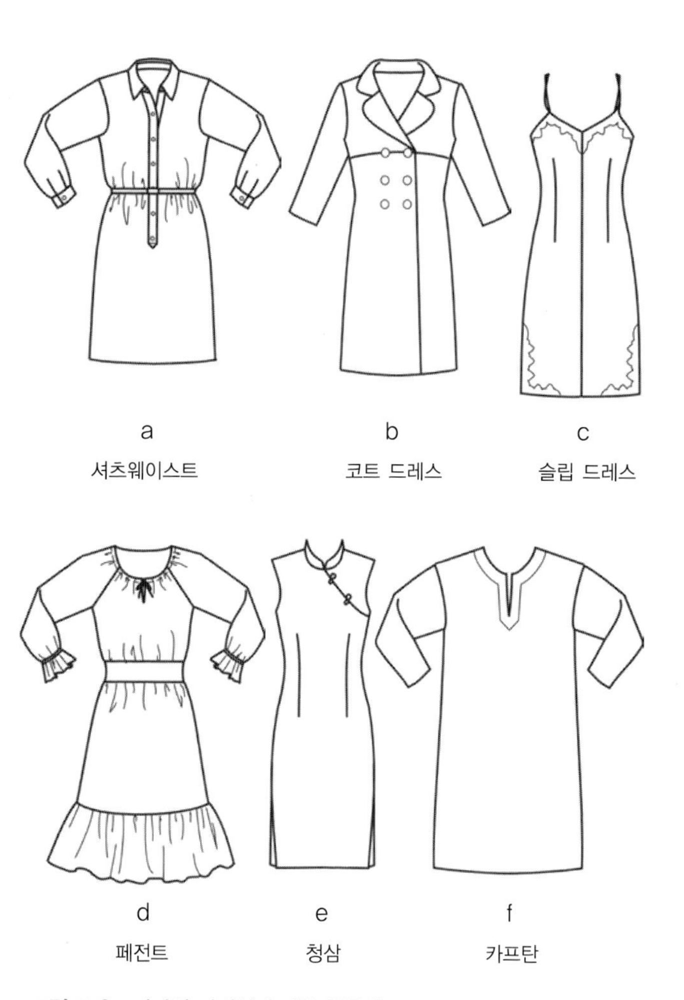

그림 5.8 디자인 디테일에 따른 실루엣

다른 클래식 스타일의 드레스들은 아프리카의 부시재킷에 벨트와 다양한 패치 포켓이 있는, 이브 생 로랑에 의해 유명해진 **사파리 드레스**(safari dress)와 **선드레스**(sundress), 즉 민소매의 풀스커트를 소매가 짧은 매칭 재킷과 함께 입는 스타일을 예로 들 수 있다.

페전트 드레스(peasant dress)인 〈그림 5.8d〉는 개더가 있는 네크라인과 러플이 달린 래글런 소매로 구성되어 있다. 여기서 보여지는 패전트 드레스에는 아랫단 쪽에 러플이 달려 있다. 이런 스타일은 주로 여러 층의 티어드 스커트이다. **청삼**(cheongsam)(그림 5.8.e)은 슬림한 의복으로 중국의 의복에서 유래했으며 만다린 칼라(mandarin collar)를 사용하고 옆쪽으로 의복을 잠그게 되어 있으며 트임이 있는 스커트다. **카프탄**(caftan)은 〈그림 5.8f〉에서 보듯이 길고 헐렁한 피팅의 의복으로 목선에 수가 놓여 있다. 본래는 터키, 아랍 등 지중해 동부 지방 나라들의 중류층 이상의 사람들에 의해서 착용되었던 로브풍의 상의를 가리키며, 긴 기장과 헐렁한 소매를 가진 독특한 민족의상으로 남성들의 캐주얼한 라운지웨어로 많이 사용된다.

디자인 디테일과 형태에 따라 변하는 스커트 실루엣

스커트는 실린더 형태의 의복으로 허리부터 아래의 몸체를 감싸는 의복을 의미한다. 어떤 문화에서는 스커트와 같은 형태의 의복이 남성들에게 사용되기도 하는데 스코틀랜드에서는 킬트(kilt)라고 불리고 사우스 시 아일랜드(south sea island)에서는 라바 라바(lava lava)라고 불린다. 그러나 서양에서는 스커트란 여성에게만 사용되는 아주 독특한 의복의 종류이다. 드레스의 아랫부분이 바로 스커트인데 어떤 경우에든 스커트는 몸통과 연결이 되든 되지 않든 실루엣을 정하는 아주 중요한 의복의 한 부분이다.

스커트의 실루엣은 몸통이 어떤 형태로 이루어졌든 간에 중요한 부분인데 작은 허리와 커다란 힙을 강조하고 싶다면 페그드(pegged), 던들(dirndl), 개더드 형태(gathered shape)가 힙을 잘 감싸줄 것이다. 〈그림 5.9〉에서 〈그림 5.11〉은 스커트의 다양한 실루엣을 보여주고 있다.

기본 스트레이트 스커트(basic straight skirt)(그림 5.9a)는 슬림한 핏과 스트레이트 허리밴드를 허리 중 가장 가는 부위, 즉 실제 허리선에 맞추어 입도록 되어 있고 앞쪽과 뒤쪽에 다트가 있다. **랩 스커트**(wrap skirt)(그림 5.9b)는 체구의 크기에 상관없이 몸에 잘 맞추어 입을 수 있게 되어 있다.

킬트(kilt)(그림 5.9c)는 남성들이 입는 전통적인 스코틀랜드식의 주름이 잡힌 스커트이다. **고어드 스커트**(gored skirt)(그림 5.9d)는 웨이스트 나트를 플레어로 교체한 것인데 고어드 스커트는 4, 6, 8, 10, 12, 또는 다양한 고어의 숫자로 이루어진 클래식한 스타일이다. 청치마인 **진 스커트**(jean skirt)(그림 5.9e)는 좀 두껍고 무게감이 있는 데님으로 만드는데 이럴 경우에는 슬림하게 재단한다. 가벼운 데님의 경우는 주로 아랫단 부분에 플레어를 넣어 자연스러운 느낌을 살려주기도 한다.

사롱 스커트(sarong skirt)(그림 5.10a)는 **파레오**(pareo)라고도 불리며 이는 몸에 간단히 두른 뒤 묶어 입었던 원래의 디자인에서 기인한다. 근대적인 사롱 스타일은 부드러운 드레이핑의 비대칭적인 룩의 변형이다. **던들 스커트**(dirndl skirt)(그림 5.10b)는 직선형의 스커트로서 이즈(ease) 또는 개더가 직선형의 허리밴드에 자연스럽게 들어가 있다. 이는 패턴상 절개선이 거의 없다는 점에서 보더 디자인 직물(border design fabric)에 적합하다. 이 스타일은 다른 스타일에 응용하기 쉽다. 이

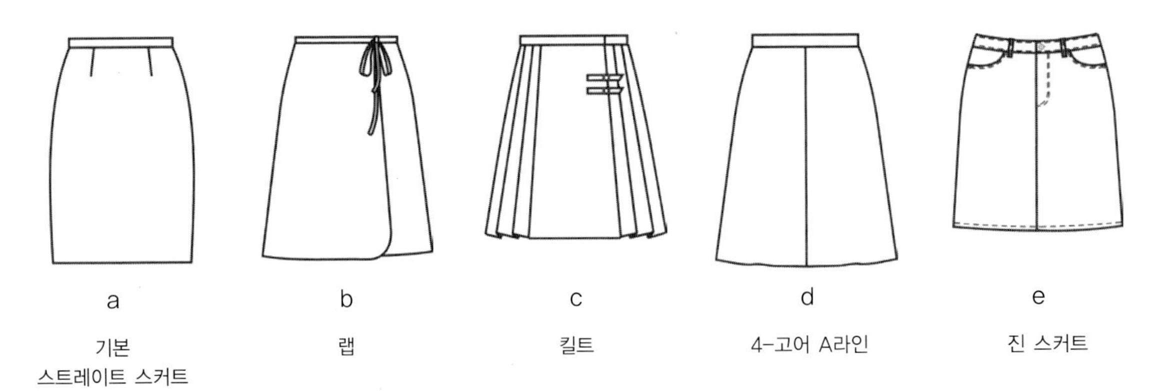

그림 5.9 스커트 실루엣 1

스타일의 기원은 티롤리언 농부들의 의복(tyrolean peasant costume)에서 기원한다(Calasibetta & Tortora, 2003). **페그드 스커트**(pegged skirt)는 풍성한 힙 둘레가 밑단 쪽으로 갈수록 좁아지는 스커트로 활동성을 주기 위해 밑단에 맞트임이나 겹트임 처리를 해준다. 〈그림 5.10c〉의 힙 라인은 아랫단보다 넓고 보통의 경우에 슬릿(slit, 솔기의 가장자리가 열린 것) 또는 벤트(vent, 솔기가 겹쳐져서 열어지는 것)를 아랫단에 가지고 있어 신체의 움직임을 돕는다. **퍼프 스커트**(pouf skirt)(그림 5.10d)는 과장된 실루엣으로 앉아 있는 것이 불편하므로 이브닝 파티나 또는 특별한 행사를 위해 사용된다.

큐롯(culotte)(그림 5.10e)은 바지로 된 스커트로 스커트와 바지의 조합을 이룬 매우 편안한 스타일이다. 길이가 긴 큐롯의 스타일은 **가우초**(gaucho)라고 한다(그림 5.15d 참조). 다른 의복의 스타일처럼 큐롯도 아주 흥미로운 역사를 가지고 있다. 이것이 최초로 사용된 것은 자전거를 사용하면서인데, 자전거를 타기 위해서는 스커트가 나누어져야만 했다. 당시에는 스커트 길이가 다리까지 덮었는데 이는 스포츠가 패션에 영향을 주는 것을 잘 보여주는 예가 된다.

〈그림 5.11〉은 4개의 롱 스커트를 보여주고 있다. 롱 스커트는 수 세기 동안 착용되었고 아주 많은 이야기들이 연결되어 있다. 롱 스커트는 일상복으로 사용되기도 했고, 길이에는 미디(midi), 발레리나(ballerina) 등이 있다. 특별한 행사를 위해 매우 긴 길이의 드레스도 사용된다.

트럼펫 스커트(trumpet skirt)(그림 5.11a)는 발레리나 길이가 잘 어울린다. 길이가 길어질수록 플레어도 무릎에서 같은 길이만큼 늘어나야 걷기에 충분한 폭이 된다. **페전트 스커트**(peasant skirt) 또는 **집시 스커트**(gypsy skirt)(그림 5.11b)는 주름이 들어간 티어가 있는 롱 스커트로 동유럽의 시골에서 볼 수 있었던 스타일이다. 이런 스타일은 1970년대에 단순한 스타일과 시골로 돌아가고자 하는 트렌드가 유행할 때 인기를

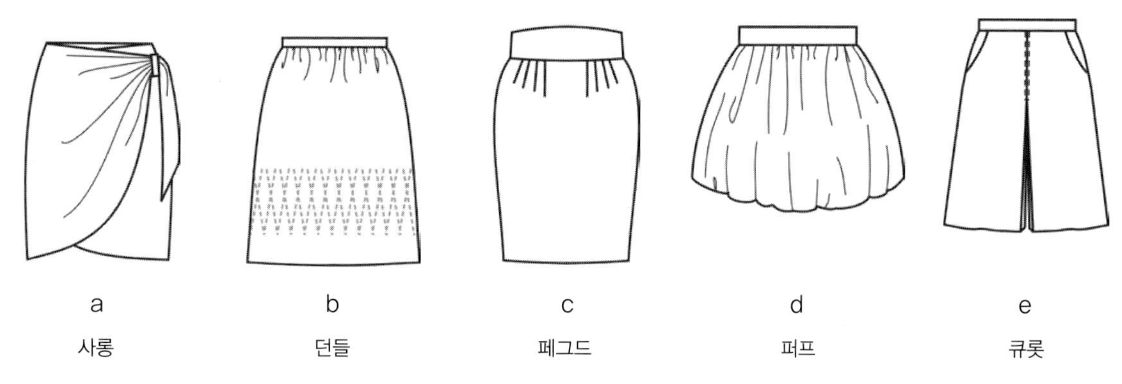

그림 5.10 스커트 실루엣 2

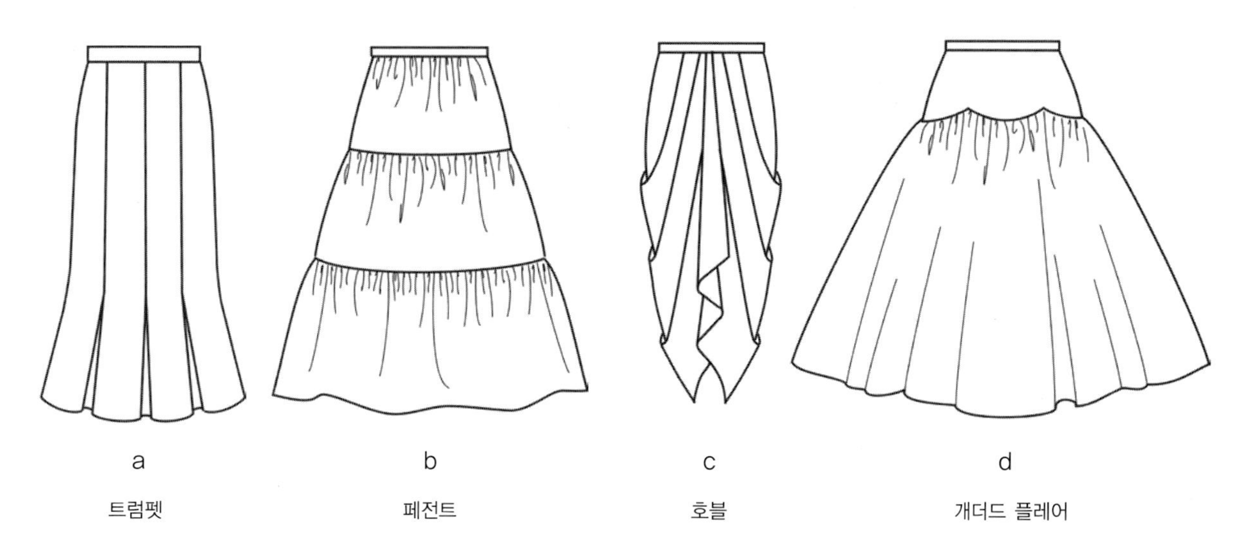

그림 5.11 스커트 실루엣 3 : 롱 스커트

누렸다.

호블 스커트(hobble skirt)(그림 5.11c)는 제1차 세계대전 이전에 유행한 스타일로 발목이 아주 좁게 재단되고 재봉된 스타일이다. 초기의 스타일은 아랫단이 너무나 좁아서 아주 좁은 폭으로만 걸을 수 있을 정도로 제한이 많았던 스타일이었다. 근대에는 호블 스커트가 변형된 스타일로 아랫단에 슬릿을 넣어서 걷기에 편안하도록 한 스타일이 사용된다. **개더드 플레어 스커트**(gathered flared skirt)(그림 5.11d)는 크리스찬 디올이 제2차 세계대전 이후에 유행시킨 스타일로 뉴룩이라고도 불린다. 이 시대에는 스커트에 15야드 이상의 직물을 사용하고 스커트의 볼륨을 크게 하기 위해서 딱딱한 재질의 언더스커트(underskirt)를 사용하기도 했다. 이런 엄청난 분량의 천의 사용은 전쟁 때 직물을 많이 사용하지 못하도록 제한했던 것에 대한 여성들의 반감을 진쟁이 끝난 후에 자유롭게 표현한 것이다.

의복의 길이에 따른 실루엣

의복의 길이는 어떠한 실루엣에서든 매우 중요한 부분이다. 〈그림 5.12a〉와 〈그림 5.12b〉는 주로 사용되는 스커트(드레스 포함)와 팬츠의 길이를 보여주고 있다. 이렇게 길이와 이에 따른 실루엣의 이름은 새로운 디자인 아이디어가 시장에 나올 때마다 달라진다. 이러한 이유 때문에 길이에 여러 가지 이름이 붙여진 경우가 많다.

수십 년 동안 스커트의 길이는 유행하는 스타일에 중요한 부분이 되었고 이는 주어진 시기에 유행인가 아닌가를 결정해주는 중요한 요소가 되었으며 헴라인의 길이 변화는 1947년 디올의 뉴룩같이 시민들의 거리 시위로 신문의 1면을 장식하기도 했다. 또한 길이의 변화는 과거보다는 아주 빠른 속도로 다양하게 순환적인 유행으로 길이가 길어지거나 짧아지며 변화했다.

디자인 디테일과 형태에 따라 변화하는 팬츠 실루엣

팬츠는 두 부분으로 나눠는 의복으로 각각의 부분이 다리를 감싼다. 초기의 여성용 팬츠는 블루머(bloomer)라고 불리는데, 이는 매우 길고 넓은 팬츠로서 발목 부분에 개더가 있고 여권운동가인 아멜리아 블루머(Amelia Bloomer)에 의해 19세기에 소개되었다. 서구문화에서 팬츠를 입는 것은 몇 세기 동안 매우 논쟁의 여지가 있었다. 마를레네 디트리히(Marlene Dietrich)와 캐서린 햅번(Katharine Hepburn) 등의 영화배우들이 바지를 입은 것이 기삿거리가 되기도 했다. 팬츠는 1930년대 이후에 여러 여배우들이 입기 시작했고 제2차 세계대전 때 공장에서 노동력을 제공한 여성들도 입게 되었다

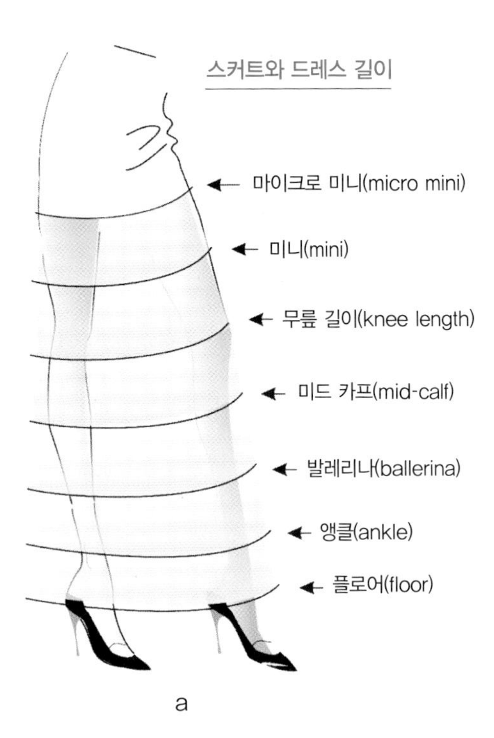

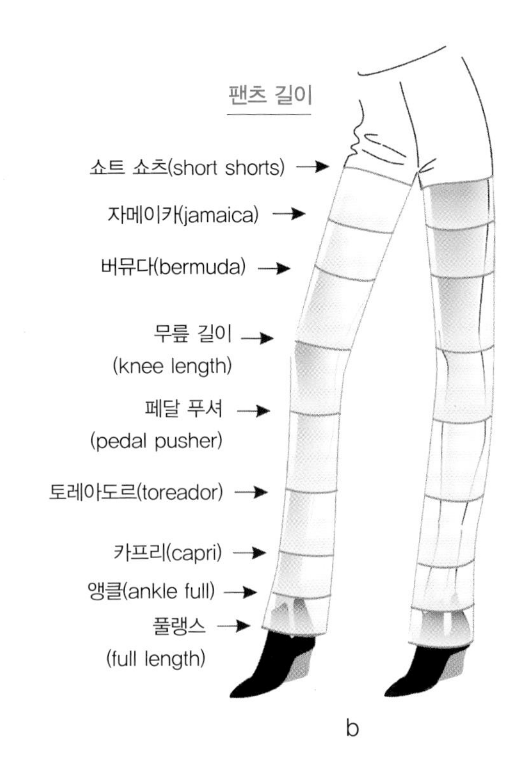

그림 5.12 길이에 따른 스커트 실루엣

(Calasibetta & Tortora, 2003). 바지를 입은 여성은 식당에 출입할 수 없었던 1960년대의 상황을 생각해보면 지난 수십 년간 팬츠가 꼭 있어야 할 필수 아이템으로 자리 잡은 것이 놀랍다.

데님 스타일은 여성들의 다양한 신체 사이즈와 형태에 상관없이 사랑을 받고 애용되었다. **벨 보텀**(bell bottom)(그림 5.13a)은 무릎 아래부터 플레어가 있는 1960년대에 유행했던 스타일이다. 이 스타일은 전형적인 해군의 유니폼에서 변형된 스타일이다.

드로스트링 팬츠(drawstring pant)(그림 5.13b)는 잠옷 등에서 쉽게 볼 수 있는 스타일로서 매우 인기가 있다. 이는 매우 편리하고 편안하게 여러 체형과 사이즈에 사용될 수가 있는 허리 때문이다. 그림에서 보이는 예는 짧은 인심을 갖는 스타일이다. **액티브 팬츠**(active pant)(그림 5.13c)와 비슷한 스타일들은 달리기나 자전거 탈 때 등에 사용된다. 지퍼가 밑단 옆선에 있어 착용자의 선호에 따라 신발을 신을 때 열거나 닫을 수 있다.

트라우저 스타일(trouser style)(그림 5.13d)의 트라우저는 남자 예복바지에 이용되는 멋스러운 바지를 말한다. 하이 웨이스트 밴드와 벨트고리가 달려 있고 앞주름을 잡은 것 같은 디테일로 디자인된 스타일이다. 할리우드 허리밴드(Hollywood waistband)는 허리의 밴드가 없다. 매우 과장된 스타일은 주트 팬츠로 **주트 슈트**(zoot suit)와 함께 입은 스타일이다. 이는 1940년대 미국의 노동자 계급에서 인기가 있던 스타일로서 LA에서 기원했다. **니커스**(knickers)(그림 5.13e)는 1860년대의 컨트리웨어로 소개가 되었고 19세기 후반과 20세기 초반에 남성 골프복의 한 부분으로 사용되었다. 무릎 정도까지의 길이로 밑단에 개더를 잡아 밴드를 댄 것이 특징인 스타일이다(Calasibetta & Tortora, 2003).

오버올(overall)(그림 5.14a)은 농장의 노동복에서 기원했고 편안하고 헐렁한 허리의 핏 때문에 여성복에서도 사용되었다. 빕(bib)이 달려 있는 빕탑(bib top)과 멜빵(suspender)이 부착된다. 〈그림 5.14b〉는 **페그드 팬츠**(pegged pants)다. 페그드란 위쪽은 풍성하고 내려갈수록 풍성함이 줄어드는 스타일을 의미한다. 이런 형태의 스커트를 페그드 스커트라고 부른다. **페이퍼백 웨이스트**(paperbag waist)(그림 5.14c)는 개더가 허리의 위쪽에 있는 팬츠 또는 스커트를 의미하며 이름은 형태에서 유래한다. **팔라초 팬츠**(palazzo pants)(그림 5.14d)는 넓고 부드럽게 나뉜 스커트 또는 큐롯으로 1960년대 후반에서 1970년대 초반에 유행했던 스타일이다(Calasibetta & Tortora, 2003).

〈그림 5.15〉는 다양한 문화에서 변형된 팬츠 실루엣을 보여준다. **하렘 팬츠**(harem pant)(그림 5.15a)는 벨리댄스와 영화 속의 캐릭터 지니를 연상하게 한다. **조드퍼**(jodhpur)(그림 5.15b)는 인도에서 사용되는 의복으로 승마복에서 기인해 사용된 것이다. **도티**(dhoti)(그림 5.15c)는 민족마다의 특별한 의복의 에스닉 스타일(ethnic style)로서 조드퍼와 같이 인도에서 기인한 스타일로 드레이프가 진 팬츠다. 허리에는 개더가 있고 밑위가 매우 길면서 윗부분은 드레이프가 풍성하고 다리 아래쪽은 꼭 맞는 바지다(Calasibetta & Tortora, 2003). **가우초**(gaucho)(그림 5.15d)는 남아메리카에서 유래한 바지를

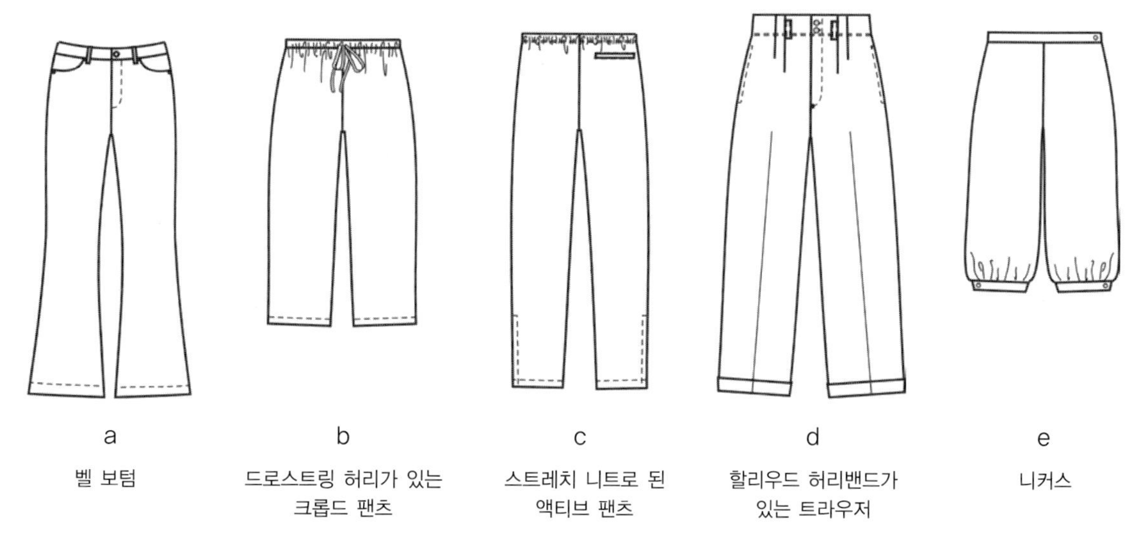

그림 5.13 팬츠 실루엣 1

의미하는데 팜파스(pampas)라고 불리는 지역의 마부들이 입은 스타일로, 그곳에서 마부를 가우초라고 불러서 이를 그 이름으로 부른다. 이는 보통의 경우 여성의 종아리 정도의 길이이고 부츠와 함께 입거나 부츠 없이 다리를 내어 놓고 입기도 한다.

디자인 디테일

슬리브, 커프스, 네크라인, 칼라 등은 의복의 실루엣을 결정하는 중요한 디자인 디테일이다.

슬리브와 커프스

슬리브 형태는 의복의 기본적인 실루엣을 따른다. 주된 슬리브의 형태 구분은 진동 형태에 따라 결정되는데 이는 셋-인, 돌먼, 기모노, 래글런 또는 새들 변형 슬리브와 같은 것들을 포함하는 컷-인-원(cut-in-one), 즉 소매와 몸판이 하나로 재단된 상의다.

슬리브는 종류에 따라 다른 특징을 가지고 있으며 각각 장점과 단점을 가지고 있다. 셋-인 슬리브는 부드러운 테일러드 외관을 가지고 있으나 팔의 활동성에는 어느 정도 제한이 있다. 돌먼 슬리브는 편안하게 팔을 움직이도록 디자인되었고 가벼운 직물을 사용할 때 더욱 효과적이다. 슬리브의 특징을 잘 알고 소매 형태와 적합한 직물을 결정함으로써 아름답

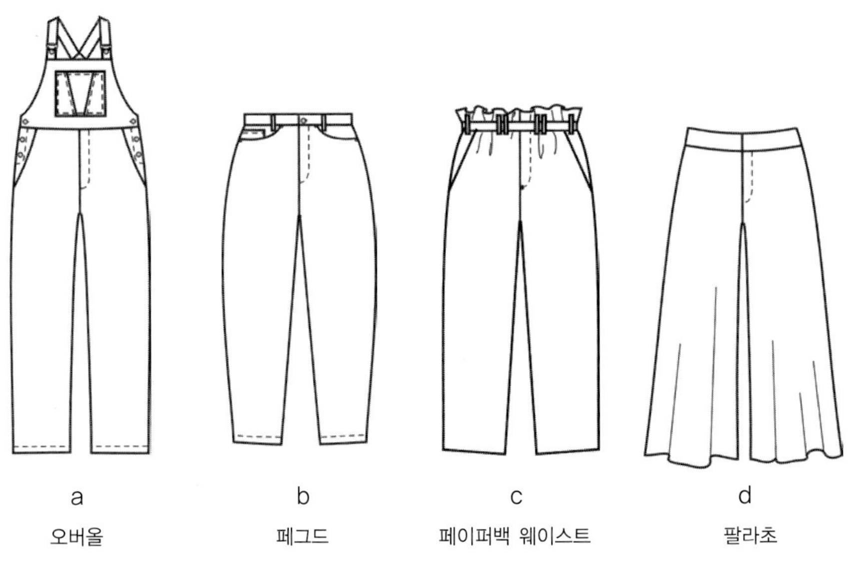

그림 5.14 팬츠 실루엣 2

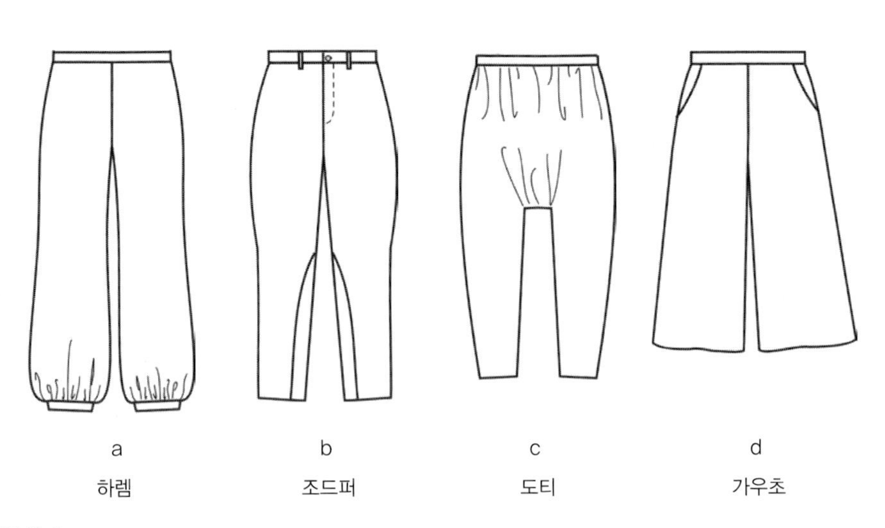

그림 5.15 팬츠 실루엣 3

고 편안한 의복을 디자인할 수 있다.

다양한 소매산을 갖는 셋-인 슬리브

셋-인 슬리브(set-in sleeve)는 가장 기본적인 소매의 형태로서 의복의 원형(sloper)에 사용되는 것이다. 실제 인체의 곡선에 잘 맞으면서도 어느 정도의 자연스러운 운동감을 제공해 줄 수 있다. 이런 기능성과 편안함을 갖는 셋-인 슬리브는 정확하게 부위별로 치수를 잘 재고 조화를 이루어 패턴을 만들 때 이루어진다. 제16장에서는 이런 다양한 의복의 치수를 재는 것을 다루고 있다.

모든 소매가 바로 이 셋-인 슬리브로부터 변형된다. 〈그림 5.16〉은 세 종류의 서로 다른 셋-인 슬리브를 보여주고 있는데 각각은 서로 다른 소매산 높이(cap height)를 가지고 있다. 높은 소매산(그림 5.16a)은 부드러운 핏을 가지고 있고 이는 테일러드 재킷 등에 사용된다. 그러나 이런 높은 소매산을 갖는 의복은 착용자가 손을 위로 들 때 재킷도 따라 올라가게 된다. 중간 높이의 소매산을 가진 의복(그림 5.16b)은 팔을 올리는 데 자유롭고 높은 소매산의 의복(그림 5.16a)에 비해 재킷이 팔과 함께 덜 올라간다. 소매산의 높이가 없는 의복의 경우인(그림 5.16c) 드롭드 숄더(dropped shoulder, 어깨의 라인이 인체의 어깨라인보다 아래에 위치하는 것으로 앞판 쪽으로 낮게 잡히는 것인 프론트 드롭 숄더와 뒤판 쪽으로 낮게 잡히는 백드롭 숄더 스타일이 있다)는 낮은 진동(low armhole), 가벼운 직물이 요구되는데 이는 진동 주변에서 자연스럽게 드레이프되기 때문이다.

짧은 셋-인 슬리브의 예는 〈그림 5.17〉에 잘 나타나 있다. 짧은 슬리브는 젊은 스타일과 연관되어 있고 소녀들의 의복에 많이 나타난다.

긴 셋-인 슬리브는 〈그림 5.18〉에서 잘 나타나 있다. **테일러드 슬리브**(tailored sleeve)(그림 5.18a)는 너무 딱 맞거나 헐렁하지 않은, 적당한 정도로 여유 있는 의복 또는 릴랙스드 셔츠 드레스, 여성용 또는 남성용 셔츠 등에서 잘 보여진다.

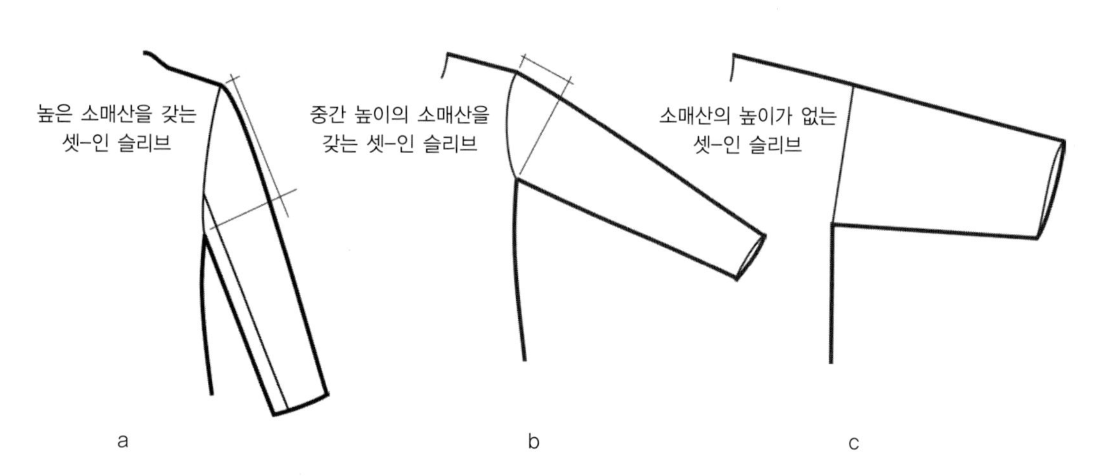

그림 5.16 다양한 소매산 높이에 따른 셋-인 슬리브

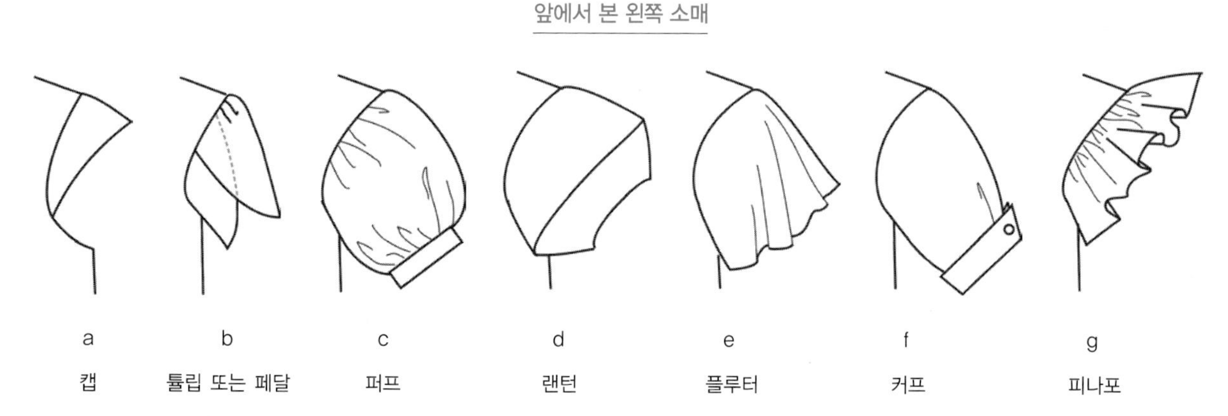

그림 5.17 셋-인 슬리브 변형 소매 : 짧은 소매의 경우

개더드(gathered)(그림 5.18b)와 비숍 슬리브(bishop sleeves)(그림 5.18c)는 여성복 테일러드 슬리브의 종류로 다양한 스타일이다. 비숍 슬리브는 연극 등의 무대의상 중 남성들의 의복에 사용되는 스타일이기도 하다. **벨 슬리브**(bell sleeve)(그림 5.18d)는 팔꿈치부터 소매 입구까지 플레어가 진 스타일이다. 이런 스타일은 **엔젤 슬리브**라고도 불린다. **레그 오브 머튼**(leg-o'-muttonsleeve)(그림 5.18e)은 꼭 끼는 허리와 플레어 스커트로 이루어진 스타일에 사용된다. **줄리엣 슬리브**(juliet sleeve)(그림 5.18f)는 팔꿈치까지 아주 꼭 끼게 핏하는 스타일인 슬리브다. 이는 긴 슬리브로 소매산이 있는 위쪽은 부풀어 있고 아래쪽 팔은 꼭 끼는 스타일로 연극 〈로미오와 줄리엣〉 중 줄리엣의 의상에서 기원했다(Calasibetta & Tortora, 2003). **페전트 슬리브**(peasant sleeve)(그림 5.18g)는 직선으로 재단된 소매로서 손목 부분에 풍성한 개너가 삽힌 스타일이다.

아우터웨어의 경우 소매 부분의 끝에 커프스를 단 스타일이 많이 사용되는데 이는 추운 날씨에 인체의 따스한 열기가 빠져나가지 못하도록 하기 위해서다(그림 5.19). 이는 〈그림 5.19a〉에서 〈그림 5.19d〉까지의 스타일에서 잘 볼 수 있다. 〈그림 5.19e〉와 〈그림 5.19f〉는 슈트 등 부피가 큰 의복을 속에 입을 경우에 소맷부리가 여유가 있고 잘 맞도록 되어 있다.

래글런 슬리브

두 번째 소매 타입은 **래글런 슬리브**(raglan sleeve)다. 래글런 슬리브는 **새들 슬리브**(saddle sleeve)와 비슷한 스타일인데 이는 부분적으로 몸체와 함께 붙어서 재단되었고 네크라인에 슬리브의 끝이 있게 된다. 매우 간단한 형태이며 직선형으로 진동의 아랫부분인 언더암에서 네크라인까지 하나의 솔기로 이루어진다(그림 5.20a). 이런 슬리브는 민족 복장, 즉 농부들이 입던 페전트 슬리브 등에서 찾아볼 수 있고 이런 스타일을 만들기 위해서는 부드러운 직물을 사용해야 한다(그림 5.18g).

꼭 맞는 스타일은 커브 형태의 언더암에서 네크라인까지의 절개선을 요구하는데(그림 5.20b 참조) 이는 재단 시 직물의 손실을 막는 데 효과적이어서 직물을 절약할 수 있다. 또한 다트를 사용해 몸에 잘 맞도록 한다. 이런 진동이 낮은 경우는 레인코트 또는 남성용 오버코트 등에 적합하다.

마지막으로, 새들 슬리브(그림 5.20c)는 〈그림 5.20a, b〉처럼 중간 정도의 핏을 가지고 있고 위쪽이 좁은 형태를 가지고 있다.

기모노 슬리브와 돌먼 슬리브

마지막 슬리브 종류는 **기모노 슬리브**(kimono sleeve)이다(그림 5.21a). 이는 몸판과 소매가 한 장으로 연결되어 이루어지는 소매로 경우에 따라 거셋(gusset)을 대주기도 하는데, 이때 거셋을 겨드랑이 쪽에 대줌으로써 팔의 운동을 자유롭게 한다. 이런 종류의 소매는 1950년대와 1960년대에 의복의 어깨가 패드 없이 밋밋하던 때 가장 인기가 있었다. 아이러니하게도 실제로 일본의 기모노에서 이런 스타일의 소매가 존재하지 않는다. 대신 셋-인 드롭 숄더 스타일(set-in drop shoulder

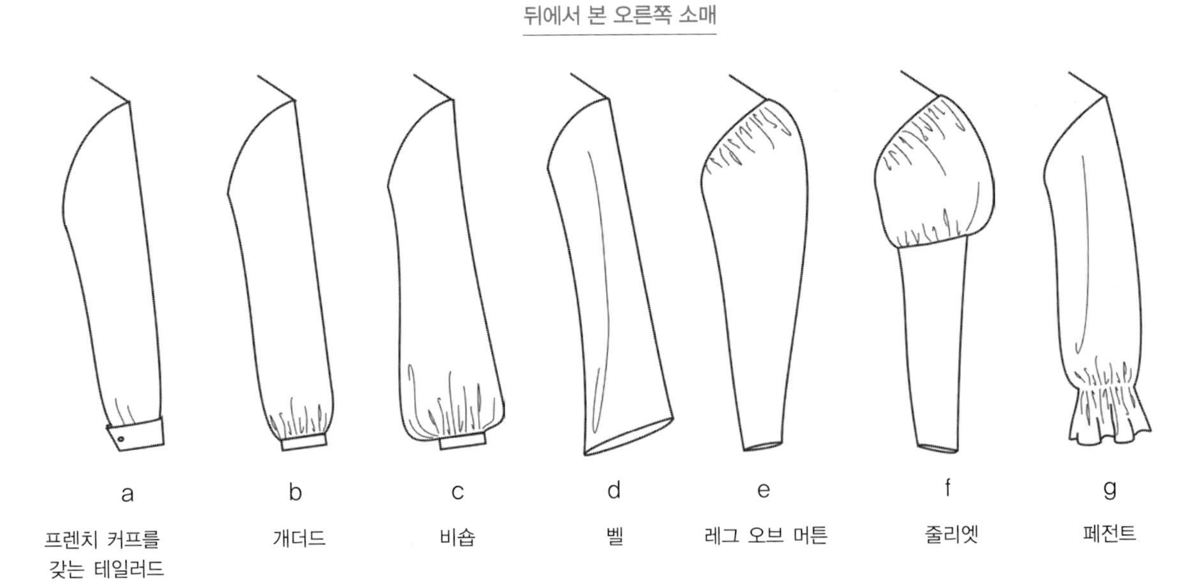

그림 5.18 셋-인 슬리브 변형 소매 : 긴 소매의 경우

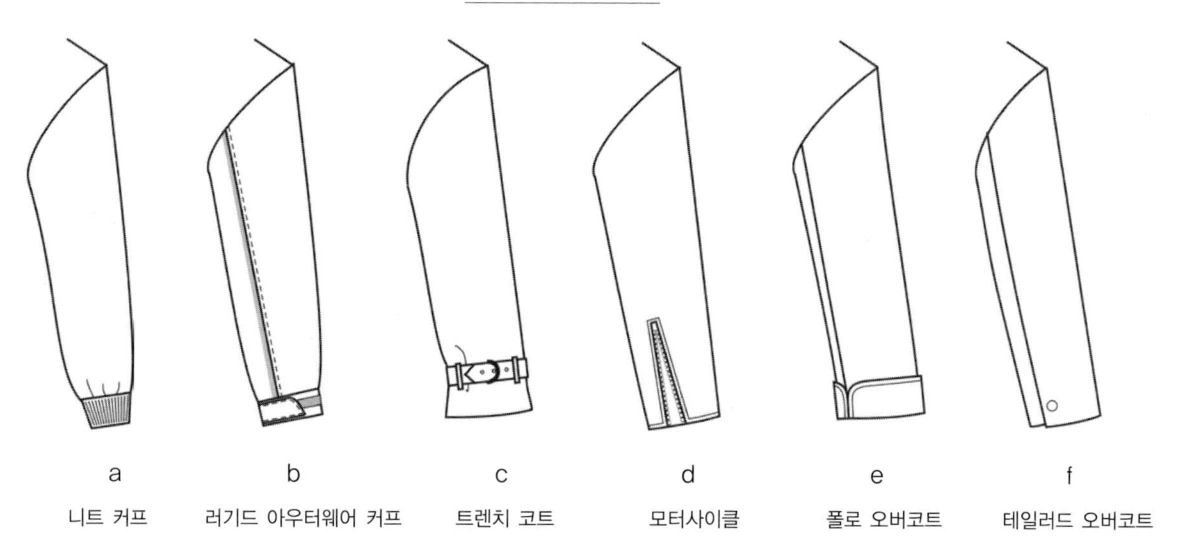

그림 5.19 셋-인슬리브 변형 소매 : 아우터웨어의 경우

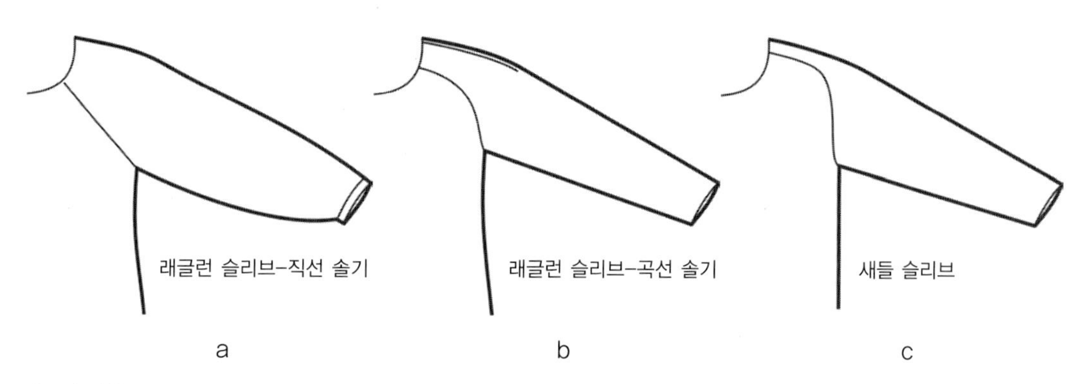

그림 5.20 래글런 변형

style)이 사용된다(그림 5.16c).

돌먼 슬리브(dolman sleeve)는 배트윙 슬리브(batwing sleeve)라고도 하는데 박쥐의 날개를 연상하게 해서 이런 이름이 사용된다. 이는 기모노 슬리브의 변형 중 하나지만 거셋이 없는 스타일을 말한다(그림 5.21b). 진동에 봉제선이 없고 손목에서 끼는 스타일이다. 이런 소매는 몸판과 소매가 연결되어 있는 커다란 모양의 패턴이므로 마커 메이킹을 할 때 신중하지 않으면 원단의 소모가 많아질 수 있다. 이것보다 좀 더 깊은 진동을 가지는 소매를 배트윙이라고 부른다. 소매에 절개선이 있는 스타일은 여러 가지 디자인의 가능성을 가지고 있는데 특히 방향이 있는 직물, 예를 들면 스트라이프 직물 같은 경우는 절개선의 위치와 스트라이프 무늬를 잘 맞추어야 한다.

돌먼 슬리브의 경우는 절개선을 어디에 두어야 하는지에 대한 선택의 폭이 넓다(그림 5.21c). 이때 소매의 각도가 매우 중요한데 이는 정확하게 직물을 어떻게 위치하게 하느냐와 관련된다. 〈그림 5.21b〉에서 보는 돌먼 슬리브는 〈그림 5.21c〉보다는 소매 경사가 직선에 가까울수록 착용자가 팔을 내릴 때 더 많은 직물이 겨드랑이 부분에 모이게 될 것이다. 돌먼 슬리브는 다양한 무게의 직물로 디자인할 수 있으나 〈그림 5.21c〉처럼 겨드랑이 부분에 직물이 덜 모이게 되어 팔을 들 때 자유롭지 못하다는 단점이 있다.

네크라인

네크라인은 의복의 스타일을 결정하는 가장 중요한 디자인 특징 중 하나이다. 네크라인의 종류는 무궁무진하나 이 장에서는 그중 대표적인 몇 가지만 다루기로 한다.

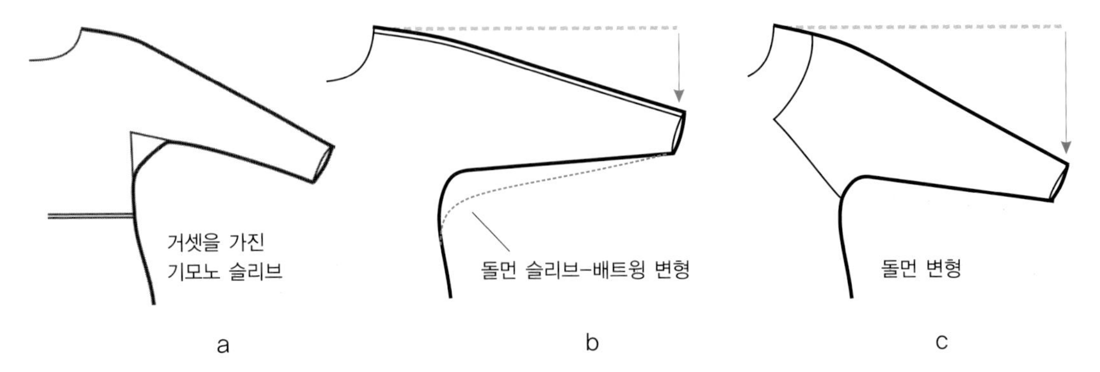

그림 5.21 기모노 슬리브와 돌먼 슬리브

네크라인의 형태

〈그림 5.22〉는 가장 흔하게 사용되는 네크라인을 보여준다.

- **스퀘어 넥(square neck)** 어떠한 형태이든 모든 스퀘어 모양의 목선을 일컫는다(그림 5.22a).
- **크루 넥(crew neck)** 목에 자연스럽게 둘러싸는 목선의 모양을 동그란 형태로 하고 립 트림(ribbed trim)을 덧댄다. 이는 보편적으로 티셔츠에 사용되는 신축성 있는 직물이고(이는 미리 제조되어 신축성을 갖도록 만들어진 편성물로 목, 손목 부분에 사용되는 것으로 여러 립의 구성종류 중 1 3 1 립이 가장 많이 사용된다) 착용자가 입고 벗기 쉽도록 신축성을 제공해준다(그림 5.22b).
- **키홀 네크라인(keyhole neckline)** 주로 의복의 뒤트임에 사용된다(그림 5.22c).

〈그림 5.23〉은 여러 가지 모양으로 깊이 파인 네크라인을 보여준다.

- **브이 네크라인(v-neckline)** 이는 깊이와 넓이에 따른 다양하게 변형된 스타일의 네크라인을 포함한다(그림 5.23a).
- **스쿱 네크라인(scoop neckline)** 크루 네크라인과 비교해 볼 때 낮게 커브된 네크라인이다. 다양한 변형은 정확한 치수에 따라서 가능하다(그림 5.23b).
- **스위트하트 네크라인(sweatheart neckline)** 이는 낮은 네크라인으로 중간에 하트 모양을 가지고 있고 1940년대에 매우 유행했던 스타일이다(그림 5.23c).

〈그림 5.24〉는 넓고 얕게 파인 네크라인의 예들을 보여주고 있다.

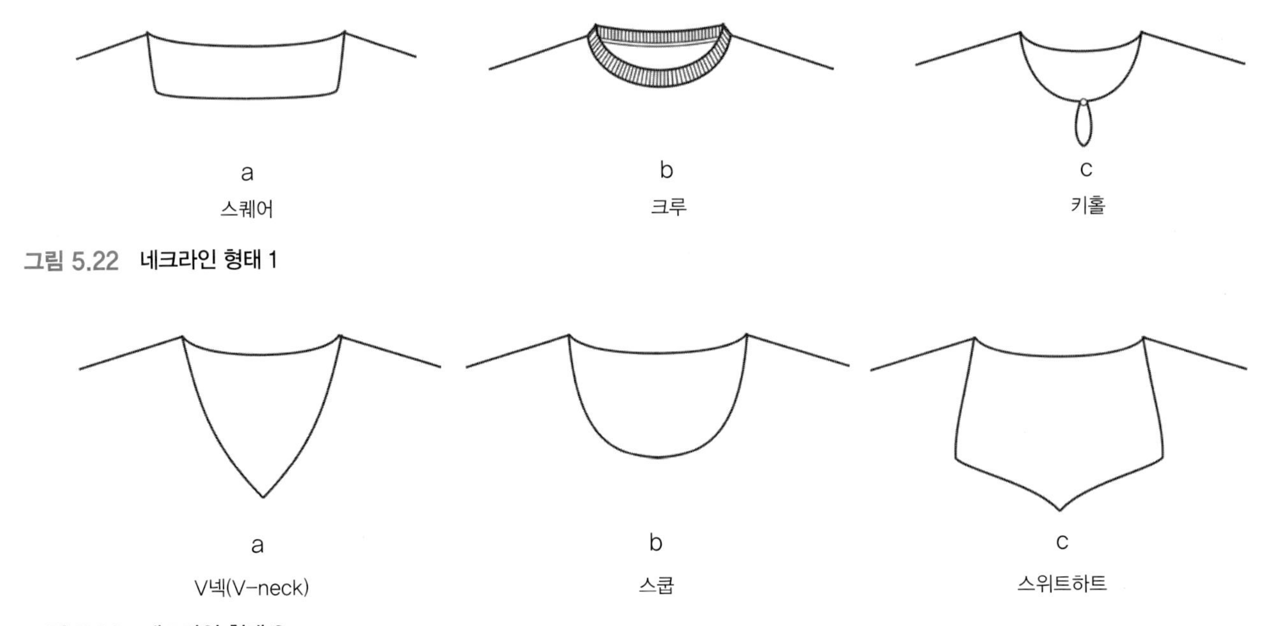

그림 5.22 네크라인 형태 1

그림 5.23 네크라인 형태 2

- **발레 네크라인(ballet neckline)** 넓고 둥근 형태의 발레복에서 볼 수 있는 꼭 끼는 상의의 네크라인 형태이다(그림 5.24a).
- **바토우 네크라인(bateau neckline)** **보트 넥**(boat neck)이라고도 불린다. 높고 넓은 형태의 프랑스 항해사들의 스웨터에서 기원한 스타일이다(그림 5.24b).
- **카울 네크라인(cowl neckline)** 주름이 자연스럽게 드레이프되는 것이 카울 네크라인이다(그림 5.24c). 낮거나 높은 네크라인일 수 있고 백 디테일에 사용될 수도 있다. 카울은 부드럽고 드레이프가 잘 되는 직물로 정바이어스 방향으로 재단했을 때 가장 아름답게 만들어진다.

〈그림 5.25〉는 변형된 네크라인들을 보여준다.

- **홀터 네크라인(halter neckline)** 어깨라인을 줄여서 앞어깨나 뒤 어깨를 내어 놓거나 하는 디자인이다(그림 5.25a). 보통의 경우에 뒷목에서 여밈을 하게 되어 있다.
- **원 숄더 네크라인(one shoulder neckline)** 개더나 다트 등을 이용해 한쪽 어깨에 걸치도록 하는 의복이다(그림 5.25b).
- **비대칭 네크라인(asymmetrical neckline)** 다양하게 새로운 형태의 모습을 창조할 수 있는 스타일로서 몸판을 반으로 나누었을 때 한쪽의 반이 다른 한쪽의 반과는 다른 모습을 하는 비대칭 스타일이다(그림 5.25c).

〈그림 5.26〉은 좀 더 다양한 네크라인 형태를 보여준다.

- **페전트 네크라인(peasant neckline)** 목의 끝부분에 개더가 들어가고 래글런 슬리브와 함께 연결되어 있는 스타일이다(그림 5.26a).
- **데콜테 네크라인(décolleté neckline)** 어떤 스타일이든 로우 컷(low-cut), 즉 목선이 아래로 많이 내려가서 가슴이

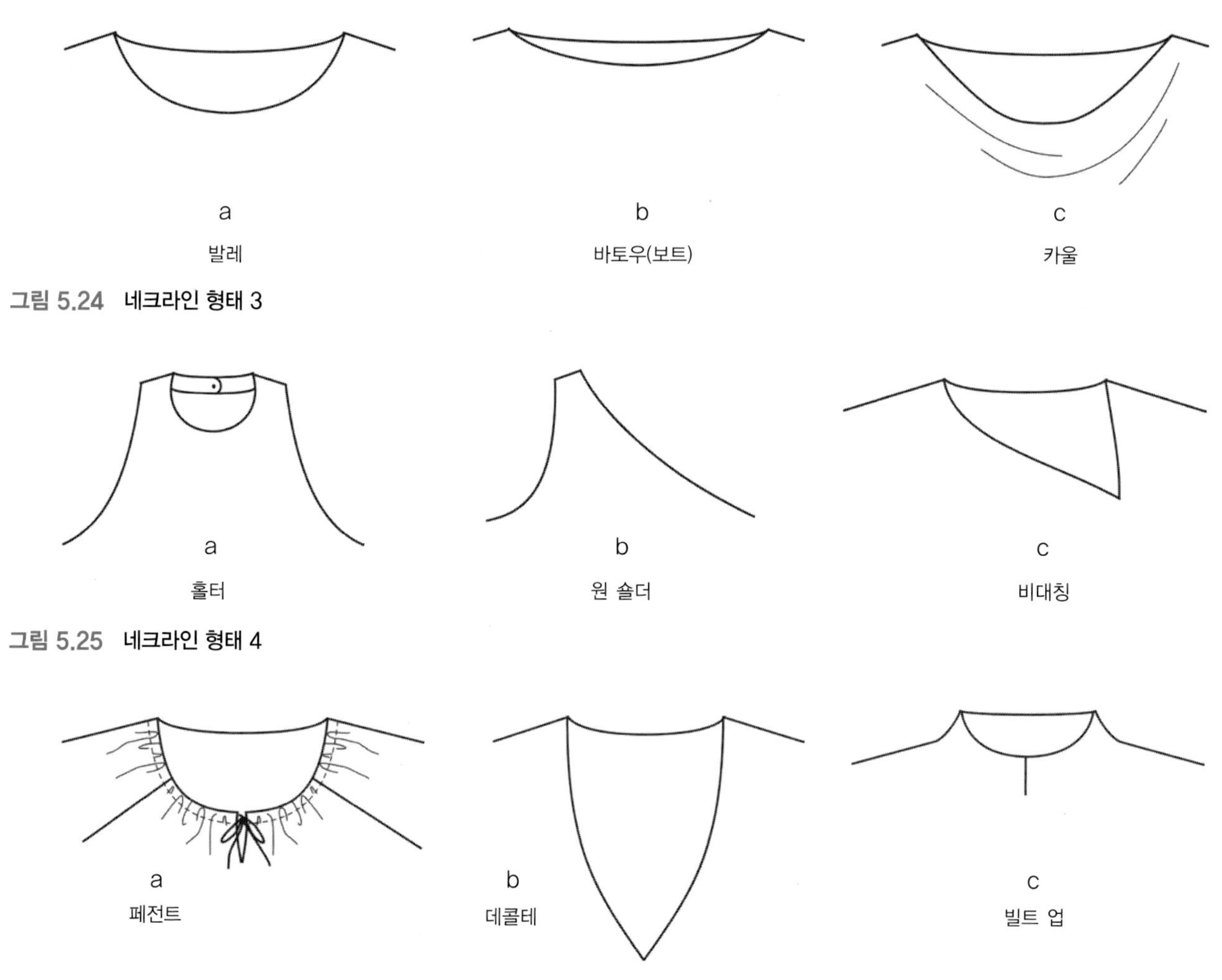

그림 5.24 네크라인 형태 3

그림 5.25 네크라인 형태 4

그림 5.26 네크라인 형태 5

드러나는 듯한 스타일이다(그림 5.26b). 이는 낮은 목선과 커브된 V이고 이런 형은 스위트하트 스타일이나 다른 형태에서도 많이 사용된다.

- **빌트 업 네크라인(built-up neckline)** 퍼넬(funnel)이라고도 한다. 이는 목의 기본선에서 연장되어서 위쪽으로 올라가는 스타일로서 목 위쪽까지 포함하는 디자인이다. 이런 이유로 목선에 중심 절개선을 넣었다(그림 5.26c).

테크니컬 디자인 측면의 목 디자인

스타일을 결정하는 데 목의 형태에 따른 특정한 치수들이 매우 중요하다. 〈그림 5.27〉은 주얼 넥(jewel neck), 즉 가장 간단한 디자인 중 하나로 이는 목선의 디자인을 결정하는 데 사용되는 선형적인 치수들을 포함한다. 이런 스케치는 작업지시서에서 샘플 사이즈 8, 미디엄(M) 사이즈의 여성용 의복을 디자인하는 데 사용하는 정보다.

앞목처짐(front neck drop)은 편안함을 결정하는 요소로서 우븐 직물의 경우 그 깊이 분량이 충분하지 않으면 의복을 입고 벗기에 불편하므로 중요한 요소다. 편직 직물의 경우는 이런 부분에서는 신축성 때문에 문제가 덜 되나 그래도 목 부분에서 편안하도록 해야 한다.

뒷목처짐(back neck drop)은 HPS 부분에서 편안하고 부드러운 형태를 창조해야 한다. 목 너비가 좁으므로 뒷목처짐이 매우 높아야 한다.

좁은 목 너비(neck width)는 주얼 넥 디자인의 특징 중 하나다. 그러므로 목 너비가 너무 넓으면 더 이상 주얼 넥이라고 부르지 않는다. 전형적인 주얼 네크라인의 치수가 〈그림 5.27〉의 스케치 아래에 나와 있는데, 이는 작업지시서에서 볼 수 있는 사항이다. 주목해야 할 점은 이곳에 제공된 치수가 모두 다 HPS에서부터 측정된 것이라는 점이다. 〈그림 5.27〉에서 보이지 않지만 이 스타일은 직조 원단으로 만들어진 것이고 플래킷, 지퍼 혹은 기타 의복을 입고 벗게 하는 디테일이 제공된다. 니트의 경우에도 신축성이 좋아 의복을 입고 벗는 데 있어서 여밈과 관련해 디테일이 불필요해 보일 수 있으나 반드시 실제로 샘플을 테스트해봐야 한다.

목 스타일을 다양한 형태로 만들려면, 예를 들어 스위트하트 네크라인은 원하는 스타일을 얻기 위해서는 별도의 치수를 필요로 한다(그림 5.28). 이 경우에는 처음부터 3개의 항목은 가장 표준적인 치수이고, 4번째 항목, 즉 HPS에서 6인치 아래의 목 너비가 바로 스위트하트 네크라인의 형태를 정의해준다. 주목해야 할 점은 6인치는 HPS에서부터의 위치를 의미하는 것으로 너비를 의미하지 않는다는 것이다. 이를 다른 말로 표현해보면 '네크라인은 HPS로부터 6인치 아래의 지점에서 10인치 넓이다'라고 할 수 있다.

칼라

칼라(collar)는 목둘레를 마무리해주는 부분으로, 미적으로 다양한 스타일을 제시할 수 있으면서 아우터웨어에서는 바람이나 빗물을 막아주는 보호 기능까지 감당한다. 칼라는 디자인에 따라 영구적으로 연결되어 있기도 하고 경우에 따라 탈부착이 가능하게 할 수도 있다.

칼라 스타일

〈그림 5.29〉부터 〈그림 5.33〉은 가장 흔하게 볼 수 있는 칼라 형태를 보여주고 있다. 몇 가지는 니트 스타일들로 〈그림

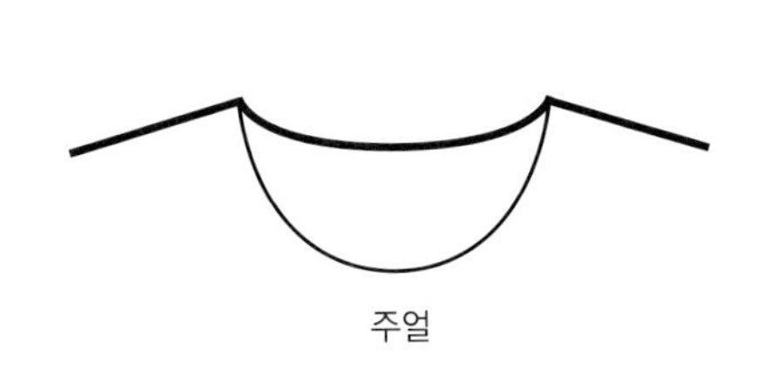

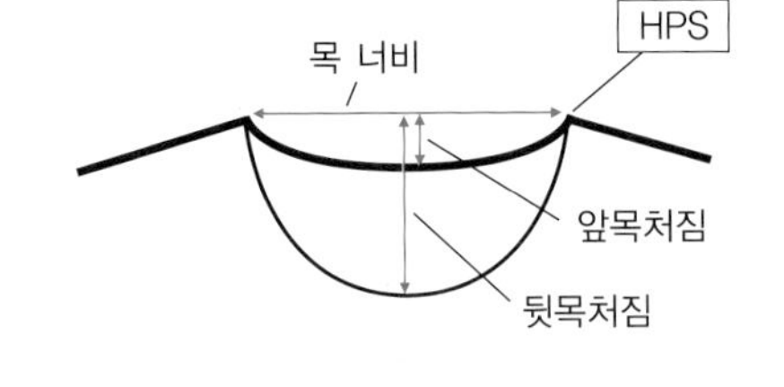

측정 치수	Tol(+)	Tol(−)	size 8
뒷목처짐, HPS에서 끝부분까지	1/4	1/4	3
앞목처짐, HPS에서 끝부분까지	1/4	1/4	1
목 너비, HPS에서 끝부분까지	1/4	1/4	6

그림 5.27 전통적인 주얼 넥의 스펙

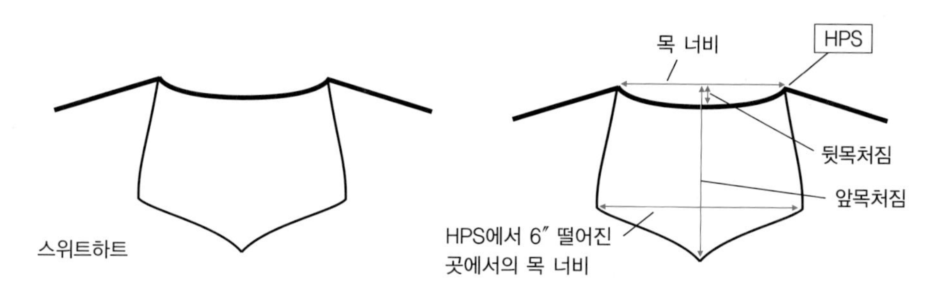

측정 치수	Tol(+)	Tol(–)	size 8
앞목처짐, HPS에서 끝부분까지	1/4	1/4	10 1/4
뒷목처짐, HPS에서 끝부분까지	1/4	1/4	3/4
목 너비, HPS에서 끝부분까지	1/4	1/4	6 1/2
목 너비, HPS에서 6″ 지점	1/4	1/4	10

그림 5.28 스위트하트 네크라인의 스펙

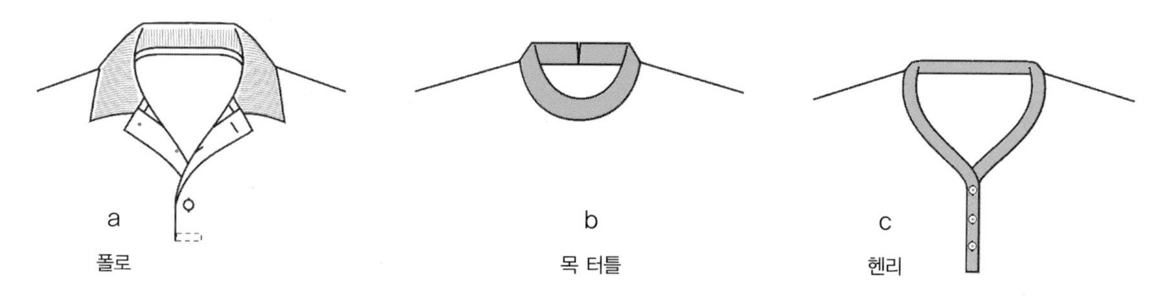

그림 5.29 칼라 1 : 니트에 주로 쓰이는 칼라들

5.29〉에 세 가지 예 — 폴로(그림 5.29a), 목 터틀(그림 5.29b), 헨리(그림 5.29c) — 가 나와 있다. 폴로(polo) 스타일은 플랫 니트 칼라(falt knit collar)로서 골프웨어에서 쉽게 찾아볼 수 있다. 재단과 봉제 과정을 통해 만들어진 칼라가 아니라 니트 편직기를 이용해 특별하게 주문 제작된, 몸판과는 다른 소재의 홑겹 니트 칼라이다. **목 터틀**(mock turtle) 또는 목 넥(mock neck)은 목에 꼭 맞게 붙는 칼라로, 주로 니트로 만들어지나 경우에 따라 직조 원단으로 만들어지기도 한다(그림 5.29b). 헨리(henley)는 니트 바인딩으로 단추가 달리는 앞여밈 부분부터 목 둘레선을 따라 둘러준 칼라로 종종 길이가 긴 남성, 여성, 아동용 언더웨어에 사용된다(그림 5.29c).

테일러드 셔츠 칼라(tailored shirt collar)는 남성용 셔츠의 중요한 스타일이다(그림 5.30). 칼라밴드(collarband) 또는 칼라 스탠드(collar stand)라 불리는 부분과 칼라의 두 부분으로 이루어진다.

정확한 칼라밴드 치수는 매우 중요하다. 남성들의 경우 가슴넓이 치수를 따르기보다는 이 치수에 따라 셔츠를 구매하기 때문이다. 어떻게 이런 일이 가능할까? 남성 셔츠의 경우 칼라와 커프스만 신체 사이즈에 꼭 맞게 만들고 그 외 다른 부분의 크기는 목둘레에 맞춰 대략적으로 비율을 따라서 만들기 때문이다. 여성복의 경우는 허리, 가슴, 엉덩이 등 신체 구조상 치수의 변수가 많아 목 사이즈를 기준으로 셔츠를 제작하지 않는다.

컨버터블 칼라(convertible collar)는 〈그림 5.30b〉와 〈그림 5.30c〉에서 보여지는데 칼라를 세워주는 스탠드 부분이 없고 칼라의 패턴에 따라 약간 부드럽게 접혀지는 롤(roll)이 있다. 칼라 패턴에서 목 끝부분이 직선일수록 스탠드가 크며 목 끝부분이 커브가 질수록 칼라가 더욱 평평하게 된다. 이는 파자마 칼라(pajama collar) 또는 하와이안 셔츠 칼라(hawaiian shirt collar)라고도 불린다. 피터팬 칼라(Peter Pan collar)(그림 5.31c)는 컨버터블 칼라와 같은 방법으로 개발되는데(그림 5.30b), 한 가지 다른 점은 칼라의 형태에서 바깥쪽 부분이 뾰족하기보다는 둥근 스타일이라는 것이다.

윙 칼라(wing collar)(그림 5.31a)는 칼라의 패턴이 직선적이

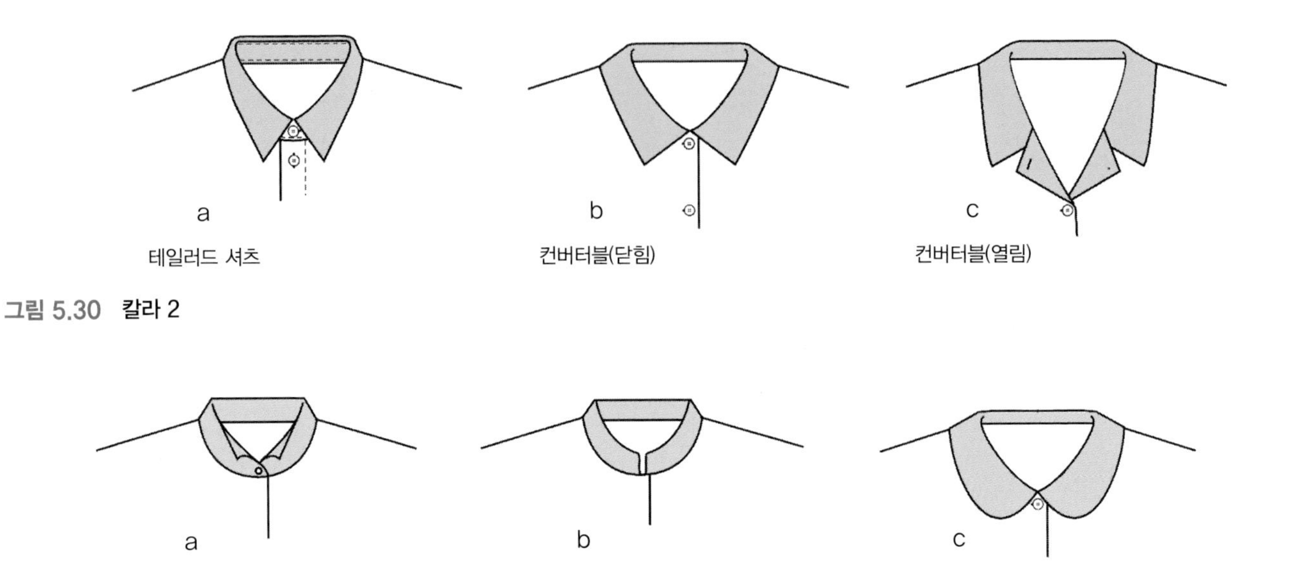

그림 5.30 칼라 2

그림 5.31 칼라 3

란 점에서 만다린 칼라와 매우 유사한 특징이 있다. 윙 칼라는 칼라가 목 위쪽으로 올라가는 듯이 높고 딱딱하며 테일러드 셔츠나 블라우스 칼라에 사용된다. 앞부분의 칼라의 벌어지는 부분의 끝, 즉 스프레드 포인트(spread point)가 아래로 접혀져 있는데 이런 스타일은 이튼칼리지(Eton College)의 상급생들이 입었던 스타일로 19세기 후반과 20세기 초기에 정장용 의복(formal wear)으로서 낮에 입던 스타일이다.

만다린 칼라(Mandarin collar), **차이니스 칼라**(Chinese collar) 또는 네루 칼라(Nehru collar)(그림 5.31b)는 스탠딩 밴드 칼라(standing band collar)로서 칼라 앞부분의 끝이 앞중심에서 서로 만나지 않고 약간의 공간이 있다. 네루 칼라는 인도의 수상이었던 네루가 즐겨 입었던 것에서 이름이 유래했고 1960년대의 남성용 슈트에서 사용되었다.

보우 칼라(bow collar)(그림 5.32a)는 그 길이와 넓이에 따라 다양한 형태가 있는데 성공적인 보우 칼라 디자인은 부드러운 직물을 사용하는 데 있다. 이 디자인은 스탠드 업 칼라를 네크라인에 합봉한 것으로, 1920년대에 소개되었고 그후 유행이 되었다. **조니 칼라**(jonny collar)는 이탈리안 칼라(Italian collar)라고도 불리는데 간단한 방법으로 칼라를 네크라인에 봉합한다(그림 5.32b). 이런 칼라는 겉감과 안단 사이에서 봉제되고 그런 다음 페이싱은 안쪽으로 부착된다. **캐스케이드 칼라**(cascade collar)는 나선형의 러플이 목선의 봉제선에 끼워 물려지는 것으로 다양한 스타일이 존재하며 어떤 것은 그 길이가 허리선까지 내려오는 것도 있다(그림 5.32c).

버사 칼라(bertha collar)는 오버사이즈 칼라로서 끝부분이 둥글고 어떤 경우에는 레이스로 이루어진다(그림 5.33a). 버사 칼라의 변형 칼라는 **필그림 칼라**(pilgrim collar)로서 이는 앞쪽에서 열리는 형태다. 이런 형태의 칼라가 오버사이즈가 되어서 진동을 지날 정도가 되면 이는 케이프 칼라(cape collar)가 된다. **세일러 칼라**(sailor collar)(그림 5.33b)는 아동용, 학

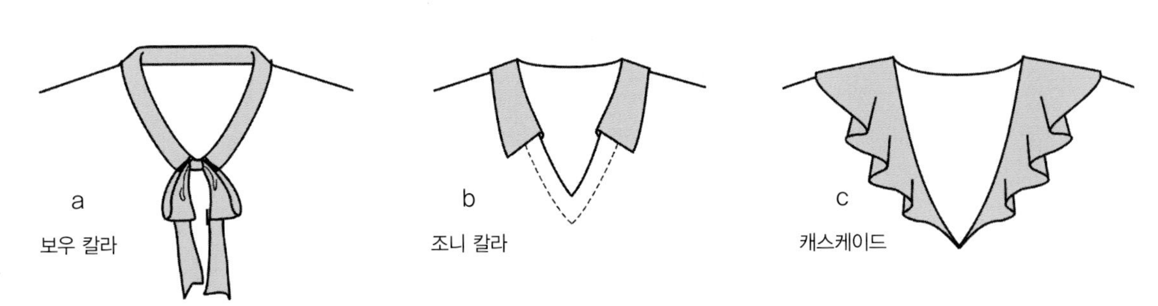

그림 5.32 칼라 4

교의 교복, 연극 등에서의 분장용 의복으로 사용되는 스타일인데 여성복에서는 여학생 교복 스타일이 유행될 때마다 사랑을 받는 스타일이다. **숄 칼라**(shawl collar)(그림 5.33c)는 라펠이 없는 두 조각 칼라(two-piece collar)이다. 칼라가 앞여밈선(front opening)에 따라 변화하기 때문에 다양한 형태를 갖는다. 이는 좁아지거나 넓어질 수 있고, 칼라가 겹쳐지는 크로스오버 포인트(crossover point)는 높거나 낮을 수도 있다. 〈그림 5.37〉은 변형된 숄 칼라의 종류를 보여준다.

칼라 디자인의 테크니컬 디자인 측면

칼라에서 목의 치수를 특정하게 지정하는 방법에는 네크라인을 지정하는 세 가지 치수가 동일하게 사용된다. 단지 남성복의 테일러드 셔츠의 경우에는 목 너비를 사용하지 않고 칼라밴드 길이를 사용하는 것이 다르다. 이 장의 앞부분에서 말했듯이, 남성복의 드레스 셔츠는 칼라 치수에 의해 사이즈가 정해지는데 전통적인 드레스 셔츠의 사이즈는 16½, 34, 즉 목 사이즈, 소매 길이 등으로 정해진다. 〈그림 5.34a〉에서 〈그림 5.34d〉는 여성용 사이즈 8의 칼라밴드가 없는 셔츠 칼라에서의 치수 측정 지점을 작업지시서에서 나타낸 것을 보여준다.

테일러드 칼라　테일러드 칼라는 조금씩 차이가 나면서 다양하게 변형된 스타일을 가지고 있고 칼라의 디테일에 따라서 관련된 각각의 특정한 용어와 치수 측정 지점(POM)이 있다. 라펠의 넓이와 형태에 따라서 **고지**(gorge), 즉 칼라가 라펠과 만나는 부분의 위치가 다르고 다른 다양한 각각의 포인트가 만나고 아주 작은 변형들이 다양한 차이를 만들어준다. 〈그림 5.35〉는 흔하게 사용되는 라펠의 치수 측정 지점을 정하는 것을 보여준다.

〈그림 5.36〉에는 테일러드 칼라에 사용되는 용어들을 보여주고 또한 실제적인 의복에서 사용되는 치수 측정 지점을 보여준다. 실제로 HPS를 찾기 위해 칼라는 우선 위로 젖혀져야 한다.

세 가지의 부가적인 표준 치수 측정 지점은 그림에서 보여지지 않는데 이들은 뒷목처짐, 칼라 뒷중심 높이, 그리고 목너비다. 치수 측정 지점에 대한 정보와 측정하는 방법은 제15장에서 찾을 수 있다.

숄 칼라　〈그림 5.37〉은 다양한 숄 칼라의 변형을 보여준다. 숄 칼라는 만드는 데 봉제시간과 노력이 테일러드 스타일보다는 덜 드는 칼라이다. 왜냐하면 아우터 에지(outer edge)가 다른 옷감으로 덧대어져 페이스드(faced)되었고 칼라의 형태를 자유롭게 선정할 수 있기 때문이다. 〈그림 5.37d〉는 테일러드 라펠의 형태를 모방한 숄 스타일로 원하는 칼라 모양을 만들기 위해 곡선 부분에 섬세한 가윗밥을 주고 주의 깊게 다림질해야 한다. 숄 칼라의 독특한 특징은 뒷중심에 절개선이 있다는 것이다. 〈그림 5.37e〉는 리비어 칼라(revere collar)라고 부르는데 이는 정확하게 말한다면 숄 칼라는 아니지만 칼라의 앞모습이 숄 칼라와 매우 유사한 외관을 가지고 있다.

포켓

포켓은 의복 디자인의 매우 중요한 요소 중 하나이다. 형태에 따라 네 가지(그림 5.38), 즉 패치 포켓(patch pocket), 싱글웰트(single welt), seam-to-seam pockets(seam-to-seam pockets), 온심 포켓(on-seam pocket)이 있으며 이들은 서로 복합되어 사용될 수 있다. 많은 포켓들과 포켓 구성 방법의 디테일은 제11장에서 찾을 수 있다.

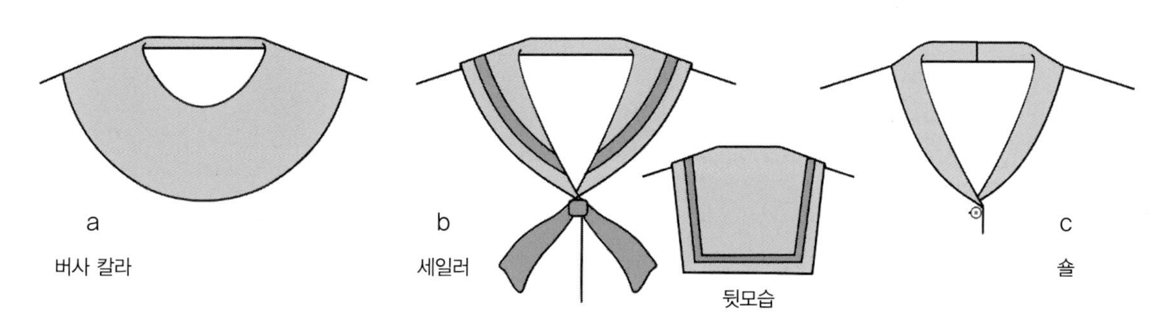

그림 5.33　칼라 5

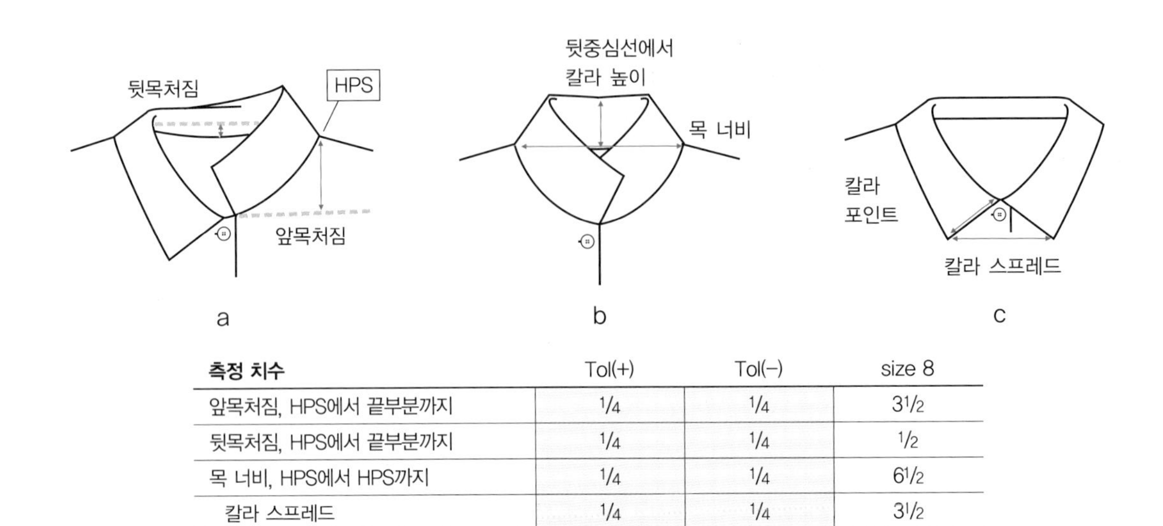

측정 치수	Tol(+)	Tol(−)	size 8
앞목처짐, HPS에서 끝부분까지	1/4	1/4	3 1/2
뒷목처짐, HPS에서 끝부분까지	1/4	1/4	1/2
목 너비, HPS에서 HPS까지	1/4	1/4	6 1/2
칼라 스프레드	1/4	1/4	3 1/2
뒷중심선에서의 칼라 높이	1/4	1/4	3
칼라 포인트	1/8	1/8	2 3/4

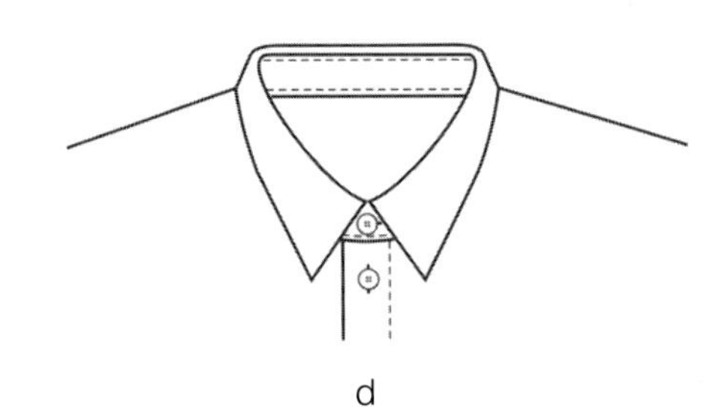

측정 치수	Tol(+)	Tol(−)	size 8
앞목처짐, HPS에서 끝부분까지	1/4	1/4	4
뒷목처짐, HPS에서 끝부분까지	1/4	1/4	1/2
칼라밴드 길이, 단추부터 단춧구멍 끝까지	1/4	1/4	16 1/2
칼라 스프레드	1/4	1/4	3 1/2
뒷중심선에서의 칼라 높이	1/8	1/8	3
칼라 포인트	1/8	1/8	2 3/4

그림 5.34 칼라를 작업지시서에 특정화하는 법

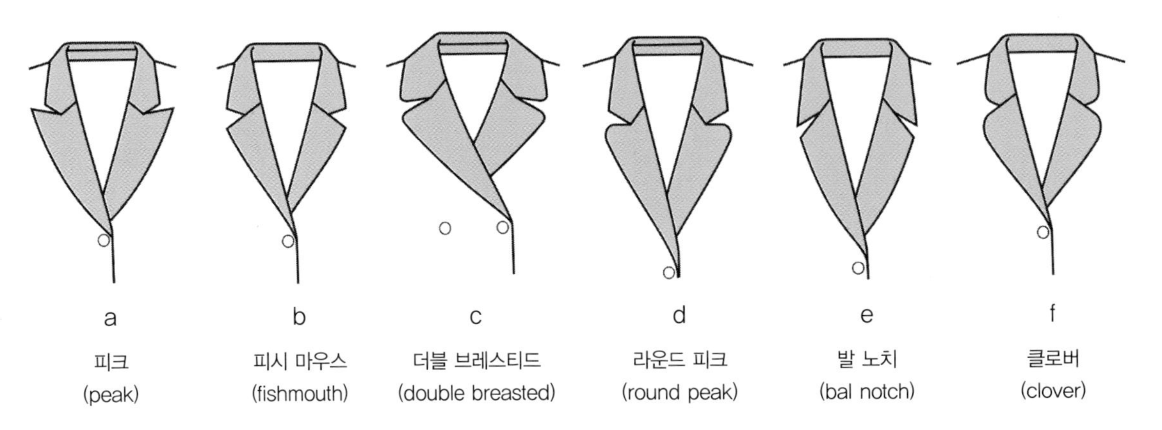

그림 5.35 라펠 스타일

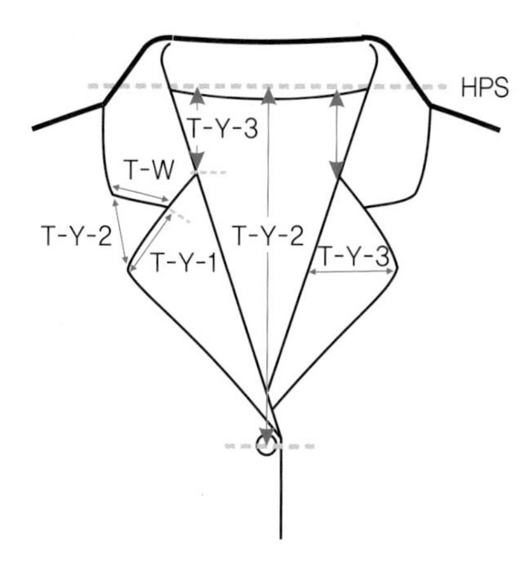

code	측정 치수	Tol(+)	Tol(−)	size 8
T-P-2	앞목처짐, HPS에서 끝부분까지	1/4	1/4	11
T-P-3	뒷목처짐, HPS에서 끝부분까지	1/4	1/4	3
T-W	칼라 포인트	1/4	1/4	1 3/8
T-Y-1	라펠 포인트	1/8	1/8	2 1/4
T-Y-2	라펠 포인트 칼라 포인트	1/4	1/4	1 3/4
T-Y-3	라펠 두께	1/4	1/4	4 1/4

그림 5.36 테일러드 칼라의 치수 측정 지점

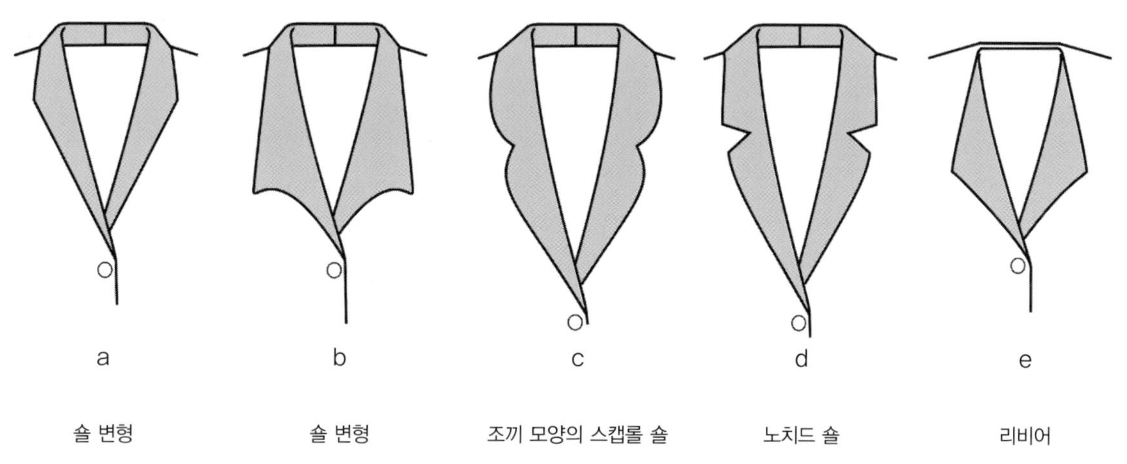

그림 5.37 숄 칼라 변형

요약

이 장에서 살펴본 것처럼 실루엣과 디자인 디테일은 매우 독특하고 패셔너블한 스타일을 창조하기 위해 사용된다. 좋은 디자인의 결과를 만드는 지름길은 정확한 용어를 사용하여 각각의 실루엣과 디자인 디테일을 특정하게 정의하는 것이다. 이 장에서 다룬 스타일들은 오랫동안 복식 역사 속에서 보여준 디자인들의 간단한 소개 정도로, 이 밖에도 수많은 스타일과 디자인이 존재하며 유행을 통해 오고간다.

연구문제

1. 가장 좋아하는 청바지 한 벌을 골라서 이 장에서 배운 용어를 적용해보라.
2. 옷장에서 셔츠 하나를 선택하라. 이 장의 셔츠 드로잉에서 사용되었던 다양한 용어를 사용해 셔츠 각 부분의 이름을 적어보라. 옷장에서 테일러드 재킷을 하나 선택하라. 2명이 한 조가 되어서 테일러드 재킷과 관련된 드로잉에서 사용된 용어를 가지고 자신의 재킷과 파트너의 재킷에

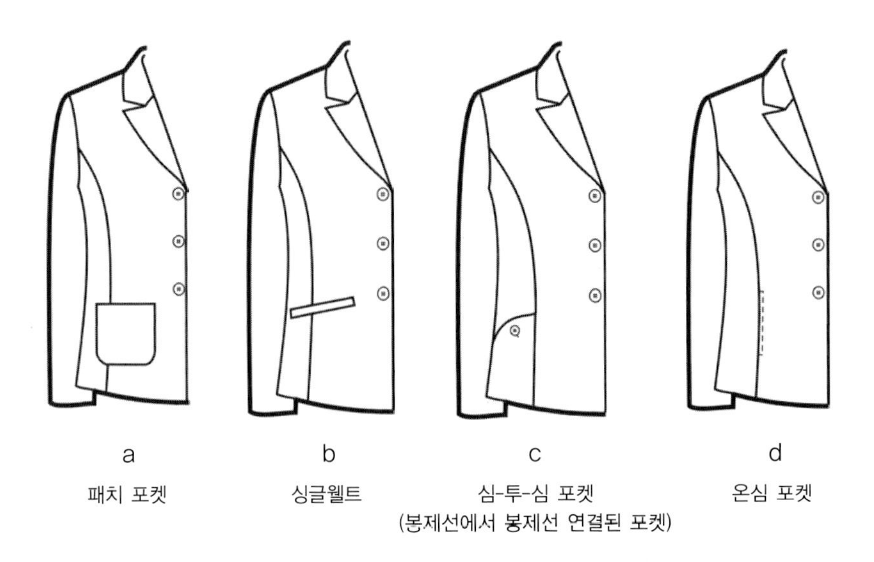

그림 5.38 포켓 종류

서 각각의 부분을 명시하라. 중요 용어가 빠진 곳이 있는가? 〈그림 5.3〉과 비교해보라.

3. 테일러드 재킷의 측정 치수를 명시해보라. 테일러드 재킷의 측정 치수 페이지, 즉 스펙 페이지를 만들어보라.
4. 여성복 타깃 마켓이 30대부터 50대일 경우 가장 좋아하는 네크라인과 칼라 스타일이 어떤 것일지 정해보라. 네크라인 또는 칼라의 스펙 페이지를 만들어보라.
5. 현재 가장 유행하는 허리 실루엣의 패션 트렌드는 무엇인가? 인터넷 쇼핑몰을 살펴보고 그들의 대표적인 스타일 하나를 선정해 출력해보라. 선정된 스타일에 근거를 두고 현재 가장 유행하는 허리 실루엣이 무엇인지 적어보라.
6. 현재 의복 길이의 실루엣 트렌드는 무엇인가? 가장 좋아하는 인터넷 브랜드를 찾고 그들의 대표적인 스타일 하나를 선정해 출력해보라. 이 스타일에 기반해서 현재 가장 유행하는 의복 길이의 트렌드가 무엇인지 써보라.
7. 현재 소매 스타일의 실루엣 트렌드는 무엇인가? 가장 좋아하는 인터넷 브랜드를 찾고 그들의 대표적인 스타일 하나를 선정해 출력해보라. 이 스타일에 기반해서 현재 가장 유행하는 소매 스타일의 실루엣 트렌드가 무엇인지 써보라.
8. 현재 유행하고 있는 목선의 형태는 무엇인가? 가장 좋아하는 인터넷 브랜드를 찾고 그들의 대표적인 스타일 하나를 신징해 출력해보라. 현재의 유행 트렌드를 분석하고 적어보라.
9. 여성복의 캐주얼 티셔츠에서 주로 사용되는 네크라인 5개를 정해보라.
10. 가장 대표적인 슬리브 형태 세 가지는 무엇인가? 이들 셋은 어떻게 다른가? 각각의 슬리브 형태에 따라 어떤 스펙이 사용되고 이 스펙들의 차이는 무엇인가?

이해 확인

1. 팬츠의 디자인에 사용되는 용어들은 무엇인지 적어보라.
2. 셔츠의 디자인에 사용되는 용어들은 무엇인지 적어보라.
3. 크루 넥과 V넥의 스펙을 적어보고 이들 사이의 차이점을 설명해보라.
4. 클래식 드레스 실루엣에 대해 설명해보라.
5. 허리 위치에 따른 드레스 실루엣에 대해 설명해보라.

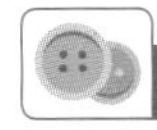

참고문헌

Calasibetta, C. M., and P. Tortora. 2003. *The Fairchild Dictionary of Fashion* (3rd ed.). New York: Fairchild Books.

CHAPTER 6

형태와 핏에 관련된 스타일, 라인, 디테일

학습목표

1. 다양한 형태를 결정하는 스타일, 라인, 디테일을 구분한다.
2. 다양한 스타일, 라인, 디테일에 관련된 용어를 이해해 의사소통능력을 키운다.
3. 다양한 의복의 형태를 만드는 방법과 이를 작업지시서에서 어떻게 표기하는지를 안다.
4. 몸의 형태와 핏과 관련된 패션 트렌드를 분석하고 이에 쓰이는 다양한 디자인의 특징을 조사한다.
5. 창조적인 디자인 과정에 다양한 디자인 특징들을 적용해본다.

주요용어

개더링(gathering)
개더링 비율(gathering ratio)
거셋(gusset)
고뎃(godet)
고어(gore)
나이프 플리츠(knife pleats)
다트(dart)
다트 길이(dart length)
다트 깊이(dart depth)
다트 폴딩(dart folding)
드로코드(drawcord)
레이싱(lacing)
마이터(miter)
맞플리츠(inverted pleats)
박스 플리츠(box pleats)
벤트(vent)
선버스트 플리츠(sunburst pleats)
셔링(shirring)
슬릿(slit)
아코디언 플리츠(accordion pleats)
요크(yoke)
이징(easing)
케이싱(casing)
크리스털 플리츠(crystal pleats)
클러스터 플리츠(cluster pleats)
킥 플리츠(kick pleats)
턱(tuck)
턱 깊이(tuck depth)
테일러드 노트(tailored knot)
프렌치 다트(French darts)
프린세스 솔기(princess seam)
플리츠(pleats)
플리츠 깊이(pleat depth)
핀턱(pin tuck)

이 장에서는 형태와 핏에 관련된 다양한 스타일, 라인, 디자인 특징에 관한 정보를 살펴본다. 또한 다트와 다트 대체물들을 그림으로 예를 들어 보여주고 있으며 원하는 형태를 얻을 수 있도록 다양한 세부 정보를 보여준다.

의복의 형태를 만드는 다양한 방법 : 다트와 다른 대체물

직물은 2차원적이다. 그러나 인체는 3차원적이다. 그래서 수세기 동안 2차원적인 직물을 가지고 3차원적인 인체의 형태에 맞게 사용하기 위해 다양한 방법이 고안되었다. 의복 구성에서는 다양한 형태를 만드는 방법이 사용되어서 인체의 형태를 더욱 아름답게 보이도록 보완하고 각 인체의 형태에 어울리는 핏을 만들도록 하였다.

형태를 만드는 가장 주된 방법으로는 다트가 있는데 이는 허리, 힙, 가슴 주변에서 사용되어 인체의 곡선미가 잘 표현되도록 하였다. 다른 방법으로는 **다트 이퀴버런트**(dart equivalent), **다트 리플레이스먼트**(dart replacement), 또는 **다트 서브스티튜트**(dart substitute) 등의 용어로 다양하게 사용되었는데 이는 모두 다트의 대체물(equivalent)이란 뜻이다. 의복 구성에 사용되는 형태를 잡아주는 모든 방법을 총괄한 다트를 포함한 다트 대체 방법으로는 다음과 같은 것이 있다.

- 다트(dart)
- 턱(tucks)
- 플리츠(pleats)
- 개더(gather)
- 이징(easing)
- 엘라스틱(elastic)
- 드로코드(drawcord)
- 레이싱(lacing)
- 프린세스 솔기(princess seam)
- 고어(gore)
- 요크(yoke)
- 고뎃(godet)
- 거셋(gusset)
- 슬릿 또는 벤트(slit or vent)

다트

다트(dart)는 인체의 형태를 만드는 데 불필요하게 남는 직물을 한 곳으로 몰아서 잡아주는 방법으로 의복의 형태를 만드는 방법 중 가장 많이 쓰인다. 이는 의복이 몸의 곡선에 자연스럽게 핏되도록 하는 방법으로 가장 유용하고 인기 있는 방법 중 하나다.

한 점 또는 두 점 다트

한 점 다트(single-pointed dart)는 주로 가슴, 허리 등과 같은 위치에서 볼 수 있고 이는 삼각형의 모습을 가지고 있다. 이에 반해 두 점 다트(double-pointed dart)는 좀 더 길이가 늘어난 길쭉한 다이아몬드 형태를 가지고 있다(그림 6.1).

그래서 이런 두 점 다트를 **다이아몬드 다트**(diamond dart)라고도 부른다. 그러나 이때 주목할 것은 두 점 다트는 한 점 다트에 비해 크기 면에서 더 크지 않다는 점이다. 이는 두 점 다트는 가위질(clipping)을 해주어 자연스러운 형이 잡히도록 해야 하기 때문이다. 그런데 두 점 다트는 가윗집을 넣으면 직물 끝부분의 마무리를 할 수 없으므로 이 부분 실올들이 풀리고 봉제한 솔기가 느슨해지거나 벌어질 수가 있다. 그러므로 두 점 다트는 항상 수직적이고 이런 수직적인 다트의 접힌 부분은 항상 의복의 중심, 즉 앞중심선 또는 뒷중심선을 향하게 된다. 다트를 구성하는 데 중요한 디테일의 원리 중 하나는 다트의 맨 끝부분에 스티치가 마무리되는 곳이다.

이때 스티치가 끝나는 부분에서 실이 풀리지 않도록 해야 한다. 이 부분은 백스티치를 해 마무리하기가 쉽지 않은 곳이므로 다트 끝의 스티치는 더욱 섬세하게 잘 박아야 하고 1인치 길이의 실을 남겨두는 것이 중요하다(그림 6.1a 참조). 실의 매듭은 단단히 하고 실끝의 여유를 남겨두어야 나중에 다트 포인트에서 봉제선이 벌어지지 않는다(그림 6.1b와 c). **테일러드 노트**(tailored knot)는 다트 포인트에서 실의 매듭을 하는 것인데 이는 봉제선이 벌어지는 것을 방지할 수 있으므로 의복의 품질을 높여준다.

테크니컬 측면에서의 다트 디자인

다트를 지정하는 데는 많은 용어가 사용된다. 〈그림 6.1a〉는 작업지시서에서 지정하는 방법을 다트와 관련된 측정 치수, 즉 다트 깊이와 다트 길이를 보여주고 있다.

다트 깊이(dart depth)는 다트를 박은 봉제선에서 측정되고

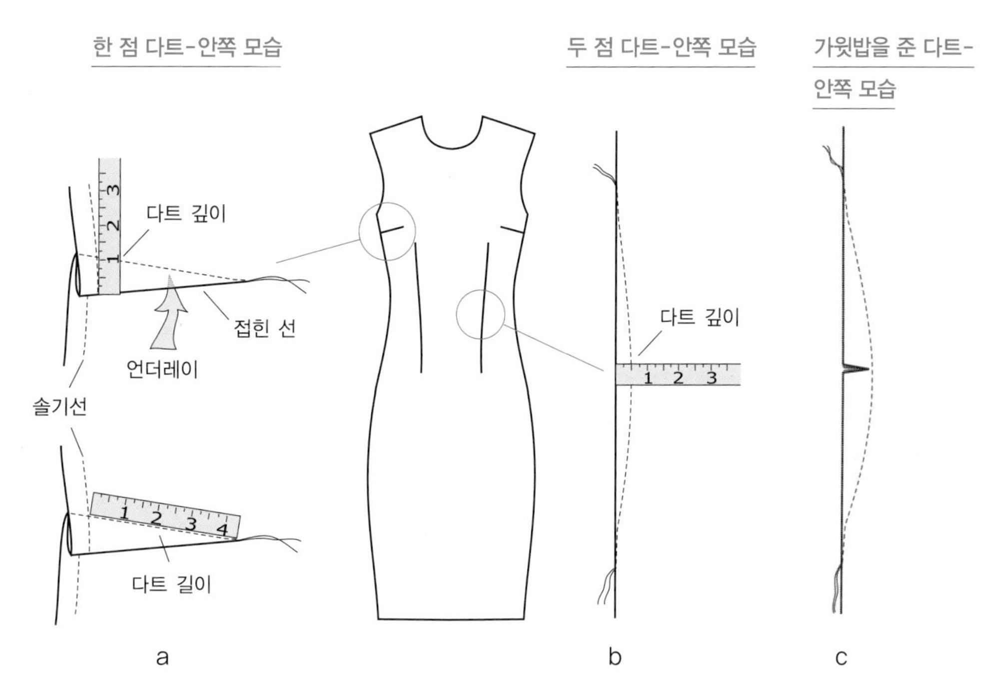

그림 6.1 **한 점 다트와 두 점 다트**

(이는 직물의 시접 끝부분에서 재어지지 않는다), **다트 길이**(dart length)는 솔기에서 다트의 포인트까지 잰다(그림 6.1a). 가장 흔하게 볼 수 있는 다트의 위치는 옆선 솔기에서 시작하는데 한 점 가슴 다트(single-pointed bust dart)의 위치는 〈그림 6.1a〉에서 볼 수 있다. **다트 폴딩**(dart folding)은 디자이너들에게 특별한 주의를 요구하게 하는 한 부분이다. 모든 수직 다트들, 예를 들어 허리, 목, 힙 다트들은 앞뒤의 중심선을 향해 접히게 되는 것과는 달리 수평 다트, 예를 들면 가슴 다트의 접는 방향은 보통의 경우에 아래로 향하게 된다.

다트가 어떻게 사용되는지는 현재 유행하는 패션 실루엣과 관련이 있는데 디자이너들은 다트를 여러 가지 방법으로 응용하여 다양한 의복의 형태를 창조한다. 〈그림 6.2〉는 허리 절개선의 유무와 다트에 따른 실루엣의 변화를 보여준다. 〈그림 6.2a〉에서 보는 것처럼 허리 절개선은 아주 꼭 맞는 허리라인을 만들어주는데 이때는 아주 커다란 허리 다트가 생긴다. 〈그림 6.2c〉에서 같은 두 점 다트는 바디스(bodice)와 스커트 사이의 영역에서 편안하고 매끄럽게 내려가는 실루엣을 만드는 데 비해서 〈그림 6.2b〉는 〈그림 6.2a〉와 〈그림 6.2c〉와의 비교를 잘 보여주고 있다. 〈그림 6.2a〉는 과장되게 꽉 끼는 허리와 힙라인을 보여주는 방법이 될 수가 있다. 이

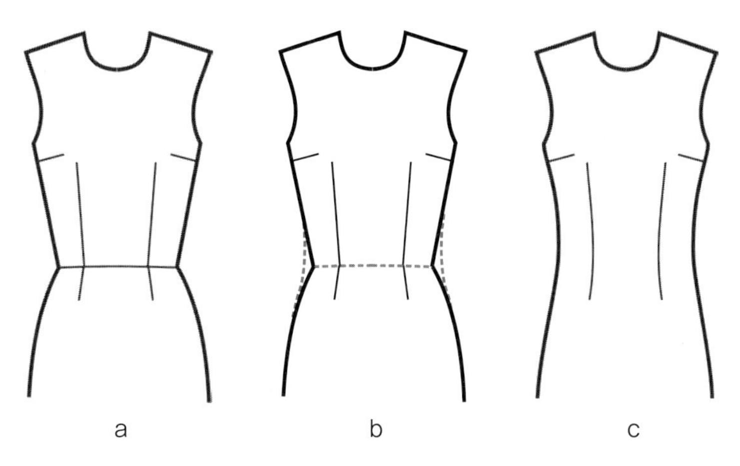

그림 6.2 **허리 절개선의 유무에 따른 실루엣의 변화**

는 1950년대와 1960년대에 아주 인기가 있었던 스타일이고 미래에도 유행과 함께 다시 우리 곁을 찾아올 것이다.

턱

턱(tuck)은 여분의 직물을 평행하게 동일한 공간만큼 띠어서 스티치해 고정하는 방법이다. 턱을 이용하면 의복의 풍성한 핏의 정도를 조절할 수가 있다. 턱을 사용할 경우에는 봉제를 하고 다림질을 해서 턱을 만드는 데 따른 별도의 노동력과 이로 인한 부가적인 비용의 문제를 고려해야 한다. 〈그림 6.3b〉는 소매산 부분에서 스티치를 하지 않고 풍성하게 직물의 여유분을 넣어주는 스타일이다. 〈그림 6.3c〉는 턱이 좀 더 많고 깊은 스타일을 보여주는데 이런 이유에서 스커트가 풍성하게 된다. 턱은 스티치가 되어 있지 않은 부분에는 다림질이 되어 있지 않기에 다림질이 되어 있는지에 따라 턱과 플리츠를 구분할 수 있다.

핀턱

핀턱(pin tuck)은 매우 좁은 턱, 예를 들면 $^1/_8$인치 또는 이보다 더 좁은 것을 의미한다. 이들은 다트의 대용으로 의복의 형태를 잡는 데 쓰이거나 장식적인 방법으로도 사용된다. 핀턱은 종종 별도의 원단에 끼워 넣기도 한다. 싱글 핀턱은 바지에서 영구 주름 라인을 만드는 데 사용된다. 〈그림 6.4a〉에서 보이는 것 같은 수평 턱(horizontal tuck)은 형태를 만드는 데는 아무런 효과를 주지 못하나 원단에 입체적인 효과를 강조하는 데 사용된다. 만약 스타일이 몸에 꼭 맞도록 하는 것이 주요 목적이라면 〈그림 6.4b〉에서와 같이 짧고 다양한 각도의 턱을 가슴 라인을 따라 넣어줌으로써 가슴 곡선을 부드럽게 감싸주도록 하였다. 〈그림 6.4c〉는 어깨에서 가슴선을 향하는 수직의 핀턱을 이용해 별도의 가슴 다트 없이 가슴선의 실루엣을 살려준 것을 보여준다. 〈그림 6.4b〉와 〈그림 6.4c〉는 턱들이 가슴의 윗부분에 사용되어서 여분의 직물로 가슴 부분을 부드럽게 감싸는 것을 보여준다.

테크니컬 디자인 측면에서의 턱 디자인

디자이너들은 턱과 관련된 요소, 즉 위치, 길이, 깊이 등의 다양한 특정 항목의 정보를 명백하게 제시해주어야 한다. 〈그림 6.4d〉와 〈그림 6.4e〉에서는 작업지시서에서 턱이 어떻게 만들어졌는지, 위치는 어디인지 등을 어떻게 기록하는지를 보여준다. 〈그림 6.4e〉에서 **턱 깊이**(tuck depth)는 $^1/_8$인치로서 이는 턱의 전체 접혀진 부분의 분량을 의미한다. 이때 측정치는 완성된 의복의 뒷면에서 측정된 것이다.

첫 번째 턱의 위치를 정하기 위해 앞중심선이 사용되는데 첫 번째 것은 앞중심선에서 $1^1/_2$인치 떨어진 곳에 위치한다. 왜냐하면 턱은 대칭적으로 착용자의 양쪽에 위치하게 되므로(그림 6.4c), 턱의 위치는 앞중심선을 기준으로 정해진다(그림 6.4d). 〈그림 6.4e〉에서 보이는 턱의 한 세트는 3개의 턱으로 이루어지고 각각은 서로 $^3/_8$인치 떨어져 위치한다. 〈그림 6.4c〉에는 3개의 턱이 한 세트로 이루어진 전체 6개의 턱이 있다.

전체 턱의 길이는 '모든 턱의 끝은 HP에서 8인치 떨어져 있다'라고 명시되어 있다. 요약해보면, 〈표 6.1〉에서 각 디

a

b

c

그림 6.3 여러 의복 영역에서의 턱

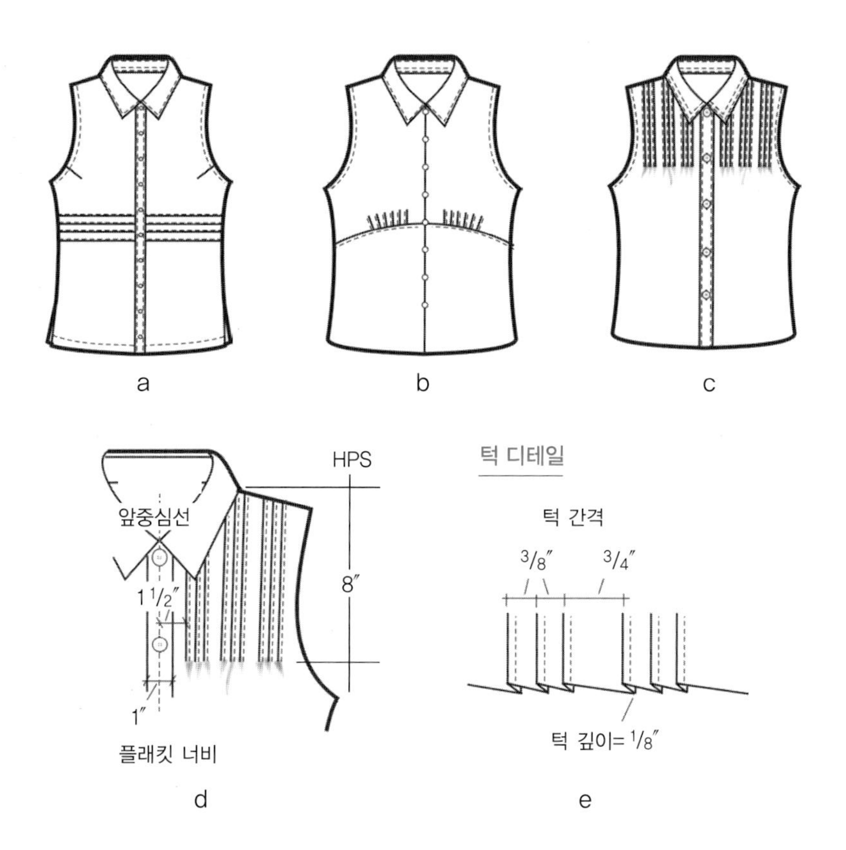

그림 6.4 핀턱 변형

테일에 따른 스펙이 명시되어 있다. 심지어 간단한 스타일인 〈그림 6.4c〉도 모든 턱의 디테일들이 정확하게 명시되어 있어서 생산 과정 팀원들이 이를 읽고 스타일을 잘 해석해 명확한 샘플을 만들 수 있도록 한다.

디테일 스케치는 간단명료해야 한다. 의복의 생산 과정에서 창조적이고 효과적인 의사소통 과정을 통해 디자인과 생산 과정에 있는 모든 이에게 명확하게 의사소통을 하는 것은 무척 중요한 부분이다.

플리츠

이 절에서는 다음의 플리츠에 대해 다루고 있다.

표 6.1 그림 6.4c에서 보여준 턱의 스펙

턱 스펙	측정 치수
턱 깊이	1/8″
HPS로부터 턱 길이	8″
앞중심선에서 첫 번째 턱까지 길이	11/2″
한 턱 세트에서 한 턱에서 다른 턱까지의 길이	3/8″
턱 세트들 사이의 길이	3/4″

- 나이프 플리츠(knife pleats)
- 박스 플리츠(box pleats)와 맞플리츠(inverted pleats)
- 클러스터 플리츠(cluster pleats)
- 기계 플리츠 : 아코디언(accordion), 크리스털(crystal), 선버스트(sunburst)
- 형태가 잡힌 플리츠 : 직선(straight), 곡선(contoured), 점진적으로 줄어들거나 늘어나는 것(tapered)
- 디자인 디테일을 갖는 플리츠 : 사이드(side), 액션(action), 스타일(style), 킥(kick)

플리츠(pleats)는 직물을 앞과 뒤로 두 겹으로 접어서 만들어지는 것으로 한쪽을 다림질하거나 봉제하거나 또는 솔기에 넣어서 함께 봉제해 직물의 다림질을 고정하거나 다림질한 것을 자연스럽게 두어 펼쳐지도록 만드는 것이다. 이들은 허리, 어깨, 뒤판, 엉덩이 부근에서 핏을 목적으로 사용된다. 스커트의 경우에는 전 부분에 걸쳐서 플리츠가 있는 올 어라운드 플리츠(all-around pleats) 또는 첨가적으로 넣어서 만든 플리츠 인서션(pleat insertion) 등이 형태를 잡아주는 도구로 주로 사용된다. 플리츠는 유용하고 아름다워서 다양한 스타일로 변형해 사용된다.

테크니컬 측면에서의 플리츠 디자인

의복 구성에서 플리츠를 만드는 데는 매우 주의 깊은 설명이 필요하다. 플리츠의 디자인 디테일에 대해 정확하게 의사소통하기 위해서는 첫째로 플리츠 디테일에 대한 정확한 용어를 이해해야 한다. 〈그림 6.5〉는 플리츠 디자인에 사용되는 용어를 보여준다. **플리츠 깊이**(pleat depth)는 바깥쪽 플리츠의 접힌 곳에서 안쪽 플리츠의 접힌 곳 사이의 길이다. **플리츠 간격**(pleat spacing)은 하나의 플리츠부터 다음 플리츠 사이의 길이다. 이 2개의 용어는 테크니컬 디자인에서 플리츠를 지정하는 데 가장 중요하므로 작업지시서의 스케치에서 주목해야 한다(그림 6.5 참조).

플리츠는 의복의 다양한 영역에서 사용된다. 〈그림 6.6〉은 남성복과 여성복 셔츠에서 플리츠의 표준적인 사용을 보여주고 있다. 〈그림 6.6a〉는 소매의 커프에서 커프 플리츠 깊이와 위치를 보여주고 있다.

플리츠는 백요크에서도 움직임을 편하게 하기 위한 목적으로 사용된다(그림 6.6b와 그림 6.6c 참조). 〈그림 6.6b〉는 플리츠 깊이를 그리는 방법을 잘 보여주고 있다. 이 경우에 정확한 위치는 표시되지 않는데 이는 디테일이 뒷중심에 놓여 있다고 여겨지기 때문이다.

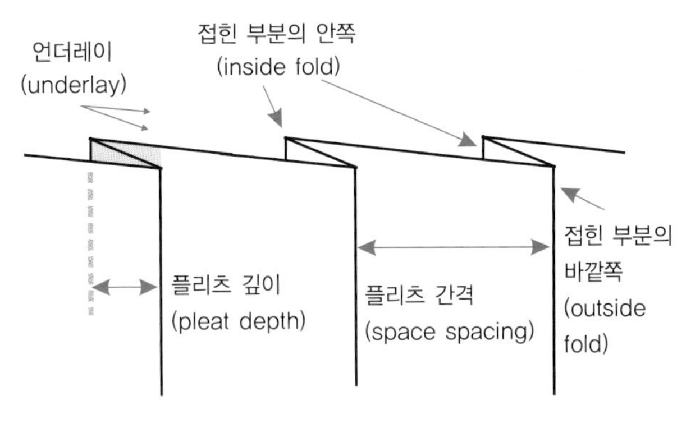

그림 6.5 플리츠 용어

플리츠의 종류

플리츠는 스커트 전체에 다 사용되거나 다양한 형태나 크기로 사용되기도 한다. 아래는 여러 형태의 플리츠와 이를 측정하는 방법을 설명한다.

나이프 플리츠 홑 플리츠가 한 방향으로만 있는 것을 의미한다. 이는 플랫 플리츠(flat pleats) 또는 사이드 플리츠(side pleats)라고도 불린다. 〈그림 6.7a〉는 전통적인 스코틀랜드의 복장인 킬트 등에 사용되는 것이다. 이런 종류의 플리츠는 보통의 경우에 한 방향으로 이루어지고 1인치 또는 1인치보다 좁은 것들로서 **나이프 플리츠**(knife pleats)라고 불린다. 신축성이 있거나 두꺼운 또는 기모 가공이 된 직물들은 이런 플리츠의 딱딱하게 접히는 느낌을 낼 수가 없어서 사용이 어렵다. 그래서 이는 직조 직물이고 다림질했을 때 아주 날카로운 듯하게 잘 접히는 직물을 사용하는 것이 좋다.

박스 플리츠와 맞플리츠 〈그림 6.6〉은 **박스 플리츠**(box pleats)와 **맞플리츠**(inverted pleats)를 보여주는데 이들은 모두 플리츠들의 위치가 같은 간격으로 떨어져 있고 서로가 마주보는 방향으로 플리츠가 고정되어 있다. 맞플리츠의 방향과 반대의 플리츠가 바로 박스 플리츠다. 맞플리츠는 앞과 뒤로 반대로 되어 있어서 플리츠의 전체 분량(fullness)이 안쪽으로 자리잡고 있다. 맞플리츠의 다른 정의는 홑 박스 플리츠 직물의 접힌 선이 서로 중앙에서 마주보게 만나는 것이다.

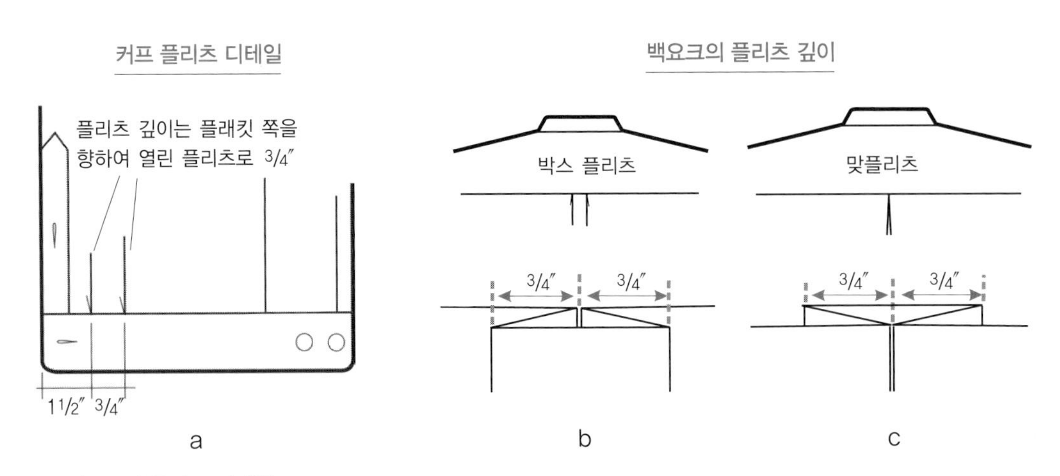

그림 6.6 커프와 백요크의 플리츠 디테일

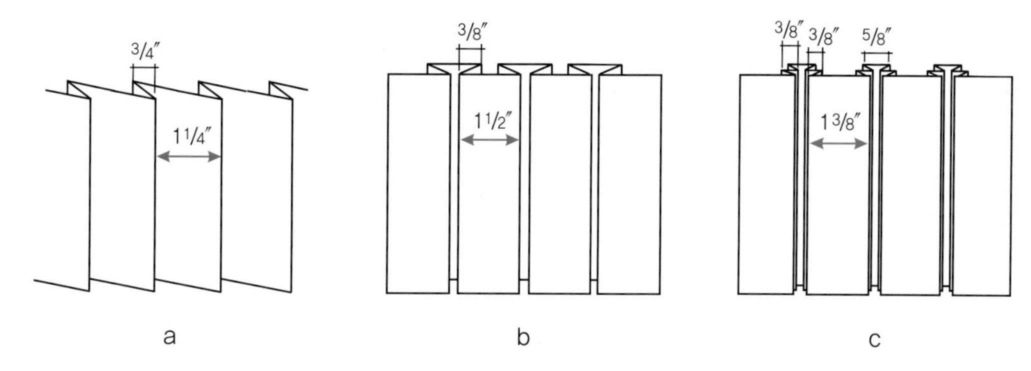

그림 6.7 나이프 플리츠, 박스 플리츠, 클러스터 플리츠

〈그림 6.6c〉는 홑 맞플리츠를 보여준다. 주목해야 할 것은 2개의 플리츠들은 구조나 크기 등이 같고 단지 박스 사이드가 바깥쪽을 향하면 박스 플리츠고 안쪽을 향하면 맞플리츠라는 것이다.

클러스터 플리츠 〈그림 6.7c〉는 더블 플리츠 종류의 하나인 **클러스터 플리츠**(cluster pleats)를 보여준다. 이는 보통의 경우에 커다란 박스 플리츠와 작은 나이프 플리츠가 양 옆쪽에 있는 여러 가지 플리츠와 함께 세트를 이루고 있는 플리츠를 의미한다(Calasibetta & Tortora, 2003). 이런 플리츠는 더 많은 주의와 정확성을 요구하므로 고급 상품에서 사용되는 디테일이다.

기계 플리츠(mechanically engineered pleats) 위에서 소개한 것 외의 다른 종류의 플리츠로, 특별한 기계나 열 세팅 기계(heat-set permanently)를 이용해 영구 플리츠를 만드는 방법이다.

- 아코디언 플리츠 **아코디언 플리츠**(accordion pleats)는 좁은 플리츠들이 몸에 꼭 맞도록 만드는 방법으로 아코디언의 모습과 비슷하다고 해 그런 이름으로 불린다(그림 6.8a 참조). 스커트의 패널은 미리 정해진 길이로 잘리고 스커트의 아랫단 부분은 플리츠를 잡기 전에 미리 단의 정리가 된다.
- 선버스트 플리츠 〈그림 6.8b〉는 **선버스트 플리츠**(sunburst pleats)라고 불리는 플리츠 잡는 방법을 소개하는데, 이는 플리츠 쪽에서 아래쪽으로 갈수록 넓어지는 방법을 의미한다. 이로 인해 플리츠가 위쪽에서는 간격이 좁고 아래쪽에서는 넓다. 이런 종류의 플리츠는 위쪽이 너무 두껍고 부피가 많이 나가지 않게 하면서도 멋진 의복의 전체 실루엣을 잘 표현해주기에 열처리를 통해 영구 플리츠를 잡을 수 있는 얇은 합성섬유가 제격이다. 재단된 조각들은 플리츠 가공기계를 이용해 의복의 끝부분이나 소매의 러플 등에 쓰일 수 있고 〈그림 6.8c〉와 같이 의복 전체에 사용할 수도 있다. 의복의 패턴 패널

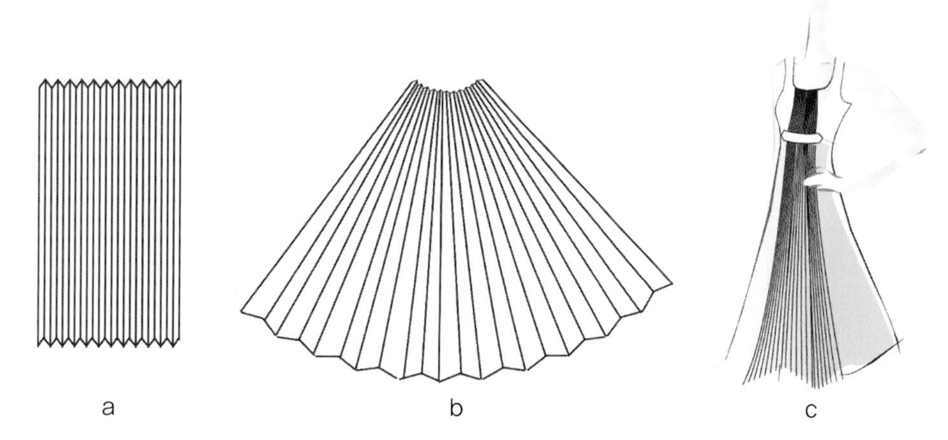

그림 6.8 기계 플리츠의 예 : 아코디언 플리츠, 선버스트 플리츠, 크리스털 플리츠

에 산업용 플리츠 기계를 통해 의복 전체에 플리츠를 만들 수 있는데 의복의 끝부분이나 슬리브의 러플을 그러한 예로 들 수 있다(그림 6.8c).

- 크리스털 플리츠 아코디언 플리츠와 비슷하나 그 두께가 훨씬 얇은 것이 특징이다. **크리스털 플리츠**(crystal pleats)는 일련의 좁고 평행한 플리츠들이 사용되는 것으로 아주 가는 실루엣을 창조하는 데 어울린다. 또한 플라운스(flounce) 또는 러플(ruffle) 등의 사용에 제격이고 수직적인 시각효과를 강조하는 디자인에 사용해 새롭고 참신한 효과를 준다. 이때 패널은 플리츠 전후에 정리되어야 한다. 만약 패널의 단 정리가 플리츠를 잡은 후에 이루어지면 이는 헴의 끝부분에 부드러운 러플 효과를 낼 것이다. 헴이 정리되지 않은 끝부분은 페이싱이나 스타일 라인에 의해서 정돈될 것이다(그림 6.8c).

디자이너의 플리츠 선택

디자이너는 여러 가지 플리츠들의 디자인 특성을 고려하여 의복의 스타일에 꼭 맞는 가장 멋진 플리츠를 선택할 수 있어야 한다.

셰이프드 플리츠(shaped pleats) 플리츠의 모양은 세 가지로 구분되는데 직선형(straight), 몸의 윤곽을 따라가는 곡선형(contoured), 또는 자연스럽게 줄어들거나 늘어나는 테이퍼드형(tapered)이 있다.

- 직선형 플리츠(straight pleats) 플리츠는 의복의 형태를 잡는 방법으로 두께를 다르게 사용할 수도 있지만 직선형 플리츠란 이와 다르게 같은 넓이로서 위부터 아래까지 평행으로 놓이게 사용되는 경우다(그림 6.9a 참조). 이 스커트에서는 의복에 형태를 잡아주기 위해 쓰인 힙 요크(hip yoke)에 첨부되어서 사용된다.
- 곡선형 플리츠(contoured pleats) 〈그림 6.9b〉는 플리츠가 엉덩이 라인의 다트 역할을 자연스럽게 하는 곡선 플리츠를 보여준다. 이런 플리츠를 이용한 다트 형태는 아래 안쪽 옷감의 엉덩이부터 허리까지에 첨가되었다. 여기서 보이는 예는 곡선형 맞플리츠(contoured inverted pleats)이고 이는 다트가 있는 곳인 앞판과 뒤판을 옆쪽의 솔기로 자연스럽게 전환한다. 다트 분량이 플리츠 속으로 골고루 분산되어 인체의 곡선 형태를 잡아주는 것이다.
- 테이퍼드 플리츠(tapered pleats) 이 플리츠는 플리츠 분량이 점진적으로 줄거나 늘어나면서 플레어(flare)를 만들어준다(그림 6.9c). 별도의 원단 아래쪽에 들어가며 허리 부분과 엉덩이 부분에서는 좁고 아랫단을 향해 내려올수록 넓어진다. 선버스트 플리츠(그림 6.8b 참조)는 이런 테이퍼드 플리츠의 한 종류이다.

디자인 디테일에 따른 다양한 플리츠의 위치 사이드 플리츠, 액션 플리츠, 스타일 플리츠, 킥 플리츠는 디자인 디테일에 따른 다양한 플리츠의 위치에 따른 것들이다.

- 사이드 플리츠(side pleats) 홑 플리츠의 한 종류로 활동을 위한 여분의 여유를 위해 사용된다. 가장 흔하게 이런 플리츠가 자리 잡는 위치로는 남성 셔츠의 백요크이다(그림 6.10a 참조).
- 액션 플리츠(action pleats) 절개선을 따라 안쪽에 플리츠 분량을 넣어 활동성을 좋게 해준다. 가장 흔하게 볼 수 있는 곳이 모터사이클용 가죽 재킷의 뒤판으로 표면적으로는 슬림해 보이면서도 몸에 자연스럽게 여유분을

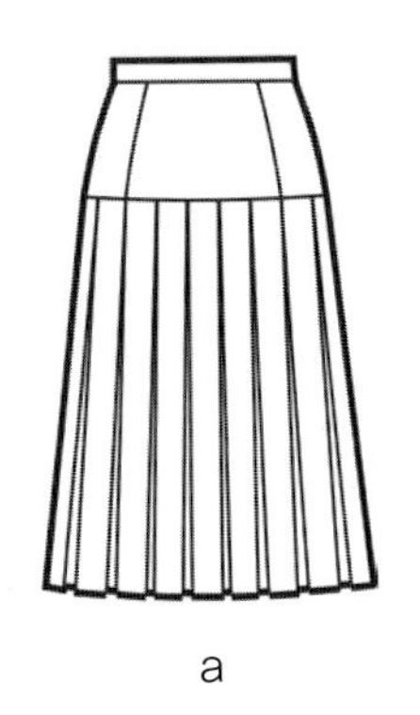
a

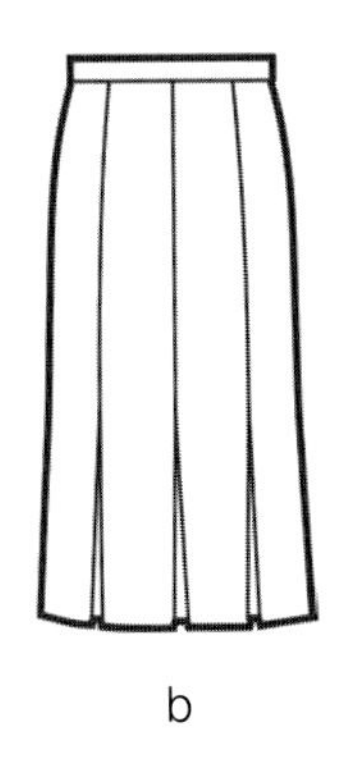
b

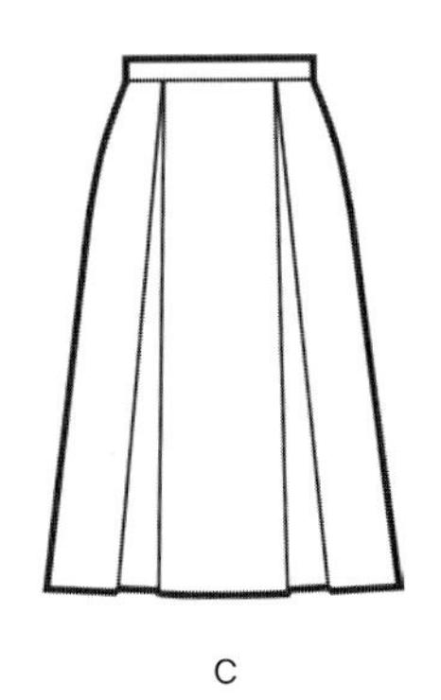
c

그림 6.9 직선형 플리츠, 곡선형 플리츠, 테이퍼드 플리츠

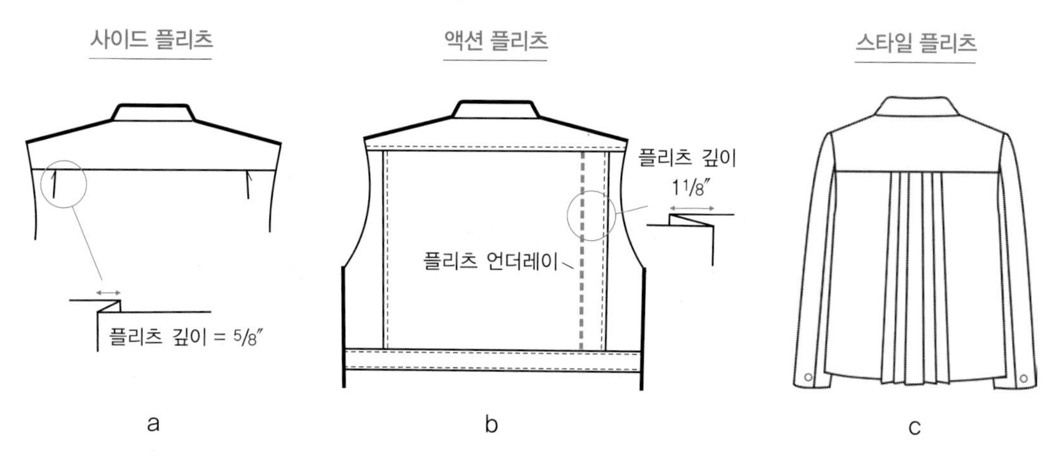

그림 6.10 사이드 플리츠, 액션 플리츠, 스타일 플리츠

제공해 편안함을 준다(그림 6.10b).

- **스타일 플리츠**(style pleats) 플리츠 스타일 디테일이 자연스럽고 편안한 핏으로 잘 조화되어서 사용되는 것으로 뒤판에서 다중 플리츠들이 첨가되어서 사용되는 경우다(그림 6.10c).
- **킥 플리츠**(kick pleats) 슬림한 스커트들은 **킥 플리츠**라고 불리는 특별한 플리츠가 스트레이트 스커트의 단에 첨가되어서 걷기 쉽게 해준다. 이들은 무릎 정도의 길이에 놓이거나 조금 아래에 놓이게 되는데(그림 6.11 참조) 이는 보통의 경우 홑 플랫 플리츠(single flat pleats) 또는 홑 나이프 플리츠 등이다(Calasibetta & Tortora, 2003).

다른 많은 기능적인 디테일과 같이 킥 플리츠는 다른 방법으로 의복에 적용될 수도 있다. 〈그림 6.12〉는 3개의 서로 다른 킥 플리츠의 적용 방법을 보여주고 있다.

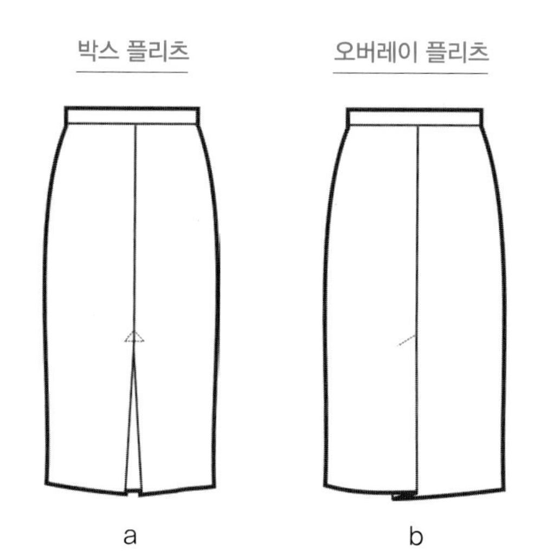

그림 6.11 스커트를 위한 킥 플리츠

플리츠를 위한 직물 사용량 계산법

플리츠가 있는 의복은 플리츠가 없는 의복에 비해서 많은 양의 직물을 요구한다. 올 어라운드 플리츠가 있는 의복의 경우 필요한 전체 직물의 양을 계산하는 공식은 다음과 같다.

> 전체 직물의 넓이＝언더레이 깊이의 2배×
> 전체 플리츠의 수＋힙 둘레＋2인치의 여유분

플리츠가 들어간 의복을 계획하는 데 비용이 문제가 된다면 언더레이의 깊이를 줄여 직물의 사용량을 줄이면 좋다. 그러나 만약 너무 적은 양의 직물을 사용한다면 빈약하게 보일 수 있다. 모든 다른 디자인 요소들처럼 비용과 디테일 사이에서의 조화가 이루어져야 한다.

개더

개더링(gathering)은 잔잔하고 고르게 플리츠를 잡아 완성하고자 하는 길이의 봉제선에 일치시키는 것으로, 미리 정해진

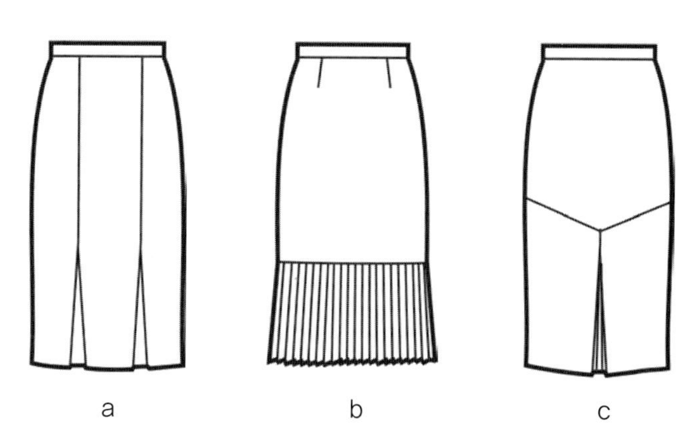

그림 6.12 스타일을 위한 킥 플리츠의 변형

의복의 전체 분량을 짧은 길이의 연결된 솔기라인에 맞게 하는 것이다. 예를 들면 스커트의 허리, 소매의 끝선 등에 쓰이거나 디테일을 목적으로 또는 다트를 대신해 형태를 잡을 때 사용된다. 또 다른 종류의 개더링은 고무실 또는 고무밴드가 직물에 부착될 때 사용된다. 개더는 고무밴드가 부착되면 자연스럽게 신축이 되면서 생긴다. 〈그림 6.13〉은 몇 개의 개더링의 예를 보여준다. 개더는 매우 인기가 있고 유용한 디테일로 많은 곳에서 사용된다.

〈그림 6.13a〉는 개더가 앞중심에서 어떻게 다트 대체물로 사용되는지를 보여준다(예를 들면 가슴선 근처). 그러나 바디스의 아랫부분에서 단순한 장식의 이유로도 사용된다. 〈그림 6.13b〉에서는 개더 부분이 삽입된 예가 보이는데 이는 순수한 장식이 목적이다. 〈그림 6.13c〉는 개더를 다트 대체물로 사용한 예를 보여주고 있다. 개더를 잡아줌으로써 자연스럽게 잘 맞는 가슴 실루엣을 형성해주었다. 〈그림 6.13d〉에서는 개더를 이용해 소맷부리의 형태를 잡아주면서 소매의 실루엣을 플레어하도록 해준다.

테크니컬 측면에서의 개더

테크니컬 측면에서의 성공적인 개더를 만드는 방법은 원하는 디자인 디테일의 성공적인 의사소통에 있다. 개더에 관계된 주된 정보는 **개더링 비율**(gathering ratio), 즉 "얼마나 많은 개더를 넣을 것인가?"에 관한 것이다. 개더의 정의에서 본 것처럼 전체 직물의 길이를 완성 길이로 재단된 다른 짧은 길이의 한쪽 원단에 부착한다. 〈그림 6.13c〉의 예가 그것이다. 이때 얼마만큼의 개더가 필요한지를 잘 결정해서 원하는 외관 형태를 만드는 것이 중요하다. 가장 보편적인 개더의 비율은 1:1.5, 또는 $^1/_2$배의 개더를 사용하는 것으로 이 비율은 개더된 부분과 나중에 만들어진 완성 길이를 비교하는 것이다. 가장 중요한 것은 심미적으로 보기 좋은 개더를 만드는 것이다.

〈그림 6.14〉는 소녀의 블라우스에 부착된 패치 포켓 윗부분 러플의 개더를 보여준다. 러플 트림의 크기, 높이와 비율은 이미 주어졌다. 이 경우에 러플 패널의 실제적 길이를 계산해보자(그림 6.14). 러플이 개더가 되기 전의 길이는 다음과 같다.

$3^1/_2$인치(전체 포켓 너비)×$1^1/_2$인치(개더링 비율)= $5^1/_4$인치

러플을 위해 필요한 직물은 5인치이고 이는 러플 끝부분의 헴, 즉 시접의 처리 부분은 포함되지 않은 양이다.

직물마다 각각의 특성들이 있으므로 개더를 넣을 때 주의해야 한다. 가벼운 직물은 좀 더 많은 개더를 넣을 수 있는 반면 무거운 직물은 개더를 적게 넣어야 한다. 개더가 너무 적으면 초라하게 보일 것이고 너무 많으면 부피가 많이 나가 뚱뚱하게 보일 것이다. 딱딱하고 힘이 있게 직조된 직물의 경우는 부드러운 직물과는 달리 개더를 넣을 때 서로가 공간상 많이 떨어지게 놓일 것이고 이를 잘 고정하기 위해 한 땀의 컨트롤 스티칭(control stitching)을 아래 개더와 위 개더의 중간에 넣어주어 자연스럽게 개더가 균형을 이루게 한다(그림

그림 6.13 개더링 디테일

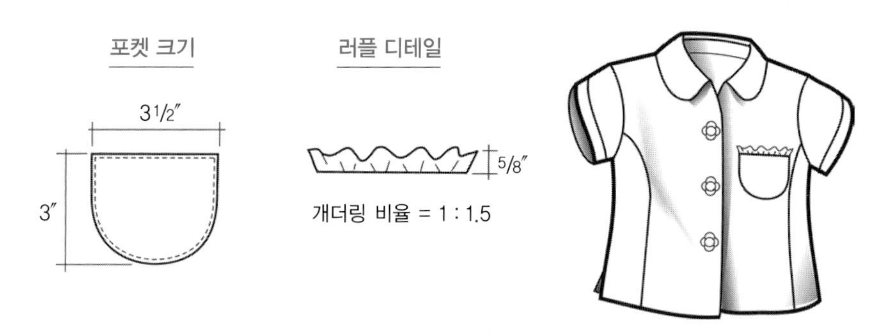

그림 6.14 개더링 비율

6.13c). 저지(jersey, 편물) 등의 가벼운 직물은 개더를 만들기 쉽다.

개더의 적용

개더는 **케이싱**(casing), 즉 직물로 터널을 만들어서 고무줄이나 끈을 넣어 만들기도 한다. 〈그림 6.15a〉는 고무줄을 실처럼 사용해 재봉틀로 의복에 박아주면서 다트 분량을 처리해 가슴 선을 정리한 것을 보여준다. 디테일 위치(HPS에서 10인치 위쪽), 전체 개더링 양(고무줄을 편안히 놓았을 때인 개더가 잡혔을 때와 끝까지 잡아당겼을 때인 개더가 다 펼쳐졌을 때의 사이즈를 표기) 등은 잘 표시되어야 하는데 이는 개더링의 모습과 개더링으로 인한 전체 핏과 직물의 사용량 등의 영향력을 결정하는 중요한 요소이기 때문이다.

〈그림 6.15b〉는 풀온 팬츠 스타일(pull-on pants style)이다. 이 스타일의 앞에는 플라이 혹은 다른 허리의 여밈 장식이 없다. 이 스타일의 경우에 기능적이기 위해서는 허리의 고무줄을 잡아당겨서 개더가 다 펴졌을 때의 치수가 충분하게 커야만 엉덩이가 들어갈 수 있을 것이다. 이러한 디테일은 구성방법이 비교적 간단하고 저가의 상품에 사용되므로 캐주얼한 우븐 보텀 웨이트 직물을 사용하고자 한다. 그러나 이런 스타일이 유행이 아니라면 굳이 만들 필요가 없다. 상품의 허리 아랫부분은 너무 부피가 많이 나가고 착용자에게 아름답게 여겨지지 않을 것이기 때문이다. 이런 스타일의 허리는 가볍거나 신축성이 좋은 직물에 가장 잘 어울린다. 여름의 조깅용 반바지 또는 파자마 하의에 어울리는 디테일이다.

〈그림 6.15c〉는 고무실로 만든 개더를 보여주는데 이런 효과를 **셔링**(shirring)이라 부르며 이는 실 또는 코드로 이루어진다. 이런 디테일은 허리, 커프, 튜브 탑 등에서 사용된다.

어떤 경우에는 직물 자체가 고무줄 성분을 가지고 있어서 만들어지는 경우도 있는데, 예를 들면 길이가 긴 풀 스커트 스타일과 고무줄이 들어가 있는 요크를 가지고 있는 경우다. 주목해야 할 것은 이런 경우에는 고무줄을 표현할 때 반드시 자연스럽게 두었을 때 측정 치수, 즉 개더가 잡혀 있을 때의 치수를 표기해야 하고(그림 6.15c에서 이는 36인치) 또한 잡아당겼을 때의 측정 치수, 즉 완전히 개더가 펴졌을 때의 치수(그림 6.15c에서 42인치)를 제공해야 한다.

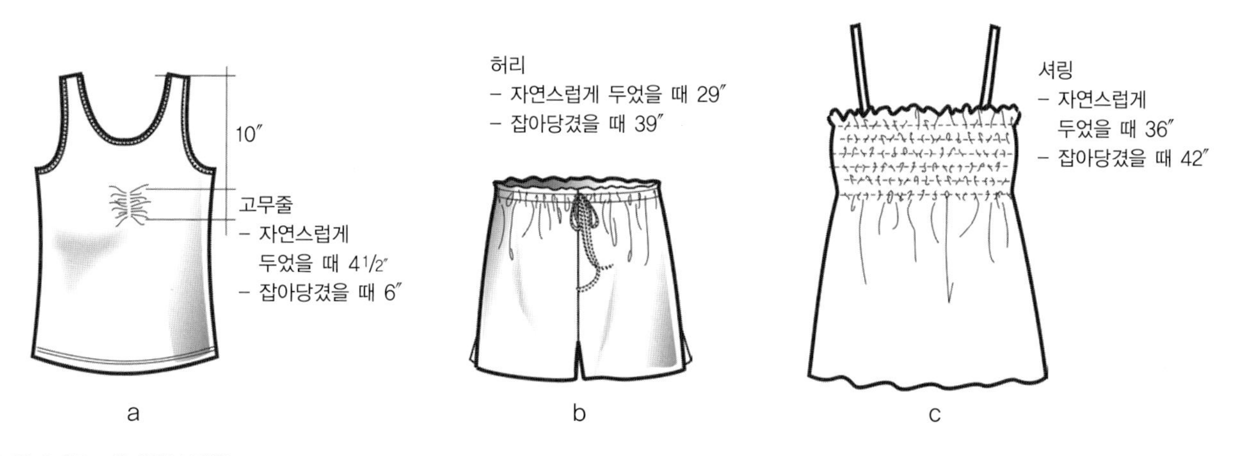

그림 6.15 개더링의 적용

이징

이징(easing)은 인체에 맞도록 형태를 잡는 방법 중 하나로 개더링과 비슷한 방법이다. 그러나 눈에 띄지 않게 아주 살짝 잡는 것이다. 이는 작은 다트처럼 쓰일 수 있다. 서로 다른 길이의 솔기 2개를 다트 대신 봉제하는 것으로 아주 부드러운 외관을 만드는 것이다. 〈그림 6.16〉은 패턴상 편안한 착용감을 고려해 뒤판의 어깨선이 앞판의 어깨선보다 길게 제도 및 재단된다. 이런 이유로 생긴 봉제선의 길이 차이를 뒤 어깨선에 이즈(ease)를 넣어주며 봉제한다. 보통의 경우에 슬리브는 1/2인치의 전체 이즈를 소매산 부분과 진동라인에 잘 분배한다. 이는 봉제와 다림질 기술이 요구되고 특히 모직과 같은 직물에 잘 사용된다. 테일러드 의복에 주로 사용되며 〈그림 6.16〉에 잘 나타나 있다.

고무밴드

고무밴드는 인체에 맞도록 형을 잡아주는 또 다른 방법으로 사용되는데 이는 개더링을 다양한 의복의 부분, 즉 가슴과 허리 실루엣을 잡아주는 데 사용된다(그림 6.17 참조).

〈그림 6.15a〉와 〈그림 6.15c〉는 고무가 들어간 실을 직접적으로 의복의 몸체에 부착해서 형태를 잡아주는 것을 보여준다. 고무밴드는 직접적으로 의복의 허리나 브라의 아랫부분, 그리고 고무밴드 바인딩 등으로 니트 의복의 끝부분, 즉 진동과 같은 부분을 처리하는 데 사용된다. 여러 가지 경우에 고무밴드는 의복의 안쪽에 배치해 보이지 않는다. 고무밴드는 란제리와 같은 경우에도 사용된다.

고무밴드는 케이싱에 들어가서 사용되기도 한다. 〈그림 6.17a〉에서의 의복은 케이싱의 크기가 고무밴드보다 조금 커서 위쪽에 러플을 만든 것을 보여주고, 〈그림 6.17b〉는 케이

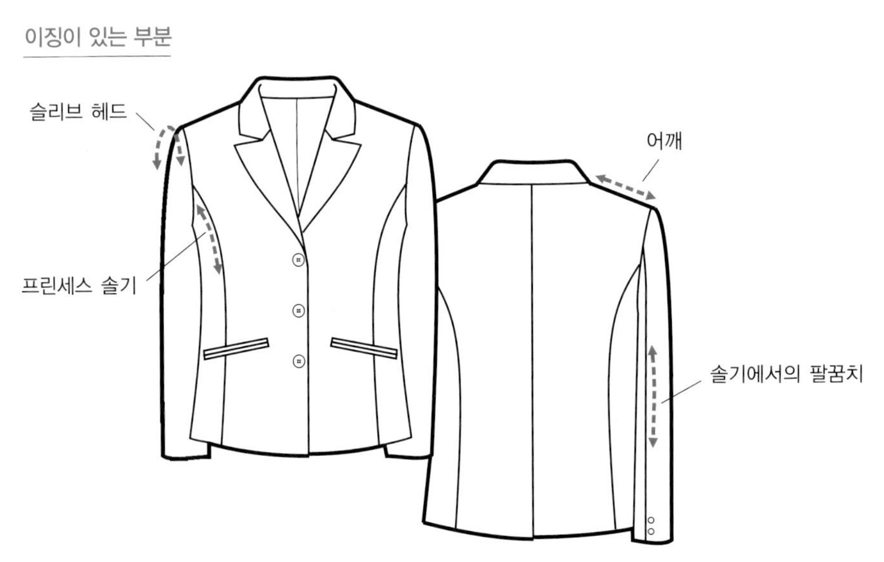

그림 6.16 테일러드 의복을 위한 이징

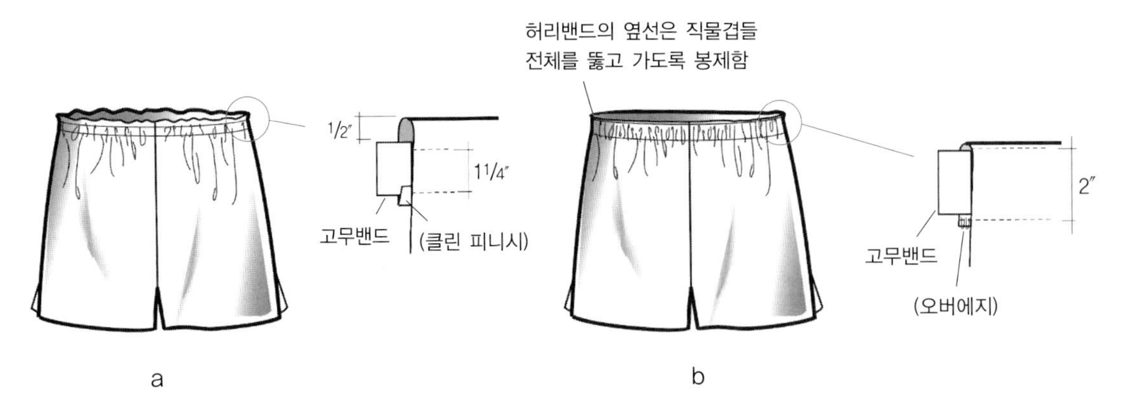

그림 6.17 고무밴드 케이싱의 디테일

싱이 고무밴드의 사이즈와 같아서 부드러운 잔 플리츠를 보여준다. 이런 방법은 커프를 만드는 데도 사용된다. 고무밴드는 형태를 만들기 쉽고 비용 면에서 좋은 방법 중 하나이므로 다양한 사이즈와 다양한 방법에 사용된다.

드로코드

드로코드(drawcord)는 의복의 케이싱에 줄이나 코드를 넣어서 만드는 방법으로 인체에 맞게 형태를 잡기 위해 쓰이는 방법 중의 하나로서 주로 허리선, 소매 밑단, 목선에 사용된다. 드로코드는 허리에 사용되고 이는 옷이 몸에 잘 맞도록 하는 도구로 사용된다. 어떤 의복들은 엘라스틱을 가지고 있고 드로코드도 함께 사용해 최대의 편안함을 제공하려 한다. 드로코드가 사용되는 다른 의복의 영역으로는 스웨트셔츠 후드(sweatshirt hood) 또는 다른 캐주얼 스타일들이다. 에지 케이싱은 보통의 경우 시접을 그대로 넘겨박아 터널, 즉 케이싱을 만들어주는 방법이다(그림 6.17b 참조).

한 가지 특별하게 주목해야 할 것은 드로스트링(drawstring) 또는 드로코드는 아동복에 사용되지 않는데 이는 다른 외부의 사물들에 끼일 수 있고 그럴 경우에 심한 사고를 일으킬 수 있기 때문이다. 또한 후드의 드로스트링이 엉켜서 묶이거나 하면 목을 조이는 등 심각한 사고를 일으킬 수도 있다. 그러므로 고무줄 처리나 또 다른 방식의 여밈처리, 즉 벨크로(velcro)가 사용된 훅 앤 루프(hook-and-loop)가 필요하다.

레이싱

레이싱(lacing)은 신발처럼 코드와 같은 끈들이 의복이나 루프 또는 단춧구멍과 같은 구멍들을 뚫고 가도록 해 의복을 잠그는 데 사용하는 방법으로 구멍을 통과해 끈을 끼워 잡아당겨 위에서 묶어준다(그림 6.18a). 이런 방법은 코르셋(corset) 등에도 사용되어 새로운 느낌을 주기도 한다. 레이싱은 이렇듯 인체에 잘 맞게 핏을 만드는 방법 또는 다트 대체품으로 사용된다. 〈그림 6.18b〉는 직물로 만든 루프에 관한 세부설명이 된 디테일 스케치다. 이런 레이싱은 주로 장식을 목적으로 사용된다. 작업복의 커프스 등에서는 실용성이 없기 때문에 거의 쓰이지 않는 디테일이다.

솔기를 이용한 형태 잡기

아래의 경우는 솔기에서 의복의 형태를 정하는 방법이다.

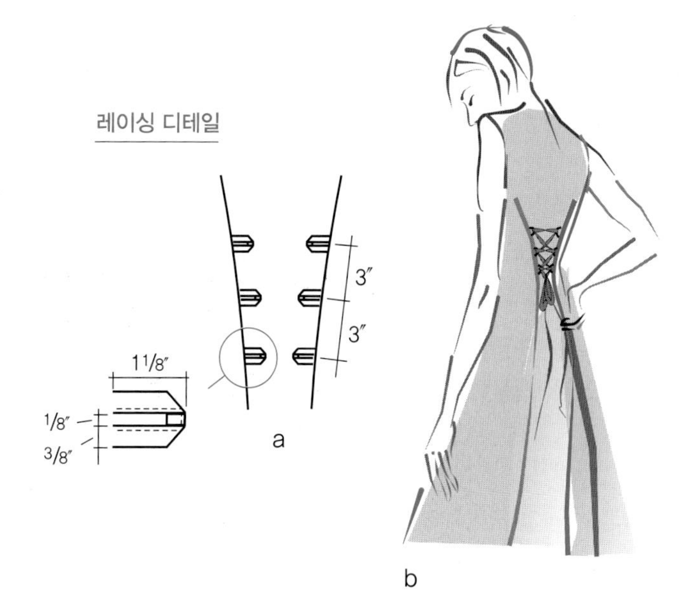

그림 6.18 레이싱

- 프린세스 솔기
- 고어
- 요크
- 고뎃
- 거셋
- 슬릿
- 벤트

솔기(seam)는 스티치에 의해서 2개 이상의 직물이 함께 연결되는 것을 의미한다. 솔기는 곡선이거나 직선일 수가 있다. 셰이프드 솔기(shaped seam)는 과도의 직물을 없애며 인체의 곡선에 잘 맞도록 하는 방법이다.

이는 핏을 위한 방법, 장식을 위한 방법 또는 이 두 가지를 동시에 이루는 방법으로 사용된다. 또 다른 셰이핑 방법으로는 의복의 구조를 이루는 솔기라인을 고치는 방법들이 있는데 여기에는 프린세스 솔기, 고어, 요크, 고뎃, 거셋, 슬릿, 벤트 등이 있다.

프린세스 솔기

프린세스 솔기(princess seam)는 셰이프드 솔기의 한 종류로 허리와 가슴선의 형태를 잡아주는 절개선이다. 이는 '다트 엔드(dart end)'를 피할 수 있고 솔기의 한 종류이므로 매끈하고 아름답게 몸에 잘 맞도록 해준다. 또한 테일러드 재킷에서도 사용할 수가 있다(그림 6.16). 〈그림 6.29a〉는 직선형 솔기에서의 다양한 변형으로 사용된 예들을 보여준다.

고어

고어(gore)는 의복 내에서 수직적으로 나뉜 부분들을 보여주는데 보통의 경우에 각각의 패널들은 각각의 용도에 따른 모양으로 재단되어 봉제되므로 원하는 모양을 내 준다. 스커트에서 고어가 주로 사용되는데 고어는 솔기 셰이핑으로 다트를 대신해 사용된다. 개더, 플레어 혹은 다른 셰이핑 방법들은 고어와 함께 합해져서 사용되기도 한다(그림 6.19 참조).

요크

요크(yoke)는 수평적인 패널로서 형태를 잡거나 스타일을 내기 위해 또는 이 두 가지 것에 동시에 사용된다. 바시의 경우에는 다트 없이도 요크만을 이용해 몸에 잘 맞도록 하므로 대부분의 청바지는 백요크(그림 6.20a)를 가지고 있다. 〈그림 6.20b〉는 셰이핑 기능이 없는 요크를 보여주고 있는데 이는 스타일을 살리기 위하거나 또는 의복 구성의 기능적인 것을 위해 사용되고 앞 지퍼가 끝나는 점이 바로 요크가 시작되는 부분이 된다. 〈그림 6.20c〉는 장식적인 아랫부분이 형이 잡힌 투피스 요크(twopiece yoke)를 보여주고 있다. 이는 스트라이프가 있는 직물이므로 스트라이프는 뒷중심에서 만나 **마이터**(miter, 스트라이프나 체크가 솔기선에서 아름다운 선으로 서로 맞게 만나는 것)해서 V자 형태를 만들어주고 있다.

요크를 특정화하려면 위치와 형태가 가장 중요하다. 〈그림 6.20a〉는 진 스타일의 백요크가 보이는데 요크 높이는 옆선 솔기와 뒷중심에서의 길이고 요크솔기는 직선이다. 〈그림 6.20b〉는 요크솔기의 위치를 보여주는데 이는 HPS에서부터의 길이다.

변형된 요크인 〈그림 6.20c〉는 디테일 스케치를 사용해주는데 〈그림 6.21〉은 구체적으로 뒷중심에서의 길이(6인치), 진동에서의 길이(4¼인치), 각 포인트에서의 요크 처짐 길이(1¾인치), 커브의 디테일(¾인치 곡선과 ½인치 곡선), 그리고 마이터된 각도(예를 들면 45도) 등의 측정 치수를 보여준다.

고뎃

고뎃(godet)은 삼각형의 직물조각이 의복의 밑단 부분에 삽입

그림 6.19 고어 스커트

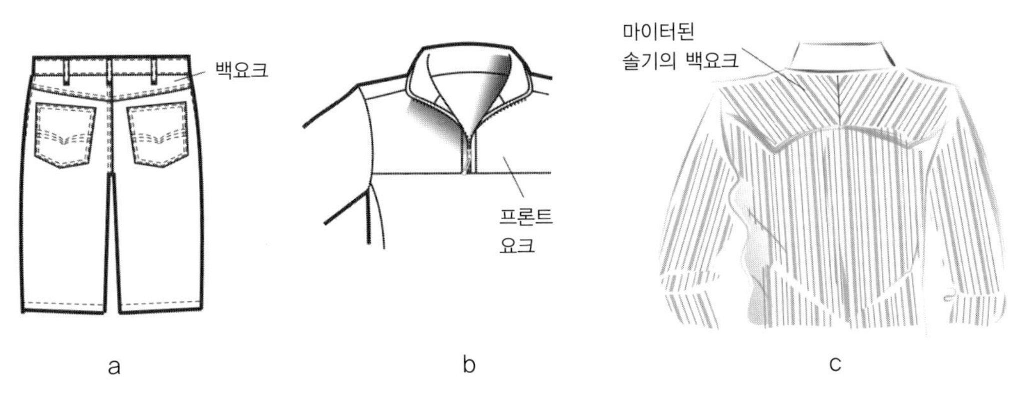

그림 6.20 프론트와 백요크

되어서 착용자의 움직임을 도와주는 디테일로 의복 전체 실루엣에 풍성함을 더하는 것이다. 〈그림 6.22a〉는 솔기에 고뎃이 봉제된 것을 보여주는데 이는 마치 킥 플리츠와 비슷하게 보인다. 〈그림 6.22b〉는 고뎃 안에 또 고뎃이 들어간 예이고 〈그림 6.22c〉는 고뎃이 바이어스로 재단된 **스카프 포인트**(scarf-point)로 이는 멋진 스커트 끝부분의 디테일을 보여주고 있다. 이런 고뎃은 얇은 옷감의 사용에 적절한데 이는 의복에 봉제 시 고뎃의 윗부분에 날카로운 모서리 부분을 만들 때 봉제가 용이하게 하기 위해서다. 얇은 옷감을 사용할 때 〈그림 6.22d〉처럼 원만하고 부드럽게 고뎃의 윗부분을 처리하기도 한다.

고뎃을 테크니컬한 측면으로 특정화하는 데 필요한 특징은 다음과 같다.

- 고뎃의 위치(의복의 위쪽으로부터 얼마나 아래에서 시작하는지)
- 고뎃의 길이
- 고뎃의 넓이(고뎃의 아랫부분에서 가장 넓은 부분을 측정)
- 고뎃의 형태(만약 끝부분이 직선이 아닐 경우)

거셋

거셋(gusset)은 다이아몬드, 삼각형, 또는 특정한 모양으로 재단된 의복의 조각으로 이루어져 진동이나 크로치(crotch) 부분에 운동감과 편안함을 더욱 보강하기 위해 사용된다. 이는 인세트 코너(inset corner), 즉 기모노 소매 안쪽처럼 별도로 재단된 조각을 끼워 봉제하는 방법이다. 〈그림 6.23〉에서는 바이어스로 재단된 가장 기능적인 형태를 보여주고 있다.

거셋은 바지나 거들 같은 긴 언더웨어의 크로치 부분에 사용되어서 좁은 부위에서 여러 방향의 시접이 모이면서 생기는 부피감을 줄여 착용 시 편안함을 주는 역할을 한다(그림 6.24 참조). 바지에 거셋을 사용하는 것은 여성복보다는 남성복에서 더 흔한 방법이다(그림 6.24 참조).

슬릿과 벤트

슬릿(slit)과 **벤트**(vent)는 둘 다 긴 직선형의 오프닝으로 이는 착용자의 운동감을 증진하는 데 사용된다. 이 두 가지의 차이점은 슬릿은 맞트임이라 불리며 이는 단의 끝부분이 서로 만나고 있다는 것이고 벤트는 겹트임이라 불리고 트임을 열었을 때 별도의 원단이 한 겹 더 위치해 있는 것이다(그림 6.25).

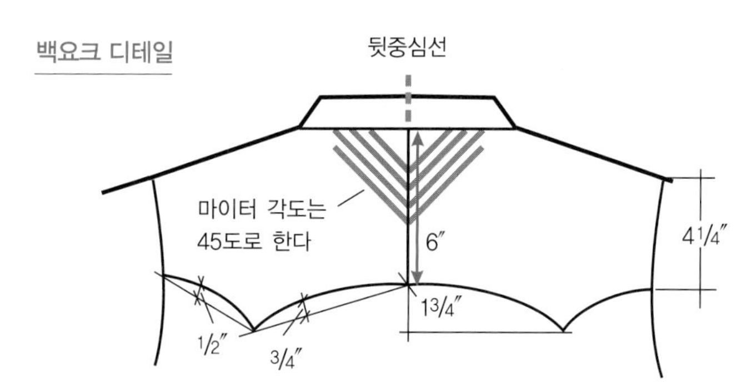

그림 6.21 그림 6.20c의 마이터드 요크를 위한 디테일 스펙

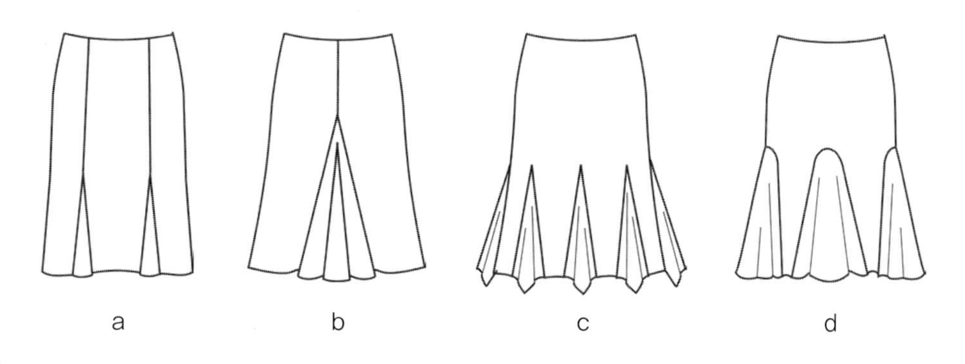

그림 6.22 고뎃

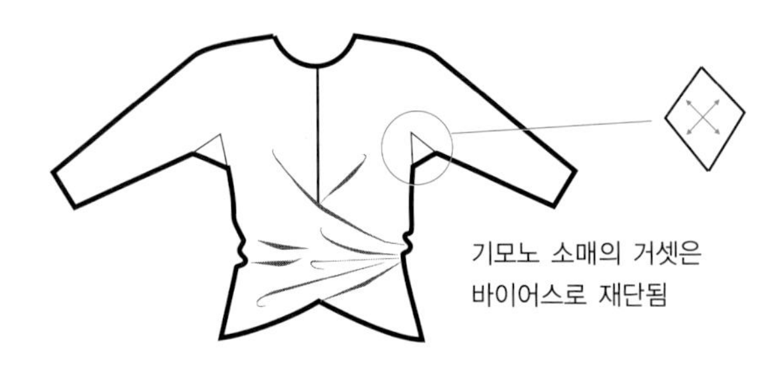

그림 6.23 기모노 슬리브의 거셋

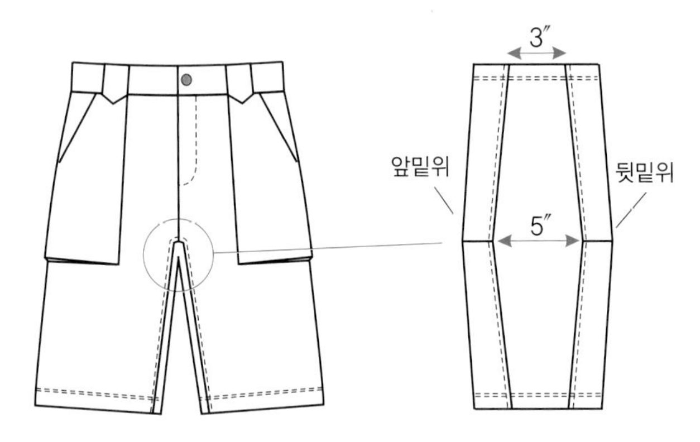

그림 6.24 팬츠의 거셋

디자이너의 셰이핑 방법 선택

지금까지 이 책에서는 디자이너들이 독특하고 기능적인 의류 상품에 사용할 수 있는 다양한 셰이핑 방법을 탐구하였다. 〈그림 6.26〉부터 〈그림 6.29〉에서 다양한 셰이핑 방법을 통해 다양한 실루엣을 인체의 형태에 맞게 고정하는 방법들을 보여준다.

이들은 다양한 시나리오에 따라 다양하게 사용되는 셰이핑 방법들이다. 〈그림 6.26a〉는 다트 없이 사용 가능한 다양한 셰이핑 방법들, 허리와 어깨의 개더를 사용해 옆선을 구성하는 방법들을 보여주고 있다. 이는 마치 고대 그리스의 키톤(chiton)과 같은 디테일이다.

〈그림 6.26b〉는 허리 절개선 다트를 보여주는데 이는 의복의 패턴을 만드는 데 사용하는 원형과 비슷한 모양이다. 이런 형태의 절개선과 다트는 의복을 몸에 아주 꼭 맞는 핏으로 만드는 데 도움이 된다. 이는 매우 슬림하고 단순한 룩인 중국의 전통 의상인 청삼을 연상하게 해준다(그림 5.8e 참조).

〈그림 6.26c〉는 개더가 바디스 앞중심선에 사용되어 가슴 실루엣을 형성한 예를 보여준다. 이런 셰이핑은 고무실을 사용해 아주 좋은 결과를 가져올 수가 있고 이런 스타일은 어떤 가슴 형태에도 잘 맞게 사용될 수 있다. 앞중심선을 기준으로 왼쪽과 오른쪽에 있는 추가적인 개더들은 핏을 위해 사용된 것이 아니라 더욱 멋진 스타일을 만들기 위해 사용되었다.

〈그림 6.27a〉는 가슴과 허리에 여러 개의 핀턱이 다트를 대신해 신체의 굴곡을 살려주는 것을 보여준다. 〈그림 6.27b〉에서는 개더가 가슴 부분과 허리선에 보인다. 이 스타일의 개더는 한쪽 솔기에만 들어간 것으로 신축성 있는 고무밴드로 고정된 것이 아니다. 끼워 넣은 몸체 중간의 삼각형 조각은 가슴과 허리를 강조하기 위한 부분으로 이는 바이어스로 재단될 수 있다(바이어스 방향으로 패턴들을 끼워 넣어 봉제하면 인체의 윤곽에 더욱 잘 맞게 할 수 있기 때문이다). 〈그림 6.27c〉는 가슴선 위쪽의 개더를 보여주는 것으로 이 경우에는 고무실을 이용한 셔링이다. 이런 스타일은 복잡한 절개선이나 다트 없이 편안한 실루엣을 형성하고 있어 나이트 가운

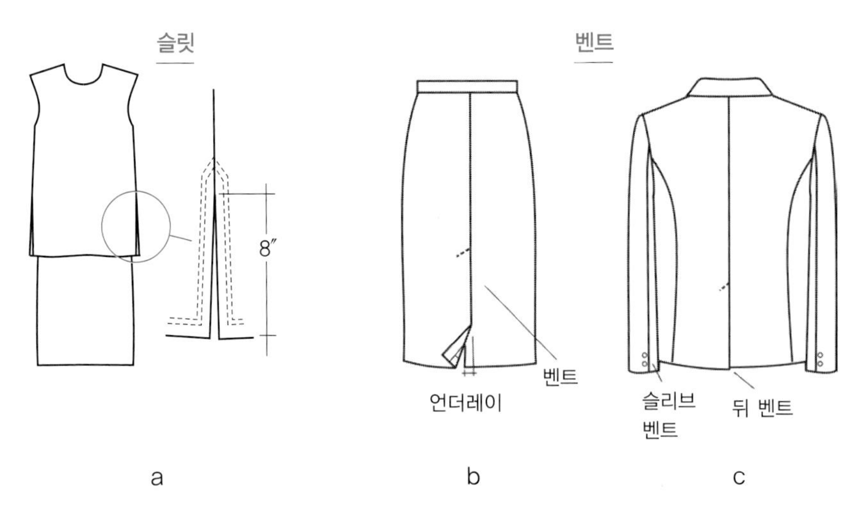

그림 6.25 슬릿과 벤트

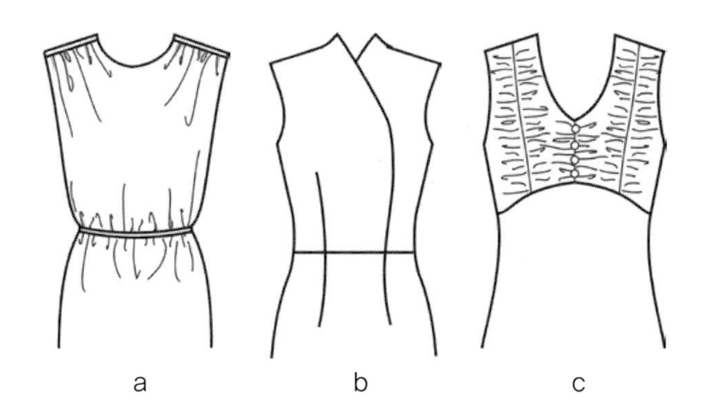

그림 6.26 셰이핑 방법 1

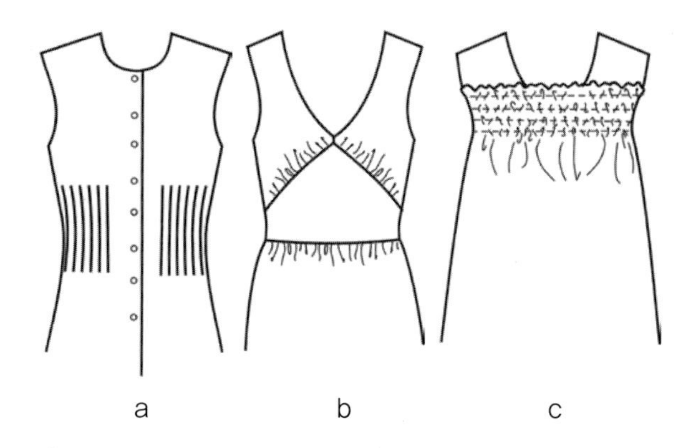

그림 6.27 셰이핑 방법 2

이나 라운지웨어에 적합한 스타일이다.

〈그림 6.28a〉는 가슴 바로 아래에 솔기라인에 핏되는 스타일로 다트가 이를 통해 슬림한 핏을 연출한다. 〈그림 6.28b〉는 서플리스 또는 랩 의복의 왼쪽과 오른쪽의 부분이 서로 교차되는 스타일을 보여주고 있다. 서플리스 스타일에는 다양한 변화된 스타일이 있는데 서로 비대칭적인 스타일 효과가 매우 호감을 주는 스타일이다. 앞중심선에서 좌우 앞판이 교차될 때 신체가 노출되지 않도록 주의해야 한다. 〈그림 6.28c〉는 2개의 다양한 다트를 대신해 사용한 다양한 절개선의 응용을 보여준다. 이 디자인 선들은 가슴과 허리선이 매끄럽게 잘 맞도록 해준다.

〈그림 6.29a〉는 변형된 프린세스 라인의 한 종류를 보여준다. 〈그림 6.29b〉는 다트 셰이핑, 특히 〈그림 6.14a〉와 같은 모양이나 줄로 묶을 수 있게 끝 처리가 되어 있어 착용자가 원하는 대로의 핏을 제공해준다. 〈그림 6.29c〉는 두 가지 셰이핑 방법을 보여준다. 하나는 카울 네크라인이고 또 하나는 긴 대각선의 다트(long diagonal dart), 즉 **프렌치 다트**(french dart)로서 이는 옆솔기선에서 허리 부분으로 자리 잡은 다트를 의미한다.

요약

셰이핑의 선택은 다양한 요인 중에서도 특히 타깃 소비자의 기능적이고 심미적인 요구, 트렌드, 비용 등을 고려해 이루어져야 한다.

디자이너들의 창조성과 타깃 소비자에 대한 이해가 의류상품의 생산에 대한 지식, 즉 의복 구성, 소재, 직물 등과 연관되어서 적절한 셰이핑 방법을 선택하게 된다.

연구문제

1. 20~40대의 타깃 소비자층의 여성복 탑을 디자인해보라. 2개의 서로 다른 다트나 다트 대체물을 사용하고 이 방법을 고른 이유를 설명해보라.
2. 다트를 이용해 여성복의 탑을 디자인해보라. 이 다트들의 스펙 페이지를 만들어보라.
3. 가장 인기 있는 다트나 다트 대체물 2개를 제안하고 왜 그

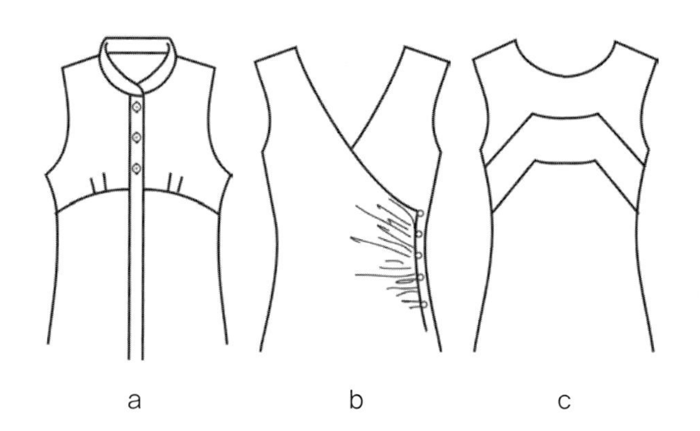

그림 6.28 셰이핑 방법 3

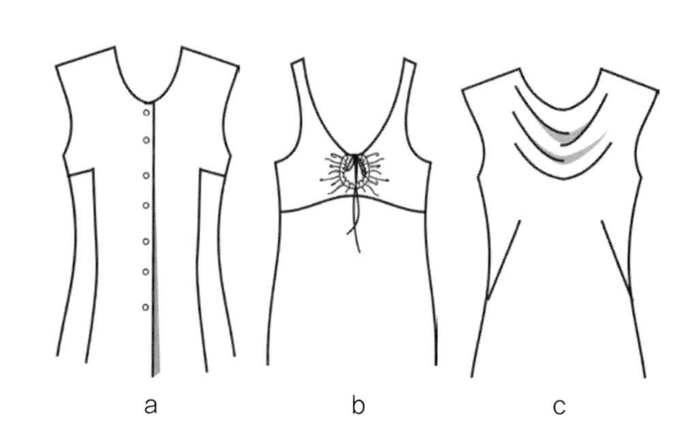

그림 6.29 셰이핑 방법 4

두 가지가 선정되었는지를 설명해보라.

4. 〈그림 6.13d〉와 같은 커프를 위한 개더를 하나 디자인하고 〈그림 6.14〉처럼 러플 트림이 달린 것도 하나 디자인해보라. 디자인의 그림을 그리고 위치를 정확하게 특정화해 적어보고 개더링 비율도 정해보라. 샘플을 만들어보라.
5. 플리츠를 위해 사용되는 스펙은 무엇인가?

이해 확인

1. 다양한 다트나 다트 대체물을 적어보라.
2. 다트나 다트 대체물이 사용되는 이유는 무엇인가?
3. 기계 플리츠는 무엇이고 어떤 것들이 있는가?
4. 이즈(ease)는 왜 필요한가? 이는 의복의 어느 곳에 사용되는가?
5. 다트나 턱과 같은 것을 테크니컬하게 표시하는 데 사용되는 정보는 무엇인가?
6. 다양한 플리츠를 적어보고 각각의 종류에 대해 설명해보라.
7. 각 유형의 플리츠를 사용하는 의복을 디자인해보라.

참고문헌

Calasibetta, C. M., and P. Tortora. 2003. *The Fairchild Dictionary of Fashion*(3rd ed.). New York: Fairchild Books.

CHAPTER 7

직물[1]과 재단 방법

학습목표

1. 직물의 구조를 이해한다.
2. 우븐과 니트 직물의 차이점과 유사점을 이해한다.
3. 직물의 종류와 패턴에 따른 재단 방법의 차이를 이해한다.
4. 디자인 디테일에 따른 각 의복 패널의 직물 선택 방법의 중요성을 인식한다.
5. 테크니컬 디자인 관점에서 재단 방법과 직물 사용법을 알아본다.

주요용어

가로올(crosswise grain, weft, fill)
가먼트 바이어스(garment bias)
게이지(gauge)
경사 니트(warp knit)
그리지(greige)
날실(warp)
능직(twill weave)
니트(knit)
도비(dobby)
러닝스타일(running style)
레이업(lay-up)
링킹(linking)
마커(marker)
바스켓 조직(basket weave)
반복(repeat)
보우드(bowed)
보텀 웨이트(bottom weight fabric)
삼능직(herringbone twill)
셀비지(selvedge)
수자직 또는 공단(satin weave)
시플리 레이스(schiffli lace)
식서 방향(lengthwise grain)
스큐드(skewed)
씨실(weft)
양방향(two-way direction)
엔지니어드 프린트(engineered print)
우븐(woven)
원사염색(yarn dye)
위편성 니트(weft knit)
웨일(wale)
인터로크(interlock)
일방향(one-way direction)
자카드(jacquard)
정바이어스(true bias)
직물 레이아웃(fabric layout)
직물염색(piece-dyed fabric)
코스(course)
탑 웨이트(top weight)
텐터(tenter)
텐터링 과정(tentering process)
토크드(torqued)
파일(pile)
평직(plain weave, tabby weave, taffeta weave)
폴아웃(fallout)
핸드(hand)
행어(hanger)

---

1 역자 주 : 국내에서는 일반적으로 'sweater'를 '니트'라 하고, 란제리나 티셔츠 같은 '니트원단'은 '저지(jersey)'라 한다. 이 책에서 '니트'는 두 부류를 포함한 모든 '편물류'를 의미한다.

이 장은 의류상품에서의 직물과 직물의 사용에 관한 중요성을 연구한다. 두 종류의 직물, 즉 우븐 직조물과 니트가 연구되는데, 각 직물의 디자인 디테일과 사용에 따라서 다양한 재단 방법이 사용된다. 이 책에서는 직조직물은 우븐으로, 편성물은 니트로 표시한다. 테크니컬 디자인의 측면에서 재단의 디테일과 재단과 관계된 주의사항도 알아본다.

직물

직물의 질은 의류상품의 품질을 결정하는 매우 중요한 요소다. 각각의 직물은 서로 다른 특성을 가지고 있어서 그 특성에 맞는 가이드라인을 적용해야 한다. 디자인이 종이에 그려져 있을 때와 직물을 사용해 실제 의류상품으로 만들어졌을 때 동일하게 최고의 멋을 사랑할 수 있어야 한다. 각각의 직물은 독특한 특성을 가지고 있으므로 디자인의 특성에 따라 잘 맞는 직물을 선택하는 것이 매우 중요하다. 예를 들어 딱딱한 느낌이 드는 직물의 경우에는 부드럽고 흘러내리는 듯한 느낌을 주는 의복을 만들기 어렵다. 그러므로 고급스럽고 섬세한 느낌의 실크 리넨(silk linen)은 값이 싼 캐주얼 바지나 스커트로는 적합하지 않다. 직물의 선택은 의류상품으로 만들어졌을 때 어떤 느낌을 원하는지, 어떤 가격대의 상품을 만들지에 따라 결정되어야 한다.

게다가 상당수의 직물들은 각각의 특별한 재단 방법과 취급 방법을 요구한다. 직물의 선택은 완성된 상품의 외관, 품질과 비용을 결정하는 매우 중요한 요소다. 이런 문제들은 작업지시서가 만들어질 때부터 우선적으로 특정화되어 지시되어야 하고 토론되어야 한다. 이렇듯이 디자이너들은 직물의 선택과 생산 과정에서 생겨날 수 있는 모든 기술적 문제들을 미리 고려해야 한다.

핸드

핸드(hand)는 직물의 느낌을 뜻하는 단어로서 직물의 특성을 묘사하는 단어다. 이 용어는 직물이 어떻게 의복으로 만들어지는지를 결정해주는 중요 요소이다. 이는 다소 주관적인 개념으로 경험이 많은 디자이너들의 경우 만져보고 느껴봄으로써 주어진 직물이 어떤 스타일에 적합한지 판단하는 근거를 잃는다. 제안된 식물이 얇건 섬세하건 두껍건 간에 이런 모든 특성은 의복의 최종 용도에 따른 특정 의복의 스타일의 사용에 적절한지를 결정한다.

새로운 직물이 디자이너나 머천다이저에게 제안될 때 직물 판매 담당자는 이런 직물들의 예를 **행어**(hanger) 또는 **핸드 샘플**(hand sample)형으로 보여준다(그림 7.1). 새로운 직물이 디자이너나 머천다이저에게 제안되었을 때 직물의 판매 담당자는 9~12인치 정도의 직물 스와치를 〈그림 7.1a〉처럼 보여준다. 이는 행어 형태의 샘플로 보여주는데 이때는 작은 컬러 스와치도 샘플로 사용 가능하다. 이 경우에 직물은 **러닝스타일**(running style)로서 어떤 특정 회사만을 위해 특별 제작된 직물이 아닌 모든 회사가 구입하여 상품 개발에 사용할 수 있는 직물이란 뜻이다. 만약 직물에 커다란 프린트 디자인이 있다면 패턴의 크기와 리피트를 보여주도록 큰 크기로 제시되

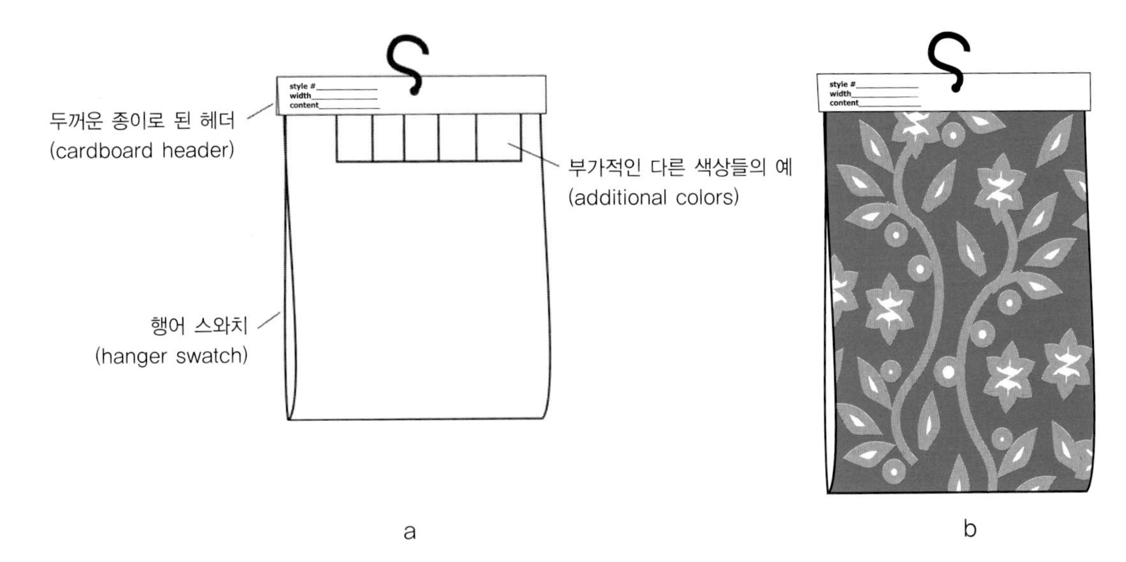

그림 7.1 직물 행어 스와치

어야 한다. 행어 스와치는 가끔씩 디자인실 팀원들에게 다양한 직물의 특성과 더불어 디자인한 원래의 의도에 맞는 무게, 드레이프, 부드러움, 색상의 깊이, 신축성, 주름이 생기는 정도, 다른 특성들이 적합한지를 고려하고 최종 판단을 하는 데 도움이 된다. 직물 행어는 직물을 걸어서 보관하기 용이하므로 걸어 두고 자료로 보기에 편리하다(그림 7.1b 참조). 직물 행어는 두꺼운 종이인데 이는 중요한 정보, 즉 직물의 성분, 직물의 길이 등에 대한 정보를 포함하고 있다.

직물의 핸드인 촉감은 여러 요소에 의해 영향을 받는데, 어떤 경우에는 현미경으로 관찰해야 보이는 미세한 실의 꼬임이나 구조 등에 의해서도 영향을 받는다. 섬유의 성분은 가장 중요한 요소 중 하나로, 예를 들어 면과 같은 섬유는 보편적으로 이해가 되는 직물이므로 직물을 표현하는 데 '코튼의 촉감(cottony hand)'이라고 불리기도 하는데, 현실적으로는 코튼이 사용되었든 사용되지 않았든 간에 코튼과 같은 느낌을 주는 직물이란 뜻으로 건조하고 편안한 느낌을 주는 직물 모두를 일컫는 말이다. 직물의 구조나 실의 개수(thread count) 역시 직물의 부드러운 정도(pliability) 또는 불투명한 정도(opaqueness), 직물의 촉감이 딱딱한가 부드러운가 또는 촘촘한가 느슨한가 등을 결정한다. 촉감을 표현하는 다른 단어들로는 빳빳한(crisp), 부드러운(smooth), 유연한(supple), 섬세한(delicate), 종이같이 얇은 느낌의(papery), 거친(harsh), 고상한(lofty), 차고 축축한(clammy), 헐거운(loose), 단단한 느낌의(boardy), 얇팍한(flimsy), 건조한(dry), 비치는(sheer), 유연해 드레이프가 잘 잡히는(drapey), 액체 같은(fluid), 늘어붙는 듯한(clingy), 딱딱한(stiff), 견고한(firm), 탄성이 있는(springy), 벨벳 같은(velvety) 등이 있다. 행어 스와치의 촉감, 취급 방법, 직물을 쥐었다가 놓았다가 하는 등의 검사를 하면서 직물이 어떻게 반응하는지 등의 운동감을 보면 직물이 어떤 용도로 사용되는 것이 적절한지에 대한 어느 정도의 확실한 감을 잡을 수 있다.

얀 사이즈

직물을 만들어주는 실을 바로 얀(yarn)이라고 부른다. 얀의 사이즈는 완성된 직물에 중요한 영향을 준다. 무거운 실로 만들어진 직물은 얇은 실로 만든 직물에 비해 거칠고 직물이 딱딱한 느낌을 주면서, 한편으로 좀 더 견고하고 주름이 덜 가는 직물이 된다. 가벼운 경사와 무거운 위사로 직조된 우븐 직물은 수평방향, 즉 무거운 위사방향으로 힘 있고 바삭거리는 느낌을 준다. 그런 직조의 예는 〈그림 7.2c〉에서 볼 수 있다. 이는 슬림팬츠를 만드는 데 최적의 직물일 것이다. 그러나 스커트를 만들 경우에는 수평적인 딱딱함이 문제가 될 수가 있다. 이 직물은 많은 볼륨을 가진 스타일에는 잘 맞으나, 스커트가 부드러운 드레이프성 주름 효과를 필요로 한다면 적합하지 않다.

우븐과 니트

직물은 크게 우븐(woven)과 니트(knit)로 나누어볼 수 있다. 많은 사람들은 직물을 보고 우븐인지 니트인지를 구분하지 못한다. 그러나 의류 디자인에서 이 두 종류의 구분은 기본적

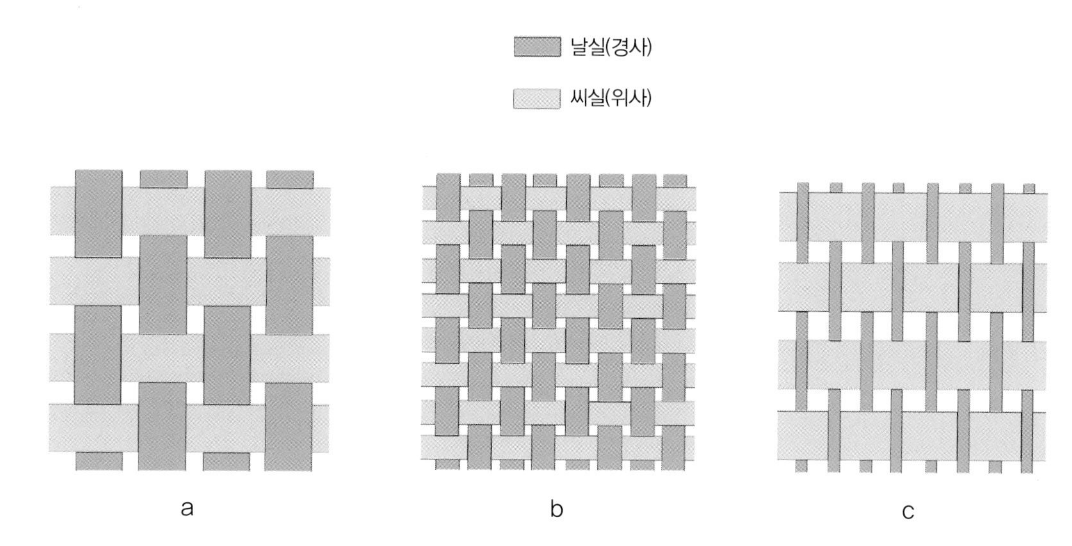

그림 7.2 평직의 종류

으로 가장 중요하다. 패션 디자이너들은 대개 우븐이나 니트 둘 중 한 가지 분야에서 전문적으로 커리어를 쌓는데, 성공하는 디자이너가 되려면 두 가지 분야 모두에 대한 이해와 경험적 지식을 갖는 것이 바람직하다.

우븐(woven)은 경사와 위사로 이루어진다. 경사는 **날실**(warp yarn)이라 하고 이는 **엔드**(end)라고도 불리는데 직조기의 종광(harness)에 세로방향(길이방향)으로 사용되는 실이고 위사는 **씨실**(weft yarns)로 이는 **필링**(filling), **픽**(pick), **크로스와이즈 그레인**(crosswise grain)이라고도 불린다. 직물을 만들기 위해서는 실이 북(bobbin)에 감기고 그런 다음 북을 포함한 셔틀을 직조기의 좌우로 움직이면서 직조기에 매달려 있던 수직의 실과 북에 담겨진 수평의 실이 왔다 갔다 하면서 실들이 교차된다.

우븐 직물

우븐 직물은 보통의 경우에 니트 직물(편물)보다는 좀 더 꽉 채워진 직물 구조를 만든다. 가장 흔한 우븐 직물의 구조는 평직이다. 또 다른 직물의 구조로는 능직과 수자직이 있다.

평직

평직(plain weave)은 경사와 위사가 간단하게 서로 수직을 이루면서 이루어진다(그림 7.2). 각 위사는 반복적으로 경사 위와 아래를 오고 가며 이루어진다. 평직은 바둑판 모양을 만들어준다(Kadolph, 2007). 평직의 가장 흔한 예는 침대보를 들 수 있다. 이는 강도나 딱딱한 정도가 평직에 가장 가깝기 때문이다. 평직은 주름이 잘 생기고 다림질이 필요하다. 평직 종류에는 샴브레이(chambray)와 포플린(poplin)이 있다.

〈그림 7.2a〉와 〈그림 7.2b〉를 보고 경사와 위사를 비교해 보자. 〈그림 7.2a〉의 경사와 위사가 〈그림 7.2b〉에 비해 훨씬 두껍다. 그러나 각각의 예에서 경사와 위사의 실들은 균형 잡혀 있으며 이런 평직으로는 브로드클로스(broadcloth), 머슬린(muslin) 또는 보일(voile)을 예로 들 수 있다. 또 다른 평직으로는 태비 위브(tabby weave) 또는 타페타 위브(taffeta weave) 등을 예로 들 수 있다.

〈그림 7.2c〉는 포플린과 같은 직물을 보여주는데 이는 위사가 경사보다 두꺼운 경우다. 이는 립 조직 또는 이랑 조직이라 한다. 평직 원단은 위사와 경사의 크기와 모양에 따라 다양하게 변화한다. 이들은 장식사의 종류인 부클레(bouclé), 트위드(tweed), 또는 메탈릭(metallic) 등과 함께 직조할 수도 있다. 또한 평직 원단은 프린트나 자수 등의 바탕 원단으로 사용될 수도 있다. 평직 원단의 무게는 매우 비칠 듯하게 얇은 직물인 조젯(georgette)부터 낙타모로 만든 오버코트의 직물까지, 또한 한 걸음 나아가 공업용으로 사용되는 매우 두꺼운 직물까지 다양하게 만들어진다. 평직은 다양하게 변형될 수 있고, **바스켓 조직**(basket weave)이라고 불린다. 이는 2개의 경사가 2개의 위사를 지나가면서 만들어지며 매트 위브(matte weave)라고도 불린다. 바스켓 조직의 직물이 바닥에 까는 매트에 주로 사용되기 때문이다. 직물은 2개 이상의 얀들이 하나로 직조되는 것을 의미하는데 경사의 숫자와 위사의 숫자를 사용해 묘사된다. 예를 들어 4×4란 4개의 경사와 4개의 위사가 함께 직조되는 것을 의미한다(Humphries, 2009).

능직

〈그림 7.3a〉는 능직을 보여주는데 이는 실들이 서로 교차되어 있다. **능직**(twill weave)은 대각선 모양의 서로가 평행한 립(rib)을 가지고 있다. 위사들이 하나의 경사를 통과하고 2개나 그 이상의 경사 아래를 통과하는 과정을 반복해서 표면에 대각선의 모양을 만든다. 이런 종류의 직물은 많은 실들이 한 영역에 몰려 있으므로 매우 내구성이 강하고 **플로트**(float), 즉 경사와 위사가 교차하지 않은 부분들은 직물이 매우 부드럽고 편안하다. 다른 특성들은 주름을 회복하는 능력, 내구적인 착용, 바깥면과 안쪽면의 커다란 차이점들을 가지고 있다. 능직의 종류로는 데님(denim), 개버딘(gabardine), 치노(chino) 등을 들 수 있다.

능직의 종류로는 삼능직이 있는데 이는 위사와 경사가 서로 다른 색상으로 되어서 특이하고 아름다운 외부 형태를 만들어준다. **삼능직**(herringbone twill)은 직물에의 골을 보통의 간격과 반대로 만들어준다. 이는 청어(herring)의 등뼈와 같은 모습을 만들어준다. 그래서 헤링본이란 이름으로 불리며 슈트와 코트 등에 적합한 직물이다(Humphries, 2009).

수자직

수자직(satin weave)은 위사가 많은 경사들을 아래로 지나가거나 뛰어넘어 가는 것이다(그림 7.3b). 이로 인해 수자직 직물은 부드럽고 광이 나며 드레이프가 잘 되는 특성이 있다. 위사가 많은 수의 경사를 한꺼번에 길게 지나가며 생긴 헐거운

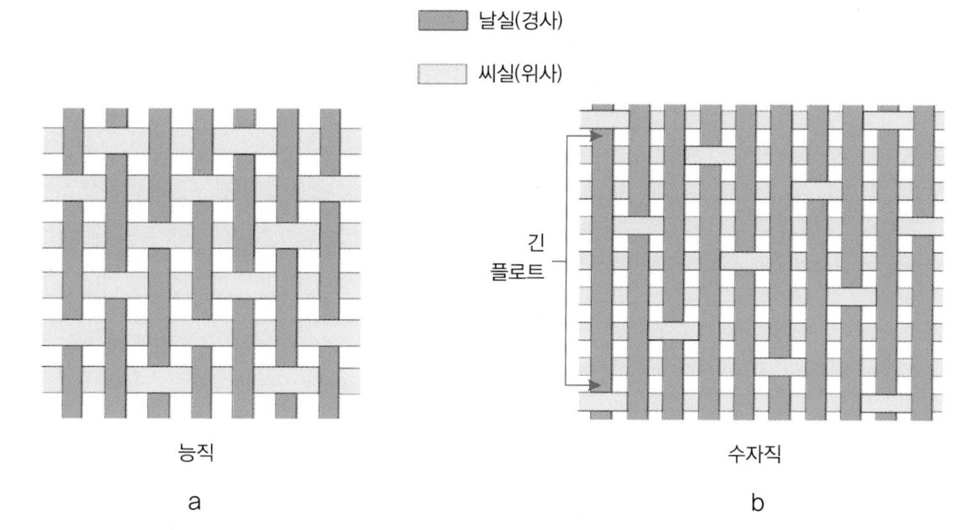

그림 7.3 능직과 수자직

조직으로 인해 여기저기 잘 걸려 원단에 흠이 잘 생기는 단점이 있다. 가장 자주 볼 수 있는 구조로는 5실의 반복(five-end repeat)인데 이는 4개의 실이 위쪽에 있고 1개의 실이 아래쪽에 있는 구조다. 〈그림 7.3b〉에서는 8개의 실의 반복이 골고루 나누어진 긴 플로트를 가지고 있는 경우를 볼 수 있다. 이 경우는 드레이프성을 증진하나 내구성은 떨어질 수 있다.

자카드

자카드(jacquard)는 직조기에 특별한 도구를 첨부해서 복잡한 패턴의 직물을 만드는 것을 의미하는데 예로는 브로케이드(brocade) 또는 마틀라세(matelassé) 등의 직물을 들 수 있다. 자카드 직조기를 통해 만들어지는 다른 직물들로는 다마스크(damask) 또는 태피스트리(tapestry) 등을 들 수가 있다.

도비

도비(dobby)는 도비라는 특수한 기계 부품을 직조기에 부착해 기하학적인 도형의 패턴을 갖는 직물을 만드는 기계를 의미한다. 예를 들면 새의 눈(birdseye), 못의 머리 모양(nail head), 벌집 모양(honeycomb) 등의 패턴을 들 수 있다.

파일

파일(pile)은 표면 직물로서 벨벳, 코듀로이(corduroy)를 예로 들 수 있다. 파일 직물은 윗방향과 아랫방향을 가지고 있는데 윗방향을 갖는 파일 직물은 색상 자체가 더 진하고 어둡다. 이에 반해 아랫방향을 가진 것들은 색상이 밝고 연하다. 이런 것들은 직물이 의복의 패턴으로 잘렸을 때 고려되어야 하며 자세한 내용은 이 장의 후반에서 다시 다루도록 한다.

파일의 표면은 3개의 실 주변에 루프로 이루어진 W형이거나 하나의 실 주변에 루프로 이루어진 V형이다. W형의 직물은 좀 더 내구성 있고 고급스러운 직물이라고 할 수 있다(그림 7.4 참조). 벨벳이나 코듀로이 스와치의 끝부분 섬유질을 조금 잡아당겨 보면 어떤 파일형으로 이루어졌는지, 즉 V형인지 W형인지를 쉽게 구별할 수 있다. 가격대가 조금 낮은 V형이 보편적으로 사용된다.

파일 직물은 파일에 공기를 효과적으로 보유하므로 신체의 열을 보호하고 열효율이 좋아 절연재료로 많이 사용된다. 파일 구조를 가진 다른 직물들로는 인조 모피(fake fur)와 플리스(fleece) 등을 들 수 있고, 이는 아우터웨어에 많이 사용된다.

우븐 직물과 관련된 용어

〈그림 7.5〉는 우븐 직물의 주요 용어를 설명하고 있다. 확대된 그림은 평직의 가장자리 식서, 즉 셀비지(selvedge)를 보여주고 있다.

세로올 식서 방향 혹은 세로올 방향은 경사(warp yarn)로서

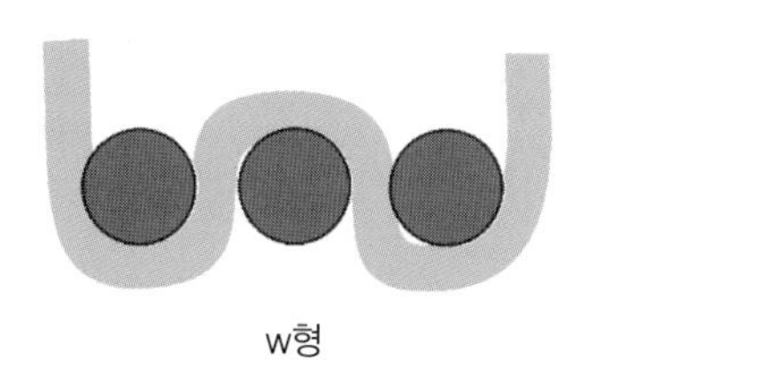

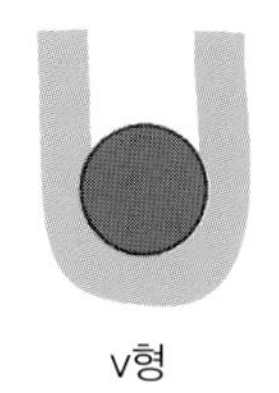

그림 7.4 W형 파일과 V형 파일

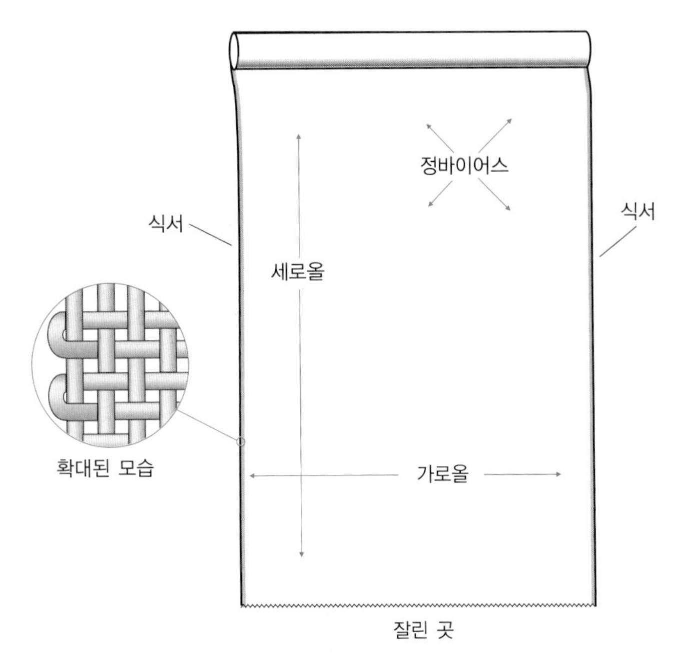

그림 7.5 우븐 직물과 관련된 용어

직조가 시작되기 전에 직조기에 걸린다. 위사(weft yarn)는 경사의 위와 아래로 가로 방향으로 움직여지면서 직조가 이루어진다. 셀비지(selvedge)는 식서 방향의 직물 가장자리를 말한다. **식서 방향**(lengthwise grain)은 경사로 이루어지고 길이가 매우 길게 이루어질 수 있다(예를 들면 하나의 직물 롤은 약 50야드나 된다). 기술적으로 볼 때, 경사실은 직조되는 동안의 잡아당기는 힘을 잘 견뎌내기 위해 강도가 강해야 한다. 직조 후 완성된 직물을 기계에서 내리면 실들이 이완된다. 이때 직물이 너무 많이 이완되면 세탁 후 길이 방향으로 수축이 많이 일어난다. 이것이 의복이 가로올 방향(crosswise)보다는 세로올 방향으로 더욱 수축하게 되는 이유다. 세로올 방향은 신축성이 덜해 의복에서 견고성이 필요한 영역인 스커트의 허리밴드 또는 남성용 셔츠의 백요크 등에서 사용된다. 이는 오랜 시간이 지나도 의복의 형태를 잘 관리하도록 하는 특성에 도움이 된다.

식서　식서, 즉 **셀비지 에지**(selvedge edge)(그림 7.5)는 직물의 셀프 에지인데 이는 세로올 방향으로서 위사가 직조 시에 경사와 서로 교차함으로써 이루어진다. 셀비지는 다소 두껍고 무거운 실로 만들어져서 **텐터**(tenter) 프레임 등에서 핀들로 셀비지를 고정하는데 이때 텐터 구멍(tenter holes)을 만들게 되며 이런 다양한 제조 공정에서도 내구적이게 한다. 대부분의 우븐 직물 셀비지에는 텐터 구멍들이 있는데 이는 직물의 제조 과정에서 안쪽이 위로 향하게 되어서 제조되므로 직물의 외부에서 안쪽으로 구멍이 뚫려 있다. 이런 **텐터링 과정**(tentering process)은 직물에 있는 주름, 신축을 잡아당기고 늘어나는 것을 방지하고 또한 올을 바르게 하고 다른 직물의 마지막 처리공정을 바르게 하기 위한 과정이다. 이런 공정이 제대로 이루어지면 직물의 올이 바르지 않은 것에 의해 생기는 **스큐잉**(skewing)(그림 7.8)을 방지할 수 있다[니트 직물에서 올이 바르지 않아 생기는 문제점을 **토킹**(torqueing)이라고 부른다].

직물이 직조가 바로 끝난 상태를 생지 또는 **그리지**(greige)라 부르고 이런 상품을 그리지 구즈(greige goods) 또는 그레이 구즈(gray goods)라고 부른다. 이 상태는 염색, 표백 또는 다른 어떤 처리가 되지 않은 상태를 말한다.

선택된 직물이 생지 상태라면 이는 벌써 직조가 끝난 상태란 뜻이므로 의류상품 제조공정이 오래 걸리지 않고 또한 의류상품의 제조와 납품이 비교적 빨리 이루어질 수 있다.

의복의 올이 잘 맞지 않은 상태에서 재단이 이루어지면(cut off-grain) 식서 방향으로 올이 돌아갈 것이다. 예를 들어 플레어 보텀(flared bottom)인 바지의 경우에 각 패턴의 조각인 패널들이 직선의 올에 잘 맞지 않을 것이고, 이런 경우에 한쪽 바짓부리가 다른 바짓부리와 균형을 이루지 않아 바지의 플레어 양쪽이 조화를 이루지 못할 것이다. 인심이나 아웃심이 꼬이거나 플레어가 한쪽이 너무나 많고 다른 쪽은 적게 되는 경우도 발생할 것이다.

직물을 올 방향에 맞추지 않고(off grain) 재단하면 직물을 많이 줄일 수 있기 때문에 제조자들이 제조 비용을 줄이기 위해 의도적으로 오프 그레인으로 재단하기도 한다. 직물의 종류, 전체 의복의 길이 등에 따라 의복의 외형은 결정된다. 의복의 길이가 길수록 오프 그레인으로 인한 적절하지 못한 의복의 외관이 발생할 것이다. 예를 들면 슬림핏인 짧은 스커트를 트위드 직물로 만들 경우에는 올 방향에 맞지 않게 재단했어도 그 부정적인 효과는 덜할 것이나 이에 반해 쉬스 드레스(sheath dress), 롱 코트(long coat), 개버딘 팬츠(gabardine pants) 등에는 효과가 크게 나타날 것이다. 올(grainline)은 의복의 질을 평가하는 데 매우 중요하다. 〈그림 7.6〉은 왼쪽과 오른쪽의 패널이 서로 다른 올 방향으로 재단된 스커트를 볼 수 있다. 오른쪽(착용자의 왼쪽) 플레어가 왼쪽보다 더욱 크고 이때는 둘 다 바람직한 효과를 내지 못한다. 그러나 그 둘

그림 7.6 의복이 올 방향에 맞지 않게 재단되었을 때

은 하나의 의복으로서 당연히 잘 매치되어야 한다. 바지의 예에서 오른쪽은 올이 잘 맞게 되고 왼쪽은 올이 잘 맞지 않게 재단되었기에 바짓부리가 꼬여 있고 플레어가 균형 있게 잡히지 않았다.

가로올 **가로올**(crosswise grain)은 크로스 그레인 또는 위사(weft), 필(fill), 그리고 위드스(width) 등으로 불리며 가로올은 세로올(warp)과 함께 교차하면서 직조된다. 어떤 경우에는 직물이 의도적으로 가로올 방향으로 재단된다. 예를 들면 직물의 패턴을 맞추기 위한 것이나 드레이프 때문이다. 이때 드레이프는 경사와 위사에 의해 결정되는데 경사가 위사보다 두껍고 무겁기 때문이다. 이런 경우에는 직물의 사용이 증가되고 또한 가로올보다도 직물 자체가 내구적이지 않다.

가로올은 세로올과 정확하게 90도를 이루어야 하며 그렇지 않을 경우는 직물이 오프 그레인(off-grain) 또는 **보우드**(bowed)(그림 7.7)되는데 이는 직물의 올이 맞지 않고 가로올이 직물과 비대칭되는 경우를 말한다(Brown & Rice, 2001), **스큐드**(skewed), 또는 **토크드**(torqued)는 또 다른 용어로 직물의 올이 맞지 않고 가로의 올이 셀비지 부분으로 밀린 경우를 의미한다(Brown & Rice, 2001). 〈그림 7.8〉은 직물이 스큐드된 것을 보여주고 이런 불량 부분은 스트라이프일 경우 특히 문제가 된다.

〈그림 7.7b〉는 같은 분량의 보우(bow)가 있으나 직물의 프린트 덕에 눈에 띄지 않게 잘 가려질 것이다. 그러나 만약에 직물이 세탁 후에 안정화되어서 올이 맞게 되돌아가게 된다면 이는 의복을 비틀어지고 꼬이게 만들 것이다.

〈그림 7.8〉은 보우드된 직물(bowed fabric)처럼 직물의 올이 맞지 않지만 이 경우에는 한쪽의 끝이 다른 끝과는 다르게 보인다. 이런 경우는 직물의 제조 시 직물의 한쪽 끝 셀비지가 다른 끝 셀비지보다 기계에 빨리 들어가서 발생한다. 스큐드된 직물로 만든 의복은 보우드된 직물로 만든 의복의 경우에서처럼 패턴을 맞추는 것도 어렵고 세탁 후 의복의 질에도 문제가 생길 것이다.

의복의 패널은 식서 방향 재단이든 가로올 방향 재단이든 특별한 이유가 없다면 반드시 올을 바로 맞추어 재단해야 한다. 또한 패턴을 매치하기 위한 것이 아니라면 반드시 바른 그레인(straight grain)으로 재단되어야 한다.

a

b

그림 7.7 보우드된 직물의 예

그림 7.8 스큐드된 직물의 예

〈그림 7.9〉는 표준 올 방향의 예를 보여준다. 식서 방향은 가로올 방향보다 안정석이고 강하다. 가로올 방향은 세로올 방향보다 신축성이 있고 약하다. 〈그림 7.9a〉는 남성복 셔츠에서의 요크와 커프를 보여주는데 이들은 식서 방향으로 재단되고 봉제되어서 직물이 늘어나는 것을 막아준다.

여성용 스커트(그림 7.9b)는 허리밴드가 식서 방향으로 재단되어서 늘어지는 것을 방지해준다. 포켓의 안단은 식서로 재단되었고 바이어스로 재단된 포켓의 끝부분을 안정화시켜 준다. 스커트 앞판의 옆부분 패널은 스커트의 그레인 방향을 따라간다.

바이어스

명확하게 말한다면, 우븐 직물이 정확하게 올 방향을 따라 수평, 수직으로 평행되도록 재단되지 않으면 전부 **바이어스**(bias)라고 부른다. 그런 이유에서 '바이어스 방향'이란 용어는 어폐가 있다. 바이어스는 의복의 모든 영역에서 사용될 수가 있고 다양한 적용이 가능하기 때문이다.

정바이어스(true bias)는 세로올과 가로올이 45도 각도로 이루어진 경우를 의미하고, 이는 최대의 신축성을 제공한다(그림 7.5). 의복 전체를 정바이어스로 재단할 경우는 대칭 드레이프(symmetrical drape)의 효과를 낸다. 바이어스는 독특한 형태를 의복에 제공해주고 의복 전체가 바이어스로 재단되었을 경우에는 특별한 디자인 라인이나 곡선솔기, 또는 다른 과도한 디테일을 넣지 않고 의복의 스타일링을 단순하게 하는 것이 좋은데 이때 의복의 경사와 위사가 자연스럽게 균형을 이룬다.

바이어스로 재단된 플래킷이나 신축성이 없는 의복의 패널에 바이어스 직물의 끝이 봉제될 때 이는 특별한 주의를 요구하는 어려운 제조 과정이다. 바이어스 A라인 스커트의 경우만 해도 스커트의 중심선이 정바이어스여야 의복이 신체에 걸쳐지는 정도인 '행(hang)'이 고르게 나타난다.

그러나 모든 종류의 직물이 바이어스 재단에 적당한 것은 아니다. 헐렁하게 직조된 직물 종류가 미끄러운 실 등으로 직조될 때는 어떤 종류의 바이어스 재단에도 적당하지 않다. 왜

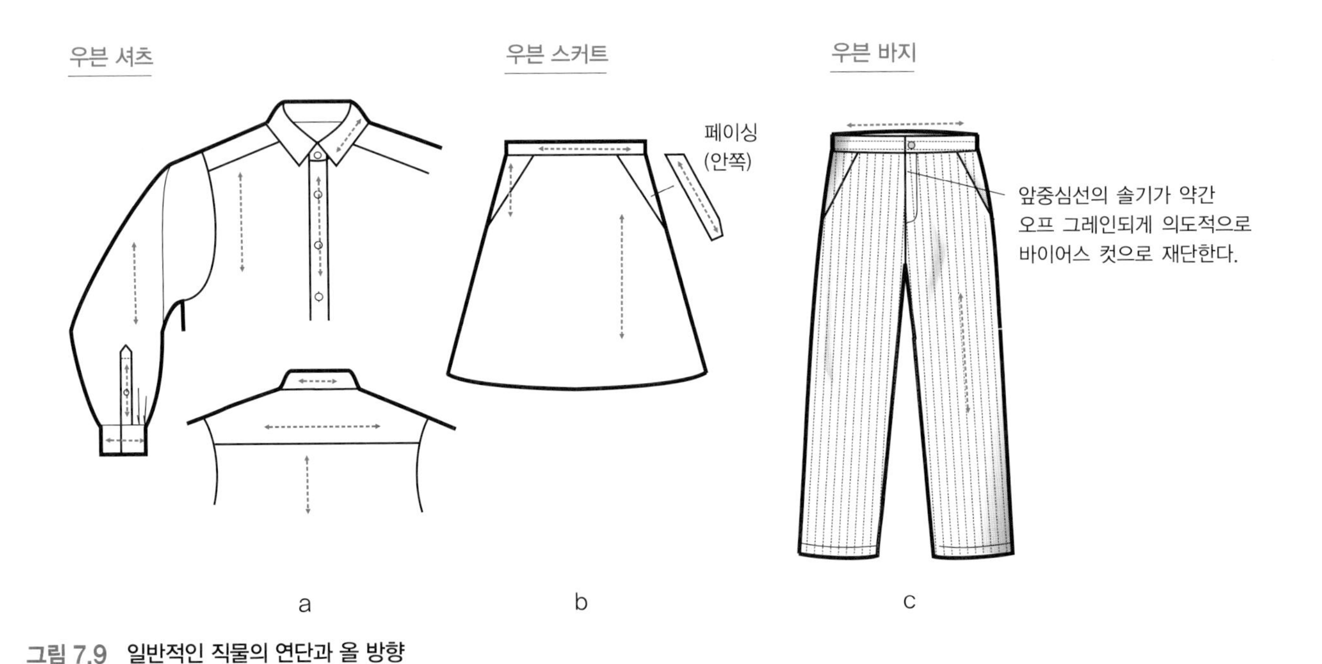

그림 7.9 일반적인 직물의 연단과 올 방향

냐하면 이들은 힘 없이 처질 수 있기 때문이다. 또한 바이어스는 팬츠 또는 매우 꼭 끼는 스타일의 의복에는 적절하지 않다. 왜냐하면 무릎이나 팔꿈치 등과 같이 접고 펴는 운동이 필요한 장소에서는 직물이 촘촘하게 직조되지 않아 늘어져서 무릎이나 팔꿈치에 자국이 날 수 있기 때문이다.

바이어스는 의복의 부분적인 영역에서 아주 효과적으로 사용될 수 있다. 팬츠의 경우에는 프론트 플라이(front fly)가 올 방향에서 벗어나 약간씩 바이어스로 재단되면 신축성을 제공해줄 수 있다. 이때 이런 바이어스는 **가먼트 바이어스**(garment bias)라는 용어로 불리는데 이는 45도가 아닌 어떤 각도의 바이어스로 재단된 것을 의미한다(그림 7.10).

〈그림 7.11〉은 또 다른 바이어스 재단의 예를 보여준다. 이들은 전부 정바이어스로 재단된 45도 각도의 바이어스 예를 보여준다. 〈그림 7.11a〉는 인세트 카울 네크라인(inset cowl neckline)을 보여주는데 이는 아주 좋은 바이어스 재단의 사용 예이다. 〈그림 7.11b〉는 허리 부분을 바이어스 재단해 연결한 것(bias waist insert)을 보여주는데 이는 바이어스 파이핑(bias piping)과 함께 사용되었다. 〈그림 7.11c〉는 소녀의 드레스에 부착된 바이어스 러플(bias ruffle)과 바이어스 소매(bias cuffs)와 바이어스 안단(bias facing)을 보여준다.

여기서 드레스 자체는 바이어스가 아니지만 다른 디테일과 피니싱(finishing)은 바이어스이다(그림 7.12). 〈그림 7.12a〉는 키 홀 디테일(key hole detail)을 갖는 목선에 바이어스 피니싱을 가지고 있다. 〈그림 7.12b〉는 캐주얼 팬츠의 옆 봉제선과 부리에 바이어스 바인딩을 사용한 예를 보여준다. 이는 바이어스를 장식 디테일의 요소로 사용하고 있다(바이어스가 시접 끝 처리에 사용되는 다른 예들은 제10장을 참조하라).

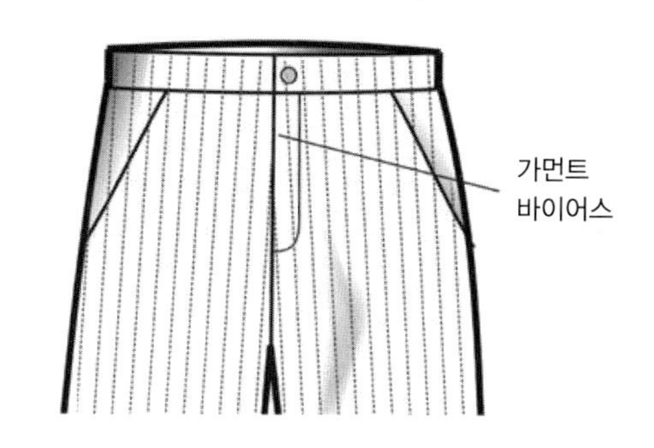

그림 7.10 팬츠 앞중심선에서의 바이어스 컷

직물 무게 : 우븐 직물 선택의 중요 조건

직물 무게는 디자인에 따른 직물의 선택에서 가장 중요한 요소 중 하나다. 무거운 직물은 많은 섬유 사용을 요구해 비용과 관련되고 심미적인 디자인을 결정하는 매우 중요한 요소다. 예를 들어 매우 두꺼운 직물은 얇은 직물에 비해 개더나 드레이프의 효과를 잘 만들지 못한다. 이에 비해 얇은 직물은 두꺼운 직물이 만들 수 있는 볼륨효과나 또는 절연의 효과를 만들지 못한다.

그림 7.11 의복의 다양한 부분에 바이어스 재단을 적용한 예

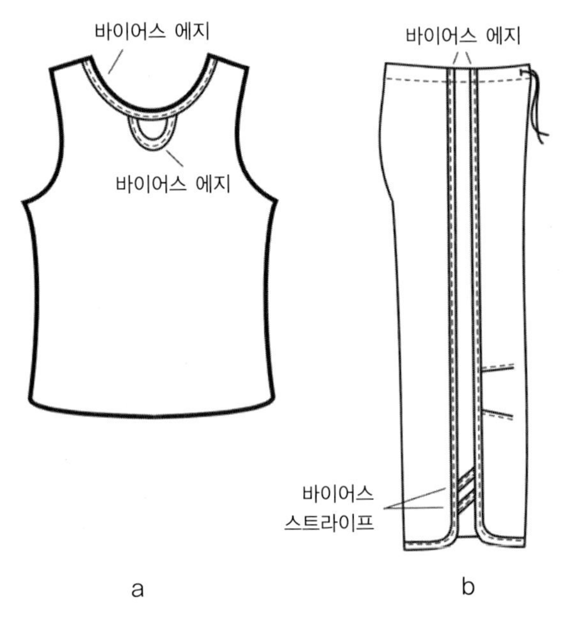

그림 7.12 장식을 위한 바이어스

바지를 만들기에 적절한 무게의 직물은 **보텀 웨이트**(bottom weight)라고 부르고 가벼운 블라우스나 셔츠 등을 만들기에 적절한 직물은 **탑 웨이트**(top weight)라고 부른다. 드레스 스타일은 보통의 경우에 톱 웨이트 직물(top weight fabric)로 만들고 몸에 꼭 맞는 실루엣의 스타일은 보텀 웨이트로 만들기도 한다. 〈표 7.1〉은 다양한 직물의 무게와 특징을 비교한다.

실크는 무게 단위로 **모메**(momme)를 사용하는데(4.33g/m^2) 모메의 숫자가 높을수록 무거운 직물이란 뜻으로 이는 무겁고 두꺼운 실로 직조되거나 직조 시 실들이 빽빽하게 놓이는 경우를 뜻한다. 직물의 무게는 보통의 경우 제곱미터당 얼마나 많은 그램이 들어가나(g/m^2) 또는 제곱야드당 얼마나 많은 온스(ounces)가 들어가나(oz/yd^2, oz/sqy)에 따른다. 각 직물제조 공장이 어느 나라에 위치하느냐에 따라서 사용되는 단위는 제곱미터당 그램이 되거나 제곱야드당 온스가 될 수 있다.

니트

니트(knit)란 실들이 서로 주변 실들과 루프, 즉 고리를 걸어서 직물이 만들어진다. 이 장에서 말하는 니트는 의도적으로 스웨터를 포함하지 않은 컷-앤드-소(cut-and-sew)된, 즉 재단과 봉제를 통해 완성된 니트상품을 의미하는 것으로 아동복, 티셔츠 등의 의류상품 카테고리를 의미한다. [주의 : 의류회사에서는 주로 니트상품을 크게 2개로 구분하는데 이는 컷-앤드-소와 스웨터이다. 니트라고 불리는 것은 대부분 컷-앤드-소, 즉 커다란 편물직에 패턴을 놓고 잘라서 봉제한 의류상품류로 니트 티셔츠 등을 의미하고, 스웨터는 주로 두꺼운 얀을 이용해 각각의 패널을 니팅하고 이 패널들을 서로 링크 머신인 링커(linker)에 연결해 만드는 제품들로 재봉틀 등을 통한 봉제가 가해지지 않는 제품을 의미한다.]

니트 직물은 우븐 직물에는 없는 신축성을 제공한다. 니트 직물은 편안하고 여러 의류상품 영역에서 아주 인기가 높다. 두 가지의 중요한 니트류는 위편성과 경편성이다.

위편성 니트

위편성 니트(weft knit)는 스웨터의 루프 구조와 비슷하다. 실들이 수평적으로 고정된 베드에 걸린 래치 훅 니들(latch hook needle)로 펼쳐지며 짜이는 플랫 베드이건 환편으로 짜이는 통형 베드이건 상관없이 의복을 만든다. 이런 원통형으로 짜여진 편성물을 수직으로 잘라서 넓게 펼쳐 사용하기도 한다. 가장 흔한 니트 직물의 구조는 저지, 립드 니트(ribbed knit),

표 7.1 직물의 무게 비교

	무게(그램)	무게(아운스)	예
비치는 직물(sheer fabric)	50gm/m^2까지	0.5oz/sq yd까지	비치는 직물, 커튼, 시폰
가벼운 직물(light fabric)	50~150gm/m^2	1.5~4.5oz/sq yd	얇고 비치는 직물, 셔츠용 직물, 안감용 직물, 상의를 만드는 데 사용되는 무게의 직물
중간 무게의 직물(medium fabric)	150~300gm/m^2	4.5~9oz/sq yd	데님, 슈트의 하의를 만드는 데 사용하는 무게의 직물
중간 무게~무거운 직물(medium-heavy fabric)	300~600gm/m^2	9~18oz/sq yd	캔버스, 코트용 직물
무거운 직물(heavy fabric)	600gm/m^2 이상	18oz/sq yd 이상	카펫 등을 만드는 데 사용되는 직물

인터로크(interlock)이다. 티셔츠 직물은 위편성 니트의 한 종류이다.

니트는 다양한 외관과 구조를 가지고 있다. 직물의 두께는 실의 종류, 인치당 바늘의 수[**게이지**(gauge)라고 함], 텐션(tension)에 따라 정해진다. 게이지는 기계의 종류에 따라 기술적인 정의로 나타나고 구별된다. 예를 들면 1½인치는 플랫 웨프트 머신(flat weft machine)이고 1인치는 위편성 니트(weft knit)와 트리코트(tricot)이다(Humphries, 2009). 니트는 다양한 무게와 외관을 갖는 의류제품을 만들 수 있는데, 보일드 울(boiled wool)부터 아주 꼭 붙는 타이트 스판덱스(skin-tight spandex)까지 다양하게 만들 수 있다. 컷-앤드-소 니트는 스웨터와 같은 외관을 갖는다. 그러나 이는 실제 스웨터가 **링킹**(linking), 즉 링커(linker)에 의해 패널들이 연결되는 것과는 다른 구조적인 차이를 보인다.

경사 니트

경사 니트(warp knit)는 실이 직물의 길이 쪽으로 지그재그로 나타나는 것이 특징이다. 이런 타입의 니트는 사용실이 튀는 것을 방지한다. 이런 종류의 직물은 경사 니트 기계인 속옷 등에서 주로 사용되는 트리코트인 라셸(raschel) 직물인데 이는 잘 신축하지 않고 부피감이 있는 직물이다. 또한 밀라니스(milanese)는 강하고 부드러운 느낌을 주며 트리코트보다는 고가의 직물이다.

니트의 특성

니트는 기술적으로 따질 때 '그레인'이 없는 직물이지만 재단 방법에서는 그레인이 있는 직물과 비슷한 방법을 따른다. 니트 직물은 자체의 신축성이 있는데 이에 반해 우븐 직물과는 달리 45도의 각도로 잘랐을 때 부가적인 드레이프나 신축성은 기대할 수 없다. 사실상 니트는 바이어스가 없다. 니트는 자체의 신축성 때문에 편안함이 있고 몸에 꼭 맞는 핏과 활동성이 좋다는 장점이 있다. 니트의 신축성 때문에 디자인과 핏에 있어서 매우 다양한 스타일을 창출할 수 있다. 한편 니트 직물은 때로는 내구성이 떨어지고 줄어들거나 늘어날 수 있다는 단점이 있다.

저지는 극세사로 편직되었다는 것을 제외하면 손으로 뜨는 핸드 니트 스웨터와 많은 공통점을 가지고 있다. 이는 스웨터처럼 스티치를 **스토키네트 스티치**(stockinette stitch)라고 부르며 앞면은 평평하고 뒷면인 페어(pear) 사이드는 입체감이 있다. 또한 뒤쪽으로 말려 올라가는 습성이 있고 실이 끊어지거나 빠져나간 부분에는 구멍이 생겨난다. 수평열의 스티치는 **코스**(course)라고 부르고 수직열은 **웨일**(wale)이라고 부른다(그림 7.13). 편물기(knitting machine)는 넓게 펼쳐진 형태 또는 원통형의 편성물을 만들어낸다. 튜블러 직물(tubular

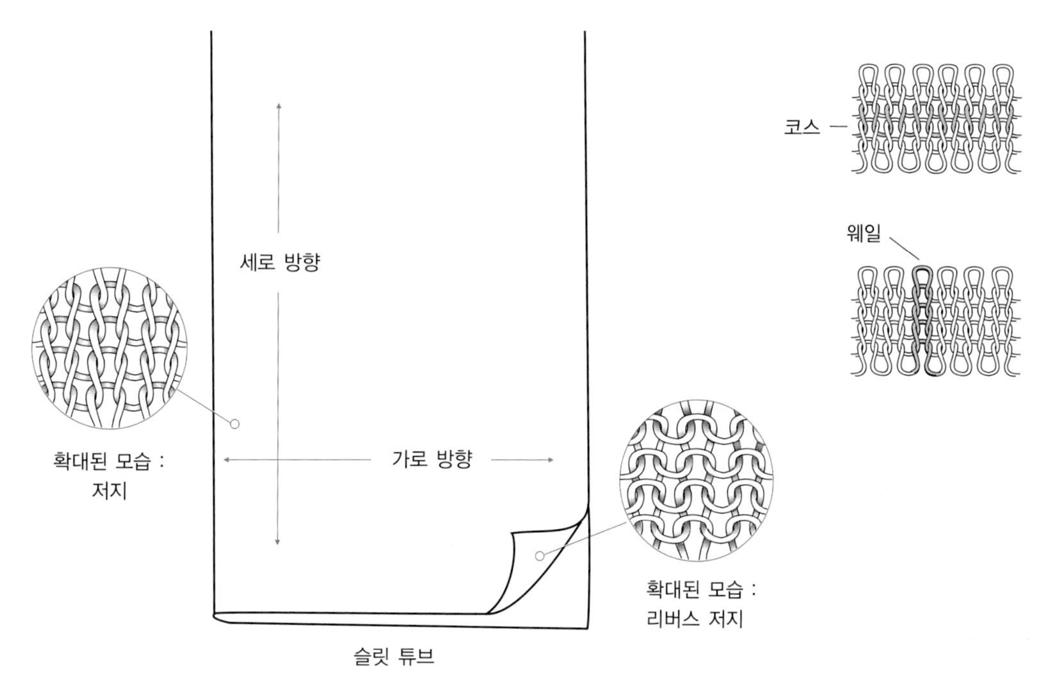

그림 7.13 위편성 니트와 저지 관련 용어

goods)은 직조된 후 직물을 잘라내고 직조기를 열어서 넓게 펼쳐지도록 둔다.

어떤 경우에 티셔츠는 환편인 상태를 그대로 사용하는데 이 경우에는 노동력을 줄여주는 장점이 있으나 이는 티셔츠 제조 시에는 각각의 가슴둘레 사이즈에 따라서 기계를 따로 조정해야 하는 단점이 있다. 각 사이즈에 맞는 티셔츠를 만들 수 있어야 하기 때문이다. 게다가 환편물은 전체가 같은 넓이로 만들어져서 인체에 입혀질 때 가슴둘레, 허리, 힙 모두가 같은 크기로 만들어지게 된다. 이런 이유에서 환편 니트는 여성복처럼 허리의 핏이 강조되는 옷에는 바람직하지 않다.

직조물은 니트인 편물과는 많이 다르기에 편물을 취급하는 공장에서는 이를 어떻게 다루는지 정확하게 이해해야 한다. 편물을 펼치고 재단하는 공정에서도 특별한 주의를 기울여야 직물이 재단대에 놓였을 때 늘어지는 것을 방지할 수 있고 재단된 후에도 자연스럽게 본래의 형태와 크기로 돌아갈 수 있다. 잘못되면 직물의 크기가 너무 작거나 짧게 재단될 수가 있다. 기술이 좋은 공장일수록 하루 정도 자연스럽게 연단해 두어 편물 원단이 충분히 수축 또는 이완되도록 한 뒤 작업하고, 직물 여러 겹을 동시에 자르지 않도록 한다. 서로 다른 직물들은 서로 다른 특성을 가질 수 있으므로 이는 각자에 맞는 재단 방법을 따르게 된다.

립 니트

수직적으로 높고 낮은 효과(high-low effect)는 교차적으로 저지와 리버스 저지(reverse jersey)를 사용해 만들 수 있는데 이렇게 교차적인 저지와 리버스 저지의 조합을 립 니트(rib knit)라고 부른다. 이는 길이 쪽의 립(lengthwise rib)을 만들고 가로 쪽의 신축성을 만든다. 이것을 스웨터와 비교해보면 1×1 립은 손뜨개 시에 '니트 하나와 펄 하나'를 갖는 고무단 뜨기와 같은 구조다.

〈그림 7.14〉는 립 니트가 어떻게 인체에 맞는지를 보여준다. 립 직물은 매우 편안하게 인체의 곡선에 맞는 핏을 만들어준다. 이는 잠옷이나 아동복, 다른 여러 종류의 의복의 카테고리에 사용된다. 두꺼운 두께 덕분에 립 니트는 절연체로 좋고 또한 긴 속옷, 레깅스 등의 보온을 위한 의복에 좋다. 립 니트는 직물의 구조상 많은 공기를 가지고 있기 때문에 절연과 보온성을 제공한다.

립 니트는 몸에 잘 맞는 인체에 편안한 직물이고 의복의 부자재인 트림이나 바인딩 등 의복의 가장자리를 정리하는 데 사용된다. 이는 신축성(elasticity, stretchability)이 저지보다도 많기에 더욱 많이 사랑을 받고 있다. 〈그림 7.14a〉는 전체가 편물로 된 민소매 탑인데 3×1 립구조로 되어서 조금은 두꺼운 립 효과를 보여주고 진동과 목선의 끝 처리 바인딩은 1×1 립으로 되어 있다. 〈그림 7.14b〉는 칼라, 소매, 밑단에 2×2

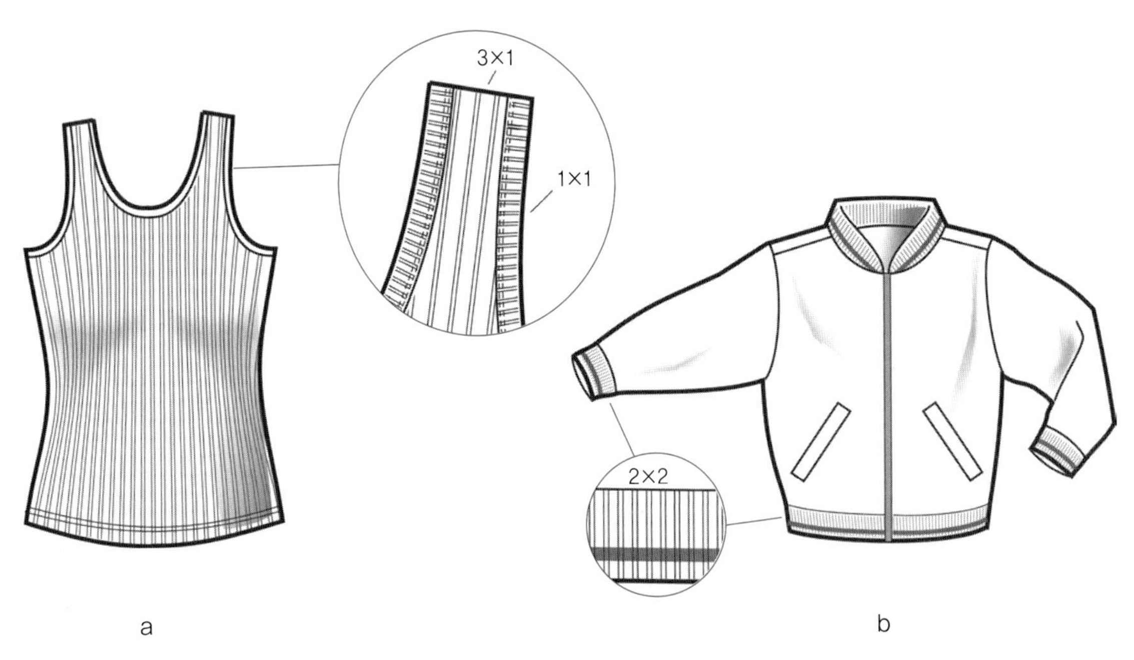

그림 7.14 립 니트를 의복에 적용한 경우

립 니트를 사용해 에지를 정리하고 있다. 확대경으로 보여준 소매의 그림이 이것을 잘 보여주고 있다.

어떤 종류의 립 구조도 특정하게 지정될 수 있다. 예를 들어보면 스웨터나 립이 들어간 셔츠가 1×2×1×2×1×2×3×2×3×2×3×2 같은 립의 구조를 가질 수 있다. 이는 이런 립의 패턴이 의복의 전체에 계속적으로 반복된 그런 구조가 될 것이다.

립 구조에는 많은 실이 필요하다. 하지만 신축성을 제공해 주므로 둘레의 치수는 약간 작게 요구되고 더욱 많은 신축성을 제공하게 된다. 예를 들어 전형적인 저지 티셔츠의 가슴둘레가 18인치(측정치수)였다면 립 구조로 이루어진 니트의 가슴둘레는 직물에 따라 약간의 차이는 있겠지만 그래도 17인치 또는 이것보다 조금 더 작은 치수가 될 것이다.

더블 니트

더블 니트(double knit)는 위편성 니트 과정을 통해 신축성이 매우 좋은 직물을 생산한다. 더블 니트는 늘어나거나 처지지 않으므로 니트류 보텀인 바지나 치마에 많이 쓰이는 직물이다. 왜냐하면 앉았다 일어났다 할 때 직물이 늘어날 수 있기 때문이다. 더블 니트는 앞면과 뒷면의 외관이 똑같이 생겼고 이런 특징으로 **더블 페이스**(double-face)라고도 불린다. 이 직물의 특징은 잘린 부분에서 말려 올라가지 않고 봉제가 쉽다는 것이다.

인터로크

인터로크(interlock)는 위편성 니트로서 2개의 서로 다른 1×1 립 직물들이 서로 교차되면서 함께 니트되어 하나의 직물을 이룬 것을 의미한다. 인터로크는 니트의 가장 흔한 스타일 중 하나로서 앞과 뒤가 서로 같은 외관을 가지고 있어 앞쪽과 뒤쪽을 교대로 사용할 수 있다. 아주 부드러운 표면을 가지고 있고 주로 길이 방향으로 신축성이 있으며 가로 방향으로도 약간의 신축성이 있다. 저지보다 무게는 좀 나가고 안정적인 특징이 있으며 덜 늘어나고, 고급 셔츠나 드레스 또는 코디네이트 등을 만들 수 있다. 두꺼운 종류의 인터로크는 늘어나지 않아서 니트 팬츠 등으로 적절하다. 이렇듯 두꺼운 특성 때문에 제감 바인딩으로는 적합하지 않다. 〈그림 7.14a〉는 만약 인터로크 니트로 만들어지면 립 니트의 경우와는 달리 무겁고 두께가 두꺼워서 인체의 굴곡에 잘 맞는 실루엣을 나타내기에 적절하지 않음을 보여준다. 또한 이 경우에는 바인딩 트림으로도 적절하지 않아서 목과 진동 등의 곡선 부분 끝 처리로는 적절하지 않다. 이에 반해 인터로크는 드레스나 가벼운 재킷 등으로 1×1 립 니트가 적합하지 않은 스타일의 의복류에 적절하다. 디자인을 구상할 때 직물의 선택에 있어 각각의 장점과 단점을 제대로 이해하는 것이 매우 중요하다.

니트 직물의 품질 관련 문제점

우븐 직물에서는 **뒤틀림**(torque), 즉 솔기가 꼬이거나 돌아가는 문제점이 마지막 처리 과정에서 발생할 수가 있다. 니트나 스웨터도 뒤틀림의 문제점이 생길 수 있는데 이런 문제점이 발생하는 기원은 서로 다르다. 니트에서는 한쪽의 솔기가 다른 쪽으로 꼬이거나 돌아가서 솔기의 한편은 앞쪽으로, 솔기의 다른 편은 뒤쪽으로 가는 경우를 볼 수 있다(그림 7.15). 각 의류회사에서는 이런 문제점이 생길 때 의복의 각 부분에 따른 오차허용치수를 지정하는데 많은 양의 뒤틀림, 즉 1인치나 2인치 정도 되는 뒤틀림은 허용하지 않는다.

직물의 레이아웃

작업지시서에 포함되는 가장 중요한 정보 중 하나가 바로 공장이 반드시 알아야 하는 재단 시 주의사항이다. 이런 주의사항은 원하는 의복의 디자인과 외관을 얻기 위해 반드시 고려해야 할 부분이다. 공장의 기술자들은 직물의 패턴조각들을 잘 맞추는 것을 계획해야 하고 아주 주의 깊은 사고로 경제적이고 심미적인 효과를 최저의 비용으로 획득해야 한다. 실제

그림 7.15 니트류 의복에서의 뒤틀림

적인 생산 과정에 들어가면 마커(marker)가 만들어진다. 단색 직물의 경우에는 비교적 재단이 쉽고 단순해 직물의 바깥쪽을 위로 또는 아래로 놓을 것만을 결정하면 된다. 격자무늬(plaid), 패턴의 크기가 클 경우, 특정 종류의 트윌(twill), 기모가 있어서 잔털이 일어나거나 또는 보풀이 세워진(napped) 직물들은 좀 더 신중하게 작업해야 한다.

마커 만들기

공장에서 주어진 직물을 스타일에 맞게 재단할 때는 **마커**(marker), 즉 주어진 패턴을 가장 효과적으로 직물 위에 배열해 재단 시 최대의 심미적 · 비용적 효과를 내고자 하는 방법을 준비한다. 타이트 마커(tight marker)는 작은 패턴 조각들을 큰 패턴 조각 주변에 아주 잘 배열해 마치 퍼즐처럼 최고의 효과를 내는 것을 의미한다. 패턴 조각 사이사이에 위치하는 사용할 수 없는 조각의 직물들을 **폴아웃**(fallout)이라고 부른다.

아주 적은 양의 폴아웃을 갖는 타이트 마커를 만드는 것은 제조공장에게 아주 중요한 일이다. 보통의 경우 폴아웃은 10~15% 정도가 가장 평균적이다. 전체 생산량을 고려하면 1%의 직물만 아껴도 수천 야드를 아낄 수 있으므로 이는 막대한 양이 된다. 이런 이유에서 패턴 조각들은 마커에서 약간씩 겹쳐지고 눈에 잘 띄지 않는 작은 패턴 조각들의 경우에는 올 방향을 의도적으로 조금 틀어서(off grain) 재단하는 경우가 있다. 그러나 눈에 쉽게 띄는 의복의 주요한 패턴 피스들은 올 방향에 맞게(grain) 마커에 배치하고 재단되어야 하고, 직물의 셀비지 쪽으로는 약간씩의 여유분을 두어서 직물이 재단대에 펼쳐질 때 직물 폭의 미세한 차이에 대한 변화를 고려해야 한다. 어떤 직물의 경우에는 직물의 폭이 56인치여야 하지만 1인치가 더 늘어난 57인치일 수도 있기 때문이다.

과거에는 특별한 종이인 마커 페이퍼(marker paper)에 직접 손으로 마커를 그리고 베껴서 만들었다. 그러나 현재는 컴퓨터 프로그램으로 마커를 만든다. 거버 가먼트 테크놀로지(Gerber Garment Technology)라는 회사에서 개발된 애큐마크(AccuMark) 또는 패턴 디자인 시스템(Pattern Design System, PDS) 등의 컴퓨터 프로그램이 그 예다. 이런 컴퓨터 시스템은 패턴이나 마커 등의 정보를 복사하고 기록하고 단순화할 수 있고, 풀 사이즈의 패턴을 이용하는 것이 아니라 축소된 사이즈의 패턴을 가지고 쉽게 작업을 할 수 있는 장점이 있다.

〈그림 7.16〉은 마무리된 마커가 어떻게 직물의 파일(stack of fabric) 위에 올려지고 재단을 위해 준비되는지를 잘 보여준다. 예를 들어 재단할 의복이 재킷이라면 패턴이 올의 직선(식서) 방향으로 놓인다. 각각의 **레이업**(lay-up, 재단을 위해 준비된 쌓인 직물들)과 마커는 직물별로 구분되어 준비된다.

플레이드(격자무늬)와 패턴 매칭

의류상품의 패턴, 프린트, 격자무늬 등이 잘 매치되었는지 의류상품의 품질이 정해진다. 매우 작은 체크, 꽃무늬 등은 매칭을 요구하지 않을 수 있다. 그러나 커다란 패턴의 경우는

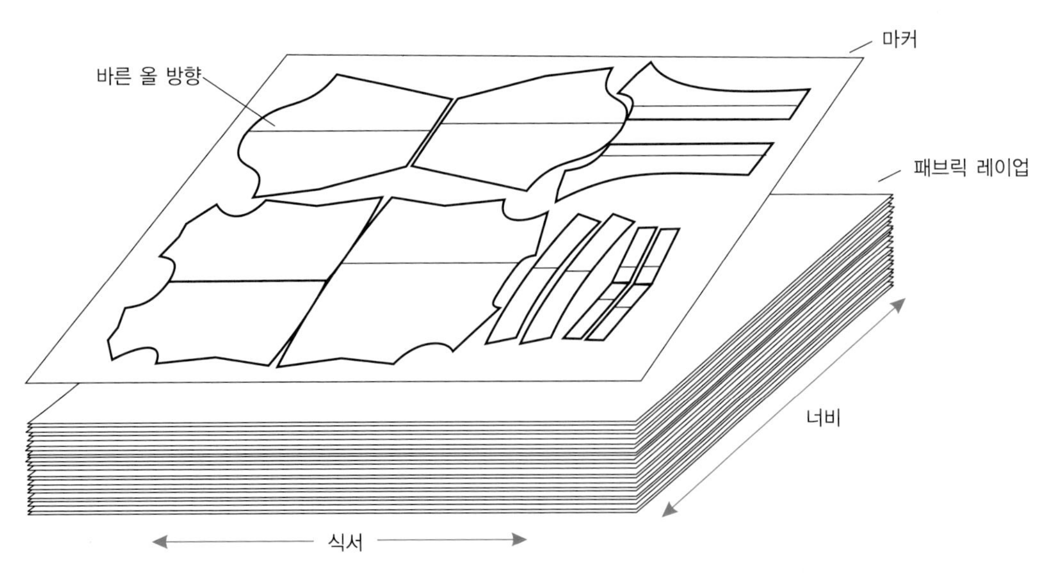

그림 7.16 마커와 레이업

더 나은 의복의 품질을 위해서 면밀한 검사가 필요하다. 고품질의 의류상품일수록 각각의 솔기에서 모든 패턴이 잘 매치하고 있다. 이런 무늬를 잘 맞추려면 직물소요량이 늘어나고 과외의 기술을 활용해서 봉제해야 하므로 의류상품의 생산비용에 영향을 주고 이런 중요한 정보들은 첫 번째 작업지시서가 공장에 보내질 때부터 면밀하게 고려되고 기록되어야 한다.

균형 있는 플레이드일 때의 매칭

플레이드는 직조기에서 색상이 다른 실로서 직조한 우븐 직물이다. 플레이드 직물은 주로 **원사염색**(yarn dye)을 하는 것으로 알려져 있다. 즉 원사 상태에서 먼저 염색이 되고 직조기로 옮겨져 직조되는 것을 말한다. 이는 먼저 직조된 후 염색을 하는 **직물염색**(piece-dyed fabric)과는 다르다. 어떤 플레이드는 직물 자체에 프린트가 되기도 하는데 이 경우는 원사염색 상품과는 직물의 질적으로 많은 차이가 난다. 이러한 경우, 직물이 제조 과정에서 휘는 스큐잉(skewing)이 일어날 수 있어 플레이드를 정확히 매치하는 것이 매우 어렵기 때문이다.

보통의 경우 플레이드는 정사각형이라기보다는 직사각형이고 패턴 자체가 길쭉해서 의복에 놓일 때 날씬하게 보이는 시각적인 효과를 창출한다. 플레이드의 디자인과 매칭은 매우 중요한 품질의 척도다. 만약에 이런 플레이드의 반복, 즉 기본 패턴이 몇 번씩 **반복**(repeat)되어서 사용된다면 작은 체크나 작은 프린트의 경우는 매칭의 주의사항이 그리 복잡하거나 어렵지 않을 것이다. 그러나 매우 압도적인 플레이드의 경우는 직물이 디자인 전체에서 가장 중요한 부분이 되고 이런 경우에는 디자인의 디테일들이 전체의 플레이드와 잘 조화되어서 사용되어야 한다. 〈그림 7.17〉은 슈트의 재킷으로 많은 디자인의 디테일들이 수직과 수평으로 잘 매치되어 있다. 이 예에서 균형 있는 플레이드일 때는 플레이드가 대칭을 이루어야 하는데 이때는 주로 왼쪽과 오른쪽의 대칭이 중요하고 위와 아래의 대칭은 별로 중요하게 여겨지지 않는다. 이때는 무늬가 없는 일반 직물보다는 필요한 직물들이 과외로 더 많이 요구되어서 플레이드의 반복을 성공적으로 이룬다. 플레이드를 선택하는 데 고려되어야 할 또 다른 사항은 플레이드가 골고루 이루어졌는지 여부이다. 〈그림 7.17〉은 재단의 주의사항을 보여주고 있는데 이런 종류의 재킷은 특별한 주의가 필요하다. 이런 주의사항은 작업지시서의 의복 구성과 관련된 정보를 제공하는 봉제작업 지시사항에 포함되어야 한다. 이때 수직적 매칭과 수평적 매칭에 대한 주의사항이 따로 들어가야 한다.

플레이드 매칭은 봉제 측면에서도 고도의 기술이 필요하다. 모든 공장이 이런 고급기술을 가지고 있는 것이 아니므로 플레이드 매칭에 대한 특별한 취급을 위한 설비와 시설을 갖춘 특별한 전문 기술이 있는 공장에 작업이 주어져야 한다.

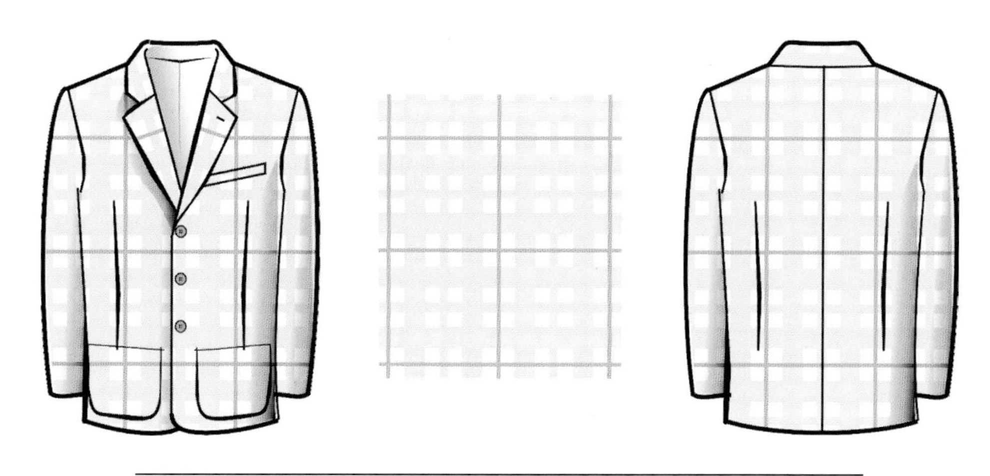

XYZ Product Development, Inc. CONSTRUCTION PAGE
재단 방법 : 기모가 없는 직물, 양방향, 길이 방향
수평 매치-앞판, 소매와 몸체의 연결 부분, 라펠, 패치 포켓, 옆선들, 뒤판
수직 매치-앞가슴 포켓, 패치 포켓, 뒷중심선에서의 톱칼라

그림 7.17 플레이드의 균형 잡힌 매칭

〈그림 7.17〉은 매칭포인트에 대해 필요한 모든 정보를 보여준다.

불균형한 플레이드 매칭

〈그림 7.18〉은 불균형한 플레이드를 매칭하는 방법에 대해 보여준다. 이 의복은 패턴이 전체 몸에 한 방향으로 놓이도록 디자인되었다. 이런 종류의 직물은 재킷이나 라펠 등에 사용될 수 있다. 그러나 이 경우에 이상적인 시각적 균형 효과를 내기 위해서 많은 시간과 노력을 기울여야 한다. 직물의 레이아웃은 모든 패턴 조각들이 위쪽으로 한 방향을 향하는 **일방향**(one-way direction)으로 이루어졌다.

단순한 형태를 갖는 다른 의복류, 즉 개더 스커트 등은 이런 불균형 플레이드를 사용해도 특별한 어려움 없이 의복을 제작할 수 있다. 이런 경우에 매칭의 주의사항은 작업지시서에 잘 정리되어 표기되어야 공장에서 재단할 때 실수를 줄일 수 있다. 플레이드 매칭은 매우 손이 많이 가는 작업이 될 수 있으나 플레이드가 매칭되지 않았을 경우에는 디자인에서 매우 중요하고 아주 치명적인 결과를 가져올 수 있으므로 매우 주의해야 한다.

재단 시 주의사항

〈그림 7.19〉는 일방향으로 재단하는 경우를 보여주는데 이는 〈그림 7.24a〉 또는 〈그림 7.18〉의 예에 사용되는 방법이다. 이런 레이아웃은 양방향으로 재단하는 경우(two-way layout)와 비교해 약 15% 정도의 직물이 더 필요하다. 이런 이유에서 이렇게 매칭의 방향을 맞추는 것이 비용을 결정하는 데 반드시 고려되어야 한다.

〈그림 7.20〉은 의류회사에서 제조공장에 요청하는 2개의 실제 미니 마커의 형태를 보여주고 있다. 〈그림 7.20a〉는 플레이드 직물로 봉제된 의복의 예다. 이 경우에는 〈그림 7.20b〉의 무늬 없는 단색의 직물보다 훨씬 더 많은 직물을 필요로 한다. 플레이드 직물의 경우 야드당 직물 가격이 단색의 직물 가격보다 비싸기 때문에 플레이드 직물과 무늬 없는 직물과의 가격차가 난다. 플레이드의 크기가 클수록 플레이드의 무늬 매치를 위해 더 많은 직물이 필요해 가격차가 더 벌어지게 된다.

비용 면에서 영향을 주는 것이 바로 직물의 플레이드의 정확한 매칭 포인트이다. 예를 들면 어떤 회사에서는 앞판과 뒤판의 플레이드를 옆선 솔기에서 매치하는데, 이러한 경우 그 비용이 훨씬 증가할 수 있다. 그래서 어떤 회사에서는

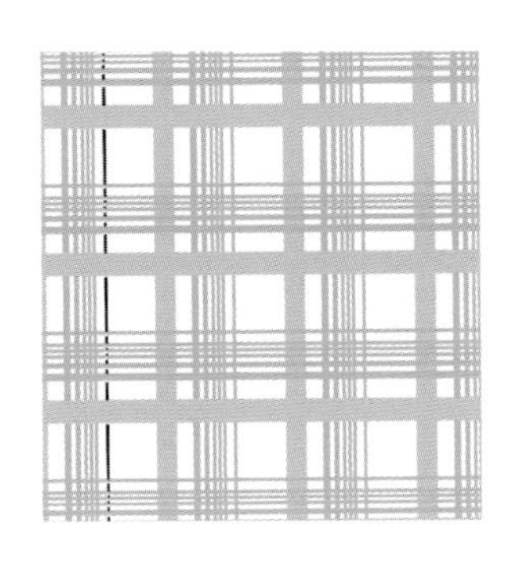

XYZ Product Development, Inc. CONSTRUCTION PAGE
재단 방법 : 기모가 없는 직물, 일방향, 길이 방향
수평 매치-앞판, 소매와 몸체의 연결 부분, 라펠, 옆선들, 뒤판, 웰트 포켓
수직 매치-웰트 포켓, 뒷중심선에서의 톱칼라

그림 7.18 불균형한 플레이드의 매칭

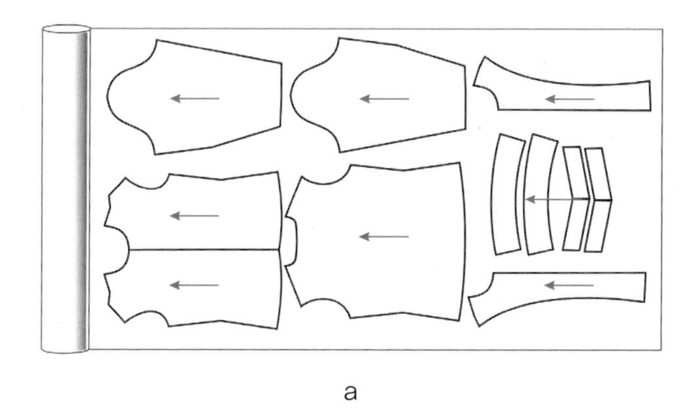

a

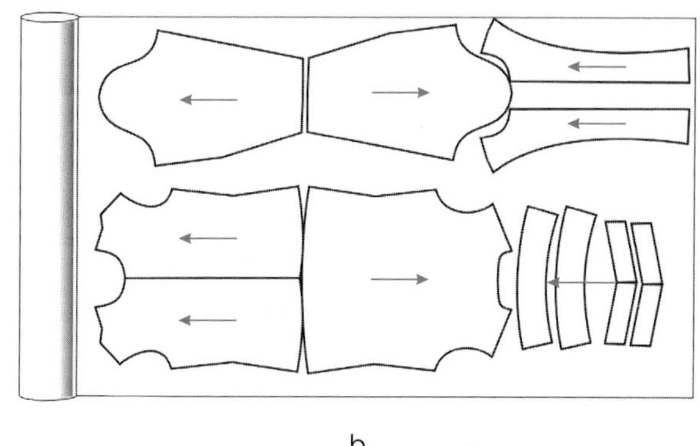

b

그림 7.19 패턴의 일방향 재단, 양방향 재단

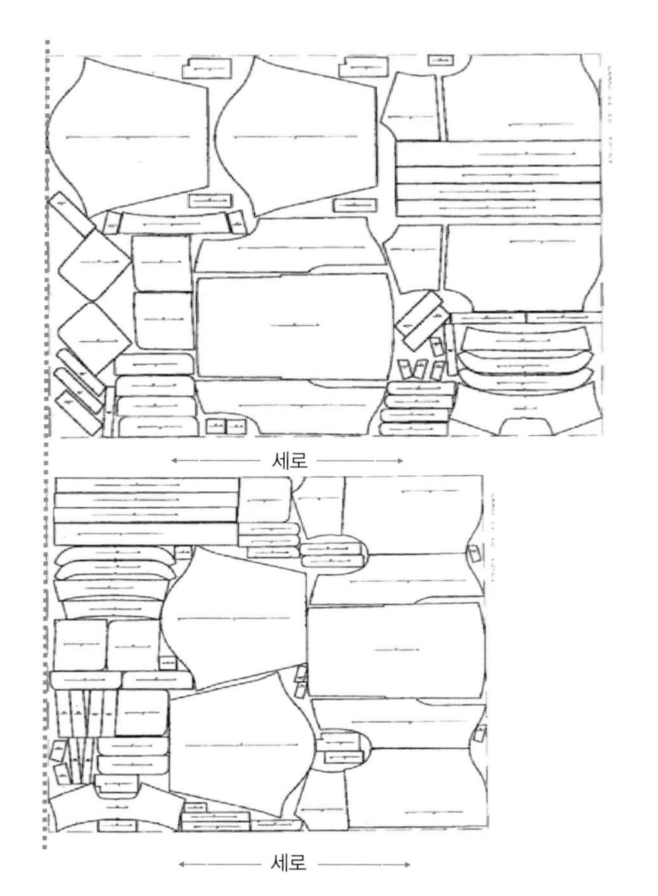

그림 7.20 패턴의 양방향 재단

옆선 솔기 매치를 의도적으로 하지 않는다. 이런 요소는 전체 의복 생산비용을 결정하는 데 중요하기 때문에 디자인 과정의 초기에 결정한다. 이렇게 남성용 윈드 브레이커(men's windbreaker)의 경우는 표준적인 매칭 포인트가 '앞판의 수평라인(horizontally across front)', '전체 디자인 라인(across design line)', '각 소매 매칭 라인(sleeve match each other)' 등이다. 플레이드 직물을 사용할 경우 바이어스 요소를 고려해야 하는데 이는 추가 직물을 더 필요로 하기 때문이다.

〈그림 7.20〉의 양방향 재단 예는 실제 의류업체에서 사용되는 마커 사용방법을 보여주는데, 이는 직물을 최대한 사용하고 버려지는 직물의 양을 최소화할 수 있는 방법이다. 바로 이러한 예에서 전자식 컴퓨터 패턴메이킹 프로그램의 사용이 얼마나 중요한지를 알 수 있다.

직물을 재단하는 데 있어서 양방향으로 하는 경우는 별다른 주의가 요구되지 않는다. 이런 재단은 단색의 직물이나 작은 프린트가 있는 직물, 아주 작은 프린트가 있는 직물들을 예로 들 수 있다. 적은 폴아웃은 아주 타이트한 마커를 의미하고 이는 버려지는 직물이 적다는 의미이므로 생산 비용 면에서 아주 효과적이다.

의복의 특정 부위에서의 플레이드 매칭

의복의 어떤 특정 부위에서, 즉 커프 플래킷이나 센터 프론트 플래킷 등은 플레이드 매칭에 특별한 주의가 요구된다.

커프 플래킷(cuff placket) 남성복 우븐 셔츠의 커프 플래킷은 특히 매칭을 신경써야 할 주요 영역이다. 〈그림 7.21〉은 세 가지 주요한 매칭 배열을 보여준다. 〈그림 7.21a〉는 슬리브 플래킷이 매칭되지 않는 경우다. 이런 경우에 어떤 플레이드는 다른 것들보다 조금 나아 보일 수는 있으나 이런 경우는 좋은 품질의 의류상품으로는 고려될 수 없다. 〈그림 7.21b〉는 플레이드가 수평으로는 매칭되나 수직으로는 매칭되지 않는다. 이 경우가 가장 흔한 구성 방법이다. 아주 고급 의류상품일 경우는 플래킷이 수평은 물론 수직으로도 매치되어야 한다. 그러므로 〈그림 7.21c〉의 경우가 가장 좋은 고급 의류상품의 예가 된다.

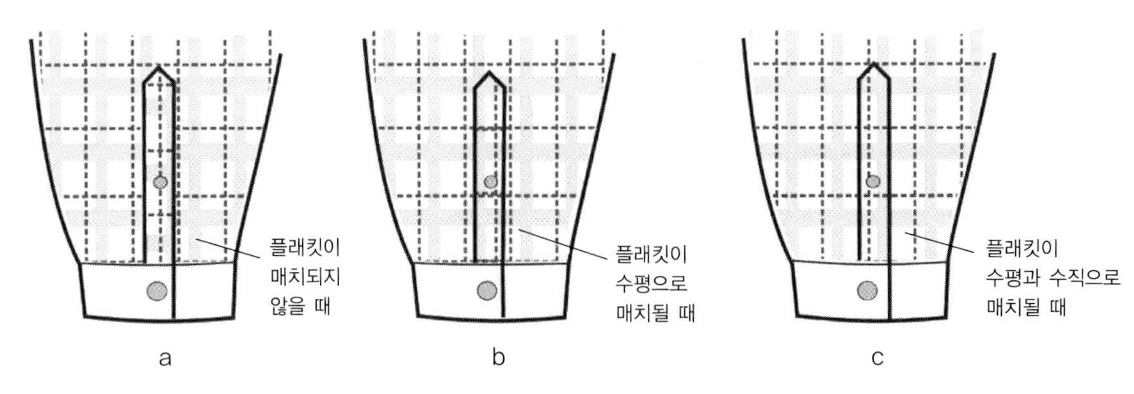

그림 7.21 플레이드 플래킷의 매칭

센터 프론트 플래킷(center front placket) 〈그림 7.22〉는 센터 프론트 플래킷이 매칭되는 경우를 보여준다. 〈그림 7.22a〉에서 플래킷은 솔기로 봉제되었고 이 솔기선이 바로 또 다른 매칭 포인트(어떤 경우에 매칭이 안 되는 지점)로 등장하게 된다. 〈그림 7.22b〉는 탑스티치가 있는 플래킷으로 이는 특별한 매칭을 요구하지 않는다. 이는 주가 되는 스트라이프가 앞중심선에 자리 잡고 있어서 셔츠가 아주 잘 정리되고 균형이 잡힌 외관을 보여준다. 이때 주의할 점이 〈그림 7.22〉에 함께 주어졌다. 이렇게 일러스트레이션을 함께 제공해줄 때는 명백하게 기록된 내용을 이해할 수 있으므로 작업지시서에 이런 식으로 정보를 제공하는 것도 도움이 된다.

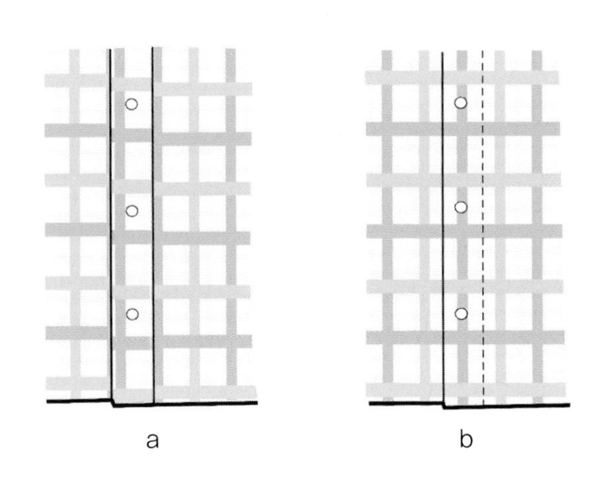

XYZ Product Development, Inc. CONSTRUCTION PAGE
재단 방법 : 기모가 없는 직물, 양방향, 길이 방향
수평 매치-앞판, 옆선
수직 매치-N/A
다른 부분 매치 : 앞중심선의 눈에 띄는 스트라이프

그림 7.22 앞중심에서의 플레이드 매칭

재단 시의 테크니컬 디자인 측면

플레이드의 패턴을 잘 맞추기 위해서 디자이너들은 재단과 관련된 직물의 여러 가지 테크니컬한 특성들을 고려해야 한다.

비용을 최소화하는 패치 포켓의 생산법

원하는 스타일을 만들어내는 것과 더불어 비용을 최소화하는 것은 매우 중요한 요소 중 하나다. 플레이드를 매칭하는 데는 직물의 선택, 의복의 디테일과 구성법의 선택을 잘 조화시키는 기술이 필요하고 비용을 최소화해야 한다(그림 7.23). 디자이너들은 다양한 대체 방법을 이용해 계획된 비용 내에서 원하는 디자인의 의류상품을 만들어낼 수 있어야 한다. 〈그림 7.23a〉는 패치 포켓을 보여주는데 이는 대비 색상의 밴드를 만드는 장식 효과를 가지고 있다. 이 패치 포켓은 수평과 수직으로 패턴이 매치되어야 한다. 〈그림 7.23b〉의 셔츠에서는 웰트 오프닝이 있는데 이는 스티치가 외부와 내부의 포켓을 다 통과해서 이루어졌다. 이런 경우에는 포켓의 주머니가 뒷면에 있으므로 특별하게 셔츠 외부에서의 패턴 매칭을 신경쓸 필요가 없다. 이런 특별한 이유로 비용을 절감할 수 있으므로 공장에서 이런 봉제방법을 선택할 수 있다. 그러나 중요한 것은 패턴의 매칭에 상관없이 이런 두 가지 모두 포켓의 기능적인 역할을 수행한다는 점에서는 같다.

방향성이 있는 직물

프린트, 기모(nap), 파일, 표면의 입체감, 보더 구조(border element), 균일하지 않은 스트라이프, 플레이드 등은 방향성이 있는 직물이다.

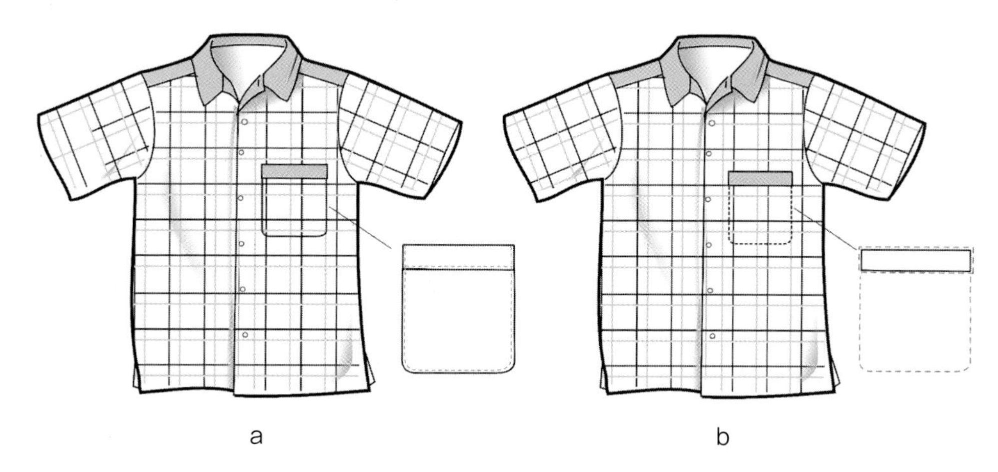

그림 7.23 포켓 구성의 비교

대각선 직물

대각선 직물의 예로는 트윌이 있다. 이 직물로 의류상품을 생산할 때는 아주 특별한 주의가 필요하다. 패턴 또는 텍스처가 45도로 되어 있는 것은 상품의 생산을 계획하는 것이 70도의 각도를 갖는 직물들[예 : 트윌 직물, 정확히 말해 **스팁 트윌**(steep twill)] 또는 20도의 각도를 갖는 직물[예 : **리클라인 트윌**(reclining twill)]에 비해 쉽다.

대각선의 직물들은 또한 인식되는 색상의 깊이(색상의 그림자, shade)가 달라 보인다. 그러므로 이런 직물들은 한 방향으로 재단되어야 한다. 색상의 깊이는 아주 미묘해서 작은 샘플로는 구별할 수 없다. 그래서 옆쪽으로 떨어져서 세밀하게 관찰하거나 실제 직물로 모의 샘플을 만들어서 관찰하는 것이 중요하다. 트윌 직물은 브로케이드(brocade), 개버딘(gabardine), 데님(denim), 헤링본 트위드(herringbone tweed) 등이 있는데 이런 트윌 직물은 방향성이 있어 재단 시 이를 면밀하게 고려해야 한다.

표면에 광택이 있는 직물

새틴은 이런 표면 광택이 있는 직물의 좋은 예인데 이런 부류의 직물은 빛을 반사해 각도에 따라 다른 느낌의 색으로 보인다. 또 다른 예로는 태피터(taffeta), 친츠(chintz), 광택을 준 코튼(polished cotton) 등을 들 수 있는데 이런 직물을 재단할 때는 특별한 주의를 기울여야 한다. 직물을 어떤 방향으로 재단할지 확실하지 않은 경우에는, 공장에서 각각의 일방향과 양방향의 경우에 대한 비용을 계산한 후 각각의 방향으로 재단해 제조한 샘플을 생산 방법 결정을 위한 자료로 제공하면 도움이 될 것이다.

방향성이 있는 프린트

대부분의 프린트는 길이방향으로 패턴을 놓아서 재단한다. 그러나 프린트의 경우 어떤 때는 위쪽을 향하게 또는 아래쪽을 향하게 모든 패턴을 한 방향으로 놓아 재단한다. 예를 들어 프랑스 파리 시내의 정경이 프린트된 직물이라면 에펠탑은 한 방향으로 서 있어야 하기 때문이다. 이런 경우에는 여분의 직물을 필요로 하는데 이는 1차 프로토 샘플 작업 때부터 정보가 알려져야 한다. 〈그림 7.24〉는 꽃무늬 프린트가 일방향 또는 양방향으로 놓여 있다. 일방향의 경우는 꽃들이 모두 다 한쪽을 향하고 있고 이 경우에 특별한 주의가 필요해 재단을 위한 **직물의 레이아웃**(fabric layout)이 결정되어야 한다. 프린트의 방향이 정확하게 놓이지 않으면 전체의 디자인에 문제가 생기기 때문이다. 이런 프린트는 많은 직물을 필요로 하고 이 경우에 '꽃줄기는 아래를 향하게 한다'는 정보가 주의사항에 적혀 있다.

양방향의 경우는 매우 단순하다. 이 경우에 패턴 조각들은 두 방향 중 어떤 방향으로든 편하게 놓인다. 특별한 디자인 요소의 장점이 있지 않은 한 직물이 두 가지 방향으로 놓일 수 있다. 재단의 방향은 그림에서 보듯이(그림 7.24) 나타나 있다. 양방향은 방향성이 없는 방법이므로 특별한 주의사항을 요구하지 않는다.

보더 프린트 직물(border print fabric)은 특별한 방법을 따르는데 롤에서 왼쪽과 오른쪽 방향에 따른다(그림 7.25). 이런 스타일은 특별한 주의와 여분의 직물이 필요한데, 직물의 디자인을 자연스럽게 의복의 디자인으로 융합해야 하기 때문이다. 보더의 디자인은 직물의 올 방향과 레이아웃, 여유분

XYZ Product Development, Inc.
CONSTRUCTION PAGE
제단 방법 : 프린트는 일방향, 길이방향(꽃머리는 위로, 꽃줄기는 아래로 향하게 한다)

그림 7.24 일방향이나 양방향의 꽃무늬 프린트

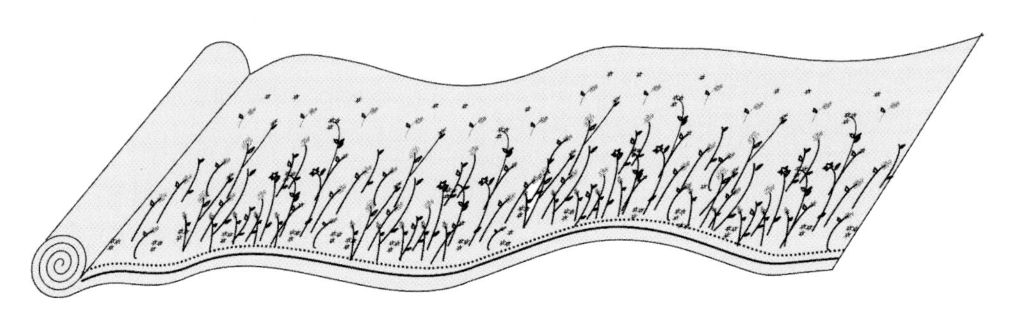

그림 7.25 보더 프린트 직물

등을 잘 고려해서 이루어진다. 가로올 방향으로 재단한다고 모든 직물이 다 원하는 대로 드레이프되는 것이 아니다. 예를 들면 무게에 있어서 경사는 위사와는 매우 다르다. 보더 프린트의 경우 특이한 디자인을 제시하는 이점은 있으나 가격이라는 측면을 고려했을 때는 모든 가격대의 상품에 적합한 것은 아니다.

보더 프린트는 스커트를 만들 때 특별한 방법으로 재단한다. 〈그림 7.26〉은 세 가지 디자인의 예를 보여준다.

- 〈그림 7.26a〉는 위에서 아래까지 커다란 디자인의 변화가 없는 심플한 디자인이다.
- 〈그림 7.26b〉는 식서의 직선라인들을 사용할 수 있는 디자인으로 의복에 지그재그 헴을 주고 패널들을 바이어스로 재단한 의복이다.
- 〈그림 7.26c〉는 우븐 보더 디자인(woven border design)으로 핸드 우븐 스타일 직물이다. 이 경우에 치마 아랫단의 보더 디자인은 던들 실루엣으로 프린트가 바닥에 평행하게 선을 맞추는데, 즉 원통 형태의 스커트로 사용되는데 이는 스커트 위쪽의 전체 여유분은 개더나 주름으로 자연스럽게 허리밴드로 들어가도록 만들어진 스타일이다.

플레어가 있는 스타일

스커트에 플레어가 많이 있는 스타일은 옆선에서 패턴이 센터 프론트나 센터 백보다 낮게 늘어지는 경우가 발생할 수 있다. 〈그림 7.27〉처럼 레이아웃을 공부하면 완성된 솔기의 마이터 효과 또는 쉐브론 효과(chevron effect), 즉 스트라이프가 솔기에서 만나는 효과를 볼 수 있다. 이런 효과는 의복에서 원하는 디자인을 만들어낼 수도 있고 원하지 않는 단점이 될 수도 있다. 의복에서 아주 작은 플레어가 있다면 〈그림 7.27〉에서처럼 패턴이 옆선에서 처지는 결과가 나타날 수도 있다.

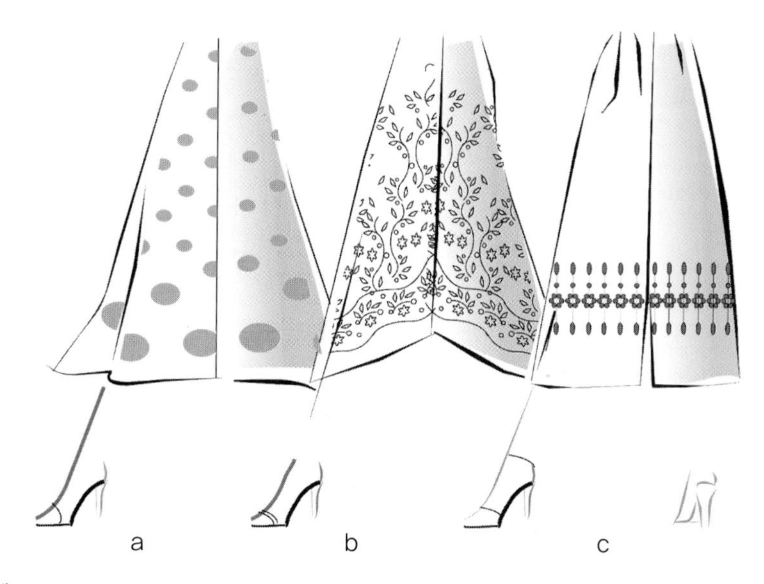

그림 7.26 보더 디자인의 예

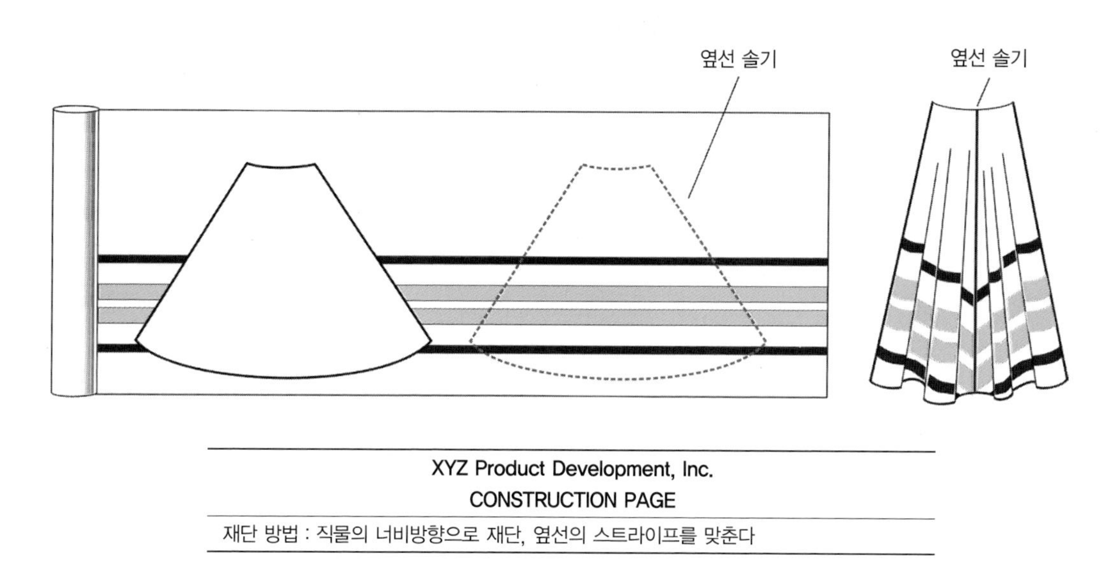

XYZ Product Development, Inc.
CONSTRUCTION PAGE

재단 방법 : 직물의 너비방향으로 재단, 옆선의 스트라이프를 맞춘다

그림 7.27 스트라이프가 있는 보더 디자인의 드롭다운 효과

보더 프린트는 어떤 경우에 아주 흥미롭고 정교한 효과를 만들어낼 수도 있다. 〈그림 7.28〉은 의복 전체 영역에 보더 디테일과 꽃무늬가 있는 프린트 직물과 패턴 레이아웃을 보여준다. 또 다른 보더 직물의 형태를 **시플리 레이스**(schiffli lace)라고 부르며 스칼럽(scalloped)으로 가장자리가 처리된 레이스 직물을 의미한다.

프린트 패턴이 큰 직물

큰 프린트 패턴 모티프를 갖는 직물들은 의복 구성 후에 모티프들이 잘 매칭되도록 제조공정에서 계획을 미리 세워야 한다.

〈그림 7.29〉는 슬리브리스 탑의 레이아웃을 보여주고 있다. 직물은 프린트의 커다란 프린트가 의복으로 구성되었을 때 잘 맞아야 하므로 각각의 작은 패턴 조각들에 어느 정도의 폴아웃 양이 요구된다. 게다가 모티프는 정확하게 중앙에 맞아야 하고 인체의 배 부분에는 강조해서 배치되지 않도록 주의해야 한다. 뒤쪽의 패널이 매치되어야 한다면 추가로 고려해야 할 다른 요소들이 필요한데, 예를 들면 옆선을 매칭하는 것들이 그중 하나다. 그러나 뒤쪽의 패널들이 단색이라면 의복의 패턴을 매칭하는 데 있어서 융통성이 생길 수 있다. 단순한 디자인과 모든 디테일은 매우 조심스럽게 다루어져야

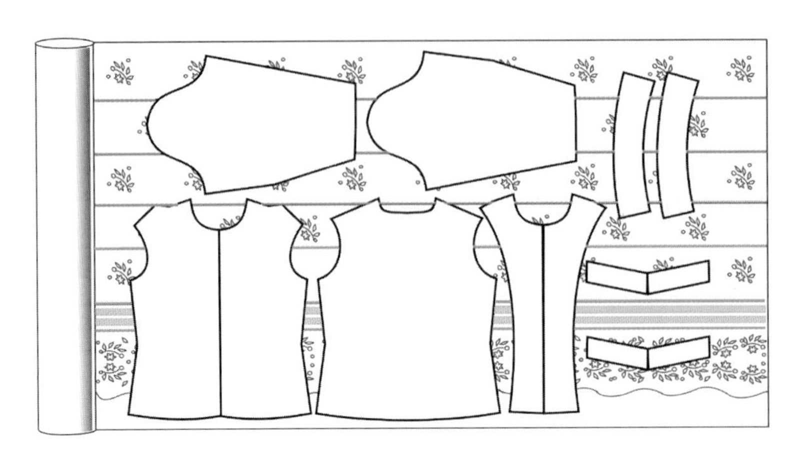

그림 7.28 보더 프린트의 패턴 배치

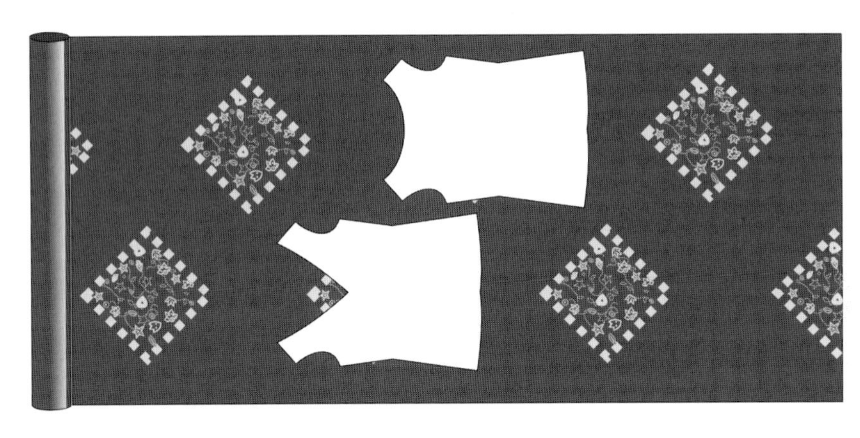

그림 7.29 크기가 큰 모티프의 패턴 배치

하고 직물의 프린트는 각각의 스타일에 맞게 수용되도록 해야 한다.

엔지니어드 프린트

엔지니어드 프린트(engineered print)는 특별하게 디자인된 프린트로서 보더 프린트보다 한 발 더 나아간 주도면밀한 디자인 계획이 요구되는 것으로 이런 프린트 패턴들은 의복의 특정한 부분, 예를 들면 칼라, 커프, 요크 등에 사용하기 위해 계획적으로 만들어진다. 〈그림 7.30a〉는 이런 엔지니어드 프린트가 사용된 스타일을 보여준다. 이탈리아의 의류업체인 푸치(Pucci)라는 회사가 아마도 이런 기술을 사용하는 가장 유명한 회사일 것이다. 〈그림 7.30a〉는 칼라, 슬리브의 밑단, 의복의 밑단에 잘 배치되도록 프린트 패턴이 디자인되었다.

〈그림 7.30b〉는 서로 다른 방향의 직물들, 즉 가로방향과 세로방향의 올들을 사용한 보더 프린트를 보여준다. 이런 디자인들은 더욱 주의 깊은 관찰과 작업이 요구되는 데 반해 독특한 디자인의 특징과 아름다움을 창조할 수 있다.

〈그림 7.30c〉는 세 번째 스타일을 보여주는데, 주목할 것은 이런 서플리스(surplice, 드레스의 탑 부분을 허리선 쪽으로 돌려서 입는 스타일)의 끝부분은 직선으로 이루어졌고 이는 의복 자체가 바이어스(45도)로 재단되었기 때문이다.

기모 또는 파일 직물

코듀로이, 플리스(fleece), 벨벳, 벨베틴(velveteen), 벨루어(velour) 같은 니트 직물은 표면을 솔질해서 만든 기모 또는 파일 직물이다. 이런 직물들은 패턴의 조각들이 같은 방향으로 놓여서 재단되어야 한다. 직물은 기모가 서는 방향에 따라서 다른 외관을 만들기 때문이다. 따라서 양방향 재단은 불가

그림 7.30 엔지니어드 프린트의 예

능하다. 그렇지 않으면 각각의 패널이 서로 다른 색감을 나타내게 될 것이다. 한 의복에서 사용되는 모든 패널들은 (특별한 디자인상 이유가 없는 한) 반드시 같은 방향으로 사용되어야 한다. 의복으로 만들어질 때 다른 결과를 만들어내는 세 가지 다른 재단 방법이 있다.

모든 패턴을 냅업해 재단

모든 패턴 조각들을 기모, 즉 냅이 한쪽 방향으로 위쪽으로 따라가도록 하는 것은 냅업(nap up) 레이아웃이라 하고, 이는 일방향 프린트와 같은 방법을 의미한다. 파일 직물들도 이런 방법으로 레이아웃하면 의복의 외면이 같은 직물의 명암을 가지고 있을 것이다.

모든 패턴을 냅다운해 재단

이 방법은 모든 패턴 조각들을 냅다운(nap down) 또는 헤드다운(head down)해 레이아웃하는 방법이다. 의복은 낡기 쉽지만 아주 깊은 명암의 효과를 내는 의복을 만들 수 있다. 이는 코듀로이 보텀, 아동복, 밝은 색상의 직물들에 아주 잘 어울리는데 이런 경우에는 깊은 명암으로 좋은 효과를 얻지는 못할 것이다(그림 7.31).

모든 패턴의 냅을 다운하거나 업하는 방법

패턴 조각들이 두 가지 냅 방향(냅업과 냅다운)을 모두 가질 수 있도록 재단할 때, 이를 의복을 위한 일방향 레이아웃(one-way for garment) 또는 대량 생산을 위한 양방향 레이아웃(two-way for bulk)이라고 한다[이때 벌크(bulk)란 대량 생산을 의미하고 샘플 생산(sample production)과는 반대되는 의미다]. 이런 방법은 가장 최고의 생산효과를 내지만 (직물의 사용량을 고려할 때) 생산된 의복은 각각이 다른 결을 갖는다. 이런 방법은 직물이 냅업과 냅다운인 직물에는 바람직하나 그렇지 않은 경우에는 의복이 서로 옆에 걸려 있을 때 색감이 다른 의복들이 될 것이다. 이때 함께 고려해야 할 사항은 의복이 코디네이트되어 판매된다는 것이다. 예를 들어 스커트나 바지는 재킷과 함께 세트를 이루어야 하는데 재단 시 같은 원단이나 결을 사용해야 한 세트로 의복을 착용할 때 색감이 같게 잘 매치될 것이다. 〈그림 7.31〉은 서로 반대되는 냅 방향을 갖는 의복의 작은 부분들이 의복에 봉제되었을 때 어떤 일이 일어나는지를 보여주고 있다. 공장에서의 잘못으로 재킷의 한 패널만이 냅업되고 다른 부분들은 냅다운되었다. 벨트고리가 위아래의 구별이 어려운 직사각형 모양이어서 봉제 과정에서 실수로 위아래를 바꾸어 부착했다고 가정해보자.

XYZ Product Development, Inc.
CONSTRUCTION PAGE

재단 방법 : 프린트는 일방향, 모든 패턴들에서 기모가 있는 부분을 아래쪽으로 향하게 한다-모든 패턴조각에 적용

그림 7.31 냅 직물의 재단 방법

이는 완성품에서는 결의 방향이 바뀜으로 인해 시각적으로 큰 결점으로 눈에 띄어 품질 면에서 큰 문제가 된다.

스트라이프

스트라이프 방향은 보통의 경우 직선이나 수평으로 특정하게 지시되어 있다. 플레이드가 있는 경우는 스트라이프 패턴을 매칭하는 것이 아주 중요한 의류 품질 지표다. 수직의 스트라이프는 주의사항을 쉽게 표기하고 간단한 셔츠나 다른 의복들을 제조하는 데서도 많은 주의가 필요하지 않다. 그러나 패치 포켓과 같이 몸판에 무엇인가 부가되는 디자인이라면 어떻게 매치할 것인가를 신중히 고려해야 한다. 수평적인 스트라이프는 수직적인 스트라이프보다는 신경써야 할 것들이 많다. 옆선이나 프론트 등이 그것들인데 만약에 앞쪽에 여밈이 있다면 이는 더욱 신경을 써야 한다. 스트라이프 직물은 일방향 레이아웃을 사용할 수 있다.

〈그림 7.32a〉는 남성용 골프 셔츠를 보여주는데 이는 옴브레 스트라이프 셔츠(ombre-striped shirt)로 몸판과 소매 레이아웃이 한 방향으로 이루어지고 모두가 잘 매칭되었다. 각각의 소매가 서로 매칭되고 또한 소매가 몸판과 가슴둘레를 따라서 매치가 잘 이루어졌다.

〈그림 7.32a〉는 앞판의 의복 구성 매칭이 잘 이루어지는 것을 보여주는데 플래킷이 연결되어 있어 훨씬 쉽게 매치할 수 있다. 이는 남성용 럭비 또는 폴로 셔츠로서 가장 흔하게 쓰이는 구조다.

〈그림 7.32b〉는 같은 셔츠를 매칭하지 않고 만든 경우인데 이는 매칭의 주의사항을 고려하지 않고 이루어진 예이다. 이런 경우에는 오른쪽과 왼쪽의 소매, 그리고 옆선의 스트라이프가 맞지 않는다. 또한 플래킷의 스트라이프도 전혀 맞지 않는다. 이런 상품은 직물 사용량을 줄일 수 있고 선들을 맞추기 위한 시간을 절약한다는 점에서는 생산비 절감의 효과를 볼 수 있으나 고급 의류상품으로서는 적절하지 않다.

모든 단계의 상품화 과정에는 비용의 문제가 고려되어야 한다. 직물의 선택과 디자인의 개발 등이 특정하게 선택된 직물과 함께 조화되고, 이해하기 쉽고 간단하며 명백한 재단 방법 등을 고려하는 것이 좋은 품질의 의류상품을 개발하는 가장 중요한 성공의 열쇠다.

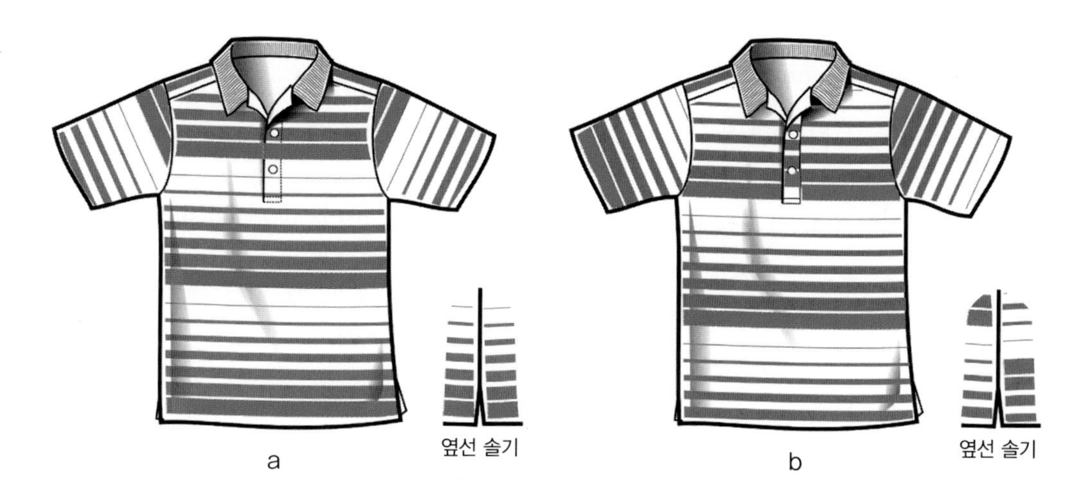

XYZ Product Development, Inc. CONSTRUCTION PAGE
재단 방법 : 프린트는 일방향, 길이방향
수평 매치 : NA
수직 매치 : 옆선들
다른 부분 매치 : 각 소매들을 매치한다

그림 7.32 스트라이프가 있는 남성용 골프 셔츠의 주의사항

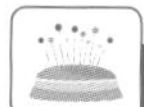

요약

의복의 가장 중요한 품질지표는 직물이다. 바른 직물의 사용을 위해서는 직물의 독특한 특성들과 디자인 디테일, 재단, 의류상품의 최종 사용 용도 등을 잘 고려해야 한다. 편성물과 직조물은 서로가 다른 특징을 가지고 있고 각각의 특징은 직물의 선택과 마커 제조, 그리고 재단에 아주 중요한 영향을 끼친다. 직물의 디자인과 의류상품의 스타일과 특징, 그리고 직물의 특성(예 : 직물에 파일과 벨벳과 같은 깃털이 있는지 없는지)에 따라서 테크니컬 디자이너들은 정확한 사용지침을 제시하여 가장 효율적인 비용으로 고품질의 상품을 제조할 수 있도록 한다.

의류상품 제조 과정에서 일하는 디자이너와 전문가들은 이런 직물의 특성과 관계된 자세한 정보와 디자인 디테일, 재단과 의류상품의 최종 용도, 그리고 이런 모든 요소들의 상호적인 관계에 따라서 가장 기능적이고 심미적인 최고 품질의 상품을 개발할 수 있도록 한다.

연구문제

1. 방향성을 가지고 있는 직물로 재단된 의복을 골라보라. 선택된 의복들이 어떤 것들인지 적어보고 왜 그것들이 방향을 가지고 있는 직물로 구분되었는지 이유를 이야기해보라. 이런 의류제품에는 어떤 재단 방법들이 사용되어야 하는지를 이야기해보라. 이런 재단 방법이 왜 의류상품 제작에 중요한지 이야기해보라.
2. 각자 입고 있는 옷을 관찰해보라. 어떤 것이 니트이고 어떤 것이 우븐인가?
3. 옷장에서 플레이드 패턴을 갖는 옷이 있는지 찾아보라. 찾은 의복이 균형 플레이드인가, 불균형 플레이드인가? 플레이드에 대해 묘사해보고 이들의 그림을 그려보라. 이런 종류의 의복을 제작한다고 가상해 제작공장에 보낼 '재단 시 주의사항과 방법'을 적어보라. 의복의 각 부분을 점검해보고 플레이드가 잘 맞지 않는 곳이 있는지 찾아보라. 왜 플레이드가 맞지 않거나 잘 맞는다고 생각하는가? 의복 제작 과정을 고려해서 추론해보라.

이해 확인

1. 우븐 직물과 니트 직물의 다른 점과 비슷한 점은 무엇인가?
2. 세로올과 가로올의 차이는 무엇인가?
3. 바이어스는 무엇인가? 그리고 식서 반대 방향(crosswise grain)은 무엇인가?
4. 균형 있는 플레이드와 불균형 플레이드의 차이는 무엇인가?
5. 우븐 직물의 재단과 관련된 품질상의 문제점은 무엇인가?
6. 플레어가 있는 스커트 스타일을 재단할 때의 주의사항은 무엇인가?

참고문헌

Brown, P., and J. Rice. 2001. *Ready to Wear Apparel Analysis* (3rd ed.). Upper Saddle River, New Jersey: Prentice Hall.

Kadolph, S. J. 2007. *Textiles* (10th ed.). Upper Saddle River, NJ: Pearson-Prentice Hall.

Humphries, M. 2009. *Fabric Glossary* (4th ed.). Upper Saddle River, NJ: Pearson–Prentice Hall.

CHAPTER 8

스웨터 디자인과 제작

학습목표

1. 니트 의류상품과 스웨터 의류상품의 차이점을 인식한다.
2. 스웨터에 들어가는 구성요소를 평가한다.
3. 상업용 스웨터 의류상품 제작에 사용되는 주요 스티치를 이해한다.
4. 스웨터 의류상품 제작의 주요 유형을 구분한다.
5. 스티치와 형태를 잡아주는 기술 용어를 사용한다.
6. 스웨터 의류 디자인과 스케치를 한다.
7. 스웨터 의류상품 생산을 위한 작업지시서를 작성한다.

주요용어

게이지(gauge)
고무 조직(rib knit structure)
끝맺음(binding off)
끝맺음(cast off)
니트다운(knitdowns)
단섬유(staple fibers)
더블 자카드(double jacquard)
뒷면(technical back)
래더백 자카드(ladder-back jacquard)
래치-후크 바늘(latch-hook needle)
링크-링크(links-links)
링킹 또는 사시(linking)
마크(mark)
모노필라멘트(monofilament)
미스 스티치(miss stitch)
방모사(woolen yarns)
싱글 자카드(single jacquard)
아가일(argyle)
앞면(technical face)
양말 편직기(stocking frame)
양면 조직(double-face fabric)
원사번수(yarn count)
웨일(wale)
위사 편직(weft knitting)
인타시어(intarsia)
장력(tension)
컷-앤드-소 의류(cut-and-sew apparel)
케이블 스티치(cable stitches)
코스(course)
턱 스티치(tuck stitch)
펀치 카드(punch-card)
펄 스티치(purl stitch)
포인텔(pointelle)
풀 패셔닝(full-fashioning)
플레이팅(plating)
피복력(covering power)
필라멘트사(filament yarns)
핸드룸 기계(hand-loom machines)
핸드 핀 니팅(hand pin knitting)

스웨터(sweater) 의류상품을 디자인하는 것은 셔츠나 바지 같이 **컷-앤드-소 의류**(cut-and-sew apparel) 상품을 디자인하는 방법과 다소 다르다. 스웨터 상품 제작 과정은 근본적으로 방법부터 다른데, 스웨터는 원하는 패턴 조각에 맞게 각 패턴 조각을 넓히거나 좁히는 **풀-패셔닝**(full-fashioning)이라는 특수 기술을 통해 제작되기 때문이다. 또한, 스웨터 상품이 제작될 때는 니팅(knitting), 즉 편직을 통한 특수한 방법이 사용된다.

사용되는 원사 및 게이지에 따라 따뜻한 겨울용 스웨터에서 시원한 여름용 스웨터까지 다양한 편성물 무게와 편성 구조로 만들 수가 있고, 그 종류도 매우 다양하다.

스웨터 니트 의류상품은 편성물의 특성인 신축성으로 인한 편안한 착용감 때문에 소비자들에게 꾸준한 인기를 얻고 있다. 스웨터 의류상품의 경우는 사이즈로 인해 생길 수 있는 소비자의 불만을 줄이기 위하여 사이즈를 숫자로 표기하지 않고 사이즈별로 S, M, L, XL로 표기하여 스톡 키핑 유닛, 즉 SKU(stock keeping unit)의 숫자가 적게 한다(역주 : SKU는 전체 상품 단위를 통제하기 위한 상품 재고 관리코드를 의미하며, 개별적인 상품에 대해 재고 관리 목적으로 추적이 용이하도록 하기 위해 사용되는 식별 관리 코드를 말한다).

일반적으로 스웨터는 상의나 코트(상반신을 덮는 옷) 등의 상품으로 제작되지만, 스커트와 드레스 같은 상품 종류로 제작되기도 한다. 또한 모자와 스카프 및 장갑 같은 액세서리 스웨터 니트 제품도 인기가 많다.

니트 산업은 편직물(knit fabrics)과 스웨터(sweater)의 두 가지로 나뉜다. 각각의 경우 특별한 기계를 사용한다(Cohen, 1999). 니트는 직물을 의미하고 스웨터는 실(yarn)을 사용하여 편직된 모든 의류상품을 의미한다는 것을 주의해야 한다.

니트의 역사와 진화

오늘날의 손뜨개질과 가장 유사한 뜨개질 유형은 손으로 핀(pin, 뜨개질 바늘) 뜨개질하는 **핸드 핀 니팅**(hand pin knitting)으로 매듭, 트위스트, 원형 뜨기, 교차 뜨기와 같은 고대 기술과 구별된 것으로 알려져 있다. 핀(즉 우리가 뜨개질 바늘이라고 부르는 것)을 사용하면 손뜨개질로도 형태가 복잡한 의류상품(예 : 장갑)을 만들 수 있다. 배우기 쉽고 직조기와 같은 값비싼 장비를 필요로 하지 않았기 때문에 뜨개질 공예는 중세 시대의 장인들에게 중요한 산업으로 발전할 수 있었다.

오늘날 스웨터는 수 세기에 걸친 예술성으로 개발된 기법으로 현대 요소를 혼합한다. 〈그림 8.1〉의 아동용 레이스 니트 드레스는 전통적인 패턴을 사용했지만 전통적인 스웨터 스타일과는 달리 독특한 디자인 요소와 앞이 여며지는 지퍼로 제작되었다. 앞쪽 여밈(front closer)은 양쪽에 리본 트림이 봉제되어 달려 있고, 특별한 디자인 터치로 니트 레이스가 달려 있다. 스웨터 밑단 고무조직(rib structure)은 다섯 가지 색상의 줄무늬가 있는데 이는 전반적인 전통적인 스웨터 디자인 패턴과는 대조적이다.

양말 편직기의 발명

현대 니트 기계의 기반은 1589년에 윌리엄 리 목사(Reverend William Lee)가 발명한 **양말 편직기**(stocking frame)이다. 이 기계는 횡편 위편 기계 **위사 편직**(weft knitting)으로 작동자가 전후 운동으로 세로단을 추가하면서 편직할 수 있다. 이 기계를 사용하여 작동자가 손뜨개질의 10배 빠른 속도로 편직을 할 수 있었다. 손뜨개 바늘, 즉 핸드 핀(오늘날 사용하는 편직용 바늘을 포함)은 직선이며 끝이 뾰족하기 때문에 루프를 제자리에 유지하려면 기술과 손재주가 필요하지만, 이와 대조적으로 양말 편직기는 갈고리가 달린 루프 홀더를 사용하기 때문에 특별한 기술이 필요하지 않다.

1847년에 **래치 훅 니들**(latch-hook needle)이 발명되어 기계화된 뜨개질 기술이 발전되었다. 이 바늘은 루프가 형성되는

그림 8.1 아동용 레이스 니트 드레스

동안 원사를 제자리에 고정시키고 바늘이 정렬될 때 원사를 풀어주는 기능을 한다.

〈그림 8.2〉는 편직기 바늘이 열리고 닫히는 원리를 보여주는데 오른쪽에는 편물 기계의 실제 바늘이 있다. 오늘날에도 여전히 이런 유형의 바늘이 사용되고 있다(Spenser, 1989).

위편 편직의 기초

위편 편직(weft knitting)은 스웨터를 만들기 위한 방법으로 일반적으로 횡편기(flatbed) 기계를 사용한다. 니트 원단은 루프의 콧수가 형성됨에 따라 만들어지는데 그 과정은 상하로 움직이는 웨일이 진행된다.

스카프, 냄비 받침, 또는 편직물 견본인 스와치 같은 단순한 디자인의 물건들을 뜨개질해본 사람은 기본적인 뜨개질 용어들을 알고 있다. 손뜨개질에 익숙한 학생들은 그렇지 않은 학생들에 비해 니트의 기본 구조를 더 잘 이해할 수 있다.

스티치

니트의 기본 단위는 루프(loop)인 스티치이다. 니트 원단과 스웨터 니트 의류는 모두 동일한 구조로 이는 실의 교차들인 인터루핑(interlooping)으로 편직된다고 설명할 수 있다. 물론 이때 저지 원단의 스티치는 스웨터 니트 의류의 스티치보다 훨씬 더 작다. 그러나 확대경을 통해 그 구조를 살펴보면 저지 원단의 구조나 저지 니트 스웨터의 구조가 같게 보인다.

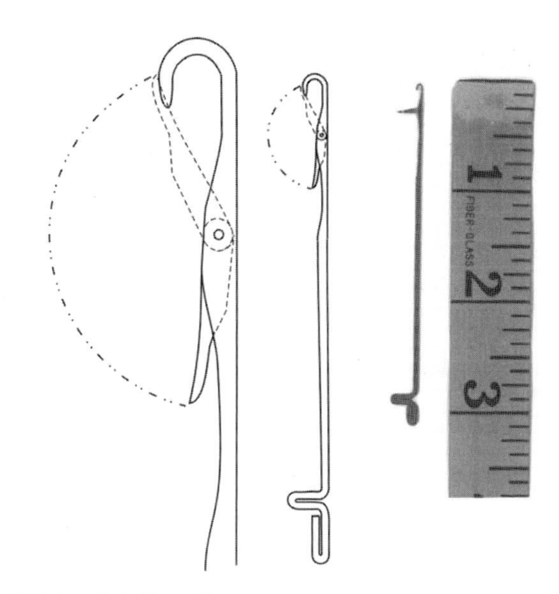

그림 8.2 래치-후크 바늘

스웨터 뜨개질에서 네 가지 기본 스티치는 니트(knit), 펄(purl), 미스(miss), 턱(tuck)이다. 이러한 스티치가 단독으로 또는 몇 개가 조합되어 모든 종류의 스웨터를 만드는 데 사용된다.

저지 스티치

저지 스티치(jersey stitch), 즉 플레인 스티치(plain stitch)[또는 손뜨개질(stockinette stitch)로 알려져 있음]는 기계 니트에서 가장 일반적으로 사용되는 것이다. 이는 싱글 저지 원단, 풀패션 니트웨어 및 양말에 널리 사용된다. 저지는 앞면과 뒷면의 모양이 서로 다르다. 때로는 **플레인 니팅**(plain knitting)이라 불리는 이 저지 쪽의 면은 **앞면**(technical face)이라고 일컬어지며, 이는 보통 저지면이 표면에 보이는 것을 의미한다. 이러한 겉면은 대개 부드럽고 일종의 V 모양의 스티치를 형성한다(그림 8.3a 참조).

〈그림 8.3b〉의 리버스 저지는 저지 스티치의 **뒷면**(technical back)이라고도 한다. 즉 리버스 저지는 플레인 스티치를 뒤집으면 된다는 이야기이다. 손뜨개질 전문 용어에서는 리버스 저지를 **펄 사이드**(purl side)라고 하는데 이는 진주 모양처럼 동글동글한 모양을 가진 면의 특징 때문이다. 저지 조직은 편직에서 가장 생산성이 높으며, 비용이 저렴하다.

코스와 웨일

편직의 기술적 용어로 가로방향은 **코스**(course)라고 하고 〈그림 8.4a〉의 회색 부분은 한 줄의 코스이다. 코스가 추가될 때 아래에서 위로 편직이 된다. **웨일**(wale)은 스티치의 세로선을 말하며(그림 8.4b), 각각의 연속적인 세로줄은 아래, 위의 루프에 의해 형성되며, 웨일마다 하나의 바늘이 사용된다.

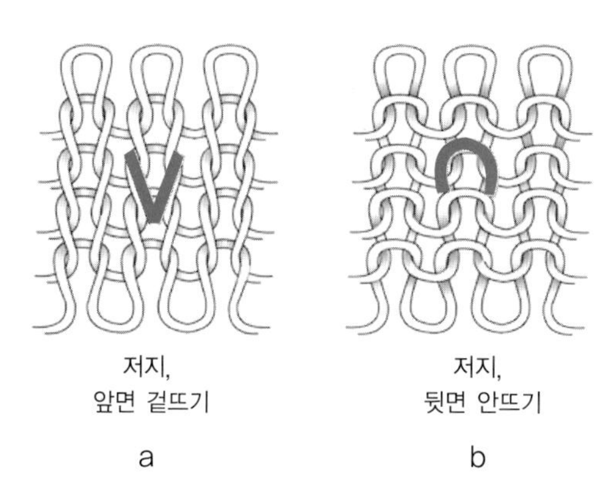

그림 8.3 저지 스티치, 앞면 겉뜨기(a)와 뒷면 안뜨기(b)

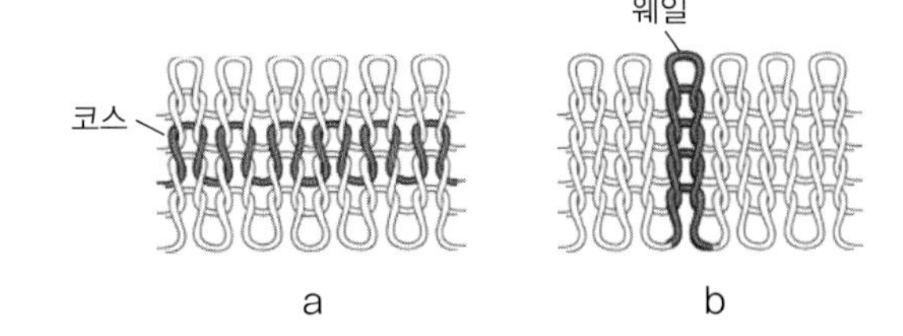

그림 8.4 코스(a)와 웨일(b)

코스와 웨일의 차이점을 기억하는 한 가지 방법은 코스(수평 요소)가 벽돌 쌓기에서도 사용되는 용어임을 기억하는 것이다. 벽돌 벽이 바닥에서 시작하여 위쪽으로 쌓이고 오른쪽에서 왼쪽으로, 그리고 왼쪽에서 오른쪽으로 계속되는 과정이 추가되는 것처럼, 스웨터는 아래쪽부터 뜨개질이 시작되고 오른쪽에서 왼쪽 및 왼쪽에서 오른쪽으로 연속된 코스가 추가된다.

웨일, 즉 수직 요소는 코듀로이를 묘사하는 데 사용되는 용어기도 하며, 와이드 웨일(wide wale)이나 핀웨일(pinwale)이라고 불린다.

〈그림 8.5〉는 손으로 짠 니트 스웨터 무게의 저지 스와치를 보여준다. 〈그림 8.5a〉에서 진한 한 줄은 하나의 코스이다. 이 그림의 진한 색상의, 즉 전체 배경과 반대되는 색상의 한 줄짜리 코스가 형성되면, 이는 시각적으로 수평으로 지그재그 스트라이프처럼 보이는데 이는 상품의 저지 사이드인 테크니컬 페이스 앞면에 있으나, 마치 니트 사이드의 'V' 모양처럼 보인다.

동일한 니트의 뒷면은 '리버스 니트'라고 하며, 동일하게 두 줄로 나타난다(그림 8.5b). 펄편 니트의 뒷면은 입체감이 있어 보이고, 앞면은 표면이 깨끗하게 보여서 대조를 이룬다.

저지의 한 가지 중요한 특징은 가장자리 부분이 뒤쪽으로 말리고 앞면은 위아래로 말리는 경향이 있다는 점이다. 저지로 짜여진 원단은 튜브 모양으로 구부러지는 경향이 있다. 특별한 디자인을 표현하기 전에는 보편적으로 스카프나 머플러와 같은 평평하게 놓이는 제품에는 일반적으로 적합하지 않다. 모자나 스웨터와 같은 원통 모양 제품일 경우에는 말리는 경향이 문제가 되지 않는다. 〈그림 8.6a〉는 저지 원단의 스카프와 이것이 왜 적합한 선택이 아닌지를 보여준다. 넓게 펼쳤을 때 스카프의 실제 크기는 8인치지만 (착용자의 오른쪽 면에 줄자로 표시되어 있음) 왼쪽으로 약 2인치 너비 정도 뒤쪽으로 말린다. 그러나 〈그림 8.6b〉에서 볼 수 있듯이 이 같은 특징은 장식 효과로 사용될 수 있다. 스웨터 목 부분의 가장자리 처리로 저지 원단처럼 바깥쪽으로 말려 레이스 효과를 볼 수 있기 때문이다.

목 부분의 편직은 몸판보다 훨씬 타이트하게 함으로써 목을 안정시키고 목 부분이 늘어나는 것을 방지할 수 있다. 이 같은 스티치 게이지(stitch guage)의 특별한 정보는 작업지시서에 첨가되어서 스웨터 의류상품 제조업체가 참고하도록 하는 것이 좋다.

스웨터의 루프 중 코 하나가 바늘에서 빠지면 웨일을 따라 수직방향으로 구멍이 생기는데 이는 런(run, 미국 용어) 또는

a

b

그림 8.5 니트 스와치의 앞면(a)과 뒷면(b)

a

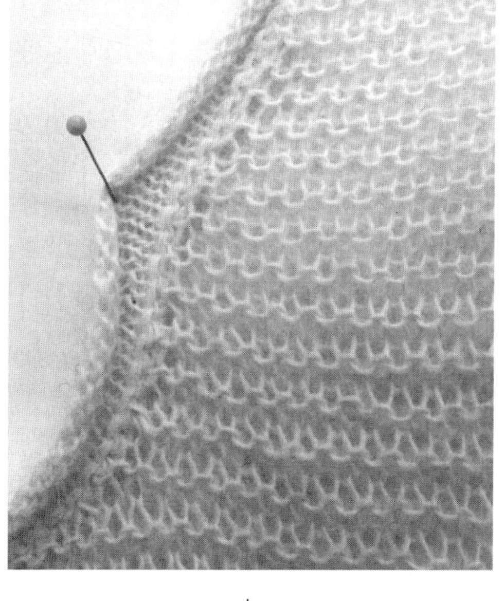

b

그림 8.6 저지의 말리는 현상

래더(ladder, 영국 용어)를 형성한다(그림 8.7 참조). 이런 경우, 스웨터는 수선을 할 수 있지만 제조 과정에서 이런 런, 즉 '코빠짐'이 이 생기지 않게 하기 위해 세심한 주의를 기울여야 한다.

플레인 스티치

니트 플레인 스티치(또는 일반 스티치)는 기본 니트 스티치이며 저지 소재의 기초이기도 하다. 플레인 조직으로 짜인 니트 원단은 두께와 밀도에 상관없이 모두 다 저지라고 부른다.

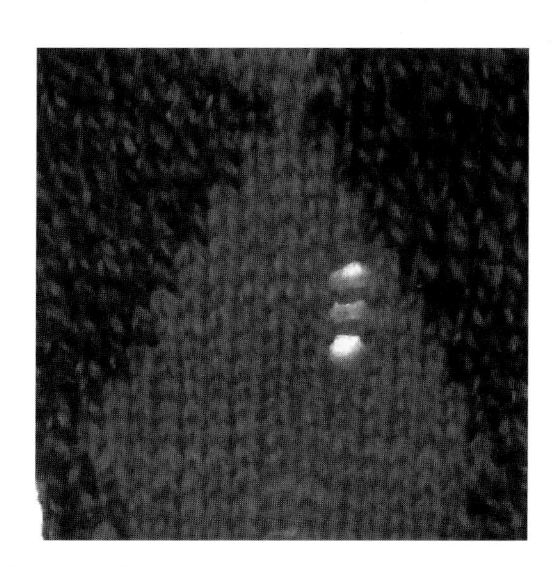

그림 8.7 웨일을 따라 형성된 런(run)

펄 스티치

펄 스티치(purl stitch)는 저지(플레인) 조직의 뒷면이다. 니트와 펄 스티치가 번갈아 가며 만들어진 스웨터는 저지 조직의 뒷면과 같이 보이지만 양면에 수평적인 질감을 가지고 있다. 이는 **양면 조직**(double-face fabric)으로 평평하게 놓여 있고 가장자리가 말리지 않는다. 이를 가터 스티치(garter stitch)라고도 부른다.

펄 니트 직물

링크 링크(links-links)라고도 알려져 있는 이 스티치는 한 세트의 양단 래치 바늘을 공유하는 2개의 바늘대가 있는 자동화된 특수기계로 만들어진다. 이렇게 하면 니트와 펄 스티치가 같은 웨일에서 편직될 수 있다. 이것은 각각의 웨일을 모두 안뜨기하거나 겉뜨기하는 고무(rib) 구조와는 다르다. 펄 니트 직물은 대개 안뜨기나 겉뜨기 중 하나이다.

완성된 펄 니트 직물은 패널을 잡아당길 수 있어서 길게 늘릴 수 있지만 기계로 편직하는 생산성이 낮아서 제품의 가격이 높다. 이 조직은 골프용 카디건 제품 생산에 주로 사용된다(Sharp, 2012).

고무

고무 조직(rib knit structure)은 니트와 펄의 웨일을 교대로 반복하여 만들어지며, 더블 베드(double bed) 편직기로 편직한다. 겉뜨기와 안뜨기가 교대로 진행되면 1×1이라는 고무편을 만든다. 고무편 조직은 여러 개를 조합할 수 있고 이는 양면 조직이기도 하다. 이는 앞면과 뒷면이 동일한 외양을 가지며 길이방향의 주름진 효과와 가로 방향의 높은 신축성을 갖는다. 고무편의 구성은 웨일에 의해서 견고하게 만들며, 터틀넥, 커프스 등과 같은 부위에 아주 유용하게 사용된다.

고무니트 완제품은 평면에 평평하게 놓이고, 직물이 말리지 않는다. 이러한 고무 조직은 의복 전체에 사용하거나 또는 부분적으로 칼라, 커프스, 밑단 등의 끝부분으로 사용할 수 있다. 의복 전체 소재로 사용되는 경우 좋은 신축성과 탄력성으로 인하여 몸에 꼭 맞는 핏으로 착용할 수 있다.

고무단

〈그림 8.8a〉의 니트 스와치는 소맷단에 사용되는 것으로 니트를 고무로 시작한다(rib stsart). 고무단은 길고 좁은 단(ridges)의 수직 효과를 전체 직물에 나타낸다. 〈그림 8.8b〉는 2×4 고무편의 예다. 이 그림은 니트 스티치가 앞으로 나오면 안뜨기를 하다가 스티치가 뒤로 물러나는 것처럼 고무편의 앞뒤가 어떻게 다른지를 보여준다.

미스 스티치

미스 스티치(miss stitch)는 **웰트 스티치**(welt stitch) 또는 **플로트 스티치**(float stitch)라고 불리는데 기계 바늘이 무늬가 있는 간격으로 비활성화(스티치를 뛰어넘는 것)되고 실을 받아들이도록 위치가 이동하지 않을 때 생긴다. 플로트 니팅(float knitting)은 바늘이 뒤에 머물면서(float thread) 만들어진다. 〈그림 8.9a〉의 예는 2개의 바늘이 비활성화된 미스 스티치를 보여주며, 이는 바늘이 뒤에 머물러서 고무편의 뒷면으로 볼 수 있다. 이 니트 방식은 상대적으로 가볍고 폭이 좁으며 신축성이 적은 원단을 만드는 데 사용된다.

턱 스티치

턱 스티치(tuck stitch)는 편직기의 편직바늘인 래치 바늘(latch needle)이 이전 스티치를 편직하지 않고 새로운 스티치를 집을 때 만들어진다(그림 8.9b 참조). 이때 이러한 스티치를 〈그림 8.9b〉처럼 수직으로 한 줄 이상의 스티치에 담아서 한꺼번에 편직할 수 있다.

턱 스티치는 양면 스티치에 다 사용할 수 있고 더 효과적이며 서멀(thermal) 또는 와플(waffle) 니트 조직과 같이 높은 재질감의 효과를 낼 수 있다. 이 조식은 일반 니트 편직에 비해 니트 원단의 무게와 너비를 증가시킨다.

오토맨 고무

〈그림 8.10〉의 오토맨 고무는 하나의 베드에서 2개 이상의 코스를 편직하여 니트 원단의 한쪽 면에 볼록 입체감을 형성하여 만든다. 줄무늬와 결합되는 경우가 많다.

턱 고무 조직

이는 풀 카디건(full cardigan) 조직이라고 흔히 알려져 있는데 풀 카디건 조직은 2개의 니들 베드(needle bed), 하프 조직 혹은 변형 카디건 조직으로 하나의 니들 베드가 턱 스티치(tuck stitch)를 만든다. 그 결과, 무거운 니트웨어를 신축성이 좋게 편직할 수 있다.

a

b

그림 8.8 고무단의 변형 예

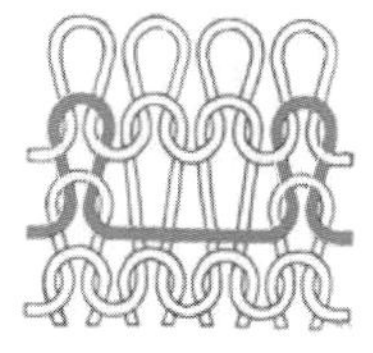

그림 8.9 미스 스티치와 턱 스티치

그림 8.10 오토맨 고무 조직

풀 카디건 조직은 앞면과 뒷면이 똑같이 보이는 반면, 하프 카디건(half cardigan) 조직은 앞뒤가 다르게 보인다. 기존의 고무 조직보다 넓게 편직된다. 하프 카디건 조직은 셰이커 스티치(shaker stitch)라고도 한다. 〈그림 8.11a〉는 앞면을 보여주고 〈그림 8.11b〉는 뒷면을 보여준다. 턱 고무 조직의 다른 종류 조직으로는 와플 조직과 서멀 조직이 알려져 있다.

상업용 스웨터 제조

풀패션과 니트 조각

고전적인 스웨터 제작의 특징은 이미 완성된 면이 있는 니트-투-셰이프 패널(knit-to-shape panel)의 위편 편직 의류(weft-knit gartment)이다. 풀패션의 형태는 횡편 편직기에서 이루어진다. 풀 패션 니트 패턴의 편직기는 펀치 카드나 컴퓨터 파일의 니트 패턴 지침에 따라 다양한 형태를 만든다. 이때 니트 패턴은 바늘의 수를 늘리거나(국내 용어 : 코 늘림, 후야시) 또는 줄일 때(국내 용어 : 코 줄임, 헤라시) 형성된다. 이때 코 줄임이 필요하면, 인접한 바늘로 스티치가 전달되어 **마크**(mark)라는 독특한 스티치가 만들어진다. 〈그림 8.12〉의 경우는 2줄의 마크[패션 마크(fashion marks)]가 앞판의 슬리브 솔기에서 보여지는 예다. 이는 아주 인기 있는 디자인 디테일로서 특히 진동둘레선과 소매 솔기 형태를 만드는 데 사용된다.

a

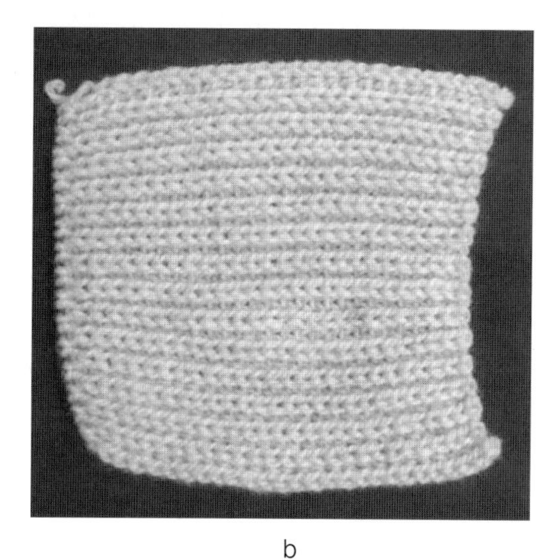

b

그림 8.11 하프 카디건 조직

〈그림 8.13〉의 원단은 풀패션의 또 다른 예이다. 이때 편직 시 스티치가 추가되면서 원단의 가운데에서 너비가 어떻

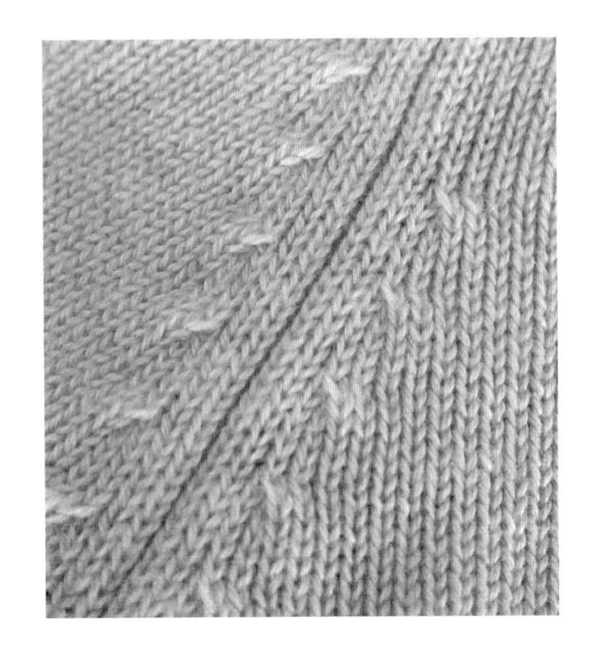

그림 8.12 풀 패션 표시

그림 8.13 풀패션에 의한 형태

게 확장되는지 그리고 윗부분에서 원단의 폭이 어떻게 다시 좁혀지는지에 주목해야 한다. 〈그림 8.13〉에서 보듯이 패턴 조각이 바늘에서 분리되면 윗부분의 루프는 고정되지 않기에 코가 빠질 수 있어서 안전하지 않다. 왜냐하면 이 루프들 중 하나라도 당겨지면 웨일을 수직방향으로 당겨서 코가 빠져나갈 수 있기 때문이다. 이렇기 때문에, 조각의 상단 모서리는 묶여서 마무리되는 **끝맺음**(binding off)을 한다. 완성된 모양과 크기는 패턴 패널 자체를 만드는 동안 편직되며 이는 편직물인 니트에서만 가능한 방법이다. 왜냐하면, 직조물의 직조 시에는 각각의 패널 형태와 크기에 맞는 각각의 직조기를 제작, 사용하는 것이 상업용 대량생산 시에는 불가능하기 때문이다.

링킹(사시)

패턴 조각이 완성되고 편직기에서 분리된 후에는 **링킹**(linking)의 방법으로 솔기들을 연결한다. 링킹은 연결이란 뜻을 갖고 있고, 이는 현재 국내의류 산업에서는 '사시'라고도 한다. 〈그림 8.14〉의 그림은 링킹의 예를 보여준다. 솔기를 체인 스티치(대조 색상으로 표시한 부분)로 연결하여 솔기 각 부분이 부드럽게 연결되도록 한다. 이 과정에서 솔기가 두텁지 않도록 만들기 때문에 솔기 부분이 부드럽고 평평한 모양을 유지하게 한다. 재봉사를 사용하지 않고 스웨터 본체 편직 과정에 사용된 실로 링킹 작업을 한다.

링킹 과정은 특수 기계인 링커(linker), 즉 '다이얼 사시'를

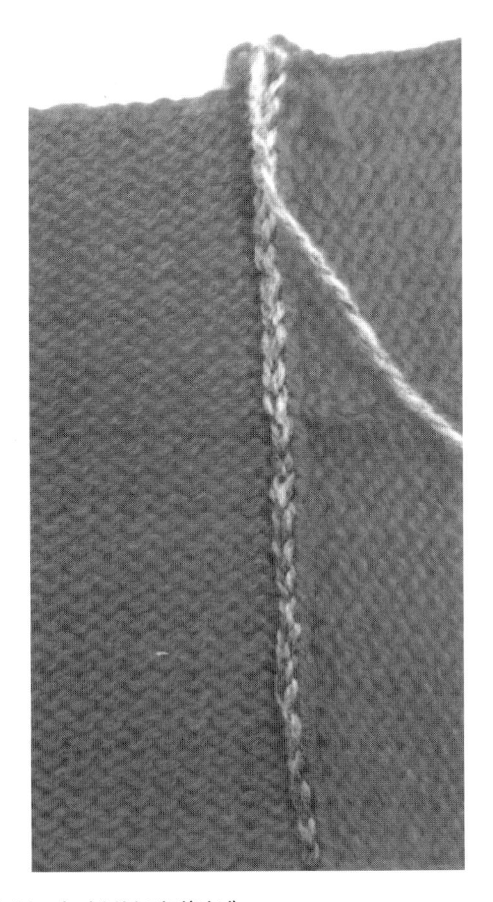

그림 8.14 솔기 부분 링킹(사시)

사용한다(그림 8.15 참조). 스웨터 공장에서 링킹하는 과정은 특히나 뛰어난 기술이 요구된다. 옷의 한쪽 면에 있는 버림실(scrap yarn)로 일시적으로 고정된 패턴 조각을 링킹 기계의 바늘에 조심스럽게 걸어서 링커가 패턴의 두 부분을 결합하는데 이를 **포인트-투-포인트 링킹**(point-to-point linking)이라고 한다.

풀 패셔닝과 컷-앤드-소의 조합

스웨터 생산 과정에 필요한 노동력을 절약하도록 생산 과정에서 여러 가지 방법이 사용된다. 니트 스웨터의 생산성을 높이는 방법은 소매 하단을 고무 조직을 사용하여 직사각형 모양으로 편직한 후 여러 겹 쌓아서 소매 모양을 디자인에 맞추어 재단 후 오버로크(overlock) 기계로 봉제하는 것이다. 오버로크 기계를 사용하면 작동이 빠르고 링킹에 필요한 비용을 절약할 수 있다. 소매 부분의 편직물 재단 시 남는 분량의 편직물은 버리게 되므로 이러한 방법은 저렴한 원사로 만든 스웨터나 얇은 실로 조밀하게 짜여진 고급 스웨터에 적합하다. 이러한 방법은 인건비가 높은 '링킹'을 하지 않기에 상품 생산 시의 인건비를 상당히 절감할 수 있다.

또 다른 방법으로는 굵은 실로 편직된 스웨터를 오버로크로 봉제하거나 플랫록(flatlock) 기계를 사용하여 재단하여 봉제하는(컷-앤드-소) 생산 방법이 있다. 디자이너는 머천다이저와 라인플랜에 의해 계획된 스웨터 생산비용 범위 내에서 '디자인'을 선정해야 한다.

스웨터 제품의 경우는 디자인에 따라 여러 가지 기술이 조합되어 생산되며 이에 따라 생산비용이 달라진다. 각각의 공장마다 생산과 관련한 여러 가지 각각의 전문 기술, 기계와 전문 지식이 있으므로 각각의 스웨터 디자인에 맞게 필요한 기술을 제공해줄 수 있는 적합한 공장을 선택하는 것이 중요하다.

손뜨개질

일부 상업용 스웨터는 뜨개질 바늘을 사용하여 사람의 손으로 떠진다. 이렇게 손뜨개로 만들어진 스웨터는 일반적으로 매우 비싸고 그 가격이 수십만 원에 달하는 경우도 있다. 손뜨개 니트 제품은 틈새시장으로 남아 있는데, 이는 일관성 있게 손뜨개 니트 제품의 품질을 유지할 수 있도록 기술을 훈련시키는 일이 어렵고 비용도 많이 들기 때문이다. 기계를 사용하지 않은 손뜨개질로만 표현할 수 있는 특정 테크닉이 있다.

핸드룸 펀치 카드 기계(요코)

〈그림 8.16〉과 〈그림 8.17〉은 베트남의 스웨터 공장에서 손으로 짜는 기계(수편기, 요코)인 **핸드룸 기계**(handloom machine)로 일하는 청년들을 보여준다. 편직 중인 흰색 니트 패턴 조각은 편직 과정 중 어려움이 없고 원만하게 편직되기 위해 수편기 베드 아랫부분에 무게가 가도록 기계를 제작해서 편직되는 직조물에 장력이 주어져서 직조가 원만하게 이루어지도록 한다. 각각의 의류업체에서는 스웨터의 디자인과

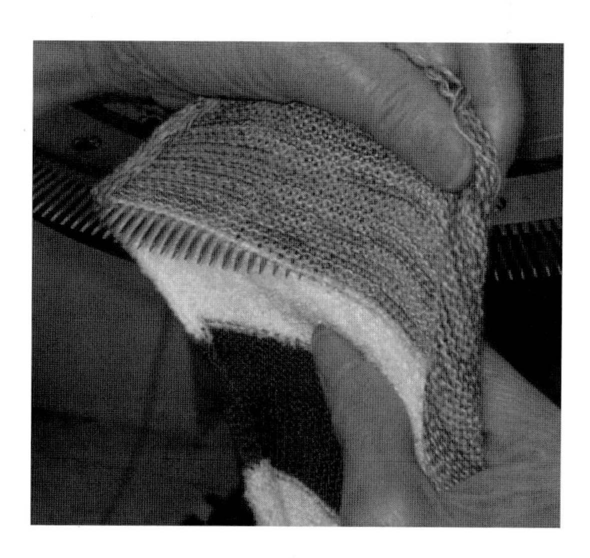

b

그림 8.15 공장에서의 링킹 과정

그림 8.16 수편기 기계(요코)

그림 8.17 수편기 편직

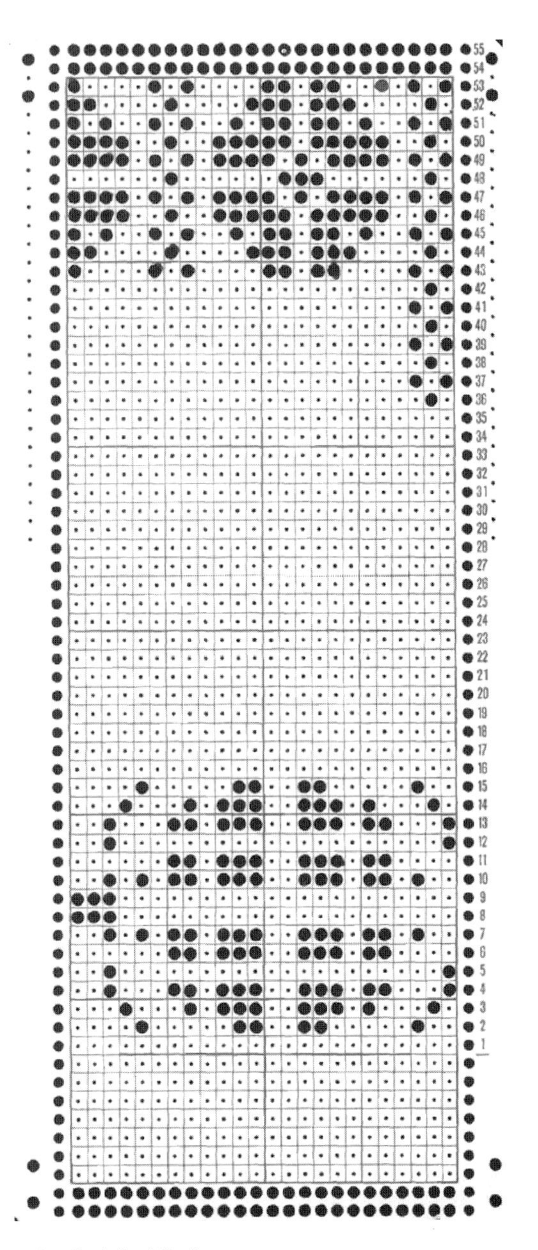

그림 8.18 수편기 펀치 카드

주문 수량에 따라 수편기를 사용할 것인지 아니면 컴퓨터 편직기를 사용할 것인지 결정하게 된다.

수편기는 컴퓨터 편직기보다 비용이 적게 들지만 작업 진행이 느리고 노동 집약적이다. 편직 중인 원사는 〈그림 8.17〉의 그림에서처럼 큰 실패(cone)에 감겨 있다.

펀치 카드(punch-card)는 컴퓨터 파일과 동일하게 색상이나 패턴을 추가하고, 각 패턴 조각의 치수를 형성하는 것과 같은 방식으로 싱글 베드 수편기에서 사용된다(그림 8.18 참조).

자동 기계

가장 현대적인 편직 기계는 전자식이며 컴퓨터에 프로그래밍되어 사용된다. 독일의 스톨(Stoll)과 일본의 시마세이키(Shima-Seiki)가 컴퓨터 편직기로 유명한 주요 브랜드이다. 컴퓨터 편직기는 수편기에 비해 인건비가 적게 들고, 편직물 조직의 입체감을 더해주며 무늬에 색상을 첨부한 상품을 개발할 수 있다. 그러나, 컴퓨터 편직기 사용에 있어서는 초기 설치 과정이 복잡하여 그 과정에 필요한 고가의 설치비용을 고객에게 요구할 수밖에 없다. 하지만 전체 생산수량이 대량으로 특정 수량(예 : 1,000개 단위)에 도달하면 생산자가 충분한 이윤을 창출할 수 있어서, 이 경우에는 기계의 설치비용을 고객으로부터 받지 않기도 한다. 특히나 이런 대량생산 과정에서는 자동화 기계 설비 덕분에 특별한 주의사항 없이도 편직기를 쉽게 작동시킬 수 있고, 한 명의 작업자가 많은 기계를 감독할 수 있다는 장점이 있다.

이 외에도 전자 컴퓨터 편직기는 여러 가지 장점이 있는데, 지그재그 형태보다 깔끔하고 멋진 단춧구멍을 만든다. 전자 컴퓨터 편직기를 사용하면 하나의 니트 의류제품에 서로 다른 게이지를 결합할 수 있으며, 한 번에 여러 개의 스웨터를 생산할 수 있고 일체형 또는 이음새 없는 니트 의류를 만들 수 있으며 텍스처와 패턴을 혼합하여 다양한 조직 기법을 사용한 니트 의류제품을 만들 수도 있다. 전자 컴퓨터 편직기의 가장 큰 단점은 수십만 달러에 달하는 가격이다.

수편기는 정밀기계로 작업자가 수동으로 작동한다. 더블 베드 기계는 〈그림 8.19〉에서 보이는 것처럼 고무편과 이중 자카드(double jacquard) 그리고 다른 조직 편직에 필요하다. 이 그림에서 보는 바와 같이, 작업자는 트랜스퍼 도구를 사용하고 있다.

풀패션 스웨터의 예

〈그림 8.20〉은 남성용 풀패션 스웨터에 적합한 디자인이다. 하나 또는 여러 개로 구성된 케이블이 편직 과정에서 제조된(engineered) 스웨터 앞면과 케이블이 없는 뒷면 스웨터 패널을 잘 연결한 디자인이다. 패턴 조각 니트의 경우, 손뜨개질처럼 융통성이 있어서 특이한 디자인의 제품을 만들 수 있다. 진동둘레에 있는 풀패셔닝 마크(full-fashioning mark)를 주의 깊게 살펴보아야 한다. 스웨터 작업지시서의 스케치에 풀패셔닝의 위치가 잘 보이도록 잘 표시해 두어야 하는데, 옆선(side seam)은 일반적으로 마크가 표시되어 있지 않다. 이러한 마크 표시의 내용은 작업지시서에 잘 표기되어야 한다. 고무 시작(Rib start)은 밑단과 커프스에서 하고 솔기 없이 패널 조각과 하나로 연결되어 있다. 이때 유일하게 마무리해야 할 부분이 바로 V넥에 1×1 고무(rib)를 붙여서 목의 가장자리 부분을 마무리하는 것이다.

〈그림 8.21〉은 두 가지 패널이 동시에 진행되도록 생산하는 스웨터 스타일을 보여준다. 모든 패턴 조각들을 풀패션으로 딱 맞는 패턴 조각으로 편직해, 생산 과정에서 원사를 전혀 낭비하지 않고 각각의 패턴 조각들을 연결만 하면 되도록 패턴 조각이 편직기에서 편직된다. 이는 컷-앤드-소 방식처럼 편직물 원단을 제조한 후 패턴을 사용하여 각각의 패널로 잘라내서, 이때 사용하지 못하고 버려지는 편직물로 인한 원사를 낭비하는 것과는 대조된다.

그림 8.19 위사 편직-더블 베드가 있는 자동 플랫 베드

그림 8.20 **케이블이 포함되어 제조된 편직물을 사용한 풀패션 디자인**

패턴 조각이 편직된 후에는, 이 패턴 조각들을 링킹 기계에서 연결하기만 하면 상품이 완성된다.

컷-앤드-소 방식

두 번째 예는 컷-앤드-소 방식으로 만들어진 것이다. 이는 주로 위편기를 통하여 만든 직물이나 또는 '다이마루'라고도 하는 환편기를 통하여 만들어진 튜브형의 환영직물을 편직한 후, 잘라서 길게 한 면으로 펼쳐서 놓은 '개폭 원단'을 사용한다. 컷-앤드-소우 방법은 이런 편직용 직물들을 사용하는 방법이므로 특정 디자인에만 한정되어 사용하는 병법이기도 하다. 〈그림 8.22〉에서는 보편적인 디자인의 예를 나타낸다.

이러한 스웨터는 원단이 롤 상태로 이루어졌고 생산 공장에서 커트-앤-소우 방식으로 생산된다. 이러한 방식은 공장에 원사로 제작되는 풀패션 스웨터 생산 방법과는 대조를 이룬다(그림 8.17 사진 참조).

컷-앤드-소 스웨터는 두 가지 유형으로 생산된다. 하나는 노동력을 줄이는 방법을 사용하여 공장에서 스웨터를 생산하는 방법인데 이 유형에서는 몸판의 패턴 조각이 정확한 폭으로 편직되고 이미 완성된 옆선 솔기(side seam)와 고무편(rib start)에 연결된다. 비슷한 방법으로 소매가 올바른 폭으로 편직되면 소매 둘레 부분을 재단하고, 오버로크 기계(serger)를 사용하여 바디 패널에 봉제해서 이들을 연결한다. 유사한 방법으로 슬리브가 올바른 폭으로 편직되면, 소매 둘레 부분을 재단하고 오버로크 기계를 사용하여 몸판에 연결한다. 이렇게 하면 많은 노동력을 절약할 수 있지만 패턴을 자르는 과정에서 원사가 낭비되는 경향이 있다.

두 번째 컷-앤드-소 방법은 직물 의류 재단 방법과 같이 원단을 연단하여 패턴을 배치하여 재단한다. 〈그림 8.23〉은 원단을 쌓아두고(lay up) 이 위에 패턴 조각을 배치하고 연단하는 과정을 보여주는데, 이 과정에서 패턴 외의 짙은 색상으로 표기된 부분은 재단 후에 폐기되는 편직물의 부분을 보여준다. 또한 원단에 균일한 간격의 케이블 패턴이 짜여져 있음을 보여준다. 또한 케이블 디자인은 그 디자인 특징상 수직을 강조하는 방식으로 편직되어 있음을 보여준다. 이 케이블 니트 원단을 사용하여 컷-앤드-소 방식으로 생산한 스웨터는 풀패션의 방법을 사용하여 생산된 제품처럼 케이블 디자인을 원하는 영역에만 부분표시하고 다른 영역을 표시하지 않을 수 없다. 왜냐하면 케이블이 전체 직물에 미리 다 편직되어 있으므로 디자인에 따라 케이블을 원하는 부분에 각각 부분 배치하는 것은 불가능하기 때문이다. 이때 의복 솔기, 커프스, 밑단 밴드(bottom band) 및 넥 트림(neck trim)은 재봉사(thread)를 이용해서 모두 오버로크하여 연결한다. 이러한 방식은 스웨터 생산 방식보다 스웨트 셔트나 티셔츠 생산에 많이 사용된다.

액티브웨어 시장에서는 인기 있는 컷-앤드-소 스웨터 디자인이 있다. 이러한 제품들은 쉽게 말리거나 찢기지 않는 튼튼한 롤로 된 니트 원단에서(roll goods) 재단되어 만들어지며, 보온성 유지를 위해서 뒷면에 종종 플리스(fleece)를 첨부하여 사용한다. 〈그림 8.24〉의 스웨터는 재봉사를 이용하여서 오버로크로 연결되었다. 일반적인 재봉기로 본봉(single-needle)으로 상침(topstitching)하고 지퍼를 봉제하여 단다.

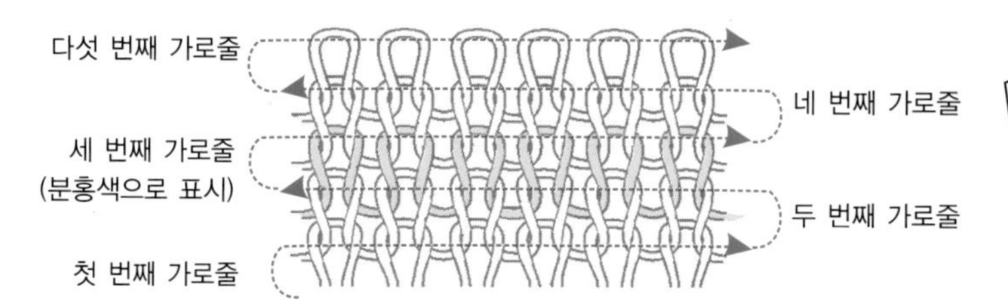

그림 8.21 패턴 조각 니트의 순서

그림 8.22 컷-앤드-소 스웨터의 예

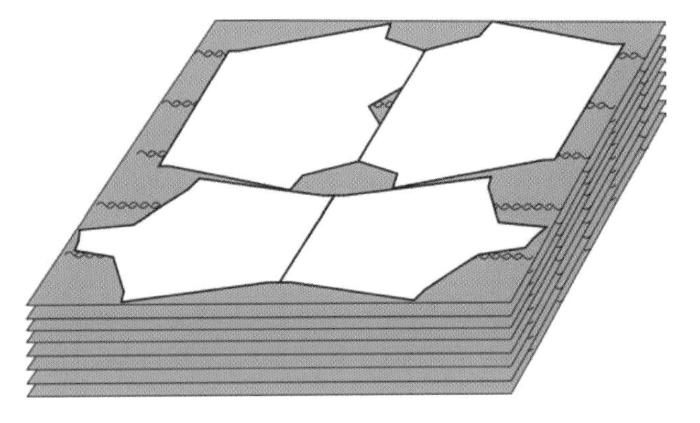

그림 8.23 컷-앤드-소 스웨터를 위한 연단

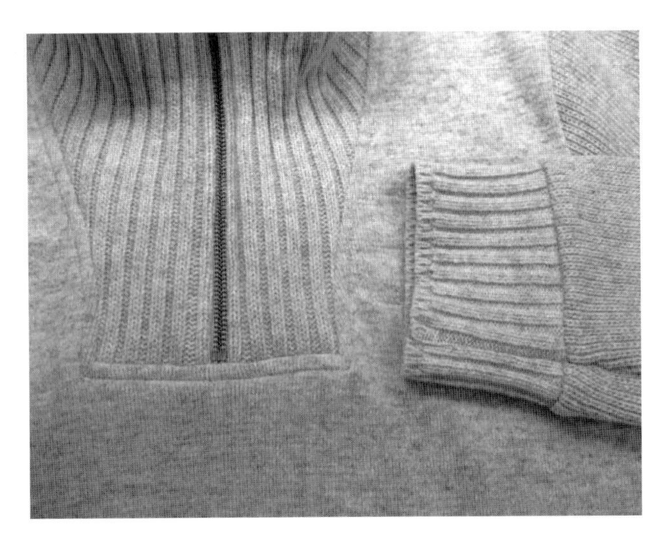

그림 8.24 컷-앤드-소 스웨터 가공

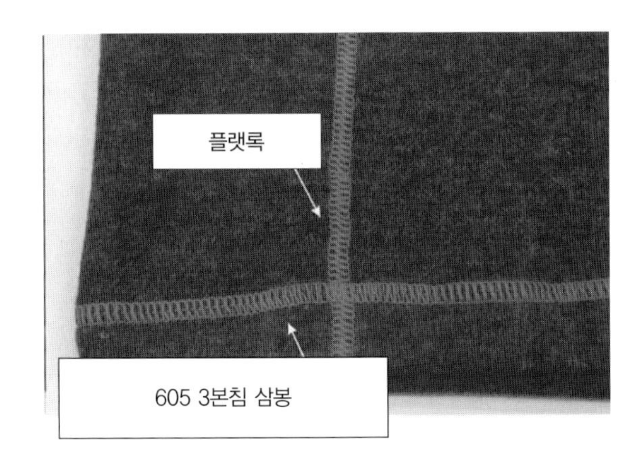

그림 8.25 컷-앤드-소 스웨터용 솔기와 밑단

〈그림 8.25〉는 플랫록 기계 또는 니혼 오버로크를 사용한 봉재의 예를 보여주는데 이는 오버로크 기계의 한 종류로서 니트 의류에만 사용되는 재봉기다. 〈그림 8.25〉는 이 기계를 사용하여 솔기를 연결한 방식을 보여주는데 커버 스티치 기계로 밑단이 처리되었다. 이러한 예는 전통적 풀패션 스웨터와 폴라플리스(polarfleece)와 같은 컷-앤드-소를 동시에 사용하는 혼합기술(hybrid techniques)을 통해 개발된 의류상품의 예다. 풀패션 스웨터는 밑단 처리가 잘 안 되어 있어서 일반적으로 컷-앤드-소 니트 스웨터와 쉽게 구별할 수 있다.

홀가먼트 의류 니트(무봉제 의류 니트)

홀가먼트 의류 니트(whole-garment knitting), 즉 무봉제 의류 기계는 재단대(cutting table)와 링킹 기계를 모두 통합하여 하나의 편직 과정을 통해 혁신적인 기술로 스웨터 완제품 생산을 가능하게 한다. 홀가먼트는 일본 편직기 제조사인 시마세이키의 심리스(seamless) 편직기의 보넬명이다. 무봉제 의류 기계는 3개의 이음새가 없는 튜브를 하나의 바디로 만들고 다른 2개를 소매로 묶어 동시에 같은 바늘 위에 놓고 마지막으로 3개의 튜브를 엮어서 스웨터를 만든다. 무봉제 풀패션 스웨터는 솔기가 없어서 착용감이 좋고 편하게 입을 수 있다. 무봉제 의류는 가장자리 처리(trim)가 되어 완제품으로 기계에서 나오게 된다. 이때 사이즈의 스웨터 한 장을 생산하는데 약 20분이 걸린다. 이 기술을 이용하면 인타시어(intarsia, 197쪽 참조)와 포켓과 같은 복잡한 세부 디자인도 표현할 수 있다는 장점이 있다.

무봉제 의류(whole garment, complte garment) 제품의 이점은 다음과 같다.

- 풀패션 생산 과정에서 솔기에 의한 낭비를 없애준다.
- 패턴 조각을 봉제할 필요가 없으므로 시간을 단축할 수 있다. 이렇게 함으로써 생산 효율성을 증가시킨다(특히 복합소재 제품에 고성능 소재를 사용하는 경우 이는 매우 중요하다).

또한 무봉제 제품 편직 과정으로 생산되는 의복의 경우 재료가 낭비되지 않아서 친환경 제품이라고도 할 수 있다. 무봉제 의류 편직기 제조업체는 시마세이키와 스톨 등이 있다. 이 장의 마지막 부분에 언급된 웹사이트를 방문해보라.

무봉제 의류 생산 기술은 의류산업(운동복에서 스웨터에 이르기까지)에서 산업용 섬유(금속 및 플라스틱 단추와 같은 추가 구조 요소가 부착된 자동차 시트 덮개)까지 널리 사용된다. 무봉제 의류 생산(완제품) 편직 기계는 연결된 튜브, 원, 개방 직육면체 및 심지어 구(헬멧)를 포함한 편직 기계로 생산하기 어렵거나 불가능한 다양한 형태의 제품을 생산 가능하게 한다.

무봉제 편직 기술은 의복처럼 입체 구조로 생산하기 위해 2개의 니들 베드가 필요하다. 풀패션 편직 과정과 마찬가지로, 무봉제(완제품) 편직 기계에는 전기 컨트롤을 통과한 하나의 니들과 루프 모양을 유지시키는 노루발(presser feet)이 있어야 한다. 직물의 폭 또는 직경을 변경하고 구조의 두 면을 서로 연결하는 것과 같은 완제품 편직은 2차원 또는 평면 구조의 단일 니들 베드로도 가능하다. 이는 다음과 같은 과정에 의해 진행된다.

1. 니트 조직의 구조 변경(립에서 저지까지)
2. 니트 구조에 관련한 요소 변화(스티치 길이, 위사 삽입, 니트, 턱, 플로트)
3. 루프 이동을 통한 니트 모양 형성
4. 바늘을 어디에 정지키켜 두느냐에(needle parking) 따른 웨일의 다양한 변형 직조

원사

원사(yarn)는 편성에 사용되어 루프를 형성하는 소재이다. 원사는 단섬유(staple fiber)로 구성된 방적사와 장섬유인 필라멘트(filament)사 또는 이 두 가지 조합으로 구성된다. 스웨터 디자인에 있어서 첫 번째 단계는 원사를 선택하는 일이다. 스웨터용 원사는 상대적으로 매끈하고 강해야 하며 좋은 탄성회복성을 지니고 있어야 스웨터 완제품의 좋은 형태 안정성을 갖는다.

원사 및 스웨터 디자인에 영향을 미치는 주요 요인은 다음과 같다.

- 원사 외관(yarn appearance)
- 원사 구조(단섬유 또는 장섬유)
- 섬유 함량(천연섬유 또는 인조섬유)
- 꼬임/장력(방향 및 꼬임의 정도)
- 원사 가닥 수(단사, 합연사, 또는 복합가연사 등)
- 원사 번수(원사의 번수, 굵기, 또는 직경)

스웨터 디자인에 관련되는 구성요소의 조합을 바꾸면 최종 제품이 많이 변경될 수 있으므로, 다양한 요소의 영향을 이해하는 것이 디자인 문제 해결의 중요한 부분이다.

방적사(spun yarn)는 방적공정에서 꼬임, 또는 다른 방식의 단섬유 간의 결합으로 형성된다. 역사적으로 방적사는 회전하는 바퀴(spinning wheel)를 사용하여 수공(손)으로 만들어졌다. 방적공정은 의류 산업화된 첫 번째 공정 중 하나였다.

원사 구조

원사는 **단섬유**(staple fiber)나 필라멘트 장섬유(filament fiber)로 만들어진다. 방적사는 단섬유로 만들어지며(상대적으로 짧은 길이의 섬유가 함께 꼬여 있음) 천연섬유와 합성섬유가 각각 단일소재 또는 혼합된 것이다. 일반적으로 부드럽고 외관상 광택이 적으며 표면이 매끄럽지 않다.

면 원사를 생산하기 위해서는 면 단섬유들을 빗질하여 엉킴을 풀어주고 단섬유들이 일정한 방향으로 배열될 수 있도록 하며, 잡물을 제거해주어야 한다. 굵기가 가늘고 더 비싼 원사의 경우, 더 많은 공정(예 : 정소면 공정)이 추가로 진행되며, 단섬유들을 여러 번 빗질하여 짧은 단섬유를 제거함으로써 표면이 매끄럽고 균일한 직경의 세번수 원사가 만들어진다.

양모사(wool yarn)는 그 용도가 다양하고 인기가 높아 오랫동안 고급 의류를 생산하는 데 사용되어 왔다. 양모 및 양모 혼방 원사는 **방모사**(woolen yarn)와 소모사(worsted yarn)로 분류된다. 방모사는 소면 공정(carding process)은 거치지만 정소면 공정(combing process)을 생략할 때는 길이가 짧은 섬유로 구성되어 잔털들이 많다. 방모사는 소면 공정 후 정소면 공정을 거치지 않고 특정 공정으로 진행되며, 소모사는 방모사보다 더 많은 공정을 거쳐 생산된다(그림 8.26 참조). 그러나 스웨터 생산에서는 방모사가 소모사보다 선호되는 경향이 있으며, 방모사로 만들어진 스웨터는 부드럽고 부피가 크며(bulky), 중량당 보온성이 더 높은 편이다.

필라멘트사(filament yarn)는 여러 가닥의 장섬유들에 꼬임을 가하여 만들어지며, 일반적으로 표면이 매끈한 외관 특성

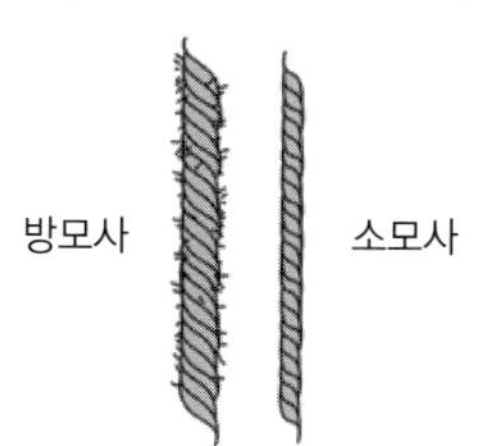

그림 8.26 방모사와 소모사

을 갖는다. 필라멘트사는 원사의 굵기가 균일하며, 동일한 직경의 방적사와 비교하여 강도가 더 높다. 필라멘트사로 편직된 편성물은 원사의 매끄러운 표면으로 인해 편환을 제 위치에 유지시키는 원사 간의 마찰력이 적어 미끄러짐(slippage)과 형태 유지성(stability)에 문제가 있을 수 있다.

모든 인조섬유는 고분자 물질을 방사(spinning)하여 **필라멘트사**(매우 길고 연속적인 섬유)의 형태로 생산될 때, 용도에 따라 필라멘트사를 일정 길이의 단섬유로 잘라서 방적공정에서 꼬임을 주어 방적사로 사용되기도 한다. 대부분의 필라멘트사는 멀티필라멘트의 형태로 사용된다. 실크는 유일한 천연섬유 필라멘트사지만 합성 필라멘트사가 종종 실크같은 효과를 내기 위해 대신 사용된다.

모노필라멘트(monofilament)사의 대표적인 예로는 낚싯줄이 있으며, 보다 굵은 모노필라멘트사는 일반적으로 직물 생산이나 의류용보다는 산업용 목적(예 : 로프)으로 사용된다.

원사 섬유 함량

실로 만들어지는 섬유는 그 종류와 특성이 매우 다양하다. 디자이너는 상거래와 관련된 사항을 이해함으로써 비용, 품질 및 스타일링 결정에 대한 올바른 선택을 할 수 있다.

의류상품의 최종용도에 따라 원사의 구성섬유 종류가 결정된다. 예를 들면 따뜻한 옷에는 양모를 사용하고, 통기성이 좋아야 하는 옷에는 면이나 대나무사, 양말의 경우 내구성 향상을 위해서 나일론사를 다른 섬유와 복합해서 사용한다. 또한 부드러운 옷에는 캐시미어나 알파카, 중량이 가벼운 옷에는 아크릴, 비용 절감을 위해서는 라미를 사용한다. 니트 제품의 필링(pillig) 특성은 스테이플(staple)의 길이 및 꼬임뿐만 아니라 섬유의 함량에 영향을 받는다.

방적사(spun yarns)는 단일 섬유로 만들어지거나 다양한 종류의 섬유를 혼합하여 사용된다. 일반적으로 강도가 높고 광택 및 난연성을 가진 합성섬유와 함께 흡습성이 우수하고 피부에 쾌적한 느낌을 주는 천연섬유가 혼방된다. 양모와 같은 원사는 탄성회복률이 우수하여 스웨터 제품이 시간이 지나도 그 원래의 형태를 유지하는 데 도움이 된다. 면사와 리넨 원사(linen yarn)는 탄성회복률이 적기 때문에 시간이 지나면 제품이 처지거나 형태가 변형되기 쉽다.

의류의 세탁 성능은 시장성과 관련이 있다. 양모 섬유는 수축(shrinking)을 방지하기 위해 특별한 주의가 필요하다. 실수로 스웨터를 건조기에 넣었을 경우는 스웨터가 원래 크기의 50% 사이즈로 줄어들 수 있다. 아동용 스웨터는 중량이 가볍고 일반 세탁기에서 세탁이 가능한 아크릴 원사로 만들어진다.

가장 널리 사용되는 혼방은 면과 폴리에스터, 울과 아크릴 섬유이다. 또한 천연섬유 간의 혼방이 널리 활용되며, 일반적으로 고가의 알파카, 앙고라, 캐시미어 섬유들과 면, 울과 같은 일반소재를 혼방하여 사용한다. 고가의 캐시미어는 비용이 너무 많이 올라가지 않도록 소량만 사용해도 원사의 품질을 향상시킬 수 있다.

스판덱스는 의류제품 또는 원단의 품질을 향상시킬 수 있도록 다른 원사와 복합하여 사용되는 원사인데, 라이크라® 는 듀폰 사에서 사용하는 스판덱스 상품의 브랜드 이름 중 하나이다. 이 브랜드 이름인 라이크라가 대표적 이름으로 스판덱스를 대신하여 사용되기도 한다. 특히 면, 라미 및 레이온 혼방사와 복합하여 사용된다. 스판덱스는 다양한 원사들과 복합하여 사용되며, 스판덱스를 복합하는 다양한 방법이 있다. 스판덱스 원사를 복합하는 가장 쉬운 방법으로는 **플레이팅**(plating) 기술이며, 일반 원사가 스판덱스사를 감싸도록 편직하는 방법이다. 일반 원사는 니트 원단의 표면에 편직되며, 스판덱스사에 비해 굵기가 굵어 뒷면의 스판덱스 원사를 완전히 감싸서 안 보이도록 한다. 스판덱스사는 장력 장치(tensioning device)를 사용하여 완전히 신장된 상태로 편기에 급사될 수 있도록 한다. 특히 스판덱스사의 사용은 얇은 실을 사용한 의류상품의 게이지(12gg~14gg)인 제품 생산에 적합하며, 형태안정성이 우수한 부드럽고 슬림한 형태를 잘 유지해서 게이지가 얇은 스웨터 생산이 가능하다. 한 번에 두 가닥의 원사를 사용하는 플레이팅 기술은 스판덱스 원사뿐 아니라 다른 원사에도 사용된다.

의류제품을 수입하는 데 드는 관세를 줄이기 위한 목적으로 특정 섬유들은 혼방된다. 예를 들어 미국으로 수입되는 의류제품의 경우 양모 함량이 23% 미만인 품목은 32%의 관세율을 가진 인조섬유(manmade fiber)로 분류된다. 만약 스웨터 제품의 양모섬유 함유율이 23% 이상인 경우에는 17%의 관세율에 해당하고, 50% 이상의 양모 원사를 사용하면 16%의 양모섬유 관세율에 해당한다. 그러나 관세율을 낮추기 위해 양모 비율을 높일 경우, 옷의 표면이 까칠한 느낌을 주어 착용자를 불편하게 하거나, 원사의 가격 증가로 인해 상품의 가격이 높아지고 물세탁이 가능하지 않게 될 수 있으므로 양모 함량을 신중하게 결정해야 한다. 또한 의류제품의 스타일에 따라, 즉 풀오버인지 카디건인지에 따라서도 다른 관세율이 적용될 수 있으므로 이런 다양한 요소까지 디자인 선정 시 신중하게 고려해야 한다.

대부분의 대기업에는 관세율과 수출 대상 국가에 적용되는 규정의 변화를 잘 파악하는 수입 전문가(import specialist)가 있다. 수입 전문가는 소재비용을 감안하여 최적의 관세율을 적용받을 수 있도록 하며, 디자인팀이 목표비용을 달성하도록 가장 중요한 디자인 결정의 제안을 돕는다.

꼬임(꼬임의 방향 및 정도)

스웨터 원사는 촉감, 외관, 내구성 및 질감 등의 다양한 품질을 나타내기 위하여 꼬임(twist)이 가해진다. 원사는 평행한 섬유에 꼬임이 가해져 만들어지며, 인치당 꼬임 수의 정도(twist per inch, TPI)에 따라 **약연**(soft-twist) 또는 **강연**(hard-twist)으로 기획될 수 있다. 편직용 니트 원사는 일반적으로 1인치당 꼬임 수에 따라 약연(2~12TPI)을 한다.

꼬임의 방향은 S꼬임 또는 Z꼬임으로 나뉘며, Z꼬임의 원사는 문자 Z의 대각선 부분처럼 오른쪽 위로 진행되는 나선을 가지고 있으며, S꼬임 원사는 그 반대 방향으로 꼬여 있다(그림 8.27 참조). 꼬임 방향은 품질이나 내구성보다는 제품의 최종 외관에 영향을 미치기에 주의 깊게 선정해야 한다.

원사 가닥 수(단사 또는 합연사)

1가닥의 원사는 단사(single yarn)라고 하며 2개 혹은 그 이상의 가닥 수의 원사를 복합한 것을 합연사(plied yarn)라고 한다(예 : 2-ply). 합연사는 강도와 균제도(균일성)가 우수하나, 생산을 위해서는 추가 공정에 대한 비용이 발생한다(그림 8.28 참조). 세 번째 구성인 **코어 방적사**(core spun yarn)는 원사 중심부의 섬유를 이종의 섬유가 감싸고 있는 구조로 되어 있다. 예를 들면 스판덱스 코어 원사 주위를 이종의 섬유가 감싸고

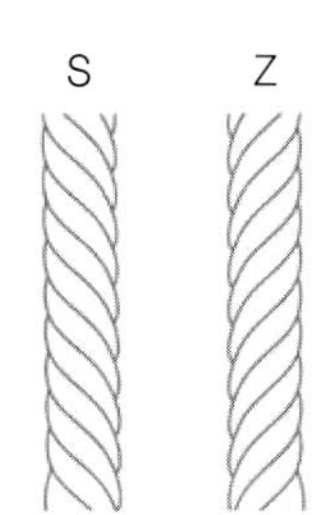

그림 8.27 S꼬임과 Z꼬임

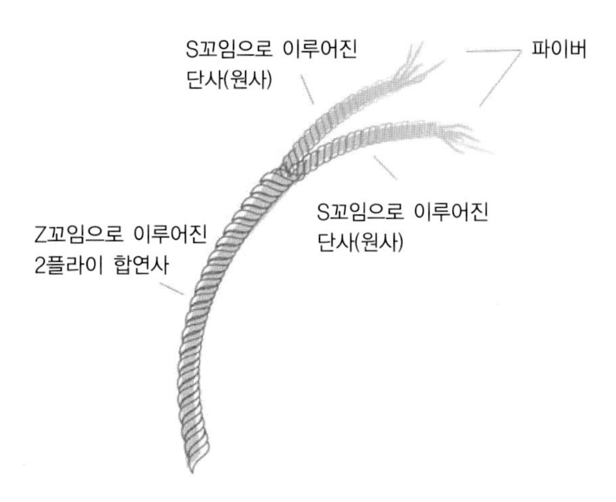

그림 8.28 합연사

있는 원사이며, 원사와 제품에 스트레치성을 부여하는 데 사용된다.

원사에 부여되는 꼬임은 강도, 질감, 색상 및 탄력성 등에 영향을 미치며, 또한 각각의 섬유들의 장점을 더하려는 목적으로 복합(plied)된다. 단사로 만들어진 스웨터는 원사에 가해진 꼬임으로 인해 뒤틀림(torque) 현상이 발생할 수 있다. 이와 같은 문제는 주로 저가의 니트 의류에서 흔히 발견된다. 이것에 대한 해결책으로는 두 가닥의 S꼬임 단사를 Z방향으로 합연함으로써 안정성과 강도를 더해주고 뒤틀림 현상을 제거할 수 있다(그림 8.29 참조).

그림 8.29 뒤틀림

번수(굵기, 두께 또는 지름)

원사의 굵기는 번수(count)로 표시될 수 있다. 무게를 기준으로 한 **원사번수**(yarn count) 표시 방법은 수십 년 동안 다양한 섬유에 대해 고안되어 발전해 왔으며, 대표적인 두 가지 방법이 있다. 첫 번째는 항장식(direct system)인데 원사번수 시스템은 원사의 굵기가 굵어질수록 숫자가 커지며 필라멘트사의 번수를 표시할 때 사용되고 주로 실크사에서 사용된다. 표시 방법으로는 데니어(Denier) 시스템이 사용된다.

항중식(indirect system)은 원사번수 시스템의 또 다른 방법 중 하나로 각 원사의 길이가 원사의 무게에 따라 결정된다. 이는 또 다른 방적사의 번수를 표기하는 방법인데 원사의 번호가 높아질수록 굵기는 가늘어진다. 이때 표시 방법으로는 텍스 시스템(tex system)이 주로 사용된다. 텍스 시스템은 보다 쉽게 번수를 측정하고 표기하기 위하여 발전해 왔으며 주어진 원사 1,000m의 무게를 번수로 명시하도록 되어 있다.

원사번수는 최종 제품과 **피복력**(covering power)에 직접적인 영향을 미친다. 피복력은 1제곱인치와 같이 정해진 공간을 채우기 위해 필요한 원사의 양이다. 낮은 피복력을 갖는 원사를 사용하면 니트 조직이 좀 더 느슨한 효과(open effect)가 있게 된다. 피복력은 원사 형태(shape), 구성(configuration) 및 원사 중량(weight)에 의해 영향을 받게 된다.

미터식 번수(Nm)는 스웨터 편직을 위한 기본 단위다. 미터식 번수는 원사의 단위 길이와 무게의 관계를 표현하며, 원사 무게가 1kg일 때 원사의 길이는 몇천 미터인지에 따라 원사의 번수가 결정되는 번수 시스템이다. 예로 1/14 원사는 14,000m의 원사 무게가 1kg임을 의미한다. 실의 꼬임과 섬유의 종류도 원사의 굵기와 미터식 번수(Nm)에 영향을 미친다.

- 일반적인 7gg 편기에 사용되는 원사의 굵기는 약 Nm 6 정도이다.
- 5gg 편기에 사용되는 원사의 굵기는 약 Nm 3, Nm 4 정도이다.
- 3gg 편기에 사용되는 원사의 굵기는 약 Nm 2 정도이다.
- 합연사 Nm 2/28과 단사 Nm 1/14는 동일한 굵기의 원사이다.

장식사(novelty yarn)는 디자인에 흥미와 질감을 더하기 위해 사용된다. 장식사에는 굵고 가는 실의 조합에서부터 우븐 테이프에 가까운 리본 원사 및 금속 재료를 활용한 원사 등 다양한 종류가 있다(그림 8.30 참조).

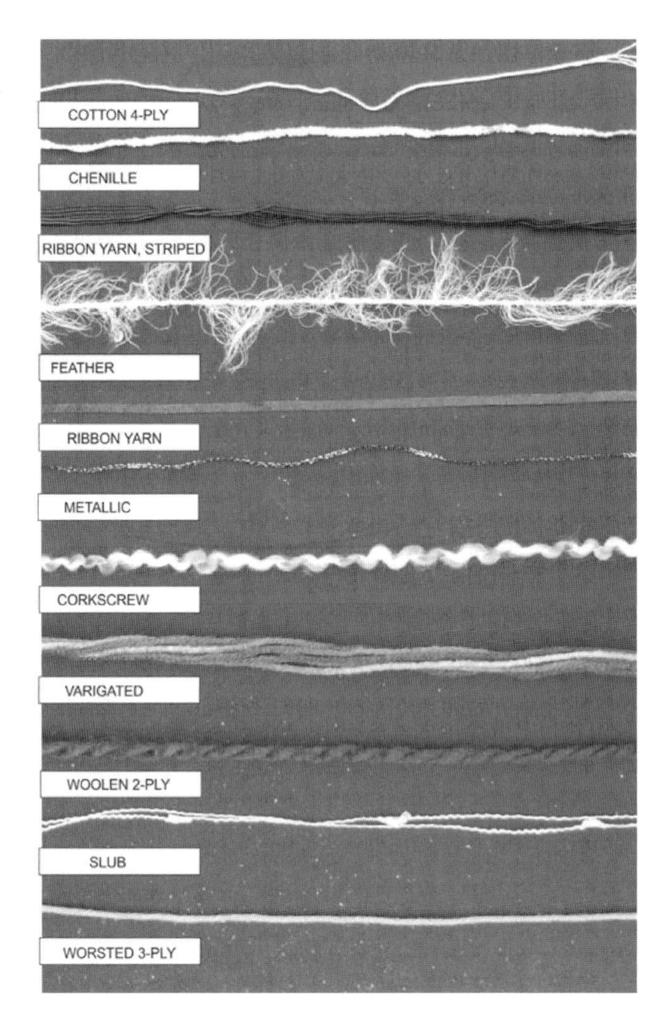

도표 8.30 장식사

필링

일반적인 품질 문제로 소비자들은 필링(pilling), 즉 짧거나 파손된 섬유가 편직물의 표면에 일어나는 것에 익숙하다. 섬유의 끝이 표면에서 떨어져서 근처의 다른 떨어져 나온 섬유의 끝과 엉겼을때 필(pill)이 만들어진다. 필은 여러 다른 요인에 의해 생성되는데 가장 일반적인 것 중 일부는 다음과 같다.

- 소맷부리와 옆선 솔기 부분 같이 마모가 심한 부위는 필이 더 쉽게 생기는 경향이 있다. 액티브 스웨터에는 이러한 문제를 줄이기 위해서 이러한 부분에 보강 패치(reinforcement patch)를 대기도 한다.
- 방적사는 섬유 끝이 원사의 표면에 이미 노출되어 있기 때문에 필라멘트사보다 더 쉽게 필이 생기는 경향이 있다. 방적사와 필라멘트사를 적절하게 복합하게 되면 필

링을 줄이는 데 도움이 된다. 또한 방적사를 구성하는 단섬유의 길이가 길수록 섬유들이 원사 표면으로 빠져나오기 어려워져 필링이 줄어든다.

- 단일 섬유 원사로 만들어진 니트 제품에서 생기지 않는 필링 문제가 혼방사를 사용했을 경우 생기기도 한다. 예를 들어 100% 면사의 경우가 폴리에스터와 면의 혼방사보다 필링이 적다.
- 특정한 소재의 원사를 사용했을 경우 다른 소재보다 필링에 대한 문제가 더 발생할 수 있다. 강한 섬유를 사용한 원사는 표면에 필이 생기면 떨어지지 않고 붙어 있는 반면, 약한 섬유를 사용한 원사에서는 필이 표면에 생겨도 떨어져 나가는 경향이 있다. 양모사(wool yarn)는 대개 섬유가 강하여 필이 생기면 떨어져 나가지 못하고 표면에 붙어 있다. 또한 양모 섬유(wool fiber)는 상대적으로 거친 구조의 표면을 가지므로 섬유들이 얽히게 되어 필이 쉽게 형성된다.
- 원사의 꼬임(yarn-twist)은 약연된 원사가 강연된 원사보다 더 쉽게 필이 생긴다. 원사 꼬임수를 다소 증가시킴으로써, 섬유의 끝을 보다 안정시키고 원사 표면으로 섬유들이 돌출되는 것을 막아 필의 형성을 감소시킬 수 있다. 일반적으로 스웨터용 원사가 다른 직물 원사보다 꼬임이 적은 약연사를 사용하기 때문에, 전반적으로 우븐 셔츠에서보다 스웨터에서 필링 문제가 더 빈번하게 일어난다.
- 세탁할 때 탈수 시 섬유 유연제를 넣으면 필이 더 잘 생기게 된다.

의류 제품에서 필링이 일어날 경우에는 소비자가 구매한 의류에 대해 환불을 요구할 수 있다. 디자이너는 스웨터에 필이 생기는 문제를 줄일 수 있는 원사를 선택함으로써 품질에 대한 문제를 줄이고 보다 좋은 질의 상품을 개발하여 판매를 향상시킬 수 있다.

멀티플 엔드로 된 편직

동일한 원사를 여러 가닥 함께 사용하는 것(multiple end)은 더 두꺼운 원사의 효과를 나타내는 데 사용될 수 있다. 이와 같은 방법으로 스웨터 제조회사는 한 가지 번수의 원사로 다양한 두께의 스웨터를 제조할 수 있으며, 효율적으로 원사 재고를 관리할 수 있다. 〈그림 8.31〉의 예에서와 같이, 동일한 원사를 사용하여 다양한 게이지의 횡편기에서 조직이 세밀한 니트 제품부터 벌키(bulky)한 조직의 니트 제품에 이르기까지 다양한 스웨터 제품 생산이 가능하다. 첫 번째 예에서는 두 가닥의 원사가 한 가닥으로 편직되었으며, 가운데 예에서는 여섯 가닥의 원사가 한 가닥으로 편직되었다. 이 예에서 사용된 원사는 2 합연사(2-ply: 2/30)이다.

게이지

수편직에서 **게이지**(gauge)는 인치당 스티치(stitch) 수를 의미하며 제품에 따라 어떤 게이지 숫자도 가능하게 상품을 제조할 수 있다. 그러나 상업적 용어에서는 편기의 기계적 설계를 기준으로 특정 개수의 게이지를 사용한다(그림 8.32 참조).

위편기에서 게이지[**컷**(cut)이라고도 함]는 특정 편기의 인치당 편침의 수를 나타낸다. 일반적인 게이지 크기는 3게이지(3gg), 6게이지(6gg), 12게이지(12gg) 및 20게이지(20gg)이다. 3게이지 편기는 겨울용 스웨터에 적합한 큰 스티치를 만드는 데 사용된다. 20게이지 편기는 조직이 매우 세밀하고 중

전체 샘플은 모두 2/30 얀 사용

2겹의 원사로 된 실을 사용해서
6gg 편기 사용

6겹의 원사로 된 실을 사용해서
6gg 편기 사용

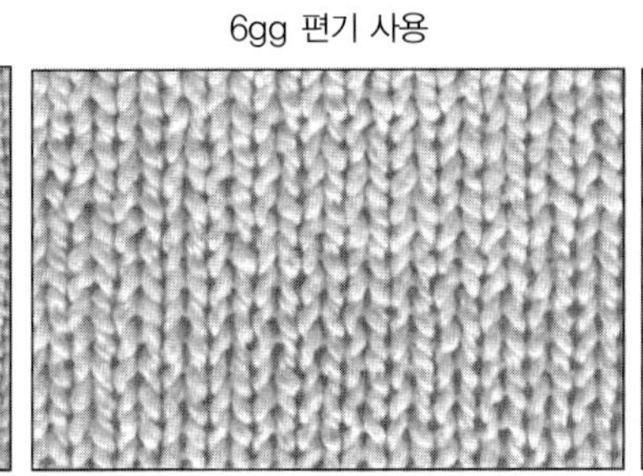

10겹의 원사로 된 실을 사용해서
3gg 편기 사용

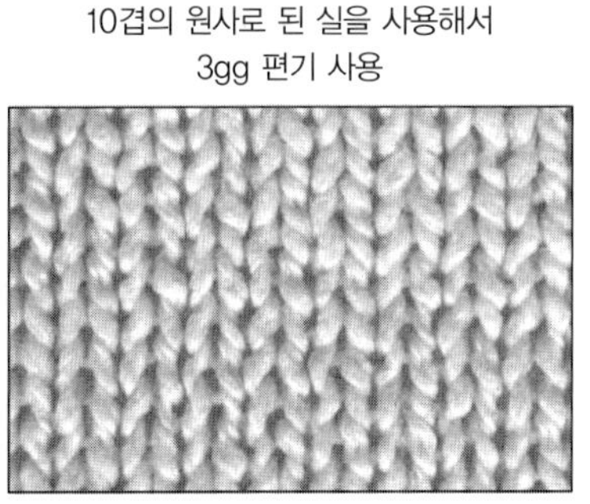

그림 8.31 멀티플 엔드

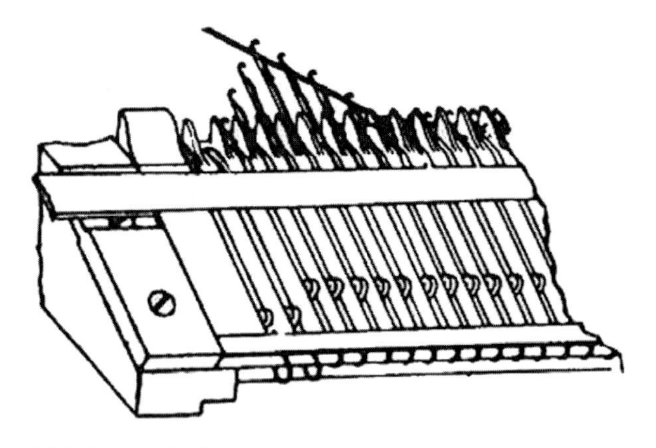

그림 8.32 기계 바늘

량이 가벼운 스웨터 또는 풀오버와 카디건 세트 제품(twinset)을 생산하는 데 적합하다.

장력

장력(tension)을 조절할 경우 스티치를 크게 또는 작게 만들어 견본(swatch)에 큰 효과를 줄 수 있다. 낮은 장력으로 편직할 경우 탄력성이 있고 보다 큰 견본를 만들 수 있다. 높은 장력(tighter tension)은 안정적이고 밀도가 높은 편성물을 만들 때 사용된다. 낮은 장력보다 높은 장력으로 제품을 만들 경우 더 많은 실이 사용되어 더 무거운 스웨터가 만들어지나 구조가 촘촘하게 되어 형태가 더 안정된다. 스웨터는 중량에 따라 원가가 책정되므로, 더 무거운 스웨터의 경우에는 그 생산비용이 올라간다. 이와 같은 이유에서 장력이 스웨터의 가격을 책정하는 데 중요한 요소로 작용한다.

텍스처 스티치

디자인 및 패턴 스티치의 관점에서, 매끄러운 원사를 사용하면 복잡한 조직의(패턴) 스티치 품질을 향상시킬 수 있다. 반면, 가연사(textured yarn)를 사용하면 패턴이 뚜렷하게 표현되지 않을 수 있다. 예를 들면 생산단가가 높은 복잡한 케이블 패턴을 편직할 때 부클 원사(boucle yarn)를 사용할 경우 패턴을 표현하기가 어렵게 된다. 여러 가지 색상이 있는 장식사의 경우 대개 간단한 저지 또는 고무(rib) 조직과 가장 잘 어울린다.

텍스처 스티치(texture stitches)는 게이지와 완성된 제품의 모양이 균형을 이루는 한 가는 원사와 굵은 원사를 함께 사용할 수 있다. 텍스처 스티치는 제품의 전체 혹은 일부분에 사용될 수 있다. 디자이너는 이러한 디자인 요소들을 세밀하게 이해해야 한다. 〈그림 8.33〉의 몸판 부분에서는 스티치가 교대로 세로줄을 만든다. 소매 부분은 1×1 고무로 시작하고, 나머지 부분은 저지로 만들어진다. 목넥(mock neck) 부분은 1×1 고무를 사용한다. 고무 조직의 트림(rib trim)을 사용함으로써 제품의 형태를 유지하도록 한다.

포인텔

레이스와 **포인텔**(pointelle)은 가볍고 여성스러운 외관의 제품을 만드는 데 사용한다. 포인텔 조직은 트랜스퍼 레이스(transfer lace)의 한 종류이다. 이러한 패턴에서는 싱글 저지 스티치(single jersey stitch)가 왼쪽 또는 오른쪽 바늘로 트랜스퍼된다. 전체적으로 이러한 패턴이 반복되면 여기저기 구멍이 있어서 속이 들여다보이는 디자인 효과를 낸다. 〈그림 8.34〉는 레이스 조직의 한 예를 보여준다.

〈그림 8.35〉는 다양한 방법으로 사용되는 포인텔을 보여준다. 아래쪽의 전체 패턴, 두 부분을 시각적으로 연결하는 데 사용된 경계 부위, 그리고 저지 후면에 사용된 대각선의 큰 패턴 등 다양한 방법으로 사용되는 포인텔 조직을 나타낸다.

레이스 패턴의 또 다른 유형으로 **크로셰**(crochet)가 있는데 이는 단일 후크 바늘(hooked needle)을 사용하여 다양한 패턴에서 루프(loop)로 연결하는 기법이다. 크로셰는 기계가 아닌 손으로만 제작이 가능하다. 또한 크로셰 스티치는 매우 안정적이므로 가장자리를 마무리하고 플래킷을 만드는 데도 사용된다. 〈그림 8.36〉의 예는 레이스 패턴 바디와 단추가 안정된 앞면 플래킷을 보여준다.

케이블

더블 베드 편기에서 생산되는 케이블 스티치(cable stitch)는

그림 8.33 텍스처 스티치

그림 8.34 레이스 스티치

일종의 땋은 것처럼 보이는 3차원적 편성물 만든다. 이는 편침에 걸려 있는 특정 편환들을 물리적으로 이동시킴으로써 만들어지는 꼬는 효과가 있다. **케이블 스티치**(cable stitches)(밴드 간격)는 저지 형태이며, 리버스 저지의 편환에 의해 가장자리가 처리된다(그림 8.37 참조).

여러 가지 복잡한 모양의 케이블은 수 세기에 걸쳐 손뜨개질에서 개발되었으며 아일랜드 아란섬 어부들의 스웨터가 그 중 가장 유명하다. 모든 케이블 스티치가 기계 편직으로 변환될 수 있는 것은 아니지만 허니컴(honeycomb) 및 기타 기계 변형이 케이블 구조를 만들어낼 수 있다.

〈그림 8.38〉의 의복은 케이블을 사용하여 디자인 라인을 향상시키고 다른 텍스처와 결합하는 예를 보여준다. 이때 실이 약간 트위드(두 색이 섞여 있음)되어 있지만, 케이블 조직의 외관을 모호하게 만들지는 않는다. 2×2 고무로 만들어진 칼라는 잘 늘어나서 어깨 위에 눕혀지고 보완적인 텍스처를 제공한다. 이러한 여러 가지 요소가 조합되어 만족스러운 디자인을 만들어낸다.

컬러 기법

스웨터 니트에는 조직과 색상의 변형에 따라 사용하는 여러 가지 특수 기법이 있다. 스티치의 성질 때문에 조직이 기하학적인 것을 종종 볼 수 있다. 특히나 자카드 조직 편성 시에는 사용하지 않는 색상의 원사들이 대개 편성물의 뒤쪽에 위치하게 되기 때문에, 과도하게 무거운 제품을 생산하지 않기 위해서는 편직의 조직과 실의 무게가 균형을 맞추어야 한다.

스트라이핑

색상을 추가하는 가장 간단한 방법은 행의 시작 부분에서 색상이 변경되는 스트라이프 조직이다. 캐리지가 색상 변경이 이루어진 쪽을 통과한 다음 다시 돌아갈 수 있기 때문에 일반적으로 스트라이프는 두 행의 컬러가 한 세트이다(또는 짝수의 세트 —4, 6, 8). 일반적으로 스트라이프에는 8~12색이 최대한으로 사용할 수 있는 색상이다. 이런 편직 시에는 스트라

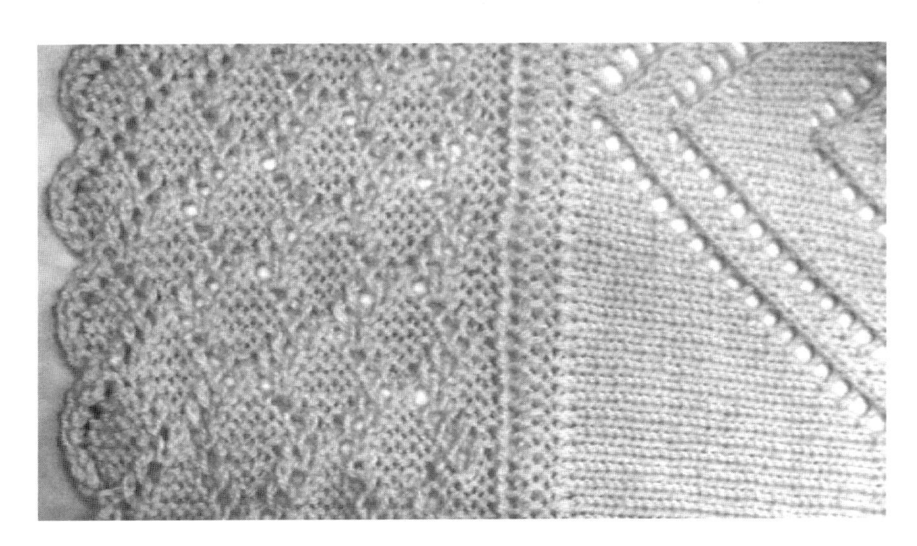

그림 8.35 포인텔 스티치

그림 8.36 크로셰로 만들어진 레이스탑과 플래킷

그림 8.37 케이블 조직

그림 8.38 케이블 디자인

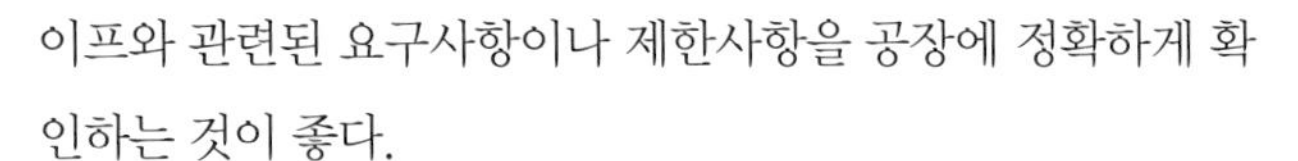

이프와 관련된 요구사항이나 제한사항을 공장에 정확하게 확인하는 것이 좋다.

〈그림 8.39〉의 예는 다른 패턴 기법과 함께 사용된 스트라이프를 보여준다. 스트라이프는 색상을 결합하는 간단한 방법이다. 스트라이프 편직 시에는 일반적으로 생산 공장에 색상 배치(color placement)를 확인하는 그래프를 함께 제공하게 된다. 가장 잘 알려진 스트라이프로는 한 색상에서 점차적으로 다른 색상으로 전환되는 옴브레(ombré) 스트라이프 디자인이 있다. 〈그림 8.39b〉는 옴브레의 색상 배치 및 정렬과 관련하여 공장이 필요로 하는 정보를 보여준다. 또한 공장에서는 추가로 알아야 하는 정보들이 있는데, 이는 첫째, HPS(high point shoulder)로부터 측정된 첫 번째 스트라이프(B)가 시작되는 거리를 알아야 하며, 둘째, 각 스트라이프의 길이와 스트라이프 간 간격 등의 정보가 필요하다. 이러한 정보는 추가 스케치에 표기되어 공장에 보내진다.

다른 유형의 스트라이프는 피드 스트라이프(feed stripe)라고 하며, 이는 두 가지 색상이 섞여 있는 멜란지(mélange) 효과를 나타낸다. 이는 두 가지 이상의 다른 색상의 원사를 동일한 급사구(feeder)를 통해 편성함으로써 얻을 수 있는 효과로, 이와 같은 스트라이프는 어떤 편조직(저지, 턱 등)에도 적용이 가능하다. 위편기는 가로방향으로 편환을 형성하기 때문에 다양한 가로방향 스트라이프 조직을 편성할 수 있다. 그

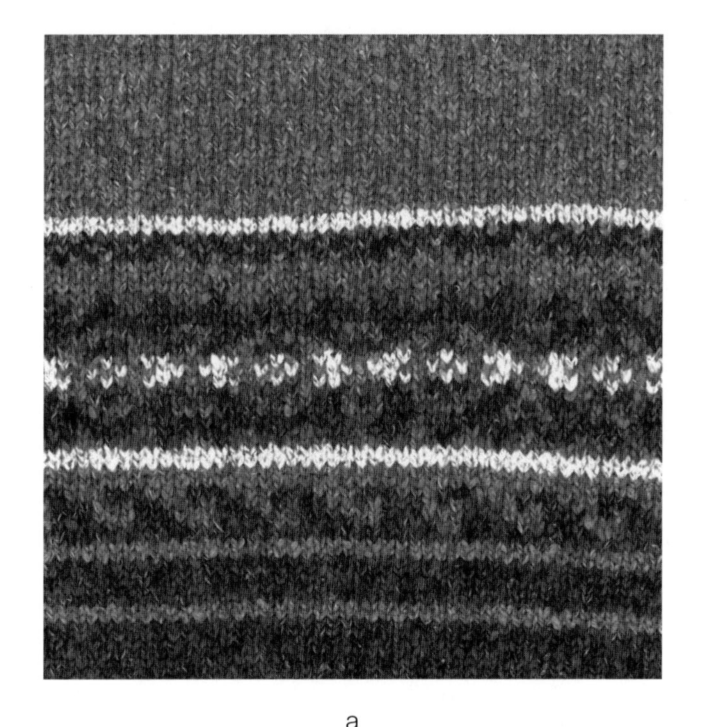

a

스트라이프의 위치와 크기

컬러 A가 위쪽을 향하게 함

컬러 순서

1/8″ B A B
3/16″ A
1/8″ C
3/16″ A
D
1/4″ A
E
1/4″ A
3/8″ F
3/8″ A
7/16″ G
1/2″ A
5/8″ H
1/2″ A

컬러 1은 아래쪽으로 향함

b

그림 8.39 스트라이프와 그래프

러나 세로방향 스트라이프의 경우 정지 및 시동, 편환의 연결 등의 추가적인 동작이 요구되거나 노동집약적인 방법을 필요로 한다[〈그림 8.50〉 인타시어(intarsia) 참조].

〈그림 8.40〉은 솔기 부분의 정확한 각도가 몸판과 래글런 소매의 매칭에 얼마나 중요한지를 보여준다. 이 경우 각도는 몸판과 소매의 스트라이프 줄무늬가 쉽게 일치할 수 있는 약 45도로 만들어졌다. 이는 제품 품질의 중요한 결정 요소이다.

플레이팅

플레이팅(plating)이란 서로 다른 두 색의 원사와 특수한 급사 장치를 사용하여 상품의 앞면과 뒷면이 다른 색상으로 표현될 수 있도록 하는 것이다. 고무(rib) 조직에서 표환으로 구성된 니트의 웨일 부분은 한 색상으로, 이환으로 구성된 웨일은 두 번째 색상으로 표현된다. 특히 케이블 조직에서는 사용되는 두 가지 색상에 따라 매우 다양하고 미묘한 입체적 효과를 얻을 수 있다.

게이지가 큰 경우 편기에서 플레이팅 기법을 활용하면 매우 무거운 스웨터가 만들어질 수 있고 플레이팅 기법은 일반 원사와 스판덱스 원사를 함께 사용하여 탄성이 우수한 제품 생산에도 사용된다(Black, 2002).

싱글 자카드

싱글 자카드(single jacquard, fair isle)는 한 열에 두 가지 색상 이하의 색상과 패턴을 추가하는 방법이다. 싱글 자카드는 싱글 베드 편기에서 생산되므로 **싱글**이라고 불린다. 편직 시 사용되지 않는 색상의 원사는 편포의 뒷면을 따라 **플로트 편환**(float stitch)으로 표시된다. 〈그림 8.41〉은 싱글 자카드 조직의 앞면을 보여준다. 이 조직은 한 줄에 색상이 너무 많지 않은 기하학적인 디자인과 작은 패턴에 유용하다. 플로팅되는 원사의 길이는 보통 '6개의 스티치'를 포함하는 길이거나 또는 1인치 이하 둘 중의 작은 것으로 결정되어 이루어지는데, 이때 플로팅되는 원사의 길이가 너무 길면 쉽게 당겨지거나 뜯길 수 있기 때문이다. 이때 플로트 편환은 스웨터 제품의 보온성을 높여주는 역할도 한다.

싱글 자카드 디자인의 뒷면에 사용되지 않는 색상이 후면에서 어떻게 배치가 되었는지를 보여주기 때문에 모호한 이미지처럼 보인다(〈그림 8.41〉의 원단 앞면의 밝은 부분은 〈그림 8.42〉의 원단 뒷면의 어두운 부분이다). 뒷면의 플로트 편

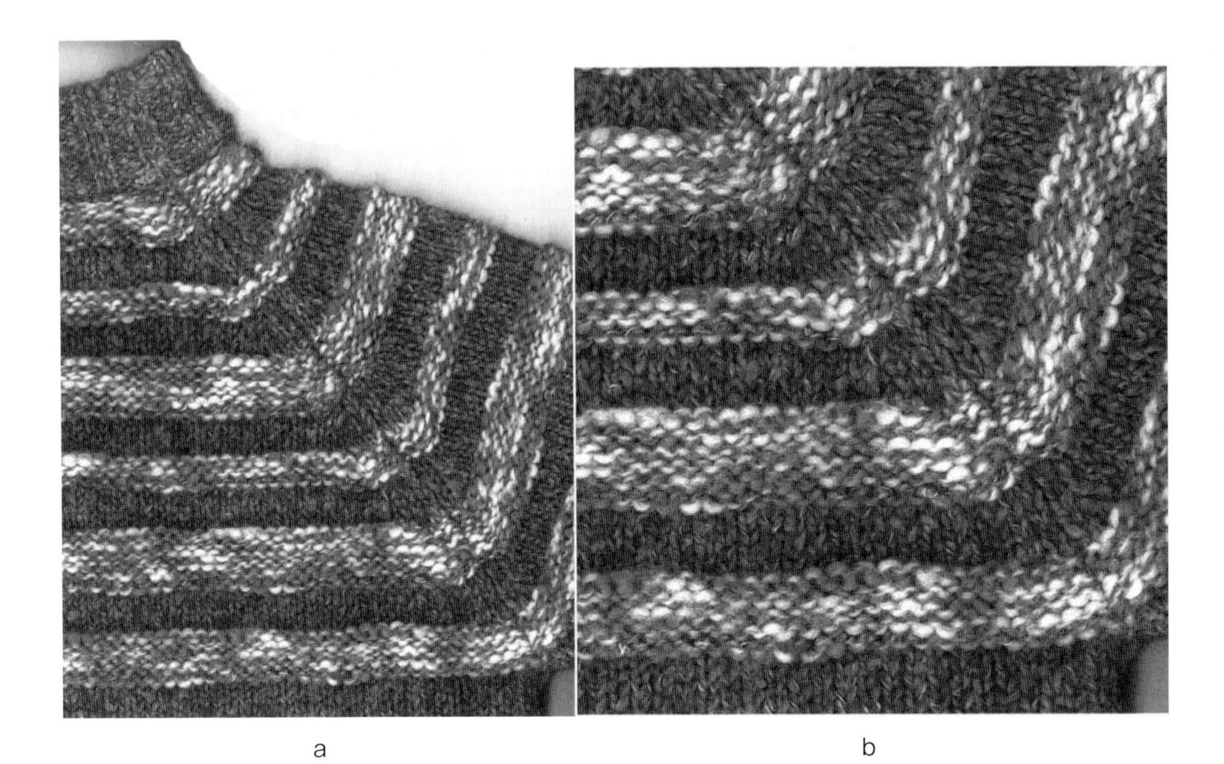

a b

그림 8.40 래글런에서 매칭되는 스트라이프

그림 8.41 싱글 자카드의 기술적 앞면

그림 8.42 싱글 자카드의 기술적 뒷면

환은 제품의 늘어나는 것을 제한해주는 경향이 있다. 그 결과 싱글 자카드 조직을 활용한 제품은 늘어지지 않고, 형태가 확실한 경향이 있어 무거운 겉옷에 사용하는 것이 좋다(Walker, 1972).

〈그림 8.43〉에는 무늬는 동일하나 사용된 색들의 수는 싱글 자카드 조직의 색상 배치도를 나타낸다. 〈그림 8.43a〉는 두 가지 색상으로 구성되어 있으며, 〈그림 8.43b〉는 다섯 가지 색상으로 구성되어 있으나, 어느 행에도 두 가지 색상 이상이 사용되지 않았다.

〈그림 8.44〉의 디자인처럼 싱글 자카드 조직의 뒷면은 앞면으로 사용할 수 있다. 이 예제에는 안감이 털(fur)로 되어 있고, 2개의 땋은 끈으로(braided ties)과 모자끈과 하나의 꽃술(pom-pom)이 모자의 중앙에 위치해 있다. 모자 외부의 주된 장식은 원단의 뒷면을 사용한 플로트 편환(float stitch)이며, 여기서는 원단의 뒷면이 모자의 바깥 면(right side)으로 사용되었다.

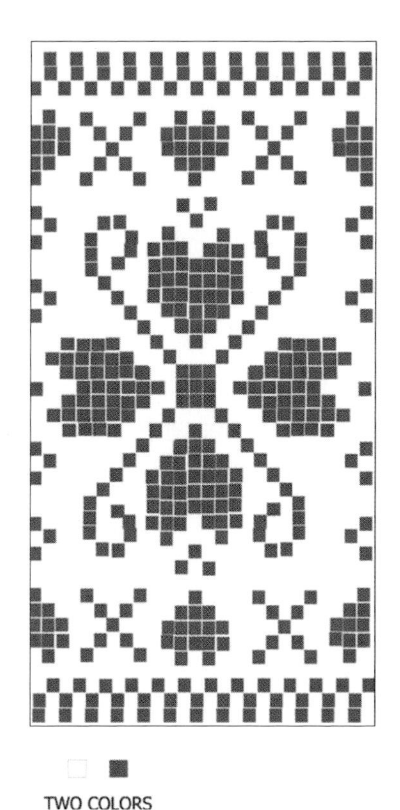

a

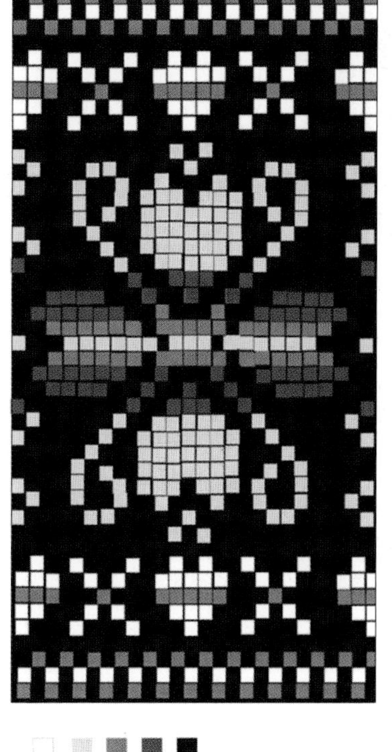

b

그림 8.43 싱글 자카드 조직의 색상 배치도

싱글 자카드 조직에서 한 열에 두 가지 색상의 편환들을 사용하여 다양한 무늬의 디자인에 적용할 수 있다. 〈그림 8.45〉의 디자인은 스칸디나비아의 전통적인 디자인인 원통형 곡선의 니트요크이다. '둥근' 형태의 요크가 소매 둘레에 솔기 없이 연결이 된다. 스웨터가 목선 쪽으로 좁아지면서 스티치가 줄어드는데 이것은 상당히 고가인 고급 기술이다.

이 디자인 버전은 심플하면서도 그래픽 효과를 내기 위해 간단한 중간 색상과 트위드 원사를 기본으로 사용한다. 실루엣은 전통적인 스웨터보다 길며 3/4 소매로 업데이트되었다.

싱글 자카드 무늬는 전통적인 느낌으로 대중의 인기를 얻어 유행을 반복하는 자주 눈에 띄는 스타일이다. 전통적인 디자인은 디자이너에 의해 종종 부활되고 업데이트된다. 일반적인 전통 손뜨개 모티프(hand-knit motif)를 〈그림 8.46a〉의 커다란 고무 조직 칼라(ribbed collar)와 결합된 스트라이프 및 기하학적인 무늬가 있는 패턴과

a

b

그림 8.44 모자의 바깥 면에 사용된 편직의 뒷면

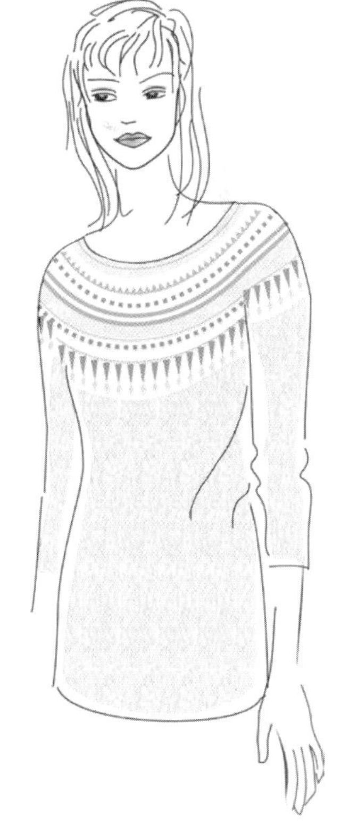

그림 8.45 업데이트된 싱글 자카드 조직

a b

그림 8.46 패션 제품에 사용된 싱글 자카드 모티프

같은 새로운 패턴에 적용할 수 있다. 그림에서 보이는 바와 같이 눈송이와 순록은 스웨터 코트와 숄더백에도 사용되었다(그림 8.46b 참조).

더블 자카드

더블 자카드(double jacquard)는 보다 복잡한 패턴들을 구현하는 방법이며, 싱글 자카드와는 달리 한 열에 두 가지 색상만 사용하는 색상 개수의 제한이 없다. 〈그림 8.47〉의 예는 한 줄에 네 가지 색상이 사용되었다. 더블 자카드 조직은 2개의 베드가 있는 편기에서 편직이 가능하며, 뒷면에는 플로트 편환이 생성되지 않는다. 실제로 편성물의 뒷면에는 트위드와 같이 보이는 효과가 있어, 의류상품의 안쪽을 멋지게 보이게 하는 효과를 낸다. 더블 자카드는 앞면과 뒷면에 모두 편환을 형성하는 이중 구조이기 때문에 전반적으로 편직물이 상당히 무겁게 된다. 〈그림 8.47a〉는 자유로운 디자인과 한 열에 네 가지 색상이 있는 앞면을 보여주며, 〈그림 8.47b〉는 모든 색상이 플로트 편환 없이 말끔하게 처리된 뒷면을 보여준다. 그림의 제품은 1×1 고무 조직으로 편직을 아래부터 시작하여 더블 자카드 조직으로 편성이 이루어졌으며, 단추가 달려 있는 튜블러 플래킷(tubular placket, 즉 2겹으로 편직되어 형태 안정성이 좋은 플래킷)이 스웨터의 몸판에 길이방향으로 봉합되어 있다. 더블 자카드 편성물은 신축성이 적어서 형태 안정성이 좋아야 하는 의류상품인 스웨터 코트 등에 적합하다.

〈그림 8.48〉의 다이어그램은 세 가지 색상을 사용한 더블 자카드의 구성을 보여준다(Goiello, 1982).

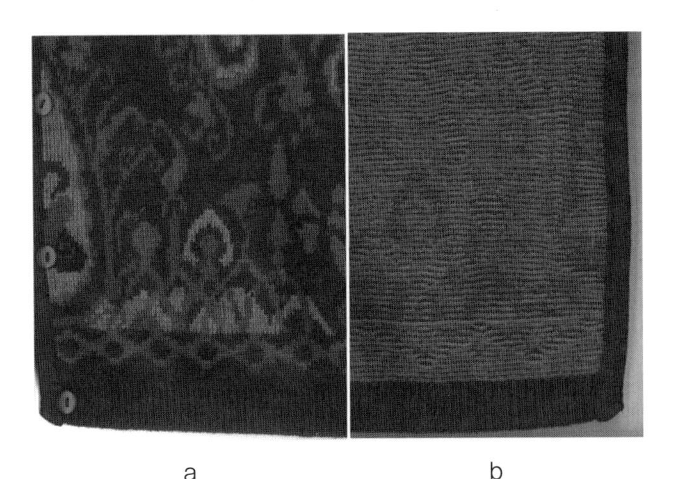

a b

그림 8.47 더블 자카드

래더백 자카드

래더백 자카드(ladder-back jacquard)는 싱글과 더블조직을 결합한 자카드의 한 종류이다. 편성물의 뒷면에 짧은 플로트 편환이 있으며, 더블 자카드보다 가볍다. 〈그림 8.49a〉는 래더백 자카드로 편성된 무늬를 보여준다. 한 줄에 세 가지 색상이 배치되어 있으므로 싱글 자카드와는 차이가 있다. 〈그림 8.49b〉는 편성물의 뒷면을 보여주며 싱글 자카드보다 플로트 편환의 길이가 매우 짧아서 옷을 입거나 벗을 때 의복의 안쪽에 손가락들이 거의 걸리지 않는다.

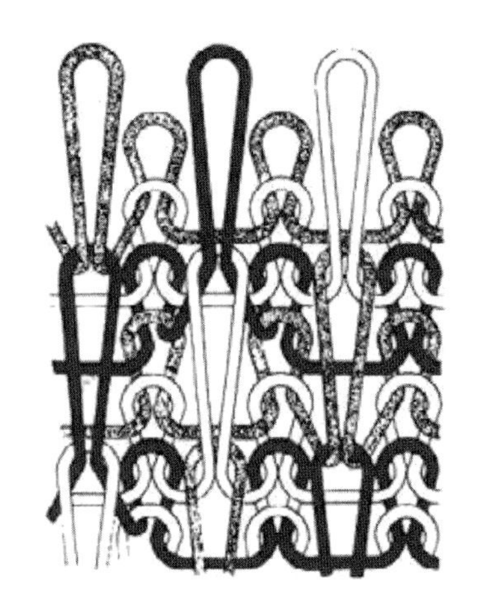

그림 8.48 더블 자카드 편환 구성

a

b

그림 8.49 래더백 자카드

인타시어

인타시어(intarsia)는 크고 기하학적이지 않은 무늬를 형성할 수 있는 기술이다. 한 가지 원사를 다른 원사와 꼬아줌으로써 색상을 변경하며, 이 기술을 활용할 경우 디자인과 한 열에 사용 가능한 색상 수 등에 대한 제한이 없어서 여러 가지 다양한 색상과 형태를 디자인할 수 있다. 그러나 많은 색상을 사용할수록 생산단가가 높아질 수 있다. 일반적으로 인타시어는 저지 원단의 조직을 사용한다. 이는 색상 변경 시점에서 원사의 교차가 이루어지기 때문에 편성포의 뒷면에 편환을 형성하지 않는다. 원사가 얽히게 하는 것을 방지하기 위해 보빈(실패)마다 별도 색상의 원사를 감아서 사용한다.

〈그림 8.50a〉는 매우 간단한 다이아몬드 모티프의 편성포 앞면을 보여주며, 〈그림 8.50b〉는 편성포의 뒷면을 보여준다. 색깔이 교차되는 편환(crossover stitch)은 색상이 다른 실들끼리 서로 뒤틀린 지점에서 일종의 외곽선(outline)으로 나타난다. 인타시어 조직이 들어가는 제품의 주문 수량이 많은 경우, 특정 무늬에 맞게 전자식 편기에서도 셋업할 수 있으므로 전자식 편기를 이용하여 작업을 수행할 수 있다. 미국은 연말 크리스마스 시즌에 선물, 전나무, 트리 장식, 산타 등을 모티프로 한 노벨티 스웨터(novelty sweater) 제품의 수요가 많은 큰 시장이기에 이때 하여 인타시어 기계를 사용하는 경우가 많이 있다.

인타시어는 크고 다양한 컬러의 그림 같은 무늬를 만들 수 있으나 생산성이 낮은데, 이는 수동 횡편기(hand-loom)를 사용하여 편직 시 각각의 열에서 주의 깊게 색상을 전환해야 하고, 각 모티프의 시작과 끝에서 원사를 묶어 주어야 하기 때문이다. 스타일과 색상당 수량이 충분할 경우에는, 비용 대비상 컴퓨터화된 기계에서 편직하는 것이 적합한 생산 방법이다.

단순해 보이는 세로 방향 스트라이프 또한 인타시어 기법이 필요하다. 디자인에 따라 가로로 짠 스트라이프 패널을 세로 방향으로 90도 회전시켜 세로 효과를 낼 수 있다. 공장에서 비용 대비 효과적인 방법을 결정하기 위해서는 늘 신중하게 여러 가지 방법을 다 검토하는 것이 필요하다. 〈그림 8.51〉은 인타시어 기법으로 만든 화려한 꽃무늬 디자인의 어린이 양말이다. 이 방법에서 색상의 변경은 색상이 변경되는 경계부에서 다른 원사들을 꼬아주는 대신 그냥 잘라 없애주는 방법을 사용했는데, 뒷면이 보이지 않는 상품인 경우 이러

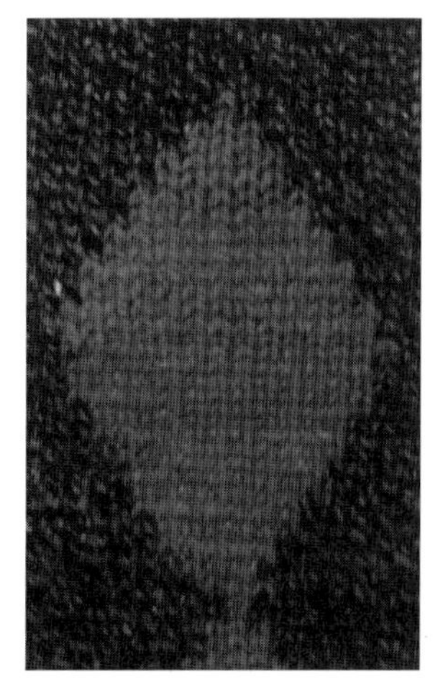

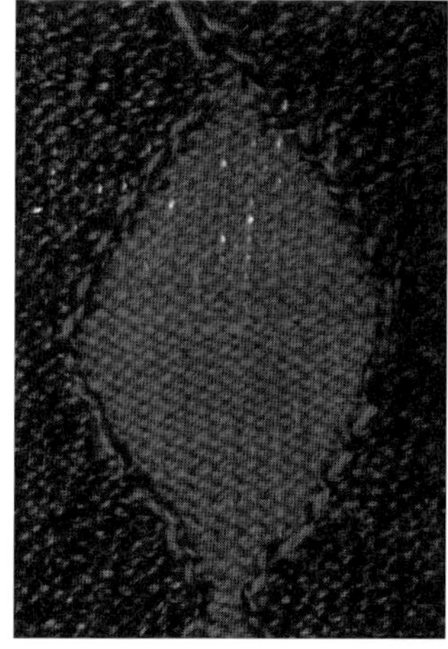

a b

그림 8.50 인타시어 기술

그림 8.51 인타시어, 바깥쪽(a)과 안쪽(b)

한 방법으로 생산비용을 절감할 수 있다.

아가일

아가일(argyle)은 겹쳐진 얇은 대각선 라인과 함께 여러 가지 색상이 사용된 다이아몬드 무늬가 있는 패턴이다. 이것은 스코틀랜드 일가 아가일(Scottish clan Argyle)의 격자 무늬(tartan plaid)와 유사하게 개발되었다. 아가일은 전통적인 문양으로 일정 시즌 동안 대중적인 인기를 얻고 있다.

아가일은 특정한 전문기술과 기계 장치를 필요로 하는 인타시어의 한 형태이다. 아가일은 다양한 색상의 실이 좌우보다는 아래에서 위로 공급된다. 얇은 대각선 라인은 레이커(raker)라고 불리며, 이는 한 열의 편직에서 별개의 편환으로 가장 마지막 단계에서 추가된다. 상품 개발 시 아가일 패턴을 특정 높이와 너비의 치수로 고정시키면 최종 제품에서 사이즈별로 정확한 그레이드(grade)를 할 수 없으므로, 상품 생산 시 사이즈별로 정해진 패턴 크기를 고려해야 한다. 예를 들어 〈그림 8.52〉에는 가슴 중앙 부분에 3개의 모티프가 있는데 이는 다른 사이즈의 옷들에도 3개의 밝은 파란색 모티프가 가슴 중앙 부위의 같은 위치에 있어야 한다.

스웨터 상품 개발 과정

의류 회사는 소비자들이 원하는 스타일, 핏, 가격에 맞추어 의류제품을 디자인한다. 또한 스웨터는 기후의 영향을 받아

그림 8.52 아가일 무늬의 예

서 쌀쌀한 계절과 기후에 더 잘 팔리는 경향이 있으나, 냉방기의 사용으로 계절에 상관없이 연중 사용되는 아이템으로 그 사용도가 확장되었다. 스웨터 니트는 원사, 스티치 및 게이지에 따라 클래식하고 따뜻하며 아늑하고 투명하고 섹시하고 몸의 곡선이 드러나는(form-fitting) 스타일이거나 헐렁한(over-sized) 스타일 등 다양하게 연출할 수 있다.

계획

스웨터를 판매하는 회사는 제품을 누구에게 얼마나 판매했는지, 어떤 스타일의 스웨터가 인기가 있었는지에 대한 과거 판매 기록을 토대로 추후 개발 예정 상품을 계획에 추가한다. 언제나 그렇듯이, 상품 개발 라인플랜에는 이월상품과 신상품이 혼합되어 있다. 다른 의류상품 개발의 과정과 마찬가지로, 스웨터 상품 개발에도 머천다이저 또는 제품 관리자는 디자이너와 만나서 향후 시즌에 대한 디자인 트렌드와 유행, 상품 개발의 다양한 정보를 공유함으로써 디자이너가 프로토타입 개발을 시작할 수 있도록 한다. 스웨터 상품군은 인기가 많은 의류상품 중 하나에 속하며, 때로는 회사의 독립된 부서로 운영하기도 한다.

영감

디자이너에게 영감(inspiration)을 주는 도구로는 트렌드북, 빈티지 스와치, 빈티지 의상, 스티치북과 니트 다운이 있다. 디자이너는 이미 스크랩북과 잡지를 보면서 독자적으로 스타일을 연구하며 패션 잡지를 통해 일반적인 트렌드에 대한 최신 정보를 얻고 도매 무역 박람회를 통해 시장 경쟁에 대한 계속적인 연구를 한다. 원사 공급자들은 최근 트렌드에 대한 정보를 많이 알고 있어서, 디자이너들은 원사 무역 전시회에 참석함으로써 영감을 얻기도 한다. 가장 유명한 전시회는 이탈리아 플로렌스에서 매년 1월에 봄/여름 트렌드, 7월에 가을/겨울 트렌드를 위해 열리는 피티 필라티(Pitti Filati)이다. 미국의 경우에는 뉴욕에서도 원사 무역 박람회가 열린다. 이러한 모든 박람회에서 원사 공급자들은 디자이너들에게 샘플과 스와치를 제공하므로 그들의 판매 기회를 높인다. 또한 컬러 트렌드와 패션쇼 등의 다른 정보도 박람회에서 함께 제공된다.

의류 회사에서 라인 계획이 완료되면, 디자인 프로세스와 샘플을 만드는 과정인 프로토타이핑을 시작할 수 있다. 대중적인 의류제품을 디자인하는 데 있어서 디자이너들은 디자인 능력과 함께 의류제품 생산 시 사용되는 기계에 대해서도 알아야 한다. 제품 개발이 진행되기 전에 원사, 기계 게이지 및 스티치 구조에 대한 사항을 알아야 한다. 디자이너가 이러한 사항을 잘 이해하면 할수록, 시간과 비용이 많이 드는 초기 디자인 샘플인 프로토타입을 적게 만들고 디자인 생산 과정을 신속히 진행할 수가 있어서 샘플 개발과 상품 개발이 더욱 빨리 진행될 수 있다.

의류를 생산하는 비용은 원사비용에서부터 디자인의 다양성, 최종 스웨터의 중량, 그리고 스타일에 부과된 관세에 이르기까지 여러 가지 요소의 영향을 받는다. 이러한 모든 요소가 수익에 영향을 미친다. 각 스타일이 실적을 내고 수익에 기여해야 하기 때문에 단추나 다른 장식의 비용조차도 신중하게 고려된다.

니트다운

디자이너가 원사만 보고 의사결정을 내리기는 어려우므로 원사 회사들은 대개 **니트다운**(knit down)이라고 하는 스와치를 제공한다. 니트다운은 약 6~7인치 크기의 정사각형이며, 게이지, 신축성(tension) 및 중량을 표시한다. 니트다운을 신중하게 살펴봄으로써 여러 가지 문제를 미리 예상하고 해결할 수 있다. 예를 들어 니트다운이 너무 가벼운 경우 샘플 제작을 진행하기 전에 원사의 복합사에 가닥실(end)을 더 추가해 편직물의 무게가 더 나가게 할 수 있다. 니트다운이 많이 처지는(saggy) 경우에는 스티치의 장력을 늘려서 도목을 강하게 하거나 스판덱스를 결합하여 이런 단점을 보완할 수 있다. 니트다운에는 참고번호, 원사 크기, 섬유 함량(content), 게이지 및 엔드가 포함된다(그림 8.53).

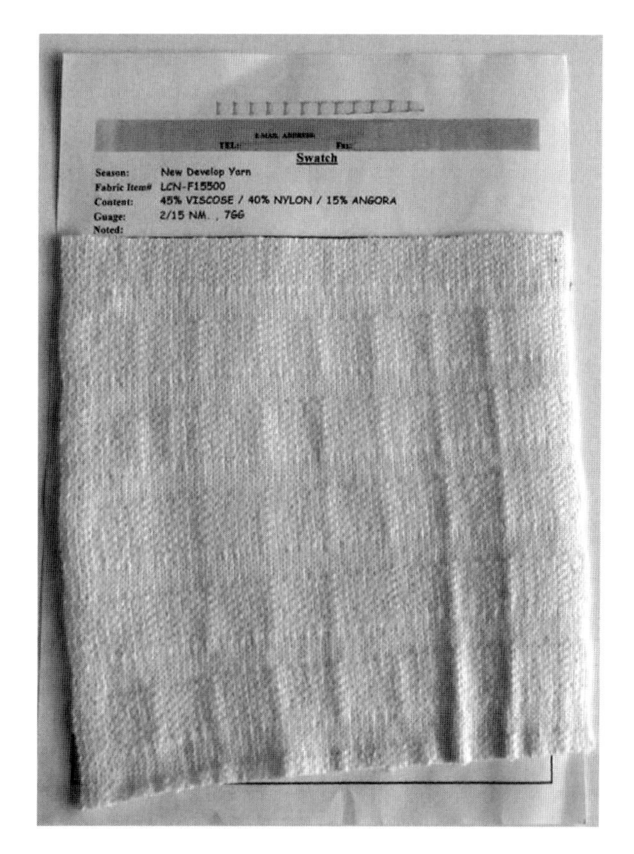

그림 8.53 니트다운

프레젠테이션

제2장에서 살펴보았듯이, 제품 개발 단계별로 다양한 스케치 스타일이 사용된다. 〈그림 8.54a〉는 프레젠테이션 스케치(패션 일러스트레이션)를 보여주는데, 이는 초기 콘셉트 보드(concept board)에 유용하며, 종종 주요 스타일(key style)이 그려진다. 〈그림 8.54b〉는 일러스트레이션 스타일에 스웨터 조직 질감을 나타냈다.

〈그림 8.54c〉는 실제 스웨터를 스캔한 것으로 프레젠테이

션 스케치가 스웨터로 만들어진 것을 보여준다. 〈그림 8.53〉의 니트다운을 스캔하여 실제 프레젠테이션 스케치에 사용할 수 있다. 이러한 방식으로 디자이너가 의도한 디자인의 실제 원사 및 실제 텍스처를 볼 수 있다.

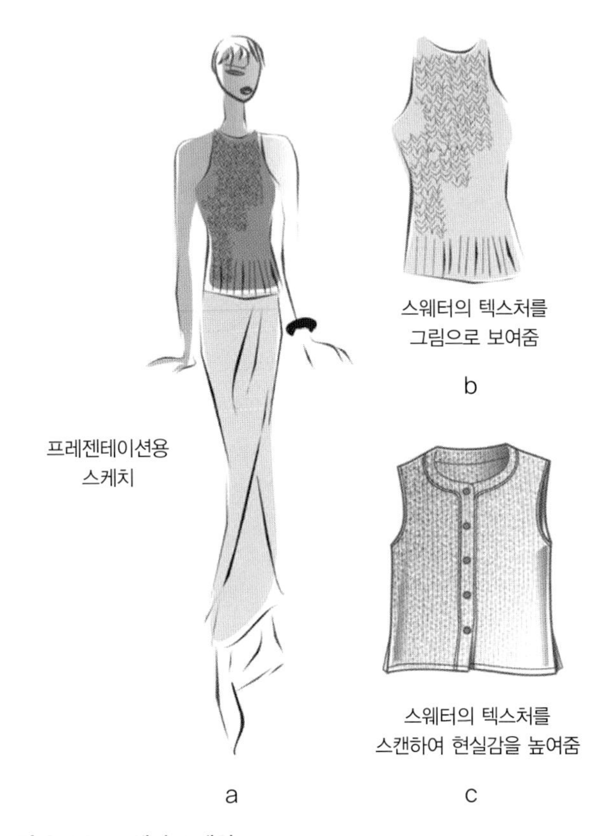

그림 8.54 스웨터 스케치

스웨터 상품 개발용 작업지시서 구성

스웨터 작업지시서(tech pack)는 직조물(woven)을 사용한 컷-앤드-소 의류제품의 작업지시서와는 달리 몇 가지 중요한 차이점이 있다. 스웨터 스타일은 직조물 의류상품과는 달리 종종 부자재(findings), 안감(lining), 심지(interlinings)를 거의 사용하지 않는다. 니트 패턴과 원사 구조가 제품의 무게와 드레이프성을 결정한다. 이런 이유에서 공장에서 니트 편직 조각을 구성할 때 드로잉 컨벤션(drawing convention), 즉 니트 도식화를 그리는 데 있어서 주로 따르는 스탠다드 방법(예를 들면 스티치나 윤곽을 그리는 데 쓰는 펜의 두께나 폰트 사이즈 등)을 따라서 사용하는 것이 매우 중요하다.

도식화

〈그림 8.55〉는 남성 기본 크루넥 스웨터에 대한 도식화를 보여준다. 진동둘레 아래 표기된 부분은 풀패션 스타일 스웨터인 것을 보여준다. 옆선 솔기와 어깨 부분은 마크 없이 모양을 만들 수 있다. 작업지시서에는 전체적인 지침서가 포함되어 있다. 스웨터 편직 시(앞판, 뒤판, 소매)에는 하단에 고무조직의 시작(rib start)이 있다. 고무 조직의 시작 부분은 저지(또는 다른 패턴)로 전환하기 전에 일정량의 고무 조직으로 편직을 시작한다는 것을 의미한다. 스웨터에 고무 조직이 봉제되어 있지 않기 때문에 고무 조직 위에는 절개선이 없어야 한다. 스웨터는 몸판이나 소매의 아래부터 편직이 시작되는

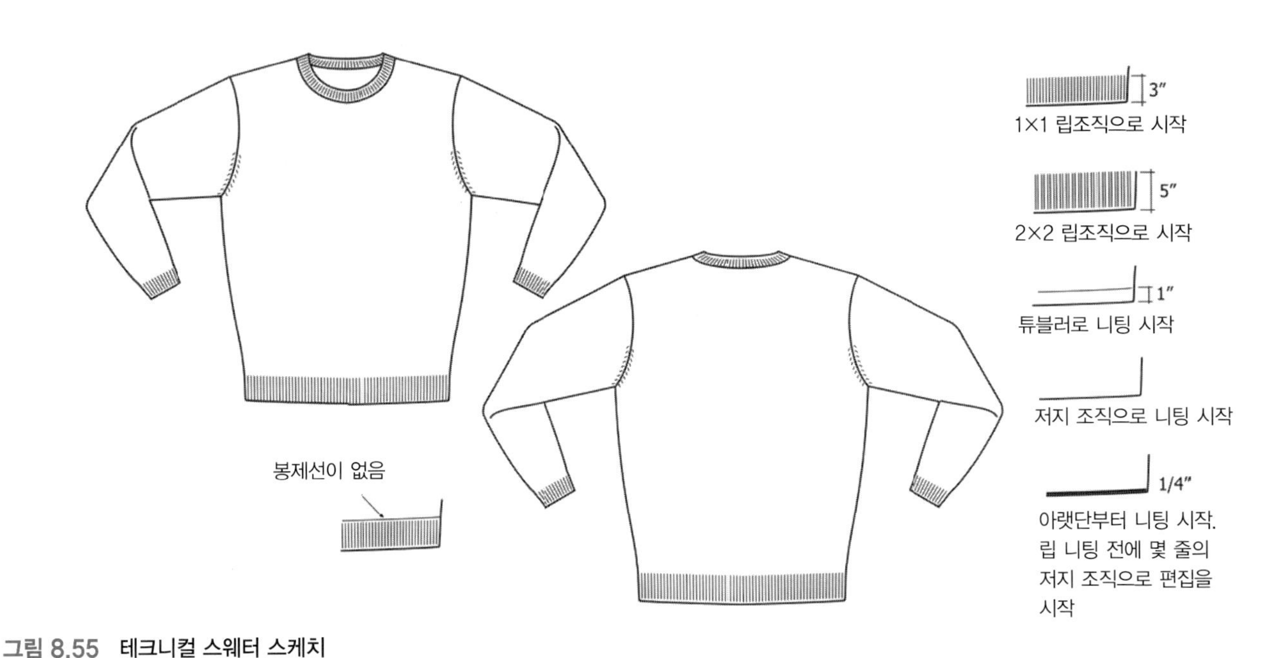

그림 8.55 테크니컬 스웨터 스케치

LOCATION	CONSTRUCTION	LINKING / JOIN METHOD	FULL FASHIONING
Body and sleeve	Jersey 12gg		
Sleeve, armhole edge	3/4" castoff, front and back		w/ marks 2 rows in
Armhole	3/4" castoff, front and back	Link	w/ marks 2 rows in
Shoulder	with 1/4" elastic tape	Link	without marks
Side and seeve seams		Link	without marks
TRIM			
Neck	1 x 1 rib, single layer	Link	without marks
Sleeve/cuff	1 x 1 rib start (see spec for height) 2 rows spandex thread at edge		
Bottom	1 x 1 rib start (see spec for height) 2 rows spandex thread at edge		

그림 8.56 스웨터 작업지시서

데 이를 니트 스타트나 고무 스타트라고 한다. 〈그림 8.55〉에서는 다양한 고무 조직 기법과 작업지시서에 고무단을 그리는 방법을 보여준다.

목둘레 목끝단(neck trim)은 고무 조직으로 되어 있기에 게이지가 세밀한 경우(fine gauge)인 얇은 편직물일 경우는 두 겹으로, 큰 게이지(heavy gauge)인 두꺼운 편직물일 경우는 한 겹의 직물을 사용하여 몸판에 연결될 수 있다. 이러한 경우 작업과 관련된 모든 세부사항을 작업지시서에 자세하게 표시하는 것이 매우 중요하다.

또한 진동둘레 하단 부분은 **끝맺음**(castoff)을 깨끗하게 처리하여 진동둘레의 모양과 피트성을 향상시킬 수 있도록 마무리한다(Newton, 1992). 〈그림 8.56〉은 〈그림 8.55〉와 같은 스웨터의 작업지시서의 예를 보여준다. 작업지시서에는 스웨터의 모든 세부사항인 부위별 조직 설계 방법, 봉제 방법, 코 줄임과 늘림(게이지 산정), 편직의 스타트 방법, 마크, 끝맺음 방법 등을 상세하게 설명한다.

패턴 레이아웃과 배치의 예

패턴은 반복에 따라 측정한다. 예를 들어 싱글 자카드의 경우 펀치카드 기계의 반복은 2, 3, 4, 6, 8, 12, 24이다. 아가일의 경우, 동일한 원리가 적용되므로 기존의 의류상품을 사용하여 측정하면 도움이 된다. 아가일의 원사는 원사의 규격을 알면 레이아웃을 정확하게 편직할 수 있다. 패턴의 다이아몬드 중 하나가 가운데 앞면에 설정되어 있으므로 패턴의 개수가 홀수로 계획되어야 한다. 〈그림 8.57〉의 아가일 배치 위치를 보면 스케치에서 중심 모티프는 컬러 2이다. 따라서 컬러 2가 항상 중심 모티프 컬러로 나타난다.

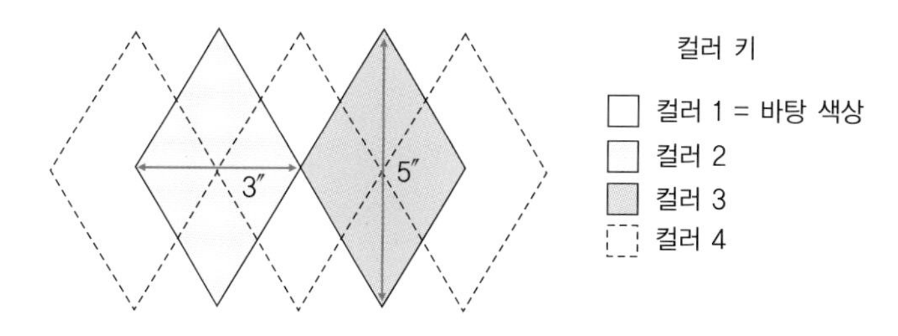

그림 8.57 아가일 패턴 레이아웃

패턴 레이아웃은 패턴의 크기 및 컬러 배치에 대한 정보를 제공한다. 색상이 선택되면 해당 정보가 작업지시서의 컬러웨이 요약 페이지에 기록된다. 〈그림 8.58〉은 네 가지 색상의 스웨터이다. 라벨은 모두 회색이며 어깨 테이프는 'DTM Color 1'인데, DTM은 Dye to Match를 줄인 말로, '바디의 색상이 일치하도록 염색해야 함'이라는 뜻이다.

〈그림 8.58〉의 스웨터의 경우, 가슴 부분에 배치된 아가일 모티프(그림 8.59)는 HPS(어깨 높은 점)을 기준으로 그레이딩된다.

〈그림 8.60〉의 사이즈 페이지에는 크기 L(샘플 크기)에 대한 POM(측정 지점)에 대한 크기 사양(size specification)이 나와 있다. 아가일 패턴은 모델 표준에 맞는 비슷한 게이지로 제작한 다른 스웨터를 기반으로 제작된다. 스웨터에 대한 측정치에는 세 가지가 있는데, 1) 12개의 무게(1 Dozen의 중량, 이는 미국의 구매 기본 단위다), 2) 1인치당 코스, 3) 1인치당 웨일이 그것이다. 이때 1인치당 코스 및 1인치당 웨일을 계산하면 편물 장력(tension)이 올바른지를 또한 확인할 수 있다.

폴로 셔츠, 티셔츠 등과 같은 컷-앤드-소 니트 의류와 마찬가지로 스웨터 둘레 측정은 반드시 해프 메져(half measure), 즉 전체 둘레의 측정치가 아닌 의복을 반듯하게 평면에 내려놓고 재었을 때의 측정치, 즉 둘레의 1/2의 측정치로 되어야 한다. 측정 지점(points of measure)은 굵은 글씨로 표시되어 있으므로 쉽게 참조할 수 있다(예 : T-F 가슴).

그레이드 페이지에는 스타일에 대한 모든 그레이드 변형값(grade rule)이 적혀 있다. 대부분의 스웨터처럼 이 경우에도 S, M, L 사이즈 스케일(알파 사이징)을 기반으로 한다. 스

COLORWAY SUMMARY						
color 1	**color code**	**color 2**	**color 3**	**color 4**	**shoulder tape, DTM color 1**	**Label**
Cadet	4473	Navy	White	Black	Cadet	grey
White	2677	Navy	Fire	Black	White	grey
Navy	0672	Cadet	White	Black	Navy	grey
Black	6037	Fire	Cadet	White	Black	grey

그림 8.58 아가일 스웨터의 컬러웨이 요약 페이지

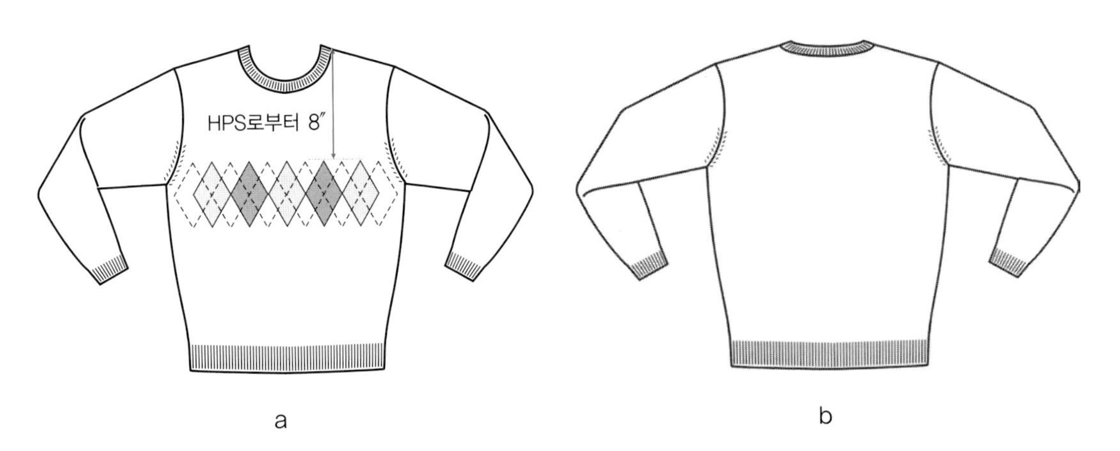

그림 8.59 아가일 패턴 배치

PROTO# SM-12-1857	SIZE RANGE: Mens, S-XXL
STYLE# 0	SAMPLE SIZE: M
SEASON: Fall 20XX	DESIGNER: Glinda
DEPT: Mens	DATE FIRST SENT: 1/5/20XX
FIT TYPE: Natural / Sweater	DATE REVISED: 0
BRAND: XYZ Mens	FABRICATION: 12gg
STATUS: Prototype-1	

POINTS of MEASURE, M's SWEATER

(GIRTH MEASUREMENTS ARE HALF MEASURE–numbers in **Boldface**)

meas code	**BODY SPECS**	Spec	+ tolerance	- tolerance
T-A	Shoulder Point to Point	18 1/4	1/2	1/2
T-B	Shoulder Drop, HPS to seam	1 1/4	1/4	1/4
T-C	Front Mid Armhole	17 1/4	1/2	1/2
T-D	Back Mid Armhole	18	1/2	1/2
T-E	Armhole Drop from HPS	12	1/4	1/4
T-F	**Chest** @ 1" fm seam	22	1	1
T-G	**Waist**	n/a	1	1
T-G2	Waist position fm HPS	n/a	1/2	1/2
T-H	**Bottom** Opening	19 1/4	1	1
T-I	Front Length fm HPS	28	1/2	1/2
T-J	Back Length fm HPS	28	1/2	1/2
T-K	Center Back Sleeve Length (LS)	34 1/2	3/8	3/8
T-L	**Bicep** @ 1" fm Seam	8 1/2	1/4	1/4
T-Q	**Elbow**	6 3/4	1/4	1/4
T-M	**Sleeve Opening,** Bottom (LS)	3 3/4	1/4	1/4
T-N	Front Neck Drop, to seam	4 1/2	1/4	1/4
T-O	Back Neck Drop, to seam	1	1/4	1/4
	Collar at Top, closed (1/2 measure)	n/a	1/2	1/2
T-P	Neck Width, seam to seam	8	1/4	1/4
	Cap Height	n/a	1/4	1/4
	STYLE SPECS			
	Collar trim height at CB	1	1/8	1/8
	Cuff height	2	1/4	1/4
	Rib height at bottom	2 1/2		
H-2	Weight per Dozen			
H-3	Courses (per inch)			
H-4	Wales (per inch)			

그림 8.60 스웨터 사양 페이지

웨터는 여러 가지 다른 니트와 같이 착용감이 좋고, 알파벳에 기준한 사이징(S, M, L사이즈)은 체형이 다양한 대부분의 고객의 사이즈를 만족시킨다. 제3장에서 살펴본 바와 같이, 작업지시서에는 라벨, 패키징 및 행태그에 대한 정보도 적혀 있는데 이러한 모든 구성요소가 가격에 영향을 미치기 때문이다.

요약

스웨터는 의류시장에서 매우 중요한 제품군이다. 이 장에서는 스웨터 의류제품을 디자인하고 생산하는 데 알아야 하는 내용을 다루었다. 예를 들어 스웨터 니트와 컷-앤드-소 제품의 차이점, 스웨터 제품 개발 및 제작과 관련된 다양한 용어, 스웨터 작업지시서를 작성하는 데 필요한 지식 및 기술(제품 제작 관련 정보 및 패턴 레이아웃과 배치) 등에 대하여 공부했다.

유용한 웹사이트

- http://www.shimaseiki.com/wholegarment/

연구문제

1. 저지의 앞면과 뒷면에 나타나는 기본적인 스티치의 이름은 무엇인가?
2. 1500년대 이후로 발전된 두 가지 편직 기술은 무엇인가?
3. 어떤 스웨터 니트 구조가 가장 큰 가로 방향 신축성을 갖고 있는가?
4. 코 빠짐의 원인은 무엇인가?
5. 풀패션 마크는 어떻게 만들어지는가?
6. 2합연사(2ply, 단사와 단사를 꼬아서 만든 합연사)와 2합사(2ends, 단사와 단사를 꼬지 않고 그냥 나란히 겹친 실)의 차이점은 무엇인가?
7. 스웨터가 소비자들에게 인기가 있는 세 가지 이유는 무엇인가?
8. 왜 위편(weft knit)은 보편적으로 줄무늬가 가로로 있는가?
9. 네 가지 색상 스웨터를 만드는 데 사용할 수 있는 다른 스웨터 기술은 무엇인가?
10. 다음 중 컬러 기술에 관련된 것은 어떤 것인가?
    1) 아가일(argyle)
    2) 플레이팅(plating)
    3) 케이블(cable)
    4) 포인텔(pointelle)
    5) 인타시어(intarsia)
    6) 안뜨기(purl)
    7) 자카드(jacquard)
    8) 스트라이핑(striping)
    9) 저지(jersey)
    10) 소모사(worsted)
    11) 링크링크(links-links)

이해 확인

1. 4인치 크기의 스와치를 저지로 만들어서 편직 연습을 해보라(손뜨개에서는 메리야스 뜨기라 함). 안뜨기로 두 번째 스와치를 만들어보라. 두 가지를 비교하고 각각의 퀄리티에 대해 적어보라. 저지 스웨터를 수업 시간에 가져와서 니트 겉뜨기 면과 안뜨기 면을 확인해보라.
2. 페어 아일(Fair Isle) 스웨터 디자인을 다음과 같이 만들어보라.
    1) 계절별 컬러 팔레트에서 7~10색상을 선택하라.
    2) 작은 패턴을 합치기 위해서 2, 3, 4, 6, 12의 반복(반복된 요소 사이의 거리)을 사용하여 그래프 용지에 페어 아일을 디자인하라. 한 행에 두 가지 색상을 사용해야 한다.
    3) 완성된 페어 아일 디자인을 스웨터 디자인에서 사용해보라.
    4) 인체 그림(fashion figure)에 컬러로 일러스트를 그려보라.
    5) 도식화와 스타일을 위한 작업지시서를 만들어보라.
3. 원사(yarm)를 복합사(plied yarn)라 하는 이유는 무엇인가? 복합을 하는 것에 대한 장점은 무엇이고 단점은 무엇인지 설명해보라. 복합사로 편직된 스웨터의 예를 수업 시간에 가져와보자.
4. 인터넷을 조사하고 1400~1700년 사이에 제작된 니트 아이템을 찾아보라. 이미지를 수업 시간에 가져와서 이에 대하여 함께 논의해보라.

참고문헌

Black, Sandy. 2002. *Knitwear in Fashion*. New York: Thames and Hudson.

Cohen, A. C., I. Johnson, and A. Price. 1999. *J.J. Pizzuto's Fabric Science*, seventh edition. New York: Fairchild.

Goiello, D. 1982. *Understanding Fabrics: From Fiber to Finished Cloth*. New York: Fairchild.

Newton, Deborah. 1992. *Designing Knitwear*. Newtown, CT: Taunton Press.

Sharp, Helen. 2012. *Machine Knitting Technology*.

Spencer, D. J. 1989. *Knitting Technology: A Comprehensive Handbook and Practical Guide to Modern Day Principles*. Oxford and New York: Pergamon.

Walker, B. 1972. *Charted Knitting Designs*. New York: Charles Scribner's Sons.

CHAPTER 9

스티치와 솔기[1]

학습목표

1. 100번에서 600번까지의 다양한 봉제방법을 구분하고 이해한다.
2. 네 가지 솔기 타입과 솔기 카테고리를 이해한다.
3. 다양한 용도의 의복을 만들기 위해 사용되는 재봉틀에 대해 이해한다.
4. 의복의 사용 목적에 따라 다양한 솔기와 스티치를 구분한다.
5. 의복의 품질 기준으로 사용되는 1인치당 스티치 수(stitches per inch, SPI)를 이해한다.
6. 스티치나 솔기와 관련해 일어날 수 있는 의복의 품질과 관련된 문제를 알아본다.

주요용어

가름솔(busted seam)
랩드 솔기(lapped seam)
랩 솔기(lap seaming)
로크스티치(lockstitch)
루퍼(looper)
루퍼사(looper thread)
미국 정부 규격(U.S. federal standard)
바운드 솔기(bound seam)
북드 시접 처리(booked seam)
서저(serger)
솔기(seam)
솔기 여유분(seam allowance)
슈퍼임포즈드 솔기(superimposed seam)
실고리 만드는 것(chain off)
심라인(seamline)
안단(facing)
안전봉(safety stitch)
언더프레싱(underpressing)
오버에저(overedger)
오버에지(overedge)
인클로즈드 솔기(enclosed seam)
인터로크 스티치(interlock stitch)
지그재그 스티치(zigzag stitch)
체인스티치(chainstich)
커버스티치(coverstitch)
클린 피니시드 시접 처리(clean finished seam)
턱 솔기(tuck seam)
폴더(folder)
프렌치 솔기(french seam)
플랫 솔기(flat seam)
플레인 솔기(plain seam)
핑크드 시접 처리(pinked seam)
SPI(stitches per inch)

1 역자 주 : 이 책에서는 솔기와 심(seam)을 같은 뜻으로 사용한다.

이 장에서는 의복의 제조에서 가장 중요한 요소 중 하나인 스티치와 **솔기**(seam)에 대해 다룬다. 의류산업에서는 의복의 용도에 따라서 다양한 재봉틀이 사용되고 여러 범주의 스티치와 솔기가 사용되는데 이 장에서는 이들을 심도 있게 다룬다. **SPI**(stitches per inch), 즉 1인치당 몇 개의 스티치가 사용되었는지는 의류상품 품질의 기준으로 사용되는데 이런 SPI를 세는 방법 또는 각 의복의 사용 용도나 직물 종류에 따라 어떻게 결정되는지도 다룬다.

스티치

스티치는 의복을 합봉하는 데 사용되므로 이는 의복의 전체 품질을 결정하는 매우 중요한 요소 중 하나다. 의류상품의 심미적이고 기능적인 품질을 위해서는 스티치의 실제적인 특성들, 즉 스티치 종류, 스티치 길이와 넓이, 바늘의 종류, 크기와 조건, 실의 종류와 사이즈, 재봉틀의 텐션(실의 긴장 정도)과 다른 재봉틀의 조정 가능한 조건, 재봉틀 조작자의 정확한 사용 등을 주의해야 한다. 이런 실제적인 스티치의 특성은 의류상품의 다양한 품질 수준과 비용에 영향을 미친다. 디자이너들은 각 의류상품의 특성에 맞는 가장 적절한 스티치 종류와 스티치 길이를 고르고 제조공장에게 가장 적절한 바늘 사이즈, 실 종류, 실의 크기를 정해 높은 품질의 상품을 제조하도록 해야 한다.

기계의 유형

가정용 재봉틀과는 달리 산업용 재봉틀은 속도 면에서 굉장히 빠르고 하루에 8~10시간씩 일을 할 수 있으나 한 종류의 스티치만을 사용한다는 단점이 있다. 산업용 재봉틀은 스티치의 종류에 따라 그 범주가 나뉜다.

본봉 재봉기

본봉 재봉기(lockstitch machine)(그림 9.1)는 기성복 생산 과정에서 가장 빈번하게 사용되는 재봉틀이다. 본봉은 **로크 스티치**(lockstitches)라고도 하는데 윗실(top thread)과 밑실(bottom thread)이 서로 고리를 만들면서 형성된다. 본봉의 단점은 기계를 다루는 작업자가 작업 도중에 밑실의 북에 다시 실을 채워 주어야 한다는 것이다. 대부분의 가정용 재봉틀은 본봉용이다.

그림 9.1 1-본침 본봉 재봉기(single-needle lockstitch machine)

환봉 재봉기

환봉 재봉기(chainstitch machine)(그림 9.2)는 루퍼사라고 불리는 밑실을 사용하는 기계의 종류로서 이때 아래쪽 실은 커다란 삼각형 콘 모양의 실패에서 실이 풀려 나오므로 본봉과는 달리 '북에 감겨 있는 밑실'을 이용하지 않는다. **루퍼**(looper)란 '환봉(chainstitch), 오버에지(overedge), 삼봉(coverstitch)을 만드는 방법의 하나'이다(www.amefird.com). **루퍼사**(looper thread)는 삼봉 기계나 환봉 기계 등에서 사용되는데 이는 시접 가장자리의 끝부분을 커버하는 밑실이다(www.amefird.com). 이런 기계들은 본봉 기계에 비해 매우 빠른 속도로 작동하고 비용을 적게 들여 사용할 수 있다. 의류상품을 생산하기 위해서는 특정한 종류의 스티치를 만드는 특정한 기계류가 필요하므로 디자이너와 머천다이저가 공장에 생산에 대한 주문을 하기 전에 공장에 어떤 종류의 기계들이 있는지를 먼저 확인해야 한다.

〈그림 9.2〉와 〈그림 9.3〉은 컴퓨터 환봉 재봉기와 보통의 환봉 재봉기를 보여준다. 최근에는 기술의 발전으로 컴퓨터 시스템화된 재봉기들이 많이 개발되어 의류상품 개발에 관여하는 디자이너나 생산 개발 매니저들이 스마트폰이나 태블릿을 사용해 24시간 내내 의류 생산 시 상품 개발 진행 과정을 쉽게 모니터링할 수 있다. 이것이 의류상품 수명주기 관리 시스템(Product Lifecycle Management System, PLM)이다. PLM 시스템을 통해 의류상품 개발 과정에 종사하는 모든 사람이

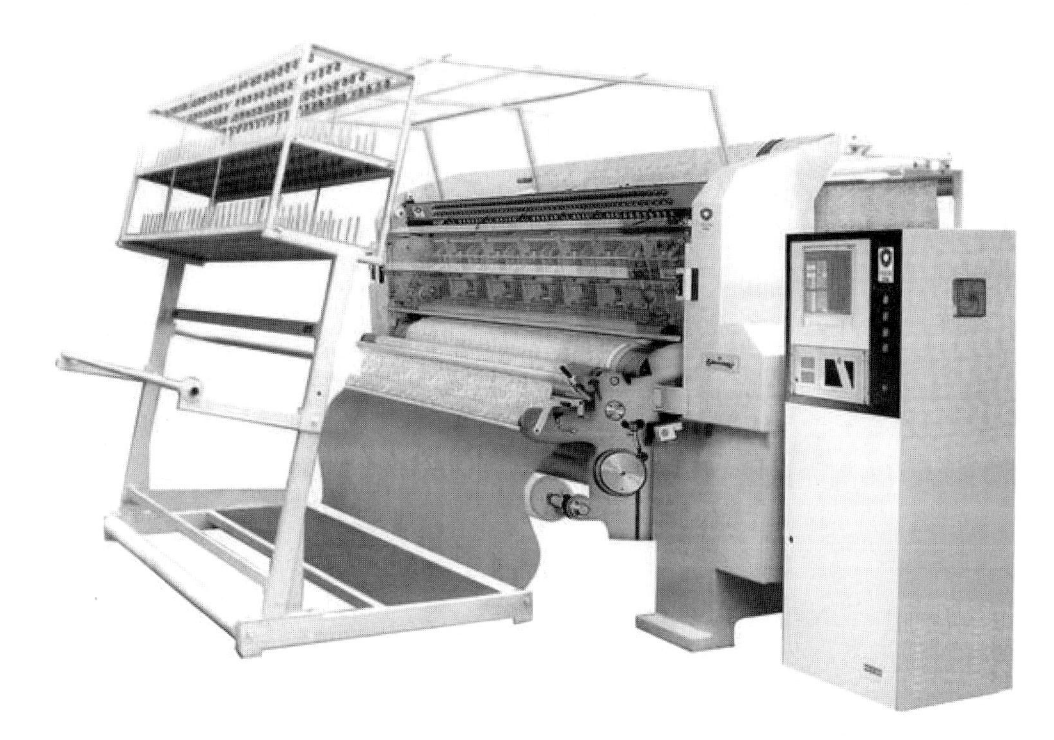

그림 9.2 컴퓨터화된 환봉 기계(chainstitch machine)

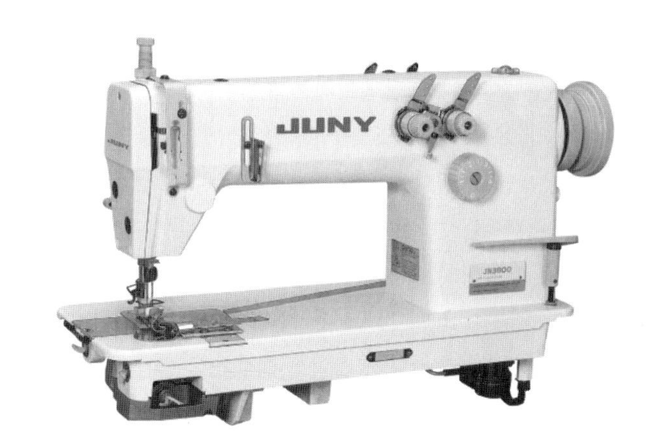

그림 9.3 1-본침 환봉 기계(single-needle chainstitch machine)

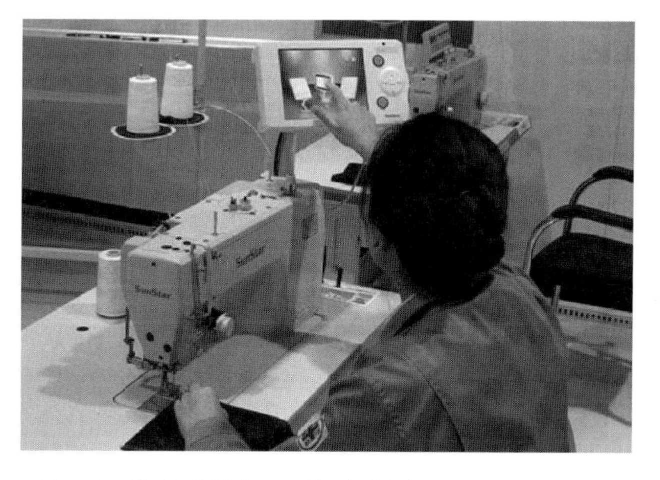

그림 9.4 인터넷과 연결된 고기술의 재봉기계

상품 개발 과정을 쉽게 모니터링할 수 있다.

〈그림 9.4〉는 한국 선스타 재봉기 생산회사에서 고기술의 인터넷 사용이 가능한 재봉기를 사용하는 모습을 보여준다.

스티치 종류

스티치 종류와 솔기 종류는 미국 정부 규격(U.S. federal standard)에 따라서 나뉜다. 솔기의 종류는 이 장의 뒷부분에서 다룰 것이다. 〈표 9.1〉은 스티치를 만드는 방법에 따른 표준화된 스티치의 종류를 보여준다. 이런 표준화는 제조자와 생산자, 판매자들에게 디자인 디테일, 즉 특정화된 정보(specification)를 효과적으로 의사소통하도록 돕는다.

미국 정부는 스티치 등급을 6개로 나눈다. **미국 정부 규격**(U.S. federal standard)은 처음에는 군복과 같이 획일화된 봉제제품에서 통일화의 정도를 높이고자 만들어졌고 나중에 이런 기준이 의류산업에서 받아들여져서 사용되었다(Brown and Rice, 2001). 각 스티치의 등급은 서로 다르지만 각각의 범주 안에서의 스티치들은 매우 비슷하다. 각 스티치 등급 안에서의 여러 가지 스티치에 주어진 번호는 다르다. 스티치를 구분해 부르는 방법이 이 책 전체에 걸쳐서 나올 것이다.

표 9.1 각 스티치 등급의 특성

스티치 등급	이름	특성	비고
100	단순 환봉	단사	단사 환봉이라 체인에 의해 생기고 밑실은 없음
200	손으로 한 것과 같은 스티치와 비슷한 형태를 기계로 만든 스티치	내구성이 부족해 기성복 솔기의 봉제에는 잘 사용하지 않는다. 기성복에는 장식적인 목적으로만 사용한다.	봉사 한 올이 위아래로 오르내리는 핸드 스티치를 의미하기도 함
300	본봉	대부분의 기성복에서 가장 흔하게 사용되는 스티치	바늘의 움직임에 따라 서로 고리를 만들어 생기는 스티치
400	다중사 환봉과 삼봉	청바지와 캐주얼 바지 같은 우븐 직물, 니트류 직물의 솔기 봉제용	위쪽의 실과 아래쪽의 루퍼사가 함께 고리를 만들면서 생기는 스티치
500	오버로크봉(비안정봉)과 안정봉	가장 흔하게 사용되는 시접 끝처리 방법	스티치가 시접의 끝을 실로 감싸면서 생기는 스티치
600	삼봉 또는 플랫록	편물과 컷-앤드-소 저지에 가장 많이 쓰이는 스티치	스티치는 안쪽과 바깥쪽 직물 모두에 루프를 만들거나 또는 직물이 약간 오버랩되거나 겹침이 전혀 없이 서로 직물의 끝선이 터치하도록 만나는 솔기인 인 플랫 솔기에 사용됨

〈그림 9.5〉는 미국 정부 규격을 보여준다. 그림에 보이는 것은 바운드 솔기(bound seam, BS)라고 불리고 종류는 b타입이며 이는 2-본침 삼봉 기계(two needle-bottom coverstitch machine)로 만들어졌고 406 스티치에 의해 이루어졌다. 2개 라인의 탑스티치는 서로 1/4인치씩 떨어져 있다. 솔기 종류에 대한 정보는 이 장의 뒷부분을 참조하라.

각 스티치 등급의 특징

〈표 9.1〉은 각 스티치 등급별 특징을 보여주고 있다. 각 등급의 자세한 특징은 다음과 같다.

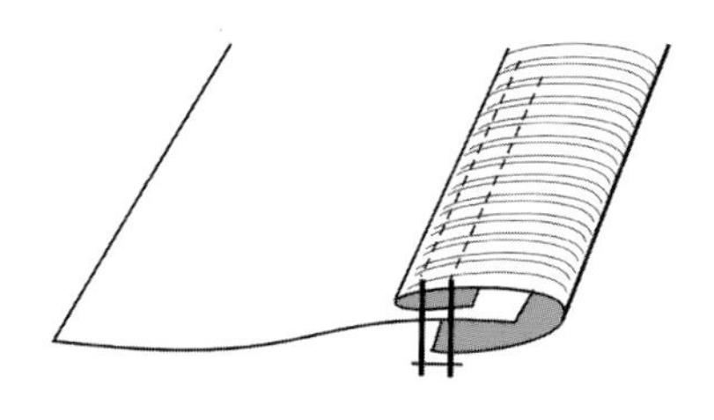

그림 9.5 미국 정부 표준 규격의 예

100등급 스티치

100등급 스티치(100 class stitches)는 밑실이 없이 한 올의 실을 사용해 루프가 계속 만들어지는 스티치다. 보통의 경우 이 스티치 등급은 시침질, 단춧구멍, 바늘땀을 떠서 고정할 때(spot tacking) 사용된다.

이런 스티치는 간단하게 빨리 만들 수 있어서 매우 경제적이며 체인이 있어서 늘어날 수 있다는 장점이 있다. 그러나 이 스티치 등급은 내구성이 부족하다는 단점이 있다. 이 스티치 등급은 기성복에 사용할 정도의 내구성이 없으므로 이 대신 2개의 실을 갖는 401 환봉(two-thread 401 chainstitch)이 기성복 등의 의류상품의 솔기를 봉제하는 데 주로 사용된다. 내구성이 없는 100등급의 스티치를 사용할 경우에는 솔기가 벌어지는 품질 관련 문제가 발생할 수가 있기 때문이다. 의류상품의 품질 관련 문제점들은 제9장에서 논의된다.

100등급 안에는 주로 사용되는 세 종류의 스티치, 즉 101 단사 환봉, 103 공그르기 스티치, 104 새들 스티치가 있다. 각각의 스티치는 다음과 같다.

101 단사 환봉(101 single-thread chainstitch) 시침질, 단추 달기, 단춧구멍, 바늘땀을 떠서 고정할 때 사용된다. 〈그림 9.6〉은 윗면과 아랫면의 스티치 모습을 보여준다.

103 공그르기 스티치(103 blindstitch)(그림 9.7) 단사봉(single-

needle thread)으로 스티치 고리를 만드는 것을 보여준다. 소재의 윗면, 실이 가장 위쪽 천을 통과해서 수직으로 옆쪽으로 움직여서 아래쪽의 천을 조금 뜬다. 이때 아래쪽의 천은 전체를 통과하지 않고 조금만 뜬다. 이는 헴처리에 아주 넓게 사용된다.

104 새들 스티치(104 saddlestitch)(그림 9.8) 장식적인 목적으로 사용된다.

200등급 스티치

200등급 스티치는 손으로 하는 핸드 스티치와 비슷한 효과를 내도록 기계로 만드는 스티치들을 들 수 있다. 이런 스티치는 내구성, 통일성, 비용 면에서 다른 기계 스티치와 비슷하므로 비용 면에서는 효과적이지 못하다. 이런 종류의 스티치는 내구성 면에서 떨어지고 시간 면에서도 다른 산업용 기계류에 비해 뒤떨어지므로 기성복에서는 잘 사용되지 않는다. 이 스티치 등급은 형태를 만들거나 부드러움을 더해주어서 아주 독특한 디자인의 효과를 낼 때 사용된다.

202 백스티치, 204 헤링본 스티치(herringbone stitch 또는 catchstitch), 205 러닝 스티치(running stitch), 205 슬립 스티치(slipstitch)가 200등급에 포함된다(그림 9.9부터 그림 9.12까지 참조).

300등급 스티치

기성복에서 가장 흔하게 사용되는 스티치가 바로 로크 스티치, 즉 '본봉'이다. 〈그림 9.13〉과 〈그림 9.14〉는 301 본봉, 즉 로크 스티치를 보여주는데 이는 의류상품 개발에서 가장 많

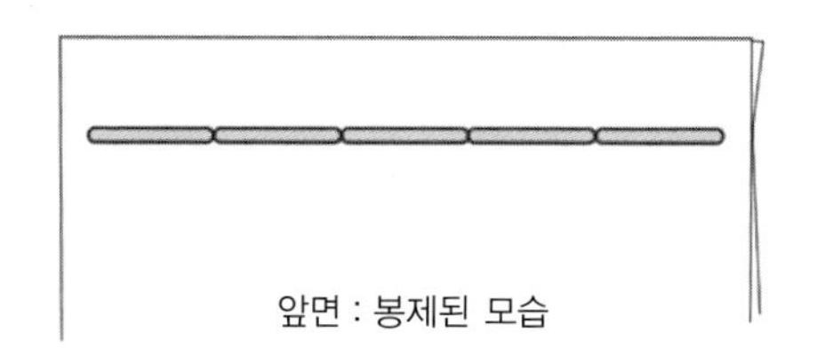

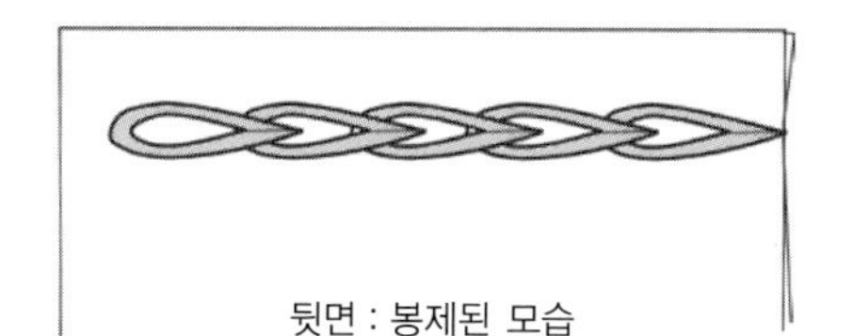

그림 9.6 101 단사 환봉

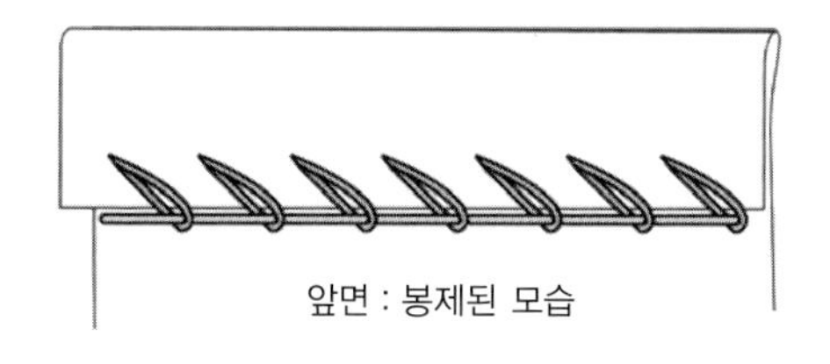

뒷면 : 봉제된 모습
(스티치가 보이지 않는다)

그림 9.7 103 공그르기 스티치

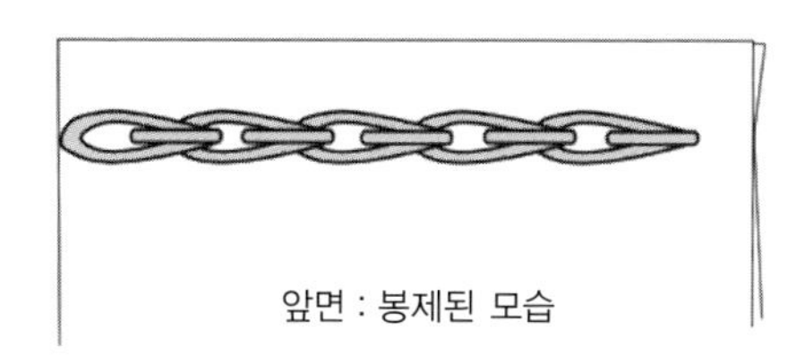

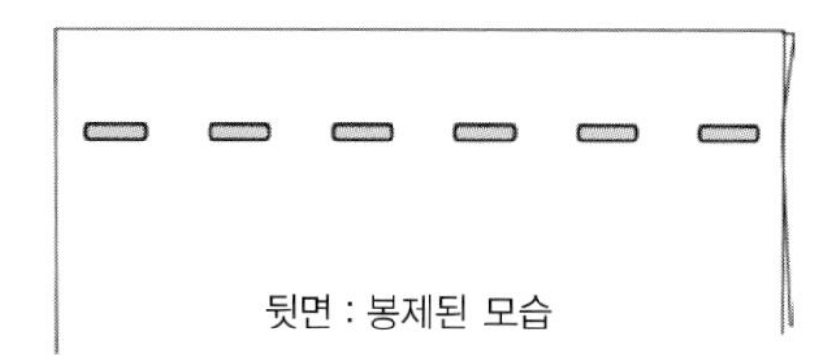

그림 9.8 104 새들 스티치

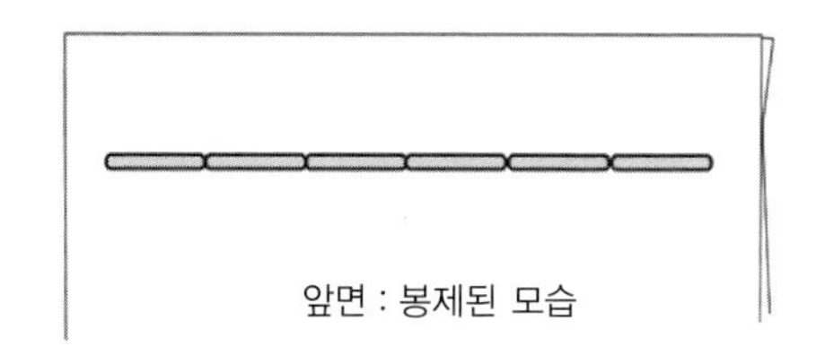

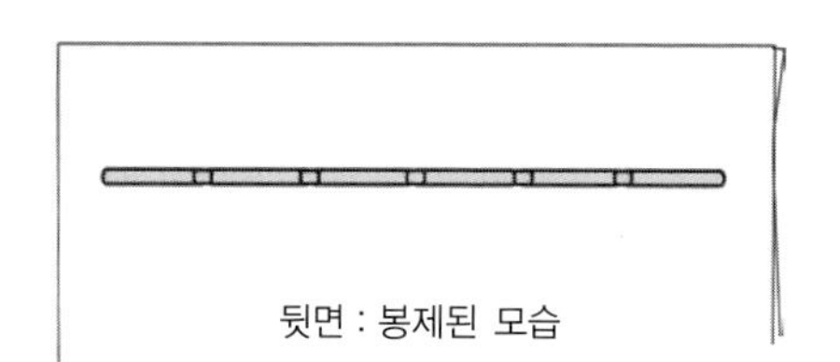

그림 9.9 202 백스티치

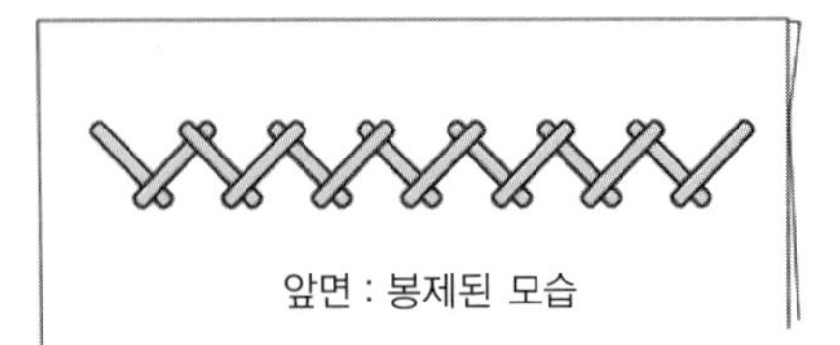

그림 9.10 204 헤링본 스티치(캣스티치라고도 함)

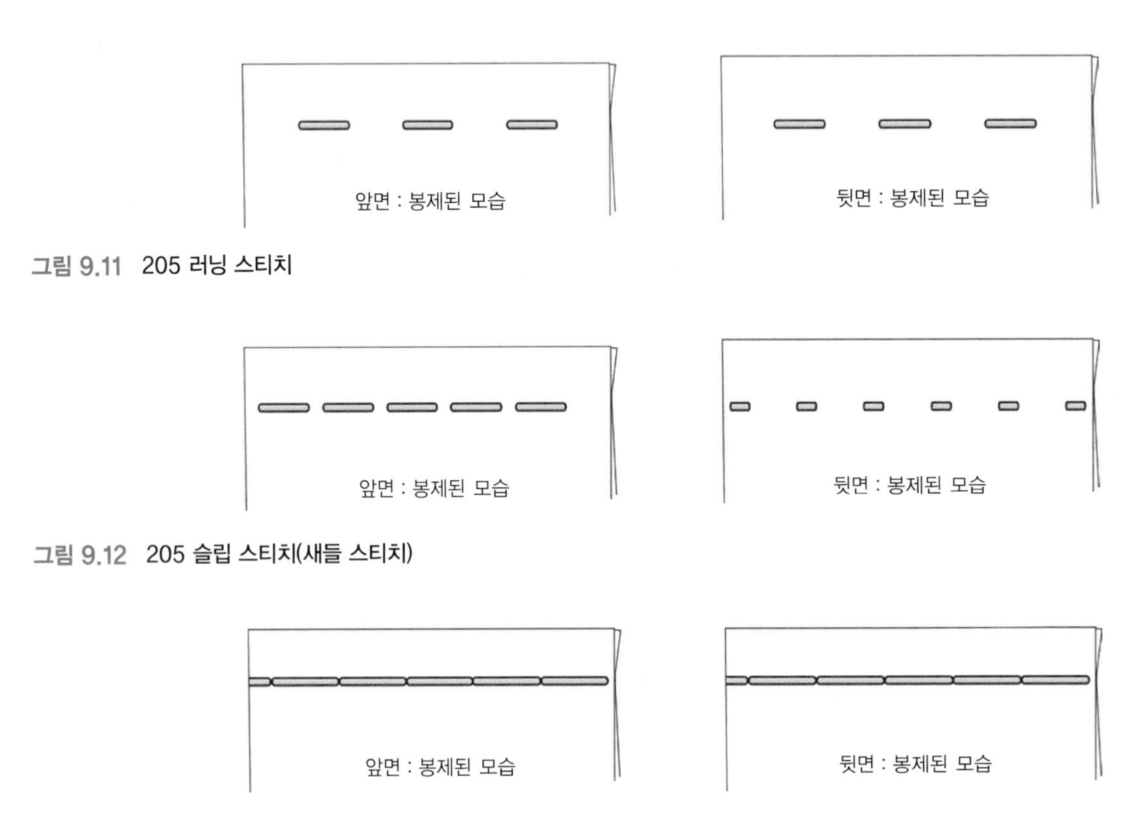

그림 9.11 205 러닝 스티치

그림 9.12 205 슬립 스티치(새들 스티치)

그림 9.13 301 본봉

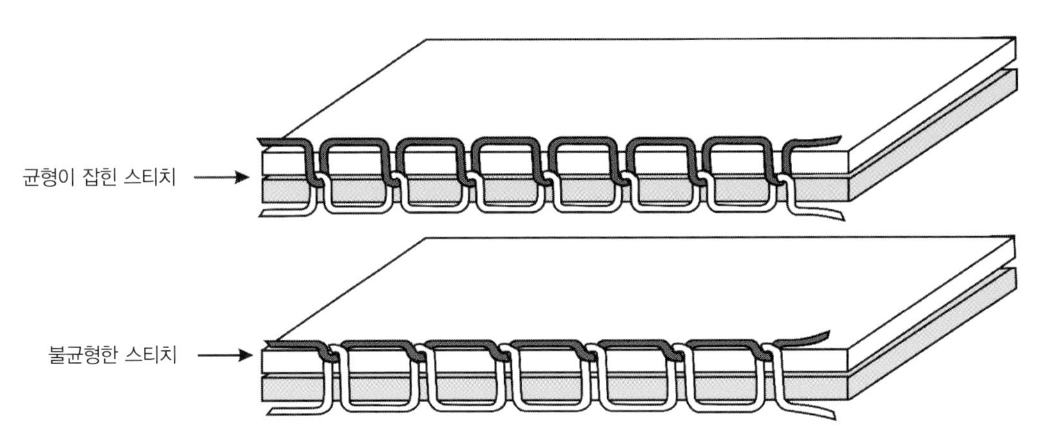

그림 9.14 301 본봉이 균형이 잡혔을 때와 잡히지 않았을 때

이 쓰이는 직선박기 스티치다.

실들이 직물파일 사이에서 서로 고리를 만드는데 윗면과 아랫면의 모습이 똑같아서 아주 쉽게 앞뒤를 바꾸어서 쓸 수 있다. 스티치가 아주 타이트하고 안정감 있으므로 기성복, 특히 우븐 직물에서 주로 사용되는 스티치이다. 300등급의 스티치에도 단점은 있는데 1-본침 301 본봉(single-needle 301 lockstitche)이 신축성이 많은 니트류나 신축 기능이 있는 직물에 사용될 경우는 쉽게 끊어질 수 있다는 것이다. 이런 직물류를 위해서는 신축성이 있는 304 지그재그 스티치(304 zigzag stitch)가 사용되는 것이 적절하다. 이 스티치는 신축성이 있는 특성 때문에 니트 직물의 봉제에도 사용된다. 지퍼를 달 때 사용하는 것이 좋은 예이다.

301 본봉(301 lockstitch)(그림 9.13과 9.14)은 가장 쉽게 볼 수 있는 직선 박음질이다. 이는 의류상품에서 가장 쉽게 발견할 수 있는 스티치로 윗실과 아랫실이 솔기의 중앙에서 만나 만들어진다. 윗면의 모습과 아랫면의 스티치 모습이 동일한 것이 특징이다.

기계의 사용에서 중요한 것은 윗실과 아랫실의 긴장이 균형을 이뤄야 한다는 것이다(그림 9.14). 불균형한 본봉은 균형 잡힌 본봉보다 강도가 많이 떨어진다.

본봉에는 301 본봉과 301 2-본침 본봉(301 twin-needle lockstitch)이 있다. 2-본침 본봉은 1-본침 본봉 301과 같으나 다른 점은 한 줄이 아니라 두 줄의 스티치가 1/4인치를 사이에 두고 있다는 것이다. 2-본침 본봉 기계는 바늘의 간격을 3/16인치에서 1인치까지 사이에 둘 수 있다. 2-본침 본봉은 두 줄의 깔끔한 스티치가 아주 완전한 평행으로 자리 잡는다는 장점이 있다. 고무줄 테이프를 반바지에 첨부하려 할 때 이 2-본침 본봉을 사용하면 아주 깔끔한 고품질 처리를 할 수 있다. 304 지그재그 스티치(그림 9.15)는 301 스티치의 변형인데 신축성이 있다는 특징이 있어서 속옷, 유아복, 스포츠 웨어, 단추 달기, 단춧구멍, 바택 작업 등에 사용된다.

윗실과 아랫실은 중앙에서 만나서 대칭적인 지그재그 패턴을 만든다. 지그재그 본봉은 다양하게 변형되는데 한 예로는 다사 지그재그(multi-stitch zigzag)로서, ISO-321로도 표시된다(그림 11.31 참조).

바택(bartack)은 304 지그재그 스티치가 반복된 것인데 솔기가 풀리는 것을 방지하기 위해 솔기의 처음과 나중에 사용된다. 바택(그림 9.16)은 힘을 많이 받는 의복의 부분을 강화하는 데 사용되는데, 예를 들면 바지의 프론트 플라이 또는 포켓, 벨트 고리를 다는 데도 사용된다. 304 지그재그 스티치는 단춧구멍과 단추를 다는 데도 사용된다.

400등급 스티치

400등급의 스티치들은 다사 환봉 스티치(multithread chain stitches) 또는 다중 환봉, 즉 더블-록 체인 스티치(double-locked chain stitches)라고 불린다. 이 400등급의 스티치들은 많은 장점을 가지고 있다. 이 스티치들은 체인이 있으므로 매우 신축성이 좋다. 하지만 이는 단점을 만들어내기도 하는데, 예를 들면 솔기를 잡아당겼을 때 스티치가 늘어날 수가 있어서 **심 그린**(seam grin), 즉 **솔기선**(seam-line)이 잡아당겨질 때 스티치가 밖에서 보여 '마치 사람이 이를 내놓고 웃는 것(grin)'과 같은 모습이 나타날 수 있다(Brown and Rice, 2001). 이는 저품질을 의미하는 것으로 의복의 내구성에 치명적인 영향을 주게 된다. 이런 400 스티치는 체인이 있으므로 상대적으로 아주 많은 실이 사용되며 이런 이유에서 솔기를 아주 두껍게 만들어 착용자에게 불쾌감을 줄 수 있다. 이 등급에서는 세 가지 종류의 스티치가 주로 사용되는데 401 환봉, 406 삼봉, 그리고 407 삼봉이 바로 그것이다.

401 2사 환봉(401 2-thread chainstitch)은 400등급에서 가

앞면 : 봉제된 모습

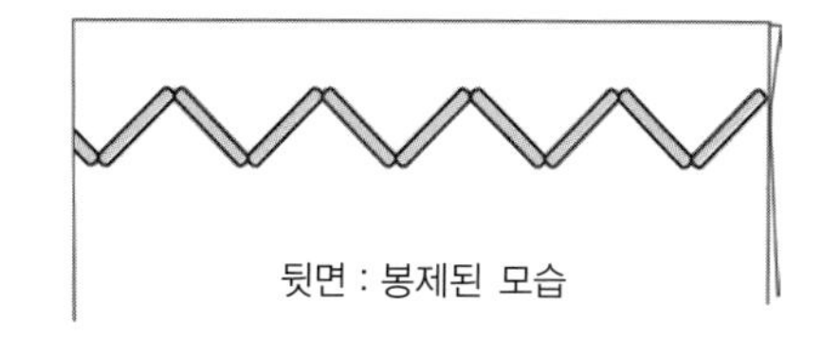

그림 9.15 304 지그재그 본봉

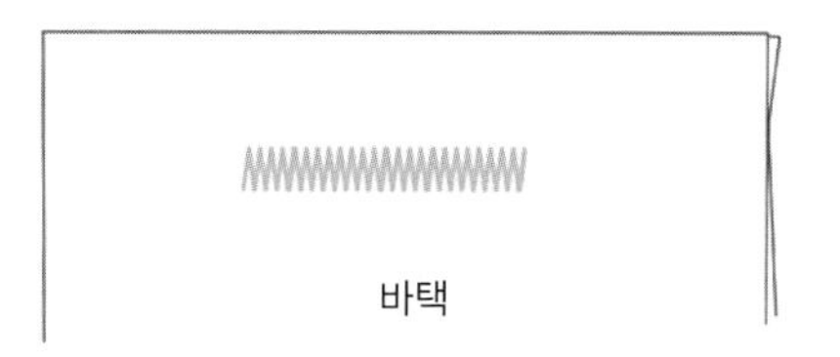

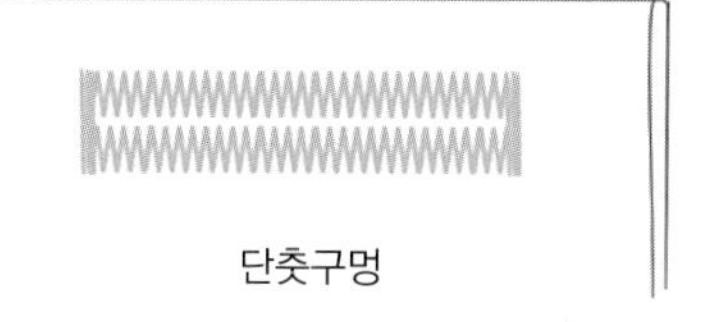

그림 9.16 바택과 단춧구멍

장 자주 쓰이는 스티치 종류다. 406과 407은 삼봉인 보텀 커버스티치의 변형이다. 이 두 스티치는 솔기를 커버하면서 동시에 고무 밴드를 첨부하는 데 사용되기도 하고 벨트 고리, 바인딩, 헴 처리를 하는 데도 사용된다.

401 단환봉(401 chainstitch)(그림 9.17)은 윗실이 솔기의 뒤쪽에 아래 루퍼사(bottom looper thread)와 함께 고리를 만들면서 이루어진다. 환봉에 사용된 전체 바늘의 숫자에 따라서 두 종류의 스티치로 나뉘는데, 401 단환봉(401 chainstitch)과 401 2-본침 환봉(401 twin-needle chainstitch)이 그것이다. 환봉은 바늘 하나에 의해 만들어지며 하나의 침사가 소재를 통과해 아래의 루퍼사와 함께 솔기의 아래쪽에 루프를 만든다.

이에 반해 2-본침 환봉(2-needle chainstitch)(그림 9.18)은 2개의 실이 소재를 통과해 솔기의 아래쪽에 있는 2개 아래의 루퍼사와 함께 고리를 엮어 구성된다. 이는 매우 인기가 있는 우븐 의류상품의 대부분의 주요 솔기 연결에 사용되는 스티치인데, 예를 들면 청바지 등의 솔기에 가장 잘 이용된다(www.amefird.com).

406 2-본침 삼봉(406 2-needle bottom coverstitch)(그림 9.19)은 2개의 실이 소재를 뚫고 가서 솔기의 아래쪽에 1개의 루퍼사와 함께 고리를 만든다. 아래의 루퍼사는 바늘에 끼어 있는 실 사이에서 솔기를 커버하면서 고리를 만들게 된다. 이런 스티치는 벨트 고리와 니트 셔츠의 보텀 헴 처리에서 가장 잘 사용된다. 현재 니트 티셔츠를 입었다면 아마도 95% 이상이 이런 406 스티치를 밑단 처리에 사용했을 것이다.

407 3-본침 삼봉(407 3-needle bottom coverstitch)(그림 9.20)은 406 스티치와는 다른데 이는 3개의 바늘이 소재를 뚫고 아래쪽의 하나의 루퍼사와 함께 서로 교차되어서 이루어진다. 아래쪽의 루퍼사는 바늘에 끼어 있는 실과 서로 교차하면서 고리를 만드는데 아래쪽에만 솔기를 커버한다.

위에서 논의한 406과 407 등의 삼봉(bottom coverstitches)의 가장 중요한 장점은 바로 처리되지 않은 시접 끝을 루프들로 감싸서 처리해준다는 것이다. 이때 주의할 것은 이 2개의 삼봉은 솔기들을 연결할 때 사용되지 않고 오로지 밑단을 처리할 때만 사용된다는 점이다.

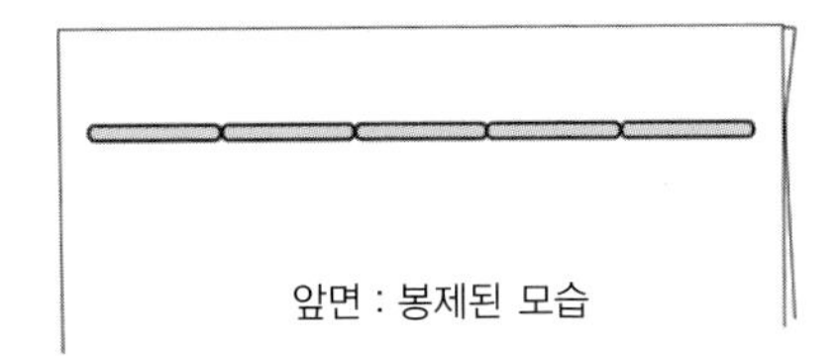

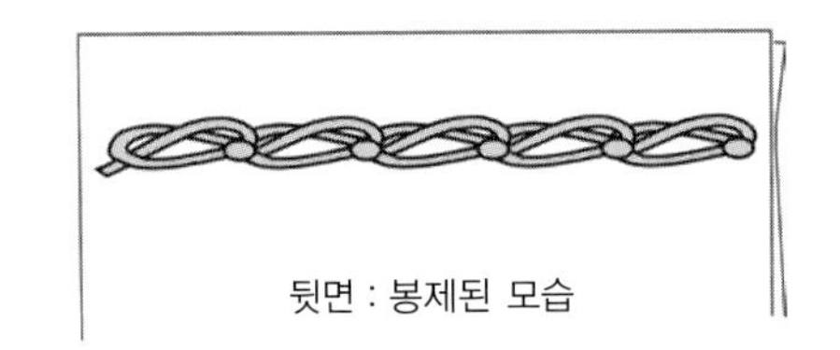

그림 9.17 401 단환봉

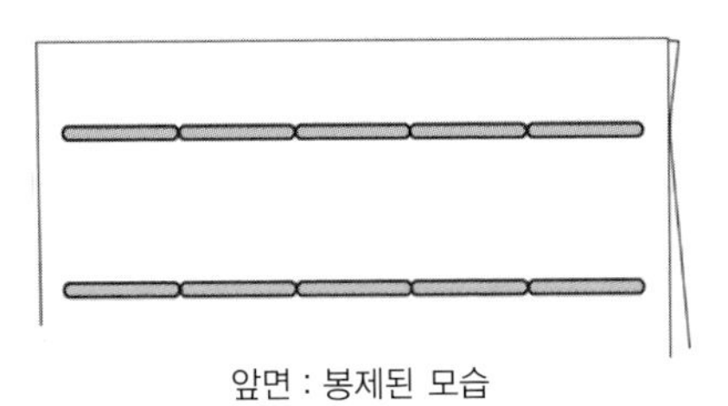

뒷면 : 봉제된 모습

그림 9.18 401 2-본침 환봉

주의 : 그림에서 보이는 스티치의 특성은 독자에게 그 차이를 명확하게 보여주기 위해 약간씩은 과장되게 그려졌다.

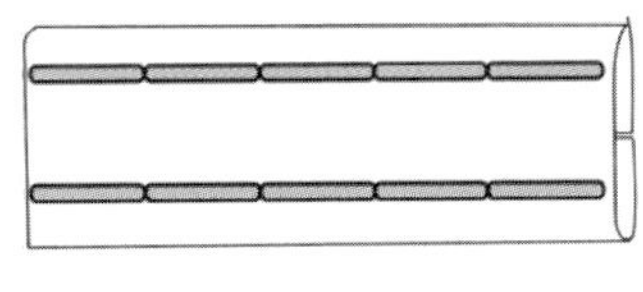

앞면 : 봉제된 모습

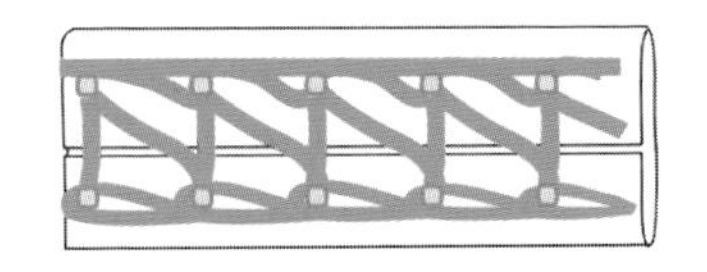

뒷면 : 봉제된 모습

그림 9.19 406 2-본침 삼봉

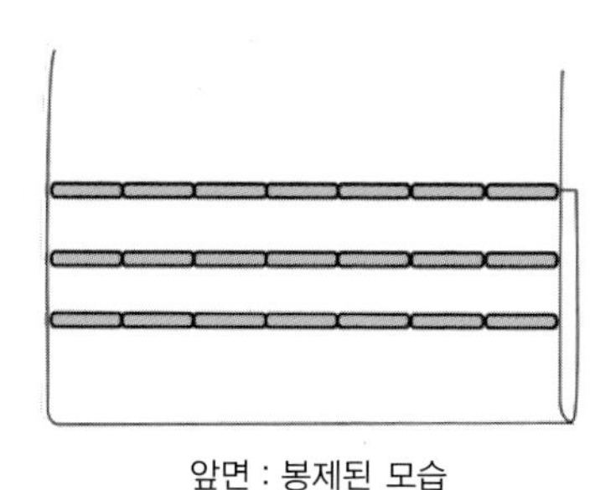
앞면 : 봉제된 모습

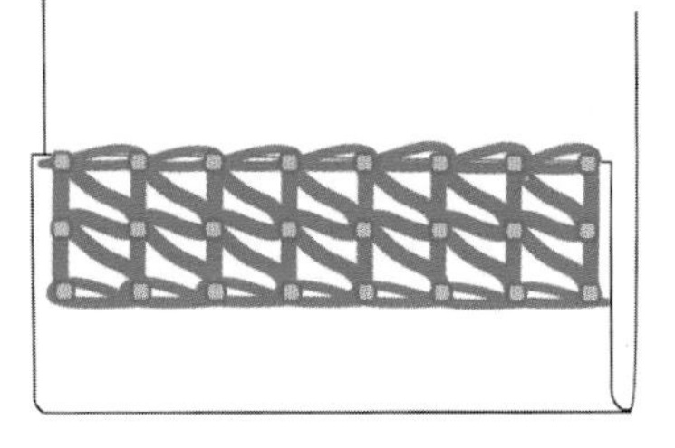
뒷면 : 봉제된 모습

그림 9.20 407 3-본침 삼봉

500등급 스티치

오버에지(overedge)는 500등급 스티치를 가장 잘 묘사하는 단어다. 이 등급의 스티치는 삼각형의 실이 시접의 끝을 감싸고 있다. 대부분의 제조자들은 스펀(spun) 또는 텍스처라이즈(texturized)된 실을 사용한다. 이 스티치 등급에서의 세 가지 종류의 스티치는 〈표 9.2〉에 잘 정리되어 있다. 흥미롭게도 이런 홀수번호(예 : 505) 스티치는 밑단 처리나 또는 끝단(오버에지) 처리에 사용되고 짝수번호(예 : 514)의 경우는 단지 솔기 처리, 즉 두 겹 이상의 직물을 박아주는 곳에만 사용된다.

이들은 직물의 시접 끝을 고리를 엮어가며 잘 감싼다. 오버에지 스티치들은 한 마디로 환봉이 발전한 모습인데 이는 솔기를 봉제함과 동시에 직물의 끝부분을 감싸서 실이 풀리는 것을 방지해준다. 오버에지 스티치는 작은 재봉틀, 즉 **오버에저**(overedger) 또는 **서저**(serger)라고 불린다. 서저 스티치는 직물의 끝부분에서만 이루어진다. 다른 보통의 재봉틀은 여러 가지 등급의 스티치들을 의복의 어느 부분에든 자유자재로 만들 수 있으나 서저의 경우 의복의 내부에는 스티치를 할 수 없다. 서저는 나이프가 달려 있어서 직물의 에지를 스티치가 만들어지기 전에 고르게 잘라주고 처리 안 된 시접 끝을 처리해주어 직물의 풀림을 방지한다. 서저는 시접이 넓을 경우 봉제가 불가능하다. 보통의 경우에 3/8인치 또는 이보다 적은 시접 여유분만을 가지고 있다. 이는 직선이나 아주 완만한 커브만을 박을 수 있다. 그러므로 커브가 복잡하거나 각이 진 부분에는 봉제가 어렵다. 500등급 스티치는 신축성이 있고 또한 직물의 끝은 감싸서 실이 풀리는 것을 막아준다.

표 9.2 500등급 스티치

스티치명	번호와 용도
1-본침 오버에지봉(single-needle overedge stitch)	501, 502, 503, 504, 505 홀수번호의 스티치들은 밑단과 같은 헴을 처리하는 데 사용된다. 짝수번호 스티치들은 패널들을 연결하는 솔기를 처리하는 데 사용된다. 504는 가장 일반적으로 사용되는 솔기 처리 방법이다.
2-본침 오버에지봉(2-needle overedge stitch)	512와 514는 2겹 이상의 직물을 연결하는 심(seaming)에 사용한다. 514는 쉽게 실고리를 만들어주므로 주로 선호된다.
안전봉(safety stitch)	515, 516, 519 비용 면에서 가장 효과적이다.

출처 : www.amefird.com

서저는 적은 양의 시접 여유분(3/8 — 일반적으로 5/8인치를 사용하는 것과 비교 시)을 사용하기 때문에 필요한 직물의 양이 훨씬 적다. 서저는 한 번의 공정으로 직물의 끝부분을 처리하고 솔기를 봉제할 수 있어 인건비를 반으로 줄일 수 있으므로 비용 면에서 아주 효과적이다. 그러나 단점도 있다. 예를 들면 스티치가 늘어져서 심 그린이 있을 수 있고 솔기를 만들 때 솔기 여유분을 양쪽으로 열리게 다려주는 **가름솔**(busted seam)을 만드는 것이 불가능하다. 따라서 두꺼운 직물인 경우에는 솔기를 불필요하게 두껍게 만들 수가 있다.

우븐 제품을 위한 가장 좋은 오버에지 스티치의 종류는 **안전봉**(safety stitches)(515, 516, 519)이다. 516 안전봉은 이 등급에서 가장 많이 사용되는 스티치이다. 이는 401 환봉에다가 500 오버로크 시접 끝을 한 번의 공정으로 하는 것으로 아주 튼튼하고 안정된 솔기에 완전하게 서지된 시접 끝을 만들 수 있다.

싱글 펄(single purl)과 더블 펄(double purl)의 차이는 단지 재단된 솔기의 시접 여유분 끝부분 단면에서 볼 수 있다. 펄은 진주 모양처럼 아주 작은 실의 매듭을 의미하는데, 이때 한쪽은 2개의 펄을, 다른 한쪽은 하나의 펄을 볼 수 있다.

503 2-본사 오버에지(503 2-thread overedge)(그림 9.21)는 서징(serging)이나 공그르기 헴(blindhemming)에만 사용된다. 이 스티치는 1본사(one needle thread)와 1루퍼사가 솔기의 끝부분에 작은 진주 모양의 고리인 펄(purl, 작은 매듭)을 만든다.

504 3-본사 오버에지(504 3-thread overedge)(그림 9.22)는 오버에지로 봉제해 솔기를 처리하고 서징으로 사용된다. 이런 스티치는 1-본침사와 2루퍼사에 의해 만들어진다. 이는 하나의 펄을 솔기의 끝부분에 가지고 있다.

505 3-본사 오버에지(505 3-thread overedge)(그림 9.23)는 서징에만 사용된다. 이는 1-본침사(one needle thread)와 2루퍼사(two looper threads)로 만들어지는데 이들은 2개의 펄을 시접의 끝부분에 만든다.

512 4-본사 오버에지(512 4-thread overedge 또는 mock safety stitch)(그림 9.24)는 2본침사와 루퍼사로 만들어지는데 루퍼사는 솔기의 끝에 펄을 만든다. 512는 오른쪽 침만 위쪽의 루퍼사를 통과한다. 이 512 스티치 종류는 514 스티치와

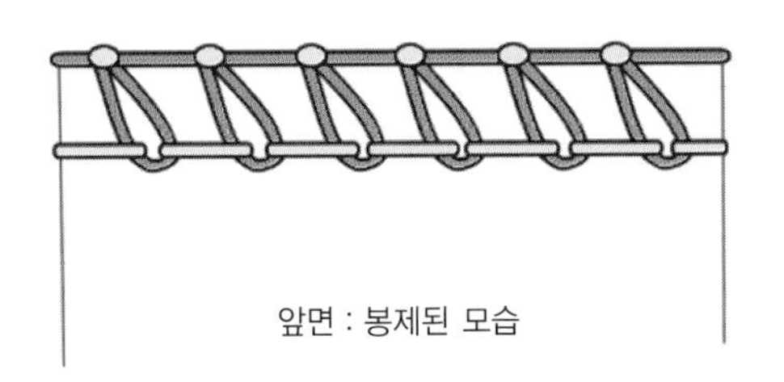

그림 9.21 503 2-본사 오버에지

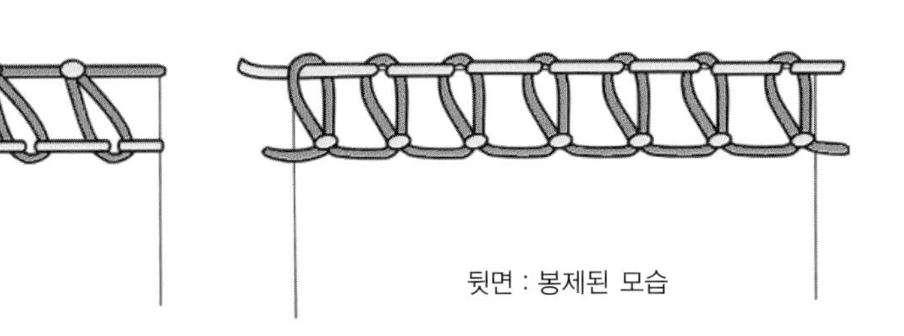

그림 9.22 504 3-본사 오버에지

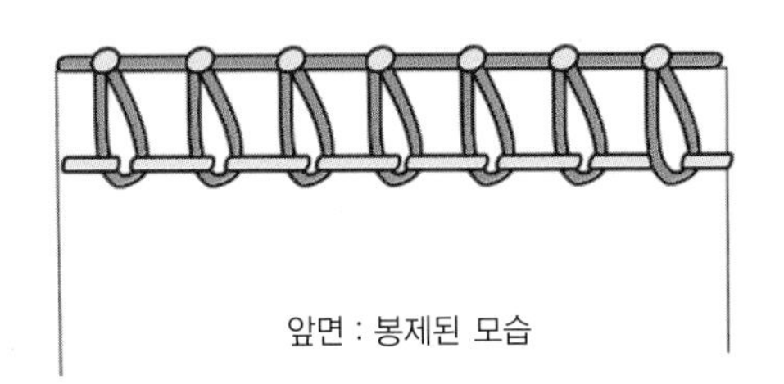

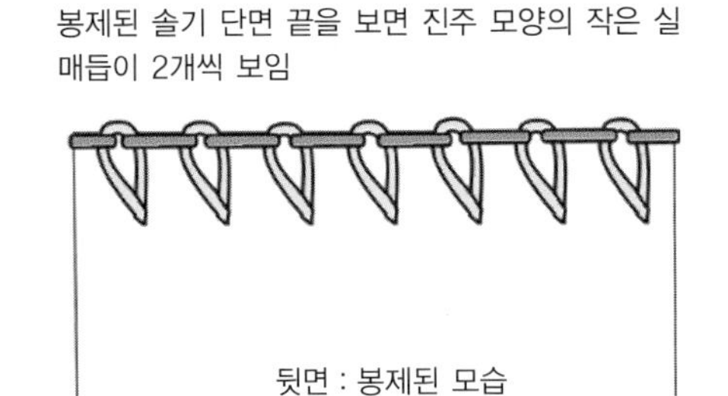

그림 9.23 505 3-본사 오버에지

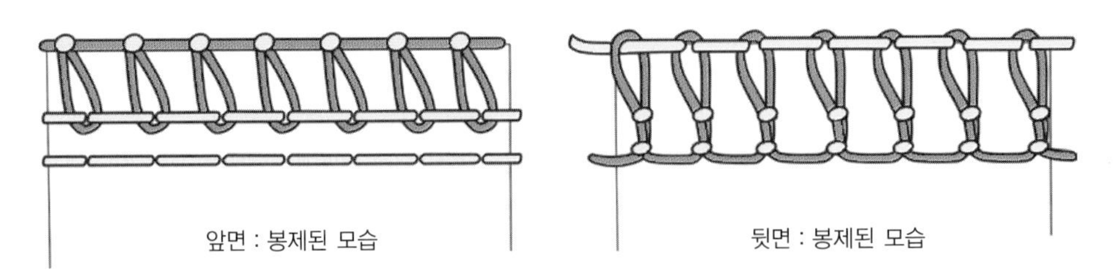

그림 9.24 512 4-본사 오버에지

마찬가지로 재봉자가 솔기 하나를 재봉한 후 계속해서 재봉틀을 돌려서 **실고리를 만드는 것**(chain off)이 불가능하다. 이는 재봉사가 솔기를 마무리 한 후에도 계속 재봉틀을 돌려서 실의 사슬을 만드는 것이다.

514 4-본사 오버에지(514 4-thread overedge)(그림 9.25)는 2본침사와 2루퍼사로 만들어지는데 이때 루퍼사는 솔기의 끝부분에 1개의 펄을 만든다. 이런 스티치는 512 스티치보다 선호되는데 이는 이 스티치가 실고리를 잘 만들어 봉제 후의 마무리가 잘되기 때문이다.

516 5-본사 안전봉(516 5-thread safety stitch)(그림 9.26)은 1-본침 환봉과 3-본사 오버에지 스티치가 동시에 이루어진 것과 같다.

600등급 스티치

600등급의 스티치들은 삼봉 또는 **커버스티치**(coverstitches) 또는 **인터로크 스티치**(interlock stitches)라고 불리는데 이들은 훌륭하게 보텀과 탑 사이드의 솔기를 완전하게 감싸는 효과를 창출하고 플랫 솔기에서도 탁월하게 사용된다. 이런 완전하게 감싸주는 특성 때문에 솔기가 평평하게 처리된다. 이런 솔기를 만드는 방법 때문에 이 스티치 등급은 주로 니트 언더웨어, 운동복, 속옷 등의 솔기 봉제 시에 사용된다. 이 등급의 스티치들은 플랫 솔기에 사용되는데 이때 여러 겹의 직물은 끝이 서로 맞닿거나 살짝 교차되어 놓인다. 이런 600 스티치를 사용할 때 장점으로는 매우 강하고 신축성이 있으므로 니트 직물이나 신축성이 있는 직물에 사용이 가능하다는 것이다. 600 스티치 등급들은 커버스티치를 만들고 이때 시접 여유분은 거의 필요하지 않다. 그러나 이런 스티치들은 단점도 있는데, 사용되는 실이 많고 특히 스티치가 아동용 의복이나 속옷 등에 사용될 때는 특별한 주의를 기울여야 한다는 점이다. 왜냐하면 이 스티치들이 많은 양의 실로 이루어졌으므로 아이들의 피부를 긁을 수 있기 때문이다. 그래서 이런 경우에는 아주 특별하게 부드러운 실을 선택해야 할 것이다. 커버스티치의 특성이 우븐 직물에 아무런 도움이 되지 않으므로 우븐 직물에는 사용되지 않는다.

보통의 경우에 스펀 폴리에스터(spun polyester) 또는 텍스처 처리된 폴리에스터/나일론 실(texturized polyester/nylon threads)들이 사용된다. 〈표 9.3〉에서 보여주는 것처럼 600등급의 스티치에는 다양한 사이즈의 니들과 루퍼사가 사용된다. 하나의 인기 있는 패션 디테일로는 서로 반대가 되는 색상의 루퍼사를 사용하여 의류상품을 봉제하는 것으로 이는 아주 독특하고 멋진 디자인 디테일을 창조할 것이다.

SPI : 상품의 품질 척도

봉제 제품에서 SPI는 품질을 표시하는 중요한 척도로 사용된다.

알맞은 SPI 정하는 법

의류상품에 있어서 적절한 SPI를 정하는 것은 솔기의 강도, 스티치 외관, 생산비용, 신축성 있는 직물의 솔기가 늘어나는

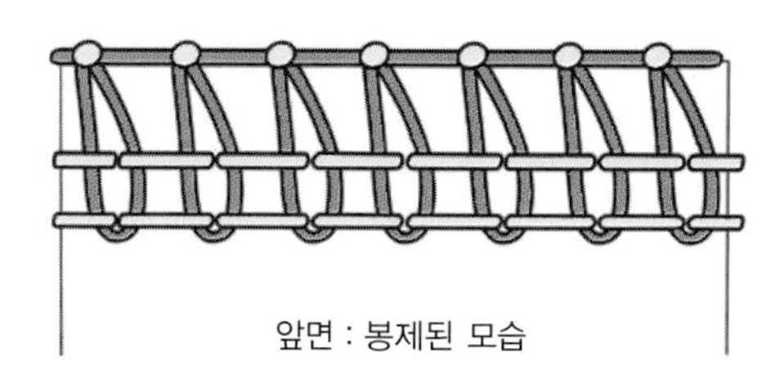

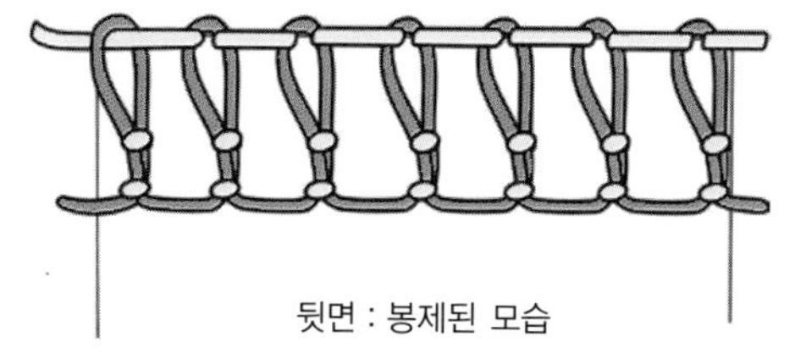

그림 9.25 514 4-본사 오버에지

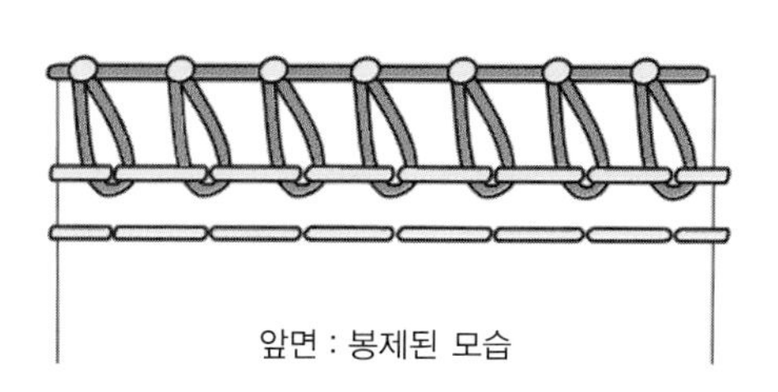

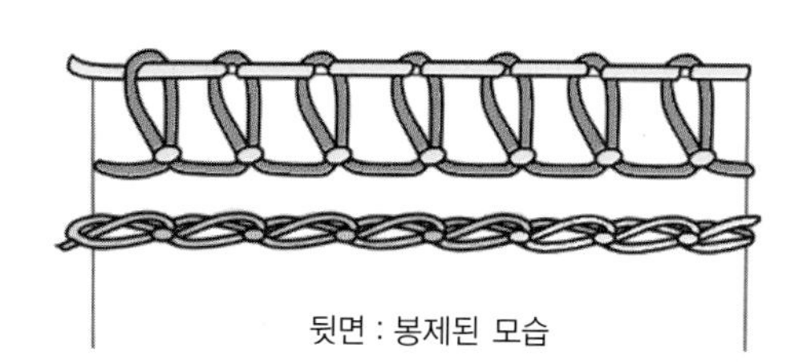

그림 9.26 516 5-본사 오버에지

표 9.3 스티치 600등급의 다양한 스티치 종류

ISO 번호	바늘의 개수	특징	루퍼사와 윗실의 수
602 (그림 9.27)	2-본침 삼봉 (2-needle thread coverstitch	2개의 바늘을 통과하는 2개의 실로 스티치가 구성되는데 이때 윗실은 삼봉이고 아랫실은 루퍼사다.	1개의 루퍼사와 1개의 위 스프레더사 (top spreader thread)
605 (그림 9.28)	3-본침 삼봉 (3-needle thread coverstitch)	3개의 바늘을 통과하는 3개의 실로 스티치가 구성되는데 이때 윗실은 삼봉이고 아랫실은 루퍼사다.	1개의 루퍼사와 1개의 위 스프레더사
606	4-본침 삼봉 (4-needle thread coverstitch)	4개의 바늘을 통과하는 4개의 실로 스티치가 구성되는데 이때 윗실은 삼봉이고 아랫실은 루퍼사다.	4개의 루퍼사와 1개의 위 스프레더사
607 (그림 9.29)	4-본침 삼봉 (4-needle thread coverstitch)	4개의 바늘을 통과하는 4개의 실로 스티치가 구성되는데 이때 윗실은 삼봉이고 아랫실은 루퍼사다. 재봉기계가 다루기 쉬우므로 606 스티치가 선호된다.	1개의 루퍼사와 1개의 위 스프레더사

정도 등 상품의 질을 결정하는 데 매우 중요하다.

1인치당 스티치 숫자(SPI)가 늘어날수록 실이 더 많이 들어기고 솔기에 스티치가 더 많이 들어가서 튼튼한 솔기를 만들어준다. 또한 SPI가 높다는 것은 스티치가 더욱 많이 들어가므로 생산 속도가 느려지고 인건비가 더욱 많이 든다는 것을 의미한다. 예를 들어 1개의 재봉틀이 1분에 5,000개의 스티치를 만들어낸다면(seam per minute, SPM) SPI가 8일 때는 17.4야드를 1분 동안 박는 것이다. 그러나 SPI가 14라면 단지 9.9야드의 봉제만이 가능하다. 따라서 솔기에 너무 높은 SPI가 사용된다면 얇은 직물이나 가벼운 직물 또한 가죽 직물들은 약해지게 된다(www.amefird.com/spi.htm).

SPI는 각 봉제 제품에서 적절한 솔기의 강도를 나타내주기에 많은 의류업체에서 디자이너들이 특정한 SPI의 정보를 작업지시서에 제공하도록 요구하고 있다.

SPI 세는 법

SPI는 솔기나 탑스티치에서 1인치당 몇 개의 스티치가 있는지 세어서 결정한다. 자를 솔기 옆에 놓고 사용하는데, 예를 들면 〈그림 9.30〉에서 7개의 SPI가 세어진다. 스티치 카운터(stitch counter)는 스티치를 재기 쉽게 만들어진 도구로 이를

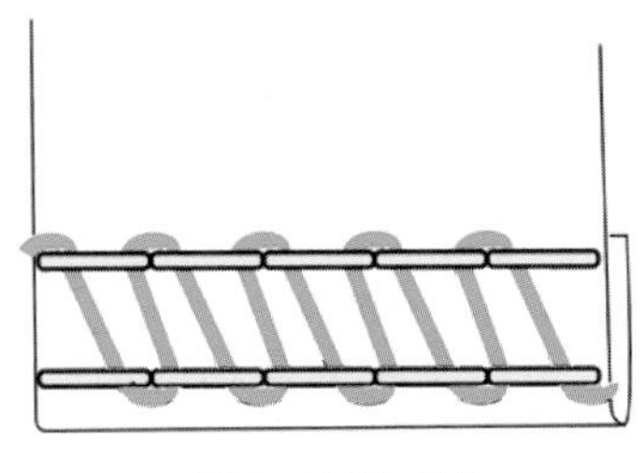

앞면 : 봉제된 모습

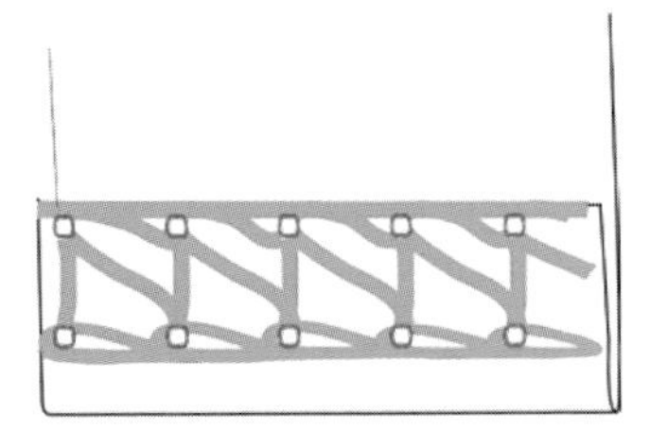

뒷면 : 봉제된 모습

그림 9.27 602 2-본침 4-본사 삼봉(602 2-needle 4-thread coverstitch)

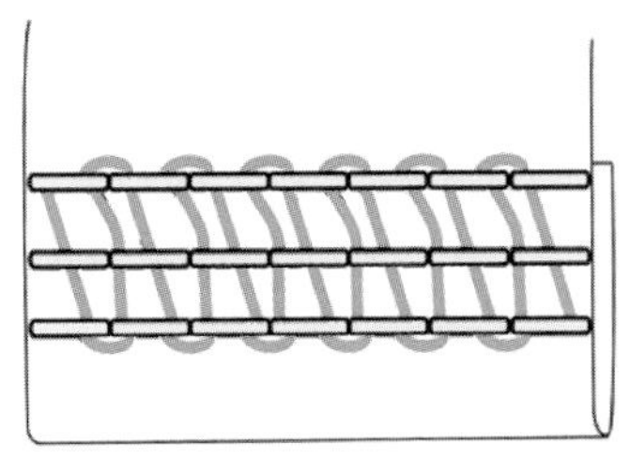

앞면 : 봉제된 모습

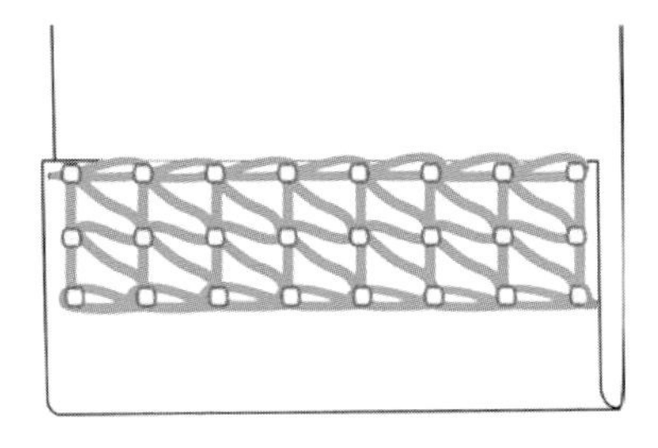

뒷면 : 봉제된 모습

그림 9.28 605 3-본침 5-본사 상하 삼봉(605 3-needle 5-thread top and bottom coverstitch)

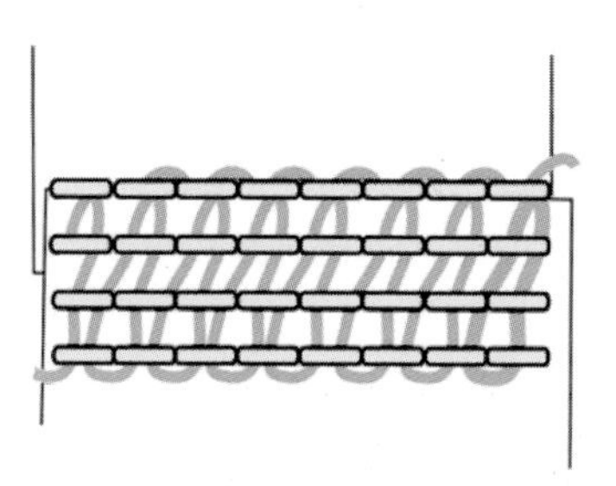

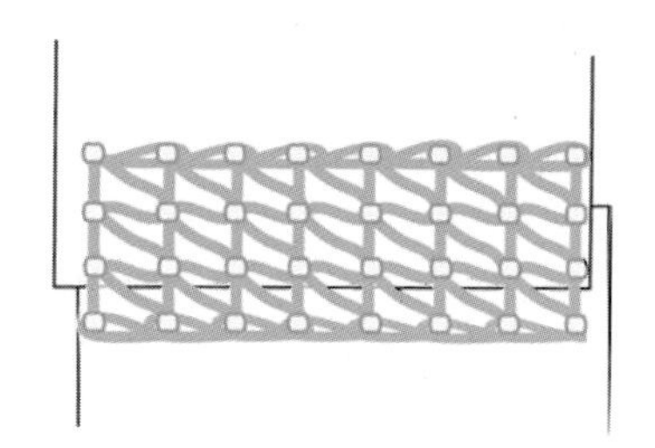

그림 9.29 607 4-본침 6 플랫록(607 4-needle six flatlock, 또는 flatseamer)

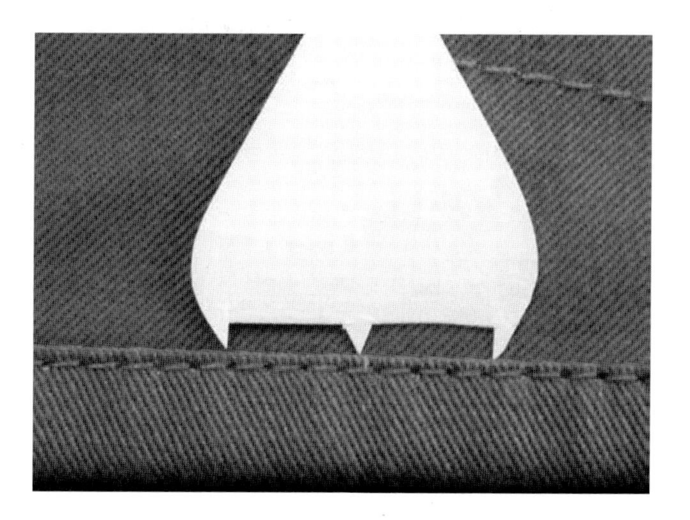

그림 9.30 SPI 카운터

사용해서 스티치를 재기도 한다(www.amefird.com/spi.htm).

SPI는 아주 중요한 정보로서 작업지시서에 늘 포함되어 확인할 수 있어야 한다. 정확한 숫자의 SPI를 사용하는 것은 솔기의 강도, 솔기의 외관을 좋게 한다.

보통의 전형적인 우븐 셔츠에서는 SPI가 10~12이고 이 경우에는 '11 SPI +/− 1 스티치' 또는 '1인치당 11개의 스티치, 더하기 또는 빼기 1 스티치'라고 표기된다. 이는 바로 10~12 스티치와 똑같은 뜻으로 10, 11, 12 스티치들이 모두 다 허용된다. 이런 차이를 주며 표기하는 것은 바로 한 스티치 차이는 오차허용치수가 되기 때문이다. 의류상품은 수학이나 물리학 같이 치수들을 면밀하게 지켜야만 하는 것은 아니기에 의복을 만드는 사람들의 작은 오차의 실수는 받아 주어 조금이나마 상품 생산에 여유를 주면서도 상품의 품질 규격을 지키고자 하는 것이다. 의류상품의 오차허용치수를 사용하는 것은 의류상품의 정해진 기준으로 받아들여진다.

미디엄 웨이트(medium-weight)의 틈이 없이 촘촘하게 직조된 우븐 직물, 즉 보텀 웨이트(bottom weight) 직물 바지나 스커트 등에 주로 이용되는 직물은 비교적 긴 스티치인 8~10 SPI를 사용한다. 가죽류는 길이가 긴 스티치를 사용해 너무 많이 바늘이 왔다 갔다 함으로써 구멍이 생기는 것을 막아서 봉제선이 약해지는 것을 방지한다. 적절한 SPI는 6~8 정도이고, 특히 탑스치티 등이 사용될 때는 가죽 제품의 무게에 따라서 결정된다. 아주 가벼운 무게의 직물은 높은 SPI, 즉 12~15 정도가 사용된다.

[주 : 셔츠(shirts)라고 하면 의류상품군인 셔츠를 의미하고 셔팅(shirting)이라고 하면 남성용 셔츠를 만드는 비슷한 직물 무게를 갖는 직물들을 의미한다.]

SPI에 영향을 주는 다른 요소들로는 몇 겹의 천이 봉제되는지, 직물의 무게와 실의 무게, 직물과 실의 신축 정도 등이 있다. SPI가 너무 많거나 너무 적을 경우는 솔기의 품질이 나빠질 수도 있다. 그러므로 SPI는 아주 중요한 품질의 규격이 된다.

모든 종류의 재봉틀은 스티치의 길이를 조절해 1인치당 몇 개의 스티치를 놓을 수 있는지 결정하는 레버가 있다. 〈표 9.4〉와 〈표 9.5〉는 미국 실전문 회사인 아메리칸 이퍼드(American Efird)에서 추천하는 각각의 우븐과 니트 직물의 의복제품에 얼마 정도의 SPI를 사용해야 하는지를 보여준다(http://www.amefird.com/spi.htm).

솔기 타입

심(seam)은 솔기라고도 하며, 2개 또는 그 이상의 천들을 스티치로 연결한 것과 다트와 같이 1개의 천을 겹쳐 박아둔 것을 의미한다. 각각의 천 조각들은 **솔기라인**(seamline)에서 연결된다. 잘라진 천 조각의 가장자리는 시접 끝을 의미한다. **솔기 여유분**(seam allowance)은 시접 여유분이라도 하며 봉제

표 9.4 직조류(우븐 직물)의 상품군에 적절한 스티치 길이

우븐으로 된 의복류	SPI	설명
바지, 드레스, 스커트류에 공그르기가 될 때	3~5	스티치 외관상 파인 곳이 없거나 직물의 외부에 바늘구멍이 보이는 것을 극소화하기 위해 길이가 긴 스티치가 바람직하다.
단춧구멍(1/20의 펄 또는 윕스티치)	85~90	보통의 경우는 수직으로 봉제되고 대략 85~90 스티치로 본봉 단춧구멍 기계(lockstitch buttonhole machine)로 제조된다.
단추 달기(4 구멍 단추)	16	단추를 다는 기계들(button-sew machines)은 회전용이고 사이클에 미리 정해진 한 사이클당 몇 개의 스티치를 할지 미리 스티치 번호를 정하고 사용한다.
캐주얼 셔츠, 블라우스, 상의류	10~14	가벼운 직물의 의복을 봉제하는 경우에는 얇은 실로 길이가 짧은 스티치로 봉제한다.
아동복	8~10	비록 다양한 사이즈 범위와 나이 그룹이 있더라도 이는 보통의 경우에 사용되는 가이드라인이다.
데님진, 재킷, 스커트	7~8	대부분은 대조되는 스티치 외관(색상 등을 사용해)을 제공한다.
드레스, 셔츠 또는 블라우스	14~20	좀 더 큰 숫자의 SPI의 경우 얇은 실을 사용함으로써 봉제선이 우는 현상인 솔기 퍼커링(seam puckering)을 최소화할 수 있다.
드레스, 스커트	10~12	이 영역의 SPI는 많은 직물에 사용된다.
트윌 팬츠 또는 트윌 반바지	8~10	SPI 숫자가 높아질수록 솔기 그리닝(seam grinning)을 최소화할 것이다.
바지, 정장용 팬츠	10~12	오버록(서징)을 할 경우에는 스티치 길이가 긴 것이 더 바람직할 수 있다.

표 9.5 니트류 의복을 위한 전형적인 스티치 숫자

니트류 의복	SPI	니트류 의복	SPI
드레스, 셔츠	10~12	저지 티셔츠, 상의류, 폴로류	10~12
플리스	10~12	스웨터(중간~무거운)	8~10
긴 스타킹, 양말	35~50	탄력성 있는 의복(라이크라, 스판덱스 등이 포함된 니트류)	14~18
유아복	10~12	수영복	12~16
속옷 : 브라, 팬티 등	12~16	속옷 : 코르셋, 슬립, 캐미솔 등	12~14

선에서 시접 가장자리까지의 거리를 말한다. 솔기 여유분은 의복의 사용 용도나 각 의복의 위치에 따라서 다르다. 고품질 의복의 경우는 대부분 넓은 솔기 여유분을 가지고 있고, 이는 의복의 수선을 편하게 하며 고품질임을 나타내는 하나의 도구로 표시된다. 〈그림 9.31〉은 이런 용어들이 패턴을 나타내는 것을 보여준다. 제대로 연결된 솔기라면 외부에서 스티치가 보이지 않는다.

기본적인 솔기 타입

솔기는 여러 가지 기계를 사용하여 봉제되고 같은 의복 내에서도 다양한 솔기의 종류가 사용된다. 여러 가지 스티치가 다양한 솔기 타입을 만드는 데 사용되나 솔기 타입은 어떤 스티치를 이용하는지에 상관없이 늘 동일하다.

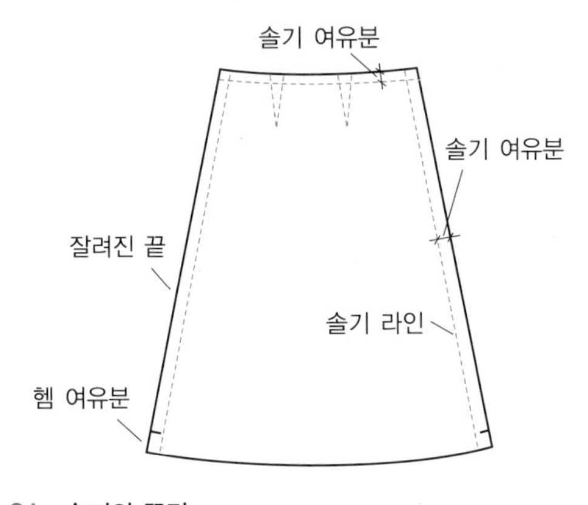

그림 9.31 솔기와 끝단

적절한 솔기 타입은 의복의 품질을 결정하는 가장 중요한 요소다. 적절한 솔기의 선택은 솔기의 위치, 직물의 구조와 무게, 직물의 구조가 니트인지 우븐인지, 디자인 디테일, 핏과 의복의 스타일, 의복의 사용 용도, 그리고 가장 중요한 요소인 의복을 제조하는 데 드는 비용 등에 의한다.

의류산업에서 정한 정부 규격으로는 네 가지의 솔기 등급, 즉 슈퍼임포즈드 솔기(superimposed seam, SS), 랩 솔기(lapped seam, LS), 플랫 솔기(flat seam, FS), 바운드 솔기(bound seam,

BS)로 나뉜다.

슈퍼임포즈드 솔기

슈퍼임포즈드 솔기(superimposed seams, SS)는 직물이 서로 겹쳐져서 쌓이게 되어 생기는 것으로 직물의 끝부분에 스티치를 해서 만들어지는 솔기다. 슈퍼임포즈드 솔기란 하나의 직물이 다른 직물 위에 올려지고 직물의 끝부분은 서로 끝이 잘 맞게 쌓이는 것을 말한다(그림 9.32). 이것은 직선 솔기의 예로서, 가장 쉽게 봉제하고 가장 흔하게 사용되는 솔기다. 〈그림 9.32〉는 다른 모습의 SSa를 보여주고 있는데 이는 일반적인 경우에 사용되는 솔기 처리 방법을 보여주고 있다. 이 장에서는 이러한 그림이 모든 종류의 솔기 처리 방법에 사용될 것이다. 한 가지 주목해야 할 것은, 독자들이 직물의 앞면과 뒷면에 대한 구분을 위한 중요 요소가 포함되어 있다는 것이다. 우리가 〈그림 4.51〉에서 보았듯이 테크니컬 드로잉에서 이런 시각적인 정의는 매우 중요한 요소이다. 〈그림 9.32a〉는 간단한 그림을 보여주고 있는데, 이는 단순도표(schematic)라고 불린다. 긴 수평선은 직물의 파일을 보여주고 짧은 수직선들은 직물이 만나는 점과 바늘이 뚫고 지나가며 두 직물이 봉제되는 것을 보여준다. 〈그림 9.32b〉는 좀 더 3차원적으로 직물들이 어떻게 놓여서 재봉되었는지를 보여준다. 다시 말하면, 짧은 수직라인이 바로 바늘이 뚫고 꿰맨 것을 보여준다. 〈그림 9.32c〉는 솔기가 만들어지는 과정을 보여준다. 이때 각각의 패널은 직물의 바깥쪽끼리 놓여서 301 본봉 제봉기(로크스티치 재봉기)로 재봉되고, 앞과 뒤의 스티치는 모두 동일한 직선 스티치이다. 〈그림 9.32d〉는 솔기가 서로 펼쳐진 모습으로 다림질되어 있고 이 경우 버스티드(busted) 또는 나비의 날개 모양 같다고 해서 버터플라이드(butterflied)라고 불린다. 이 경우 봉제된 부분은 빨간색으로 강조되어 독자의 이해를 돕는다. 〈그림 9.32e〉는 안쪽에서 버스티드 솔기를 본 모습인데 이 경우는 솔기의 끝부분이 오버로크로 마무리되어 있다.

부록 A에는 다양한 스티치의 용어가 기록되어 있다. 가장 흔한 형태의 슈퍼임포즈드(Superimposed) 솔기는 301 스티치로 솔기가 연결되며 다양한 500 스티치로 솔기의 끝이 처리된 경우가 대부분이다.

슈퍼임포즈드 솔기 카테고리에 포함되는 솔기들로는 다음과 같은 것들이 있다.

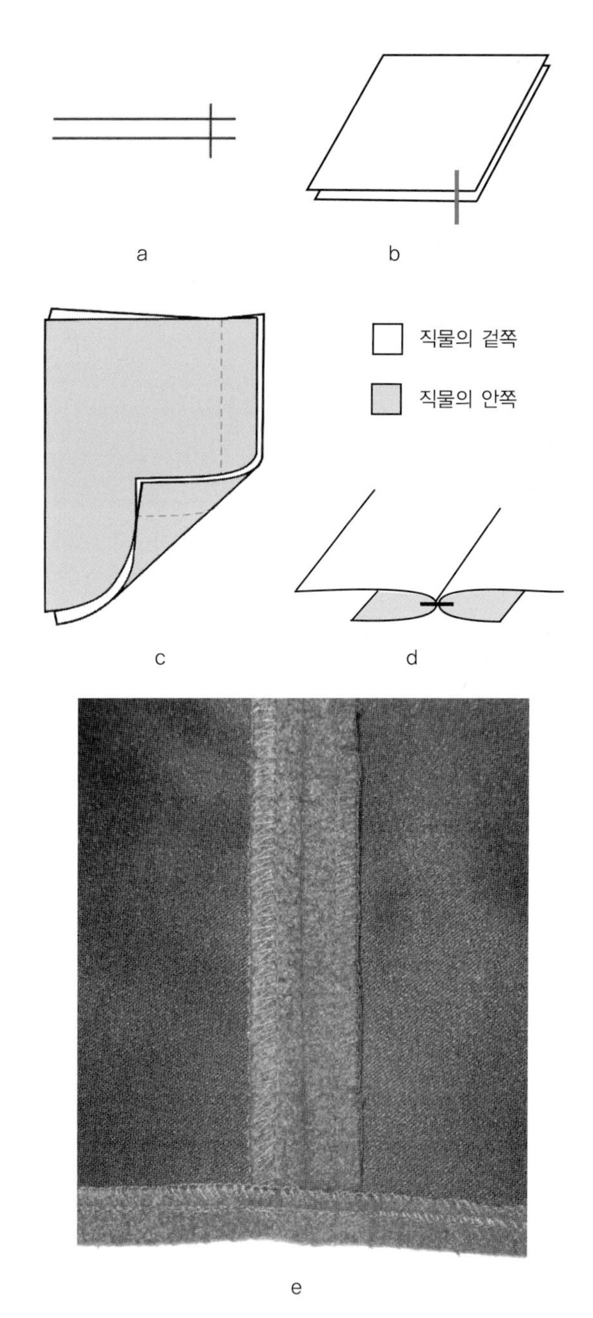

그림 9.32 솔기 종류 : 플레인 솔기(SSa), 기계 종류 : 301 본봉

- 플레인 솔기(plain seam)
- 인클로즈드 솔기(enclosed seam)
- 프렌치 솔기(french seam)
- 목 프렌치 솔기(mock french seam)
- 폴스 펠드 솔기(false felled seam)
- 서지 조인드 솔기(serge-joined seam)
- 장식용 솔기(decorative seam)
- 강화용 솔기(reinforcing seam)

플레인 솔기

플레인 솔기(plain seam, SSa)는 보통의 경우에 솔기를 만드는 방법으로, 옷감을 봉제하는 방법으로 사용되고 이것이 가장 흔한 슈퍼임포즈드 솔기의 하나다. 〈그림 9.32〉는 슈퍼임포즈드 솔기의 서로 다른 관점에서 바라본 모습을 그린 그림들이다. 이러한 솔기 타입에는 301(그림 9.32a)과 321(그림 9.33a)와 같은 300등급의 스티치와 401과 516 스티치가 주로 사용된다.

플레인 솔기는 가장 흔하게 사용되는 솔기 타입이다. 시접이 가름솔로 처리되어 의복의 외부에서 볼 때는 부피감도 적어 특히 두꺼운 직물이라면 외부에서 두드러지게 눈에 띄지 않는다. 이 경우에 한 줄의 스티치만으루 이루어진다면 내구성 면에서는 좋은 디자인 선택은 아닐 것이다. 그러나 이런 종류의 솔기는 고품질의 테일러드 의복에는 적합하고, 특히 힘을 많이 받지 않는 용도의 의복의 경우, 의복을 수선할 필요가 있을 경우에는 아주 좋은 선택이 될 것이다.

또 다른 종류의 플레인 솔기는 지그재그 재봉기계로 봉제될 수 있는데 이는 신축성이 있는 직물을 사용할 경우, 레이스, 란제리 솔기 또는 신축성이 필요한 솔기의 처리에 사용할 수가 있다. 〈그림 9.33a〉는 특별한 스타일의 지그재그 스티치를 보여주는데 각각은 3단계의 스티치가 필요하고 최고의 신축성을 보여준다. 〈그림 9.33b〉는 1단계의 폭이 낮은 지그재그 스티치, 즉 1개의 지그재그 스티치를 보여주는데 이는 시접을 갈라 적절하게 사용할 수 있으나 어느 정도의 신축성이 필요하다. 〈그림 9.33c〉의 경우 지그재그(zigzag) 스티치가 얼마나 란제리 상품류에 많이 사용되는지를 보여준다. 브라 클로저의 경우 지그재그 스티치로 솔기를 연결해 주며 또한 탑스티치와 강화스티치로 사용됨을 보여준다.

직선의 봉제선은 모양이 있는 봉제선보다 쉽게 박을 수 있다. 세 가지 종류의 모양이 있는 봉제선 형태로는 곡선 박기, 모서리 박기, 교차해서 박기 등이 있다. 이런 각각의 봉제선들은 각각의 특성에 따라 여러 가지를 고려하여 가장 적절한 기계로 봉제해야 한다.

곡선 박기 솔기(curved seam)(그림 9.34)는 슈퍼임포즈드 솔기의 하나인 플레인 솔기의 변형으로 곡선으로 봉제된다. 봉제 전의 형태는 오른쪽은 오목한 형태이고 왼쪽은 볼록한 형태다(그림 9.34a는 바깥쪽의 모습이다). 안쪽의 경우 오목한 쪽을 봉제한 후 평평하게 놓은 후 가윗밥을 넣어준다. 이 경

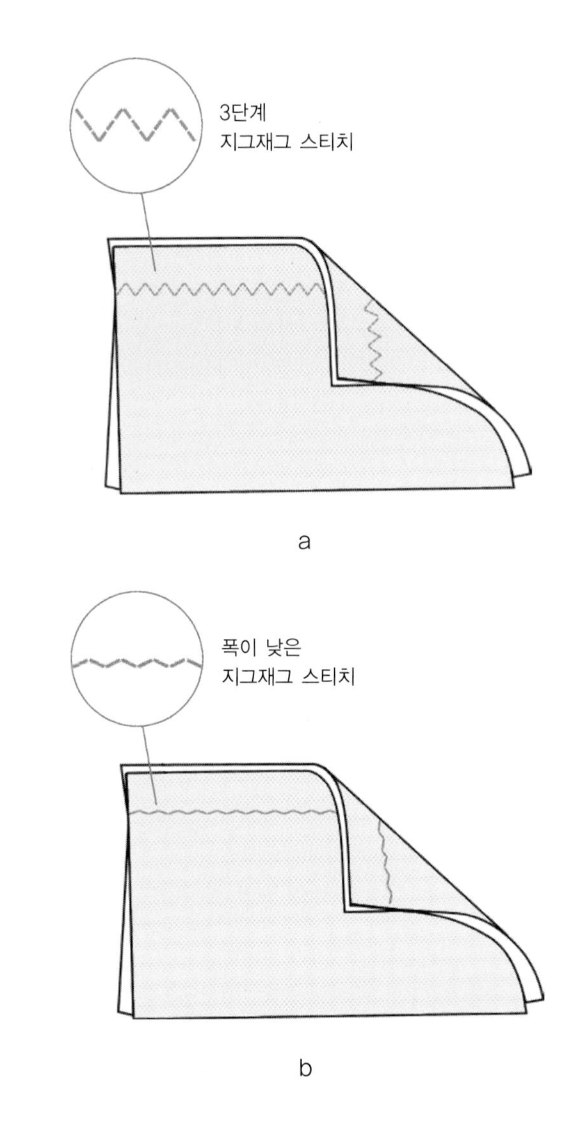

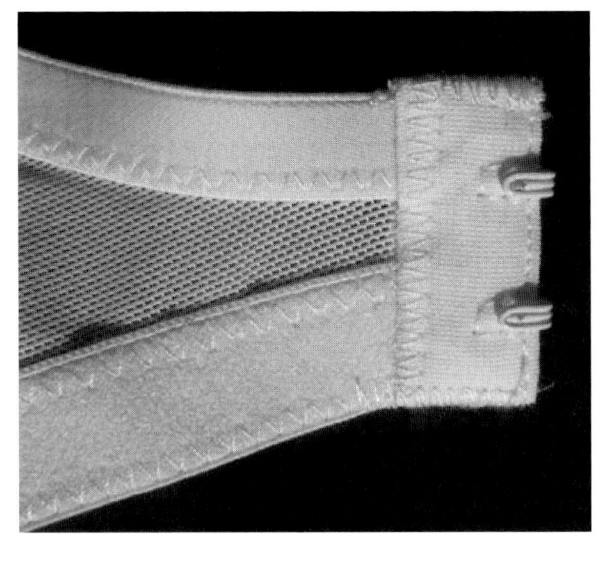

그림 9.33 솔기 종류 : 플레인 솔기(SSa), 기계 종류 : a) 321, b) 304 지그재그

우에는 시접은 가름솔을 한다. 이런 종류의 곡선 박기는 프린세스 라인(그림 9.34c)을 박을 때 쓰인다. 보통의 경우 커브가 클수록 많은 가윗밥을 넣어 주어야 시접 여유분이 잘 넘어간다. 만약 곡선에 탑스티치를 한다면 오목한 부분에 약 1/16인치 정도 떨어져서 스티치한다. 〈그림 9.34d〉는 허리 솔기 부분에서의 약간의 곡선을 보여준다. 이 경우에는 커브가 아주 완만하므로 그리 많은 가윗밥이 필요하지 않다.

〈그림 9.35a〉에서 제시한 것 같이 'S'자 형 또는 그 이상의 여러 개의 곡선도 이런 스타일을 만들 수 있다. 이런 곡선 박기에는 두 가지의 스티치 종류로 봉제할 수가 있는데 바로 301 본봉(그림 9.35a)과 516 5-본사 안전봉(그림 9.35c)이다. 이는 301 본봉이건 516 안전봉이건 스티치의 종류에 관계없이

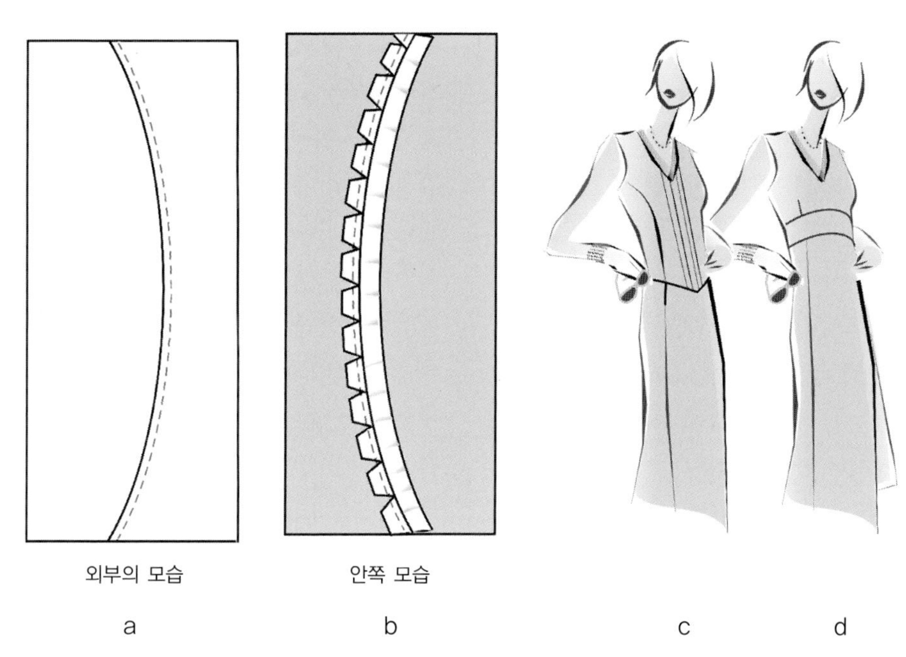

그림 9.34 솔기 종류 : 곡선 박기-커브드 플레인 솔기, SSa, 탑스티칭 있음, 기계 종류 : 301 본봉

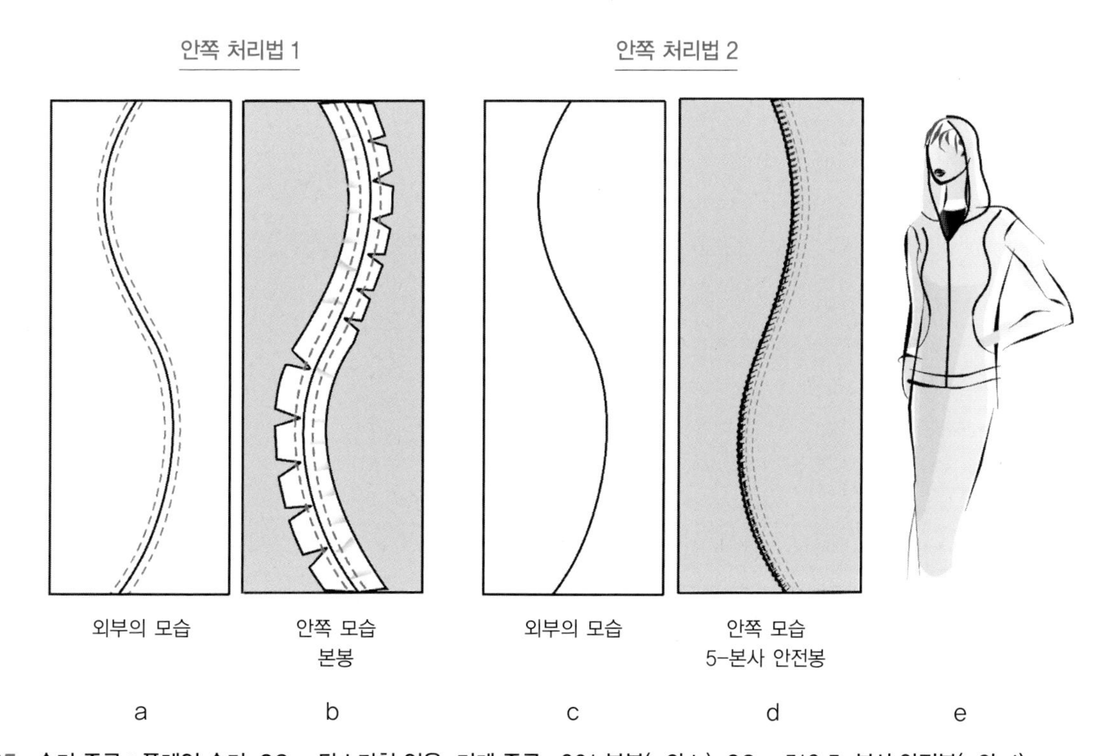

그림 9.35 솔기 종류 : 플레인 솔기, SSa, 탑스티칭 있음, 기계 종류 : 301 본봉(a와 b), SSa, 516 5-본사 안전봉(c와 d)

결론적으로 만드는 솔기의 종류는 같은 슈퍼임포즈드 솔기라는 것을 보여준다.

〈그림 9.35〉에서 보여주는 2개의 방법은 슈퍼임포즈드 솔기이다. 안쪽 처리법 1(그림 9.35b)은 봉제 후 가윗밥을 넣어주고 시접을 가른 뒤 섬세하게 스팀 다림질을 해주고 다시 겉쪽에서 탑스티치를 해주는 손이 많이 가는 방법이다. 안쪽 처리법 2(그림 9.35d)는 오버로크로 처리하고 탑스티치는 생략했다. 이런 경우는 저지 직물에 적합한 방법일 것이다. 이런 처리법은 숙련된 기술을 요구하지 않는 낮은 가격대의 의복 또는 저지 직물에 적합할 것이다. 디자이너는 가격과 선택한 직물에 맞는 가장 적절한 솔기를 선택해야 하므로 꼭 어떤 특정한 방법이 여러 의복에 다 맞는 정답이라고는 할 수 없다.

모서리 박기(inset corner)는 숙련된 봉제 기술이 필요하다. 〈그림 9.36〉은 301 본봉으로 봉제된 경우를 보여준다. 〈그림 9.36a〉는 다트가 프린세스 솔기로 자연스럽게 스타일화되어 전환되는 것을 보여준다. 〈그림 9.36d〉는 허리 절개선의 중앙이 모서리 박기로 봉제된 것을 보여준다. 이때 코너의 끝점 부분에 가윗밥을 넣기 때문에 그 부분은 내구성이 아주 약하다. 〈그림 9.36b〉는 다림질로 시접을 넘기는 방향을 보여준다. 탑스티치는 봉제선을 강화하는 역할을 한다. 오버로크 스티치는 뾰족한 다트의 끝부분에는 적합하지 않다(그림 9.36b). 만약에 솔기가 탑스티치만을 사용해서 연결되었다면, 이 경우는 랩 솔기(lapped seam)가 될 것이다. 이런 경우에 〈그림 9.36b〉는 단지 한 줄의 스티치만 보일 것이다.

모서리 박기(그림 9.37)는 꼭 필요한 경우를 제외하고는 코너에 박음질을 하는 것보다 절개선을 사용하면 가윗밥으로 인해 봉제선이 약해지는 경우를 피할 수가 있을 것이다. 〈그림 9.37a〉는 아동복 풀오버의 앞쪽에 2개의 모서리를 봉제한 지퍼 플래킷을 보여준다. 〈그림 9.37b〉는 비슷한 외관을 가지고 있으나 플래킷의 끝부분에 요크 절개선(yoke seam)을 만나고 있다. 이 경우는 훨씬 쉽게 봉제할 수 있고 비용 면에서도 훨씬 경세적이다. 이렇듯이 디자이너의 중요한 업무 중 하나는 디자인의 특징들이 각각 어떻게 비용과 연관되는지를 이해하고 또한 현재 유행을 기능과 가격에 맞게 의류상품에 반영할 수 있느냐 하는 것이다.

교차 박기(intersecting seams)는 2개 또는 2개 이상의 솔기들이 서로 교차해 만나서 이루어진다. 이때 솔기들은 서로가 한 점에서 정확하게 만나야 좋은 품질의 의복이 된다. 〈그림 9.38〉은 301 본봉으로 봉제된 의복을 보여주는데 이때 솔기들이 서로 교차해 만난다. 이때 특히 중요한 것은 솔기들의

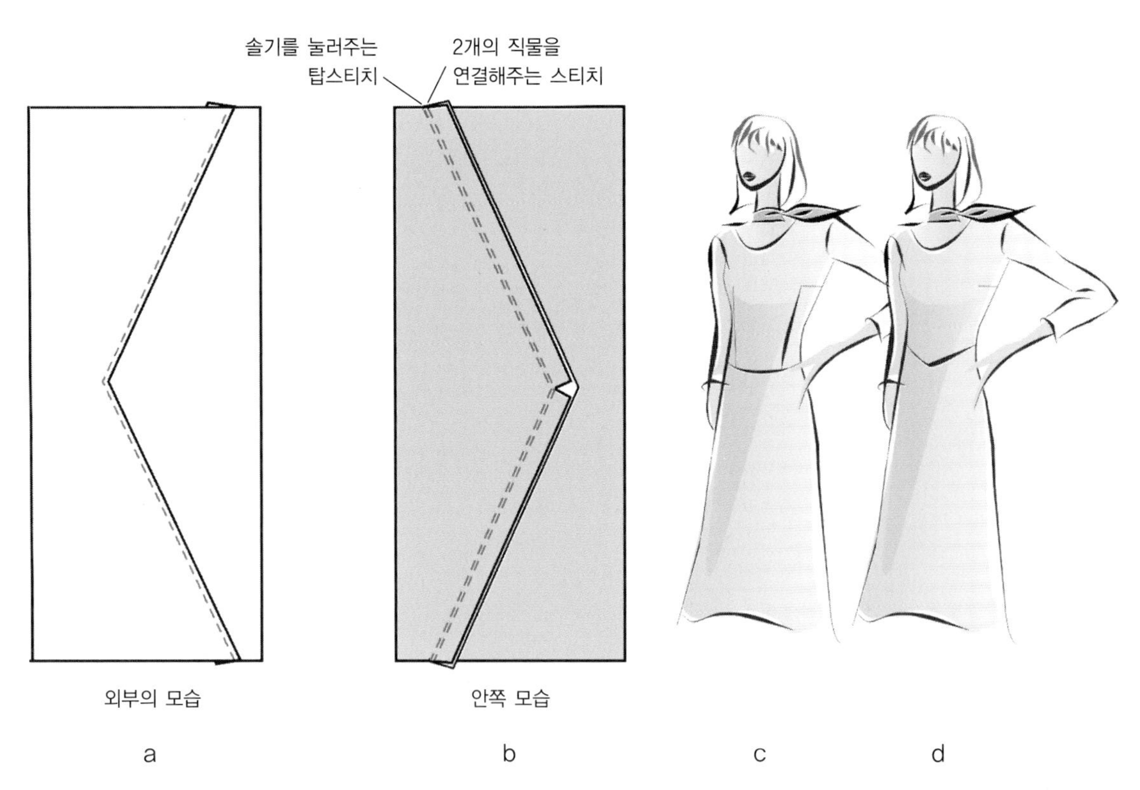

그림 9.36 모서리 박기 – 솔기 종류 : 탑스티칭 있는 플레인 솔기, 기계 종류 : 301 본봉

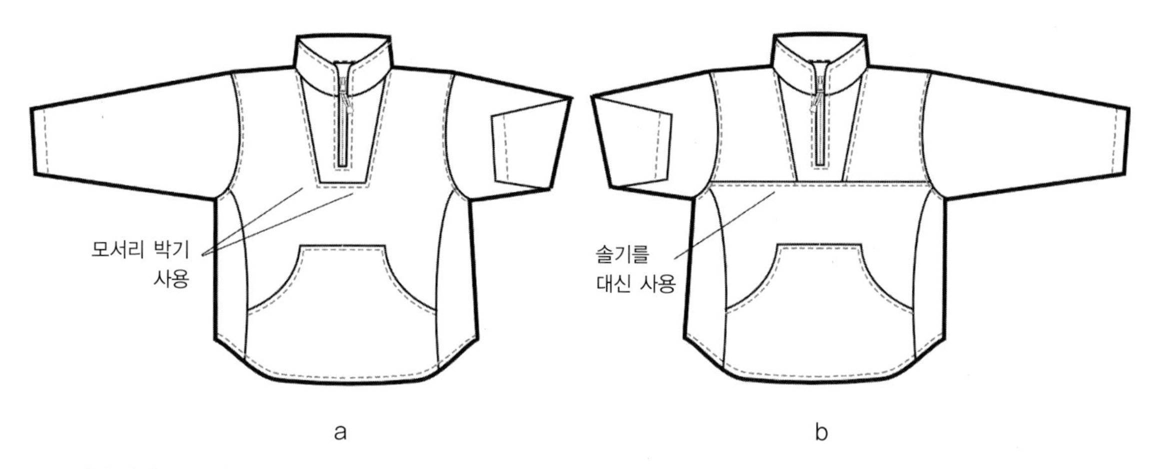

그림 9.37 모서리 박기와 그 대안법

시접 여유분들을 다림질로 갈라 놓아야 시접이 한 곳으로 뭉치지 않는다는 점이다. 봉제하는 동안 시접을 갈라 다려 주는 것을 **언더프레싱**(underpressing)이라고 부르는데 이는 봉제 과정 중 필수 단계다. 〈그림 9.38c〉는 앞중심에 위치한 교차 박기 예의 디테일을 보여주고 있다. 〈그림 9.38d〉는 옆선이 먼저 박히고(스커트와 바디스) 그런 다음 허리선이 주의 깊게 매치되는 것을 보여준다. 〈그림 9.38d〉에서는 앞중심 쪽에 모서리 박기도 함께 보여준다.

마이터드 솔기(mitered seams)는 또 다른 종류의 플레인 솔기로서 2개의 조각이 대각선으로 같은 각도로 봉제될 때 쉐브론 효과(chevron effect)를 나타내는 것을 보여준다. 이 경우에서 만약 직물이 체크무늬거나 스트라이프라면 패턴들이 만나는 곳에서 서로 잘 매치가 되어야 할 것이다. 모서리에서의 봉제 시 직물의 방향과 무늬를 주의 깊게 맞추어준다(그림 9.39). 이런 경우에서 마이터된 것은 45도의 각도로 이루어진다. 마이터링은 직선 봉제보다 숙련된 기술을 요하는데 이 영역은 바이어스이므로 늘어날 수 있기 때문이다. 따라서 추가의 노동력과 많은 비용이 요구된다. 어떤 경우에는 중요한 디자인의 포인트가 되기도 하는데 디자이너는 디자인 요소로 반드시 필요한지를 고려해야 할 것이다. 따라서 디자이너는 별도의 비용을 투자해서 이런 디자인 요소를 살려줄 것인가 아닌가를 결정해야 한다. 〈그림 9.39a〉는 모서리 처리법을 보

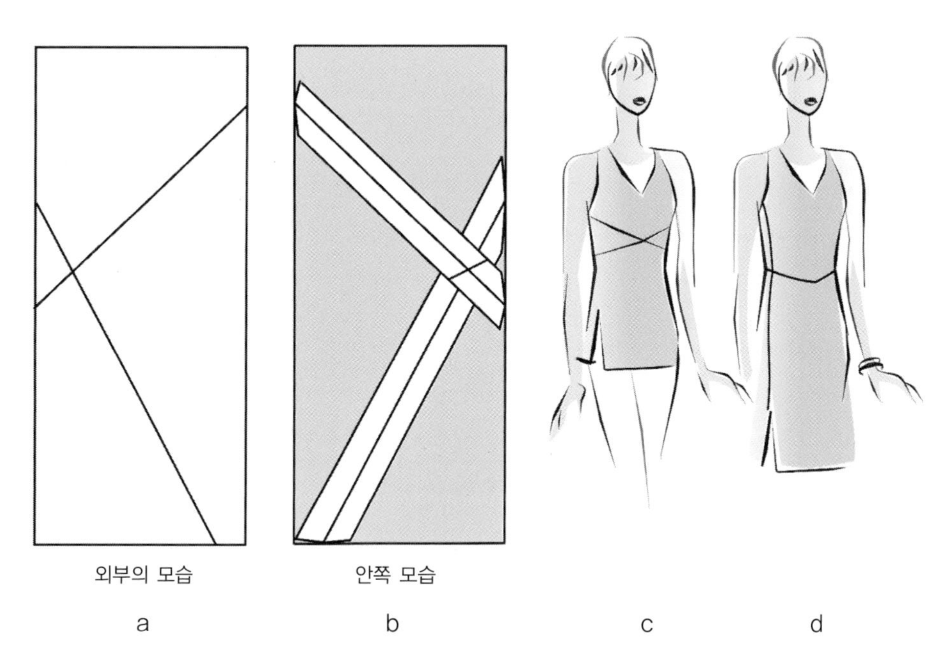

그림 9.38 교차 박기 – 솔기 종류 : SSa, 기계 종류 : 301 본봉

여준다. 위쪽의 예는 마이터드된 코너를 보여주고 아래쪽의 예는 스트레이트 솔기를 보여준다. 〈그림 9.39a〉 같은 트림 직물의 패턴은 직물 전체에 패턴이 그려진 올 오버 패턴(all-over pattern)이므로 2개의 예는 매우 비슷하다. 〈그림 9.39b〉의 위쪽의 예는 잘못 이루어진 마이터링을 보여준다. 스트라이프들이 서로 일치되지 않고 있다. 만일 숙련공에게 맡기는 것이 아니라면 차라리 〈그림 9.39b〉의 아래쪽 예처럼 직선으로 처리하는 것이 마이터링과 관계된 품질 문제를 줄일 수 있는 훨씬 나은 결정이 될 것이다. 〈그림 9.39d〉는 옆선의 디테일을 보여준다. 마이터는 앞쪽으로 되어 있고 직선 솔기는 뒤쪽으로 되어 있다. 디자이너는 선택한 직물에 따라 어떤 봉제법이 가장 나은 것인가를 결정해야 한다.

〈그림 9.40〉은 몇 가지 마이터드 솔기의 예들을 보여주는데 목의 트림이 30도의 각도로 마이터드되어 있고 각각의 스트라이프는 코너에서 멋지게 마이터드되었다.

이때의 돌먼 슬리브는 소매 중심에 절개선이 있는데 이것이 마이터드의 효과를 만들며 이때 스트라이프가 직물의 텍스처 효과를 낸다. 마이터드 솔기는 아주 독특한 디자인의 효과를 내는데 스트라이프 효과뿐만 아니라 아주 멋진 스트라이프의 매칭을 통한 별도의 디자인 효과를 낼 수가 있다.

가죽(또는 가죽 대체용품이나 멀티컴포넌트 직물)은 다른 직물들과 같은 방법으로 봉제되나 직물의 두께 때문에 일반적인 직물을 이용한 솔기는 가름솔로 처리한다. 가죽은 다른 직물처럼 시접 여유분이 잘 넘어가지 않으므로 시접 여유분을 접착풀로 붙인 후 시접 여유분이 양쪽으로 갈라지도록 하고 특별한 망치를 이용해 두드려 평평하게 한다(그림 9.41).

인클로즈드 솔기

슈퍼임포즈드 솔기에 속하는 두 번째 종류는 인클로즈드 솔기(enclosed seam, SSe)이다(그림 9.42). 이 솔기는 의류상품에서 두 번째로 가장 흔하게 볼 수 있는 솔기이다(플레인 솔기가 첫 번째로 자주 볼 수 있는 솔기의 종류이다).

이 솔기에서는 2개의 스티칭을 볼 수 있는데 하나의 스티칭은 솔기를 연결하는 것이고, 또 하나의 스티칭은 탑스티칭

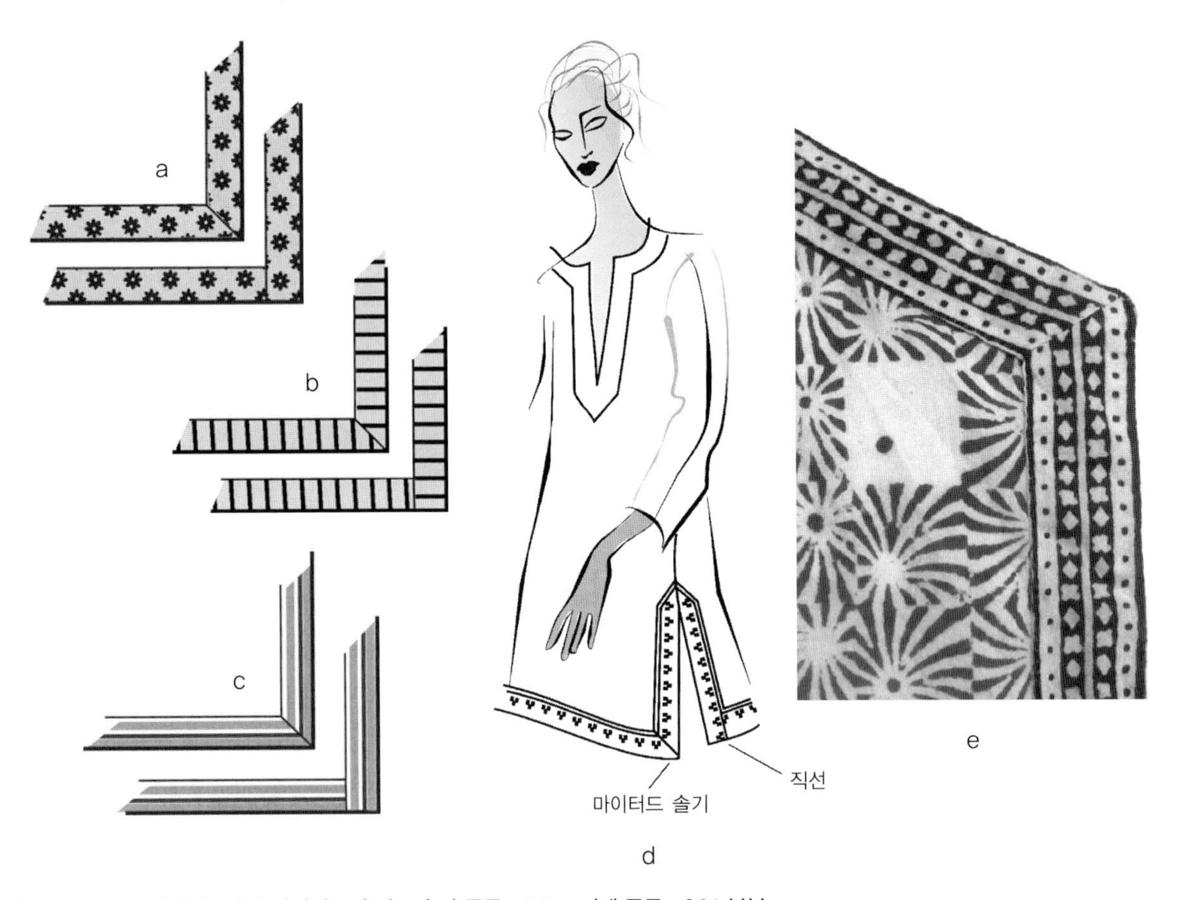

그림 9.39 보더 디테일로서의 마이터드 솔기 – 솔기 종류 : SSa, 기계 종류 : 301 본봉

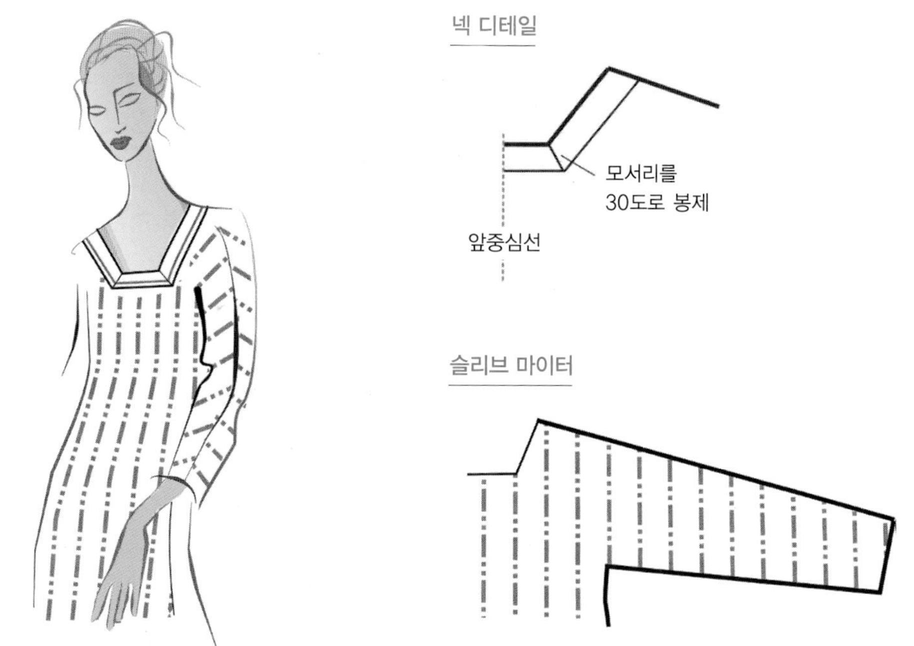

그림 9.40 마이터드 솔기의 다른 예 – 솔기 종류 : SSa, 기계 종류 : 301 본봉

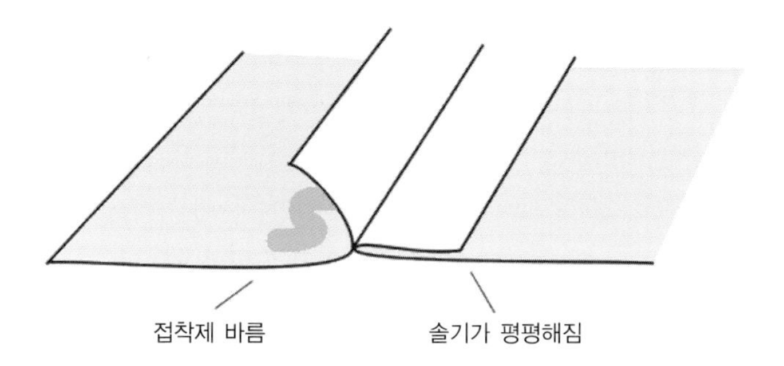

그림 9.41 가죽의 솔기 – 솔기 종류 : SSa, 기계 종류 : 301 본봉

이다. 직물의 겉면끼리 마주보게 겹쳐 놓고 봉제한 뒤 시접 여유분을 감싸서 봉제한다. 이런 솔기의 종류가 바로 **인클로즈드 솔기**(enclosed seam)이고 이때 시접 여유분이 2겹의 직물 사이에 끼어들어 그런 이름을 갖게 된다. 이런 솔기들은 목선, 칼라, 커프스 허리선, 허리밴드, 안단과 같이 의복의 가장자리 처리에 쓰인다. 이런 솔기의 독특한 특징은 시각적으로 겉쪽에서는 스티치가 보이지 않고 시접 여유분은 의복의 안쪽에 숨겨진다는 것이다.

이런 인클로즈드 솔기를 만드는 데는 301 본봉이 주로 사용된다. 〈그림 9.42〉는 301 본봉을 보여준다. 〈그림 9.42a〉부터 〈그림 9.42c〉는 몇 줄의 스티칭을 보여준다. 짧은 수직의 선들은 직물을 연결하는 스티치를 보여준다(1단계 스티치-그림 9.42c), 긴 수직선들은 탑스티칭을 나타낸다(2단계 스티치-그림 9.42c). 접착제를 사용해 솔기를 평평하게 해준다.

이런 종류의 솔기의 단점으로는 부피가 나간다는 것이다. 그러므로 이런 종류의 솔기는 두꺼운 직물에는 적절하지 않다. 이런 경우에는 직물의 끝이 실이 많이 풀리지 않는 경우라면 시접 끝을 오버로크하고 그다음에 봉제를 위한 오버로크를 할 필요 없이 한 번에 오버로크로 봉제선을 박아주면서 시접 끝 처리까지 되도록 하는 게 좋다.

시접 여유분은 직물들 겹 사이에 숨겨지므로 어떤 경우에는 이 시접 여유분들을 잘라서 정리해 부피감을 줄이는 그레이드(grade) 과정을 겪기도 한다(그림 9.42c). 〈그림 9.42d〉는 사각 코너(90도 또는 90도보다 약간 작은 각도)를 보여준다. 이런 각도는 부피감을 줄이는데 정확한 각도를 내기 위해 노련한 기술이 필요하다.

〈그림 9.42d〉는 전형적인 커프나 칼라의 적용 방법으로 완성 후 바깥쪽으로 뒤집은 것을 보여준다. 부가적으로 넣은 탑스티치는 내구성을 강화해준다. 〈그림 9.42e〉는 인클로즈드 솔기의 칼라와 칼라밴드를 보여준다.

안단(facing)은 의복에서 정리가 안 된 끝부분을 또 다른 직물 조각으로 정리하는 방법으로서 인클로즈드 솔기에 포함된다. 제10장에서 안단에 대한 다양한 예를 알아보기로 하겠다.

프렌치 솔기

프렌치 솔기(french seam, SSae)는 통솔이라고 불리는데 솔기 속에 있는 또 다른 솔기란 별명을 가지고 있다. 이런 종류의 솔

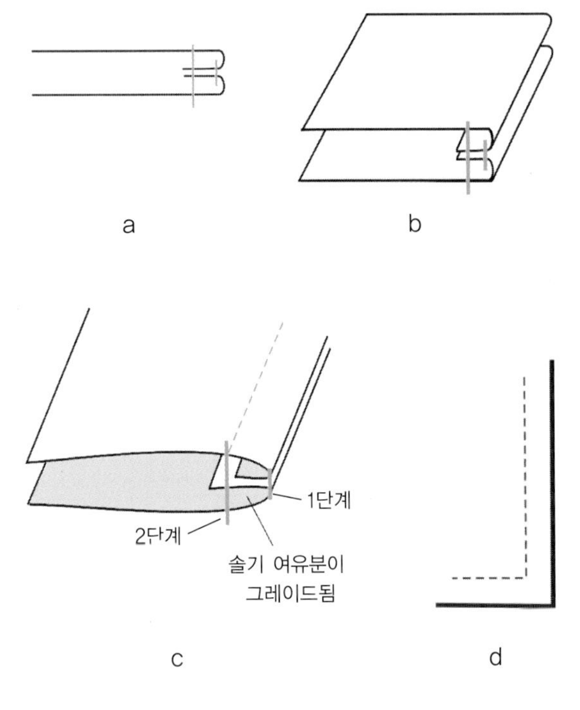

그림 9.42 인클로즈드 솔기 – 솔기 종류 : 인클로즈드 솔기(SSe), 기계 종류 : 301 본봉

기는 얇고, 가볍고, 비치는 직물들로 올이 많이 풀리는 란제리나 속옷용 의복에 적절한 솔기 처리 방법이다. 이 경우에 오버로크를 하면 이것이 외부로 비쳐 보일 수 있으므로 시각적으로 좋지 않다. 이런 솔기는 여러 번의 봉제 과정을 거쳐야 하므로 직선 솔기에 적합하고, 곡선 솔기에는 적합하지 않다. 이 봉제 방법은 여러 번의 봉제 단계를 거치는 노동집약적 특성으로 인해 비용이 많이 든다는 단점이 있다. 그러나 아주 깔끔하고 깨끗한 솔기를 만들 수 있다는 장점도 있다.

의복의 부분에서 곡선 솔기가 있는 부분, 즉 진동과 같은 영역에는 바이어스 솔기 바인딩(bias seam binding)이 좋은 해결책이 될 것이다.

이런 방법은 넓은 솔기 안에 좁은 솔기를 포함하는 방법으로 직물의 끝이 풀리는 것을 방지하는 좋은 방법이 될 것이다. 〈그림 9.43〉은 301 본봉을 이용한 솔기 봉제법을 보여준다. 〈그림 9.43a〉는 이런 스타일의 가장 흔하게 볼 수 있는 솔기의 단면도를 보여주고 있다. 〈그림 9.43a〉는 2단계의 봉제 과정을 보여주고 있다. 〈그림 9.43b〉는 직물이 한 번 뒤집어져서 직물의 앞쪽을 서로 마주보는 것을 보여주는데 이런 스타일의 솔기에서는 바깥쪽에서 아무런 스티치도 보이지 않는다. 〈그림 9.43d〉는 아주 정교하게 구성된 의복으로 고기술이 필요한 프렌치 솔기로 정리된 옆선과 곡선솔기로 이루어진 진동솔기들을 보여준다.

목 프렌치 솔기

프렌치 솔기와 목 프렌치 솔기[mock french, 또는 폴스 프렌치 솔기(false french seams), 이때 mock은 유사하나 진품이 아닌 것을 의미함]는 매우 비슷한 외관을 가지고 있다. 그러나 목 프렌치 솔기는 플레인 솔기의 시접 여유분이 각각을 향한 쪽으로 접혀 있고 〈그림 9.44〉처럼 스티치가 되어 있다.

프렌치 솔기와 비슷하게 목 프렌치 솔기는 비치는 직물로서 끝이 잘 풀리는 직물이 직선형 솔기일 때 많이 사용한다. 목 프렌치 솔기는 실제 프렌치 솔기와는 구분이 되는데 목 프렌치 솔기의 경우에는 2개의 스티치가 명백하게 안쪽에 위치하고 있는 데 비해서 일반 프렌치 솔기는 단지 하나의 스티치만을 가지고 있다. 이런 이유에서 의복을 수정할 때 스티치를 한 줄만 제거하면 되므로 더 쉽다는 장점이 있다. 〈그림 9.44〉는 301 본봉으로 봉제한 예를 보여준다.

폴스 플랫 펠드 솔기

비록 플랫 펠드 솔기(flat felled seam)는 랩 솔기(lapped seam)지만, 폴스 플랫 펠드 솔기[false flat felled seam, SSw(b)]는 슈퍼임포즈드 솔기(그림 9.45a와 b)이다.

여기서 보여지는 예는 301 본봉을 이용해 구성되었다. 〈그림 9.45a〉는 2개의 개별적인 스티치를 이용한 폴스 플랫 펠드 솔기를 보여준다. 주목해야 할 것은 각각의 직물 레이어마다 솔기의 여유분이 서로 다르게 놓여 있다는 것이고 과외의 여

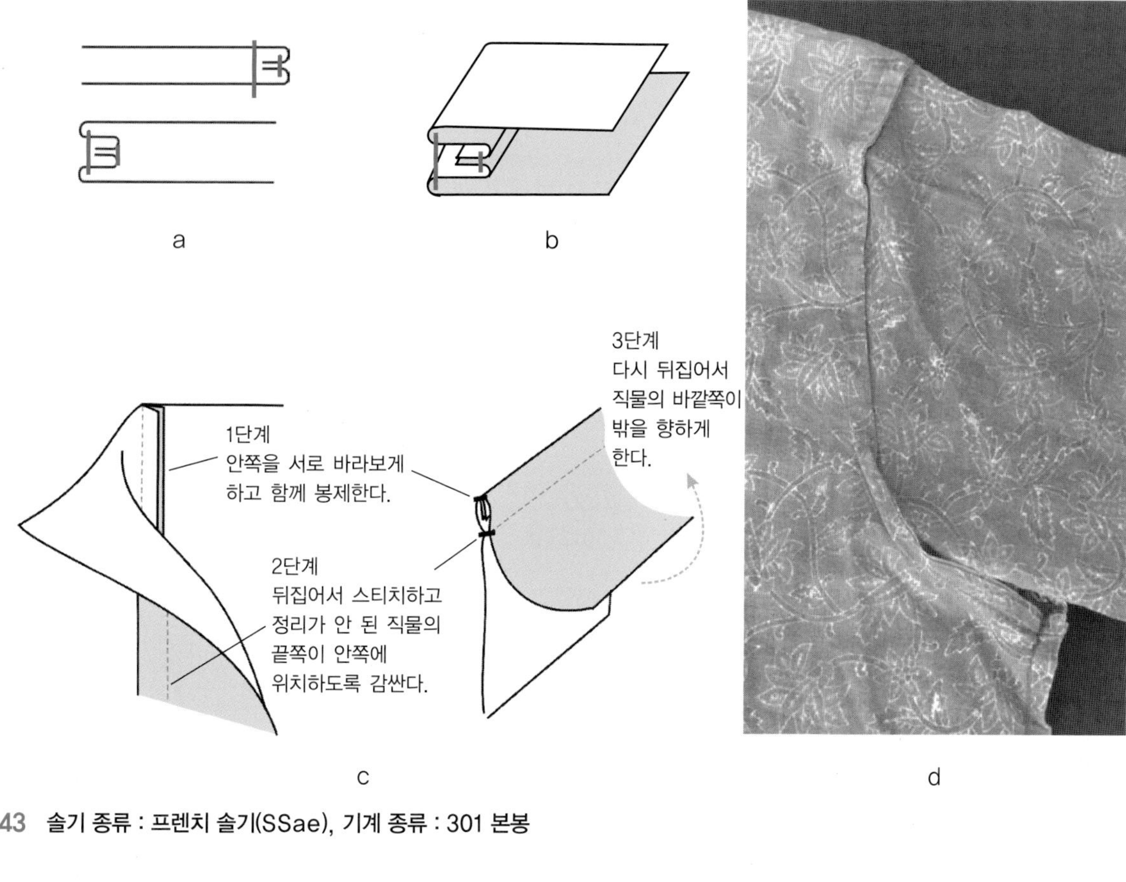

그림 9.43 솔기 종류 : 프렌치 솔기(SSae), 기계 종류 : 301 본봉

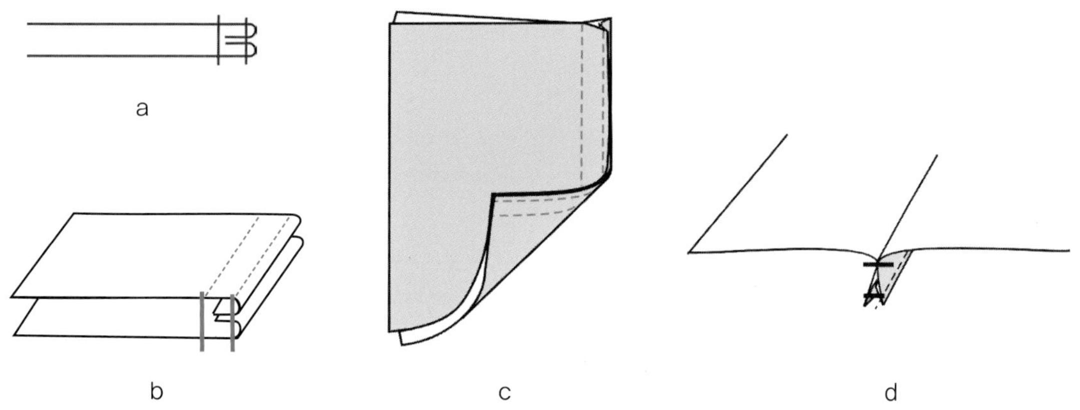

그림 9.44 솔기 종류 : 목 프렌치 솔기(미국 정부 표준 규격이 정해지지 않음), 기계 종류 : 301 본봉

유분 넓이의 직물이 첨가되어서 처리가 안 된 시접 끝부분을 감싸고 있다. 여기서 사용되는 기계는 1-본침 본봉 기계이고 이런 봉제 기계를 이용해 플랫 펠드 처리가 가능한 복잡한 기계류가 없는 공장에서도 봉제가 가능하다. 〈그림 9.45a〉와 〈그림 9.45b〉는 단지 1개의 탑스티치만을 갖는 비슷한 대체 변형 봉제를 보여준다. 폴스 플랫 펠드 솔기는 1-본침 본봉으로도 구성이 가능하다. 이는 고품질의 남성용 셔츠에 사용되고 오버로크 봉 없이도 깨끗하게 셔츠 내부의 시접을 정리해준다. 이런 처리법은 플랫 펠드 솔기의 대체용으로 사용되는데 이유인 즉 이런 플랫 펠드 솔기는 셔츠의 소매처럼 좁은 원통 모양의 봉제에서는 사용이 불가능하기 때문이다.

이런 플랫 펠드 솔기를 모방하기 위해서 플랫 펠드 솔기의 2개의 탑스티치를 만들기 위해 3단계의 작업이 필요하게 된다(그림 9.45c). 우선 1단계에서 솔기가 〈그림 9.45c〉처럼 연결된다. 2단계와 3단계에서는 먼저 솔기의 끝부분은 접혀서 밑단 처리가 된다(그림 9.45c 2단계와 3단계). 안쪽은 접어 박

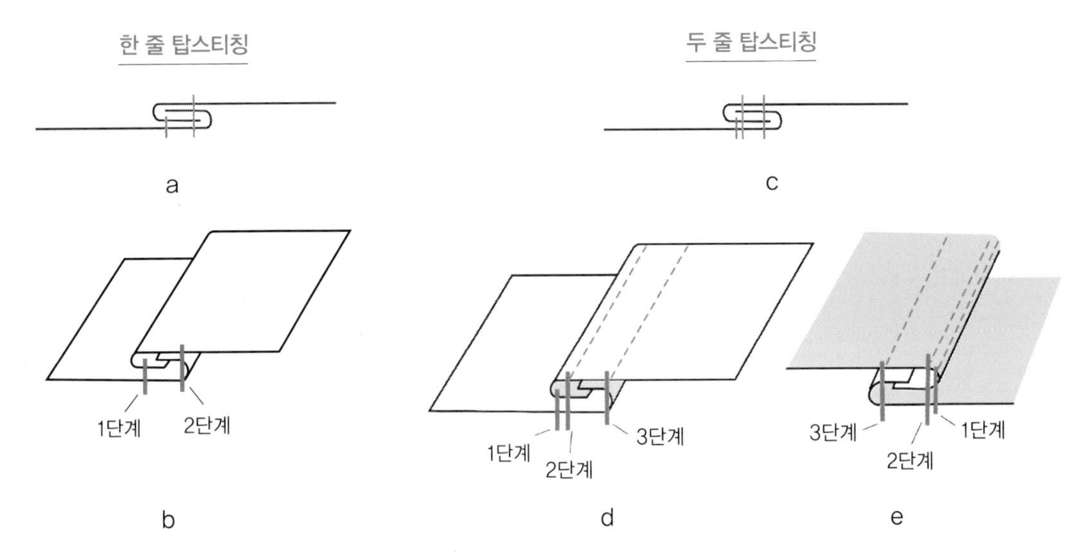

그림 9.45 솔기 종류 : 플스 플랫 펠드 솔기(SSw)(b), 기계 종류 : 301 본봉

아서 깨끗하세 정리된다. 수복할 것은 바깥쪽과 안쪽의 모습이 사뭇 다르고 안쪽에는 스티치가 한 줄 더 보인다는 점이다(그림 9.45d). 이런 종류의 솔기는 남성용 셔츠에서 흔하게 보인다.

서지 조인드 솔기

서지 조인드 솔기(serge-joined seam)는 500등급의 스티치로 봉제된 경우다. 이는 저가의 기성복 의류상품에서 가장 흔하게 보이는 스티치의 종류다. 이때 사용되는 안전봉은 오버로크 봉과 한 줄의 환봉이 함께 사용된 것처럼 보인다(이 장 앞부분을 참조). 안전봉은 한 번의 조작으로 끝단이 정리될 뿐 아니라 솔기가 오버로크로 봉합되는 장점이 있다. 매우 빠른 속도로 작업이 이루어지므로 비용 면에서도 합리적이다. 이런 종류의 솔기는 또 다른 이름으로 오버에지 솔기(overedge seam), 메로우 솔기(merrow seam), 오버로크 솔기(overlock seam), 또는 서지드 솔기(serged seam)라고 부른다.

이런 종류의 솔기는 니트류에서 주로 볼 수 있고 이런 솔기 처리는 솔기의 에지를 처리함과 동시에 솔기를 꿰매기에 아주 유용한 방법이다. 오버에지는 직물의 끝부분에 삼각형의 실들이 감싸는 스티치의 모습을 표현하는 이름이다(그림 9.46c). 이런 스타일의 솔기는 아주 신축성이 큰 직물에도 기능적이다.

장식 솔기

대부분의 장식용 솔기(decorative seam)는 기성복에 사용된다.

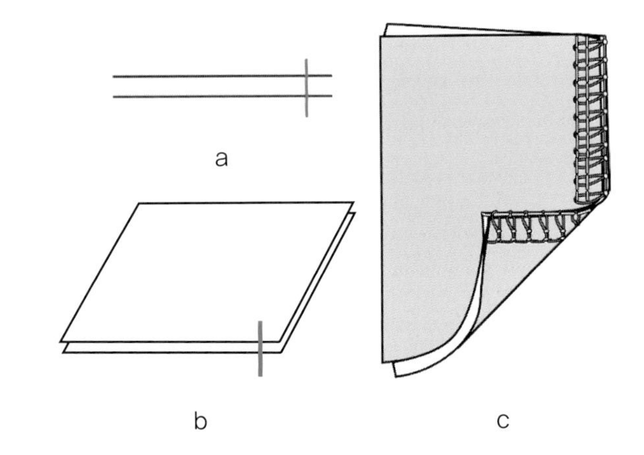

그림 9.46 오버로크 조인 – 솔기 종류 : SSa, 기계 종류 : 514

장식 솔기는 그 종류와 가격대가 다양하므로 디자이너들은 어떤 솔기를 어떤 디자인에 사용하는 것이 가격 대비 가장 좋은 결과를 낳을지 생각하여 결정해야 한다.

파이핑(piping, SSk 또는 SSaw)은 다양한 방법으로 절개선이나 디자인 라인을 강조하기 위해 장식용으로 쓰인다. 납작한 파이핑 또는 코드를 넣어 입체감을 준 파이핑을 사용한다. 블랙 울 크레이프 재킷에 블랙 새틴 파이핑을, 아동복에는 꽃무늬 파이핑을, 스포티한 빨간 니트에 흰색 파이핑을 넣는 등 여러 가지 방법을 쓸 수 있다. 이들은 다양한 카테고리에 사용되며 파이핑은 식서 방향의 테이프 모양으로 잘라서 사용되거나 바이어스로 잘라서 의복에 부분적으로 넣는 인서트로 사용될 수 있다. 〈그림 9.47e〉는 니트 파이핑을 사용한 운동용 바지의 예를 보여준다.

〈그림 9.47a〉는 납작한 파이핑을 사용한 단면도를 보여준

다. 〈그림 9.47b〉는 코드가 들어간 파이핑을, 〈그림 9.47c〉는 바이어스, 코드가 들어간 것, 대조되는 직물을 사용한 예를 보여준다. 〈그림 9.47d〉는 파이핑을 끼워 물린 액티브 아우터웨어를 보여준다. 이때는 탑스티치가 더해졌고 이는 SSaw로 나타낸다.

강화 솔기

솔기들은 가끔씩 내구성을 높이고 형태를 보존하기 위해 강화를 필요로 한다. 대표적인 예로는 테이프드 솔기, 스트랩 솔기, 스테이드 솔기 등이 있다. 강화 솔기에는 301과 500등급 스티치가 주로 사용된다.

- **테이프드 솔기**(taped seam, SSab)는 주로 어깨 솔기, 목선, 여성의 허리 라인 등에 사용되며 이는 늘어나는 것을 방지한다. 이런 솔기들은 주로 니트 티셔츠에서 사용된다. 테이프드 솔기는 트윌 테이프(twill tape), 스트레치 테이프(stretch tape), 또는 직물 조각이 실제적인 의복의 구조를 이루는 솔기 안에 들어가서 함께 봉제되는 경우를 일컫는다.

  이런 테이프드 솔기는 킥 플리츠의 안쪽에서 늘어나는 것을 방지하기 위해 사용되기도 하고 개더가 들어간 의복을 안정화하기 위해 사용되기도 하며 다른 여러 부분에서도 사용된다. 〈그림 9.48c〉는 301 본봉으로 테이프를 고정한 예이고 〈그림 9.48d〉는 오버로크 조인드 솔기의 예로 어깨와 목선이 늘어지는 것을 방지하는 테이프드 솔기를 보여준다. 이들은 의복의 바깥쪽에서는 시각적으로 눈에 띄지 않는다. 〈그림 9.48e〉는 어깨선에 테이프가 첨부된 니트 셔츠를 보여준다. 이 경우에는 흰색 테이프가 사용되었으나 보통의 경우는 투명테이프가 주로 사용될 수 있다. 이 밖에도 그로그랭(grosgrain), 트윌(twill) 또는 신축성이 있는 투명 플라스틱 테이프가 쓰일 수 있다.
- **스트랩 솔기**(strapped seam, SSag)는 보통의 경우 바이어스 방향의 테이프 모양으로 재단해 양끝을 꺾어 가름솔 위에 얹어 박아 처리하는 방법으로, 안과 밖에서 스티치가 보인다(그림 9.49). 이러한 처리법은 안감이 없는 재킷의 시접 처리법으로 쓰일 수 있는데 배색 원단을 사용하기도 한다. 〈그림 9.49c〉는 탑스티치가 상품의 안쪽과 바깥쪽에서 보이는 것을 보여준다. 예를 들면 서로 다른 대조적인 직물을 사용하여 미적으로 아름다운 대조적인 시각 효과를 내는 경우로서 직물의 조각(strip)을 안감이 없는 재킷에 사용한 것을 보여준다. 이 직물의 조각은 처리되지 않은 버스티드된 솔기의 끝부분을 커버하여 기능적인 역할도 한다. 또한 〈그림 9.49d〉에서처럼 테일러드된 의복에 있어서 안감이 없

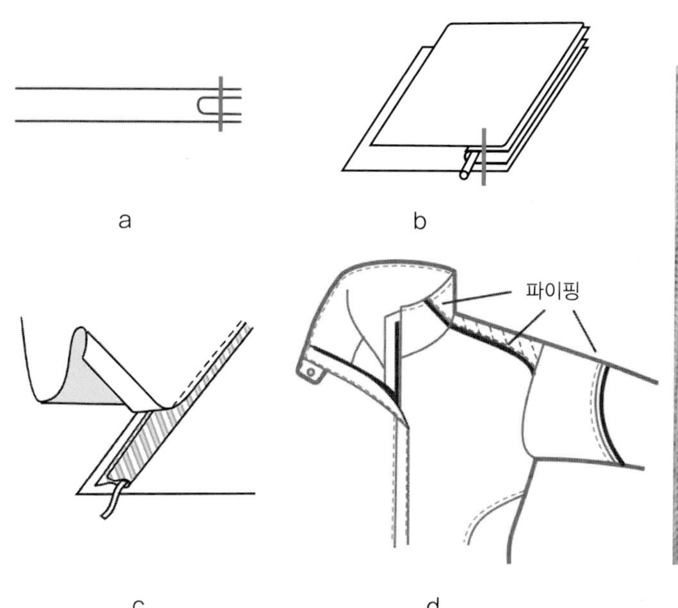

그림 9.47 파이핑 – 솔기 종류 : SSk, SSaw, 기계 종류 : 301 본봉

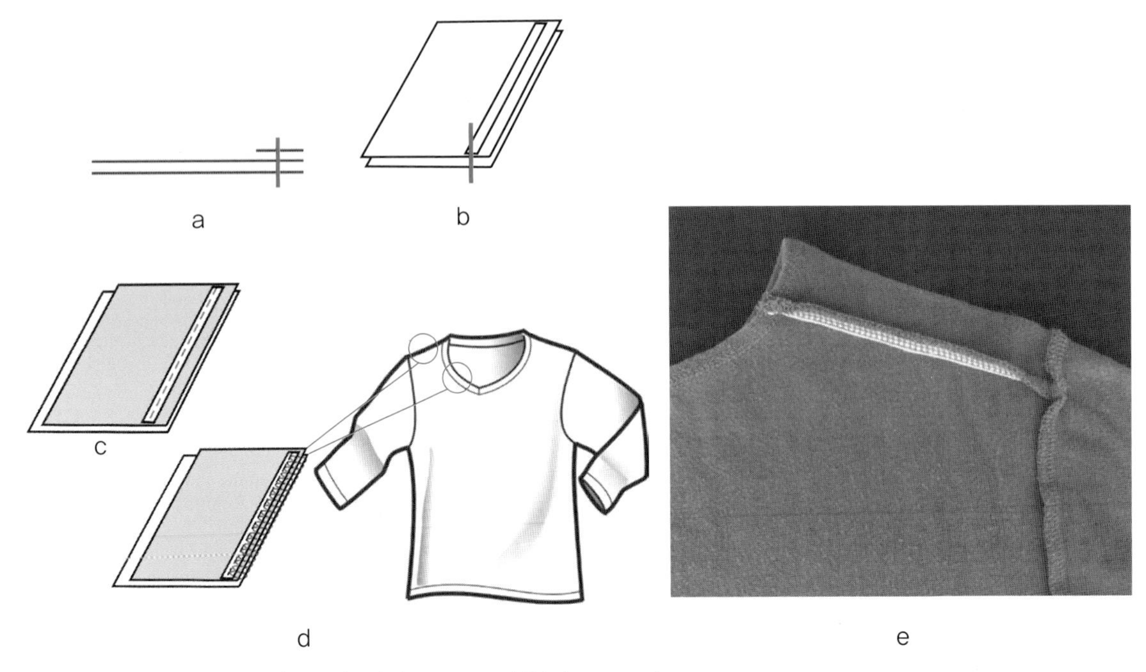

그림 9.48 솔기 종류 : 테이프드 솔기(SSab), 기계 종류 : 301 본봉과 504 오버로크

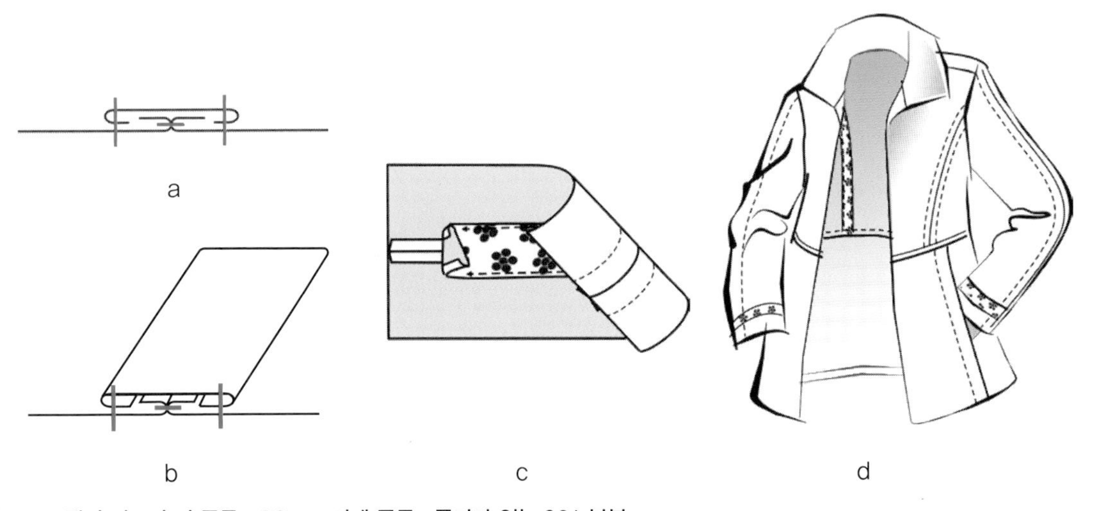

그림 9.49 스트랩 솔기 – 솔기 종류 : SSag, 기계 종류 : 폴더가 있는 301 본봉

는 재킷이나 의류상품의 외부의 장식으로도 사용된다. 스트랩 솔기는 직선형 봉제선이라면 비바이어스 또는 리본 등의 직물을 사용할 수 있다. SSf는 스트랩이 시접 여유분이 없는 경우의 변형의 하나로서 트윌 테이프(twill tape) 등을 예로 들 수 있다. 스트랩 솔기는 야구용 모자에서 둘러진 테의 솔기 마무리 처리에 주로 사용된다.

- 스테이드 솔기(stayed seam)는 스트랩 솔기와 비슷하나 바깥쪽에서 봉제선의 스티치가 보이지 않고, 스티치가 시접 여유분에만 봉제된다는 특징이 있다(그림 9.50c). 트윌 테이프의 부분, 바이어스 바인딩, 의복에 사용한 것과 같은 직물(self fabric) 등이 양쪽으로 갈라진 시접의 끝부분에 덧대어지는데 시접에만 봉제되므로 스티치가 바깥쪽으로 지나지 않아 겉에서 보이지 않는다. 스테이드 솔기는 보통의 경우에 양쪽으로 나뉘어진 시접 여유분과 같은 두께거나 그보다 약간 얇게 사용된다. 〈그림 9.50a〉와 〈그림 9.50b〉는 스티칭이 시접 여유분에만 나타나는 것을 보여준다. 이런 종류의 강화는 남성용 하의 플라이의 아랫부분(안쪽 면)에서 볼 수 있다. 이런 스트랩 솔기의 변형물들은 시접 여유분이 필요 없는 테이프 등을 보여준다(그림 설명은 하지 않았다).

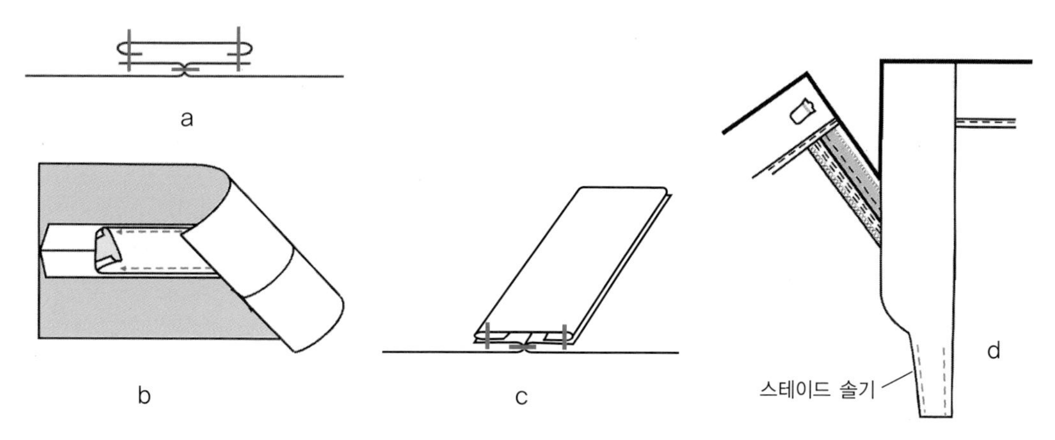

그림 9.50 솔기 종류 : 스테이드 솔기(SSac), 기계 종류 : 301 본봉

랩드 솔기

랩드 솔기(lapped seam)는 서로 반대방향으로 펼쳐 놓은 원단의 시접 끝을 모아 시접 여유분을 함께 말아 넣어 눌러 박는 솔기 처리법으로 여러 겹을 모두 연결하는 것을 의미한다. 두 겹 또는 두 겹 이상의 직물들의 모든 시접 여유분을 함께 봉제하는데 직물은 서로 반대방향을 향해 뻗쳐 있게 한다. 이런 종류의 솔기 등급에는 다음과 같은 예가 포함된다.

- 랩 솔기
- 패치 포켓 세팅
- 펠드 솔기
- 장식용 랩 솔기
- 폴더를 사용한 방법

랩 솔기

랩 솔기(lap seaming, LSa) 범주에는 전체가 102개의 다양한 변형 솔기들이 포함되어 가장 대표적인 솔기의 등급이 되도록 한다. 〈그림 9.51a〉는 301 본봉으로 구성된 단순한 랩 솔기의 단면을 보여주고 있다. 이런 종류의 솔기는 2개 또는 그 이상의 직물들의 끝부분을 서로 겹치게 해 모든 직물이 봉제되도록 만든 것을 보여준다(그림 9.51b). 이런 종류의 처리법은 직물의 끝부분에 실이 잘 풀리지 않은 것 같은 상황에서 사용된다. 그리고 이런 방법에서 직물의 파일들은 겉면과 안쪽이 함께 서로 겹쳐지게 놓여서 만들어진다. 이때의 장점은 처리된 솔기가 매우 평평하고 곡선 형태나 불규칙한 모양의 절개선을 봉제할 때 편리하게 쓰일 수 있다는 것이다. 또한 시접 여유분이 덜 든다는 장점도 있다.

〈그림 9.51d〉는 가죽 재킷의 디테일로 사용될 수 있다. 이런 봉제선은 슈퍼임포즈드 솔기로는 연결하기 힘들다. 랩 솔기는 허리밴드를 바지의 몸통에 붙이는 데 사용된다. 이런 랩 솔기는 여러 곳에 사용될 수는 없는데 봉제하는 동안 안쪽이 얼마나 겹쳐지는지를 확인하는 것이 어렵기 때문이다. 또한 1개의 스티치라인으로 구성되어 내구성이 떨어지므로 힘을 많이 받는 곳에서는 피하는 것이 좋다.

〈그림 9.52〉처럼 지그재그 스티치를 이용해 이미 완성된 레이스를 란제리의 가장자리에 덧대 주는 것도 랩 솔기 처리의 한 방법이다(그림 9.52a와 9.52b). 이는 끝의 실들이 잘 풀

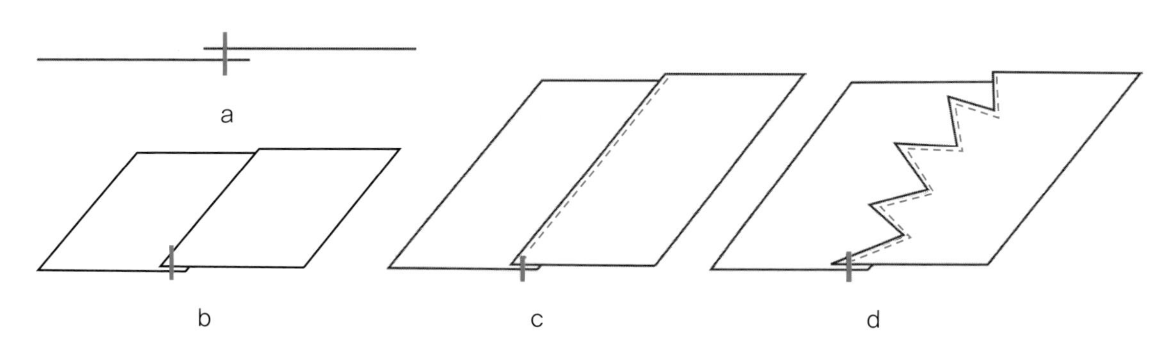

그림 9.51 솔기 종류 : 랩 솔기(LSa), 기계 종류 : 301 본봉

바깥쪽

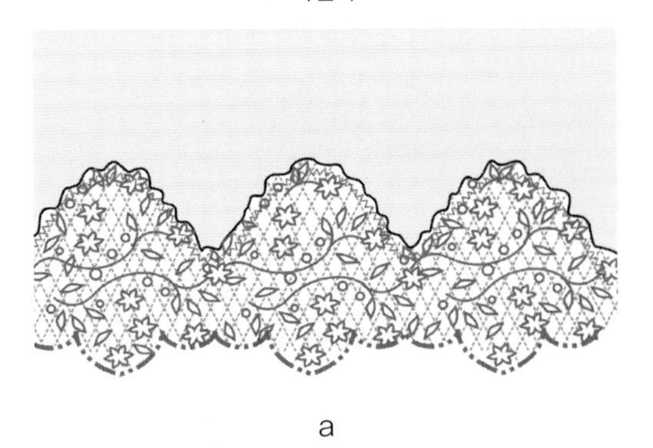

a

안쪽

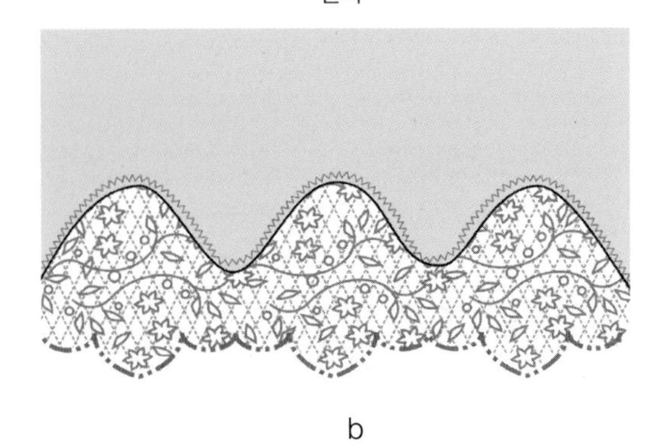

b

그림 9.52 레이스 끝 정리 – 솔기 종류 : 랩 솔기(LSa), 기계 종류 : 304 지그재그 본봉

리지 않는 가벼운 란제리 트리코트에 레이스를 덧댈 때 사용된다.

랩 솔기는 끝이 잘 풀리지 않는 직물들, 즉 펠트(felt) 또는 멜턴(melton) 등을 평평하게 눌러줄 때도 사용하며 의복 안쪽에 보온용으로 사용하는 충전재(interlining)나 허리밴드를 연결하거나 테일러드 재킷에서 충전재에 달린 다트에 겹쳐진 직물로 인한 부피를 줄여줄 때도 사용된다(그림 9.53의 스티치는 지그재그로 보이나 직선스티치 기계를 앞과 뒤로 왔다 갔다 하면서 만드는 것이다).

〈그림 9.54〉는 랩 솔기의 또 다른 예를 보여준다. 이 솔기는 201 본봉으로 봉제된 랩 솔기이고 바깥쪽의 모든 직물들 윗겹의 가장자리까지 모두 다 봉제된 예로서 아플리케와 비슷하다. 이는 바깥쪽의 스티칭이 고속의 봉제로 이루어지는데 1개의 스티치로 여러 겹의 직물을 모두 봉제하므로 이런 경우의 솔기는 슈퍼임포즈드 솔기에 비해 내구성이 떨어진다. 이와 같은 이유로 힘을 많이 받는 부분, 즉 옆선, 밑위, 지퍼 플라이의 아랫부분의 봉제에는 적합하지 않다.

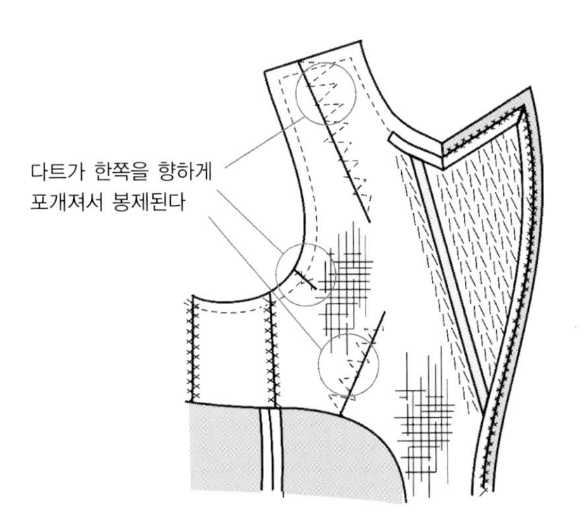

그림 9.53 테일러드 재킷, 안쪽 면 – 솔기 종류 : 랩 솔기(LSa), 기계 종류 : 301 본봉

패치 포켓 세팅(LSd)

〈그림 9.55〉는 패치 포켓이 301 본봉으로 봉제된 예를 보여준다. 패치 포켓이 겉면의 랩 솔기에 놓여 있다. 〈그림 9.55c〉의 사진은 패치 포켓이 재킷에 봉제된 것을 보여준다. 이는 파이핑이 솔기에 사용되는 경우로 매우 흥미로운 스타일이다. 〈그림 9.55e〉는 우리가 흔하게 보는 벨트루프(belt loop)의 경우로서 이는 모든 솔기들 전체가 위의 벨트루프의 접힌 솔기 여유분부터 바지의 직물까지 전체가 스티치로 다 봉제되어 있다.

펠드 솔기

트루 플랫 펠드 솔기(true flat felled seams)는 솔기가 연결되고 마무리되는 것이 한 번의 공정으로 이루어진다. 이런 종류의 공정은 처리 안 된 시접이 폴더를 지나면서 봉제되고 모든 겹의 직물이 다 봉제된다.

가장 흔하게 사용되는 방법은 2-본침 환봉 기계를 이용해서 이루어진다. 이 방법으로 만들어진 솔기는 처리 안 된 시접이 감싸져 있고 2줄의 스티치가 바깥쪽과 안쪽에 놓인다. 이런 솔기는 직선형의 솔기이나 약간의 곡선이 있는 솔기에 내구성이 강한 솔기를 만든다. 따라서 청바지, 작업용 바지, 아동복 등에 주로 사용되고 두꺼운 직물일수록 이런 솔기는 아주 딱딱한 솔기를 만들어준다.

〈그림 9.56c〉는 스티치가 체인으로 의복의 안쪽에서 아주 눈에 띄게 나타나는 것을 보여준다. 그런 이유에서 디자이너

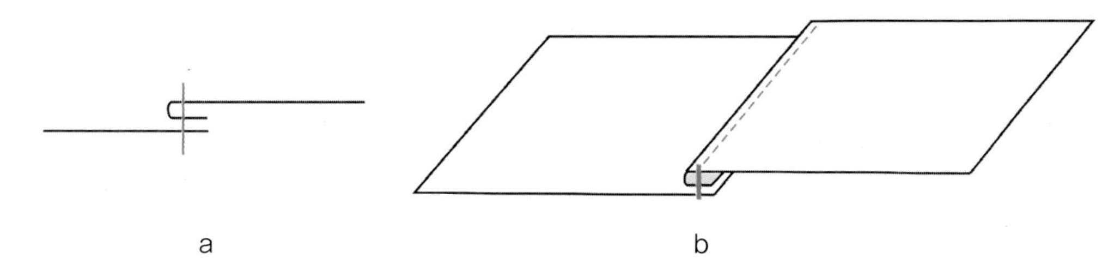

그림 9.54 솔기 종류 : 랩 솔기(LSb), 기계 종류 : 301 본봉

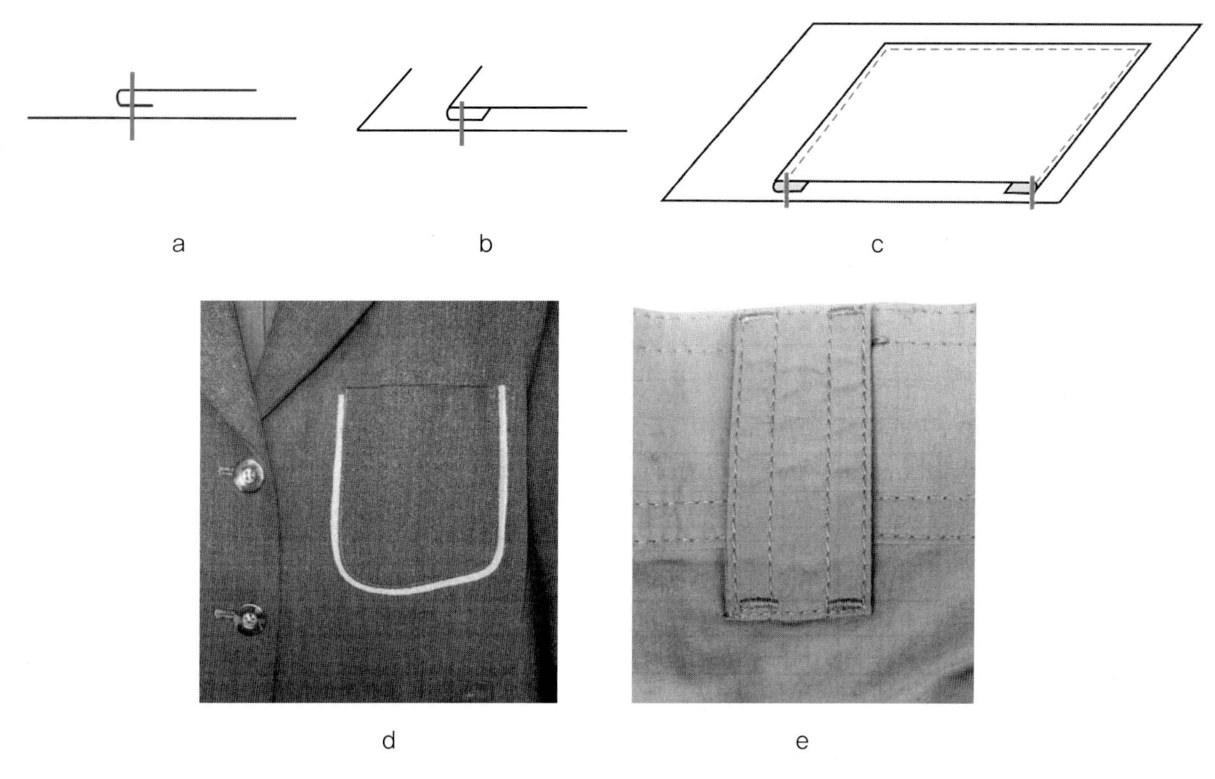

그림 9.55 패치 포켓 세팅 – 솔기 종류 : 패치 포켓 세팅(LSd), 기계 종류 : 301 본봉

는 실을 고르는 데 있어서 직물의 무게를 잘 고려해 적절한 실을 골라야 좋은 품질의 솔기를 만들 수 있다.

장식적인 랩 솔기

〈그림 9.57〉은 장식적인 랩 솔기를 보여준다. 이런 솔기는 401 환봉 또는 301 본봉으로 만들어진다. 슬롯 솔기(slot seam)는 랩 솔기의 종류로서 2개의 에지 스티치가 긴 직물의 아래쪽에 놓이는데 이때는 주로 대조되는 색상의 실을 사용한다(그림 9.57c). 이 솔기는 턱시도 바지 등의 옆선 또는 다른 직선형의 솔기 등에서 사용된다.

솔기의 한쪽이 랩 솔기인 경우에는 **턱 솔기**(tuck seam)(그림 9.58)라고도 불리는데 이는 표준형의 랩 솔기와는 다르다. 왜냐하면 스티치가 끝에서 멀리 떨어지고 턱과 비슷한 효과를 내며 솔기에 악센트를 주는 것이기 때문이다.

플랫 솔기

플랫 솔기(flat seaming, FS)에 의해 만들어지는 솔기들을 일컫는 용어로 직물의 끝부분이 서로 마주하게 하거나 또는 조금씩 겹치게 해서 시접 끝을 따라서 솔기를 처리하는 방법이다(그림 9.59). 이때 특별한 기계가 사용되는데 대부분의 경우에 600 시리즈 플랫록 기계가 사용된다. 또 다른 방법으로는 500 시리즈의 삼봉 또는 304 지그재그 또는 406 환봉 기계가 사용된다. 1-본침 본봉 기계는 이런 종류의 시접 처리 방법으로는 사용할 수가 없는데 왜냐하면 이럴 경우 신축성이 없을뿐더러 솔기의 성능이 좋지 못하기 때문이다. 〈그림 9.59〉에서는 중간 두께의 플리스 가먼트에 플랫록 조인팅이 사용

플랫 펠드 솔기

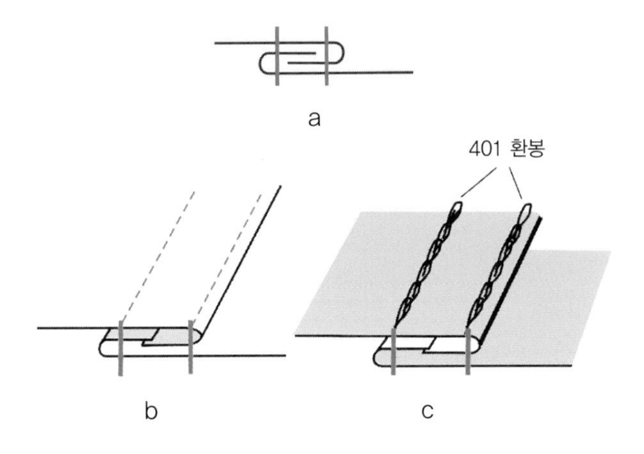

목 플랫 펠드 솔기

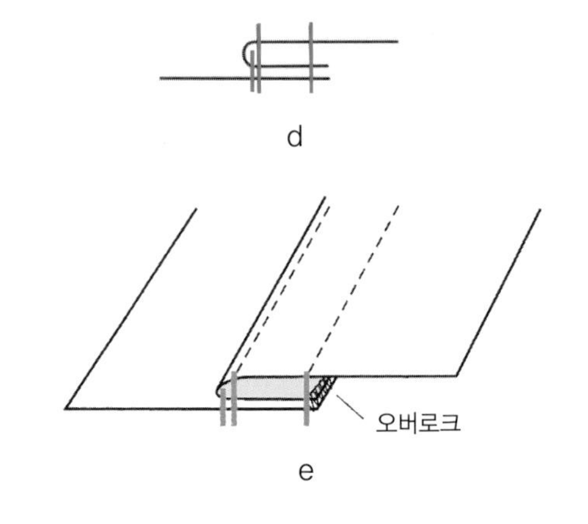

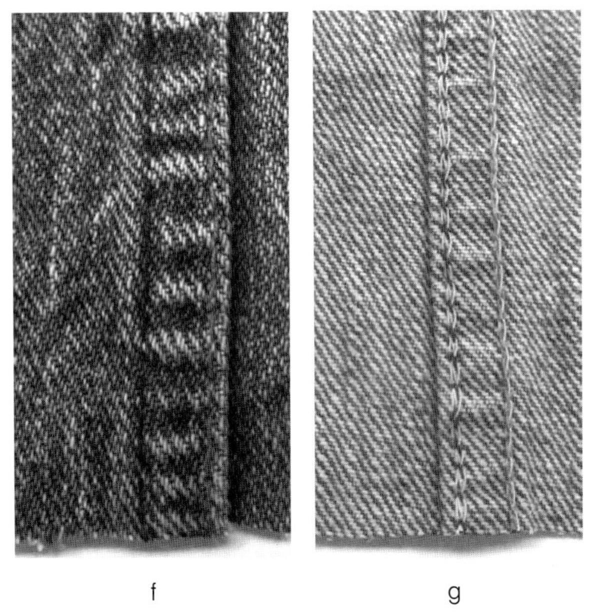

그림 9.56 솔기 종류 : 플랫 펠드 솔기(LSc-2), 기계 종류 : 401 2-본침 환봉(a, b, c), 솔기 종류 : 목 플랫 펠드 솔기(LSg), 기계 종류 : 301 본봉과 504 3-본사 오버로크(d와 e)

되는 곳을 보여준다. 이는 액티브 웨어와 아웃도어 웨어에 자주 사용되는 기법으로 헤더 패브릭(heather fabric)에 대조되는 색상의 실을 사용하여 솔기선을 강조한다.

이런 플랫 솔기는 착용 시 매우 편리하고 특히 잘 늘어나는 니트류 직물을 사용할 때 가장 좋다. 이 경우에 600 스티치가 가장 잘 사용되고 시접 여유분이 없으므로 직물의 사용을 줄일 수 있으나 이에 반해 많은 양의 실을 소모하게 된다. 이는 액티브 웨어, 언더웨어, 아동복에서 매우 인기가 있는 시접 처리 방법이다. 〈그림 9.59c〉는 플랫록 솔기를 소매와 래글런 선 등에 사용해 장식의 효과까지 겸하고 있는 예를 보여준다. 플랫 솔기법에 사용하는 실의 종류는 부드럽게 부풀린 플러프 실 또는 텍스처 효과를 낸 폴리에스터가 사용되는데 이는 피부를 자극하지 않도록 하기 위해서다.

소매나 바짓부리에는 3-본침 상하 삼봉(3-needle top-and-bottom coverstitch)이 사용되는데 이는 가장자리를 완성하기 위해 사용된다. 플랫록과 삼봉은 같은 의복에서 주로 사용되는데 이때 600 시리즈의 기계가 사용된다. 탑과 보텀 삼봉은 제8장에서 다루어졌다. 이런 플랫록에는 신축성이 좋은 특별한 실을 사용하는 것이 좋은데 이런 플랫록 피니시(flatlock finish)는 끝이 잘 풀어지지 않는 니트류 직물들에 좋은 방법이고 이는 우븐 직물들의 솔기를 연결할 때는 사용되지 않는 방법임을 염두에 두어야 한다. 〈그림 9.59〉는 4-본침, 6-본사, 607 삼봉으로 봉제된 예를 보여주고 이는 플랫록 또는 플랫시머(flatseamer)라고 불린다.

바운드 솔기

바운드 솔기 바인딩은 고급스러운 마무리 처리 방법으로 의복의 외관을 중요시할 때 아주 좋은 방법이다. 이는 오버로크를 고급스럽게 대체하는 방법으로서 눈에 잘 띄는 부분에 사용된다. **바운드 솔기**(bound seams, BS)는 장식적인 방법으로도 사용되며 서로 대조가 되는 직물이나 색상으로 처리해서 미적인 효과를 높이기도 한다. 바운드 솔기는 의복 안쪽 면에 있는 허리밴드의 마무리에 적용될 수 있다. 바운드 솔기는 또한 솔기 마무리 방법으로도 사용되는데 〈그림 9.60〉은 바인딩이 고품질의 안쪽 시접 처리 방법으로 사용된 좋은 예를 보여준다. 이는 바인딩 직물이 겉감보다 가벼울 때(또는 둘 다 가벼울 때)나, 비치는 우븐 직물에서 좋은 방법이다. 이 방법을 사용하면 두 가지 단계가 요구되는데 우선은 솔기가 먼

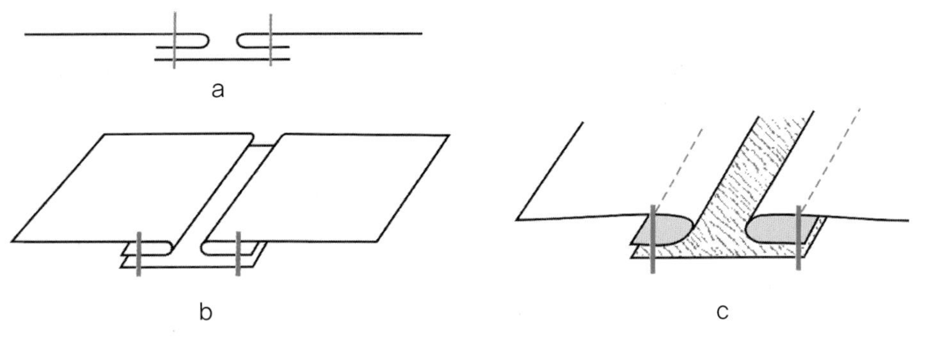

그림 9.57 솔기 종류(슬롯 솔기, 미국 정부 표준 규격이 정해지지 않음), 기계 종류 : 401 2-본침 환봉 또는 301 본봉

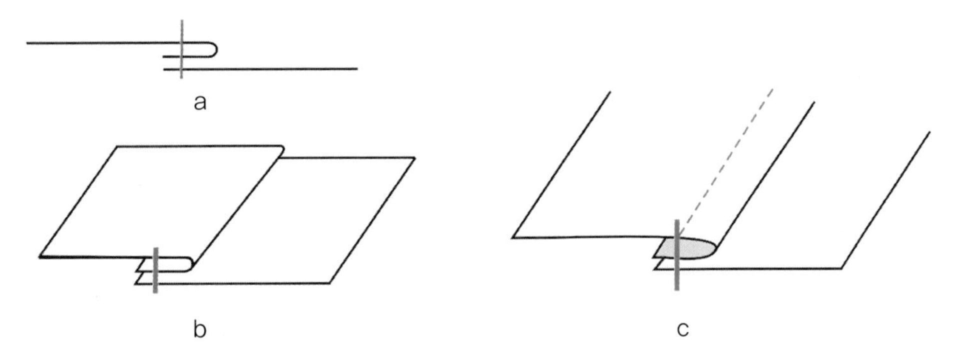

그림 9.58 솔기 종류 : 턱 솔기(LSd-1), 기계 종류 : 401 2-본사 환봉 또는 301 본봉

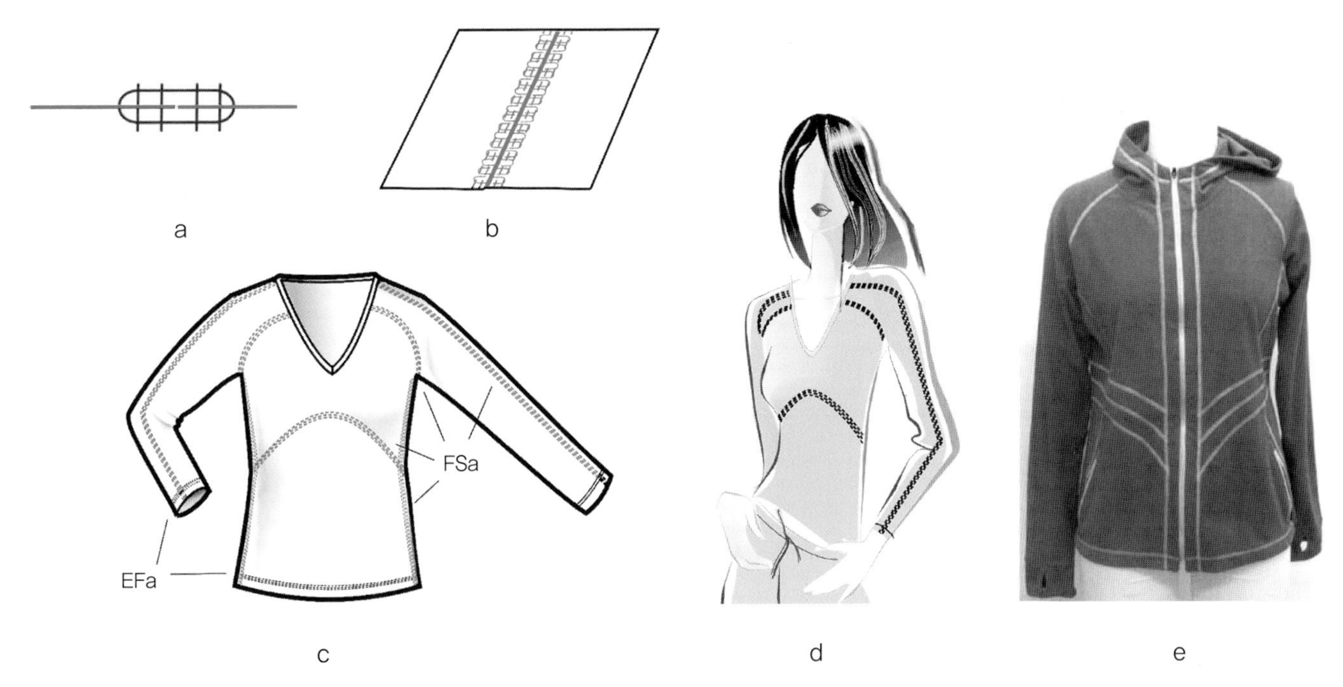

그림 9.59 플랫 솔기 – 솔기 종류 : Fsa(솔기를 연결할 때), 기계 종류 : 607 플랫록, 솔기 종류 : Efa(단을 처리할 때), 기계 종류 : 605 3-본침 5-본사 삼봉

저 연결된 다음 **폴더**(folder), 즉 바인딩 직물을 잘 접어서 쉽게 봉제되도록 도와주는 기계를 사용해서 바인딩이 시접 여유분에 잘 놓이고 봉제되도록 돕는다. 이런 종류의 끝처리는 가죽 가방류와 다른 산업용 제품 개발에 주로 사용된다. 〈그림 9.60d〉는 재활용된 재료로 만들어진 장바구니의 모서리 끝처리에서 사용된 예로 모든 4개의 모서리 처리에 바인딩

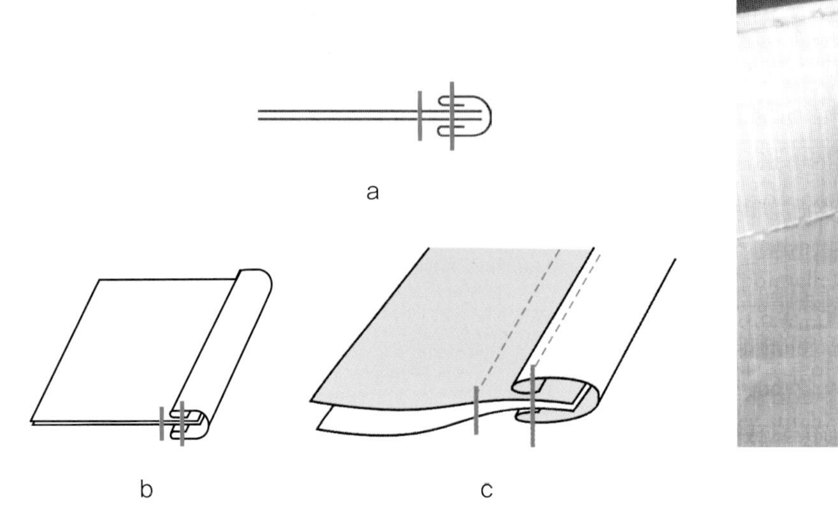

그림 9.60 시접을 바인딩 처리할 때 – 솔기 종류 : BSe, 기계 종류 : 301 본봉

(binding)이 사용되었다. 이 경우 직물의 끝은 올이 풀리지 않기 때문에 이런 바인딩은 아주 적은 시접 여유분만 요구된다.

〈그림 9.61〉은 가름솔에서의 바인딩을 사용하는 방법을 보여준다. 이런 방법은 아주 특별한 고가의 품질에 사용된다. 이런 시접 처리 방법은 다림질이 잘되는 직물에 주로 사용되고 시접 여유분은 주로 다림질해서 열어주므로 아주 좋은 품질의 의복을 만들 수 있다. 이는 홍콩 피니시(Hong Kong finish)라고도 부른다. 이런 바인딩은 솔기가 봉제되기 전에 처리되므로 이런 솔기는 슈퍼임포즈드 솔기로 구분되며 그 순서는 다음과 같다.

1. 바이어스를 시접 끝에 박아준다.
2. 직물의 패널을 봉제선을 따라 박아준다(슈퍼임포즈드 솔기).
3. 시접 여유분을 갈라서 다려준다.

이때는 바이어스를 양쪽 모두 두 번 접어 봉제할 수도 있고(그림 9.61a) 〈그림 9.61b〉처럼 바이어스 시접의 한쪽을 안쪽으로 접지 않고 봉제할 수도 있다. 이때 비록 한쪽 바이어스

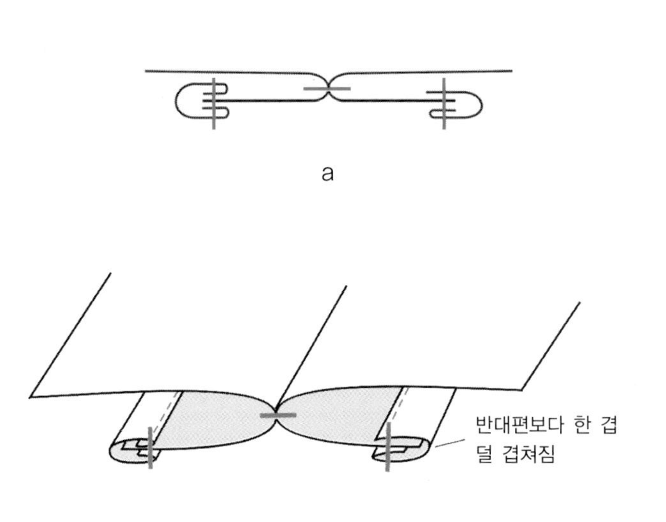

그림 9.61 바인딩으로 시접 처리한 가름솔 – 솔기 종류 : SSbh-3, 기계 종류 : 301 본봉

의 가장자리가 처리되지 않은 채 있지만 이는 눈에 띄지 않을 뿐더러 바인딩이 바이어스이므로 끝이 풀리는 경향은 덜 할 것이다. 〈그림 9.61c〉는 플레이드 재킷의 안쪽 처리를 바운드 심으로 한 경우인데 이 바운드 심은 아랫단의 솔기 처리로도 사용되었다. 이 경우는 안감이 없는 재킷이므로 바인딩으로 안쪽 솔기처리를 하여 상품의 가치를 높여준다. 이때 바인딩 직물은 플레이드 직물보다 아주 가벼운 직물을 사용하는데 이 경우는 의류상품에서 불필요하게 추가되는 부피감을 줄일 수 있기 때문이다.

솔기에 주로 사용되는 시접 끝 처리 방법

우븐 직물에 주로 사용하는 시접 끝 처리 방법은 다음과 같다.

- 오버에지(overedge)
- 클린 피니시드(clean finished)
- 북드(booked)
- 핑크드 시접 처리(pinked seam)

이런 시접의 마무리는 솔기들을 봉제해 연결하기 전에 이루어진다.

3-본사 오버로크 에지(EFd)

3-본사 오버로크 피니시(3-thread overlock finish)는 솔기 끝 처리(edge finish, EF)로 분류되고 시접이 봉제되기 전에 솔기 끝 처리를 하여 시접 여유분을 양쪽으로 나누어서 다림질한다. 오버에지 기계를 사용해 봉제해서 솔기를 연결하고 솔기 끝 처리까지 한 번에 한다(그림 9.46). 〈그림 9.62〉는 단순한 오버로크 스티치 기계로서 가름솔 처리가 안 된 끝부분을 마무리하고 503(2-본사 오버에지), 504(3-본사 오버에지), 또는 505(3-본사 오버에지)를 사용해서 마무리한다. 500등급의 스티치 안에서 홀수 번호의 스티치는 오버로크를 하기 위해 사용되고, 짝수 번호의 스티치는 솔기를 연결하는 데 사용된다.

503 번호를 사용하는 것은 2-본사 오버로크이고 이는 그림의 가름솔에서 보여주는 것처럼 솔기 끝 처리에만 사용한다. 3-본사 오버로크는 보통의 경우 두 겹의 직물을 연결해 슈퍼임포즈드 솔기를 만드는 데는 내구적이지 못하다.

클린 피니시드 시접 처리와 북드 시접 처리

클린 피니시드와 북드 시접 처리는 서로 다른 재봉기계를 이용하지만 만드는 방법은 매우 유사하다. 두 솔기의 종류는 둘 다 슈퍼임포즈드 솔기이고, 정확하게 말해서 플레인 솔기다. **클린 피니시드 시접 처리**(clean finished seams)(그림 9.63)는 시접 끝을 꺾어 본봉으로 박음질해서 만들어진다. 이런 시접 처리는 직물 끝의 실이 잘 풀리지 않는 직물류에 용이하고 특히 접혔을 때 부피가 크지 않은 직물들에 아주 좋으며 직선형 솔기에 적절한 시접 처리 방법이다. 이 솔기 타입은 보통의 봉제용 재봉틀인 301 본봉 기계를 사용하므로 많은 종류의 기계를 구비하지 않은 제조공장의 측면에서 보면 아주 편리한 방법일 것이다. 대부분의 청바지나 면바지 밑단 처리가 이 방법이다.

북드 시접 처리(booked seams)는 〈그림 9.63c〉에서 보듯이 시접 끝을 꺾어 박음질하는 방법으로 이때 사용하는 스티치는 103 공그르기 스티치로 처리되었다. 이 공정은 솔기를 봉제해 직물의 패널들을 연결하기 전에 이루어지고 아주 내구성이 강한 남성용 여름 슈트(안감이 달리지 않은 경우) 같은 곳에 사용된다. 클린 피니시 시접 처리나 북드 시접 처리 등은 부피가 많이 나가는 직물이나 강한 다림질이 요구될 때는 의복의 외부에 다림질 자국이 반짝거리며 남게 될 수 있어 사용되지 않는다.

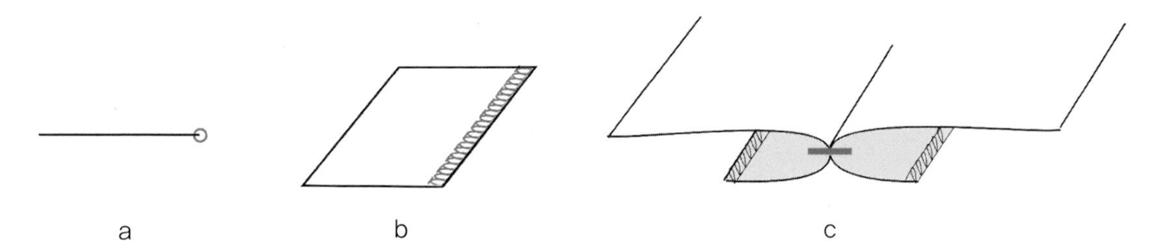

그림 9.62 오버로크를 시접 끝 처리로 사용할 때(EFd) – 솔기 종류 : SSa, 시접 끝 처리 : 503 2-본사 오버로크, 기계 종류 : 301 본봉

핑크드 시접 처리

핑크드 시접 처리(pinked seam)(그림 9.64)는 직물의 끝부분을 지그재그 컷을 사용해서 처리하는 것으로 이들은 의복에 부피감을 더하지 않는 처리 방법이므로 가벼운 직물의 빈티지 의복에서 많이 볼 수 있다. 이는 핑킹가위로 처리한 것으로 보이는데 실제는 핑킹가위처럼 형태를 준 칼날로 처리된 것이다. 이런 시접 끝 처리 방법은 끝의 올이 잘 풀리지 않는 직물류에 적절하다. 시간이 갈수록 직물의 끝이 풀리려는 경향은 있으나 핑킹을 하지 않은 경우에 비하면 그 속도가 매우 느리다. 이런 종류의 처리법은 부피가 많이 나가거나 헐렁하게 직조된 우븐 직물에는 적절하지 않다. 오버로크 기계가 개발된 후부터 이런 종류의 시섭 끝 처리 방법은 조금씩 자취를 감추기 시작했다. 〈그림 9.64b〉는 빈티지 울 개버딘 상품의 안쪽 면을 보여준다. 이런 처리는 빈티지 란제리나 다른 얇고 비치는 직물 상품의 경우에 사용된다.

의복을 위한 적절한 솔기와 시접 끝 처리법의 선택

〈그림 9.65〉는 다양한 솔기 종류가 하나의 의복에 사용되는 예를 보여준다. 디자이너들은 최고의 상품을 소비자에게 선보이기 위해 봉제선 하나하나의 선택에도 신중을 기해야 한다. 사용된 직물이 아주 가볍고 얇은 직물이므로 봉제선이 직물 외부를 통해 밖으로 비쳐서 보일 수 있으므로 오버로크 스티치보다는 고급스럽고 깨끗한 처리 방법인 프렌치 솔기와 바운드 솔기가 선택되었다. 이런 것들은 테크니컬 디자인과 디자인이 함께 일해서 어떻게 가장 멋진 스타일을 창조하는지를 보여주고 있다.

봉제 순서

의류상품을 봉제하는 데는 특별한 순서가 요구된다. 이 순서는 의복의 종류에 따라서 결정되는데 가장 중요한 목표는 의

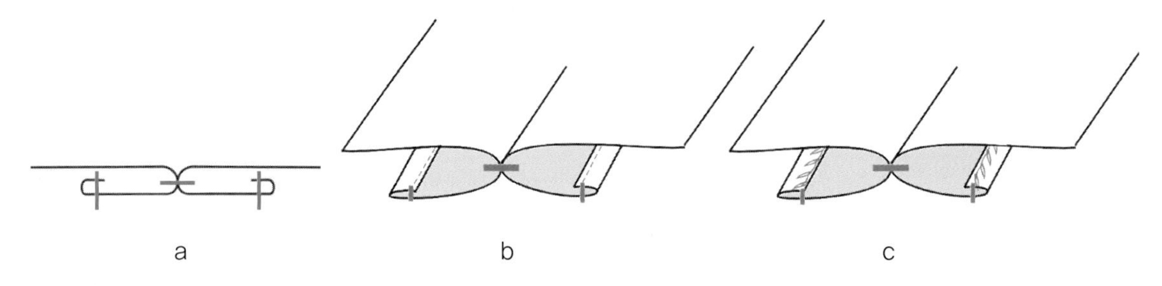

그림 9.63 클린 피니시드 시접 처리와 북드 시접 처리의 예 – 단면도(a) 솔기 종류 : SSa, 기계 종류 301 본봉, 시접 끝 처리 : EFa, 헴, 기계 종류 : 301 본봉, (b)와 솔기 종류 : SSa, 기계 종류 : 301 본봉, 시접 끝 처리 EFa, 헴, 기계 종류 : 103 단사 공그르기 스티치(c)

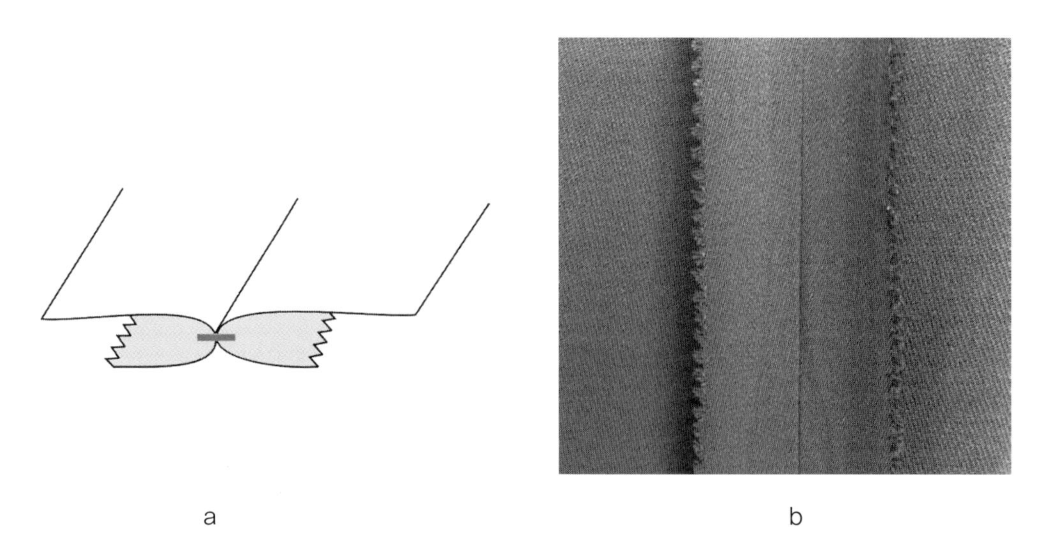

그림 9.64 시접 처리 종류 : 핑크드 시접 처리된 SSa, 기계 종류 : 301 본봉

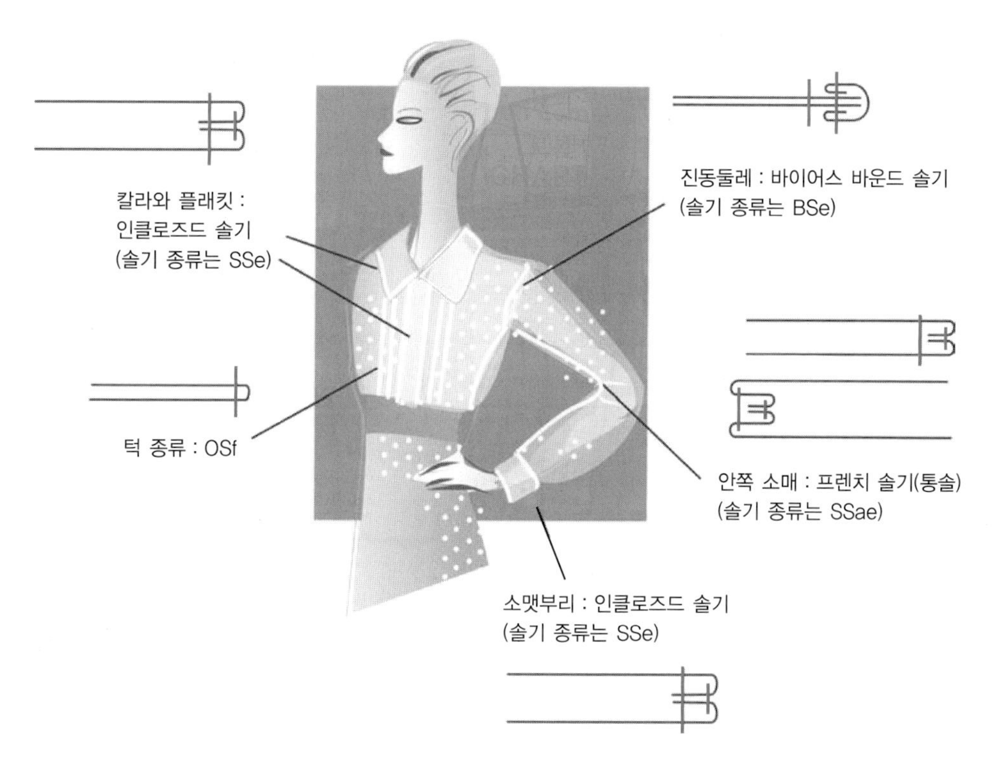

그림 9.65 얇은 셔츠에 사용하는 다양한 심

복의 품질 기준을 가장 효과적으로 보존하는 데 있다.

진동

어떤 스타일에서는 원통형끼리(round-on-round) 봉제할 때 봉제선이 더 아름답게 완성된다. 테일러드 슬리브(그림 9.66a)가 좋은 예다. 이때 소매를 먼저 원통형으로 봉제해 놓고, 옆선과 어깨선을 이어 몸판의 진동선도 원통으로 연결한 뒤 이런 원통형 소매를 원통형 소매진동에 봉제한다. 이와 반대로 〈그림 9.66b〉에서 보는 셔츠는 소매진동이 먼저 봉제되고 그런 다음 옆선 솔기와 언더암의 솔기가 한 번의 작업으로 봉제된다. 봉제하는 재봉사의 입장에서 보면 이런 경우의 봉제는 의복을 평평하게 놓고 한 번에 봉제할 수 있다는 장점이 있다. 〈그림 9.66a〉와 같은 원형의 봉제에서는 봉제자에게 더 많은 기술이 요구된다는 단점이 있으나 착용자에게는 언더암 솔기가 편안하고 부피가 덜 나간다는 장점이 있다.

밑위

〈그림 9.67〉은 두 가지 종류의 밑위를 봉제하는 방법을 보여

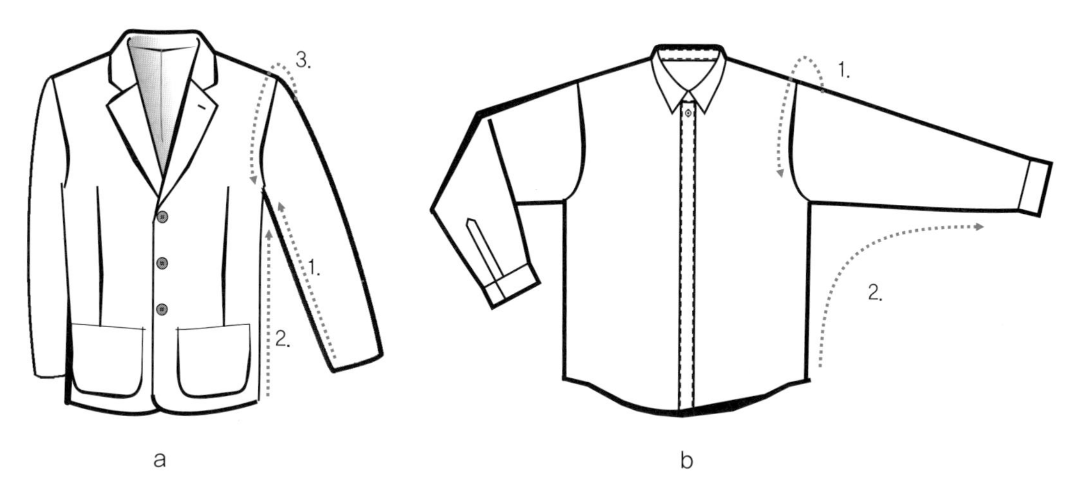

그림 9.66 슬리브의 봉제 순서

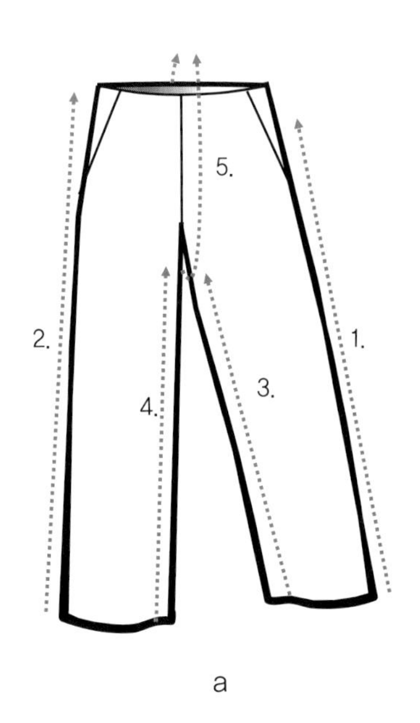

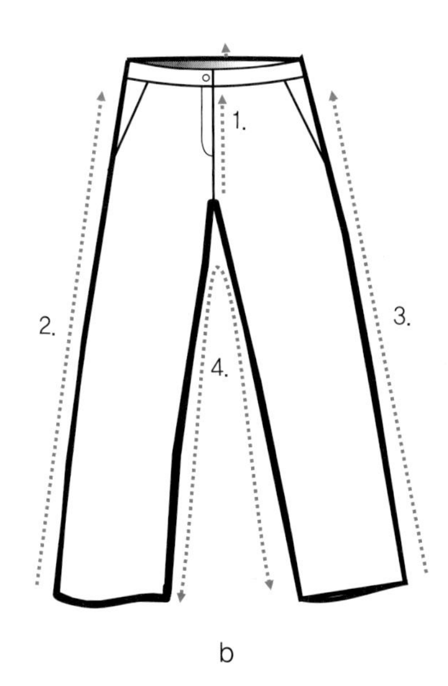

그림 9.67 팬츠의 봉제 순서

준다. 테일러드된 팬츠나 안감이 달린 팬츠의 경우는 앞밑위와 뒷밑위가 한꺼번에 먼저 봉제되는데(그림 9.67a) 이럴 경우에는 크로치 시접 여유분은 똑바로 서고, 바지의 왼쪽과 오른쪽의 다리 부분은 크로치 부분에서 매우 평평하게 놓인다. 이때 인심(inseam)의 시접 여유분이 솔기라인을 중심으로 나뉘고 다림질된다. 이는 매우 고품질의 의복일 것이다.

〈그림 9.67b〉는 왼쪽과 오른쪽 다리의 인심이 가장 나중에 하나의 봉제 과정으로 마무리되는 방법을 보여준다. 저가의 캐주얼 팬츠나 청바지와 같은 의류상품들이 이런 방법으로 봉제되고 이때 크로치 포인트는 밑위를 나중에 봉제하는 경우와 비교했을 때 시접 여유분들로 인해 부피감이 많이 나간다는 단점이 있다.

단 또는 헴

커프스와 헴들은 언더암 솔기가 먼저 처리된 후 일어나므로 원통끼리 처리되는데 이것이 가장 기준이 되는 방법이다. 만약에 커프가 평평하게 직선으로 봉제되고 그런 다음에 슬리브의 언더암을 봉제해서 소매를 원형으로 만들어준다면 시접 여유분이 소매의 끝부분에 매달리게 된다. 이는 어린이의 의복에서 주로 사용되는 방법인데 소매의 통이 너무 작아서 기계로 헴을 처리하기가 어렵기 때문이다. 성인의 의복인 경우에는 이런 식으로 봉제를 하면(그림 9.66b) 착용자가 불편감을 느끼고 아랫단에서 시접 여유분이 보일 수 있으므로 적합하지 않다. 이런 종류의 방법은 저가의 의복에서 쉽게 볼 수 있다. 이렇듯 디자이너는 의복 생산에서 다양한 방법이 사용

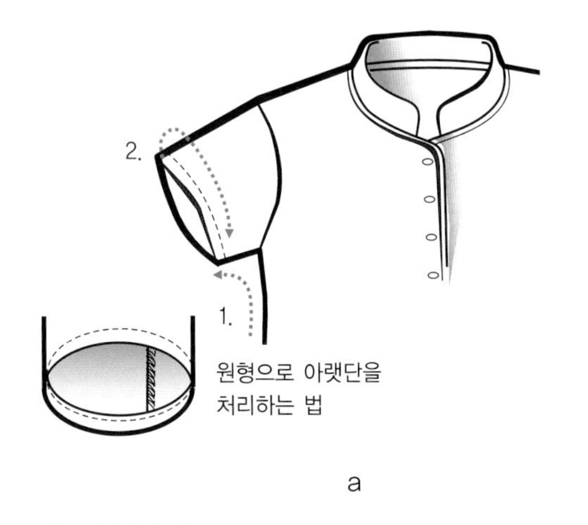

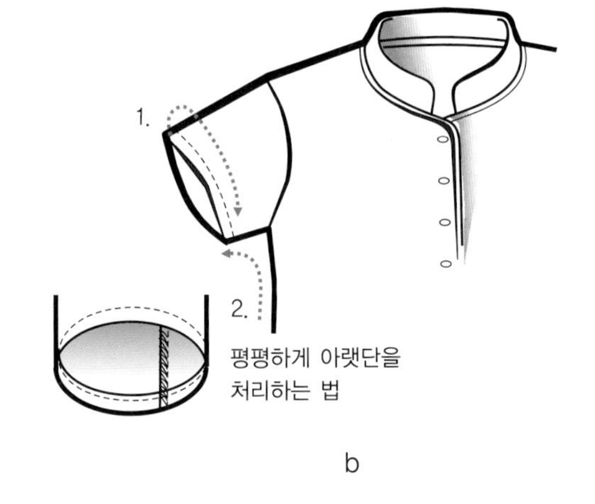

그림 9.68 헴의 봉제 순서

될 수 있다는 것을 염두에 두어야 자신의 주어진 상품의 소비자 가격대에서 가장 적절한 최고 품질의 의복을 생산할 수 있다.

신기술 솔기 처리 방법 : 레이저 컷/웰딩/퓨징

의류상품 개발 과정에서 많은 신기술이 도입되고 있는데 이는 솔기 처리 방법에도 적용된다. 심 실링(seam sealing)이 한 가지 예로서 이는 아우터웨어의 상품 개발에 다양하게 적용된다. 워터프루프 상품의 경우 재봉된 솔기에 재봉침으로 인해 작은 구멍들이 솔기에 남는데 이는 워터프루프 기능을 저하시킨다. 이를 최소화하기 위해 심 실링 테이프가 봉제된 솔기에 부착되어 워터프루프 기능을 다시 회복하도록 만드는 것이 중요하다. 이 과정은 인건비를 크게 증가시킨다는 단점이 있지만 현재 아우터웨어의 최첨단 기술을 보여주는 좋은 예다.

또 다른 기술은 웰딩[welding, 퓨징(fusing)이라고도 불림]으로, 이는 봉제하기보다는 솔기에 압력을 가해 녹여서 접착하는 과정이다. 이 경우는 스티치 실을 사용하지 않고 물이 빠져나갈 수 없도록 타이트한 솔기를 만드는 처리 방법이다. 이 경우에 제조자는 열, 압력 등을 잘 모니터링해 접착이 잘 되는지 확인해야 한다. 〈그림 9.69〉는 강화 직물이 첨가된 웰딩 포켓의 예를 보여준다.

레이저 컷(laser cut)은 헴이 필요하지 않은 끝단 처리에 사용된다. 이 기술은 상품에서 부피감을 줄여주고 열을 이용해서 끝단을 처리하는 기술이다. 〈그림 9.70〉은 작동 중인 레이저 커팅 기계의 모습을 보여준다. 〈그림 9.69〉의 끝단은 레이저 컷을 통해서 이루어지므로 추가로 솔기 처리가 필요하지 않다.

그림 9.69 웰딩

요약

이 장에서는 의류상품의 사용 목적에 따른 다양한 스티치의 종류와 적절한 스티치의 사용 방법을 보여준다. 각각의 스티치들은 고유의 독특한 특징이 있다. 다른 디자인 디테일들도 잘 고려해야 하므로 가장 이상적인 스티치의 선택이 매우 중요하다. 용도에 따른 SPI의 올바른 선택은 기성복에서 상품의 질을 평가하는 매우 중요한 요소다. 각각의 표준 상품군에 따라 솔기 처리의 순서 역시 포함되어 있다. 마지막으로 몇 가지 신기술적인 솔기 처리 방법을 탐구했다. 디자이너들은 의류상품의 품질을 결정하는 각각의 디자인 디테일에 면밀한 주의를 기울여야 한다. 다양한 솔기 종류에 대한 이해와 적절한 솔기 종류를 선택하는 것은 의류상품의 품질을 결정하는 가장 중요한 요인 중 하나다. 제10장에서는 시접 끝 처리 방법에 대하여 자세히 다룰 것이다.

연구문제

1. 옷장에서 티셔츠를 하나 꺼내보자.
   a) 섬유의 구성성분을 적어보라.
   b) 각 의복의 부분에 따라 사용된 스티치의 종류와 스티치의 사용 이유, 솔기의 종류와 솔기의 사용 이유를 적어보라(어깨 솔기, 진동, 옆선, 아랫단, 커프, 목 밴드).
   c) 의복의 각 부분에 대체할 만한 다른 스티치들과 솔기들을 적어보고, 왜 그 대체 스티치와 솔기들이 의복의 각 부분에 선택되었는지 적어보라(어깨 솔기, 진동, 옆선, 아랫단, 커프, 목 밴드).
   d) 각각의 의복을 살펴보고 가능한 솔기 처리 순서를 적어보라.
2. 옷장에서 서로 다른 가격대(고가와 저가 의복)를 대표하는 비슷한 스타일의 상의 2개를 선택해보자.
   a) 두 의복의 가격대를 적어보라.
   b) 2개의 상품에서 가격을 결정하는 서로 다른 요소들을 적어보라.
   c) 의복의 구성과 관계된 문제들은 없는가? 솔기 종류나

그림 9.70 레이저 커팅

의복의 구성, 디자인 디테일 등을 분석해보라. 의복 생산에서 높은 가격을 결정하는 요소는 무엇인가?

d) 만약에 당신이 고가 의복의 녹 오프(knock-off)를 만드는 디자이너라면 저가로 비슷한 스타일의 의복을 만들기 위해 어떤 대안 방법의 구성을 사용할 수 있는가?

3. 옷장에서 청바지 하나를 선택해보자.
   a) 섬유의 구성성분을 적어보라.
   b) 각 의복의 부분에 따라 사용된 스티치의 종류와 스티치의 사용 이유, 솔기의 종류와 솔기의 사용 이유를 적어보라(아웃심, 인심, 아랫단, 허리밴드, 다트, 벨트고리 만드는 것, 포켓, 포켓 안감).
   c) 의복의 각 부분에 대체할 만한 다른 스티치와 솔기들을 적어보고, 왜 그 대체 스티치와 솔기가 의복의 각각의 부분에 선택되었는지를 적어보라(아웃심, 인심, 아랫단, 허리밴드, 다트, 벨트고리 만드는 것, 포켓, 포켓 안감).
   d) 가능한 솔기 봉제의 순서에 대하여 적어보라.
4. 당신이 정한 여성복 타깃 마켓에 맞는 여성복 셔츠를 디자인해보자.
   a) 당신이 정한 타깃 마켓과 가격 범위를 정해보라.
   b) 앞판과 뒤판의 1/8 스케일 플랫을 그려보라.
   c) 사용하고자 하는 직물을 정해보라.
   d) 당신이 그린 그림에 화살표 등을 사용해 스펙과 설명을 넣어보라.
   e) 셔츠의 각 부분에 솔기를 정하고 솔기들을 정한 이유를 설명해보라(목선, 칼라, 진동, 어깨, 보텀 헴, 커프스 등).
   f) 이 셔츠에 당신이 사용하고자 하는 강화 솔기는 무엇인가?
5. 의류상품에 사용하는 솔기의 종류를 선택할 때 고려해야 할 다양한 요건은 무엇인가?
6. 인클로즈드 솔기에 사용 가능한 다양한 스티치의 종류는 무엇인가?
7. 〈그림 9.60c〉를 솔기가 없는 바인딩을 갖도록 스케치를 맞게 수정하라.
8. 니트 종류에 사용 가능한 솔기의 종류는 무엇인가?
9. 제3장에서의 작업지시서를 보고 이 남성복 바지의 각각의

솔기 종류를 적어보라. 부록 B에서 남성 우븐 셔츠의 작업 지시서를 보고 솔기 종류를 적어보라.

이해 확인

1. 300과 400 스티치들의 차이점을 적어보고 왜 의복의 사용 목적에 따라서 이런 스티치가 다르게 사용되는지를 설명해보라.
2. 500번 안전봉과 비안전봉의 차이점을 설명하고(장점과 단점 포함) 이 스티치들이 어떻게 의복에 적용되는지를 설명해보라.
3. 다양한 재봉틀의 종류를 설명하고 각 의류상품의 사용 용도에 따라 어떻게 다른 재봉틀이 선택되고 사용되는지를 설명해보라.
4. SPI를 정의하고 왜 이것이 의류상품의 품질 규격에 중요한지를 설명해보라.
5. 우븐과 니트 직물의 각각에서 다섯 가지 상품을 선택하고 각각에 따라 적절한 SPI를 적어보라.
6. 기본적인 네 가지의 솔기 타입을 적고 설명해보라.
7. 다양한 랩 솔기의 종류를 적고 설명해보라.
8. 다양한 슈퍼임포즈드 솔기의 종류를 적고 설명해보라.
9. 다양한 강화 솔기의 종류를 적고 설명해보라.
10. 셔츠와 팬츠의 봉제 순서를 적어보라.

참고문헌

Brown, P., and J. Rice. 2001. *Ready to Wear Apparel Analysis* (3rd ed.). Upper Saddle River, New Jersey: Prentice Hall.

Ramstad, E. (February 5, 2013). "Sewing Machines Go High-Tech." U.S. edition of *The Wall Street Journal*, p. B5.

http://www.amefird.com/technical-tools/thread-education/

CHAPTER 10

시접 끝 처리

학습목표

1. 의류제품의 다양한 시접 끝 처리에 대해 알아본다.
2. 각각의 솔기에 맞는 적절한 시접 끝 처리의 중요성에 대해 알아본다.
3. 의류제품의 직물과 디자인 특성에 따른 적절한 끝 처리 방법을 구별해본다.
4. 의류제품의 다양한 시접 끝 처리 방법에 대해 이해한다.

주요용어

레터스 에지 헴(lettuce-edge hem)
바인딩(binding)
밴드(band)
벨팅(belting)
숨은 스티치(stitch-in-the-ditch)
시접 끝 처리(edge finish)
언더스티칭(understitching)
커프스(cuffs)
컨투어 웨이스트 스타일(contour waist style)
턴드 백 헴(turned-back hem)
패디드 헴(padded hem)
플래킷(placket)
헤딩(heading)
헴(hem)
헴라인(hemline)

제9장에서는 솔기 가장자리에 주로 사용되는 **시접 끝 처리**(edge finish) 방법에 대해 살펴보았는데 이 장에서는 의류제품의 시접 끝 처리에 대해 알아본다. 의류제품의 시접 끝 처리 방법으로는 헴, 안단, 커프스와 플래킷이 있다. 일반적인 시접 끝 처리 방법으로는 헴, 스트랩, 벨팅, 터널드 엘라스틱, 바인딩, 안단, 플래킷, 커프스와 밴드가 있다.

헴

헴(hem)은 재킷이나 바지 또는 드레스 등의 밑단과 같은 의류제품의 가장자리 처리 방법을 말한다. 일반적인 시접 끝 처리법은 가장자리 끝단을 안쪽으로 뒤집어서 접는 것으로 **턴드 백 헴**(turned-back hem)이라고 한다.

제9장에서 소개된 다양한 시접 처리 방법이 북드 헴(booked hem), 바운드 헴(bound hem), 바이어스 에지 헴(bias-edge hem), 핑크드 헴(pinked hem)과 같은 밑단 처리에도 사용되고 있다. 가죽 제품에는 접착제를 이용한 밑단 처리(glued hem)가 사용된다. 의류제품의 스타일과 직물의 두께에 따라 다양한 밑단 처리를 할 수 있다.

또 다른 헴 처리 방법으로 페이스드 헴(faced hems), 밴드 헴(band hems)과 바운드 헴(bound hem)이 있다. 이는 니트인지 우븐인지에 따라 다른 방법이 사용된다. 의류제품의 맨 아래 헴 혹은 접은 선을 **헴라인**(hemline)이라고 하는데 드레스나 스커트 소맷부리의 아랫선이다(그림 5.2).

헴은 사용하는 방법에 따라 아랫단의 무게를 증가시켜서 의복의 몸에 걸리는 정도인 행(hang : 우리말로 '태'라고도 부른다)과 드레이프(drape)를 개선할 수도 있다. 얇은 편물 직물은 밑단을 넓게 만들고, 얇은 직조 직물은 밑단을 두 겹으로 접어서 아랫단의 무게를 증가시켜서 행을 개선하기도 한다. 얇은 스카프 같은 직물로 만들어진 의류제품에는 밑단을 아주 좁게 두 번 접어서 손으로 꿰매 주는 처리를 하며, 폴더(folder)를 이용해 말아서 박는 법도 있다. 이는 헴라인에 무게를 더해줌으로써 의류제품의 드레이프를 개선하고 헴이 전체 둘레에 자연스럽고 전체가 동일하게 떨어지도록 한다.

공그르기 헴(EFc)

〈그림 10.1〉은 밑단을 뒤집어서 고정시키는 **공그르기**(blind-stitching)를 보여준다. 이렇게 손으로 공그르기 된 밑단은 스티치가 눈에 잘 띄지 않는다. 기계를 이용할 때는 곡선형 바늘(curved needle)을 이용해 하나의 실로 박음질이 되는데 체인스티치(chainstitch)를 만든다. 바늘 땀수 조절기로 겉면에 보이게 되는 실 사이의 간격을 조정할 수 있는데, 적절하게 조정해야 바늘이 겉면의 일정 부분만 지나가게 된다. 이 방법은 니트와 우븐의 밑단 처리가 겉면에서 보이지 않도록 하는데 적절하게 사용될 수 있다.

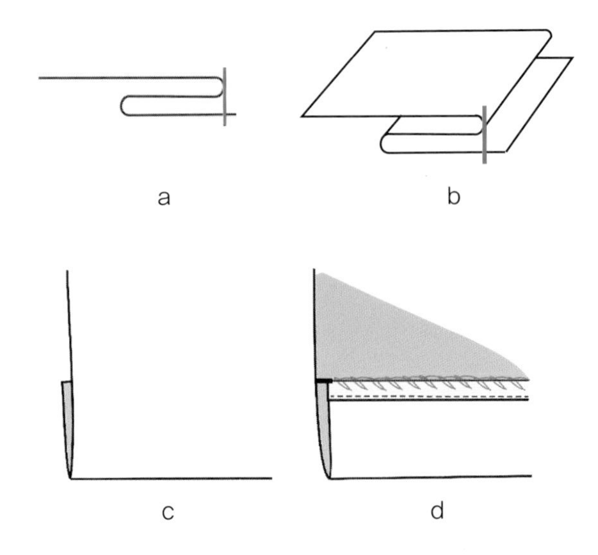

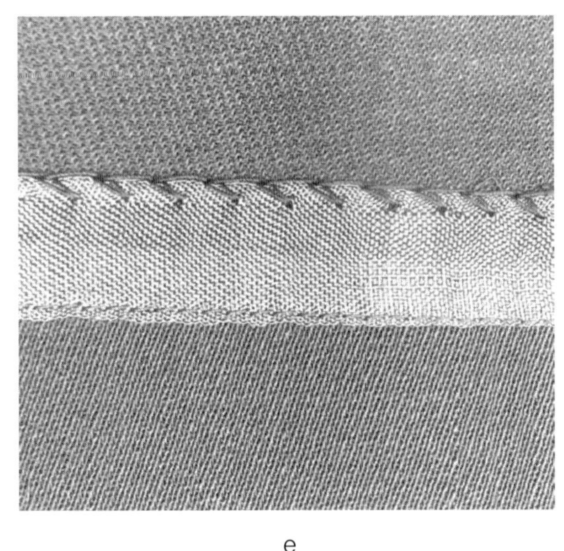

그림 10.1 공그르기 헴 — 스티치 종류 : EFc, 기계 종류 : 103 단사 블라인드헤머(공그르기 재봉틀)

〈그림 10.1a〉와 〈그림 10.1b〉에서 짧은 세로선은 바늘과 바늘이 통과하는 곳을 나타내는데, 이러한 박음질 선은 겉면이 아닌 안쪽 면의 끝을 지나가게 된다.

일반적으로 직물에 두께감을 더해주거나 시접 끝이 풀리는 것을 방지하기 위해 솔기 테이프(seam tape)를 사용한다(그림

10.1d). 이러한 방법은 좋은 품질의 직물이나 내구성이 약해 드라이클리닝을 해야 하는 제품에 사용된다. 이런 경우는 환봉(chainstitch)이기 때문에 체인이 끊어지거나 느슨해진 실이 풀리게 되면 박음질 선이 완전히 풀어지게 되는 단점이 있다.

공그르기가 부적절한 의류제품의 경우, 제품의 겉면에 실이나 작은 홈, 혹은 미세한 선으로 나타나기도 한다. 이는 기계가 적절하게 설치되지 않았거나 공그르기를 하기에 직물이 너무 얇은 경우다. 두꺼운 직물일수록 공그르기한 박음질 선이 겉면에서 보이지 않는다.

〈그림 10.2〉를 보면, 시접(raw edge)을 먼저 뒤집고 공그르기 재봉틀(blindhemmer)로 고정시킨 유사한 스타일이 있다. 뒤집어져서 접혀진 밑단은 보이지 않게 처리된다. 이러한 밑단 스타일은 안감이 들어가지 않는 재킷의 깔끔한 밑단 처리 방법으로 매우 유용하다[솔기 처리법 중 북드 헴과 유사하다(그림 9.63c 참조)].

클린 피니시드 헴

〈그림 10.3〉에서 보여지는 것처럼 클린 피니시드 헴(clean finished hem)은 우리말로 '두 번 접어 박기'로 기성복에서 가장 많이 사용되는 밑단 처리 방법 중 하나로 EFb 타입이다. 이런 종류의 밑단에는 뒤집어져서 안쪽으로 들어가는 밑단의 양에 상관없이 모두 EFb 타입으로 분류된다. 〈그림 10.3a〉의 위쪽 그림과 〈그림 10.3b〉 모두 적은 양의 밑단을 뒤집었고, 〈그림 10.3a〉의 아래쪽 그림과 〈그림 10.3c〉와 〈그림 10.3d〉는 많은 양의 밑단을 뒤집었는데 박음질 방법이나 종류는 모두 같다. 이러한 처리 방법은 부피감을 더하고 신축성을 감소시키므로 우븐에 일반적으로 사용되지만 저지 니트에는 좋은 방법이 아니다. 니트의 경우 다림질을 할 때 올이 걸려서 튀는 스냅 현상이 일어나는 경향이 있고 박음질을 할 때 물결 같은 잔주름을 만드는 단점이 있다.

클린 피니시드 헴의 대표적인 예는 청바지의 아랫단으로

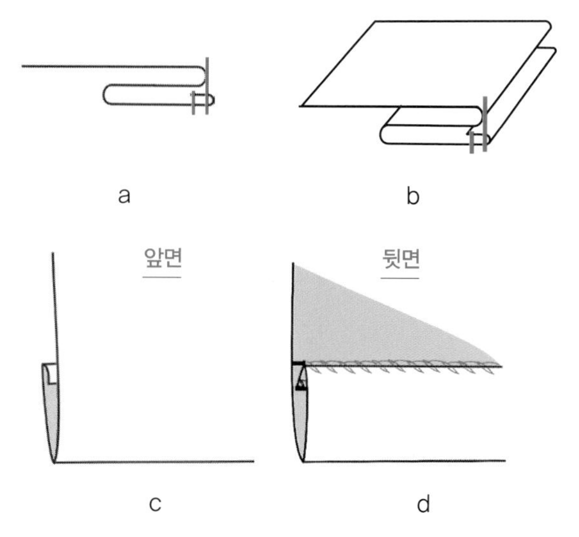

그림 10.2 공그르기 헴 응용 – 스티치 종류 : EFc, 기계종류 : 103 단사 블라인드헤머(공그르기 재봉틀)

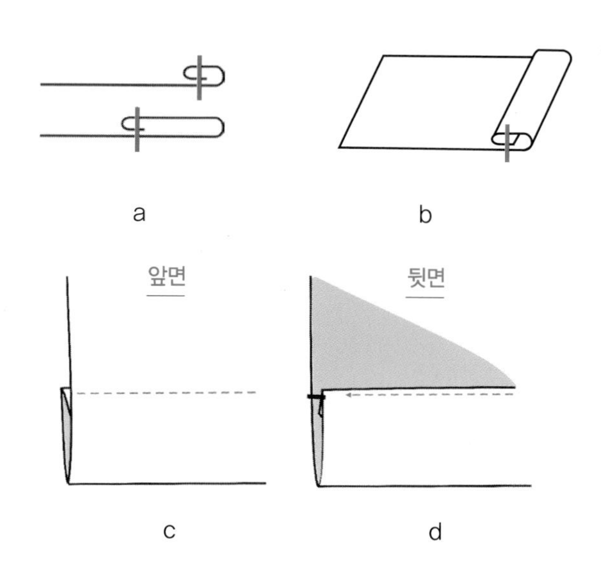

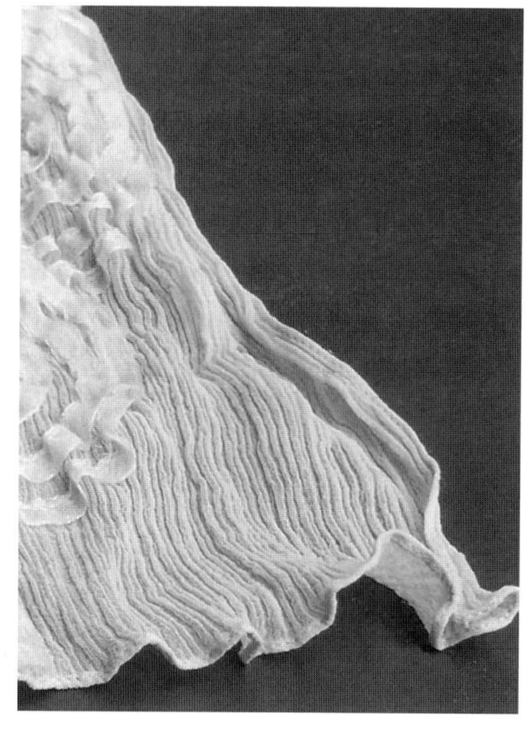

그림 10.3 클린 피니시드 헴 – 스티치 종류 : EFb, 기계 종류 : 301 1-본침 본봉

이러한 밑단 처리 방법을 사용하지 않은 청바지를 찾아보기 힘들 정도다.

커버스티치 헴

커버스티치(coverstitch)는 삼봉이라고도 불리는데 이는 저지의 밑단 처리에 일반적으로 사용된다(그림 10.4 참조). 한 번만 접어서 시접을 처리하므로 두 번 접어 박기보다 부피감이 덜하다. 〈그림 10.4〉를 보면 겉면에는 두 줄의 스티치 선이 보이고 안쪽 면에는 실고리가 엮이면서 시접 가장자리를 처리한 것을 알 수 있다. 이러한 피니시가 적절하게 사용되었을 때 많은 신장성을 갖게 되고 박음질하는 동안 겉면이 비틀어지지 않게 될 것이다. 600 스티치와 406 스티치가 이런 밑단 처리에 자주 사용된다. 〈그림 10.4c〉와 〈그림 10.4d〉의 경우에서 2-본사 보텀 커버스티치의 예를 보여준다. 대부분의 티셔츠와 니트 셔츠의 경우에 슬리브 밑단과 헴 처리에 이런 끝처리 방법이 사용된다. 〈그림 10.4e〉의 경우는 3-본사 탑과 보텀 커버스티치의 예를 보여준다.

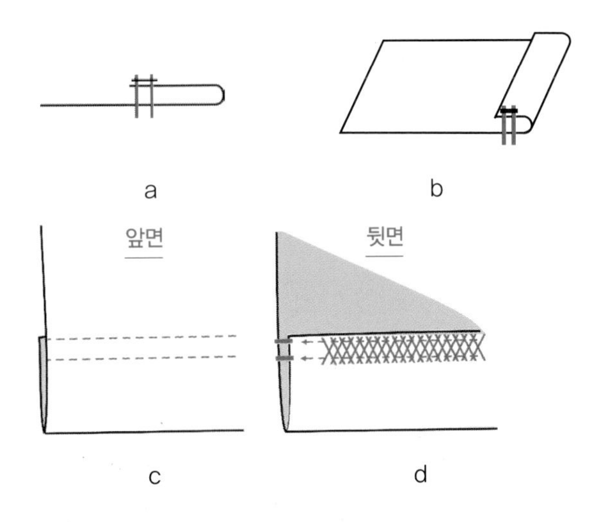

그림 10.4 커버스티치 헴 – 스티치 종류 : EFa Inv, 기계 종류 : 406 2-본침 삼봉

오버로크 후 꺾어 박기(EFE)

오버로크로 시접 끝을 정리한 후 한 번 꺾어 본봉으로 박는 가장 단순하고 비용이 적게 드는 단 처리 방법으로 깔개, 얇은 커튼과 같은 우븐 직물과 끝 처리가 보이지 않는 곳에 쓰인다(그림 10.5).

페이스드 헴(LSCT-2)

일반적으로 테이프 형태로 잘라 양쪽을 접은 바이어스 원단을 겉면의 가장자리에 덧대 준다(그림 10.6 참조). 두꺼운 의류제품의 경우 페이싱(facing)이 제품의 두께감을 덜하게 한다(그림 10.6c). 니트 테이프가 사용될 수도 있는데 겉면에 사용될 경우(그림 10.6d) 의류제품 직물에 매칭되거나 대비되는 직물을 사용해 장식적인 효과까지 줄 수도 있다. 〈그림 10.6e〉는 바이어스를 이용한 또 다른 방법으로 진동시접을 감싸 사용할 수 있다(BSg). 〈그림 10.6f〉의 경우 여름용의 비교적 직물의 무게가 가벼운 리넨 재킷의 앞중심 끝 처리에 바이어스 재단된 프린트 직물이 '장식과 솔기 처리용'으로 사용되었다.

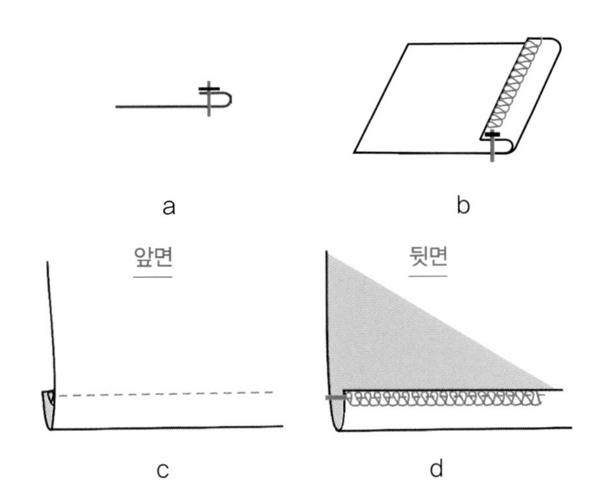

그림 10.5 오버로크 후 꺾어 박기 – 스티치 종류 : EFe, 오버로크 후 꺾어 박기(두 종류), 기계 종류 : 1) 오버로크, 503, 504, 505, 2) 301 1-본침 본봉

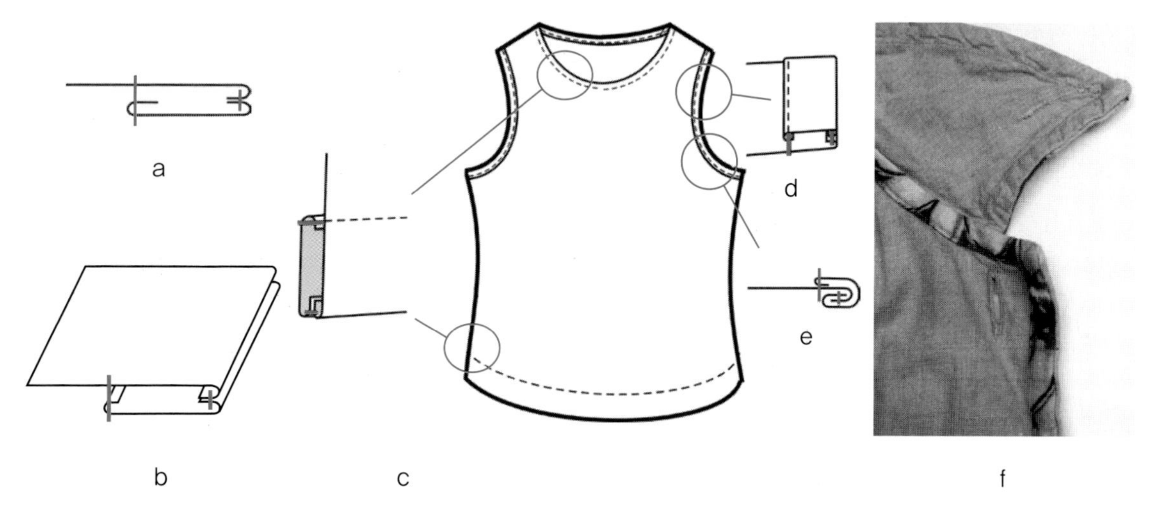

그림 10.6 **페이스드 헴 — 솔기 종류 : LSct-2, 기계 종류 : 301 본봉**

헴 페이싱

페이싱은 아주 다양한 형태의 솔기 끝 처리에 사용된다(예 : 제11장의 그림 11.12). 〈그림 10.7〉은 스캘롭 형태의 끝단을 보여주는데 이는 끝단에 클리핑(가위로 클립을 넣어주는 것)을 통해서 밑단이 부드럽게 뒤집어지도록 한다. 이때 스캘롭의 곡선이 깊을수록 봉제는 더 어렵다. 이런 스캘롭 형태는 블라우스 등의 앞판 오프닝인 플래킷 등에 사용된다. 이런 디자인의 경우 노동력이 많이 요구되는데 고품질의 재봉기술이 요구되기 때문이다. 이 재봉의 단계를 설명하면 다음과 같다.

1. 솔기 테이프를 페이싱에 적용
2. 페이싱을 옷의 안면에 부착
3. 정리, 가윗밥(클립)을 넣은 후 뒤집기
4. 다림질
5. 스캘롭 형태로 스티치
6. 옷의 안쪽에서 페이싱을 공그르기로 마무리

〈그림 10.7c〉는 또 다른 재봉 방법으로 이는 노동력이 훨씬 덜 든다. 이 경우는 지그재그 엠브로이더리(embroidery)를 이용하여 끝단을 처리하는 방법이다. 만약 공장에 이런 엠브로이더리 자수 기계가 있다면 이런 비슷한 효과를 쉽게 낼 수 있다. 디자이너들은 이런 끝 처리 방법에 대해 이해를 하고 있어야 한다. 이유는 이때에만 디자이너들이 다양한 디자인의 상품을 개발 시 가격 대비 가장 효과적인 처리를 선택할 수 있기 때문이다.

페이싱 혹은 다른 끝 처리를 사용할지 결정할 때, 두께감이

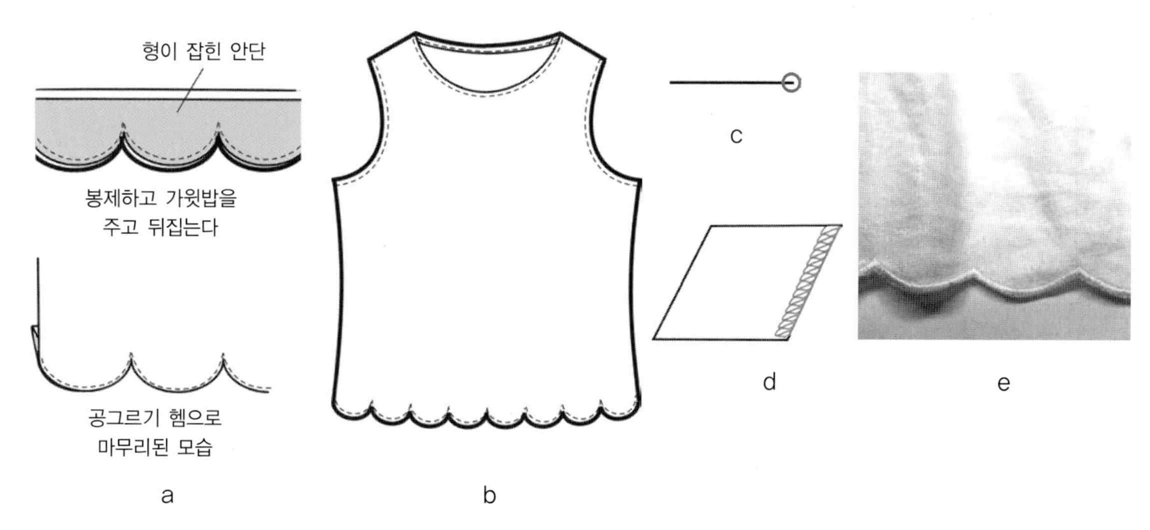

그림 10.7 **(a)와 (b) 셰이프드 페이싱, (c)-(e) 장식용 페이싱, 심 종류 : EFD, 기계 종류 : 304 지그재그**

있는 직물에는 여러 겹이 겹쳐질 수 있는 제감 안단(self-fabric facing)이 사용되기 어려울 수 있다는 점을 염두에 둘 필요가 있다. 대개 얇고 가벼우면서 겉감과 세탁법이 같은 직물이 페이싱에 적합하다. 〈그림 10.8c〉와 같이, 시접분들을 각각 다른 넓이로 잘라서 솔기를 만들 수 있다. 공장에서는 시접 여유분을 다양하게 해 박음질함으로써 이러한 효과를 모의 실험해보기도 하는데, 이러기 위해서는 추가적으로 시간과 관리가 필요하다.

안단을 대는 것은 세심한 관리와 다림질을 필요로 한다. 페이싱이 안쪽으로 잘 접히고 겉으로 보이는 페이싱이 밀려나오는 것을 막기 위해 **언더스티칭**(understitching)이 추가된다. 이는 솔기의 부피감을 줄여줌으로써 시접 어유분을 고르게 만들어준다(그림 10.8 참조). 〈그림 10.8a〉는 탑스티칭과 달리, 두 번째 스티치 라인이 네 겹이 아닌 세 겹에만 지나가는 것을 도식적으로 표현했다. 〈그림 10.8b〉는 박음질을 할 때 여러 겹의 시접들이 어떻게 놓이고 언더스티칭이 어떻게 세 겹만 지나가게 되는지를 보여주고 있다. 〈그림 10.8d〉는 언더스티칭이 바깥쪽에서는 보이지 않으면서 안쪽에서는 어떻게 보이는지를 나타낸다. 이러한 스티칭 방법은 모서리 부분까지 지나갈 수 없고 앞중심에서 2인치 정도 떨어져서 스티칭을 마무리해주어야 한다.

밴드 헴

밴드(band)는 의복의 가장자리를 연장하거나 마무리하기 위해 의류제품의 처리되지 않은 끝 부분에 직선으로 곧게 박음질된 직물이다. 밴드는 바이어스나 직선방향으로 재단해 사용할 수 있고 스커트나 바지, 혹은 소매 끝부분에 사용된다. 용도에 따라서 밴드는 겉감과 같은 직물이나 다른 직물이 사용될 수 있다. 소매에 달린 밴드 헴은 여밈 부분이 없는 커프와 다르다.

밴드 처리는 인클로즈드 솔기에서 사용되며 칼라와 허리밴드 등의 처리에 많이 사용된다. 대부분의 경우에 이는 장식용으로 사용된다. 〈그림 10.34〉는 슬리브에서 사용된 예를 보여준다.

밑단의 장식효과

밑단은 정장에나 또는 새로운 효과를 위해서도 사용된다. 신축성이 좋은 저지 원단은 시접 처리 시 잡아당기며 오버로크를 하면 가느다랗고 꼬불꼬불한 가장자리 처리가 되는 **레터스 에지 헴**(lettuce-edge hem)을 만들어낼 수 있다. 또한 가장

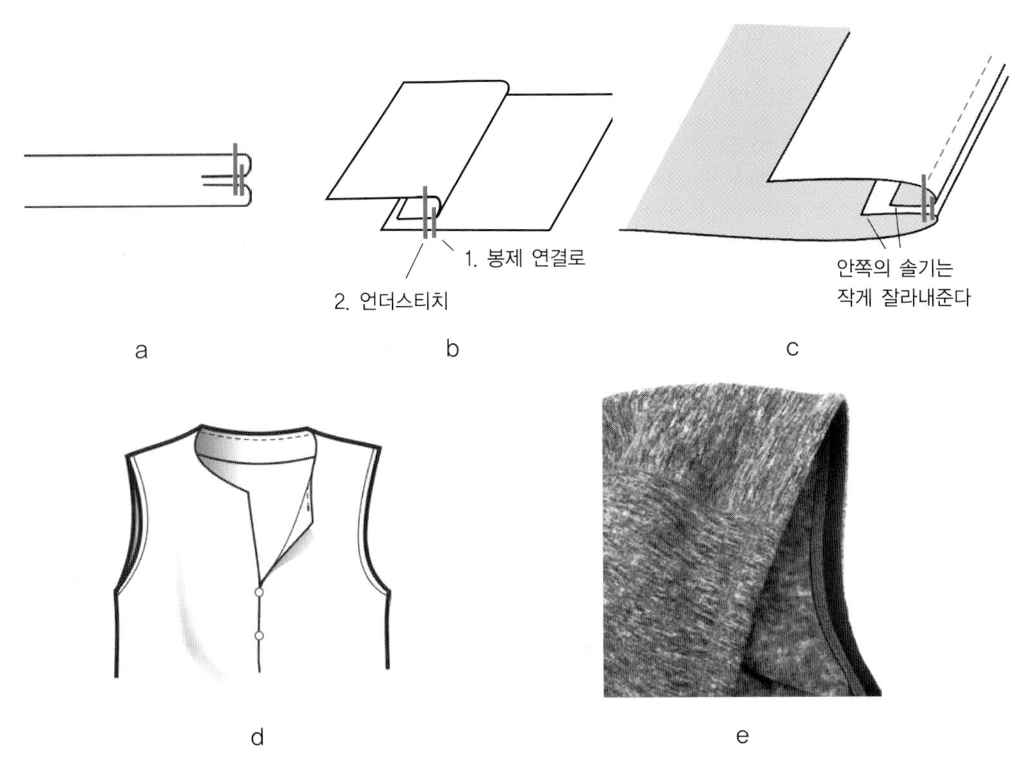

그림 10.8 언더스티치된 솔기의 형을 잡아준 안단 : 솔기 종류 – 언더스티치된 솔기, 미국 정부 표준 규격이 정해지지 않음, 기계 종류 : 301 본봉

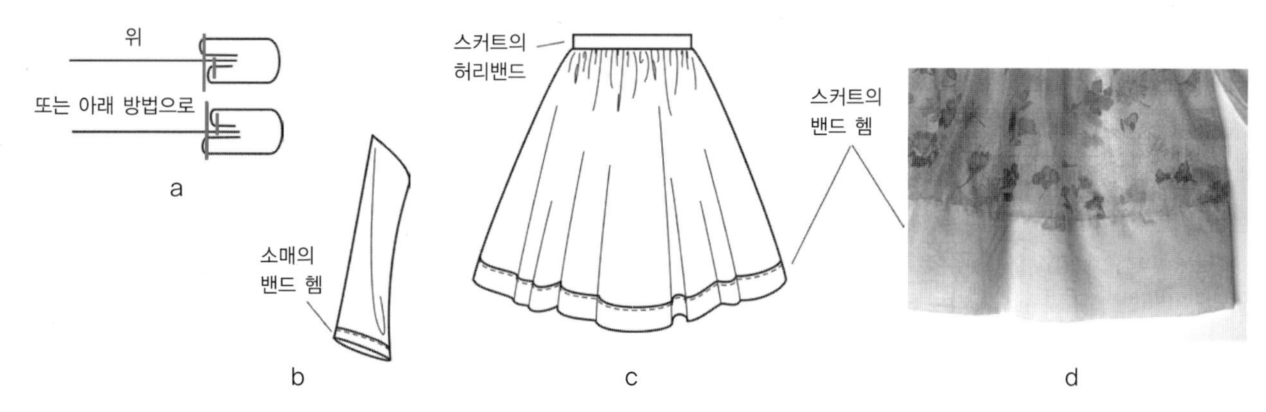

그림 10.9 밴드 헴 – 솔기 종류 : BSg 밴드 헴, 기계 종류 : 301 본봉

자리에 금속이나 플라스틱 선을 더해 헴을 만들 수도 있다. 이는 빳빳한 우븐 바이어스 브레이드인 말털이 플레어나 부팡 실루엣(bouffant silhouette)을 만들기 위해 더해질 수도 있다. 또 다른 종류의 헴으로 **패디드 헴**(padded hem)이 있는데, 두껍고 부드러운 바이어스를 헴과 의류제품 사이에 끼워 두꺼운 직물에서 생길 수 있는 빳빳하게 서는 주름이나 딱딱한 선이 생기는 것을 방지하기 위해 사용된다.

스트랩과 벨팅

몇 가지 매우 유용한 테크닉이 스트랩과 벨팅을 만드는 데 사용된다.

스트랩

좁으며 둥근 원형의 스트랩(strap)은 스파게티 스트랩(spaghetti strap)이라고 한다. 〈그림 10.10c〉에서 보여지는 바와 같이, 스파게티 스트랩은 제조공정에서 시접 여유분이 튜브의 안쪽에 위치해 만들어지고 마치 스파게티 같이 좁은 원통 모양이 만들어진다. 이런 스파게티 스트랩은 좁은 스트랩이나 〈그림 10.10d〉와 같은 경우 허리 장식 같이 다른 부자재(trim)의 용도로도 사용된다. 이러한 스트랩의 경우 봉제 스티치(join stitching)는 안쪽에 있어서 보이지 않는다.

다른 끝 처리 방법으로 스트랩과 벨팅이 있다. 〈그림 10.11c〉는 의복에서 사용된 것과 같은 직물로 만들어진 벨트(self belt)가 달린 재킷을 보여준다. 옷감과 같은 직물이 빳빳한 심지(interfacing)로 사용된 것을 **벨팅**(belting)이라고 한다. 벨트 같은 액세서리는 적은 비용으로 의류제품의 가치를 높여 줄 수 있다.

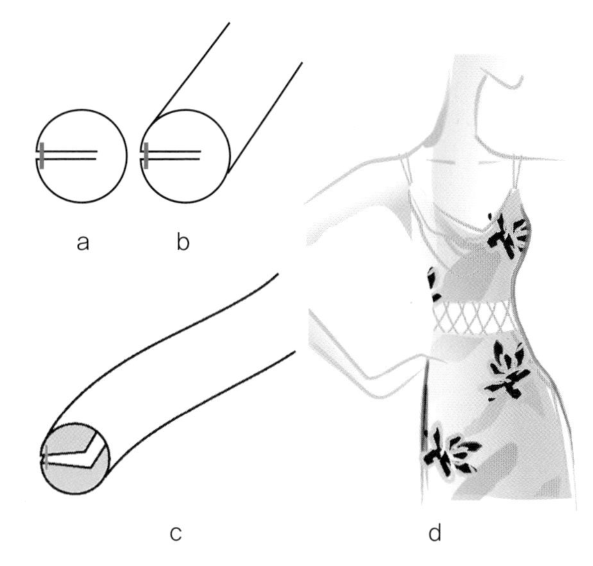

그림 10.10 스파게티 스트랩 – 스티치 종류 : EFu, 스파게티, 기계 종류 : 폴더가 있는 301 1-본침 본봉

스케치에 있는 핸드백도 벨팅을 스트랩을 만드는 데 사용했다. 여러 가지 종류의 벨트 스트랩이 파이핑을 넣어서 또는 파이핑을 넣지 않고도 만들어질 수 있다. 이때 폴더라는 특별한 기계가 사용되는데 이는 길게 잘린 직물의 끈을 감겨져 있는 실패에서 잡아당겨 자동으로 솔기 여유분을 접어주고 봉제하는 과정을 한 번에 해 벨트 스트랩을 만들어준다.

벨팅

벨트 고리(belt loop)와 엘라스틱 벨팅(elastic belting)이 스커트나 바지 허리 부분의 끝 마무리 방법으로 사용되기도 한다.

벨트 고리

〈그림 10.12〉는 다용도로 사용되는 2-본침 삼봉을 보여주

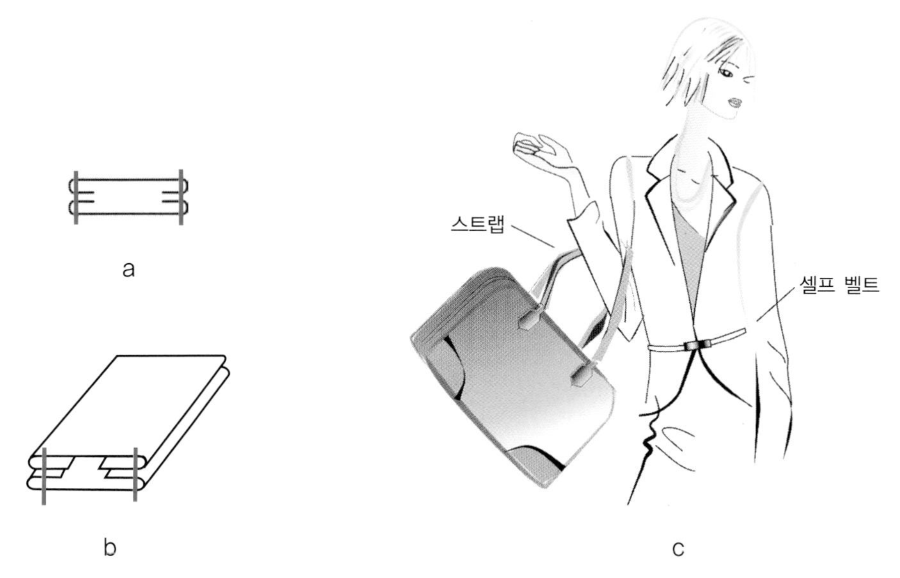

그림 10.11 스트랩과 벨팅 – 솔기 종류 : EFn, 기계 종류 : 폴더가 있는 301 본봉

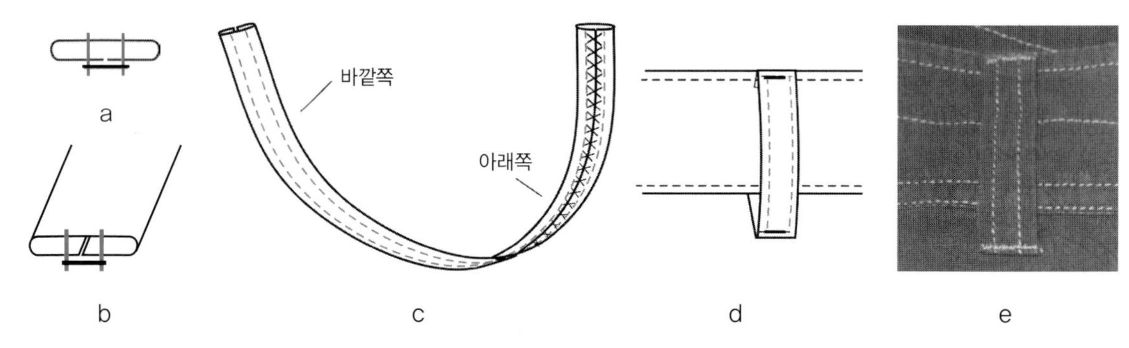

그림 10.12 벨트고리 – 스티치 종류 : EFa Inv, 삼봉, 기계 종류 : 406 2-본침 삼봉

는데, 이는 벨트고리를 만들어낸다. 〈그림 10.12a〉와 〈그림 10.12b〉는 시접 여유분의 부피감을 줄이는 방법을 보여준다. 또한 시접의 올이 풀리지 않도록 삼봉이 지나가며 벨트고리가 봉제되고 있다. 이러한 종류의 벨트고리는 길게 만들어져서 의류제품에 박음질되기 전에 길이별로 잘린다. 일반적인 청바지나 캐주얼 바지에 이러한 종류의 벨트고리가 사용된다.

〈그림 10.12d〉는 일반적인 벨트고리의 구성을 보여주는데 벨트고리의 바닥 부분이 허리밴드 솔기에 부착되도록 접는다. 벨트고리의 윗부분은 접어서 바택을 치거나 박음질로 고정시킨다. 전형적인 정장 바지에 이러한 형태의 벨트고리가 달려 있다.

엘라스틱 벨팅

〈그림 10.13a〉와 〈그림 10.13b〉는 신축성 있는 끝마무리로 의류제품 허리 부분의 끝 처리 구성 방법을 보여준다. 〈그림 10.13a〉와 〈그림 10.13b〉의 중간에 있는 고무밴드를 두 번 접어 박는 과정에 넣은 것으로 허리와 밑단을 마무리할 때 사용할 수 있는 방법이며 폴더를 사용해 모든 과정이 한 번에 이루어진다. 〈그림 10.13c〉에 보이는 반바지의 끈은 또 다른 방법의 폴더를 이용해 만들어졌고 끈의 가장자리에 스티치를 추가했다. 이 같은 방법은 벨트, 스트랩과 다른 액세서리를 들 때도 사용될 수 있다. 일반적으로 끈이나 벨팅은 매우 긴 직물을 잘라서 폴더를 통과시켜 원하는 넓이와 모습으로 접고 봉제된 후 필요한 길이만큼(예 : 허리둘레) 잘라서 사용한다. 그림에서 보이는 반바지 같은 경우, 반바지의 패턴 부분들이 의복으로 봉제된 후 엘라스틱으로 만들어진 허리의 케이싱에 드로스트링이 넣어진다. 엘라스틱이 들어오고 나가는 구멍은 앞중심에 2개의 단춧구멍이나 그로밋(grommets : 작은 금속이나 플라스틱 링을 이용해서 만들어 고무줄이 통과하도록 만들어주는 것)으로 만든다. 이와 같은 작은 금속이나

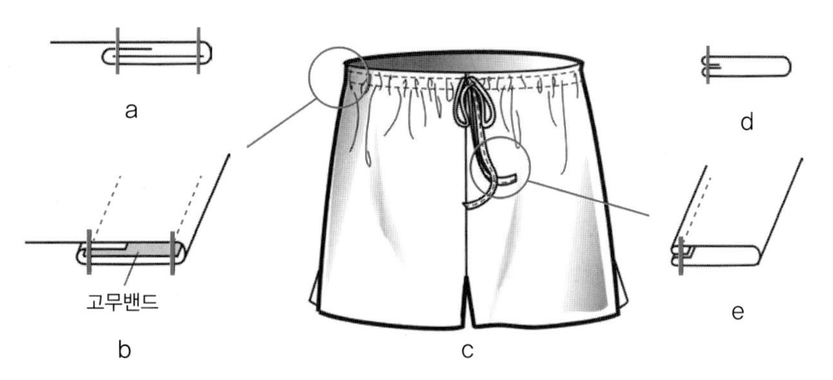

그림 10.13 다양한 엘라스틱 벨트 응용 구조(a)와 그림(b)이 반바지의 신축성 있게 만든 허리 처리 방법을 보여준다(c). 스티치 종류 : EFr, 터널드 엘라스틱, 기계 종류 : 폴더가 있는 301 1-본침 본봉. 그림 (d)와 (e)는 끈의 구성을 보여준다. 스티치 종류 : EFp, 벨팅, 기계 종류 : 폴더가 있는 301 1-본침 본봉

플라스틱 링이 엘라스틱 드로스트링이 통과하는 구멍을 보강해주는 역할을 한다.

바인딩

제9장에서 살펴보았듯이, **바인딩**(binding)은 한 겹 또는 여러 겹의 시접을 별도의 원단으로 감싸는 끝 처리 방법이다. 바인딩은 의류제품의 가장자리를 마무리하는 데 가장 많이 쓰이는 방법으로, 특히 니트 제품의 목둘레 부분에 쓰인다. 가장자리를 처리하기 위해서는 바인딩에 약간의 신축성이 있어야 하는데, 신축성이 없을 경우에는 직선 가장자리에만 사용하게 된다. 우븐 직물이 바인딩으로 사용될 경우, 바이어스 방향으로 잘라야 바인딩을 곡선 모양 에지에 잘 맞출 수 있다. 〈그림 10.14a〉와 〈그림 10.14b〉는 두 겹 바이어스 바인딩의 사용법을 보여준다. 바인딩은 미리 접어서 다린 것이나(직물을 파는 상점에서 살 수 있는 미리 만들어진 바인딩), 가늘고 긴 조각으로 잘라서 준비한 것을 사용한다. 부피감을 줄이는 다른 방법으로는 니트, 엘라스틱 바인딩, 접은 브레이드를 사용하는 것이다. 〈그림 10.14c〉와 〈그림 10.14d〉의 바인딩은 405 2-본침 삼봉으로 만들어졌다. 이 바인딩은 니트 직물에 일반적으로 사용되며 시접 여유분의 부피감을 한 겹으로 줄여준다.

숨은 스티치(stitch-in-the-ditch)는 스티치 선이 의류제품과 바인딩 사이의 연결된 봉제선의 윗부분에 박음질되어 스티치 선이 잘 보이지 않도록 하는 데 사용된다(그림 10.15a와 b). 이러한 방법은 **크랙스티치**(crackstitch)라고도 한다. 〈그림 10.15c〉와 〈그림 10.15d〉는 끝 처리 방법의 하나인 바인딩 사용법을 보여준다. 우븐 직물의 경우, 바이어스의 한계 때문에 크랙스티치가 긴 직선 솔기에 가장 적합한 방법으로 사용되고, 허리밴드 끝 안쪽이나 바지의 플라이 안단 끝에도 쓰인다.

〈그림 10.16a〉와 〈그림 10.16b〉는 리본이나 테이프 같이 끝을 꺾어 박을 필요없이 바로 쓸 수 있는 바인딩 재료를 사

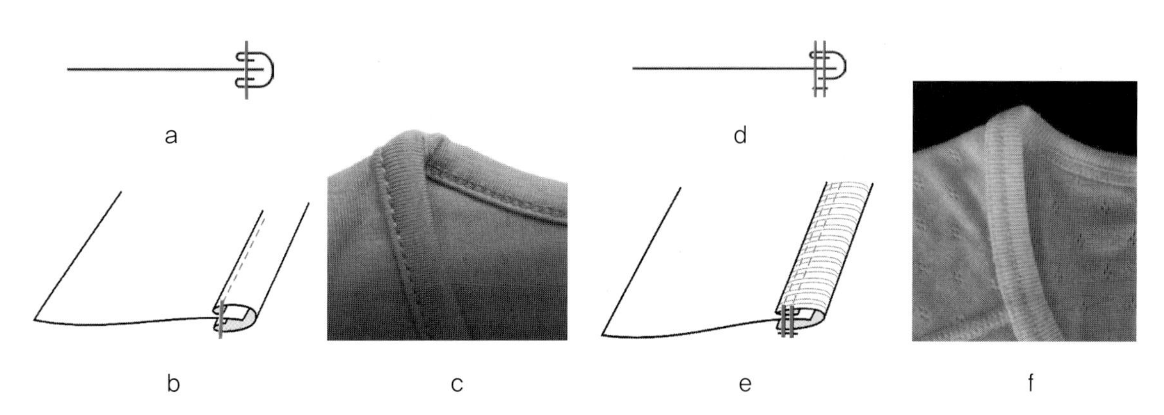

그림 10.14 바인딩의 구조(a)와 그림(b) – 솔기 종류 : BSc, 기계 종류 : 301 본봉 혹은 401 환봉. 구조(c)와 그림(d) – 솔기 종류 : BSc, 기계 종류 : 406, 2-본침 삼봉

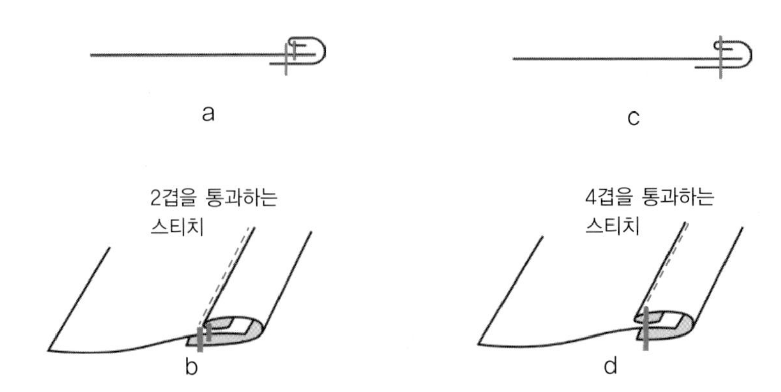

그림 10.15 숨은 스티치를 보여주는 에지 바인딩. 구조(a)와 그림(b) – 솔기 종류 : BSf, 기계 종류 : 301 본봉이나 401 환봉. 바인딩을 보여주는 구조(c)와 그림(d) – 솔기 종류 : BSb, 기계 종류 : 301 본봉 혹은 401 환봉

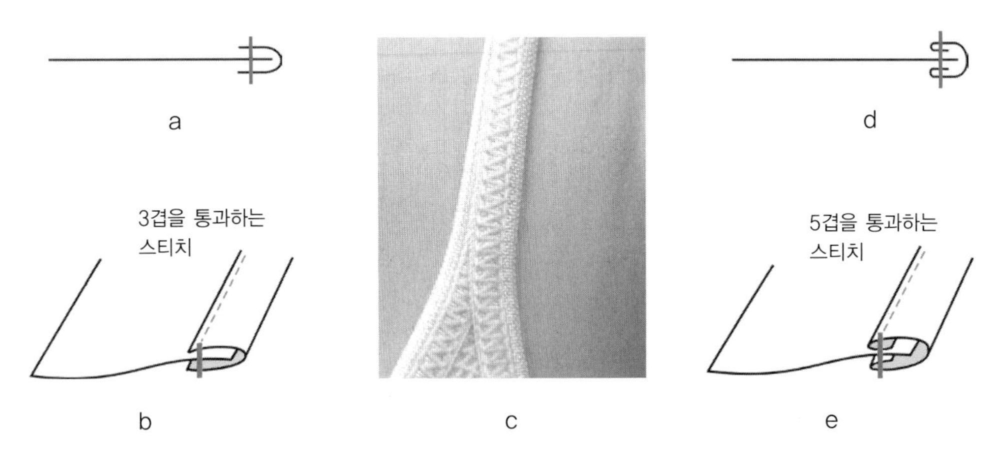

그림 10.16 에지 바인딩 변형. 구조(a)와 그림(b) – 솔기 종류 : BSa, 구조(d)와 그림(d) – 솔기 종류 : 301 본봉이나 401 환봉용 BSc 기계 사용

용한 것을 보여준다. 이러한 경우, 끝 처리를 위한 시접은 세 겹으로 부피감이 줄어든다. 곡선이나 니트에 사용될 수 있는 신축성이 있는 바인딩으로도 탄성력을 이용해 만들 수 있다. 〈그림 10.16d〉와 〈그림 10.16e〉는 시접 끝을 꺾어 박아야 하는 바인딩 직물을 보여준다. 이 경우는 다섯 겹으로 만들어지기 때문에 부피감이 늘어나게 된다.

바이어스는 가장자리 처리와 장식용으로 다양하게 사용된다. 〈그림 10.17〉은 바이어스를 두 가지 다른 방법으로 사용한 유아 턱받이의 예를 보여준다. 그 두 가지 바이어스 방식은 비슷한 두께와 외관을 갖지만 각각 다른 방법으로 만들어지기 때문에, 공장에서 각각의 용도에 따라 설비를 다르게 갖추어야 한다.

첫 번째 방식(그림 10.17a와 b)은 폴더와 두 겹 바늘 기계를 사용해 턱받이에 두 줄을 평평하게 붙였다. 가장자리는 시접을 감싸기 위해 다른 폴더를 설치해 붙인 바이어스 바인딩으로 마무리되었고, 윗부분과 아랫부분의 시접 여유분 아래를 접어서 전체가 한 번의 스티칭으로 완성되도록 했다(그림 10.17d와 e 참조).

엘라스틱 바인딩은 여러 가지 종류의 직물에 유용한데 특히 니트 직물에 유용하고 여성용 속옷에 많이 사용된다. 〈그림 10.18〉은 바인딩이 신축성 있는 니트 직물의 가장자리 마무리를 위해 사용된 것을 보여준다. 가장자리가 엘라스틱 바인딩으로 마무리되었기 때문에, 아래로 접어서 넘길 필요가 없어서 매우 얇고 신축성 있는 끝을 만들게 된다. 〈그림 10.18d〉의 지그재그 본봉은 탄력성이 있는 장점으로 속옷이나 니트의 엘라스틱 바인딩을 박음질하는 데 유용하다.

히트-컷 에지

나일론 같은 섬유는 녹는점이 낮아서 뜨거운 칼로 그 끝을 자를 수도 있는데, 이러한 방법으로 시접 끝이 풀리는 것을 방지할 수 있다. 의류제품에는 잘 사용되지 않는 방법이지만 연, 깃발이나 현수막에 사용된다. 의류제품의 라벨에도 히트

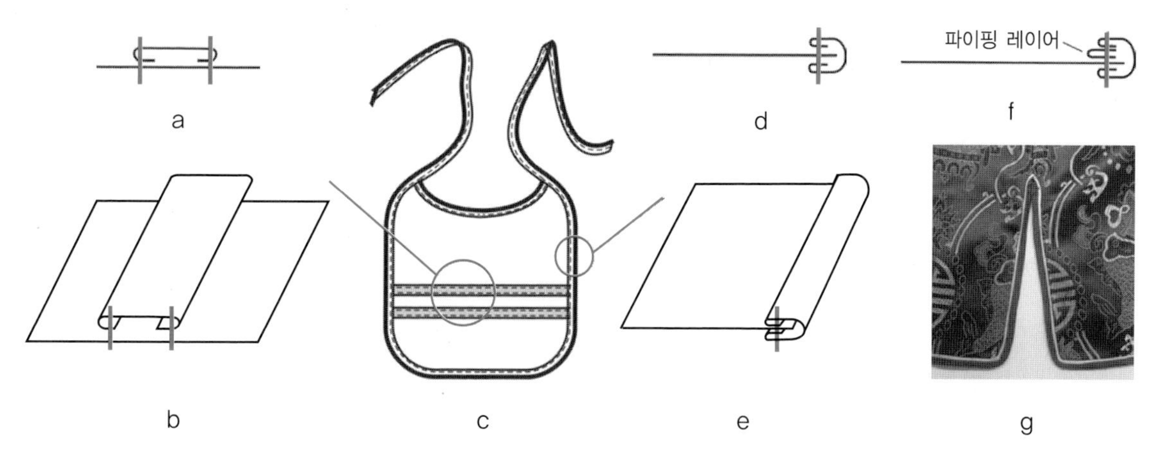

그림 10.17 플랫 바이어스 – 솔기 종류 : SSat, 기계 종류 : 폴더가 있는 301 2-본침 본봉(a와 b)과 바이어스 바인딩, 솔기 종류 : BSc, 가장자리 처리와 끈을 위한 바이어스 바인딩, 기계 종류 : 301 본봉(c와 d)

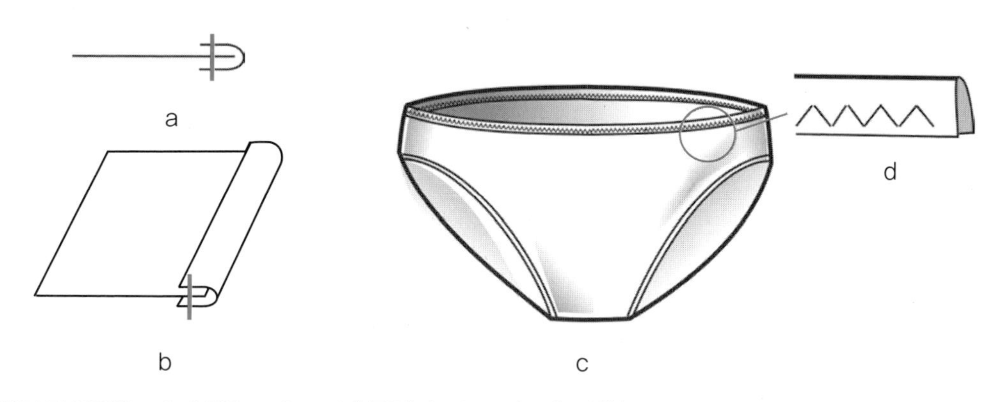

그림 10.18 엘라스틱 바인딩 – 솔기 종류 : BSa, 기계 종류(d) : 304 지그재그 본봉

-컷 에지(heat-cut edge)가 자주 사용된다.

〈그림 10.19〉는 랩드 솔기의 예로서 이런 불규칙적인 커브나 형태의 경우 히트 커팅(heat cutting)으로 처리되거나 또는 밑단의 실이 풀리지 않는 직물일 경우에는 별다른 처리가 필요하지 않은 가격 대비상 아주 효과적인 처리 방법이다. 〈그림 10.19b〉는 얇고 비치는 나일론 직물로 된 여아용 빈티지 드레스의 예를 보여준다. 이 경우 인클로즈드 솔기의 시접분은 히트 컷 되었다. 이런 경우처럼 얇고 비치는 직물의 경우에 아주 깔끔하게 솔기 처리가 되는데, 이는 특히나 히트 컷 된 솔기의 끝처리 부분이 인클로즈드 솔기의 안쪽에 자리 잡으므로 아주 오랫동안 내구적으로 잘 사용할 수 있다. 〈그림 10.19c〉는 또 다른 레이저 컷의 예를 보여준다. 이는 레이저 컷 된 후 끝을 녹여서 접합한 퓨징의 예를 보여준다.

페이싱

페이싱(facing)은 우리말로 안단이라고도 불리며 의류제품의 가장자리를 마무리하기 위해 사용되는 조각의 직물을 일컫는다. 의류제품에 사용된 것과 같은 직물을 주로 사용하나 다른 종류의 직물로 만들어질 수도 있다. 대개 의류제품의 안쪽에 봉제되어 부착되지만 겉쪽에 달릴 수도 있다. 페이싱은 달릴 곳의 각 의복의 패턴 모양에 맞춰서 재단된다.

〈그림 10.20〉, 〈그림 10.21〉, 〈그림 10.22〉는 다르게 처리되는 안단의 여러 가지 디자인을 보여주고 이를 통해 테크니컬 디테일이 디자인 디테일에 영향을 미치는 것을 알 수 있다. 〈그림 10.20〉은 안쪽 면과 바깥쪽 면을 보여주는데, 안쪽 면에서 보이는 진동의 바이어스 안단과 목둘레선의 형을 따라 만든 안단을 나타낸다. 바이어스 안단은 대개 모든 시접을 한 번에 정리해준다. 진동에 탑스티칭을 했기 때문에 디자이너들이 목둘레에도 그러한 디테일을 적용할 수 있다(그림

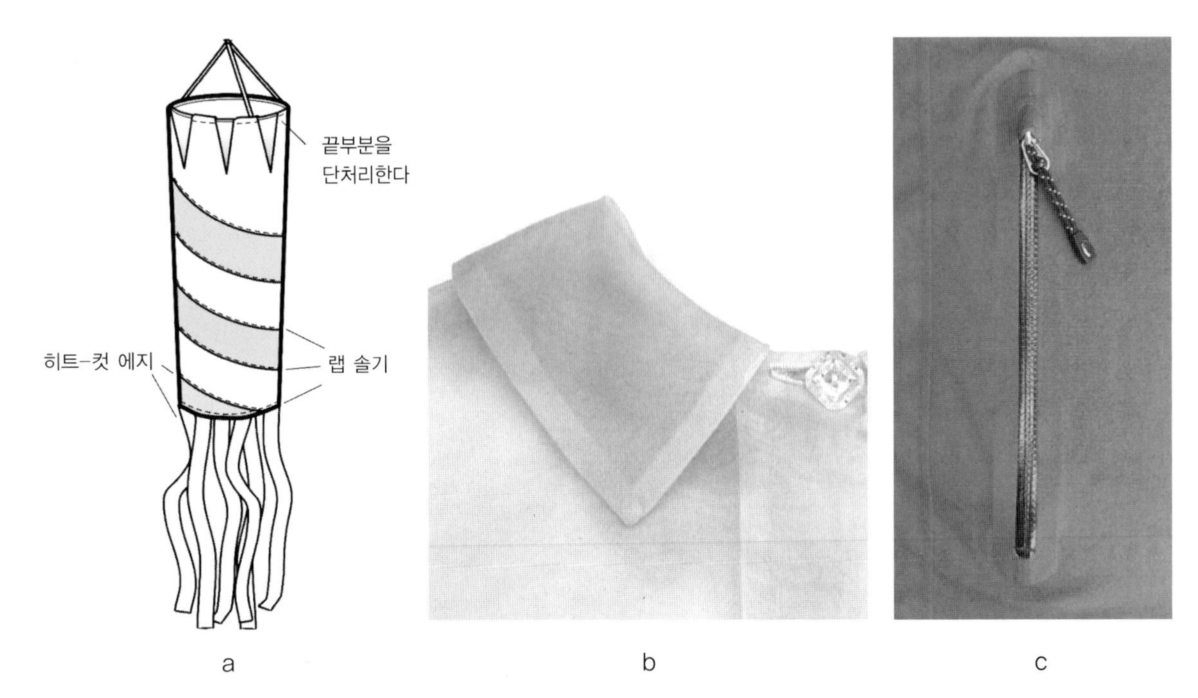

그림 10.19 랩 솔기로 만들어진 히트-컷 에지

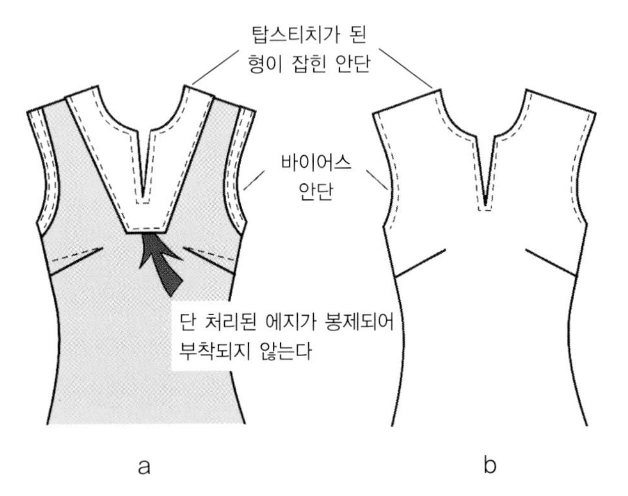

그림 10.20 탑스티치가 있는 형이 잡힌 안단과 바이어스 안단

10.20b 참조).

〈그림 10.21a〉에서도 안단이 의복의 안쪽 면에 달린 예를 보여주는데, 목둘레와 진동에 둘 다 일정한 모양의 안단이 부착되었다. 진동 안단은 더 넓게 만들어지고 안정적으로 고정될 필요가 있으므로 진동과 목둘레에 장식적인 탑스티칭이 더해졌다. 〈그림 10.21c〉는 칼라가 달린 남성용 지퍼 프론트 풀오버이다. 이 경우 페이싱이 비슷하게 사용되는데 이는 많은 의류상품군에서 널리 사용되는 방법 중 하나다.

〈그림 10.22〉는 언더스티칭을 사용해 깨끗하게 봉제되었고 탑스티치는 사용하지 않은 마무리를 보여준다. 언더스티칭은 안단이 안쪽으로 말려 고정되도록 하여 겉에서 보이지 않게 한다(10.22b 참조). 이러한 방법은 올인원 페이싱(all-in-one facing)이라고 하며, 하나의 큰 안단이 목과 진동을 함께 처리해주는 것이다. 이는 불필요한 시접 여유분을 피할 수 있어 의복의 부피감을 줄이거나 안단 의복과 오버랩하도록 사용한다. 이러한 스타일의 안단은 진동 안단이 흔들거리거나 떨어지지 않게 하기 위해 태킹(tacking : 실뜨기를 해 부착하는 것)할 필요가 없다는 면에서 더 안전하다. 가장자리에는 탑스티칭을 하거나 그 스타일에 가장 어울리는 끝 처리를 선택하면 된다.

페이싱은 스커트나 바지의 허리 부분에도 사용된다. 〈그림 10.23a〉는 **컨투어 웨이스트 스타일**(contour waist style)에 잘 어울리도록 허리에 바이어스 페이싱을 단 것을 보여준다. 컨투어 웨이스트 스타일은 인체의 윤곽에 잘 맞도록 허리선을 곡선으로 처리한 것이다. 이 그림에서의 바이어스 페이싱은 아랫선을 따라서 박음질되어서 스티치가 바깥쪽으로 보인다. 우븐 테이프를 솔기에 붙여서 페이싱이 완전히 부착될 수 있도록 하고 허리에서 늘어나는 것을 방지한다. 〈그림 10.23b〉는 스커트 직물과 같은 직물로 안단을 붙였고 이는 밑단에서 헴 처리 방식으로 사용되었다. 이때 페이싱이 스커트의 다트와 사이드 시접 여유분에 부착되어 움직이지 않고 스티치가 바깥쪽에서 보이지 않는다.

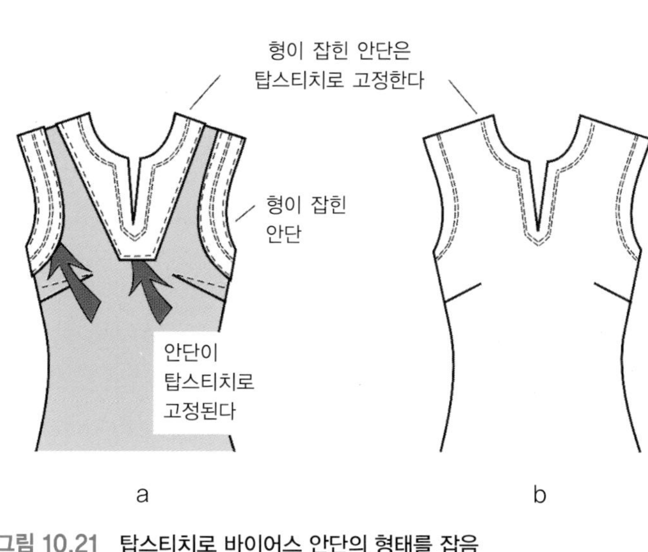

그림 10.21 탑스티치로 바이어스 안단의 형태를 잡음

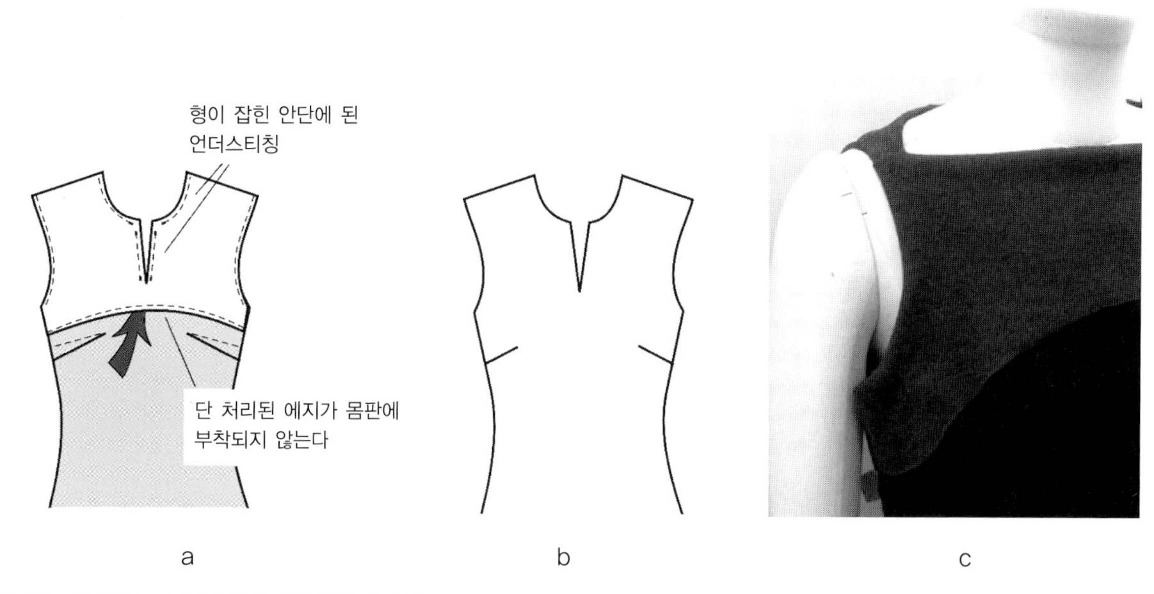

그림 10.22 한 판으로 이루어진 안단(올인원 페이싱)

플래킷

플래킷(placket)은 슬리브 커프스나 셔츠의 앞중심에 보이는 앞여밈 처리 방법이다. 옆트임은 엄밀히 말하자면 트임이기는 하지만 플래킷으로 간주되지 않는다. 왜냐하면 옆트임에는 클로저(closure), 즉 '잠글 수 있는 도구(예 : 단추, 스냅)'가 사용되지 않기 때문이다. 플래킷은 지퍼 대신 슬리브와 앞이나 뒤의 목둘레선에 단추와 스냅(snap)이나 다른 잠글 수 있는 부자재들과 같이 사용된다.

앞중심 플래킷

〈그림 10.24a〉는 전형적인 우븐 셔츠의 프론트 플래킷을 보여준다. 〈그림 10.24b〉는 접힌 플래킷이 패턴일 경우에 매칭 포인트를 없애주므로 격자무늬나 패턴이 있는 직물에 적합하다는 것을 보여준다. 다른 플래킷은 단순히 접거나 주름을 잡아서 만든다. 〈그림 10.24a〉의 오른쪽에 있는 탑 플래킷은 언더 플래킷보다 넓어서 왼쪽에 있는 언더 플래킷이 셔츠의 단추를 잠갔을 때 보이지 않도록 한다. 대표적인 예로는 왼쪽에서 오른쪽으로 단추를 잠그는 남성용 셔츠를 들 수 있다.

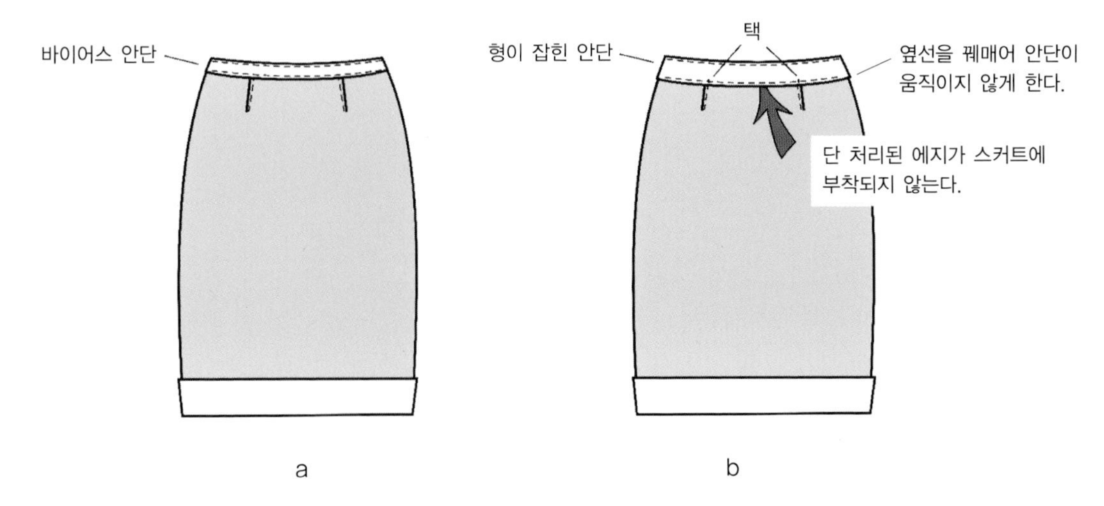

그림 10.23 웨이스트 페이싱

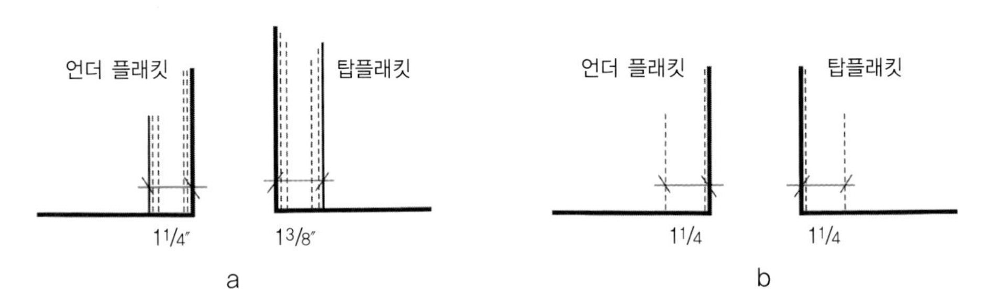

그림 10.24 우븐 셔츠의 프론트 플래킷

슬리브 플래킷

슬리브 커프스는 커프스를 열어 손이 들어갈 수 있도록 하는데, 이 경우에 플래킷의 길이에 충분한 여유가 있어야 한다. 커프스에는 대개 2개의 단추를 달아서 착용자가 더 편한 위치를 선택할 수 있도록 한다. 대부분의 사람들이 단추를 열지 않고 슬리브에 손을 넣기를 원하는 경향이 있으므로 이도 염두에 두어야 한다.

클래식 테일러드 슬리브 플래킷

〈그림 10.25a〉에서 보여지는 것과 같이, 클래식 슬리브 플래킷(classic sleeve placket) 혹은 테일러드 플래킷(tailored placket)은 2개의 주름이 있고 언더 플래킷에 바인딩 처리를 했으며, 아우터 플래킷(outer placket)이 따로 달려 있다. 이때 커프스에는 2개의 단추가 있어서 착용자가 슬리브 길이를 조절해 자신에게 더 잘 맞는 핏을 연출하도록 한다. 〈그림 10.25a〉는 슬리브를 열어서 탑 플래킷과 언더 플래킷을 둘 다 보여준다. 클래식 테일러드 슬리브의 플래킷은 커프스가 뒤로 말릴 수 있도록 길이를 충분히 길게 하고, 플래킷이 벌어져서 열리지 않도록 플래킷에 단추를 달아준다(그림 10.25).

콘티뉴어스 랩 플래킷

〈그림 10.26〉에서 보이는 슬리브 플래킷은 두꺼운 종류의 직물에 더 적합한데, 이것을 **콘티뉴어스 랩 플래킷**(continuous lap placket)이라고 한다. 이는 플래킷이 연속으로 봉제된다는 뜻이다. 〈그림 10.26a〉는 플래킷의 외부 모습이다. 이 그림에서는 커프스의 둘레와 높이 등은 샘플 측정치수표(measurement sheet)에 나올 것이므로 이 스케치에는 표시하지 않았다. 〈그림 10.26b〉에서 중간에 나와 있는 디테일을 보면 콘티뉴어스 랩 플래킷의 구성 방법을 알 수 있다(스케치는 플래킷이 펼쳐진 모양을 보여준다). 이런 종류의 플래킷은 직물의 솔기가 아닌 한중간에 가윗밥을 넣어서 그곳에 플래킷을 봉제해 만들어진다. 이런 이유에서 플래킷이 접히는 중간 부분에서 플래킷이 봉제될 때 직물의 여유분이 매우 적어 실이 잘 풀어지는 직물의 경우는 솔기가 열릴 수 있어 사용에 적합하지 않다.

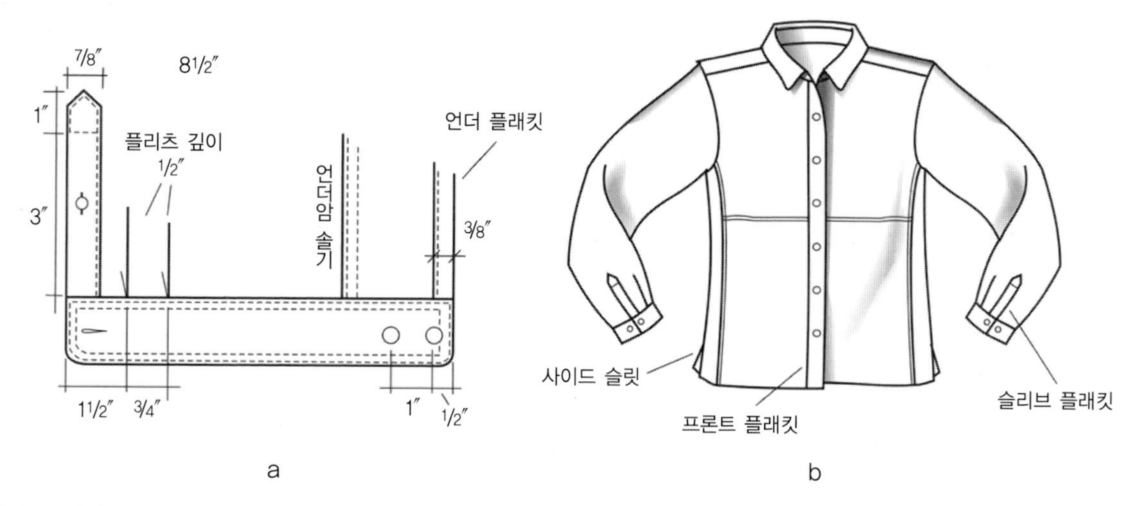

그림 10.25 테일러드 플래킷 디테일

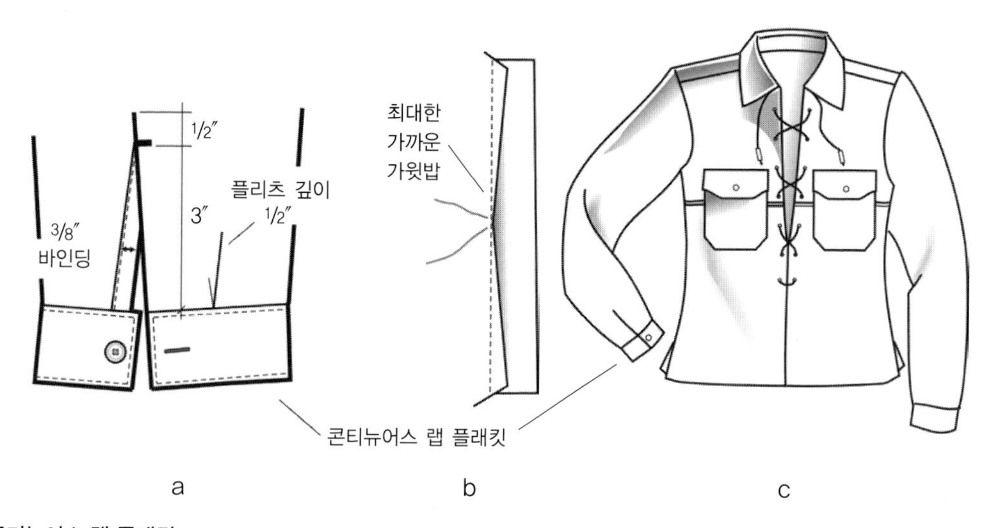

그림 10.26 콘티뉴어스 랩 플래킷

페이스드 플래킷

페이스드 플래킷(faced placket)은 목표로 하는 가격을 맞추기가 어려울 때 원가를 절감하기 위해 사용되는 간단한 방법으로 아동복에 많이 쓰인다. 페이싱 직물은 의류제품 직물보다 가벼운 직물이 사용된다. 페이스드 플래킷은 절개해 만들어지고 윗부분에 매우 가깝게 가윗밥이 들어가기 때문에 플래킷 윗부분이 보강되어야지, 그렇지 않으면 올이 풀어질 수도 있다. 반면에, 플래킷의 끝점이 깊이 잘리지 않으면 주름을 만들 수 있다.

〈그림 10.27〉은 끝 스티치로 플래킷 끝을 보강한 것을 보여주는데, 이렇게 함으로써 페이스드 플래킷이 안쪽에 위치할 수 있게 한다. 이러한 스타일의 플래킷은 겹치는 부분이 없기 때문에 커프스의 연장 부분이 플래킷 아래쪽에 놓이는 언더레이(underlay)의 역할을 하게 된다. 이때 언더레이가 짧으므로 커프스의 단추를 잠그게 되면 플래킷 끝이 교차하게 된다.

인심 플래킷

인심 플래킷(in-seam-placket)은 절개선에 플래킷이 자리 잡아 플래킷의 여는 부분이 양쪽의 시접을 꺾어 박아 마무리함으로써 만들어진다. 플래킷 여밈 부분의 절개(clip)된 곳을 보강하기 위해 스티치택(stitch-tack)이나 바택을 해야 한다. 이러한 스타일의 단순화된 플래킷은 데님 재킷이나 다른 무거운 직물로 만들어진 의류제품에서 볼 수 있다(그림 10.28 참조).

다른 종류의 플래킷

다른 종류의 플래킷으로 가벼운 직물에 적합한 플래킷이 있

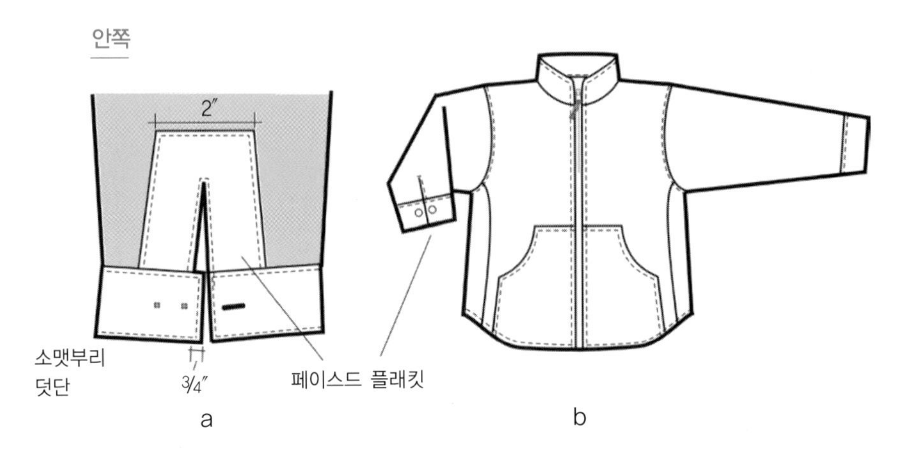

그림 10.27 페이스드 플래킷

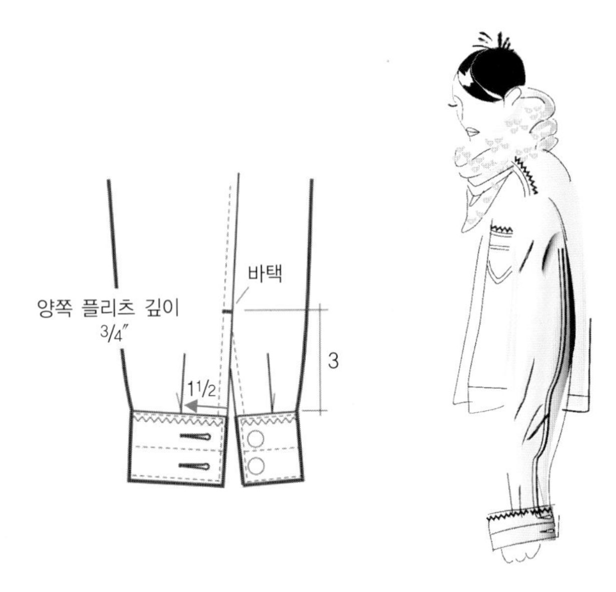

그림 10.28 솔기 안에 부착된 플래킷

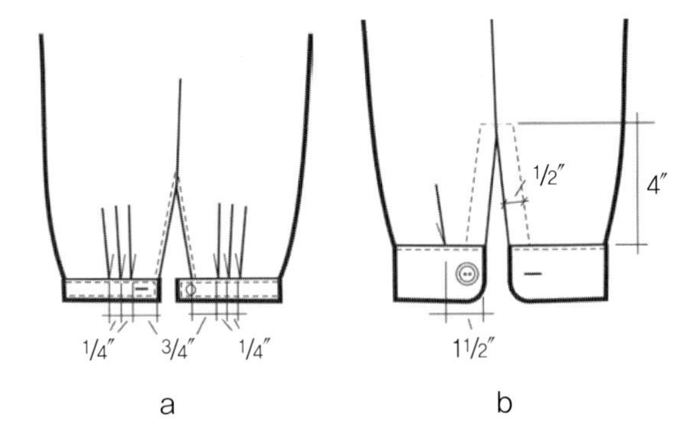

그림 10.29 다른 인심 플래킷

다. 〈그림 10.29a〉는 또 다른 종류의 솔기라인, 즉 언더암 솔기에 자리 잡은 플래킷을 보여준다. 이러한 플래킷의 슬리브가 달린 의복을 입고 팔을 테이블에 올리면 착용자가 불편할 수 있으므로 단추를 다는 것은 적합하지 않다. 그러나 이런 종류의 플래킷은 생산비용이 저렴하고 만드는 방법이 비교적 간단하다는 장점이 있다. 〈그림 10.29b〉는 가벼운 직물에 적합한 플래킷을 보여준다. 이때 중요한 것이 비록 단순한 커프스라도 스타일을 규정하는 여러 가지 측정치수가 필요하다는 것이다. 이런 여러 부분의 정확한 측정치수가 제공될 때만 제조공장에서 바른 제품의 생산을 위한 정확한 샘플 제작이 가능하게 된다.

〈그림 10.30a〉는 슬리브의 여유분이 주름 잡혀져서 러플을 만들어주는 것을 보여주는데, 이러한 테크닉은 가벼운 직물에 적합하다. 플래킷 시접은 안쪽으로 두 번 꺾어 박아준다. 〈그림 10.30b〉는 가장 단순한 플래킷 스타일로 아동복에 자주 쓰인다. 이러한 스타일은 부피감이 있고 조직이 느슨한 우븐 직물에 적합하다. 플래킷을 잠갔을 때는 자연스러운 주름이 생기게 된다.

커프스

신축성이 있는 **커프스**(cuffs)의 종류로는 미리 제조되어 판매되는 니트 커프스, 장식적인 커프스, 밴드 커프스와 외투용 커프스가 있다.

신축성이 있는 커프스

신축성이 있는 슬리브 커프스는 플래킷을 만들 필요가 없다. 〈그림 10.31a〉는 아동복 블라우스나 가벼운 바람막이 외투에서 볼 수 있는 신축성이 있는 커프스(elasticized cuffs)를 보여준다. 작업지시서에 커프스의 측정치수를 제시할 때는 소맷

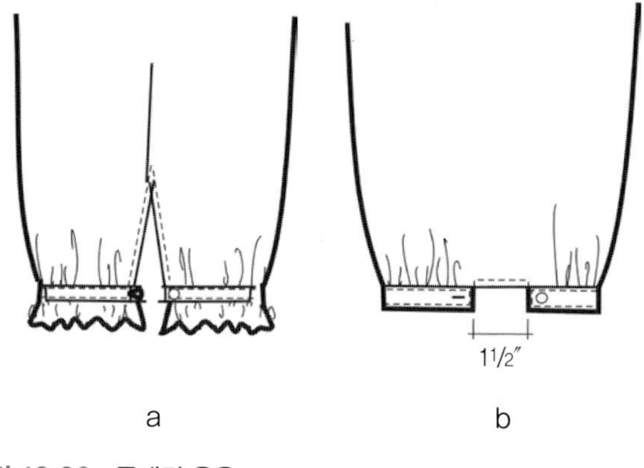

그림 10.30 플래킷 응용

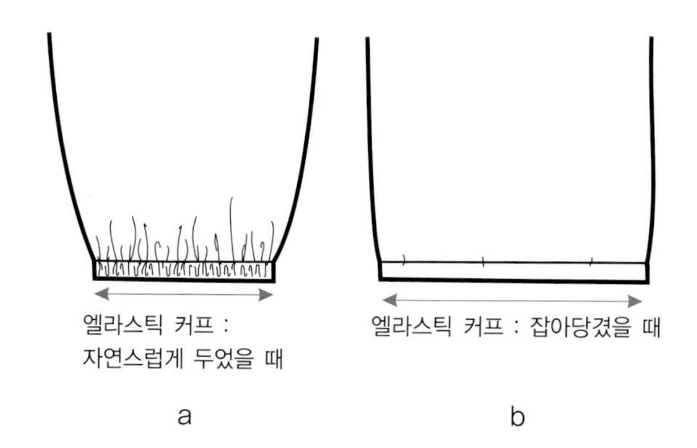

그림 10.31 신축성이 있는 커프스

부리의 치수를 두 가지 넣어준다. 하나는 소맷부리를 편안히 놓았을 때의 치수(relaxed)이고 또 다른 하나는 소맷부리를 잡아당겼을 때의 치수(extended)이다. 슬리브를 편안하게 놓았을 때(고무줄이 들어간 슬리브나 니트 슬리브의 경우) 또는 슬리브를 자연스럽게 잠근 경우가 '슬리브 오프닝, 릴랙스드(sleeve opening, relaxed)'인데 이 경우는 슬리브가 편하게 놓인 상태의 치수이다. 이에 반해 슬리브의 입구를 잡아당겨서 슬리브를 연장시켜서 만든 경우가 '슬리브 오프닝, 익스텐디드(sleeve opening, extended)'인데 이는 고무줄이 들어간 커프스나 니트로 만들어진 커프스의 경우에는 커프스를 잡아당겨서 늘렸을 때의 치수, 즉 패턴메이커가 패턴을 얼마나 크게 만들어서 여유분을 어느 정도로 결정했는지에 대한 치수를 말한다. 실제 소맷부리의 치수는 스케치가 아닌 스펙 페이지에 나와 있다(예를 들어 편하게 오픈한 슬리브 커프스 둘레는 8인치이고, 연장시켜서 오픈한 슬리브 커프스 둘레는 11인치이다). 모든 사이즈가 동일한 치수로 만들어지지 않고 의류제품의 상세한 사이즈에 따라 넓거나 좁게 그 치수가 정해진다는 것이 중요하다.

미리 제조되어 판매되는 니트 커프스

〈그림 10.32a〉는 활동적인 운동복에 자주 사용되는 미리 만들어진 통형의 니트 커프(premade knit cuffs)를 보여준다. 니트 커프는 니트 업체를 통해 주문, 생산되어 원통형으로 봉제선 없이 완성된 크기의 2배로 길게 만들어진다. 니트 커프는 의류제품에 붙이기 전에 두 겹으로 접어 주고 소매의 아랫단에 원형으로 박음질해 완성한다.

주름을 잡은 헤딩

〈그림 10.32c〉는 끝단에서 일정 거리를 두고 엘라스틱을 넣은 커프를 보여준다. 이 부분을 **헤딩**(heading)이라고 하는데, 주름이 엘라스틱의 위아래로 잡혀서 러플을 만들어낸다. 이 같은 박음질 테크닉은 바지나 스커트의 허리밴드에도 사용된다. 이 경우, 바지나 스커트의 허리 부분에 엘라스틱이 들어가고, 헤딩은 허리선 제일 윗부분에 해당한다.

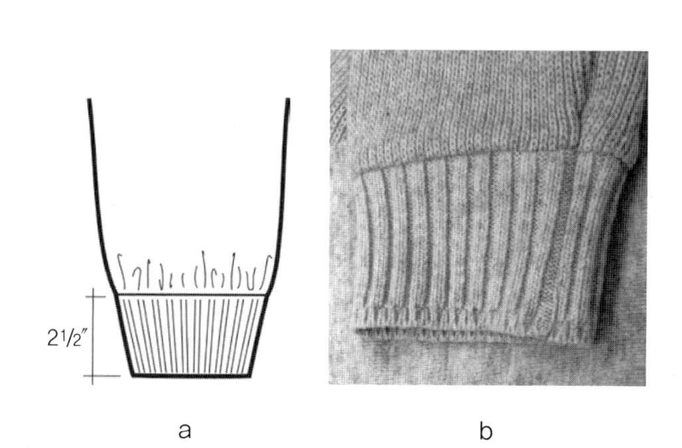

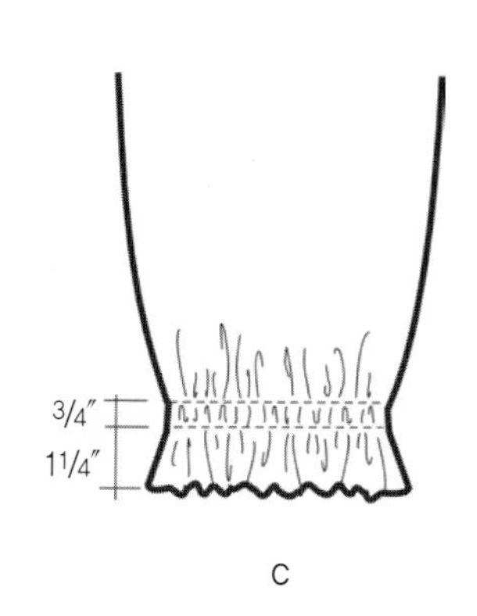

그림 10.32 미리 만들어진 니트 커프(a)와 헤딩에 고무밴드를 넣은 커프(b)

장식용 커프스

장식적인 커프스는 중요한 중심점인 손목을 돋보이게 하는 효과를 줄 수 있다. 커프스에 형태, 자수, 탑스티치, 셔링, 턱을 더해줄 수 있다. 자수 같은 경우 원단을 재단한 후에 봉제공장에서 자수공장으로 보냈다가 자수가 커프스에 놓여져 공장으로 돌아온 후에 완성품으로 만들어질 수 있다. 이러한 제품을 생산하는 데는 시간이 더 소요되기 때문에 생산팀에서는 이 시간을 계획에 넣어서 염두에 두어야 한다. 〈그림 10.33〉은 주름 잡힌 긴 커프스에 좁은 밴드가 달린 얇은 직물로 된 블라우스를 보여준다. 밴드 위쪽에 살짝 잡힌 주름이 있어서 아주 적은 분량의 주름이 보인다. 이 경우 또 다른 예로서, 의류제품의 재단 과정이 끝나면 커프스를 별도의 기계주름 공정을 통과한 뒤 다시 받아 마지막 공정을 마무리한다. 생산 과정을 잘 마치기 위해 이렇게 추가적으로 소요되는 시간이 미리 계획되어야 한다.

밴드 커프스

모든 커프스에 플래킷이 있는 것은 아니다. 〈그림 10.34a〉는 남성용 실내 가운이나 스모킹 재킷(smoking jacket)에서 볼 수 있는 밴드 커프스를 보여준다. 커프스가 넓고 장식적이기 때문에 커프스를 따로 열고 닫을 필요가 없다. 이때는 디테일이 중요한데, 퀼트 패턴의 크기를 비롯한 모든 비율이 〈그림

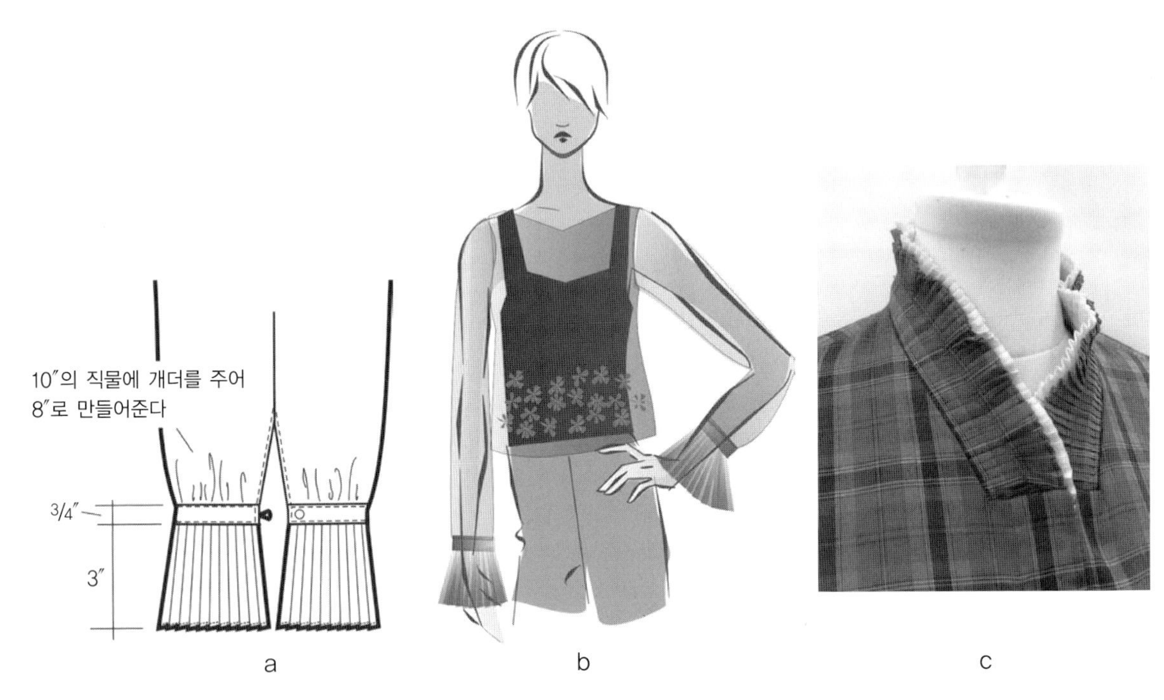

그림 10.33 장식용 커프스

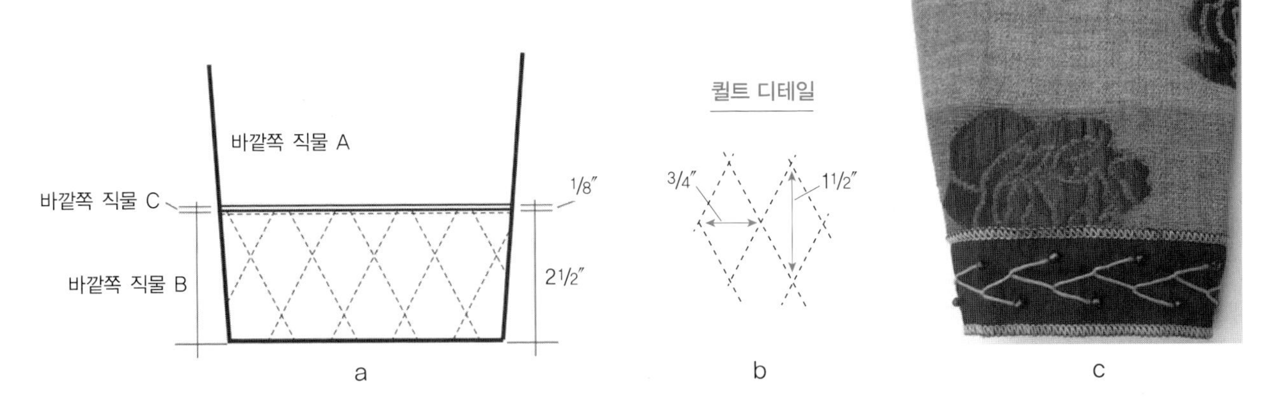

그림 10.34 퀼팅된 밴드 커프

10.34b〉에 나와 있다. 이러한 예는 드로잉과 비율이 디자이너들에게 어떤 비율이 가장 최선일지 결정하는 데 도움을 주는데, 다이아몬드 퀼트의 자세한 크기와 몇 개의 다이아몬드가 반복적으로 나타나야 가장 좋은 효과를 내는지를 보여준다.

외투용 커프스

〈그림 10.35a〉는 스노 스포츠나 등산용으로 디자인된 재킷 같은 특별한 겉옷에 쓰이는 커프스를 보여준다. 이러한 종류의 옷은 커프스 여밈 부분이 디테일이 될 수 있으므로 커프스 부분을 신경 써서 만든다. 이러한 커프스 스타일은 오픈 플래킷이 없는 대신, 커프스를 여는 데 여유분을 더해 주는 거셋을 붙여준다. 장갑에 커프스가 단단하게 붙여져서 바람이나 열이 새지 않기도 한다. 대개 여밈 부분은 벨크로라고도 불리는 훅 앤드 루프 탭(hook-and-loop tab)으로 조정된다.

커프스는 기능성과 디자인의 심미적인 특성도 갖는다. 종합적으로 디자인과 기능성을 갖기 위해서는 의류제품의 전반적인 품질을 높여주는 이상적인 커프를 선택하는 것이 중요하다.

요약

이 장에서는 다양한 시접 끝 처리(에지 처리된 헴, 페이싱, 플래킷과 커프스)를 살펴보았다. 적절하게 시접 끝 처리를 한 이상적인 의류제품을 만들어내기 위해서는 EF로 명명된 스티치 같은 다양한 기법을 사용해 시접 끝 처리를 해야 한다. EF 클래스에 대한 더 자세한 정보는 부록 A에서 볼 수 있다.

연구문제

1. 우븐 셔츠에 가장 자주 사용되는 헴 처리에는 어떤 것들이 있는가? 왜 이러한 헴 처리가 적절한가? 여성용 정장에는 어떤 헴 처리가 자주 사용되는가?
2. 니트 의류제품에 가장 자주 사용되는 헴 처리 방법은 무엇인가? 왜 이러한 헴 처리가 적절한가? 아동복에는 어떤 헴 처리가 자주 사용되는가?
3. 여성용 우븐 셔츠와 니트 셔츠의 슬리브 플래킷을 디자인해보라.
4. 세 가지 종류의 언더팬츠를 관찰해보고 웨이스트 밴드를 부착하는 방법을 확인해보라. 레그 오프닝에서 어떤 처리가 사용되었는지 확인하라. 여성용 언더팬츠와 남성용 언더팬츠의 경우가 서로 다른가? 얼마나 많은 경우에 이런 차이가 발견되는가?

이해 확인

1. 헴 처리 종류와 그 사용 방법에 대해 적어보라.
2. 페이싱의 종류와 각각의 장점과 단점에 대해 적어보라.
3. 플래킷의 종류와 각각의 장점과 단점에 대해 적어보라.

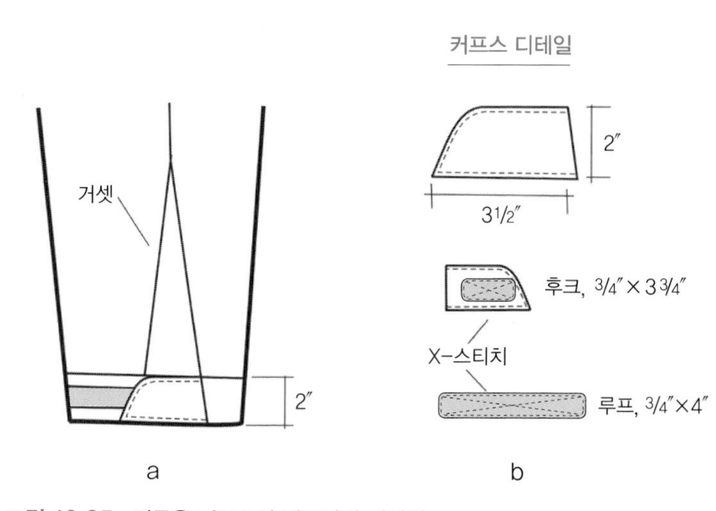

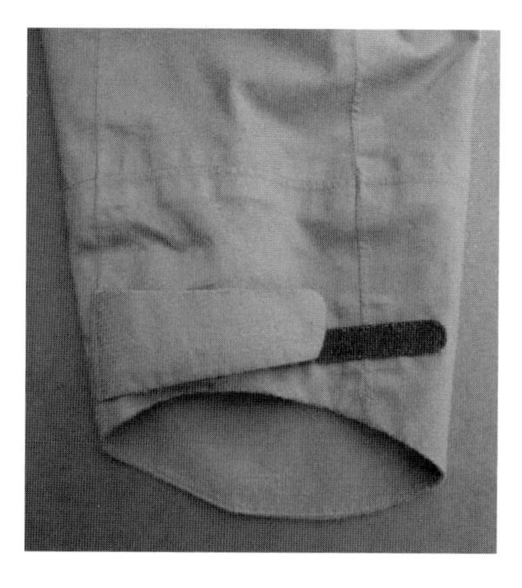

그림 10.35 외투용 커프스의 테크니컬 디자인

4. 가지고 있는 옷 중에서 두 가지 다른 스타일의 플래킷을 찾아 테크니컬 스케치를 그려보라.
5. 이 장에서 논의한 슬리브 플래킷 중에서 한 가지를 선택해 목 여밈이나 허리 여밈에 응용하고, 필요한 비율을 측정해 테크니컬 스케치를 그려보라. 이때 모든 측정치수를 적어 보라.
6. 〈그림 10.1e〉에서 솔기 테이프의 윗부분에 공그르기가 사용되었다. 이런 경우에 끝단의 솔기는 어떤 타입인가?
7. 〈그림 10.9a〉에서 두 가지 종류의 단순화된 그림이 사용되었다. 〈그림 10.9b〉의 밴드 헴의 경우 이 중 어떤 그림을 사용할 수 있는가? 〈그림 10.9c〉의 밴드 헴의 경우는 어떠한가?

CHAPTER 11

구성 방법에 관련된 디자인 디테일

학습목표

1. 기성복에 사용되는 다양한 포켓 방식에 대해 살펴본다.
2. 포켓 디자인과 디테일에 관련된 다양한 테크니컬 디자인 측면에 대해 이해한다.
3. 다양한 의류제품에 어울리는 이상적인 디테일을 선택한다.
4. 디자인 디테일과 강화에 사용되는 심미적인 스티치의 기능을 설명한다.

주요용어

리스 웰트(reece welt)
솔기에 달린 포켓(on-seam pocket)
웰트 포켓(welt pocket)
카고 포켓(cargo pocket)
탑스티칭(topstitching)
패치 포켓(patch pocket)
플랩(flap)

이 장은 다양한 포켓과 디테일에 관해 설명하고, 디자인 디테일과 기능성의 목적으로 사용된 강화 스티치에 대해 살펴본다.

포켓

의류제품에 다양한 포켓이 사용되는데, 각각의 포켓 스타일에 따라 의류제품의 스타일이나 분위기가 다양하게 연출된다. 포켓의 종류로는 내구성과 기능성이 있는 포켓이 있는 반면, 의류제품에 중심점 역할을 하는 패션 포켓이 있다. 〈그림 5.38〉에서 살펴보았듯이 네 가지 주요 포켓은 웰트 포켓(그림 11.1a~e 참조), 패치 포켓(그림 11.1f 참조), 솔기에 달린 포켓(그림 11.1g와 h 참조)과 솔기에 맞닿은 포켓이다(그림 11.1i 참조). 이러한 포켓 이름은 각각의 포켓을 만드는 구성 방법에 따라 달라지고 이런 포켓들은 의류제품의 여러 부분에 다양하게 배치될 수 있다. 또한 이러한 종류의 포켓은 여러 포켓이 함께 조합되어 하나의 포켓으로 사용될 수도 있다.

이 외에 한 의류제품에 다양한 종류의 포켓이 달릴 수도 있는데, 〈그림 11.2〉는 외투에 여러 가지 포켓이 달린 예를 보여준다. 포켓 1은 솔기에 맞닿은 포켓(seam-to-seam pocket)이고, 포켓 2는 패치 포켓(patch pocket)이며, 포켓 3은 더블 웰트(double welt)이고, 포켓 4는 솔기에 달린 포켓(on-seam pocket)이다.

공장에서 만들어서 보내는 샘플의 품질 기준은 재킷에 서

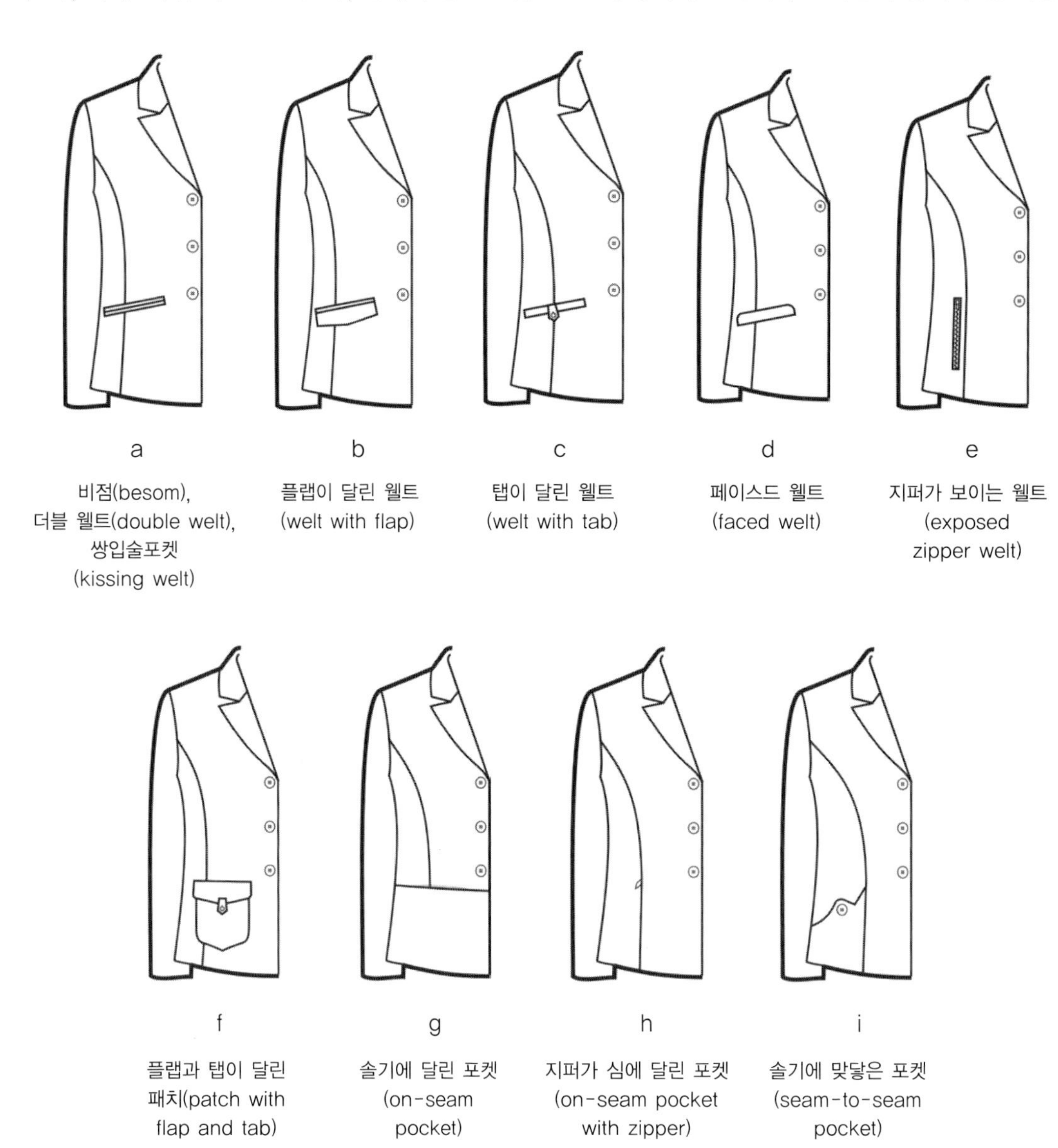

그림 11.1 포켓 종류

그림 11.2 다양한 포켓의 응용

로 똑같이 달린 한 쌍의 포켓을 예로 들 수 있다. 이 장에서는 가격적인 측면에서 어떤 포켓이 어떤 스타일의 의류제품에 가장 적합한지에 관해 살펴볼 것이다.

포켓은 작은 조각품과 같아서 포켓의 기능적인 특성뿐만 아니라 의류제품에서의 장식적인 측면도 중요하다. 균형 잡힌 외관을 가진 적절한 가격의 의류제품을 생산하기 위해서는 완성된 제품의 외관, 크기와 설명도에 대해 심사숙고한 후 모든 포켓의 크기, 구성 방법, 스티칭과 위치에 대한 자세한 설명이 되어야 한다.

디자인의 테크니컬 측면 : 패치 포켓

패치 포켓(patch pocket)은 한 겹 직물로 만들어진다. 대개 의류제품 직물과 같은 직물로 만들어지고 옷과 잘 매치되며 포켓 입구를 꺾어서 박아 완성한 가장 단순한 형태의 포켓이다. 포켓은 미리 봉제해 시접 여유분을 꺾어 다림질해 두고 몸판의 바깥쪽에 얹어서 박음질하여 완성한다. 이러한 종류의 포켓은 내구성이 좋고 작업복, 아동복, 청바지, 셔츠, 목욕가운과 테일러드 재킷 등에 폭넓게 사용된다. 패치 포켓은 보통의 경우에 길쭉한 직사각형이며 캐주얼한 느낌이 있지만 경우에 따라서는 정장풍의 옷에도 사용되는 편이다(그림 11.3 참조).

대부분의 의류제품에서 디테일을 표현하는 것처럼 기본 포켓도 의류제품 생산에 정확하게 사용되기 위해서는 작업지시서에 필요한 특정 정보를 반드시 기재해야 한다. 〈그림 11.4a〉는 남성용 우븐 셔츠의 피니시된 패치 포켓의 외관을 보여준다. 〈그림 11.4〉는 패치 포켓의 디테일, 즉 스티칭, 크기와 구성 디테일을 설명한다. 패치 포켓 패턴을 만들 때 시접 넓이는 스티치가 지나가는 곳이므로 스티칭 디테일에 속하는가, 아니면 구성 디테일에 속하는가? 용어의 정의에 있어서 겹치는 부분이 있지만 명확하게 이해할 수 있는 디테일에 대한 정보를 제공해야 한다. 이때는 '3초 규칙', 즉 그림을 보는 사람이 3초 내에 스케치를 이해할 수 있는지를 적용하는 것이 좋다. 물론, 이해하는 데 시간이 오래 걸리는 복잡한 그림도 있을 수 있지만, 가장 중요한 목적은 정확한 의사소통이므로 이런 그림을 다른 사람에게 보여주어서 그림에 설명한 내용이 명확하게 이해되는지 확인하는 것이 좋은 방법이다.

가장 단순한 셔츠 포켓은 입구 시접을 두 번 꺾어 박아 처

패치 포켓의 입구를
먼저 봉제한다

포켓을 의복에
봉제한다

그림 11.3 패치 포켓

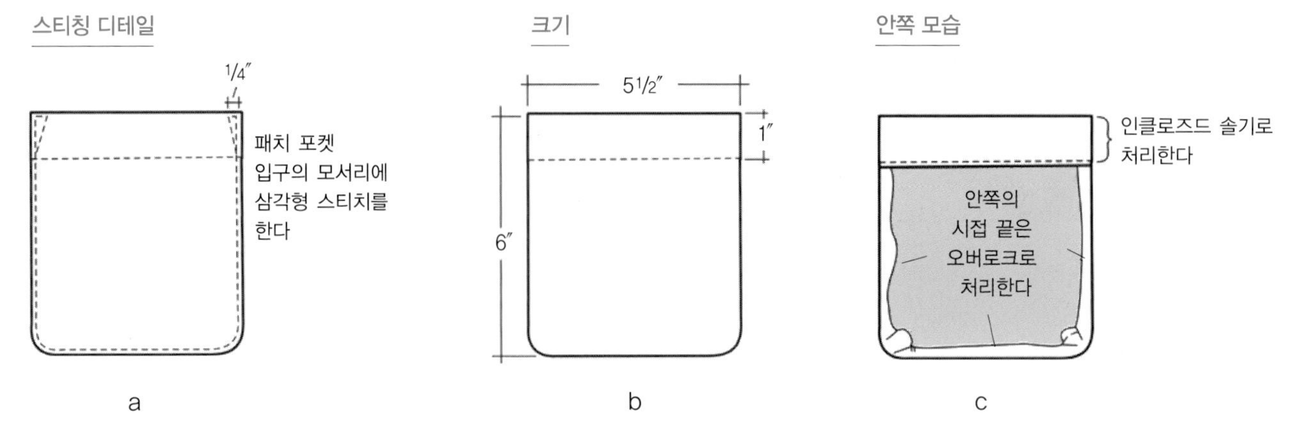

그림 11.4 패치 포켓의 구성

리하고 포켓 가장자리를 끝스티치로 눌러 박은 것이다. 〈그림 11.4〉에서 보는 바와 같이, 또 다른 방법은 시접 끝부분을 오버에지하고 세로 에지에 클린 피니시드 헴 처리를 하는 것이다. 이런 요소들은 가격에 영향을 미치게 되므로 모두 디테일 스케치에 표현되어야 한다.

코너커브

코너커브(corner curve)는 포켓 크기를 명시하는 데 중요하고, 이는 커브 모양에 따라 각각 다른 용어를 사용한다. 〈그림 11.5a〉에서 군복 스타일 포켓으로 아주 약간 굴려진 곡선을 볼 수 있는데, 이는 남성용이나 여성용 의류제품에 모두 적합하다. 〈그림 11.5b〉는 더 부드러운 곡선 모양의 코너를 보여주는데, 이러한 모양은 여성용 맞춤복의 핸드 포켓에 적합하다. 코너커브 정도에 따라 이 두 가지 용어가 각각 다르게 정의될 수 있다. 〈그림 11.5c〉는 둥글려진 코너로 주로 아동복에 사용된다. 코너가 둥글려진 포켓은 주니어 스타일의 여성복에도 사용될 수 있으나, 남성복에는 적합하지 않을 것이다. 〈그림 11.5c〉의 코너커브가 굉장히 둥근 것처럼 보이지만, 〈그림 11.5c〉의 코너커브가 실제로 〈그림 11.5b〉의 코너커브보다 곡선이 덜하다는 사실이 흥미롭다. 이러한 스케치는 전체적인 비율이 최종적인 포켓 형태에 어떻게 영향을 미치는지를 보여준다. 정확한 비율로 그린 그림은 완성된 포켓 디자인에 많은 도움을 주는 것을 보여주는 좋은 예다.

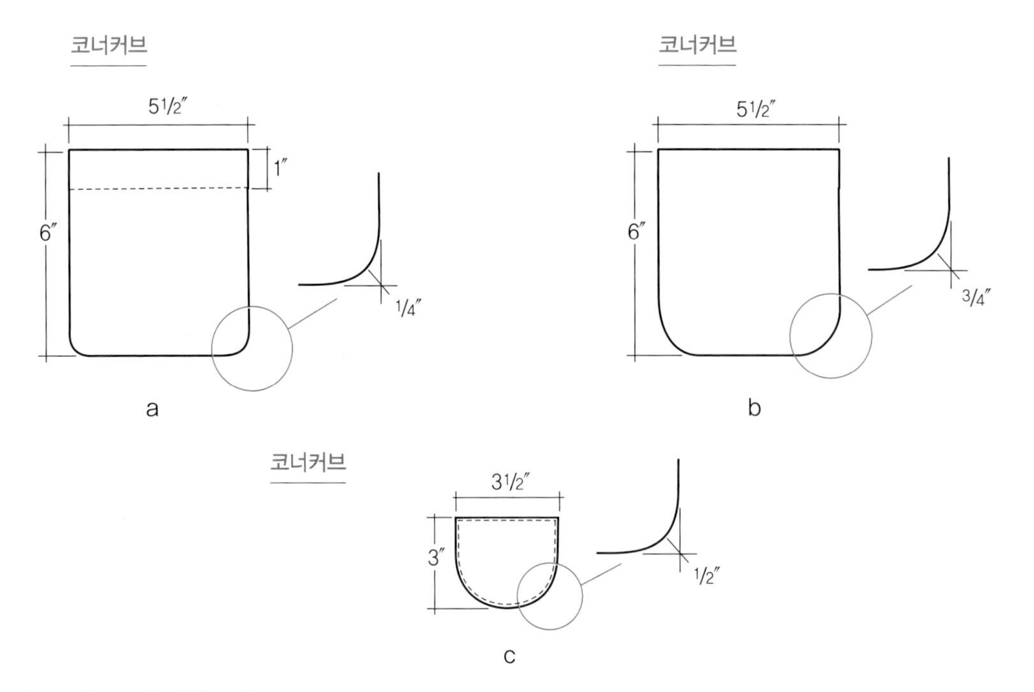

그림 11.5 코너가 곡선으로 된 패치 포켓

패치 포켓에 장식적인 디테일을 넣는 것은 다른 디자인 요소들을 같이 사용할 수 있는 좋은 방법이다. 〈그림 11.6〉은 여자아이 셔츠 윗부분의 포켓 입구에 〈그림 11.5c〉의 포켓 장식을 어떻게 할 것인지를 보여준다. 작업지시서를 통해 실제로 어떤 디테일(트림 혹은 장식적인 탑스티칭)을 사용하는 것인지 명확하게 보여주어야 하지만, 이 스케치는 포켓이 옷의 디테일과 어떻게 조화를 이루는지에 대해 보여준다. 이러한 예의 포켓은 실제로 길이보다 너비가 더 넓은데 이는 비교적 의류상품의 크기가 작은 아동복에 주로 사용되는 비율이다.

주름이 있는 패치 포켓

포켓에 주름을 더해주면 시각적인 관심을 끌기도 하고 포켓 안에 더 많은 물건을 보관할 수 있는 넓은 공간을 확보할 수도 있다. 주름의 깊이는 각각의 디테일 스케치에 따라 다르다(그림 11.7a 참조). 이 스케치는 또한 힘을 많이 받는 부분에 추가된 바택 같은 강화 스티치에 관한 디테일도 같이 보여준다(그림 11.7b). 〈그림 11.7c〉는 완성된 제품을 보여준다.

생산비를 절감하기 위해서는 기능성이 없는 장식적인 주름을 포켓에 만드는 경우도 있다. 〈그림 11.7a〉는 기능적인 포켓의 예로 주름의 깊이까지 포함하고 있다.

또한 〈그림 11.7〉의 스케치는 포켓 위치에 대한 디테일을 보여주고 있다. 외관으로 보면 포켓의 위치가 잘못되어 보일 수도 있고 의도된 바와 다르게 포켓이 위치한 것처럼 보일 수도 있기 때문에, 포켓이 바르게 보이더라도 핏을 통해서 착용자가 이용하기 편한 위치를 결정하는 것이 중요하다(그림 11.7c 참조). 이 포켓은 휴대전화나 다른 작은 용품을 휴대하도록 디자인되었으므로, 의류제품 프로토 샘플이 완성되면 핏 모델을 통해 실제 착용자가 사용하기 쉬운지에 대해 미리 확인해야 한다.

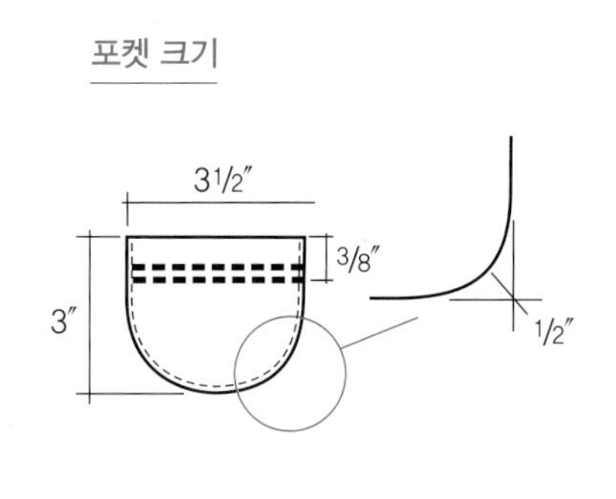

그림 11.6 패치 포켓 디테일

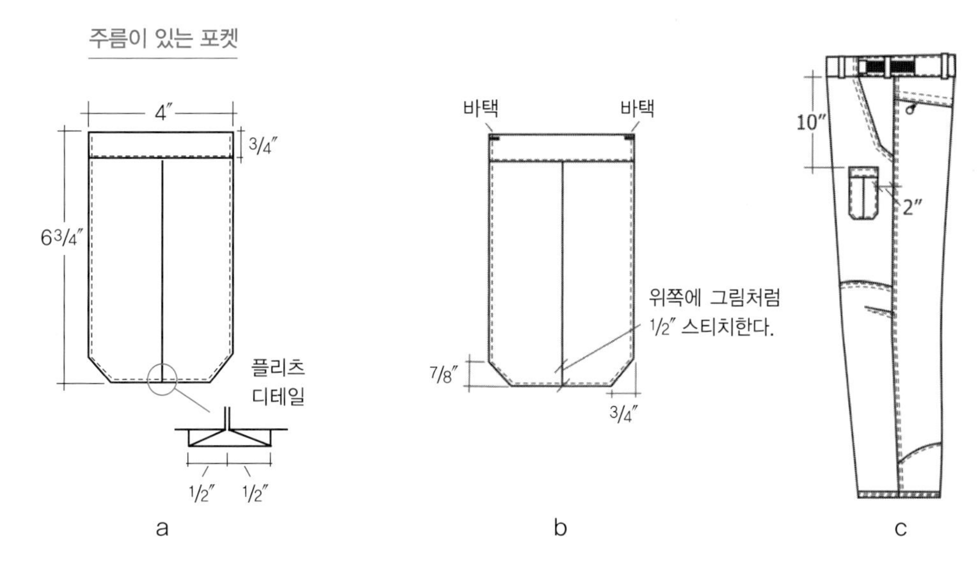

그림 11.7 주름이 있는 패치 포켓의 디테일

플랩이 달린 패치 포켓

플랩(flap)은 따로 분리된 구성으로 포켓 안의 내용물을 안전하게 잘 보관하도록 닫아주는 뚜껑이므로 포켓 입구(opening edge) 가까이에 붙인다. 플랩은 가시적이기 때문에 플랩의 정확한 치수가 상당히 중요하다. 〈그림 11.8〉은 작업지시서에 기재될 플랩이 달린 패치 포켓을 구성하는 방법에 대한 설명을 나타낸다.

얼마나 많은 정보를 작업지시서에 적어야 할까? 디자이너의 경험에 근거해, 완성된 디자인에 의문점이 생길 수 있는 이해하기 어렵고 복잡한 내용이면 작업지시서에 많은 정보를 포함시켜야만 한다. 〈그림 11.8〉에서의 포켓은 이 스타일에 매우 중요한 디테일이기 때문에 설명한 내용을 빼거나 고치지 않는 것이 낫다. 이러한 스타일의 제품을 많이 생산해본 적이 있는 공장에서 1차 프로토 샘플을 생산한다면 보다 적은 내용의 정보를 포함한 작업지시서를 보내도 될 것이다. 하지만 새로운 공장에서 1차 프로토 샘플을 생산한다면, 더 많은 디테일이 적힌 작업지시서를 보내는 편이 나을 것이다. 작업지시서를 작성할 때는 같은 내용을 두 군데 혹은 그 이상의 다른 여러 군데에 기록해서 작업지시서 내의 내용이 서로 모순되는 것을 방지해야 한다. 프레젠테이션 정보를 표준화할수록 오류가 더 적게 발생할 것이고 스타일이 신속하게 정확한 상품으로 생산될 것이다. 디테일 스케치를 통해 여러 가지 포켓 요소들에 대해 가장 잘 의사소통할 수 있는데, 포켓의 '크기, 구성 방법, 스티칭과 위치'를 꼭 확인해야 한다.

각 플랩 끝에 있는 BT는 바택을 나타내며 일반적인 강화 디테일이다. 탑스티칭 디테일 또한 외관을 완성하는 중요한 요소다(작업지시서의 구성 페이지에 보면 추가 탑스티칭의 디테일이 나와 있다). 한 의류제품에 두 쌍의 포켓이 달릴 경우에는 공장에서 두 포켓의 사이즈, 모양과 위치를 서로 동일하게 생산해야만 한다.

벨크로 플랩이 달린 카고 포켓

카고 포켓(cargo pocket)은 군복의 기능성에 근간을 두고 있고, 포켓의 수용량을 늘리기 위해 주름이나 패널을 솔기에 붙여서 만든다(그림 11.9 참조). 구성 방법은 포켓의 크기를 늘리기 위해 바지와 포켓의 겉쪽 사이에 천을 덧대어 포켓이 입체적으로 벌어지게 하는데 이때 쓰이는 조각을 벨로우(bellows)라고 한다.

훅 앤드 루프는 최초 생산자의 이름을 따서 브랜드 이름인 벨크로(velcro)라고도 불린다. 이는 〈그림 11.9〉처럼 플랩에는 가로 방향으로, 포켓에는 세로 방향으로 붙이는데, 포켓 안이 내용물로 꽉 찼을 때 좀 더 넣을 수 있도록 하기 위한 방법이다(그림 11.9 참조). 훅을 적합하지 않은 곳에 붙인 경우 피부에 흠집을 줘서 불편할 수 있기 때문에, 어떤 쪽에 '훅(hook : 거친 표면)'를 붙이는 게 적당한지를 결정하는 것이 중요하다.

포켓이 붙는 곳이 두꺼운 경우 봉제되어야 하는 원단의 겹수를 줄일 수도 있지만, 모든 무게의 직물을 포켓용 벨로우에

그림 11.8 플랩 달린 패치 포켓

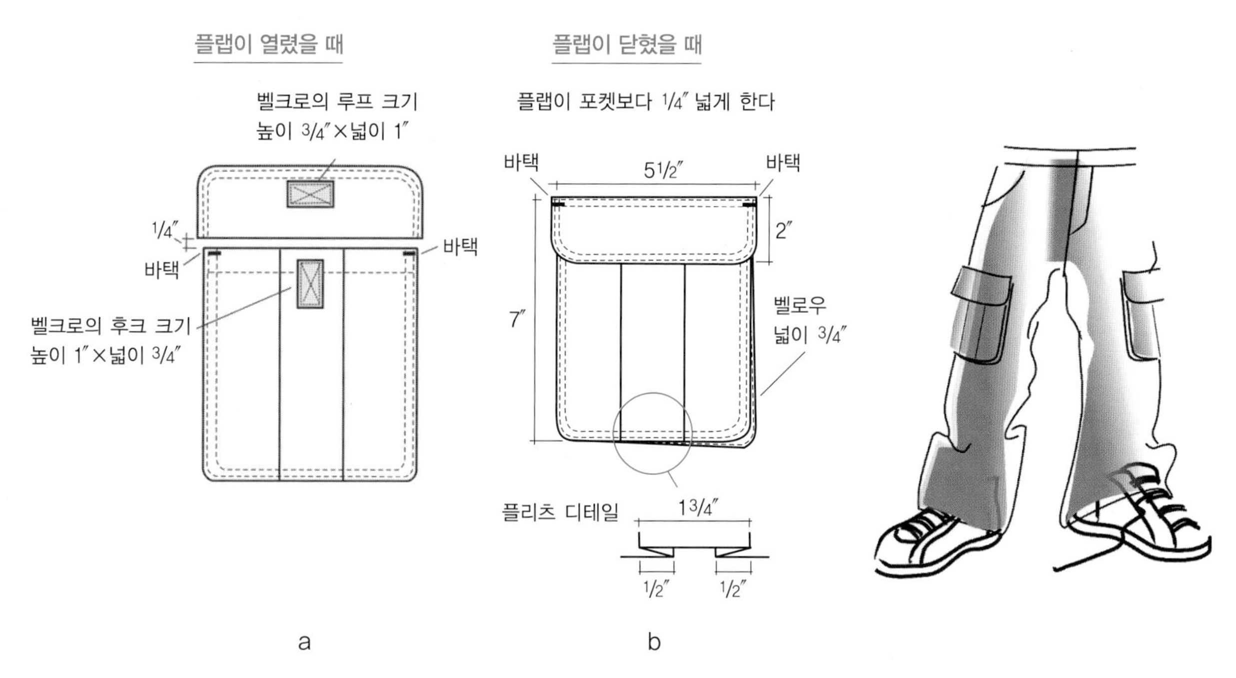

그림 11.9 벨크로 플랩이 달린 카고 포켓

사용할 수 있는 것은 아니다. 패치의 상의 코너 부분이 안전하게 봉제되어야 플랩 아래쪽 카고 포켓 디테일이 얇은 직물로 안정적으로 부착된다. 〈그림 11.10a〉는 모든 원단의 겹들을 봉제해야만 포켓 입구가 고정되는 것을 보여준다. 원단이 몇 겹이나 되는가? 〈그림 11.10b〉는 원단이 겹쳐진 곳이 바택 포인트(bartack point)에 연관된다는 것을 보여준다. 바택을 부착하는 곳에는 13겹의 원단이 겹쳐 있다. 의복의 몸판은 한 겹이고, 포켓 시접 여유분은 네 겹이며 벨로우는 총 여덟 겹의 원단이 봉제된다. 이러한 이유로, 두꺼운 캔버스 직물은 이런 종류의 벨로우를 만드는 데 적합하지 않고, 이런 봉제를 위해서는 두꺼운 바늘이 달린 특별한 기계가 있어야 한다. 그러나 벨로우를 따로 만들지 않고 주름 잡힌 형태로 포켓을 만든다면 포켓의 모양을 만드는 방법에는 캔버스 같은 두꺼운 직물의 사용이 가능할 것이다. 이럴 때는, 아래 코너를 접고 둥근 모양의 형태보다는 사각 형태로 만들어야 할 것이다. 직물의 두께에 대해 의문점이 들 경우, 공장에서는 모의 샘플(mock-up sample)을 만들 수 있다.

〈그림 11.11〉은 벨로우가 있기도 하고 없기도 한 다양한 카고 포켓을 보여준다. 〈그림 11.11a〉는 비대칭형 플랩이 달린 사선 카고 플리츠를 나타낸다. 〈그림 11.11b〉는 바택으로 센터 플리츠가 강화되고, 그로밋 디테일이 다트 코너에 부착된 것을 보여준다. 또한 이 포켓에는 강화 스트립에 봉제된 플랩이 있는데, 이는 의류제품의 안쪽으로 포켓이 달리기 전에 봉제된 것이다. 〈그림 11.11c〉는 스냅으로 닫힌 플랩을

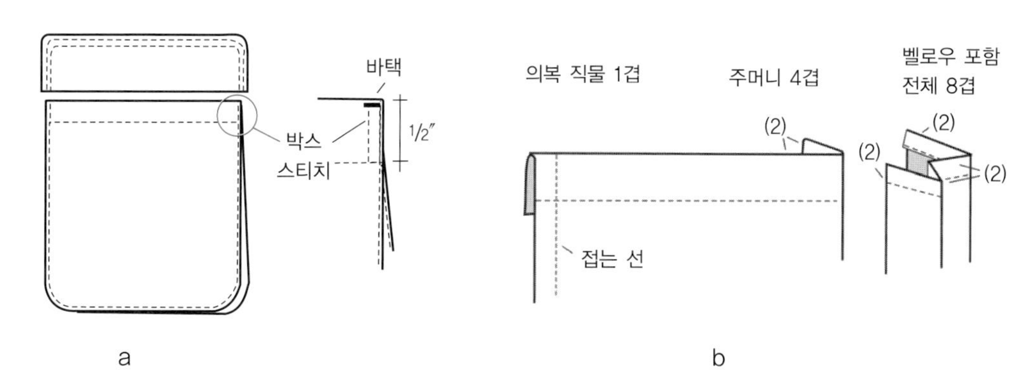

그림 11.10 벨크로 플랩이 달린 카고 포켓

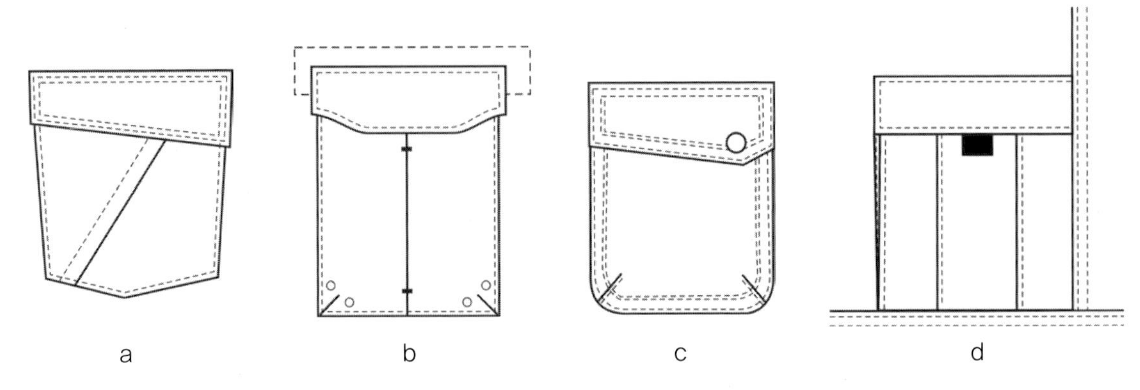

그림 11.11 카고 포켓의 응용

보여준다. 전체적으로 평평한 편이고 탑스티칭 스타일이 보다 장식적이기 때문에 이 포켓은 맞춤복 스타일에 사용될 만하다. 포켓은 양쪽 모두 솔기에 봉제하고 벨로우는 봉제하지 않은 쪽을 남겨 놓는 부분적인 벨로우도 있을 수 있다(그림 11.11d 참조). 이러한 다양한 디자인을 하기 위해서는 굉장한 창의력이 필요하고, 이때야 비로소 모든 디테일에 적합한 올바른 구성 방법을 선택하게 할 수 있다.

모양이 된 페이싱이 달린 패치 포켓

페이싱은 국내에서는 안단이라고도 불리는데, 의복의 가장자리를 끝마무리하기 위해 사용되는 직물 조각으로, 패치 포켓 페이싱의 경우 포켓의 입구에 부착된다. 페이싱은 포켓에 힘을 더해주고, 다양한 모양을 연출할 수 있게 한다. 페이싱을 오른쪽에 봉제한 후에, 필요하면 가위로 자르거나 처리하고 직물의 안쪽으로 뒤집어서 탑스티치를 해 인클로즈드 솔기를 만든다.

의복의 형에 맞게 구성된 일정 모양의 페이싱은 포켓 같이 디테일을 강조할 수도 있다는 장점이 있다. 〈그림 11.12〉는 페이싱 아래쪽의 스티치가 탑 에지에서 2인치 아래쪽으로 떨어져서 장식되어 포켓 디자인의 한 부분이 되는 방법에 대해 보여준다.

모양이 된 패치 포켓

페이싱을 사용함으로써 패치 포켓 모양을 자유롭게 연출할 수 있다(그림 11.13 참조). 이 디자인에는 몇 가지 거쳐야 될 과정이 있고 또한 상당한 노동력이 든다. 디테일을 고려함에 있어 의류제품의 판매가격에 잘 부합한다면 좋은 선택이지만, 그렇지 않은 경우에는 디테일을 조정할 필요가 있다. 숙련된 직원이 있는 공장에서는 단순 아플리케 같은 다른 구성 방법을 제안할 수도 있다. 이러한 경우, 위쪽의 모서리를 우선 안단 처리한 후, 나머지 모양은 다림질해 전체 직물을 두 겹이 아닌 한 겹으로 직접 의류제품에 한 번의 공정으로 꿰맬

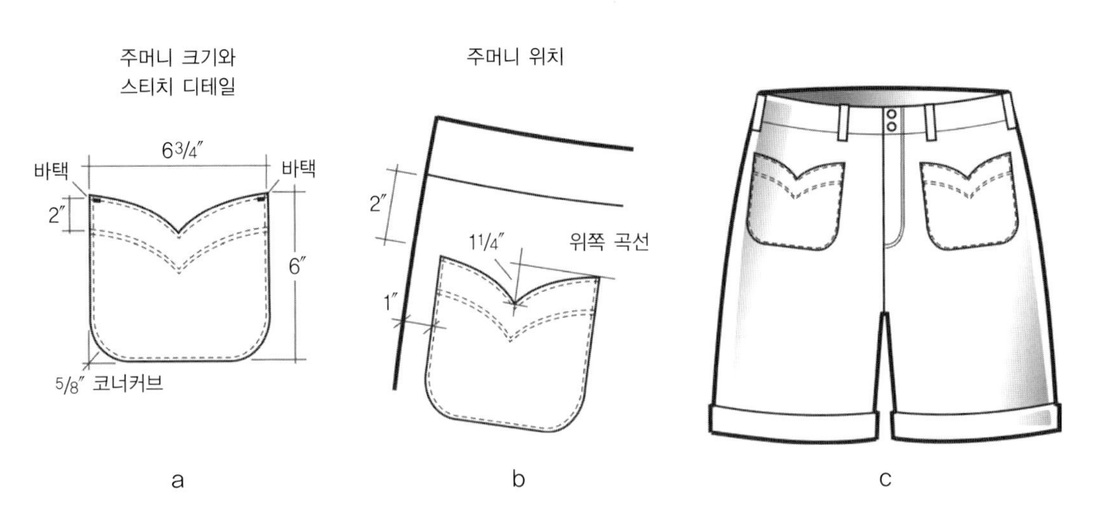

그림 11.12 모양이 된 페이싱이 달린 패치 포켓

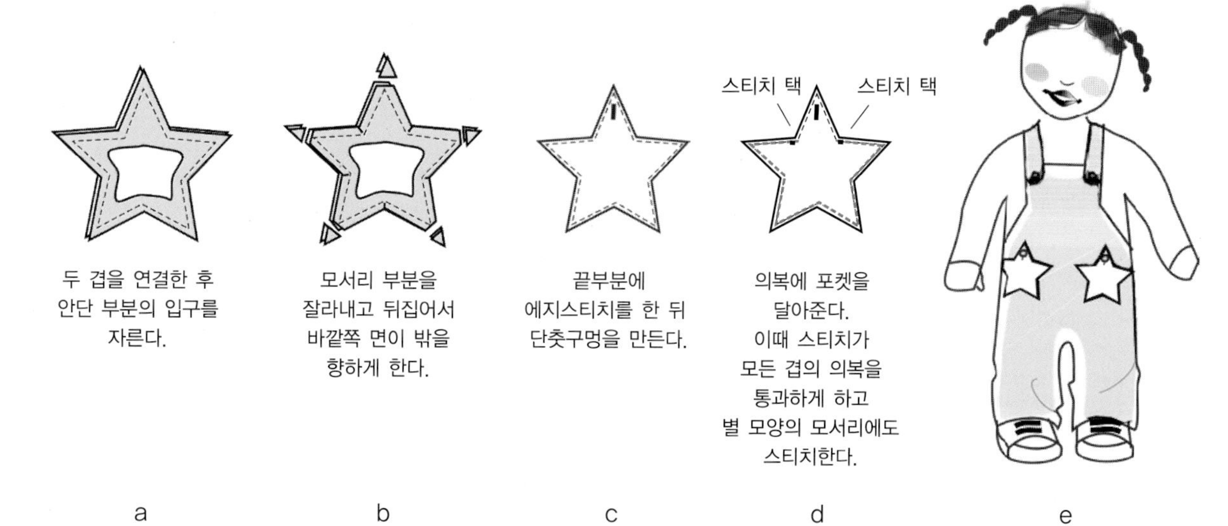

그림 11.13 모양이 된 패치 포켓

수도 있다. 각 공장에서는 가장 적절한 구성 방법을 다르게 제안할 수 있는데 디자인이나 품질에 영향이 전혀 없다면 보통 공장에서 제안한 대로 구성하는 것이 가장 적절하다.

디자인의 테크니컬 측면 : 웰트 포켓

패치 포켓은 의류제품의 바깥쪽에 있는 반면, **웰트 포켓**(welt pocket)은 주머니 입구를 기준으로 포켓이 안쪽으로 위치한다. 웰트 포켓은 바운드 포켓(bound pocket)이나 슬래쉬드 포켓(slashed pocket)이라고도 하며, 이런 포켓은 패치 포켓보다 종류가 더 다양하고 구성 방법이 더 어렵다고 알려져 있다.

자동화된 기계로 웰트 포켓을 저렴하게 만들 수 있는데 이러한 저가의 웰트 포켓이 고가의 맞춤복에 사용되기도 한다. 이는 각각 특정한 의류제품에 적합하다.

웰트 포켓을 만드는 가장 일반적인 방법은 리스(reece) 기계 같은 기계로 만드는 것이다. 기계로 만들어진 웰트 포켓은 리스 브랜드 기계를 썼거나, 다른 기계를 쓴 경우에도 대개 **리스 웰트**(reece welt)라고 불린다. 리스 기계에는 표준 넓이와 특징이 세팅되어 있어서 다른 웰트 디자인을 원할 경우에는 세팅된 것과 다른 방법으로 만들어져야 하므로 가격이 매우 비싸진다. 예를 들면 기계의 가장 좁은 세팅이 3/8인치인데, 완성된 웰트를 3/8인치보다 좁게 만들기 원한다면 리스 기계를 사용하기보다는 손으로 만들어야 될 것이다. 이러한 경우는 추가비용을 들일 만큼 좁은 웰트 포켓이 의복의 전체 디자인에 꼭 필요한지를 고려해 타당성 있게 결정을 내려야 한다.

리스 기계는 여러 가지 과정을 거쳐 빠른 속도로 봉제를 한다. 웰트 조각을 옷감의 바깥 면에 놓은 후(그림 11.14d, 뒷면 요크 패널 참조), 첫 번째 단계로 각 끝에 자동 스티치 택(stitch-tack)으로 두 줄 평행선 스티치를 한다. 완성된 웰트 가로선 사이에 간격이 생긴다(그림 11.14a 참조). 두 번째 단계로, 칼로 모든 레이어의 코너 쪽으로 깊숙이 중간 부분을 자른다(그림 11.14b 참조).

이때는 코너에 가깝게 자르므로 너무 느슨한 조직의 우븐 직물은 이러한 스타일의 웰트를 만들기에 적합하지 않다. 다음으로, 웰트를 안쪽으로 뒤집어서 직물을 접는다. 마지막으로, 삼각형 끝이 풀리지 않도록 조심스럽게 스티치하고, 웰트 둘레에 끝스티치를 더해 포켓백(pocket bags)을 부착해 완성한다. 〈그림 11.14c〉가 완성된 웰트의 외부 모습이며 또한 웰트에 붙여진 포켓백을 안쪽에서 보여준다.

이러한 공정 처리는 웰트를 작은 조각으로 백요크에 만듦으로써 단순화된다. 〈그림 11.14d〉는 앞쪽에서 본 웰트도 보여준다. 앞 패널이 백요크보다 훨씬 길고, 오른쪽과 왼쪽의 포켓들이 매치되어야 하기 때문에 앞 패널 웰트는 만드는 것이 더 오래 걸리고 처리할 것이 더 많을 수 있다.

〈그림 11.15〉는 다양한 제품 종류에 사용되는 웰트 포켓의 다채로움을 보여준다. 〈그림 11.15a〉는 더블 비점(double-besom)이나 키싱 웰트(kissing welt)로 알려진 더블 웰트(double-welt)가 달린 팬츠 포켓을 보여준다. 더블 웰트는 또한 자동화된 기계로 만들어진 리스 스타일(reece-style) 웰트이

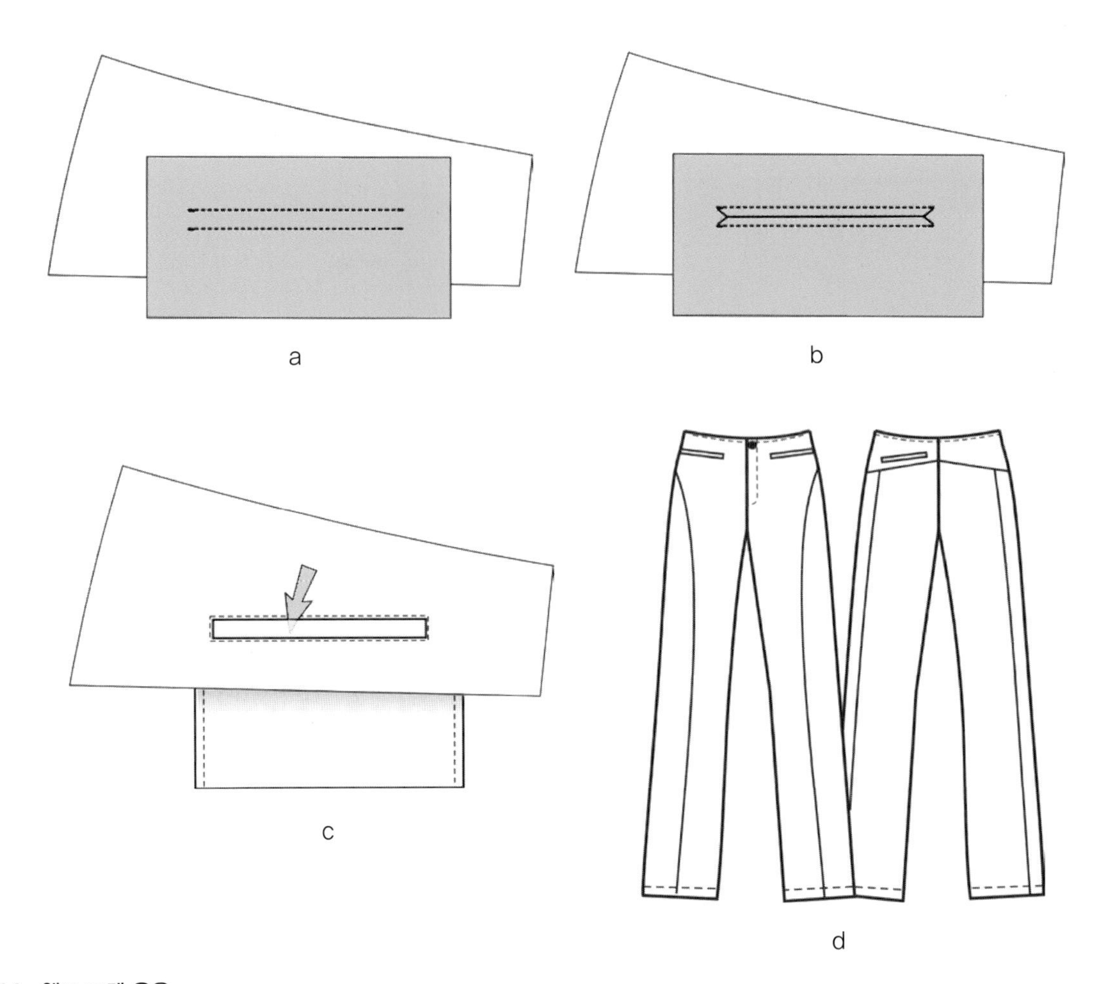

그림 11.14 웰트 포켓 응용

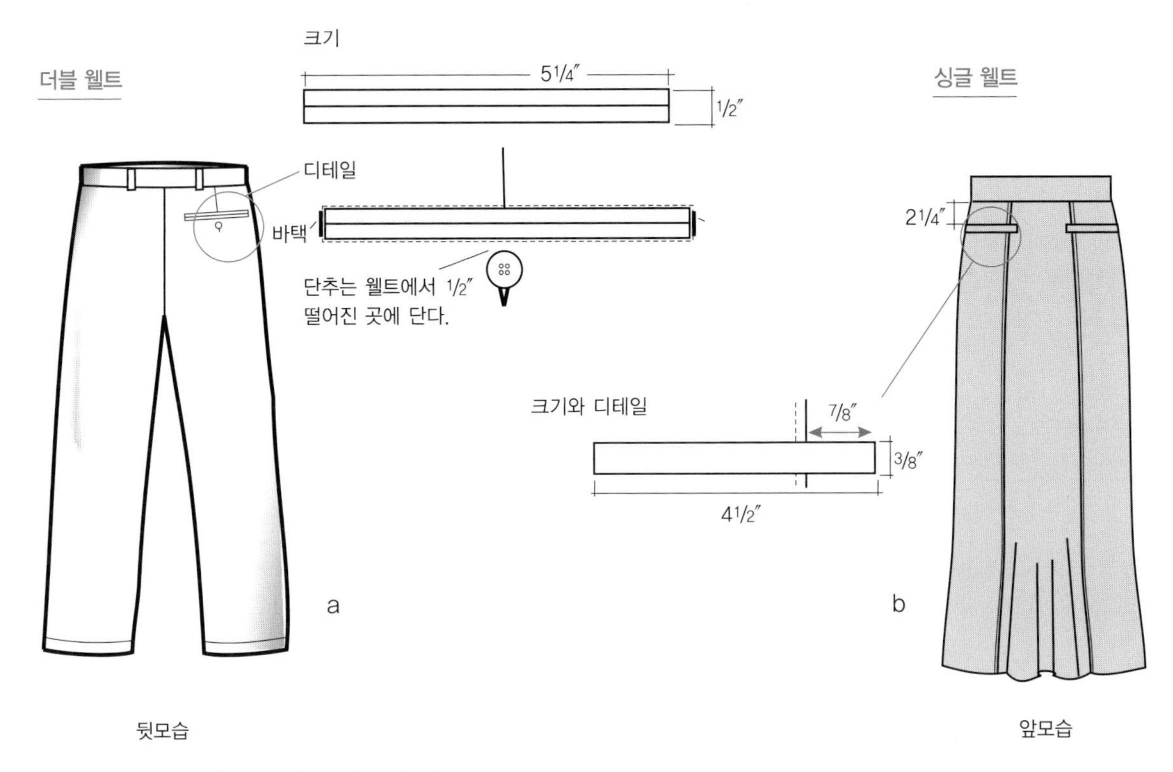

그림 11.15 웰트 포켓 디테일 : 더블 웰트(a)와 싱글 웰트(b)

기도 하다. 두 가지 목적으로 웰트 아래쪽에 단추와 단춧구멍의 디테일이 있는데, 첫째, 포켓 안의 내용물을 안전하게 보관하고, 둘째, 시간이 지남에 따라 포켓이 늘어나거나 사이가 벌어지는 것을 막기 위함이다. 강화를 위해 웰트의 양쪽에 바택을 했다. 이러한 포켓은 대개 소비자들이 지갑을 보관하는 곳에 위치하므로, 웰트 사이즈나 안쪽의 포켓백의 깊이를 디자인할 때 기능성을 염두에 두는 것이 매우 중요하다.

〈그림 11.15b〉는 포켓 가장자리를 따라 스티치되지 않고 평평하게 다림질된 웰트 포켓이 달린 스커트를 보여준다. 모든 레이어를 통과하는 바택을 하지 않고 안쪽에서 삼각형 끝을 스티치했는데, 이러한 방법은 좀 더 많은 노동력을 요구하므로 테일러드 의복에 주로 사용된다. 웰트를 솔기 위에 놓기 위해서는 먼저 앞면 전체를 봉제해 다림질하고 탑스티치까지 해야 한다. 리스 기계에 놓기 전에 전체 앞면을 공장으로 이동시켜야 하기 때문에 그 처리 과정이 상당히 어렵다. 이때 오른쪽과 왼쪽의 높이와 각도를 맞추는 일이 매우 중요하기 때문에 작업자는 세밀하게 관찰해 각도가 틀어진 곳이 없는지 확인해야 한다. 그러므로 다림질과 추가 관리에 대한 비용을 스커트 생산비용에 반드시 반영해야 한다.

기능성이 있는 포켓과 디테일은 중요한 품질 지표가 된다. 그런데 작은 사이즈의 포켓이 가슴보다 높은 곳에 봉제된 경우는 기능성이 없는 포켓으로 간주가 된다. 이때는 포켓의 입구를 봉제해 막거나 포켓백이 없는 포켓을 만들 수도 있는데 이러한 포켓은 대개 저가의 의류제품에서 사용된다.

플랩 달린 웰트

웰트는 대개 플랩과 같이 사용되는데 〈그림 11.16〉은 여러 의류제품에 사용되는 다양한 플랩 디자인을 보여준다. 〈그림 11.16a〉는 스티치되지 않고 다림질된 웰트와 스티치된 플랩 에지(flap edge)를 보여준다. 이러한 디자인은 남성용 맞춤복에서 볼 수 있다. 〈그림 11.16b〉는 위쪽 방향의 페이싱 웰트인데 웰트의 위쪽 에지에 봉제가 되었고 위쪽에 포켓 입구가 있다. 이런 포켓은 핸드 포켓이나 가슴에 달리는 포켓으로 사용될 수 있다. 웰트와 옷의 봉합 솔기는 아래쪽 에지에 있고 양쪽 사이드는 그다음 공정으로 스티치되었다. 〈그림 11.16c〉는 트렌치 코트에서 볼 수 있는 스타일이고, 〈그림 11.16d〉는 플랩이나 안쪽에 고정되어 보이지 않는 컨버터블 웰트를 보여준다. 플랩을 얇고 가벼운 직물로 만들지 않을 경우, 플랩을 고정시킬 때 제대로 닫히지 않고 벌어지는 불룩한 모양을 만들어낼 수 있다.

지퍼가 달린 웰트 포켓

지퍼가 달린 웰트 포켓에는 눈에 보이는 지퍼 혹은 눈에 잘 띄지 않는 숨은 지퍼를 달 수 있다. 〈그림 11.17〉은 웰트가 잘 보이는 지퍼를 보여준다. 이러한 지퍼는 리스 타입 기계로 생산되기 때문에 웰트 포켓에 포함된다.

〈그림 11.17〉은 플랩이 달린 패치 포켓과 눈에 잘 보이는 지퍼가 달린 포켓의 두 가지 포켓이 결합된 것을 보여준다. 구성의 순서에 따라 눈에 띄는 지퍼 디테일을 먼저 위치하게 하고 패치 포켓을 배치하고 플랩을 맨 나중에 배열한다. 지퍼 포켓의 포켓백은 옷의 안쪽에 위치해 안쪽에서 보인다. 지퍼가 완성된 옷에서는 플랩에 가려져서 보이지 않는다고 하더라도 노출된 지퍼로 구성된다.

이러한 형태의 지퍼 포켓은 트래블 셔츠(travel shirt) 같은

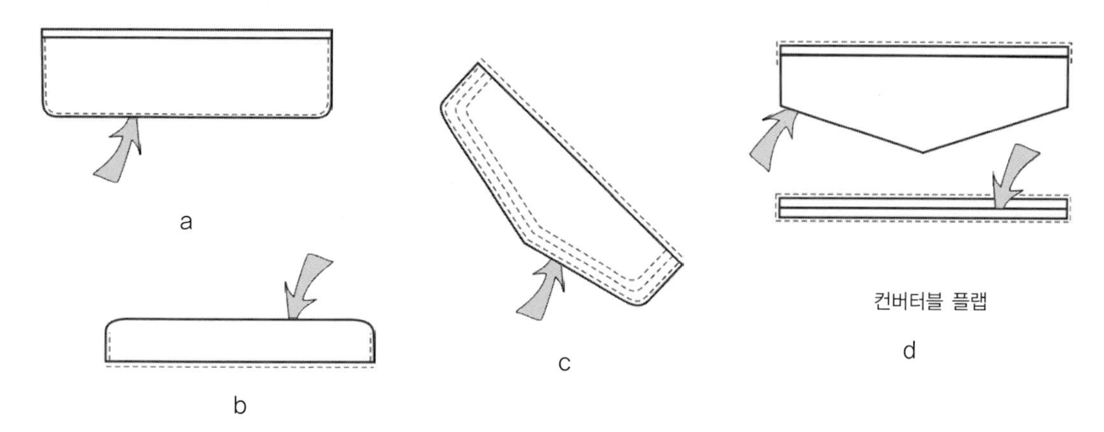

그림 11.16 다양한 플랩 모양

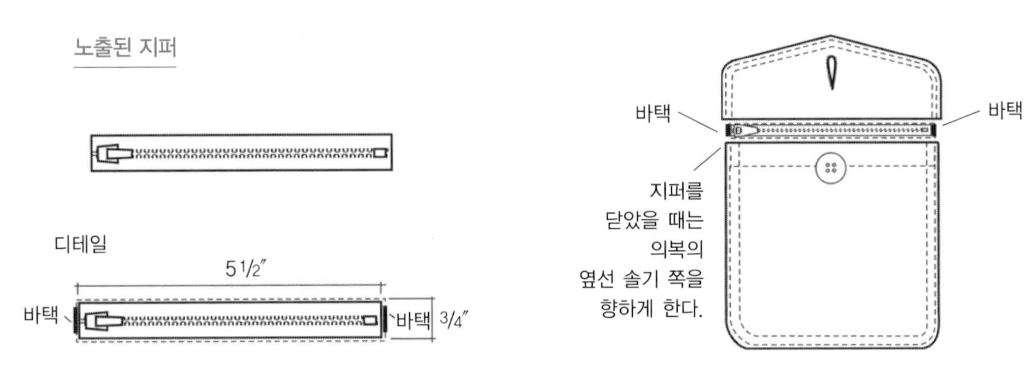

그림 11.17 노출된 지퍼가 달린 웰트

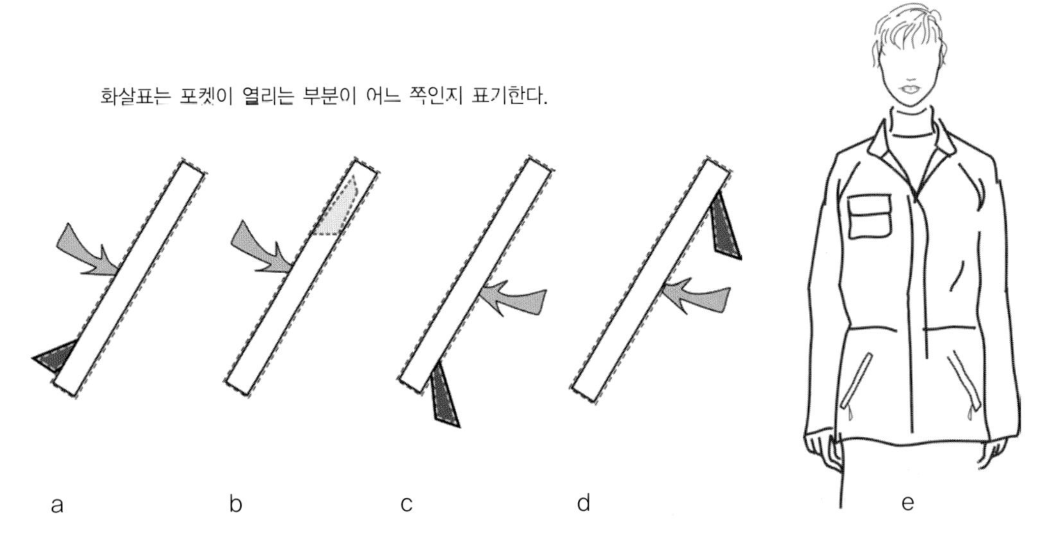

그림 11.18 지퍼와 지퍼풀이 달린 웰트

특별하게 사용되는 의복에서 볼 수 있는데 이때 지퍼 포켓이 중요한 것들을 안전하게 보관할 수 있도록 해준다. 또한 일상적인 보관 용도로서의 패치 포켓도 지퍼 포켓으로 구성되기도 한다.

또 다른 지퍼가 달린 웰트 포켓 스타일은 스키복이나 스노보드복 같은 활동적인 아우터웨어에 사용되고 수분이 들어오는 것을 막기 위해 지퍼를 노출시키지 않는다. 이러한 종류의 옷은 추운 계절에 입기 때문에 착용자가 장갑을 꼈을 것을 예상해 손의 활동이 우둔한 것을 염두에 두어 좀 더 큰 지퍼 풀(pull), 즉 지퍼를 열 때 잡아당기기 쉽게 하는 고리를 다는 것이 필요하다. 이러한 스타일은 작업지시서에 입구를 잘 표시해야 한다. 대부분의 경우, 핸드 포켓의 입구는 옆선에 만드는 것이 적절하다. 방수성 때문에 스노보드복 같은 아우터웨어에는 오프닝 에지를 앞중심에 만드는 것이 적합하다. 그렇게 함으로써 물이 포켓 안으로 들어오는 것을 막을 수 있기 때문이다.

〈그림 11.15b〉에서 살펴본 스커트의 웰트 포켓 예에서는 입구가 위쪽에 위치한다. 〈그림 11.17〉의 더블 웰트 혹은 노출된 지퍼에서는 입구가 항상 중간에 위치하기 때문에 따로 설명을 할 필요가 없다. 그러나 〈그림 11.18〉에서의 웰트는 입구가 앞중심이나 옆선에 위치할 수 있으므로 이에 대해 설명을 해야 한다. 지퍼 풀(zipper pull)이 스케치에 그려져 있다면, 지퍼 풀이 있는 곳에 입구가 위치하는 것으로 해석하면 된다. 〈그림 11.18a〉와 〈그림 11.18b〉는 입구가 위쪽에 있는 것을 보여주고 〈그림 11.18c〉와 〈그림 11.18d〉는 입구가 아래쪽에 있는 것을 보여준다.

두 번째 디테일로 지퍼가 위쪽 혹은 아래쪽, 어느 쪽으로 닫혀 있는지 설명되어야 한다. 〈그림 11.18e〉의 스케치는 〈그림 11.18c〉와 매치되지만, 다른 세 가지 선택 가능성이 있다(그림 11.18a, b, d). 〈그림 11.18a〉에서는 지퍼 풀이 아래쪽으로 닫혀졌으나, 지퍼 풀의 크기 때문에 다소 각도가 다르게 보인다. 〈그림 11.18b〉에서는 지퍼 풀을 접어서 안쪽으로 넣었으므로 외투용으로는 적합하지 않다. 스키 장갑을 꼈을 경우 이러한 지퍼 풀을 잡기가 쉽지 않기 때문이다. 이러한 디자인은 착용자가 장갑을 끼지 않는 러닝복 같은 스타일에 더욱 적합할 것이다. 〈그림 11.18d〉는 지퍼 풀을 닫아서 올렸는데 지퍼 풀이 자유롭게 달려 있어서 방해가 될 수도 있다. 의류 디자이너는 의복을 디자인할 때 이러한 모든 가능한 문제점을 미리 생각해야 한다.

곡선으로 된 웰트

전통적인 웨스턴 셔츠에서는 좁게 곡선으로 된 웰트가 있는 스타일이 품질 지표였다(그림 11.19 참조). 이러한 포켓 스타일의 다른 이름은 **스마일 포켓**(smile pocket)이다.

여기에 보여진 웰트를 만드는 첫 번째 단계는 웰트 자체를 만들고, 완성된 웰트의 양쪽 끝을 삼각형 아플리케로 스티치하는 것이다. 빈티지 셔츠(vintage shirt)에서 볼 수 있는 또 다른 끝마무리는 손으로 자수를 놓은 삼각형 모양이다. 이러한 웨스턴 스타일 셔츠에는 독특한 미국 전통의 일부분으로 지역 특성을 나타내는 장식들인 대비 배색의 파이핑(contrasting color piping), 바이어스 컷 요크(bias cut yoke), 펄 스냅(pearl snap), 화려한 커프스, 자수, 브레이딩(brading), 보더 프린트(border print)와 강조하는 디테일 등을 사용한다.

〈그림 11.20〉은 이러한 모양의 웰트는 위쪽에서 구부러져서 페이싱과 함께 봉제되어야 하는 것을 보여준다. 페이싱 웰트가 위쪽을 향한 것처럼 봉제되었다. 곡선은 아래쪽에 두었고 옆선의 끝에는 마지막에 아래 방향으로 향하게 봉제되었다. 곡선으로 된 웰트의 이러한 스타일은 상당한 요령이 있어야 만들 수 있기 때문에 특성화된 공장에서만 생산 가능하다. 그러나 최상의 품질로 완성된 옷을 미리 볼 수 있도록 보내준다면 공장에서도 이러한 스타일을 잘 만들 수 있을 것이다.

디자인의 테크니컬 측면 : 솔기에 달린 포켓

솔기에 달린 포켓(on-seam pocket)은 봉제선을 따라 안쪽에 만들어진 포켓으로, 포켓보다는 절개선을 강조하는 디자인 스타일에 사용된다. 〈그림 11.21a〉는 더블 웰트의 특성을 갖는 온심 스타일(on-seam style)을 보여준다. 〈그림 11.21b〉는 남자나 여자의 바지에서 볼 수 있는, 솔기에 달린 포켓의 잘 알려진 예를 나타낸다.

〈그림 11.22〉는 솔기에 달린 포켓의 또 다른 예를 보여주는데, 활동적인 재킷이기 때문에 솔기에 달린 포켓에 지퍼를 추가했다. 지퍼가 포켓의 양쪽 끝에 일정 부분을 차지하고 포켓에 장갑을 낀 손을 넣는 것까지 고려해 포켓의 길이를 추가해야 한다. 이 그림의 스케치에서는 지퍼가 위쪽 방향으로 닫혀 있다는 것까지 나타냈다. 이렇게 포켓백이 위쪽에 가깝게 위치할 경우에는 열기 쉽다는 장점이 있다. 그러나 만약 지퍼 풀이 너무 강조되어 눈길을 끈다면 이것이 단점이 될 수 있는

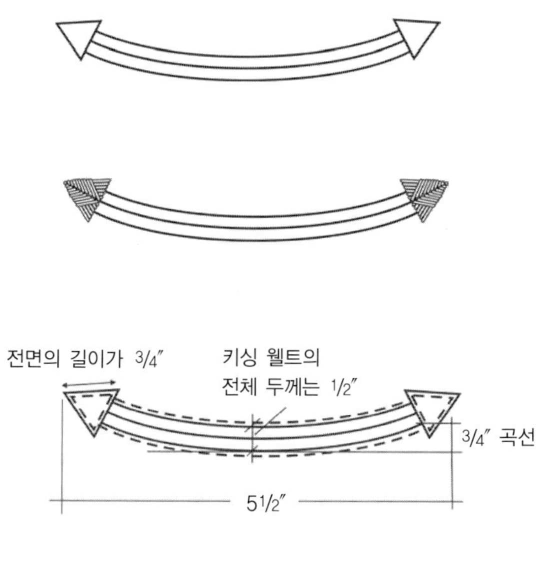

그림 11.19 곡선 웰트의 응용

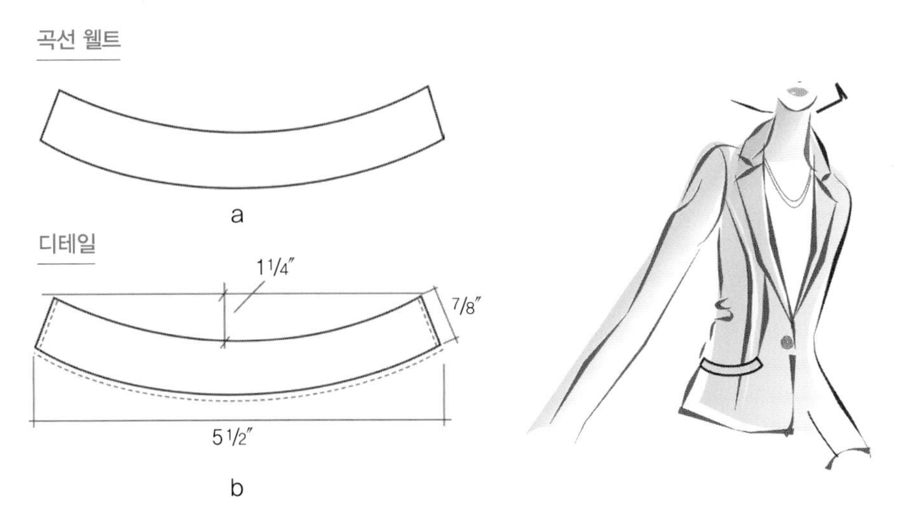

그림 11.20 곡선 웰트의 변형

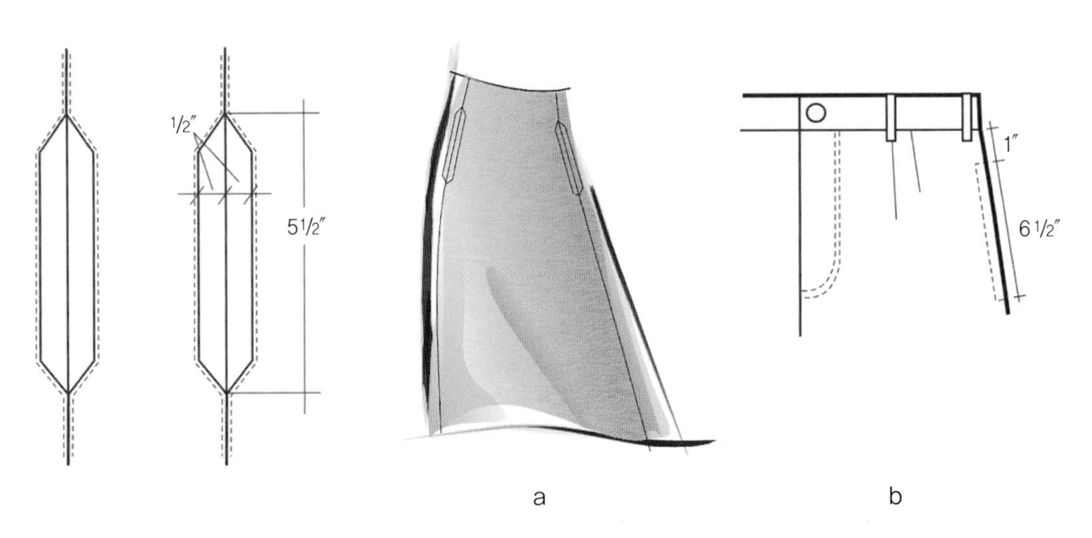

그림 11.21 솔기에 달린 포켓

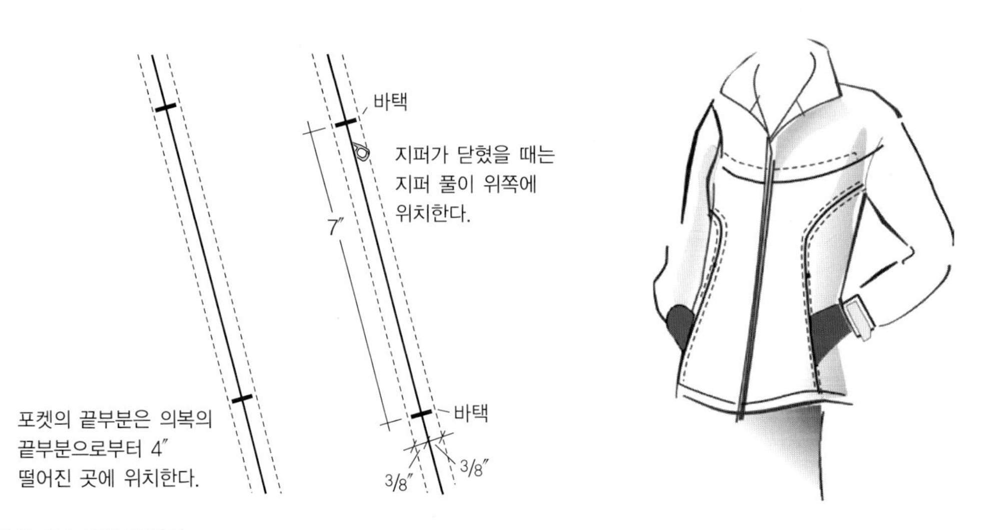

그림 11.22 솔기에 달린 포켓 디테일

데, 예를 들면 지퍼 풀이 가슴 부분에 너무 가깝게 될 때는 가슴을 강조하기 때문이다. 이 재킷의 경우에는 지퍼 풀이 매칭이 되고 또한 그 크기가 작기 때문에 포켓의 입구가 위쪽에 있어서 별 문제가 될 것이 없다.

포켓 위치의 경우, 핸드 포켓은 밑단 쪽에 너무 가까우면 안 되고 포켓백의 깊이를 충분하게 만들어서 물건이 빠져나가는 일이 없도록 해야 한다(그림 11.22 참조). 이때 물론 지퍼를 위쪽으로 올려서 닫으면 포켓 안의 물건을 좀 더 안전하게 보관할 수 있다.

〈그림 11.23〉은 플랩이 있는 솔기에 달린 포켓을 보여준다. 포켓을 솔기에 위치하도록 해 상당히 큰 힘을 주어 포켓이 늘어나거나 축 처지는 것을 방지한다. 장식적인 파이핑을 웰트 에지의 바깥쪽에 더해주었다.

겉으로 보이지 않는 숨은 지퍼는 드레스나 바지의 여밈 부분에 쓰였지만 포켓에도 점점 더 많이 사용되고 있는 추세다. 〈그림 11.24〉에서는 두 가지 보이지 않는 지퍼가 하나는 슬리브에, 또 다른 하나는 핸드 포켓에 각각 있다. 디자인 요소로서 대비 배색원단을 사용할 경우에는 이러한 눈에 보이지 않는 지퍼를 사용하는 것이 유용하고 포켓에도 눈에 보이지 않는 지퍼를 사용해 디자인에 잘 어울리도록 하는 것이 좋다.

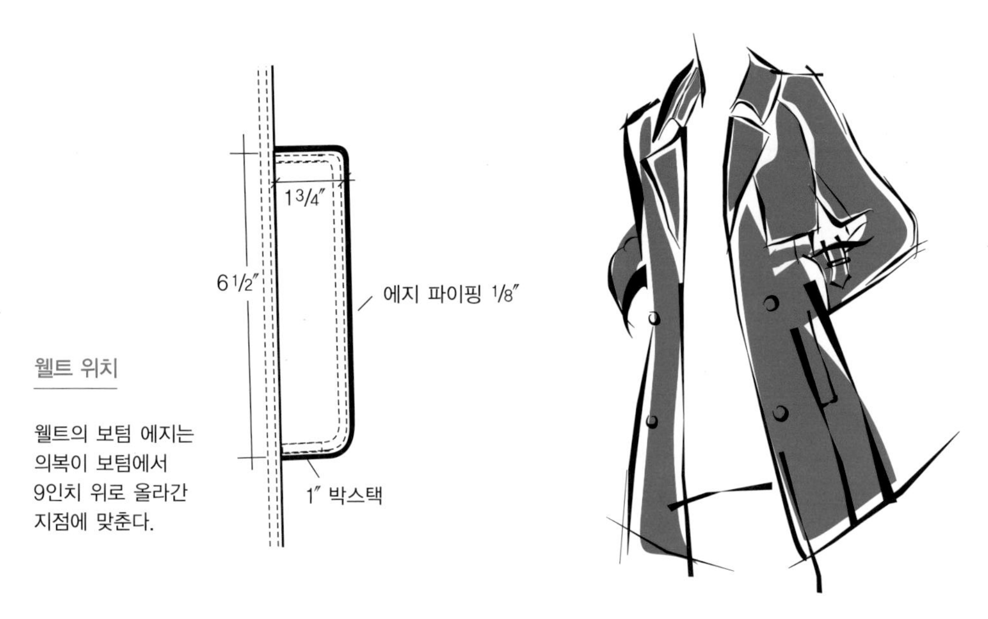

그림 11.23 플랩이 있는 솔기에 달린 포켓

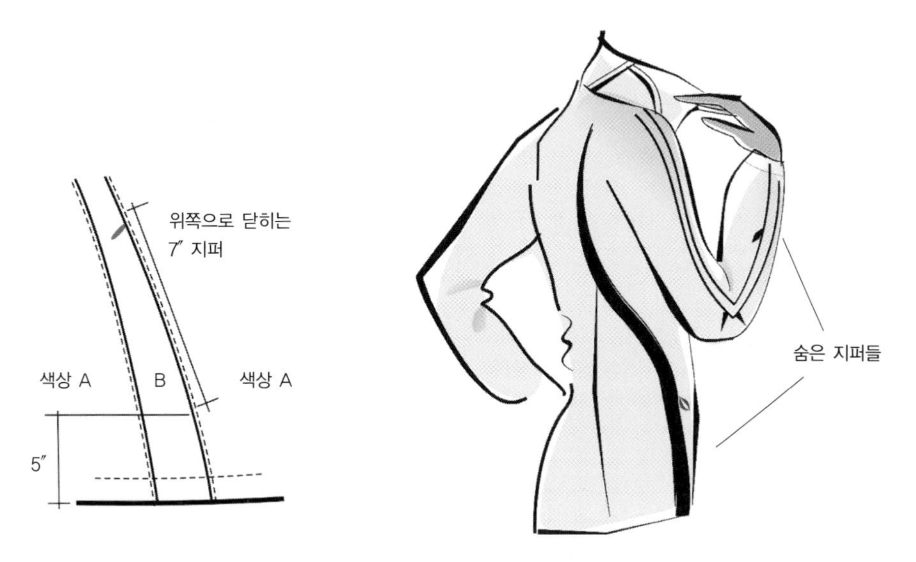

그림 11.24 솔기에 달린 포켓의 변형

디자인의 테크니컬 측면 : 솔기에 맞닿은 포켓

솔기에 맞닿은 스타일 포켓은 한쪽 솔기에서 시작해 다른 쪽 솔기에서 끝나는데 이러한 심에 맞닿은 포켓은 내구성이 강하다. 청바지의 포켓이 그 일반적인 예다(그림 11.25a 참조). 또한 〈그림 11.25a〉는 바택이 모든 시접 여유분에 추가적인 내구성을 더하기 위해 어디에 위치하는지를 보여준다.

이러한 스타일의 포켓에는 안단이 있기 때문에 아주 다양한 모양으로 만들어질 수 있다. 완성된 포켓에서 안단은 입구 뒤에 있어서 일반적으로 포켓백은 따로 안단과 연결되어 겉감과 분리된다. 〈그림 11.25b〉는 전형적인 청바지 스타일의 포켓을 보여준다. 포켓 입구는 바이어스 바인딩하거나 포켓백으로 안단과 같이 처리된다. 〈그림 11.25b〉에서 포켓 이미지는 그 모양 때문에 L-포켓이라고 불린다. 〈그림 11.25c〉는 포켓백이 겉감과 함께 스티치된 것을 보여준다. 〈그림 11.25d〉는 쿼터탑(quarter-top) 포켓이라고 알려져 있는데 남성용과 여성용 바지에 사용된다.

〈그림 11.26〉은 포켓백을 포켓백감으로 따로 연결해 만든 것을 보여준다. 포켓백감은 내구성, 얇은 두께와 취급주의 방법이 같은지를 고려해 선택한다. 포켓이 구성되어서 포켓백감은 보이지 않게 된다. 〈그림 11.26〉에 설명된 손바닥 쪽과 손등 쪽에 대해 알아두도록 한다. 포켓백의 한쪽은 몸판의 시접선에 맞물려 있다.

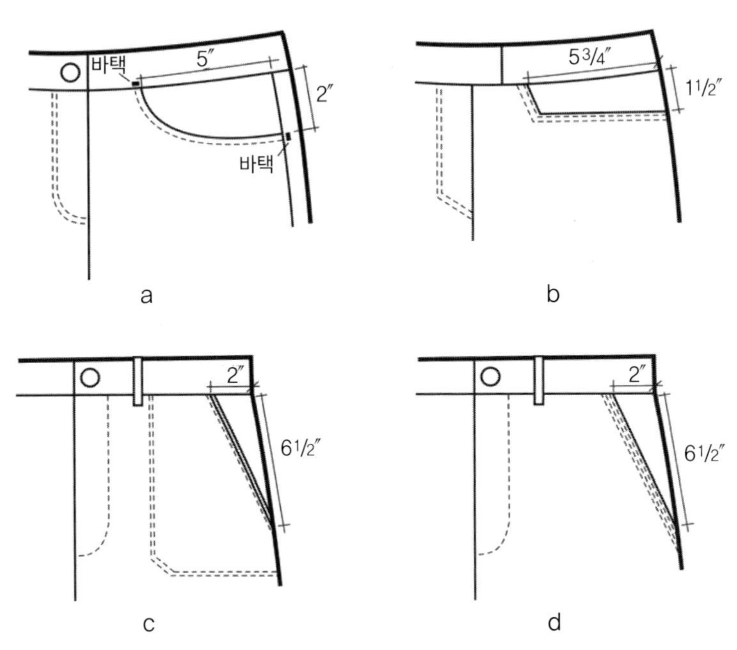

그림 11.25 심에 맞닿은 포켓

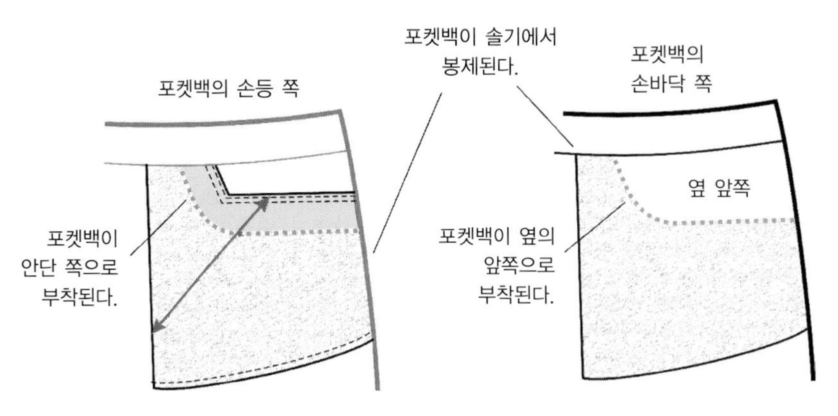

그림 11.26 솔기에 맞닿은 포켓의 엑스레이 뷰

강화

스티치 디테일은 강도를 이겨내야만 하는 의류제품의 특정 부분에 강화(reinforcement)용으로 사용된다. 강화 스티치는 장식용으로도 쓰일 수 있다.

스티치 강화

솔기의 내구성을 높이기 위해서는 의류제품을 구성할 때 강화를 하는 것이 필요하다. 전형적인 고급스러운 의류제품에는 잘 쓰이지 않고 작업복 같은 옷에는 여러 개의 바택이나 금속 징(rivet)이 있다. 디자이너들이 강화 효과에 대해 이해해야 의류제품과 직물에 적절한 선택을 할 수 있고 의류제품에 내구성과 가치를 더해줄 수 있다.

백택

본봉 솔기(lockstitch seam)의 시작과 끝부분에는 백택(back tack)이라는 짧은 더블 스티칭을 해서 실끝이 풀리지 않도록 해야 한다(그림 11.27a 참조). 대부분의 공업용 기계는 작업자가 거꾸로 박기인 백택을 자동적으로 할 수 있는 장치가 있다. 이러한 규격은 산업 기준이고 각각의 솔기마다 백택을 명시할 필요는 없다. 삼봉 같은 어떤 기계 종류는 백태킹을 하는 방법이 없다. 이 경우에는 올이 풀어지는 것을 방지하기 위해 겹쳐 박는 부분이 있어야 한다(그림 11.27b 참조).

바택

내구성 있는 직물을 위해 가장 보편적으로 하는 강화 처리는 바택이다. 바택 기계는 304 지그재그 본봉 종류이고 같은 기계 번호를 사용한다. 〈그림 11.27c〉에서 보는 것처럼 바택 스티치는 매우 촘촘하다. 스티치가 매우 강해서 실제로 직물보다 강하고 직물을 손상시키는 일이 발생할 수 있다. 예를 들어 가죽에 바택을 할 경우에는 구멍이 생길 수 있고, 매우 얇은 직물에 바택을 할 경우에는 섬유가 상할 수 있다. 직물의 두께에 따라 가장 적합한 강화 방법을 사용해야 할 것이다.

스티치택

강화가 필요하지만 바택을 하기엔 적합하지 않은 얇은 직물에 하는 강화 방법을 스티치택(stitch tack)이라고 한다. 스티치택은 삼각형 모양이나(그림 11.28a 참조) 사각형 모양으로 만들 수 있으며(그림 11.28b 참조) 한 곳에 여러 개의 백택을 해 여러 줄의 스티치로 만들 수도 있다.

〈그림 11.28a〉와 〈그림 11.28b〉는 얇은 두께의 직물로 만들어진 셔츠 포켓의 입구 가장자리 부분에 스티치할 수 있으면서 셔츠에 장식적인 효과도 줄 수 있는 스티치택을 보여준다.

〈그림 11.28c〉와 〈그림 11.28d〉는 두꺼운 직물의 셔츠나 팬츠의 패치 포켓에 바택을 사용해 강화를 하는 두 가지 방법을 보여준다. 두 가지 방법 중에서 〈그림 11.28d〉가 더 강한데, 이는 가로 방향이 세로 방향보다 지탱 능력이 더 뛰어나기 때문이다.

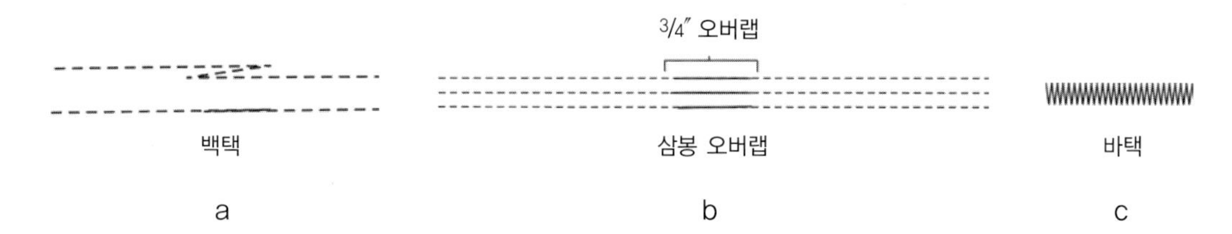

그림 11.27 스티치 강화 : 백택(a), 삼봉 오버랩(b), 바택(c)

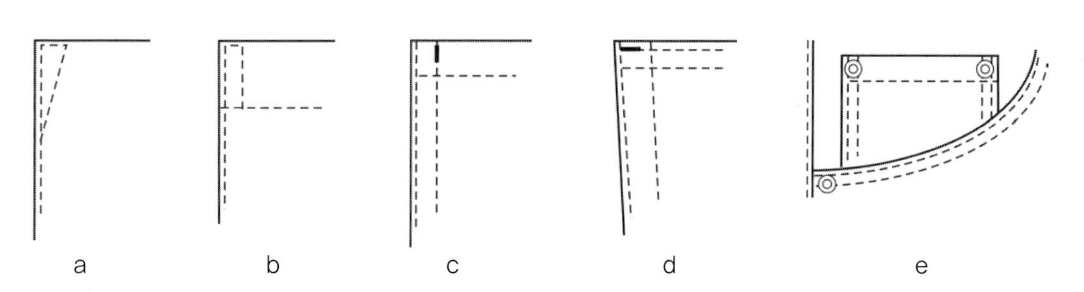

그림 11.28 강화 방법

〈그림 11.28e〉는 금속 징이 포켓을 안전하게 고정하는 방법을 보여준다. 이는 강화 처리가 장식적인 효과도 줄 수 있다는 것을 보여주는 예기도 하다. 리벳은 함께 사용되는 금속 단추, 지퍼나 다른 부자재와 같은 재질로 매치되도록 한다. 때때로 리벳은 단순히 장식만을 위한 용도로 쓰이기도 한다.

또 다른 스티치 강화 방법이 주름 디테일의 위쪽의 내구성을 높이기 위해 사용된다(그림 11.10 참조). 〈그림 11.29〉는 킥 플리츠 위쪽의 두 가지 강화 처리 예를 보여주는데, 이렇게 함으로써 폭이 좁은 스커트의 아래쪽에 여유분을 더해줄 수 있다. 강화 스티칭을 더해주어서 시간이 지남에 따라 주름이 늘어지는 것을 방지해준다.

탑스티칭

탑스티칭(top stitching)은 의류제품의 겉면에서 봉제선을 따라 평행하게 봉제하는 한 줄의 스티칭이다. 일반적으로 탑스티칭은 모든 봉제선을 따라 겉에서 스티치함으로써 솔기의 내구력을 증가시키면서 장식적인 효과도 더해준다. 저가의 의복에는 탑스티칭이 봉제선을 평평하게 만들어주기 때문에 다림질 대신으로 사용되기도 한다. 모든 랩 솔기에는 의류제품의 바깥쪽에 잘 보이는 탑스티칭이 있다. 덧붙여진 솔기의 경우에는 탑스티칭을 대개 두 번째 단계로 한다. 의류제품의 외관에 다양한 스티치를 사용해 디자인 디테일을 더해준다. 실의 색상이 직물에 반대될 경우 눈에 잘 띄는 디자인 디테일을 만들고, 직물보다 두꺼운 실 또한 장식적인 효과를 준다. 독특한 연출을 위해 스티치 두께와 길이를 다양하게 사용할 수 있다.

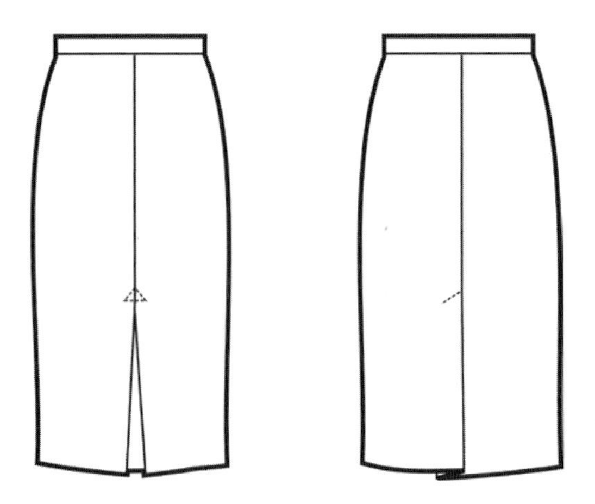

그림 11.29 킥 주름 스커트의 스티치 강화

탑스티칭은 가시적이기 때문에 품질에 있어서 중요한 요소이고 봉제선을 따라 평행하게 봉제되어야 하며 실이 중간에 끊기거나 이어진 부분이 없어야 한다. 1/4인치 탑스티칭이 보편적인 방법이고(그림 11.30a 참조) 세 줄 바늘은 두꺼운 직물이나 작업복에 쓰인다(그림 11.30b 참조). 여러 줄의 탑스티칭을 해야 하는 경우, 세 줄이 항상 완벽하게 평행해야 하는데 3개의 줄을 각각 평행하게 봉제하는 것은 매우 어렵기 때문에 여러 개의 바늘로 한꺼번에 여러 줄을 봉제할 수 있는 기계를 사용해야 한다. 디자이너들은 공장이 적절한 다중바늘을 갖는 기계류(multi chain stitch machine)를 보유하고 있는지, 대체 방법을 사용해 원하는 품질보다 낮은 질의 스티칭을 하지 않을지 반드시 확인해야 한다. 공장에서는 어떤 종류의 기계가 사용 가능한지 확인하기 위해 모의 샘플을 만들어서 보내 달라는 요청을 받기도 한다.

지그재그 본봉도 탑스티칭으로 사용될 수 있다. 지그재그 본봉은 탄력성이 있게 하면서 디자인 디테일로도 사용된다. 지그재그 본봉으로 다양한 변화를 줄 수 있다. 첫째, 멀티스티치 지그재그, ISO-321이다. 이러한 기계들은 더 훌륭한 탄력성을 줄 뿐 아니라 장식적인 탑스티칭으로도 사용될 수 있다. 〈그림 11.31〉은 지그재그의 세 단계를 보여주는데 기계가 방향을 바꾸기 전에 이 단계를 거친다. 지그재그 기계를 사용하는 사람은 하나의 스티치를 V로 생각해야 하는데 원오버(one over)와 원백(one back), 즉 하나의 스티치가 넘어가고

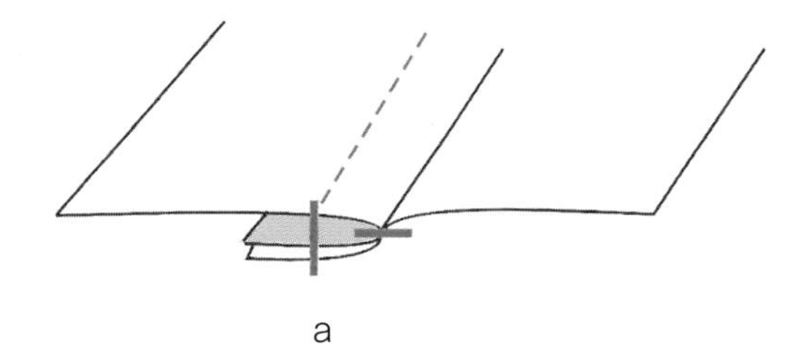

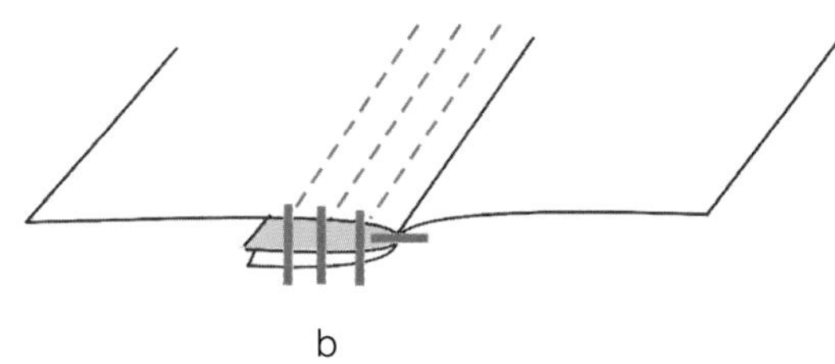

그림 11.30 탑스티칭의 예

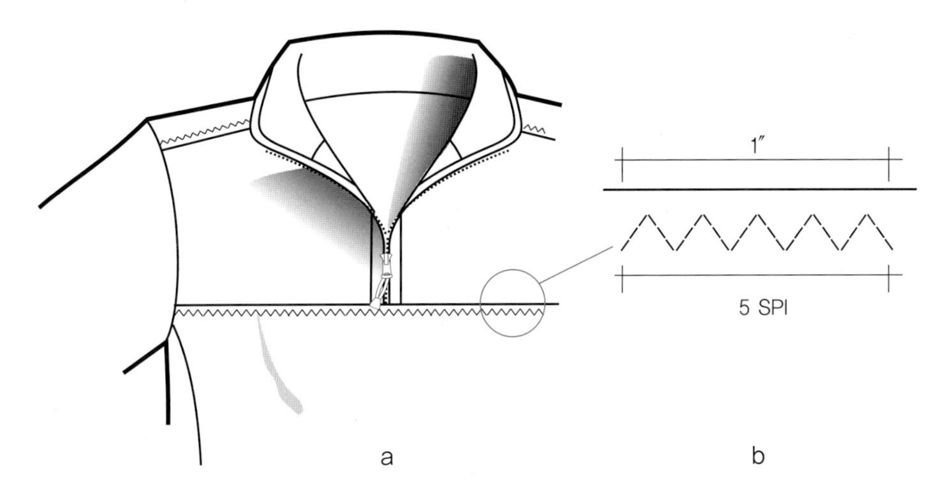

그림 11.31 지그재그 탑스티칭

하나의 스티치가 돌아오는 것이 하나의 스티치이다. 〈그림 11.31b〉는 멀티스티치 지그재그의 1인치당 스티치 개수(SPI)를 나타낸다. 직선 스티치를 박는 기계의 경우, 1인치당 15개의 스티치를 봉제하는 데(SPI 15) 비해 멀티스티치 지그재그의 경우에는 1인치에 5개의 스티치를 봉제한다.

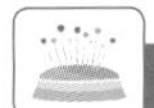

요약

결론적으로, 디자이너는 다양한 포켓과 디자인 디테일을 의복의 다양성에 맞게 그 용도에 따라 선택할 수 있다. 강화 스티치는 기능성과 디자인 디테일 두 가지 목적을 위해 사용된다.

연구문제

1. 웰트 포켓을 작업지시서에 설명한다면 어떤 것들이 고려되어야 하는가? 작업지시서에 어떤 콜아웃이 설명되어야 하는가?
2. 네 가지 포켓 설명서의 디테일들은 무엇인가?
3. 저가의 남자 셔츠와 고가의 남자 셔츠의 패치 포켓을 찾아서 그 차이점을 적어보라. 네 가지 다른 종류의 패치 포켓을 찾아서 설명해보라.
4. 솔기에 달린 포켓의 서로 다른 디자인을 할 때 어떤 것을 고려해야 하는가? 작업지시서에 어떤 콜아웃이 설명되어야 하는가?
5. 남성용 중간 사이즈(32 혹은 34) 청바지나 여성용 중간 사이즈(8) 청바지를 골라서, 남성용과 여성용 팬츠에 카고 포켓을 그려보라. 종이를 사용해 실제 사이즈의 포켓을 그려보라. 스펙을 만들고 크기, 구성, 스티칭과 위치가 적힌 자세한 포켓 스케치를 그려보라. 두 가지 포켓을 비교하면서 성별에 따른 차이점을 설명해보라.
6. 바택이란 무엇인가? 바택이 왜 의류제품에 쓰이는지 설명해보라.
7. 청바지를 보면서 다양한 강화법과 청바지에 사용된 탑스티치 디테일에 대해 적어보라. 스티치 개수로 청바지에 그 위치를 설명해보라.
8. 두 가지 포켓이 달린 여성용 캐주얼 셔츠를 디자인해보라. 셔츠와 포켓의 작업지시서를 만들어 적어보라.
9. 두 가지 포켓이 달린 남성용 캐주얼 셔츠를 디자인해보라. 셔츠와 포켓의 작업지시서를 만들어 적어보라.
10. 여성용과 남성용의 팬츠를 4개 디자인하라. 이때 각각의 팬츠는 다음과 같은 포켓을 가지고 있어야 한다.
    포켓 종류 : 웰트 포켓, 패치 포켓, 솔기에 달린 포켓, 솔기에 맞닿은 포켓
11. 패치 포켓을 실제의 비율에 맞게 종이에 그려보라. 이를 천으로 재단해 바지나 재킷에 실핀으로 고정해보라. 이 포켓이 휴대전화나 아이팟에 적합한 사이즈인가? 수정이 필요하다면 어떻게 수정하는 것이 좋은가?

이해 확인

1. 기본적으로 옷에 쓰이는 네 가지 포켓의 범주를 적어보라.
2. 패치 포켓을 디자인하는 것에 대한 다양한 테크니컬 측면을 적어보라.

3. 인심 포켓을 디자인하는 것에 대한 다양한 테크니컬 측면을 적어보라.

4. 〈그림 11.1a〉에서 〈그림 11.1e〉까지 살펴보고 어떤 웰트가 맞춤복에 가장 부적절한지와 그 이유를 적어보라.

CHAPTER 12

형태를 잡아주는 부자재

학습목표

1. 의복의 형태를 잡아주기 위해 사용되는 다양한 심지와 안감에 대해 이해한다.
2. 여러 가지 디자인 디테일과 의류제품에 사용되는 부자재에 대해 알아본다.

주요용어

다운(down)
브라 스트랩 키퍼(bra strap keeper)
브레이드(braid)
브레이드 바인딩(braid binding)
속건성(moisture-wicking)
솜깃털(plumule)
스윙택(swing tack)
습식 가공(wet process)
심지(interfacing)
안감(lining)
언더라이닝(underlining)
장식용 합사(soutache)
충전재(interlining)
칼라 스테이(collar stay)
트윌 테이프(twill tape)
핸드 샘플(hand sample)
헤어 캔버스(hair canvas)

의류상품은 직물과 부자재(findings)의 두 가지 부분으로 나뉜다. 부자재는 직물을 포함하지 않는 모든 요소를 포함한다. 즉 부자재는 의류상품의 안쪽과 바깥쪽 모든 부분에 사용되는 요소들이다. 트림(trims)이란 부자재와 같은 뜻을 타내는 단어지만 대부분의 경우 주로 눈에 띄는 부자재인 단추, 지퍼 풀, 코드, 아플리케 등을 의미한다.

이 장에서는 의류제품의 형태를 유지하기 위한 부자재와 디자인을 다양하게 하는 장식물들에 대해 알아본다. 언더라잉 직물(underlying fabric)은 의류제품의 외부 모습, 기능과 품질을 바꿀 수 있는데 이들을 적재적소에 사용함으로써 외투의 단열처리와 퀼팅(quilting)에도 효과를 줄 수 있다. 이러한 부자재를 의류제품에 추가하려면 별도의 노동력과 직물이 필요하므로 추가비용이 발생한다. 또한 이러한 부자재들은 용도와 재질에 따라 다양한 가격대를 형성하고 있으므로 각각의 상황에 맞는 선택이 매우 중요하다. 이러한 부자재들은 의류제품의 내구성과 외관을 향상시키는 역할을 하므로 봉제 과정에 사용하는 것이 바람직하다.

언더라잉 직물

언더라잉 직물을 선택할 때 안정성에 관련된 무게, 관리와 수축성의 측면에서 겉감과 같이 사용될 수 있는지를 확인하는 것이 가장 중요하다. 언더라잉 직물은 다음의 네 가지로 나뉜다.

- 심지(interfacing)
- 언더라이닝(underlining)
- 안감(lining)
- 충전재(interlining)

심지

심지(interfacing)는 겉감과 페이싱 사이에 놓인 레이어로 의복의 형태를 유지하고 중량감과 부피감을 더해 옷의 성능을 향상시키는 부자재로 칼라, 커프스, 플랩, 허리밴드 등에 넣어준다. 또한 심지는 늘어날 수 있는 디테일 부분을 안정되게 하는 데 유용하도록 봉제 과정에 도움을 주고 겉감과 밑단, 안단, 안감 등의 안쪽에 넣어주므로 겉으로 보이지 않는다.

심지는 그 용도와 디자이너가 원하는 의류제품의 외부 모습에 따라 가볍거나, 무겁거나, 딱딱하거나, 유연한 것을 사용할 수 있는데 겉감과 비슷한 두께거나 얇은 것으로 사용해야 한다. 왜냐하면 심지가 너무 뻣뻣한 경우에는 완성된 의류제품의 외부 모습이 이상해 보일 수도 있기 때문이다.

심지가 쓰이는 곳

〈그림 12.1〉은 여러 가지 의류제품에 심지가 사용되는 위치를 색으로 표현하여 보여준다. 〈그림 12.1a〉를 보면, 심지가 테일러드 재킷의 웰트, 플랩, 헴, 칼라와 가슴 부분에 사용되었다. 테일러드 의복(tailored garment)에는 특별한 종류의 심지가 사용되는데 이를 부착하는 데는 특별한 기술이 필요하다. '테일러드 의복'에 대한 자세한 내용은 이 장의 뒷부분에서 다룬다.

〈그림 12.1b〉는 우븐 직물로 만들어진 모자에 일반적으로 심지를 붙이는 부분을 나타낸다. 모자가 셔츠보다는 더 뻣뻣한 직물로 만들어지기 때문에 모자에는 더 두꺼운 심지를 사용한다. 캔버스 같은 두꺼운 직물로 만들어진 모자라면 심지

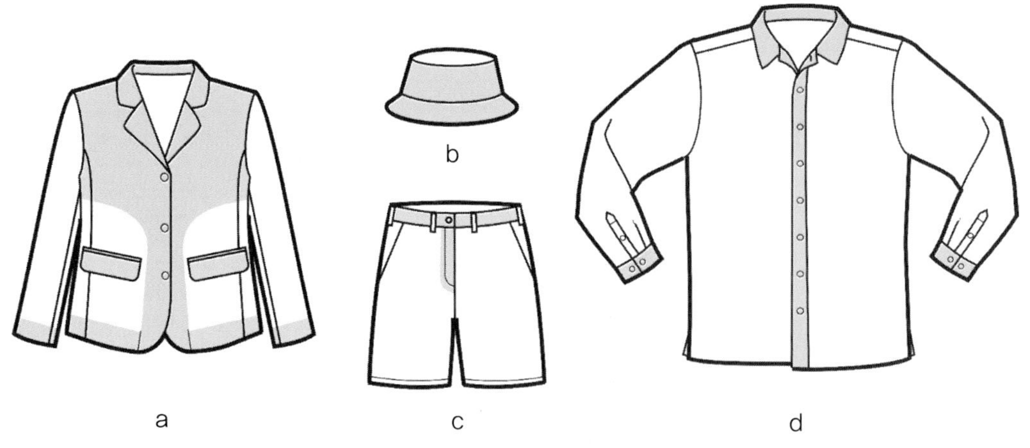

그림 12.1 심지를 붙이는 위치

를 모자의 모든 부분에 붙이지 않아도 될 것이다.

〈그림 12.1c〉는 허리밴드와 플라이 페이싱에 심지를 붙인 것을 보여준다. 플라이 페이싱 심지의 주된 역할은 늘어남을 방지하는 것이고 허리밴드의 경우에는 밴드가 말리는 것을 방지하기 위해 심지를 붙인다. 벨트고리에 표준 너비가 있는 것은 아니지만 얇은 직물로 만들어진 팬츠 같은 경우 넓은 벨트고리에는 심지가 필요할 수도 있다(그림 12.1c 참조). 다른 한편으로, 바지 밑단은 빳빳하게 만들 필요가 없다. 두 번 접어 박아 밑단이 정리되어 심지가 필요하지 않기 때문이다.

〈그림 12.1d〉는 심지를 칼라 앞여밈과 소매 커프스에 붙인 것을 보여주는데, 특별히 겉감이 얇을 경우에는 심지가 중요하다. 남성용 셔츠의 칼라 같은 특정한 부분에 일반적으로 빳빳한 모양을 만들기 위해 심지를 사용하지만 여성용 블라우스나 드레스 스타일의 경우는 일반적으로 부드러운 모습을 연출하므로 얇은 심지를 사용한다.

심지는 대개 바깥쪽 레이어에 붙이게 되는데, 예를 들면 셔츠칼라의 언더칼라에는 심지가 없고 탑칼라에만 심지가 있다(그림 12.1d 참조). 이렇게 함으로써 탑칼라에서 시접 여유분이 보이지 않도록 한다.

필요할 경우, 공장에서 겉감에 심지를 붙여서 만든 스와치로 디자이너에게 **핸드 샘플**(hand sample)을 보내 심지 사용 여부를 허락받을 수도 있다. 또한 심지 납품업자들은 심지 품질을 증명하기 위해 테스트한 것을 보고하기도 한다. 이러한 테스트 자료들을 통해 심지가 여러 번의 세탁이나 드라이클리닝에 얼마나 견딜 수 있는지 알 수 있으므로 중요하다.

심지의 종류

심지 조직의 주된 종류로는 우븐, 니트와 부직포 이렇게 세 가지가 있다. 각각의 심지는 열과 압력으로 붙일 수 있는 접착식과 봉제로 부착시켜야 하는 비접착식(또는 봉제로 붙이는 방식)의 두 가지 형태로 되어 있다. 접착심지를 사용할 경우 겉감의 안쪽에 열과 압력으로 심지를 붙이는 방법인 퓨징(fusing) 과정을 거치게 된다.

봉제하는 심지(sewn-in) 봉제해 붙이는 **우븐 심지**(woven interfacing)는 내구성이 강하면서 유연성과 안정성이 있어서 주로 고급스러운 의복에 사용된다. 심지 조직의 결과 겉감의 결을 맞춰야 하기 때문에 심지의 모든 가장자리가 섬세하게 봉제되어야 하므로 훌륭한 기술을 가진 기술자가 심지의 재단과 봉제를 맡아야 한다. 따라서 테일러드 의복의 경우 심지를 손으로 봉제하기도 한다.

봉제해 붙이는 **니트 심지**(knit interfacing)는 니트 직물에 약간의 무게감과 안정성을 더해주며 우븐 충전재보다 가격이 저렴하다. 또한 봉제하는 니트 심지는 접착식 스타일보다 패션 직물의 신축성을 더 좋게 한다.

봉제해 붙이는 **부직포 심지**는 매우 빳빳한 조직이나 모자챙같이 안정성이 필요한 곳에 쓰인다. 간혹 의복의 겉감을 심지로 사용하기도 하는데 이는 예산이 허용되는 범위에서 가능하며 호환성의 문제가 예상될 수 있다. 예를 들면 완성된 의복을 특별한 가공 과정으로 유연 처리, 수축 가공, 가공 염색, 세정 같은 **습식 가공**(wet-processing)을 진행할 경우 겉감과 함께 사용한 심지들이 취급 방법에 있어 같이 처리해도 상관없는지를 꼭 확인해야 한다.

접착식 심지 **접착식 우븐 심지**(fusible woven interfacing)는 고품질 의복에 주로 사용되며 세 가지 종류의 심지 중에서 가장 안정성이 좋다. 심지를 접착하기 전에 심지의 결을 우븐 겉감의 결과 맞추지 않으면 심지가 틀어질 수 있다. 일반적으로 접착 직물심지는 단춧구멍과 같이 뛰어난 안정성을 필요로 하는 곳을 제외하고는 니트 직물에 잘 사용하지 않는다. 의류제품을 제조하는 기계 중에서도 퓨징하는 기계는 일관성과 생산 과정의 속도를 높이기 위해 사용된다.

접착식 니트 심지(fusible knit interfacing)는 니트 겉감에 친화성이 더 좋고 니트 겉감의 유연성과 같은 부드러운 부피감을 더해주므로 니트 의류제품에 사용하는 것이 적합하다. 접착식 니트 심지는 신축성이 있어서 신축성 있는 직물이나 니트 직물과 호환성이 좋고 직물 심지보다 가격이 저렴하지만 부직포 심지보다는 비싸다.

접착식 부직포 심지(fusible nonwoven interfacing)는 **복합심**(fiber web)이라고도 하며 가장 일반적인 심지다. 부직포 심지는 대부분 폴리에스터 섬유로 만들어지며 직물에 접착하는데 사용된다. (섬유에 글루를 칠해 접착성을 갖게 해 퓨즈하는 방법도 있다.) 부직포 직물은 결이 없기 때문에 겉감과 결을 맞출 필요가 없으므로 직물 심지 혹은 편물 심지보다 경제적으로 사용할 수 있다. 가로, 세로, 혹은 바이어스 방향 중에서 덜 안정적인 심지 스타일이 있기 때문에 공장에서 핸드 샘플을 만드는 경우도 있다. 부직포 심지는 다른 심지보다 내구성이 좋지 않으므로 여러 번 세탁을 하면 파손될 수 있다.

각 심지의 접착품질은 공장에서 미리 테스트되어야 하며 심지를 완전히 붙일 수 있는 적절한 열과 압력의 정도를 미리 확인해야 한다. 또한 심지가 겉감과 같은 수축률을 갖는지 세탁 테스트를 통해 미리 확인해야 한다. 그렇지 않을 경우 심지가 옷에서 떨어져서 거품, 기포, 그리고 옷이 틀어지는 현상(skewing)이 생길 수 있다.

언더라이닝

언더라이닝(underlining 또는 backing)은 느슨하거나 얇은 우븐 직물을 안정성 있게 하거나 얇은 두께의 우븐 직물의 시접 여유분 같은 봉제 구성 디테일이 보이지 않도록 한다. 주로 의복의 겉감을 자른 우븐 직물이 언더라이닝으로 쓰이고 겉감끼리 봉제하기 전에 언더라이닝의 뒷면을 겉감의 뒷면에 봉제한다.

〈그림 12.2a〉는 언더라이닝을 봉제하기 전에 언더라이닝 조각의 둘레를 스티칭한 것이고 〈그림 12.2b〉는 언더라이닝 패널 두 조각을 맞물려 봉제한 것이다. 〈그림 12.2c〉는 언더라이닝 패널을 봉제하고 다림질해 펼친 모습을 보여주는데 모든 레이어의 다트도 봉제했다.

언더라이닝은 원단에 직접 붙여 사용하므로 안감보다 의류제품의 형태를 더 잘 잡아준다. 의류제품의 서포트가 필요한 아주 얇게 비치는 부분에 부분적으로 언더라이닝을 봉제할 수도 있는데 레이스로 만들어진 웨딩 가운이 그러한 예가 될 수 있다. 남성용 정장이나 가죽 바지의 무릎 부분이나 스커트의 뒤 패널 같은 곳이 늘어지지 않도록 하기 위해 언더라이닝을 봉제하기도 한다.

언더라이닝 직물을 선택할 때 겉감과 같은 취급주의 특성을 가진 직물을 선택하는 것이 가장 중요하다. 예를 들면 겉감과 수축률이 다른 직물을 안감으로 사용하는 것은 세탁 시 의복의 변형을 가져올 수 있어 적합하지 않다.

안감

안감(lining)은 일반적으로 겉감보다 얇은 두께의 직물로 의복의 안쪽 전체 혹은 부분을 가려주어 깨끗한 외관을 제공하고 착용감을 향상시킨다. 안감은 또한 포켓팅의 포켓백으로도 사용할 수 있고, 반대되는 색상이나 무늬 있는 프린트 직물을 안감으로 사용해 장식적으로도 사용한다. 안감은 의복을 입고 벗는 데 도움이 되며 흡수성을 좋게 할 수 있다. 안감 패턴을 재단할 때 겉감보다 조금 크고 여유 있게 재단해 겉감이 신축성이 있어서 늘어날 것에 대비해야 하기 때문에, 안감 패턴은 보통 겉감 패턴보다 1/8인치 더 크게 재단한다. 재킷 안감 직물은 일반적으로 우븐을 사용해 늘어나는 것을 방지하지만, 착용자의 편안함과 외관을 좋게 보이게 하기 위해 겉감보다 더 작게 재단하면 안 된다. 안감이 겉감보다 작을 경우 겉감이 틀어질 수 있기 때문이다. 활동성을 주기 위해 주

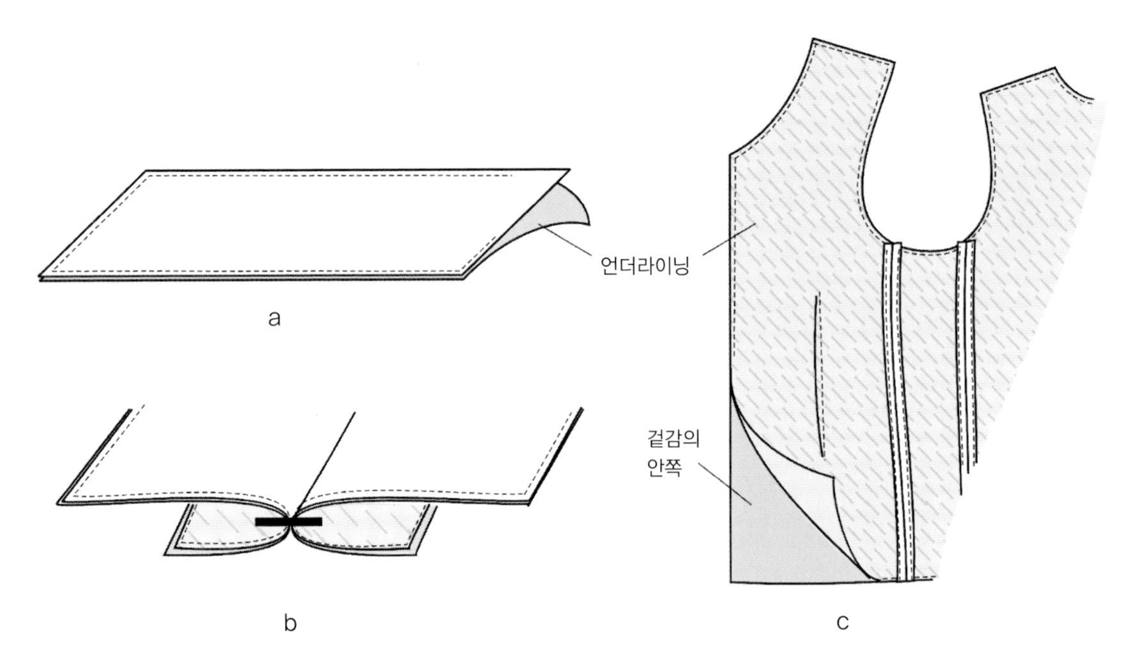

그림 12.2 언더라이닝

로 어깨 중심 부분에 주름을 넣어준다.

대부분의 안감은 겉감 길이보다 짧게 넣어주거나 안단과 연결한다. 안감이 있는 재킷 스타일의 작업지시서를 작성할 때 안감과 관계된 모든 요소들을 테크니컬 스케치에 포함시켜야 하는데 다트, 포켓, 포켓 위치, 헴, 그리고 안단 같은 가격과 관련이 있는 구성요소도 포함시켜야 한다.

〈그림 12.3〉은 **진동 쉴드**(armhole shield) 디테일을 보여준다. 진동 쉴드는 진동 부분이 땀에 얼룩지는 것, 진동 부분이 과하게 닳거나 안감의 끝부분이 닳는 것을 방지해준다. 여성복의 경우 **드레스 쉴드**(dress shield)라고 불리는데 이는 고품질의 지표가 된다.

안감의 처리 방법은 다른 여러 가지 평가기준과 함께 제품의 수준을 결정짓는 중요한 기준이 된다. 〈그림 12.4〉는 부분적으로 안감이 쓰인 제품의 예를 보여준다. 〈그림 12.4a〉는 일반적인 여름용 남성 정장의 안감을 봉제하는 방법을 나타내는데 뒷중심 솔기는 〈그림 9.63c〉에서 살펴본 북드 피니시로 봉제되어야 한다.

〈그림 12.4b〉는 부분적인 안감과 〈그림 9.61〉에서 살펴본 홍콩 피니시 같은 장식적인 바이어스 바인딩을 나타낸다. 외부의 옷감과 같은 형태로 구성되어 봉제된 안감을 **드롭 인 라이닝**(drop-in lining)이라고 하며(그림 12.5a 참조) 팬츠나 스커트에 일반적으로 이러한 방법을 사용한다. 안감을 옷의 보텀

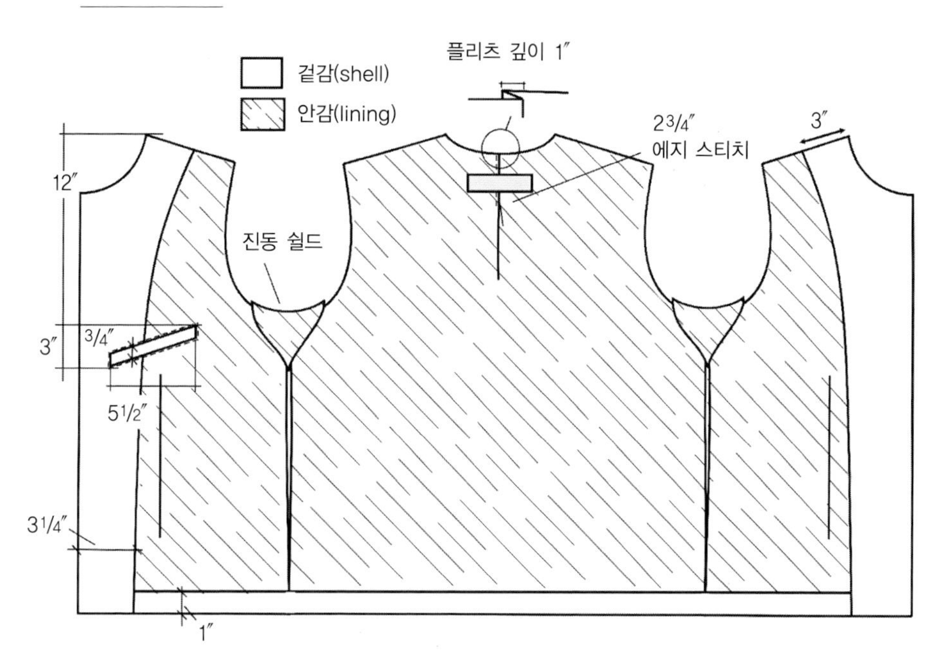

그림 12.3 안감

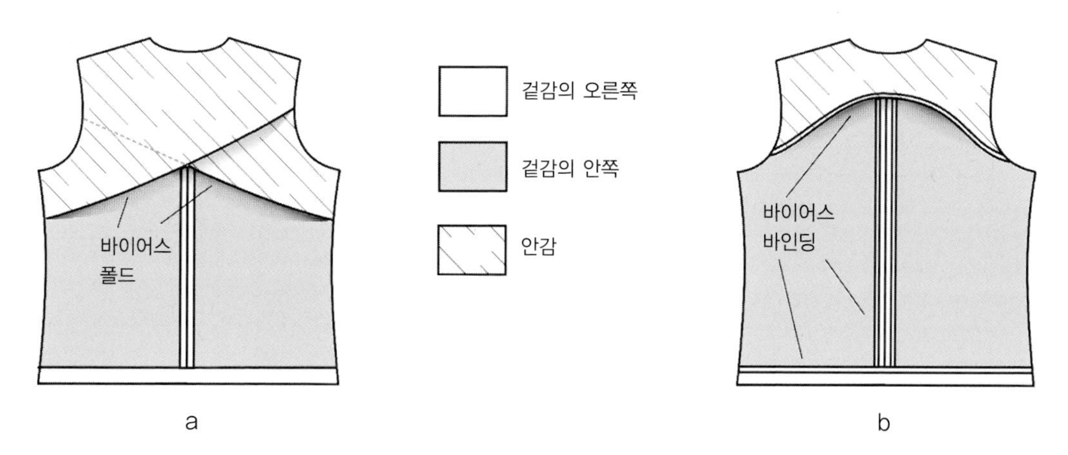

그림 12.4 여름용 재킷의 안감

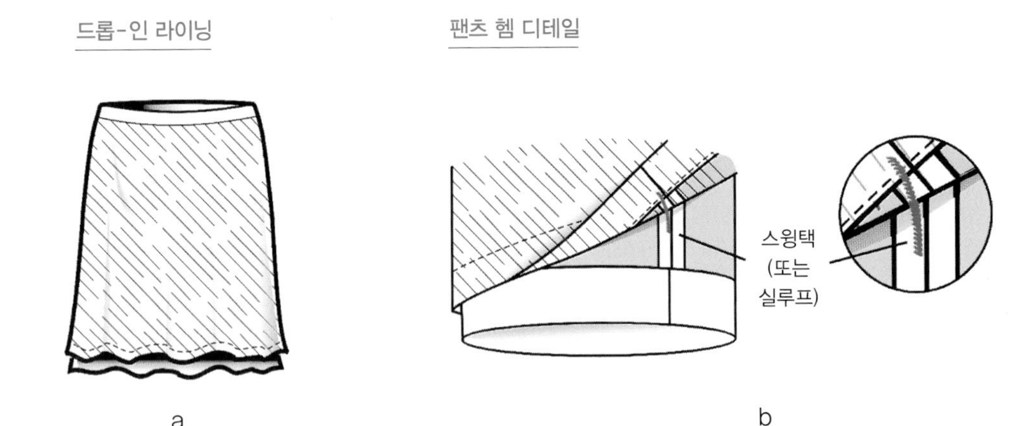

그림 12.5 안감용 스윙택

에지에 **스윙택**(swing tack)으로 연결해 안정성을 더해주는데 스윙택은 실루프라고도 부르고 이는 **프렌치 택**(french tack)이라고도 하며 일반적으로 시접 여유분에 봉제한다(그림 12.5b 참조). 안감과 겉감을 튼튼하게 연결해야 할 때는 리본이나 테이프로 만들어진 스윙택을 사용하기도 한다.

활동적인 스포츠웨어의 안감

스키복이나 활동적인 재킷에는 전문적인 기능성이 있는 안감을 사용하는데 테크니컬 스케치에도 디테일이 기재되어야 한다. 기능성이 있는 외투에는 수분이 한 곳에서 잘 빠져나가서 효율적으로 증발하게 하는 **속건성**(moisture-wicking) 같이 추가적인 기능이 있는 안감을 사용하고 보온성을 유지하는 끈과 여러 가지 포켓 등이 사용된다. 추가 단열 처리를 할 때는 플리스나 파일 같은 특별한 직물을 안감으로 사용한다. 〈그림 12.6〉은 허리의 끈(drawstring), **스토퍼**(stopper)라고 불리는 코드락(cordlock : 끈을 원하는 길이로 고정하여 의복의 핏을 도와주는 것), 그로밋(grommet : 메탈과 플라스틱 등으로 만들어져서 구멍의 끝부분을 감싸주고 구멍 사이로 드로코드가 지나가게 하는 것)과 안쪽 포켓 디테일을 보여준다. 방한성을 높이기 위해 스톰 플라이(storm fly)라는 여분의 플라이가 앞 여밈에 더해져서 지퍼를 완전히 덮어 인체의 열이 빠져나가지 않도록 한다. 이 스케치에는 훅 앤드 루프로 된 여밈 도구가 달린 1개의 패치 포켓, 지퍼 웰트 포켓(zipper welt pocket)

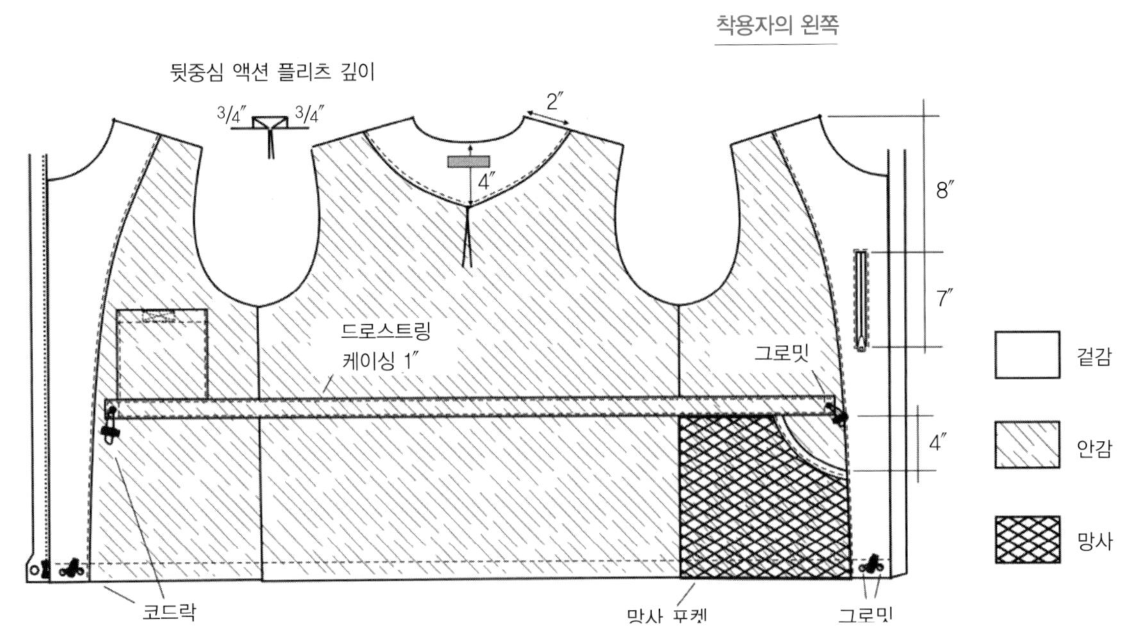

그림 12.6 활동적인 스포츠웨어의 안감

과 큰 사이즈의 망사 포켓(mesh pocket)이 있다. 메쉬 포켓은 모자와 장갑을 넣는 용도로 유용하고 입구 부분의 엘라스틱 바인딩은 착용자가 입고 벗기에 유용하다. 활동성을 강화하기 위해 뒷중심선에 액션 플리츠(action pleat)가 있다.

〈그림 12.6〉은 라벨을 달 수 있도록 만든 백 페이싱(back facing), 즉 '라벨판'과 백 페이싱 아래 뒷중심선에 있는 여유분을 더해주는 액션 플리츠를 보여준다. 앞중심선에 달린 직사각형의 스톰 플라이는 지퍼가 여며졌을 때 지퍼 사이로 바람이 들어오지 못하도록 바람막이 역할을 한다. 칼라는 이 그림의 일부가 아니므로 스톰 플라이의 윗부분이 완전히 다 그려지지 않았다. 칼라와 스톰 플라이에 관한 디테일은 디테일 스케치에서 표현될 것이다. 추가적인 디테일 스케치는 필요에 따라서 언제든지 작업지시서에 보완되어 원활한 의사소통을 돕는다.

지퍼나 단추로 탈부착이 가능한 안감

추운 계절에는 탈부착이 가능한 안감을 코트 안에 붙여서 유용하게 사용할 수 있다. 〈그림 12.7a〉는 단추로 탈부착하는 퀼팅된 라이너를 붙인 코트를 보여준다. 라이너(liner)는 조끼처럼 슬리브가 없이 앞과 뒷몸판으로 구성되어 있으며 퀼팅이 된 직물로 만들어져서 가장자리에 바인딩 처리를 해 마무리한다. 〈그림 12.7b〉는 투인원 스타일(two-in-one style)의 스키 코트 라이너(ski coat liner)를 보여준다. 날씨에 따라 퀼팅된 다운 라이너(down liner)의 지퍼를 올릴 수도 있고 내릴 수도 있다. 이러한 경우, 라이너는 하나의 재킷 스타일로 디자인되기도 한다.

충전재

충전재(interlining)는 겉감과 안감 사이에 보온성을 높이기 위해 추가하는 보온 레이어이며 퀼팅 효과를 내기 위해 사용하기도 한다.

테일러드 의복 스타일의 충전재

테일러드 의복 재킷의 경우 보통 부피감이 더해진다는 이유로 짧은 스타일에는 충전재를 넣지 않는 것이 일반적이다. 긴 외투나 겨울철에 입는 오버코트에 충전재를 만들어 넣는데 충전재를 외투의 밑단 길이보다 짧게 해 외투의 아랫단 부분에 여러 겹의 원단이 모여 부피감이 생기는 것을 막는다. 일반적으로 우븐 충전재로 플란넬(flannel)이 쓰이는데 영화에서 자주 볼 수 있는 새틴 숄 칼라와 커프스가 함께 쓰인 남성용 욕실가운이 그 대표적인 예이다. 칼라와 커프스에는 다이아몬드 모양으로 퀼트된 패턴이 있는데 퀼트 아래에 얇고 평평하게 만든 솜을 한 겹 덧대어서 퀼트 패턴을 돋보이게 한다(그림 10.34 참조).

보온을 위한 충전재

캐주얼 아우터웨어나 활동적인 스포츠웨어에는 **배팅**(batting), **폴리필**(polyfil), **니들펀치**(needle-punch)와 같은 우븐이 아닌 것들을 이용하고 이때 충전재는 단열재로 사용된다. 단열재에

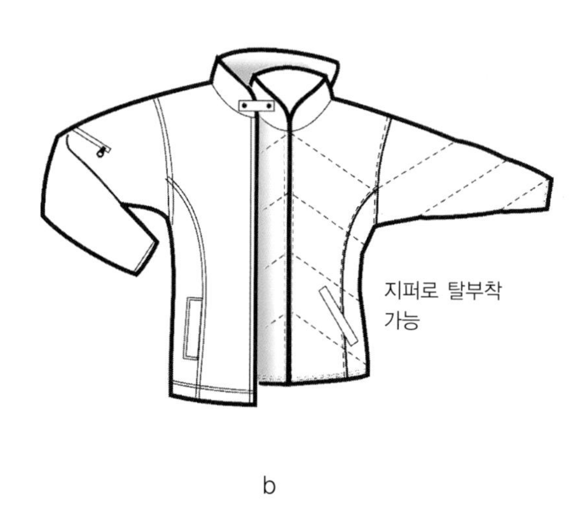

그림 12.7 지퍼나 단추로 탈부착이 가능한 안감

는 두 가지 다른 형태가 있는데 원단의 형태로 만들어진 것과 다운처럼 특별한 기계를 이용해 넣어주는 것이 있다.

겨울용 코트, 스키복이나 다른 종류의 외투에는 단열재(insulation)를 사용함으로써 가벼우면서도 보온성을 더해준다. 단열재로는 여러 종류의 무게나 두께가 시판되고 있는데 폴리에스터가 단열재에 사용되는 가장 주된 섬유다. 단열재는 충전재로 겉감이나 안감에 봉제될 수 있다. 〈그림 12.8a〉와 〈그림 12.8b〉는 퀼팅과 평평한 패널이 혼합된 두 가지 캐주얼 재킷 스타일을 보여준다. 퀼트는 겉감이 재단되기 전에 겉감과 단열재가 같이 퀼팅되기 때문에 프리퀼트(prequilt)라고 부른다. 〈그림 12.8c〉에서 플래킷, 플랩과 모자를 제외한 몸판 전체를 프리퀼트했다. 퀼트된 부분과 퀼트가 되지 않은 부분의 색상 차이가 생기지 않도록 공장은 반드시 퀼트와 퀼트를 하지 않을 직물을 염색할 때 색상, 채도와 명도에 차이가 나지 않도록 신경 써야 한다.

다운 단열재(down insulation) **다운**(down)은 물새의 부드러운 아래쪽 깃털로 오리털과 거위털이 가장 일반적으로 사용된다. 다운 단열재의 장점은 가볍고 털 조직이 치밀해서 보온 지속성이 탁월하게 좋다는 것이다. 다운으로 만들어진 의류제품이나 침낭은 주머니(stuff sack)에 압축해 넣을 수 있고 꺼내면 금방 원래대로 돌아가게 된다. 가장 좋은 다운 제품은 **솜깃털**(plumule)로 만들어지는데 최상의 솜깃털은 거위에서 나오고 오리털은 비교적 낮은 품질로 간주된다. 솜깃털은 깃털(feather)과 달리 깃(quill)이 없다.

일반적으로 의류제품에는 다운과 깃털이 혼합되어 사용되는데 다운과 깃털이 혼합된 경우가 다운으로만 만든 경우보다 더 무겁고 조직이 치밀하며 보온성이 짧게 지속되고 가격은 저렴하다. 다운 제품의 단점은 상대적으로 비싸다는 것과 물에 젖었을 때 보온 효과가 크게 떨어지게 된다는 것이다. 다운 제품 고유의 품질 때문에 다운은 고가의 단열재로 알려져 있다.

다운 제품의 경우 다운프루프(downproof)가 되는 직물을 사용해야 하기 때문에 겉감을 신중하게 선택해야 한다. 다운프루프가 되어 있지 않은 직물을 사용할 경우, 제품을 사용하면서 시간이 지남에 따라 다운이 직물 밖으로 빠져나오게 된다. 가장 좋은 다운프루프 직물은 다운이 밖으로 나오지 못하도록 직물의 조직이 아주 치밀하게 짜여져서 다운프루프가 된 우븐 직물이다. 직물의 안쪽에 코팅을 해 다운프루프가 되도록 할 수도 있으나 이렇게 코팅을 할 경우에는 직물이 뻣뻣해지거나 착용자의 몸에서 나오는 수분이 증발하지 못하게 하고, 시간이 지남에 따라 다운이 상하거나 직물 밖으로 빠져나가게 하는 등 몇 가지 단점이 있을 수 있다.

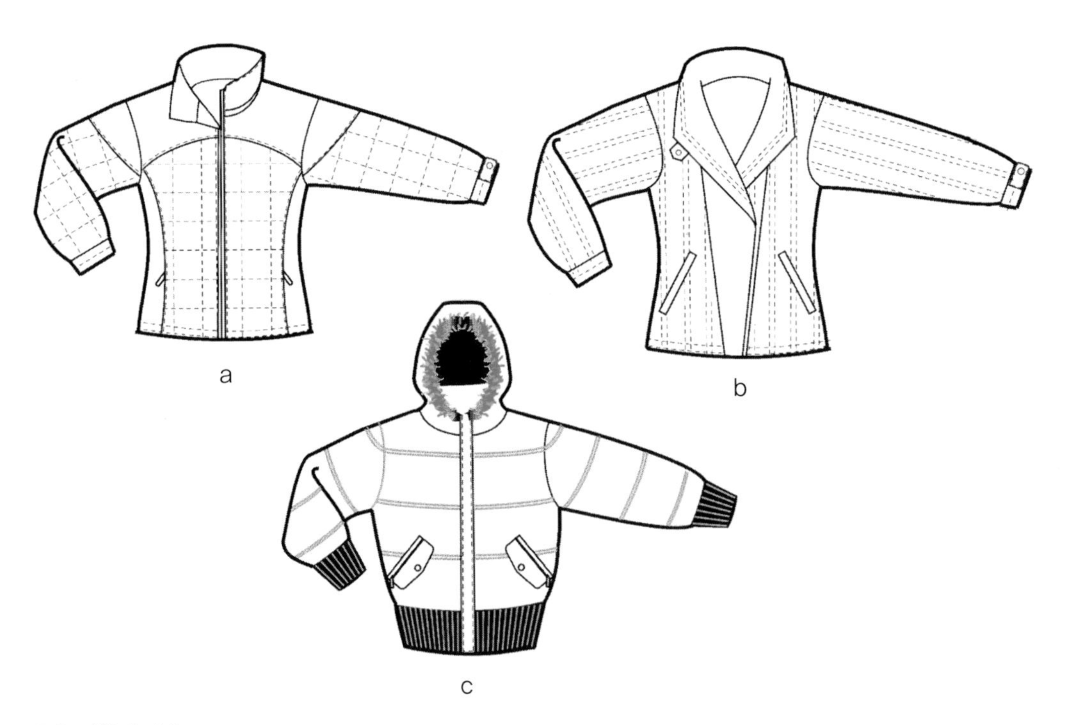

그림 12.8 보온을 위한 충전재

의복의 겉감은 가벼워서 다운이 잘 떠 있을 수 있도록 해야 하고, 직물이 강해서 잘 찢어지지 않아야 다운이 빠져나오지 않게 된다. 봉제실도 얇고 강해야 하며 바늘도 작은 바늘을 사용해 바늘구멍에서 다운이 새어 나오지 않도록 해야 한다.

다운 프로세싱(down processing) 다운은 정제되고 분류되어 선적되고 화물에서 박스로 내려진 다음 미리 만들어진 의류제품 각각에 필요한 만큼 정확하게 들어간다.

〈그림 12.9a〉는 소매의 안쪽에 덧대는 직물(backing fabric)을 봉제하는 방법을 보여주는데 이것이 바로 다운프루프다. 미터 기계가 달린 송풍기는 소매에 정확한 양의 다운을 넣는지 미터기로 확인할 수가 있고 소매를 베개같이 부푼 형태로 만든다. 디자이너는 미리 다운을 얼마만큼 넣어 부피감을 주는 것이 가장 미적인지 결정하고 공장에서는 각 패널의 세제곱인치를 기준으로 넣어야 하는 만큼 넣는다. 〈그림 12.9b〉는 다운을 다 넣은 후 구멍을 다 봉제한 소매인데 이때는 의복의 디자인에 맞게 정확하게 부풀린 패널을 보여준다. 디자인에 따라서 퀼트선이 추가로 봉제된다. 봉제사가 봉제하는 동안 동일한 양의 다운을 넣는 것이 중요하다. 왜냐하면 퀼트선이 완성된 후에는 다운이 각 칸 안에 채워져서 그 양이 재조절될 수 없기 때문이다.

다운 의류제품 디자인의 테크니컬 측면 의류제품에 다운을 넣기 위해서는 반드시 퀼트선이 있어야 한다. 그렇지 않으면 다운이 밑단 쪽으로 몰려 버리기 때문이다. 이러한 이유로 가로선, 박스 모양 혹은 다이아몬드 모양이 가장 효과적인 퀼트선 디자인으로 사용된다. 넓은 세로선은 문제가 될 수 있는데 이는 시간이 지남에 따라 외투 전체에 넣은 다운이 외투의 밑단 쪽으로 내려올 수 있기 때문이다.

다운 제품의 의복은 각각의 패널에 다운을 채워 넣는 필링 과정을 거쳐야 하므로 되도록 인건비와 시간 등을 고려할 때 의복의 패널 수를 적게 하는 것이 바람직하다(예 : 앞판, 뒤판, 슬리브 등의 기본적인 패널들). 예를 들면 패널 수를 줄이기 위해 앞판과 뒤판 요크를 따로 분리하지 않고 퀼트선을 이용해 요크와 같은 '수평적인 선'의 강조 효과를 내도록 한다. 강조의 효과로 연결해 사용하는 것이 낫다(그림 12.9c 참조). 같은 이유로 〈그림 12.9c〉의 재킷에는 허리 부분에 절개선을 넣지 않았고 칼라에 다운을 넣을 수 있으나 주로 크기가 작은 칼라 같은 부분에 넣기 편한 폴리에스터 단열재를 사용했다.

형태를 잡아주는 다른 도구들

의류제품의 실루엣을 더 돋보이도록 하기 위하여 서포팅 도구들을 사용해 패딩(padding)을 만들거나, 딱딱하게 하거나, 일정한 형태로 고정한다. 일반적으로 서포팅 도구에는 보닝, 크리놀린, 호스헤어 브레이드, 칼라 스테이, 브라 스트랩 키퍼가 있다. 테일러드 의복에 사용되는 두 가지 유용한 도구로

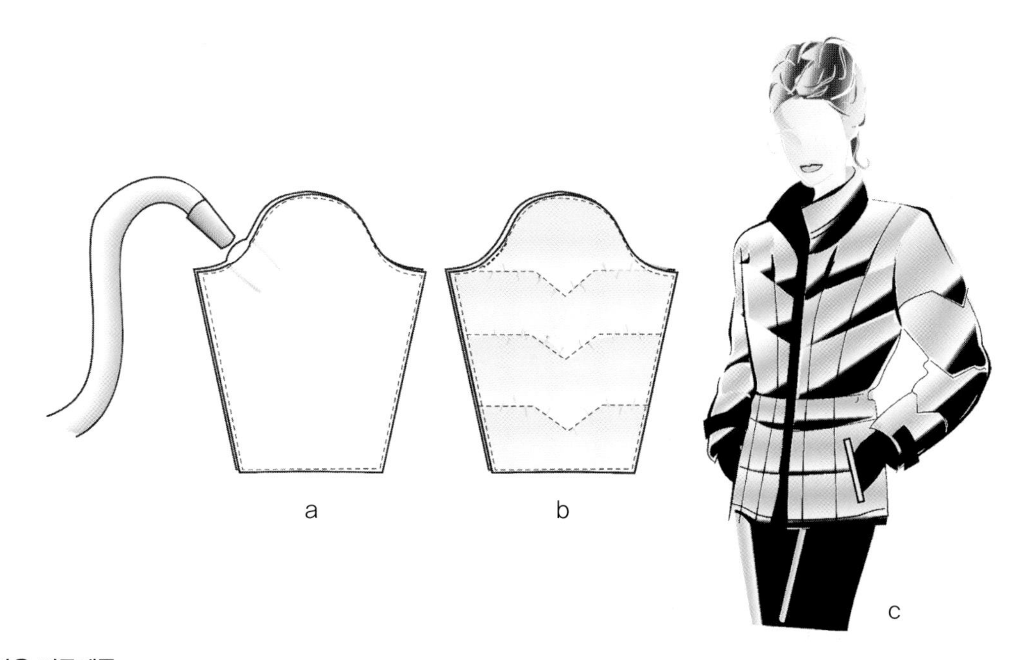

그림 12.9 다운 의류제품

는 숄더 패드(shoulder pad)와 슬리브 헤드(sleeve head)가 있다.

보닝

보닝(boning)은 시접 여유분에 봉제해 고정하고 의복의 형을 만들어주는 딱딱한 플라스틱이나 금속으로 보통은 직물 케이스로 싸여 있다(그림 12.10 참조). 어깨끈이 없는 여성용 의복에 보닝과 브래지어 아래에 넣은 철사(underwire)를 사용해 가슴의 형태를 유지하면서 지지를 해주는데 어깨끈이 없는 의복이고 우븐 직물로 제작했을 경우에 가장 기능성이 좋다. 보닝은 의복에 서포트를 더해주는데, 특별히 의복의 상체 부분에 장식이나 구슬을 달아줄 때 더욱 중요한 역할을 한다. 또한 서포트를 위해 견고한 패딩을 브라 컵의 모양으로 여성의 가슴선에 더하기도 한다.

후프와 크리놀린

후프(hoop)와 크리놀린(crinoline)은 여성용 스커트에 아주 많은 양의 볼륨감을 넣으려고 할 때 사용한다. 후프는 큰 링으로 스커트를 서포트하기 위해 언더 스커트의 아랫부분에 봉제된다. 크리놀린은 몇 줄의 망사로 되어 있으며 스커트의 형태를 잡아주는 빳빳한 페티코트(petticoat)의 일종이다.

호스헤어 브레이드

호스헤어 브레이드(horsehair braid)는 브레이드(braid)의 일종으로 우븐 바이어스로 만들어지고 헴을 빳빳하게 하는 데 사용되며 볼륨감과 플레어를 만들어주고 얇은 직물로 만들어진 의복의 에지가 안정화되도록 한다. 이를 롱스커트(long skirt)의 헴에 봉제할 경우에는 헴이 약간 늘어날 수도 있는데 자연스럽게 안쪽으로 잡아당겨지는 우아한 헴을 만들어낼 것이다. 어떤 다른 스타일에는 에지에 호스헤어 브레이드를 두꺼운 실로 봉제해 늘어나는 것을 방지하기도 한다.

칼라 스테이

남성용 셔츠 칼라의 안쪽 끝에 들어 있는 플라스틱 스틱을 **칼라 스테이**(collar stays)라고 한다. 칼라 스테이는 셔츠 칼라의 끝을 날렵하게 보이고 끝이 구부러지지 않고 셔츠 칼라의 형태를 유지하는 데 사용된다.

브라 스트랩 키퍼

브라 끈(bra strap)과 캐미솔(camisole : 가는 어깨 끈이 달린 여성용 속옷 상의) 스트랩을 **브라 스트랩 키퍼**(bra strap keepers)라고 한다. 또한 브라 스트랩 키퍼는 얇거나 매끈매끈한 소재로 만들어진 의복의 브라 끈이 어깨 아래로 흘러 내려가지 않도록 한다. 이는 의복의 실루엣을 유지하는 기능적인 역할을 하고 심미적인 특성도 있다. 브라 스트랩 키퍼는 보트넥(boatneck) 같이 목둘레가 넓은 스타일의 의복에 유용하게 사용된다. 〈그림 12.11〉은 작은 스냅이 달려 있어서 입고 벗기 쉬운 브라 스트랩 키퍼 스타일을 보여준다.

테일러드 의복의 형태를 잡아주는 다른 도구들

테일러드 재킷에는 형태를 잡아주는 여러 요소들이 있는데 그중 가장 중요한 요소가 클래식 테일러드 재킷을 구성하는 데 사용되는 심지다. 심지는 특별한 탄력성이 있는 **헤어 캔버**

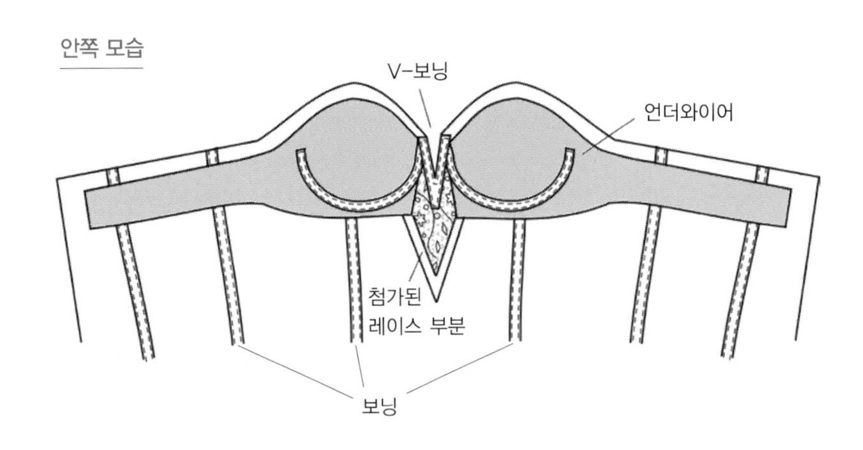

그림 12.10 보닝

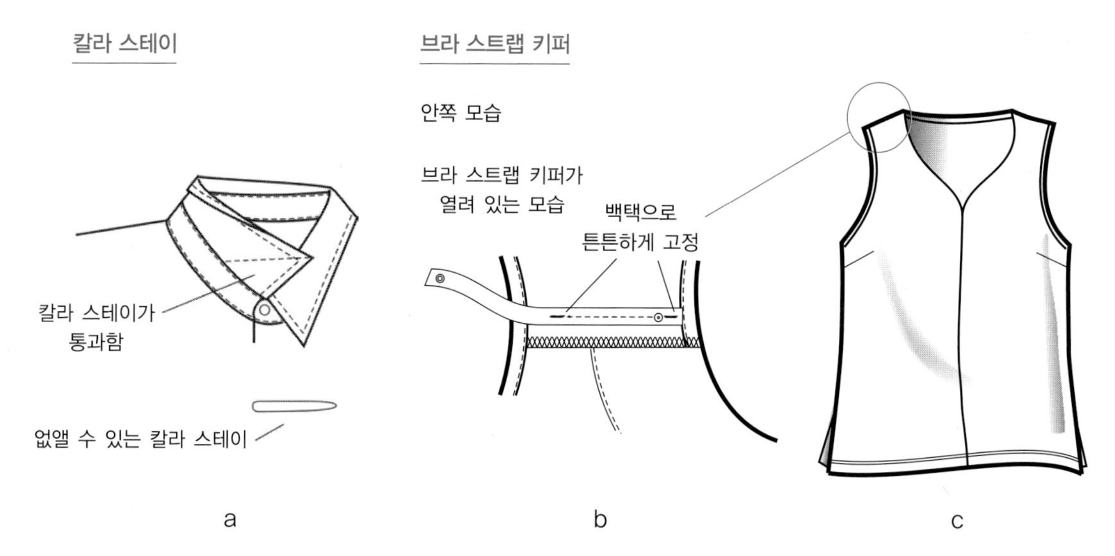

그림 12.11 칼라 스테이와 브라 스트랩 키퍼

스(hair canvas)라고 불리는 직물로 만들어졌다. 만약 이때 심이 일반적으로 가장 흔하게 볼 수 있는 두 겹이 겹쳐진 슈퍼임포즈드 솔기로 봉제된 경우에는 심을 적당히 펼쳐서 다림질하기 어렵다. 〈그림 12.12〉는 이러한 주된 요소들이 테일러드 의복에 어떻게 사용되는지를 보여준다. 고급 테일러드 의복의 형태를 잡아주는 주된 요소들은 다음과 같다.

- 헤어클로스(haircloth) 모심이라고도 하며 전통적으로 코튼이나 말의 털로 만든 철사같이 빳빳하면서도 탄력성이 있는 우븐 심지다. 면의 단사나 쌍사가 3회 꼬임, 씨실에 말총을 짜 넣어서 평직이나 능직으로 짜 말의 털색에 맞춰 검정으로 물들인 마소직(馬巢織)이라고도 한다. 남성용 테일러드 의복의 가슴과 어깨 부분을 강화하기 위해 자주 사용된다.
- 헤어 캔버스(hair canvas) 헤어 캔버스는 히모(hymo)나 파

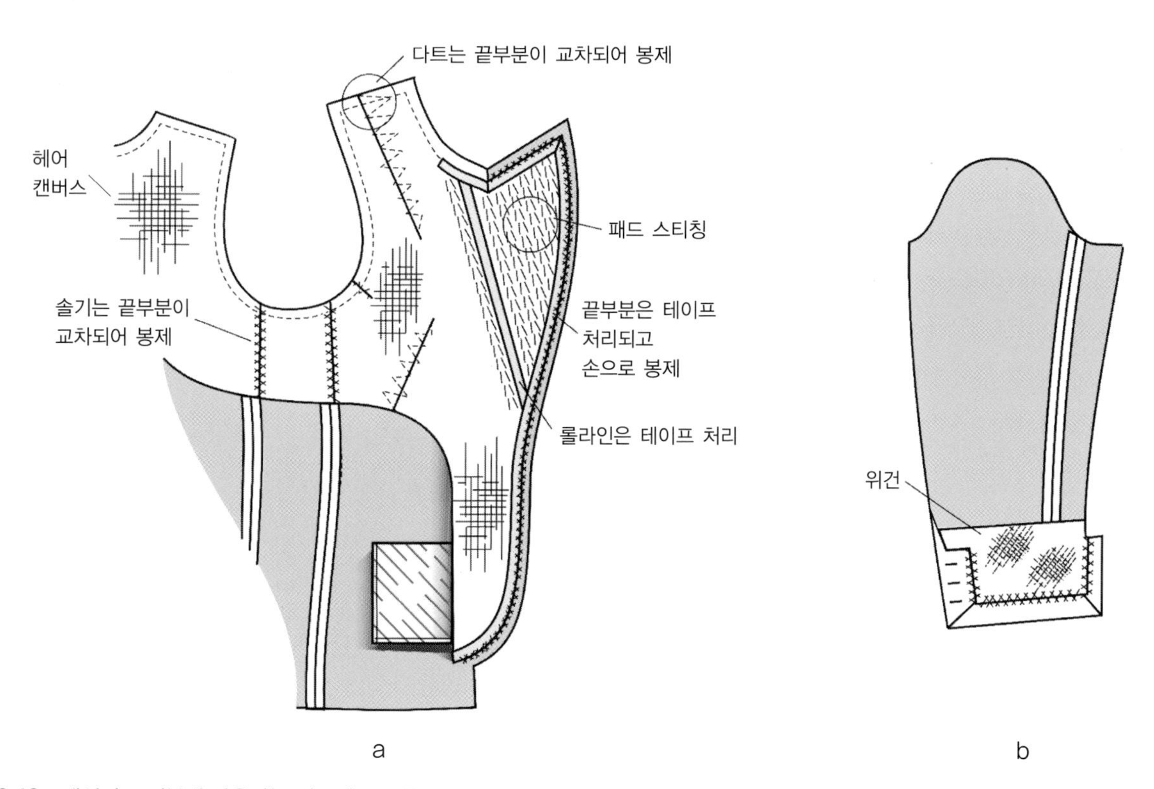

그림 12.12 테일러드 의복에 사용하는 서포팅 도구들

운데이션 캔버스(foundation canvas)라고도 불리는데 모직이나 염소털로 만들어진 강한 탄력성을 가진 직물이다(그림 12.12a 참조). 이때는 노련한 테일러링의 기술력이 있어야 안쪽에 손바느질로 헤어 캔버스를 직물에 붙일 수 있다(그림 12.12a 참조).

- 커버클로스(covercloth)　말총의 날카로운 끝부분이 돌출되지 않도록 헤어클로스 위로 덮어서 봉제하는 약간의 보풀이 있는 표면의 직물이다. 커버클로스를 사용할 경우에는 그 형태를 둥글게 만들어주는 패딩을 추가로 더 하게 된다.
- 위건(wigan)　성근 우븐 직물로 내구성이 있는 심지 혹은 헴에 쓰이는 뻣뻣한 바이어스 스트립(bias strip)이나. 〈그림 12.12b〉는 슬리브 구성에 위건을 사용해 슬리브의 바깥쪽으로 스티치선을 보이지 않게 하면서 슬리브 헴을 서포트하는 것을 보여준다. 위건은 밑단에도 사용된다. 테일러드 재킷의 소매 겹트임에는 대개 기능적인 단춧구멍이 있어서 재킷 슬리브를 뒤로 접을 수 있도록 되어 있는데, 요즘 재킷에는 이런 스타일이 매우 드물다.
- 실레지아(silesia)　포켓팅, 플라이 페이싱, 강화, 허리밴드 페이싱 등의 용도에 사용되는 면능직(cotton twill)이다. 실레지아는 소맷단을 강화해주는 위건을 대체하기 위해서도 쓰인다.
- 언더칼라 직물(undercollar fabric)　멜턴 클로스라고도 하는 특별한 직물로 남성용 테일러드 의복 스타일에 자주 쓰이며 칼라를 강화해주는 역할을 한다. 멜턴 클로스는 단색으로 되어 있고 주된 의복 색상과 조화되거나 반대되는 색상이다. 여성용 스타일의 언더칼라 직물로는 겉감과 동일한 직물을 사용한다.
- 테이프(tape)　곧은 결이나 트윌 조직의 우븐 테이프로 접은 선을 그대로 '유지'하거나, 라펠, 프론트 에지에 사용한다.
- 숄더 패드(shoulder pad)　몇 겹의 머슬린(muslin)으로 구성된 우븐이 아닌 코튼 충전재로서 안쪽에 형체를 잡기 위해 대는 속심이다. 주로 어깨의 형체를 잡기 위해 사용한다. 숄더 패드는 삼각형 모양의 직물 양쪽에 패딩을 덧대어 만들어서 재킷의 어깨 모양을 잡아주기 위해 사용된다. 숄더 패턴은 숄더 패드에 맞도록 디자인되어야 한다.
- 슬리브 헤드(sleeve head)　슬리브 안쪽의 윗부분에 덧대어줌으로써 자연스러운 소매 곡선을 만들고 소매산의 둥글게 말아지는 부분을 서포트해주는 직물(그림 12.13c 참조)이다. 슬리브 헤드는 슬리브가 자연스럽게 내려오도록 하면서 그 형태를 유지하는 데 도움을 주는데 코튼 충전재나 양털 플리스가 사용된다.

겉감과 캔버스의 롤 라인(roll line : 라펠이 부드럽게 접혀지는 라인)은 바이어스 방향이므로 테이핑을 함으로써 그 길이가 늘어나거나 형태가 처지는 것을 방지한다(그림 12.12a 참조).

〈그림 12.12a〉는 패드 스티칭이 전통적인 테일러링에 가장 중요한 요소인 것을 보여준다. 패드 스티칭은 심지를 통과해 봉제되나 겉감에는 거의 보이지 않으면서 라펠과 롤 라인을 정확하게 표시한다. 롤 라인은 곡선이므로 평평하게 다림질하지 않는다.

〈그림 12.12〉는 상류층을 대상으로 몇백 달러 혹은 그 이상의 가격에 팔리는 고가의 재킷 구성을 보여준다. 이보다 가격이 낮은 테일러드 의복에는 접착용 심지와 비접착용 심지를 같이 사용해 집중적인 구성 방법으로 노동력을 적게 쓰면서 보기 좋은 제품을 생산한다(그림 12.13 참조). 이러한 의류제품은 고가로 봉제된 제품보다 그 형태가 오래 보존되지 못할 것이다.

테일러드 의복에 사용되는 접착용 심지

〈그림 12.13〉은 접착용 심지가 테일러드 의복에 어떻게 부착되는지에 대한 내용을 보여준다. 이상적으로, 심지가 의복에 안정성과 서포트를 더함으로써 의복의 실루엣과 스타일을 형성하도록 해준다.

다양한 테이프의 종류

리본이나 그로그랭 같이 양쪽 가장자리가 마무리된 다양한 테이프가 의류 부자재로 사용된다(그림 12.14 참조). 이러한 트림들은 아동복, 란제리나 캐주얼 의류제품 등 매우 다양한 종류의 의복에 일반적으로 사용되어 의류제품에 매력을 더해준다. 리본은 새틴이나 피코 에징(picot edging)이 있는 새틴, 혹은 벨벳으로 만들 수 있고 러플이나 플리츠 같은 우븐 디자인으로도 만들 수 있다.

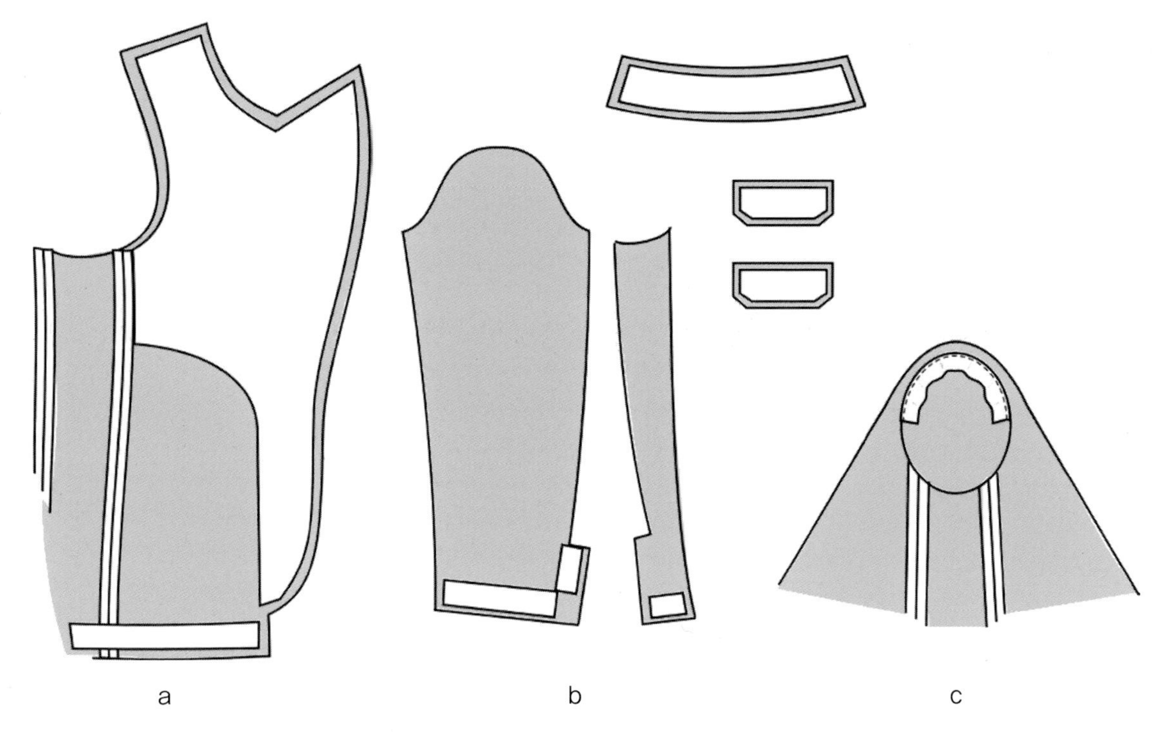

그림 12.13 테일러드 의복에 사용되는 접착용 심지

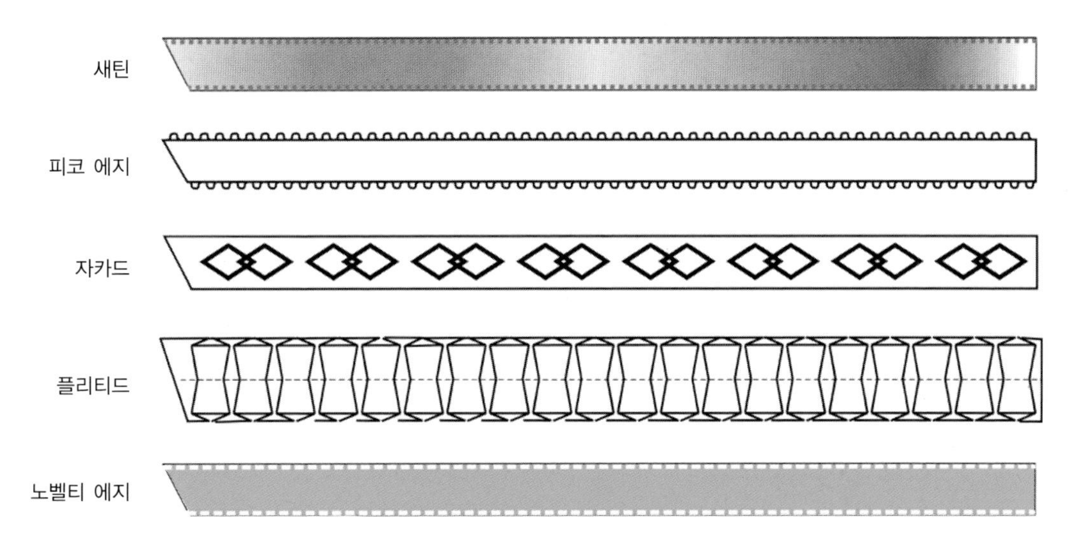

그림 12.14 장식적인 리본과 트림들

트윌 테이프

트윌 테이프(twill tape)는 또 다른 종류의 우븐 리본으로 대개 표백하지 않은 머슬린으로 만들어져 자연스러운 컬러를 내기 때문에 장식적인 목적보다는 솔기나 시접 끝부분을 안정화하는 목적으로 사용한다. 트윌 테이프를 허리선이나 다른 솔기에 사용해 스웨터의 어깨 솔기와 안단의 접은선 같은 곳이 늘어나는 것을 방지해주거나 트임을 튼튼하게 하기 위해 사용된다. 또한 저렴한 끈의 용도로 욕실 가운 같이 겹쳐서 입는 의복의 안쪽 끈에 사용되기도 한다.

트윌 테이프는 목 부분의 안쪽 가장자리에 끝처리용으로도 사용하고(그림 12.15 참조), 앞중심의 지퍼 테이프 끝에 안단이 있는 자리에 마무리 용도로 사용되기도 한다. 트윌 테이프의 또 다른 용도로는 바이어스 테이프를 예로 들 수 있다. 그로그랭(grosgrain, 국내에서는 '골테이프'라고 부른다)은 허리 부분의 안단이나 벨팅, 허리 케이싱, 혹은 카디건 스웨터의 앞 안단에 단추와 단춧구멍을 지지하기 위해 그리고 니트 의

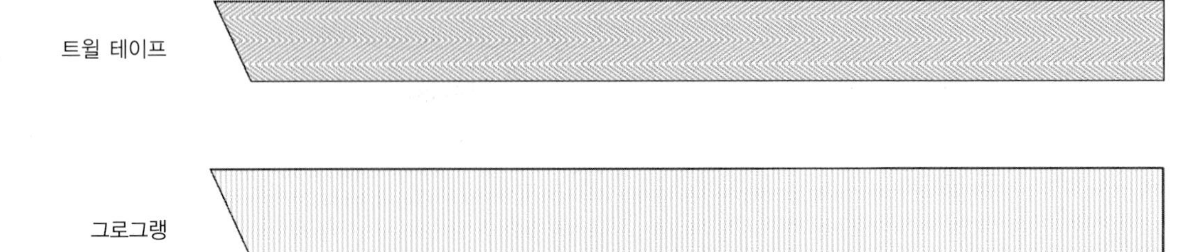

그림 12.15 끝처리에 사용되는 트림

류제품의 지퍼나 플래킷의 형태를 유지하기 위해 사용한다. 장식적인 트림으로서 스트라이프나 패턴이 있는 그로그랭을 사용하기도 한다(그림 12.16 참조).

리본과 레이스

리본 시접 테이프는 좁은 너비의 가벼운 리본으로 헴을 마무리하거나 공그르기가 된 헴을 위한 준비 단계에서 사용한다(그림 12.17 참조). 시접 테이프는 의복의 안쪽으로 접혀 있는 밑단의 끝부분을 처리하고 끝단의 가장자리를 커버해 시접을 마무리하는 데 사용된다. 이런 테이프를 이용한 시접 처리가 마무리되면 두 번째 공정인 공그르기 스티치가 밑단에 이루어져 마무리된다. 이때 시접 테이프는 양쪽 끝에 식서가 있어서 이 끝부분을 다시 접는 등 테이프의 에지를 처리할 필요가 없어서 시접 테이프를 사용할 경우는 밑단에 첨가될 수 있는 부피를 줄일 수 있다.

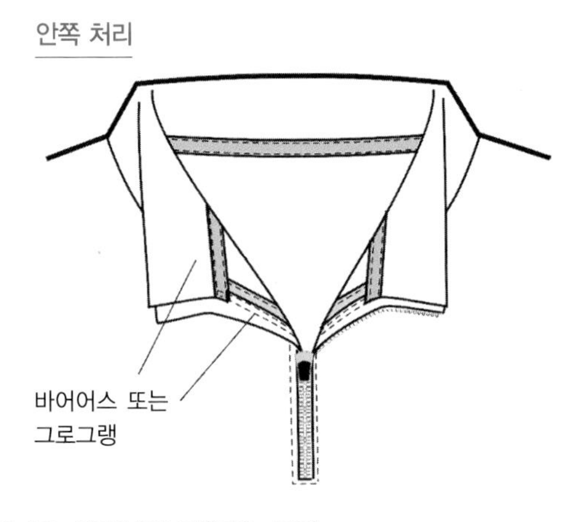

그림 12.16 끝처리에 사용되는 트림

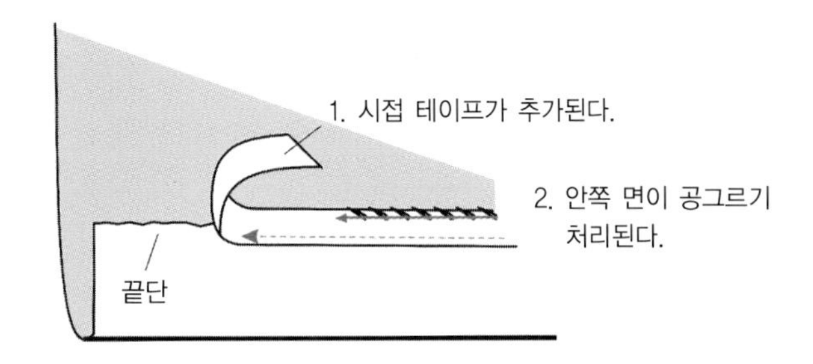

그림 12.17 공그르기 헴에 사용되는 시접 테이프

레이스 시접 테이프는 신축성이 있거나 없거나 리본 시접 테이프와 같이 시접을 마무리하는 데 사용된다. 신축성이 있어서 늘어나는 레이스 시접 테이프는 니트 헴에 사용되는데 어떤 경우에는 니트 헴에 반드시 레이스 시접 테이프를 사용하도록 규정이 되어 있기도 하다. 이 외에도 레이스 시접 테이프를 장식적인 목적으로 시접 끝 부분에 붙이기도 한다.

브레이드

브레이드(braid)는 엮거나 꼬아서 만든 장식을 목적으로 만든 끈으로 물결 모양, 평평한 모양 등 다양한 형태가 있다. 바이어스 구조로 만들어진 우븐 트림의 일종으로 곡선의 형태로 주로 사용된다. 브레이드는 우븐 트림의 구조를 갖지 않는 트림의 한 종류로서 유연성이나 곡선이 있는 곳에 사용된다. 호스헤어 브레이드와 같이 우븐 바이어스로 된 종류가 있는데 이러한 브레이드는 신축성이 있어서 늘어날 때 그 폭이 더 좁아지게 된다.

장식용으로 사용되는 브레이드 트림의 두 가지 예로 릭랙(rick-rack)과 장식용 합사(soutache)를 들 수 있다(그림 12.18 참조). 릭랙은 지그재그로 된 납작한 끈으로 아동복에 사용되는데, 1950년대에는 단순하고 편한 스타일이었다. 〈그림 12.19a〉가 릭랙이 의복에 달리는 예를 보여준다.

브레이드 바인딩(braid binding)은 안단과 시접 끝처리에 사용되는 우븐 바이어스다. 브레이드는 깔끔하게 접을 수 있는 특성 때문에 직물을 원하는 크기로 접고 프레스해주는 기계인 폴더를 이용해 의복에 접혀진 상태로 봉제되도록 한다.

장식용 합사(soutache)는 좁은 너비의 브레이드와 같이 그

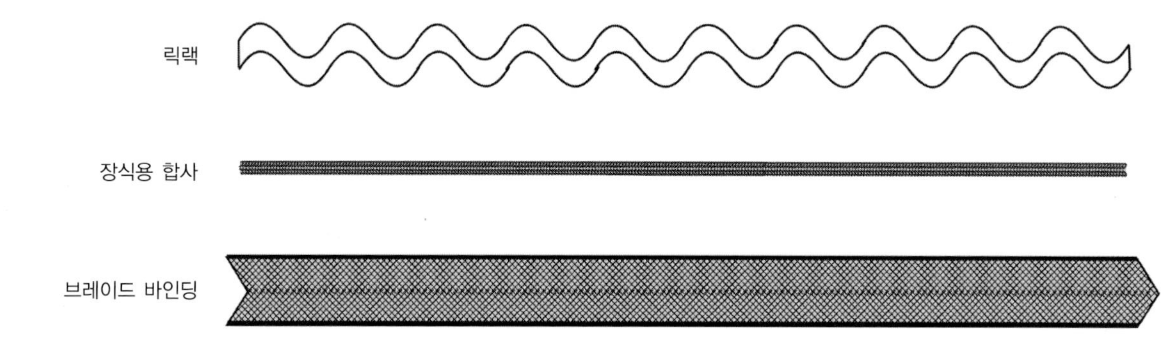

그림 12.18 브레이드 트림

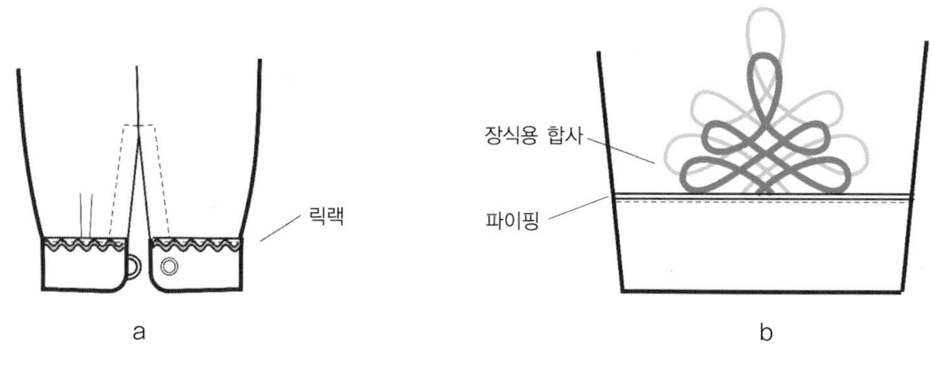

그림 12.19 릭랙과 장식용 합사의 응용

길이가 길고 다채롭게 군복에 사용된 정교한 장식이다(그림 12.18 참조). 또한 장식용 합사는 겉감이 무거운 직물일 경우 의복의 단추 고리용으로도 사용할 수 있는데, 〈그림 12.19〉가 이러한 예를 보여준다. 간단한 디자인의 장식용 합사는 의류제품에 사용하고 다른 정교한 스타일의 브레이드는 덮개나 침구류에 사용한다.

엘라스틱

엘라스틱(elastic)은 의류제품의 한 요소로 소개된 이후로 여러 가지 다양한 제품에 사용되어 왔다. 합성 고무나 고무로 엘라스틱을 만드는데, 압력으로 밀어준 다음 브레이드나 우븐 조직의 직물로 커버해 평평한 밴드 형태로 사용한다. 대개 엘라스틱은 무릎 부분 심에 사용한다.

엘라스틱 실

엘라스틱 실(elastic thread)은 속심이 고무로 만들어지는데 코튼사나 합성사 혹은 메탈릭사와 같이 감아서 사용한다. 허리 부분이나 커프스, 칼라 같은 다른 패널들에 엘라스틱 셔링을 만들기 위해서는 엘라스틱 실이 꼭 필요하다. 우븐 직물로 만든 의류제품의 경우, 엘라스틱 실을 사용해 다양한 사이즈의 제품을 만들 수 있다.

봉제기계를 어떻게 세팅했느냐에 따라 신축성이 있는 스티칭을 여러 줄로 박음질할 수도 있는데, 엘라스틱 실을 실패에 감고 일반실을 위쪽에 감아준다.

엘라스틱 코드

엘라스틱 코드(elastic cord)는 둥글거나 평평하고 좁은 형태로 실로 커버되어 있으며 의복에 바로 봉제한다. 러플을 만들거나 허리 부분의 형태를 잡기 위한 용도로 사용한다. 아동복에 자주 사용하며 기계적인 스모킹(smocking)에도 사용한다. 엘라스틱 코드는 코드락(cordlock)과 같이 사용해 후드 여밈 부분이나 겉옷의 끝단에서 열이 빠져나가는 것을 막는다(그림 13.30 참조).

브레이드 엘라스틱

허리밴드와 의복에는 가벼운 엘라스틱이 사용되는데 브레이드 엘라스틱(braided elastic)은 곱슬거리기 때문에 대개 겉감을 통해 봉제한다. 브레이드 엘라스틱에는 신축성이 약한 것과 강한 것 두 가지가 있다. 다른 브레이드 트림과 비슷하게 브레이드 엘라스틱이 늘어나게 되면 그 폭이 좁아지고 다시 원래대로 돌아가게 되면 폭도 원래의 길이로 돌아가게 된다.

우븐 엘라스틱

우븐 엘라스틱(woven elastic)은 허리밴드나 두꺼운 직물에 사용하고 외형이 보다 단단하게 보이도록 연출해야 될 때 사용한다. 우븐 엘라스틱은 늘어날 때도 원래의 가로 길이를 유지하는 특성이 있다.

장식용 엘라스틱

엘라스틱을 스트라이프나 다른 스타일로 디자인에 맞는 특별한 패턴의 프린트를 주문해 사용하기도 한다(그림 12.20 참조). 이러한 장식용 엘라스틱(decorative elastic)은 일반 엘라스틱에 비해 최소 생산수량이 많다는 단점이 있으나, 장식용 엘라스틱을 사용할 경우에는 더 간단한 구성 방법으로 봉제할 수 있다는 장점도 있다.

엘라스틱 끝처리

장식용 엘라스틱은 대개 신축성 있게 마무리되어야 하는 속옷에 사용한다. 〈그림 12.21〉에서 플랫 엘라스틱이 다리 입구 부분에 사용되었고 2-본침 삼봉으로 처리되었다. 이러한 경우에는 겉감 한 겹과 엘라스틱 한 겹의 총 두 겹으로만 이루어져 부피감이 적다.

엘라스틱 바인딩

〈그림 12.21〉에서 보는 바와 같이, 엘라스틱 바인딩(elastic binding)이 허리 부분의 끝처리를 위해 사용되는데 주로 속옷에 사용된다. 〈그림 12.21〉에서는 엘라스틱 바인딩을 응용하는 예를 보여준다. 엘라스틱은 겉감이나 다른 종류의 직물로 싸서 사용할 수 있다. 예를 들어 우븐 복서(woven boxers : 권투선수들이 입는 반바지)의 허리 부뷰에 엘라스틱을 사용하면(그림 12.22 참조) 허리 부분의 늘어난 치수가 엉덩이둘레를 충분히 커버하므로 의복을 입고 벗기에 용이해 별도의 여밈을 만들지 않아도 된다.

커프스나 밑단 둘레, 어깨 끈이 없는 의복이나 캐미솔의 가슴선에도 엘라스틱을 사용한다. 또한, 하나로 연결된 의복의 허리 부분에 사용해 형태를 잡아주거나 아동복이나 잠옷

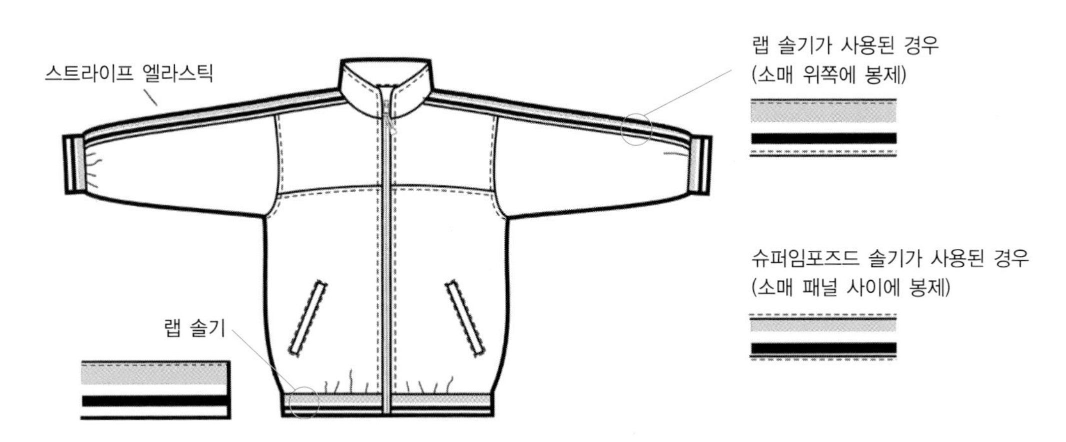

그림 12.20 트림으로서의 엘라스틱

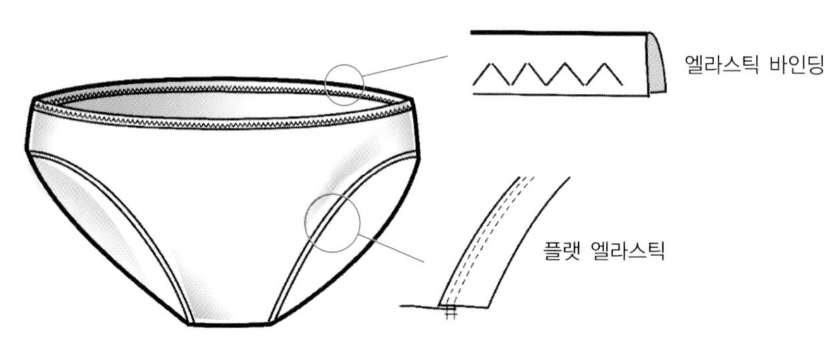

그림 12.21 엘라스틱 끝처리와 바인딩

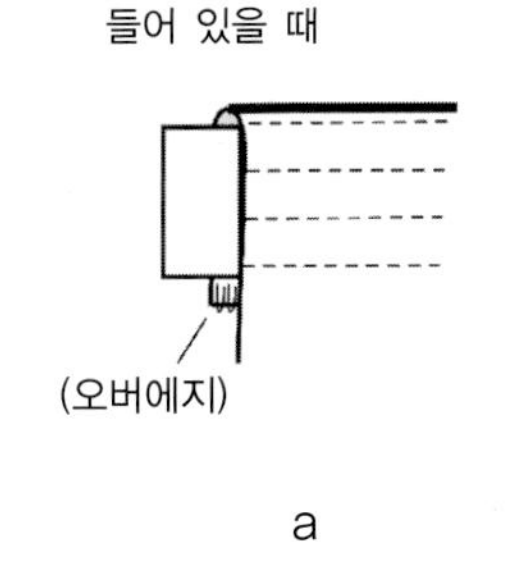

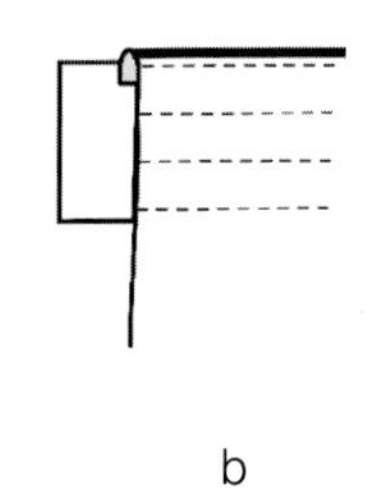

그림 12.22 허리 부분 처리

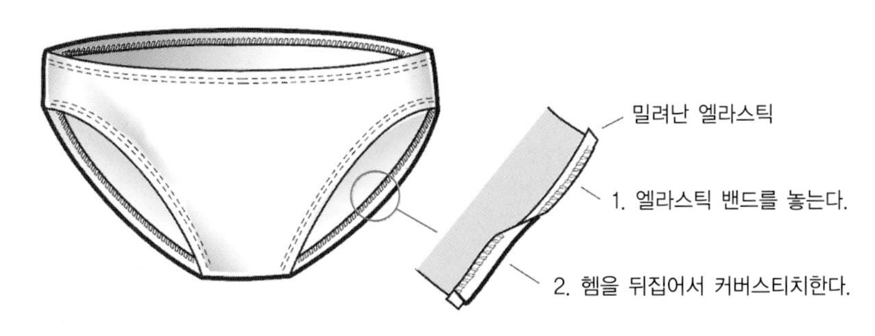

그림 12.23 안쪽 끝단에 사용된 엘라스틱 밴드

에 러플효과를 주기 위해 사용하기도 한다. 엘라스틱 케이싱(elastic casing)은 안쪽에서 뒤집기도 하고(그림 12.22a 참조) 바깥쪽에서 뒤집기도 한다. 엘라스틱이 페이싱의 역할도 할 수 있는데 이럴 경우에는 엘라스틱이 안쪽에서 보이게 된다(그림 12.22b 참조).

평평한 엘라스틱은 대개 수영복 같은 신축성 있는 직물의 안쪽 끝단에 사용한다. 이러한 경우에 가장자리를 따라서 엘라스틱을 가장 먼저 부착하고 나서 헴을 뒤집어서 2-본침 삼봉으로 스티치한다. 엘라스틱이 안쪽 헴갈이 커버되는 곳에서 종종 밀려나오기도 하는데(그림 12.23 참조) 엘라스틱이 직물로 싸여 있지 않으면 고무같이 보이게 된다. 엘라스틱을 사용하게 되면 적은 비용으로 니트 셔츠나 스웨터의 어깨선 혹은 다른 부분을 안정되게 만들 수 있다.

요약

결론적으로, 이상적인 의류제품의 외관, 기능성과 품질을 만들기 위해서는 의류제품의 형태를 유지하고 향상시키기 위한 다양한 부자재와 장식물들이 중요한 역할을 한다. 또한 좋은 품질의 의류제품을 생산하기 위해서는 다양한 기능의 적합한 언더라잉 직물을 선택하는 것이 중요하다. 이와 같이 다양한 특성을 지닌 부자재와 장식물들을 잘 알고 있어야 소비자들이 원하는 대로 의류제품을 잘 디자인할 수 있다.

연구문제

1. 안감과 심지의 차이점은 무엇인가?
2. 셔츠 한 장과 테일러드 재킷 한 벌을 선택하여 각 의복에 사용된 형태와 서포트에 관한 것들이 무엇인지 살펴보고 각각의 위치와 사용 용도에 대하여 적어보라.
3. 다운 의류제품의 테크니컬 측면은 무엇인가?

이해 확인

1. 다양한 종류의 언더라잉 직물을 적어보고 각각의 용도에 대해 설명해보라.
2. 언더라잉 직물을 사용하는 주된 이유에 대해 적어보라.
3. 언더라잉 직물을 선택하는 데 있어서 구체적으로 고려해야 할 점들에 대해 적어보라.
4. 의류제품에 테이프를 사용하는 주된 이유를 적어보라.

CHAPTER 13

여밈 도구

학습목표

1. 의류제품에 사용되는 여러 가지 여밈 도구에 대해 알아본다.
2. 의류제품에 사용되는 여러 가지 여밈 도구에 대한 테크니컬 측면을 이해한다.
3. 다양한 의류제품의 용도에 맞게 여밈 도구를 선택한다.

주요용어

김프(gimp)
레이싱(lacing)
섕크 단추(shank button)
아이드 단추(eyed button)
여밈 도구(fastener)
트림(trim)
프로그(frog)
훅 앤드 루프(hook and loop)

제12장에서 살펴본 바와 같이 의류제품에서 직물을 제외한 모든 부자재, 예를 들면 실, 라벨, 엘라스틱과 같은 트림을 파인딩(finding)이라고 한다. **트림**(trim)은 기본적인 의복에 추가적으로 붙이는, 겉으로 보이는 장식적인 것들로서 단추, 레이스, 리본과 나비모양 리본 등이 이에 해당한다.

이 장에서는 의류제품에서 가장 중요한 요소 중 하나인 클로저(closure)라고도 하는 여밈 도구들에 관해 살펴볼 것이다. **여밈 도구**(fastener)는 착용자가 의복을 쉽게 입거나 벗도록 입구 부분을 채워서 고정시키는 것들로서 단추, 지퍼, 레이싱, 타이, 벨크로라고 알려진 훅 앤드 루프, 훅, 스냅 등이 있다. 이 장에서는 다음의 여밈 도구들에 관해 살펴보겠다.

- 단추와 단춧구멍(buttons and buttonhole)
- D링과 토글(D-ring and toggle)
- 프로그(frog)
- 레이싱(lacing)
- 훅 앤드 루프(hook and loop)
- 지퍼(zipper)
- 훅(hook)
- 스냅 여밈 도구(snap fastner)
- 코드락(cordlock)

의류제품을 디자인할 때 적절한 스타일과 이에 어울리는 여밈 도구를 정하는 것이 중요하며 이는 의류제품의 품질을 나타내는 지표가 된다.

단추

단추는 가장 일반적인 여밈 도구 중 하나로서 단춧구멍이나 고리 같은 입구에 끼워 넣도록 디자인되어 있다. 의류제품의 스타일과 용도에 맞춰서 적절한 단추가 선택된다.

단추를 사용할 때의 장점

단추는 의복을 여미는 방법으로 오랫동안 사용되어 왔다. 단추는 장식적일 뿐만 아니라 기능적이어서 여러 종류의 재질과 다양한 모양으로 생산된다. 여러 가지 스타일을 디자인하는 상황에서 지퍼보다는 단추를 선호하게 되는데, 예를 들면 블라우스나 대부분의 테일러드 재킷, 그리고 가볍거나 부드러운 소재의 직물, 혹은 블루종(blouson : 허리 부분을 조이게 되어 있는 헐렁한 상의)같이 지퍼를 달게 되면 지퍼가 너무 무겁고 뻣뻣해서 의도된 실루엣을 연출할 수 없는 경우에 단추를 사용한다.

단추 크기

단추의 크기는 시각적인 측면에서 중요한데, 새로운 디자인을 연출하기 위해 크기가 다른 단추를 사용한다. 일반적으로 큰 단추는 작은 단추보다 힘이 있어서 단추를 달 때 단추들 사이의 간격을 더 넓게 하는 경향이 있다. 큰 단추는 재킷 같은 아우터웨어에 사용되고 작은 단추들은 셔츠나 블라우스에 사용된다.

단추의 크기는 지름으로 표시되는데 라인(ligne) 크기로 나타낸다. 라인은 특별히 단추의 크기를 잴 때 사용되는 측정 단위다. 40라인 단추는 1인치이고 1라인은 1인치의 1/40 혹은 0.25인치(0.635mm)와 같다. 다른 크기 비교 단위로 1다임(dime)은 24라인과 같고 1/4다임은 36라인과 같다. 블라우스나 드레스의 전형적인 단추의 크기는 18~20라인이다. 어떠한 크기의 단추든 원하는 대로 만들 수 있으나, 셔츠에는 18~20라인 단추를 사용하고 코트에는 30~50라인 단추를 사용하는 등 일반적으로 사용하는 단추의 표준 크기가 있다. 일반적인 진택 단추(jean-tack button)의 크기는 30라인이다. 재킷에는 일반적으로 30~36라인의 단추를 다는데 디자인적인 특징으로 이보다 더 큰 단추를 달기도 한다. 작은 단추보다 큰 단추를 사용하면 비용이 더 많이 들게 되기 때문에 의류제품의 가격을 결정할 때 단추의 크기가 중요한 요인 중 하나가 된다.

단추 스타일

단추 모양은 일반적으로 평평하고 부드러워서 다른 모양으로 변형하기 쉽다. 단추의 종류로는 섕크 단추와 아이드 단추 두 가지가 있다(그림 13.1 참조). **아이드 단추**(eyed button)는 바늘과 실이 통과하는 구멍이 있기 때문에 소-스루 단추(sew-through button)라고도 한다. 파자마, 뒤에 여밈 부분이 있는 의복이나 아동복같이 평평한 단추가 가장 편할 것 같은 의복 스타일에 아이드 단추가 유용하게 사용된다. 단춧구멍이 2개나 4개인 단추가 가장 일반적이지만, 3개의 구멍이나 다른 개수의 구멍이 있는 독특한 단추도 있다.

섕크 단추(shank button)는 플라스틱이나 메탈과 같은 소재로 미리 만들어져서 부착된 기둥인 섕크로 되어 있는데 실생

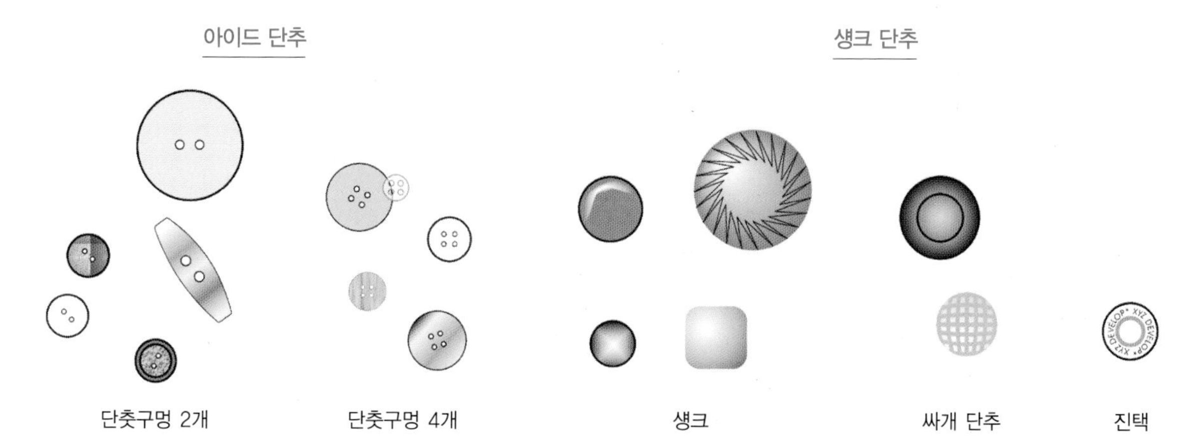

그림 13.1 위에서 본 단추

크로도 구성되어 있다. 생크는 단추가 윗면으로 덮는 패널의 표면 위로 올라오도록 해 보통의 경우 윗면으로 덮는 옷감 두께의 높이로 만들어 단추가 단춧구멍을 지나고서 더 높이 달리게 함으로써 의복을 덮는 패널의 겉감이 단추로 인해 눌리거나 틀어지는 것을 방지해준다. 생크 단추를 달아줄 경우에는 겉에서 단추를 단 실이 보이지 않기 때문에 정장용 분위기를 연출할 수 있다.

단추 기둥

모든 단추에는 어떤 종류든 기둥이 있는데, 아이드 단추의 경우에는 실 기둥 때문에 단추와 단추가 의복과 겹쳐지는 부분 사이에 공간을 만들어준다(그림 13.2a 참조). 틀에 넣어져 만들어진 기둥이 있는 단추의 경우에는 철사, 메탈이나 혹은 단추 재질 그 자체로 만들어진 고리(loop)가 달려 있다(그림 13.2b 참조). 의복의 겉감으로 만든 싸개 단추에는 단추의 중앙에 기둥의 역할을 하는 직물을 부착하는 경우도 있다(그림 13.2c 참조).

〈그림 13.2d〉에서 보여주는 **진택**(jean tack) 단추는 내구성이 뛰어나기 때문에 청바지나 작업복에 쓰인다. 진택 단추는 실과 바늘을 이용해 다는 것이 아니라 기계를 이용해 단다.

단추를 선택할 때는 기둥의 높이를 고려해야 한다. 직물에 단추를 달 때 기둥의 높이를 조정함으로써 단추의 두께에 맞는 여유 공간을 만들어낼 수 있기 때문이다. 이렇게 함으로써 단추가 직물의 표면 위에 부드럽게 놓여 고정될 수 있다.

단추를 달 때 단추가 당겨지거나 틀어지지 않도록 단추의 가장 윗부분이 직물에 잘 고정되어야 하며 기둥이나 실기둥이 보이지 않아야 한다. 기둥이 너무 짧으면 단추를 달았을 때 단추가 틀어져서 달릴 수가 있다. 원형이 아닌 생크 단추를 의복에 달았을 때 쉽게 뒤틀리거나 부조화를 이루는 경향이 있다.

단추 구성

단추는 굉장히 다양한 종류의 재질로 만들어진다. 과거에는 모든 단추가 뼈, 자개나 자기 등의 천연 재질로 만들어졌으나, 폴리에스터나 나일론이 쉽게 염색되고 그 형태를 쉽게 만들 수 있기 때문에 근대에는 폴리에스터나 나일론으로 만들어진 단추가 널리 사용된다. 자주 사용되는 단추의 재질은 다음과 같다.

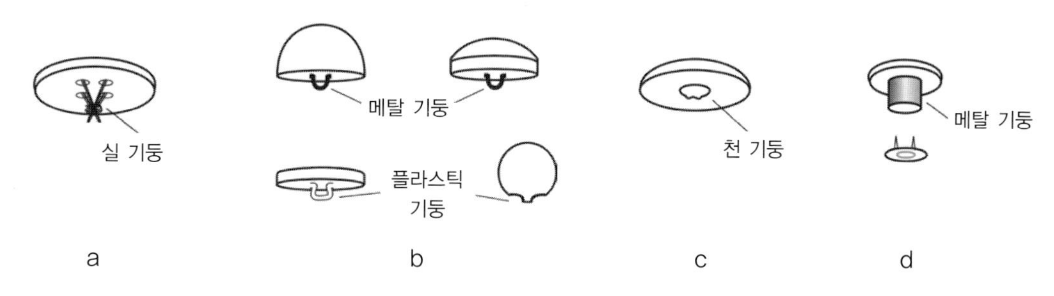

그림 13.2 단추 기둥의 종류

- **나무**는 캐주얼웨어에 사용된다. 나무 단추를 단 의복은 자주 세탁하지 않는 것이 좋다.
- **대나무**는 일반 재질로 나무의 따뜻한 촉감을 가지고 있으면서 일반 나무 재질보다 세탁 견뢰도가 뛰어나다.
- **가죽**은 캐주얼 양복 스타일에 자주 사용된다. 가죽 단추는 물세탁이나 드라이클리닝에 적합하지 않기 때문에 드라이클리닝을 하기 전에 포일로 가죽 단추를 잘 싸야 한다. 플라스틱으로 만들어진 가죽처럼 보이는 인조 가죽 단추가 저렴한 대체 단추로 자주 사용되기도 한다.
- **뿔**이나 **뼈**는 비싼 재질로 정장용 의복에 적합하다. 뿔 단추가 달린 의복은 특별한 세탁 방법 없이 물세탁이나 드라이클리닝을 할 수 있다.
- **자개**는 정장용 의복에 적합하며 대부분 물세탁이나 드라이클리닝을 할 수 있다. 그러나 자개 단추의 경우 세탁기에 세탁을 할 때 단추가 깨질 수도 있다. 자개 단추는 여성스러운 분위기를 연출하며 여러 가지 다양한 색상에 잘 어울린다. 자개 단추를 모방해서 자개 단추처럼 보이도록 만든 플라스틱 단추도 종종 사용된다.
- **금속**은 저렴한 것부터 비싼 것까지 가격대가 다양하며 물세탁과 드라이클리닝이 모두 가능하다. 그러나 금속 단추를 물에 장시간 담가두게 되면 단추 색상이 변색될 수 있으므로 주의해야 한다.
- **고무**는 캐주얼웨어에 사용하기 적절하며 주로 럭비 셔츠에 사용된다. 건조기의 열에 약해 견디지 못하고 녹을 수 있으나 일반 물세탁은 가능하다.
- **플라스틱**은 가장 보편적으로 사용되는 단추 재질이다. 물세탁, 드라이클리닝과 건조가 모두 가능해 세탁 방법이 용이하다. 그러나 아주 뜨거운 온도의 열에 녹거나, 세탁 시 갈라지거나 깨질 수 있으므로 주의해야 한다.
- **코드** 혹은 브레이드 단추는 장식적인 여밈 도구용으로 자주 쓰인다.
- **직물**(fabric) 단추는 의복의 겉감으로 싼 단추나 가장자리 메탈 테두리를 제외한 나머지 부분을 직물로 싼 단추다.

단추 달기

대부분의 단추는 봉제기계를 사용해 의복에 단다. 단추를 올바른 방법으로 봉제해 의복에 달아야 오랫동안 떨어지지 않게 된다. 봉제 기계를 이용해 단추를 다는 방법에는 환봉(chainstitch – stitch type 101)과 본봉(lockstitch – stitch type 304)의 두 가지 스티치 종류가 있다. 101 기계보다는 304 본봉 기계를 사용해 단추를 달았을 경우 그 내구성이 더 좋다.

4개의 구멍이 있는 단추는 두 가지 스티치 방법으로 달 수 있는데 두 줄로 평행하게 스티치하거나 X자 혹은 네모 모양으로 스티치할 수 있다. 그러므로 2개의 구멍이 있는 단추보다 4개의 구멍이 있는 단추가 더 튼튼하게 달릴 수 있다.

단추가 떨어지게 되면 소비자들의 의복에 대한 만족도가 떨어지기 때문에 단추를 제대로 다는 것은 의류제품의 품질에 있어서 중요하다. 아동복의 경우에는 단추가 떨어져서 아이들이 삼키면 기도가 막히는 등 위험한 상황이 발생할 수 있으므로 단추가 달렸을 때의 강도를 더욱 확실하게 확인한다.

프렌치 플라이(french fly)에 다는 겉으로 보이지 않는 단추는 기계를 사용하지 않고 손으로 달기도 한다. 매우 두꺼운 직물의 의복에 2개나 4개의 구멍이 있는 단추를 손으로 달 경우에도 겉감의 두께를 고려해 실기둥을 적절한 높이로 만들어준다(그림 13.3 참조).

단추 위치

단추는 의복의 안자락에 박음질되거나 붙여진다. 단춧구멍이 나 있는 쪽을 겉자락이라고 부른다. 전형적으로 앞여밈에 단추를 달지만 성별이나 착용자에 의해 단추를 다는 위치가 결정되기도 한다. 남성용 의복에는 단추를 오른쪽에 달고 여성용 의복에는 단추를 왼쪽에 단다.

상의에는 단추를 앞에서 열어서 입는 스타일의 경우에는 앞중심에 달고 뒤에서 열어서 입는 스타일의 경우에는 뒷중심에 단다(그림 13.4a와 b 참조). 단춧구멍은 세로나 가로 혹은 사선 방향으로 뚫어준다. 단춧구멍을 가로 방향으로 뚫을 경우에는 단춧구멍의 끝점이 앞중심선에서 1/8인치 떨어진 지점에 위치하도록 한다(그림 13.4a와 b 참조).

이와 달리, 바지의 경우에는 플라이의 에지를 앞중심선으로 간주해 단추를 플라이의 끝에서 떨어진 곳에 위치시킨다(그림 13.4c 참조).

의복의 끝선에서 앞중심선 사이의 간격을 **단춧구멍 연장**이라고 하는데, 단추의 크기에 따라 적절하게 균형을 유지하기 위해 큰 단추를 달아줄 경우에는 단춧구멍 연장의 너비와 단추 사이의 간격을 좀 더 넓게 한다. 일반적으로 단추의 너비만큼 에지에서부터 떨어진 위치에 앞중심선을 정해 단춧구멍

손으로 단추 달기

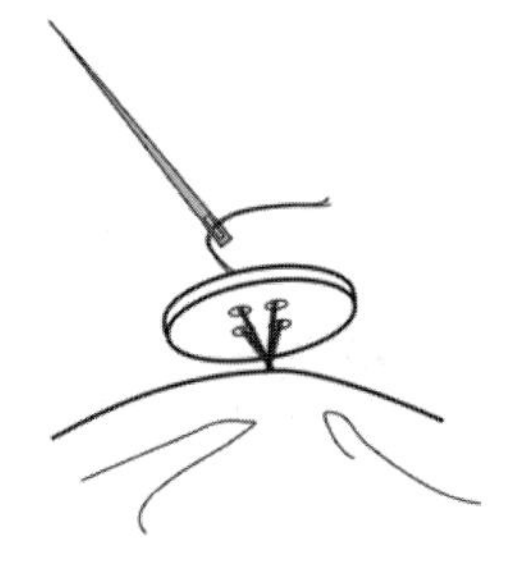

실이 4개의 단춧구멍을
3번 이상 통과하게 한다.

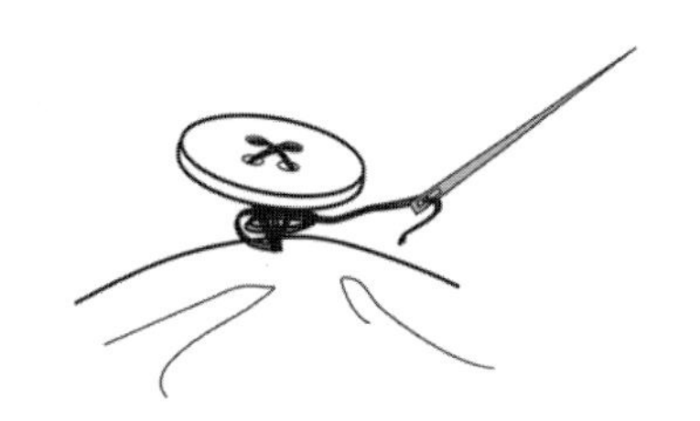

실을 5~6번 정도 둘러서 실기둥을 만들고
매듭을 만들고 묶어서 마무리한다.

그림 13.3 손으로 단추 달기

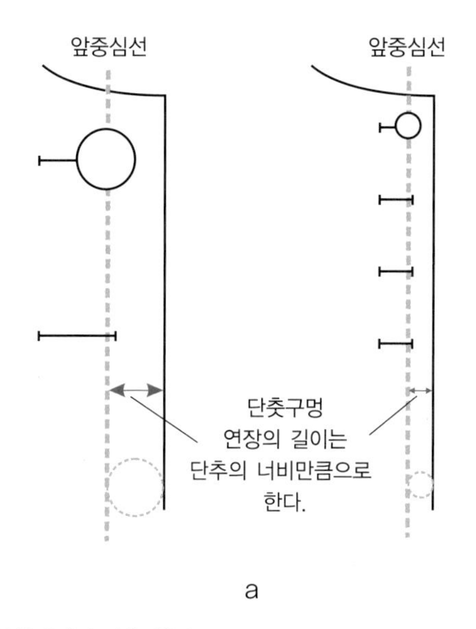

그림 13.4 앞중심에서의 단추 위치

을 정하는 것이 바람직하다(그림 13.4a 참조). 맨 처음에 다는 단추는 의복의 위 끝선에서 단추 너비의 반 정도 되는 길이만큼 떨어진 위치에 달아야 한다.

앞가슴에 단추가 한 쌍씩 두 줄로 있는 스타일의 경우에는 앞중심선을 기준으로 2개의 단추를 같은 너비만큼 떨어진 위치에 달아야 한다(그림 13.5a 참조). 이러한 스타일의 경우에는 모든 단춧구멍을 뚫어주기도 하지만, 밑단추 쪽에 가까운 단추에만 단춧구멍이 있는 경우도 있다. 그러한 경우에는 단춧구멍이 없는 단추의 아래쪽에 생기는 무게를 지지하기 위해 안쪽에 밑단추를 달아준다. 〈그림 13.5b〉는 밑단추를 다는 단면도의 디테일을 보여준다.

밑단추는 단추보다 작은 투명한 플라스틱 재질로 다루기에 용이하다. 밑단추는 겉단추를 지지하는 용도로 적절하게 사용되며 크기가 큰 아이드 단추, 무거운 단추, 느슨한 조직에 다는 단추, 그리고 가죽에 다는 단추에 같이 사용된다. 이러한 밑단추를 달아준 의복은 고품질 제품으로 간주된다.

단추는 가슴선이나 허리선같이 가로 방향으로 힘을 받는 부분에 단다(그림 13.6 참조). 가슴 부분이 딱 맞는 스타일의 경우에는 가슴의 여밈 부분이 벌어지는 것을 방지하기 위해 가슴선의 약간 아래쪽에 단추를 달아야 한다. 벨트가 있는 재킷이나 코트의 경우에는 균형 잡힌 모습을 연출하기 위해 단추를 벨트의 윗부분이나 아랫부분에 단다(그림 13.7 참조).

일반적으로 특별한 단추를 단 의복은 예비용 단추를 안쪽에 달아준다. 일반 단추보다 크거나 부피감이 있는 단추의 경우에는 예비용 단추를 작은 비닐 봉투에 넣어 행택에 붙인다. 여러 가지 크기의 단추를 단 의복의 경우에는, 각각의 크기별

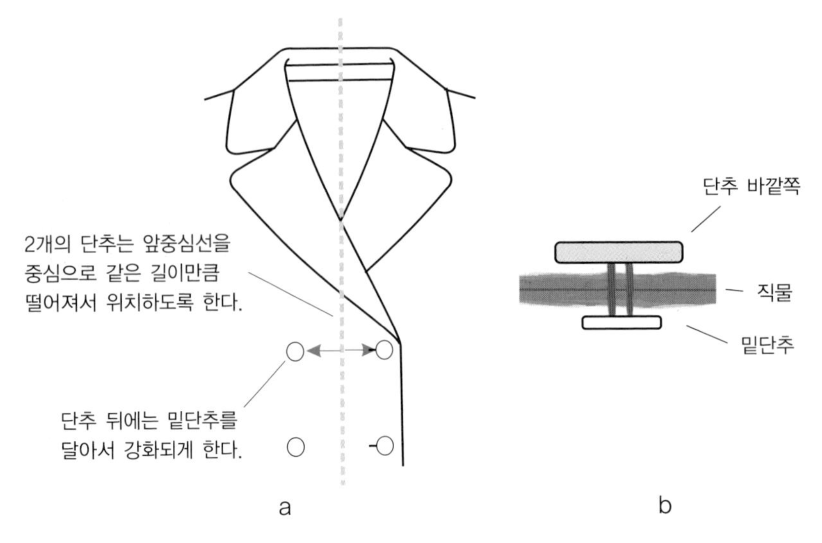

그림 13.5 앞가슴에 단추가 두 줄이 있는 디테일

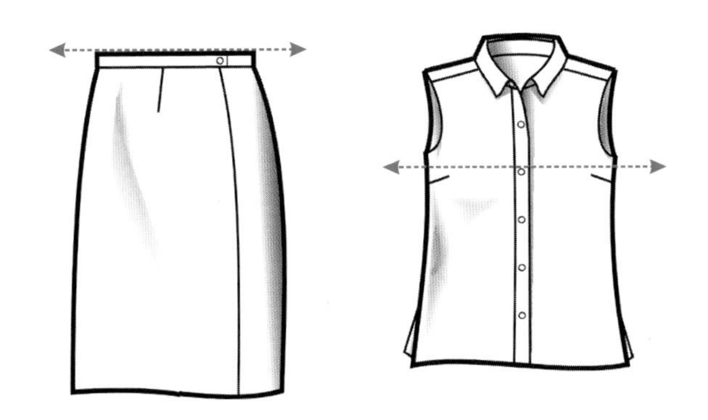

그림 13.6 스커트와 셔츠의 단추 위치

그림 13.7 벨트가 있는 재킷의 단추 위치

로 예비용 단추를 안쪽 행택에 달아주지 않으면 착용자가 단추를 잃어버렸을 때 모든 단추를 교체해야 하는 일이 발생한다. 특히 단추가 의복의 겉감과 같은 색으로 염색된(dyed to match, DTM) 단추일 경우에는 같은 단추로 교체하기가 어렵고 그렇게 할 수 있다고 하더라도 많은 비용이 들 것이다.

장식적인 단추

단추는 순전히 장식적인 목적으로만 사용되기도 한다. 〈그림 13.8a〉는 단추가 브레이드와 같이 장식적으로 사용된 예를 보여준다. 이 재킷의 경우 실제 여밈 도구는 앞지퍼다. 〈그림 13.8a〉를 보면 슬리브 단추도 장식적인 것을 알 수 있다. 이와 같이 대부분의 테일러드 재킷에도 단추가 장식적으로 달린다. 〈그림 13.8b〉에서는 다양한 크기의 단추가 스커트의 가장자리 디테일로 사용된 것을 보여준다.

여러 문화에서 단추가 장식적으로 사용되어 왔다. 런던 코크니 지역의 전통적인 의복 스타일은 펄리(Pearly) 왕과 왕비가 입었던 코트에서 유래한다(그림 13.9 참조). 물론 〈그림 13.9〉의 재킷은 자개 단추로 손수 꾸며진 의복으로서 상업적인 제품이 아니었다. 이는 전통적인 자료로부터 영감을 얻은 생동감 넘치는 기발한 디자인의 예다.

단춧구멍

단춧구멍(buttonhole)은 단추가 채워지는 입구이므로 단추와 함께 사용이 가능해야 한다. 단춧구멍의 주된 종류로는 지그재그(zigzag), 키홀(key hole), 슬릿(slit), 바운드(bound)와 온심(on-seam)이 있다(그림 13.10과 그림 13.11 참조). 테일러드 의복의 경우에는 단춧구멍을 수작업으로 만들기도 하는데 그 모양이 키홀 단춧구멍과 비슷해 단춧구멍에 대한 일반적인 가이드라인이 동일하게 적용된다. 단춧구멍과 같이 사용될 수 있는 고리 여밈 도구에 대해서도 이 장의 뒷부분에서 살펴

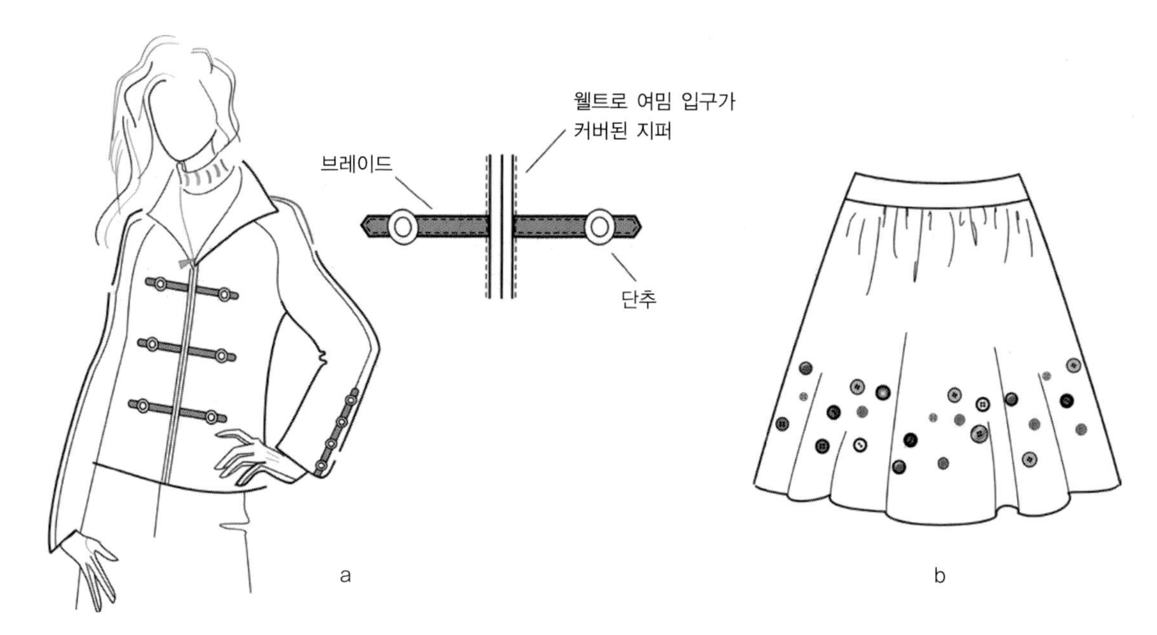

그림 13.8 단추를 장식으로 사용한 경우

그림 13.9 장식물로서의 단추

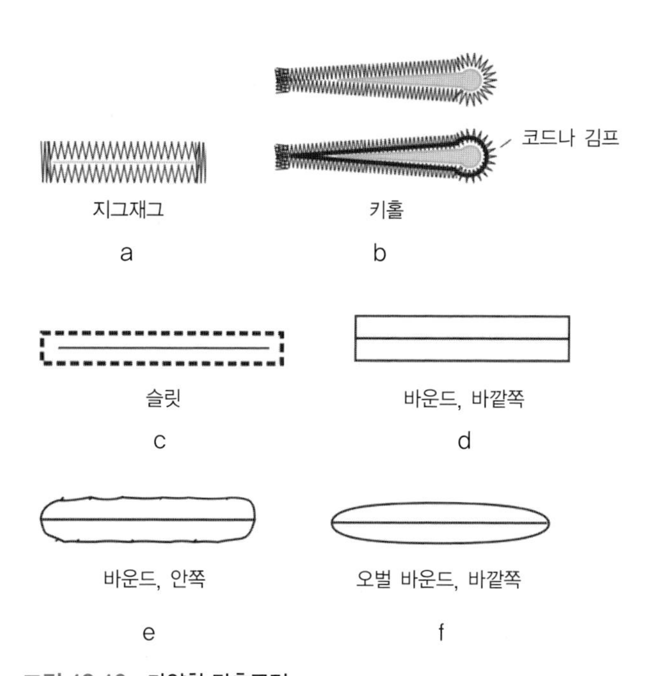

그림 13.10 다양한 단춧구멍

보기로 한다.

지그재그와 키홀 단춧구멍은 자동화된 기계를 사용해 먼저 실로 의복의 겉감에 스티치를 하고 그다음에 잘라서 입구를 만든다. 저가의 의복에는 지그재그 단춧구멍이 가장 많이 쓰인다(그림 13.10a 참조). 지그재그 스티치는 끝이 풀리는 것을 방지해주고 끝에 바택을 함으로써 강화 효과를 더해준다. 지그재그 스티치에는 항상 304 본봉을 사용해야 하는데, 이는 부주의로 인해 단춧구멍이 완전히 풀어지는 것을 방지할 수 있기 때문이다. 〈그림 13.10〉은 키홀 단춧구멍의 두 가지 예를 보여주는데, 앞부분에 둥글게 홈이 파여 단추가 편하게 채워지고 풀리게 한다. 〈그림 13.10〉의 아래쪽 스케치에서 보는 바와 같이, 키홀 단춧구멍에는 코드 모양의 스티치가 있는데 이를 **김프**(gimp)라고도 부르며 단춧구멍에 안정성을 더해준다. 이 단춧구멍은 진, 재킷, 코트 등 의복의 단추 기둥의 크기가 클 때 자주 사용된다. 슬릿 단춧구멍은 스티치가 필요하지 않은 직물일 경우에 사용되며 단춧구멍에 지그재그 스티치로 지지할 수가 없다(그림 13.10c 참조). 가죽이나 인조 가죽, 또는 열가소성 수지는 직물을 잘랐을 때 끝이 풀리지 않으므로 일반적인 단춧구멍의 스티치가 필요하지 않다. 따라서 비닐이나 필름으로 된 직물 같은 경우 열처리해 단춧구멍을 만든다. 이와 같은 단춧구멍은 우비 같은 저가의 의복에 사용된다. 바운드 단춧구멍(bound buttonhole)은 축소된 웰트 포켓과 같다(그림 13.10d 참조). 일반적으로 겉감과 같은 직물로 만들어지지만 겉감의 색상과 전혀 다른 색상 혹은 미적인 효과를 더해주는 가죽 같은 소재를 이용해 만들 수도 있다. 바운드 단춧구멍은 안쪽에서도 수작업으로 조심스럽게 마무리해야 한다. 웰트 포켓과 같이 얇은 두께나 느슨한 조직의 우븐 직물 같은 경우에는 바운드 단춧구멍을 만드는 것이 적합하지 않다. 〈그림 13.10f〉에서 오벌 밴느 단춧구멍(oval band buttonhole)은 그 형태가 매우 정교해 아주 뛰어난 봉제 기술이 요구된다.

바운드 단춧구멍은 봉제 기술이 뛰어나야 만들 수 있으므로 생산비가 많이 들어서 고가의 고급 여성용 의복에 사용되며 의복의 좋은 품질을 나타낸다. 현대에 와서 드레스메이커(dressmakers)들이 의복을 만들게 되면서 바운드 단춧구멍이 더 일반적으로 사용되게 되었다. 가죽 의류제품에서 바운드 단춧구멍을 자주 볼 수 있는데 이는 별도의 기술을 필요로 하므로 중요한 품질 지표로 생각된다.

온심 단춧구멍(on-seam buttonhole)은 봉제선의 일부를 박지 않은 채로 두는 단춧구멍으로서 스티치를 하지 않아서 단춧구멍 선이 매끈하며 솔기에 있으므로 눈에 잘 띄지 않는다. 이는 뒷면을 손으로 마무리해야 하므로 수고스럽지만 바운드 단춧구멍보다는 비교적 그 공정이 간단하다. 그러나 온심 단춧구멍을 만드는 일이 항상 쉽고 간단하지만은 않다. 〈그림 5.8b〉에서 본 더블 브레스트(double-breasted) 스타일의 코트 드레스의 온심 단춧구멍은 단춧구멍을 솔기에 만들기 어렵다. 이런 이유로, 온심 단춧구멍이 드물게 사용되는 경향이 있다.

〈그림 13.11〉은 실을 꼬아서 수작업으로 만든 단춧구멍을 보여준다. 단춧구멍 기계로 단춧구멍을 뚫기에 소재가 너무 얇은 경우나 바운드 단춧구멍을 만들 때 부피감을 줄이기 위해 이렇게 수작업으로 단춧구멍을 만들기도 한다. 이러한 수작업으로 만든 단춧구멍은 올이 잘 풀리지 않는 우븐 직물의 경우에 적합하다. 대개 품질 문제는 단춧구멍 기계 작업의 마지막 과정에서 발생하게 된다. 구체적으로 설명하자면, 단춧구멍 기계의 칼이 단춧구멍을 만든 실을 자를 때 단춧구멍에 스티치한 실까지 자르거나, 칼이 날카롭지 못해 바택한 부분까지 깨끗하게 자르지 못한 경우 단춧구멍이 너무 짧아지게 되는 문제가 발생하게 된다. 단춧구멍이 짧게 만들어질 경우에는 단추를 끼우고 빼는 것이 매우 힘들기 때문에 이를 수정하지 않으면 품질 문제가 발생한다.

단춧구멍의 크기

단춧구멍의 길이는 단추의 모양에 따라 정해지는데, 평평한 단추의 경우에는 대개 단추의 가로 길이에 1/8인치를 더해 주고 두꺼운 단추의 경우에는 좀 더 길게 하는데 단추가 단춧구멍에 잘 들어갈 수 있는 정도를 가늠해 결정한다.

단추의 모양에 따라 가능한 세 가지 종류의 단춧구멍 길이는 다음과 같다.

- 플랫 단추(flat button) : 단춧구멍의 길이 = 단추의 가로 길이 + 단추의 높이
- 라운드 단추(rounded buttons-ball button) : 단춧구멍의 길이 = 단추의 원주 둘레/2
- 특이한 모양의 단추 : 단춧구멍의 길이 = 단추의 가로 길이 + 단추의 높이 + 단추의 모양에 따른 추가 길이

단추를 쉽게 채우고 여는 것이 의류제품에 대한 소비자의 만족도에 중요하게 영향을 미치므로 핏 미팅 전에 새로운 샘플을 검토할 때 단추와 단춧구멍이 잘 맞는지를 반드시 확인해

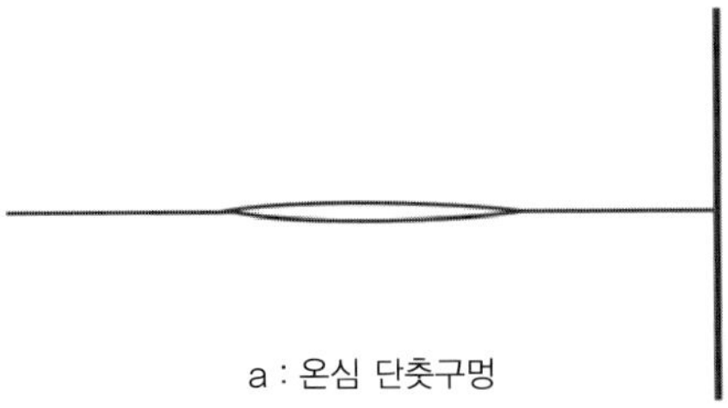

a : 온심 단춧구멍

b : 수작업한 온심 단춧구멍

그림 13.11 수작업한 온심 단춧구멍

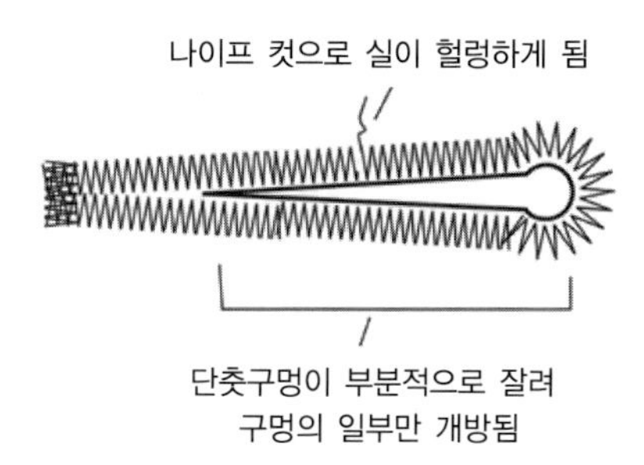

그림 13.12 단춧구멍의 품질 문제

야 한다. 단추에 비해 단춧구멍이 너무 작은 경우는 의류제품 선적에 주된 결함이 되어 1등급으로 선적되지 못한다. 반대로 단춧구멍이 너무 크면 단추가 채워진 상태로 유지되기가 어렵다. 그러나 각각의 단추에 맞는 단춧구멍을 만드는 것에 대한 책임은 공장에서 지기 때문에 작업지시서에 정확한 단춧구멍의 길이가 명시되지 않는 것이 일반적이다.

단추와 단춧구멍의 위치

단춧구멍의 방향이 단춧구멍의 위치 결정에 영향을 미친다. 가로 방향의 단춧구멍은 단추가 단춧구멍의 중간이 아닌 끝에 위치하게 되므로 앞중심선의 중간에 위치하지 않는다.

가로 방향 앞중심선의 경우에는 앞중심선을 같은 간격으로 배열해 앞중심선 사이가 뜨거나 당겨지는 일이 발생하지 않도록 해야 한다(그림 13.13a 참조). 단추가 앞끝에 위치하기 때문에 가로 방향으로 여는 단춧구멍을 갖는 단추의 경우 착용 시 단추가 원하지 않게 빠져나오지 않고, 특히 몸에 꼭 맞는 스타일의 의복일 경우 단추가 단춧구멍에 잘 끼워져 있다.

세로 방향의 단춧구멍은 가로 방향의 단춧구멍에 비해 단춧구멍들 사이의 간격이 일정하지 않을 수 있으나 플래킷은 평평하다(그림 13.13b 참조). 이러한 이유로 기술이 약간 떨어지는 공장에서는 가로 방향보다 세로 방향의 단춧구멍을 더 잘 만든다. 세로 방향의 단춧구멍은 가로 방향의 단춧구멍보다 더 쉽게 원하지 않을 때 갑자기 열리는 경향이 있고 플래킷도 위아래로 많이 움직일 수 있는 단점이 있다. 이런 단점을 없애기 위해서 때로는 가장 위에 달리는 단춧구멍은 가로 방향으로 만들고, 나머지 단춧구멍은 세로 방향으로 만드는 경우도 있다(그림 13.13c 참조). 이러한 식으로 플래킷이 위아래로 움직이지 않도록 할 수 있는데 이 방법은 가로 방향의 단춧구멍만 만드는 것보다는 쉽게 만들 수 있다.

〈그림 13.13d〉는 독특한 테일러링 디테일로 단춧구멍이 다양한 각도로 틀어져 있는 것을 보여준다. 이러한 단춧구멍에는 심지를 붙여서 단춧구멍이 늘어지는 것을 방지해야 한다. 바이어스 방향으로 재단한 의복에도 이러한 단춧구멍을 사용하면 겉감의 올과 같은 방향이 되게 할 수도 있다.

고리

고리(loop)는 좁은 스트립으로 단추나 훅의 여밈 도구로 사용된다. 〈그림 13.14a〉는 지퍼의 윗부분을 단추나 훅으로 잠그는 실로 된 고리를 보여준다. 고리는 스파게티라고도 부르는 뒤집어진 바이어스로 만들어지는데 브레이드나 코드 고리도 사용 가능하다. 정장용 의복이나 신부용 드레스에는 세로로 연속된 단추와 고리를 종종 사용한다(그림 13.14b와 13.14d

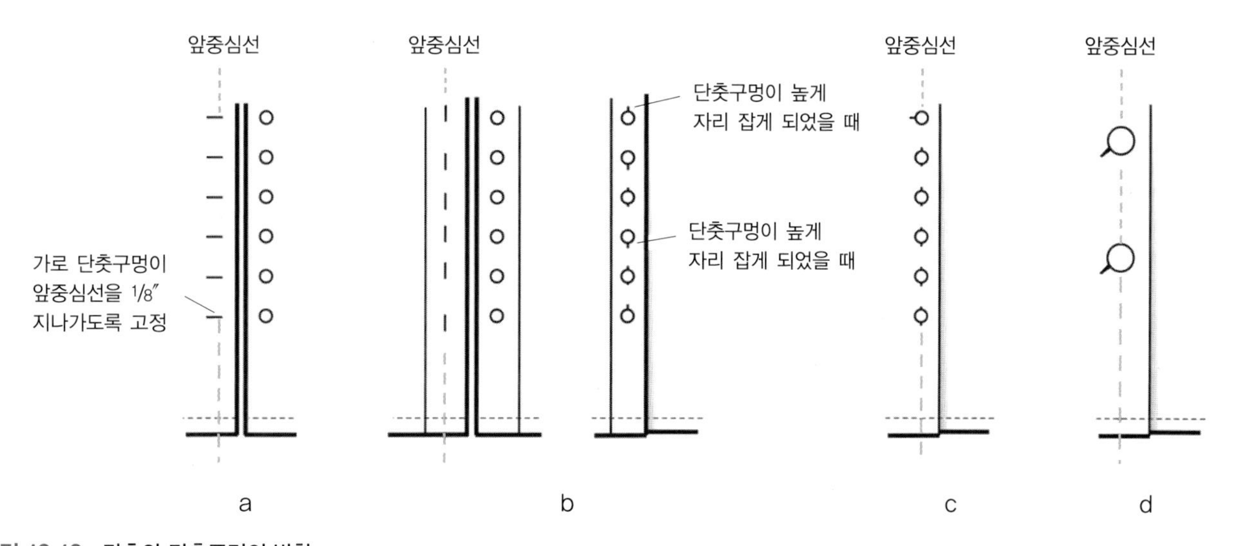

그림 13.13 단추와 단춧구멍의 방향

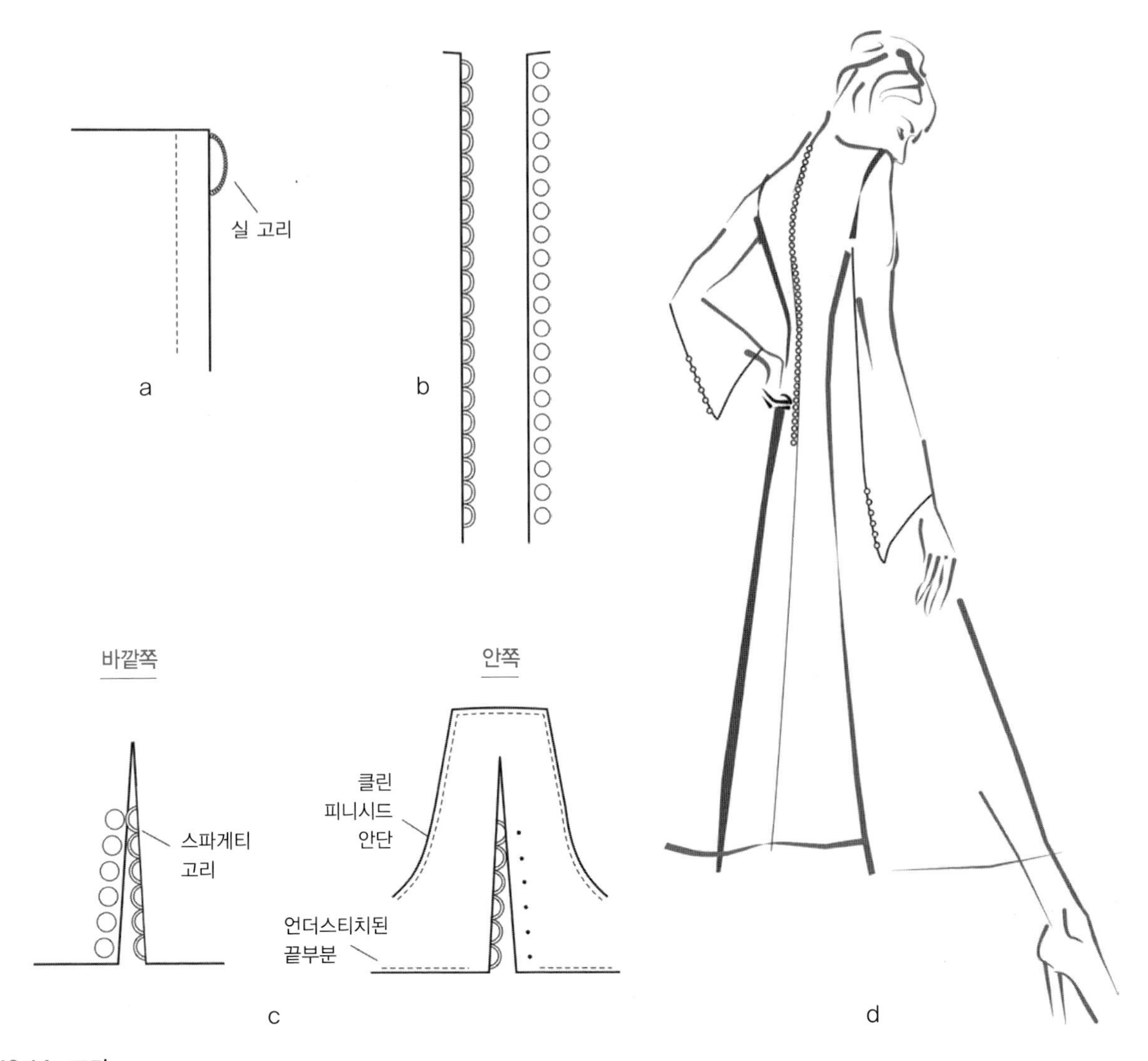

그림 13.14 고리

참조). 고리의 끝은 봉제선에 물려 있는데 일반적으로 안단에 의해 가려진다(그림 13.14c 참조). 고리의 끝을 강화해 끝부분의 올이 풀리는 것을 방지하는 것이 중요하다. 고리는 단추 여밈 도구로서의 내구성이 약하기 때문에 힘을 적게 받는 부분에 사용한다.

단추 강화

모든 단추와 단춧구멍이 있는 부분에 심지를 사용해 직물이 늘어나는 것을 방지해야 한다. 한 겹으로 된 직물로 만들어진 의복의 경우에는 심지를 라운드 패치(round patch)로 붙이거나 겉감의 안쪽 단추 뒤에 힘을 받는 부분에 붙인다. 〈그림 13.15〉는 심지를 붙여야 하는 곳을 보여준다. 셔츠의 경우 심지를 칼라의 단추가 부착되는 면의 안쪽에 붙여준다.

단추에 대한 정보

작업지시서 스케치에 있는 단추의 위치와 구체적인 단추에 관한 정보 및 발주해야 하는 모든 디테일에 관한 사항이 부자재내역서(bill of materials : 제조 공정에서 한 제품을 구성하는 모든 부품들에 대한 자세한 설명, 즉 제조자, 색상, 전체 사용수량, 사용되는 위치 등이 나와 있는 표)에 나와 있다. 〈그림 13.16〉은 〈그림 13.15〉에서 본 스타일과 비슷한 남성용 셔츠 스타일을 보여준다. Bee Button이라는 단추 회사에서 XYZ 제품 개발에 선택된 각각의 단추와 각 단추의 아이템 번호가 나와 있는 단추 샘플 책자를 제공했다. 단추의 위치에 관련된 정보가 각 부분에 몇 개의 단추가 달리는지 보여주고 라인 크기는 '18L'과 같이 L로 표시했다. 여러 가지 가공 방법으로 단추를 처리할 수 있는데 이 제품에는 남성용 셔츠 스타일에 잘

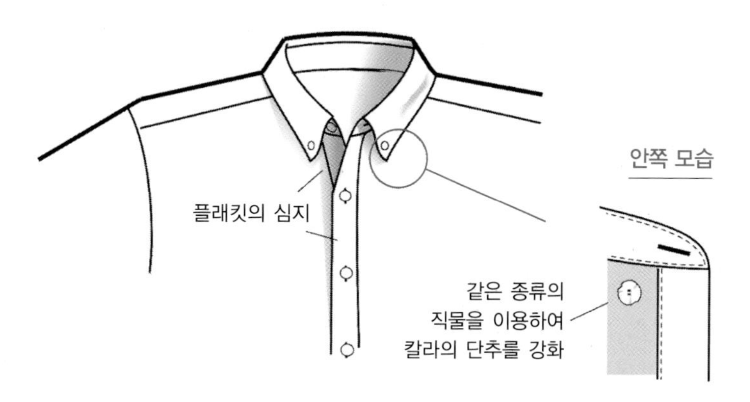

그림 13.15 단추와 단춧구멍의 심지

XYZ Product Development, Inc. Bill of Materials							
아이템/설명	구성요소	위치	판매 회사	두께/무게/크기	후가공 처리	QTY	최소 주문 수량
878G 단추, 구멍 4개		앞중심선 플래킷(8), 소매 커프(4)	Bee Button	18L	무광택 처리	12+1	12그로스(gross)
878G 단추, 구멍 4개		커프 플래킷(2), 칼라(2)	Bee Button	18L	무광택 처리	4+1	12그로스(gross)

그림 13.16 스타일에 사용되는 단추에 대한 정보

어울리는 광택이 없는 덜 피니시(dull finish) 가공을 했다. 수량을 표시한 열에서 '+1'은 예비용으로 포함되어야 하는 크기별 추가 단추의 개수이다.

MOQ는 공급자인 Bee Button이 요구하는 최소 주문 수량(minimum order quantity, MOQ)을 나타낸다. 이 수량은 매년 Bee Button에서 구매하는 XYZ 제품에 사용하는 총 단추 개수와 다른 여러 가지 요인을 바탕으로 조정이 될 수 있으나, 추가 요금을 부과하지 않기 위해서는 최소 주문 수량이 얼마인지를 알아두어야 한다. 단추의 주문 수량은 10그로스(gross)와 같은 최소 주문 수량에 의해 결정되며 주문을 한 후에 사용하지 않은 단추 수량에 대한 가격도 단추 업체가 지불해야 한다. 예를 들어 최소 주문 수량이 50그로스였다면 몇 개의 단추가 실제로 필요하든 간에 50그로스의 단추가 주문되어야 한다. 만약 1,200장의 블라우스를 만드는 데 블라우스 한 장당 6개의 단추가 필요하다고 할 경우에는 실제로 필요한 단추의 개수 7,200개가 최소한의 단추 주문 수량에 맞는지를 계산해봐야 한다.

이러한 이유로, 이 스타일에는 혼 피니시(horn finish : 동물의 뿔과 같이 보이는 스타일) 단추가 선택되었다. 왜냐하면 혼 피니시 단추는 모든 색상의 셔츠 스타일에 잘 어울리기 때문이다. 단추가 의복의 겉감 컬러와 일치해야 하는 경우에는 각 컬러의 특정한 최소 주문 수량에 맞춰서 주문을 해야 한다. 많은 수량의 스타일을 생산하는 큰 업체의 경우에는 이러한 최소 주문 수량이 문제가 되지 않으나, 작은 업체의 경우에는 최소 주문 수량에 맞게 빈틈없이 부자재의 적정 수량을 잘 계획하는 것이 중요하다. 같은 공장에서 생산되는 다양한 종류의 의복에 같은 단추를 사용해 추가 요금을 피하는 것도 하나의 방법이 될 수 있다.

제품 개발 과정에서 프로토 샘플에는 대개 대체 단추를 달고 샘플 카드에 이 내용을 표시해둔다. 단추 업체들은 의류 업체의 세일즈 샘플에 사용할 수 있도록 특별히 적은 수량의 단추 샘플을 만들어주기도 한다.

D링과 토글

〈그림 13.17〉에서 보는 바와 같이, D링(D-ring)은 스트랩 디테일(strap detail)을 조절해주는 링(ring)이다. D링을 레인코트의 슬리브에 사용해 슬리브 커프스를 단단히 조이거나 허리선에 사용해 허리 사이즈를 조절하거나 다른 디테일로도 사용한다.

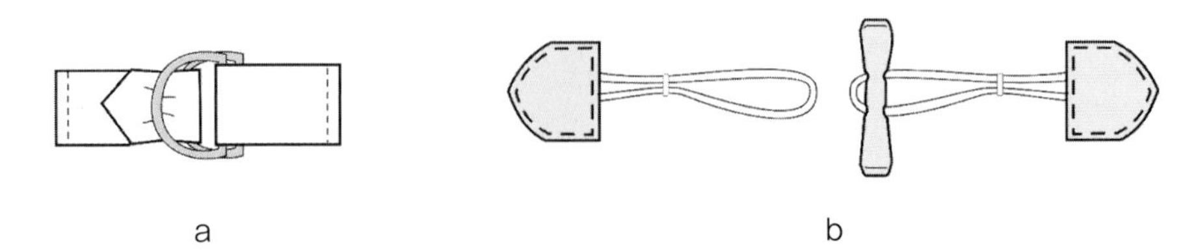

그림 13.17 D링과 토글

토글(toggle) 클로저에는 2개의 고리가 있는데 1개의 고리에 길이가 긴 단추가 부착되어 있다(그림 13.17b 참조). 토글 클로저는 동물의 털이나 인조털로 만들어진 의복이나 외투 같이 단춧구멍을 만들기 어려운 스타일에 사용한다.

프로그 클로저

프로그(frog)는 여밈 도구의 한 종류로서 기능적인 역할도 하지만 장식적인 측면이 더 강조되는 것으로 알려져 있다. 실제로 잠그는 도구는 매듭 단추라고 불리는 단추와 고리이다. 프로그는 대개 코드나 바이어스로 싸인 코드 혹은 철사로 만들어진다. 단추의 섕크도 단추에 사용된 것과 같은 코드로 만들어진다. 이러한 프로그 스타일의 기원은 전통적인 중국인의 의복에서 시작했다.

〈그림 13.18a〉는 프로그 클로저를 배열한 것을 나타내는데 중간 부분에 위치한 직선 모양으로 된 스타일이 가장 간단하다. 〈그림 13.18b〉는 프로그 클로저를 목 부분에 사용한 스웨터 스타일을 보여주고 〈그림 13.18c〉는 다른 스타일에 응용한 직선 프로그 클로저의 원리를 보여준다. 이러한 예에서 코드(cord)는 플래킷을 교차한 여밈 도구인 장식적인 리본으로, 매듭 단추는 볼 단추(ball button)로 대체한다.

레이싱

레이싱(lacing)은 코드나 브레이드, 혹은 리본이 아일렛(eyelet), 그로밋(grommet), 훅이나 단추를 통해 실로 연결된 여밈 도구이다. 레이싱은 플래킷 클로저로서 장식적으로 사용하며 항상 한쪽 끝에 연결하기 때문에 앞여밈으로 사용하지 않는다.

또한 어떠한 형태를 만들거나 핏 도구로서 그리고 다트와 동일하게 사용한다(그림 6.18 참조). 여밈 부분은 레이싱을 풀고 위아래에서 조임으로써 조정한다.

훅 앤드 루프

여밈 도구 중 하나인 **벨크로**(velcro)라고도 불리는 표준형 **훅 앤드 루프**(hook and loop)는 두 가지 종류의 테이프, 즉 우븐 훅 테이프(woven hook-tape)와 다른 종류의 우븐이나 니트 루

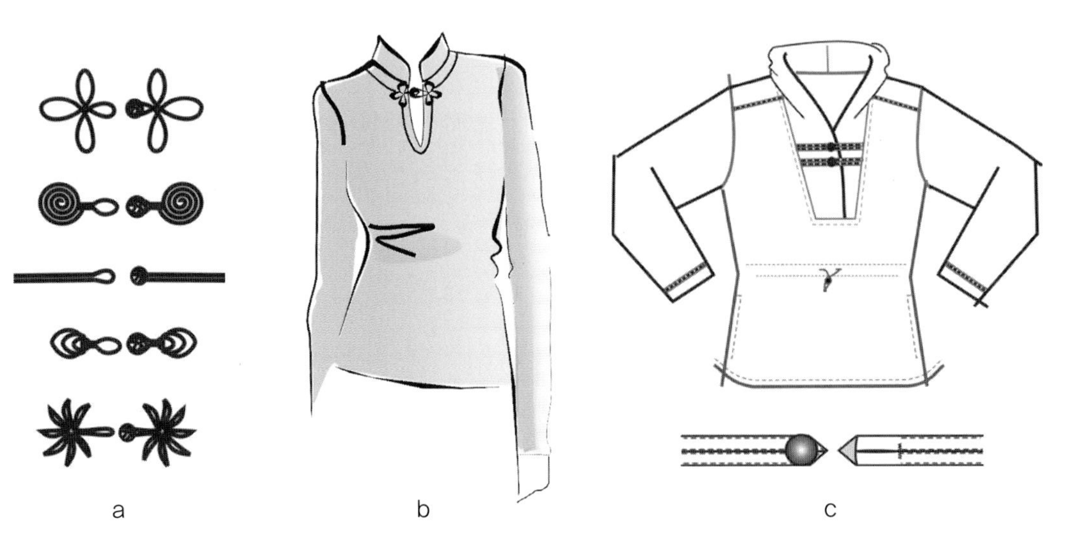

그림 13.18 프로그 클로저

프 테이프(knitted loop-tape)로 구성되어 있다. 이러한 여밈 도구는 단순히 눌러서 사용하는 것으로 단추 여밈처럼 섬세한 손동작 없이 또한 시각적으로 보지 않고도 쉽게 사용할 수 있어 유용하다. 또한 커프스, 칼라와 트림 같은 탈부착이 가능한 부분에도 사용한다. 훅 앤드 루프를 열 때 발생하는 기분 좋은 소리와 사용하기 쉽다는 특성 때문에 이는 아동복에도 많이 쓰인다.

벨크로는 착용자가 손으로 붙였다 떼었다 하기 때문에 벨크로에 가해지는 힘을 고려해 봉제에 반영한다. 세게 잡아야 되는 테이프 스타일의 경우 벨크로의 중간 부분에 엑스 스티치(X-stitch)를 하는 것이 중요하다(그림 13.19a와 b 참조). 그렇지 않으면 벨크로를 반복적으로 사용하면서 테이프 주변의 스티치가 쉽게 떨어질 수 있기 때문이다.

근래에 들어 부드러운 재질로 만든 훅 앤드 루프 클로저도 개발되었지만 일반적으로 훅 앤드 루프는 뻣뻣하고 훅에는 보풀이 붙을 수 있다는 단점이 있다. 이러한 이유로 훅 앤드 루프는 의복의 세탁 시 반드시 서로 양쪽을 붙여서(주머니나 여밈 같은 경우는 잘 닫아서) 세탁을 해야 보풀이 훅에 붙는 것을 방지할 수 있다. 즉 바지의 플라이 같은 곳은 보풀이 붙어 버려서 더 이상 그 기능을 할 수 없으므로 훅 앤드 루프를 좀 더 주의해 사용해야 한다(그림 13.19d 참조). 레이스가 달려 있거나 디자인이 독특한(loopy or lacy) 직물을 사용할 경우에는 루프가 직물에 붙어 버릴 수 있으므로 훅 앤드 루프가 여밈 도구로 적합하지 않을 수 있다.

또한 테이프의 같은 표면에 훅 앤드 루프를 함께 사용한 스타일이 있다. 이러한 스타일은 감촉이 부드럽고 일반적인 훅 앤드 루프보다 보풀이 덜 붙는다.

훅 앤드 루프에 대한 여러 가지 주의사항은 작업지시서에 꼭 설명해야 한다. 또한 훅 앤드 루프의 코너가 매우 날카로우므로 반드시 다듬어져야 한다(그림 13.19a 참조). 아동복의 경우, 원형이나 타원형 같이 코너가 없는 모양을 사용할 수 있다.

스티칭을 함으로써 몸 쪽에 훅 앤드 루프가 보이지 않게 하거나 모든 레이어를 통과해 봉제되게 할 수도 있다. 〈그림 13.19b〉는 루프 쪽이 플랩의 모든 레이어를 통과해 봉제된 것을 보여주는데 이렇게 함으로써 루프가 플랩에 단단하게 부착되어 있을 수 있다. 이와 달리, 외관상 루프를 언더 플랩에만 봉제할 수도 있는데 이에 관한 명확한 디테일이 설명되어야 한다(그림 13.19c 참조).

지퍼

지퍼(zipper)는 1990년대 말에 시카고의 세계 품평회에서 최초로 소개되었고 제1차 세계대전 이후 폭넓게 사용되었다(Burns and Bryant, 2007). 지퍼는 중간 두께의 직물부터 아주 두꺼운 직물까지 바지 플라이와 외투에 주로 유용하게 쓰인다. 또한 겉으로 보이지 않는 지퍼(invisible zipper)도 점점 더 많이 사용되고 있다.

지퍼가 뻣뻣하기 때문에 아주 얇은 직물에 사용하기에는 적합하지 않다. 한편 니트 직물로 만들어진 몸에 달라붙는 스타일의 경우에는 지퍼가 여밈 부분이 벌어지는 것을 방지해 주기 때문에 단추보다는 지퍼를 사용하는 것이 좋다. 〈그림 13.20a〉는 앞중심의 입구가 단추로 잠긴 의복의 단추와 단추 사이가 쉽게 벌어지는 것을 보여준다. 추가로 단추와 단추 사

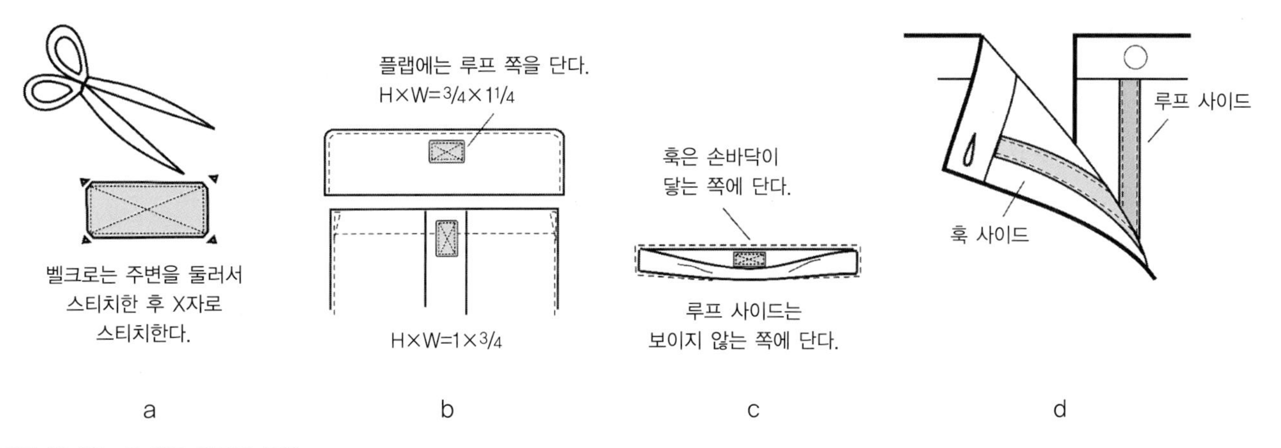

그림 13.19 훅 앤드 루프의 응용

이에 다른 단추를 달아주면 〈그림 13.20a〉처럼 그 사이가 벌어지는 것을 막을 수 있으나 그렇게 만들면 착용자가 옷을 입고 벗기에 편하지 않을 수 있다. 〈그림 13.20b〉는 앞중심선에 지퍼를 달아서 깔끔하고 일관성 있게 여밈 처리를 했다. 따라서 디자이너는 전체적으로 의복의 스타일과 핏에 영향을 미치는 가장 이상적인 디자인 디테일을 결정할 수 있는 능력을 개발하는 것이 중요하다.

일반적인 종류의 지퍼

〈그림 13.21〉은 두 가지 일반적인 종류의 지퍼를 보여준다. 〈그림 13.21a〉의 **한쪽 끝이 닫힌 지퍼**(closed-end zipper)는 스커트와 팬츠와 상의의 목 부분 여밈 그리고 포켓에 가장 많이 사용한다.

〈그림 13.21b〉의 **분리형 지퍼**(separating zipper)는 외투와 상의의 앞여밈에 사용한다(그림 13.21c 참조). 두 가지 지퍼 모두 후드와 슬리브, 그리고 바지 다리 부분이 의복에서 탈부착될 수 있도록 사용해 의복에 기능성을 더해준다.

일반적으로 눈으로 직접 지퍼를 보지 않고 지퍼 끝을 맞춰 끼우기 어려우므로 분리형 지퍼를 뒷여밈의 블라우스 등에 사용하는 것은 적합하지 않다. 미국에서는 분리형 지퍼 사용

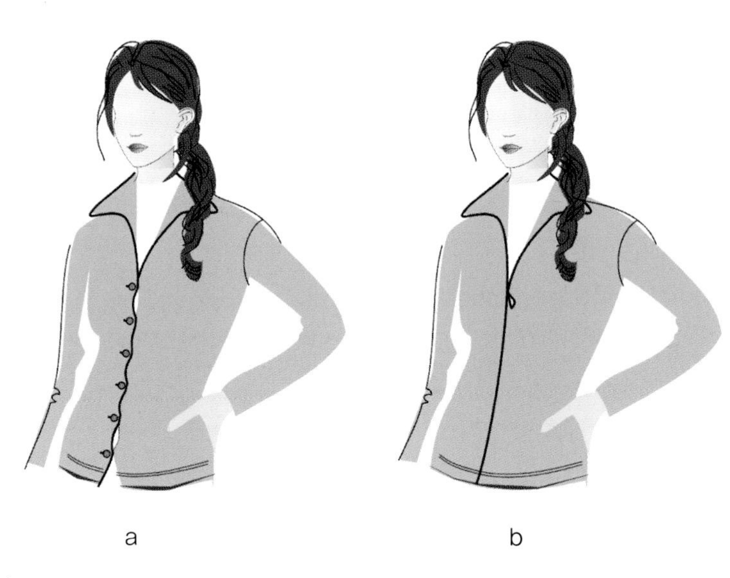

그림 13.20 단추와 지퍼의 비교

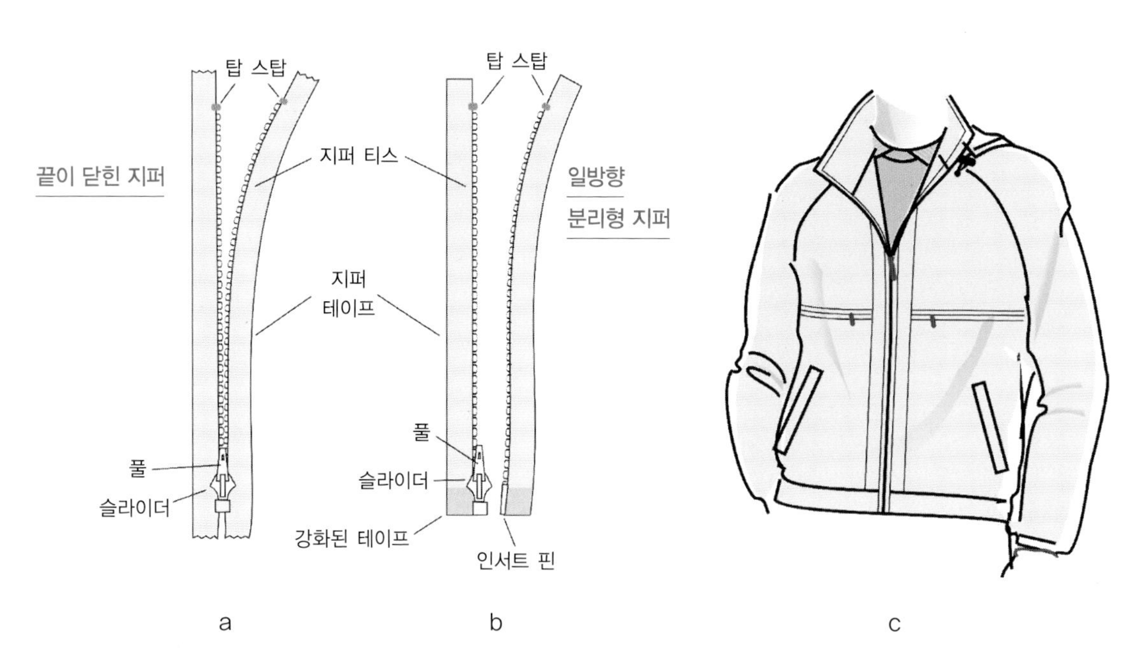

그림 13.21 한쪽 끝이 닫힌 지퍼와 일방향 분리형 지퍼

법을 배우고 이에 익숙해지는 것이 아이들에게 어린이가 되는 하나의 통과의례처럼 여겨진다. 따라서, 어린이들이 어른이 되면 지퍼 사용법에 대해서는 자연스럽게 익숙해져 있게 된다. 남성복, 여성복, 아동복은 대부분 왼쪽에 인서트(insert)가 있고 오른쪽에는 풀(pull)이 있는 분리형 지퍼를 사용한다. 미국에서는 유럽식 의복에서 볼 수 있는 오른쪽 인서트 지퍼가 달린 의복은 착용자가 익숙하지 않으므로 보편적으로 생산되지 않는 것을 볼 수 있다. 이러한 이유로 앞판 입구에 분리형 지퍼를 사용할 경우에는 구체적으로 왼쪽 인서트라는 정확한 정보를 작업지시서에 제공하는 것이 매우 중요하다.

〈그림 13.22〉는 재킷의 슬리브에 분리형 지퍼를 달아서 슬리브를 분리했을 때 조끼로 변형시킬 수 있는 디자인을 보여준다.

지퍼에 대한 정보

일반적으로 작업지시서의 주문내역서에 지퍼의 정보에 대해 표기하도록 되어 있다(그림 13.23 참조). 지퍼는 여러 가지 요소로 이루어져 있는데 지퍼의 종류, 지퍼의 티스(teeth) 크기와 배열, 풀(pull)의 외관과 그 기능성 등에 대해 자세히 설명되어야 한다. 〈그림 13.23〉은 고품질의 지퍼 브랜드로 알려진 YKK 센터 프론트 지퍼의 디테일에 대해 보여준다.

그림 13.22 슬리브가 분리되는 재킷

지퍼의 여러 가지 부속품

지퍼는 티스, 테이프, 슬라이더의 세 가지 주요 파트로 구성되어 있다.

티스

지퍼 티스(zipper teeth)는 코일이나 메탈, 혹은 본을 떠서 만든 플라스틱 재질로 만들 수 있다. 코일이 가장 가벼운 재질로 스커트, 드레스, 포켓, 그리고 얇은 직물로 만들어진 의복에 사용한다. 겉으로 보이지 않는 지퍼도 지퍼를 닫았을 때 지퍼 체인이 보이지 않는 코일 스타일 티스로 되어 있다.

메탈 티스(metal teeth)는 비교적 강한 재질로 보통 데님으로 만들어진 작업복에 사용되며 여러 가지 종류의 메탈로 만들고 다양한 가공공정이 가능하다. 브래스 티스(brass teeth)는 내구성이 좋고 변색이 잘 되지 않지만 알루미늄 지퍼는 내구성이 약하고 더 쉽게 변색되며 부식된다.

본을 떠서 만든 플라스틱 재질로 된 지퍼는 중간 두께부터 아주 두꺼운 의복에까지 사용되는데 지퍼가 딱딱해지지 않고 메탈 지퍼보다 찬 기운을 더 효율적으로 막아주기 때문에 추운 날씨에 사용하기에 아주 적합하다. 특별한 지퍼 티스로는 물속에서 입는 드라이 슈트에 사용되는 공기와 물이 차단되는 티스도 있다.

지퍼 테이프

지퍼 테이프(zipper tape)는 천천히 타도록 하는 난연과 정전기 방지와 같은 특별한 가공을 하기도 한다. 여러 가지 종류의 지퍼 테이프로는 데님의 색상과 같이 서서히 바래지도록 디자인된 인디고 염료로 염색된 테이프, 가먼트 염색(의복을 만든 후 하는 염색)을 위한 지퍼 테이프, 표범무늬나 여러 가지 그래픽으로 프린트되고 디자인된 테이프, 빛을 반사하는 스트라이프 테이프, 재생 폴리에스터로 만들어진 테이프, 자

XYZ Product Development, Inc.
Bill of Materials

아이템/설명	위치	판매 회사	풀	풀에 더해진 가공처리	테이프 색상	코일 가공	길이	수량
CFO-56-DA, 왼쪽 인서트	앞중심 플래킷	YKK	DA		580	EL-BLK-2	25″	1

그림 13.23 작업지시서에 나와 있는 스타일에 사용되는 지퍼에 대한 정보

카드 패턴 테이프, 우븐 스트라이프 테이프 등이 있다.

또한 재질을 가지고 크게 구분해보면 우븐과 니트의 두 가지 지퍼 테이프가 있다.

- 우븐 테이프는 내구성이 좋으나 세탁한 후에 줄어들 수 있기 때문에 지퍼에 미리 수축가공을 해두는 것이 중요하다. 일반적으로 우븐 지퍼 테이프는 면이나 면과 혼방된 섬유로 만들어진다. 우븐 테이프는 주로 메탈(metal)이나 코일(coil)과 같이 쓰인다.
- 니트 테이프는 유연성이 좋으며 가볍다. 코일과 함께 쓰이며 합성섬유로 만들어져서 우븐 테이프 같이 세탁 후에 줄어들지 않는다.

슬라이더

지퍼 슬라이더(slider)는 지퍼를 잠그거나 잠그지 않는 것이 있다. 바지에 사용하는 슬라이더는 반드시 잠그는 종류여야 하고 지퍼가 한 방향으로만 잘 열리도록 해야 한다. 프론트의 분리형 지퍼는 반드시 잠그는 형태의 슬라이더여야 한다. 잠기지 않는 슬라이더는 포켓에 사용하는 것이 적합하며 특별히 가로 방향으로 열리는 지퍼일 경우에 사용한다. 잠기지 않는 슬라이더의 경우에 가끔은 회전 고리가 있는 풀(swivel type pull)을 달아주어 잡아당기기가 훨씬 쉬워 포켓에 쉽게 접근할 수 있고 내용물을 안전하게 보관할 수 있도록 한다. 지퍼 슬라이더 풀은 그 외관과 기능적인 측면에서 매우 다양하다.

다양한 기능을 가진 여러 가지 스타일의 지퍼가 있다. 〈그림 13.24a〉는 의류제품의 밑단에서부터 지퍼를 올리거나 위서부터 내릴 수 있는 투웨이 분리형 지퍼(two-way separating zipper)를 보여준다. 이러한 지퍼는 착용자가 앉아 있는 동안 좀 더 편안하게 지퍼를 열어둘 수 있도록 한다.

이렇게 지퍼가 2개인 지퍼 스타일은 테크니컬 액티브 아우터웨어에서 볼 수 있고 열이 빠져나가는 것을 원하는 대로 조정할 수 있다. 또한 수하물 가방에도 더블 슬라이더가 쓰인다. 〈그림 13.24d〉는 뒤집어서도 입을 수 있는 양면 재킷에 사용되는 지퍼 종류를 보여준다.

의복에 지퍼를 봉제하는 법

여러 방법으로 지퍼를 의복에 봉제할 수 있다. 스커트의 사이드 랩이 왼쪽에 있는 것처럼 보이도록 봉제해 입구가 뒤쪽으로 향하게 한 지퍼 스타일이 있다(그림 13.25a 참조). 〈그림 13.25b〉의 센터 랩이나 〈그림 13.25c〉의 웰트는 앞, 뒤, 혹은 슬리브 지퍼용으로 사용한다. 얇은 두께의 의복에는 〈그림 13.25d〉의 보이지 않는(invisible) 지퍼가 유용하며, 〈그림 13.25e〉의 겉으로 보이는(exposed) 스타일의 지퍼는 가죽 스타일이나 지퍼 티스가 디자인의 한 부분이 될 수 있는 스타일에 사용한다. 또한 〈그림 13.25b〉, 〈그림 13.2c〉와 〈그림 13.2e〉는 재킷의 프론트 같은 곳에 다는 분리형 지퍼의 응용 방법을 보여준다.

일반적으로 곡선에는 지퍼를 달기 어렵고 평평하지 않은 불룩한 모양을 만들어낼 수 있기 때문에 반드시 직선 솔기에 지퍼를 봉제해야 한다. 예를 들어 스커트의 옆선에 숨은 지퍼를 봉제하면 지퍼로 인해 오른쪽이나 왼쪽 솔기의 형태가 달라질 수 있다.

지퍼가 제대로 그 기능을 하지 못할 경우에는 의복 자체를

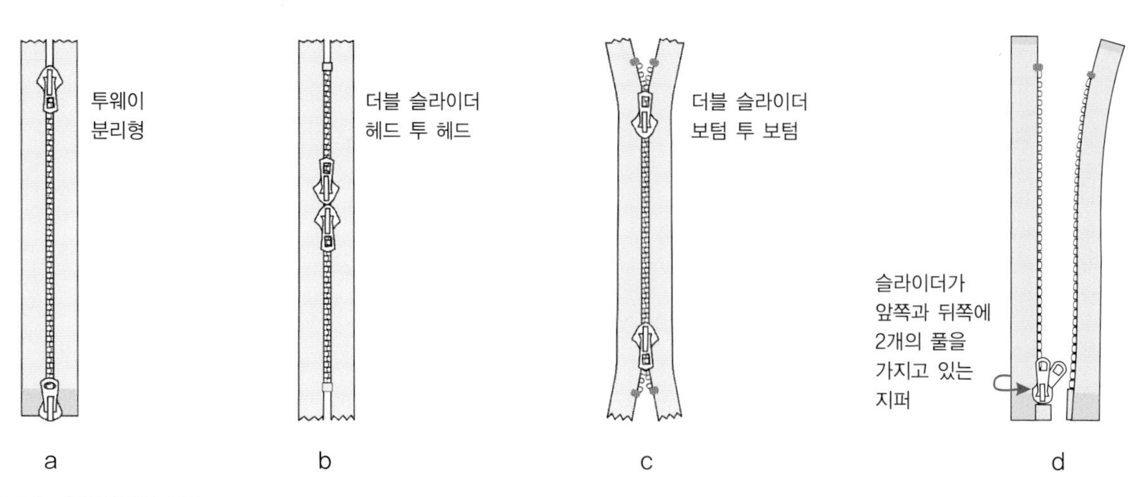

그림 13.24 슬라이더의 종류

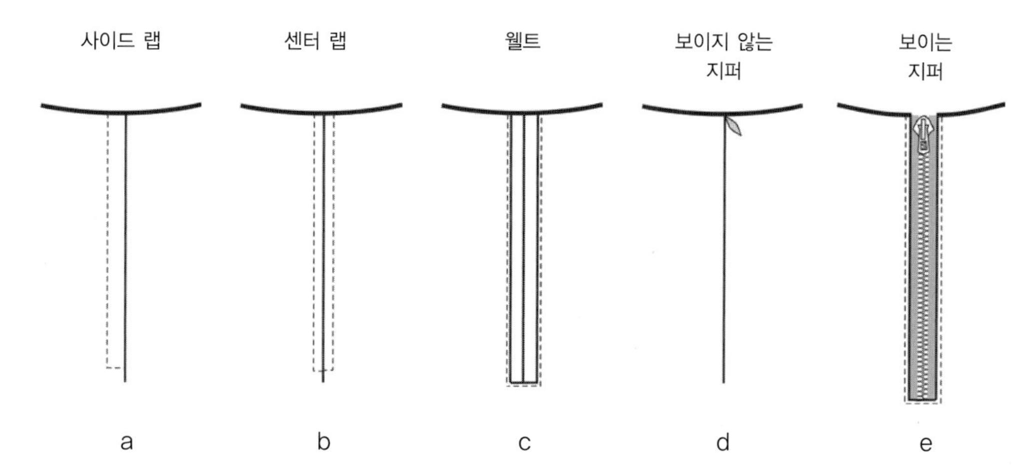

그림 13.25 여러 가지 종류의 지퍼

입을 수 없게 만들기도 한다. 그러한 이유로 고품질의 지퍼를 사용하는 것이 좋다.

훅

훅은 다는 방법에 따라 두 가지 종류, 즉 소-온 훅과 머신-세트 훅으로 나뉜다.

소-온 훅

소-온 훅(sew-on hook)은 보통 아이(eye)라고 불리는 것과 한 세트인데, 아이는 실이나 직물로 만들 수 있다. 훅과 아이는 브래지어의 뒷여밈 부분에 가장 많이 쓰인다. 대부분의 경우 훅과 아이는 겉으로 보이지 않게 안쪽으로 달리는데 디자인적인 요소로 캐주얼웨어나 사무용 의복에는 겉으로 보이도록 달 수도 있다.

훅은 스냅 클로저(snap closure)보다 더 강해 일반적으로 지퍼 클로저의 맨 윗부분 에지에는 소-온 타입의 훅과 아이를 달아준다. 이러한 훅과 아이를 잘 달아 바깥쪽에서 보이지 않도록 하고 충전재를 통과해 부착해서 별도의 심지를 더해 주어야 한다.

〈그림 13.26a〉는 훅과 아이가 가장자리 방향에 따라 어떻게 위치하는지, 무엇을 스티치로 고정시켰는지를 보여준다. 그림에서는 하나의 훅과 2개의 아이가 보인다. 2개의 아이 중 하나는 둥근 형태로 이는 가장자리가 서로 맞닿게 배치되고 직선에 가까운 두 번째 아이는 의복의 가장자리가 서로 교차되도록 해 사용한다.

〈그림 13.26b〉는 털코트 등에 사용되는 좀 더 큰 커버드 루프(covered loop)를 보여준다. 이러한 디자인은 훅 클로저가 에지에 달리기 때문에 겹치는 부분이 없다는 장점이 있다.

〈그림 13.26c〉는 평평하고 큰 접시 스타일의 훅을 보여준다. 이러한 스타일은 바지나 스커트의 허리밴드에 사용한다.

〈그림 13.26d〉는 플라스틱 재질로 된 컬러-매칭 훅(color

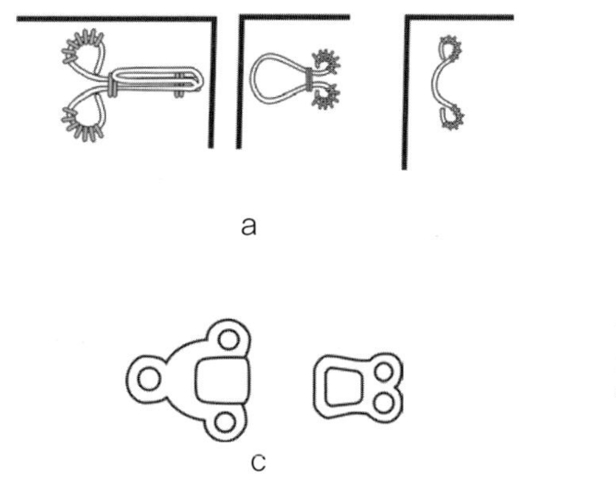

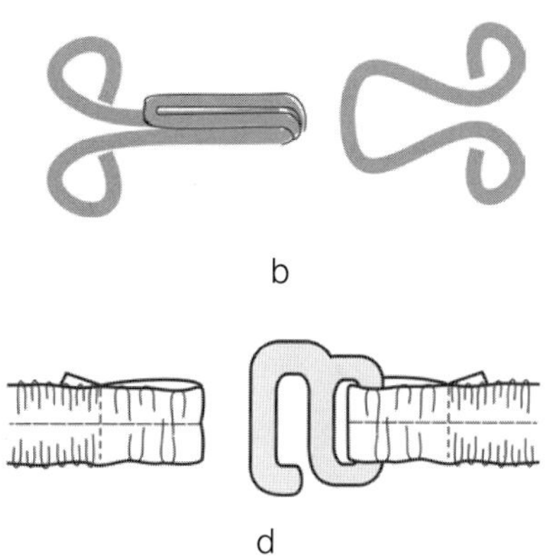

그림 13.26 훅의 종류

-matching hook)을 보여주고 아이가 커버드 엘라스틱 밴드(covered elastic band)에 봉제되어 루프로 만들어진 것을 보여준다. 이러한 예는 수영복 상의의 여밈 부분에 주로 사용한다.

머신-세트 훅

머신-세트 훅(machine-set hook)은 훅 앤드 바(hook and bar)라고도 불리며 기계로 다는 것이라서 많은 하중을 받으며 주로 바지의 허리밴드에 사용한다. 이러한 종류의 훅은 아주 무거운 직물로 만들어진 의복에 사용하기에 적당하다.

〈그림 13.27〉은 훅 앤드 바가 겉으로 보이지 않는 단추와 같이 바지의 플라이 클로저에 달린 예를 보여준다. 플라이에서 단춧구멍이 있는 아래쪽 면을 **프렌치 플라이**라고 하며 주로 바지에서 볼 수 있다. 이러한 스타일의 경우에는 단추가 겉면에서 보이지 않기 때문에 단추를 허리밴드의 안쪽 면에서 손으로 달아준다.

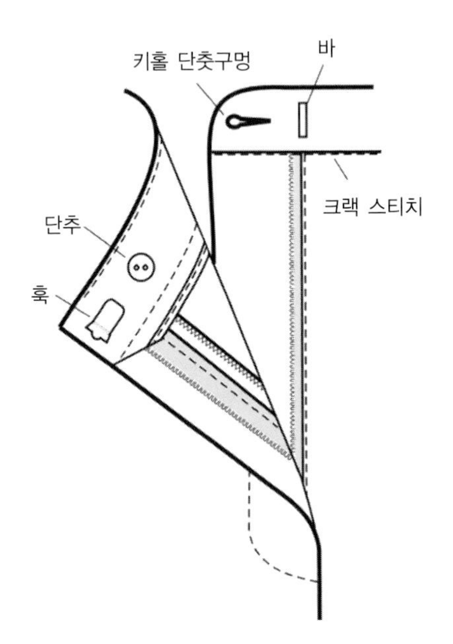

그림 13.27 바지의 머신-세트 훅

스냅 여밈 도구

소-온 스냅(sewn-on snap)은 스냅을 열고 닫을 수 있도록 인터라킹 볼(interlocking ball)과 소켓(socket)으로 짝을 이루어 구성된다(그림 13.28a 참조). 볼 부분은 의복의 겉자락에 부착하고 소켓은 안자락에 부착한다. 볼의 방향은 착용자 몸 쪽으로 향하지 않게 해 착용자가 의복을 입어 볼과 소켓을 눌러서 옷을 여몄을 때 불편함을 느끼지 않도록 한다. 소-온 스냅은 주로 앞여밈의 가장 윗부분을 여밀 때 사용한다. 이러한 스냅은 드레스 쉴드(dress shield) 같이 따로 분리할 수 있고 겉으로 눈에 보이지 않도록 여밀 때 유용하다.

머신-세트 스냅(machine-set snap)은 네 가지 부분으로 구성되어 있다(그림 13.28b 참조). 스냅은 납작한 모양으로 만들어져서 대개 액티브 웨어의 단추가 달릴 위치에 단추 대신 달게 되는데 장갑을 낄 경우에도 쉽게 사용할 수 있기 때문에 외투에 주로 사용한다.

머신-세트 스냅은 내구성이 좋아서 오랫동안 사용이 가능하지만, 의복에 달아줄 때 시접 여유분에 반씩 걸치는 것처럼 두께가 일정하지 않은 곳에 너무 가까이에 달리지 않도록 주의해야 한다. 스냅이 적절한 방법으로 달리지 않거나 갑자기 떨어지게 될 수도 있기 때문이다.

스냅 테이프(snap tape)는 트윌 테이프와 같은 한 쌍의 우븐 테이프로 스냅이 일정한 간격으로 달린 테이프다(그림 13.29 참조). 이러한 스냅 테이프를 사용하면 스냅을 1개씩 달 필요가 없다. 신생아복, 아동복, 놀이복이나 다른 의복의 플래킷에 사용한다. 물세탁 시에 줄어들 수 있으므로 스냅 테이프를 의복에 봉제하기 전에 미리 수축시켜야 한다.

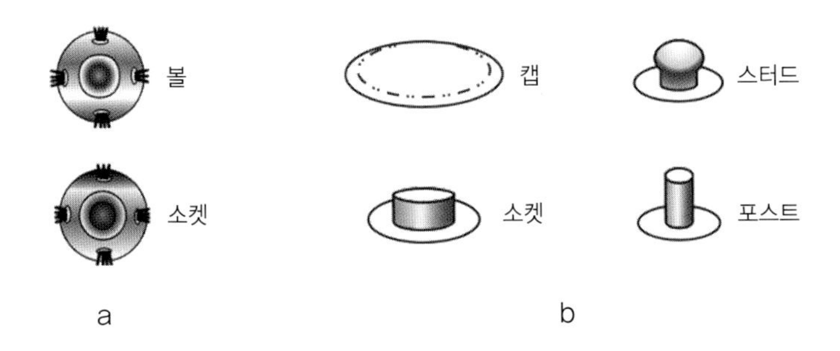

그림 13.28 스냅

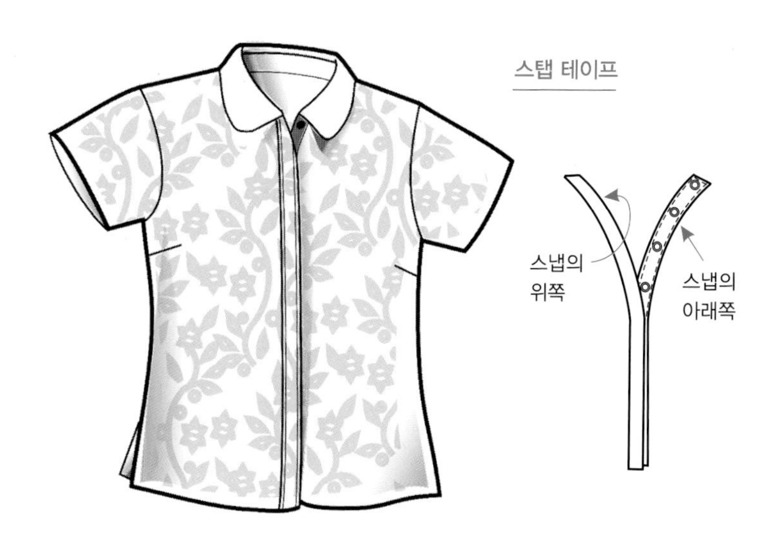

그림 13.29 스냅 테이프

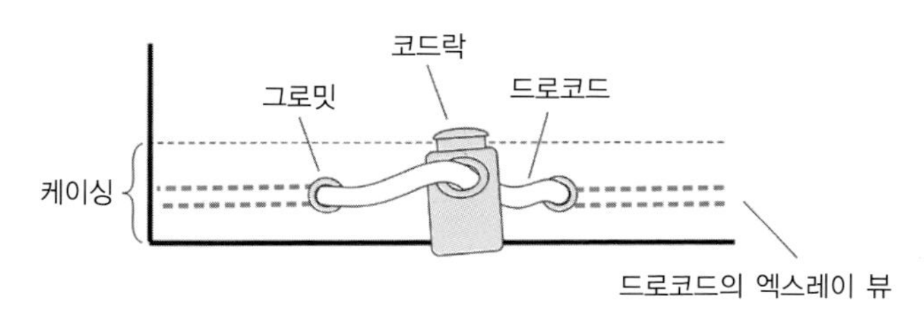

그림 13.30 드로코드와 코드락

코드락

코드락(cordlock)은 끈의 길이를 조절하는 기능을 한다(그림 13.30 참조). 코드락은 끈의 길이를 원하는 만큼 조절해 고정할 수 있는데, 주로 외투의 하의나 허리 부분에 사용한다. 끈 자체를 엘라스틱 재질로 된 코드를 사용해 만들기도 하는데 이를 번지 코드(bungee cord)라고 부른다.

요약

결론적으로, 의류제품의 디자인이 성공하기 위해서는 디자이너가 디자인, 스타일, 그리고 판매 대상에 맞는 적절한 여밈 도구를 선택하는 것이 아주 중요하다. 이 장에서는 의류제품에 사용되는 여러 가지 다양한 여밈 도구들을 살펴보았고 그 여밈 도구들의 테크니컬한 측면에 대해 알아보았다.

연구문제

1. 아동복 상의를 디자인해 두 가지 사용 가능한 여밈 도구 종류를 결정해보라. 선택한 아동복 디자인에 왜 그 두 가지 여밈 도구가 가장 적절한지 그 이유를 적어보고 각각의 도구에 적어도 두 가지 이상 장점과 단점을 적어보라.
2. 단추를 여밈 도구로 사용했을 경우에 발생하는 품질문제에 대해 적어보라.
3. 40라인 단추와 30라인 단추는 인치로 환산했을 때 크기가 얼마인가? 1$^1/_2$인치 크기의 단추는 라인으로 환산했을 때 그 크기가 얼마인가?
4. 1,200장의 블라우스를 생산하려고 하는데 블라우스 1장당 6개의 단추를 단다고 한다. 최소한의 단추 주문 수량이 50그로스라면 총 단추 주문 수량이 최소 주문 수량을 넘게 되는가?
5. 휠체어를 사용하는 환자의 상의와 바지를 디자인할 경우, 어떤 종류의 여밈 도구가 사용 가능하겠는가? 두 가지 가능한 여밈 도구를 적어보고 그 이유를 설명해보라.
6. 단춧구멍의 길이는 어떻게 결정할 수 있는가?
7. 단추 위치를 결정할 때 어떠한 사항을 고려해야 하는가?
8. 실 기둥(shank)의 높이를 결정할 때 어떠한 지표를 사용해야 하는가?
9. 훅 앤드 루프를 다는 방법에 대해 적어보라.

이해 확인

1. 여러 가지 종류의 여밈 도구들을 적어보고 각각의 도구들이 사용되는 의류제품의 종류를 적어보라.

2. 단춧구멍 종류에는 어떠한 것들이 있는가?
3. 단추와 단춧구멍의 위치는 어떻게 결정되는가?

참고문헌

Burns, L. D., and N. O. Bryant. 2007. *The Business of Fashion*. New York. Fairchild Publications.

CHAPTER 14

레이블[1]과 패키징

학습목표

1. 의류제품의 취급주의 레이블에 관한 규칙을 이해한다.
2. 의류제품 관리의 다양한 방법에 대해 조사한다.
3. 레이블링에 대한 면제와 위반에 대해 알아본다.
4. 의류제품에 레이블을 붙이는 것에 대해 이해한다.
5. 레이블링에 대한 다양한 디자인 견해를 이해한다.

주요용어

등록번호(registration number, RN)
미국연방거래위원회(Federal Trade Commissions, FTC)
섬유류 제품 확인법(Textile Fiber Products Identification Act, TFPIA)
장식(ornamentation)
취급주의 레이블(care label)

1 역자 주 : 이 장에 나오는 레이블에 대한 정보는 미국을 기준으로 한 것이다.

현재의 의류상품 개발에서 레이블링(labeling)은 패션 디자인의 중요한 특징이 되었다. 디자이너들은 레이블을 통해 그들의 창의력을 표현하기도 하고 자기 브랜드만의 독특한 특성을 소비자들에게 알리기도 한다. 근래에 들어 디자이너들이 레이블의 위치와 부착 방법을 점점 더 창의적으로 표현한다. 레이블이 디자인의 특성으로도 사용되지만 레이블의 주된 목적은 소비자들에게 브랜드, 섬유의 혼용률, 관련된 세탁 방법을 알려주는 것이다. 그러므로 레이블에 이러한 내용을 정확하게 기재해 소비자들에게 필요한 실제적인 정보를 정확하게 전달해야 한다.

미국 정부의 법, 특히 **섬유류 제품 확인법**(Textile Fiber Products Identification Act, TFPIA)과 취급주의 레이블 규정법규는 모든 의류상품의 경우 영구적인 레이블을 부착해야 된다고 규정하고 있다. **미국연방거래위원회**(Federal Trade Commission, FTC)가 의류상품의 레이블에 관련된 모든 규정을 관리한다. 레이블링에 관한 정부 법규 중 가장 중요한 것은 자주 갱신해 의류상품 제조업자들과 수입업자들이 의류상품의 레이블에 꼭 기재해야 하는 정보들을 명시하고 추가해야 하는 내용들은 추가할 수 있도록 한다.

한국의 경우는 한국의류시험연구원(Korea Apparel Testing Research Institute)에서 이런 섬유류 제품 확인에 대한 일들을 담당하고 있다. 섬유 제품에 대한 각종 시험과 연구를 주요 업무로 하는 곳으로 KATRI라는 약어로 불린다. 이곳에서는 품질표시추천시험, 즉 섬유제품의 품질향상 측면이나 소비자 불만을 사전에 예방하기 위해 제품의 적정한 품질표시 추천 시험을 실시하고 세탁 방법(물세탁, 드라이클리닝), 표백제 사용 가능 여부, 다리미 적정 온도, 혼용률, 건조 방법 등을 다룬다. 이 밖에도 국제공인시험(바이어가 요구하는 상품에 대한 품질 실험), 일본지역 수출제품의 직물이나 상품 품질에 대한 실험과 품질 검사, 유럽연합의 Eco-Label 및 환경마크인증시험, 품질보증마크획득시험[예 : KS 마크, JIS 마크, IWS 마크, Q 마크, GQ 마크, 기능 마크(GH 마크, GD 마크, FF 마크)] 등을 담당하고 있다(http://www.katri.re.kr). 또한 한국원사시험연구소인 FITI 시험연구원(www.fiti.re.kr)과 한국섬유기술연구소인 KOTITI 시험연구원(http://kotiti.re.kr)에서 다양한 섬유 실험과 연구를 담당하고 있다. 특히 KOTITI에서는 수출과 내수의 상품에 대한 울마크 인가 및 표시를 위한 품질 확인, 섬유제품의 기능성 가공 성능 시험 등을 다루고 있다.

레이블은 종류에 따라 그 기능이 다르다. 주요 레이블은 소비자들이 브랜드를 구별할 수 있도록 하며 브랜드에 가치를 더하고 소비자들이 지불하는 만큼 얻는 이익에 대해 나타낸다. 다른 레이블들은 소비자들이 올바른 구매를 할 수 있도록 사이즈, 의류상품에 사용된 직물과 취급주의 방법에 관한 정보를 제공한다. 어떤 레이블들에는 **등록번호**(registration number, RN)나 제조국가와 같이 법적인 조건들이 명시되어 있다. 공장에서 붙이는 택 같은 레이블들은 회사가 생산 공정과 품질 문제를 관리할 수 있도록 만들어졌다.

레이블링의 기본 규칙

레이블링에 관한 기본적인 규칙들이 있다. 의류제품의 레이블에는 반드시 다음과 같은 정보가 기재되어야 한다.

- 브랜드 이름(brand name)
- 의류제품 사이즈(garment size)
- 제조국가(country of origin)
- 등록번호(RN), 모섬유 제품 레이블[Wool Products Label(WPL)] 또는 제조업체의 이름이나 주소
- 섬유의 혼용률(fiber content)
- 취급주의 정보(care information)

또한 각각의 공장에서는 공장에서 필요한 정보들을 기재하는 레이블을 추가로 사용하기도 한다. 〈그림 14.1〉은 레이블을 배치하는 전형적인 방법을 보여준다.

브랜드 이름

아이디 레이블(ID label)이라고도 하는 브랜드 이름 레이블은 가장 중요한 레이블이다. 상의류의 경우에는 브랜드 이름 레이블을 뒷목의 중심 부분에 부착하고(그림 14.1 참조), 하의류의 경우에는 뒤허리 중심에 부착한다. 브랜드 이름을 창의적인 방법으로 레이블에 표현해 디자인과 스타일의 독특성을 더해주기도 한다. 예를 들면 레이블을 밑단이나 커프스 끝에 접어 끼워 플래그 형태로 만들기도 한다. 레이블을 다는 방법에 따라 디자인에 미적인 요소를 더해줄 수 있는데, 예를 들면 봉제, 자수(embroidering), 그래픽 디자인과 액세서리를 부착하는 것 등이 있다.

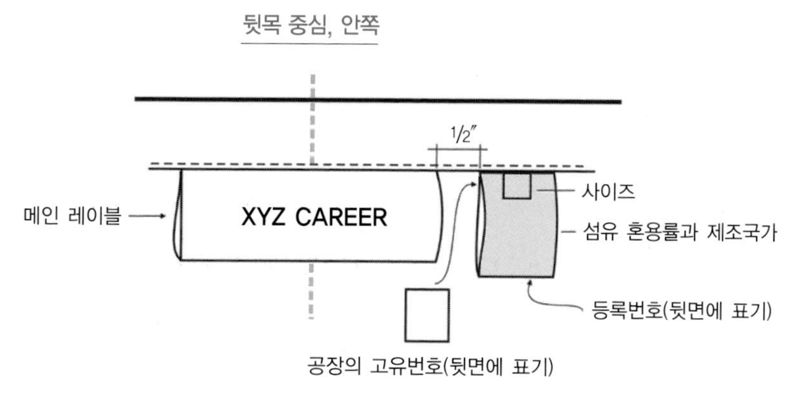

그림 14.1 전형적인 레이블 배치

브랜드 정체성은 브랜드의 이름뿐만 아니라 폰트, 컬러와 비율로도 표현된다. 레이블을 예술적으로 디자인하는 이유는 브랜드 정체성을 홍보하기 위함인데 대대적인 광고를 통하여 브랜드의 그래픽을 넣기도 한다. 일반적으로 그래픽을 레이블에 넣는 것에 대한 규정이 엄격하다. 예를 들면 레이블에 남색 바탕에 은색 글씨를 넣을 때, 남색과 은색의 칼라가 표준 그래픽에 정확하게 맞아야 한다.

의류제품 사이즈

사이즈는 의류제품의 구체적이고도 전체적인 크기 및 치수를 나타낸다. 인심 길이나 프티트(petite : 키가 작은 여성 사이즈) 혹은 톨(tall : 키가 큰 사이즈)과 같은 특별한 사이즈 정보를 기재하기도 한다. 의류제품의 사이즈 레이블은 소비자가 쉽게 찾을 수 있도록 주요 레이블이나 취급주의 레이블에 같이 부착되어 있다. 각 회사마다 의류제품의 사이즈가 정해져 있는데 대상으로 하는 소비자의 체형에 따라 그 사이즈가 다양하다. 즉 A회사의 여성용 M(미디엄) 사이즈가 B회사의 여성용 M 사이즈와 다를 수 있다.

제조국가

미국 밖에서 만들어진 제품의 경우에는 제조국가(country of origin, COO) 레이블이 중요하다. 만약 이 레이블이 부착되지 않았을 경우에는 미국 밖에서 제조되어 미국으로 선적될 때 미국의 세관에서 제품을 압수당할 수 있다. 제조국가 레이블은 주요 레이블인 아이디 레이블 근처의 눈에 잘 띄는 곳에 부착되어야 한다.

일반적으로 인체를 보호하거나 감싸는 의류제품의 레이블은 제조국가를 표시하도록 규정되어 있다. 신발이나 장갑, 모자와 같은 액세서리들은 예외가 될 수 있고 인체 전체를 감싸는 데 관련되지 않는 멜빵, 넥타이와 신발끈 같은 것들도 예외 항목이다. 그러나 의복의 상품 생산에 관련된 의복의 부분 패널(조각)들의 제조국가에 관한 정보도 레이블에 기재하도록 되어 있다.

섬유류 제품 확인법에 따르면 레이블에는 3개의 주요정보를 꼭 기재하도록 되어 있는데 섬유 혼용률, 제조자나 수입자 정보, 제조국가가 바로 그것이다. 이러한 정보는 미국 내에서 판매하는 모든 의류제품에 영구적으로 기재되어야 한다. 미국 내에서 생산되는 제품에 한해서는 제조국가 레이블을 꼭 크게, 눈에 띄게 광고하면서 붙일 필요는 없으나 보통 제조국가 레이블을 붙이고 미국 국기 태그를 붙이는 경우도 많이 있다. 이는 제조국가와 제품 품질 간에 관계가 있다고 생각하는 소비자들이 있기 때문에 제품의 제조국가를 표시하는 것이 중요하기 때문이다.

어떤 국가들은 소비자들에게 좋은 품질의 제품을 생산하는 것으로 알려져 있다. 예를 들면 이탈리아는 가죽 신발과 실크 제품의 품질이 아주 좋은 것으로 알려져 있다. 그러나 국제화 시대에 접어들면서 의류제품이 여러 나라를 거쳐 생산되는 것이 일반화되었으므로 의류제품의 제조국가를 한 국가로 정하는 것이 점점 어려워졌다. 이 때문에 정해진 규칙에 따라서 제조국가를 명시하는 것이 더욱 중요하다(https://www.gpo.gov/fdsys/granule/CFR-2003-title19-vol1/CFR-2003-title19-vol1-sec12-130).

의류 제조업체들이 제품의 제조국가를 결정할 때는 제품이 어디에서 생산되었는지에 따라서 결정한다. 'Chapter 98'과 'Item 807' 같은 무역 거래법에 의하면, 의류제품은 반드시 'Made in 봉제가 완성된 나라의 이름'을 레이블에 표기해야 한다. 예를 들어 직물을 A국가에서 재단했으나 재단한 직물을 B국가에서 봉제했다면 완성된 의류제품의 레이블에 B국가에서 만들어진 것으로(Made in B) 기재한다.

대다수의 미국 소비자들은 자국 내의 제조업체들을 지원해주고 싶은 애국심 때문에, 소비자들의 눈에는 'Made in U.S.A.' 레이블이 그 제품의 가치를 더해준다고 생각하는 경향이 있다. 즉 미국 소비자들은 수입된 제품보다는 미국 내의 제조업체들이 생산한 제품을 구매할 의향이 더 크다. 미국 내의 제조업체들은 의무적으로 의류제품에 'Made in U.S.A.' 레이블을 부착해야 한다. 의복이 미국 내에서 봉제되지 않고 후가공만 미국 내에서 했을 경우에는 레이블에 봉제한 국가 이름을 제조국가명으로 기재하고 미국에서 후가공을 했다는 것을 함께 적어준다(Made in 봉제한 국가, finished in U.S.A.).

만약 다른 나라에서 수입한 직물로 미국 내에서 봉제한 의복의 경우에는 수입 직물로 미국에서 만든(Made in United States of Imported Fabrics) 의복이라고 표시한다. 'Made in U.S.A.' 레이블은 미국 내에서 만들어진 직물로 미국 내에서 완전히 봉제를 마무리한 제품에만 부착할 수 있다. 미국 제조업체가 수입된 생지(greige, 표백이나 염색, 가공 공정 등을 거치지 않은 직물)를 사용해 미국에서 염색하고 프린트해 완성했을 경우에는 'Made in U.S.A.' 레이블을 부착할 수 없다. 제조 공정이 미국과 해외에서 이루어진 경우에는 레이블에 수입된 부품으로 미국에서 봉제했다고 적고, 그 두 국가의 이름을 분명하게 기재해야 한다. 또한, 해외에서 주된 부품을 수입하는 것에 대한 규정도 있다. 이에 관련된 더 자세한 내용은 미국연방거래위원회(FTC)의 웹사이트(www.ftc.gov)를 참고하도록 한다.

등록번호, 모섬유 제품 레이블

회사의 등록번호(RN)는 연방거래위원회에 의해 발행되어 등록된 번호이다. 이러한 등록번호는 미국 내에서 제조업, 무역업, 유통업이나 텍스타일(textile), 모(wool)나 털(fur)로 만들어진 제품을 판매하는 회사에게 부여된다. 등록번호가 법적으로 반드시 요구되는 것은 아니지만, 브랜드 이름을 대신해 등록번호를 레이블이나 택에 사용해야만 하는 제품들도 있다.

수입된 제품의 경우에는 '수입업자에 대한 정보'가 제조업체의 이름을 대신해 사용될 수 있다. 몇몇 오래된 제조업체들은 등록번호를 대신해 **모섬유 제품 레이블**(Wool Products Labeling Act, WPL) 번호를 사용하기도 한다. 소비자들이 제조업체에 대한 정보를 보고 제품의 품질에 관해 판단하기도 하기 때문에 의류제품의 레이블에 제조업체에 관한 정보를 기재하는 것이 중요하다.

생산 및 제조가 세계화된 시대이므로 의류회사들은 같은 제품군이라고 할지라도 여러 하청업체들과 일할 수 있다. 그런 경우에 어떤 제조업체들은 고유의 등록번호를 사용하고 추가 번호를 사용해 의류제품을 봉제하는 봉제업체들을 자체적으로 구분하기도 한다. 등록번호 자료는 인터넷 웹사이트(https://rn.ftc.gov/Account/Basic Search)에서 확인이 가능하다.

섬유의 혼용률

섬유의 혼용률에 대한 주요 규정은 '직물류와 모 관련 레이블 규제법률'(Threading Your Way Through the Labeling Requirements Under the Textile and Wool Acts, https://www.ftc.gov/tips-advice/business-center/guidance/threading-your-way-through-labeling-requirements-under-textile#fiber)에 잘 설명되어 있다.

섬유의 일반적인 명칭

섬유와 모에 관한 법률(Textiles and Wool Act and Rules)에 따르면 레이블에 섬유 조성(혼용률)을 반드시 기재해야 한다. 일반적인 섬유의 명칭이 각 섬유 무게의 내림차순이나 양적인 우위에 따라 %로 명시되어야 한다. 레이블의 모든 내용은 같은 글씨 크기로 뚜렷하게 표기되어야 한다.

70% 레이온
30% 폴리에스터

만약 한 가지 종류의 섬유로 만들어진 제품이라면 '100% 면'이나 '모두 면'이라고 표기하는 대신, 'All' 또는 '100%'라고 표기한다.

특수 섬유(specialty fibers : 모와 비슷한데 모가 아닌 동물 섬유로 캐시미어나 앙고라 털 등)에 관련된 정보를 허위로 기재해서는 안 된다. 2%의 캐시미어와 98% 울로 만들어진 스웨터의 경우, 레이블과 택에 섬유의 무게에 따른 퍼센트로 섬유의 혼용률을 기재하지 않고 좋은 캐시미어 혼방 제품이라고 표시할 수 없을 것이다.

플라스틱, 유리, 나무, 페인트나 가죽과 같이 섬유가 아닌 직물을 사용해 만든 의류제품의 경우에는 레이블에 표기할 필요가 없다. 즉 실이나 섬유나 직물이 아닌 지퍼, 단추, 스토퍼, 스팽글, 가죽 패치, 페인트 디자인 같은 것들이 의류제품에 사용된 경우에는 이에 관련된 내용을 레이블에 기재할 필요가 없다.

5% 규칙

의복에 어떤 섬유가 5% 이하로 사용된 경우에는 5% 규칙이 적용되어 그 직물의 구체적인 이름을 레이블에 기재할 필요가 없다. 그 섬유의 명칭 대신 '다른 섬유들(other fiber)'로 표기해야 한다.

5% 규칙에 면제되는 경우

5% 규칙이 면제되는 경우가 있다. 모나 재생모가 섞인 직물 같은 경우에는, 모나 재생모가 5% 미만이라고 할지라도 항상 레이블에 그 섬유 조성을 표기해야 한다. 5% 미만이라고 할지라도 기능적인 측면에서 이 정보를 아는 것이 중요하기 때문에 반드시 레이블에 기재해야 한다. 예를 들어 신축성을 갖게 하는 3%의 스판덱스 섬유가 포함된 직물로 만들어진 의복과 그렇지 않은 직물로 만들어진 의복은 다르다. 따라서 레이블에 이에 관한 정보를 명확하게 기재해야 한다.

97% 면
3% 스판덱스

내구성을 좋게 하기 위해 나일론을 사용한 경우에는 레이블에 다음과 같이 기재해야 한다.

97% 면
3% 나일론

5% 미만의 여러 가지 기능성이 없는 섬유가 섞여서 그 섬유들의 비율이 5%를 넘게 되는 경우에는 합쳐진 퍼센트로 다음과 같이 기재해야 한다.

82% 폴리에스터
10% 면
8% 기타 섬유들

혹은

90% 폴리에스터
4% 면
6% 기타 섬유들

섬유 표기의 규제에 면제되는 경우

트림(trim), 적은 양의 장식물, 보온 효과를 위해 사용하지 않은 안감, 그리고 실의 섬유 조성은 레이블에 표기하지 않아도 된다.

트림

의복에 사용되는 트림과 부분적으로 사용되는 직물은 레이블에 섬유의 혼용률을 표기하지 않아도 된다. 칼라, 커프스, 브레이딩 허리밴드, 손목 밴드, 릭랙, 테이프, 벨팅, 바인딩, 레이블, 레그 밴드(leg band), 덧댄 천, 웰트, 직물류를 제외한 부재료들, 그리고 덧붙여진 양말 밴드에 사용된 직물이 이에 해당한다.

부자재(finding)에는 의복에 사용된 엘라스틱 재질과 실이 포함된다. 엘라스틱이 전체 섬유 조성의 20%를 넘을 경우에는 레이블에 섬유의 혼용률을 적어 주어야 하는데 '장식류는 제외(exclusive of decoration)'라는 문구를 기재해야 한다. 장식적인 패턴이나 디자인이 직물의 주요 부분을 차지하는 경우에도 이와 같이 레이블에 섬유의 혼용률을 기재해야 한다.

예외의 경우가 되려면, 장식이 아이템에서 차지하는 비중이 15%를 넘지 않아야 한다. 장식에 사용된 섬유의 혼용률이 표시되지 않은 경우에는 '별도의 장식(exclusive of decoration)'이라는 문구를 기재해야 한다.

칼라나 커프스 같은 아이템들은 장식적이든 그렇지 않든 간에 예외의 경우로 간주되어 레이블에 섬유의 혼용률을 기재할 필요가 없다. 그러므로 칼라와 커프스의 장식은 그 비중이 15%를 넘는지 계산하지 않는다.

장식적인 트림이나 디자인이 제품 표면에서 차지하는 비중이 15%를 넘고 제품의 주요 섬유와 다른 섬유로 구성된 경우, 예를 들어 실크 트림으로 파이핑과 자수를 놓은 100% 면 셔츠인데 트림이 셔츠 면적의 15%를 넘지 않는 경우, 레이블에 장식용으로 사용된 섬유의 정보는 따로 기재하지 않아도 되지만 반드시 다음과 같이 표기해야 한다.

면
별도의 장식

혹은

100% 면
별도의 장식

장식적인 트림이 차지하는 비중이 전체의 15%를 넘지 않지만 그 섬유에 관한 정보를 사용할 경우에는 장식에 사용된 섬유에 관한 내용을 레이블에 기재해야 한다. 예를 들면 위에서 설명한 실크 트림으로 파이핑과 자수를 놓은 셔츠를 '실크로 장식된 티셔츠'라고 판매할 경우에는 제조업체가 반드시 레이블에 트림의 섬유 혼용률을 기재해야 한다.

면 셔츠에 20% 정도 실크 트림으로 파이핑하고 자수를 놓은 경우에는 레이블에 셔츠의 주요 섬유와 트림의 섬유에 관한 내용을 기재해야 한다. 따라서 이 두 가지 경우 모두 셔츠의 레이블에 다음과 같은 내용이 기재될 것이다.

바디-100% 면
장식-100% 실크

장식

장식(ornamentation)은 '시각적으로 인지할 수 있는 패턴이나 디자인으로 실이나 직물에 더해진 실이나 섬유'로 정의된다.

안감과 충전재

안감과 충전재는 구조적인 보충과 보온성을 위해 사용된다.

구조적인 사용 안감, 충전재, 필링이나 패드를 구조적인 목적으로 사용한다면 레이블에 이에 관한 섬유의 혼용률을 표기할 필요가 없다. 그러나 섬유의 혼용률을 표기할 경우에는 정해진 규칙을 따라야 한다.

보온성을 위한 사용 안감, 금속재료로 코팅된 안감, 충전재, 필링이나 패드를 보온성을 높이기 위해 사용할 경우에는 섬유의 혼용률을 따로 표기해야 한다.

겉감 : 100% 면
안감 : 100% 폴리에스터

혹은

커버링 : 100% 폴리에스터
필링 : 100% 면

겉감, 안감, 충전재가 같은 재질로 만들어진 경우에는 다음과 같이 겉감과 안감의 섬유의 혼용률을 따로 기재해야 한다.

겉감 : 100% 면
안감 : 100% 면

겉감이 고무나 털이나 가죽 같이 직물이 아닌 재질이고 안감, 충전재, 필링, 혹은 패딩이 보온성을 더해주기 위해 직물로 만들어진 경우에는 그 직물의 섬유의 혼용률을 기재해야 한다.

섬유 혼용률의 부분적인 표기

부분적으로 다른 섬유가 사용된 제품의 경우 각 부분의 섬유 혼용률을 따로 기재해야 한다. 장식이나 트림이 독특하게 일정 부분에 사용된 경우에도 섬유명을 따로 기재해야 한다.

빨간색 : 100% 면
파란색 : 100% 폴리에스터
초록색 : 80% 면, 20% 실크
장식 : 100% 실크

또는

바디 : 100% 폴리에스터
소매 : 80% 면, 20% 폴리에스터

엘라스틱에 관한 표기

엘라스틱 섬유가 부분적으로 포함된 직물의 경우에는 섬유의 혼용률을 기재해주어야 한다.

첨가된 섬유에 관한 표기

제품의 특정 부분을 강화하기 위해 혹은 다른 목적으로 섬유를 첨가하기도 한다. 예를 들면 양말의 발뒤꿈치나 발가락 부분에 섬유를 추가해 그 부분의 내구성을 더 강하게 해준다. 레이블에는 기본적인 섬유의 혼용률을 적어 합한 숫자가 100이 되도록 하고 '예외(except)'라고 해 첨가된 섬유가 전체에서 차지하는 비중과 그 섬유가 사용된 곳을 따로 기재하도록 한다.

55% 면
45% 레이온
예외 : 5% 나일론이 발뒤꿈치와 발가락 부분에 첨가

파일 직물

레이블에 파일 직물에 대한 섬유 혼용률을 표기하는 방법에는 두 가지가 있다. 또한, 파일(pile)과 백킹(backing)의 섬유 혼용률은 따로 기재해야 한다. 이러한 경우, 전체 섬유의 무게를 기준으로 파일과 백킹이 차지하는 비중을 퍼센트로 계산해 기재해야 한다. 예를 들면 다음과 같다.

100% 나일론 파일(nylon pile)
100% 면 백(cotton back)
(백은 60%가 직물이고 40%가 파일로 이루어졌다.)

섬유의 이름

천연섬유와 합성섬유 모두 그 고유의 이름으로 표기되어야 한다. 합성섬유의 경우 비록 제조업체에서 브랜드 이름을 섬유명으로 정해 부른다고 할지라도 특정한 고유의 이름을 사용해야 한다.

고유의 섬유명을 알파벳 순서대로 나열하면 다음과 같다.

아세테이트(Acetate, Triacetate), 아크릴(Acrylic), 아니덱스(Anidex), 아라미드(Aramid), 아즐론(Azlon), 일라스테렐-피(Elasterell-p), 엘라스토에스터(Elastoester), 플루오폴리머(Fluoropolymer), 글라스(Glass), 라스톨(Lastol), 라스트릴(Lastrile), 리오셀(Lyocell), 멜라민(Melamine), 메탈릭(Metallic), 모드아크릴(Modacrylic), 노보로이드(Novoloid), 나일론(Nylon), 니트릴(Nytril), 올레핀(Olefin), 피비아이(PBI), 피엘에이(PLA), 폴리에스터(Polyester), 레이온(Rayon), 러버(Rubber), 사란(Saran), 스판덱스(Spandex), 설파(Sulfar), 바이날(Vinal), 비니온(Vinyon).

여러 가지 종류의 다양한 섬유 이름이 국제표준화기구(International Organization for Standardization, ISO)의 표준법[2976:1999(E)]의 '합성섬유 직물의 고유 이름'에 나와 있다. ISO에서 허가했지만 직물 표기법에는 기재되지 않은 섬유의 이름은 다음과 같다.

알긴산(Alginate), 카본(Carbon), 염화비닐(Chlorofibre), 큐프로(Cupro), 엘라스테인(Elastane), 엘라스토디에네(Elastodiene), 플루오로피브레(Fluorofibre), 메탈 섬유(Metal Fiber), 모달(Modal), 폴리아미드(Polyamide), 폴리에틸렌(Polyethylene), 폴리이미드(Polyimide), 폴리프로필렌(Polypropylene), 비닐랄(Vinylal), 비스코스(Viscose).

이러한 섬유명들은 정부의 위임을 받은 위원회의 규정에는 명시되어 있지 않지만 섬유 감별 규정에 위배되지 않도록 레이블에 사용될 수 있다. 이에 관련된 표준법 사본은 미국표준협회(American National Standards Institute, 25 West 43rd St., 4th Floor, New York, NY 10036)에서 배포한다.

어떤 섬유명들은 정부의 위임을 받은 위원회에서 명명한 것이기 때문에 국제표준화기구의 표준법(ISO standard)에 나와 있는 이름과 다르기도 하다. 예를 들면 ISO의 표준법에는 '레이온(rayon)'을 '비스코스(viscose)'라고 표기하고 '스판덱스(spandex)'를 '엘라스테인(elastane)'이라고 표기한다.

이러한 경우에는 둘 중 어떤 이름을 사용해도 무방하다. 합성섬유가 두 가지 혹은 그 이상의 화학적으로 다른 성분으로 만들어진 섬유가 혼용된 형태라면 섬유의 혼용률을 다음과 같이 적어야 한다.

- 두 가지 혹은 그 이상의 섬유가 혼방되어 만들어진 직물인지
- 무게를 기준으로 가장 큰 비중을 차지하는 섬유의 고유 이름
- 무게를 기준으로 직물에 포함된 각각의 섬유가 차지하는 퍼센트

예를 들면 다음과 같이 표시한다.

100% 혼방섬유(biconstituent fiber)-65% 나일론, 35% 폴리에스터

프리미엄 면 섬유

섬유의 혼용률은 면의 종류에 따라서 다르게 표기되기도 한다. 예를 들면 피마(Pima), 이집트산(Egyptian), 시 아일랜드(Sea Island) 등이 이에 해당한다.

예를 들면 다음과 같이 표시한다.

100% 피마 면

셔츠를 생산하는 데 피마 면이 50%만 사용되었는데 제조업체가 레이블에 '피마'라는 용어를 기재하기 원하는 경우에는 100% 면(50% 피마)', '50% 피마 면, 50% 업랜드 면(upland cotton)' 혹은 '50% 피마 면(pima cotton), 50% 다른 면(other cotton)'이라고 표기한다.

의류제품의 행택에 피마 면이라고 적혀 있는 경우에는 레이블에도 피마 면의 사용에 따른 트레이드 마크를 포함해 섬유의 혼용률을 기재해야 한다.

모섬유의 이름

새끼양이나 양에서 만든 양털이나 앙고라 염소(Angora goats), 캐시미어 염소(Cashmere goat), 낙타(Camel), 알파카(Alpaca), 라마(Llama), 혹은 비쿠냐(Vicunna)에서 만든 털을 모섬유(wool)라고 한다. 재생된 모섬유를 사용했을 경우에는 반드시 재생울(recycled wool)이라고 표기해야 한다.

특수 모섬유

모섬유로 분류된 섬유 중에서 일부분은 스페셜티 파이버(specialty fiber)의 이름으로 알려져 있기도 하다. 모헤어, 캐시미어, 낙타, 알파카, 라마, 그리고 비쿠냐가 이에 해당한다. 모섬유의 이름을 스페셜티 파이버의 이름으로 구체적으로 사용했을 때에는 반드시 레이블에 스페셜티 파이버의 퍼센트를 기재해야 한다. 재생된 스페셜티 파이버기 사용된 경우에는 다음과 같이 반드시 재생된 섬유라고 표기해야 된다.

50% 재생된 캐시미어
50% 모

혹은

55% 낙타털
45% 알파카

혹은

40% 재생된 라마
35% 재생된 비쿠냐
25% 면

스페셜티 파이버의 이름을 기재할 경우에는 반드시 규정된 섬유의 혼용률 레이블에 명시해야 하고 섬유에 관련된 다른 레이블에도 기재해야 한다. 만약 단순히 모섬유라고 표기한다면 스페셜티 파이버의 이름을 행택이나 제품의 다른 어떤 곳에도 사용할 수 없다. 예를 들어 섬유 혼용률 레이블에 단순히 모섬유라고 표기할 경우에는 레이블이나 어떤 다른 행택에도 '품질 좋은 캐시미어 제품'이라고 기재할 수 없다.

제품에 소량의 캐시미어 섬유가 들어간 직물을 사용해 캐시미어가 섬유에 포함되어 있다는 사실을 강조하고 하고 싶을 경우에는 레이블에 반드시 캐시미어가 실제로 사용된 퍼센트를 기재해야 한다. 예를 들면 다음과 같다.

97% 모
3% 캐시미어

다른 종류의 헤어나 퍼로 만들어진 섬유

모섬유가 아닌 다른 종류 동물의 털인 경우에는 헤어나 퍼, 혹은 섞인 털이라고 표기한다. 헤어나 퍼가 5% 이상 사용된 경우에는 레이블에 그 동물의 이름을 기재할 수 있다. 기계 설비의 발달로 인해 새로운 종류의 다양한 헤어의 사용이 가능해졌다. 예를 들면 다음과 같이 캐시고라 헤어(Cashgora hair)나 파코 비쿠냐 헤어(paco-vicuña hair)의 이름을 섬유의 혼용률을 적는 레이블에 기재할 수 있다.

60% 모
40% 캐시고라 헤어

레이블에 붙이는 섬유 트레이드마크

섬유 고유의 이름을 레이블에 기재하는 경우에는, 섬유의 혼용률을 기재하는 레이블에 섬유의 트레이드마크도 같이 기재해준다. 다음과 같이 섬유의 트레이드마크를 기재할 경우, 레이블이나 택에 완벽한 섬유의 혼용률을 기재해야 한다.

75% 면
25% 라이크라 스판덱스(Lycra® Spandex)

섬유의 혼용률을 적는 레이블이 아닌 다른 곳에 트레이드마크를 기재할 경우에도 섬유의 고유명과 트레이드마크를 함께 기재해야 한다. 예를 들면 다음과 같다.

75% 면
25% 스판덱스
Made in the USA
라이크라 스판덱스(Lycra® Spandex)
라이크라 포 핏(Lycra® for Fit)

알려지지 않은 섬유를 포함한 제품

전체적으로나 혹은 부분적으로 이름이 알려지지 않은 섬유가 포함된 직물로 만들어진 제품의 경우에는 섬유의 혼용률에 알려지지 않은 섬유라고 표기해야 한다(https://www.ftc.gov/tips-advice/business-center/guidance/threading-your-way-through-labeling-requirements-under-textile#unknown). 예를 들면 다음과 같다.

45% 레이온
30% 아세테이트
25% 알려지지 않은 섬유(Unknown Reclaimed Fibers)

의류제품의 섬유 조성에 관한 허용 오차

섬유의 혼용률은 퍼센트를 정확하게 계산해 기재해야 한다. 모섬유를 제외한 모든 섬유의 퍼센트는 가까운 숫자로 반올림해 사용한다. 예를 들어 61.2%의 면과 38.98%의 모섬유의 혼용률은 '61% 면, 39% 울'이라고 표기한다. 실질적인 이유로, 위원회에서 모섬유로 만들어진 제품의 경우에는 3%의 오차 범위를 허용했다(https://www.ftc.gov/tips-advice/business-center/guidance/threading-your-way-through-labeling-requirements-under-textile#tolerance).

취급주의 레이블

취급주의 레이블(care label)에는 의복을 세탁하는 방법과 세탁 시에 주의해야 할 사항들에 대해 설명이 되어 있다. 우븐 레이블의 경우에는 최소 주문 수량이 많은 편이므로 프린트된 레이블과 같이 품질이 좀 떨어지는 레이블을 사용하기도 한다. 피부에 직접적으로 닿는 레이블의 경우에는 새틴 레이블(satin label)을 사용하면 소비자들이 착용 시에 불편함을 덜 느끼도록 할 수 있다. 우븐이 아닌 직물로 만들어진 레이블이 사용되기도 하는데 일반적으로 이러한 넌우븐 레이블은 우븐 레이블에 비해 가격이 저렴한 편이다.

미국연방거래위원회의 취급주의 레이블에 관한 규율에 의하면, 제조업체들과 수입업체들은 의류제품에 취급주의 방법에 대해 꼭 기재해야 한다. 2000년 9월 1일부터 시행된 규율을 토대로 이러한 조건이 요구되었다. 취급주의 법규는 미국섬유화학염색자협회(American Association Textile Chemists and Colorists, AATCC)가 정한 용어와 정의에 맞도록 조정되었다. 취급주의 레이블에 관한 좀 더 자세한 정보와 규율에 관한 내용은 FTC 웹사이트에서 얻을 수 있다(www.ftc.gov/os/statutes/textile/carelbl.shtm).

취급주의 레이블에 관한 규율은 다음의 사항을 요구한다. 모든 취급주의 레이블은 또렷하게 읽을 수 있어야 하고 의복을 세탁한 후에도 계속 안전하게 잘 부착되어 있어야 한다. 제조업체에서는 공장에서 생산한 의류제품을 대표하는 컬러별 샘플을 받아서 랩 테스트(lab test)를 해보고 그 결과에 따라 레이블에 취급주의 방법에 관한 문구를 작성한다. 의복에 달린 모든 트림과 관련된 하드웨어는 정해진 취급주의 방법에 따라 세탁을 했을 때 아무런 문제가 없어야 한다.

의류제품은 사용된 섬유나 직물, 제품의 사용 용도와 대상 소비자들과 같은 제품의 특성에 따라 취급주의법이 달라지게 된다. 소비자들이 의복을 구매할 때 제품의 취급주의 방법이 중요하게 영향을 미치기도 한다.

미국연방거래위원회는 소비자들이 의류제품을 취급주의의 규율에 따라 세탁 및 관리할 수 있도록 지침서를 만들었다. 이에 관한 정보는 미국연방거래위원회의 웹사이트(www.ftc.gov), 혹은 미국연방거래위원회의 소비자 응답센터(Consumer Response Center, 600 Pennsylvania Ave. NW, Washington, DC, 20580), 혹은 무료전화 1-877-FTC-Help(1-877-382-4357)로 전화를 걸어서 받을 수 있다. 전에도 언급했듯이, 미국연방거래위원회에서 레이블 규율을 정했다(www.ftc.gov). 〈그림 14.2〉는 취급주의 기호(symbol)를 나타낸다.

취급주의 방법과 주의사항

제조업체들은 다음과 같이 취급주의 방법과 주의사항에 대한

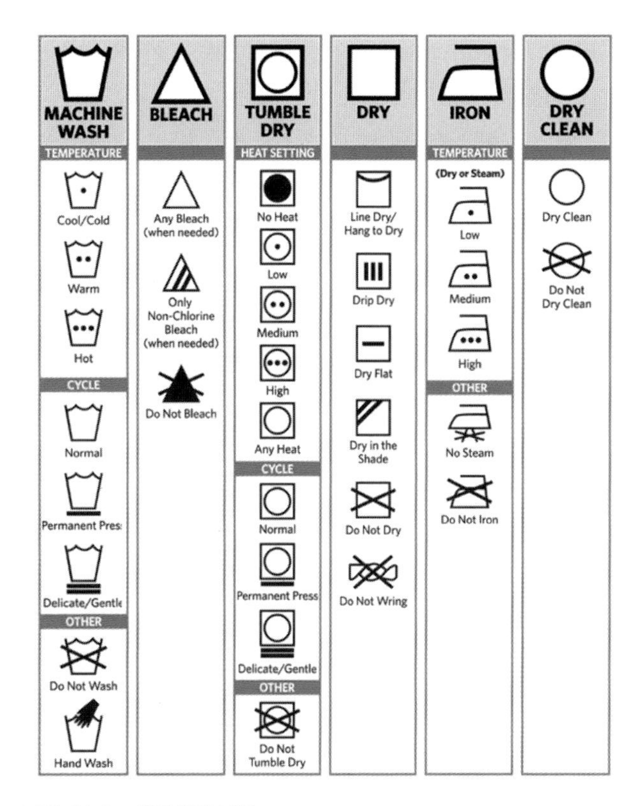

그림 14.2 취급주의 기호
출처 : www.ftc.gov/opa/1996/12/label.pdf

정보를 소비자들에게 제공해야 한다.

- 의류제품이 세탁 중에 손상을 입을 수 있을 경우에는 이에 관련된 일반적인 취급주의 방법이나 주의사항이 반드시 정확하게 기록되어야 한다.
- 제조업체들은 의류제품에 취급주의 레이블을 부착했을 때, 그 제품이 어떤 손상도 입지 않을 것임을 확인해야 한다.
- 레이블에 기재한 취급주의 방법 중에 어떤 과정이 제품에 손상을 입힐 수 있을 경우에는 소비자들에게 이에 관한 주의를 주어야 한다. 예를 들어 물세탁이 가능하다고 쓰인 레이블이 달린 스커트의 경우, 소비자들은 일반적으로 스커트를 세탁한 후에 다림질을 해도 괜찮다고 생각한다. 그러나 이 스커트의 경우 다림질을 하는 과정에서 손상을 입을 수 있다면 취급주의 레이블에 '다림질을 하지 마시오'라는 문구를 반드시 넣어야 한다.
- 소비자들이 의류제품을 사용하는 동안 레이블이 영구적으로 부착되어 있어야 한다.

타당한 이유

취급주의 방법과 주의사항에 관련해 타당한 이유가 있어야 한다. 따라서 제조업체들이 제시한 취급주의에 관한 안내법에 대한 증거를 보다 명확하게 기재해야 한다. 예를 들어 레이블에 '드라이클리닝만 하시오'라고 기재한 경우에는 물세탁이 옷을 손상시킬 수 있다는 것도 같이 기재해야 한다. 믿을 만한 증거는 다음과 같이 여러 가지 요소에 따라 다르다.

- 의류업체 전문가가 타당한 이유를 제시할 경우도 있다.
- 의복에 부착된 트림이나 염료가 드라이클리닝이나 물세탁 과정에서 의복에 손상을 입힐 수 있으므로 추천할 만한 세탁 방법을 반드시 제시해야 한다.
- 의복이 여러 부분으로 구성된 경우에 제조업체는 제시된 대로 의복을 세탁할 경우에 의복이 손상되지 않는다는 믿을 만한 증거를 제시해야 한다.

의류제품에 레이블을 부착할 때

모든 국내와 국외의 제조업체들은 어떤 제품이든 제품을 판매하기 전에 제품에 **취급주의 레이블**(care label)을 부착해야 한다.

레이블을 부착하는 위치

취급주의 레이블은 다음과 같은 방법으로 부착할 수 있다.

- 의류제품에 부착된 레이블은 판매 시 소비자들의 눈에 쉽게 띄어야 한다.
- 제품의 포장 때문에 레이블이 쉽게 보이지 않을 경우에는 제품의 취급주의에 관한 정보를 별도로 포장의 바깥쪽이나 행태그에 달아주어 소비자들이 잘 인식할 수 있도록 한다.
- 레이블은 영구적으로 안전하게 부착되어야 하며 소비자들이 제품을 사용하는 동안 제품에서 분리되지 않아야 한다.
- 한 쌍의 장갑과 같이 여러 가지 다른 부분이 하나의 의류제품으로 포장되어 판매되는 경우, 모든 부분의 취급주의 방법이 동일하다면 한 가지 취급주의 레이블을 부착하면 된다. 이러한 경우, 취급주의 레이블을 반드시 주요 부분에 부착해야 한다. 각 부분이 다른 방법으로 세탁 및 관리되어야 될 경우나 각 부분을 따로 판매할 경우에는 각각의 아이템에 취급주의 레이블을 부착해야 한다.

의복이 아닌 조각으로 관리되는 물품의 레이블링

롤(roll)이나 볼트(bolt)로 관리되는 직물의 경우에는 수입업체들과 제조업체들 모두 명확하게 취급주의 방법을 제시해야 하고 그 정보는 롤이나 볼트의 직물에 적용할 수 있어야 한다. 트림이나 안감, 혹은 단추 같은 다른 아이템이 그 직물에 추가될 가능성이 있을 경우에는 그러한 취급주의 정보가 추가 아이템에는 적용되지 않아야 한다.

미국연방거래위원회에서 제시한 예외의 경우

다음의 아이템들은 영구적인 레이블을 부착하지 않아도 되지만 판매 시에 임시 레이블을 달 수는 있다.

- 포켓이 없고 완전하게 뒤집어서 양면으로 입을 수 있는 의복
- 이미 물세탁, 표백, 건조, 다림질이 되었거나 강한 드라이클리닝 과정을 거친 제품으로, 일반적인 방법으로 물세탁이나 드라이클리닝을 할 것이라는 임시 레이블을 붙일 수 있는 경우

- 취급주의 레이블이 제품의 외관을 상하게 할 수 있는 경우에는 제품에 레이블을 달지 않아도 된다. 제조업체는 이러한 예외 규정에 해당하는 제품인 것을 반드시 미국 연방거래위원회에 문서로 알려야 한다. 그 문서에는 그 제품이 예외 규정에 해당되는 이유를 기재하고 레이블을 부착한 샘플을 동봉해야 한다.

취급주의 방법이 필요하지 않은 아이템들도 있다.

- 상업적인 목적으로 바이어들에게 파는 제품으로 업무상의 목적으로 직원들이 입는 유니폼을 예로 들 수 있다. 일반적으로 유니폼은 직원들에게 직접 팔리지 않고 고용주들에게 파는 제품이다.
- 소비자들이 제시한 직물로 제작한 의복
- 완전히 물세탁이 가능한 제품으로 3달러 이하의 소매가격에 팔리는 제품은 조항(2)에 의해 레이블을 달지 않아도 된다. 어떠한 제품이든 간에 이러한 규정을 지키지 않는 제품은 예외의 경우가 자동으로 철회될 수 있다.

위반

레이블 규정을 어긴 제조업체들과 수입업체들은 위반을 할 때마다 위약금으로 11,000달러를 물게 되어 있다. 위반 규정에 관련된 자세한 정보는 FTC 웹사이트에 나와 있다(www.ftc.gov/os/statutes/textile/carelbl.shtm).

추가 레이블링 : 공장 레이블

〈그림 14.3〉은 공장, 중개상, 주문 번호, 스타일 번호, 계절, 재고 관리 정보에 관한 내용이 기재되어 있는 공장 트래킹(tracking) 레이블을 보여준다. 법적으로 이러한 정보를 기재하도록 요구되지는 않으나 공장 내부에서 사용하는 데 도움이 많이 되고 제품이 선적된 이후에 품질에 대한 문제가 발생했을 경우에도 유용하다.

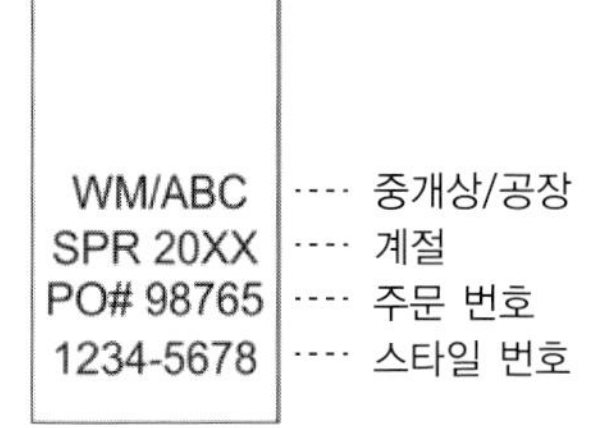

그림 14.3 공장 레이블

레이블의 응용

일반적으로 ID 레이블인 '브랜드 레이블'은 레이블의 양쪽 끝부분을 접거나, 루프 형식 레이블의 중간 부분을 접거나, 끝부분을 비스듬히 접어서 달아준다. 상의일 경우에는 이러한 세 가지 방법으로 레이블을 주로 뒷목 중심 부분에 붙이고 하의일 경우에는 허리 뒷중심 부분에 붙인다.

레이블이 평평하게 부착할 수 있는 재질일 경우에는 접지 않고 부착할 수 있는데 이를 플랫(flat)이라고 한다. 플랫 레이블은 인조 가죽, 플라스틱이나 우븐이 아닌 재질로 만들 수 있다.

레이블의 재질

일반적으로 레이블에는 다음의 재질들이 사용된다.

- **우븐** 우븐 레이블은 좁은 베틀에서 제작되는데 고품질 우븐 레이블로는 자카드(jacquard)와 다마스크(damask) 방식으로 직조된 레이블을 들 수 있다.
- **기타 재질** 주요 레이블의 기타 재질로는 타페타(taffeta), 새틴 브로드 룸(satin broad loom), 우븐 그로그랭(woven grosgrain), 프린트된 트윌 테이프, 인조 가죽과 플라스틱이 있다. 각각의 재질마다 특징이 있는데 고품질의 테일러드 의복에 적합한 재질이 있고 티셔츠나 아동복 혹은 운동복에 어울리는 재질이 있다.
- **히트-세트 메로우드(heat-set merrowed)** 야구 모자에서 볼 수 있는 히트-세트 메로우-에지 패치(heat-set merrow-edge patch)와 히트 트랜스퍼 레이블(heat transfer label)은 니트와 속옷 등 우븐 레이블이 적합하지 않은 제품에 사용한다.
- **테어-어웨이(tear-away label)** 목 스카프 같은 액세서리에 사용되는 것으로 봉제되는 레이블이 아니다. 이런 레이블은 의복을 구입한 후 손으로 잡아당겨서 쉽게 없앨 수 있는 일회용식의 레이블이다. 저가 제품의 경우에는 풀이나 접착제로 이러한 레이블을 붙이기도 한다.
- **히트 트랜스퍼(heat transfer)** 굴곡 없이 평평하기 때문에 점점 더 널리 사용되고 있는 것으로(그림 14.5 참조), 열을 이용하여 정보를 의복에 직접 프린트하는 레이블이다. 이러한 레이블은 속옷과 몸에 밀착되는 스포츠 웨어

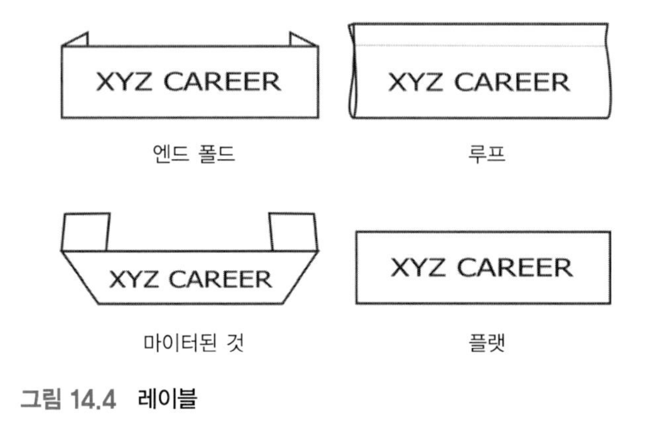

그림 14.4 레이블

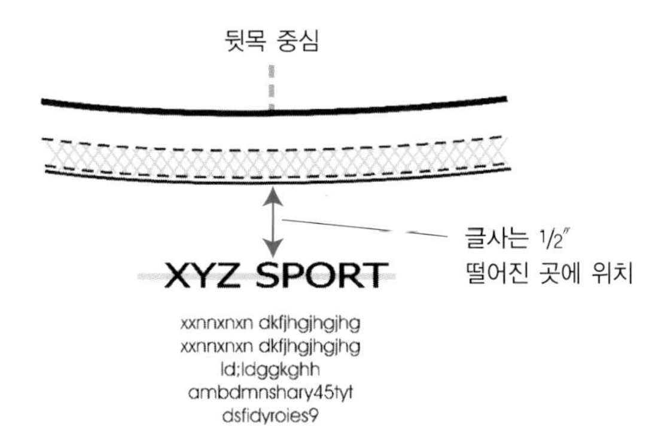

그림 14.5 히트 트랜스퍼 레이블

에 사용하기에 적합하다. 이러한 종류의 레이블을 택이 없는 레이블이라고 부르기도 한다.

주요 레이블의 세팅

품질이 좋은 의복의 경우에는 레이블을 봉제한 선이 밖으로 보이지 않도록 하는데, 티셔츠 같은 캐주얼 웨어는 예외이다. 스웨터 같은 경우에는 레이블을 봉제하는 실의 칼라를 스웨터의 칼라와 거의 똑같은 칼라로 세심하게 결정해 외관상 레이블을 봉제한 선이 최대한 눈에 띄지 않도록 한다.

레이블의 위치 : 엔드폴드

엔드폴드(endfold) 레이블은 대개 4면을 다 봉제한다. 이렇게 봉제한 레이블의 경우에는 의복의 바깥쪽에서 레이블의 스티칭선이 보이지 않도록 주의해야 한다. 일반적으로 의복의 바깥쪽에서 레이블 스티칭 선이 보이지 않는 것이 가장 이상적이다. 〈그림 14.6a〉는 레이블이 바운드 에지의 반 인치 아래쪽으로 위치한 것을 보여준다. 이 경우에는 스티칭선이 의복의 바깥쪽에서 보이게 되므로 페이싱이 필요하게 된다. 선호하는 봉제 방법으로는 〈그림 14.6b〉와 같이 레이블을 밴드 칼

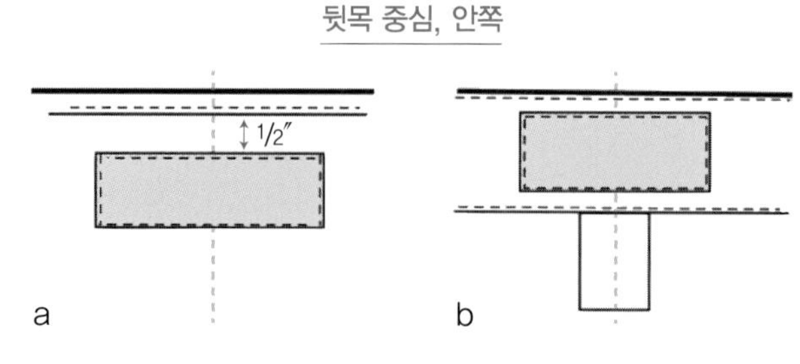

그림 14.6 레이블 위치 : 엔드폴드

라의 안쪽에서 안쪽 칼라에만 봉제해 바깥 칼라에서는 스티칭선이 보이지 않도록 하는 것이다.

엔드폴드 레이블은 의복의 끝에 봉제되는 경향이 있다. 〈그림 14.7〉은 뒷목에 페이싱을 댄 칼라가 없는 의복의 스타일을 보여준다. 이러한 스타일의 경우에는 페이싱에 레이블을 봉제하게 되므로 의복의 바깥쪽에서 스티칭 선이 보이지 않게 된다. 이 그림에서 보여지는 바와 같이, 뒷중심 지퍼가 달린 드레스의 경우 레이블을 뒷중심선에서 3/4인치 떨어진 곳에 봉제한다. 페이싱의 구조가 이 그림과 같을 경우에는 이러한 엔드폴드 레이블 방식이 적합하다.

스웨터나 티셔츠에서 또 다른 엔드 스티칭(end-stitching)의 일반적인 예를 볼 수 있다(그림 14.8 참조). 스웨터에는 페이싱이나 다른 레이어가 없으므로 스티칭 선이 보이게 되는데 이때 이를 최소화할 수 있도록 한다.

대개 레이블의 색상이 의복의 색상과 다르기 때문에 공장에서는 밑실을 감아서 사용하는 보빈(bobbin)과 바늘에 각각 두 가지 다른 칼라의 실을 사용해야 한다. 레이블에는 1/8인치와 같이 아주 적은 양의 여유분이 있기 때문에 크루넥 스타일 같이 몸에 붙는 스타일의 경우에는 레이블이 잘 늘어나지 않게 된다. 이러한 경우에는 레이블을 행어 루프(hanger loop)로 사용할 수 있다. 〈그림 14.8b〉는 ID 레이블, 즉 브랜드 레이블의 아래쪽에 봉제된 레이블을 보여준다.

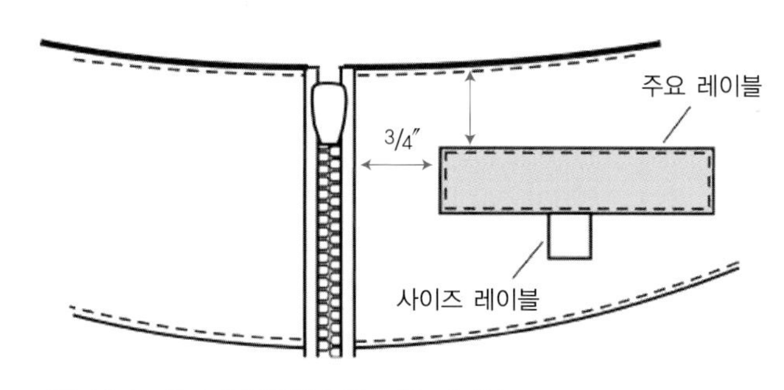

그림 14.7 안단에 부착한 끝을 접은 레이블

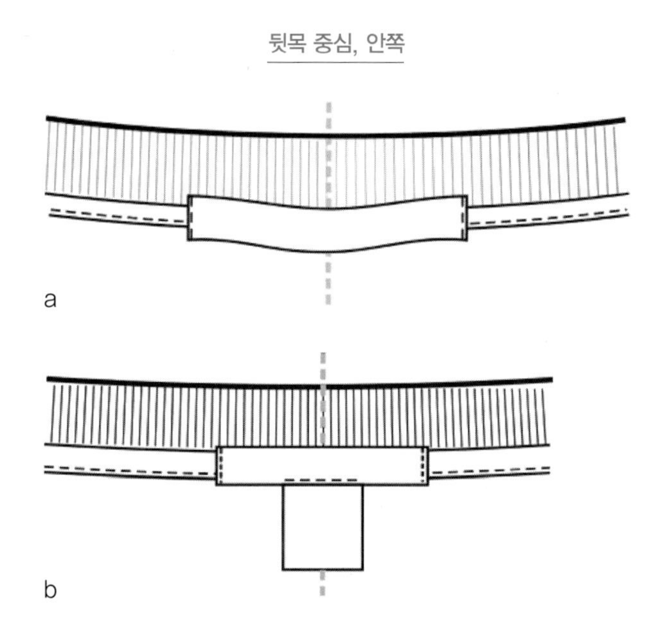

그림 14.8 레이블에 이루어진 엔드스티칭

레이블의 위치 : 루프

루프 레이블((loop label)은 팬츠나 윗부분에 밴드 처리가 되어 있는 의복에 사용된다. 이러한 레이블을 달았을 때 팬츠나 재킷에 더해지는 두께감이 문제가 되지는 않으나 얇은 두께의 니트 셔츠에 이 레이블을 사용할 경우에는 착용자가 불편해 할 수도 있다. 〈그림 14.1〉은 주요 레이블과 그 크기를 보여주는데 이는 루프 레이블의 좋은 예이다.

반달 모양 페이싱

레이블을 부착하는 데 가장 많이 쓰이는 페이싱(이때 페이싱은 국내에서 '라벨판'이라고도 불린다)은 반달 모양 페이싱이다(그림 14.9 참조). 이러한 페이싱은 니트류 의복에 사용되며 페이싱에 레이블을 봉제함으로써 레이블의 스티칭 선이 의복의 바깥쪽에 보이지 않도록 한다.

속옷

가벼운 직물로 만들어진 의류제품에는 새틴으로 만들어진 가벼운 두께의 루프 레이블을 사용한다. 〈그림 14.10〉은 남성용 우븐 복서 반바지를 보여주는데 레이블이 겉감까지 한 번에 봉제되어 있으나 반바지의 겉쪽에서는 레이블의 스티칭 선이 보이지 않는다.

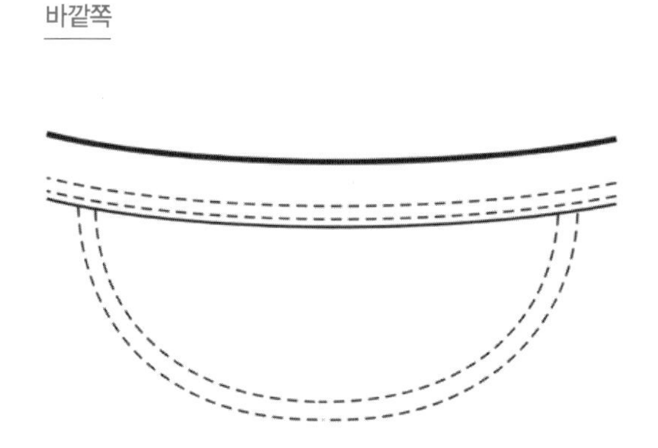

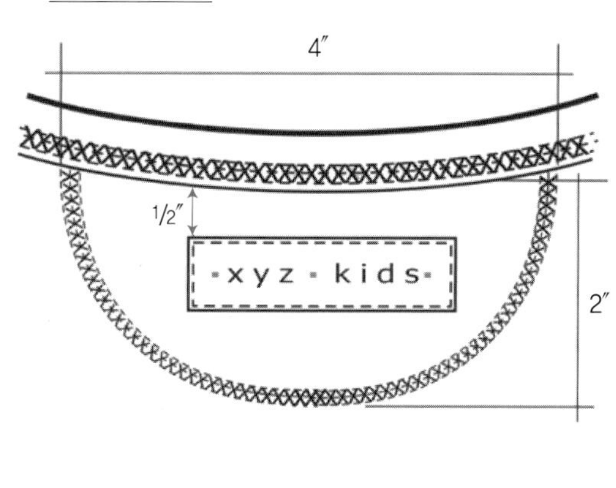

그림 14.9 전형적인 레이블 배치

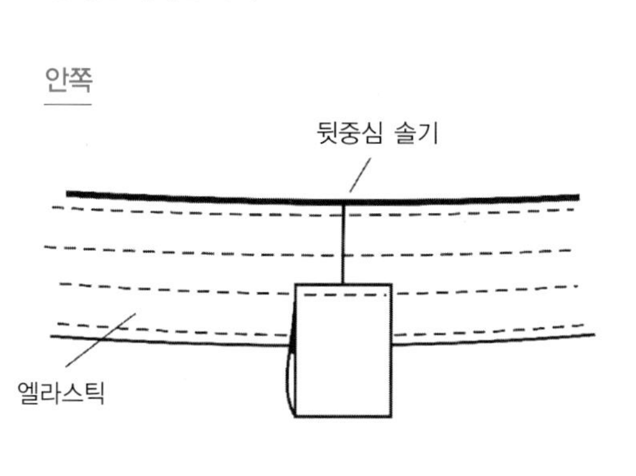

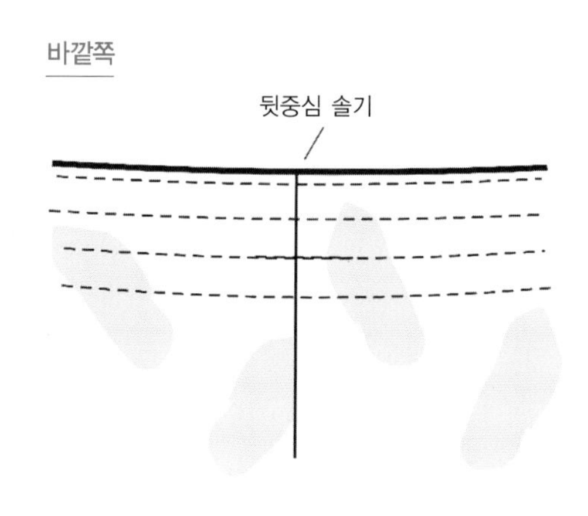

그림 14.10 속옷의 레이블

외부의 식별

캐주얼 스타일 같은 종류의 의복에는 레이블을 의복의 바깥쪽에도 부착한다(그림 14.11 참조). 일반적인 예로 리바이스의 제품을 들 수 있는데 루프 레이블이 뒤의 포켓과 의복 사이에 달려 있다. 이러한 루프 레이블은 플래그 레이블(flag label)이라고도 한다(그림 14.11a 참조). 아플리케 방법을 사용해 4면을 모두 스티칭해 부착하는 레이블도 있다(그림 14.11b 참조).

또한 외부에 자수로 레이블을 부착하기도 한다(그림 14.11c 참조). 자수의 경우에는 여러 가지 모양으로 자유롭게 레이블을 부착할 수 있다는 장점이 있으나 우븐 레이블과 같이 디테일을 깔끔하게 표현하지는 못한다는 단점이 있다.

행태그, 접는 방법, 패키징

작업지시서에 나와 있는 다른 요소들로는 행태그, 접는 방법과 패키징이 있다. 소비자들은 행태그만 보게 되지만 접는 방법이나 패키징도 제품의 가격에 영향을 미치기 때문에 작업지시서에 그 내용이 포함되어 있다. 레이블과 마찬가지로 행태그에도 중요한 정보를 기재한다. 행태그에 사진이나 그래픽을 실어서 브랜드에서 전달하고자 하는 메시지를 전달하기도 하지만 컬러 코드, 컬러명, 그리고 바코드 등의 디테일도 기재해 바코드 레이블과 같이 사용하기도 한다. 행태그에 울마크나 테플론(Teflon) 행태그와 같이 트레이드마크를 넣기도 하고 제조업체에서 가격태그를 포함시키기도 한다.

〈그림 14.12a〉는 작업지시서에 나와 있는 대로 행태그를 다는 방법을 보여준다. 일반적으로 행태그는 안전핀과 줄을 이용해 스위프태커(swiftacher)로 부착한다. 스위프태커는 의복에 작고 가느다란 플라스틱 스트립을 붙이는 기계로 주로 가격표를 달아주는 데 사용해서 프라이스 건이라고도 불린다. 대개 의류제품에 행태그를 부착하는 표준화된 방법과 설

포켓 레이블(아플리케)
XYZ SPORT
솔기 안에 끼워 봉제한
플래그 레이블
XYZ SPORT
1″
1″
자수 레이블
a
b
c

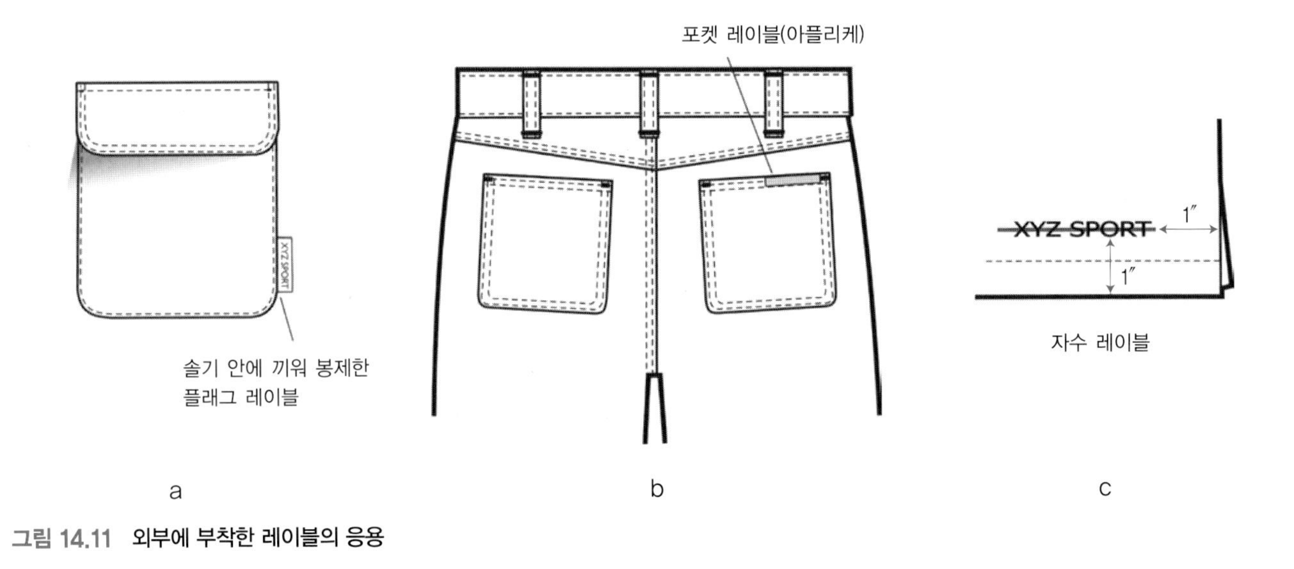

그림 14.11 외부에 부착한 레이블의 응용

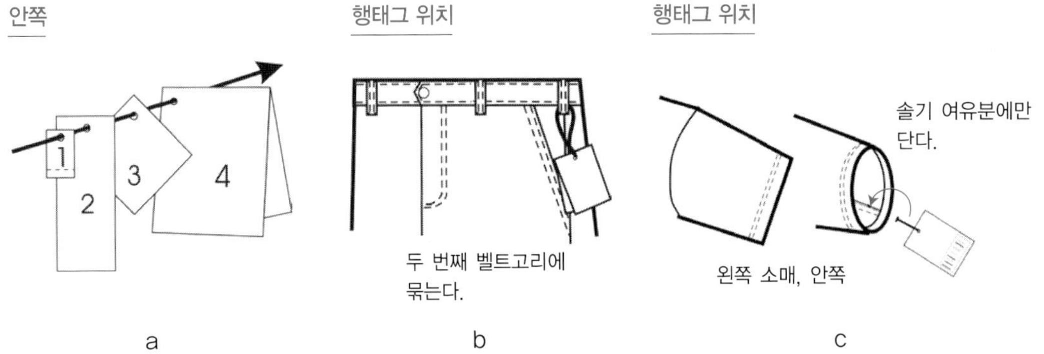

안쪽
행태그 위치
행태그 위치
1
2
3
4
두 번째 벨트고리에
묶는다.
솔기 여유분에만
단다.
왼쪽 소매, 안쪽
a
b
c

그림 14.12 행태그

명과 스케치가 있으나 새로운 스타일의 의복 같은 경우에는 이전에 사용했던 방법이 디자인상의 이유로 맞지 않을 수도 있다. 이러한 경우에는 디자인 부서나 테크니컬 디자인 부서에서 가장 적합한 방법을 모색해야 할 것이다.

앞뒤로 입을 수 있는 리버서블(reversible) 스타일의 의복에 행태그를 붙이는 경우가 있다. 의류제품을 옷걸이에 걸어서 옷걸이에 건 의복(garment on hanger, GOH)이라고 적은 특별한 카톤(carton : 상자)에 실어서 선적하기도 한다. 이러한 경우에는 상자에 적은 양의 제품을 싣게 되므로 옷걸이에 걸지 않고 상자에 넣어서 선적하는 방식인 플랫팩(flat pack)에 비해 그 가격이 훨씬 비싸다. 고급스러운 재킷이나 선적 시에 의복에 주름이 잡힐 수 있는 직물로 만들어진 의류제품 같은 경우에는 플랫팩을 할 경우 주름을 쉽게 제거하기 어렵기 때문에 옷걸이에 거는 GOH 방법으로 패킹해 선적한다.

작업지시서나 벤더 매뉴얼 같은 문서에는 의류제품을 선적할 때 접는 방법에 대한 설명이 되어 있다. 그러나 각 스타일에 적합한 플라스틱 백, 티슈 페이퍼, 폴딩 클립을 사용해야 한다. 〈그림 14.13〉은 의류제품을 접는 전형적인 방법을 보여준다. 이 스타일의 경우 행태그의 바코드가 위쪽으로 놓여져서 소비자들이 쉽게 볼 수 있도록 접어준다. 이러한 방법으로 접을 경우 바코드를 쉽게 스캔할 수 있으므로 재고 물량을 조절하는 데 도움이 된다. 행태그와 마찬가지로 접는 방법도 이미 정해져 있는 표준화된 방법을 따르고 특이한 새로운 스타일의 경우가 아니면 그 방법을 새로 고칠 필요가 없다.

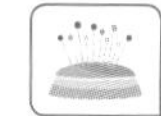

요약

이 장에서는 의복의 레이블에 관련된 다양한 규정과 요건에 대해 살펴보았다. 의류제품에 레이블을 부착해 소비자들에게 제품에 관련된 정보를 알려줄 수 있기 때문에 디자이너들은 의류제품의 레이블에 기재하는 내용을 꼭 알아야 한다. 글로벌 의류상품 개발 과정에서 레이블은 상품 개발에 참여하는 모든 팀원과 또한 이 상품을 구매하는 소비자들에게 각각의 상품에 대한 정보를 의사소통하기 위한 중요한 도구로 사용된다. 이러한 이유에서 각각의 상품에 대한 정확한 정보를 포함한 명확한 레이블의 사용은 법으로 명시되어 있다. 레이블

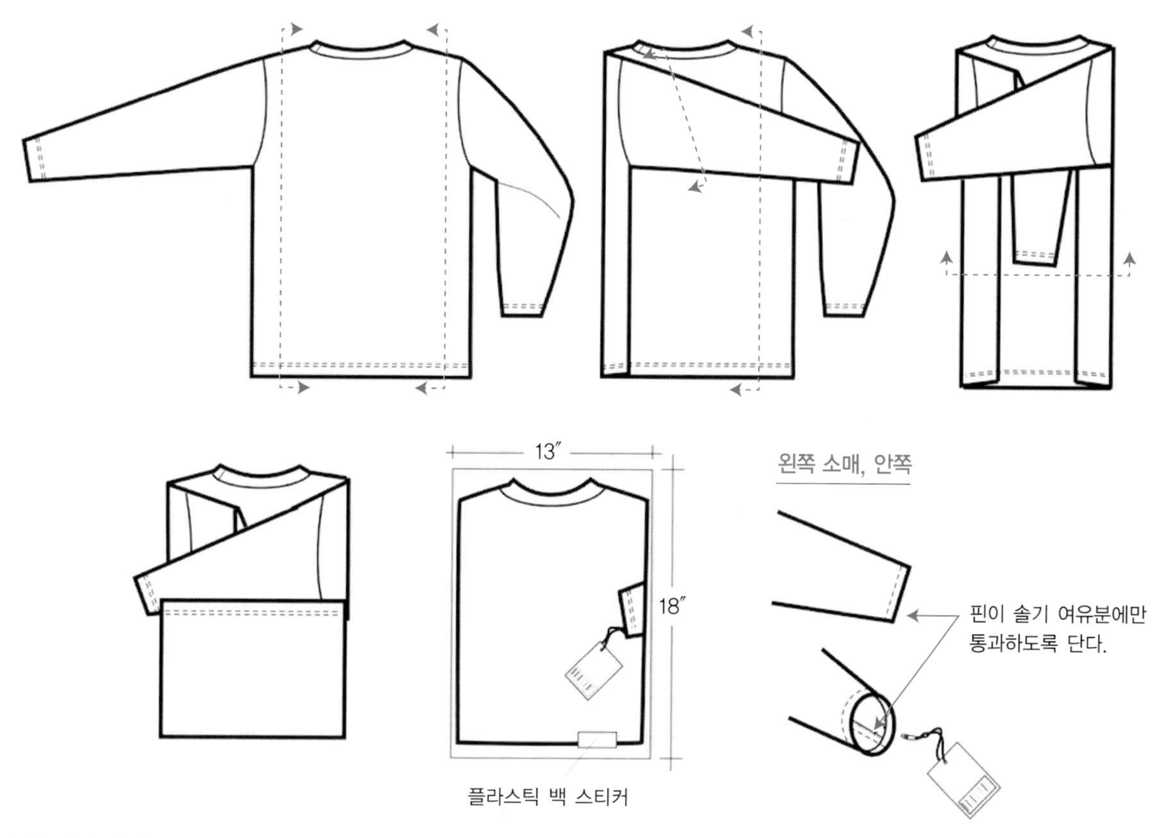

그림 14.13 접는 방법

과 관계된 정보는 자주 업데이트되므로 이에 관한 정보를 명백하게 알고 있는 것이 중요하다. 고품질 의류상품을 개발하기 위해 레이블링과 패키지 관련 법적 규제에 관해 명백하게 이해해야 한다. 최근 트렌드 중 하나는 레이블과 행태그에 창의적인 디자인 요소를 더해주는 것인데 이를 통하여 의류제품의 판매를 촉진함으로써 회사에 더 높은 수익을 가져다줄 수 있다.

연구문제

1. 셔츠, 바지와 스커트를 가져와서 다음의 요소에 대해 각 제품에 있는 레이블을 분석해보라.
   a) 레이블을 종류별로 분류해보라.
   b) 섬유 혼용률 레이블과 취급주의 레이블을 분석해보라.
   c) 레이블을 부착하는 방법과 위치에 대해 적어보라.
   d) 레이블의 디자인 특징에 대해 적어보라.
   e) 각 제품별 제조국가를 나열해보라.
   f) 미국법, 섬유류 제품 확인법을 기준으로 점검했을 때 빠진 레이블이 있는지 적어보라.
2. 10대 소녀들을 위한 티셔츠를 디자인해보라. 관련된 모든 레이블을 만들고 레이블의 재질, 레이블을 부착하는 방법과 그 위치에 대해 적어보라.
3. FTC 웹사이트(www.ftc.gov/bcp/rn/rn.htm)에 들어가서 미국 내의 다섯 가지 다른 의류회사의 RN 데이터를 내려받아보라.

이해 확인

1. 의류제품의 일반적인 레이블링 규정에 대해 적어보라.
2. 제조국가에 관련된 기본적인 규율에 관해 적어보라.
3. 레이블을 부착하는 다양한 방법에 대해 적어보라.
4. https://rn.ftc.gov/Account/BasicSearch에서 미국 내 5개 의류회사의 등록번호(Registered Number, RN)를 적어보라.

참고문헌

Federal Trade Commission. Writing care instructions: https://www.ftc.gov/tips-advice/business-center/guidance/clothes-captioning-complying-care-labeling-rule#writing

Federal Trade Commission. RN data base. https://www.ftc.gov/tips-advice/business-center/selected-industries/registered-identification-number-database

한국의류시험연구원(http://www. katri.re.kr)

KOTITI 시험연구원(http://www.kotiti-global.com/ko/index.do)

FITI 시험연구원(https://www.fiti.re.kr/MA/)

CHAPTER 15

치수와 사이즈를 측정하는 방법과 그레이드하는 방법

학습목표

1. 의류제품의 치수를 측정하는 원리를 이해한다.
2. 여러 가지 종류의 의류제품 치수를 측정하는 방법을 연습한다.
3. 의류제품의 스펙을 개발한다.
4. 대상 소비자에 따라 달라지는 의류제품의 다양한 사이즈 시스템을 보여준다.
5. 의류제품의 사이즈와 핏에 관련된 문제점들에 대해 문서와 구두상으로 의사소통을 원활하게 할 수 있게 한다.
6. 그레이드(grade)하는 원리를 이해한다.

주요용어

그레이드 룰(grade rule)
녹-오프(knock-off)
NAHM 보드(NAHM board)
표준 신축 정도(minimum stretched)
핏에 대한 기록(fit history)
햇링(hat ring)

이 장에서는 상의, 하의, 속옷, 모자, 양말 등 다양한 의류 제품의 치수를 측정하는 방법에 대해 설명한다. 의류 제품의 치수를 측정하기 위해 필요한 도구와 준비하는 방법을 알려준다. 또한 특별한 테크니컬 정보도 함께 논의한다.

의복의 치수를 정확하게 측정하는 것이 핏과 밀접하게 연관되어 있기 때문에 디자이너들은 치수를 측정하는 것을 좀 더 중요하게 여기고 이에 관해 명확하게 의사소통해야 한다.

또한 이 장에서는 핏에 대한 기록과 핏 평가(fit comment)에 대해 설명하고 대상 소비자의 성별과 나이에 따른 다양한 사이즈 차트와 그레이드를 함께 살펴보고자 한다.

치수 측정 방법

디자이너들은 새로운 디자인 아이디어로 만들어진 제품의 1차 프로토 샘플을 받을 때 새로운 샘플에 대한 기대감으로 가득하다. 이 샘플은 아주 잘 만들어져 모델 사이즈에 완벽하게 잘 맞고 어디 하나 흠잡을 데 없이 완벽해 샘플을 다시 만들 필요가 없을 수도 있다. 그러나 그러한 경우는 거의 드물다. 제조공장에서 잘못 만든 부분이 있을 경우가 더 많고 그러한 경우에는 프로토 샘플을 공장으로 돌려보내 잘못된 부분을 고치거나 디테일을 강화하는 등의 조치를 취해야 한다.

디자이너가 새로운 프로토 샘플을 받으면 그 샘플의 치수를 세심하게 측정해 샘플의 사이즈를 잴 뿐만 아니라, 전체적인 외관 및 봉제의 품질도 검토해야 한다. 또한 디테일의 비율이 적당한지 살펴보고 모든 디테일이 정확하게 표현되었는지 확인한다. 정해진 납기일 내에 샘플을 효율적으로 검토해야 새해 연휴 기간을 사무실에서 작업지시서를 보면서 일하는 것을 피하고 가족들이나 친구들과 함께 쉬며 보낼 수 있다. 패션은 급격하게 변화하므로 시간처럼 중요한 것이 없고 디자이너들에게는 정해진 납기일을 지키는 일이 가장 중요한 업무 중 하나다.

디자이너들은 1차 프로토 샘플을 세밀하게 검토해야 하기 때문에 그 치수를 측정할 뿐 아니라 모든 디테일을 기준 샘플을 토대로 확인한다. 샘플을 모델이나 드레스 폼(dress form)에 입혀서 핏을 측정한 뒤 수정해야 할 사항이 있으면 작업지시서에 수정해 기록한다. 의류제품을 상품화하는 단계로 샘플의 핏에 대한 소견을 적고 작업지시서에 수정한 사항을 기록하는 일은 중요하다. 프로토 샘플 이후에 보내지는 모든 샘플의 치수를 측정하고 측정한 사항을 핏에 대한 기록으로 남기는 것은 매우 중요하다. **핏에 대한 기록**(fit history)은 각각의 샘플을 작업지시서의 내용과 치수를 측정해야 하는 부분에 견주어 검토하는 것이다. 이렇게 검토를 함으로써 제조공장에서 작업지시서에서 지정한 모든 치수와 디자이너의 모든 요구사항이 의류상품 개발에 잘 반영되었는지를 판단할 수 있다. 그러나 몇 가지 이유로 인해 샘플의 치수가 다를 수도 있다. 아마도 패턴이나 스펙이 부정확하거나 봉제가 정확하게 되지 않았거나 의복의 설계가 적당하게 되지 않았거나 혹은 이러한 여러 가지 문제가 복합적으로 일어났을 수도 있다. 샘플을 평가하는 일은 공장에서 보낸 샘플을 검토해 디자이너가 추가로 요구한 사항들이 모두 적용되었는지 새로운 샘플을 받아서 계속적으로 검토하는 과정을 통해 이루어진다. 의류제품의 핏을 잘 이해하고 어떠한 핏 평가가 필요하고 어떻게 샘플을 고쳐야 하는지 분석하기 위해서는 치수를 정확하게 일관적으로 측정하는 일이 중요하다. 디자인 팀원들뿐 아니라 공장의 직원들과 품질 관리 팀원들도 표준화된 방법으로 샘플의 치수를 측정하고 디테일을 검토해야 서로 일관된 검토 결과를 가지고 정확하게 의사소통을 할 수 있다.

치수를 측정하기 위한 준비

기본적으로 의류제품을 테이블 위에 반듯하게 펼쳐 놓고 치수를 측정하는 것이 원칙이다. 의복의 치수를 재는 여러 도구에 관해 다음과 같이 살펴본다.

테이블과 테이블의 표면

의류제품은 옷걸이에 걸지 않고 테이블 위에 놓은 채로 그 치수를 재는데 테이블의 높이는 측정자가 편하게 치수를 잴 수 있을 정도여야 한다. 테이블의 표면은 반드시 부드러워야 하며, 코르크(cork)나 직물로 표면 처리가 된 테이블은 사용하지 않는 것이 좋다. 이는 그러한 테이블 위에 의복을 완전히 평평하게 펼쳐 놓기 어렵기 때문이다.

줄자와 자

기본적으로 치수를 측정하는 도구는 줄자다. 안정성을 좋게 하기 위해 유리 섬유로 코팅한 줄자를 사용하도록 한다. 줄자의 끝이 말리거나 꼬불꼬불해지면 플라스틱 자를 가지고 그 줄자의 정확성을 확인해보아야 한다. 소맷부리 포켓과 칼라 부분 같은 짧은 직선거리는 자로 측정을 할 수 있다.

기타 도구

다른 기본적인 도구들은 다음과 같다.

1/4인치 너비의 마스킹 테이프(masking tape)
재단용 초크(Tailor's chalk) 혹은 초크 연필
직선핀(straight pin)
안전핀(safety pin)
방안자(clear grid ruler 또는 quilt ruler)
엘 스퀘어(L-square)
SPI를 측정하는 도구

구체적인 의류제품의 종류에 따라서 다음의 아이템들도 필요하다.

- 스웨터 : 게이지(gauge)를 측정하기 위한 스티치 측정 도구와 무게를 재는 저울
- 양말 : 양말의 샘플 사이즈는 미국양말제조업체협회(National Association of Hosiery Manufacturers, NAHM)의 보드로 정한다. 양말의 피팅도 핏 모델에 입혀서 측정하지 않고 일관성 있는 양말의 핏을 위해 개발된 **NAHM 보드**(NAHM board)를 사용한다(그림 15.1 참조). 이 보드는 표준화된 사이즈 3부터 16까지 있다. 대부분의 소비자들이 자신의 신발 사이즈를 알지만 양말 사이즈는 잘 알지 못하기 때문에 〈표 15.15〉와 같이 신발 사이즈에 맞는 양말 사이즈를 정형화했다.

〈그림 15.1〉의 왼쪽에 있는 샘플은 아동용 양말의 예를 보여준다. 그림의 중간에 놓인 샘플은 왼쪽의 양말에 맞는 NAHM의 보드에 넣은 것을 보여준다. 오른쪽에 있는 샘플은 어른용 사이즈 보드인데 그 비율이 증기 롤러로 늘린 것처럼 만화에서나 볼 수 있는 모양과 같이 재미있게 표현되었으나, 이러한 보드는 소비자들이 발가락, 발목과 다리의 크기에 맞게 양말을 신을 수 있는지 가늠하는 데 유용하다. 양말 샘플을 NAHM 보드에 넣고 빼는 것이 쉽지 않을 경우에는 보드에 한 사이즈 작은 샘플을 넣어보아야 한다. NAHM 보드는 드레스 폼과 같은 목적으로 사용된다. 발뒤꿈치에 있는 구멍은 측정 구멍(gore hole)이 있어야만 하는 위치를 알려준다(그림 15.1 참조).

- 모자 : **햇링**(hat ring)은 모자의 안쪽 치수를 측정하는 끈으로 된 장치다. 가위와 비슷한 모양으로 생겼으며, 햇링을 햇밴드(hat band)의 안쪽에 대고 손으로 꼭 잡고 있으면 안쪽의 지름을 잴 수 있는데 눈금 숫자로 그 크기를 가늠할 수 있다. 〈그림 15.2〉는 모자의 치수를 센티미터로 보여주는 햇링이다.

  모자의 치수를 측정할 때마다 그 사이즈가 다르게 측

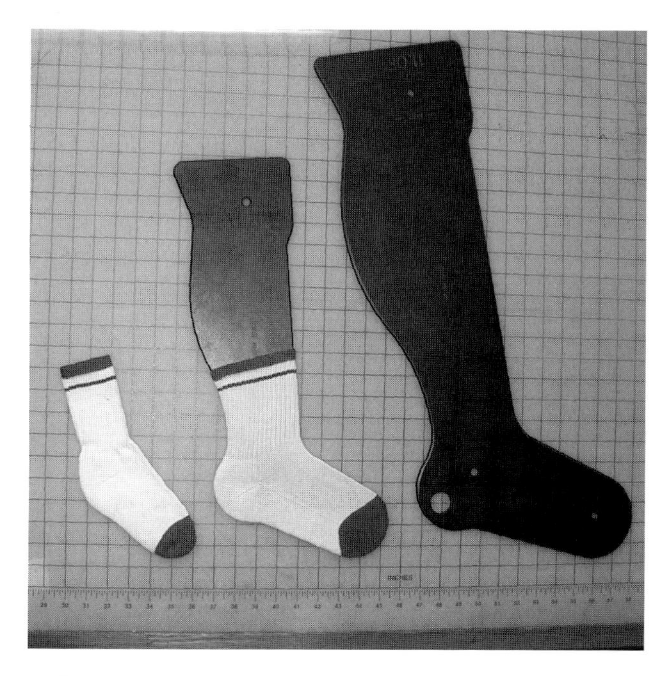

그림 15.1 NAHM 보드

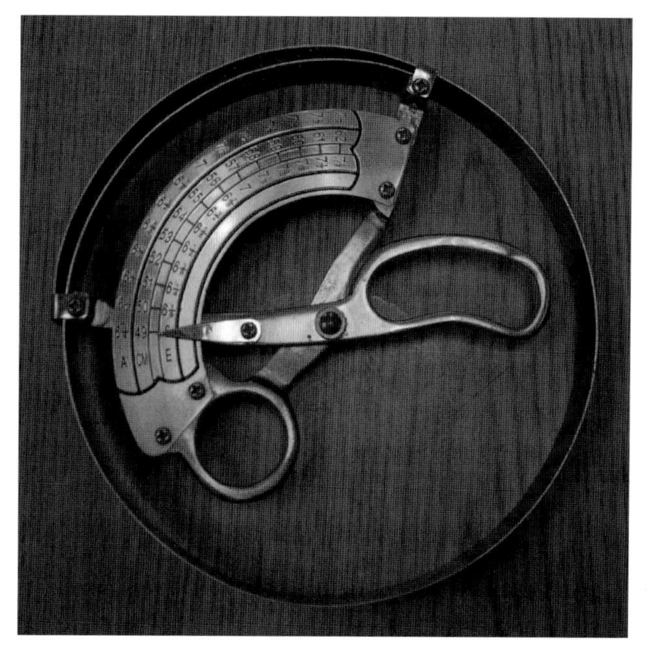

그림 15.2 모자의 크기를 측정하는 도구 : 햇링

정될 수가 있다. 따라서 여러 번의 연습을 통해 일관된 결과를 얻을 수 있도록 치수를 측정하는 표준화된 측정 기술을 익혀야 한다.

치수 측정 준비

새로운 프로토 샘플로 만들어지는 의류제품은 제품이 늘어나거나 잘못 만들어지는 것을 방지하기 위해 모델이나 드레스 폼에 입혀서 치수를 측정해봐야 한다. 모든 의류제품은 제품의 스펙이 맞는지 그렇지 않은지에 대해 샘플의 치수를 측정해 명확하게 검토해야 한다. 특히 니트 의류제품의 경우에는 직물의 늘어나는 성질 때문에 그 크기가 소비자가 입기 전과 입었을 때 달라지므로 측정한 치수가 부정확할 수도 있다.

테이블 위에 의류제품의 앞면이 위로 오도록, 미끄러지거나 당겨지거나 늘어나지 않게 놓는다. 제품의 뒷면에 있는 접힘선이나 주름도 평평하게 펴준다.

상의의 HPS가 앞이나 뒤쪽으로 틀어지지 않고 정확하게 위치하도록 하기 위해 옆선을 평평하게 펴주어야 한다(그림 15.3 참조). 제4장에서 HPS에 대한 내용을 다루었지만 이에 대한 주요 지침은 이 장에서 살펴본다. HPS는 양쪽 옆선의 선을 맞추었을 때 의복이 자연스럽게 접혀지는 지점이다. 의류제품을 드레스 폼이나 바디에 입히기 전에 안전핀이나 초크로 HPS를 미리 표시해두면 후드가 달린 의복 같은 경우에 드레스 폼에 입혔을 때 어깨점이 뒤로 넘어가게 되더라도 미리 표시해둔 어깨점을 참조해 정확하게 치수를 측정할 수 있다(후드의 높이는 HPS에서 측정한다; 그림 15.18a 참조). 〈그림 15.3a〉, 〈그림 15.3b〉, 〈그림 15.3c〉는 옆목 봉제선에 위치한 HPS를 보여준다. 〈그림 15.3d〉와 같이 칼라가 없는 의복 스타일의 경우에는 봉제선이 없으므로 접힌 끝점을 HPS로 측정한다.

의복의 치수를 측정할 때, 여밈 부분은 반드시 닫아야 하고 지퍼는 올리고 단추는 잠근다. 가로 방향 단춧구멍의 경우에는 단추가 단춧구멍에 딱 맞아야 한다. 목욕가운 같이 여밈 부분이 없는 의복의 경우에는 작업지시서에서 그러한 스타일의 겹침 분량을 정확하게 측정해 그만큼 여밈 부분을 겹쳐 놓고 치수를 측정한다. 겹트임은 평평하게 만들어서 테이프로 붙이거나 핀을 꽂아서 여민다. 맞트임은 각각의 끝을 맞닿게 놓는다. 니트 의류와 스웨터는 옷걸이에 접어서 보관하게 되면 시간이 지나면서 그 형태가 틀어져서 치수가 부정확하게 측정될 수 있으므로 반드시 접어서 보관한다.

치수 측정 단계

치수를 측정하는 핵심 포인트를 살펴보고 스펙 양식에 나와 있는 순서를 따라서 치수를 측정한다.

1. 치수를 측정하는 시작점에 줄자를 놓고 움직이지 않도록 손으로 단단하게 줄자를 누른다. 줄자를 의복의 가장 끝점에 대고 의복 위에서 줄자를 눌러서 치수를 잰다. $^{1}/_{8}$인치에 가장 가까운 지점의 치수를 잰다.
2. 치수는 샘플 평가서에 연필로 표기한다.
3. 치수 측정 지점을 따라서 치수를 측정한다.

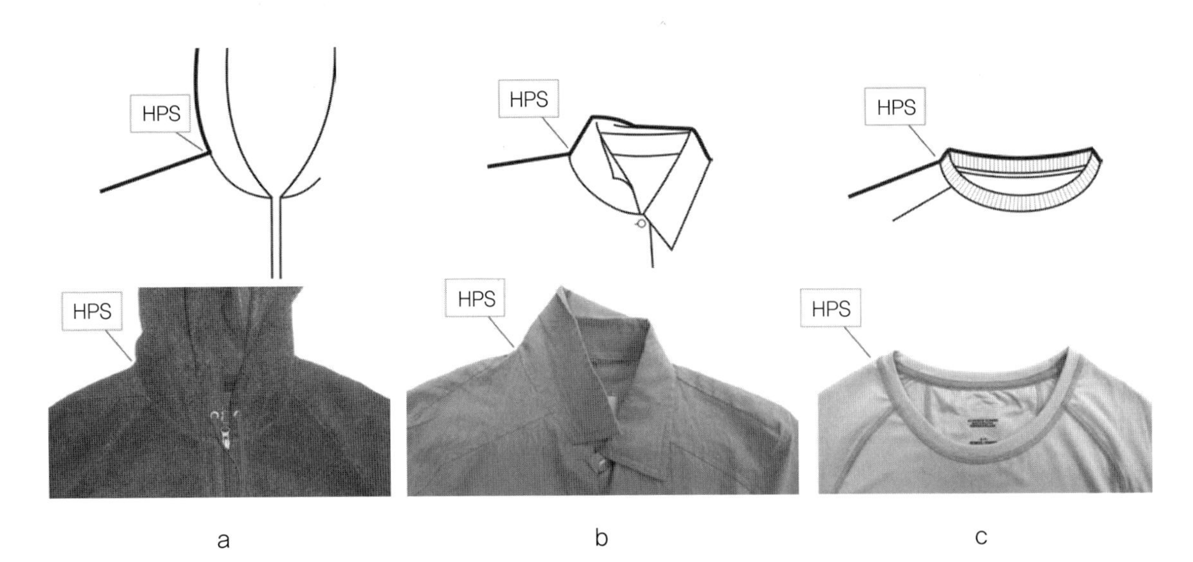

그림 15.3 HPS의 표시

4. 치수를 측정할 때 모든 치수 측정 지점이 정확하게 기재되어 공장에서 잘 이해할 수 있을지를 확인해야 한다. 예를 들어 치수 측정 지점을 HPS에서 앞목점까지라고 정했다면, 봉제선까지 측정해야 맞는 것인지 접혀진 끝까지 측정해야 맞는 것인지 확인해야 한다. 필요하다면 이에 대한 명확한 부연 설명을 추가한다.

   〈그림 15.4a〉에서 보여지는 바와 같이, 목둘레선을 측정할 때 측정해야 하는 부분에 대해 혼동이 일어날 수 있다. 이에 대해, 〈그림 15.4b〉의 표에서 치수 측정 지점을 명확하게 보여준다.

5. 디자이너들이 치수를 측정한 것과 공장에서 측정한 것을 비교해 공장에서 치수를 측정하는 방법에 대해 제대로 이해하고 있는지를 검토해야 한다. 예를 들어 목너비가 7인치인 제품의 샘플을 목너비가 8인치가 되도록 만들었다면, 목너비의 치수를 측정하는 시작점과 끝점이 명확하지 않았거나 공장에서 샘플의 목너비를 좀 더 넓게 만들었다고 설명할 수 있다. 이러한 사항은 다음 단계의 샘플에서 반드시 수정해 정해진 스펙대로 샘플을 제작해야 한다.

6. 상의의 경우, 슬리브를 양쪽 다 측정하지 않고 한쪽 슬리브만 측정한다. 팬츠의 경우, 한 군데의 인심만 측정한다.

7. 곡선형의 봉제선이나 가장자리의 경우에는 곡선 둘레를 따라 줄자를 세워서 치수를 측정한다. 치수를 측정하는 동안 곡선이 늘어나거나 직선처럼 똑바르게 되지 않도록 유의한다.

   밑위, 목과 진동의 형태는 패턴의 형태대로 곡선이어야 한다. 〈그림 15.5〉는 진동의 곡선 형태를 보여준다. 공장에서는 패턴도 만들기 때문에 샘플을 검토할 때 패턴도 같이 검토한다. 만약 치수를 측정하는 데 있어서 문제가 발생한다면, 거의 패턴상의 문제일 것이다. 공장에서는 그다음의 샘플을 보낼 때 패턴도 함께 보내라고 요구받을 수 있다.

8. 진동깊이나 어깨처짐 분량과 같이 직각으로 깊이를 재는 치수는 직각자인 엘 스퀘어(L-square)를 사용해 측정할 수 있다. 〈그림 15.6〉은 엘 스퀘어를 사용해 진동깊이를 측정하는 방법을 보여준다. 일반적인 자와 줄자를 이용해도 이러한 치수 측정 지점을 측정할 수 있다(그림 15.6b 참조). 두 가지 경우 모두 측정된 치수는 같고 둘 다 측정 결과는 정확할 것이다.

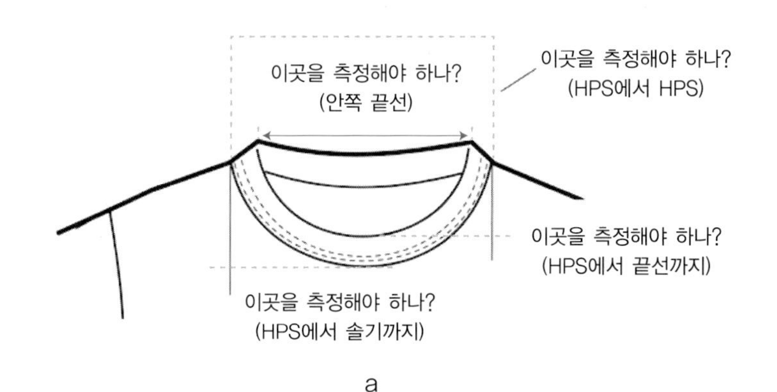

a

코드	측정 치수	스펙
① T-P	앞목처짐, 솔기까지	4 1/4
② T-Q	뒷목처짐, 솔기까지	3/4
③ T-R	목너비, 솔기에서 솔기까지	7 1/2

b

그림 15.4 측정 치수에 대한 이해

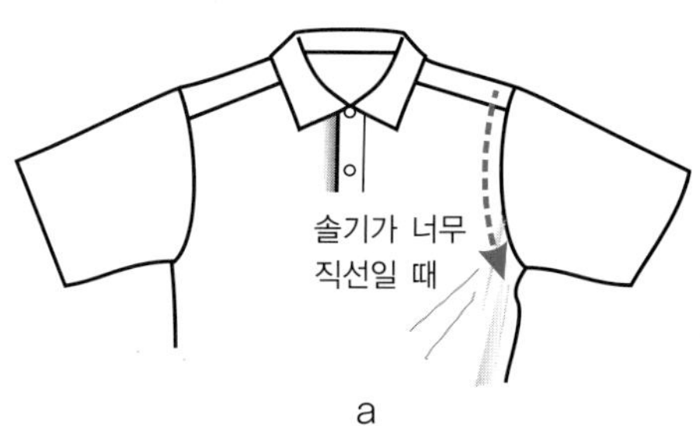

a

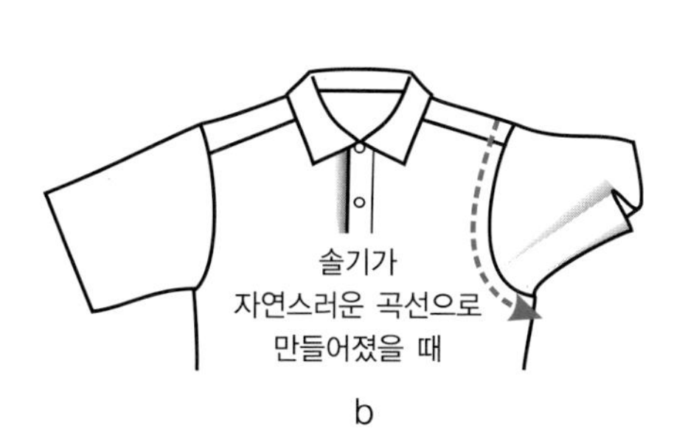

b

그림 15.5 자연스러운 곡선의 매끄러운 솔기

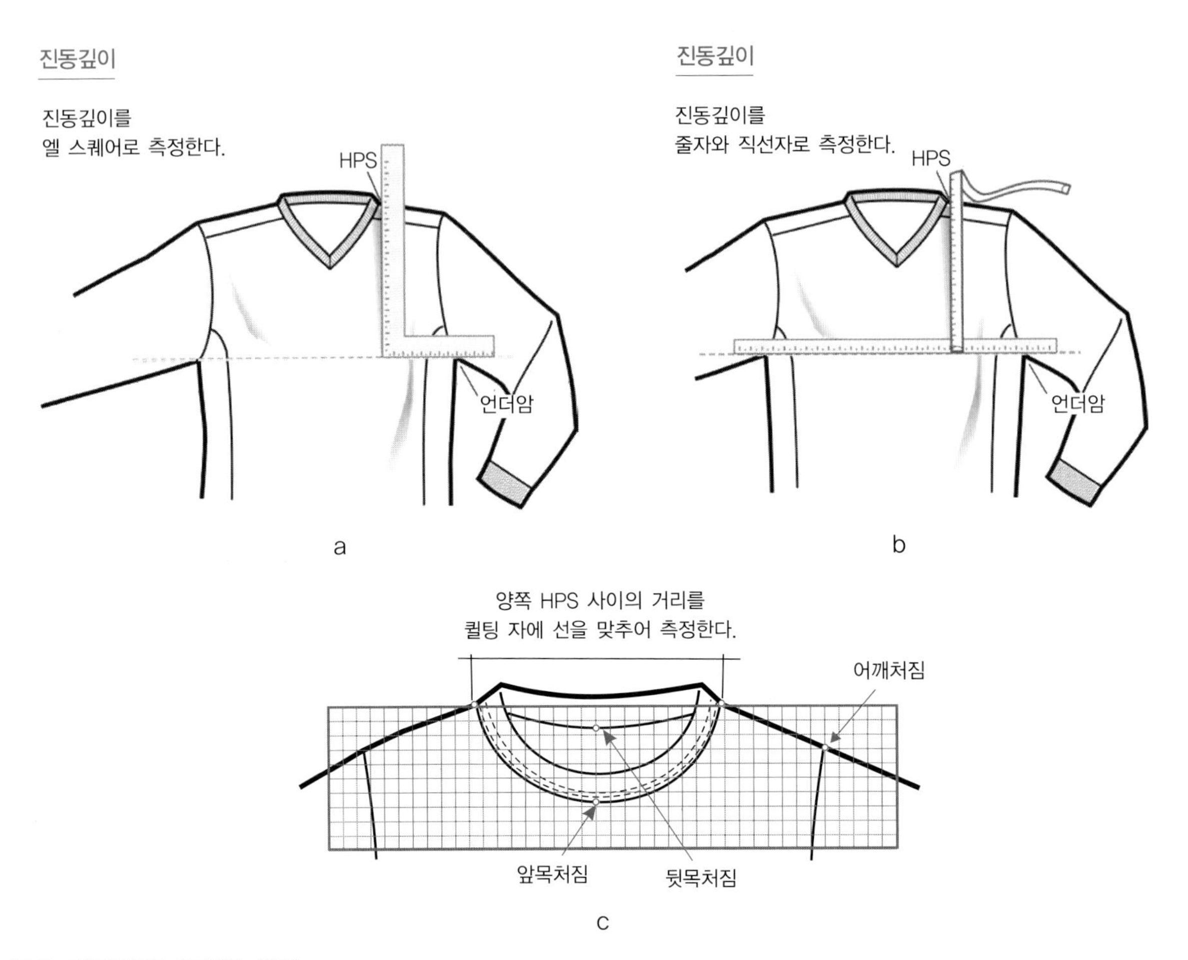

그림 15.6 진동깊이를 측정하는 방법

목 깊이와 어깨처짐 분량은 투명한 퀼팅 자로 쉽게 측정할 수 있다(그림 15.7 참조). 작은 크기의 투명한 퀼팅 자는 시스루 자(C-thru ruler)라고 한다. 퀼팅 자의 끝점이 양쪽 어깨의 가장 높은 지점을 통과하게 해 어깨처짐 분량과 앞목 깊이를 눈으로 측정할 수 있다. 이러한 방식으로 의복을 뒤로 뒤집지 않고 뒷목 깊이를 측정할 수 있다(그림 15.7 참조).

9. 가장자리에 두꺼운 봉제선이 놓이게 될 경우는 봉제선의 위치를 가장자리에 오지 않도록 해 평평하게 놓고 측정한다(그림 15.8 참조).
10. 신축성이 있는 부분의 치수를 측정할 때는 특별한 주의가 필요하다. 엘라스틱 커프를 자연스럽게 두고 측정(relaxed measurement)할 때는 사이드와 사이드 사이를 측정해 엘라스틱이 아닌 일반 재질로 만들어진 커

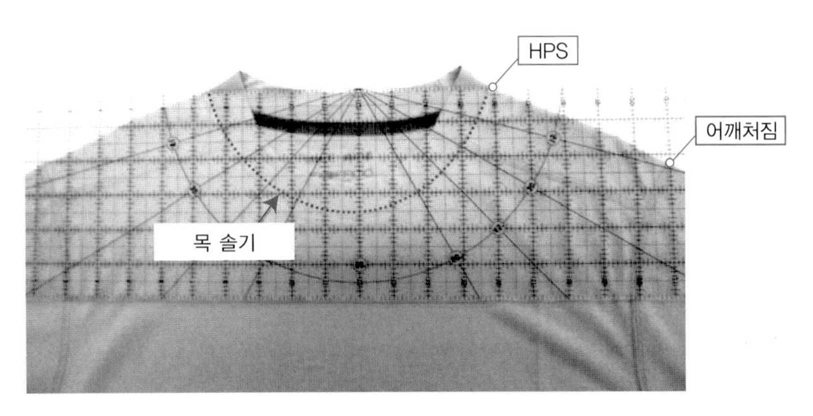

그림 15.7 퀼팅 자로 측정하는 방법

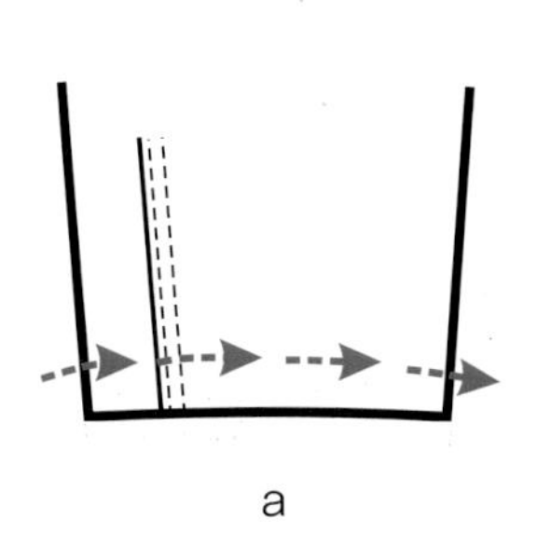

a

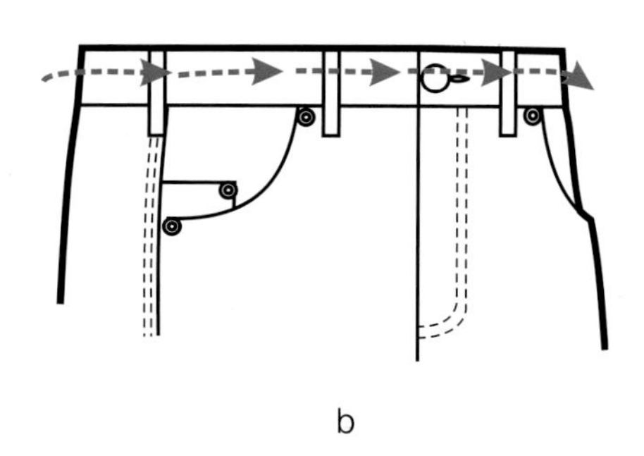

b

그림 15.8 가장자리에 두꺼운 봉제선이 위치할 때 측정하는 방법

프와 같은 방법으로 그 치수를 측정한다(그림 15.9a 참조). 엘라스틱 우븐으로 만들어진 같은 커프를 잡아당긴 상태에서 측정(extended measurement)할 때는 직물이 더 이상 늘어나지 않을 때까지 완전히 잡아당긴 후에 그 치수를 측정한다(그림 15.9b 참조).

니트의 치수를 측정할 때는 **표준 신축 정도**(minimum stretched)를 기준으로 치수를 측정한다. 이러한 방법은 주로 티셔츠의 목 부분 같은 목 입구의 치수를 잴 때 사용한다. 솔기를 잡아당기지 않고 완전히 늘려서 목 부분에 머리가 편안하게 들어갈 수 있을 정도로 만들어 치수를 측정한다. 표준 신축 정도는 아동복의 치수 측정 기준으로도 중요하다.

11. 허리둘레 치수는 원의 둘레를 재는 것과 같이 의복의 둘레를 재는 것이다. 다른 회사와 같이 XYZ 제품개발 회사에서도 우븐 직물로 만든 의복의 허리둘레 치수는 총 원주 혹은 전체 둘레 측정으로 측정한다. 이 경우, 측정 치수를 2배로 계산해 전체 치수를 구한다. 〈그림 15.10〉은 허리둘레 치수에 관련된 정보를 보여준다. 측정 치수를 코멘트 페이지에 적기 전에 치수가 2배로 미리 계산되어 눈금이 정해진 하프 메저 룰러(half-measure ruler)를 사용해 전체 둘레 치수를 측정하거나 또는 총 둘레의 길이를 계산기로 계산할 수도 있다.

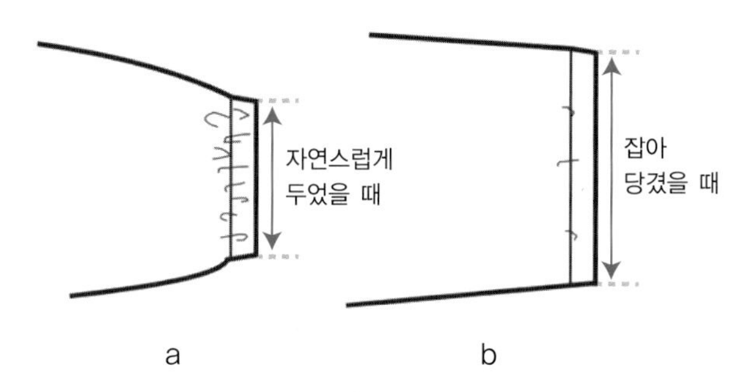

a b

그림 15.9 엘라스틱 커프를 측정하는 방법

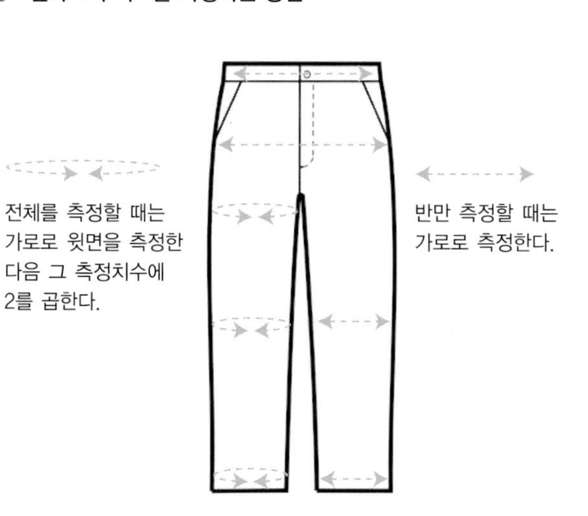

a

우븐 셔츠의 경우

1. 가슴너비의 치수는 25″다.
2. 이것의 2배인 50″가 가슴너비가 된다.

b

그림 15.10 전체를 측정하는 방법과 반만 측정하는 방법

전형적으로 니트와 스웨터의 치수는 사이드-투-사이드 측정(side-to-side measurement)이나 하프-메저(half-measure)로 측정한다. 의복을 평평하게 놓고 한쪽의 사이드 솔기에서 다른 한쪽의 사이드 솔기를 측정하는 방법을 하프-메저라고도 부른다. 이러한 치수 측정 방법은 남성복, 여성복과 아동복을 포함한 모든 종류의 의복에 적용되며 대부분의 회사에서 이러한 방법으로 하프 메저의 치수를 측정해 사용한다(그림 15.11 참조).

의복 디테일에 대해 생산 과정에 관련된 팀원들과 의사소통할 때 치수 측정 지점이 가장 중요한 요소 중 하나인데 이는 특별히 패턴 디테일에 대해 논의할 때 중요하다. 모든 회사가 자신들이 정한 치수 측정 지점과 핏에 대한 나름대로의 독특한 법칙을 갖고 있어 문제가 되기도 한다. 가장 어려운 것 중 하나가 팬츠의 밑위 길이를 허리 절개선까지 측정하느냐 허리밴드를 포함해 측정하느냐에 관한 것이다.

〈그림 15.12〉는 앞 밑위가 심(7인치)에서 측정되는 것을 보여준다. 앞 밑위에는 허리밴드의 높이가 포함되어 있지 않고 허리밴드가 윗부분에 별도로 추가되어 총 $9^1/_2$인치인 것으로 되어 있다. 그러나 공장에서 이에 대해 잘못 이해하면 팬츠의 앞 밑위를 허리밴드까지 포함해 총 7인치로 만들 수도 있다. 밑위가 짧은(low-rise) 의복 스타일인 경우에는 그렇게 앞 밑위 길이를 짧게 만드는 것이 가능할 수도 있지만 허리 부분이 너무 작을 수 있다. 이 경우, 다른 문제보다도 지퍼 길이가 맞지 않을 수 있는데 이럴 때 어떻게 생산을 진행시킬 수 있을지 상상하기조차 힘들다.

1차 프로토 샘플 단계에서부터 치수 측정 지점의 정의를 명확하게 표시하고 샘플을 승인하는 과정에서 치수 측정 지점의 정의를 바꾸지 않음으로써 이러한 문제

그림 15.11 반만 측정하는 방법 : 니트와 스웨터

그림 15.12 문제가 생기지 않도록 정확하게 정의된 치수 측정 지점

점들이 생기지 않도록 사전에 방지할 수 있다.

치수 측정 지점을 정확하게 아는 것과 너무 많은 지점을 측정하지 않는 것도 중요하다. 많은 치수 측정 지점들이 표준화되어 있지만 스타일별로 측정에 대한 디테일이 추가되어야 한다. 일반적으로, 치수를 측정해야 하는 부분 중에서 꼭 필요한 치수 측정 지점들을 검토해 샘플이 모순이 될 가능성을 만들어서는 안 된다. 〈그림 15.13〉은 포켓과 플랩을 보여준다. 〈그림 15.13a〉는 세로로 측정하는 방법을 보여주고, 〈그림 15.13b〉는 꼭 필요한 세 가지 부분의 치수를 측정하는 것을 보여준다. 〈그림 15.13a〉처럼 지나치게 많은 부분의 치수를 측정할 경우 불필요한 일을 만들거나 오해가 생길 수 있으므로 〈그림 15.13b〉처럼 꼭 필요한 만큼의 치수만 표시해야 한다.

XYZ 제품개발회사를 위한 치수 측정 지침

여러 종류의 상의와 하의 치수를 측정하는 표준화된 방법의 예는 다음과 같다. 가상으로 설정한 XYZ 제품개발회사의 업무를 토대로 치수를 측정하는 방법에 관한 사항을 살펴본다. 회사마다 정해진 방법과 규칙이 있는데 전형적인 의류회사인 XYZ 제품개발회사의 경우를 통해 치수 측정 지침에 관해 알아본다.

회사에서는 표준 지침서(manual of standard)를 개발해 공장에 보내고 공장 직원들, 디자이너들과 테크니컬 스태프까지 모든 관련된 부서의 직원들이 표준 지침서를 따라서 같은 방법으로 치수를 측정하고 같은 용어를 사용하도록 한다. 이는 긴 과정으로 보여질 수도 있지만, 실제로는 표준 지침서가

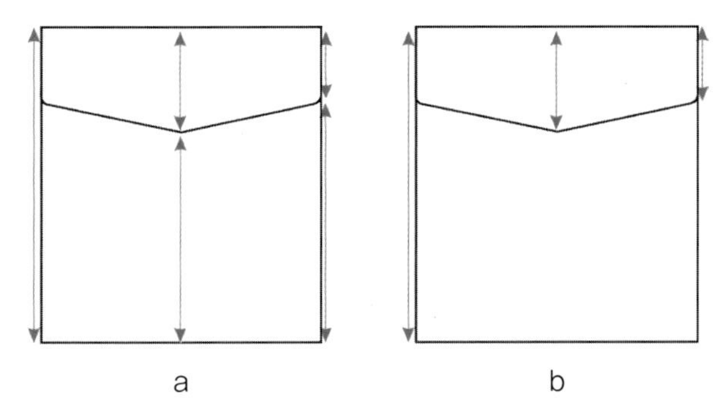

그림 15.13 논리적으로 표현한 스펙

치수 측정 지점을 중심으로 되어 있어서 간단하다. 표준 지침서에 나와 있는 치수 측정 지점을 토대로 그레이드를 할 수 있는데 이러한 과정을 통해 다른 여러 가지 사이즈를 개발할 수 있다.

일반적으로, 의복의 치수를 측정할 때는 위에서 시작해 아래로 측정해가며, 그 순서대로 기본적인 치수 측정 지점을 검토한다. 의복의 뒷면에 특별하게 치수를 측정해야 할 디테일이 있지 않으면 주로 앞면에서 그 둘레를 측정한다. HPS에서부터 뒷길이까지의 뒷부분에 대한 측정은 대개 앞면에서 한다. 즉 앞길이를 측정하면서 헴을 들어 올려서 뒷길이를 측정한다. 〈그림 15.7〉은 설명된 방법으로 치수를 측정하는 뒷목깊이를 보여준다. 이렇게 앞면에서 뒷면의 치수를 잴 수 있기 때문에 의복을 뒤집어서 치수를 측정할 필요가 없다.

XYZ 제품개발회사의 상의 치수 측정 지침

앞에서 설명했듯이, 둘레 치수 측정(girth measurement)이라고 표시된 치수는 의복이 우븐 직물로 만들어진 경우와 니트와 스웨터일 경우 다르게 측정된다. 우븐 제품은 전체의 둘레를 측정해 둘레 치수를 구하고 니트와 스웨터는 둘레의 반을 측정해 전체 둘레 치수를 계산하는 방식으로 측정한다. 두 가지 경우의 둘레 치수를 측정하는 방법 외에 다른 치수를 측정하는 방법은 우븐과 니트를 측정할 때와 똑같다. 회사의 지침서마다 새로운 치수 측정 지점이 추가되거나 이전의 치수 측정 지점을 빼는 일로 인해 코드의 순서가 다르게 되는 일이 흔하다.

기본적인 상의의 측정 치수 지점

첫 번째 세트는 기본적인 상의의 치수를 측정하는 방법으로 T-A부터 T-O까지다(그림 15.14 참조).

T-A. 어깨 끝점 사이(shoulder point to point)(그림 15.14a와 c 참조) : 양쪽 어깨 끝점 사이의 직선길이를 측정한다.

T-B. 어깨처짐 분량(shoulder drop)(그림 15.14d 참조) : 어깨 끝점에서 HPS까지의 높이를 직각으로 측정한다.

T-C. 앞품(front-across)(그림 15.14c 참조) : 앞쪽 HPS부터 8인치 떨어진 지점에서 시작해 측정한다. 양쪽의 진동 봉제선 또는 진동 가장자리 사이를 직선으로 지나서 측정한다.

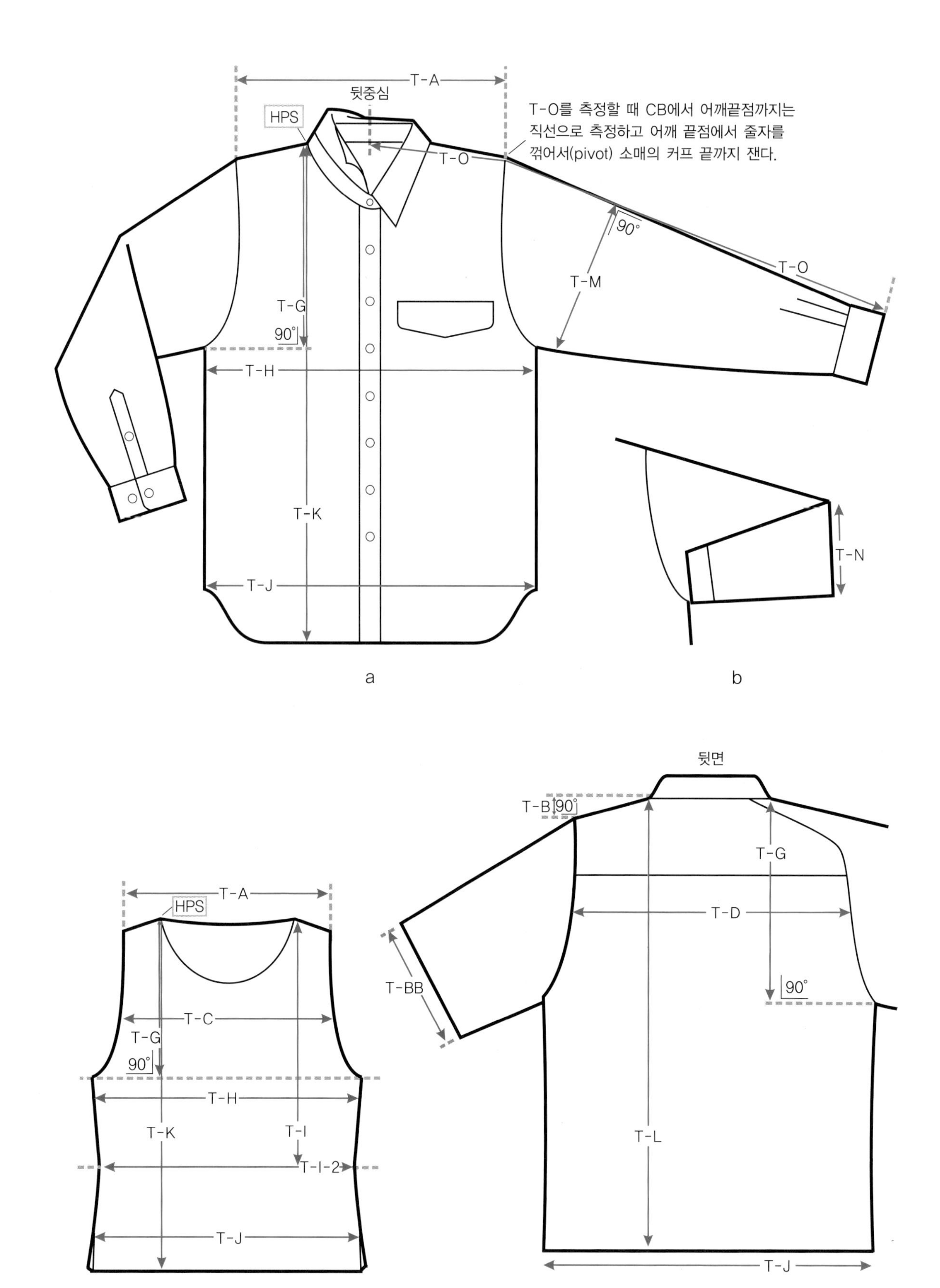

그림 15.14 기본적인 상의의 치수 측정

T-D. 뒤품(back-across)(그림 15.14d 참조) : 뒤쪽 HPS부터 8인치 떨어진 지점에서 시작해 측정한다. 양쪽의 진동 봉제선 또는 진동 가장자리 사이를 직선으로 지나서 측정한다.

T-G. 진동깊이(armhole drop, set-in, raglan, or saddle)(그림 15.14a와 d 참조) : HPS에서 겨드랑이점까지 직각으로 측정한다.

T-H. 가슴둘레 치수(chest girth measurement)(그림 15.14a와 c 참조) : 진동에서 1인치 아래쪽으로 떨어진 지점에서 가슴의 양 옆선까지 직선으로 측정한다.

T-I. 허리 위치(waist position)(그림 15.14c 참조) : 스펙에 나와 있는 것처럼 HPS에서 허리 위치를 정한다.

T-I-2. 허리둘레 치수(waist girth measurement)(그림 15.14c 참조) : 정해진 허리 위치의 양쪽 끝에서 끝까지를 측정한다.

T-J. 밑단 둘레 치수(bottom opening girth measurement)(그림 15.14a, c와 d 참조) : 밑단의 양쪽 끝에서 끝까지 직선 거리를 측정한다. 옆트임이나 셔츠 테일이 있는 스타일의 의복인 경우에는 셔츠 테일 곡선의 시작 부분이나 맞트임의 시작점에서 양쪽 끝에서 끝까지 측정한다.

T-K. 앞길이(front length)(그림 15.14a 참조) : HPS에서 밑단의 끝까지 앞중심선에 평행하도록 측정한다.

T-L. 뒷길이(back length)(그림 15.14d 참조) : 앞쪽 HPS에서 밑단의 끝까지 뒷중심선에 평행하도록 측정한다.

T-M. 위팔 둘레 치수(bicep girth measurement)(그림 15.14a 참조) : 진동에서 1인치 떨어진 지점에서부터 접은 에지에 90도 직각이 되는 지점까지 측정한다. 팔의 가장 두꺼운 부분의 치수를 측정하는 것이다.

T-N. 팔꿈치 둘레 치수(elbow girth measurement)(그림 15.14b 참조) : 소매의 끝부분을 안쪽 소매 봉제선(underarm seam)과 나란히 두고 접은 지점을 직선으로 측정한다.

T-O. 화장, 3포인트(center back sleeve length, 3 point)(그림 15.14a 참조) : 목 봉제선의 중심으로부터 직선으로 어깨점까지 재서 중심점을 정하고(pivot) 소매 밑단까지의 직선거리를 측정한다.

목과 칼라의 치수 측정 지점

목과 칼라의 치수는 T-P에서 T-W까지다(그림 15.15 참조).

T-P. 앞목 처짐(front neck drop)(그림 15.15a와 c 참조) : 왼쪽 HPS에서 오른쪽 HPS까지 목 부분의 가로 길이를 지나는 지점에 자를 직선으로 놓는다. 그 직선의 중심점에서 목 봉제선이나 목선까지의 수직길이를 측정한다.

T-Q. 뒷목 처짐(back neck drop)(그림 15.15b 참조) : 왼쪽 HPS에서 오른쪽 HPS까지 자를 직선으로 놓는다. 앞목 처짐

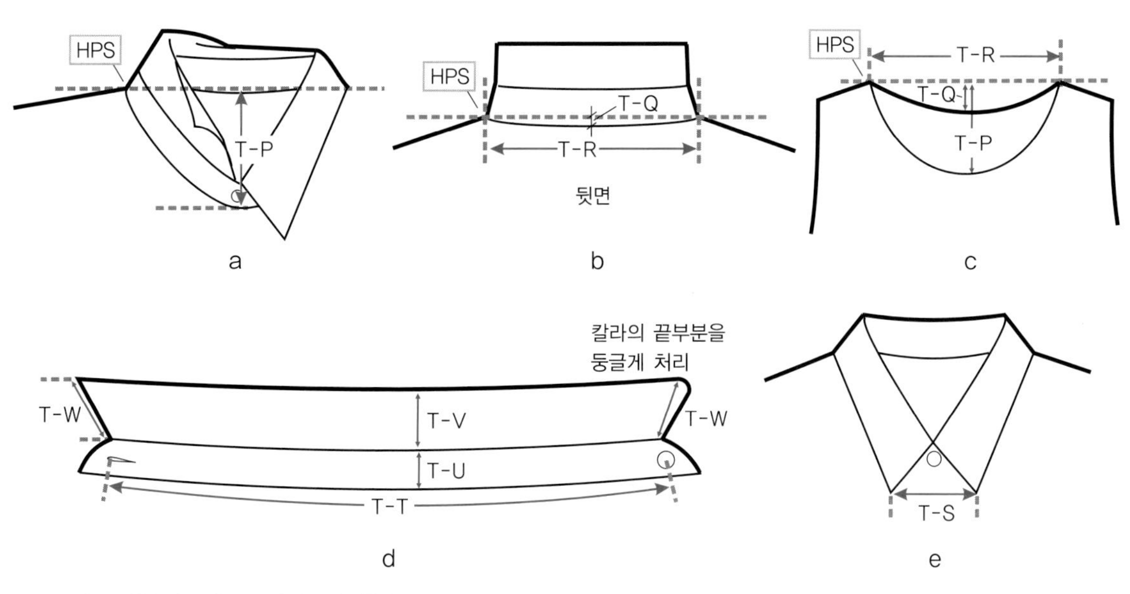

그림 15.15 목과 다양한 칼라의 기본적인 치수 측정

을 측정할 때와 마찬가지로, 그 직선의 중심점에서 목 봉제선이나 목선까지의 수직길이를 측정한다(그림 15.7 참조).

T-R. 목너비(neck width)(그림 15.15b와 c 참조) : 왼쪽 HPS에서 오른쪽 HPS까지 직선으로 측정한다.

T-S. 칼라 스프레드(collar spread)(그림 15.15e 참조) : 단추를 모두 잠그고 칼라를 접지 않고 펼쳐 놓은 뒤 칼라 끝지점(collar tip)에서 반대편 끝지점까지 측정한다.

T-T. 칼라 밴드 길이(collaband length)(그림 15.15d 참조) : 목 밴드의 단추를 잠그지 않고 평평한 상태로 놓은 뒤, 밴드의 입체적인 윤곽 그대로 목 밴드의 중심을 따라 칼라의 바깥쪽 끝의 단춧구멍에서 단추의 중심까지 측정한다.

T-U. 목 밴드 높이(neck band height)(그림 15.15d 참조) : 뒷중심에서 목 부분의 만나는 솔기에서 칼라가 만나는 솔기까지를 측정한다.

T-V. 뒤칼라 중심 높이(center back collar height)(그림 15.15d 참조) : 뒷중심에서 칼라와 밴드의 봉제선부터 칼라의 위 끝부분까지를 측정한다.

T-W. 칼라 포인트(collar point)(그림 15.15d와 15.16b 참조) : 칼라를 뒤집어서 칼라가 만나는 봉제선에서 칼라의 바깥쪽 끝까지 칼라 포인트 가장자리를 따라서 측정한다. 칼라 포인트가 둥글려진 형태일 경우에는 칼라가 둥글려지기 전의 칼라 끝점까지 측정한다.

다양한 칼라와 상의의 라펠 치수 측정 지점

〈그림 15.16〉은 다양한 칼라와 라펠이 있는 의복의 치수 측정 지점을 보여준다. 〈그림 15.16a〉는 앞중심 퍼와 칼라가 있는 스타일이고 〈그림 15.16b〉는 테일러드 칼라가 있는 스타일이다.

T-P-2. 앞목 처짐에서 첫 단추까지(front neck drop to top button)(그림 15.16b 참조) : 테일러드 칼라의 경우에는 왼쪽 HPS에서 오른쪽 HPS까지 자를 직선으로 놓고 앞중심의 첫 단추까지 수직방향의 길이를 측정한다.

T-P-3. 고지 포지션(gorge position)(그림 15.16b 참조) : HPS에서 롤 라인(roll line), 즉 라펠 꺾인선의 고지까지를 측정한다.

T-X-1. 상의에서의 칼라 윗선 길이(collar length at top)(그림 15.16a 참조) : 왼쪽 칼라의 바깥쪽 가장자리의 중심선에서 반대편 중심선까지, 한쪽 끝에서 다른 쪽 끝까지를 측정한다.

T-X-2. 목 솔기에서의 칼라 길이(collar length at neck seam)(그림 15.16a 참조) : 목선의 좌우 중심선에서 중심선까지, 칼라의 한쪽 끝에서 다른 쪽 끝까지를 측정한다.

T-Y-1. 라펠 포인트(lapel point)(그림 15.16b 참조) : 칼라에서 라펠까지의 거리를 측정한다.

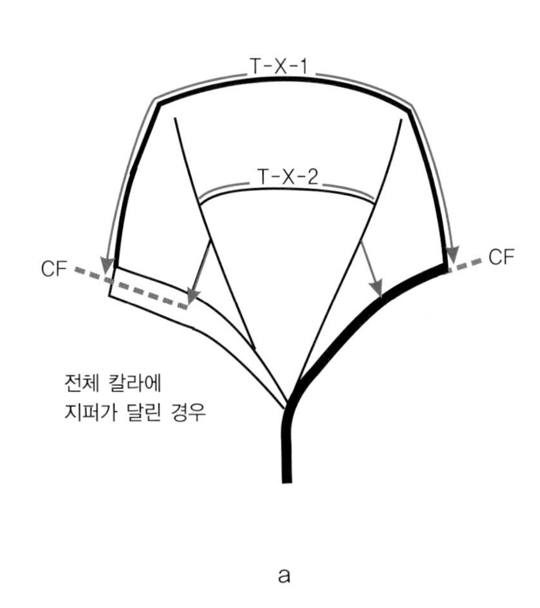

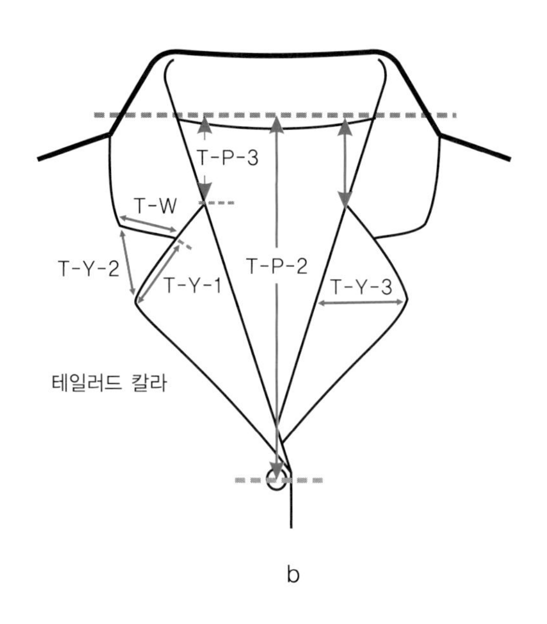

그림 15.16 칼라와 라펠의 기본적인 치수 측정

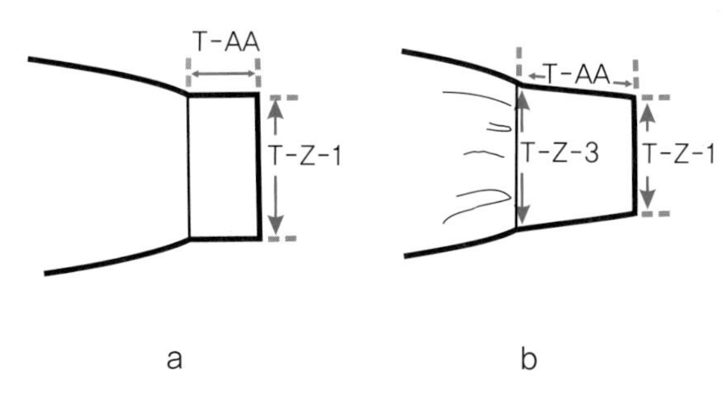

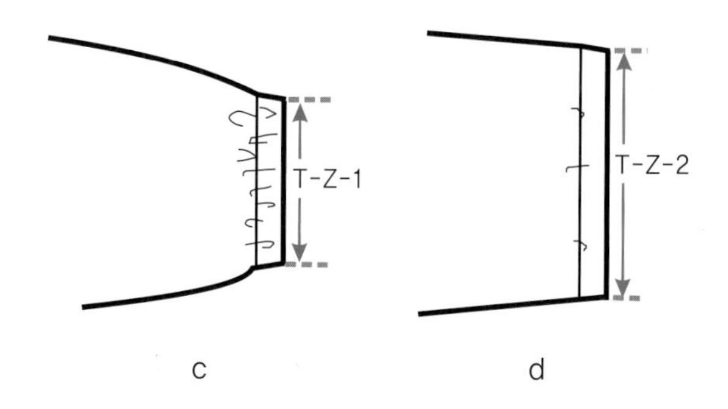

그림 15.17 커프스의 기본적인 치수 측정

T-Y-2. 라펠 포인트에서 칼라 포인트(lapel point to collar point)(그림 15.16b 참조) : 칼라 포인트와 라펠의 끝점 사이의 거리를 측정한다.

T-Y-3. 라펠 너비(lapel width)(그림 15.16b 참조) : 라펠 꺾인선에서 라펠 포인트까지 중심선을 기준으로 수직으로 측정한다.

소맷부리와 커프스의 치수 측정 지점

〈그림 15.17〉은 커프스의 치수 측정 지점을 보여준다.

T-Z-1. 소맷부리, 릴랙스드 둘레 치수[1](sleeve opening, relaxed girth measurement)(그림 15.17a, b, c 참조) : 소맷부리의 양쪽 끝에서 끝까지 엘라스틱이나 니트를 늘리지 않고 그대로 둔 상태에서 치수를 측정한다. 단추가 있는 커프일 경우에도 소맷부리의 양쪽 끝에서 끝까지 단추를 잠그고 평평하게 놓은 상태에서 치수를 측정한다.

T-Z-2. 소맷부리, 잡아 늘린 둘레 치수(sleeve opening, extended girth measurement)(그림 15.17d 참조) : 소맷부리의 양쪽 끝에서 끝까지 엘라스틱을 늘려서 측정한다.

T-Z-3. 커프 봉제선의 슬리브(sleeve at cuff seam)(그림 15.17b 참조) : 연결된 소매에서 봉제선의 길이를 측정한다.

T-AA. 커프 높이(cuff height)(그림 15.17a와 b 참조) : 커프가 슬리브와 연결된 심에서 커프의 끝단까지를 측정한다.

T-BB. 소맷부리, 소매의 둘레 치수의 반(sleeve opening, short sleeve girth measurement)(그림 15.14d 참조) : 소맷부리의 한쪽 끝에서 반대쪽 끝까지를 측정한다.

후드와 포켓의 치수 측정 지점

〈그림 15.18〉은 상의의 후드(a)와 포켓(b)의 치수 측정 지점을 보여준다.

T-DD-1. 체스트 포켓의 위치(chest pocket placement)(그림 15.18b 참조) : HPS에서 포켓의 위쪽 가장자리까지의 치수를 측정한다.

T-DD-2. 체스트 포켓의 위치(chest pocket placement)(그림 15.18b 참조) : 포켓의 앞쪽 가장자리에서 앞중심선까지를 측정한다.

T-EE. 후드 높이(hood height)(그림 15.18a 참조) : HPS를 표시하고 후드의 목 솔기와 맞춰서 후드를 평평하게 둔다. 후드의 앞면에서 HPS의 목 솔기에서 후드의 상의 부분의 접힌선까지를 측정한다.

T-FF. 후드 너비(hood width)(그림 15.18a 참조) : 후드의 목

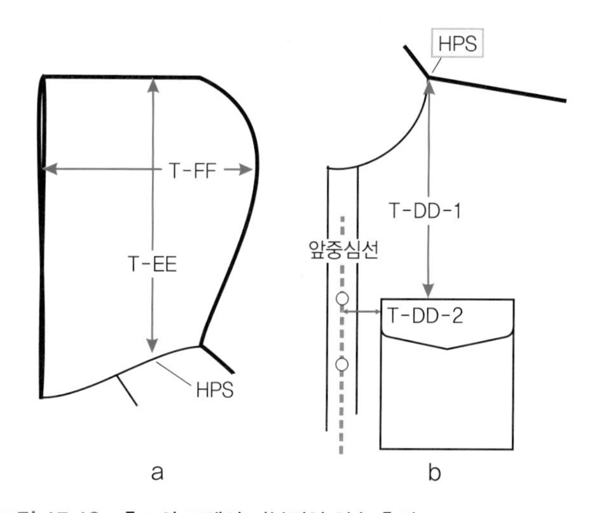

그림 15.18 후드와 포켓의 기본적인 치수 측정

1 역자 주 : 소매 끝부분에 커프가 달린 경우는 소맷부리(sleeve opening)나 커프길이(cuff opening)가 같은 의미이다.

솔기를 맞춰서 후드를 평평하게 놓는다. 앞선에서 후드를 접은 부분까지 후드의 가장 넓은 지점을 통과하는 부분을 뒷중심에서 측정한다.

XYZ 제품개발회사의 하의 치수 측정 지점

우븐 하의의 경우에는 전체 둘레를 측정하고 니트나 스웨터의 경우에는 둘레의 반만 측정한다. 스웨터 하의 스타일은 찾아보기가 매우 힘든데 주로 스커트가 상품으로 개발된다.

하의의 바디 스펙을 위한 치수 측정 지점

〈그림 15.19〉와 〈그림 15.20〉은 스커트 스펙의 치수 측정 지점을 보여주고, 〈그림 15.21〉은 팬츠 스펙의 치수 측정 지점을 보여준다.

B-A. 허리, 릴랙스드 둘레 치수(relaxed girth measure ment) (그림 15.19a와 e 참조) : 허리밴드의 위를 지나서 직선으로 끝에서 끝까지 측정한다. 허리 윤곽선을 따라 허리밴드의 가장자리 곡선을 측정하기도 한다.

B-B. 허리, 잡아 늘린 둘레 치수(stretched girth measure ment) (그림 15.19e 참조) : 허리밴드 윗부분의 끝에서 끝까지 완전히 늘려서 측정한다.

B-D. 앞 허리처짐, 스커트(front waist drop, skirt)(그림 15.20 참조) : 스커트 앞면이 위로 오도록 하고 자를 허리밴드의 사이드에서 사이드까지 수평으로 놓는다. 수평선의 중심 지점에서 스커트 앞면의 상의까지의 거리를 측정한다.

B-E. 뒤 허리처짐, 스커트(back waist drop, skirt) 스커트 앞면

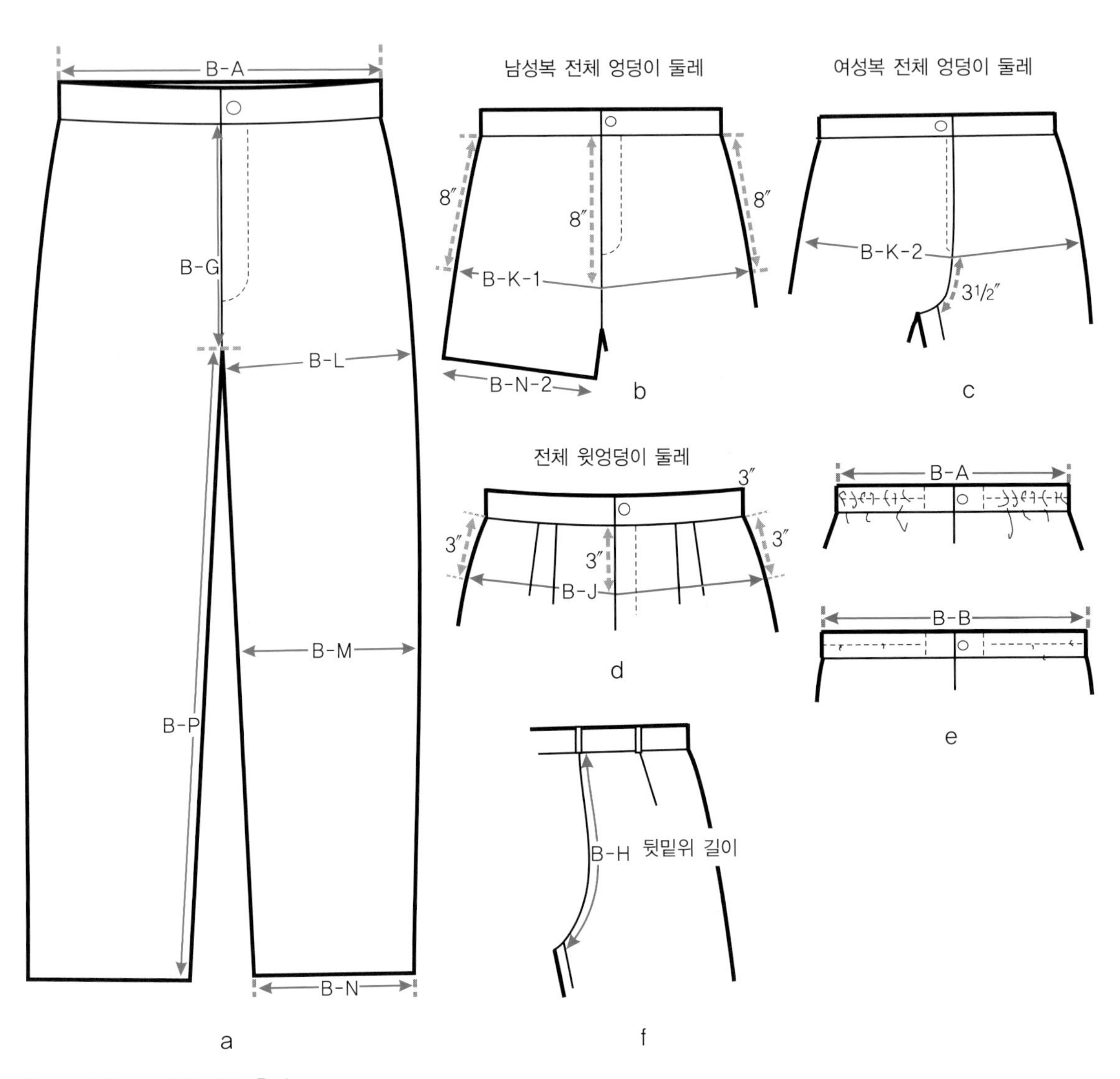

그림 15.19 하의의 기본적인 치수 측정

이 위로 오도록 하고 자를 허리밴드의 사이드에서 사이드까지 수평으로 놓는다. 수평선의 중심 지점에서 스커트 뒷면의 상의까지의 거리를 측정한다.

B-G. 앞밑위(front rise)(그림 15.19a 참조) : 바지를 평평하게 놓는다. 밑위 봉제선을 반듯하게 하고 크로치 포인트에서 허리밴드 봉제선까지 측정한다. 허리밴드가 없는 팬츠일 경우에는 허리선 끝까지 측정한다.

B-H. 뒷밑위(back rise)(그림 15.19f 참조) : 허리밴드 심에서 크로치 포인트까지 곡선으로 측정한다. 거셋이 있는 팬츠일 경우에는 거셋과 만나는 지점까지 측정한다. 허리밴드가 없는 팬츠의 경우에는 허리선까지 측정한다.

B-J. 윗엉덩이 둘레 치수(across high hip girth measure-ment)(그림 15.19d 참조) : 세 지점 측정 테크닉(three-point measure technique)을 사용해 앞중심선에서 허리 봉제선, 옆선으로부터 3인치 아래쪽으로 떨어진 세 지점을 표시한다. 각각의 허리 봉제선에서 3인치 떨어진 세 지점을 지나면서 측정한다. 프론트에 플리츠가 있을 경우에는 플리츠를 펼치지 않고 측정한다.

B-K-1. 엉덩이를 지나는 팬츠 둘레 치수(across hip, pant girth measurement, men's method)(그림 15.19b 참조) : 세 지점 측정 테크닉을 사용해 허리 봉제선에서 옆선과 앞중심선을 따라 8인치 아래쪽으로 떨어진 세 지점을 표시한다. 접혀진 부분이 있으면 펼쳐서 각각의 허리 봉제선에서 8인치 떨어진 세 지점을 지나면서 측정한다.

B-K-2. 크로치 포인트에서 3½인치 위의 엉덩이를 지나는 둘레 치수(across hip at 30 up from crotch point-girth measurement, women's method)(그림 15.19c 참조) : 세 지점 측정 테크닉을 사용해 한쪽 끝에서 앞중심 그리고 앞중심에서 다른 한쪽 끝까지 직선거리를 따라 인심으로부터 3½인치 올라간 지점에서 측정한다.

B-K-3. 엉덩이를 지나는 스커트 둘레 치수(across hip, skirt girth measurement)(그림 15.20 참조) : 허리 봉제선으로부터 8인치 아래쪽으로 내려서 직선으로 한쪽 끝에서 다른 쪽 끝까지 측정한다.

B-L. 허벅지 둘레 치수(thigh girth measurement)(그림 15.19a 참조) : 크로치 포인트에서 1인치 아래쪽으로 떨어진 지점의 한쪽 끝에서 다른 한쪽 끝까지 허벅지 둘레를 측정한다.

B-M. 무릎 둘레 치수(knee girth measurement)(그림 15.19a 참조) : 한쪽 끝에서 다른 한쪽 끝까지 크로치 아래로 측정하는데, 남성용 팬츠는 16인치 떨어진 지점을 측정하고 여성용 팬츠는 13인치 떨어진 지점을 측정한다.

B-N. 바짓부리, 긴 팬츠 둘레 치수(leg opening, long pants girth measurement)(그림 15.19a 참조) : 바짓부리의 한쪽 끝에서 다른 한쪽 끝까지 측정한다.

B-N-2. 바짓부리, 짧은 인심 둘레 치수(leg opening, short inseams girth measurement)(그림 15.19b 참조) : 바짓부리의 한쪽 끝에서 다른 쪽 끝까지 측정한다.

B-O. 밑단 둘레, 스커트 둘레 치수(bottom opening, skirt girth measurement)(그림 15.20 참조) : 스커트 밑단의 윤곽선을 따라서 겹트임, 맞트임이 제 위치에 있는 상태에서 밑단 둘레를 측정한다.

B-P. 인심(inseam)(그림 15.19a 참조) : 크로치 포인트에서 부리까지 가랑이 안쪽의 봉제선을 따라서 측정한다.

B-Q. 스커트 길이(skirt length)(그림 15.20 참조) : 앞중심에서 허리밴드 심부터 밑단까지 측정한다. 허리밴드가 없는 스커트는 허리 끝선에서부터 밑단까지 측정한다.

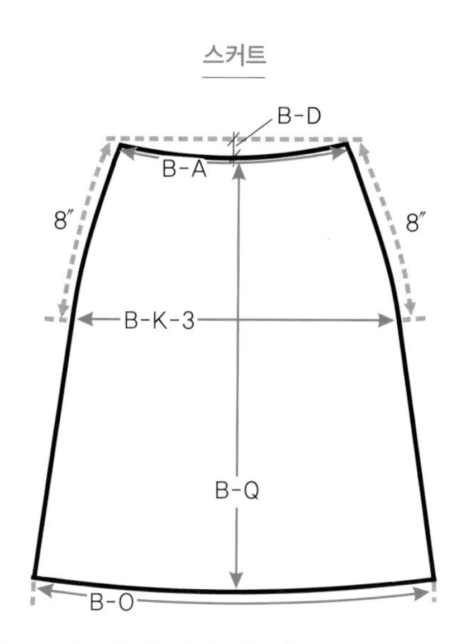

그림 15.20 스커트의 기본적인 치수 측정

스커트의 치수를 측정하는 몇 가지 테크닉은 팬츠의 경우와 다르다. 스커트의 경우, 엉덩이 부분의 치수를 직선으로 측정하고 세 지점 측정 테크닉을 사용하지 않는다(그림 15.20 참조). 또한 스커트는 앞쪽 허리처짐과 뒤쪽 허리처짐 지점을 측정해야 하는 반면, 팬츠는 앞쪽 허리처짐 대신 밑위가 얼마나 낮거나 높은지를 측정한다.

하의 디테일 스펙을 위한 치수 측정 지점

〈그림 15.20〉은 팬츠나 스커트 디자인 디테일을 위한 기본적인 치수 측정 방법을 보여준다.

B-T. 포켓 입구(pocket opening)(그림 15.21b 참조) : 포켓 입구의 한쪽 끝에서 다른 쪽 끝까지를 측정한다. 바택이 되어 있을 경우에는 바택과 바택 사이의 부분을 측정한다. 리벳이 되어 있는 경우에는 리벳과 리벳 사이의 부분을 측정한다.

B-U. 플리츠 깊이(pleat depth)(그림 15.21a 참조) : 주름이 접히는 정도를 측정한다.

B-V. 겹트임이나 맞트임의 높이(vent or slit height)(그림 15.21c 참조) : 트임의 시작점부터 밑단까지 측정한다.

XYZ 제품개발회사의 속옷 치수 측정 지점

〈그림 15.22〉는 속옷의 기본적인 치수를 측정하는 방법을 보여준다. 속옷은 전체 둘레를 측정하지 않고 전체 둘레의 반만 측정한 하프 메저를 사용한다. 이때는 전체 둘레의 반만 측정한 치수를 2배로 계산해 전체 치수로 사용하지 않는다. 아래에 나오는 치수 측정 지점에는 어떤 것이 둘레를 측정한 치수인지 구별하는 특별한 설명은 하지 않고 있다.

U-A. 허리둘레(waist, relaxed)(그림 15.22a 참조) : 한쪽 끝에서 다른 쪽 끝까지 허리밴드의 윗부분을 측정한다. 허리 윤곽선을 측정하기 위해서는 속옷 윗부분의 곡선을 측정한다.

U-B. 허리, 잡아 늘린 둘레길이(waist, stretched)(그림 15.22a 참조) : 허리밴드의 윗부분을 완전히 늘린 후에 에지에서 에지까지 측정한다.

U-L. 허벅지(thigh)(그림 15.22e 참조) : 옆 봉제선에서 90도로 직각인 지점과 밑위 심에서 1인치 떨어진 지점의 한쪽 끝에서 다른 쪽 끝까지 측정한다.

U-N. 복서 브리프 부리(leg opening)(그림 15.22e 참조) : 밑단을 따라서 한쪽 끝에서 다른 쪽 끝까지 측정한다.

U-EE. 브리프 크로치 너비(brief crotch width)(그림 15.22a와 e 참조) : 크로치의 자연스럽게 접힌 선을 따라 한쪽 끝에서 다른 쪽 끝까지 측정한다.

U-FF. 브리프 밑위(brief rise)(그림 15.22e 참조) : 허리에서 앞과 뒤의 길이를 맞춘다. 밑위를 늘리지 않은 상태에서 허리선에서 크로치 접힌선까지 측정한다.

U-GG. 브리프 다리(brief leg opening)(그림 15.22b 참조) : 에지를 맞추고 늘어나지 않도록 두고 직선으로 측정한다.

U-HH. 브리프 옆선길이(brief side seam)(그림 15.22a와 e 참조) : 옆선을 따라 허리선 끝에서 부리의 시작점까지 측정한다.

U-II. 브리프 부리 위쪽에서의 몸통 너비(brief width at top of leg opening)(그림 15.22a 참조) : 한쪽의 부리 시작점부터 다른 한쪽의 부리 시작점까지 몸통을 가로방향으로 측정한다.

U-JJ. 브리프 밑위 접힘에서 5인치 위 지점의 앞너비(brief width front, 5 inches up from crotch fold)(그림 15.22a 참조) : 크로치 접힌선(crotch fold)에서 5인치 위 지점에서 앞쪽 아랫부분을 가로방향으로 측정한다.

U-KK. 브리프 크로치 접힌선에서 5인치 위 지점의 뒷너비(brief

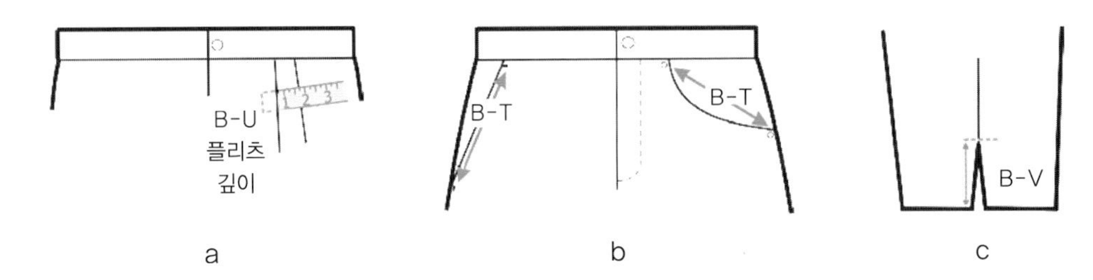

그림 15.21 팬츠 디자인 디테일의 기본적인 치수 측정

브리프

U-A
U-HH
U-FF
U-II
U-KK
U-JJ
5″
U-EE
a

U-GG
엉덩이 단 끝부분과 앞면의
단 끝부분을 맞춘 후
자연스러운 상태로 두고 측정
b

U-LL
c

브리프의 뒷면
U-MM
d

복서 브리프

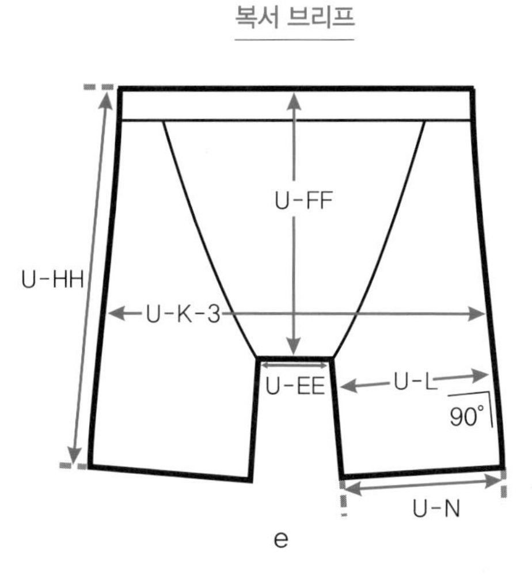

e

그림 15.22 속옷의 기본적인 치수 측정

width back, 5 inches up from crotch fold)(그림 15.22a 참조) : 크로치 접힌선에서 5인치 위 지점에서 뒤쪽 아랫부분을 가로방향으로 측정한다.

U-LL. 브리프 크로치 솔기에서의 앞너비(brief width front, at crotch seam)(그림 15.22c 참조) : 크로치 솔기가 있는 의복의 경우, 앞을 가로방향으로 건너 솔기에서 그 너비를 측정한다.

U-MM. 브리프 크로치 솔기에서의 뒷너비(brief width back, at crotch seam)(그림 15.22d 참조) : 크로치 솔기가 있는 의복의 경우, 뒤를 가로방향으로 건너 솔기에서 그 너비를 측정한다.

XYZ 제품개발회사의 양말 치수 측정 지점

〈그림 15.23a〉는 양말에 관련된 용어를 보여주고, 〈그림 15.23b〉는 양말의 기본적인 치수를 측정하는 방법을 보여준다.

S-A. 다리 길이(leg length)(그림 15.23b 참조) : 양말의 입구에서 표준 구멍(gore hole)을 지나서 뒤꿈치의 바닥까지 측정

한다.

S-B. 발 길이(foot length)(그림 15.23c 참조) : 양말의 표준 구멍을 지나서 발끝의 중심에서 양말의 끝부분인 뒤꿈치까지 측정한다.

S-C. 양말 목너비(welt at top)(그림 15.23c 참조) : 가로방향 직선거리로 끝에서 끝까지 측정한다.

S-D. 레그 어크로스, 양말 목의 끝에서 1인치 떨어진 지점(leg across, 1 inch from bottom of welt)(그림 15.23c 참조) : 그립 부분의 보텀에서 1인치 떨어진 지점의 끝에서 끝까지 가로방향 직선거리로 측정한다.

XYZ 제품개발회사의 모자 치수 측정 지점

〈그림 15.24〉와 〈그림 15.25〉는 모자의 가장 일반적인 스타일인 앞부분에 챙이 달린 캡(cap)과 전체적으로 챙이 달린 햇(hat)을 보여준다.

H-A. 앞에서 뒤까지의 크라운 길이(crown length front to back)(그림 15.24a와 15.25b 참조) : 모자의 앞에서 뒤까지, 솔기에서 솔기까지 측정한다.

H-B. 크라운 너비(crown width side to side)(그림 15.24b와 15.25b 참조) : 모자의 옆에서 옆까지(또는 솔기에서 솔기까지)를 측정한다.

H-C. 옆선에서의 크라운 높이(crown height at side)(그림 15.25a 참조) : 전체적으로 챙이 달린 햇의 옆쪽에서 꼭대기부터 밑단까지를 측정한다.

H-D-1. 앞중심선에서의 브림(또는 빌) 높이(brim or bill at

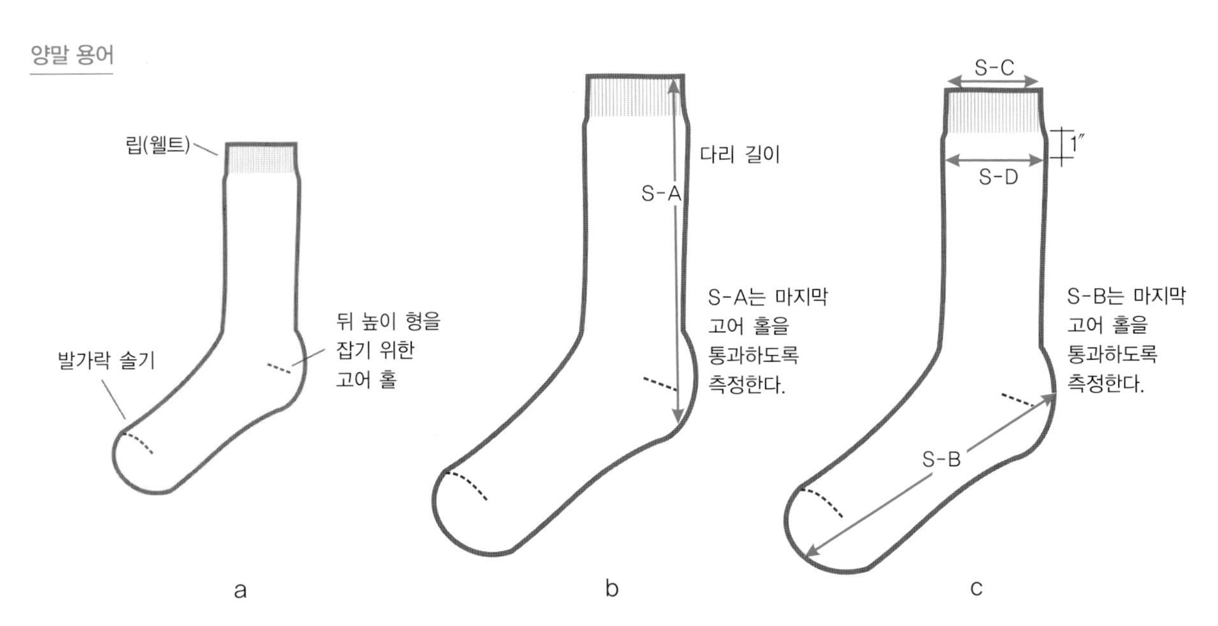

그림 15.23 양말의 기본적인 치수 측정

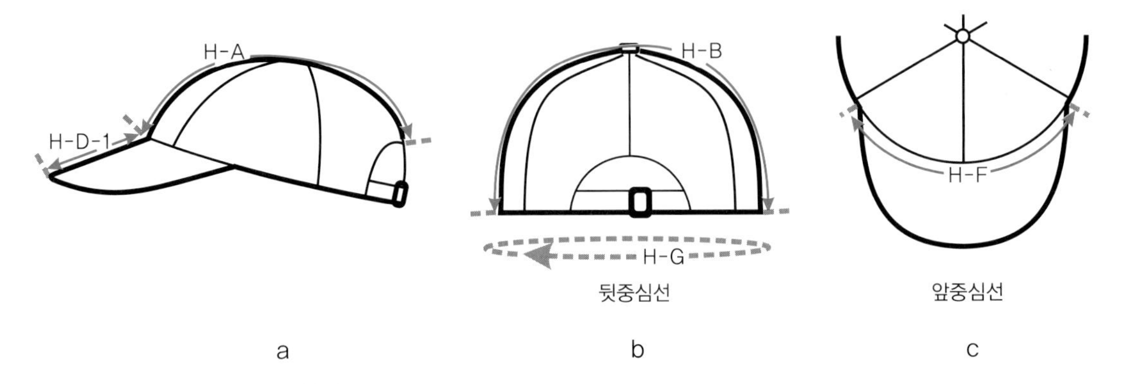

그림 15.24 모자(cap)의 기본적인 치수 측정

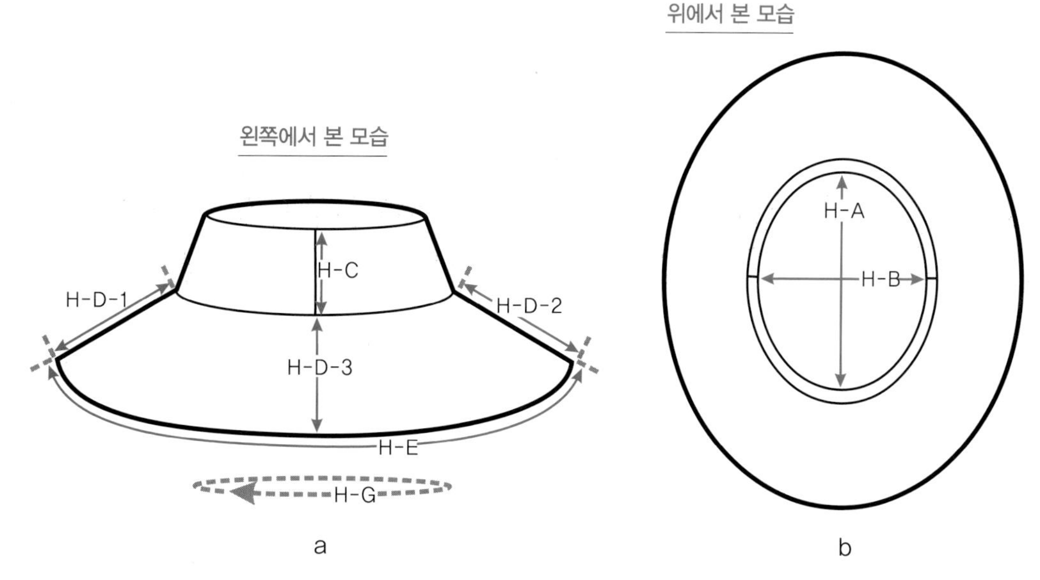

그림 15.25 챙이 달린 모자(hat)의 기본적인 치수 측정

center front)(그림 15.24a 참조) : 앞쪽 브림이나 빌의 가장자리에서 솔기까지의 거리를 측정한다.

H-D-2. 뒷중심선에서의 브림(또는 빌) 높이(brim center back)(그림 15.25a 참조) : 뒤쪽 브림이나 빌의 가장자리에서 솔기까지의 거리를 측정한다.

H-D-3. 옆선에서의 브림(또는 빌) 높이(brim at side)(그림 15.25a 참조) : 옆쪽 브림이나 빌의 가장자리에서 솔기까지의 거리를 측정한다.

H-E. 브림 둘레 길이(brim)(그림 15.25a 참조) : 앞중심선에서 뒷중심선까지 챙의 전체 둘레의 길이를 측정한다. [주의 : 이 측정치수는 전체 둘레의 측정치수의 반($^1/_2$)과 같다.]

H-F. 내부 둘레 길이(brim width)(그림 15.24c 참조) : 브림과 캡 연결 봉제선을 따라 한쪽 끝에서 다른 한쪽 끝까지 측정한다.

H-G. 안쪽 둘레(inside circumference)(그림 15.24b와 15.25a 참조) : 햇링을 사용해 측정한다.

작업지시서로 일하는 방법

공장에서 1차 프로토 샘플이 도착했을 때 스펙을 기준으로 샘플의 치수를 측정하고 검토한다. 두 가지 치수를 비교한 결과를 작업지시서의 핏에 대한 브림과 캡 연결 봉제선을 따라 한쪽 끝에서 다른 쪽 끝까지 측정한다(그림 3.13 참조).

핏에 대한 기록의 유지

의류제품의 치수를 측정하는 것이 의류제품을 평가하기 위한 첫 번째 단계다. 〈그림 15.26〉은 챙이 달린 모자 스타일을 보여주는데 이러한 스타일의 경우에는 치수 측정 지점이 적고 피팅 요건이 간단하다. 간단한 모자 스타일이나 가장 복잡한 스타일인 이브닝 가운 등은 같은 과정을 통해 치수를 측정한다.

치수를 측정하는 과정에서 혹시나 고쳐야 하는 치수 측정 지점이 있는지 판단하기 위해서는 "어떤 기준에 비교하는가?"라는 질문에 답하는 것이 중요하다. 〈표 15.1〉에서 a열에는 치수 측정 지점 코드가 적혀 있고 b열에는 치수 측정 지점의 명칭이 적혀 있다. c열과 d열에는 오차허용지수가 적혀 있고 e열에는 샘플 스펙, 즉 공장에 원본 샘플과 함께 보낸 기준 스펙을 적는다. 샘플의 치수는 스펙과 동일해야 한다.

f열에는 디자이너나 테크니컬 디자이너가 새로 도착한 1차 프로토 샘플을 실제로 측정한 치수를 적을 것이다. g열은 각각의 치수 측정 지점에 대해 샘플의 치수와 스펙 간의 차이를 적는다. h열의 노트에는 치수를 측정하는 과정에 대한 코드를 적을 것이고, i열에는 다음 프로토 샘플에서 측정할 치수를 적을 것이다. 공장에서는 종종 샘플과 공장에서 측정한 치수를 같이 보내는데, 이를 보면 공장에서 디자이너들이 치수를 측정하는 방법과 동일한 방법으로 샘플의 치수를 측정

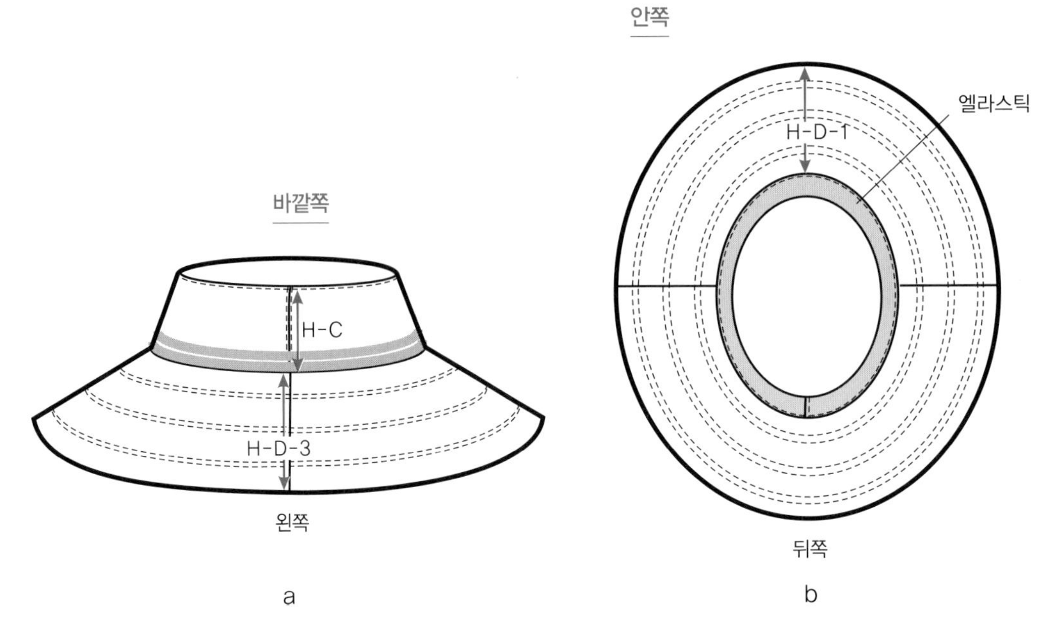

그림 15.26 햇의 예시 : 첫 번째 프로토 샘플의 치수 측정

표 15.1 XYZ 제품개발회사의 핏에 대한 기록

a	b	c	d	e	f	g	h	i
코드	HAT 스펙 측정 치수	Tol (+)	Tol (−)	스펙	1차 프로토 샘플 치수	차이	노트	2차 프로토 샘플 치수
H-A	앞에서 뒤까지의 크라운 길이	1/4	1/4					
H-B	크라운 너비	1/4	1/4					
H-C	옆선에서의 크라운 높이	1/4	1/4					
H-D-1	앞중심선에서의 브림(또는 빌) 높이	1/4	1/4					
H-D-2	뒷중심선에서의 브림(또는 빌) 높이	1/4	1/4					
H-D-3	옆선에서의 브림(또는 빌) 높이	1/4	1/4					
H-E	브림 둘레 길이 (1/2 측정 치수)	1/4	1/4					
H-G	안쪽 둘레	1/4	1/4					

하는지 그렇지 않은지에 대해 알 수 있다. 디자이너가 측정한 치수와 공장에서 측정한 치수 간에 큰 차이가 있다면 치수를 측정하는 방법에 대해 서로 잘못 이해하고 있다는 의미가 되므로 이러한 문제는 바로 언급되어야 한다.

다음에 해야 할 일에 대해 노트에 적는 코드로 세 가지가 있다. 'OK'는 스펙이 맞다는 뜻이고, 'RTS'는 'return to spec'을 줄인 말로 정확하게 스펙에 맞게 만들어야 된다는 뜻이고, 'revise'는 이 치수 측정 지점에 대한 원래의 스펙을 고쳐 새로운 스펙을 부여한다는 의미다.

〈표 15.2〉는 숫자들을 안에 채워 넣는 것으로 〈표 15.1〉과 같은 치수 측정 히스토리인데 날짜를 적는 칸이 추가되었다. 샘플이 1월 2일에 요청되었고 첫 번째 프로토 샘플이 3주 뒤인 1월 22일에 도착했다는 것을 보여줌으로써 대략적인 회송 시간(turn-around time)을 알려준다. 또한, 샘플이 도착한 날 바로 치수를 측정했고 그다음 날 핏 평가가 모두 기록된 것을 보여준다.

핏에 대한 기록을 살펴보면 매우 흥미롭다. e열과 f열을 비교함으로써 공장에서 브림을 같은 사이즈인 3인치로 만든 것

표 15.2 XYZ 제품개발회사의 완성된 핏에 대한 기록

a	b	c	d	e	f	g	h	i
	핏에 대한 기록		날짜 : 1/2/XX		1/22/XX	1/22/XX	1/23/XX	1/23/XX
코드	HAT 스펙 측정 치수	Tol (+)	Tol (−)	스펙	1차 프로토 샘플 치수	차이	노트	2차 프로토 샘플 치수
H-A	앞에서 뒤까지의 크라운 길이	1/4	1/4	7 1/8	**6 7/8**	−1/4	RTS	7 1/8
H-B	크라운 너비	1/4	1/4	5 1/2	**5 3/8**	−1/8	RTS	5 1/2
H-C	옆선에서의 크라운 높이	1/4	1/4	3 1/2	**3 1/2**	0	ok	3 1/2
H-D-1	앞중심선에서의 브림(또는 빌) 높이	1/4	1/4	3 1/8	**3**	−1/8	**Revise**	3
H-D-2	뒷중심선에서의 브림(또는 빌) 높이	1/4	1/4	4	**3**	−1	RTS	4
H-D-3	옆선에서의 브림(또는 빌) 높이	1/4	1/4	3 1/8	**3**	−1/8	**Revise**	3
H-E	브림 둘레 길이 (1/2 측정치수)	1/4	1/4	21	**21 1/2**	+1/2	RTS	21
H-G	안쪽 둘레	1/4	1/4	22 3/4	**22 1/8**	−5/8	RTS	22 3/4

이 잘못임을 알 수 있다. 이 모자의 특징은 뒷면에 별도의 그늘 가리개가 있다는 것이다. 따라서 뒷중심에서의 브림 치수는 다음 샘플에서 꼭 수정되어야 하고 h열에 H-D-2 코드로 기록한 대로(RTS) 스펙을 4인치로 고쳐야 한다.

브림의 치수 측정 지점을 살펴볼 것이고 한 가지 프로토 타입을 위해 모든 단계의 치수 측정 지점을 따를 것이다. 브림의 치수를 측정함에 있어서 살펴봐야 하는 지점은 앞중심에서의 브림이나 빌, 앞중심에서의 브림 치수, 뒷중심에서의 브림 치수, 그리고 옆선에서의 브림이다.

〈표 15.4〉에서 g열은 공장에서 만든 1차 프로토 샘플의 스펙이 기준 스펙과 비교했을 때 얼마나 차이가 나는지를 보여준다.

코멘트 적기

치수를 평가하는 것 이외에, 추가적으로 탑스티칭, 디테일과 색상 등 모자 샘플의 다른 측면도 검토한다. 이렇게 검토한 내용들은 샘플 평가 코멘트에 같이 적는다. 코멘트를 적을 때는 명확하게 기재하고 불필요한 정보는 기록하지 않아야 한다.

다음에 나오는 내용은 이러한 모자 샘플에 대한 코멘트의 예시인데(표 15.3의 스펙 참조) 약자를 너무 많이 사용했고 너무 많은 내용을 적어서 읽는 사람으로 하여금 그 내용을 명확하게 읽기 어렵게 해 혼란스럽게 한다.

표 15.3 스펙 비교

a	b	c	d	e	f
코드	HAT 스펙 측정 치수			스펙	1차 프로토 샘플 치수
H-D-1	앞중심선에서의 브림 (또는 빌) 높이	1/4	1/4	3 1/8	**3**
H-D-2	뒷중심선에서의 브림 (또는 빌) 높이	1/4	1/4	4	**3**
H-D-3	옆선에서의 브림(또는 빌) 높이	1/4	1/4	3 1/8	**3**

"모자의 브림 부분에서 몇 가지를 바꾸고 싶다. 참조용(ref)으로 사용할 수 있도록 샘플(smpl)을 보낸다. 일반적인 브림 구성으로 직물이나 스타일링의 문제가 아니다. 브림은 반드시 가장자리 바인딩을 하지 않아야 하고 심을 잘 둘러싸서 만들어진 인클로즈드 솔기여야 한다. 샘플을 다시 살펴볼 때 어떠한 질문이든 하고, 이렇게 변화를 줄 경우에 일어날 수 있다고 생각되는 문제점이나 걱정되는 점이 있다면 알려주길 바란다. 모자의 꼭대기 지점(crown)에는 2개의 바늘로 뒤에 탑스티칭을 하는 것이 아니라 솔기의 중간에 스트래들 스티치(straddle stitch)를 해야 한다. 이는 일관성 있는 스티치를 해야만 하기 때문이다. 또한, 브림

표 15.4 다음 프로토 샘플을 위한 스펙 비교

a	b	c	d	e	f	g	h	i
코드	HAT 스펙 측정 치수	Tol (+)	Tol (−)	스펙	1차 프로토 샘플 치수	차이	노트	2차 프로토 샘플 치수
H-D-1	앞중심선에서의 브림(또는 빌) 높이	1/4	1/4	3 1/8	3	−1/8	Revise	3
H-D-2	뒷중심선에서의 브림(또는 빌) 높이	1/4	1/4	4	3	−1	RTS	4
H-D-3	옆선에서의 브림(또는 빌) 높이	1/4	1/4	3 1/8	3	−1/8	Revise	3

의 밑에는 허니콤(honeycomb) 칼라가 사용되었어야 했는데 허니콤 칼라를 가지고 있었는가(avail)? 허니콤 칼라 대신 뱀부(bamboo) 칼라를 사용한 것인지를 알려주길 바란다. 안쪽의 엘라스틱 햇 밴드 칼라가 블랙 칼라인데 원래는 텐(tan) 칸라를 사용하기로 되어 있었다. 텐 칼라 대신 블랙 칼라를 임시로 사용한 것인지? 뒤쪽에서 브림의 길이는 4인치인데 이 샘플은 3인치로 되어 있으므로 다음 샘플(next smpl)에서 반드시 수정되어야 한다."

'뒤쪽에서의 브림의 길이'에 대한 정보는 핏에 대한 기록에 이미 적혀 있고, 각각의 치수 측정 지점에 대해서도 재정리될 필요가 없는데 코멘트에 이에 대한 내용을 불필요하게 다시 적어 주었다. 핏에 대한 기록에 나와 있지 않은 추가적인 내용에 대해서만 적으면 된다.

〈표 15.5〉는 허용될 수 있는 핏 평가의 예로서 1차 프로토 햇 코멘트에 대한 형식을 보여준다. 코멘트 페이지에 이러한 형식을 갖춤으로써 코멘트를 좀 더 자세한 문구로 표현할 수 있다. '영역'에는 의복에서의 부분적인 명칭과 위치를 적는다. '문제점'에는 문제점에 대해 적고, '해결책'에는 어떻게 잘못된 부분을 고칠 수 있는지 해결 방안을 적는다. 올바르지 않은 코멘트의 예시문에는 같은 포인트가 언급되어 있으나, 간단한 방법은 결론과 행동 방침에 대해 명확하게 적는 것이다. 작업지시서에 참조문헌을 추가해 작업지시서를 읽는 사람들이 코멘트를 잘 이해할 수 있도록 하는 것은 매우 중요하다.

자주 일어나는 상황이나 문제점에 대해서는 항상 특정한 문구를 사용해 일관되게 표현하는 것이 좋다.

샘플을 수정하는 방법을 제시할 때는 짧고 간단한 문장이나 문구를 사용하는 것이 좋고, 문장의 시작은 대문자로 하고 문장의 끝에는 마침표를 찍고 맞춤법에 맞게 적어서 외국인이 그 내용을 읽어도 뜻을 명확하게 이해할 수 있어야 한다. 관용어구는 사용하지 않고 직접적인 표현을 사용하는 것이 좋다. 코멘트의 내용을 줄이고 간단하게 하기 위해 모든 사람들이 알고 있는 약자라면 이를 사용해도 괜찮다. 미국보다는 다른 여러 나라의 사회 구조가 좀 더 형식적인 편이어서

표 15.5 허용될 수 있는 햇 코멘트의 예시

1차 프로토 샘플		
영역	문제점	해결책
옆선에서의 크라운	샘플에서의 탑스티칭이 2-본침 −1/4″로 되어 있다. 이는 잘못된 것이다.	페이지 1의 스케치처럼 1/4″의 스트래들 스티치를 사용하라.
브림의 아래쪽	샘플은 컬러 A로 되어 있는데 이는 잘못된 것이다.	페이지 1의 컬러 정보를 참고하고 보텀 브림의 색을 B로 하라.
엘라스틱 밴드	샘플은 검은색 밴드를 사용했다.	BOM의 컬러요약 페이지를 보면 탠(Tan) 컬러의 밴드를 사용하도록 되어 있다. 검은색이 대체용으로 사용된 것이라면 그렇게 기재하라.
브림 봉제 구성	샘플은 바깥쪽 끝단에 바인딩을 가지고 있다.	바인딩을 사용하면 안 된다. 클린 피니시드 된 인클로즈드 솔기를 사용해야 한다. 우리가 보낸 참고 샘플(Fedex AWB# 1234-5678-9897)을 확인하기 바란다. 이 샘플은 확인한 후 다시 보내주기 바란다. 최종 상품의 모습은 스케치 페이지 1을 보고 확인 바란다.

핏 평가에 좀 더 격식을 차리는 표현을 많이 쓴다. 보통 이름을 부를 때는 '~님께'라고 적고 '샘플을 친절하게 확인해 주세요.'라는 문구를 적는 것을 흔하게 볼 수 있다. 매우 차분한 어투로 적으므로 대답을 하는 사람도 이와 같이 차분하고 공손하게 해야 한다. 밑줄, 볼드체, 대문자나 느낌표 등은 아주 심각하게 잘못된 부분이 아니면 사용하지 않는 것이 좋다. 의류제품을 생산하는 과정에서 공장이 중요한 파트너이고 공장에서 일하는 직원들이 제조 공정을 진행한다. 공장에서 제안하는 대로 디테일을 바꿀 수 있으면 제품 생산의 속도를 높일 수 있다. 〈표 15.5〉는 탑스티칭에 관련된 문제를 해결하는 것을 보여준다. 공장에서는 스트래들 스티치보다 탑스티치의 내구성이 뛰어나기 때문에 2개 바늘로 뒤쪽에 탑스티치를 했다. 이렇게 하는 것이 모자의 기능과 디자인을 크게 바꾸지 않는다면, 샘플을 검토한 뒤에 그 스펙을 샘플과 같이 탑스티치를 하는 방법으로 고칠 수도 있다. 모자의 경우에는 의복과 달리 중요한 핏 포인트가 한 군데(안쪽 둘레길이)이므로 꼭 핏 모델에 모자를 씌워서 핏을 확인하지 않고 적당한 머리 사이즈를 가진 사람이 쓰고 핏을 검토해도 된다. 모자보다는 의복일 경우, 더 많은 지점을 측정해야 하지만 치수를 측정하고 평가하고 피팅해 코멘트를 적는 과정은 동일하다.

녹-오프의 개발

다른 회사의 의류제품을 참조하는 일도 빈번하다. 의류 잡지나 사진으로 보는 것보다는 샘플을 직접 눈으로 확인함으로써 슬리브, 팬츠의 다리 모양, 칼라나 다른 디테일을 연구하는 것이 훨씬 유용하다. 이러한 방식으로 치수 측정을 좀 더 꼼꼼하게 할 수 있다.

어떤 회사에서는 원본 제품을 저렴한 직물과 부자재를 사용해 똑같이 복제해 원본 제품보다 저렴하게 판매하는 **녹-오프**(knock-off)라고 부르는 스타일을 생산하기도 한다.

마켓에 널리 알려진 디자인으로 과거에 이미 소개되었거나 새롭게 개발된 디자인이 아닌 경우에는 특허를 내기 어렵다. 따라서 미국이든 다른 나라든 런웨이에서 선보인 디자인은 대중적인 것으로 간주한다. 시즌별로 실루엣과 직물에 새롭게 사용된 컬러로 신선한 느낌을 줄 수 있다. 특정 디자인이 계속 유행하는 것이 아니라 그다음 시즌에는 유행하는 디자인이 바뀌기 때문에 디자인 특허를 내는 일이 크게 가치가 있지는 않다. 그럼에도 불구하고 어떤 디자인의 특정한 기능성이 있는 디테일은 특허를 내기도 한다. 예를 들면 지퍼를 열어도 방수가 되는 포켓의 경우이다. 그러한 요소들은 패션이라기보다는 기술이라고 볼 수 있다. 로고, 프린트, 직물 패턴과 같은 시각적인 그래픽 요소들에는 저작권을 표시해 법적으로 보호한다.

녹-오프 중에서도 레이블과 로고까지 포함해 정확하게 복제하는 것은 모조품(counterfeit)이라고 부르며 이는 명백하게 불법이다. 특정한 고가의 브랜드 제품의 경우에는 이러한 모조품에 대한 수요가 높기 때문에 제조업체들이 모조품을 만들어서 일반적이지 않은 리테일 유통 경로를 통해 판매한다. 평판이 좋은 리테일러들은 이러한 종류의 물건을 판매하지 않는다.

새로운 스타일을 마켓에 선보였을 때 그 수요가 많다면 그러한 스타일과 비슷한 스타일이 영감으로 디자인에 사용될 수도 있다. 녹-오프처럼 그러한 스타일을 똑같이 복제하는 일은 거의 드물고, 다른 의류회사의 샘플 사이즈를 사용해 실루엣을 바꾸고 치수를 측정하며 핏 모델에 입혀서 핏을 검토해 소비자들에게 잘 팔릴 만한 제품으로 재창조하는 경향이 있다.

새로운 스타일의 첫 번째 핏 샘플처럼 치수를 측정하고 스타일을 검토하며 작업지시서의 포맷에 기록한다. 〈그림 15.27a〉는 로스앤젤레스의 어느 부티크에서 만든 실크 샤르뫼즈 슬립 드레스(silk sharmeuse slipdress)의 오리지널 스타일을 보여준다. 〈그림 15.27b〉는 오리지널 스타일의 디자인 스타일, 솔기와 스트랩 모양을 사용해 응용한 스타일을 보여준다. 이렇게 응용된 스타일을 미시 소비자들에게 판매할 수 있고, 이 스타일의 1차 프로토 샘플을 받기 위해 작업지시서를 보낼 수 있다. 그러고 나서 다른 스타일을 위한 모든 다른 개발 단계가 진행될 것이다.

거쳐야 할 단계는 다음과 같다.

- 가슴, 허리와 엉덩이의 치수는 XYZ 제품개발회사의 샘플 사이즈 8에 맞춰서 제작하여 이 회사 소비자들의 핏에 잘 맞도록 한다.
- 허벅지-하이 슬릿(thigh-high slit)은 2개의 짧은 사이드 솔기 슬릿으로 한다.
- 깊이 파인 목둘레선을 응용했는데 목둘레선이 덜 파이도록 하여 목둘레선이 U자 형 모양을 유지하도록 하면

그림 15.27 디자이너 의류를 원본대로 만든 제품(a)과 XYZ에서 대중화해 만든 제품(b)

서 브라를 입는 데 문제가 없도록 하였다.

- 스트랩은 덜 과장되었다.
- 전체적인 드레스 길이는 약간 짧다.
- 실크가 아닌 합성섬유로 만들어진 샤르뫼즈 직물을 사용하였다.

〈그림 15.27a〉의 오리지널 드레스는 밝은 청록색(bright turquoise)인데 이 칼라는 XYZ 회사에서 이번 시즌에 사용하는 칼라가 아니므로, 〈그림 15.27b〉의 응용된 스타일의 드레스는 블랙, 화이트와 라벤드린 칼라를 사용했다.

이러한 방법으로 XYZ 회사의 고객들이 입기에 적합하면서도 회사의 판매 목적에 맞는 스타일을 개발한다.

사이즈 차트

다양한 종류의 의류제품을 분류할 수 있는 여러 가지 방법이 있다. 예를 들면 성별, 키, 신체 타입과 나이를 기준으로 의복을 분류할 수 있다. 수요량이 많거나 적은 스타일도 있고 특별하게 분류되는 스타일도 있다. 의류산업 전체에서 각각의 종류별로 사이즈에 대해 동일한 명칭을 사용하지만 사이즈별 치수는 회사별로 각각 다르다.

미시 사이즈 차트

미시(missy)의 범주 내에는 다양한 종류의 형태와 사이즈가 포함되는데, 그 예로서 하이-볼륨 사이즈(high-volume size)가 있다. 이 범위에 드는 소비자들의 키는 평균 168cm이고 사이즈가 2～4에서 18～20 내에 든다.

이러한 사이즈가 실제로 의미하는 바는 무엇인가? 사이즈 8은 무엇을 뜻하는가? 이 질문에 대해 모든 회사가 약간씩 다른 답을 제시할 수도 있으나 〈표 15.6〉을 보면 일반적인 미시 사이즈 차트를 알 수 있다. 현재 의류산업에서 사이즈에 대한 정해진 기준이나 규제가 없기에, 새롭게 시작하는 회사의 경우에는 자신들이 원하는 대로 사이즈 기준을 정할 수 있다. 예를 들면 사이즈 8이라고 하면서 이에 따른 치수를 그들이 원하는 대로 정하여 쓸 수가 있는 것이다. 그런데, 이 경우 소비자가 원하는 핏을 제공하지 못한다면 이 회사는 실패할 것이다. 이런 이유에서 의류업체들은 다른 회사들에서 사용하는 사이즈 핏(size fit)을 따라서 사용하고 있다.

모든 사이즈 차트와 같이 차트 안의 숫자는 의복 치수가 아니라 몸의 치수를 나타낸다. 대부분의 회사들이 미시 사이즈 차트 내의 치수 차이는 1인치 내에 든다. 지난 20년간 점차적으로 사이즈를 일반화해 온 경향이 있다. 같은 종류의 2개의 드레스폼은 같은 가슴, 허리와 엉덩이의 치수로 구성되었으나 사이즈가 다르다고 간주된다. 20년 전의 사이즈 8은 현재 사이즈 6으로 사용되는데 이를 사이즈 인플레이션의 한 종류라고 하며 베니티 사이징(vanity sizing)이라고 한다. 1950년대에 사용된 사이즈 8의 종이 패턴은 이 차트의 사이즈 14에 맞을 것이다. 이유인 즉, '작은 사이즈'로 인플레이션된 사이즈는 비록 소비자의 신체에는 변화가 없어도 심리적인 만족감을 줄 수 있기 때문이다. 〈그림 15.28〉은 서로 다른 연도에 만들어진 2개의 마네킹을 비교하고 있다. 〈그림 15.28a〉는 1960년대에 만들어진 것이고, 〈그림 15.28b〉는 2010년에 제작된 것이다. 2개의 마네킹은 거의 같은 크기의 몸통을 가지고 있지만 첫 번째 것은 사이즈 10이고 두 번째 것은 사이즈 6이다. 여기서 그것 외에도 몇 가지 다른 흥미로운 차이점을 발견할 수 있다. 사이즈 10 마네킹의 경우 허리 바로 밑인 배 부분부터 하이힙(high-hip)까지가 불룩하게 되어 있다. 좀 더 현대에 제조된 두 번째 마네킹은 이 부분이 좀 더 점차적으로 불룩하게 하이힙까지 나와 있고, 힙 부분이 1인치 크다(37인

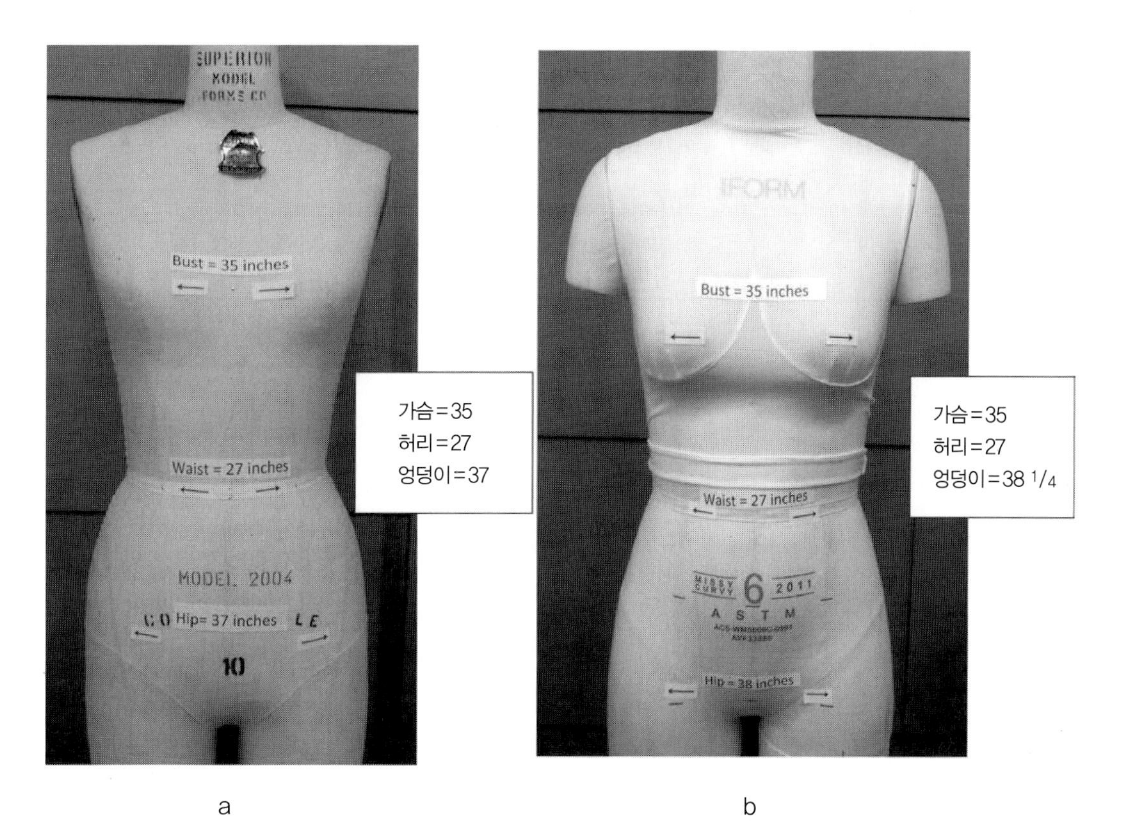

그림 15.28 드레스폼의 형태 비교 : a) 1960년대, b) 2010년대

치라기보다 38인치). 이런 차이점에도 불구하고, 전체적인 비율은 두 마네킹이 매우 비슷하고 엉덩이(hip)의 측정 치수는 가슴 측정 치수보다 2인치 크며 엉덩이는 허리보다 9인치에서 10인치로 크다.

과거에는 한 가지의 이상적인 몸통의 기준형이 대세였다. 그런데 최근 몇 년 전부터는 다양한 '핏 타입'들이 받아들여지고 있다. 이런 트렌드를 이끌고 있는 회사는 바로 알바논(Alvanon, Inc.)이라는 회사이다. ASTM(과거에 American Society for Testing and Materials라고 불림)의 연구에 따르면, 2개의 핏 타입과 핏 모델의 마네킹이 개발되었다고 한다—하나는 '곡선형(curvy)'이고 다른 하나는 '직선형(straight)'이다. 이 두 가지 모델은 무작위로 선택한 여성들의 엉덩이와 허리 사이의 측정치들의 차이의 통계에 의하여 만들어진 모델들이며 이는 〈그림 15.29〉에서 잘 보여준다.

그렇다면, 여성들의 신체 측정 치수들은 세월과 세대에 따라서 변화하는 것일까? 아니면 현재의 우리들이 과거에 비하여 이런 차이점들을 잘 정의하고 있는 것일까? 다양한 민족들은 서로 다른 신체 사이즈와 형태를 가지고 있는 것이 사실이다. 또한 많은 청바지 회사들이 이런 차이점들을 의복 생산에 고려하기 시작했다. 의류업체들은 이 외의 다른 요소들, 즉 나이에 따른 신체 변화들을 의복 생산에 고려하며 자신들의 소비자들이 원하는 핏을 재정의하고 있다.

샘플 사이즈

모든 의류업체는 자신들의 의류상품을 개발하는 데 자신들만의 고유한 사이즈를 사용한다. 이론적으로는 전체 사이즈 차트 중 가장 중간의 사이즈가 가장 정확한 비용 예측과 그레이딩 정보를 제공할 것이다. 그러나 많은 경우에는, 작은 사이즈가 샘플로 선정되어 사용되는데 이는 옷걸이에 걸었을 때 가장 시각적으로 아름다워 바이어들에게 좀 더 어필할 수 있기 때문이다. 미스 사이즈 2~18을 제공할 때, 사이즈 10이 가장 중간의 것이지만, 대부분의 경우 사이즈 8이나 6을 판매용 샘플로 생산하여 사용하는 이유가 바로 여기에 있다.

사이즈 차트를 통해 배울 것이 많다. 〈표 15.6〉은 두 가지 전형적인 표준 사이즈인 알파(alpha : 글자로 표시)와 숫자를 하나로 합친 것이다. 남자 사이즈와 달리 여자의 숫자 차트의 숫자들은 임의적인 것이 많고 실제 치수를 반영하지 않는다.

각각의 알파 사이즈는 두 가지 숫자 사이즈를 포함하는 것

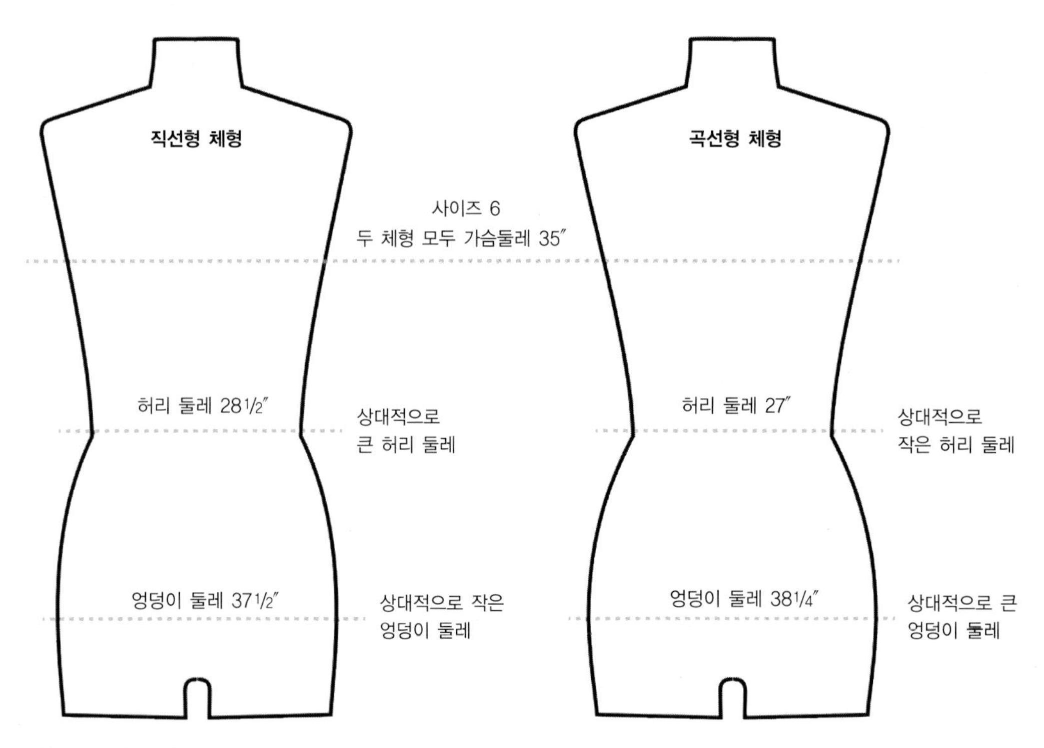

그림 15.29 드레스폼의 형태 비교 : a) 1960년대, b) 2010년대

표 15.6 XYZ제품개발회사의 미시 사이즈 차트

(알파)	XS		S		M		L		XL	
(숫자)	2	4	6	8	10	12	14	16	18	20
가슴	33	34	35	36	37	38 1/2	40	41 1/2	43 1/2	45 1/2
허리	25	26	27	28	29	30 1/2	32	33 1/2	35 1/2	37 1/2
엉덩이	35	36	37	38	39	40 1/2	42	43 1/2	45 1/2	47 1/2

을 알 수 있다. 이렇게 알파 사이즈로 제품을 생산해 판매할 경우에는 소매업자가 많은 제품을 재고로 보관할 필요가 없게 되는 이점이 있고, 판매가 잘 안 되는 아이템도 적다. 슬림핏 제품인 경우에는 사이즈별 치수의 차이가 많이 나기 때문에 알파 사이즈로 제품을 생산하면 불리할 수 있게 된다. 예를 들어 M 사이즈가 어떤 소비자에게는 너무 작고 L 사이즈는 너무 클 수가 있다. 이는 알파 사이즈로 생산하는 청바지나 다른 하의 팬츠 스타일에도 동일하게 적용된다. 이때는 대다수의 소비자들이 그들에게 맞는 사이즈를 찾기 어려울 수도 있기 때문이다.

알파 사이즈로 표기되어 있는 제품을 살 경우에는 어떤 사이즈를 골라야 하는지 헷갈릴 수 있는데, 특히 매장에서 직접 입어보지 못하고 상품을 택배로 받아야 하는 소비자들은 더 혼란스러울 수 있다. 그렇다면 M 사이즈는 숫자 사이즈로 표기할 때 10인가? 12인가? 혹은 10과 12의 중간 사이즈인가? 혹은, 의류제품의 형태가 착용자에 따라 다르게 변하는가?

회사의 사이즈 차트를 읽고 본인이 사이즈 12(사이즈 범위의 상위 사이즈)라고 판단하는 사람은 사이즈 12라고 표기되어 있는 제품이 실제로 사이즈가 12인 사람에게 정확하게 맞을 것이라고 확신하기 때문에 현명한 의류회사들은 S 사이즈가 사이즈 8과 같고 M 사이즈가 사이즈 12와 같도록 만든다. 다시 말해 사이즈 범위의 상위 사이즈에 맞도록 스펙을 조정한다. 왜냐하면 사이즈가 6인 소비자, 사이즈 10인 소비자와 사이즈가 14인 소비자 등은 알파 사이즈 범위 내에서 그에 적합한 사이즈가 없어서 느슨한 스타일이나 얇은 두께의 직물로 만들어진 스타일이나 신축성이 좋은 직물로 만든 스타일 같이 핏이 크게 문제되지 않는 스타일에만 사이징을 사용한다.

사이즈 차트는 이 장의 마지막 부분에서 소개되는 것처럼 일종의 그레이드 차트(grade chart)가 단순화된 것이다. 사이즈 2에서 사이즈 10까지의 둘레 치수에는 1인치씩 차이가 있다. 즉 사이즈가 올라감에 따라 가슴둘레가 33, 34, 35, 36인치로 1인치씩 증가한다. 사이즈 12에서 16까지는 1$^{1}/_{2}$인치씩의 차이로 그 차이가 커지는데 사이즈 간에 2인치씩 차이가 나서 아래 치수보다 2배로 커지는 사이즈도 있다.

사이즈 4와 8 간에는 2인치씩 차이가 나지만 알파 사이즈 범위에서는 L 사이즈와 XL 사이즈 간에는 4인치 차이가 난다. 피팅 사이즈가 18인 사람의 경우, 실제 치수가 L 사이즈와 XL 사이즈의 중간 사이즈일 수도 있으므로 XL 사이즈의 옷을 입을 경우에는 사이즈가 맞지 않을 수도 있다. 그러므로 사이즈를 알파 사이즈로 제시하는 스타일의 경우에는 직물과 스타일에 따라 세심하게 사이즈를 조절하는 것이 중요하고 모든 스타일에 알파 사이즈가 적합하지 않다는 것을 알아야 한다.

그 사이즈 간의 차이인 **그레이드 룰**(grade rule)은 모든 사이즈에 동일하게 적용된다. 사이즈 8의 경우 엉덩이와 허리 간의 차이는 10인치로 28인치와 38인치이고, 사이즈 4와 사이즈 20의 경우에도 엉덩이와 허리 간의 차이가 10인치이다. 이러한 사항은 모든 여성들의 평균을 나타내고 대부분의 여성들의 치수가 이러한 비율에 포함된다는 것을 의미한다. 엉덩이와 허리 간의 차이가 10인치가 안 되거나 10인치를 넘는 소수의 여성들도 있는데 이러한 소비자들은 체형에 맞는 의복을 찾는 일이 쉽지 않을 것이다.

이러한 사이즈 차트의 사이즈에 맞지 않는 체형을 가진 여성 소비자들은 체형에 맞는 사이즈의 의복을 찾는 데 어려움을 겪을 수도 있다. 예를 들면 사이즈 2보다 작고 키가 173센티미터보다 큰 경우가 이에 해당한다.

쁘티 사이즈 차트

쁘티(petite) 사이즈는 대략 키가 150~160센티미터 정도인 여성들을 대상으로 한다. 미시와 쁘티 사이즈 사이에 차이가 나

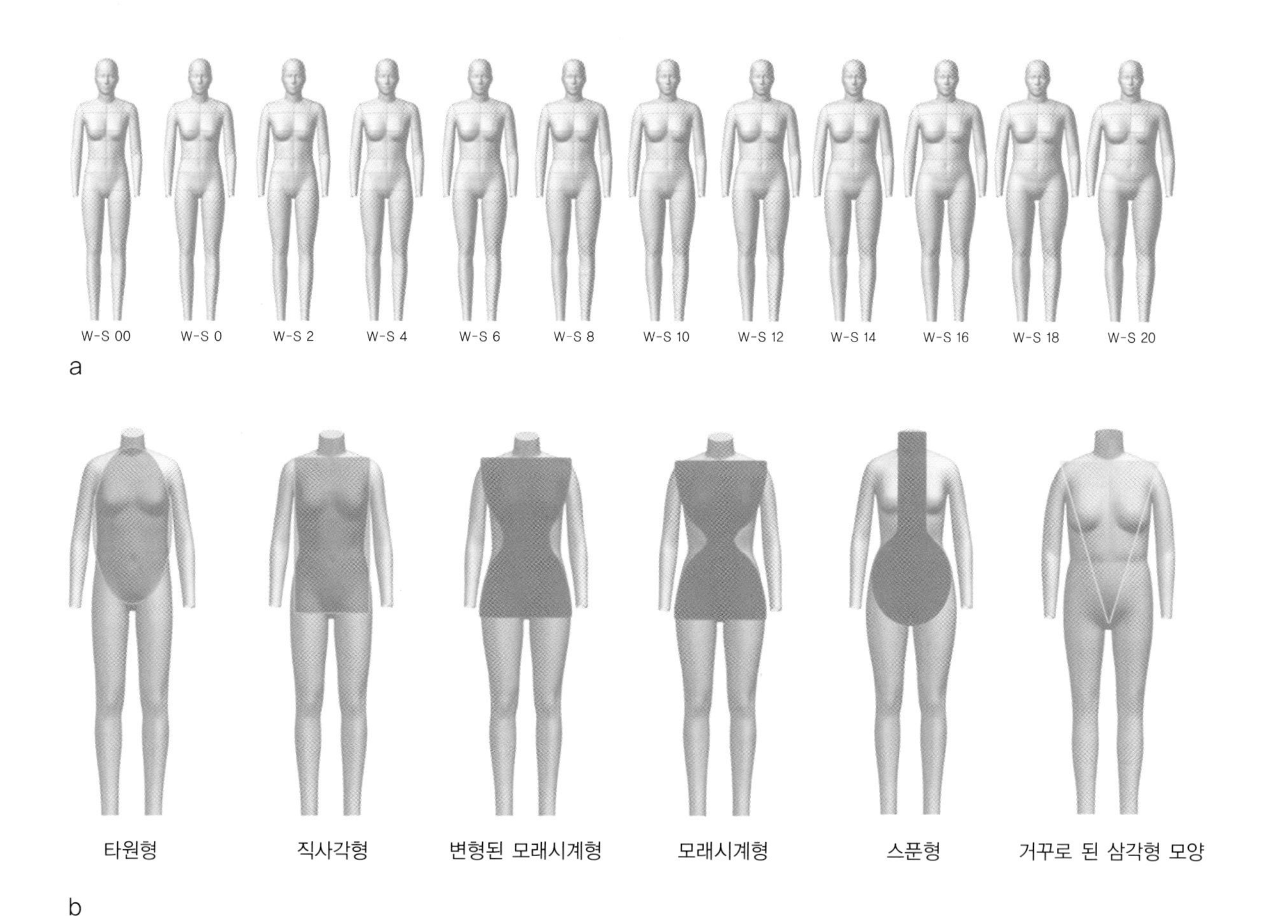

그림 15.30 (a) 알바논 드레스폼의 신체 비율 비교(사이즈 00~20)와 (b) 핏 타입 변형도

는 주된 부분은 인심과 슬리브 길이다.

〈표 15.7〉은 쁘티 사이즈의 모든 둘레 치수가 미시 사이즈보다 1/2인치씩 작은 것을 보여준다. 그러나 엉덩이와 허리 간의 비율과 가슴 부분과 허리 사이의 비율은 정확하게 미시 사이즈와 동일하다. 대략 반 정도의 여성들이 162.5센티미터 이하이므로 쁘티 제품을 생산하는 파트가 중요하다. 쁘티 팬츠 스타일은 인심이 짧을 뿐 아니라 비율적으로 밑위도 짧다.

톨 사이즈 차트

톨(tall) 사이즈는 170센티미터가 넘는 여성들을 위한 사이즈로 T로 표시를 한다. 〈표 15.8〉의 사이즈 차트를 보면 사이즈가 2이면서 키가 170센티미터이거나 그 이상으로 큰 여성들이 거의 없기 때문에 이 차트에 나와 있지 않은 것을 알 수 있다. 톨 사이즈의 여성이 미시 사이즈의 여성 소비자들보다는 훨씬 적기 때문에 톨 사이즈는 추가로 생산되는 편이고 스타일별로 특정 비율로 생산한다. 톨 사이즈의 팬츠 스타일은 비율적으로 밑위가 길다.

여성 플러스 사이즈 차트

미국의 여성용 사이즈 중에서 플러스 사이즈에 대한 수요가 증가하고 있는 추세다. 알파 사이즈 같은 경우에는 사이즈별로 4인치씩 증가하고 숫자 사이즈 같은 경우에는 2인치씩 증가한다. 또한, 키가 작고 사이즈가 큰 여성들을 위해 쁘티 사이즈 중에서도 큰 사이즈가 있다.

이러한 사이즈 범위를 스타일링할 때, L 사이즈의 여성들은 모래시계형, 페어형(pear : 서양 배처럼 상체보다 허리와 엉덩이가 더 큰 체형), 역삼각형이나 사각형과 같이 여러 가지 다른 실루엣을 갖는 경향이 있기 때문에 체형을 정의하는 것이 중요하다. 〈표 15.9〉의 사이즈 차트는 모래시계형을 기준으로 한 표준 차트로서 미시 차트와 같이 허리와 엉덩이 간

표 15.7 XYZ 제품개발회사의 쁘티 사이즈 차트

(알파)	XS		S		M		L		XL	
(숫자)	2P	4P	6P	8P	10P	12P	14P	16P	18P	20P
가슴	32 1/2	33 1/2	34 1/2	35 1/2	36 1/2	38	39 1/2	41	43	45
허리	24 1/2	25 1/2	26 1/2	27 1/2	28 1/2	30	31 1/2	33	35	37
엉덩이	34 1/2	35 1/2	36 1/2	37 1/2	38 1/2	40	41 1/2	43	45	47

표 15.8 XYZ 제품개발회사의 톨 사이즈 차트

(알파)	XS	S		M		L		XL	
(숫자)	4T	6T	8T	10T	12T	14T	16T	18T	20T
가슴	33 1/2	34 1/2	35 1/2	36 1/2	38	39 1/2	41	43	45
허리	25 1/2	26 1/2	27 1/2	28 1/2	30	31 1/2	33	35	37
엉덩이	35 1/2	36 1/2	37 1/2	38 1/2	40	41 1/2	43	45	47

표 15.9 XYZ 제품개발회사의 여성 플러스 사이즈 차트

(알파)	1X		2X		3X		4X	
(숫자)	14W	16W	18W	20W	22W	24W	26W	28W
가슴	40	42	44	46	48	50	52	54
허리	32 1/2	34 1/2	36 1/2	38 1/2	40 1/2	42 1/2	44 1/2	46 1/2
엉덩이	42 1/2	44 1/2	46 1/2	48 1/2	50 1/2	52 1/2	54 1/2	56 1/2

의 차이가 10인치이다. 회사마다 각각의 다양한 고객에 맞게 스타일링하기 위해 표준 사이즈 차트를 그대로 사용하지 않고 고객의 체형에 맞도록 사이즈를 바꾸기도 할 것이다. 예를 들어 허리와 엉덩이의 사이즈가 거의 같은 사각형 체형에 맞는 의복에 대한 수요가 더 많이 있을 경우에는 허리에 드로우스트링 디테일을 넣어주면 될 것이다. 그러한 방법으로 같은 의복 스타일이 사각형과 모래시계형 체형의 실루엣에 맞도록 한다.

청소년 사이즈 차트

청소년은 사이즈의 변화가 많은 시기로 넓은 범위 나잇대의 체형을 포함한다. 청소년들은 어른보다 키가 1~2인치 정도 작거나 가슴둘레가 작은 편이다. 미시들의 가슴과 엉덩이 간의 차이는 2인치인 반면에 청소년들의 가슴과 엉덩이 간의 차이가 3$^{1}/_{2}$인치이다. 미시 사이즈 차트와 비교했을 때 청소년들은 엉덩이보다 허리가 약간 작은데 그 정도가 $^{1}/_{2}$인치 정도이다. 이러한 사이즈 범위의 의복은 대개 젊은 소비자들을 대상으로 만들고 청소년 사이즈는 홀수를, 미시 사이즈는 짝수를 사용해 소비자들이 쉽게 구분할 수 있도록 한다.

남성용 사이즈 차트

남성들의 사이즈를 재는 데는 몇 가지 중요한 방법이 있다. 여성들의 사이즈와 달리, 남성들의 사이즈는 실제 체형을 측정한 치수(목둘레, 가슴둘레, 허리둘레)를 인치로 반영한다.

우븐 드레스 셔츠는 목둘레, 슬리브 길이와 전체 길이에 따라 사이즈가 정해진다. 목은 유일하게 셔츠 핏이 체형에 근접한 곳으로 가슴둘레 치수를 가늠하게 한다. 실제로 리테일러가 모든 칼라 사이즈에 대한 슬리브 길이를 제시하기 위해서는 대략 26가지의 재고 물량단위인 SKUs(stock keeping units)를 가지고 있어야 한다. 즉 목둘레 사이즈 14$^{1}/_{2}$인치와 슬리브 길이 32에서 목둘레 18$^{1}/_{2}$인치와 슬리브 길이 35인치까지 다양하게 갖추어야 할 것이다. '톨' 사이즈가 추가될 경우에는 재고 물량이 41가지로 증가해야 한다. 게다가 바지 길이를 32인치에서 36인치까지 다양하게 만든다면 재고 물량이 대략 87가지 종류로 증가하게 된다. 이는 한 칼라로 진행할 경우다. 따라서 남성용 셔츠의 경우에는 너무 적지도 많지도 않은 사이즈 종류의 스타일 재고를 가지고 있어야 한다. 이러한 이유로 남성용 셔츠는 계절별로 다양하게 스타일링을 하지 않는다.

폴로 셔츠, 잠옷과 속옷 같은 캐주얼 니트 상의는 알파 사이징으로 사이즈를 표시한다. 남성들은 둘레 치수가 같더라도 키가 다양하므로 대개 팬츠의 길이를 짧거나 중간 길이로 하거나 길게 한다. 남성용 테일러드 재킷은 가슴둘레 치수와 키(길이 42인치와 44인치 중간)로 사이즈를 표시한다.

팬츠는 허리 사이즈로 사이즈가 결정된다. 일반적으로 남성용 사이즈 차트에는 엉덩이의 크기가 나와 있지 않으나 〈표 15.11〉에는 비율을 비교하기 위해 기록했다. 〈표 15.11〉은 비율을 비교한다. 남성들의 경우에는 가슴둘레 사이즈가 44인치일 때까지 가슴둘레와 엉덩이둘레가 같고 가슴둘레가 46인치일 경우부터는 엉덩이둘레 사이즈가 가슴둘레 사이즈보다 약간 작다는 사실이 흥미롭다. 여성들의 경우, 허리와 엉덩이의 표준 차이는 10인치이고 남성들은 여기서 보여지는 바와 같이 6인치다. 이러한 이유로 유니섹스의 사이징이 특히 하의 제품의 경우에 거의 성공하기 어렵다. 사이즈 숫자가 실제 인체의 크기와 상관이 있기 때문에 남성들의 경우에는 사이즈를 부풀리기 어렵다. 34인치는 실제로 34인치인 것이다. 따라서 남성용 브랜드 간에 사이징 트렌드가 매우 일정하다.

아동용 사이즈 차트

아동복의 사이즈에서는 둘레 치수로서 키와 몸무게가 중요하

표 15.10 XYZ 제품개발회사의 청소년 사이즈 차트

(알파)	XS		S		M		L		XL	
(숫자)	00	0	1	3	L	7	9	11	13	15
가슴	29 1/2	30 1/2	31 1/2	32 1/2	33 1/2	34 1/2	35 1/2	37	38 1/2	40
허리	22 1/2	23 1/2	24 1/2	25 1/2	26 1/2	27 1/2	28 1/2	30	31 1/2	33
엉덩이	33	34	35	36	37	38	39	40 1/2	42	43 1/2

표 15.11 XYZ 제품개발회사의 남성용 사이즈 차트

(알파)	Small		Medium		Large		X-Large		XX-Large	
셔츠										
목(숫자)	14	14 1/2	15	15 1/2	16	16 1/2	17	17 1/2	18	18 1/2
가슴(숫자)	34	36	38	40	42	44	46	48	50	52
팔(보통 체형)	32 1/2	33	33 1/2	34	34 1/2	35	35 1/2	36	36 1/2	36 1/2
팔(장신형)	34	34 1/2	35	35 1/2	36	36 1/2	37	37 1/2	38	38
하의										
허리(숫자)	28	30	32	34	36	38	40	42	44	46
엉덩이	34	36	38	40	42	44	45 1/2	47	48 1/2	50

다. 아이들은 대개 갑자기 성장해, 어른들과 달리 의복의 비율이 일반적이지 않은 방식으로 변한다. 예를 들면 팬츠 인심이 길이방향으로 2인치 증가하면 가슴둘레도 1인치 증가하는데 팬츠 인심이 1인치 증가할 때 가슴둘레도 똑같이 1인치 증가하는 시기가 있다. 여자아이들과 남자아이들의 사이징 차이는 대략 60파운드까지 있는데 그 차이가 매년 커질 때 사이즈가 더 이상 합쳐질 수가 없다. R 사이즈는 regular, 즉 일반 보통 사이즈를 뜻한다.

남자아이들의 사이즈 차트에는 사이즈가 20까지 있는데, 사이즈 20보다 더 성장하면 성인 남성 팬츠의 허리둘레 32인치를 입을 수 있게 된다. 〈표 15.13〉에 추가 사이즈가 보이는데 짝수로 8에서 20까지다.

모자의 사이즈 차트

〈표 15.14〉는 햇(hat)의 사이즈에 대한 정보를 보여준다.

표 15.12 XYZ 제품개발회사의 여아 사이즈 차트

(숫자)	7R	8R	10R	12R	14R	16R
키(인치)	51	53	55	57	59	62
몸무게(파운드)	59~61	65~67	73~75	83~85	95~97	109~111
가슴	26	27	28	30	31	33
허리	22	23	24	25	26	27
엉덩이	27 1/2	28 1/2	30	32	34	36

표 15.13 XYZ 제품개발회사의 남아 사이즈 차트

(숫자)	8R	9R	10R	11R	12R	14R	16R	18R	20R
키(인치)	50	52	54	56	58	61	64	66	68
몸무게(파운드)	59~61	65~68	73~76	80~83	87~90	100~103	115~118	126~129	138~141
가슴	26 1/2	27 1/2	28	28 1/2	29 1/2	31	32	34	35 1/2
허리	23 1/2	24	24 1/2	25	25 1/2	26 1/2	27 1/2	28 1/2	29 1/2
엉덩이	26 1/2	27	28	29	30	32	34	35 1/2	37

표 15.14 XYZ 제품개발회사의 모자(햇) 사이즈 차트

	Small	Medium	Large	X-Large
머리 사이즈*	21 1/2~21 7/8	22.25~22 5/8	23~23 1/2	23 7/8~24 1/4
모자 사이즈	6 7/8~7	7 1/8~7 1/4	7 3/8~7 1/2	7 5/8~7 3/4

* 눈썹 윗부분에서 머리둘레를 측정한다.

양말 사이즈에 맞는 신발 사이즈 차트

〈표 15.15〉는 아동, 남성, 소년, 여성의 양말 사이즈와 이에 맞는 신발 사이즈를 보여준다.

그레이딩

그레이딩(grading)은 샘플 사이즈 패턴을 기준으로 비율적으로 더 큰 사이즈로 늘리거나 작은 사이즈로 줄이는 과정이다. 〈그림 15.31〉은 모든 사이즈의 오른쪽 프론트 바디스 패턴(front bodice pattern)이 겹쳐져 있는 것을 보여주는데, 이것을 네스티드 세트(nested set : 새의 둥지처럼 여러 가지 패턴의 줄들이 서로 쌓여 있는 모습)라고 한다. 겹쳐져 있는 패턴의 사이즈가 크게 달라 보이지 않지만, 사이즈가 4배로 증가해 사이즈 4에서부터 20까지 모든 사이즈를 총망라할 것이다.

그레이딩의 목적

그레이드의 증가를 **그레이드 룰**(grade rule)이라고 하며 브랜드마다 그레이드 룰이 서로 다르지만 샘플 사이즈를 표준화해 그레이드하는 룰은 같다. 이 브랜드에서 사이즈 18인 옷을 입는 소비자는 모든 스타일의 사이즈 18을 입을 수 있다. 이러한 이유로 큰 사이즈는 반드시 핏 모델에 입혀야 하고, 사이즈 18과 20은 사이즈 8의 샘플 사이즈처럼 꼼꼼하게 확인해야 한다.

그레이딩은 원래 스타일의 비율을 그대로 유지하면서 모든 사이즈를 생산하는 것이 목적이다. 샘플 사이즈 패턴에 결함이 있다면 그레이딩을 할 때 그 결함이 그대로 다른 사이즈에도 전이되거나 더 커지게 된다. 이러한 이유로 샘플 사이즈의 피팅이 완벽하게 되어 다트, 나취(notche), 드릴 홀(drill hole)과 올 방향(grainline)이 샘플 사이즈 패턴에서 그대로 승인이 되기 전에 그레이딩을 해서는 안 된다.

표 15.15 XYZ 제품개발회사의 양말 사이즈 차트

(NAGM)			
양말 사이즈	신발 사이즈		
	아동용	남성용	여성용
3	Baby		
3 1/2	0		
4	0~1		
4 1/2	1 1/2~2		
5	3~4		
5 1/2	4 1/2~5		
6	6~7		
6 1/2	7 1/2~8 1/2		
7	9~10		
7 1/2	10 1/2~11 1/2		
8	12~13	1	
8 1/2	13 1/2~14 1/2	1 1/2~2 1/2	2 1/2~3 1/2
9	2~3	3~4	4~5
9 1/2		4 1/2~5 1/2	5 1/2~6 1/2
10		6~6 1/2	6 1/2~7 1/2
10 1/2		7~8	8~9
11		8 1/2~9	9 1/2~10 1/2
11 1/2		9 1/2~10	10 1/2~11 1/2
12		10 1/2~11	11 1/2~12
12 1/2		11 1/2	12 1/2~13
13		12~12 1/2	
14		13~14	
15		14 1/2~16	
16		16 1/2~18	

그레이딩의 테크니컬 디자인 측면

과거에는 그레이딩이 한 번에 한 사이즈씩 진행되어, 각각의 사이즈 패턴을 약간 이동시키고 두꺼운 태그보드(tagboard)에 다시 패턴을 옮겨 그렸다. 그런 다음, 마커 종이에 태그보드를 올리고 그 주변을 옮겨 그리면서 마커(marker)를 표시했다. 오늘날 대부분의 공장들은 컴퓨터 프로그램을 가지고 있어서 적은 단계를 통해 빠르게 패턴을 그레이드하고 마커를

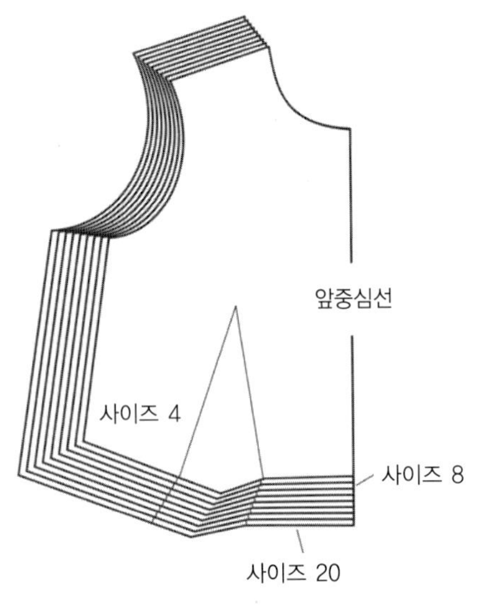

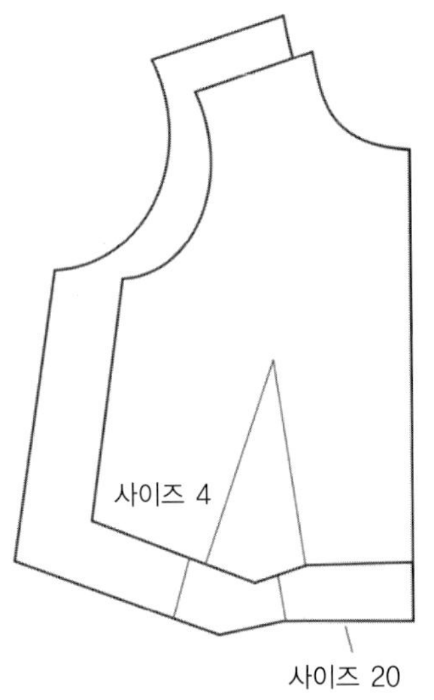

그림 15.31 바디스 그레이드를 위한 네스티드 세트

만든다.

대부분의 회사들은 그레이드 차트 견본 시스템을 가지고 있어서 샘플 사이즈를 입력하면 나머지 사이즈가 자동적으로 그레이드 룰에 따라서 나온다. 대부분의 과정이 자동화되어 있고 주요 바디 스펙 치수를 위해 간단하게 되어 있다. 어떤 스타일에는 상반되는 그레이딩 정보가 있을 수 있는데 이는 정당화되어야 한다. 예를 들어 팬츠의 핸드 포켓은 대개 모든 사이즈에 동일한 크기로 그레이드되었다(사이즈 8인 그림 15.32a와 사이즈 16인 그림 15.32b의 포켓 디테일 크기가 같다). 벨트고리는 대개 앞중심선에서 일정한 거리만큼 떨어뜨려서 벨트고리끼리 서로 너무 멀리 떨어지지 않도록 그리고 벨트가 아래로 내려가지 않도록 한다. 〈그림 15.32a〉는 벨트고리가 사이드 솔기 쪽으로 너무 떨어져 있는 것을 보여준다. 따라서 벨트고리가 끝에 달린 카고 포켓이 있는 옷은 어떤 그레이드를 따라서 진행할 것인지를 결정해야 한다. 〈그림 15.32c〉는 바지의 사이즈가 증가함에 따라 포켓의 넓이가 이와 같은 비율로 그레이드되었으나, 포켓들이 각각의 사이즈별로 봉제될 때 모든 벨트고리의 끝에 바지 사이즈에 상관없이 그대로 위치한 것을 보여준다. 〈그림 15.32c〉는 샘플로 훌륭한 예가 될 것이며 사이즈 16인 핏 모델에 포켓이 보기에 적당한지 너무 크지 않은지 검토될 것이다.

그레이드를 확인하는 또 다른 예는 스코트(skort)라고 알려진 의복에 관련된 것이다. 스코트는 반바지가 안에 부착된 짧은 스커트다. 〈그림 15.33〉은 스코트의 외관을 보여주는데 안쪽에 있는 반바지는 스커트보다 1/2인치 짧다. 스커트의 길이가 그레이드되지 않을 경우에는 반바지를 1/4인치씩 표준

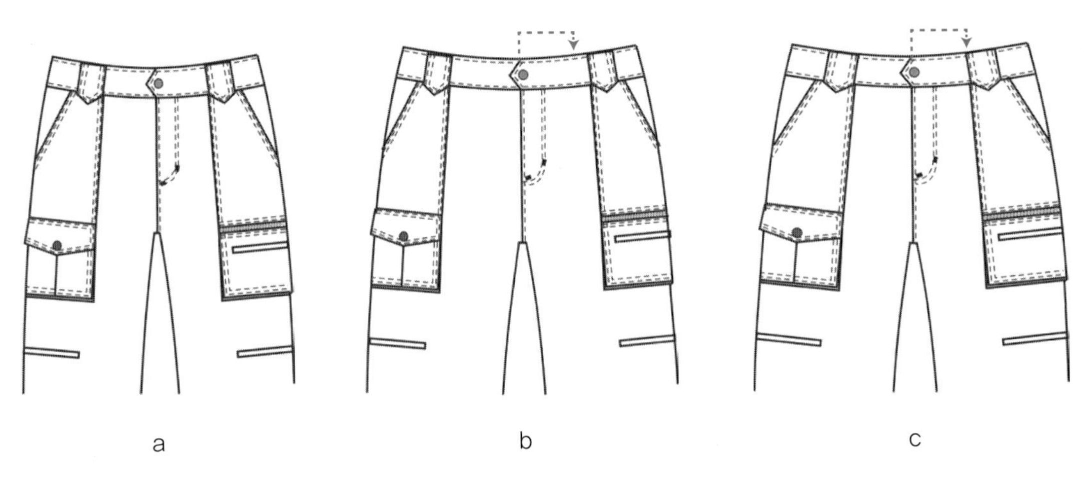

그림 15.32 그레이드된 디테일의 평가

a

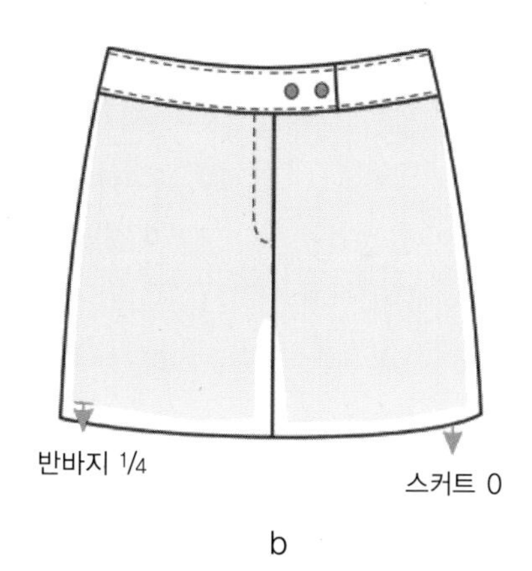

b

c

그림 15.33 호환이 되도록 그레이드 만들기

화 그레이드한다. 이와 같이 그레이딩을 하면 〈그림 15.33c〉에서 볼 수 있듯이, 가장 큰 사이즈의 반바지 길이는 스커트 길이보다 길게 될 것이다. 그러한 스타일은 별로 보기에 좋지 않다.

대부분의 그레이딩이 간단하지만 그레이딩을 할 때 세심하게 분석하는 것이 중요하다. 크기가 큰 샘플을 만들면 그레이드에 도움이 되고 발생될 문제들을 미리 방지할 수도 있다.

요약

종합해보면, 상의, 하의, 속옷, 모자, 그리고 양말까지 다양한 의류제품의 치수를 측정하는 기준은 제품 각각의 독특한 특징에 따라 조금씩 다르다. 다양한 의류제품의 치수를 반복적으로 측정함으로써 의류제품의 치수를 측정하는 원리를 완전히 이해할 수 있다. 디자이너들이 테크니컬 패키지에 나와 있는 사이즈와 스펙에 관련된 핏 문제점들에 대해 명확하게 의사소통하기 위해서는 성별과 나이별로 다양한 소비자들의 사이즈 차트에 대한 충분한 지식을 가지고 있어야 한다.

연구문제

1. 다음의 단계대로 셔츠의 치수를 측정해보라.
   a) 치수를 측정할 셔츠를 가져와서 이 장에서 공부한 치수 측정 지점대로 각 부분별 스펙 페이지를 만들어보라. 치수를 측정해 기록해보라. 디테일 스펙이 필요하면 추가하고 그 크기와 위치를 설명해보라.
   b) 비율적으로 정확한 앞면과 뒷면의 스케치를 1/8 비율로 그려보라.
   c) 다른 학생과 의복을 바꿔서 그 학생의 의복 치수를 측정하고 파트너는 자신의 의복 치수를 측정하도록 한 후에, 두 가지 치수를 비교해보라. 부록에 나와 있는 테크니컬 패키지를 참조해 오차허용치수 범위를 찾아보고 오차허용치수 범위를 넘는 치수가 있는지 살펴보라.
   d) 서로 치수 측정 방법에 대해 논의해보고 각각의 치수가 오차허용치수 범위 내에 들고 서로 이에 대해 합의할 때까지 치수를 다시 측정해보라.
2. 다음의 단계대로 청바지의 치수를 측정해보라.
   a) 치수를 측정할 청바지를 가져와서 이 장에서 공부한 치수 측정 지점대로 각 부분별 스펙 페이지를 만들어보라. 치수를 측정해 기록해보라. 디테일 스펙이 필요하면 추가하고 그 크기와 위치를 설명해보라.
   b) 비율적으로 정확한 앞면과 뒷면 스케치를 1/8 비율로 그려보라.
   c) 다른 학생과 의복을 바꿔서 그 학생의 의복 치수를 측정하고 파트너는 자신의 의복 치수를 측정하도록 한 후에, 두 가지 치수를 비교해보라. 부록에 나와 있는 테크니컬 패키지를 참조해 오차허용치수 범위를 찾아보고 오차허용치수 범위를 넘는 치수가 있는지 살펴보라.
   d) 서로 치수 측정 방법에 대해 논의해보고 각각의 치수가 오차허용치수 범위 내에 들고 서로 이에 대해 합의할 때까지 치수를 다시 측정해보라.
3. 옷장에서 모자를 하나 선택하고 치수 측정 지점대로 각 부분별 스펙 페이지를 만들어보라.
4. 양말을 선택해 치수 측정 지점대로 각 부분별 스펙 페이지

를 만들어보라.

5. 속옷 하나를 선택해 치수 측정 지점대로 각 부분별 스펙 페이지를 만들어보라.
6. 미시와 톨 사이즈 둘레 치수에 어떠한 차이점이 있는가?
7. 미시와 톨 사이즈의 가슴, 허리와 엉덩이의 비율에 어떠한 차이점이 있는가?
8. 16세 소녀와 성인 여자의 사이즈 차트를 어떻게 비교하는가?
9. 남성복, 여성복, 아동복 브랜드 중에서 가장 선호하는 브랜드를 하나씩 골라보자.
   a) 각각의 브랜드에 대한 경쟁 브랜드를 2개씩 찾아보라.
   b) 각 브랜드와 경쟁 브랜드의 웹사이트에 들어가서 각각의 인터넷 주소를 적어보라.
   c) 경쟁 브랜드를 선택한 이유를 설명해보라. 각 브랜드의 강점은 무엇인가? 각 브랜드의 포지셔닝(positioning)은 어떠한가?
   d) 각 리테일러의 사이즈 차트를 내려받아서 핏의 차이를 비교해보라.
10. 〈그림 15.6c〉의 의복에서 암홀 드롭은 어떻게 측정하는지 설명하라.
11. 〈그림 15.7〉에서 숄더 드롭은 어떻게 측정하는지 설명하라. 이 경우 프론트 넥드롭은 어떻게 측정하는가?

이해 확인

1. 일반적으로 측정해야 하는 치수와 측정하지 않아도 되는 치수를 나열해보라.
2. 의류제품을 생산하는 데 있어서 치수를 측정하는 일이 왜 중요한가?
3. 그레이딩이란 무엇이며 왜 사용되는가?
4. 아동복의 경우 사용 가능한 다양한 사이즈 차트에는 어떠한 것이 있는가?

CHAPTER 16

핏과 피팅

학습목표

1. 타깃 마켓 소비자들이 가지는 핏과 관련된 문제들에 대하여 이해한다.
2. 핏과 관련된 문제를 문서 또는 구두로 효과적으로 의사소통한다.
3. 핏과 관련된 문제들을 해결할 수 있는 비판적인 사고 능력을 기른다.
4. 다양한 인체 형태의 핏과 패턴 간의 관계에 대하여 이해한다.

주요용어

고-시(go-see)
균형(balance)
드래그 라인(drag line)
드레스 폼(dress form)
디자인 이즈(design ease)
세트(set)
원형(sloper)
핏 이즈(fit ease)

이 장의 주된 요지는 소비자들에게 적합한 제품을 개발하는 데 있어서 핏이 얼마나 중요한지를 이해하는 것이다. 핏과 핏에 관련된 사항들에 영향을 미치는 다양한 요소를 검토하고 디자인 특성과 실루엣 및 체형에 대해서도 알아본다. 이 장에서는 핏과 관련해 자주 일어나는 문제점들에 대해 논의하고 그러한 문제점들을 해결할 수 있는 방안을 찾기 위해 비판적인 사고를 적용한다.

핏의 목적

우리가 의복을 입는 목적은 신체를 가리거나 드러내는 데 있다. 즉 의복을 착용함으로써 우리가 가리고 싶은 곳은 가리고 드러내고 싶은 곳은 드러낼 수 있다. 의복의 핏에는 다양한 개인적인 요소가 작용하기 때문에 어떤 사람에게 '완벽한 핏'이 다른 사람에게는 전혀 그렇지 않은 경우도 있다. 어떤 사람은 자신의 체형을 드러내고 싶어 하는 반면에 또 다른 사람들은 체형을 드러내고 싶어 하지 않을 수도 있다. 소비자들을 잘 이해하는 회사들은 소비자의 기대치와 원하는 것을 잘 파악해 소비자가 원하는 핏을 제공하려고 최선을 다한다. 한 브랜드 내에서 일관성 있는 핏의 의류제품을 생산해 소비자에게 판매하는 것이 중요한데, 이는 소비자의 충성도를 형성하는 데 중요한 역할을 하기 때문이다.

소비자들이 원하는 핏의 의류제품을 제공하는 데 여러 가지 요인이 영향을 미치는데, 회사에서 다음 몇 가지 중요한 요인은 반드시 고려해야 한다.

- 패션 트렌드와 스타일
- 직물(질감, 무게, 늘어짐, 촉감)
- 상황(사회적, 문화적, 정치적 상황이나 다른 문제들)
- 의복에 의도된 기능성
- 대상 고객(연령, 성별, 체형, 라이프스타일, 인구통계학적 특성과 소득)

좋은 핏은 각각의 소비자에 따라 다를 수 있다. 예를 들어 몸에 꼭 끼는 스키니 팬츠가 유행일 경우 유행을 따르는 대상 소비자들을 위한 핏 스탠다드(fit standard)는 아마도 몸에 딱 달라붙는 핏일 것이다. 그러나 같은 유행이 나이 든 고객들에게 적용될 때는 '극도로 몸에 달라붙는 핏'보다는 몸에 달라붙는 정도가 덜한 '슬림한 정도의 핏'으로 적용될 것이다.

핏의 요소

핏에 관련된 다양한 요소들로 이즈, 균형과 세트가 있다.

이즈(여유분)

의복을 착용했을 때 인체의 어떤 부분은 몸에 꼭 맞고 어떤 부분은 느슨하게 여유가 있게 된다. 의복을 디자인할 때 실루엣에 맞도록 정확한 치수를 측정하는 것이 중요하다. 의복의 핏에 대해 디자이너들이 의도하는 바를 올바르게 이해해 각 부분에 정확한 의복 치수를 정하는 것이 중요하다.

이즈(ease) 또는 여유분은 다양한 실루엣과 핏을 위해 사용된다. 이즈는 의복의 치수와 착용자의 치수 간 차이로, 엉덩이의 치수 차이를 예로 들 수 있다. 이즈에는 두 가지 종류가 있는데 핏(착용) 이즈와 디자인(스타일) 이즈가 있다. **핏 이즈**(fit ease)는 일상적인 움직임을 위한 여유분이고 **디자인 이즈**(design ease)는 특정한 의복의 실루엣을 만들기 위해 추가하거나 줄여주는 여유분이다.

핏 이즈와 의복 원형

전에 언급한 바와 같이, 이즈는 의복과 착용자의 치수 간 차이다. 예를 들어 사이즈 8인 의복을 입는 사람의 엉덩이 치수가 38인치인데 실제 의복의 치수는 40인치라면 두 치수 간의 차이인 2인치가 이즈가 된다. 적절한 이즈 분량은 회사의 기준과 의복의 실루엣을 기준으로 디자이너와 테크니컬 디자이너가 결정한다. 디자이너들은 이즈 분량이 의도한 디자인을 잘 표현하는지를 확인해야 한다.

대부분의 의류회사들은 여러 가지 개발된 스타일에 대해 정해진 표준 패턴이나 의복 **원형**(sloper)을 갖고 있다. 의복 원형은 **블록 패턴**, **기본 패턴**, 혹은 **파운데이션 패턴**이라고도 한다. 이러한 패턴들은 디자인 이즈가 아닌 핏 이즈만 포함되어 있고 샘플 사이즈의 우븐 의복(셔츠, 드레스, 혹은 팬츠)으로 가장 슬림한 패턴이다. 이러한 패턴을 기준으로 다른 다양한 형태를 개발한다. 의복 원형 패턴을 사용해 만든 의복은 핏 이즈만 반영되었으므로 대개 유행에 맞지 않는 기본적인 의복이다. 그러나 의복 원형은 스타일을 표현하기 위해서라기보다는 형태를 만들기 위해 핏 참조용으로 사용된다. 샘플 사이즈의 의복 원형은 회사에서 사용하기 위한 평균 체형의 핏을 위해 개발되는데 새로운 의복 원형은 보통 여러 번의 시도와 노력을 거쳐 완성된다.

의복 원형이 완벽하면 패턴을 완벽하게 만들 수 있어서 패턴의 정확도를 높일 수 있을 것이다. 의복 원형 패턴은 인체의 굴곡을 반영해 디자인된다. 바디스의 사이드 솔기는 다트와 비슷한 역할을 해 허리 쪽으로 점점 가늘어져 인체의 곡선에 잘 맞게 해준다. 인체의 흉곽 주변이 직선으로 점점 가늘어지기 때문에 이러한 옆솔기도 직선이 될 수 있다. 그러나 스커트의 사이드 솔기는 곡선인데, 이는 인체의 아랫부분을 좀 더 풍성한 형태로 만들면 핏이 더 잘 맞을 수 있기 때문이다. 가슴, 엉덩이 둘레인 시트(seat), 허리밴드에서 5인치나 8인치 아래의 선으로 앉았을 때 피부가 늘어나는 배 부분 길이, 허리, 어깨뼈와 팔꿈치는 또한 솔기와 다트로 그 형태를 만들 수 있다. 목둘레의 곡선 또한 중요한데 이는 제15장에서 공부한 내용인 의복의 치수 측정 지점과 관련이 있다. 관련된 치수 측정 지점은 목깊이, 뒷목 깊이와 목너비이다.

의복 원형 패턴이 여러 가지 포인트를 나타내기 때문에 의복의 피팅 과정에서 이것을 사용하는 것이 중요하다. 그 중요한 포인트 중 하나가 버스트 포인트(bust point, apex)이다(그림 16.1b 참조). 사람의 키에 따라 허리의 위치가 달라지게 되므로 허리의 위치도 중요한 측정 지점 중 하나다. 자연스럽게 상체 부분을 드레이프하는 데도 허리의 위치가 중요하다. 더 나은 모습을 연출할 수 있는 의복을 생산하는 데 이러한 모든 부분이 중요하다. 디자이너가 의복 원형의 비율과 기본적인 사양에 익숙해지면 핏을 검토할 때 그러한 내용을 계속 참조하면서 핏을 확인할 것이다.

일반적으로 원형 패턴에는 시접 여유분이 포함되어 있지 않다. 이는 다트의 응용을 간단하게 할 수 있도록 그리고 필요하다면 디자인 이즈를 추가하기 쉽도록 하기 위함이다. 보통 패턴을 다 조정하고 샘플을 자르기 전에 시접 여유분을 추가하도록 한다. 〈그림 16.1a〉는 봉제한 의복이고 〈그림 16.1b〉는 착용자의 오른쪽 패턴으로 다트와 참조용 포인트가 그려져 있다. 〈그림 16.1b〉에서 의복 원형의 위쪽을 허리라고 부르는데 이는 바디스와 관련된 또 하나의 용어 중 하나다.

뒷면의 이즈, 솔기 그리고 다트 모양은 앞면과 같은 원리로 구성했다(그림 16.2a와 b). 소매 원형에는 팔 뒤꿈치선을 그려서 착용자가 팔을 편하게 구부릴 수 있는 정도로 폭이 적당한지 확인하는 중요한 포인트가 되게 했다(그림 16.2c 참조). 진동의 위치에 따라 소매가 팔을 움직일 때 편안한지, 자유롭게 팔을 움직일 수 있는지 등이 달라지게 되고 소매가 주름 없이 부드럽게 원형에 잘 맞는지 여부가 결정된다.

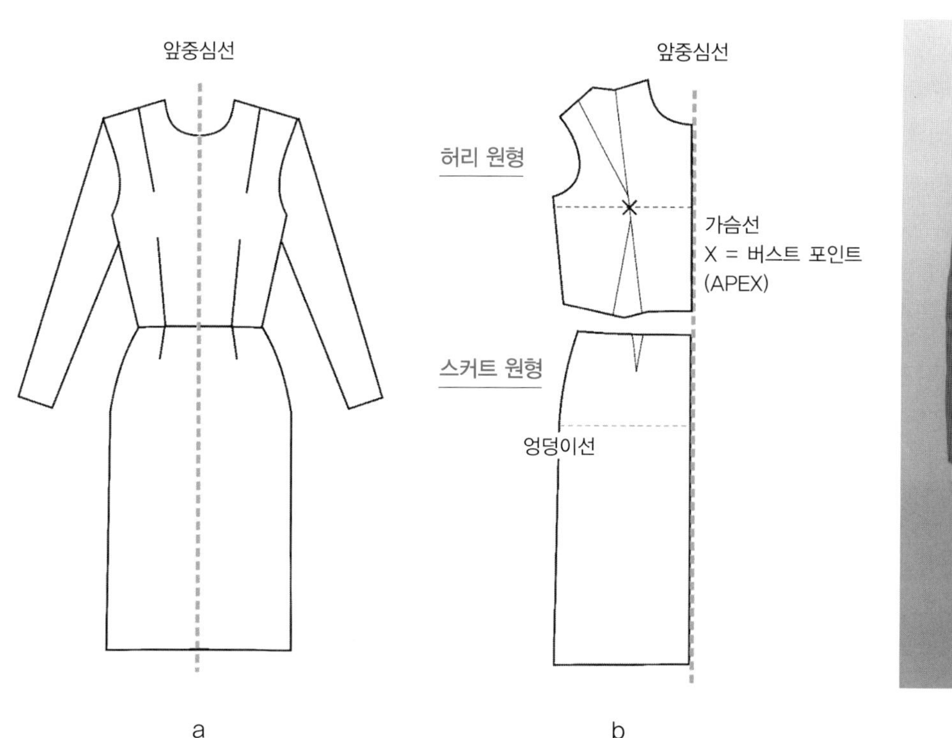

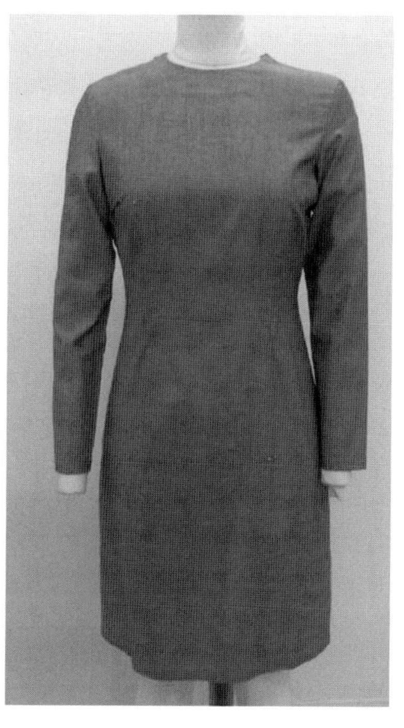

그림 16.1 드레스 원형과 앞판 패턴

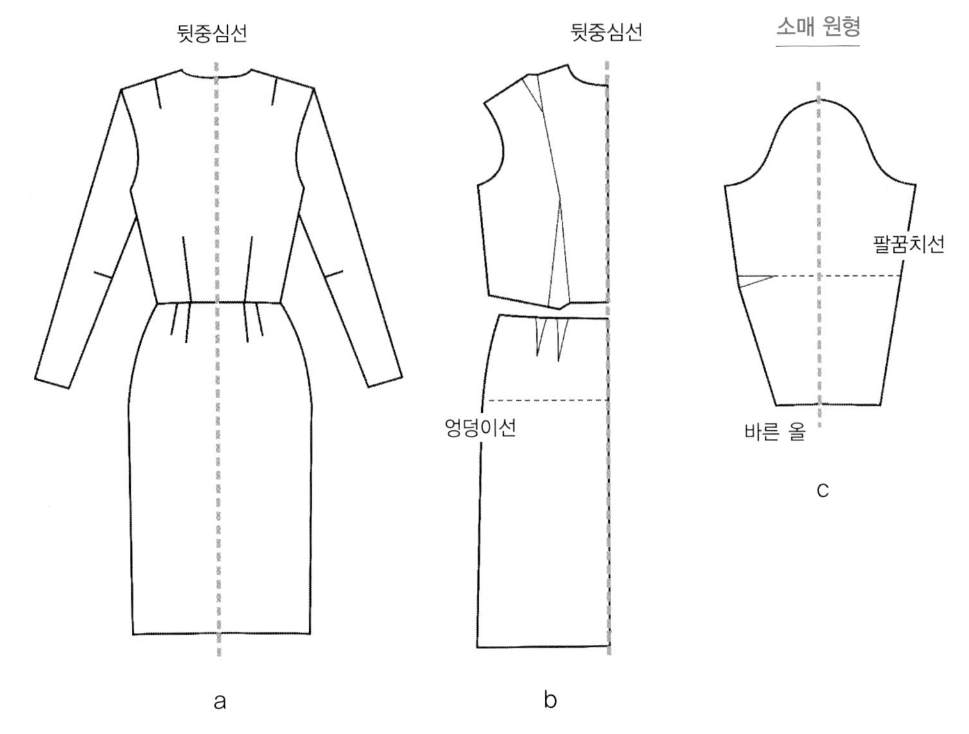

그림 16.2 드레스 원형과 뒤판 슬리브의 패턴

회사마다 샘플 사이즈가 달라서 의복 원형의 사양과 치수가 다르지만 의복 원형은 모든 회사에서 유용하게 사용된다. 예를 들면 사이즈 8은 가슴둘레 36인치, 허리 28인치, 엉덩이 38인치로 평균 체형을 나타내지만 이러한 세 가지 치수와 똑같은 치수의 체형을 가진 소비자는 거의 없다. 많은 소비자들의 치수를 합해 평균적으로 계산해 이러한 치수가 평균 치수로 되었지만, 역설적으로 평균 치수의 체형을 꼭 맞게 갖는 소비자는 거의 없다는 것이 아이러니하다.

버스트 포인트의 위치와 다트의 깊이가 다양한 것처럼 목둘레의 형태가 여러 가지로 다양할 수 있다. 또한, 이상적인 여성의 체형이 그 시대의 실루엣에 따라 변했고 미국이나 유럽 소비자의 평균 체형이나 소비자의 구성분포에 따라서 달라지기도 한다. 의복 원형이 잘 만들어졌을 경우에는 소비자들 개개인의 치수가 약간 변형되었다고 하더라도 사용하는 데는 문제가 없다.

의류회사에서는 생산하는 제품에 따라 여러 가지 의복 원형을 개발한다. 예를 들면 드레스를 판매하지 않는 회사에서는 드레스 원형을 만들지 않고 스커트나 블라우스 원형을 만들어서 사용한다. 니트의 경우에는 피팅 룰이 다르기 때문에 저지나 모 섬유로 된 이중 니트 같은 종류의 니트로 된 의류제품을 생산하는 회사에서는 이에 맞는 특별 의복 원형을 개발해 사용한다. 저지 드레스를 〈그림 16.1〉의 우븐 의복 원형 패턴을 이용해 만들 경우, 이즈 분량이 너무 많아서 사이즈 8인 소비자에게 너무 헐렁해 맞지 않게 될 것이고 니트 직물에는 신축성이 많으므로 팔꿈치에 넣은 다트 같은 디테일이 필요하지 않을 것이다. 니트 직물마다 그 신축성이 각각 다르기 때문에 개별적으로 의복 원형을 개발할 수도 있고 그렇지 않을 수도 있다. 의류회사에서는 소비자들에게 많이 팔리고 핏이 좋은 스타일의 의복 원형을 대안으로 사용하기도 한다. 그러한 의복 원형의 치수를 기본으로 같은 종류의 다른 의복을 생산할 수 있다.

또한 의복 원형은 핏 모델을 선택할 때도 유용하다. 의복 원형이 예상되는 핏 모델에 잘 맞을 경우에는 피팅 과정을 통해 앞으로 개발할 의복에 대한 적절하거나 부적절한 핏 포인트를 미리 예상할 수 있다.

남성용 스타일　이 장의 앞부분에서 언급했듯이, 의복을 자세하게 피팅할수록 기본적인 의복 원형의 독특한 윤곽을 잡아내는 것이 중요하다.

전형적인 남성용 드레스 셔츠는 꽤 헐렁하지만 칼라와 칼라밴드는 몸에 딱 맞게 되어 있다. 그러므로 칼라의 핏에서 칼라밴드의 곡선을 정확하게 하는 것이 중요하다. 소매산의 높이와 백요크의 곡선 등의 핏 포인트도 중요하다.

셔츠의 커프 또한 딱 맞게 되어 있어서 일반적으로 모든 스타일에 표준화된 스펙, 즉 측정 치수가 있다. 소비자가 커프의 핏을 조절할 수 있도록 커프스에 2개의 단추가 있는 것이 일반적이다. 커프가 약간 타이트한 핏일 경우에는 커프가 손까지 내려오지 않고 손목까지 내려오게 되므로 팔의 길이가 짧은 착용자도 긴 슬리브의 셔츠를 입을 수 있다. 이는 더 많은 소비자들에게 적합한 핏의 의복을 만들어서 판매하기 위한 회사 전략 중 하나다.

소비자들이 남성용 드레스 셔츠와 캐주얼 셔츠를 다른 스타일로 간주하기 때문에 의류회사에서는 각각의 의복 원형을 따로 사용할 것이다. 예를 들면 캐주얼 셔츠의 경우 프론트 목 깊이를 더 낮게 하고 가슴 부분에서 밑단까지 사이즈가 줄어들지 않는 헐렁한 박스형 핏이 더 잘 팔리는 것을 경험했을 것이다. 이러한 셔츠는 격식을 덜 차리는 스타일로, 양복 안에 넥타이를 매고 입지 않아도 되는 편안한 스타일일 것이다.

남성용과 여성용 팬츠의 의복 원형이 따로 있다. 다른 회사와 같이, XYZ 제품개발회사에서도 남성용 팬츠의 샘플 사이즈는 34다. 34인치는 허리둘레 사이즈인데 모든 남자들이 허리 치수가 34인 팬츠를 입지는 않는다. 아마도 매우 소수의 남자들이 이 사이즈의 팬츠를 입을 것 같다. 팬츠 핏 측정의 핵심은 허리, 엉덩이와 밑위인데 사이즈 34인 남자들의 실제 허리, 엉덩이와 밑위의 사이즈는 천차만별이다. 따라서 이즈 분량을 더한 평균 사이즈가 34 사이즈 팬츠 원형 크기가 된다. 남성용 팬츠 원형의 실제 허리밴드의 길이는 다양하다. 1인치의 이즈 분량을 포함하거나 신축성을 더해주기 위해 엘라스틱 인서트를 넣으면 35인치가 되고, $1^1/_2$인치의 이즈 분량을 포함하면 $35^1/_2$인치가 되며, 엉덩이에 걸치는 낮은 밑위 스타일의 팬츠로 만들기 위해 2인치의 이즈 분량을 포함하면 36인치가 될 것이다. 이러한 모든 다양한 경우를 고려해 의복 원형을 제작한다.

아동복 스타일 아동들의 스타일은 다른 스타일에 비해 실루엣에 영향을 덜 받고 몸에 덜 달라붙는 스타일로 만든다. 그러나 시간이 흘러서 계절이 지나도 일관성 있는 핏을 결정하기 위해서는 의복 원형이 필요하다.

이즈 선택 의복 원형은 중요한 도구로서 의복의 각 종류별로 개발한다. 좋은 피팅을 만들기 위해 회사에서 시간과 노력을 들여서 의복 원형을 완벽하게 만드는 일이 가치 있을 것이다. 완벽한 의복 원형을 만들게 되면 피팅을 하는 시간과 샘플을 개발하는 시간이 줄어들게 된다. 또한 좋은 피팅을 하는데 도움이 되고 소비자의 충성도와 반복적으로 소비자가 다시 찾아오도록 하는 비즈니스를 위한 근간이 된다.

이즈를 선택할 때 고려해야 할 사항은 다음과 같다.

- **고객의 나이** 청소년 사이즈를 입는 어린 소비자들은 대부분 의복을 몸에 꽉 끼도록 입어서 이즈 분량이 적어야 한다.
- **스타일과 의복의 의도된 사용** 운동복용으로 니트나 스트레치 우븐 직물로 만든 신축성 있는 의복은 대개 몸에 맞게 피팅을 하므로 이즈 분량을 적게 해야 한다.
- **직물의 두께** 얇은 두께의 직물은 아래로 드레이프되어 이즈 분량이 더 많아지고 추가된 이즈 분량으로 인해 의복이 몸에 붙지 않게 된다. 이와 반대로, 바지나 치마를 만드는 두꺼운 직물로 만들어진 의복은 부피가 커지는 것을 방지하기 위해 이즈 분량을 적게 해야 한다.
- **직물의 구성** 일반적으로 니트 의복은 이즈 분량을 적게 해야 한다. 니트 조직은 늘어나는 여유분(give)을 가지고 있기 때문에 우븐 조직으로 만들어진 의복보다 몸에 더 가깝게 붙게 된다. 신축성이 있는 우븐 직물도 이즈 분량을 적게 한다.
- **오차허용치수** 의류제품 스펙에는 여유분을 두어서 공장에 스펙보다 작거나 크게 만들 경우의 오차허용수치를 알려준다. 스펙에는 반드시 여유분을 같이 기재해야 한다. 예를 들면 슬림 핏의 경우 1인치의 이즈 분량을 두기로 했다면 그레이드 룰은 1인치의 여유분을 허용한다. 몸에 밀착되는 스타일의 경우에는 이즈 분량을 0으로 한다. 신축성이 전혀 없는 우븐 스타일은 지나치게 몸에 딱 맞을 수 있으므로 좀 더 많은 이즈 분량을 스펙에 포함시킨다.

핏의 이즈와 직물

직물의 두께와 특징이 패턴에 이즈 분량을 얼마나 추가할 것인지를 결정하는 데 큰 영향을 미친다. 두껍고 뻣뻣한 직물과 가벼운 직물의 이즈 분량은 다를 것이다.

예를 들어 팬츠 스타일에 두꺼운 직물을 사용한다면 허

리나 엉덩이 둘레에 이즈 분량을 적게 할 수 있고 얇은 직물을 사용할 경우에는 이즈 분량을 더 많게 할 수 있다. 〈그림 16.3a〉는 얇은 여름 직물을 사용한 팬츠이고 〈그림 16.3b〉는 두꺼운 면 캔버스 직물을 사용한 팬츠다. 두꺼운 직물은 그 자체의 특성이 몸에서 떨어지려는 경향이 있고 두꺼운 직물을 사용할 경우 이즈 분량을 최소화해야 하기 때문에 〈그림 16.3b〉의 팬츠는 〈그림 16.3a〉의 허리에 끈 장식을 넣은 팬츠보다 엉덩이 스펙을 더 적게 했다.

〈표 16.1〉은 〈그림 16.3〉에서 살펴본 두 가지 팬츠 스타일 각각의 치수를 실제로 비교한 것이다. 가볍고 얇은 직물의 팬츠의 경우에는 밑위가 1/2인치 정도 더 길고 엉덩이와 허벅지 부분에 2~3인치 정도의 더 많은 여유분을 두었다. 이러한 스타일의 팬츠를 몸에 너무 붙게 입게 되면 체형이 드러나게 되므로 착용자가 별로 편하지 않을 것이다. 무겁고 두꺼운 직물을 사용한 의복은 착용자의 인체를 잘 감싸주는 경향이 있다. 예를 들면 이즈가 많을 경우에는 부피감이 커지기 때문에 이즈가 적을수록 더 나은 스타일을 연출할 수 있다.

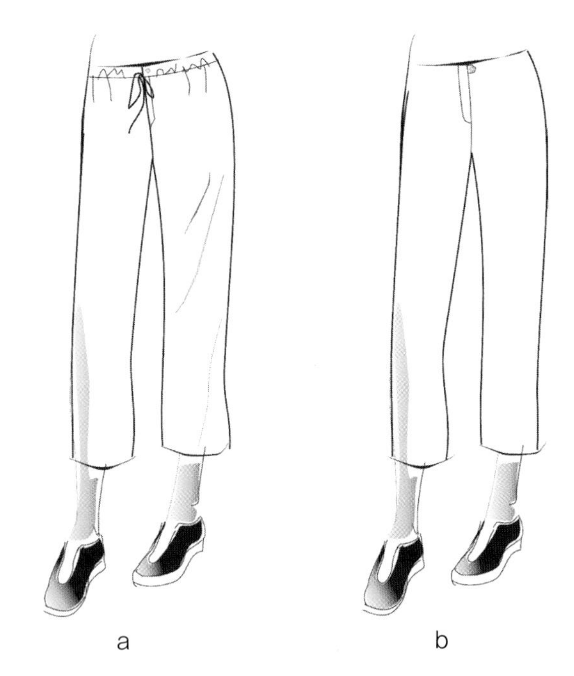

그림 16.3 직물의 무게와 이즈

〈표 16.1〉은 한 가지 중요한 치수를 보여주는데 이는 '허리를 잡아당겼을 때의 치수'이다. 이 치수는 허리가 최대로 늘어났을 때와 같은 말로 〈그림 16.3b〉의 팬츠에는 필요하지 않으나, 허리에 끈이나 엘라스틱을 넣은 스타일의 경우에 팬츠의 패턴 메이커들이 꼭 알아야 하는 중요한 정보다. 이 치수는 제6장에서 공부한 다트를 대신하는데, 이런 허리에 사용한 끈이나 엘라스틱 등이 몸의 형태에 맞게 하는 하나의 다트 변형도구로 사용되기 때문이다(그림 16.3b의 캔버스 팬츠에는 다트를 넣지 않아서 프론트는 평평하게 보이도록 하고 백 팬츠 패턴에 백 다트를 넣었다). 이 팬츠에는 프론트 플라이가 있어서 늘어난 허리 치수가 엉덩이 둘레만큼 넓어야 될 필요가 없다. 앞여밈인 플라이 클로저가 없는 풀-온 팬츠(pull-on pant) 스타일의 경우에는 사이즈 8인 팬츠일 때 허리 입구가 적어도 38인치 정도로 넓어야 엉덩이도 잘 맞게 된다. 〈표 16.2〉는 의복의 종류별 이즈 분량의 치수를 보여준다.

여성복의 여유분 차트(ease chart)의 경우, 가슴의 여유분에 대해서는 의복을 여몄을 때 벌어짐(gap)이 없게 하는 것이 중요하다. 그러므로 이때 의복에 어떤 형태의 여밈이 사용되었는지 또한 의복에 단추 플래킷(button placket)이 사용되었는지에 따라서 결정된다. 드레스에 뒷지퍼가 있을 경우

표 16.1 두 가지 다른 직물의 이즈 분량 비교

				a	b
코드	스펙(사이즈 8)	오차허용치수(+)	오차허용치수(−)	가벼운 직물이 사용됐을 때의 스펙	무거운 직물이 사용됐을 때의 스펙
B-A	허리(자연스럽게 두었을 때)	3/4	1/2	31	32
B-B	허리(잡아당길 때)	3/4	1/2	35	
B-G	앞밑위	1/4	1/4	10 1/2	10
B-H	뒷밑위	1/4	1/4	15 1/2	15
B-K-2	엉덩이(인심에서 3 1/2″ 위 지점에서 측정)	3/4	1/2	43	39
B-L	허벅지 둘레	1/2	1/2	27	25

표 16.2 핏 여유분 가이드(직조물의 경우)

여성용 우븐 스타일, 수평으로 잡아당김 없이 측정한 전체 둘레의 치수		
치수 측정 지점	**의복 종류**	**필요한 핏 이즈**
암홀 1인치 아래에서 측정한 가슴둘레	블라우스/드레스	2 1/2~4인치
암홀 1인치 아래에서 측정한 가슴둘레	재킷	3~4인치
암홀 1인치 아래에서 측정한 가슴둘레	코트/아우터웨어	4~5인치
허리밴드	팬츠/스커트	1인치
밑위에서 3 1/2인치 떨어진 곳에서 측정한 엉덩이둘레	팬츠/스커트	1/2~2인치
남성용 우븐 스타일, 수평으로 잡아당김 없이 측정한 전체 둘레의 치수		
암홀 1인치 아래에서 측정한 가슴둘레	셔츠	6~10인치
암홀 1인치 아래에서 측정한 가슴둘레	재킷	6~10인치
암홀 1인치 아래에서 측정한 가슴둘레	코트/아우터웨어	6~10인치
허리밴드	팬츠	1인치
밑위에서 3 1/2인치 떨어진 곳에서 측정한 엉덩이둘레	팬츠	4~6인치

는 조금 작은 핏이 사용된다. 이때 디자이너는 오차허용치수(tolerance)에 대해서도 염두에 두어야 한다. 왜냐하면 생산된 의복은 측정치수(spec)가 약간 작아도 승인되기 때문이다. 이런 이유에서 앞단추 여밈을 3 1/2~4인치 정도로 만들어 주는 것이 지혜롭다. 다른 고려할 점으로는 사이즈 차트를 숫자로 하는 것(numeric sizing)이 나을지 아니면 알파벳으로 하는 것(alpha Sizing)이 나을지를 결정하는 것이다. 알파 사이즈로 할 경우에는 대부분 오차허용치수가 크기 때문에 전체적으로 상품에 치수 여유분(ease)을 조금 더 넣어주는 것이 필요하다.

재킷과 코트는 어떤 옷을 안에 껴입을 것인가에 따라서 다양한 여유분이 사용된다. 미국의 예를 들어보자. 시카고처럼 날씨가 추운 곳에 사는 사람들에게는 겨울 코트를 살 때 그 안에 스웨터나 플리스(fleece) 셔츠를 입을 것을 생각하여 여유 있게 한 치수 큰 옷(size up)을 구입하게 된다. 그러나 조지아처럼 따뜻한 남부 지역에 사는 사람의 경우에는 이렇게 한 겹 더 속에 입는 옷을 고려하지 않아도 된다. 아우터웨어는 단열의 목적으로 다양한 형태의 옷들로 나타난다. 예를 들어 모직 오버코트는 전형적으로 다운재킷보다 얇아서 가슴너비가 2~3인치 작다. 이 경우 허리둘레의 여유분에 있어서 별다른 차이가 없다. 너무 옷이 너무 작게 되면 착용자가 불편을 느낄 것이고, 옷이 너무 클 때는 옷이 몸에 잘 맞지 않을 것이다.

엉덩이 부분의 여유분은 앞에서 〈그림 16.3〉과 〈그림 16.6〉의 핏 타입에서 말한 것처럼 옷의 스타일과 옷감의 무게에 따라 크게 차이가 난다. 옷의 '디자인 여유분(design ease)'은 고려하지 않고, 단지 옷의 '핏 여유분(fit ease)'만을 고려할 때는 〈표 16.2〉의 가이드라인을 참조하라.

주목해야 할 것은 남성복과 여성복의 여유분은 크게 차이가 난다는 것이다. 특히나 남성복의 경우 가슴너비에서 많은 차이점을 볼 수 있는데, L 사이즈의 넓은 어깨를 가진 남성인 경우 훨씬 작은 몸통 부분을 가지고 있고 이 영역은 많은 여유분이 있을 수 있다. 대부분의 경우 남성이 여성보다 여유분을 더욱 갖는다.

〈그림 16.4〉는 이즈 분량이 실제 의복에 얼마나 영향을 주는지를 보여준다. 의복과 인체의 각 부분별 실제 치수의 차이를 나타낸다. 핏 이즈는 활동성을 위해 필요하다. 인체의 치수는 XYZ 제품개발회사의 미시 사이즈 차트의 사이즈 8을 사용했다(표 15.6 참조).

예를 들어 〈그림 16.4〉에서 가슴둘레 치수는 36인치인데 이즈 분량 3인치를 추가해 샘플에는 가슴둘레가 39인치가 되었다. 허리둘레는 28인치인데 실제 샘플 탑의 허리는 9인치의 이즈를 추가해 37인치가 되었다. 스커트 허리는 1인치의 이즈 분량을 포함해 29인치가 되었다.

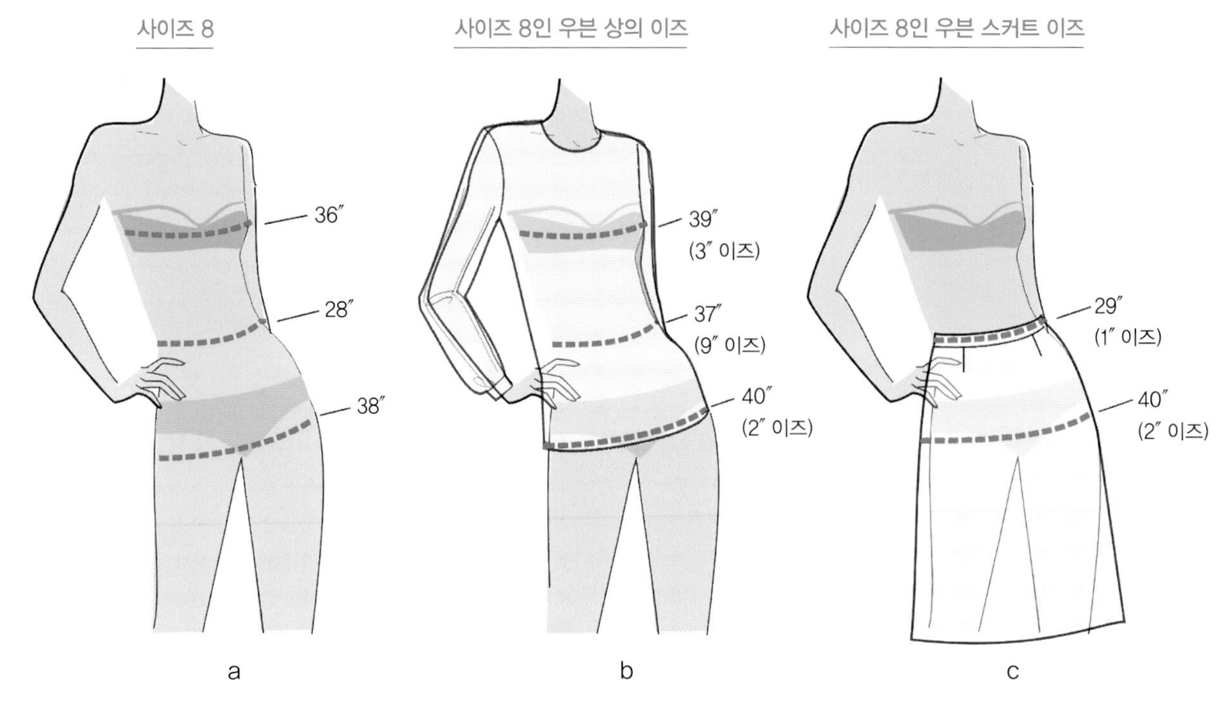

그림 16.4 상의와 하의의 핏 이즈

디자인 이즈

유행의 주기에 따라 어떤 옷은 몸에 맞게 디자인하고 어떤 옷은 헐렁하게 디자인한다. 그러한 이유로 디자이너들은 그 시기에 유행할 실루엣을 잘 파악해 의복의 어느 부분에 이즈 분량을 더 많게 하거나 적게 할 것인지를 결정하고 이를 치수에 정확하게 반영해야 한다.

유행의 중요한 특성 중 하나가 오랫동안 익숙하게 보아온 스타일에서 지루함을 느끼고 뭔가 새롭고 기발한 스타일을 찾기 때문에 유행이 늘 변하게 된다는 것이다. 젊은이들은 그들이 입을 수 있는 의복을 찾는데 이는 나이 든 사람들이 입을 수 없거나 입고 싶어 하지 않는 스타일들이다. 날씬한 배를 드러내는 스타일인 밑위가 짧은 청바지를 그 예로 들 수 있다. 이와 같은 새로운 스타일은 고급스러운 스타일을 입으려고 시간과 돈을 들여 가장 앞선 유행을 찾는 사람들에 의해 제일 먼저 소개된다. 그러고 나서 점진적으로 실루엣이 보편화되어 일반인들도 입기 시작한다. 나이 든 계층의 소비자들은 변형된 스타일로 입어서 그 스타일 본래의 매력이 덜하게 된다. 그러고 나서 새로운 유행 주기가 다시 시작된다.

이러한 유행 주기 때문에 이즈 분량이 적은 팬츠 같은 경우에는 디자인 이즈와 핏 이즈 간에 겹치는 부분이 생길 수 있다. 〈그림 16.5〉는 치수 측정 지점의 치수가 각각 다른 두 가지 스타일의 팬츠를 보여준다. 두 가지 팬츠 모두 사이즈 8 스펙이고 같은 모델에게 입혔을 때 디자이너의 의도대로 핏이 잘 되었다. 각각의 실루엣은 최근의 유행을 반영하고 왔다 갔다 하는 추의 움직임처럼 유행의 움직임을 나타낸다. 각각의 스타일이 그 시대의 가장 최근 유행이라고 간주되었는데 어떤 스타일이 그 유행을 대표하는 스타일이었는지는 의문이다. 그러나 두 가지 스타일 모두 그 시대에 유행하는 스타일이 아니었을 수는 있으나 둘 다 동시에 유행했을 가능성은 없다. 이는 두 스타일이 너무 상반되기 때문이다.

대부분의 핏 평가서에서 보여지는 바와 같이, 디자인 형태는 스케치 자체보다는 정확하게 정의된 테크니컬 디자인 용어와 각 부분의 치수로 분명히 나타낼 수 있다. 다른 스타일 각각의 치수 측정 지점을 비교하면 실루엣의 차이에 따라 핏 이즈에 얼마나 많은 차이가 있는지를 알 수 있다(그림 16.5 참조).

예를 들어 '치마 아랫단 둘레(bottom opening)'는 핏 스펙(fit spec)일까, 아니면 디자인 스펙(design spec)일까? 23인치의 치마 아랫단 둘레는 명백하게 핏 스펙과 연관이 없고 당연히 디자인을 위하여 결정된 것이다. 그러나 만약에 18인치의 치마 아랫단 둘레가 너무 작아 의복을 입거나 활동할 때 발이 들어가지 않는다면, 이는 핏 스펙이다. 실루엣은 오랜 기간에 유

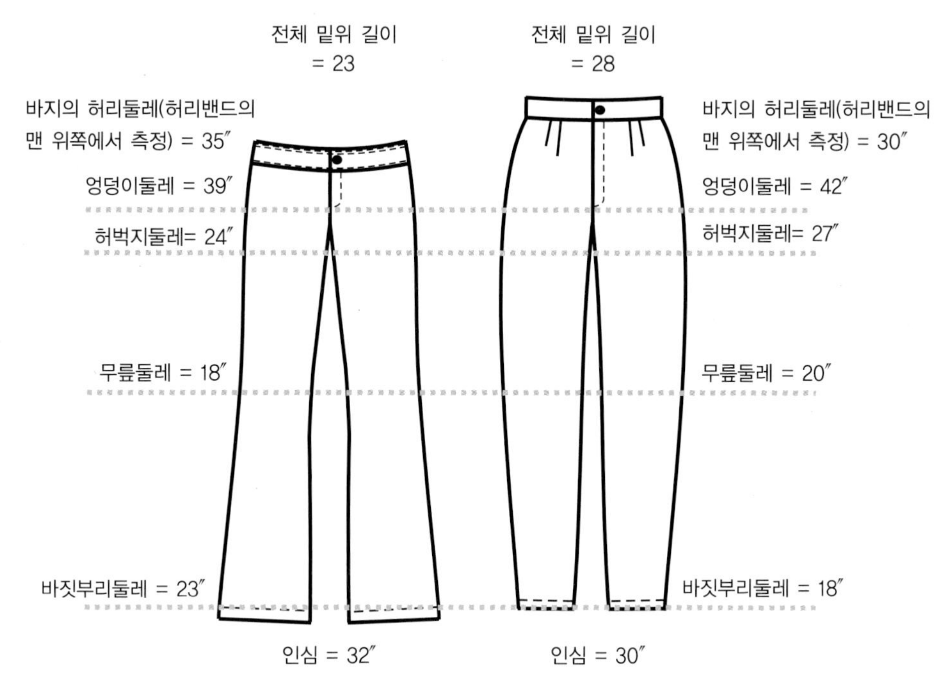

그림 16.5 사이즈 8인 의복의 핏 이즈와 디자인 이즈의 비교

행에 따라서 하나의 디자인에서 매우 다른 형태의 극단적인 디자인으로 개발되는 것처럼 적절한 이즈도 핏 이즈인지 아니면 디자인 이즈인지 잘 구별된다.

디자인 이즈는 핏과는 상관없는 측정 치수, 즉 길이나 너비가 더해져서 스타일을 만들어주는 것이다. 〈그림 16.6〉에서 보면 기본적인 네크라인과 다양한 디자인 디테일, 즉 긴소매, 거의 비슷한 드레스 길이, 패널을 잘라서 박아 넣은 인셋 허리(inset waist) 등이 공통적이다. 그런데, 〈그림 16.6a〉의 거의 대부분의 핏 스펙은 길 원형(sloper)에서 나온 듯하다.

디자인 스펙은 다음과 같은 것을 포함한다(제15장에서 목과 칼라의 치수 측정 지점을 보라).

T-P (앞목 처짐)
T-Q (뒷목 처짐)
T-R (목 너비)
B-O (아랫단 둘레)

드레스의 뒷부분에는 트임인 벤트(vent)나 주름을 넣어서 착용자의 움직임이 가능하도록 고려해야 한다. 그러나 만약 핏이 아주 몸에 가깝게 된 스타일이라면 옆선의 솔기에 지퍼를 달아주거나 아니면 몇 가지 다른 방법을 고려해야 할 것이다.

〈그림 16.6b〉에서는 T-P(앞목 처짐), T-Q(뒷목 처짐), T-R(목 너비) 외에도 가슴둘레(T-H), 소맷부리 릴렉스드 둘레치수(T-Z-1)와 소맷부리 연장된 둘레치수(T-Z-2), 소맷부리 높이(T-AA)를 고려해야 할 것이다. 또한 소매 길이(T-O)도 필요로 하는데 이는 길 원형의 소매길이보다 길 것이다. 허리 인서트(waist insert) 부분은 양쪽 그림에서 거의 비슷

그림 16.6 디자인 이즈의 예

하게 보이고 양쪽 스타일이 같아 보인다.

〈그림 16.6〉을 보면 아랫단 러플의 스펙이 필요할 것이다. 이때 이 스타일의 가장 중요한 점 하나는 개더링 비율을 명시해야 한다는 것이고, 허리 윗부분과 허리 아랫부분, 또한 아래 러플단을 표기해야 한다. 이는 직물 무게가 비슷한 직물이 있거나, 실제의 직물이 있다면 쉽게 계산이 가능하다. 무엇보다 이때 가장 중요한 것은 첫 번째 샘플을 만들 때부터 아주 정확하게 만들어야 한다는 것이다. 그런 이유에서 디자인을 위한 도구인 직물과 부자재를 가지고 있는 것이 중요하다. 허리 윗부분은 부피감 있게 디자인되었는데 이는 허리가 아주 얇게 보이도록 하는 착시 효과를 만들면서도 아주 자연스럽고 부드럽게 보이도록 한다. 허리 아랫부분은 스커트 전체의 풍부함을 보여주나 엉덩이가 너무 크게 보일 수 있어서 너무나 많은 부피는 피해야 한다. 디자이너들은 드레스의 아랫부분에 있는 러플을 통해서 드레스 전체에 멋진 개더링을 보여주는데 이때 개더링이 너무 많거나 적거나 하지 않고 보기에 좋을 정도로 잘 결정해야 한다.

이런 모든 디자인 요소는 공장의 생산자들과 패턴 메이커들의 작업지시서의 정확한 내용들을 통하여 잘 의사소통되어야 한다.

이즈와 실루엣

핏 이즈와 디자인 이즈가 섞여서 다양한 이즈 분량이 상의와 하의에 사용되었다.

팬츠의 이즈와 실루엣 〈그림 16.7〉은 여러 가지 다양한 실루엣의 팬츠 핏을 보여준다. 다음의 형태는 엉덩이의 이즈 분량에 따라 구분된다(허리 이즈 분량은 실루엣 간의 차이가 대략 1인치 정도로 같을 것이다).

슬림 : $^1/_2$~1인치 이즈
내추럴 : 1~2인치 이즈
릴랙스드 : 2~4인치 이즈
오버사이즈 : 4인치 이상의 이즈

'오버사이즈 보텀(oversize bottom)' 스타일은 일반적인 실루엣이 아니지만 가는 허리를 강조하는 스타일이 유행일 때 보여지는 스타일이다. 이때 넓은 엉덩이 이즈 분량이 상대적으로 허리를 가늘어 보이게 한다. 〈그림 16.7d〉는 실제와 다르게 오버사이즈 스타일에서의 허리가 슬림한 스타일(그림

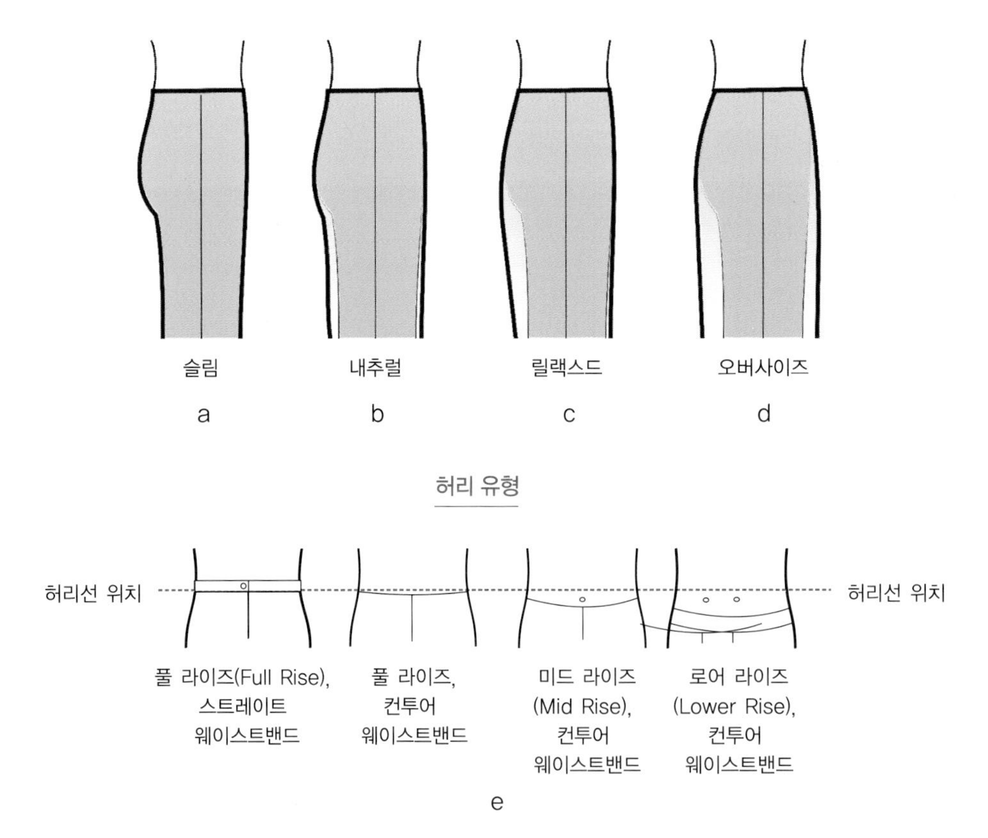

그림 16.7 다양한 허리선 위치에 따른 의복의 스타일

16.7a)에서의 허리보다 가늘어 보이는 것을 보여준다.

상의 이즈와 실루엣 상의의 이즈 분량은 팬츠의 이즈 분량보다 더 다양하다. 디자인된 의복이 최종적으로 어떻게 사용될 것인지에 대해 디자이너와 머천다이저 사이에 명확하게 의사소통해야 한다. 즉 의복의 핏이 일관되게 같은지를 확인하기 위해 새로운 프로토 샘플과 새로운 직물로 만든 반복되는 스타일 모두 핏을 측정해야 한다. 또한 소비자들이 모든 스타일에 대해 특정한 사이즈를 구매할 수 있도록 다양한 사이즈를 생산해야 한다. 〈그림 16.8〉에서 보여지는 바와 같이, 사이즈가 8인 소비자가 사이즈 8인 상의를 입으면 디자인 이즈와 스타일에 따라 헐렁하거나 몸에 맞는 등 실루엣에 변화가 있을 수 있다. 표준 체형보다 팔이 약간 짧은 소비자의 경우에는 모든 스타일의 팔 길이가 너무 길 것이다. 이 소비자의 경우, 슬림 핏 스타일인지 릴랙스드 핏 스타일인지에 따라 사이즈 8의 상의를 구매하거나 그렇지 않을 수도 있다. 이즈에 대한 디자인의 의도가 소비자들과 정확하게 의사소통되어야 소비자들이 그 의도를 이해하고 제품을 구매한다. 예를 들어 헐렁한 핏의 새로운 스타일의 의복이 소개되었을 때 소비자들이 그러한 핏의 실루엣을 입고 싶어 하지 않거나 아직 새로운 스타일을 받아들일 준비가 되지 않았다면 원래 입던 사이즈보다 작은 사이즈의 옷을 구매하려고 할 것이다. 또한 비율적으로 디자인된 의복의 경우에는 소비자들이 중간 사이즈를 구매하려고 할 것이다. 그러나 모든 소비자들이 원래 입는 사이즈보다 작은 사이즈의 옷을 구매하려고 한다면 가장 작은 사이즈의 옷을 입는 소비자들이 입을 수 있는 사이즈가 없을 수 있다. 같은 이유로 소비자들이 가장 큰 사이즈의 헐렁한 실루엣의 옷은 핏이 좋지 않다고 생각해서 잘 팔리지 않을 수도 있다. 이러한 예를 통해 이즈를 디자인함에 있어서 대상 소비자들의 기대치를 이해하는 것이 얼마나 중요한지를 알 수 있다.

〈그림 16.8〉은 우편으로 배달되는 카탈로그에서 볼 수 있는 가이드라인을 보여준다. 직물과 디자인 실루엣을 토대로 여러 가지 다양한 핏에 대해 설명한다.

균형

의복이 식서(grain line)와 구조적인 선들에 맞춰 **균형**(balance) 있게 생산되었는지 확인하는 것이 중요하다. 세로 방향의 식서는 몸의 길이 방향으로 평행이 되도록, 앞중심과 뒷중심 길이에 평행이 되도록, 어깨에서 팔꿈치까지는 팔의 중심 방향으로, 그리고 두 다리는 각각 앞중심 수직 방향으로 내려오도록 패턴과 직물의 식서 방향을 맞춰야 한다. 가로올 방향은 가슴과 엉덩이의 세로 방향 식서에 직각이 되어야 한다. 또한 의복은 올에 일정하게 좌우 대칭형으로 놓여져야 한다. 다트,

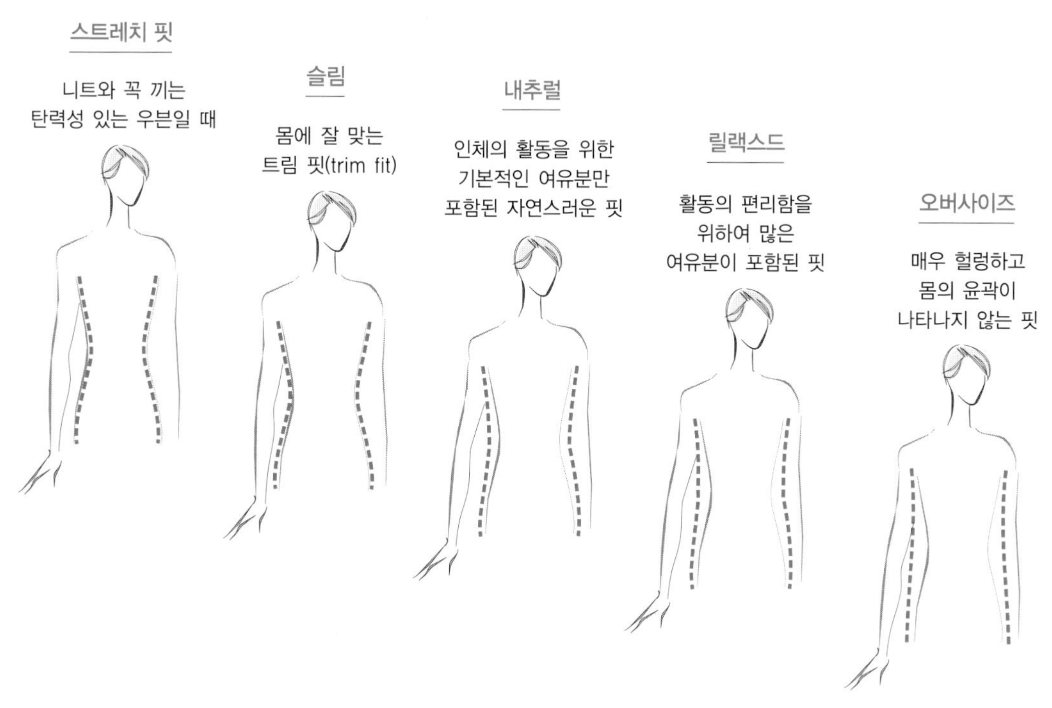

그림 16.8 상의의 핏 종류에 대한 설명

플리츠, 프린세스 라인과 다른 디자인선과 같은 구조적인 선들은 좌우 균형이 맞는지 반드시 확인되어야 한다. 요크, 포켓, 프린트, 플레이드도 좌우 대칭형이어야 하고 밑단도 바닥선에 평행해야 한다.

의복의 균형 및 디테일의 일반적인 위치를 확인하기 위해 옷을 모델에게 미리 입혀보아야 한다(그림 16.9 참조). 직선은 측정함으로써 쉽게 확인이 가능하지만 곡선은 평면상에서 확인하기 어렵기 때문에 이러한 과정이 중요하다. 특별히 상의에서의 진동과 팬츠에서의 밑위 모양은 3D로 검토하는 것이 중요하다. 착용감과 동작의 범위는 라이브 핏 모델의 느낌과 움직임을 통해 확인할 수 있다.

세트

의복이 인체에 잘 맞지 않을 경우에는 대개 옷감이 인체의 사이즈에 비해 충분하지 않거나 옷감이 지나치게 많이 남는 부분에 **드래그 라인**(drag line)이 생길 수 있다. 드래그 라인은 옷감이 보기에 좋지 않은 방향으로 당겨져서 이즈 분량이 너무 많거나 적게 되는 경우에 발생한다.

이러한 드래그 라인이나 주름이 없는 매끄러운 핏의 의복 상태를 **세트**(set)라고 한다. 일반적으로, 드래그 라인이 있으면 문제가 있는 부분이라는 것을 나타낸다. 예를 들어 언더암에 드래그 라인이 있으면 언더암에 이즈 분량이 너무 많거나 혹은 너무 적으므로 패턴을 수정해야 한다는 것을 나타낸다.

드레스 폼

드레스 폼은 마네킹이라고도 하며 핏에 관련해 발생하는 문제점들을 연구하는 데 굉장히 중요한 도구이다. 실제 모델에 피팅을 해보기 전에 드레스 폼에 샘플을 입혀서 검토해보면 예상되는 문제점들을 발견하는 데 도움이 되기 때문에 좋다. 다리가 있는 마네킹이 사용하기에 좋으며 이러한 마네킹이 바지, 수영복, 속옷, 스커트나 드레스를 피팅하기에 유용하다. 소매 핏을 연구할 때는 탈부착이 가능한 팔이 있는 마네킹을 사용하는 것이 의복을 입히고 벗기기에 간편하므로 유용하다(그림 16.10a 참조). 스트레치 트리코(stretch tricot) 같은 매끄러운 피팅 커버를 사용하면 의복이 드레스 폼에 달라붙지 않게 되기 때문에 좀 더 정확하게 피팅을 할 수 있다. 드레스 폼은 좌우 대칭형이고 자세에 따른 변화가 없기 때문에 의복의 균형을 확인하기에 좋은 도구다. 핏 모델과 달리, 마네킹은 자세가 변하기 않고 핀을 꽂을 수 있다는 장점이 있다.

제조업체들이 새롭게 생산되는 마네킹을 팔 때 측정해야 할 치수를 적은 리스트를 같이 넣어 주는데 그 리스트에 포함되지 않았지만 핏을 이해하는 데 유용한 다른 치수들이 있을 수 있다. 〈그림 16.10〉은 반드시 기록해야 하고 마네킹 옆에 참조용으로 꼭 두어야 하는 치수들을 보여준다. 의복에서 어깨의 가장 높은 지점을 마네킹에서 찾아서 핀이나 실로 영구적으로 표시하는 데 도움이 된다. 버스트 포인트와 언더암 부분에 다른 참조 마크를 표시할 수 있다. 마스킹 테이프 위에 참조 마크를 표시하면 나중에 지우거나 고칠 수 있다. 여성용

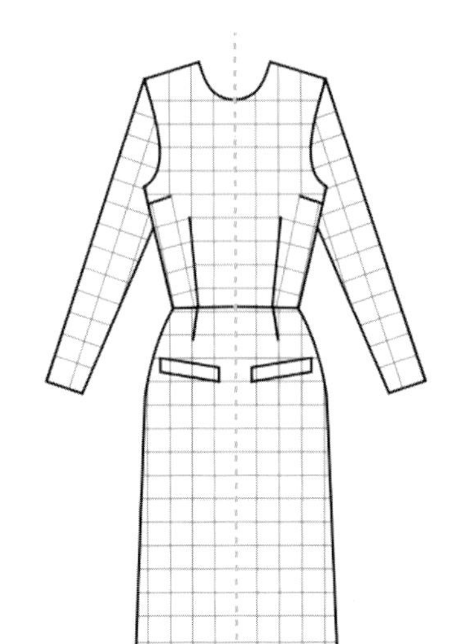

그림 16.9 **균형을 위한 샘플 확인**

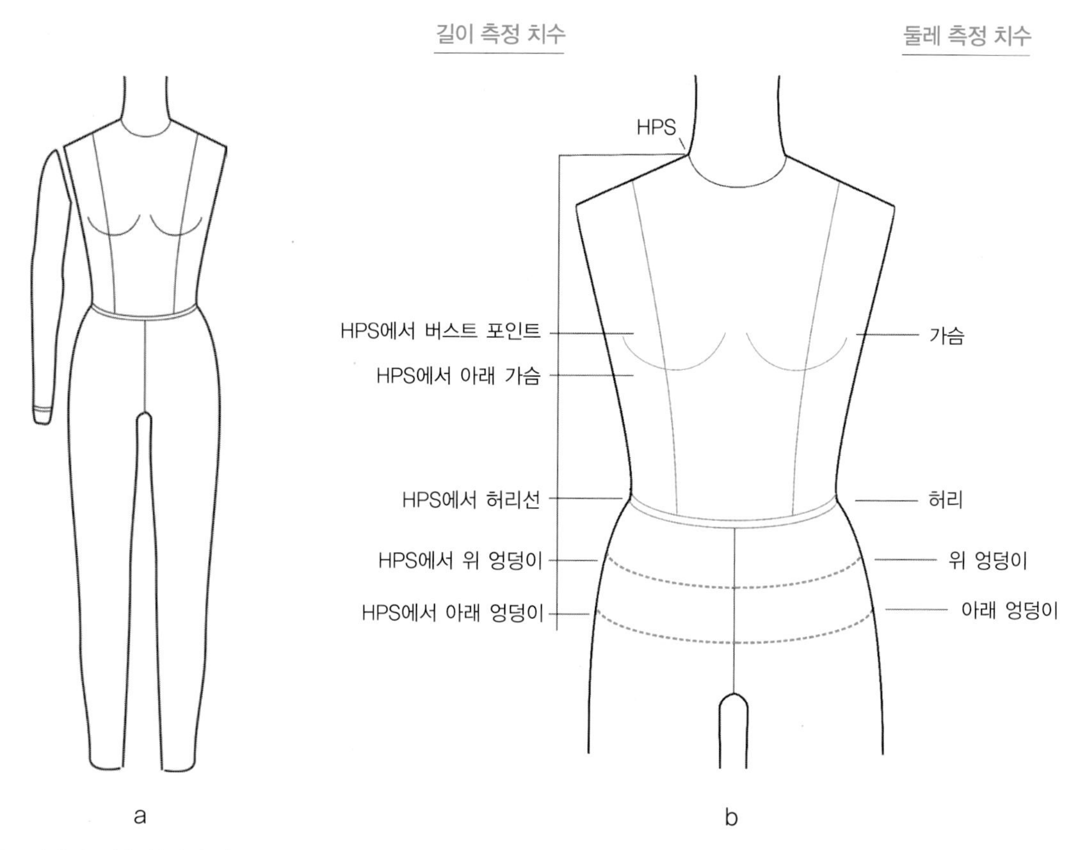

그림 16.10 마네킹, 치수 측정의 다른 주요 포인트

스타일의 경우, 드레스 폼에 브라를 부착하거나 슬리브가 없는 아이템도 드레스 폼에 입혀서 핏을 확인할 수 있도록 해야 한다.

목너비와 목깊이

패턴에 표시되는 HPS가 인체에는 표시되어 있지 않아서 목깊이 같은 다른 측정 지점들이 첫 번째 패턴을 만드는 데 유용하다. 그러나 궁극적으로 의복에서의 모든 측정 지점은 서로 연계되어 있다.

핏 이슈와 패턴 수정

다음으로 핏 이슈(fit issue)와 일반적인 패턴 수정에 대해 알아본다. 때때로 스펙, 봉제와 직물에 관한 복합적인 문제가 발생한다. 여기에서 다루는 해결책들은 포괄적인 가이드라기보다는 논리적으로 사용할 수 있는 시작 포인트라고 할 수 있겠다. 여기에서 다루는 모든 패턴과 패턴 수정에는 시접 여유분을 포함하지 않았다.

가슴선을 통과하는 드래그 라인 : 너무 딱 맞는 경우 니트 상의에서 드래그 라인들을 확인해야 하는 위치는 가슴, 겨드랑이와 앞부분이다. 다음의 예에서 보면, 버스트 포인트에서 버스트 포인트 사이에 가슴둘레가 충분하지 않아 드래그 라인이 나타난다. 이러한 경우에는 옆선의 윗부분에서 패턴을 늘려주어야 한다. 〈그림 16.11b〉에서 패턴 수정을 어떻게 하는지 그 스케치를 보여준다. 그림에서 보는 바와 같이, 허리둘레 치수가 맞을 경우 옆선에서 그대로 보정선을 허리둘레선에 맞춰주면 되고 허리둘레선은 수정할 필요가 없다. 패턴의 균형을 맞추기 위해서 뒤판 패턴도 앞판 패턴과 마찬가지로 수정해야 할 것이다.

이러한 스타일이 니트 상의이고 모든 니트는 신축성이 다르다. 니트 직물의 새로운 스타일이 소개된 경우에는 핏에 대한 기록이 없으므로 1차 프로토 샘플을 큰 사이즈로 만들어서 피팅하는 것이 좋다. 왜냐하면 얼마나 많은 이즈 분량을 더해야 하는지를 가늠하는 것보다는 핀을 꽂아서 이즈 분량을 빼는 것이 더 쉽기 때문이다.

이러한 변화는 다음에서 보여지는 바와 같이 핏에 대한 기록에 노트된다. 니트 스타일이기 때문에 스펙을 하프-메저로 측정했다. 핏에 대한 기록에 적을 때 어떤 치수와 비교해 어

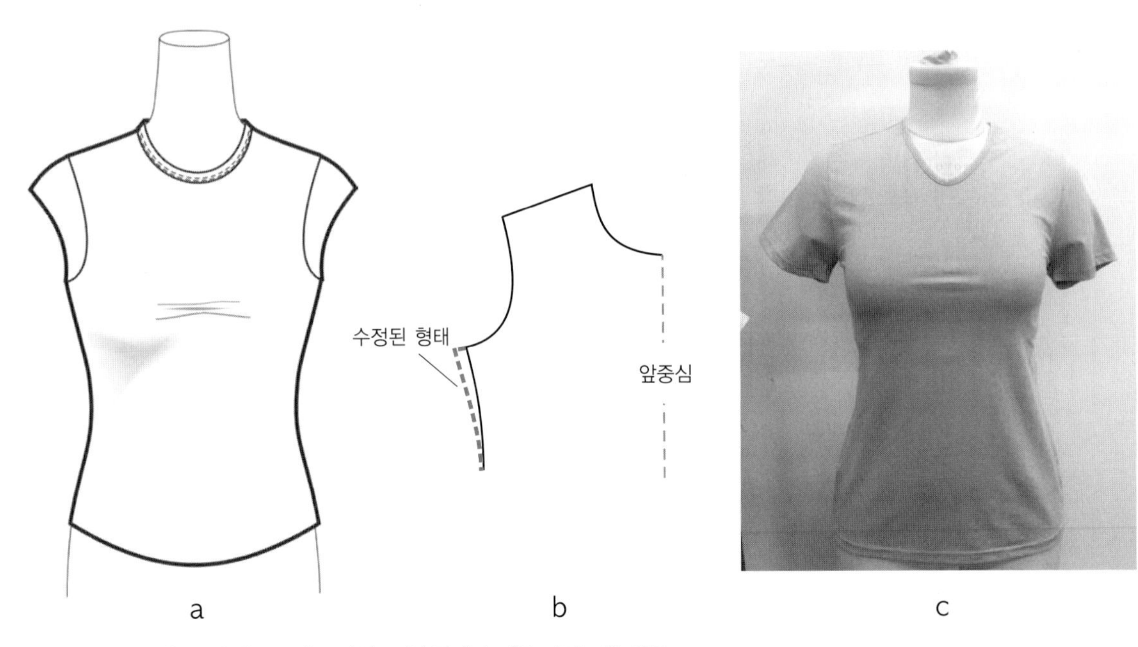

그림 16.11 가슴둘레선을 통과하는 드래그 라인 : 가슴둘레가 너무 타이트한 경우

떤 치수가 얼마나 차이가 나는지를 이해하는 것이 중요하다. 〈표 16.3〉의 스펙에서 보는 바와 같이, 굵은 활자로 표시된 a열과 b열은 실제로 측정한 치수를 나타내고 c열은 그 차이를 나타낸다. 1차 프로토 샘플의 가슴둘레 치수는 스펙과 일치했으나 그 샘플을 마네킹에 입혀서 치수를 측정해보니 너무 여유분이 없이 타이트했다. 이러한 이유로 다음 샘플에서는 가슴둘레 치수를 $17^1/_2$인치로 증가시켜야 한다는 코멘트를 적었다(e열 참조). 허리선의 위치와 허리둘레 치수도 모두 스펙과 일치했고 마네킹에 입혀서 확인했을 때도 아무런 문제가 없어서 'OK'라고 적었고 다음 샘플에 그대로 적용하면 된다고 e열에 적었다.

바짓부리둘레 스펙은 18인치인데 프로토 샘플의 치수는 $17^1/_2$인치였다. 이 경우, 다음 샘플에서는 스펙의 치수대로 맞추어(RTS) 18인치로 만들어야 되는 것으로 코멘트했다(e열 참조).

겨드랑이에서 퍼지는 드래그 라인 : 진동깊이가 너무 높은 경우

가슴둘레 스펙이 맞는데 겨드랑이에서 드래그 라인이 퍼지는 경우는 진동깊이가 너무 높기 때문이다. 〈표 16.4〉에서 핏에 대한 기록을 보면 HPS에서 진동깊이까지 맞는 치수가 $8^1/_2$인치인데 프로토 샘플은 $7^1/_2$인치로 부정확하게 만들어졌다. 이는 피팅 전에 샘플의 치수를 측정하는 일이 중요함을 보여준다. 진동깊이 스펙 자체가 잘못되었을 가능성도 있으나, 이 경우에는 스펙이 잘못되지 않았고 샘플의 치수가 잘못되었다. 특히 니트 제품 같은 경우에는 의복을 입다 보면 늘어날 수 있으므로 치수를 정확하게 측정하기 어렵다. 해결 방법은 스펙으로 돌아가서 치수를 측정하는 것이다. 앞판 패턴 스케

표 16.3 핏에 대한 기록 : 가슴둘레선 수정

				a	b	c	d	e
코드	생산 샘플(TOP)의 스펙 치수	오차허용치수 (+)	오차허용치수 (-)	스펙	1차 프로토 샘플 측정 치수	차이점	노트	2차 프로토 샘플을 위한 수정된 스펙
T-H	진동깊이에서 1″ 아래로 떨어진 곳에서의 가슴둘레	$^1/_2$	$^1/_2$	16	**16**	0	Revise	$17^1/_2$
T-I	허리 위치	$^1/_2$	$^1/_2$	$16^1/_2$	**$16^1/_2$**	0	ok	15
T-I-2	허리둘레	$^1/_2$	$^1/_2$	15	**15**	0	ok	15
T-J	바짓부리둘레	$^1/_2$	$^1/_2$	18	**$17^1/_2$**	$^1/_2$	RTS	18

표 16.4 핏에 대한 기록 : 진동깊이 수정

				a	b	c	d	e
코드	생산 샘플(TOP)의 스펙 치수	오차허용치수 (+)	오차허용치수 (-)	스펙	1차 프로토 샘플 측정 치수	차이점	노트	2차 프로토 샘플을 위한 수정된 스펙
T-H	진동깊이에서 1″ 아래로 떨어진 곳에서의 가슴둘레	1/2	1/2	17	**17**	0	ok	17
T-G	HPS로부터의 진동깊이	1/2	1/2	8 1/2	**7 1/2**	1	RTS	9

치는 공장에서 패턴을 수정할 때 어떻게 문제가 되는 부분을 고치는지 보여준다(그림 16.12b 참조). 이 경우, 뒤판 패턴도 같은 방법으로 수정이 되어야 한다.

앞 진동에서의 드래그 라인 : 패턴에서 진동을 좀 더 파야 하는 경우

〈그림 16.13〉은 진동둘레를 따라 앞쪽에 드래그 라인이 생긴 경우를 보여준다. 이러한 경우는 의복이 작아서라기보다는 너무 크기 때문에 발생하고 다른 둘레 치수에는 이상이 없

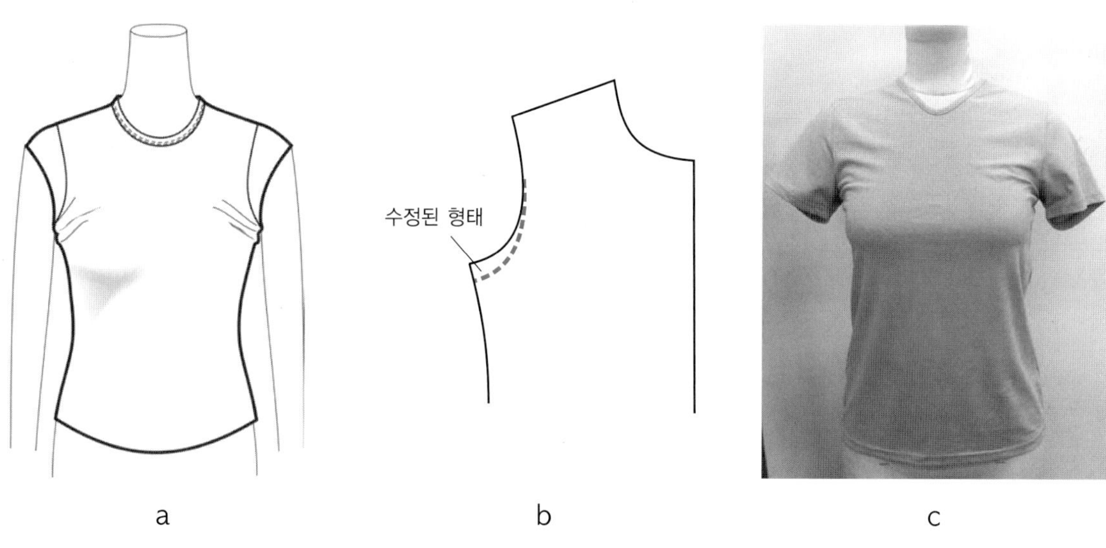

그림 16.12 너무 높은 진동깊이

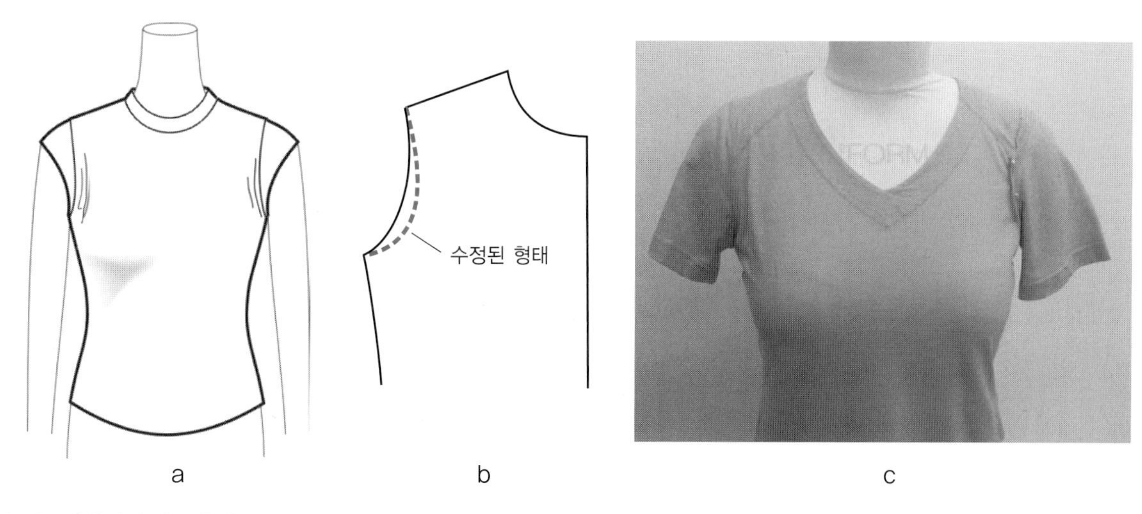

그림 16.13 앞품의 수정 : 더 파줌

고 앞 진동 부분에 문제가 있는 경우다. 그 부분의 샘플 치수가 실제 인체의 치수보다 더 넓어서 남게 되는 직물이 접히는 선을 만들게 된 것이다. 앞품(across front)은 진동을 조정하는 치수 측정 지점으로서 가슴둘레선을 지나서 HPS로부터 일정 거리를 떨어져 진동둘레에서 진동둘레까지 측정한다. 패턴 스케치와 수정된 형태를 보면 남는 직물이 얼마나 없어졌는지를 알 수 있다.

핏에 대한 기록을 보면 샘플이 앞품 스펙대로 만들어지지 않아서 1차 프로토 샘플의 측정된 치수가 스펙과 달랐다. d열에 공장에서 다음 샘플을 원래의 스펙대로 만들어야 한다고 노트했다.

〈표 16.5〉는 1차 프로토 타입 샘플은 보통의 경우 사용할 좋은 규칙을 보여준다. 어깨 끝점 사이 길이 그대로 진행하고 (14 1/2인치), 앞품 치수는 2인치 작게(12 1/2인치)하고 뒤품은 1인치 작게(13 1/2인치) 진행한다.

목선에서의 드래그 라인 : 너무 높은 목 깊이 목 깊이는 디자인에서 중요한 부분이고 착용자가 의복을 입었을 때 이 부분이 반드시 편안해야 한다. 〈그림 16.14a〉는 목 깊이가 너무 높을 경우에 일어나는 현상을 보여준다. 목 솔기 아래에 너무 많은 직물이 있게 되었기 때문에 주름이 만들어진 것을 볼 수 있다. 패턴에서 목 깊이를 좀 더 파주게 되면 남는 부분이 사라지게 되어 목둘레선 부분이 편안하게 수정될 수 있다(그림 16.14b 참조).

칼라 또한 목의 바로 옆이 아니라 목둘레에서 많이 떨어져 달린 것처럼 보인다. 디자이너가 의도한 디자인으로 볼 수도 있고 잘못 만든 것으로 볼 수도 있다. 다음 샘플을 진행하

표 16.5 핏에 대한 기록 : 앞품 수정

				a	b	c	d	e
코드	생산 샘플(TOP)의 스펙 치수	오차허용치수 (+)	오차허용치수 (-)	스펙	1차 프로토 샘플 측정 치수	차이점	노트	2차 프로토 샘플을 위한 수정된 스펙
T-A	어깨 길이	1/2	1/2	14 1/2	**14 1/2**	0	ok	14 1/2
T-C	HPS에서 6″ 아래의 앞판 너비	1/2	1/2	12 1/2	**14**	1 1/2	RTS	12 1/2
T-D	HPS에서 6″ 아래의 뒤판 너비	1/2	1/2	13 1/2	**13 1/2**	0	ok	13 1/2

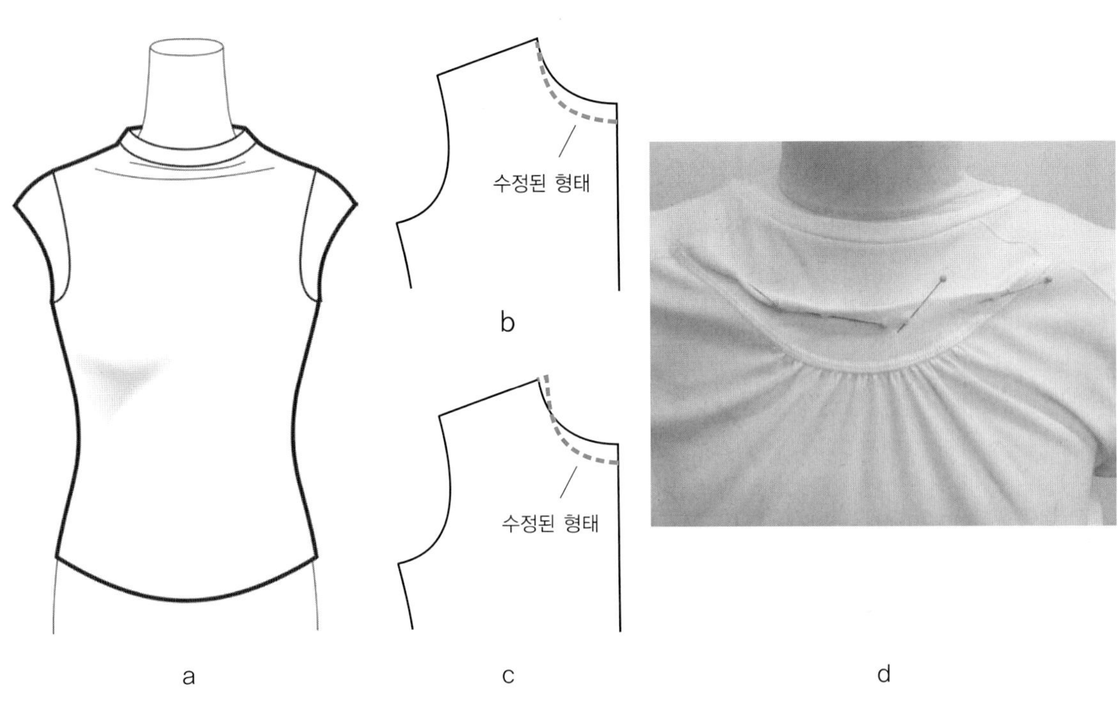

그림 16.14 목 깊이와 목너비

기 전에 이 부분이 확인되어야 하는데, 핏에 대한 기록을 살펴보면 목너비 치수가 스펙과 다른 것을 알 수 있다. 이러한 경우에는 스펙으로 돌아가서 치수를 조정해야 하고 〈그림 16.14c〉와 같이 패턴을 수정해야 한다.

〈표 16.6〉에서 패턴의 목 부분을 낮게 수정하는 것(T-R)은 목너비를 위한 것이다. 프로토 샘플의 목너비가 목에서 너무 멀리 떨어진 것으로 판단되어 다음 샘플은 스펙 치수대로 만들어져야 된다고 기록했다. 이와 같이 여밈이 없는 스타일은 반드시 머리를 넣고 뺄 수 있을 정도로 목너비가 충분해야 한다. 스펙과 핏에 대한 기록에 최소한으로 지켜야 하는 목선의 늘어났을 때의 치수가 적혀 있다. 최소한의 치수이므로 마이너스 오차허용치수 범위는 0이다. 즉 목너비는 최소 12 1/2인치여야 하고 이 치수보다 작으면 안 된다는 뜻이다. 다시 말해, 목너비를 12 1/2인치 이상으로 넓게 할 수는 있으나 이보다 좁으면 안 된다. 목너비의 경우, 오버 스펙(over spec)이 허용되므로 플러스 오차허용치수 범위는 따로 정해진 것이 없다.

너무 넓은 밑단둘레 수정된 스펙으로 다음 샘플을 만들기 전에 샘플의 치수를 측정하고 검토하는 것이 중요하다(표 16.7 참조). 밑단둘레가 너무 넓은 문제점이 있으나 가능한 해결책이 없을 경우가 문제다.

〈그림 16.15b〉에서 보는 바와 같이, 앞판 패턴에서의 첫 번째 해결책은 밑단둘레를 줄이는 방법이다. 패턴의 균형을 맞추기 위해 뒤판 패턴에도 동일하게 밑단둘레의 길이를 수정해야 한다.

〈표 16.8〉은 문제에 대한 다른 원인을 보여준다. 의복의 길이가 너무 짧기 때문에 상의의 밑단둘레가 엉덩이 윗부분에

표 16.6 핏에 대한 기록 : 목 깊이 수정

				a	b	c	d	e
코드	생산 샘플(TOP)의 스펙 치수	오차허용치수 (+)	오차허용치수 (-)	스펙	1차 프로토 샘플 측정 치수	차이점	노트	2차 프로토 샘플을 위한 수정된 스펙
T-P	앞목처짐	1/2	1/2	2	**2**	0	Revise	3 1/2
T-R	목너비, seam to seam	1/2	1/2	6 3/4	**8**	1 1/4	RTS	6 3/4
	목선이 늘어났을 때의 치수	N/A	0	12 1/2	**12**	1.2	RTS	12 1/2

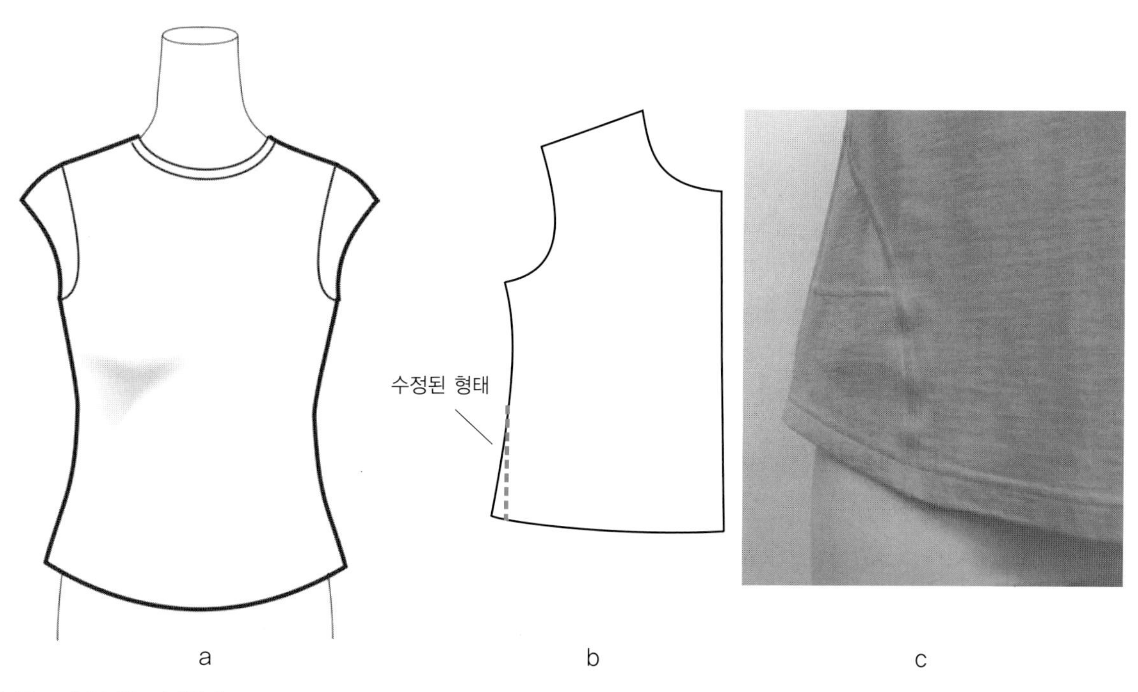

그림 16.15 너무 넓은 밑단둘레

표 16.7 핏에 대한 기록 : 밑단둘레 수정

				a	b	c	d	e
코드	생산 샘플(TOP)의 스펙 치수	오차허용치수 (+)	오차허용치수 (-)	스펙	1차 프로토 샘플 측정 치수	차이점	노트	2차 프로토 샘플을 위한 수정된 스펙
T-H	밑단길이	1/2	1/2	19	**20**	1	RTS	19
T-I	HPS로부터의 앞판 길이	1/2	1/2	24	**24**	0	ok	24

표 16.8 핏에 대한 기록 : 의복의 길이가 너무 짧은 경우

				a	b	c	d	e
코드	생산 샘플(TOP)의 스펙 치수	오차허용치수 (+)	오차허용치수 (-)	스펙	1차 프로토 샘플 측정 치수	차이점	노트	2차 프로토 샘플을 위한 수정된 스펙
T-H	밑단길이	1/2	1/2	19	**19**	0	ok	19
T-I	전체 앞판 길이	1/2	1/2	24	**22**	2	RTS	24

위치하게 될 수 있다. 이러한 문제는 밑단둘레 스펙으로는 해결할 수 없고 의복의 길이를 수정하여 밑단둘레 핏의 문제를 해결한다. 〈표 16.8〉은 이러한 내용이 공장과 어떻게 의사소통되는지를 보여준다.

어떤 경우에는 샘플의 치수를 가슴, 허리, 엉덩이의 둘레 스펙과 똑같이 했으나 그 사이의 쉐이핑이 잘못되기도 한다. 〈그림 16.16a〉는 허리선의 위치가 너무 낮게 될 경우 일어날 수 있는 문제점을 보여준다. 이 경우, 의복 옆선의 허리선이 너무 낮아서 위쪽의 직물이 구겨지는 현상이 나타났다. 따라서 이러한 경우에는 옷을 계속 아래쪽으로 당겨야 한다. 이때는 허리선의 위치를 더 높게 수정했고 엉덩이 윗부분의 너비를 약간 넓혀주어 의복의 아랫단까지 자연스럽게 연결되도록 했다(그림 16.16b 참조).

〈그림 16.16〉의 모든 둘레 스펙은 요청된 대로 수정될 것이나 허리선의 위치는 피팅한 것을 토대로 다음 프로토 샘플에서 수정될 것이다. 〈그림 16.16b〉는 앞판 패턴에서 수정한 사항을 보여준다. 뒤판 패턴에서도 이와 같이 수정해 패턴의 균형을 맞춰야 한다. 〈표 16.9〉는 스펙 수정을 보여준다.

소매

소매의 핏을 정확하게 하기 위해서는 팔을 움직이는 것에 방해가 되지 않을 정도로 슬림하게 해야 한다. 우븐 옷의 소매는 팔을 편안한 상태로 늘어뜨렸을 때 매끄러운 원통 형태가 되도록 해야 한다. 니트로 만들어진 의복도 이와 비슷하게 핏을 하지만 우븐보다 이즈가 더 적다. 위나 아래에 겹쳐서 입는 의복 같은 경우에는 두 가지 의복의 소매가 동시에 나란히 핏이 되어야 한다. 디자이너가 핏 평가를 적을 때는 소매 패턴의 구체적인 부분을 참조할 수 있다. 〈그림 16.17〉은 패턴상에서의 상완(bicep : 팔의 이두박근)의 위치를 보여준다. 제15장의 치수 측정 가이드에서 살펴본 바와 같이, 의복에서 상완은 진동의 1인치 아래 점으로 정해진다. 솔기가 두꺼운 경우에는 더 낮은 위치에서 측정하도록 한다. 상완의 위치를 1인치 아래로 측정할 경우에는 줄자를 사용해 측정해야 뒤틀어지는 부분이 없이 매끄럽게 진동 시접 여유분을 측정할 수 있다.

〈그림 16.18〉은 소매산의 높이와 상완 위치의 너비 사이의 밀접한 관계를 보여준다. 소매산이 더 높으면 높을수록 상완의 너비는 점점 더 좁아진다. 〈그림 16.18〉에서 보여지는 것과 같이, 두꺼운 종이에 소매 모양을 그려서 이러한 관계를 직접 보여주는 방법이 있다. 빳빳한 부직포를 사용해도 좋다. 먼저, 소매의 가장자리를 잘라낸다. 소매의 형태를 유지하면서 상완 라인과 식서를 잘라서 잘린 라인들이 소매 내에서 서로 연결이 되어 있도록 한다. 그러고 나서 양끝에서 상완 라인을 당겨서 열게 되면(그림 16.18b 참조), 소매산의 높이가 낮아지게 되는 것을 볼 수 있다(그림 16.18c 참조). 이때 소매의 형태는 그대로 유지해 소매둘레의 길이와 소매 안쪽에서

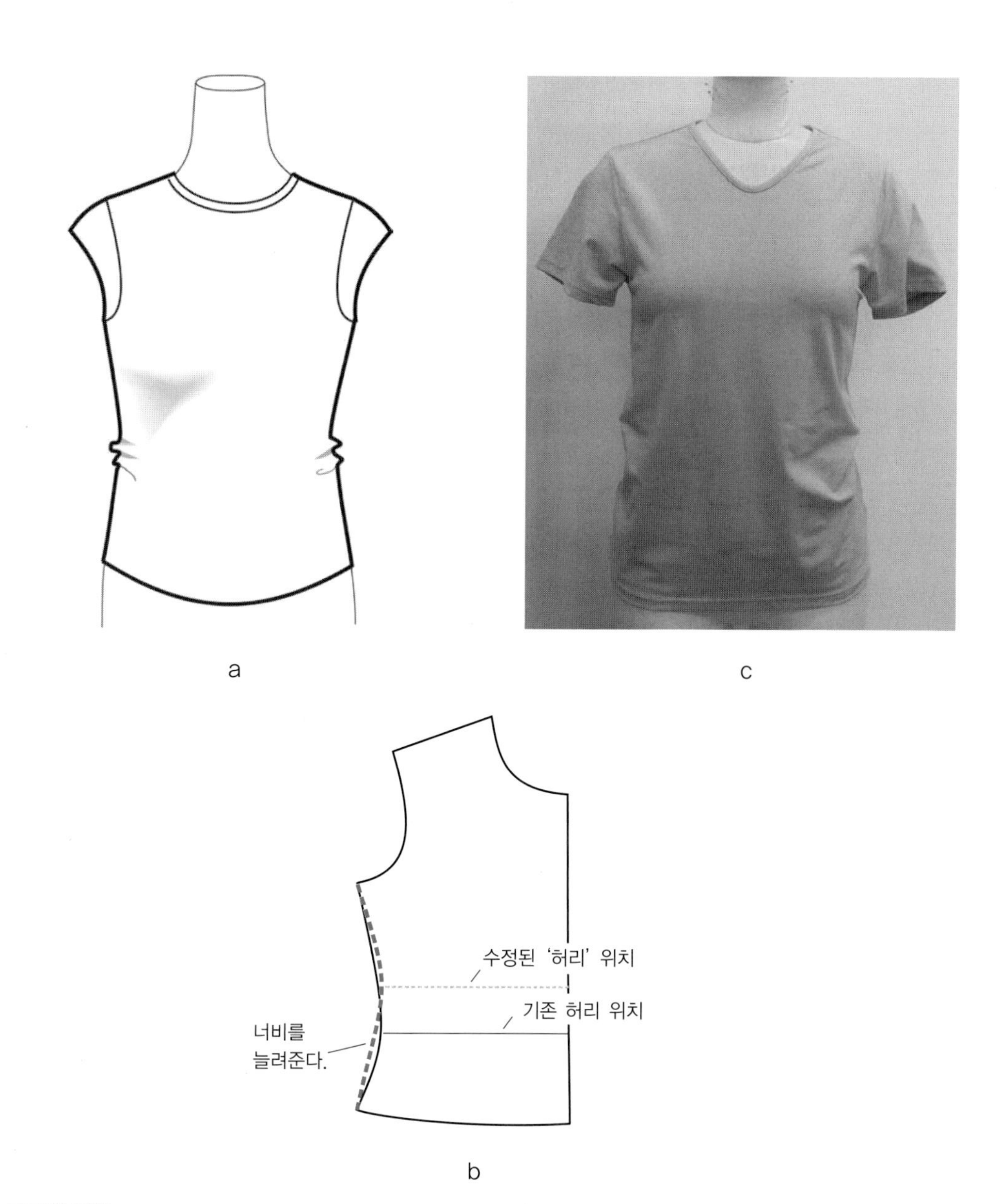

그림 16.16 허리선 위치

표 16.9 핏에 대한 기록 : 너무 낮은 허리 위치

				a	b	c	d	e
코드	생산 샘플(TOP)의 스펙 치수	오차허용치수 (+)	오차허용치수 (-)	스펙	1차 프로토 샘플 측정 치수	차이점	노트	2차 프로토 샘플을 위한 수정된 스펙
T-H	진동깊이에서 1″ 아래로 떨어진 곳에서의 가슴둘레	1/2	1/2	17 1/2	**17 1/2**	0	ok	17 1/2
T-I	허리 위치	1/2	1/2	16 1/2	**16 1/2**	0	Revise	15
T-I-2	허리둘레	1/2	1/2	15	**15**	0	ok	15
T-J	밑단길이	1/2	1/2	18	**18**	0	ok	18

바깥쪽 가장자리까지의 거리는 동일해야 한다. 이는 소매산의 높이와 상완 사이의 관계를 잘 나타낸다.

〈그림 16.19〉는 테일러드 정장용 코트에서 볼 수 있는 높고 좁은 소매산의 경우 팔을 자유롭게 움직이지 못하는 것을 보여준다. 팔을 들 때 소매산 부분이 접혀지면서 옷의 앞부분과 소매가 같이 들려 올라간다. 소매를 아래쪽으로 내릴 때는 소매가 완전히 자연스럽게 주름, 버블이나 드래그 라인 없이 놓여진다. 실제로, 완벽하게 매끄러운 소매는 테일러링의 품질보증마크(hallmark)인데 아주 활발하게 움직이는 데는 방해가 될 수 있다. 진동깊이 또한 활동성에 큰 영향력을 미친다. 소매산이 높은 옷의 활동성을 높일 수 있는 한 가지 방법은 진동을 충분히 편안한 정도로 높이는 것이다. 진동깊이는 이러한 셔츠 소매 스타일의 활동성에 큰 영향을 미친다. 또한 진동깊이가 너무 낮게 되면 활동성을 방해한다.

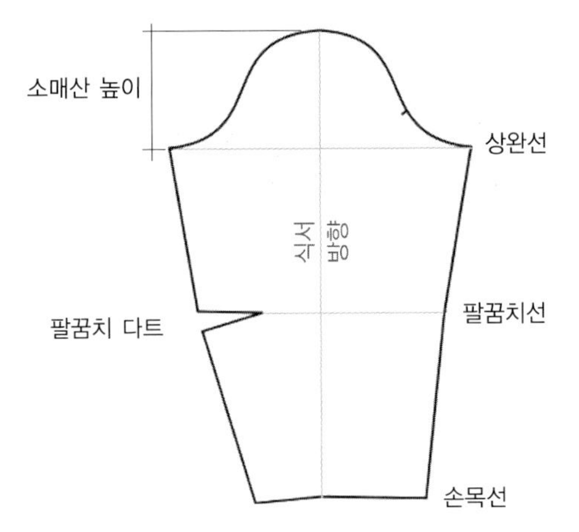

그림 16.17 소매 패턴의 용어

셔츠

〈그림 16.20〉은 남성용 셔츠의 핏과 일반적인 디테일을 보여

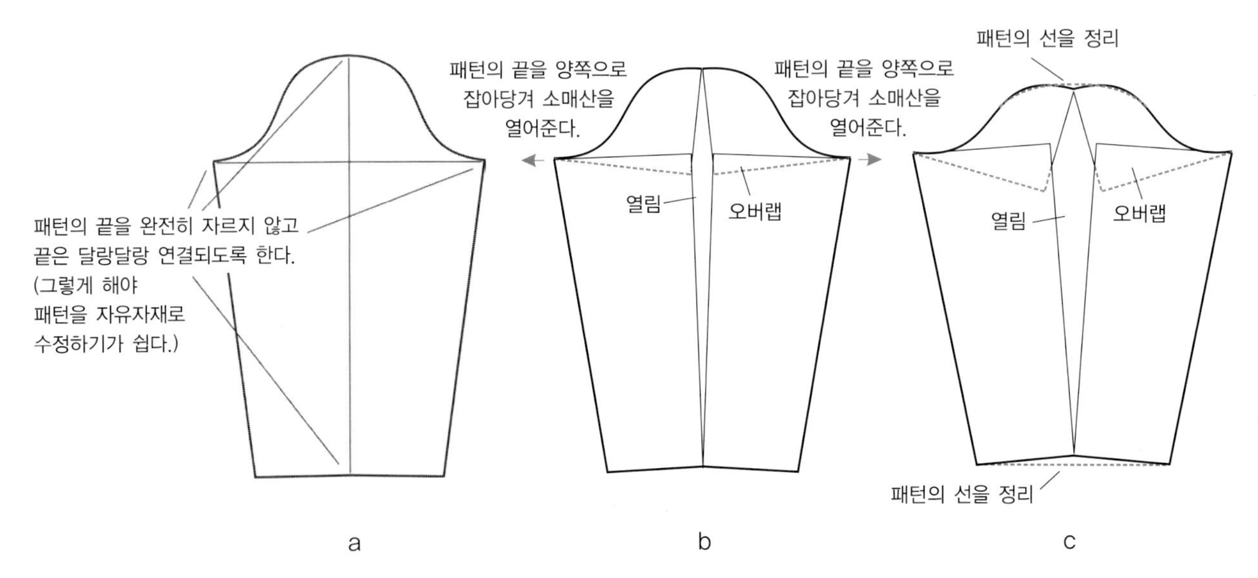

그림 16.18 소매산의 높이와 상완 너비

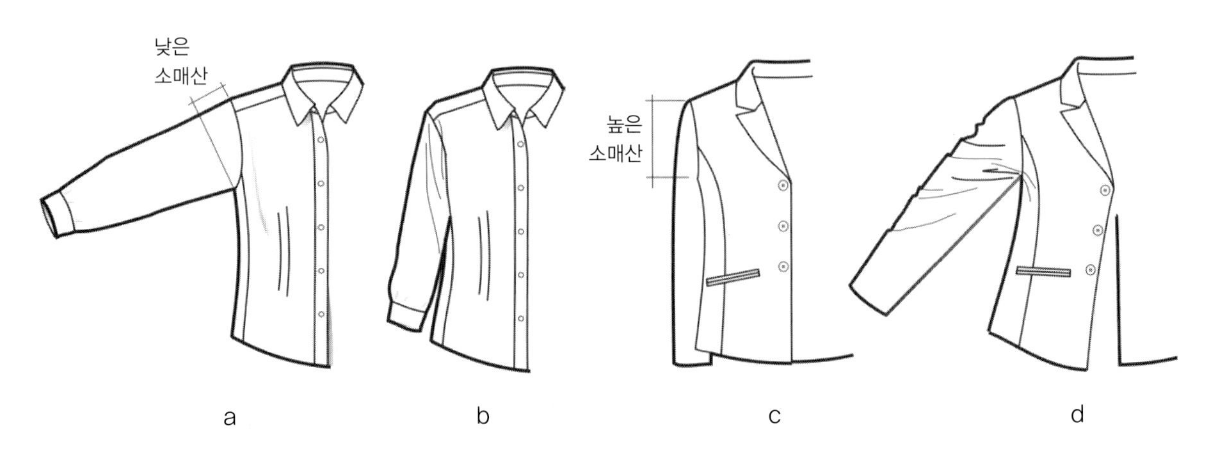

그림 16.19 소매산의 높이와 활동성

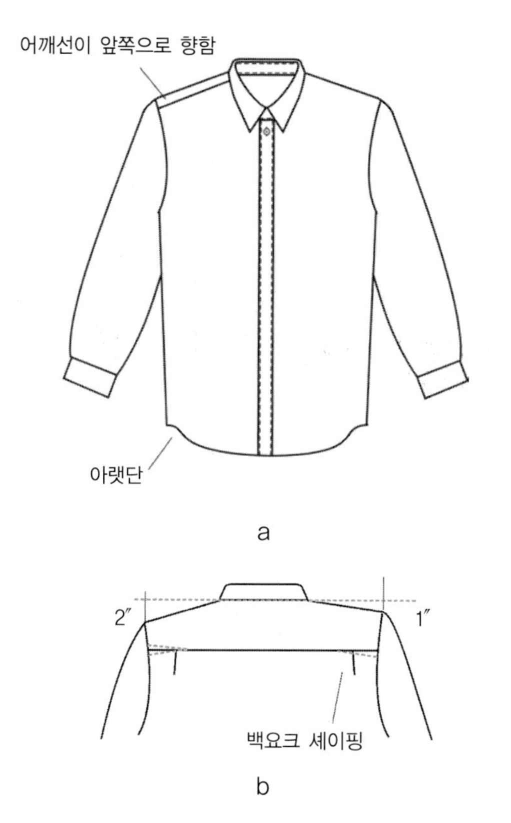

그림 16.20 남성용 셔츠의 핏 포인트

준다. 일반적으로 남성용 셔츠는 일정하게 헐렁한 스타일로 만들어진다. 클래식 우븐 셔츠는 지나치게 몸에 맞는 스타일로 만들어서는 안 된다. 니트나 신축성이 좋은 우븐 직물로 만든 셔츠 같은 경우에는 세로 방향 다트나 심을 넣어서 인체에 맞는 스타일로 만들 수 있지만 팔꿈치 부분, 뒤판의 가로 방향과 다른 부분의 활동성이 자유롭고 편해야 한다.

전형적인 의복인 남성용 셔츠의 스타일은 변화가 느리고 적은 편이다. 칼라의 모양이나 너비 같은 스타일 포인트가 아주 적은 편이다. 대부분 회사의 표준화된 셔츠 스타일을 따르는 편이므로 전형적인 셔츠 스타일에서 다른 스타일로 변형시키는 경우가 거의 없다. 그러나 슬림 셔츠 같은 핏의 종류가 다른 셔츠는 예외이다. 즉 슬림 핏 셔츠의 경우에는 기본적으로 같은 사양으로 만들어진다.

칼라는 남성용 셔츠의 가장 중요한 부분이므로 완벽하게 대칭되고 자연스러운 형태로 만들어져야 한다. 피팅 과정에서 핏 모델을 통해 샘플의 핏이 편안한지 확인해야 한다. 목깊이와 칼라밴드의 길이가 스펙대로 정확하게 만들어졌다면 샘플의 치수에 맞는 소비자들에게 핏이 잘 맞을 것이다. 남성용 셔츠의 칼라밴드 오차허용치수 범위는 대개 1/4인치로 매우 적다. 따라서 공장에서는 이에 대한 치수 측정 지점을 아주 세밀하게 측정해야 한다. 칼라밴드는 15 1/2인치인 목과 같이 셔츠의 실제 사이즈로 만들어져서 가슴과의 비율에 정확하게 위치되어야 한다.

남성용 셔츠의 특정한 부분들이 셔츠의 외관을 더 돋보이게 할 수 있으므로 셔츠의 핏을 확인할 때 다음과 같은 부분들을 특별히 상세하게 검토해야 한다.

- **어깨처짐 분량** 숄더의 각도인 어깨처짐 분량이 너무 많으면 슬리브의 핏이 너무 처지게 된다. 대부분 남성용 셔츠의 어깨처짐 분량 스펙은 2인치가 적당하다. 〈그림 16.20b〉는 1인치가 어느 정도인지와 슬리브에 어느 정도 더해지는지를 보여준다. 어깨처짐 분량이 어깨 부분에 추가되고 나면 겨드랑이에 여유분을 추가로 만들게 된다. 어깨 근육이 많거나 어깨가 각진 소비자 같은 경우에는 어깨처짐 분량을 더 적게 하는 것이 적합하므로 각 회사마다 타깃 소비자의 핏에 적합하도록 어깨처짐 분량 치수를 조정한다.
- **앞쪽 어깨** 어깨 솔기는 HPS에서 1인치 앞에 위치해야 한다. 어깨 솔기를 HPS에서 2인치 앞에 위치하도록 할 경우에는 어깨의 너비를 더 넓게 함으로써 셔츠의 탑 부분에 매력적인 중심 포인트를 만들게 된다. 〈그림 16.20a〉에서 보는 바와 같이, 앞쪽 어깨가 있는 경우와 없는 경우 셔츠의 외관을 비교할 수 있다.
- **백요크 솔기** 백요크는 〈그림 16.20b〉의 뒤판에서 보이는 바와 같이 패턴상에서 잘라서 핏을 해볼 수 있다. 어깨 다트와 같은 목적으로 만드는데, 셔츠에 백요크를 추가함으로써 뒤판과 소매에 주름을 줄여줄 수 있다. 〈그림 16.20b〉의 왼쪽 방법은 뒤판의 위와 아래 두 군데에서 보정하는 방법으로 모든 종류의 직물에 적합하다. 〈그림 16.20b〉의 오른쪽 방법은 뒤판의 낮은 쪽에서 보정을 하는 방법으로서 체크무늬가 있는 직물에 적합하다. 이 경우에는 대략 5/8인치를 뒤판의 낮은 쪽에서 제거하고 끝부분 에지로부터 대략 7인치 되는 지점에서 패턴의 선을 부드럽게 곡선으로 그려준다.
- **밑단둘레** 밑단둘레는 일반적으로 가슴둘레보다 2인치 적게 하여 너무 많은 직물이 여유분으로 남지 않도록 한다.

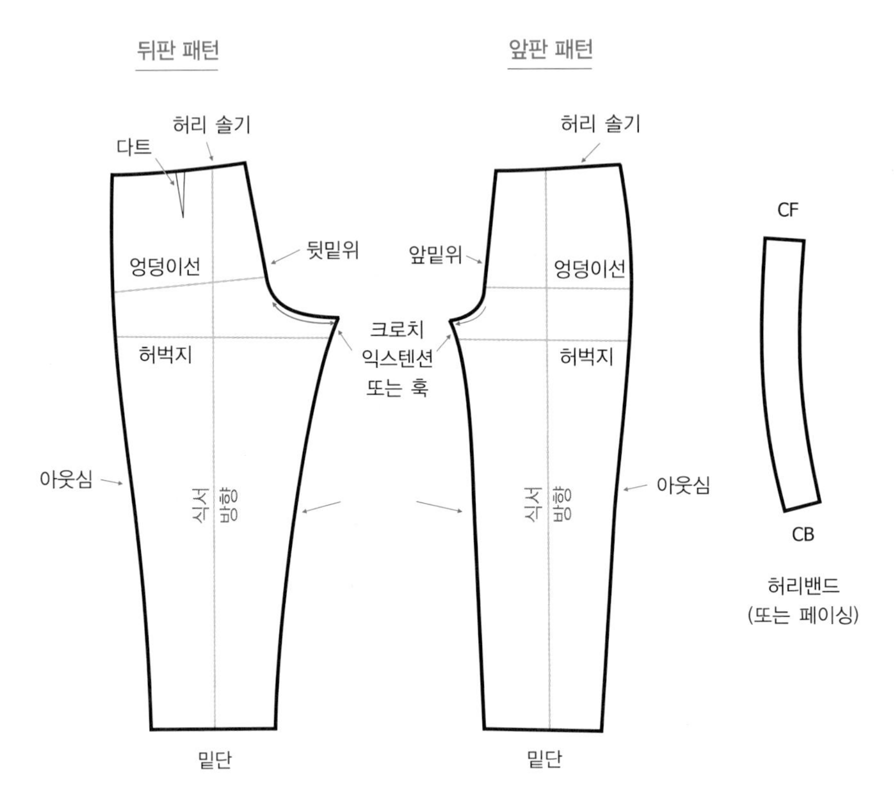

그림 16.21 팬츠 패턴에 관련된 용어

팬츠

여러 가지 이유 때문에 팬츠의 핏을 측정하는 일은 어렵다. 스타일에 따라 다르긴 하지만, 남성용 팬츠보다 여성용 팬츠에 이즈가 적어서 인체에 더 딱 맞는 경향이 있다. 여성용 팬츠는 사이즈 간의 차이가 적어서 제일 큰 사이즈와 제일 작은 사이즈 사이의 차이가 작다. 팬츠의 밑위를 정확한 커브로 만드는 것이 중요한데 이는 치수로만 만들 수는 없다. 엉덩이-허리-허벅지-밑위의 관계에 따라 좋은 핏이 결정된다.

일반적으로 소비자들은 팬츠의 핏에 민감해 그들이 원하는 핏의 팬츠를 찾으면 그 팬츠를 판매하는 회사에 충성도를 갖게 된다. 이러한 이유로 일관성이 중요하고 같은 소비자들에게 같은 방식으로(여러 가지 스타일에 변화를 주면서) 일관된 핏의 팬츠를 판매하는 것이 회사의 성공을 결정한다.

〈그림 16.21〉은 팬츠 패턴을 보여준다. 공장에 핏 평가와 함께 샘플을 고쳐서 만들어야 한다고 기록할 때 용어를 일관성 있게 사용하는 것이 중요하다.

팬츠의 핏 이슈들과 관련된 여러 가지 시나리오가 있는데, 그중 몇 가지가 다음과 같이 해결책과 함께 제시되었다.

드룹이나 드래그 : 헐렁하거나 타이트한 정도

앞 밑위에 V선을 만드는 두 가지 요인이 있다. 한 가지는 너무 느슨한 경우고 다른 한 가지는 너무 타이트한 경우다. 〈그림 16.22〉는 엉덩이선에 여유분이 많아서 느슨하게 처지는 경우를 보여준다. 패턴상에서 수정할 수 있는 방법은 엉덩이선의 둘레를 줄이는 것이다(그림 16.22b 참조). 뒤판의 패턴에서도 같은 양만큼 줄여준다. 프론트 훅이 너무 얕게 달려도 이러한 문제점이 발생한다(그림 16.22b 참조).

〈그림 16.23〉은 다른 이유로 발생한 비슷한 외관상의 문제인 드래그를 보여준다. 이 경우는 탑이나 훅 혹은 둘 다 앞 밑위가 너무 짧을 때 발생한다.

그리디 범 : 너무 짧거나 긴 뒷밑위

〈그림 16.24c〉는 드래그 라인들이 뒤판의 크로치로부터 퍼지는 패턴상의 문제를 보여준다. 이것은 '그리디 범(greedy bum)'이라고 불리는데 뒤쪽 훅이 너무 짧아서 생기는 문제다. 그리디 범이란 너무 욕심이 많은 부정확하거나 능력이 없는 사람을 말한다. 이렇게 부르게 된 이유는 패턴을 부정확한 방법으로 만들 경우, 제조업체들이 이득을 보는 경우도 있는데 이는 직물을 적게 쓰기 위해 생산 마커를 더 타이트하게

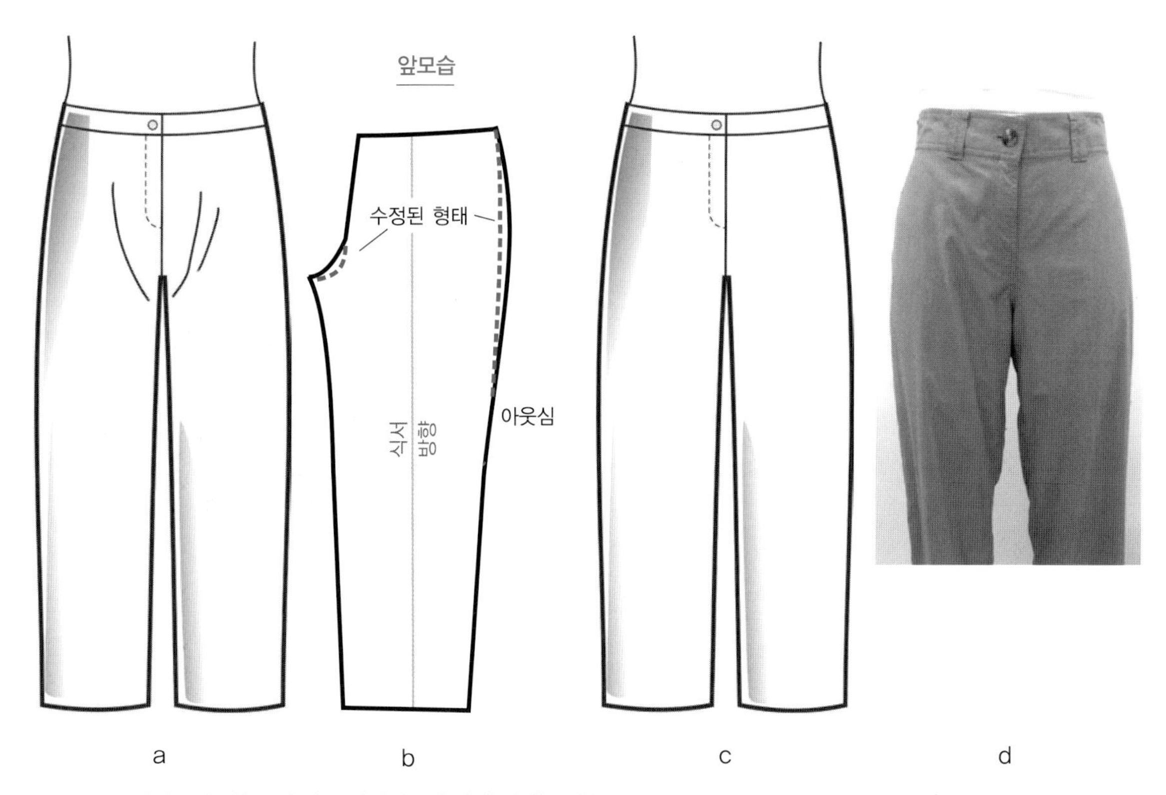

그림 16.22 드롭 : 사이드에 여유분이 너무 많아서 느슨하게 처지는 경우

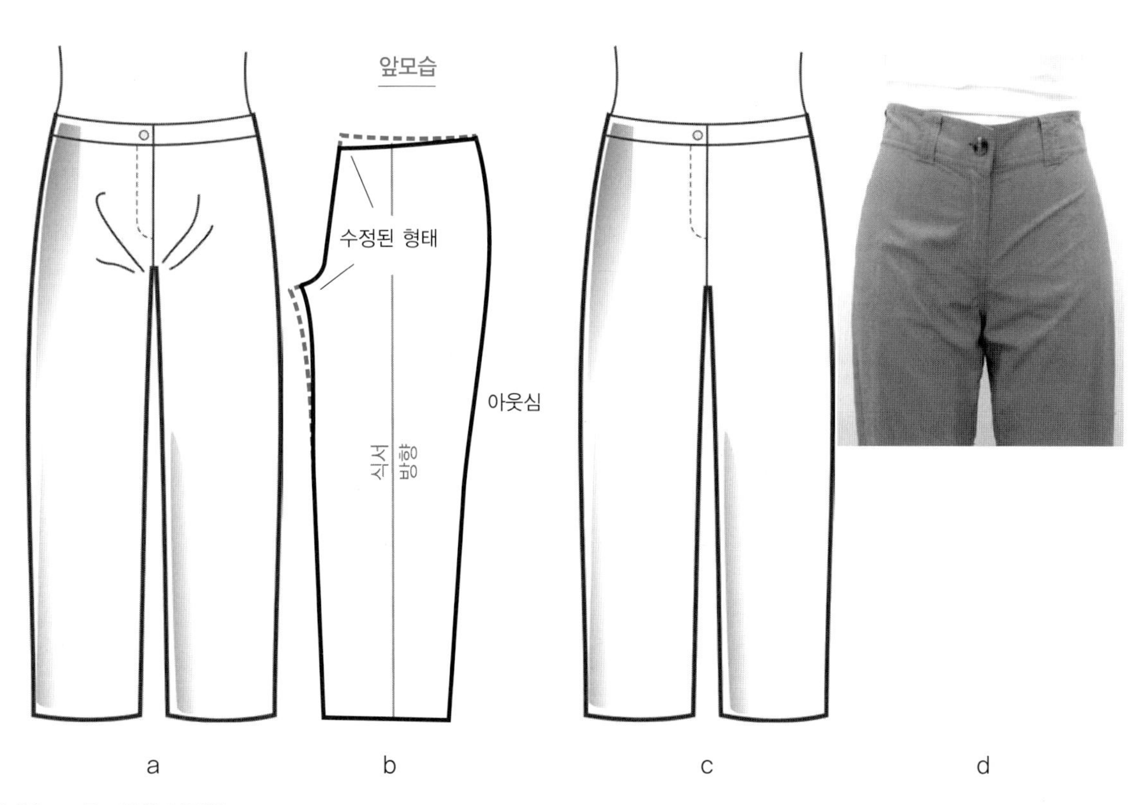

그림 16.23 드롭 : 짧은 앞밑위

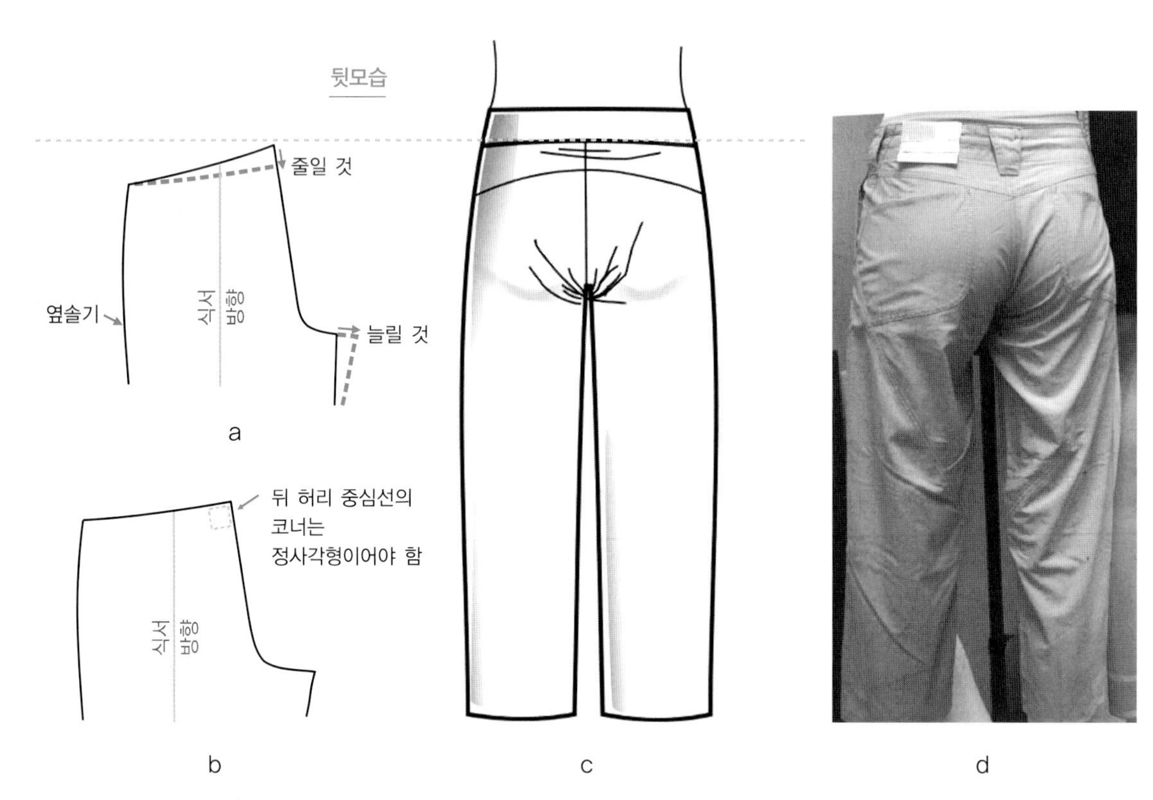

그림 16.24 너무 짧은 백 훅

만들기 때문이다. 부정확한 패턴이긴 하지만 작고 평평한 엉덩이를 가진 사람의 경우에는 완벽하게 잘 맞는다. 그러나 그런 엉덩이를 가진 사람의 경우에는 크로치 포인트 부분에서 직물이 당겨진다. 실제로 착용자가 불편함을 느끼지 않는다고 할지라도 보기에는 불편해 보인다. 〈그림 16.24a〉는 이러한 문제점을 해결할 수정 방안들을 보여준다.

이러한 문제는 뒷밑위 자체의 치수만 가지고는 알아낼 수 없다. 뒷밑위의 치수는 안쪽과 바깥쪽 둘 다 15인치씩이다. 이러한 예를 통해 의복을 마네킹이나 드레스 폼에 입혀보아야 하는 것의 중요성을 보여준다. 훅의 형태는 샘플 사이즈 8에서 고쳐질 수 있으나, 훅이 제대로 충분하게 그레이드되지 않았을 경우에는 샘플 사이즈보다 더 큰 사이즈들에서 문제가 발생한다. 따라서 모든 사이즈의 샘플을 검토하는 것이 중요하다. 또한 공장의 패턴 위에 바로 올려놓고 비교할 수 있는 의복 원형 패턴도 중요하다. 공장의 모든 패턴은 모든 1차 프로토 샘플과 함께 보내져야 한다.

〈그림 16.24c〉는 필요 이상으로 뒤 허리선이 높아 남는 분량만큼 허리밴드 아래로 가로 주름이 생기는 것이다. 디자인적인 의도가 아니라면 뒷중심선과 허리선이 만나는 곳은 직각을 이루어야 한다(그림 16.24b 참조).

너무 얕은 뒷밑위

뒷밑위가 너무 얕을 경우에는 뒷부분이 불편하게 된다. 엉덩이 부분이 많이 타이트하지 않지만, 특별히 앉았다가 일어났을 때 팬츠의 뒷부분을 계속적으로 조정해야 한다. 이때는 뒷밑위가 더욱 깊이 파졌어야 하는데 그러지 않았기에 불필요한 직물이 있지 않아야 할 곳인 뒷밑위에 위치하게 된다.

〈그림 16.25〉 사진에서 보면 여러 부분에서 개선이 필요하다.

1. 뒷밑위가 너무 파져 있어서 뒷중심선에 여분을 첨부하여서 패턴을 다시 그리는 과정인 트루잉(trueing)을 하여 전체적으로 뒷밑위가 깊은 곡선보다는 좀 더 직선이 되도록 만들어 주어야 한다. 주목할 것은 여기서 허리밴드는 아무 문제가 없다는 점이다. 곡선을 다시 그리는 것은 허리밴드 바로 밑부터의 패턴만 고쳐주면 된다.
2. 허리밴드 인서트(elastic waist insert)는 개더를 첨가하여 만들어주는데 이는 뒷중심선 허리밴드의 고무줄 때문이고 이는 샘플의 문제가 아니므로 핏 세션에서 검사 시 샘플을 승인해야 한다. 허리에 고무줄을 넣는 것은 아주 인기 있는 디자인 디테일 중 하나이고 이는 더욱 다양한 바디 타입의 고객들의 신체 사이즈에 맞을 수

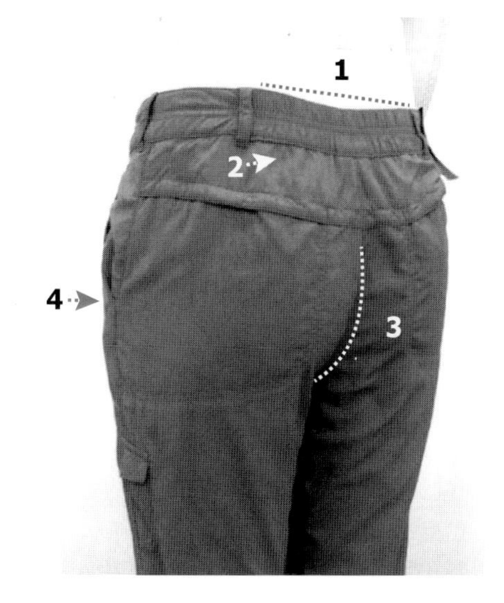

그림 16.25 너무 얕은 뒷밑위

있으므로 바이어들에게 좋은 인상을 주어 판매를 늘릴 수 있을 것이다. 전체적으로 스타일을 다 판매하기 위해서는 생산된 의복은 기능적이며 동시에 여러 면에서 모두에게 호감을 주어야 할 것이다.

3. 뒷중심의 밑위 부분에서 과도의 직물들이 있을 수 있기에 패턴에서 밑위 부분이 다시 그려져야 할 것이다(이런 경우는 다트를 너무 많이 잡을 때도 일어날 수 있다).
4. 3번의 경우를 해결하기 위해 패턴에서 밑위 부분을 다시 그리게 될 때는 한 가지 부작용이 있을 수 있는데, 이는 엉덩이 둘레가 줄어들 수 있다는 것이다. 이 경우에는 벌써 바지가 꼭 끼기에, 옆선을 밖으로 그려서 엉덩이 둘레를 조금 크게 만들어주어야 한다. 그림에서 4번

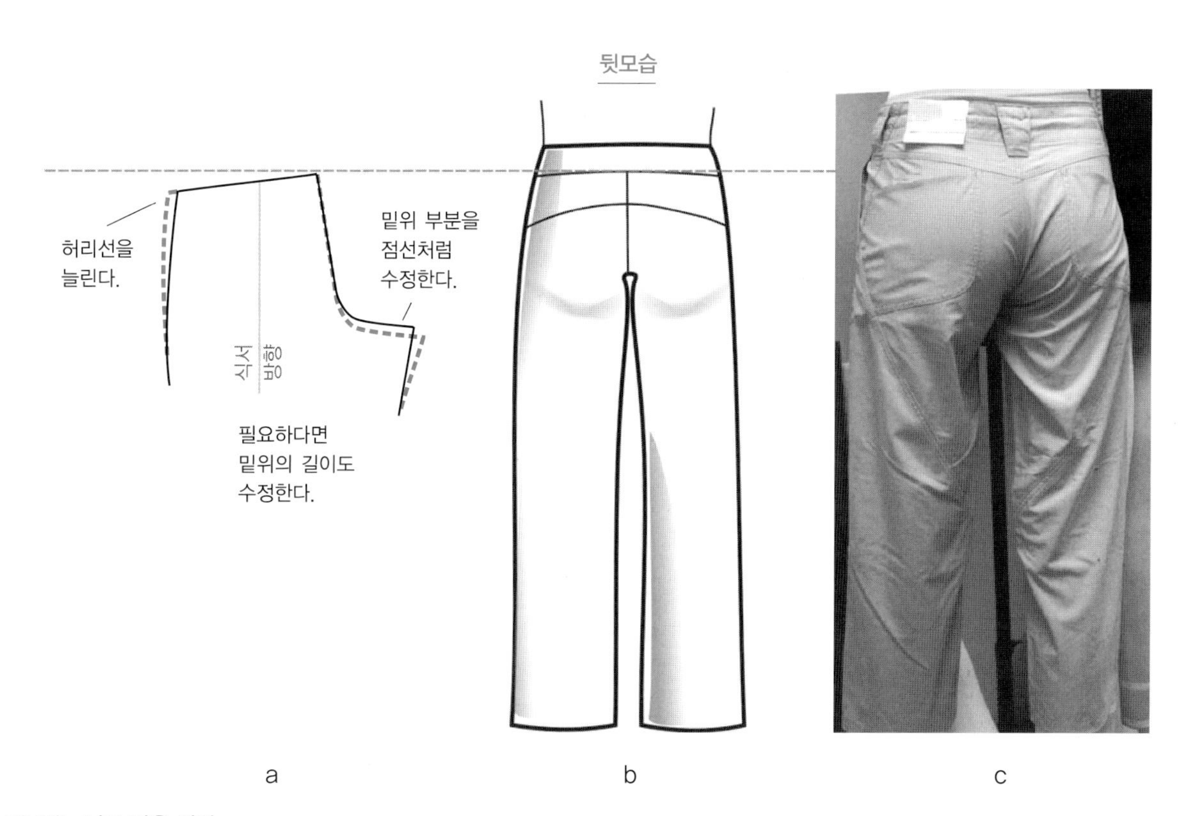

그림 16.26 너무 작은 허리

화살표 아래 부분이 아주 수평으로 평평한 것을 보면 이는 전체적으로 바지가 엉덩이 부분에서 꼭 낀다는 것이다. 4번 화살표 위를 보면 이는 좀 더 여유가 있어 보인다. 그런데 이 경우에 4번 화살표 위쪽으로 앞 포켓이 벌어져 있게 보인다. 이는 좋은 핏이 아니다. 옆선에 여유를 좀 더 넣어서 엉덩이 둘레를 전체적으로 넓게 한다면 이런 결과를 없앨 수 있고 또한 앞 포켓이 자연스럽게 평평하게 내려질 것이다. 이는 디자인 과정에서 한 가지 또는 몇 가지 요소가 교정되어야 하는 것을 보여주는 좋은 예다. 회사에서 표준형으로 쓰는 블록 패턴(block pattern)이 처음부터 아주 잘 만들어진 것이라면, 숙련된 패턴사들에 의하여 간단한 수정을 통하여 아주 좋은 핏의 고품질 의복을 쉽게 만들 수 있을 것이며 이는 소량의 핏 샘플만을 필요로 할 것이다.

너무 작은 허리

〈그림 16.26〉은 '업 더 엘리베이터(up the elevator)'라고 불리는 문제점을 보여주는데, 이는 허리가 너무 작아서 발생하는 문제다. 이로 인해 앞은 당겨지고 뒷밑위는 너무 높게 된다. 전반적으로 팬츠가 너무 작게 느껴질 것이다. 이러한 경우에는 허리 크기를 수정하는 것이 가장 중요하다. 이런 경우 허리가 너무 작기 때문에 충분히 제 허리선까지 위치하지 못해 밑위가 아래로 처진 듯한 상황이 발생한다. 이것을 해결하기 위한 유일한 방법은 허리 크기를 키워 주는 것이다. 이러한 경우에 공통적으로 너무 작은 허리 스펙이 문제다. '지퍼를 올리기 전까지는 팬츠 핏이 잘 맞는다'와 같이 말할 수 있다.

이러한 경우, 머핀 혹은 머핀 탑을 비유할 수 있는데 허리밴드가 살을 타이트하게 조여 마치 머핀 모양처럼 되는 이치다(그림 16.27b 참조). 이러한 현상에 대한 해결 방안은 허리의 둘레를 더 크게 하는 것이다.

실제 피팅

디자인의 성공 여부는 실제로 피팅을 하면서 판가름난다. 핏 세션에서 디자인 스펙이 조정되어야 할지 공장의 스펙에 대한 해석이 수정되어야 할지에 대한 핏과 관련된 문제점들이 분명하게 밝혀진다.

핏 세션의 진행

다음의 요소들이 피팅 과정(fitting process)과 샘플 평가에 영향을 끼친다.

- 스펙과 제조업체에서 보낸 오차허용치수 범위. 디자이너에 의해 시각화된 옷의 디자인 의도도 포함된다.
- 실제로 치수를 측정한 옷. 스펙과 다른 부분과 스펙과 차이가 나는 치수.

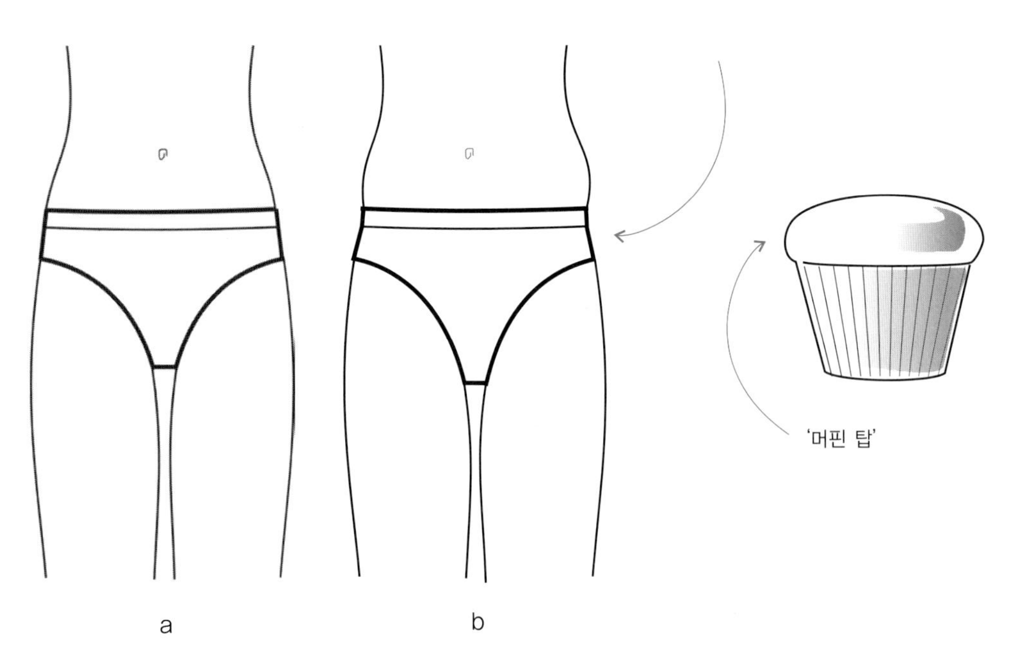

그림 16.27 머핀

- 핏 모델의 사이즈가 사이즈 차트와 이상적인 사이즈, 혹은 샘플 사이즈와 일치하는 소비자의 사이즈와 얼마나 다른지 여부.

핏 모델이 정확한 핏 사이즈여서 핏이 정확하게 사이즈 차트대로 측정되고, 샘플의 치수 측정 지점이 모두 스펙에 잘 맞고 원래 스펙이 완벽하게 직물의 두께나 의복의 목적에 맞아서 흠 잡을 데가 하나도 없을 경우에는 이상적인 핏 세션이라고 할 수 있다. 그러나 그러한 경우는 거의 드물다. 핏 미팅에서 모든 변수를 비교하고 다음 샘플에서 수정하거나 바꿔야 하는 부분을 결정한다.

핏 모델의 선택

모델이 에이전시 소속인 경우, 측정된 치수를 모델이 소속된 에이전시로 보내서 그 치수에 가장 근접한 체형을 가진 모델을 의류회사에 보내라고 요청한다. 모델들이 처음으로 치수를 측정하기 위해 의류업체로 오는 것을 **고-시**(go-see)라고 하고 이때는 대부분 모델료가 청구되지 않는다.

모델들이 의류업체로 오기 전에 에이전시의 정책이 확인되어야 한다. 모델들이 의류업체에 올 때는 기록을 위해 그들의 얼굴과 적어도 세 컷의 신체 부위 사진으로 구성된 포스트 카드 같은 합성 카드(composite card)를 가지고 올 수 있다. 합성 카드에는 신체 치수(가슴둘레, 허리둘레, 엉덩이둘레 등)가 적혀 있으나 대개 부정확하기 때문에 정확한 치수 측정이 직접 이루어지는 것이 바람직하다. 치수 측정을 위해 장래의 모델들은 반드시 일반적인 속옷을 착용해야 한다.

각 모델별로 치수 차트를 작성해야 한다. 모델들은 개인별로 자세, 근육과 형태에 있어서 여러 가지 다양한 모습을 가지고 있으므로 특정 부분의 핏은 측정된 치수로만은 예측하기 어렵다. 〈그림 16.28〉은 인체의 중요한 측정 지점을 보여준다.

핏 모델을 측정하는 표준화된 방법은 다음과 같다.

- **어깨 끝점 사이 길이** 팔을 내려뜨리고 뒤판을 가로질러 어깨점에서 어깨점까지 측정
- **가슴둘레** 가슴이 가장 풍만한 부분을 측정
- **홀터** 목 주변의 버스트 포인트에서 버스트 포인트까지 측정
- **윗엉덩이** 허리에서 3인치 내려온 지점인 하이 힙 위치의 둘레를 측정

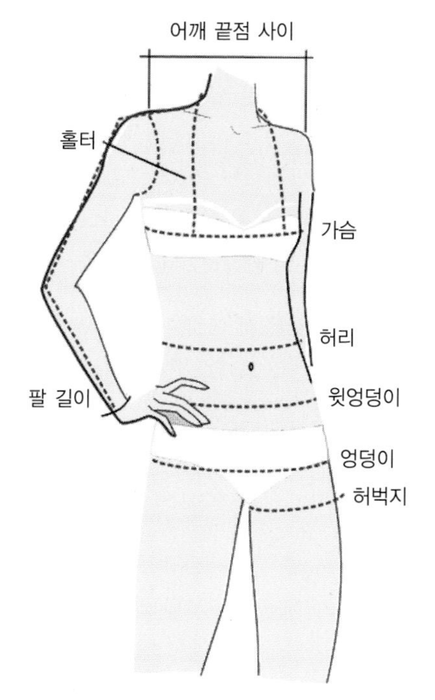

그림 16.28 인체 계측의 원리

- **엉덩이** 엉덩이의 가장 풍만한 부분의 둘레를 측정
- **허벅지** 크로치에 가까우면서 허벅지의 가장 두꺼운 부분의 둘레를 측정
- **팔길이** 경추(cervical vertebrae : 목 아래쪽에 두드러진 뼈 부분)에서 시작하여 어깨점까지 측정하고 팔의 바깥쪽 선을 따라서 팔꿈치를 살짝 구부렸을 때 두드러지는 손목의 뼈까지 측정
- **인심** 모델에게 크로치 부분에 테이프를 잡으라고 하고 신발을 신지 않은 상태에서 바닥까지 직선으로 내려뜨린 길이를 측정
- **키** 머리의 꼭대기부터 바닥까지 측정
- **몸무게** 저울로 모델의 몸무게를 측정하여 기록. 모델의 몸무게에 변함이 없으면 모델의 치수를 다시 측정하지 않아도 되므로 나중의 핏 세션을 위해 몸무게를 기록해 두는 것이 유용하다. 모델의 몸무게가 2파운드 이상 늘었을 경우에는 모델의 치수를 다시 측정해야 한다.

치수를 측정한 후, 모델들에게 의복 원형(block garment)이나 상체와 하체의 핏이 잘 맞는 기본적인 슬림-피팅 우븐 옷을 입어보게 한다. 모든 모델이 피팅을 해볼 수 있도록 이러한 기본적인 의복 샘플을 잘 보관해두는 것이 가장 좋다. 나

중에 다시 볼 수 있도록 모델의 앞뒤와 옆모습의 사진을 찍어 두어야 한다.

핏을 하기 전 : 피팅을 위한 준비

검토하기 위한 샘플들을 먼저 측정해야 한다. 실제로 어떤 옷이 검토될지에 대해서는 디자인팀만이 알고 있다. 디자이너가 먼저 검토될 샘플들을 확인 후, 테크니컬 디자이너가 그 샘플의 치수를 측정한다. 시간이 허락되면, 샘플을 마네킹에 먼저 입혀보고 균형과 일반적인 디테일을 검토한다. 측정된 치수는 반드시 핏에 대한 기록 페이지에 기록되어야 하고, 오차허용치수 범위를 넘는 치수들은 강조해야 한다.

피팅 룸

피팅 룸(fitting room)에 전신 거울이 있으면 핏 모델이 샘플을 입은 자신의 전체 모습을 보면서 옷의 외관을 검토할 수 있으므로 도움이 된다. 모델들은 소비자들을 대신하고 소비자들이 우려하는 점들을 대변한다. 피팅 룸에는 모든 사람들이 편안하게 앉아서 핏 모델을 정확하게 볼 수 있는 큰 테이블이 있어야 한다. 줄자, 초크와 핀 등의 도구들이 항상 준비되어야 한다. 이러한 도구들을 박스에 넣어 보관함으로써 모든 핏 미팅에 사용 가능하도록 한다.

1차 프로토 샘플 피팅

각 회사마다 피팅의 종류별로 다른 규칙이 정해져 있으나, 대개 디자이너, 머천다이저와 테크니컬 어시스턴트 같은 의사결정자들이 미팅에 참여한다. 필요하다면 앞, 뒤, 옆과 칼라 등의 디테일을 나누어서 검토하는 것도 일의 효율성을 높일 수 있다. 시즌별로 핏을 비교할 수 있고 핏 미팅이 끝난 후에 핏을 검토해볼 수 있으므로 피팅을 하면서 사진을 찍어 두는 것이 좋다. 아우터웨어와 스웨터의 경우에는 정확한 의복의 사용 용도를 알고 있어야 한다. 예를 들어 피팅을 할 때 아우터웨어, 셔츠와 조끼는 충분한 이즈 분량이 있는지에 대해 살펴봐야 한다.

많은 사람들이 한꺼번에 핏 미팅에 참여할 수 있는 시간을 찾기 힘드므로 미팅 스케줄을 미리 정하는 것이 중요하다. 미팅을 주관하는 사람은 모델에 샘플을 입히고, 핀을 꽂으면서 모든 치수를 측정하고 읽는다. 부자재를 비롯한 여러 가지 시각적인 요소들도 검토하고 확인한다. 바꿔야 할 치수가 있을 경우에는 모두의 동의를 구한다.

피팅 과정에서 핏 모델의 역할은 매우 중요하다. 핏 모델은 샘플을 입고 벗기에 얼마나 편한지, 포켓의 위치와 포켓에 손을 넣기 쉬운지, 앉거나 서 있거나 자세를 바꿀 때도 편안한지에 대해 의견을 이야기해줄 수 있고, 유용성이나 외관과 판매 가능성 같은 다른 질문들에도 답할 수 있다. 그러나 모델은 디자인 팀원들이 입은 샘플에 대해 의논하고 무엇인가를 결정하는 동안의 장시간 동안 움직임을 자제하고 서 있는 일이 주된 업무이기도 하다.

모델은 시간별로 임금을 받기 때문에 두 포켓 사이가 얼마나 멀리 떨어져 있어야 하는지, 셔츠의 커프스 높이는 어느 정도 되어야 하는지 등 모델이 샘플을 벗은 상태에서도 검토가 가능한 문제점들은 피팅이 끝난 후에 모델이 옷을 벗으면 논의하도록 한다. 핏 미팅은 정해진 시간 내에 이루어져야 한다. 미팅이 끝나면 핏에 대한 기록을 업데이트하고 핏 평가를 공장에 보낸다. 필요하면 공장에 두 번째 샘플을 요청한다.

두 번째 피팅

두 번째 샘플도 피팅을 하기 전에 치수를 측정하고, 첫 번째 샘플을 검토하면서 승인되었던 치수 측정 지점은 빠르게 훑어본다. 어떤 부분이 고쳐졌고 어떤 부분은 그대로 진행했으며 오차허용치수 범위를 넘는 부분은 없는지 살펴본다. 디테일의 균형이 맞는지 살펴보고 확인한다. 미팅 후에, 다시 핏에 대한 기록을 업데이트하고 핏 평가를 공장에 보내어 세 번째 핏 샘플이 필요하면 핏 샘플을 요청하고, 핏 샘플이 더 이상 필요하지 않을 경우에는 예비 생산 샘플을 요청한다. 스타일이 생산 스케줄에 들어갈 때, 샘플이 사이즈별로 그레이드될 것이다. 같은 방법으로 그레이드된 샘플이 준비되면 각 사이즈에 맞는 핏 모델에 피팅을 해 그대로 생산하기에 적합한지 여부를 결정하고 승인한다.

생산 전의 검토

미팅 전에 핏에 대한 기록을 검토하고 샘플의 치수를 측정한다. 미팅에서는 스펙에 맞지 않는 부분만 검토하도록 한다. 이 시점에서는 디자인이나 치수를 바꿀 수 없다. 의복의 가격이 이미 정해진 상태이므로 변화를 주게 되면 이윤에 부정적인 영향을 미칠 수 있기 때문이다. 문제점이 발견된다면 에이전트에서 생산팀과 어떻게 이를 해결할 수 있을지 상의해야 한다. 이때 생산팀에서는 선적이 늦어지지 않도록 스케줄을 확인해야 한다.

디테일 검토 : 실제적인 예

긴소매 티셔츠의 실제적인 예를 디테일과 함께 살펴본다(그림 16.29 참조). 품질에 관련된 문제점들이 살펴봐야 할 중요한 포인트다. 〈그림 16.29〉는 마네킹에 입혀서 검토된 긴 소매 티셔츠로 면 인터로크 티셔츠(interlock T-shirt)의 1차 프로토 샘플을 보여준다. 주된 문제점은 목둘레선이 늘어난 것이다. 목둘레의 가장자리 부분은 2-본침 삼봉과 폴더를 사용해 셔츠의 겉감 직물로 바인딩한 것이다. 몇 가지 가능한 해결책을 다음과 같이 제시한다.

- **패턴의 해결책** 목둘레에 비하여 니트 트림 패턴이 너무 길 수 있다. 바인딩을 다는 동안에 목 부분이 늘어날 경우 원래의 형태로 돌아갈 수 없을 것이다. 패턴을 확인하면 이러한 문제가 사실인지 알 수 있다. 실제로 니트 트림 패턴을 목둘레보다 짧게 하여 봉제 시에 트림이 늘어날 수 있다는 점이 감안되어야 한다.
- **패턴의 해결책** 어깨처짐 분량이 너무 많을 수 있다. 만약 그렇다고 하면, 목둘레선에서 당겨 올려지는 경향이 있을 것이다(그림 16.29 참조). 패턴을 확인하여 어깨처짐 분량의 문제인지 아닌지를 확인할 수 있다.
- **직물의 해결책** 인터로크 직물을 바인딩으로 하기엔 너무 두꺼울 수 있으므로 다른 직물로 목 트림을 하면 부피감을 줄여주어 이러한 문제점을 해결할 수도 있다. 겉감과 같은 직물보다는 1×1 립 조직으로 된 목 트림을 사용하는 것을 고려해볼 수 있다.
- **의복 구성과 관련된 문제의 해결책** 바인딩을 접어주고 부착해야 할 자리에 놓아주는 폴더는 원단 특성에 따라 속도를 조절할 수 있는데 목둘레와 바인딩이 각각의 특성에 맞게 조절되어 잘 처리되었는지 확인해본다. 그러나 이때 이러한 과정이 정확하게 진행되지 않았을 수도 있다. 특히 신축성이 좋은 직물을 사용할 경우에는 목둘레 에지와 바인딩과의 폴더 통과 속도의 차이를 두는 것이 필요하다.

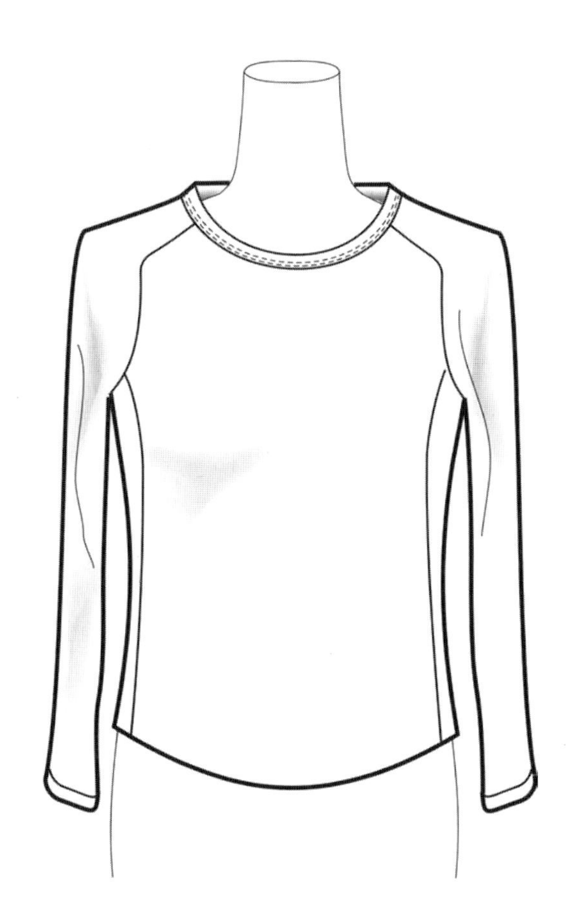

그림 16.29 목둘레선의 문제점 분석

문제의 근원이 확실히 밝혀지지 않을 경우에는 회사 내의 테크니컬 담당자와 상의해 문제가 되는 부분의 사진을 찍어서 공장에 보내는 것이 해결책을 찾는 데 도움이 될 것이다.

요약

이 장에서는 여러 가지 핏과 핏에 관련된 문제점을 다루었다. 핏은 여러 요소를 연결하는 아주 포괄적인 용어다. 핏과 핏에 영향을 주는 요소들에 대해 정확하게 이해할 때, 소비자들이 구매하기 원하는 의류제품을 성공적으로 생산해 판매할 수 있다. 핏에 관련된 문제점들을 독창적으로 해결하기 위해서는 비판적인 사고 능력과 의류제품에 대한 여러 가지 다양한 측면의 지식이 요구된다.

연구문제

1. 디자인 이즈와 핏 이즈의 차이점은 무엇인가?
   a) 두 가지 이즈의 차이점을 설명하고 우븐 셔츠의 가슴, 허리와 엉덩이의 이즈 분량을 설명해보라. 우븐 스커트

의 허리와 엉덩이의 이즈 분량은 얼마만큼인가?

b) 〈그림 16.4〉에서 스커트의 허리가 셔츠 허리의 스펙보다 왜 작은가?

c) 본인이 가지고 있는 스커트 중 하나를 선택해 치수를 측정하고 본인의 엉덩이 치수를 측정해보라. 두 가지 엉덩이 치수를 비교해 이즈 분량을 결정해보라.

2. 언제 팬츠의 무릎 치수를 디자인의 치수 측정 지점으로 고려하고, 언제 핏의 치수 측정 지점으로 판단하는가? 팬츠 바짓부리의 경우에는 언제 디자인의 치수 측정 지점으로, 언제 핏의 치수 측정 지점으로 결정하는가? 본인의 팬츠를 기준으로 각각의 스펙을 제안해보라.

3. 앞밑위가 너무 짧거나 너무 길 경우 핏 문제점을 어떻게 해결하는가?

4. 〈그림 16.21〉의 그림을 보고 다음을 표기해보라 — 어떤 라인들이 솔기(seams)인가? 어떤 라인들이 단(hems)인가? 어떤 솔기들이 어떤 솔기들(인심, 아웃심, 앞밑위와 뒷밑위, 허리밴드)과 재봉되어야 하는가? 옷장 안에서 기성복 바지를 빼어 펼쳐두고 살펴보면 도움이 될 것이다.

5. 파트너와 함께 풀어보자. 각자 집에서 드레스나 스커트를 가져와서 옷의 치수를 측정하고, 본인의 인체 치수를 측정해보라. 각자가 가지고 온 두 가지 의복에 대한 디자인 이즈와 핏 이즈에 대해 파트너와 토의해보라.

6. 상의의 소매산 높이가 디자인의 디테일과 핏에 어떤 영향을 미치는가?

a) 본인이 가장 좋아하는 브랜드의 웹사이트에서 세 가지 의복을 선택해 소매산의 높이가 다른 세 가지 경우(높거나 중간이거나 낮은 정도)를 설명해보라.

b) 각 경우의 사진을 제시하고, 소매산의 높이를 기준으로 제품의 종류와 스타일의 차이에 대해 설명해보라.

7. 핏 세션을 하기 전에 어떤 요소들을 고려해야 하는가?

이해 확인

1. 완벽한 핏을 위해 고려해야 하는 다양한 요인들을 나열해보라.
2. 이즈 분량을 결정하는 데 관련된 여러 요인을 나열해보라.
3. 상의와 하의의 표준 이즈 분량에 대해 적어보라.

부록 A

솔기와 스티치의 표준

솔기의 표준(406~414쪽 참조)은 여러 가지 다양한 솔기의 형태와 일반적인 솔기의 위치를 나타낸다. 411쪽에 나와 있는 LSl와 LSar이 솔기 종류의 두 가지 예다. 두 가지 솔기의 그림을 보면 봉제공장에서 생산하는 빕 오버올(bib overall)의 허리 부분의 두 가지 구성 방법을 알 수 있는데, 그 구성 방법은 완성된 스타일이 어떠한지에 따라 달라질 수 있다.

스티치의 표준(415~416쪽 참조)에서는 다양한 재봉틀을 사용하여 여러 종류의 솔기를 만들어낼 수 있는 스티치 종류의 예를 보여준다.

SEAMS DRAWINGS-INDEX

작업(By operations)	솔기	작업(By operations)	솔기
Attach & Edgestitch (usually 301 stitch)	SSae	Joining Bib to Overall	LSar
Bag Seaming-401	SSd	Joining Bib to Overall	LSl
Bagging Welt Pockets on Trousers (usually 301)	SSc	Joining plies	SSv
Binding(2 needle-clean finish-301 or 401)	BSe	Lap Seaming	LSa
Binding(2 needle-selvedge edge-301 or 401)	BSd	Lap Seaming-top edge turned under	LSb
Binding(bottom coverstitch-406 stitch)	BSb	Lining Cuffs for Dress Shirts	SSbc
Binding(clean finish-usually 301)	BSc	Making Belt Loops(for jeans, chinos)	EFh
Binding(coverstitch-602 or 605)	BSa	Making Spaghetti	EFu
Binding(mock clean finish binding-2 operations)	BSg	Making Strap or Belt(1 needle)	EFj
Binding(mock clean finish binding-2 operations)	BSj	Making Strap or Belt(1 needle)	EFp
Binding(selvedge edge binding-301 or 401)	BSa	Making Strap or Belt(1 needle)	EFy
Bolt-end seaming (501 single thread overedge)	FSf	Making Strap or Belt(1 needle)	EFz
Butt seam & tape-generally 301 lockstitch	SSf	Making Strap or Belt(2 needle-2 piece)	EFad
Centerplait (Cut-on centerplait-401/301 stitch)	EFv	Making Strap or Belt(2 needle-2 piece)	EFn
Centerplait (Set-on-generally 401 stitch)	LSm	Making Straps, Belts (hidden stitch with interlining)	SSaz
Cord seam only-generally 301 or 401 stitch	LSq (b)	Patch Pocket Setting-301 stitch	LSd
Coverseaming only(straddle stitch-406 stitch)	SSh (b)	Pocket Set(hem & set front pocket-jeans)	SSl
Crotch seam(Flatseaming with 607 stitch)	FSa	Pocket Set(patch pocket-2 operations)	LSs
Crotch seam(Flatlock seaming with 606 stitch)	LSa	Runstitch & Topstitch-generally 301 stitch	SSe
Crotch seam on Jeans-usually 301 stitch	LSas	Seam & Cord Seam	LSq
Darting (panel not cut-generally 301 stitch)	OSf	Seam & Topstitch Seam	LSq
Deco Stitching	OSa	Seam with Piping	SSk
Elastic attaching-3 or 4 needle 401 stitch	SSt	Seam with Piping & Topstitch	SSaw
Elastic attaching-406 or 407 stitch-underwear	LSa	Seam with Piping & Topstitch	SSav
Facing to front with Zipper	SSj	Seaming & Coverseaming	SSh
Felling(Mock Felled Seam)	SSw	Seaming(1st part of 2 part operation)	SSa
Felling or felled seam(2 or 3 needle 401 stitch)	LSc	Seaming(General)	SSa
Flatlock seaming with 606 stitch	FSa	Seaming then Taping Seam	SSag
Flatseaming(with 607 stitch)	FSa	Seaming with Stay tape	SSab
French Seam	SSae	Serging-generally with 503, 504, or 505 stitch	EFd
General seaming	SSa	Sleeve Set(2 Operations)	LSr
Hem seaming(clean finish)	SSp	Stripes attaching-2 needle-either 301 or 401	SSat
Hem seaming(raw edges)	SSn	Taping Edge-generally 301	SSaa
Hem Serging	EFe	Taping only-2nd part of 2 part operation	Ssag (b)
Hem with Elastic	EFf	Topstitching only-2nd part of 2 part operation	SSe (b)
Hem with Elastic(2 needle)	EFg	Waistbanding(1 piece-binding-jeans)	BSc
Hem with Elastic(2 needle)	EFq	Waistbanding(1 piece)	LSk
Hem with Piping	LSn	Waistbanding(2 piece band)	LSg
Hemming-2 needle. hemming on knits	EFa Inv.	Waistbanding(2 piece with interlining)	LSj
Hemming-blindhemming with overedge	EFc	Waistbanding with Elastic-3 or 4 needle)	SSt
Hemming-blindstitch hemming(clean finish)	EFm	Waistbanding(with Elastic-406 / 407 stitch)	LSa
Hemming-blindstitch hemming(serged or pinked)	EFl	Waistbanding(with "stitch-in-a-ditch" topstitching)	BSf mod
Hemming-Tunneled Elastic(2 needle)	EFr	Yoking(1 operation-with folder)	LSe
Hemming(clean finish)	EFb	Yoking(1 operation-without folder)	LSf
Hemming(selvedge edge)	EFa	Yoking(2 operations)	SSq
Join & Tape Front(flatseamer)	LSz	Mock Felled Seam	SSw

Courtesy of American & Efird, Inc., www.amefird.com

솔기의 그림	751a 번호	ISO 4916 번호	일반적인 활용도	필요 조건
	BSa	3.01.01	끝단에 하는 바인딩으로 카펫 등에 사용	1) 완성된 바인딩의 너비를 구체적으로 표기
	BSa	3.01.01	여성복의 칼라와 속셔츠의 슬리브 바인딩 등에 사용. 대개 602나 605 커버스티치로 봉제	1) 602나 605 스티치로 봉제된 경우 바늘 간격을 표기 2) 완성된 바인딩의 너비를 구체적으로 표기
	BSb	3.03.01	여성용 티셔츠의 칼라에 사용. 바짓단과 니트 플라이의 바인딩 등에 사용. 대개 406 환봉(bottom coverstitch) 등의 봉제	1) 406 스티치로 봉제된 경우 바늘 간격을 표기(예 : 1/8인치, 3/16인치) 2) 완성된 바인딩의 너비를 표기
	BSc	3.05.01v	셔츠의 슬리브 페이싱이나 아우터웨어의 끝단 파이핑 등에 사용. 301 본봉이나 401 환봉으로 봉제	1) 바인딩의 너비를 표기(예 : 1/2인치) 2) 바인딩 폴더(folder)를 사용해야 함
	BSd	3.01.02	끝단에 솔기를 만들거나 아우터웨어의 끝단 바인딩에 사용	1) 바늘 간격을 표기 2) 너비 바인딩(예 : 3/8인치 바늘 간격과 1/4인치 바인딩) 3) 바인딩 폴더(자동으로 바인딩을 접어주어 봉제를 용이하게 하는 기계)를 사용해야 함
	EFa	6.02.01	셔츠 앞부분의 끝처리(selvedge edge)에 사용	1) 밑단의 너비를 구체적으로 표기
2 바늘 처리단	Efa Inv.	6.02.07	티셔츠나 폴로 셔츠의 밑단 처리에 사용. 일반적으로 406 스티치로 봉제	1) 밑단의 너비를 표기 2) 바늘 간격을 구체적으로 표기(예 : 1인치 단일 때 1/4인치 바늘 간격)
클린 피니시단*	EFb	6.03.01	셔츠, 청바지, 반바지 등의 밑단 처리에 사용	1) 밑단의 너비를 구체적으로 표기 2) 대개 헤밍 PF나 헤밍 폴더(hemming folder, 자동으로 밑단을 접어주어 봉제를 용이하게 하는 기계)를 사용
공그르기 단처리	EFc	6.06.01	티셔츠나 속셔츠의 아랫부분에 사용. 대개 503 스치티로 봉제	1) 밑단의 너비를 표기(예 : 1인치 단) 2) 대개 헤밍 가이드(hemming guide, 밑단을 표기해주며 봉제를 돕는 것)가 필요
솔기라인에 숨은 탑스티치**	BSf mod	3.01.01	솔기라인에 숨은 탑스티칭(stitch in a ditch). 허리밴드, 솔기라인의 윗부분에 하는 스티치	1) 스티치가 완전히 보이지 않도록 가이드라인과 특별한 PF가 필요할 수 있음

Courtesy of American & Efird, Inc., www.amefird.com

* 클린 피니시(clean finish or turned and stitched) : 솔기의 로우 에지나 단의 여유분을 접어서 스티치한 것(EFa)으로 에지의 단을 얇게 만드는 효과가 있음. 로우 에지가 풀리는 것을 방지

** 숨은 스티치(stitch-in-a-ditch) : 스티치 선이 의류제품과 바인딩 사이에 인접한 솔기의 윗부분에 박음질되어 스티치 선이 잘 보이지 않도록 하는 끝처리(방법)

솔기의 그림	751a 번호	ISO 4916 번호	일반적인 활용도	필요 조건
두 가지 공정으로 봉제	BSg	3.14.01	목 클린 피니시 바인딩(mock clean finish binding)*	1) 바인딩의 너비를 구체적으로 표기
두 가지 공정으로 봉제	BSj	3.05.06	목 클린 피니시 바인딩	1) 바인딩의 너비를 구체적으로 표기 (예 : 1/2인치 바인딩)
청바지의 허리 밴딩	BSc	3.05.01	청바지의 허리밴드에 사용. 401 환봉이나 301 본봉과 같이 봉제할 수 있음	1) 바늘 간격을 표기 2) 바인딩의 너비를 표기 (예 : 1 3/8인치, 1 5/8인치 바인딩) 3) 바인딩 폴더를 사용할 것
	BSe	3.05.05	아우터웨어에 사용하는 솔기 처리와 바인딩(seaming and binding)	1) 바늘 간격을 표기 2) 바인딩의 너비를 표기(예 : 3/8인치 바늘 간격, 1/4인치 바인딩) 3) 바인딩 폴더를 사용할 것
공그르기 스티치 단	EFl		드레스, 바지, 코트와 침대보의 단 처리. 일반적으로 103 공그르기로 봉제	1) 단의 너비를 표기
벨트고리	EFh		청바지나 캐주얼 바지 등의 벨트 고리에 사용 대개 406 스티치로 봉제	1) 바늘 간격을 표기 2) 벨트 고리의 너비를 표기(예 : 1/4인치 바늘 간격, 3/8인치 벨트고리) 3) 바인딩 폴더를 사용할 것
공그르기 스티치 단	EFm		드레스, 바지, 코트와 침대보의 단 처리 대개 103 공그르기로 봉제	1) 단의 너비를 표기
센터 플레이팅	EFv		센터 플레이트에 잘라서 붙임. 대개 두 줄의 401 스티치로 봉제(LSm 세트-온 센터 플레이트 참고)	1) 바늘 간격을 정해주고 2) 센터 플레이트의 두께를 정해준다(예 : 바늘 간격은 1, 센터 플레이트의 두께는 1 1/2"로 한다). 3) 이 센터 플레이트의 폴더가 요구된다.
서징(serging)	EFd	6.01.01	바지 패널, 플라이, 페이싱 등에 하는 오버로크(성징)	1) 너비의 바이트를 구체적으로 표기
서지와 단	EFe		냅킨이나 얇은 직물로 만든 커튼 등의 끝에 하는 오버로크(서징)	1) 너비를 구체적으로 표기(예 : 3/32인치) 2) 단, PF가 필요

Courtesy of American & Efird, Inc., www.amefird.com

* 목 클린 피니시(mock clean finish) : 비용 절감 효과를 위해 실제로 클린 피니시를 하지 않았으나, 클린 피니시처럼 보이도록 하는 솔기 처리 방법

솔기의 그림	751a 번호	ISO 4916 번호	일반적인 활용도	필요 조건
	EFf	7.24.02	단이나 신생아용 팬티에 고무줄을 넣을 때 사용하는 방법	1) 단의 너비를 표기
	EFg	7.24.03	단이나 신생아용 팬티에 고무줄을 넣을 때 사용하는 방법	1) 바늘 간격을 표기 2) 단의 너비를 표기(예 : 1/4인치 바늘 간격과 1/2인치 단 간격) 3) 헤밍 폴더와 고무줄 가이드를 사용할 것
	EFq	7.26.05	단이나 신생아용 팬티에 고무줄을 넣을 때 사용하는 방법	1) 바늘 간격을 표기 2) 단의 너비를 표기(예 : 1/4인치 바늘 간격과 1/2인치 단 간격) 3) 헤밍 폴더와 고무줄 가이드를 사용할 것
터널 모양으로 된 고무줄 처리	EFr	7.26.05	단이나 신생아용 팬티에 고무줄을 넣을 때 사용하는 방법	1) 바늘 간격을 표기 2) 단의 너비를 표기(예 : 1/4인치 바늘 간격과 1/2인치 단 간격) 3) 헤밍 폴더와 고무줄 가이드를 사용할 것
스파게티 고리로 만들기	EFu	8.07.01	고리를 만드는 데 사용. 스티치가 숨어 있어서 보이지 않음	1) 고리론의 너비를 구체적으로 표기
	EFj	8.05.01	고리론이나 벨트를 클린 피니시로 만드는 데 사용	1) 고리론의 너비를 구체적으로 표기
	EFn	8.19.01	고리론이나 벨트를 클린 피니시로 만드는 데 사용	1) 바늘 간격을 구체적으로 표기 2) 고리론의 너비를 표기
	EFp	8.06.01	고리론이나 벨트를 클린 피니시로 만드는 데 사용	1) 고리론의 너비를 구체적으로 표기
	EFad	8.17.01	고리론이나 벨트를 인터라이닝을 사용해 클린 피니시로 만드는 데 사용	1) 고리론의 너비를 구체적으로 표기
	EFy	8.03.03	고리론이나 벨트를 클린 피니시로 만드는 데 사용	1) 고리론의 너비를 구체적으로 표기
	EFz	8.03.04	고리론이나 벨트를 클린 피니시로 만드는 데 사용	1) 고리론의 너비를 구체적으로 표기

Courtesy of American & Efird, Inc., www.amefird.com

솔기의 그림	751a 번호	ISO 4916 번호	일반적인 활용도	필요 조건
랩(lap) 솔기 처리	LSa	2.01.01	니트로 된 커프스를 부착할 때 사용. 대개 605 혹은 607 삼봉으로 봉제	1) 고른 끝을 만들기 위해 솔기 처리 가이드나 트리머(trimmer)를 사용할 것 2) 바늘 간격 표기(예 : 1/4인치 바늘 간격)
	LSb	2.02.01	피스(piece)를 붙인 후 탑스티치를 하거나 코드를 하는 LSq보다 널리 사용하지 않음	1) 스티칭에서 위 천(탑 플라이) 끝까지의 치수를 표기(예 : 1/8인치 헤더)
펠드(felled) 솔기	LSc	2.04.06	청바지, 셔츠, 재킷 등의 솔기 처리에 사용. 대개 2개 혹은 3개 바늘을 사용하여 401 환봉으로 봉제	1) 바늘 간격과 솔기 너비를 표기(예 : 1/4 바늘 간격과 3/8인치 솔기 너비) 2) 펠링 폴더의 정확한 용량을 표기해야 함
패치 포켓 세팅	LSd	5.31.01	패치 포켓, 플랩, 포켓 페이싱 등을 세팅하는 데 사용하고 대개 301 본봉으로 봉제	1) 간격(margin)을 표기(예 : 1/16인치 혹은 3/21인치) 2) 끝에서 스티치까지 같은 간격을 유지하기 위해 노루발을 사용
패치 포켓 세팅	LSs	2.05.02	정장 코트나 재킷의 넓은 패치 포켓을 세팅할 때 사용	1) 고급 기술이 요구되는 첫 번째 공정 2) 간격을 표기(1/16인치 혹은 3/32인치)
요킹	LSe	1.22.01	한 가지 공정으로 봉제하는 셔츠나 블라우스의 뒤 요크의 솔기를 만드는 방법. SSq보다는 덜 사용되는 방법	1) 간격을 표기(예 : 1/16인치 혹은 3/32인치) 2) 위와 아래 스크롤(scroll) 무늬가 있는 폴더가 요구됨
세트-온 센터 플레이트	LSm	7.62.01	셔츠나 블라우스에 세트-온 센터 플레이트를 부착하는 데 사용	1) 바늘 간격을 표기(예 : 1인치) 2) 센터 플레이트의 너비를 표기 (예 : 1 1/2 인치) 3) 탑 스트립 폴더의 폴더 너비를 표기해야 함
	LSn		일반적으로 사용하지 않음	
봉합 및 테이핑	LSz	2.14.02	니트 브리프와 속옷의 보온성을 높임	1) 위쪽에 펼쳐진 실로 607 플랫 솔기 처리 기계를 사용 2) 위쪽에 테이프를 두른 폴더가 필요
고무줄 부착	LSa	2.01.01	고무줄을 팬티나 속옷에 406 혹은 407 스티치로 세팅, 일반적으로 605나 607 스티치로 봉제한 니트 커프스에 부착	1) 솔기 처리 가이드나 트리머를 사용하여 끝을 고르게 유지 2) 바늘 간격 표시(예 : 1/4인치 바늘 간격)

Courtesy of American & Efird, Inc., www.amefird.com

솔기의 그림	751a 번호	ISO 4916 번호	일반적인 활용도	필요 조건
솔기와 코드 솔기	LSq	2.02.03	청바지, 면바지나 재킷의 옆솔기	1) 첫 번째 공정 : 솔기 두께를 표기 2) 두 번째 공정 : 바늘 호수(1, 2, 3)와 바늘 간격 표시
	LSk	7.32.03	파자마의 허리 밴딩, 커튼이나 샤워 커튼대에 부착	1) 바늘 간격 표시 2) 테이프 너비 3) 턴 다운(turn down) 폴더와 스트립(strip) 폴더를 합한 폴더를 사용
두 겹 허리밴드	LSg	7.57.01	면바지나 작업복의 허리밴드에 부착	1) 바늘 간격을 표기 2) 허리밴드의 너비 3) 위쪽과 아래쪽의 스트립 폴더(자동으로 고리끈을 접어 주어 봉제를 용이하도록 하는 기계)로 구성된 폴더를 사용
두 겹 허리밴드	LSj	7.76.01	면바지나 작업복의 허리밴드에 부착	1) 바늘 간격을 표기 2) 허리밴드의 너비 3) 위쪽과 아래쪽의 스트립 폴더로 구성된 폴더를 사용
	LSf		셔츠나 블라우스 뒷면의 요크에 솔기를 만드는 요크. 한 가지 공정	1) 스티치 선에서 에지까지의 간격을 표기 (예 : 1/16인치나 3/32인치)
	Lsas		청바지나 면바지의 샷 솔기를 만드는 방법	1) 바늘 간격을 표기(예 : 1/4인치)
	LSbj	5.30.01	청바지의 프론트 포켓에 부착하는 방법	1) 페이싱이 먼저 오버로크되어야 함
슬리브 세트	LSr	2.06.02	드레스 셔츠나 블라우스의 슬리브에 세팅	1) 첫 번째 공정 : 솔기 두께를 표기, 폴더를 사용해야 함 2) 두 번째 공정 : 탑스티치 간격을 표기
	LSl	2.28.03	빕이 달린 오버올의 바지 부분에 빕을 연결하는 한 가지 공정	1) 바늘 간격 2) 고리론 너비를 표기해야 함
	LSar		빕이 달린 오버올의 바지 부분에 빕을 연결하는 한 가지 공정	1) 바늘 간격 2) 고리론 너비를 표기해야 함
박은 다트	OSf	6.05.01	정장이나 캐주얼 바지와 블라우스의 다트 패널에 사용	1) 다트의 너비와 길이를 표시 (예 : 3/8인치 너비, 3인치 길이)

Courtesy of American & Efird, Inc., www.amefird.com

솔기의 그림	751a 번호	ISO 4916 번호	일반적인 활용도	필요 조건
일반적인 솔기 처리법	SSa	1.01	니트와 우븐에 가장 보편적으로 사용하는 솔기 구조	1) 핏을 유지하기 위해 솔기 간격을 반드시 표시해야 함 2) 솔기 처리 가이드나 트리머를 사용하여 끝부분을 고르게 해야 함
솔기 처리법과 테이프 처리법	SSab		강화용 스테이 테이프(stay tape)로 어깨끼리 연결하거나 페이싱을 재킷의 앞부분에 부착하는 방법	1) 스테이 테이프의 너비를 표시 2) 솔기 간격을 표시
테이프를 끝에 부착	SSaa		지퍼 테이프를 플라이 페이싱에 붙이거나 스테이 테이프를 진동에 부착하는 방법	1) 테이프의 너비를 표시 2) 솔기 간격을 표시
런스티치와 탑스티치	SSe	1.06.02	칼라와 커프스를 셔츠에 부착하거나 프론트 포켓을 붙이거나 면바지에 플라이를 부착하는 방법	1) 첫 번째와 두 번째 공정에서 솔기 간격을 표시해야 함 2) 솔기 처리 가이드를 사용하여 끝부분을 고르게 해야 함 3) 첫 번째와 두 번째 공정 사이에 터닝 과정이 있음
프렌치 솔기 처리법*	SSae	1.06.03	재킷이나 드레스의 프론트 페이싱에 하는 에지 스티칭	1) 첫 번째와 두 번째 공정에서 솔기 간격을 표시해야 함 2) 솔기 처리 가이드를 사용하여 끝부분을 고르게 해야 함 3) 첫 번째와 두 번째 공정 사이에 터닝 과정이 있음
플랫 솔기 처리법	FSa	4.01.01	속옷, 플리스, 운동복 등에 사용. 대개 607 스티치로 봉제	
볼트 엔드 솔기 처리법	FSf		501 스티치로 박은 볼트-엔드 솔기 처리법	
장식적인 스티칭	OSa	5.01.01	장식적인 스티치 청바지의 뒷주머니에 사용. 새들(saddle) 스티칭	1) 스티치할 위치의 크기와 디자인 패턴을 표시
	SSj	1.11	겉감과 페이싱 사이에 지퍼 테이프를 부착	1) 핏을 유지하기 위해 솔기 간격을 표기해야 함 2) 끝부분을 고르게 하기 위해 솔기 처리 가이드를 사용해야 함 3) 지퍼풋(zipper foot)이 필요

Courtesy of American & Efird, Inc., www.amefird.com

* 프렌치 솔기(french seam) : 솔기 안의 솔기로 직물의 안쪽끼리 맞대어 박음질한 후, 겉쪽끼리 맞대어 다림질하여 그 솔기를 다시 박음질함. 올이 풀릴 수 있는 얇은 직물에 사용

솔기의 그림	751a 번호	ISO 4916 번호	일반적인 활용도	필요 조건
 파이핑이 있는 솔기	SSk	1.12	솔기가 있는 의복과 솔기에 파이핑이 있는 가구	1) 핏을 유지하기 위해 솔기 처리 간격을 표시해야 함 2) 끝부분을 고르게 하기 위해 솔기 처리 가이드를 사용해야 함 3) 파이핑에 코드를 넣은 경우, 바닥에 홈이 있는 재봉틀 풋을 사용해야 함
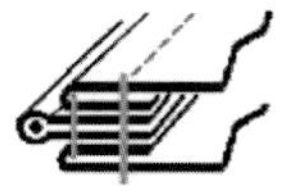 솔기를 접고 탑스티치	SSax	1.18/1.19	베개와 파자마 등에 하는 파이핑 끝에 솔기를 만드는 방법	1) 솔기 간격을 표시 2) 탑스티치 헤딩, 간격 3) 파이핑에 코드를 넣거나 넣지 않거나 폴더를 사용
 솔기를 접고 탑스티치	SSaw	2.19.02	쿠션과 베개 등의 파이핑 끝에 솔기를 만드는 방법. 캐주얼 셔츠와 드레스의 뒷면 요크에 부착	1) 솔기 간격을 표시 2) 탑스티치 헤딩과 간격을 표시
 단으로 처리한 솔기	SSn	1.20.01	봉제 시 솔기가 잘 미끄러지는(seam slippage) 직물의 솔기 처리에 사용	1) 대개 헤밍 폴더나 가이드를 사용 2) 단의 너비를 반드시 표시 (예 : 3/8인치 단)
 솔기를 접고 코드	SSq	2.42.04	셔츠나 블라우스의 뒤판이나 어깨에 요크를 연결하는 방법. LSe와 비슷하지만 두 단계로 진행	1) 노루발을 허용하는 정도의 간격 가이드(margin guide)가 필요 2) 정확한 PF와 선호되는 간격 가이드가 사용되어야 함(예 : 1/16 혹은 3/32인치)
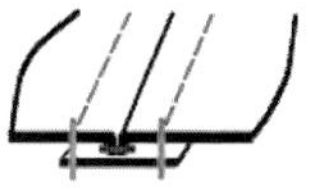 맞닿은 솔기와 테이프	SSf	4.08.02	신발 등에 사용되는 서로 맞닿아 있는 솔기 처리와 테이핑 힐 솔기(taping heel seam)	1) 첫 번째 공정에서 솔기 간격을 표시하고 2) 두 번째 공정에서 바늘 간격과 테이프 너비를 표시
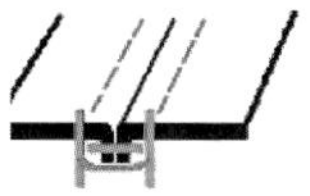 솔기 처리 후 커버스티치로 솔기 처리	SSh	4.04.01	니트 상의와 속옷에 솔기를 강화하거나 장식적인 효과를 주기 위해 사용하는 커버하는 솔기	1) 첫 번째 공정에서는 504 스티치를, 두 번째 공정에서는 406 스티치의 1/4인치 바늘 간격을 제안 2) 커버 솔기 기계에서의 솔기 처리 가이드
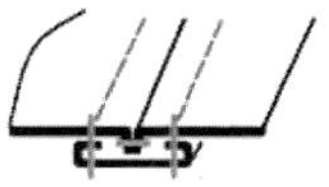 솔기 처리 후 테이프 처리 솔기	SSag	4.10.02	티셔츠의 어깨와 목 부분에 하는 테이핑 솔기	1) 테이프의 완성된 너비 2) 테이핑 공정에서의 바늘 간격 3) 테이핑 폴더를 사용해야 하고, 솔기에서는 테이프를 가이드해야 함
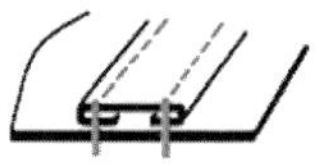 스트라이프 셔츠, 반바지 세팅	SSat	5.06.01	셔츠의 앞판에 스트라이프를 붙일 때 사용하는 방법	1) 완성된 테이프의 너비를 표시 2) 바늘 간격(예 : 3/4인치 테이프와 1/2인치 바늘 간격)

Courtesy of American & Efird, Inc., www.amefird.com

솔기의 그림	751a 번호	ISO 4916 번호	일반적인 활용도	필요 조건
목 펠드 솔기*	SSw	2.04.06	셔츠, 블라우스, 드레스 등의 옆선 부분의 솔기를 만드는 방법 펠드 솔기를 만드는 수동 방법	1) 단의 너비를 표시 2) 탑스티치 솔기-헤딩과 간격을 표시해야 함
목 펠드 솔기	SSw(b)		셔츠, 블라우스, 드레스 등의 옆선 부분에 솔기를 만드는 방법 펠드 솔기를 만드는 수동 방법	1) 플라이 2 위에 끝부분이 고르지 않도록 플라이 1을 두고 2) 접어서 탑스티치-헤딩과 탑스티치 간격을 표시해야 함
	SSd	1.07	일반적으로 사용하지 않음	1) 펠드 솔기를 만드는 수동적인 방법 2) 단 너비를 표시하고 3) 헤딩과 탑 스티치 간격을 표시해야 함
	SSv	5.01	일반적으로 사용하지 않음	
단으로 처리하는 솔기	SSp	1.21.01	주로 솔기에서 서로 미끄러질(seam slippage) 가능성이 있는 원단에 솔기를 만드는 방법	1) 헤밍 폴더 2) 단 너비를 반드시 표시(예 : 3/8인치 단)
	SSs	7.09.01	헤밍, 지퍼 테이프를 부착할 경우에 쓰는 방법	1) 테이프의 너비를 표시하고 2) 솔기 간격을 표시해야 함
고무줄 부착	SSt	7.09	남자들의 트렁크 팬티나 운동복 반바지에 니트나 우븐 엘라스틱 솔기를 만드는 방법	1) 고무줄 사이의 너비를 표시 2) 401 환봉을 사용하여 2, 3, 혹은 4줄로 박음질하는데 바늘 간격을 표시해야 함
안감을 대는 커프스	SSbc	1.03.01	셔츠나 블라우스의 커프스에 안감을 부착하는 방법	1) 필요한 경우 단의 너비를 표시해야 함
	SSb	1.04	일반적으로 사용하지 않음	
	SSaz	8.11.01	고리론(스트랩)이나 벨트를 만들 때 사용하는 방법	1) 단의 너비를 표시 2) 탑스티치 솔기-헤딩과 간격을 표시해야 함
	SSl	1.08	청바지에 앞쪽 주머니를 세팅하는 방법	1) 단에 헤밍 폴더를 사용 2) 단 너비가 반드시 표시되어야 함 3) 한 가지 이상의 바늘을 사용할 경우 바늘 간격을 표시(예 : 1/4인치)
	SSc	1.06.01	일반적으로 사용하지 않음	

Courtesy of American & Efird, Inc., www.amefird.com

* 목 펠드 솔기(mock felled sem) : 펠드 솔기를 흉내낸 솔기. 플레인 솔기를 안전 스티치(safety stitch)로 박음질하고 솔기 여유분을 한쪽으로 다림질하고 탑스티치를 하는 방법

스티치의 표준

스티치의 그림		ISO 4915 번호	일반적인 활용도	필요 조건	스티치 설명
스티치 앞면	스티치 뒷면				
단사 환봉 (chainstitch)		101	테일러드 의복의 시침질이나 쌀포대의 입구	SPI를 표기	1-본사가 직물을 통과하여 연결되어 고리가 만들어짐
단사 환봉이나 본봉 단추 달기, 단춧구멍이나 바택	스티치의 안정감이 필수일 경우에는 304 본봉 방식으로 봉제하는 것이 바람직함	101 혹은 304	단추 달기, 단춧구멍, 혹은 바택	1) 단추 달기 : 주기별로 스티치를 표기(8, 16, 32), 2) 단춧구멍 & 바택 : 길이와 너비를 표기	니트셔츠-가로 방향 단춧구멍의 일반적인 길이는 1/2"로 대략 85~90스티치를 함
한 겹 공그르기 스티치	제품의 겉면에는 스티치가 보이지 않음	103	공그르기 단처리, 벨트고리 만들기	1) SPI를 표기(3-5 SPI) 2) 바늘땀을 띄지 않거나, 바늘땀 2개당 1개씩 띄는 스티치	1-본사가 아래쪽의 천을 완전히 통과하지 않고 직물의 윗면을 통과하여 연결되는 고리를 만듦
본봉-모든 스티치에 가장 일반적임	밑실이 윗실의 모습과 동일함	301	탑스티칭, 단사이며 직선 스티칭	SPI를 표기	윗실과 밑실이 솔기의 중앙에서 만나서 만들어지는 스티치로 윗면과 아랫면이 같은 모습
지그재그 본봉		304	속옷, 유아복, 스포츠웨어	SPI와 지그재그의 거리나 너비(1/8″) 표기	윗실과 밑실이 솔기의 중앙에서 만나서 대칭적인 지그재그 패턴을 형성 신축성이 있어서 바택, 단추 달기, 단춧구멍에 사용
환봉	루퍼사	401	직조물(우븐)로 만들어진 의복의 주요 솔기에 사용	SPI를 표기	1-본사가 직물을 통과하여 솔기의 뒤쪽 루퍼사와 고리를 형성
지그재그 환봉	루퍼사	404	유아복의 지그재그 환봉, 아동복의 바인딩과 탑스티칭	SPI와 지그재그의 거리나 너비(1/8″, 3/16″, 1/4″)를 표기	1-본사와 루퍼사가 솔기 아래에서 만나서 대칭적인 지그재그 패턴을 형성
2-본침 삼봉	루퍼사	406	밑단 처리, 고무줄, 바인딩, 커버 솔기, 벨트고리	바늘 간격(1/8″, 3/16″, 1/4″)과 SPI를 표기	2-본사가 직물을 통과하여 솔기의 아래쪽에 1-루퍼사와 만나 고리를 만듦. 루퍼사는 바늘에 끼어 있는 실과 교차하면서 고리를 만드는데 아래쪽 솔기만 커버
3-본침 삼봉	루퍼사	407	남성복과 아동복 니트류 속옷의 고무줄을 부착할 때 사용	바늘 간격(1/4″)과 SPI를 표기	3-본사가 직물을 통과하여 솔기의 아래쪽에 1-루퍼사와 만나 고리를 만듦. 루퍼사는 바늘에 끼어 있는 실과 교차하면서 고리를 만드는데 아래쪽 솔기만 커버
2-본침 환봉	루퍼사	408	청바지와 면바지 등의 포켓 페이싱을 부착할 때 사용		2-본사가 직물을 통과하여 솔기의 아래쪽에 2-루퍼사와 만나 고리를 만듦. 윗실이 2개의 본사 사이 솔기의 윗면에 꼬임

Courtesy of American & Efird, Inc., www.amefird.com

스티치의 그림		ISO 4915 번호	일반적인 활용도	필요 조건	스티치 설명
스티치 앞면	스티치 뒷면				
2-본사 오버에지	단면 끝에 하나의 작은 매듭	503	오버로크(서징)*와 공그르기 단	너비 간격(1/8″, 3/16″, 1/4″)과 SPI를 표기	1-본사와 1-루퍼사가 솔기의 끝부분에 작은 진주 모양의 작은 매듭을 만듦
3-본사 오버에지	일반적인 오버에지 스티치	504	1-본침사 오버에지 솔기와 오버로크	너비 간격(1/8″, 3/16″, 1/4″)과 SPI를 표기	1-본사와 2-루퍼사가 솔기의 끝부분에 진주 모양의 작은 매듭을 만듦
3-본사 오버에지	에지에 2개의 작은 매듭(펄)	505	단면의 끝에 2개의 작은 진주 모양의 매듭이 있는 오버로크	너비 간격(1/8″, 3/16″, 1/4″)과 SPI를 표기	1-본사와 2-루퍼사가 솔기의 끝부분에 작은 진주모양의 매듭을 만듦. 오버로크에만 사용
목 안전봉	2-본침 오버에지	512	신축성 있는 니트와 우븐의 솔기 처리	SPI를 표기	2-본침사와 2-루퍼사가 솔기의 끝에 펄을 만듦. 오른쪽 바늘만 위쪽의 루퍼고리에 들어가고 514 스티치와 같이 솔기 하나를 재봉한 후 계속해서 실고리를 만드는 것이 불가능함
2-본침 4-본사 오버에지	2-본침 오버에지	514	신축성 있는 니트와 우븐의 솔기 처리	SPI를 표기	2-본침사와 2-루퍼사가 솔기의 끝에 작은 진주 모양의 고리를 만듦. 오른쪽 바늘만 위쪽의 루퍼고리에 들어가고 2개의 바늘이 위쪽의 루퍼에 들어감. 514 스티치보다 512 스티치가 실고리를 더 잘 만들어서 봉제 후 마무리가 잘 되므로 더 선호됨
4-본사 안전봉		515 (401+503)	니트와 우븐의 솔기 처리	바늘 간격(1/8″, 3/16″, 1/4″)과 SPI 표기	1-본침 환봉과 2-본사 오버에지 스티치가 동시에 이루어진 것과 같음
5-본사 안전봉		516 (401+504)	니트와 우븐의 솔기 처리	바늘 간격(1/8″, 3/16″, 1/4″)과 SPI 표기	1-본침 환봉과 3-본사 오버에지 스티치가 동시에 이루어진 것과 같음
2-본침 4-본사 삼봉		602	니트 셔츠나 유아복 등의 바인딩	바늘 간격(1/8″, 3/16″, 1/4″)과 SPI 표기	2-본사로 스티치가 구성되는데 윗실은 삼봉이고 밑실은 루퍼사임
3-본침 5-본사 삼봉		605	랩 솔기, 커버 솔기 등 니트의 바인딩	바늘 간격(1/4″)과 SPI를 표기	3-본사로 스티치가 구성되는데 윗실은 삼봉이고 밑실은 루퍼사임
4-본침 6-본사 삼봉	플랫 솔기/ 플랫록	607	니트류 속옷과 플리스 등의 플랫이나 랩 솔기	SPI를 표기	2-본사로 스티치가 구성되는데 윗실은 삼봉이고 밑실은 루퍼사임. 607 스티치보다는 기계를 사용하기 쉬운 606 스티치가 선호됨

Courtesy of American & Efird, Inc., www.amefird.com

부록 B

XYZ 제품개발회사 : 선정된 작업지시서

작업지시서에 대하여

이곳에는 8개의 미리 선정된 작업지시서의 예를 포함하고 있다. 이들은 실제 의류 생산 과정에서 사용하는 정확한 작업지시서다. 이들은 여성용 민소매 탑(418쪽), 여성용 스커트(429쪽), 여성용 우븐 팬츠(438쪽), 남성용 티셔츠(446쪽), 남성용 우븐 셔츠(455쪽), 모자(464쪽) 등이다.

첫 번째 작업지시서는 여성용 민소매 탑으로 이는 핏 히스토리와 코멘트 페이지를 포함하고 있는데 이곳에는 빈공간으로 아무 정보도 들어 있지 않다(427~428쪽). 이는 이 상품이 최초의 샘플의 단계이기 때문에 그전 단계의 샘플들이 없기 때문이다.

이 책에서 설명한 것과 같은 여러 가지 방법에 따라 니트 둘레의 스펙은(예 : 남성용 티) 측정치의 반(1/2)만을 나타냈고 우븐의 경우는 의복 전체 둘레의 측정치를 나타냈다.

인치를 나타내는 것(예 : 2인치, 3/4인치 등)은 스케치에서 나타나고 치수 측정 페이지나 그레이드 페이지에서는 나타내지 않았다. 이곳에서는 인치는 단순하게 2, 3/4 등과 같이 나타내었는데 이는 인치의 표시가 여러 기호의 사용으로 작업 시 방해가 될 수 있기 때문이다.

의복을 측정하는 법에 대한 스케치는 단순하게 만들어서 측정자의 기억을 되살리는 것을 돕기 위해서만 사용되었고 그런 이유에서 모든 정보를 다 자세하게 표기하지는 않았다(예 : 상품의 뒷면 모습 등은 포함되지 않고 있다). 어떤 특정한 측정 치수나 측정 방법에 대한 질문이 있다면 제15장으로 가서 정확한 정보를 확인하기 바란다.

XYZ Product Development, Inc. FRONT VIEW			
PROTO#	MWT1770	SIZE RANGE:	Missy, 4-18
STYLE#		SAMPLE SIZE:	8
SEASON:	Fall 20XX	DESIGNER:	Monica Smith
STYLE NAME:	Woven Tank	DATE FIRST SENT:	2/2/20XX
FIT TYPE:	Natural	DATE REVISED:	
BRAND:	XYZ, Career	FABRICATION:	A7777, Challis
STATUS:	Prototype-1		

XYZ Product Development, Inc.
BACK VIEW

PROTO#	MWT1770	SIZE RANGE:	Missy, 4-18
STYLE#		SAMPLE SIZE:	8
SEASON:	Fall 20XX	DESIGNER:	Monica Smith
STYLE NAME:	Woven Tank	DATE FIRST SENT:	2/2/20XX
FIT TYPE:	Natural	DATE REVISED:	
BRAND:	XYZ, Career	FABRICATION:	A7777, Challis
STATUS:	Prototype-1		

XYZ Product Development, Inc.

DETAILS VIEW

PROTO#	MWT1770	SIZE RANGE:	Missy, 4-18
STYLE#		SAMPLE SIZE:	8
SEASON:	Fall 20XX	DESIGNER:	Monica Smith
STYLE NAME:	Woven Tank	DATE FIRST SENT:	2/2/20XX
FIT TYPE:	Natural	DATE REVISED:	
BRAND:	XYZ, Career	FABRICATION:	A7777, Challis
STATUS:	Prototype-1		

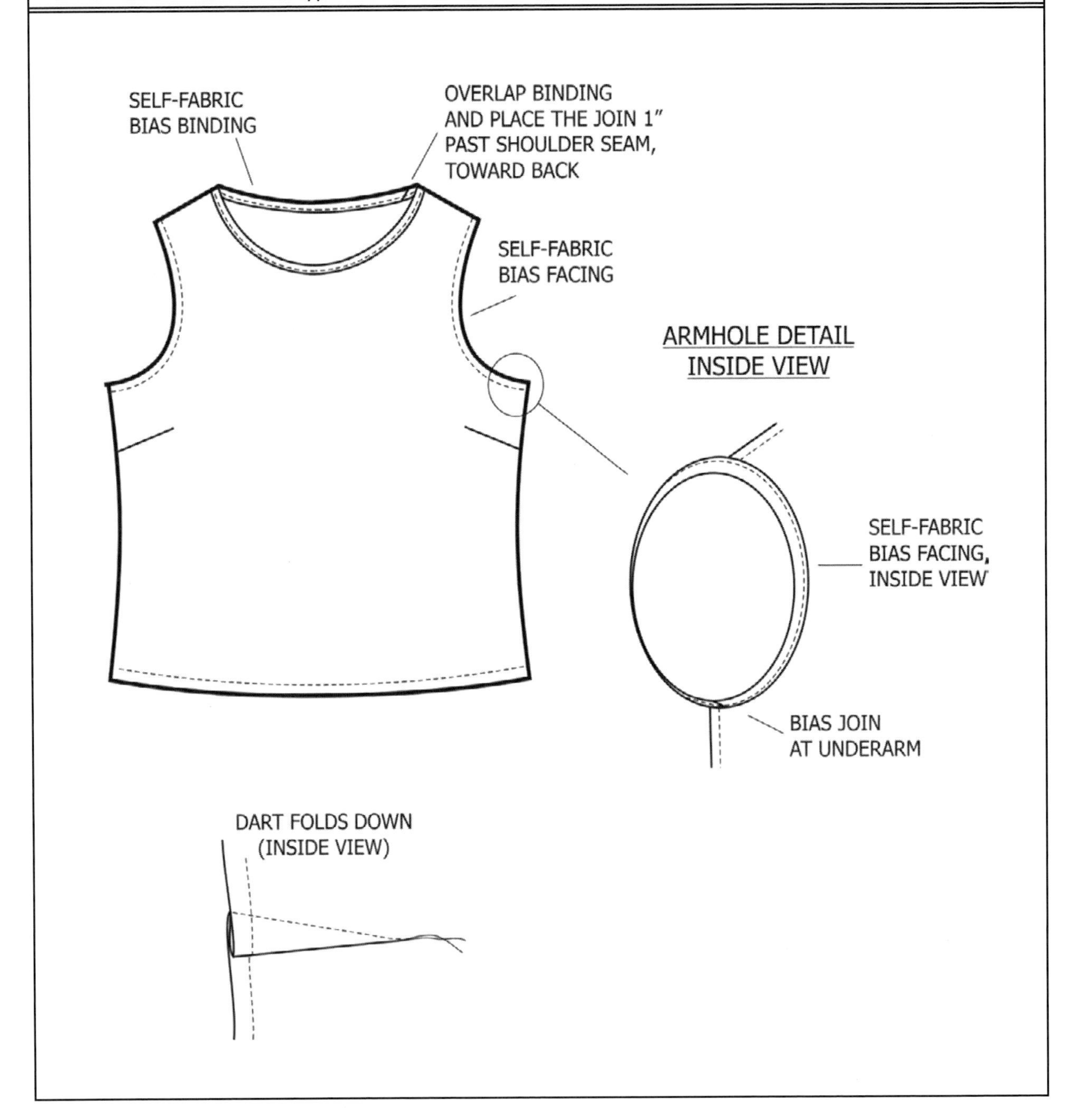

XYZ Product Development, Inc.

DETAILS VIEW

PROTO#	MWT1770	SIZE RANGE:	Missy, 4-18
STYLE#		SAMPLE SIZE:	8
SEASON:	Fall 20XX	DESIGNER:	Monica Smith
STYLE NAME:	Woven Tank	DATE FIRST SENT:	2/2/20XX
FIT TYPE:	Natural	DATE REVISED:	
BRAND:	XYZ, Career	FABRICATION:	A7777, Challis
STATUS:	Prototype-1		

INSIDE SHOULDER VIEW,
BRA STRAP KEEPER DETAILS

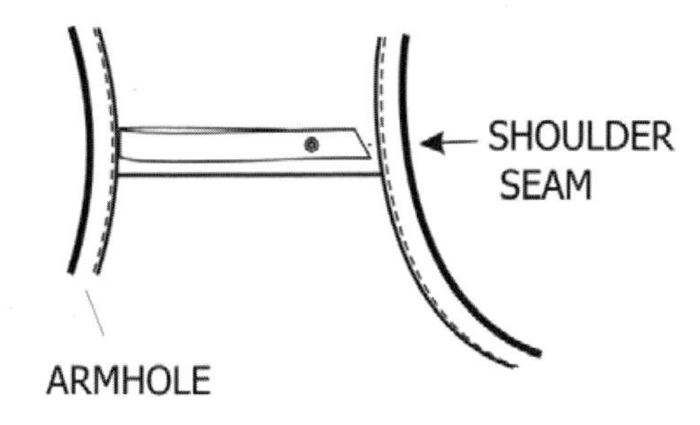

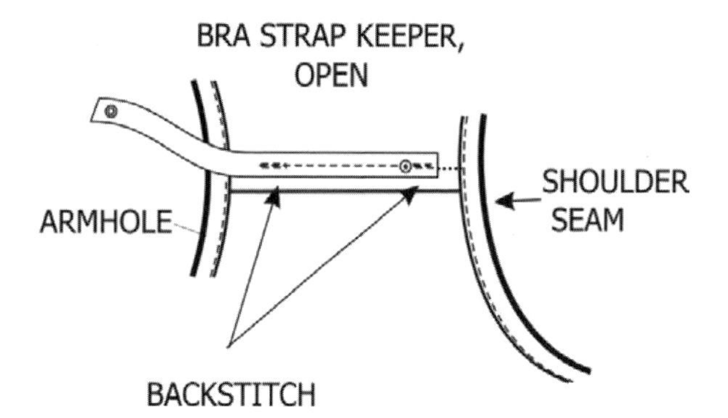

XYZ Product Development, Inc.
POINTS OF MEASURE

PROTO#	MWT1770	SIZE RANGE:	Missy, 4-18
STYLE#	0	SAMPLE SIZE:	8
SEASON:	Fall 20XX	DESIGNER:	Monica Smith
STYLE NAME:	Woven Tank	DATE FIRST SENT:	2/2/20XX
FIT TYPE:	Natural	DATE REVISED:	0
BRAND:	XYZ, Career	FABRICATION:	A7777, Challis
STATUS:	Prototype-1		

POINTS of MEASURE, **WOVEN** (GIRTH MEASUREMENTS ARE WHOLE MEASURE)

code	**TOP SPEC measurements**	Tol (+)	Tol (-)	**size 8**
T-A	Shoulder Point to Point	1/4	1/4	15
T-B	Shoulder Drop	1/4	1/4	1
T-C	Across Front at 6" from HPS	1/4	1/4	13
T-D	Across back at 6" from HPS	1/4	1/4	14
T-G	Armhole Drop from HPS	1/4	1/4	8 1/2
T-H	Chest at 1" fm armhole	1/2	1/2	40
T-I-2	Waist	1/2	1/2	38
T-I	Waist position fm HPS	1/2	1/2	15 1/2
T-J	Bottom Opening	1/2	1/2	40
T-K	Front Length fm HPS	1/2	1/2	24
T-L	Back Length fm HPS	1/2	1/2	24
T-O	Center Back Sleeve Length (LS)	--	--	N/A
T-M	Bicep	--	--	N/A
T-Z-1	Sleeve Opening, Bottom	--	--	N/A
T-P	Front Neck Drop, to seam	1/4	1/4	5
T-Q	Back Neck Drop, to seam	1/4	1/4	1
T-R	Neck Width, seam to seam	1/4	1/4	10
	Bust Dart Position from Underarm	1/4	1/4	4
	STYLE SPEC measurements			
	Strap Width	1/8	1/8	2 1/2

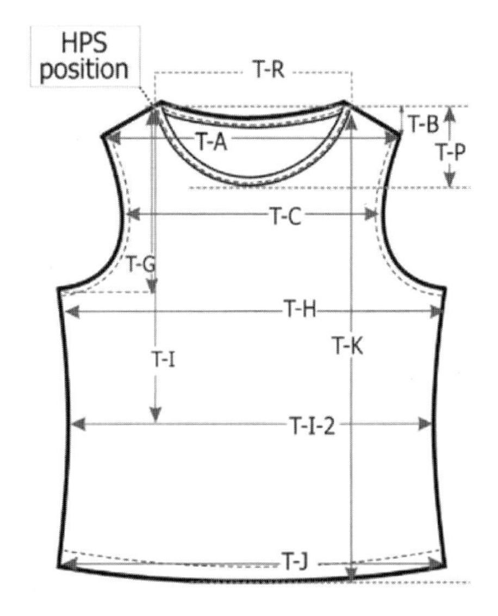

SKETCH IS FOR REFERENCE ONLY, NOT FOR DETAIL

XYZ Product Development, Inc.
GRADE

PROTO# MWT1770	SIZE RANGE: Missy, 4-18
STYLE#	SAMPLE SIZE: 8
SEASON: Fall 20XX	DESIGNER: Monica Smith
STYLE NAME: Woven Tank	DATE FIRST SENT: 2/2/20XX
FIT TYPE: Natural	DATE REVISED:
BRAND: XYZ, Career	FABRICATION: A7777, Challis
STATUS: Prototype-1	

POINTS of MEASURE, **WOVEN** (GIRTH MEASUREMENTS ARE WHOLE MEASURE)

code	**TOP SPEC measurements**	Tol (+)	Tol (-)	**4**	**6**	**8** (sample size)	**10**	**12**	**14**	**16**	**18**	
T-A	Shoulder Point to Point	1/4	1/4	14 1/2	14 3/4	15	15 1/4	15 5/8	16	16 3/8	16 3/4	
T-B	Shoulder Drop	1/4	1/4	1	1	1	1	1	1	1	1	
T-C	Across Front at 6" from HPS	1/4	1/4	12 1/2	12 3/4	13	13 1/4	13 5/8	14	14 3/8	14 3/4	
T-D	Across back at 6" from HPS	1/4	1/4	13 1/2	13 3/4	14	14 1/4	14 5/8	15	15 3/8	15 3/4	
T-G	Armhole Drop from HPS	1/4	1/4	8	8 1/4	8 1/2	8 3/4	9	9 1/4	9 1/2	9 3/4	
T-H	Chest at 1" fm armhole	1/2	1/2	38	39	40	41	42 1/2	44	45 1/2	47 1/2	
T-I-2	Waist	1/2	1/2	36	37	38	39	40 1/2	42	43 1/2	45 1/2	
T-I	Waist position fm HPS	1/2	1/2	15	15 1/4	15 1/2	15 3/4	16	16 1/4	16 1/2	16 3/4	
T-J	Bottom Opening	1/2	1/2	38	39	40	41	42 1/2	44	45 1/2	47 1/2	
T-K	Front Length fm HPS	1/2	1/2	23 1/2	23 3/4	24	24 1/4	24 1/2	24 3/4	25	25 1/4	
T-L	Back Length fm HPS	1/2	1/2	23 1/2	23 3/4	24	24 1/4	24 1/2	24 3/4	25	25 1/4	
T-O	Center Back Sleeve Length (LS)	--	--			N/A						
T-M	Bicep	--	--			N/A						
T-Z-1	Sleeve Opening, Bottom	--	--			N/A						
T-P	Front Neck Drop, to seam	1/4	1/4	4 3/4	4 7/8	5	5 1/8	5 1/4	5 3/8	5 1/2	5 5/8	
T-Q	Back Neck Drop, to seam	1/4	1/4	1	1	1	1	1	1	1	1	
T-R	Neck Width, seam to seam	1/4	1/4	9 1/2	9 3/4	10	10 1/4	10 1/4	10 1/2	10 1/2	10 3/4	
	Bust Dart Position from Underarm	1/4	1/4	3 3/4	3 7/8	4	4 1/8	4 1/4	4 3/8	4 1/2	4 5/8	
	STYLE SPECS											
	Strap Width	1/8	1/8	2 1/2	2 1/2	2 1/2	2 1/2	2 1/2	2 1/2	2 1/2	2 1/2	

XYZ Product Development, Inc.

Bill of Materials

PROTO#	MWT1770	SIZE RANGE:	Missy, 4-18
STYLE#		SAMPLE SIZE:	8
SEASON:	Fall 20XX	DESIGNER:	Monica Smith
STYLE NAME:	Woven Tank	DATE FIRST SENT:	2/2/20XX
FIT TYPE:	Natural	DATE REVISED:	
BRAND:	XYZ, Career	FABRICATION:	A7777, Challis
STATUS:	Prototype-1		

item / description	content	placement	supplier	width / weight	finish	quantity
woven plain georgette, 110D tex, 27 x 116	100% viscose	body	Imprimee Thai	135cm, 200 gm/m2	peach, washable	
interlining	--	--	--	--	--	
bra-keeper, style A22	100% polyester	shoulder--see detail page	Parma Supply	--	--	2
thread-DTM body	100% polyester	join & overlock	A & E	60's x 3 (tex 30)		
woven loop label, #IDC12		CB neck	Standard Label, factory sourced			1
woven loop label, #CCO14		left side seam	Standard Label, factory sourced			1
hang tag-career		right underarm				1
retail ticket						1
poly bag, and bag sticker (Flatpack)		see label page	factory sourced	H X W = 18 X 15	self stick, closes at bottom	1
safety pin--brass --with string, for hangtags		see label instructions for placement	factory sourced			1

colorway summary

color #	main body color				
477	coral print				
344B	aqua print				

XYZ Product Development, Inc.
CONSTRUCTION PAGE

PROTO#	MWT1770	SIZE RANGE:	Missy, 4-18
STYLE#		SAMPLE SIZE:	8
SEASON:	Fall 20XX	DESIGNER:	Monica Smith
STYLE NAME:	Woven Tank	DATE FIRST SENT:	2/2/20XX
FIT TYPE:	Natural	DATE REVISED:	
BRAND:	XYZ, Career	FABRICATION:	A7777, Challis
STATUS:	Prototype-1		

Cutting information: no nap, 2 way, lengthwise

Matching: NA

Stitches per inch (SPI) 11 +/- 1

AREA	DESCRIPTION	JOIN STITCH	SEAM FINISH	TOP STITCH	FUSIBLE	CLOSURES
neckline	bias binding finish, 1/4"	S/N-L		E/S		
shoulder seam	Fr/Sm	S/N-L		--		
armhole	bias facing	S/N-L		1/4"		
side seams		5T-safe		--		
bottom hem	clean finish (twice turn)	S/N-L		1/2"		
CLOSURES						

XYZ Product Development, Inc.
LABEL & PACKAGING PAGE

PROTO#	MWT1770	SIZE RANGE:	Missy, 4-18
STYLE#		SAMPLE SIZE:	8
SEASON:	Fall 20XX	DESIGNER:	Monica Smith
STYLE NAME:	Woven Tank	DATE FIRST SENT:	2/2/20XX
FIT TYPE:	Natural	DATE REVISED:	
BRAND:	XYZ, Career	FABRICATION:	A7777, Challis
STATUS:	Prototype-1		

LABELS

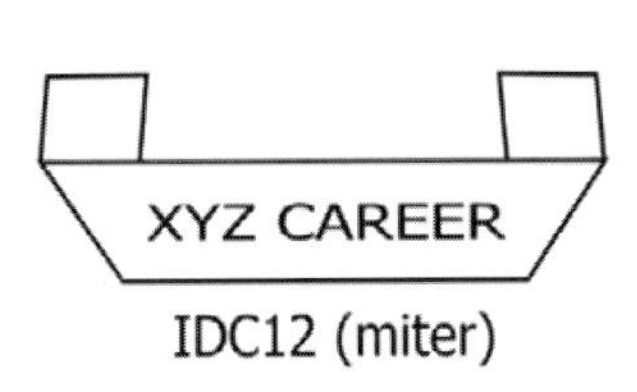

IDC12 (miter)

LABEL PLACEMENT

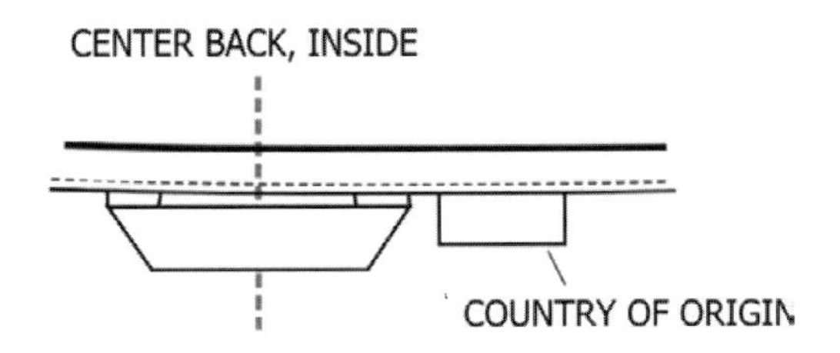

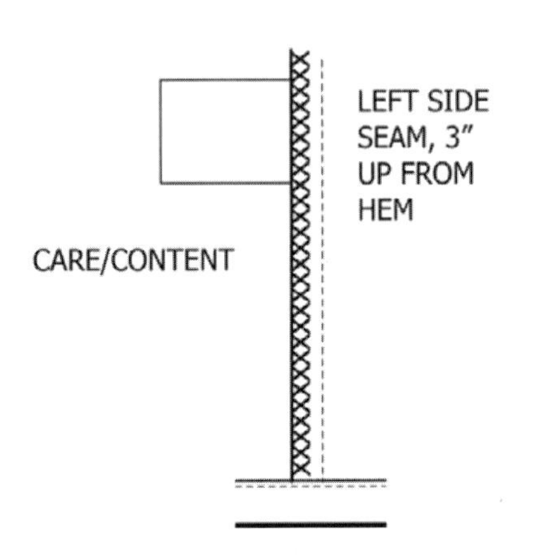

FOLDING INSTRUCTIONS

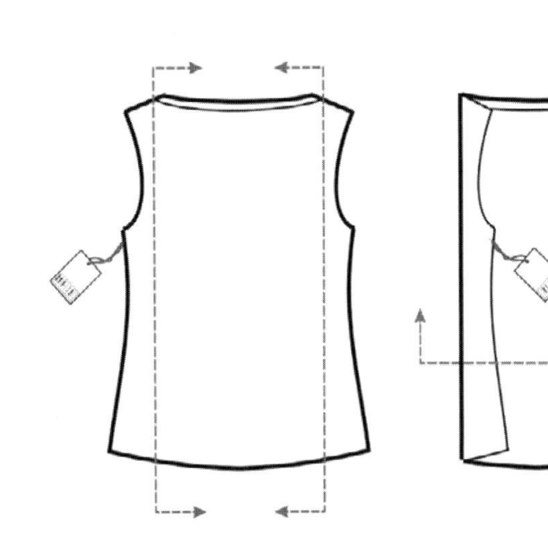

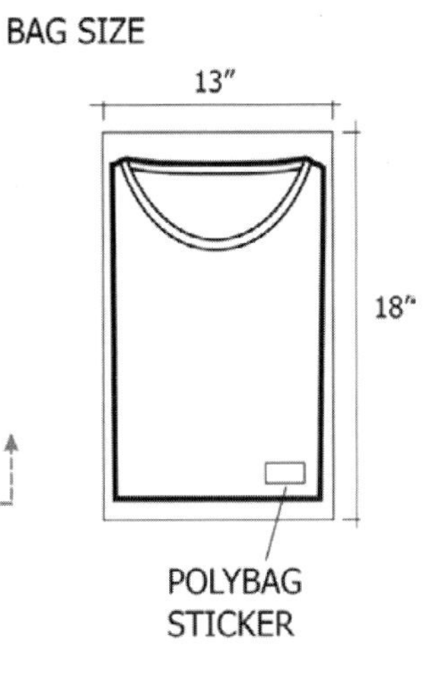

XYZ Product Development, Inc.
Fit History

PROTO# MWT1770
STYLE#
SEASON: Fall 20XX
NAME: Woven Tank
FIT TYPE: Natural
BRAND: XYZ, Career
STATUS: Prototype-1

SIZE RANGE: Missy, 4-18
SAMPLE SIZE: 8
DESIGNER: Monica Smith
DATE FIRST SENT: 2/2/20XX
DATE REVISED:
FABRICATION: A7777, Challis

dates:

code	BODY SPEC measurements	Tol (+)	Tol (-)	SPEC	1st proto meas	Differ-ence	notes	Revised Spec, 2nd proto	2nd proto meas	Differ-ence	notes	New Spec
T-A	Shoulder Point to Point	1/4	1/4	15								
T-B	Shoulder Drop	1/4	1/4	1								
T-C	Across Front at 6" from HPS	1/4	1/4	13								
T-D	Across back at 6" from HPS	1/4	1/4	14								
T-G	Armhole Drop from HPS	1/4	1/4	8 1/2								
T-H	Chest at 1" fm armhole	1/2	1/2	40								
T-I-2	Waist	1/2	1/2	38								
T-I	Waist position fm HPS	1/2	1/2	15 1/2								
T-J	Bottom Opening	1/2	1/2	40								
T-K	Front Length fm HPS	1/2	1/2	24								
T-L	Back Length fm HPS	1/2	1/2	24								
T-O	Center Back Sleeve Length (LS)	3/8	3/8	NA								
T-M	Bicep	--	--	NA								
T-Z-1	Sleeve Opening, Bottom	--	--	NA								
T-P	Front Neck Drop, to seam	1/4	1/4	5								
T-Q	Back Neck Drop, to seam	1/4	1/4	1								
T-R	Neck Width, seam to seam	1/4	1/4	10								
	Bust Dart Position from Underarm	1/4	1/4	4								
	STYLE SPECS											
	Strap Width	1/4	1/4	2 1/2								

XYZ Product Development, Inc. Sample Evaluation Comments			
PROTO#	MWT1770	SIZE RANGE:	Missy, 4-18
STYLE#		SAMPLE SIZE:	8
SEASON:	Fall 20XX	DESIGNER:	Monica Smith
NAME:	Woven Tank	DATE FIRST SENT:	2/2/20XX
FIT TYPE:	Natural	DATE REVISED:	
BRAND:	XYZ, Career	FABRICATION:	A7777, Challis
STATUS:	Prototype-1		

Date	
SAMPLE TYPE / ID#	preproduction
STATUS	**Approved to production**
Detail review	
Date	
SAMPLE TYPE / ID#	size set
STATUS	**Approved to preproduction, use production quality fabic and trims**
Detail review	
Date	
SAMPLE TYPE / ID#	sales sample
STATUS	**Approved to size set, send 32-40**
Detail review	
Date	
SAMPLE TYPE / ID#	Prototype-1
STATUS	**Approved to Sales Samples, send pattern tracing**
Detail review	
DATE	
SAMPLE STATUS	request for 1st prototype

XYZ Product Development, Inc.

FRONT VIEW

PROTO#	MWB1771	SIZE RANGE:	Missy, 4-18
STYLE#		SAMPLE SIZE:	8
SEASON:	Fall 20XX	DESIGNER:	Elizabeth Nicole
NAME:	Woven Skirt	DATE FIRST SENT:	2/1/20XX
FIT TYPE:	Natural	DATE REVISED:	
BRAND:	XYZ, Career	FABRICATION:	7 oz. Twill
STATUS:	Prototype-1		

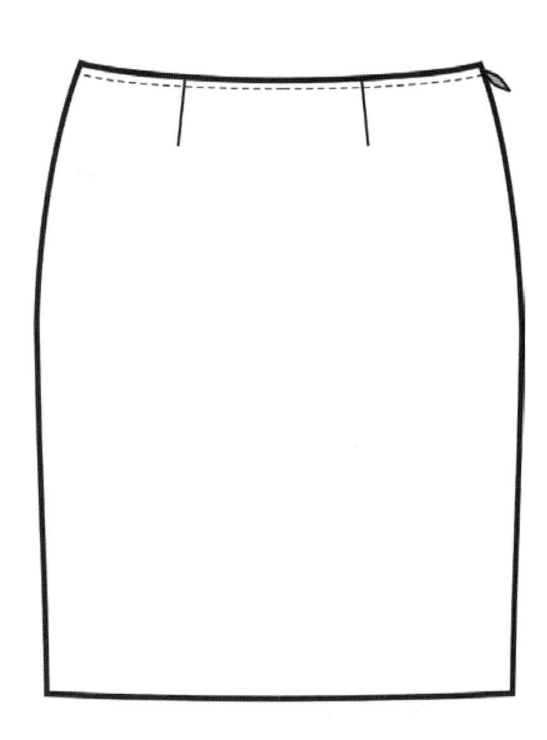

FRONT

XYZ Product Development, Inc.

BACK AND SIDE VIEW

PROTO#	MWB1771	SIZE RANGE:	Missy, 4-18
STYLE#		SAMPLE SIZE:	8
SEASON:	Fall 20XX	DESIGNER:	Elizabeth Nicole
NAME:	Woven Skirt	DATE FIRST SENT:	2/1/20XX
FIT TYPE:	Natural	DATE REVISED:	
BRAND:	XYZ, Career	FABRICATION:	7 oz. Twill
STATUS:	Prototype-1		

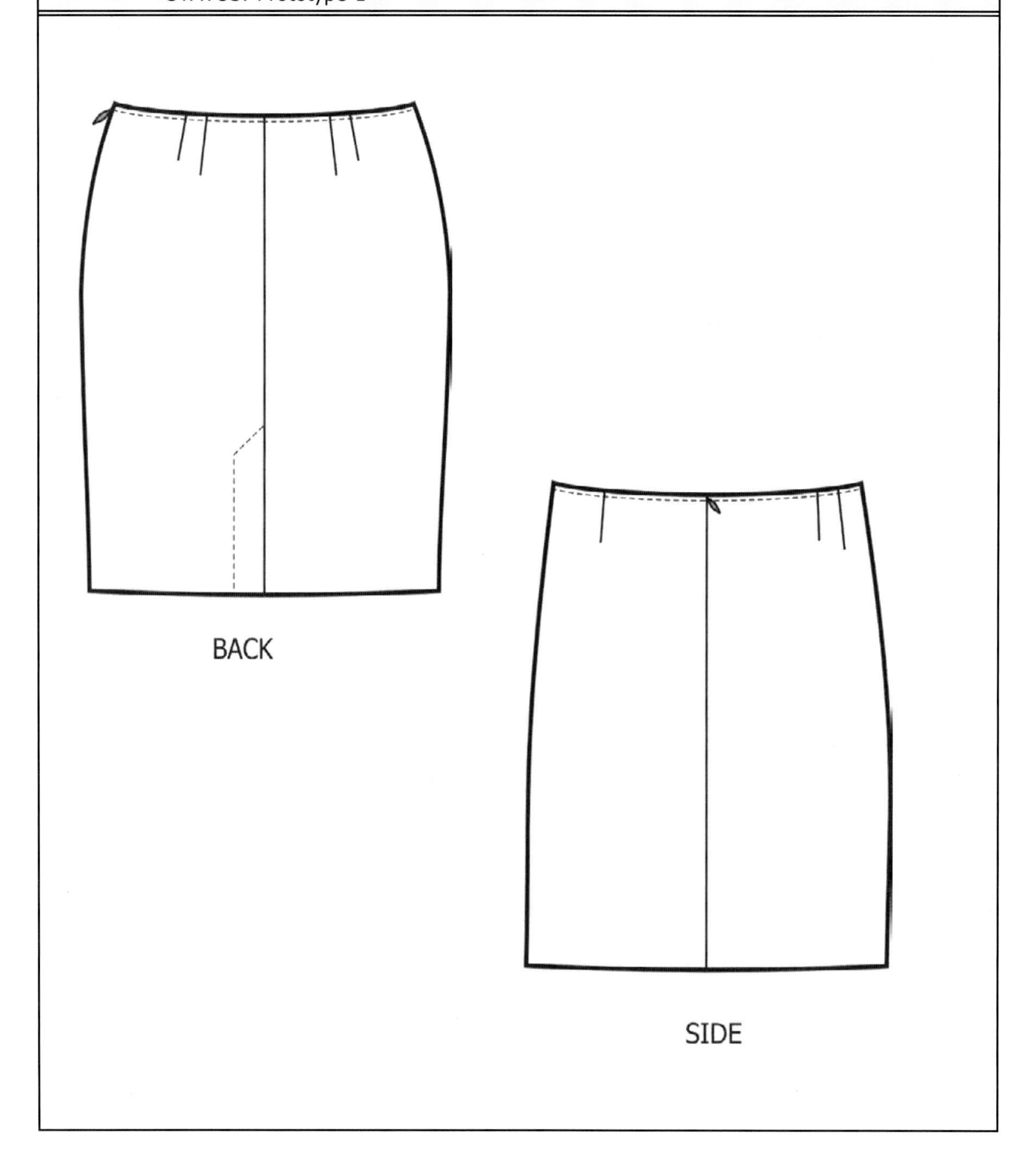

XYZ Product Development, Inc.

DETAILS VIEW

PROTO#	MWB1771	SIZE RANGE:	Missy, 4-18
STYLE#		SAMPLE SIZE:	8
SEASON:	Fall 20XX	DESIGNER:	Elizabeth Nicole
NAME:	Woven Skirt	DATE FIRST SENT:	2/1/20XX
FIT TYPE:	Natural	DATE REVISED:	
BRAND:	XYZ, Career	FABRICATION:	7 oz. Twill
STATUS:	Prototype-1		

FACING, INSIDE VIEW

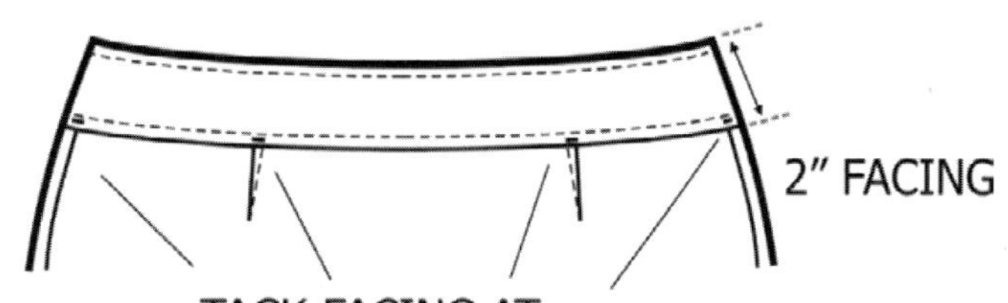

TACK FACING AT
DARTS AND
SEAM ALLOWANCES

DART DETAILS, ALL SIZES

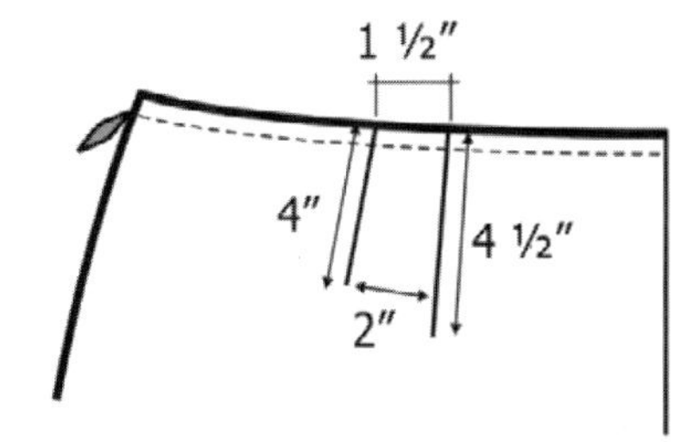

FRONT AND BACK
DARTS ARE CENTERED
WITHIN PANEL, FOR ALL SIZES

XYZ Product Development, Inc.

DETAILS VIEW

PROTO#	MWB1771	SIZE RANGE:	Missy, 4-18
STYLE#		SAMPLE SIZE:	8
SEASON:	Fall 20XX	DESIGNER:	Elizabeth Nicole
NAME:	Woven Skirt	DATE FIRST SENT:	2/1/20XX
FIT TYPE:	Natural	DATE REVISED:	
BRAND:	XYZ, Career	FABRICATION:	7 oz. Twill
STATUS:	Prototype-1		

TAB DETAILS

1 ½″

1 ½″

½″

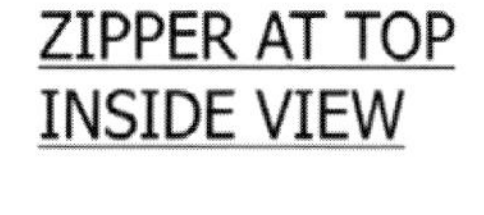

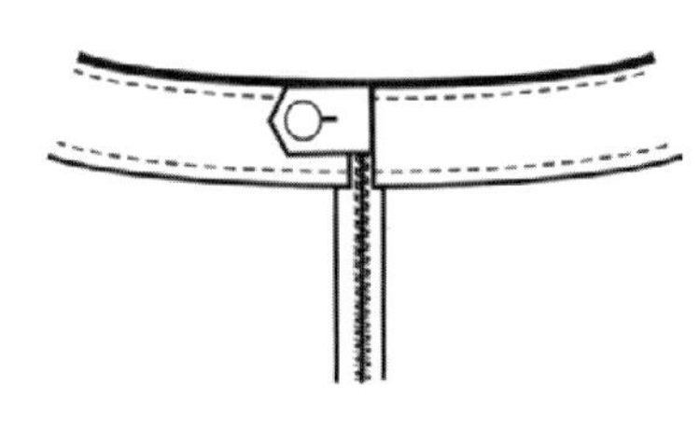

BACK VENT
INSIDE VIEW

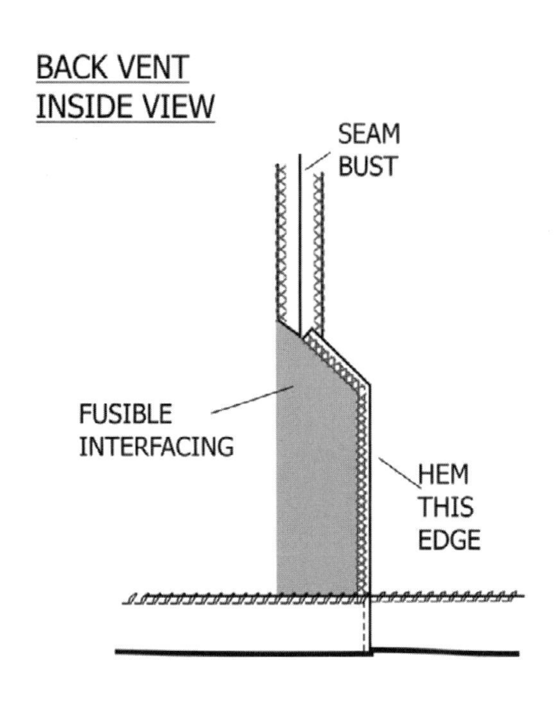

XYZ Product Development, Inc.
POINTS OF MEASURE

PROTO#	MWB1771	SIZE RANGE:	Missy, 4-18
STYLE#		SAMPLE SIZE:	8
SEASON:	Fall 20XX	DESIGNER:	Elizabeth Nicole
NAME:	Woven Skirt	DATE FIRST SENT:	2/1/20XX
FIT TYPE:	Natural	DATE REVISED:	
BRAND:	XYZ, Career	FABRICATION:	7 oz. Twill
STATUS:	Prototype-1		

POINTS of MEASURE, **WOVEN** (GIRTH MEASUREMENTS AND TOLERANCE ARE WHOLE MEASURE)

Code	**SKIRT SPEC measurements**	Tol (+)	Tol (-)	SAMPLE size
B-A	Waist relaxed	1/2	1/2	31
B-B	Front Waist Drop	1/4	1/4	1
B-K2	Across Hip (straight)	1/2	1/2	39
B-Q	Skirt Length @ CF	1/4	1/4	23
B-O	Bottom Opening	1/2	1/2	38
	STYLE SPEC measurements			
	Vent Width	1/4	1/4	5
B-V	Vent Height	1/4	1/4	1 1/2

SKETCH IS FOR REFERENCE ONLY, NOT FOR DETAIL

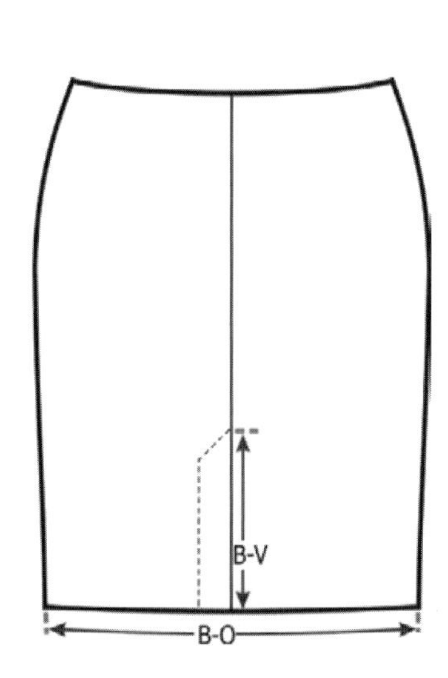

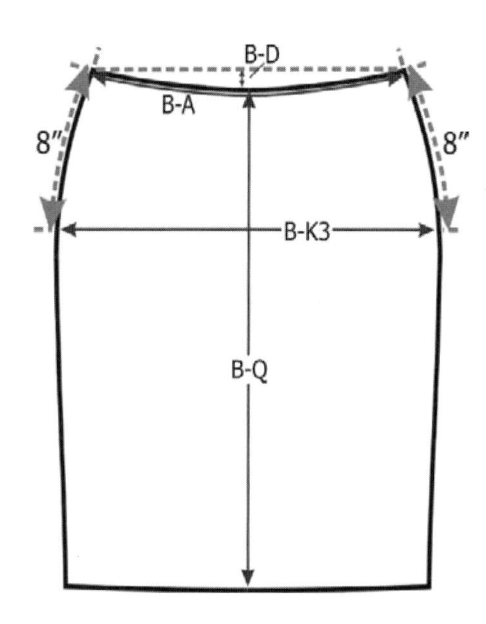

XYZ Product Development, Inc.
GRADE RULES

PROTO# MWB1771
STYLE#
SEASON: Fall 20XX
NAME: Woven Skirt
FIT TYPE: Natural
BRAND: XYZ, Career
STATUS: Prototype-1

SIZE RANGE: Missy, 4-18
SAMPLE SIZE: 8
DESIGNER: Elizabeth Nicole
DATE FIRST SENT: 2/1/20XX
DATE REVISED:
FABRICATION: 7 oz. Twill

POINTS of MEASURE, **WOVEN** (GIRTH MEASUREMENTS AND TOLERANCE ARE WHOLE MEASURE)

code	**SKIRT SPEC measurements**	Tol (+)	Tol (-)	**4**	**6**	sample size **8**	**10**	**12**	**14**	**16**	**18**
B-A	Waist relaxed	1/2	1/2	29	30	31	32	33 1/2	35	36 1/2	38 1/2
B-B	Front Waist Drop	1/4	1/4	1	1	1	1	1	1	1	1
B-K2	Across Hip (straight)	1/2	1/2	37	38	39	40	41 1/2	43	44 1/2	46 1/2
B-Q	Skirt Length	1/4	1/4	22 1/2	22 3/4	23	23 1/4	23 1/2	23 3/4	24	24 1/4
B-O	Bottom Opening	1/2	1/2	36	37	38	39	40 1/2	42	43 1/2	45 1/2
	STYLE SPECS										
	Vent Width	1/4	1/4	5	5	5	5	5	5	5	5
	Vent Height	1/4	1/4	1 1/2	1 1/2	1 1/2	1 1/2	1 1/2	1 1/2	1 1/2	1 1/2

XYZ Product Development, Inc.

Bill Of Materials

PROTO#	MWB1771	SIZE RANGE:	Missy, 4-18
STYLE#		SAMPLE SIZE:	8
SEASON:	Fall 20XX	DESIGNER:	Elizabeth Nicole
NAME:	Woven Skirt	DATE FIRST SENT:	2/1/20XX
FIT TYPE:	Natural	DATE REVISED:	
BRAND:	XYZ, Career	FABRICATION:	7 oz. Twill
STATUS:	Prototype-1		

ITEM / description	CONTENT	PLACEMENT	SUPPLIER	WIDTH / WEIGHT / SIZE	FINISH	QTY
Woven Twill 32/2 x 32/2, 116x62	100% COTTON	body	Luen Mills	58" cuttable, 7 oz	laundered	
Zipper, invisible		left waist	YKK Tokyo	7"		1
Button, 4-hole	imitation horn	left waist	Spirit Button, style w345t	20L	semi-dull	1
interlining, non-woven fusible	--	tab, vent	CCP	style 246	--	
thread-DTM body	100% spun polyester	join & overlock	A & E	60's x 3 (tex 30)		
thread-DTM body	100% spun polyester	topstitch	A & E	40's x 3 (tex 45)		
thread-DTM button	100% polyester Permacore			24's x 2		
woven loop label, #IDC12		CB waist facing	Standard Label, factory sourced			1
woven loop label, #CCO14		left side seam	Standard Label, factory sourced			1
hang tag-career		right SIDE SEAM FACING				1
retail ticket						1
poly bag, and bag sticker (Flatpack)		see label page	factory sourced	H X W = 18 X 15	self stick, closes at bottom	1
safety pin--brass -- with string, for hangtags		see label instructions for placement	factory sourced			1

XYZ Product Development, Inc.
CONSTRUCTION PAGE

PROTO#	MWB1771	SIZE RANGE:	Missy, 4-18
STYLE#		SAMPLE SIZE:	8
SEASON:	Fall 20XX	DESIGNER:	Elizabeth Nicole
NAME:	Woven Skirt	DATE FIRST SENT:	2/1/20XX
FIT TYPE:	Natural	DATE REVISED:	
BRAND:	XYZ, Career	FABRICATION:	7 oz. Twill
STATUS:	Prototype-1		

Cutting information: no nap, 2 way, lengthwise

Matching: NA

Stitches per inch (SPI) 11 +/- 1

AREA	DESCRIPTION	JOIN STITCH	SEAM FINISH	TOPSTITCH	INTER- LINING
backs	join				
side seams	join				
waist	waist/facing join	SN-L	3T-OL	1/4"	
waist facing	edge		3T-OL	1/4"	
center back seam	join	5T-safe	--		
back vent	1 1/2"		Cn-Fin	SN-L	FUSIBLE
bottom edge			3T-OL		
bottom hem		BLD-HM	1"		
CLOSURES					
button	at zip closure, inside	x-lockstitch			
buttonhole	BH-keyh				
tab				ES	FUSIBLE

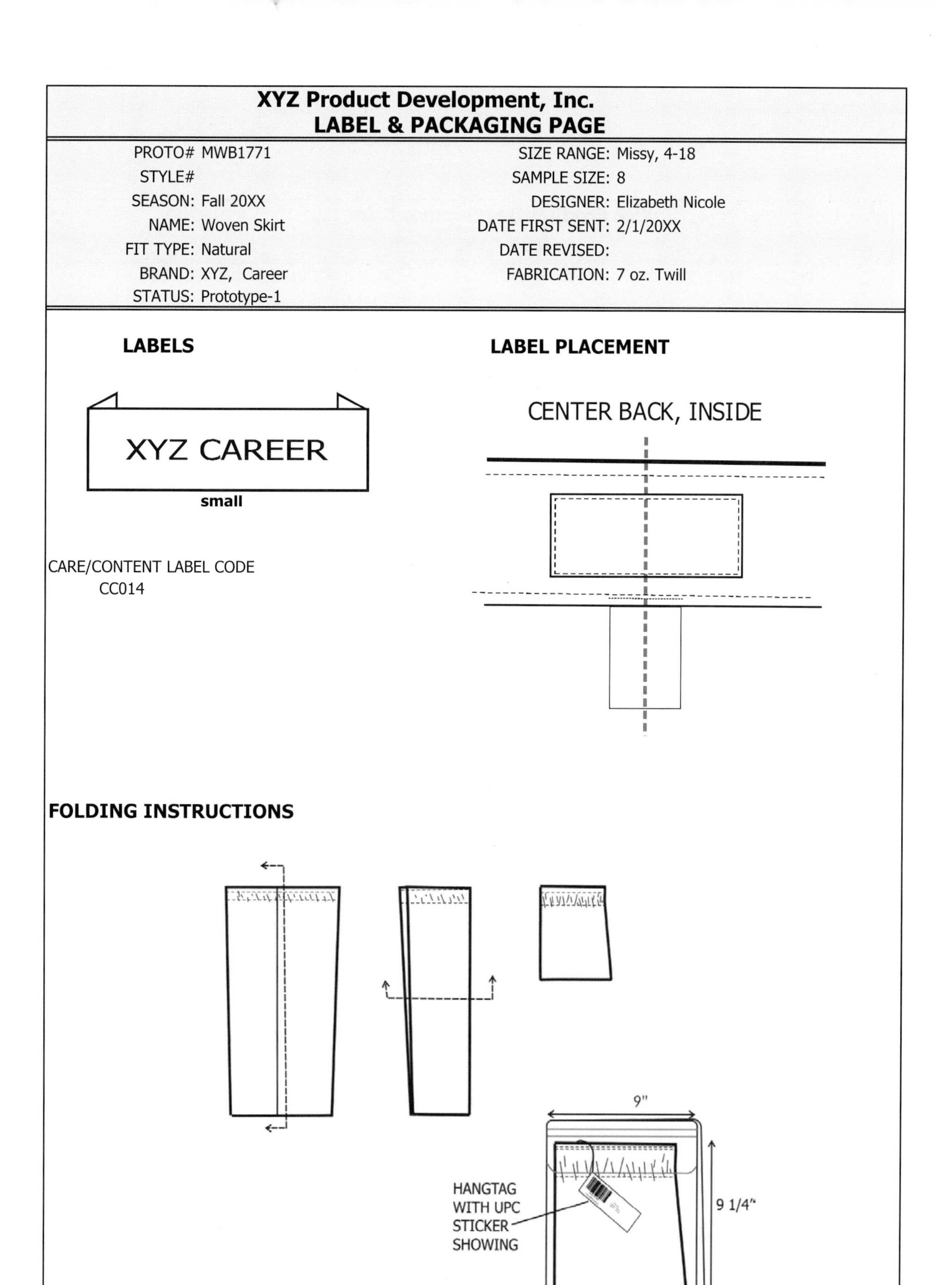
XYZ Product Development, Inc.
LABEL & PACKAGING PAGE
PROTO# MWB1771
STYLE#
SEASON: Fall 20XX
NAME: Woven Skirt
FIT TYPE: Natural
BRAND: XYZ, Career
STATUS: Prototype-1
SIZE RANGE: Missy, 4-18
SAMPLE SIZE: 8
DESIGNER: Elizabeth Nicole
DATE FIRST SENT: 2/1/20XX
DATE REVISED:
FABRICATION: 7 oz. Twill
LABELS
XYZ CAREER
small
CARE/CONTENT LABEL CODE
CC014
LABEL PLACEMENT
CENTER BACK, INSIDE
FOLDING INSTRUCTIONS
9"
9 1/4"
HANGTAG
WITH UPC
STICKER
SHOWING

XYZ Product Development, Inc. FRONT VIEW			
PROTO#	MWB1720	SIZE RANGE:	Womens 4-18
STYLE#		SAMPLE SIZE:	8
SEASON:	Fall 20XX	DESIGNER:	Moni van Deusenberg
NAME:	Missy Woven Pant	DATE FIRST SENT:	1/7/20XX
FIT TYPE:	Natural	DATE REVISED:	
BRAND:	XYZ, Missy Casual	FABRICATION:	9 oz denim
STATUS:	Prototype-1		

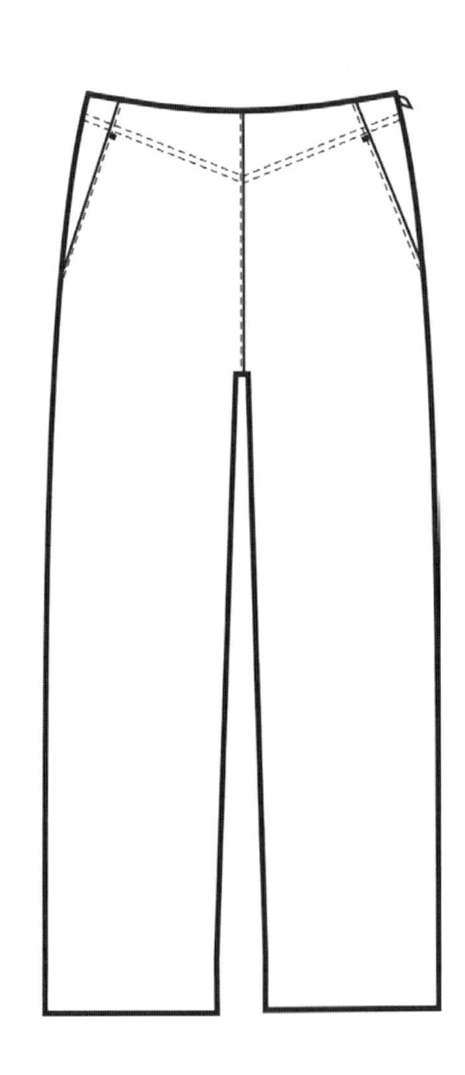

XYZ Product Development, Inc.
BACK VIEW

PROTO#	MWB1720	SIZE RANGE:	Womens 4-18
STYLE#		SAMPLE SIZE:	8
SEASON:	Fall 20XX	DESIGNER:	Moni van Deusenberg
NAME:	Missy Woven Pant	DATE FIRST SENT:	1/7/20XX
FIT TYPE:	Natural	DATE REVISED:	
BRAND:	XYZ, Missy Casual	FABRICATION:	9 oz denim
STATUS:	Prototype-1		

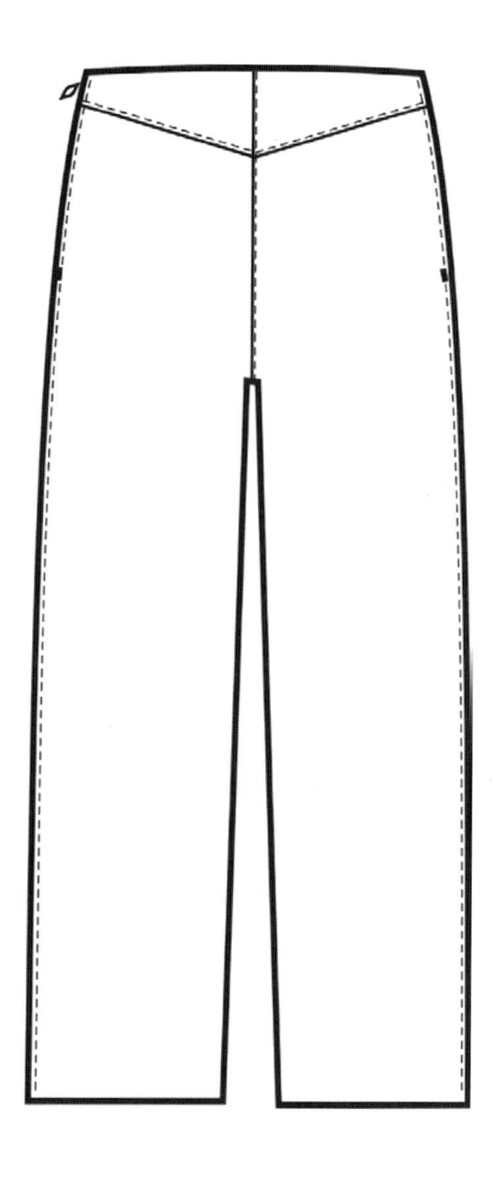

XYZ Product Development, Inc.
DETAILS VIEW

PROTO#	MWB1720	SIZE RANGE:	Womens 4-18
STYLE#		SAMPLE SIZE:	8
SEASON:	Fall 20XX	DESIGNER:	Moni van Deusenberg
NAME:	Missy Woven Pant	DATE FIRST SENT:	1/7/20XX
FIT TYPE:	Natural	DATE REVISED:	
BRAND:	XYZ, Missy Casual	FABRICATION:	9 oz denim
STATUS:	Prototype-1		

FRONT DETAILS

1"
1 1/4"
8"
3"
INVISIBLE ZIPPER

BACK DETAILS

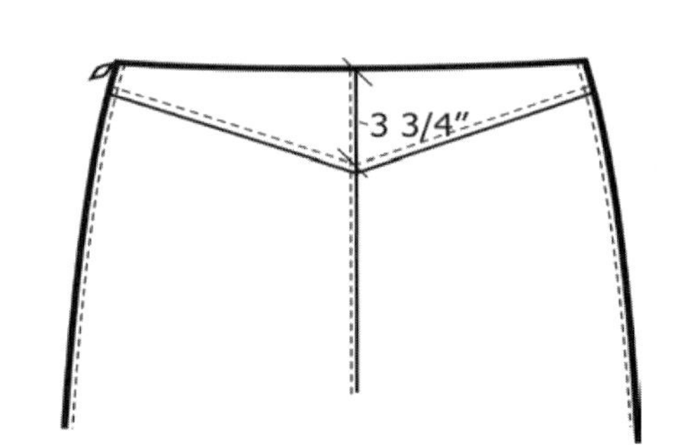

XYZ Product Development, Inc.
POINTS OF MEASURE

PROTO# MWB1720
STYLE#
SEASON: Fall 20XX
NAME: Missy Woven Pant
FIT TYPE: Natural
BRAND: XYZ, Missy Casual
STATUS: Prototype-1

SIZE RANGE: Womens 4-18
SAMPLE SIZE: 8
DESIGNER: Moni van Deusenberg
DATE FIRST SENT: 1/7/20XX
DATE REVISED:
FABRICATION: 9 oz denim

POINTS of MEASURE, **WOVEN--FULL MEASURE**

code	**PANT SPEC measurements**	Tol (+)	Tol (-)	size 8
B-A	Waist relaxed	1 1/4	1	32
B-G	Front Rise (to top)	1/4	1/4	10
B-H	Back Rise (to top)	1/4	1/4	15 1/2
B-K-2	Hip @ 3 1/2" up fm crotch point	1 1/4	1	40
B-L	Thigh @ 1"	1/2	1/2	25
B-M	Knee @ halfway point	1/4	1/4	21
B-N	Bottom Opening	1/4	1/4	20
B-Q	Inseam	1/2	1/2	31
	STYLE SPEC measurements			
	(see detail pages)			

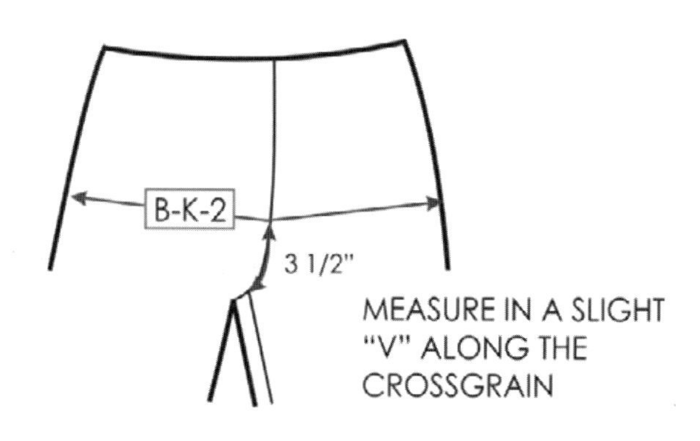

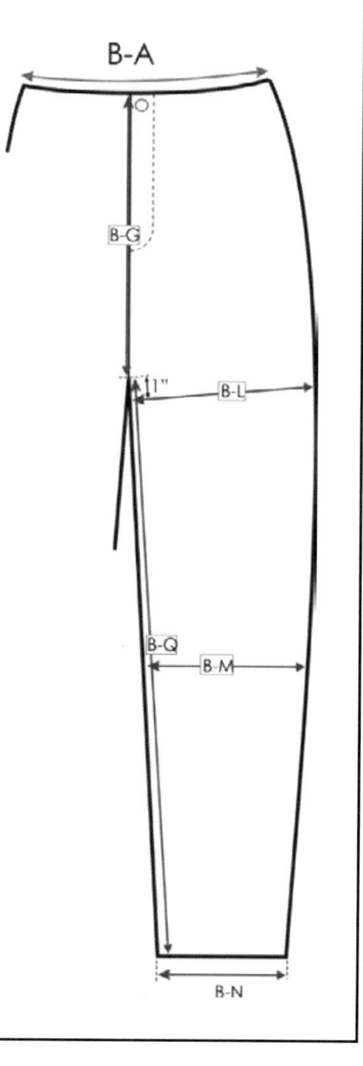

SKETCH IS FOR REFERENCE ONLY,
NOT FOR DETAIL

XYZ Product Development, Inc.
GRADE PAGE

PROTO# MWB1720
STYLE#
SEASON: Fall 20XX
NAME: Missy Woven Pant
FIT TYPE: Natural
BRAND: XYZ, Missy Casual
STATUS: Prototype-1

SIZE RANGE: Womens 4-18
SAMPLE SIZE: 8
DESIGNER: Moni van Deusenberg
DATE FIRST SENT: 1/7/20XX
DATE REVISED:
FABRICATION: 9 oz denim

POINTS of MEASURE, **WOVEN--Specs and tolerances are FULL MEASURE**

code	PANT SPEC measurements	Tol (+)	Tol (-)	4	6	SAMPLE SIZE 8	10	12	14	16	18
B-A	Waist relaxed	1 1/4	1	30	31	32	33	34 1/2	36	37 1/2	39 1/2
B-G	Front Rise (to top)	1/4	1/4	9 1/2	9 3/4	10	10 3/8	10 3/4	11 1/8	11 1/2	12
B-H	Back Rise (to top)	1/4	1/4	15	15 1/4	15 1/2	15 7/8	16 1/4	16 5/8	17	17 1/2
B-K-2	Hip @ 3 1/2" up fm crotch point	1 1/4	1	38	39	40	41	42 1/2	44	45 1/2	47 1/2
B-L	Thigh @ 1"	1/2	1/2	23 1/2	24 1/4	25	25 3/4	26 3/4	27 3/4	28 3/4	30
B-M	Knee @ halfway point	1/4	1/4	20	20 1/2	21	21 1/2	22	22 1/2	23	23 1/2
B-N	Bottom Opening	1/4	1/4	19 1/2	19 3/4	20	20 1/4	20 1/2	20 3/4	21	21 1/4
B-Q	Inseam	1/2	1/2	31	31	31	31	31	31	31	31
	STYLE SPEC measurements										

XYZ Product Development, Inc.
Bill Of Materials

PROTO#	MWB1720	SIZE RANGE:	Womens 4-18
STYLE#		SAMPLE SIZE:	8
SEASON:	Fall 20XX	DESIGNER:	Moni van Deusenberg
NAME:	Missy Woven Pant	DATE FIRST SENT:	1/7/20XX
FIT TYPE:	Natural	DATE REVISED:	
BRAND:	XYZ, Missy Casual	FABRICATION:	9 oz denim
STATUS:	Prototype-1		

ITEM / description	CONTENT	PLACEMENT	SUPPLIER	WIDTH / WEIGHT / SIZE	FINISH	QTY
Indigo denim, 32/2x32/2, 116x62	96% cotton 4% spandex	body	Luen Mills UFTD-9002	58" cuttable, 9 oz	enzyme wash, 30min.	--
Pocketing	65 polyester 35 cotton, 45dx45d, 110x76	HAND POCKETS	K. Obrien Company	58"	pre-shrunk	--
interfacing, non-woven fusible	100% poly	waistband, fly	PCC	style 246	--	--
Zipper 3CC (CH), DA F-type drop pull	invisible	side seam	YKK Tokyo	6 1/2"	See below	1
thread-DTM body	100% spun polyester	join & overlock	A & E	tex 30	--	--
thread-DTM LABEL	100% spun polyester	back pocket	A & E	tex 30	--	--
thread-CONTRAST	100% spun polyester	topstitch	A & E	tex 90	--	--

COLORWAY SUMMARY

color #	main body color	zipper tape	zipper finish	topstitching	
477	wash black--enzyme	580	coil	A-448	
344B	dark denim--enzyme	560	coil	R-783	

XYZ Product Development, Inc.
CONSTRUCTION PAGE

PROTO#	MWB1720	SIZE RANGE:	Womens 4-18
STYLE#		SAMPLE SIZE:	8
SEASON:	Fall 20XX	DESIGNER:	Moni van Deusenberg
NAME:	Missy Woven Pant	DATE FIRST SENT:	1/7/20XX
FIT TYPE:	Natural	DATE REVISED:	
BRAND:	XYZ, Missy Casual	FABRICATION:	9 oz denim
STATUS:	Prototype-1		

Cutting information: 1 way, lengthwise

Match Horizontal: NA

Match Vertical: NA

Match, other: NA

Stitches per inch (SPI) 11 +/- 1 for joining, 8 +/- 1 for topstitching

AREA	DESCRIPTION	JOIN STITCH	SEAM FINISH	TOPSTITCH	INTER- LINING
back rise, front rise	join & TS	5Tsafe	5Tsafe	1/16	--
back yoke	join & TS	5Tsafe	5Tsafe	1/4	
front waist facing	join & TS	SN-L	2N-L	1/4	--
side seams	join	5Tsafe	5Tsafe	1/16 (partial)	--
Bartacks	see detail sketches	--	--	--	--
hand pocket, side front	palm side, shell to pkt bag	1/4" 2N-T&B-CvS		--	--
hand pocket bag	French seam across bottom	SN-L	--	1/4"	--
bottom opening	hem	blind hem		at 1 1/2"	--
CLOSURES					
side zipper	join	SN-L, inv zip method			

XYZ Product Development, Inc.
Labels and Packaging

PROTO#	MWB1720	SIZE RANGE:	Womens 4-18
STYLE#		SAMPLE SIZE:	8
SEASON:	Fall 20XX	DESIGNER:	Moni van Deusenberg
NAME:	Missy Woven Pant	DATE FIRST SENT:	1/7/20XX
FIT TYPE:	Natural	DATE REVISED:	
BRAND:	XYZ, Missy Casual	FABRICATION:	9 oz denim
STATUS:	Prototype-1		

ITEM / description	SKETCH	PLACEMENT	SUPPLIER	WIDTH / WEIGHT / SIZE	FINISH / description	QTY
woven loop label, #IDS15	#1 BELOW	inside CB waistband	Standard Label, factory sourced	standard size	permanent	1
COO label (country of origin)	#1 BELOW	inside CB waistband	Standard Label, factory sourced	standard size	permanent	1
care content	#1 BELOW	inside CB waistband	factory sourced	to fit, see label manual	permanent	1
hang tag-sport	#3 BELOW	--	Phimpela Label Company	see label manual	removable	1
barcode stickers	#3 BELOW	one polybag, one hangtag	Nakanishi Coding Systems	see label manual	adhesive back	2
retail ticket	#3 BELOW	standard placement, see label manual	Nakanishi Coding Systems	see label manual	removeable	1
safety pin--with string, for hangtags	#3 BELOW	see manual for placement	factory sourced	see sample sent	brass	1
poly bag, (Flatpack)	#3 BELOW	--	factory sourced	H X W = 18 X 13	self stick, closes at bottom	1

LABELS

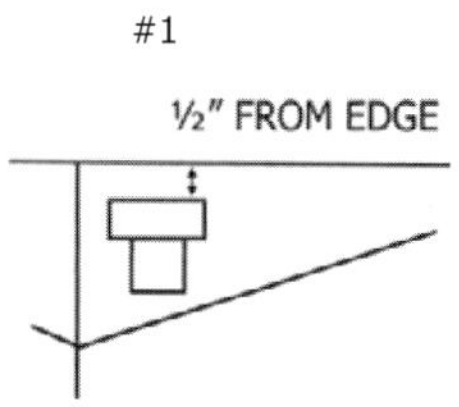

#1

½" FROM EDGE

FOLDING

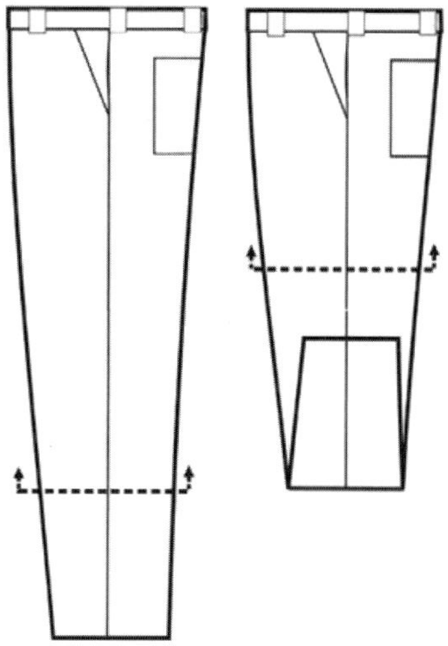

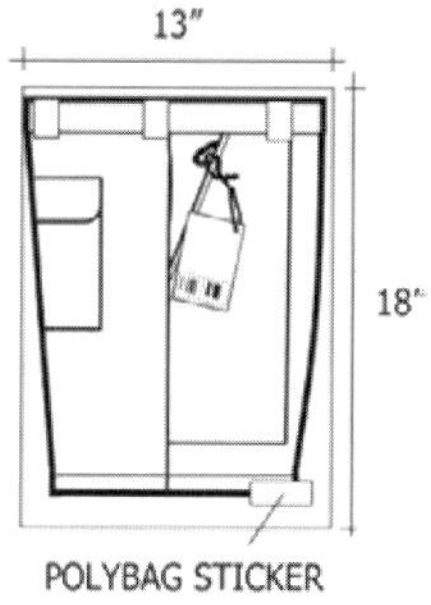

#3

13"

18"

POLYBAG STICKER

XYZ Product Development, Inc.

FRONT VIEW

PROTO#	SKT 4343	SIZE RANGE:	Mens, S-XXL
STYLE#		SAMPLE SIZE:	L
SEASON:	Fall 20XX	DESIGNER:	Cosette Champagne
NAME:	Sport Shirt	DATE FIRST SENT:	1/21/20XX
FIT TYPE:	Standard Tee	DATE REVISED:	
BRAND:	XYZ, SPORT	FABRICATION:	Sport Jersey
STATUS:	Prototype-1		

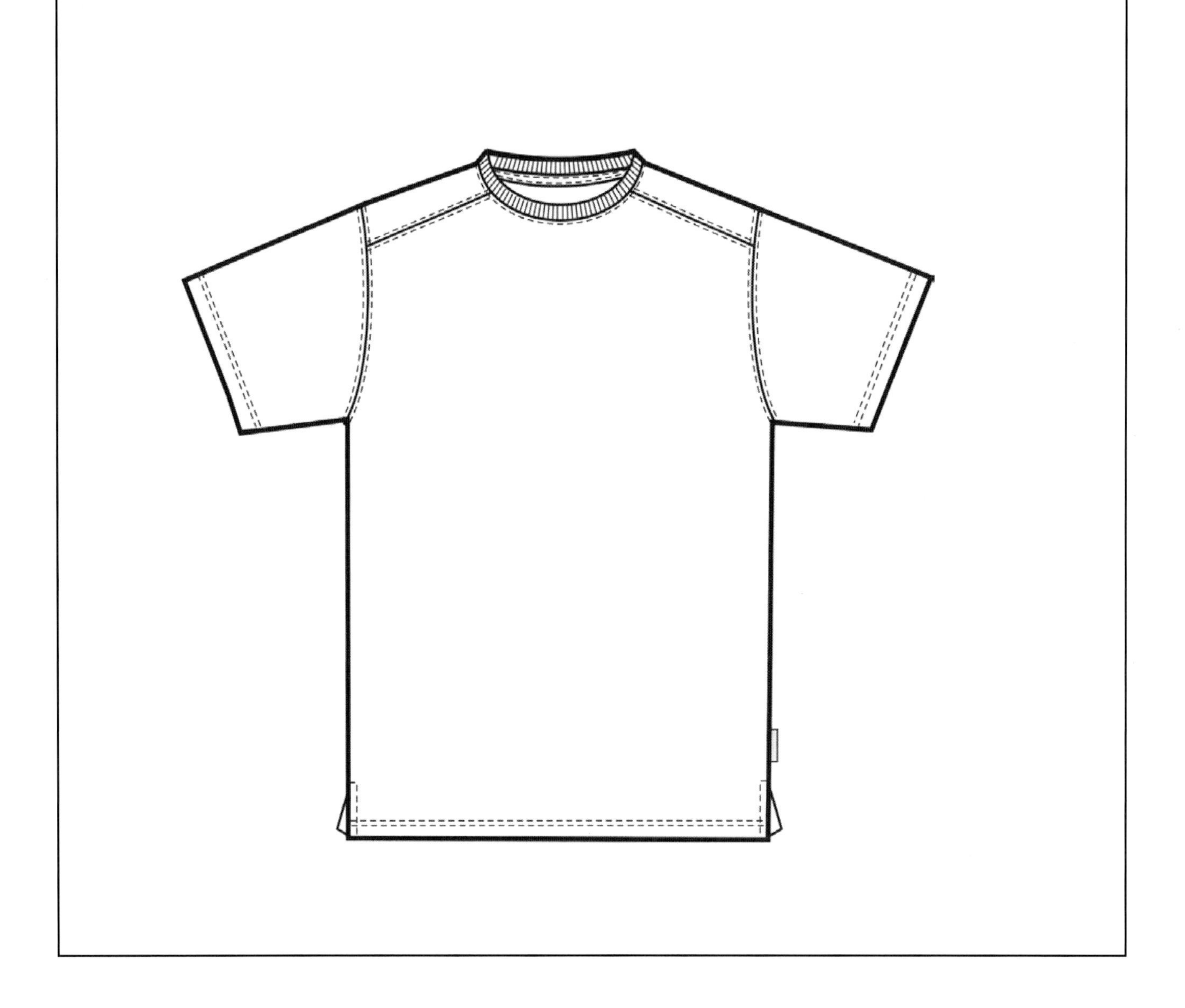

XYZ Product Development, Inc.

BACK VIEW

PROTO#	SKT 4343	SIZE RANGE:	Mens, S-XXL
STYLE#		SAMPLE SIZE:	L
SEASON:	Fall 20XX	DESIGNER:	Cosette Champagne
NAME:	Sport Shirt	DATE FIRST SENT:	1/21/20XX
FIT TYPE:	Standard Tee	DATE REVISED:	
BRAND:	XYZ, SPORT	FABRICATION:	Sport Jersey
STATUS:	Prototype-1		

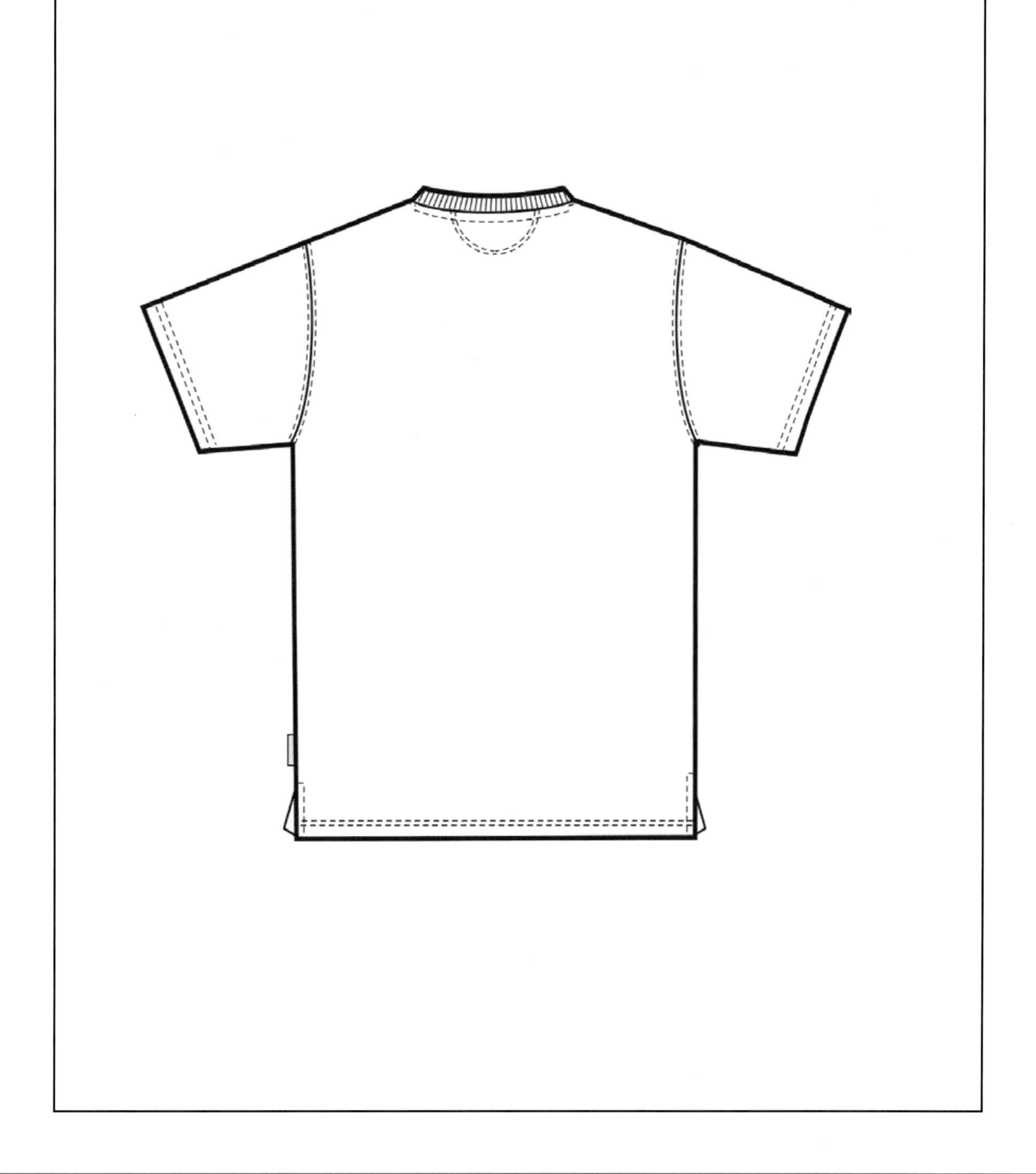

XYZ Product Development, Inc.

DETAILS VIEW 1

PROTO#	SKT 4343	SIZE RANGE:	Mens, S-XXL
STYLE#		SAMPLE SIZE:	L
SEASON:	Fall 20XX	DESIGNER:	Cosette Champagne
NAME:	Sport Shirt	DATE FIRST SENT:	1/21/20XX
FIT TYPE:	Standard Tee	DATE REVISED:	
BRAND:	XYZ, SPORT	FABRICATION:	Sport Jersey
STATUS:	Prototype-1		

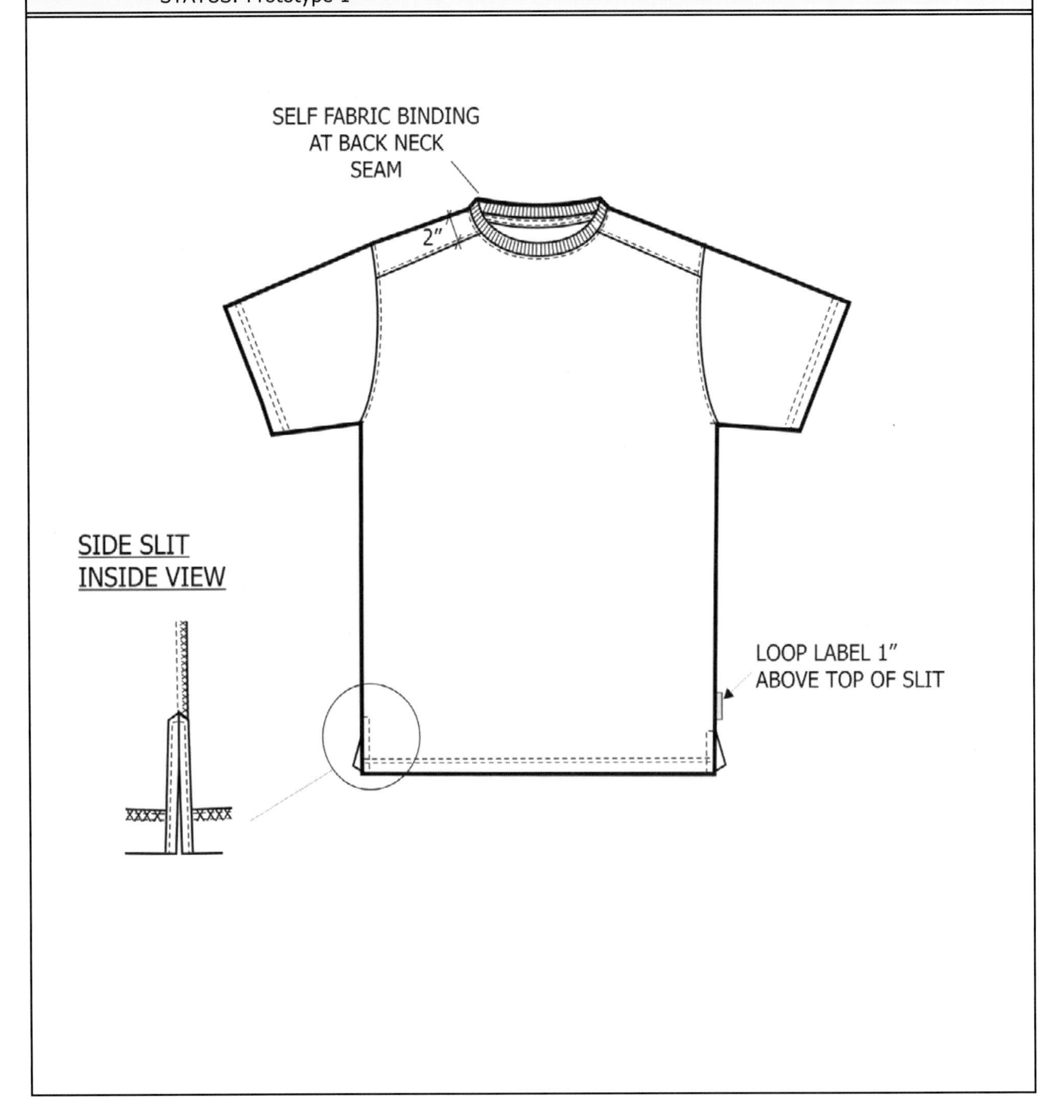

XYZ Product Development, Inc.
DETAILS VIEW 2

PROTO#	SKT 4343	SIZE RANGE:	Mens, S-XXL
STYLE#		SAMPLE SIZE:	L
SEASON:	Fall 20XX	DESIGNER:	Cosette Champagne
NAME:	Sport Shirt	DATE FIRST SENT:	1/21/20XX
FIT TYPE:	Standard Tee	DATE REVISED:	
BRAND:	XYZ, SPORT	FABRICATION:	Sport Jersey
STATUS:	Prototype-1		

STITCHING DETAILS,
BACK NECK

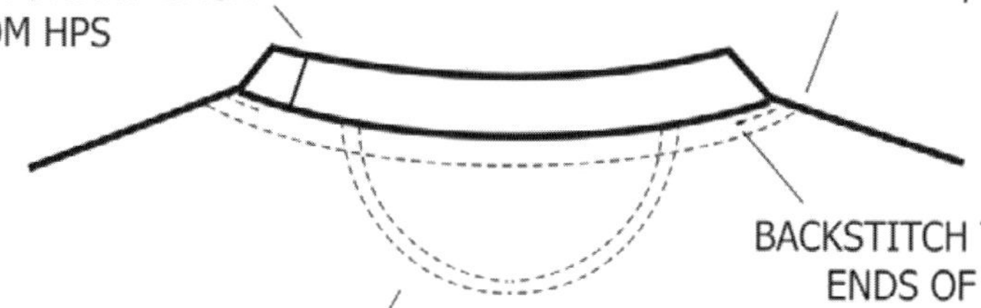

JOIN SEAM ON LEFT SIDE
½" TOWARD BACK
FROM HPS

EDGESTITCH OVERLAPS WITH
BINDING STITCH 3/8"

BACKSTITCH THE
ENDS OF
BINDING STITCHING
AND EDGE STITCHING

HALF-MOON FACING DIMENSIONS,
4" WIDE X 2" LONG

COVERSTITCH OVERLAP

3/4" OVERLAP ALL
HEM STITCHING

XYZ Product Development, Inc.
POINTS OF MEASURE

PROTO#	SKT 4343	SIZE RANGE:	Mens, S-XXL
STYLE#		SAMPLE SIZE:	L
SEASON:	Fall 20XX	DESIGNER:	Cosette Champagne
NAME:	Sport Shirt	DATE FIRST SENT:	1/21/20XX
FIT TYPE:	Standard Tee	DATE REVISED:	
BRAND:	XYZ, SPORT	FABRICATION:	Sport Jersey
STATUS:	Prototype-1		

POINTS of MEASURE, **KNIT** (Girth measurements and tolerances are HALF measure)

code	**TOP SPECS**	Tol (+)	Tol (-)	Spec
T-A	Shoulder Point to Point	1/4	1/4	19 1/2
T-B	Shoulder Drop	1/4	1/4	2
T-C	Front Mid-armhole @ 8" fm HPS	1/4	1/4	17 1/2
T-D	Back Mid-Armhole @ 8" fm HPS	1/4	1/4	18 1/2
T-G	Armhole Drop from HPS	1/4	1/4	12 1/2
T-H	Chest (across) @ 1" fm seam	1/2	1/2	23 1/2
T-I	Waist position fm HPS	1/2	1/2	18
T-I-2	Waist (across)	1/2	1/2	23
T-J	Bottom Opening (across)	1/2	1/2	23 1/2
T-K	Front Length fm HPS	1/2	1/2	29
T-L	Back Length fm HPS	1/2	1/2	29
T-O	Center Back Sleeve Length	1/2	1/2	20 1/2
T-M	Bicep (across) @ 1" fm Seam	1/4	1/4	9 1/2
T-BB	Sleeve Opening (across) (S-Slv)	1/4	1/4	8 1/2
T-P	Front Neck Drop, to seam	1/4	1/4	4 1/4
T-Q	Back Neck Drop, to seam	1/4	1/4	3/4
T-R	Neck Width, HPS to HPS	1/4	1/4	7 1/2
	STYLE SPECS			
T-U	Neck Trim Width	1/8	1/8	1
--	Side Slit Height	1/8	1/8	2

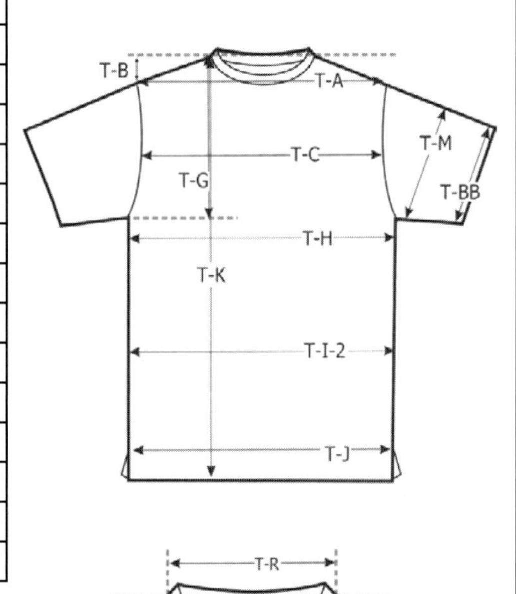

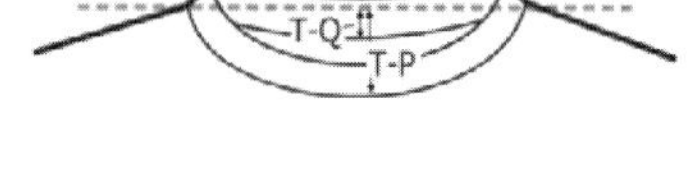

SKETCH IS FOR REFERENCE ONLY, NOT FOR DETAIL

XYZ Product Development, Inc.
GRADE PAGE

PROTO# SKT 4343
STYLE#
SEASON: Fall 20XX
NAME: Sport Shirt
FIT TYPE: Standard Tee
BRAND: XYZ, SPORT
STATUS: Prototype-1

SIZE RANGE: Mens, S-XXL
SAMPLE SIZE: L
DESIGNER: Cosette Champagne
DATE FIRST SENT: 1/21/20XX
DATE REVISED:
FABRICATION: Sport Jersey

POINTS of MEASURE, **KNIT** (GIRTH MEASUREMENTS AND TOLERANCES ARE HALF-MEASURE)

code	TOP SPECS	Tol (+)	Tol (-)	S		M		L (sample size)		XL		XXL
T-A	Shoulder Point to Point	1/4	1/4	18 1/2		19		19 1/2		20 1/4		21
T-B	Shoulder Drop	1/4	1/4	2		2		2		2		2
T-C	Front Mid-armhole @ 8" fm HPS	1/4	1/4	16 1/2		17		17 1/2		18 1/4		19
T-D	Back Mid-Armhole @ 8" fm HPS	1/4	1/4	17 1/2		18		18 1/2		19 1/4		20
T-G	Armhole Drop from HPS	1/4	1/4	12		12 1/4		12 1/2		12 7/8		13 1/4
T-H	Chest (across) @ 1" fm seam	1/2	1/2	21 1/2		22 1/2		23 1/2		25		26 1/2
T-I	Waist position fm HPS	1/2	1/2	17		17 1/2		18		18 1/2		19
T-I-2	Waist (across)	1/2	1/2	21		22		23		24 1/2		26
T-J	Bottom Opening (across)	1/2	1/2	21 1/2		22 1/2		23 1/2		25		26 1/2
T-K	Front Length fm HPS	1/2	1/2	27		28		29		30		31
T-L	Back Length fm HPS	1/2	1/2	27		28		29		30		31
T-O	Center Back Sleeve Length	1/2	1/2	19 1/2		20		20 1/2		21		21 1/2
T-M	Bicep (across) @ 1" fm Seam	1/4	1/4	8 1/2		9		9 1/2		10		10 1/2
T-BB	Sleeve Opening (across) (S-Slv)	1/4	1/4	7 1/2		8		8 1/2		9		9 1/2
T-P	Front Neck Drop, to seam	1/4	1/4	3 1/2		3 5/8		3 3/4		4		4 1/4
T-Q	Back Neck Drop, to seam	1/4	1/4	3/4		3/4		3/4		3/4		3/4
T-R	Neck Width, HPS to HPS	1/4	1/4	7 1/4		7 3/8		7 1/2		7 5/8		7 3/4
	STYLE SPECS											
	Neck Trim Width	1/8	1/8	1		1		1		1		1
	Side Slit Height	1/8	1/8	2		2		2		2		2

XYZ Product Development, Inc.
BILL OF MATERIALS

PROTO#	SKT 4343	SIZE RANGE:	Mens, S-XXL
STYLE#		SAMPLE SIZE:	L
SEASON:	Fall 20XX	DESIGNER:	Cosette Champagne
NAME:	Sport Shirt	DATE FIRST SENT:	1/21/20XX
FIT TYPE:	Standard Tee	DATE REVISED:	
BRAND:	XYZ, SPORT	FABRICATION:	Sport Jersey
STATUS:	Prototype-1		

item / description	**content**	**placement**	**supplier**	width / weight	finish	quantity
jersey	85% cotton / 15% poly	body	Tri-Worth Specialty Fabrics	60" cuttable	enzyme-wash, 30 minutes	
1 X 1 rib	85% cotton / 15% poly	neck trim	Tri-Worth	--	--	
thread-DTM body	100% polyester	join & overlock	A & E	60's x 3 (tex 30)		
Exterior woven loop label, #IDC12		see label page	Standard Label, factory sourced			1
woven loop label, #CC14		CB neck	Standard Label, factory sourced			1
size label # S-4		see label page				1
hang tag-sport, with string		right underarm				1
safety pin,brass, for hangtags		see label page	factory sourced			1
poly bag, barcode sticker (Flatpack)		see label page	factory sourced	H X W = 18x13	self stick bag, closes at bottom	1

colorway summary

color #	**body and knit**	**exterior label**		
3441	slate blue	navy		
3957	charcoal grey	silver		

XYZ Product Development, Inc.
CONSTRUCTION PAGE

PROTO#	SKT 4343	SIZE RANGE:	Mens, S-XXL
STYLE#		SAMPLE SIZE:	L
SEASON:	Fall 20XX	DESIGNER:	Cosette Champagne
NAME:	Sport Shirt	DATE FIRST SENT:	1/21/20XX
FIT TYPE:	Standard Tee	DATE REVISED:	
BRAND:	XYZ, SPORT	FABRICATION:	Sport Jersey
STATUS:	Prototype-1		

Cutting information: 2-way

Matching: N/A

Stitches per inch (SPI) 11 +/- 1

area	description / location	join method	topstitch	seam finish	inter-facing	closures
shoulders	join & TS	4T-OL	1/4" 2N-bottomCvS			
neck trim	join & TS	3T-OL	2 THREAD CHAIN			
armscye	join & TS	4T-OL	1/4" 2N-bottomCvS			
side/underarm	join	4T-OL				
halfmoon facing	join	1/4" 2N-CvS				
self-binding	back neck		SN-L			
bottom slit	clean finish		1/4" SN-L			
bottom slit	stitch-tack across top		SN-L			
SLEEVE HEM	3/4" HEM		1/4" 2N-CvS			
BOTTOM HEM	1" HEM		1/4" 2N-CvS			

XYZ Product Development, Inc.

Labels and Packaging

PROTO#	SKT 4343	SIZE RANGE:	Mens, S-XXL
STYLE#		SAMPLE SIZE:	L
SEASON:	Fall 20XX	DESIGNER:	Cosette Champagne
NAME:	Sport Shirt	DATE FIRST SENT:	1/21/20XX
FIT TYPE:	Standard Tee	DATE REVISED:	
BRAND:	XYZ, SPORT	FABRICATION:	Sport Jersey
STATUS:	Prototype-1		

FOLDING INSTRUCTIONS

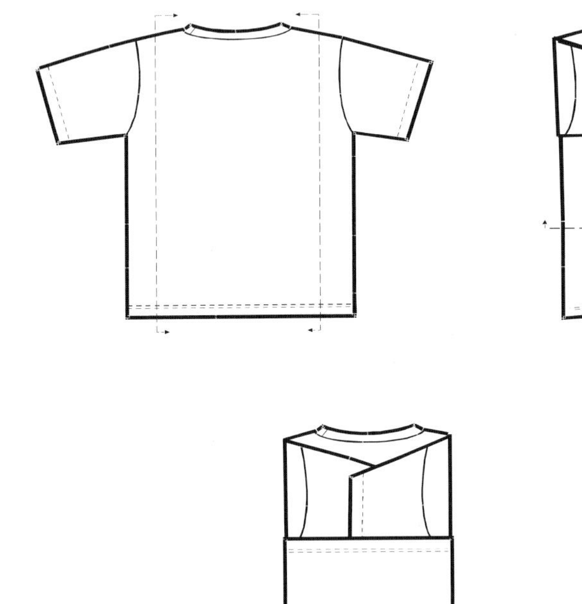

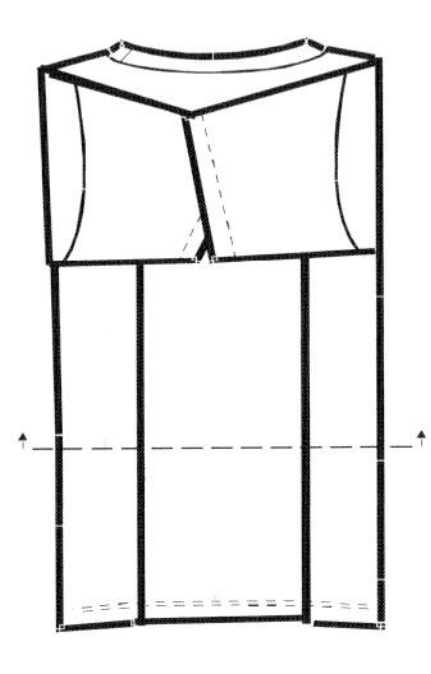

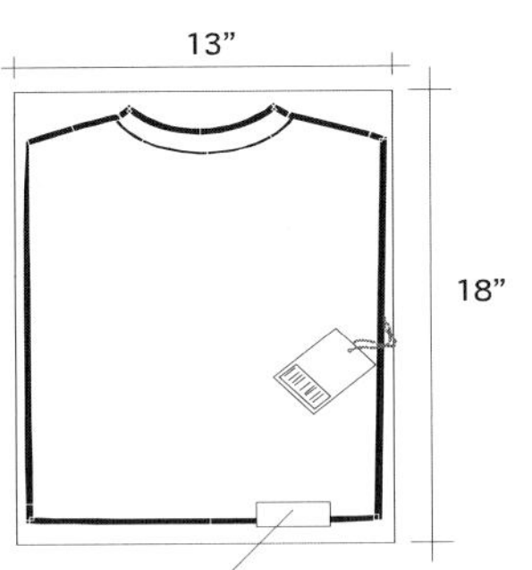

남성용 우븐 셔츠

XYZ Product Development, Inc.
FRONT VIEW

PROTO#	SWT 4343	SIZE RANGE:	Mens, S-XXL
STYLE#		SAMPLE SIZE:	L
SEASON:	Fall 20XX	DESIGNER:	Rita Wilson
NAME:	Woven Shirt	DATE FIRST SENT:	1/11/20XX
FIT TYPE:	Standard Shirttail	DATE REVISED:	
BRAND:	XYZ, SPORT	FABRICATION:	YD2w3,stripe
STATUS:	Prototype-1		

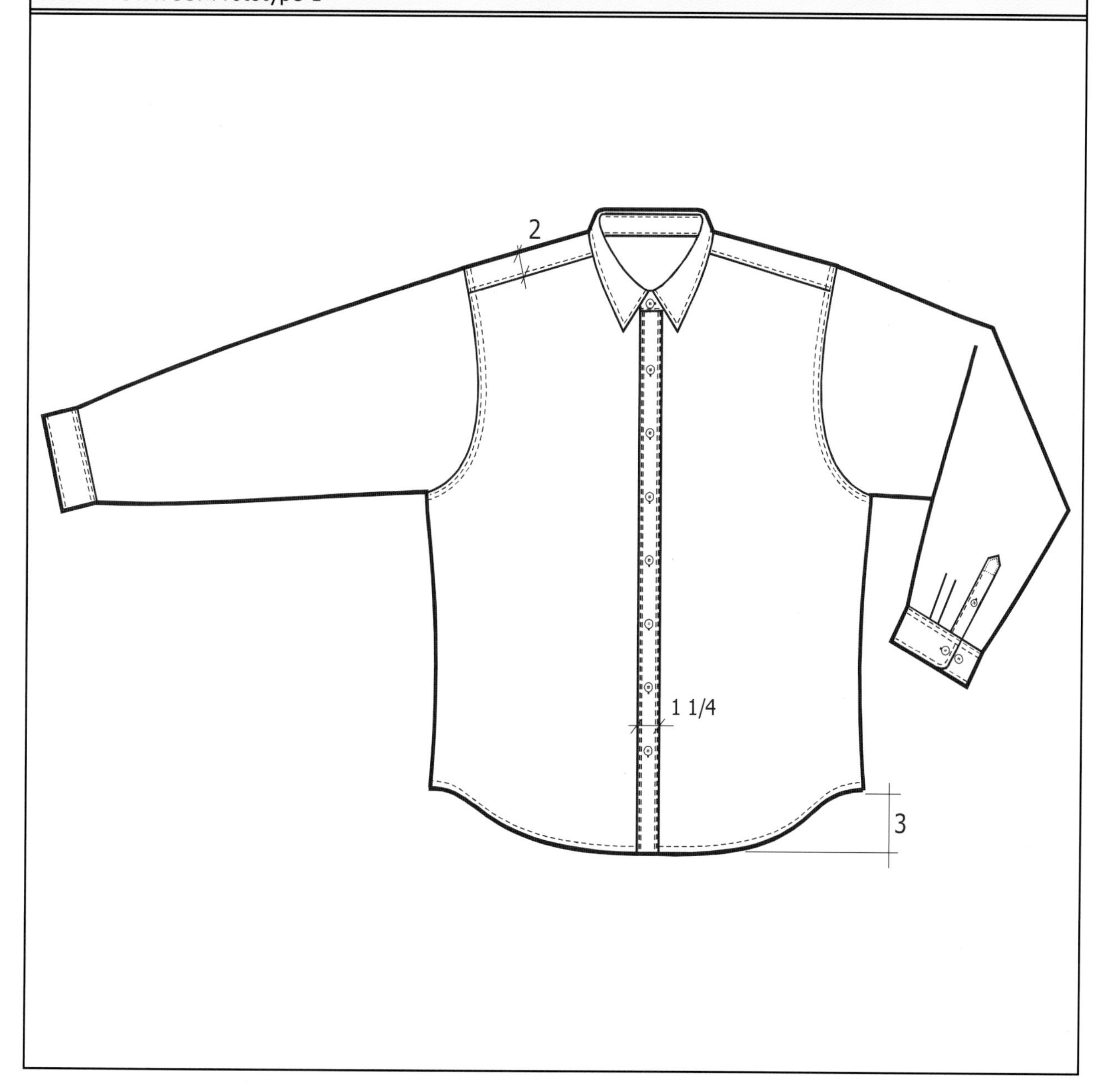

XYZ Product Development, Inc.

BACK VIEW

PROTO#	SWT 4343	SIZE RANGE:	Mens, S-XXL
STYLE#		SAMPLE SIZE:	L
SEASON:	Fall 20XX	DESIGNER:	Rita Wilson
NAME:	Woven Shirt	DATE FIRST SENT:	1/11/20XX
FIT TYPE:	Standard Shirttail	DATE REVISED:	
BRAND:	XYZ, SPORT	FABRICATION:	YD2w3,stripe
STATUS:	Prototype-1		

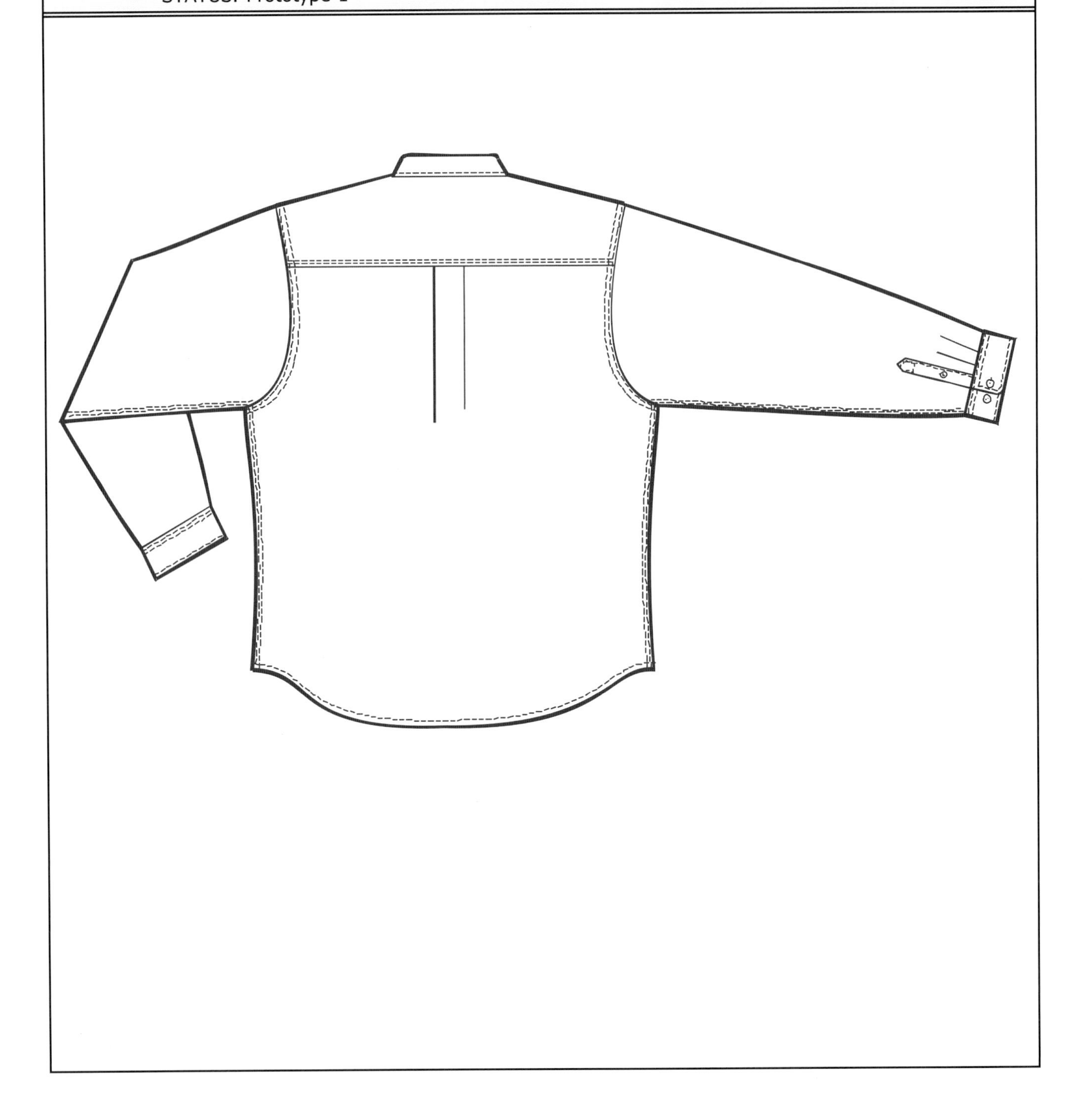

XYZ Product Development, Inc.

DETAILS VIEW

PROTO#	SWT 4343	SIZE RANGE:	Mens, S-XXL
STYLE#		SAMPLE SIZE:	L
SEASON:	Fall 20XX	DESIGNER:	Rita Wilson
NAME:	Woven Shirt	DATE FIRST SENT:	1/11/20XX
FIT TYPE:	Standard Shirttail	DATE REVISED:	
BRAND:	XYZ, SPORT	FABRICATION:	YD2w3,stripe
STATUS:	Prototype-1		

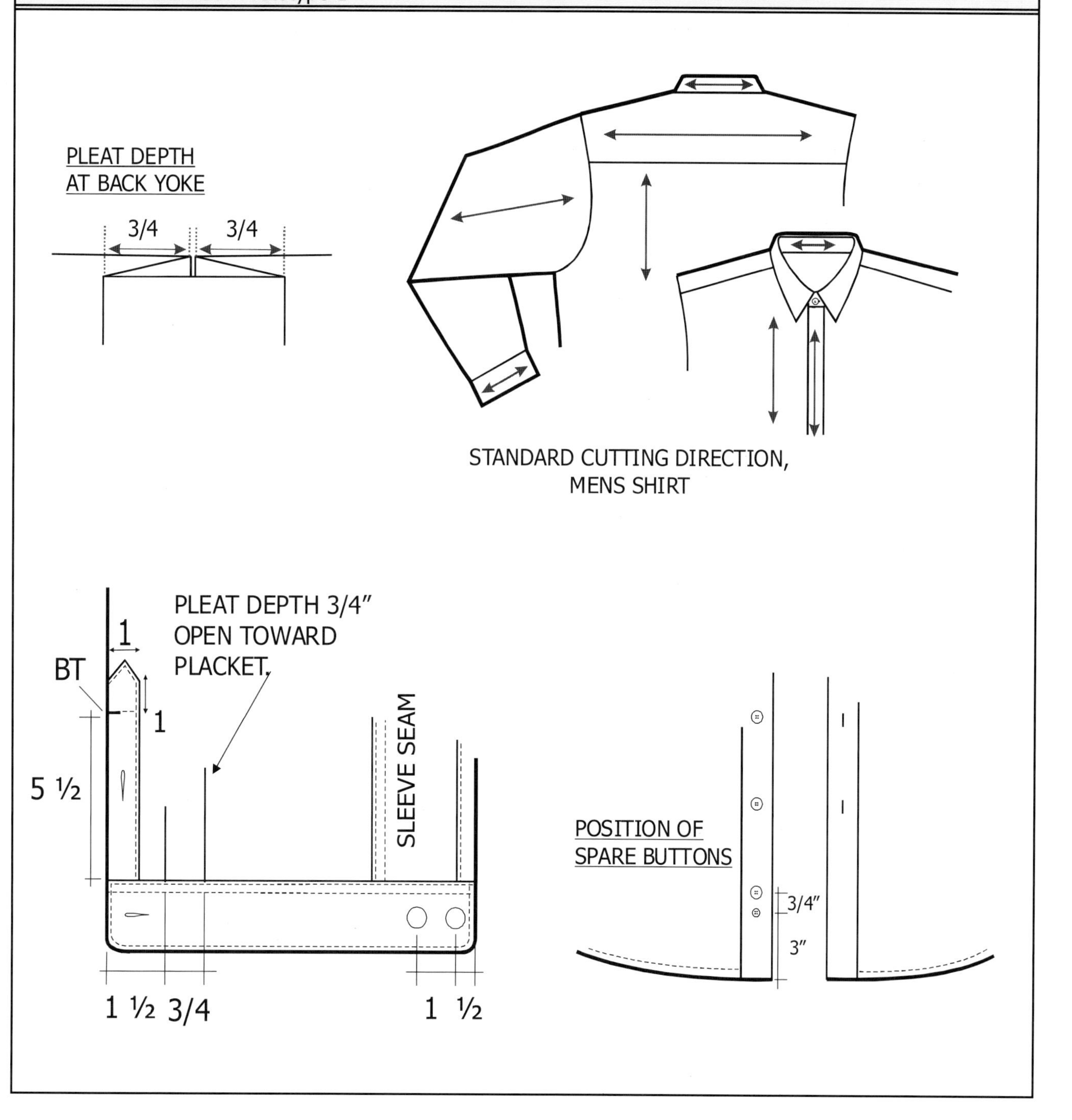

XYZ Product Development, Inc.

DETAILS VIEW

PROTO#	SWT 4343	SIZE RANGE:	Mens, S-XXL
STYLE#		SAMPLE SIZE:	L
SEASON:	Fall 20XX	DESIGNER:	Rita Wilson
NAME:	Woven Shirt	DATE FIRST SENT:	1/11/20XX
FIT TYPE:	Standard Shirttail	DATE REVISED:	
BRAND:	XYZ, SPORT	FABRICATION:	YD2w3,stripe
STATUS:	Prototype-1		

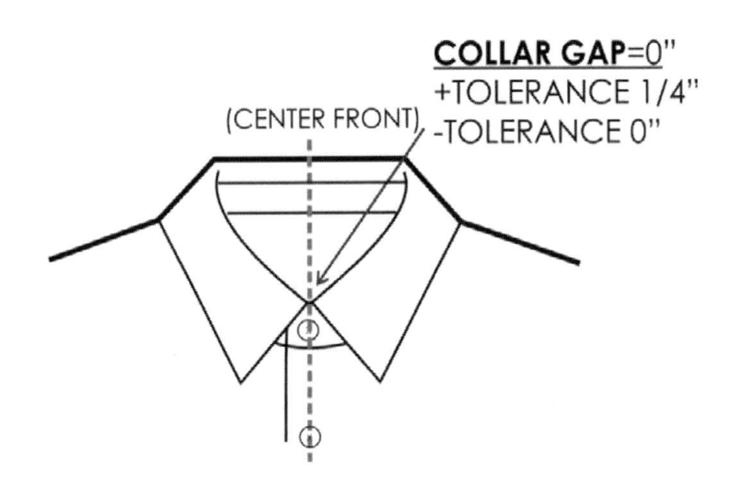

XYZ Product Development, Inc.
POINTS OF MEASURE

PROTO#	SWT 4343	SIZE RANGE:	Mens, S-XXL
STYLE#		SAMPLE SIZE:	L
SEASON:	Fall 20XX	DESIGNER:	Rita Wilson
NAME:	Woven Shirt	DATE FIRST SENT:	1/11/20XX
FIT TYPE:	Standard Shirttail	DATE REVISED:	
BRAND:	XYZ, SPORT	FABRICATION:	YD2w3,stripe
STATUS:	Prototype-1		

POINTS of MEASURE, **WOVEN** (GIRTH MEASUREMENTS ARE WHOLE MEASURE)

code	TOP SPECS	Tol (+)	Tol (-)	Spec
T-A	Shoulder Point to Point	1/4	1/4	21
T-B	Shoulder Drop	1/4	1/4	2
T-C	Front Mid-armhole @ 8" fm HPS	1/4	1/4	19
T-D	Back Mid-Armhole @ 8" fm HPS	1/4	1/4	20
T-G	Armhole Drop from HPS	1/4	1/4	13
T-H	Chest @ 1" fm seam	1/2	1/2	50
T-I-2	Waist (across)	1/2	1/2	48
T-I	Waist position fm HPS	1/2	1/2	18
T-J	Bottom Opening	1/2	1/2	49
T-K	Front Length fm HPS	1/2	1/2	31
T-L	Back Length fm HPS	1/2	1/2	31
T-O	Center Back Sleeve Length (LS)	3/8	3/8	36
T-M	Bicep @ 1" fm Seam	1/2	1/2	19
T-N	Elbow	1/2	1/2	16
T-Z-1	Sleeve Opening, Bottom, unbuttoned & flat	1/4	1/4	9 1/2
T-P	Front Neck Drop, to seam	1/4	1/4	4
T-Q	Back Neck Drop, to seam	1/4	1/4	1/2
T-T	Collarband length, bttn to bttnhole	1/4	1/4	17 1/2
	STYLE SPECS			
T-W	Collar Point	1/8	1/8	2 3/4
T-S	Collar Spread	1/4	1/4	3
T-U	Neck Band Height at CB	1/8	1/8	1 1/8
T-V	Collar Height At CB	1/8	1/8	2 1/8
	Back yoke fm HPS	1/4	1/4	4
T-AA	Cuff height	1/4	1/4	2

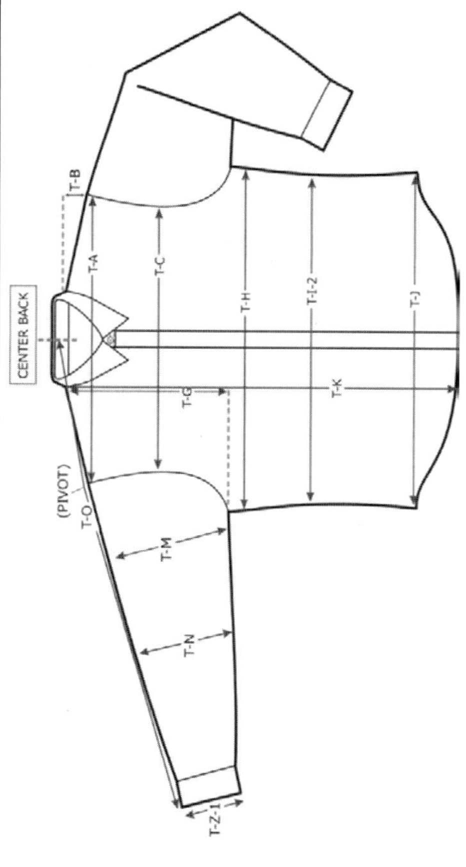

SKETCH IS FOR REFERENCE ONLY, NOT FOR DETAIL

XYZ Product Development, Inc.
GRADE PAGE

PROTO# SWT 4343	SIZE RANGE: Mens, S-XXL
STYLE#	SAMPLE SIZE: L
SEASON: Fall 20XX	DESIGNER: Rita Wilson
NAME: Woven Shirt	DATE FIRST SENT: 1/11/20XX
FIT TYPE: Standard Shirttail	DATE REVISED:
BRAND: XYZ, SPORT	FABRICATION: YD2w3,stripe
STATUS: Prototype-1	

POINTS of MEASURE, **WOVEN** (GIRTH MEASUREMENTS and tolerances ARE TOTAL CIRCUMFERENCE)

code	**TOP SPECS**	Tol (+)	Tol (-)	**S**	**M**	**L-sample size**	**XL**	**XXL**
T-A	Shoulder Point to Point	1/4	1/4	20	20 1/2	21	21 3/4	22 1/2
T-B	Shoulder Drop	1/4	1/4	2	2	2	2	2
T-C	Front Mid-armhole @ 8" fm HPS	1/4	1/4	18	18 1/2	19	19 3/4	20 1/2
T-D	Back Mid-Armhole @ 8" fm HPS	1/4	1/4	19	19 1/2	20	20 3/4	21 1/2
T-G	Armhole Drop from HPS	1/4	1/4	12 1/2	12 3/4	13	13 3/8	13 3/4
T-H	Chest @ 1" fm seam	1/2	1/2	46	48	50	53	56
T-I-2	Waist (across)	1/2	1/2	44	46	48	51	54
T-I	Waist position fm HPS	1/2	1/2	17	17 1/2	18	18 1/2	19
T-J	Bottom Opening	1/2	1/2	45	47	49	52	55
T-K	Front Length fm HPS	1/2	1/2	29	30	31	32	33
T-L	Back Length fm HPS	1/2	1/2	29	30	31	32	33
T-O	Center Back Sleeve Length (LS)	3/8	3/8	34	35	36	37	37
T-M	Bicep @ 1" fm Seam	1/2	1/2	18 1/4	18 5/8	19	19 1/2	20
T-N	Elbow	1/2	1/2	15 1/2	15 3/4	16	16 3/8	16 3/4
T-Z-1	Sleeve Opening, Bottom, unbuttoned and flat	1/4	1/4	9	9 1/4	9 1/2	9 3/4	10
T-P	Front Neck Drop, to seam	1/4	1/4	3 1/2	3 3/4	4	4 1/4	4 1/2
T-Q	Back Neck Drop, to seam	1/4	1/4	1/2	1/2	1/2	1/2	1/2
T-T	Collarband length, bttn to bttnhole	1/4	1/4	16 1/2	17	17 1/2	18 1/4	19
	STYLE SPECS							
T-W	Collar Point	1/8	1/8	2 3/4	2 3/4	2 3/4	2 3/4	2 3/4
T-S	Collar Spread	1/4	1/4	3	3	3	3	3
T-U	Neck Band Height at CB	1/8	1/8	1 1/8	1 1/8	1 1/8	1 1/8	1 1/8
T-V	Collar Height At CB	1/8	1/8	2 1/8	2 1/8	2 1/8	2 1/8	2 1/8
	Back yoke fm HPS	1/4	1/4	4	4	4	4	4
T-AA	Cuff height	1/8	1/8	2	2	2	2	2

XYZ Product Development, Inc.
Bill Of Materials

PROTO#	SWT 4343	SIZE RANGE:	Mens, S-XXL
STYLE#		SAMPLE SIZE:	L
SEASON:	Fall 20XX	DESIGNER:	Rita Wilson
NAME:	Woven Shirt	DATE FIRST SENT:	1/11/20XX
FIT TYPE:	Standard Shirttail	DATE REVISED:	
BRAND:	XYZ, SPORT	FABRICATION:	YD2w3,stripe
STATUS:	Prototype-1		

ITEM / description	CONTENT	PLACEMENT	SUPPLIER	WIDTH / WEIGHT	FINISH	QTY
Yarn-dye stripe, 150/1 x 44/1 , 34 x 23	100% cotton	body	Metro Ltd	44" cuttable/ 165 gm / m2	peach, washable	
interlining, non-woven, fusible	--	collar, cuffs, CF plkt	factory sourced	--	--	
Button, horn , 4-hole rimmed		CF placket and cuffs	Parma Supply	18L	semi-dull	12+1
Button, horn, 4-hole rimmed		slv placket	Parma Supply	14L	semi-dull	2+1
thread-DTM body	100% polyester	join & overlock	A & E	60's x 3 (tex 30)		
woven loop label, #IDC12		CB neck	Standard Label, factory sourced			1
woven loop label, #CCO14		left side seam	Standard Label, factory sourced			1
hang tag-sport		right underarm				1
retail ticket						1
poly bag, and bag sticker (Flatpack)		see label page	factory sourced	H X W = 18 X 15	self stick, closes at bottom	1
safety pin--brass --with string, for hangtags		see label instructions for placement	factory sourced			1

XYZ Product Development, Inc.
CONSTRUCTION PAGE

PROTO#	SWT 4343	SIZE RANGE:	Mens, S-XXL
STYLE#		SAMPLE SIZE:	L
SEASON:	Fall 20XX	DESIGNER:	Rita Wilson
NAME:	Woven Shirt	DATE FIRST SENT:	1/11/20XX
FIT TYPE:	Standard Shirttail	DATE REVISED:	
BRAND:	XYZ, SPORT	FABRICATION:	YD2w3,stripe
STATUS:	Prototype-1		

Cutting information: see sketch on details page

Matching: match center of CF placket vertically, to dominant stripe

Stitches per inch (SPI) 12 +/- 1

AREA	DESCRIPTION	JOIN STITCH	SEAM FINISH	TOP STITCH	FUSIBLE	CLOSURES
collar	join & TS	SN-L	clean finish	SN-L	PCC 243, nonwoven	
collarband	join & TS	SN-L	clean finish		PCC 243, nonwoven	B/H zz, horizontal
CF placket	join & TS	SN-L	clean finish		PCC 243, nonwoven	B/H zz, vertical
back yoke	join & TS, sandwich bottom	SN-L	clean finish			
armhole	join & TS	SN-L	mock flat fell			
shoulder	join & TS	SN-L				
side/underarm seam	FLFL	FLFL	FLFL	FLFL		
cuff		SN-L	clean finish			B/H zz, horizontal
sleeve placket	join & TS	SN-L	clean finish	E/S		B/H zz, vertical
bottom opening		SN-L	clean finish-twice turned			

XYZ Product Development, Inc.
LABEL & PACKAGING PAGE

PROTO#	SWT 4343	SIZE RANGE:	Mens, S-XXL
STYLE#		SAMPLE SIZE:	L
SEASON:	Fall 20XX	DESIGNER:	Rita Wilson
NAME:	Woven Shirt	DATE FIRST SENT:	1/11/20XX
FIT TYPE:	Standard Shirttail	DATE REVISED:	
BRAND:	XYZ, SPORT	FABRICATION:	YD2w3,stripe
STATUS:	Prototype-1		

LABELS

IDS15 (ENDFOLD)

LABEL PLACEMENT

CENTER BACK, INSIDE

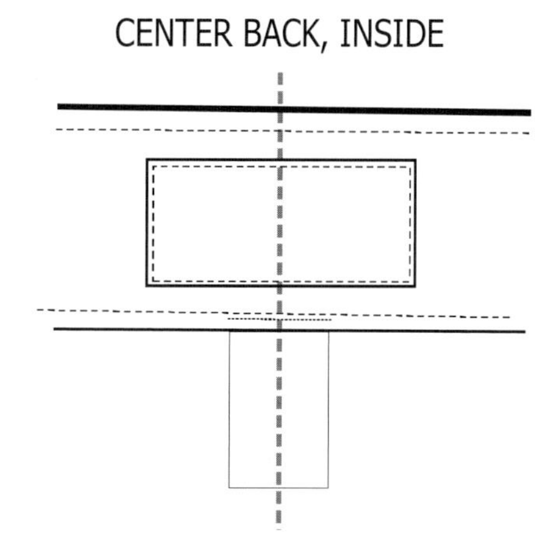

FOLDING INSTRUCTIONS

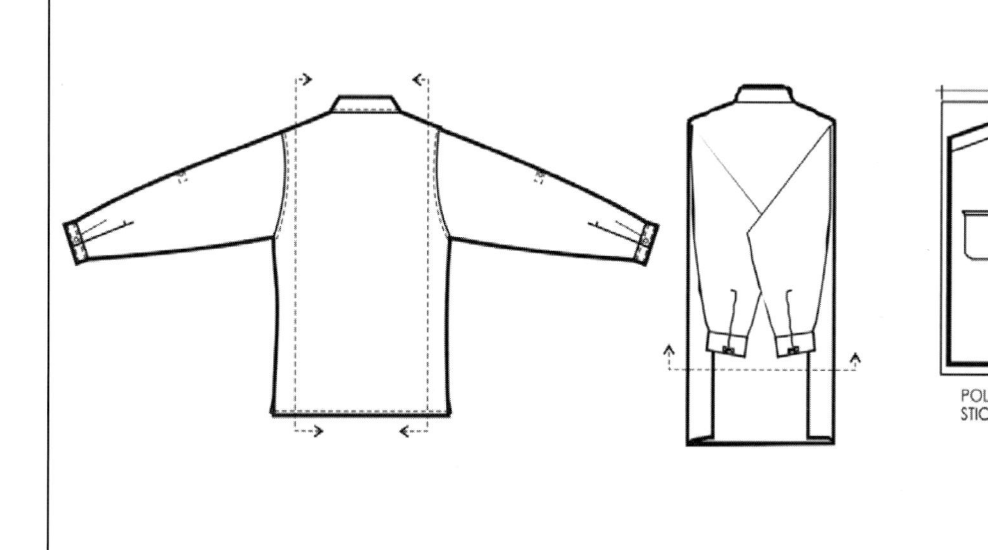

XYZ Product Development, Inc.
FRONT VIEW

PROTO#	HAT1780	SIZE RANGE:	S/M, L/XL
STYLE#		SAMPLE SIZE:	S/M
SEASON:	Spring 20XX	DESIGNER:	Caroline Macmillan
NAME:	Alfresco hat	DATE FIRST SENT:	2/1/20XX
FIT TYPE:	--	DATE REVISED:	2/22/20XX
BRAND:	XYZ Career	FABRICATION:	poplin
STATUS:	Prototype-1		

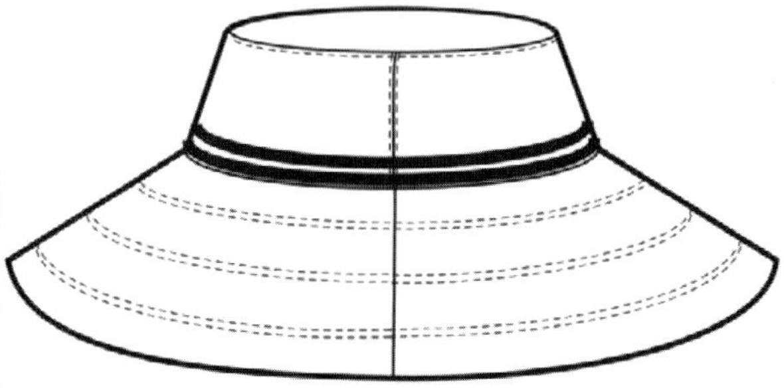

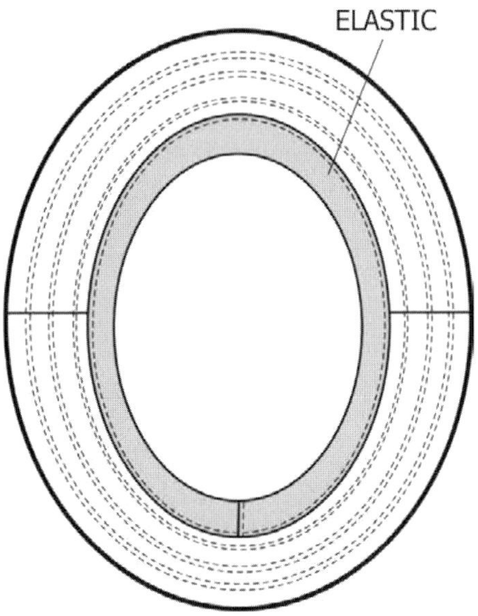

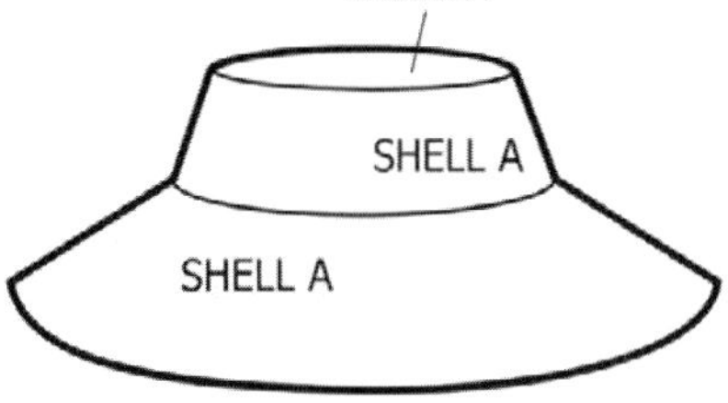

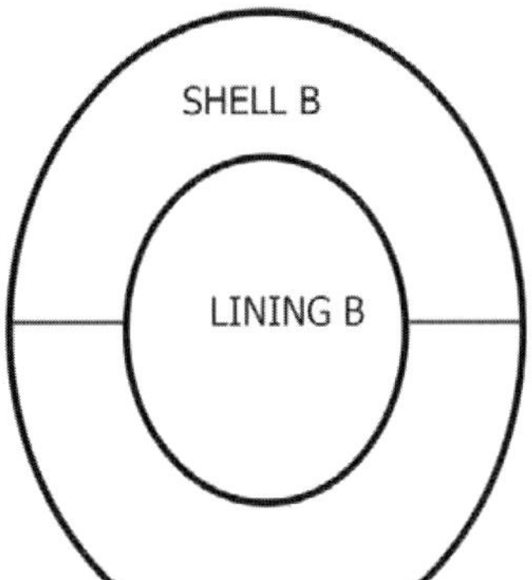

XYZ Product Development, Inc.
POINTS OF MEASURE

PROTO# HAT1780	SIZE RANGE: S/M, L/XL
STYLE#	SAMPLE SIZE: S/M
SEASON: Spring 20XX	DESIGNER: Caroline Macmillan
NAME: Alfresco hat	DATE FIRST SENT: 2/1/20XX
FIT TYPE: --	DATE REVISED: 2/22/20XX
BRAND: XYZ Career	FABRICATION: poplin
STATUS: Prototype-1	

POINTS of MEASURE, **WOVEN** (GIRTH MEASUREMENTS ARE WHOLE MEASURE)

code	**BODY SPEC measurements**	Tol (+)	Tol (-)	SAMPLE size S/M
H-G	Inside circumference, w/hat measure	1/4	1/4	22 3/4
	STYLE SPEC measurements			
H-A	Crown length front to back	1/4	1/4	7 1/8
H-B	Crown width side to side	1/4	1/4	5 1/2
H-C	Crown height at side (at seam)	1/4	1/4	3 1/2
H-D-1	Brim or bill at center front	1/4	1/4	3 1/8
H-D-2	Brim center back	1/4	1/4	4
H-D-3	Brim at sides	1/4	1/4	3 1/8
H-E	Brim circumference (half)	1/4	1/4	21

SKETCH IS FOR REFERENCE ONLY, NOT FOR DETAIL

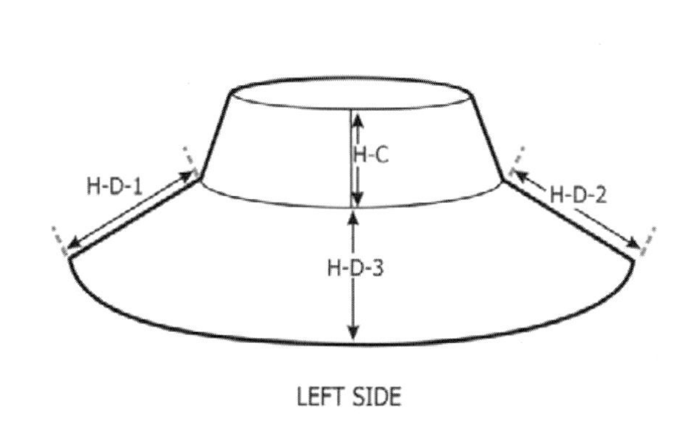

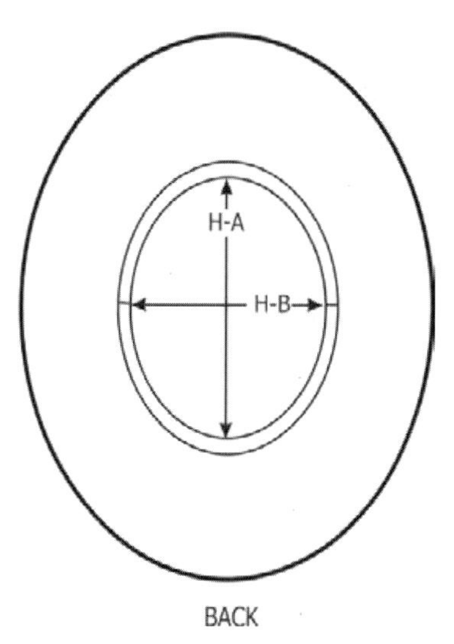

	XYZ Product Development, Inc. POINTS OF MEASURE					
	PROTO# HAT1780 STYLE# SEASON: Spring 20XX NAME: Alfresco hat FIT TYPE: -- BRAND: XYZ Career STATUS: Prototype-1				SIZE RANGE: S/M, L/XL SAMPLE SIZE: S/M DESIGNER: Caroline Macmillan DATE FIRST SENT: 2/1/20XX DATE REVISED: 2/22/20XX FABRICATION: poplin	
code	POINTS of MEASURE			sample size		
	BODY SPEC measurements	Tol (+)	Tol (-)	SAMPLE size S/M		size L/XL
H-G	Inside circumference, w/hat measure	1/4	1/4	7 1/8		7 3/8
	STYLE SPEC measurements					
H-A	Crown length front to back	1/4	1/4	5 1/2		5 5/8
H-B	Crown width side to side	1/4	1/4	3 1/2		3 1/2
H-C	Crown height at side (at seam)	1/4	1/4	3 1/8		3 1/8
H-D-1	Brim or bill at center front	1/4	1/4	4		4
H-D-2	Brim center back	1/4	1/4	3 1/8		3 1/8
H-D-3	Brim at sides	1/4	1/4	21		21 3/4
H-E	Brim circumference (half)	1/4	1/4	22 3/4		23 1/2

XYZ Product Development, Inc.

Bill Of Materials

PROTO#	HAT1780	SIZE RANGE:	S/M, L/XL
STYLE#		SAMPLE SIZE:	S/M
SEASON:	Spring 20XX	DESIGNER:	Caroline Macmillan
NAME:	Alfresco hat	DATE FIRST SENT:	2/1/20XX
FIT TYPE:	--	DATE REVISED:	2/22/20XX
BRAND:	XYZ Career	FABRICATION:	poplin
STATUS:	Prototype-1		

ITEM / description	CONTENT	PLACEMENT	SUPPLIER	WIDTH / WEIGHT / SIZE	FINISH	QTY
Poplin	85% COTTON, 15% POLY	crow, brim	Luen Mills UFTD-9702	58" cuttable, 7 oz		
60 X 60 SHEETING	100% COTTON	CROWN LINING				
interlining, non-woven NON-fusible	--	BRIM	CCP	style 246	--	
Elastic	100% polyester	sweatband		1 1/4		
Grosgrain	100% polyester	outside, crown-brim seam	General Ribbon	1		
thread	100% spun polyester	join & overlock	A & E	60's x 3 (tex 30)		
woven loop label, #IDC13		see label PAGE	Standard Label, factory sourced			1
woven loop label, #CCO14		see label PAGE	Standard Label, factory sourced			1
hang tag-career		see label PAGE				1
poly bag, and bag sticker		STACK-PACK, 10 per stack	factory sourced	H X W = 18 X 15	self stick, closes at bottom	1
safety pin--brass, with string for hangtags		see label PAGE	factory sourced	packaging code 425		1

COLORWAY SUMMARY

Colorway #	Shell A	Shell B	Lining B	Elastic	Grosgrain	topstitch A
1077	lavendrine	honeycomb	honeycomb	tan	black/white	A-448
2354	bamboo	honeycomb	honeycomb	tan	black/white	R-783
4355	honeycomb	honeycomb	honeycomb	tan	black/white	W-784

XYZ Product Development, Inc.
CONSTRUCTION PAGE

PROTO#	HAT1780	SIZE RANGE:	S/M, L/XL
STYLE#		SAMPLE SIZE:	S/M
SEASON:	Spring 20XX	DESIGNER:	Caroline Macmillan
NAME:	Alfresco hat	DATE FIRST SENT:	2/1/20XX
FIT TYPE:	--	DATE REVISED:	2/22/20XX
BRAND:	XYZ Career	FABRICATION:	poplin
STATUS:	Prototype-1		

Cutting information: no nap, 2 way, lengthwise

Matching: NA

Stitches per inch (SPI) 11 +/- 1 for joining, 11 +/- 1 for topstitching

AREA	DESCRIPTION	JOIN STITCH	SEAM FINISH	TOPSTITCH	INTER-LINING
CROWN, top	join & TS	SN-L	3T OL	E-S, crown side	NA
CROWN, side seams	join & TS	SN-L	SmBst 3T-OL	2N-L	NA
BRIM top and bottom layers	join around outside edge	SN-L	3T OL	6 rows 2N	
BRIM, side seams		SN-C		E-S	fusible
CROWN/BRIM seam	join & OL	SN-L		E-S	
LINING	join & TS	4T OL	4T OL	none	
ELASTIC	join & TS	SN-L	3T OL	E-S	
bottom opening	hem	SN-L	clean finish	at 1/2"	

XYZ Product Development, Inc.
LABELS

PROTO#	HAT1780	SIZE RANGE:	S/M, L/XL
STYLE#		SAMPLE SIZE:	S/M
SEASON:	Spring 20XX	DESIGNER:	Caroline Macmillan
NAME:	Alfresco hat	DATE FIRST SENT:	2/1/20XX
FIT TYPE:	--	DATE REVISED:	2/22/20XX
BRAND:	XYZ Career	FABRICATION:	poplin
STATUS:	Prototype-1		

LABEL PLACEMENT

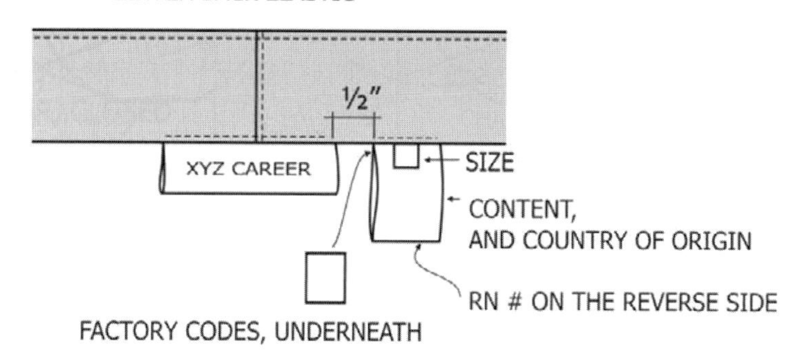

HANGTAG PLACEMENT

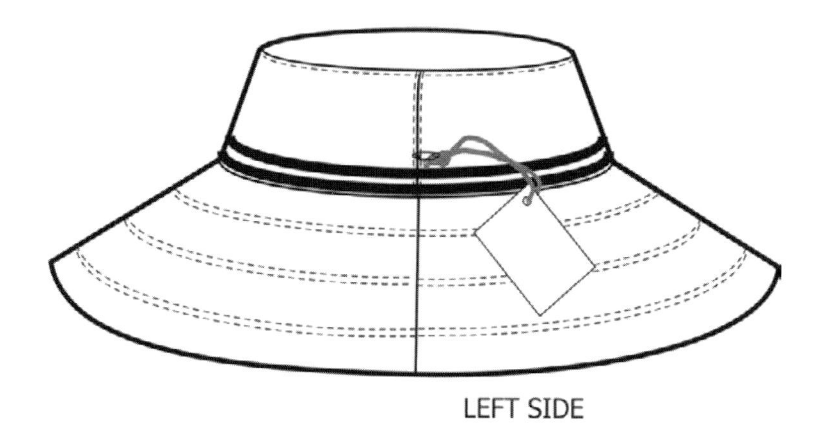

XYZ Product Development, Inc.
FRONT VIEW

PROTO#	SM-12-1857	SIZE RANGE:	Mens, S-XXL
STYLE#		SAMPLE SIZE:	M
SEASON:	Fall 20XX	DESIGNER:	Glinda
DEPT:	Mens	DATE FIRST SENT:	1/5/20XX
FIT TYPE:	Natural / Sweater	DATE REVISED:	
BRAND:	XYZ Mens	FABRICATION:	12gg
STATUS:	Prototype-1		

XYZ Product Development, Inc.
BACK VIEW

PROTO#	SM-12-1857	SIZE RANGE:	Mens, S-XXL
STYLE#	0	SAMPLE SIZE:	M
SEASON:	Fall 20XX	DESIGNER:	Glinda
DEPT:	Mens	DATE FIRST SENT:	1/5/20XX
FIT TYPE:	Natural / Sweater	DATE REVISED:	0
BRAND:	XYZ Mens	FABRICATION:	12gg
STATUS:	Prototype-1		

XYZ Product Development, Inc.
DETAILS VIEW

PROTO#	SM-12-1857	SIZE RANGE:	Mens, S-XXL
STYLE#	0	SAMPLE SIZE:	M
SEASON:	Fall 20XX	DESIGNER:	Glinda
DEPT:	Mens	DATE FIRST SENT:	1/5/20XX
FIT TYPE:	Natural / Sweater	DATE REVISED:	0
BRAND:	XYZ Mens	FABRICATION:	12gg
STATUS:	Prototype-1		

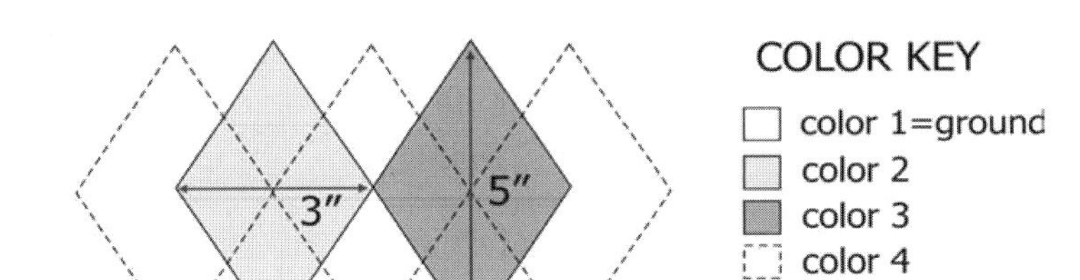

XYZ Product Development, Inc.
POINTS OF MEASURE

PROTO#	SM-12-1857	SIZE RANGE:	Mens, S-XXL
STYLE#	0	SAMPLE SIZE:	M
SEASON:	Fall 20XX	DESIGNER:	Glinda
DEPT:	Mens	DATE FIRST SENT:	1/5/20XX
FIT TYPE:	Natural / Sweater	DATE REVISED:	0
BRAND:	XYZ Mens	FABRICATION:	12gg
STATUS:	Prototype-1		

POINTS of MEASURE, M's SWEATER

(GIRTH MEASUREMENTS ARE HALF MEASURE--numbers in **Boldface**)

meas code	BODY SPECS	Spec	+ tolerance	- tolerance
T-A	Shoulder Point to Point	18 1/4	1/2	1/2
T-B	Shoulder Drop, HPS to seam	1 1/4	1/4	1/4
T-C	Front Mid Armhole	17 1/4	1/2	1/2
T-D	Back Mid Armhole	18	1/2	1/2
T-E	Armhole Drop from HPS	12	1/4	1/4
T-F	**Chest** @ 1" fm seam	22	1	1
T-G	**Waist**	n/a	1	1
T-G2	Waist position fm HPS	n/a	1/2	1/2
T-H	**Bottom** Opening	19 1/4	1	1
T-I	Front Length fm HPS	28	1/2	1/2
T-J	Back Length fm HPS	28	1/2	1/2
T-K	Center Back Sleeve Length (LS)	34 1/2	3/8	3/8
T-L	**Bicep** @ 1" fm Seam	8 1/2	1/4	1/4
T-Q	**Elbow**	6 3/4	1/4	1/4
T-M	**Sleeve Opening,** Bottom (LS)	3 3/4	1/4	1/4
T-N	Front Neck Drop, to seam	4 1/2	1/4	1/4
T-O	Back Neck Drop, to seam	1	1/4	1/4
	Collar at Top, closed (1/2 measure)	n/a	1/2	1/2
T-P	Neck Width, seam to seam	8	1/4	1/4
	Cap Height	n/a	1/4	1/4
H-2	Weight per Dozen			
H-3	Courses (per inch)			
H-4	Wales (per inch)	14		
H-5				

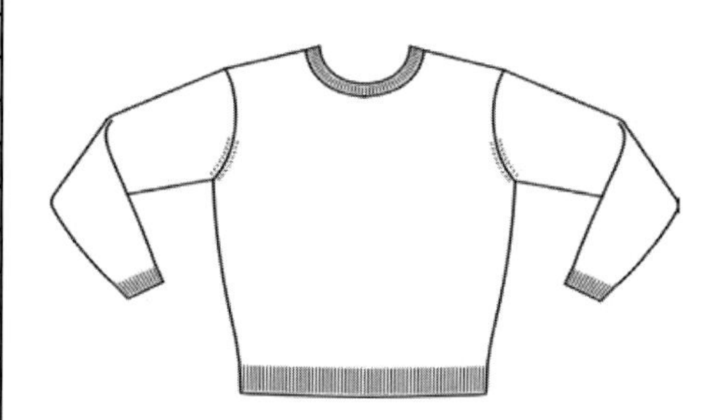

STYLE SPECS

STYLE SPECS	Spec	+ tolerance	- tolerance
Collar trim height at CB	1	1/8	1/8
Cuff height	2	1/4	1/4
Rib height at bottom	2 1/2		

SKETCH IS FOR REFERENCE ONLY, NOT FOR DETAIL

ABBREVIATIONS

CF=center front
CB=center back
HPS=High Point Shoulder
LS=Long Sleeve

XYZ Product Development, Inc.
Grade Page, MENS ALPHA

PROTO#: SM-12-1857
STYLE#: 0
SEASON: Fall 20XX
DEPT: Mens
FIT TYPE: Natural / Sweater
BRAND: XYZ Mens
STATUS: Prototype-1

SIZE RANGE: Mens, S-XXL
SAMPLE SIZE: M
DESIGNER: Glinda
DATE FIRST SENT: 1/5/20XX
DATE REVISED: 0
FABRICATION: 12gg

(GIRTH MEASUREMENTS ARE HALF MEASURE)

meas code	BODY SPECS	S	<3">	M	<3">	LRG-sample size 42-44	<3">	XL	<3">	XXL		+ tolerance	- tolerance
T-A	Shoulder Point to Point	16 3/4		17 1/2		18 1/4		19		19 3/4		1/4	1/4
T-B	Shoulder Drop, HPS to seam	1 1/4		1 1/4		1 1/4		1 1/4		1 1/4		1/4	1/4
T-C	Front Mid Armhole	15 3/4		16 1/2		17 1/4		18		18 3/4		1/4	1/4
T-D	Back Mid Armhole	16 1/2		17 1/4		18		18 3/4		19 1/2		1/4	1/4
T-E	Armhole Drop from HPS	11 1/4		11 5/8		12		12 3/8		12 3/4		1/4	1/4
T-F	Chest @ 1" fm seam	19		20 1/2		22		23 1/2		25		1/2	1/2
T-G	Waist	--		--		n/a		--		--		1/2	1/2
T-G2	Waist position fm HPS	--		--		n/a		--		--		1/2	1/2
T-H	Bottom Opening	16 1/4		17 3/4		19 1/4		20 3/4		22 1/4		1/2	1/2
T-I	Front Length fm HPS	26		27		28		29		30		1/2	1/2
T-J	Back Length fm HPS	26		27		28		29		30		1/2	1/2
T-K	Center Back Sleeve Length (LS)	33 1/4		33 7/8		34 1/2		35 1/8		35 1/8		1/2	1/2
T-M	Bicep @ 1" fm Seam	8		8 1/4		8 1/2		8 7/8		9 3/8		1/2	1/2
T-N	Elbow	6 1/4		6 1/2		6 3/4		7 1/8		7 1/2		1/4	1/4
T-M	Sleeve Opening, Bottom (LS)	3 1/2		3 5/8		3 3/4		3 7/8		4		1/2	1/2
T-N	Front Neck Drop, to seam	4 1/4		4 3/8		4 1/2		4 5/8		4 3/4		1/4	1/4
T-O	Back Neck Drop, to seam	3/4		7/8		1		1 1/8		1 1/4		1/4	1/4
T-P	Collar at Top, closed (1/2 measure)	--		--		n/a		--		--		--	--
T-R	Neck Width, seam to seam	7 1/2		7 3/4		8		8 1/4		8 1/2			
	STYLE SPECS												
	Collar trim height at CB	1		1		1		1		1		1/4	1/4
	Cuff height	2		2		2		2		2		1/8	1/8
	Rib height at bottom	2 1/2		2 1/2		2 1/2		2 1/2		2 1/2		1/8	1/8

The tolerance for left side different than right side is 1/4"

XYZ Product Development, Inc.

Bill Of Materials

PROTO#	SM-12-1857	SIZE RANGE:	Mens, S-XXL
STYLE#	0	SAMPLE SIZE:	M
SEASON:	Fall 20XX	DESIGNER:	Glinda
DEPT:	Mens	DATE FIRST SENT:	1/5/20XX
FIT TYPE:	Natural / Sweater	DATE REVISED:	0
BRAND:	XYZ Mens	FABRICATION:	12gg
STATUS:	Prototype-1		

ITEM	CONTENT	LOCATION on garment	SUPPLIER	WIDTH / WEIGHT/ STYLE #	FINISH / COLOR	QTY, UOM	Yarn Description
YARN, color 1	88% spun silk / 10% nylon / 2% Spandex	main body	SP Trading Company	W4R56-Y	n/a	n/a	12/120s / 20D
YARN, color 2	same as color 1	(see colorway summary)					
YARN, color 3	same as color 1	(see colorway summary)					
YARN, color 4	same as color 1	(see colorway summary)					

FINDINGS

ITEM	CONTENT	LOCATION	SUPPLIER	WIDTH / WEIGHT/ STYLE #	FINISH / COLOR	QTY, UOM	Description
stretch tape	n/a	shoulder	Factory sourced	1/4"	clear	0.2 yd	washable, dry-cleanable

COLORWAY SUMMARY

color 1	color code	color 2	color 3	color 4	shoulder tape, DTM color 1		Label
Cadet	4473	Navy	White	Black	Cadet		grey
White	2677	Navy	Fire	Black	White		grey
Navy	0672	Cadet	White	Black	Navy		grey
Black	6037	Fire	Cadet	White	Black		grey

XYZ Product Development, Inc.
CONSTRUCTION PAGE

PROTO#	SM-12-1857	SIZE RANGE:	Mens, S-XXL
STYLE#	0	SAMPLE SIZE:	M
SEASON:	Fall 20XX	DESIGNER:	Glinda
DEPT:	Mens	DATE FIRST SENT:	1/5/20XX
FIT TYPE:	Natural / Sweater	DATE REVISED:	0
BRAND:	XYZ Mens	FABRICATION:	12gg
STATUS:	Prototype-1		

Cutting information: see sketch on details page

Matching: match center of CF placket vertically, to dominant stripe

LOCATION	CONSTRUCTION	LINKING / JOIN METHOD	FULL FASHIONING
Body	Jersey 12gg		
Sleeve	Jersey 12gg		w/ marks 2 rows in
Armhole	3/4" castoff, front and back	Link	w/ marks 2 rows in
Shoulder	with 1/4" elastic tape	Link	without marks
Side seams		Link	without marks
TRIM			
Neck	1 x 1 rib, single layer	Link	without marks
Sleeve/cuff	1 x 1 rib start (see spec for height) 2 rows spandex thread at edge		
Bottom	1 x 1 rib start (see spec for height) 2 rows spandex thread at edge		
Zipper Placket	n/a	n/a	
Zipper Facing	n/a	n/a	
MATCHING		**CLOSURES**	
Vertical Matching	n/a	n/a	n/a
Horizontal Matching	n/a	n/a	n/a
Other			

XYZ Product Development, Inc.
LABEL & PACKAGING PAGE

PROTO#	SM-12-1857	SIZE RANGE:	Mens, S-XXL
STYLE#	0	SAMPLE SIZE:	M
SEASON:	Fall 20XX	DESIGNER:	Glinda
DEPT:	Mens	DATE FIRST SENT:	1/5/20XX
FIT TYPE:	Natural / Sweater	DATE REVISED:	0
BRAND:	XYZ Mens	FABRICATION:	12gg
STATUS:	Prototype-1		

LABELS

XYZ SPORT

IDS15 (ENDFOLD)

LABEL PLACEMENT

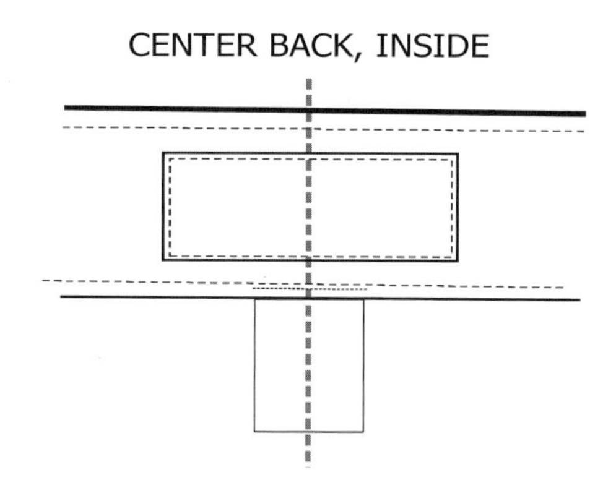

FOLDING INSTRUCTIONS

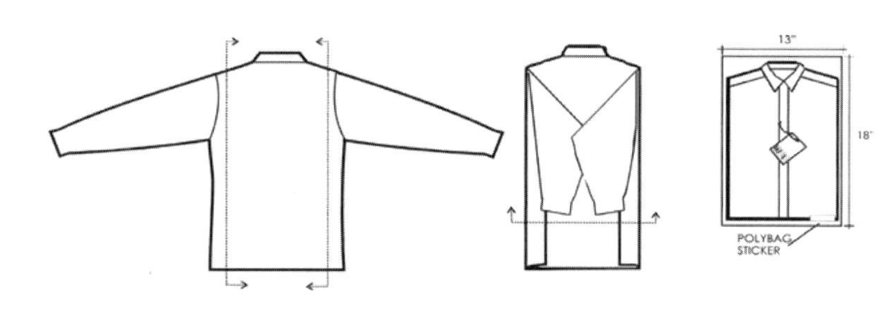

XYZ Product Development, Inc.
FRONT VIEW

PROTO#	O-3LS 772	SIZE RANGE:	Womens, XS-XL
STYLE#		SAMPLE SIZE:	M
SEASON:	Fall 20XX	DESIGNER:	Glinda
NAME:	Outerwear	DATE FIRST SENT:	1/3/20XX
FIT TYPE:	Third layer	DATE REVISED:	
BRAND:	XYZ SPORT	FABRICATION:	Waterproof-Breathable
STATUS:	Prototype-1		

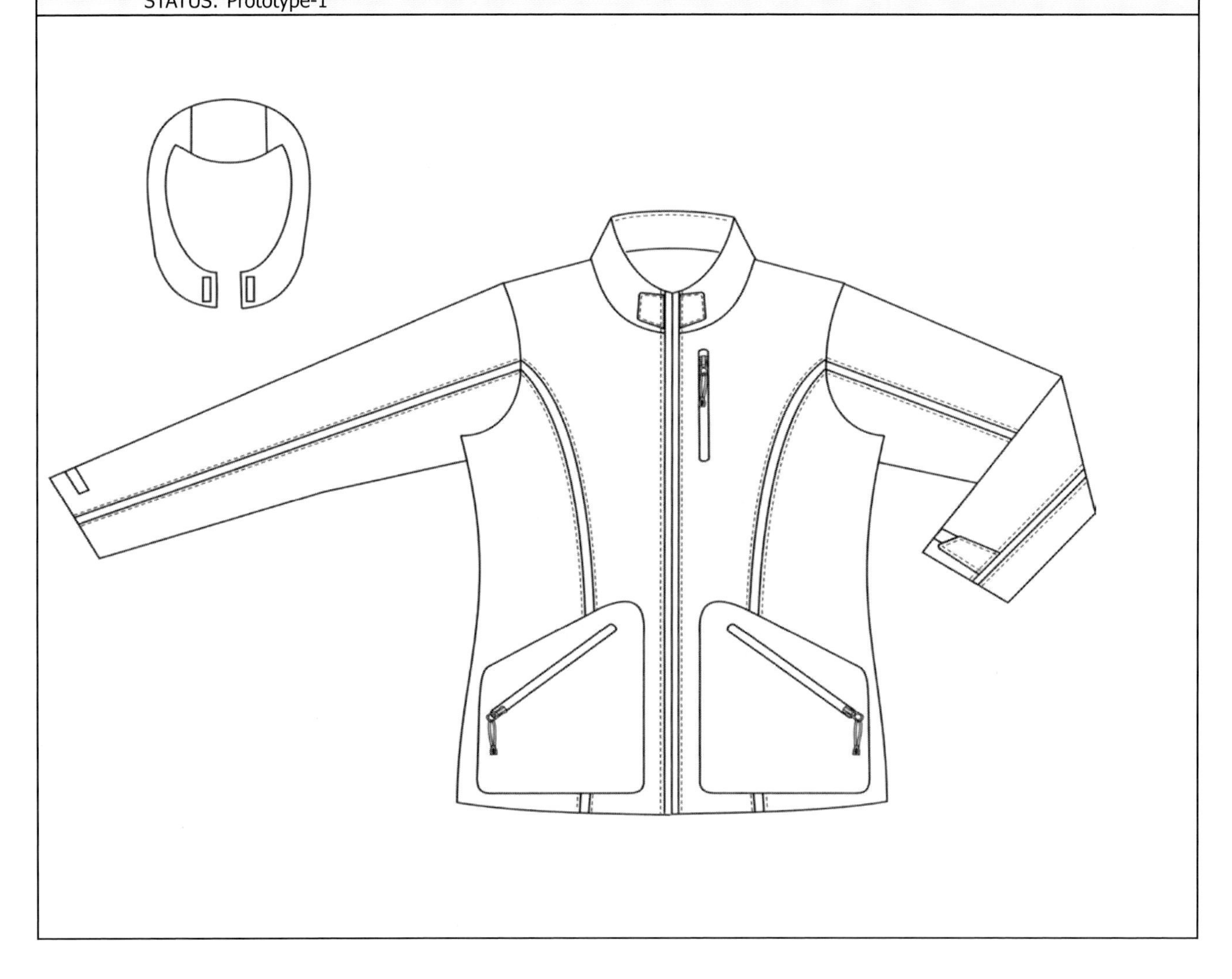

XYZ Product Development, Inc.
BACK VIEW

PROTO#	O-3LS 772	SIZE RANGE:	Womens, XS-XL
STYLE#	0	SAMPLE SIZE:	M
SEASON:	Fall 20XX	DESIGNER:	Glinda
NAME:	Outerwear	DATE FIRST SENT:	1/3/20XX
FIT TYPE:	Third layer	DATE REVISED:	0
BRAND:	XYZ SPORT	FABRICATION:	Waterproof-Breathable
STATUS:	Prototype-1		

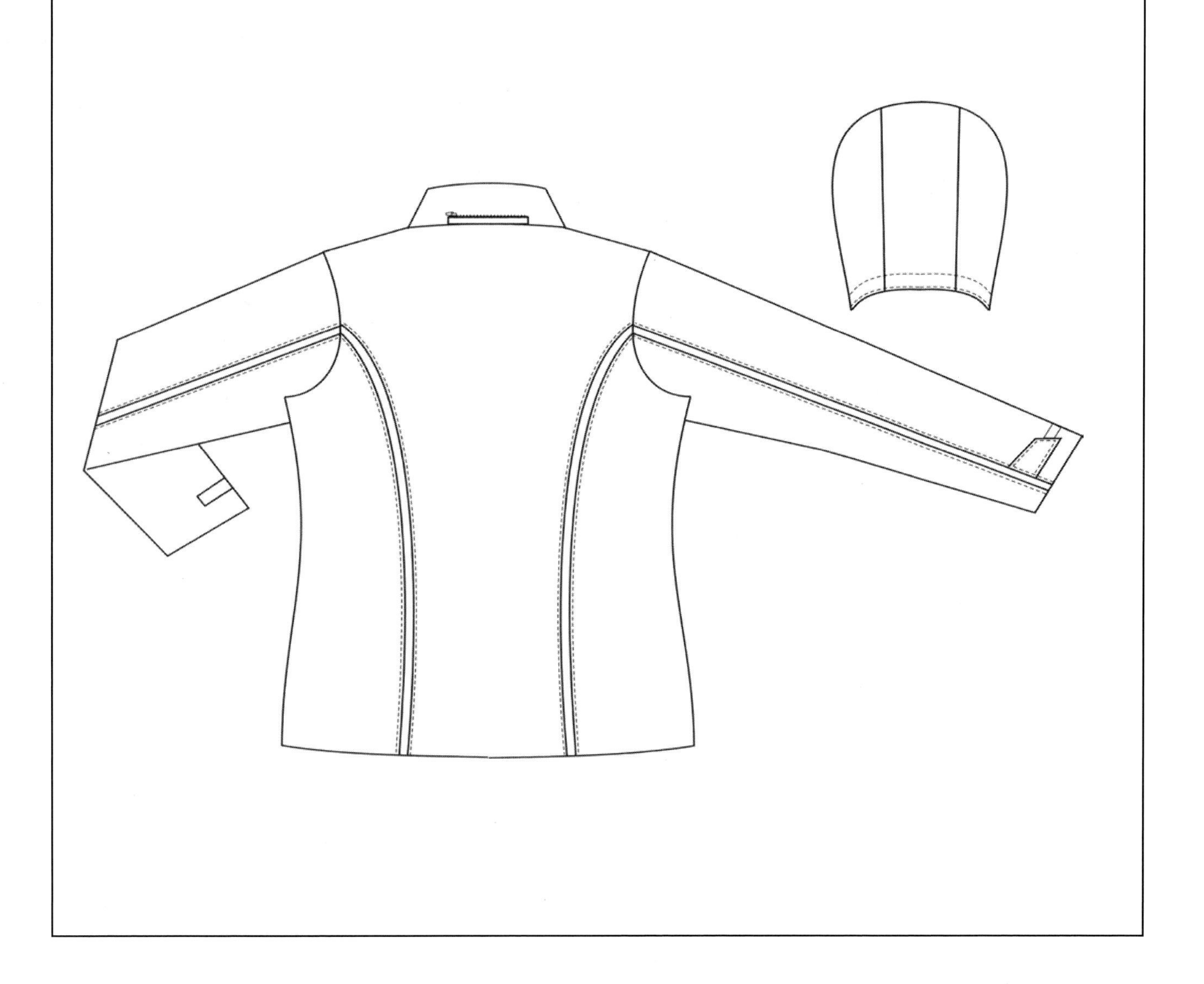

XYZ Product Development, Inc.
DETAILS VIEW

PROTO#	O-3LS 772	SIZE RANGE:	Womens, XS-XL
STYLE#	0	SAMPLE SIZE:	M
SEASON:	Fall 20XX	DESIGNER:	Glinda
NAME:	Outerwear	DATE FIRST SENT:	1/3/20XX
FIT TYPE:	Third layer	DATE REVISED:	0
BRAND:	XYZ SPORT	FABRICATION:	Waterproof-Breathable
STATUS:	Prototype-1		

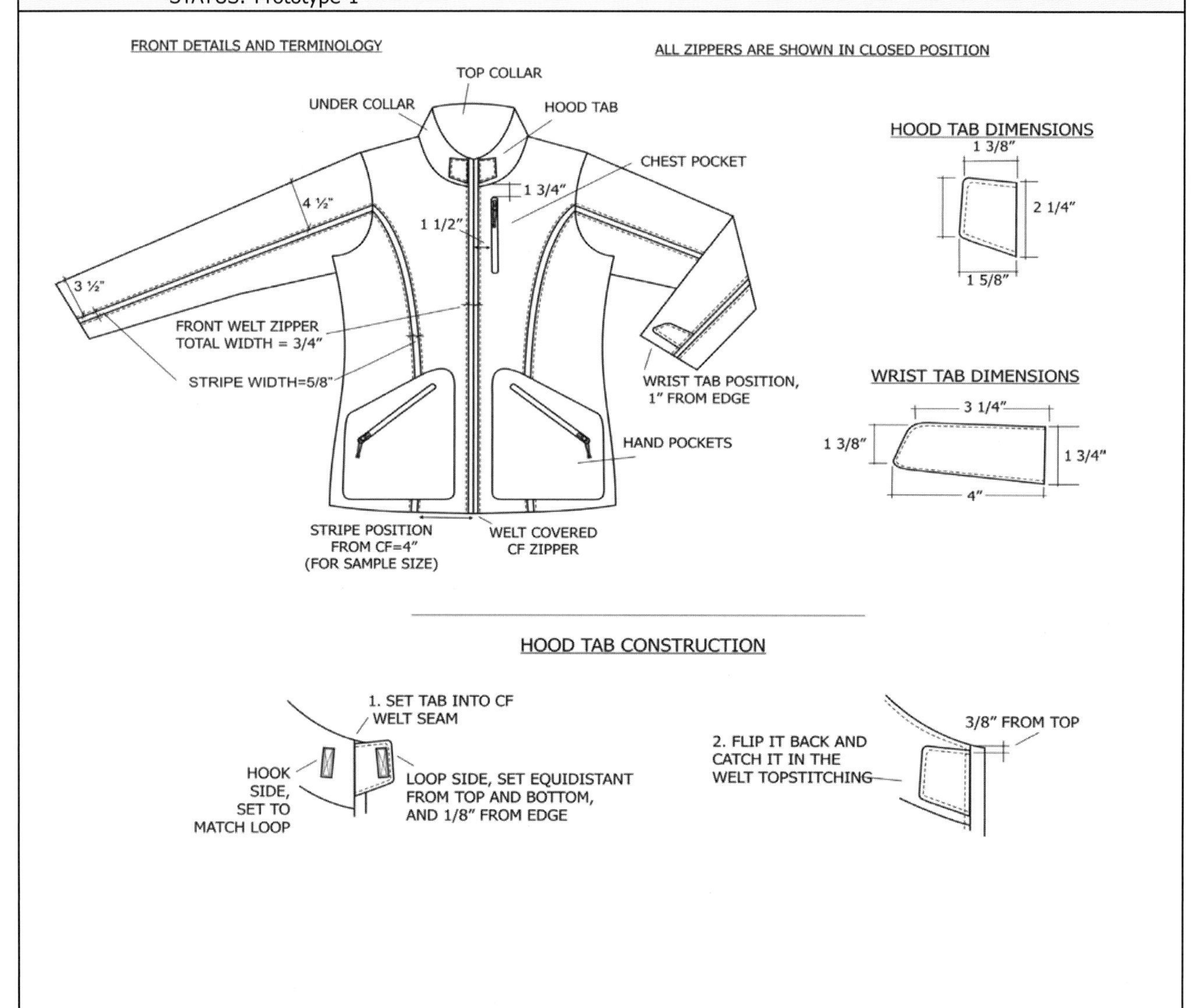

XYZ Product Development, Inc.
POCKET DETAILS

PROTO#	O-3LS 772	SIZE RANGE:	Womens, XS-XL
STYLE#	0	SAMPLE SIZE:	M
SEASON:	Fall 20XX	DESIGNER:	Glinda
NAME:	Outerwear	DATE FIRST SENT:	1/3/20XX
FIT TYPE:	Third layer	DATE REVISED:	0
BRAND:	XYZ SPORT	FABRICATION:	Waterproof-Breathable
STATUS:	Prototype-1		

LEFT HAND POCKET POSITION

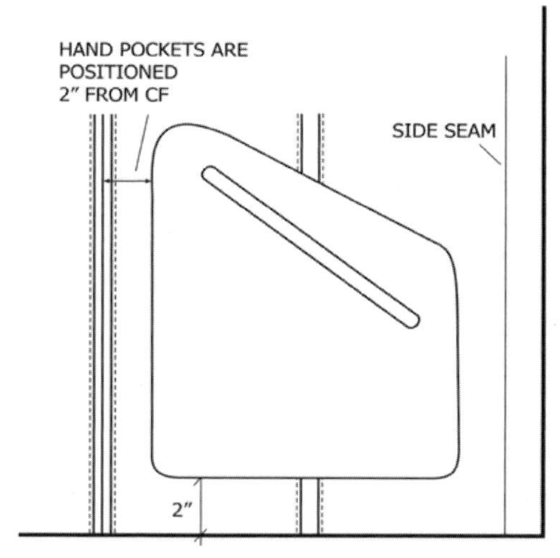

HAND POCKET DIMENSIONS

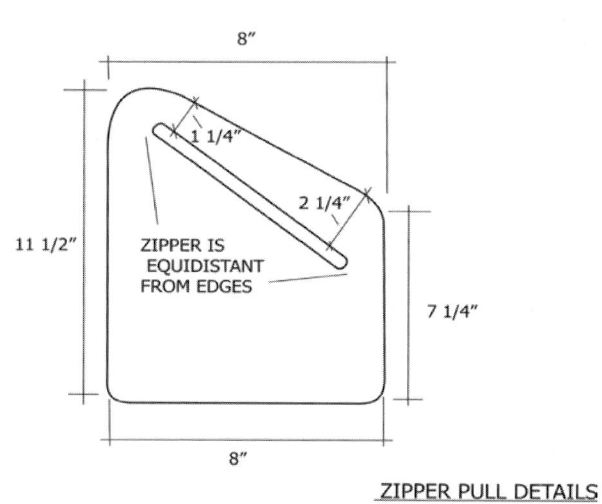

ZIPPER PULL DETAILS

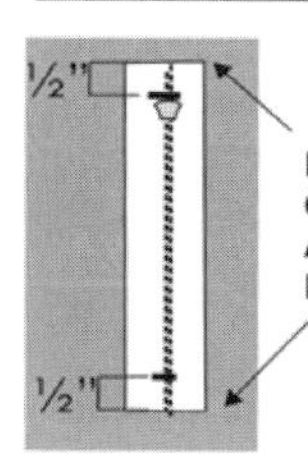

HAND POCKET CONSTRUCTION

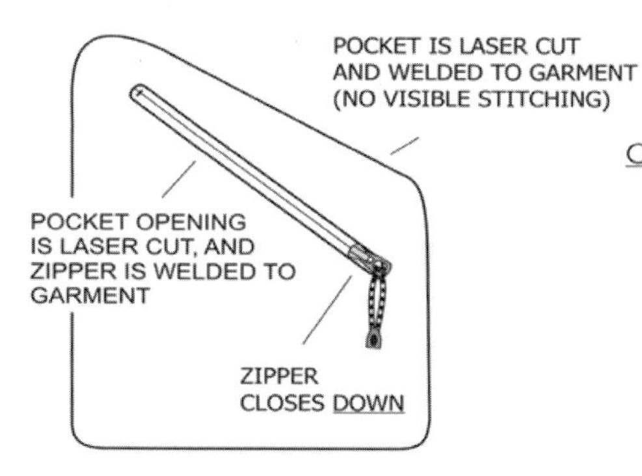

OUTSIDE VIEW

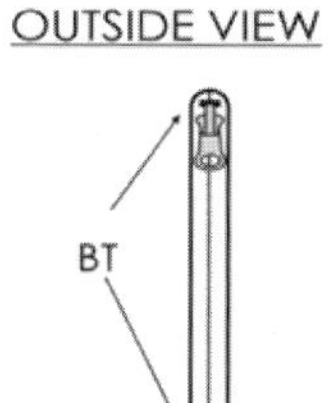

INSIDE VIEW

XYZ Product Development, Inc.
HOOD DETAILS

PROTO#	O-3LS 772	SIZE RANGE:	Womens, XS-XL
STYLE#	0	SAMPLE SIZE:	M
SEASON:	Fall 20XX	DESIGNER:	Glinda
NAME:	Outerwear	DATE FIRST SENT:	1/3/20XX
FIT TYPE:	Third layer	DATE REVISED:	0
BRAND:	XYZ SPORT	FABRICATION:	Waterproof-Breathable
STATUS:	Prototype-1		

FRONT HOOD DETAIL

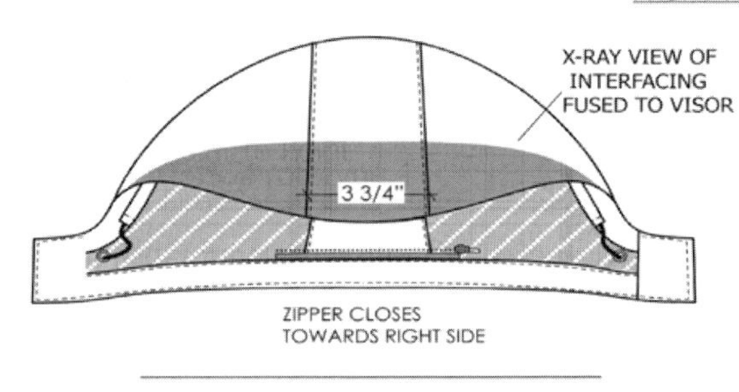

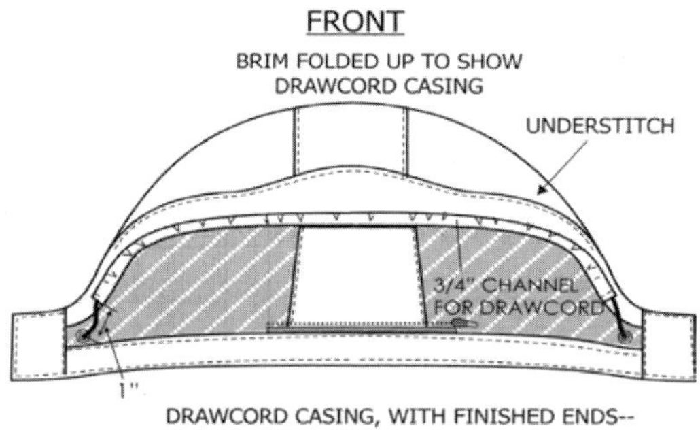

BACK HOOD DETAILS

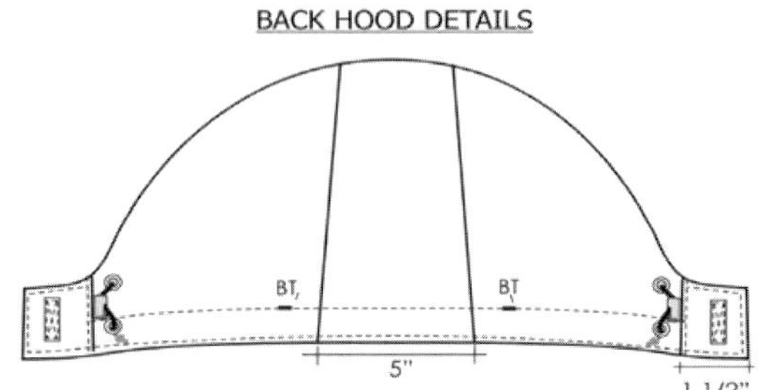

SIDE HOOD DETAILS

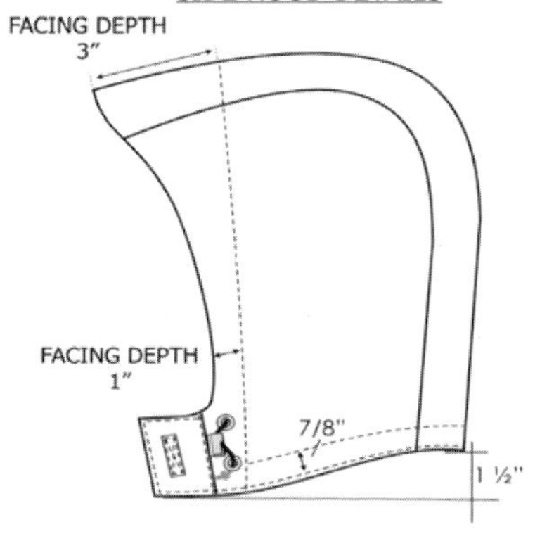

METHOD FOR ATTACHING
HOOD TO COLLAR

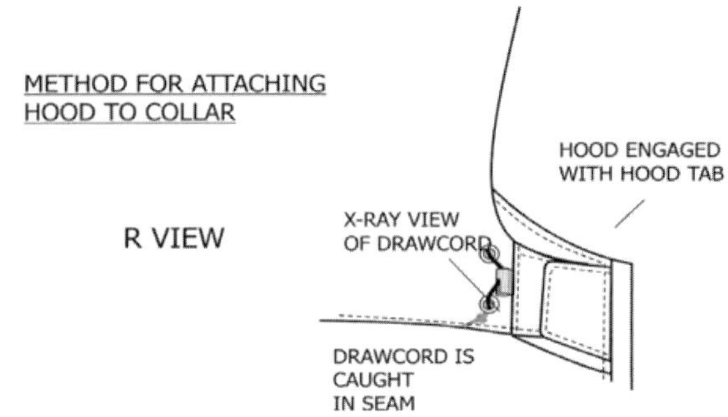

XYZ Product Development, Inc.
LINING DETAILS

PROTO#	O-3LS 772	SIZE RANGE:	Womens, XS-XL
STYLE#	0	SAMPLE SIZE:	M
SEASON:	Fall 20XX	DESIGNER:	Glinda
NAME:	Outerwear	DATE FIRST SENT:	1/3/20XX
FIT TYPE:	Third layer	DATE REVISED:	0
BRAND:	XYZ SPORT	FABRICATION:	Waterproof-Breathable
STATUS:	Prototype-1		

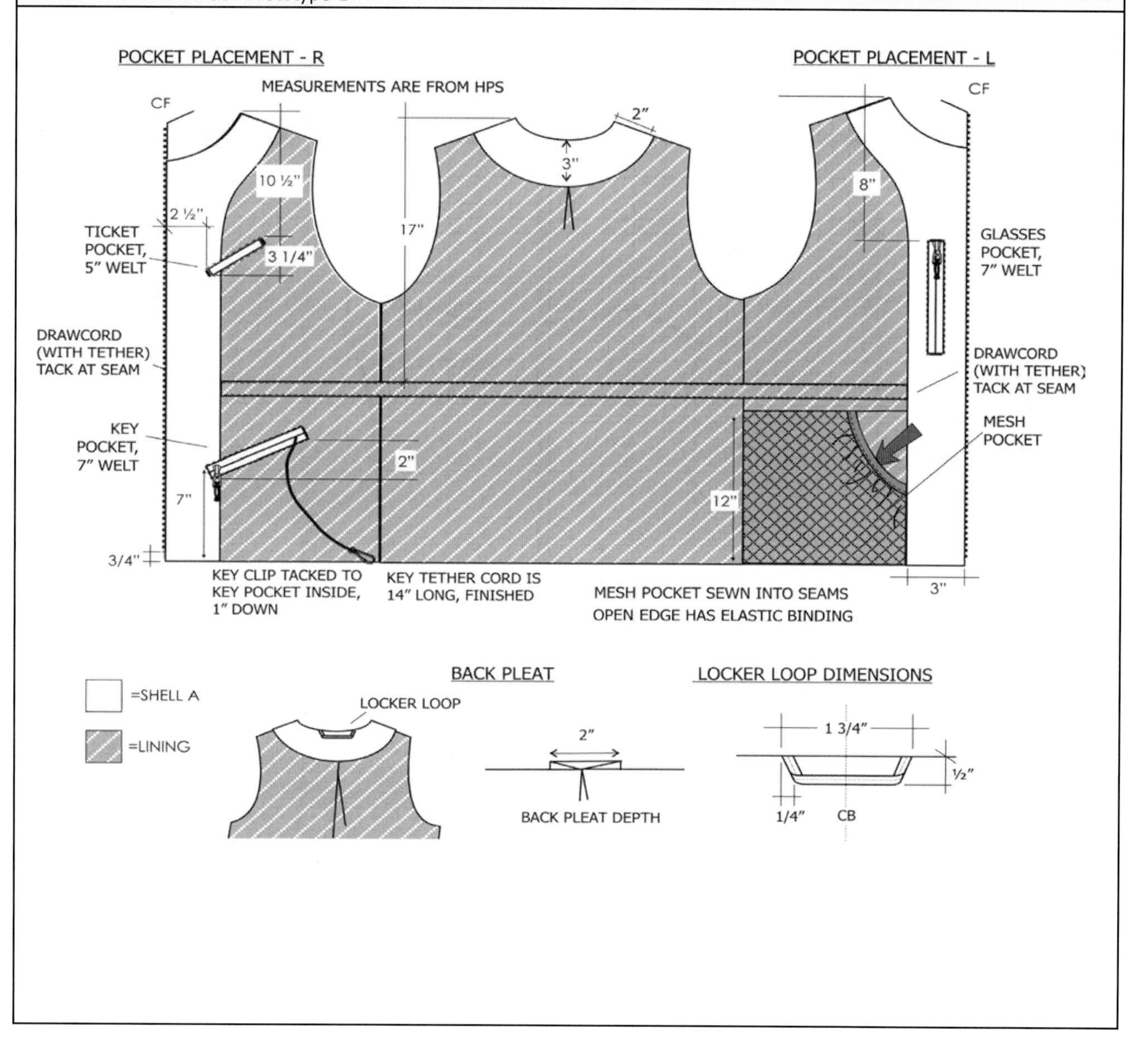

XYZ Product Development, Inc.
BACK VIEW

PROTO#	O-3LS 772	SIZE RANGE:	Womens, XS-XL
STYLE#	0	SAMPLE SIZE:	M
SEASON:	Fall 20XX	DESIGNER:	Glinda
NAME:	Outerwear	DATE FIRST SENT:	1/3/20XX
FIT TYPE:	Third layer	DATE REVISED:	0
BRAND:	XYZ SPORT	FABRICATION:	Waterproof-Breathable
STATUS:	Prototype-1		

DRAWCORD W/CORD LOCK

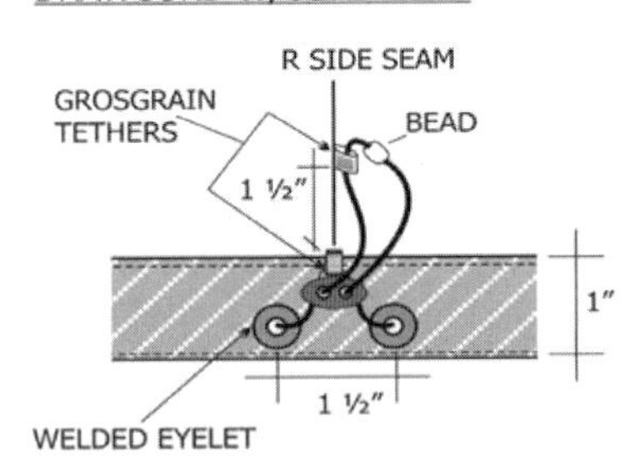

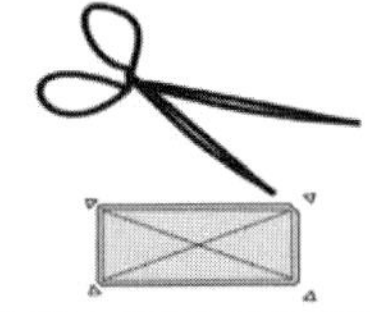

DRAWCORD TETHER, ALL DRAWCORDS

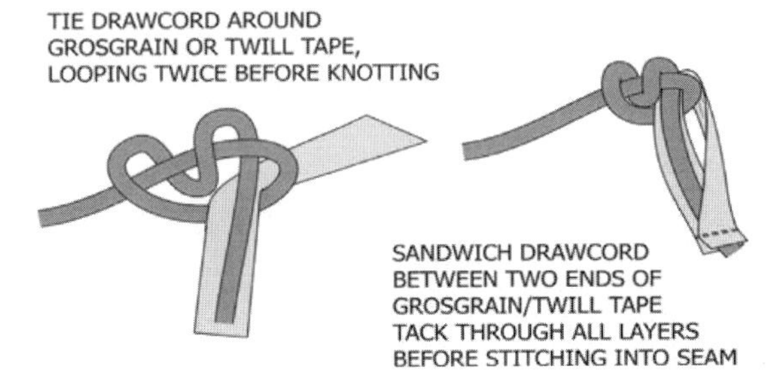

XYZ Product Development, Inc.
BACK VIEW

PROTO#	O-3LS 772	SIZE RANGE:	Womens, XS-XL
STYLE#	0	SAMPLE SIZE:	M
SEASON:	Fall 20XX	DESIGNER:	Glinda
NAME:	Outerwear	DATE FIRST SENT:	1/3/20XX
FIT TYPE:	Third layer	DATE REVISED:	0
BRAND:	XYZ SPORT	FABRICATION:	Waterproof-Breathable
STATUS:	Prototype-1		

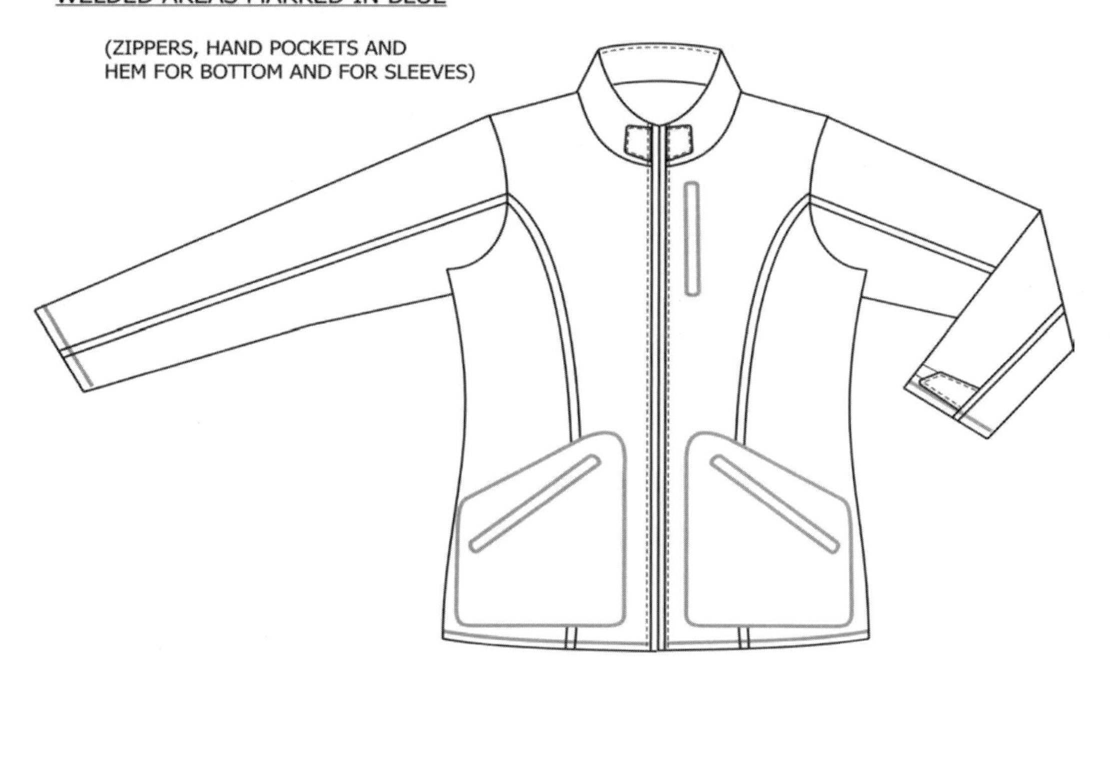

XYZ Product Development, Inc.
BACK VIEW

PROTO#	O-3LS 772	SIZE RANGE:	Womens, XS-XL
STYLE#	0	SAMPLE SIZE:	M
SEASON:	Fall 20XX	DESIGNER:	Glinda
NAME:	Outerwear	DATE FIRST SENT:	1/3/20XX
FIT TYPE:	Third layer	DATE REVISED:	0
BRAND:	XYZ SPORT	FABRICATION:	Waterproof-Breathable
STATUS:	Prototype-1		

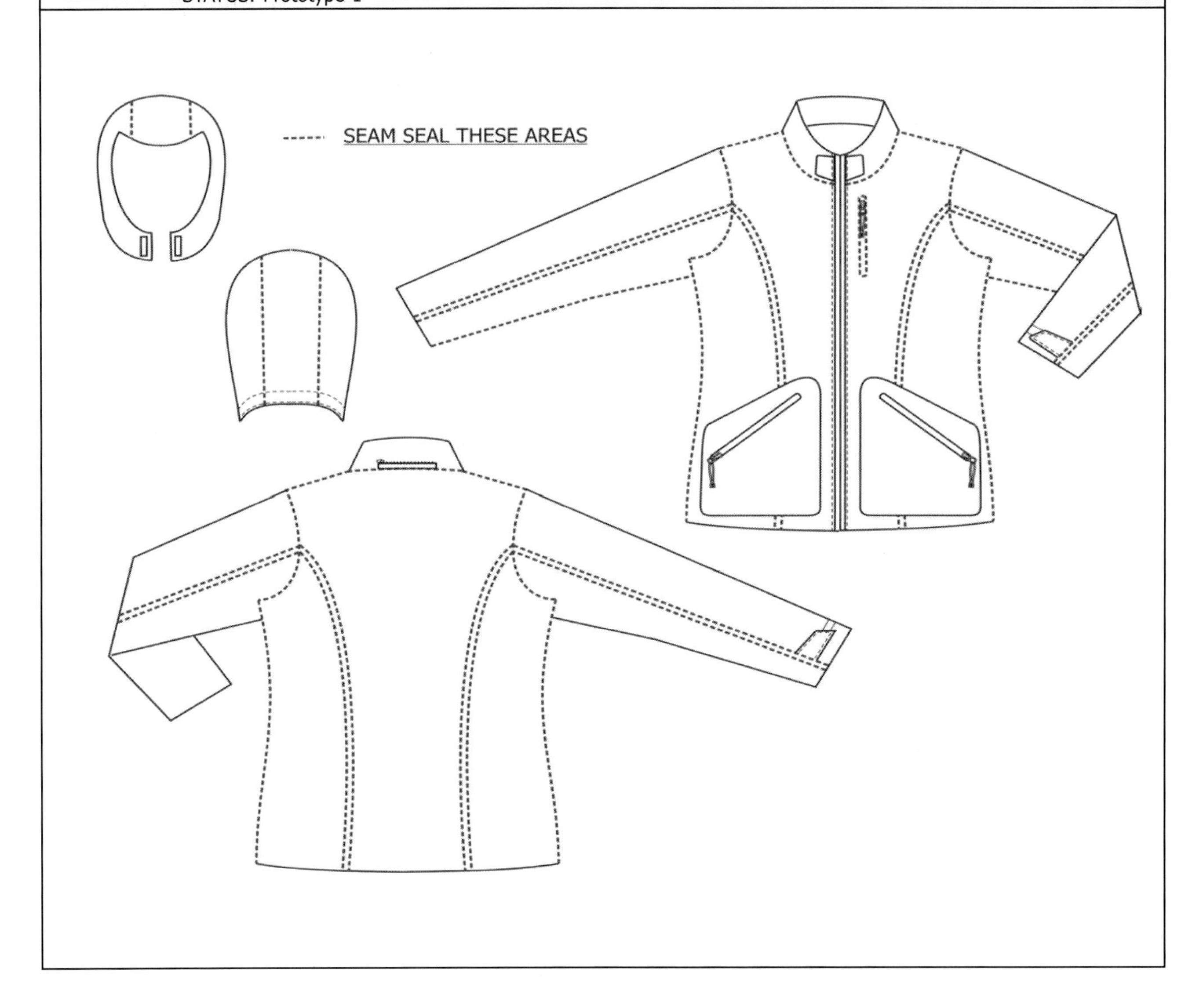

XYZ Product Development, Inc.
BACK VIEW

PROTO#	O-3LS 772	SIZE RANGE:	Womens, XS-XL
STYLE#	0	SAMPLE SIZE:	M
SEASON:	Fall 20XX	DESIGNER:	Glinda
NAME:	Outerwear	DATE FIRST SENT:	1/3/20XX
FIT TYPE:	Third layer	DATE REVISED:	0
BRAND:	XYZ SPORT	FABRICATION:	Waterproof-Breathable
STATUS:	Prototype-1		

collar
colors

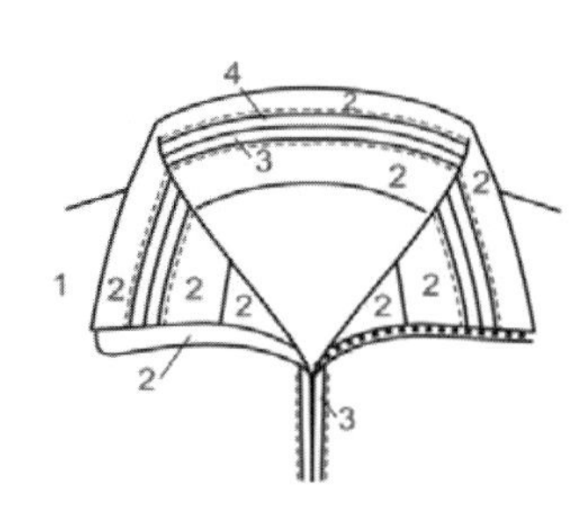

XYZ Product Development, Inc.
POINTS OF MEASURE

PROTO#	O-3LS 772	SIZE RANGE:	Womens, XS-XL
STYLE#	0	SAMPLE SIZE:	M
SEASON:	Fall 20XX	DESIGNER:	Glinda
NAME:	Outerwear	DATE FIRST SENT:	1/3/20XX
FIT TYPE:	Third layer	DATE REVISED:	0
BRAND:	XYZ SPORT	FABRICATION:	Waterproof-Breathable
STATUS:	Prototype-1		

POINTS of MEASURE, W's SWEATER

(GIRTH MEASUREMENTS ARE FULL MEASURE--numbers in **Boldface**)

meas code	BODY SPECS	Spec	+ tolerance	- tolerance
T-A	Shoulder Point to Point	16 1/2	1/2	1/2
T-B	Shoulder Drop	1 1/2	1/4	1/4
T-C	Front Mid Armhole	14 1/2	1/2	1/2
T-D	Back Mid Armhole	16	1/2	1/2
T-E	Armhole Drop from HPS	9 1/2	1/4	1/4
T-F	**Chest** @ 1" fm seam	42	1	1
T-G	**Waist**	38	1	1
T-G2	Waist position fm HPS	15 1/2	1/2	1/2
T-H	**Bottom** Opening	46	1	1
T-I	Front Length fm HPS	32	1/2	1/2
T-J	Back Length fm HPS	32	1/2	1/2
T-K	Center Back Sleeve Length (LS)	33	3/8	3/8
T-L	**Bicep** @ 1" fm Seam	18	1/4	1/4
T-Q	**Elbow**	13	1/4	1/4
T-M	**Sleeve Opening,** Bottom	10	1/4	1/4
T-N	Front Neck Drop, to seam	4	1/4	1/4
T-O	Back Neck Drop, to seam	3/4	1/4	1/4
	Collar at Top, closed (1/2 measure)	8 3/4	1/2	1/2
T-P	Neck Width, seam to seam	8	1/4	1/4
H-1	Hood Height, HPS to top	14	1/4	1/4
H-2	Hood Width at peripheral vision draw cord	10	1/4	1/4
H-3	Hood at CF	6	1/4	1/4
H-4	Hood Face opening, top to bottom	11 1/2	1/4	1/4
H-5	Hood front to back	19 1/2	1/4	1/4

STYLE SPECS			
Collar Point (Collar height at CF)	3	1/8	1/8
Collar height at CB	2 3/4	1/8	1/8

SKETCH IS FOR REFERENCE ONLY, NOT FOR DETAIL

ABBREVIATIONS

CF=center front HPS=High Point Shoulder
CB=center back LS=Long Sleeve

XYZ Product Development, Inc.
POINTS OF MEASURE

PROTO#	O-3LS 772	SIZE RANGE:	Womens, XS-XL
STYLE#	0	SAMPLE SIZE:	M
SEASON:	Fall 20XX	DESIGNER:	Glinda
NAME:	Outerwear	DATE FIRST SENT:	1/3/20XX
FIT TYPE:	Third layer	DATE REVISED:	0
BRAND:	XYZ SPORT	FABRICATION:	Waterproof-Breathable
STATUS:	Prototype-1		

STANDARD POMs

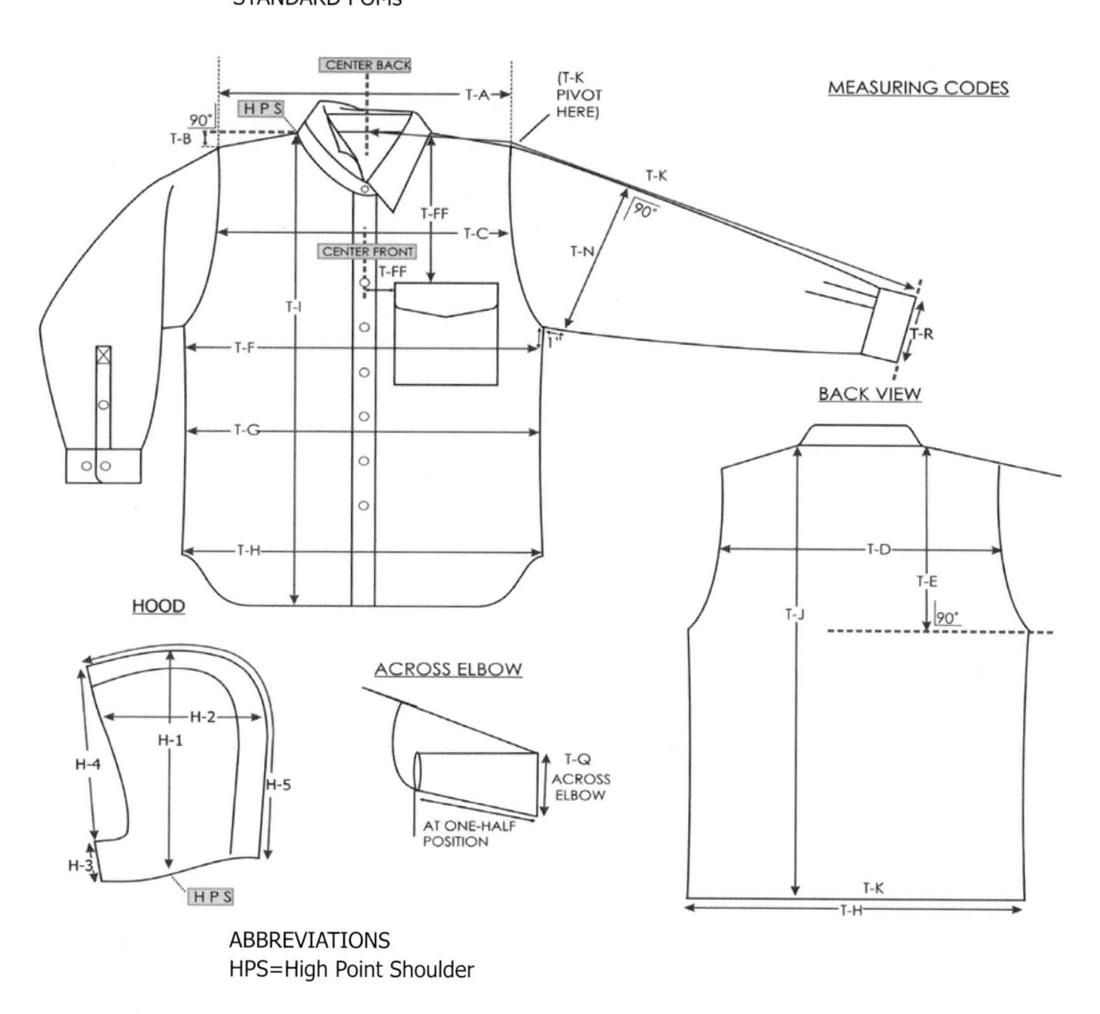

ABBREVIATIONS
HPS=High Point Shoulder

XYZ Product Development, Inc.
Grade Page, WOMENS ALPHA

PROTO# O-3LS 772	SIZE RANGE: Womens, XS-XL
STYLE# 0	SAMPLE SIZE: M
SEASON: Fall 20XX	DESIGNER: Glinda
NAME: Outerwear	DATE FIRST SENT: 1/3/20XX
FIT TYPE: Third layer	DATE REVISED: 0
BRAND: XYZ SPORT	FABRICATION: Waterproof-Breathable
STATUS: Prototype-1	

POINTS of MEASURE, **WOVEN** (GIRTH MEASUREMENTS ARE TOTAL CIRCUMFERENCE)

meas code	BODY SPECS	XS (0-2)	<2">	S (4-6)	<2">	MED-sample size(8-10)	<3">	L (12-14)	<3">	XL (16-18)		+ tolerance	- tolerance
T-A	Shoulder Point to Point	15 1/2		16		16 1/2		17 1/4		18		1/4	1/4
T-B	Shoulder Drop	1 1/2		1 1/2		1 1/2		1 1/2		1 1/2		1/4	1/4
T-C	Front Mid Armhole	13 1/2		14		14 1/2		15 1/4		16		1/4	1/4
T-D	Back Mid Armhole	15		15 1/2		16		16 3/4		17 1/2		1/4	1/4
T-E	Armhole Drop from HPS	9		9 1/4		9 1/2		9 7/8		10 1/4		1/4	1/4
T-F	Chest @ 1" fm seam	38		40		42		45		48		1/2	1/2
T-G	Waist	34		36		38		41		44		1/2	1/2
T-G2	Waist position fm HPS	14 1/2		15		15 1/2		16		16 1/2		1/2	1/2
T-H	Bottom Opening	42		44		46		49		52		1/2	1/2
T-I	Front Length fm HPS	30		31		32		33		34		1/2	1/2
T-J	Back Length fm HPS	30		31		32		33		34		1/2	1/2
T-K	Center Back Sleeve Length (LS)	31		32		33		34		34		1/2	1/2
T-L	Bicep @ 1" fm Seam	17 1/4		17 5/8		18		18 1/2		19		1/2	1/2
T-M	Sleeve Opening, Bottom	9		9 1/2		10		10 3/4		11 1/2		1/2	1/2
T-N	Front Neck Drop, to seam	3 3/4		3 7/8		4		4 1/4		4 1/2		1/4	1/4
T-O	Back Neck Drop, to seam	3/4		3/4		3/4		3/4		3/4		1/4	1/4
T-P	Collar at Top, closed (1/2 measure)	7 3/4		8 1/4		8 3/4		9 1/2		10 1/4		--	--
	Neck Width, seam to seam												
	STYLE SPECS												
	Collar Point (Collar height at CF)	2 3/4		2 3/4		2 3/4		2 3/4		2 3/4		1/4	1/4
	Collar height at CB	3		3		3		3		3		1/8	1/8
	0	3		3		3		3		3		1/8	1/8

The tolerance for left side different than right side is 1/4"

XYZ Product Development, Inc.
Bill Of Materials

PROTO#	O-3LS 772	SIZE RANGE:	Womens, XS-XL
STYLE#	0	SAMPLE SIZE:	M
SEASON:	Fall 20XX	DESIGNER:	Glinda
NAME:	Outerwear	DATE FIRST SENT:	1/3/20XX
FIT TYPE:	Third layer	DATE REVISED:	0
BRAND:	XYZ SPORT	FABRICATION:	Waterproof-Breathable
STATUS:	Prototype-1		

ROLL GOODS

ITEM	CONTENT	LOCATION on garment	SUPPLIER	WIDTH / WEIGHT	FINISH / COLOR	QTY, UOM	Description	Unit of Meas
Fabric A (Color 1)	100% polyester	Main body	SiemonTex	58" cuttable	DWR	2.2 yd		yard
Fabric B (Color 2)	100% polyester	Collar	SiemonTex	58" cuttable	DWR	0.25 yd		yard
Fabric C (Color 3)	100% polyester	Sleeve, body stripe	SiemonTex	58" cuttable	DWR	0.05 yd		yard
Fabric D (Color 4)	100% polyester	Stripe on collar	SiemonTex	58" cuttable	DWR	0.02 yd		yard
Taffeta	100% nylon	Lining	Formosa Taffeta	48" cuttable	n/a	2.4 yd		yard
Mesh	100% nylon	Inside pocket	Champion	54" cuttable	Black for all	0.2 yd		yard
Brushed tricot	100% nylon	Glasses pocket bags	factory sourced		Black for all	0.22 yd		yard

FINDINGS

ITEM	CONTENT	LOCATION	SUPPLIER	WIDTH / WEIGHT/ STYLE #	FINISH / COLOR	QTY, UOM	Description	Unit of Meas
Zipper, CF	n/a		YKK	#5 Vislon, DA8LH1		1 pc.	One way separating, left hand insert	pc
Zipper, pocket	n/a	Hand pockets	YKK	7" reverse coil		2 pc.		pc
Zipper, pocket	n/a	Chest pocket	YKK	5" reverse coil		1 pc.		pc
Zipper, pocket	n/a	Key clip pocket	YKK	7" Vislon		1 pc.		pc
Zipper pull, slider	n/a				Antique Nickel	7 pc.	DFL	pc
Zipper pull cord	n/a	all exterior pulls	Ing-Tron		b/w for all	6 pc.	XYZ-104873	pc
Hook & loop	n/a			3/4"	Black for all	0.47 yd		yd
Seam seal tape	n/a			5/8"				yd
Drawcord	n/a	Waist				1		yd
Cordlock	n/a	Waist				1		pc
Bead	n/a	Waist				1		pc
Welded eyelet	n/a	Waist, hood				6		pc
Elastic binding	n/a	Top of mesh pkt.			Black for all	0.3		yd
Key Clip	n/a	key pocket			Black for all	1		pc
Key tether	n/a	key pocket				0.5		pc
Grosgrain	100% nylon	tethers				0.2		yd
Hang tag-sport	n/a	right underarm				1		pc
Retail ticket	n/a	right underarm				1		pc
Poly bag, and bag sticker (Flatpack)	n/a	see label page	Factory sourced	H X W = 18 X 13	self stick, closes at bottom	1		pc
string, for hangtags	n/a	see label instructions for placement	Factory sourced			1		pc

COLORWAY SUMMARY

color 1 Shell	color number	color 2, Collar	color 3, Stripe: body, sleeve, collar	color 4, Stripe--collar	color 3, pkt zippers	color 4, CF zipper	drawcord	color 1, lining
Royal	4473	Lt. royal	white	black	501	580	b/w	Royal
Siren	2677	Dawn	white	black	501	580	b/w	Siren
Dawn	0672	Lt. royal	white	black	501	580	b/w	Dawn
Black	6037	Lt. royal	white	black	501	501	b/w	Black
White	2880	Dawn	white	black	580	580	b/w	White

XYZ Product Development, Inc.
CONSTRUCTION PAGE

PROTO#	O-3LS 772	SIZE RANGE:	Womens, XS-XL
STYLE#	0	SAMPLE SIZE:	M
SEASON:	Fall 20XX	DESIGNER:	Glinda
NAME:	Outerwear	DATE FIRST SENT:	1/3/20XX
FIT TYPE:	Third layer	DATE REVISED:	0
BRAND:	XYZ SPORT	FABRICATION:	Waterproof-Breathable
STATUS:	Prototype-1		

Cutting information: see sketch on details page

Matching: match center of CF placket vertically, to dominant stripe

Stitches per inch (SPI) 12 +/- 1

AREA	DESCRIPTION	JOIN STITCH	SEAM FINISH	TOP STITCH	FUSIBLE	CLOSURES
collar	join	SN-L	seam seal		PCC 243, nonwoven	
collarband	join	SN-L	seam seal		PCC 243, nonwoven	
CF placket	join	SN-L	seam seal		PCC 243, nonwoven	
back yoke	join	SN-L	seam seal			
armhole	join	SN-L	seam seal			
shoulder	join	SN-L	seam seal			
side/underarm seam	join	SN-L	seam seal			
tabs	join & TS	SN-L	clean finish	Edge		
sleeve placket		SN-L	clean finish	E/S		
bottom opening						

XYZ Product Development, Inc.
LABEL & PACKAGING PAGE

PROTO#	O-3LS 772	SIZE RANGE:	Womens, XS-XL
STYLE#	0	SAMPLE SIZE:	M
SEASON:	Fall 20XX	DESIGNER:	Glinda
NAME:	Outerwear	DATE FIRST SENT:	1/3/20XX
FIT TYPE:	Third layer	DATE REVISED:	0
BRAND:	XYZ SPORT	FABRICATION:	Waterproof-Breathable
STATUS:	Prototype-1		

LABELS

1DS15 (ENDFOLD)

LABEL PLACEMENT

CENTER BACK, INSIDE

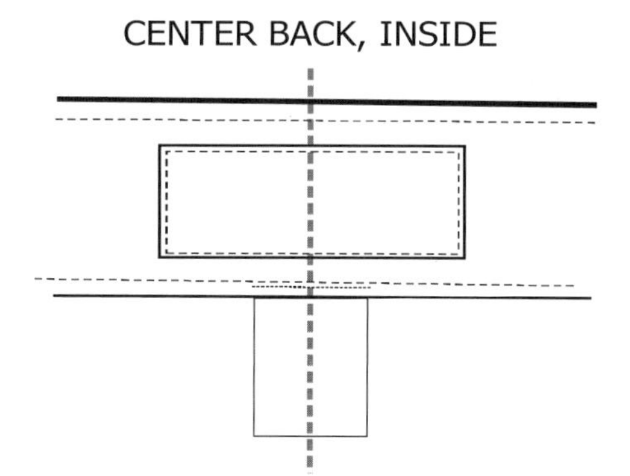

FOLDING INSTRUCTIONS

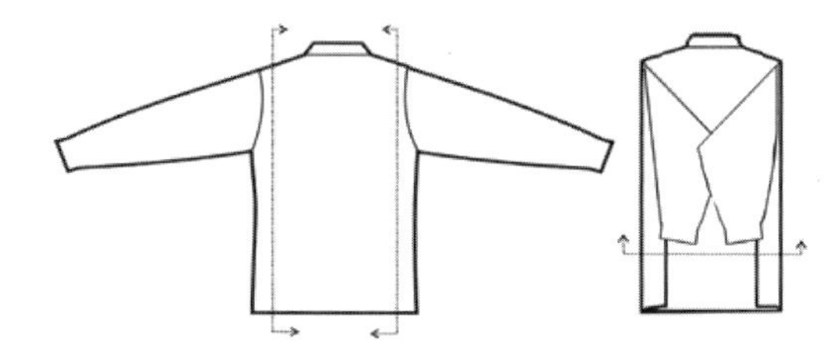

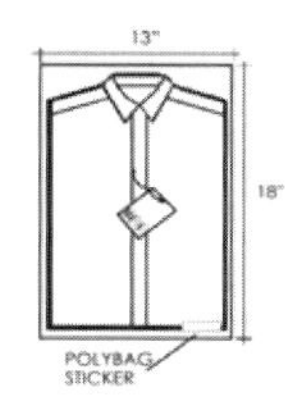

XYZ PRODUCT DEVELOPMENT, PRELIMINARY COSTING SHEET - S 20xx

COLOR KEY
GRAY = XYZ PROD DEV info
RED = Factory info

PROTO #	**2366T**	**SEASON**	**Spring 20xx**
STYLE #			
CATEGORY		DESIGNER	
DESC	Missy Millie Pant	ASSISTANT DESIGNER	
DATE	11-5-20xx	TECH DESIGN	
1st proto cost	**$15.82**		
2nd cost			
final cost			
REV DATE			

FABRICS (ROLL GOODS) ITEM #	DESCRIPTION	VENDOR	USE	WIDTH/ SIZE	MARKER USAGE	%ALLOW, SZ & WST	USAGE, YARDS	COST STATUS	COST $/YARD	CIF	EXTEN.
FVFTT29QD	86% Polyester 14% Spandex (4-way Str)	Ever-Bright	body	52"	1.716	8%	1.853	FOB	$2.60		$4.82
#9734	100% Nylon Wicking+UV	Peng Li	inner waistband	57"	0.280	8%	0.302	FOB	$2.10		$0.64
#22703	100% Polyester Chain Mesh	Fiberred	pocket bags	60"	0.100	8%	0.108	FOB	$0.60		$0.06
P1025	knit interfacing	Freudenberg	waistband, upper fly, small parts	39"	0.32	5%	0.340	FOB	$0.40		$0.14
											$5.65

TRIMS	DESCRIPTION	VENDOR	USE / LOCATION	SIZE	QTY	%ALLOW	QTY	COST STATUS	$/ITEM	CIF	EXTEN.
B71M15 -EFB0-80	AG707 (01) jean tack button	Texfli	center front	-	2.00	5.00%	2.10		$0.08		$0.17
RT-MR741	9.5mm rivet	JJJ	hand pocket@side seam	-	2.00	5.00%	2.10		$0.04		$0.08
#3C DA	twill 1-way close-end DA auto-lock	YKK	center fly	-	1.00	5.00%	1.05		$0.13		$0.14
#3 MGTH	3YF twill 1-way close-end GS6 semi-lock	YKK	hand pocket	-	1.00	5.00%	1.05		$0.41		$0.43
M029F13	woven main label	BW	center back waistband	-	1.00	5.00%	1.05		$0.04		$0.04
M133F13	3/8" twill logo tape	BW	inside right hand pocket	-	0.25	5.00%	0.26		$0.34		$0.09
WPN	care content label	BW	below main label	-	1.00	5.00%	1.05		$0.07		$0.07
Wash-98	wash care label	BW	behind care label	-	1.00	5.00%	1.05		$0.05		$0.05
LT021	1"x3/4" factory ID label	factory	underneath of wash care label	-	1.00	5.00%	1.05		$0.05		$0.05
XYZ-S11	main hangtag with string	BW	SEE spec file	-	1.00	5.00%	1.05		$0.08		$0.08
TBD	style/fabric specific tag	BW	SEE spec file	-	1.00	5.00%	1.05		$0.10		$0.10
polybag	polybag	factory	final packing	-	1.00	5.00%	1.05		$0.25		$0.26
sticker	upc/polybag sticker	factory	on hangtag/polybag	-	2.00	5.00%	2.10		$0.03		$0.06
thread	thread	Coats	garments	-	1.00	5.00%	1.05		$0.50		$0.53
Packaging (carton/swift tag/carton OPP tape/safty pin/plastic clip/tissue paper/ misc.)											$0.50
TOTAL TRIMS											**$2.66**

COMMENTS

1st proto cost	*2nd cost*	*final cost*
11/02/12 : initial costing base on 1st protos, not a finalized		

TOTAL MATERIALS		**$8.31**
CHARGES, FABRICS		
CHARGES, TRIMS		
SPECIAL TREATMENT		
$ CMT	$/MIN:	
PROFIT & OH @		
QUOTA CHARGE		
F O B		**$15.82**

가로올(crosswise grain, weft, fill) 푸서 방향 또는 푸서 방향의 올로 위사 또는 씨실이라고 함

가름솔(busted seam) 시접 여유분이 양쪽으로 열리게 다려주는 것으로 나비 모양과 닮았다고 해서 '버터플라이 솔기'라고 함

가먼트 바이어스(garment bias) 45도 외의 다양한 각도로 만들어지는 바이어스

가우초(gaucho) 길이가 긴 큐롯 스타일로서 남아메리카에서 유래한 바지를 의미. 팜파스(pampas)라는 지역의 마부들이 처음 입은 스타일로, 그곳에서 마부를 가우초(gaucho)라고 부르는 데서 유래함. 보통의 경우 여성의 종아리 정도 길이 부츠와 함께 입거나 부츠 없이 다리를 내놓고 입기도 함

개더드 플레어 스커트(gathered flared skirt) 크리스찬 디올이 제2차 세계대전 이후에 유행을 시킨 스타일로 뉴룩(new look)이라고도 함

개더링(gathering) 미리 정해진 의복의 전체 풀니스(fullness)를 잔잔하고 고르게 플리츠를 잡아서 완성하고자 하는 길이의 봉제선에 일치시키는 것

개더링 비율(gathering ratio) 개더를 만드는 데 사용된 전체 직물의 길이와 완성된 개더의 길이 비율

거셋(gusset) 다이아몬드, 삼각형 또는 테이퍼링된 의복의 조각으로 이루어져 진동이나 크로치 부분에 운동감을 주는 부분

게이지(gauge) 니트 직물에서 1인치당 스티치 숫자

경편성(warp knitting) 니트 종류의 하나로 다양한 경편성 기계에 의해 만들어지고 실이 직물의 길이방향으로 지그재그로 가면서 만들어주는 니트

고뎃(godet) 삼각형의 직물 조각이 의복의 밑단에 삽입되어서 착용자의 움직임을 돕는 도구

고-시(go-see) 모델의 사이즈가 샘플을 입기에 적당한지 알아보기 위해 샘플을 미리 입어보고 치수를 측정하는 것

고어드 스커트(gored skirt) 4~12조각의 고어들을 이어 엉덩이 부위는 자연스럽게 맞으면서 밑단으로 갈수록 플레어가 지는 스커트

고어(gore) 의복 내에서 수직적으로 나뉜 부분으로 보통의 경우 각각의 패널들은 점점 작아지고 심에서 서로 연결되어서 셰이핑을 줌

고지(gorge) 테일러드 의복에서 칼라가 라펠과 연결되는 선

균형(balance) 직물의 식서 방향으로 잘랐을 때 왼쪽과 오른쪽이 대등한 대칭적인 상태

그래픽 디자이너(graphic designer) 의복, 상품 포장, 상표, 수장식, 물품의 문구나 장식들에 들어가는 다양한 그래픽을 창조하는 디자이너

그레이드 룰(grade rule) 여러 가지 다양한 사이즈의 제품을 생산하기 위해 샘플 사이즈의 패턴을 비율적으로 줄이거나 늘리는 방법. 예를 들면 사이즈가 8인 샘플의 패턴을 기준으로 그레이드 규칙을 적용해 다른 사이즈의 제품을 생산하는 것. 작업지시서의 그레이드 페이지를 참고해 그레이드 룰을 적용함

그로밋(grommet) 금속, 플라스틱 등으로 만들어 끈이 나오는 구멍을 마무리해주는 끝장식 부자재

그리지(griege) 처리가 되거나 염색이 되지 않은 상업용 직물

기모노 슬리브(kimono sleeve) 일본의 기모노와 비슷한 느낌을 주는 데서 유래한 것으로 소매에 붙임선이 없고 몸판에서 연결시켜 재단한 소매. 어떤 경우에는 겨드랑이 부분에 거셋을 대 주어 팔의 움직임을 더욱 자유롭게 함

기성복(ready-to-wear) 프랑스어로 프레타 포르테(prêt-á-porter), 이탈리아어로 모다 프론토(moda pronto)이며, '소비자에게 입히기 위해 준비된'이란 뜻을 가짐. 소비자들의 규격 사이즈에 맞게 미리 만들어진 의복

김프(gimp) 코드 모양의 스티치로 단춧구멍에 안정성을 더해줌

나이프 플리츠(knife pleats) 싱글 플리츠가 한 방향으로만 있는 것을 의미함. 플랫 플리츠(flat pleats) 또는 사이드 플리츠(side pleats)라고도 불림. 이런 종류의 플리츠는 보통의 경우에 한 방향으로 이루어지고 1인치 또는 1인치보다 좁은 것들로서 칼플

리츠라고 함

날실(warp) 경사로서 길이방향의 식서와 평행한 실

녹-오프(knock-off) 원래 제품의 디자인을 복제해 저가의 직물과 부자재로 제작해 원래 제품의 가격보다 더 낮은 가격으로 시장에서 판매하는 것

능직(twill weave) 직물 표면에 경사와 위사로 대각선 방향의 이랑 무늬를 형성하는 조직

니커스(knickers) 1860년대의 컨트리웨어(country wear)로 19세기 후반과 20세기 초반에는 남성 골프복의 한 부분으로 사용됨. 무릎 정도까지의 길이로 보텀 부분에 개더를 잡아 밴드를 댄 것이 특징임

니트(knit) 편성물

다운(down) 오리나 거위 같은 물새들의 부드러운 안쪽 솜털

다트(dart) 인체의 형을 만드는 데 불필요하게 남는 직물을 한곳으로 몰아서 잡아주는 방법으로 의복의 형태를 만드는 데 가장 많이 쓰이는 방법

다트 길이(dart length) 심에서 다트의 포인트까지 잰 길이(그림 6.1a 참조). 가장 흔하게 볼 수 있는 다트의 위치는 심에서 시작하는데 한 점 가슴 다트의 위치를 들 수 있음

다트 깊이(dart depth) 다트가 형성된 봉제선에서 측정됨(이는 직물의 시접 끝 부분에서 재지 않음)

다트 폴딩(dart folding) 다트를 접는 방향. 모든 수직다트(허리, 목, 엉덩이 다트)는 앞, 뒷중심선을 향해 접고 수평다트(가슴 다트)는 아래 방향으로 접음

던들 스커트(dirndl skirt) 허리에 개더가 있는 직선 형태의 스커트

도비(dobby) 직조기에 첨가된 도비기계에 의해 생산되는 직물로 기하학적인 무늬가 있음

도착가격(landed price) FOB 참조

도티(dhoti) 민족마다의 특별한 의복에 관계된 에스닉 스타일(ethnic style)로서 조퍼스와 같이 인도에서 기인한 스타일로 드레이프가 진 팬츠. 허리에는 개더가 있고 밑위가 매우 길면서 윗부분은 드레이프가 풍성하고 다리 아래쪽은 꼭 맞는 바지(그림 5.15c 참조)

돌먼 슬리브(dolman sleeve) 배트윙 슬리브(batwing sleeve)라고도 불리는데 박쥐의 날개를 연상하게 해서 이런 이름이 붙여짐. 기모노 슬리브의 변형 중 하나지만 거셋이 없는 스타일(그림 5.21b 참조)임. 진동에 절개선이 없고 손목에서 꼭 맞는 스타일

드래그 라인(drag line) 옷감이 인체의 사이즈에 비해 충분하지 않거나 옷감이 지나치게 많이 남는 부분에 생기는 것으로 보기에 좋지 않은 방향으로 당겨져서 이즈 분량이 너무 많거나 적게 되는 경우에 발생하는 선

드레스 폼(dress form) 의복의 핏을 측정할 수 있는 도구로서 마네킹이라고도 함

드로스트링 팬츠(drawstring pant) 잠옷 등에서 쉽게 볼 수 있는 스타일로서 허리에 끈을 넣어 매우 편리하고 편안하게 여러 체형에 맞출 수 있음

드로코드(drawcord) 의복의 케이싱에 줄 또는 코드를 넣어서 인체의 형을 잡아주는 방법

등록번호(registration number, RN) 미국연방거래위원회에 의해 발행된 등록된 분류 번호. 미국 내에서 제조업, 수입업, 유통업이나 섬유(textile), 모섬유(wool)나 털(fur)로 만들어진 제품 판매에 관련된 사업자에게 부여됨

디자인 이즈(design ease) 특정한 의복의 실루엣을 만들기 위해 추가하거나 줄이는 여유분

라인(ligne) 단추의 크기를 측정하는 단위로 40라인 단추의 크기는 1인치임

라인플랜(line plan) 각 계절에 생산될 모든 스타일을 포함하는 리스트, 전체 예상 생산량, 칼라의 종류들, 수입 가격 등을 포함

래글런 슬리브(raglan sleeve) 새들 슬리브(saddle sleeve)와 비슷한 스타일로 이는 부분적으로 몸체와 함께 붙어서 재단되었고 목선에서 소맷부리까지 한 장으로 연결됨

랩딥(lab dip) 작은 조각의 직물로 염색 정도를 확인하기 위해 사용하는 것

랩 솔기(lapped seam) 서로 반대방향으로 펼쳐 놓은 원단의 시접 끝을 모아 시접 여유분을 함께 말아넣어 눌러 박는 솔기 처리법

랩 솔기 처리(lap seaming) 2개 또는 그 이상의 시접 끝을 서로 겹치도록 놓고 한꺼번에 봉제하는 방법

러닝스타일(running style) 현재 생산이 진행되고 있는 스타일을 의미

레이업(lay-up) 연단 재단을 위해 직물을 일정 길이로 잘라 겹겹이 쌓아올려 놓은 것

레이싱(lacing) 코드나 브레이드, 혹은 리본이 실로 만들어진 구멍인 아일렛, 금속이나 플라스틱으로 만들어져서 끈 등을 통과하게 하는 그로밋, 훅이나 단추를 통해 실로 연결된 여밈 도구

레터스 에지 헴(lettuce-edge hem) 시접의 끝부분을 처리할 때 잡아당기면서 서지되도록 해 가느다랗고 꼬불꼬불한 시접 끝처리 방법으로 만든 헴

렙(rep, representatives, sales representative) 회사의 판매 전담자로 어떤 경우에는 회사 내에서 일하고 어떤 경우에는 독립적으로 여러 회사를 위해 일하기도 함. 전국을 순회하며 새로운 라인을 소개하고 주문을 받아 판매를 돕는 역할을 함

루퍼(looper) 환봉(chainstitch), 오버 에지(overedge), 삼봉(coverstitch)을 만드는 데 쓰이는 방법 중 하나

루퍼사(looper thread) 삼봉 기계나 환봉 기계 등에서 사용되며, 오버로크로 시접 가장자리를 정리할 때 쓰이는 바깥쪽을 커버하는 아래쪽의 실

리드 타임(lead time) 제품 생산과 유통시간 전체를 통틀어 말하는 것으로, 하나의 디자인이 시작되어서 의류상품으로 생산되어 소비자의 손에 가도록 각각의 스토어에 유통 · 진열되는 시간

리스 웰트(reece welt) 자동화된 리스 기계를 사용해 만든 웰트 포켓

리핏(repeat) 프린트 직물에서 사용되는 용어로 일정한 간격을 두고 동일한 무늬가 반복되는 것

링킹(linking) 니트된 패널들을 링커라는 기계를 이용해 연결하는 것

마이터(miter) 의복의 패널이 함께 만나는 모서리 영역에서 스트라이프나 봉제선을 잘 맞추어 시각적인 아름다움을 추구하는 방법

마커(marker) 주어진 패턴을 가장 효과적으로 직물 위에 배열해 재단 시 심미적이고 비용적인 효과를 내고자 하는 방법

만다린 칼라(mandarin collar) 스탠딩 칼라의 하나. 앞부분의 끝이 앞중심에서 만나지 않고 벌어진 칼라로 차이니스 칼라라고도 함

맞플리츠(inverted pleats) 앞과 뒤로 반대로 되어 있어서 플리츠 전체 분량, 즉 풀니스(fullness)가 안쪽으로 자리 잡고 있는 플리츠. 싱글 박스 플리츠에서 직물이 접힌 폴드가 서로 중앙에서 바깥면의 직물끼리 만나는 것. 박스 플리츠 참조

머천다이저(merchandiser) 시장을 조사하고, 지난 계절의 가장 잘 팔린 스타일들을 조사해 연구하고, 디자인 스태프들에게 디자인 방향을 제시해주는 사람. 바이어와 디자이너 사이에서 연결고리의 역할을 해주고, 다음 계절에 자신의 브랜드와 관련해 다가올 유행 색상과 스타일을 연구함. 또한 예산과 판매량 자료 분석, 요즘은 ERP라는 판매 분석 프로그램을 이용해서 상품의 구체적인 판매 흐름까지도 분석하는 역할을 담당함

모다 프론토(moda pronto) 기성복이란 뜻의 이탈리아어

목 터틀(mock turtle) 목 넥 터틀이라고도 함. 몸에 꼭 맞게 핏된 칼라로서 보통의 경우에 니트로 만들어지나 어떤 경우에는 우븐 직물도 볼 수가 있음. 거북이 목처럼 움푹 들어간다고 해서 '터틀넥'이라는 애칭이 붙었다고 하며 일부에서는 '목 터틀넥 스웨터'라고도 칭함

미국양말제조업체(National Association of Hosiery Manufacturers, NAHM) 보드 양말의 핏을 일정하게 만들도록 개발된 기구로 표준화된 양말의 사이즈는 3부터 16까지임.

미국연방거래위원회(federal trade commissions, FTC) 소비자의 보호를 권장하기 위해 설립된 미국 정부의 독립적인 기관

미국 정부 규격(U.S. federal standard) 미국 군인들의 유니폼을 만드는 데 정보의 통일화를 위해 만들어진 규격으로 이후에는 다양한 봉제제품을 나누고 규격화하는 데 사용하는 기준

바디스(bodice) 어깨와 허리를 이루는 몸의 중앙 부분

바스켓 조직(basket weave) 평직의 변형으로 2개의 위사가 2개의 경사를 지나가는 것으로 보통의 경우 플로어 매트 등으로 사용함

바운드 솔기(bound seam) 시접 가장자리를 바이어스로 재단된 원단이나 테이프로 감싸서 처리한 솔기

바이어스(bias) 구조로 만들어진 우븐 트림(woven trim)의 일종으로 주로 곡선의 형태로 사용됨

바인딩(binding) 한 겹 또는 여러 겹의 옷감과 다른 직물이 처리 안 된 끝 부분을 감싸는 시접 끝처리 방법

바택(bartack) 지그재그 스티치가 반복된 것인데 솔기가 풀리는 것을 방지하기 위해 솔기의 처음과 나중에 사용됨. 바택은 힘을 많이 받는 부분을 강화하는 데 사용함(그림 8.15 참조)

박스 플리츠 마주 향하도록 되어 있는 플리츠를 말하며, 이것을 반대로 한 것이 맞플리츠임

밴드(band) 시접 끝부분을 연장하거나 마무리하기 위해 의류제품의 처리 안 된 시접 끝부분에 직선으로 곧게 박음질된 직물

버사 칼라(bertha collar) 크기가 큰 칼라로서 끝 부분이 둥그런 형이고 어떤 경우에는 레이스로 이루어짐

범세계화(globalization) 규정된 국경나 범주를 떠나서 국가, 정부, 비즈니스가 상호 연계 활동을 하는 근대의 생산과 제조 방법의 트렌드를 의미함(Daly, 1999)

베이비돌 드레스(baby doll dress) 짧은 드레스 또는 상의 스타일로서 요크에 주름이나 개더가 있고 여성복으로 사용됨

벤더 매뉴얼(vendor manual) 의류 생산 과정에서 필요한 상품 생산과 관리에 관계된 의류업체가 정한 규약들이 적힌 책자로서 이는 각각의 생산 과정에 참여하는 모든 이에게 보내짐

벤트(vent) 긴 수직의 트임으로 겹트임이라고도 함. 이는 착용자의 운동감을 증진하는 데 사용됨. 단의 끝부분이 서로 만나고 있는 슬릿과는 달리 트임을 열었을 때 별도의 원단(underlay)이 한 겹 더 위치해 있음

벨 보텀스(bell bottoms) 무릎 아래부터 플레어가 있는 1960년대에 유행했던 스타일로 전형적인 해군의 유니폼으로 변형된 스타일

벨 슬리브(bell sleeve) 팔꿈치부터 소매 입구까지 플레어가 진 스타일로 앤젤 슬리브(angel sleeve)라고도 함

벨팅(belting) 옷감과 같은 직물을 빳빳한 심지로 사용하는 것

보우드(bowed) 직조 과정에서의 문제로 위사와 경사의 올 방향이 잘 맞지 않고 휘어져 있는 것

보우 칼라(bow collar) 스탠드 업 칼라를 목선에 연결한 것으로 1920년대에 소개되었고 그 후 유행함. 길이와 넓이에 따라 다양한 형태가 있는데 성공적인 보우 칼라 디자인은 부드러운 직물을 사용하는 데 있음

보텀 웨이트 직물(bottom weight fabric) 하의(바지나 스커트)를 만들기에 좋은 무게의 직물

보트 넥(boat neck) 바토 네크라인(bateau neckline)이라고도 불리는데, 높고 넓은 형태의 목선으로 프랑스 항해사들의 스웨터에서 기원한 스타일

본봉(lockstitch) 기성복 생산 과정에서 가장 빈번하게 사용되는 일반 재봉틀로 만들어지는 스티치임. 본봉은 윗실과 밑실이 서로 고리를 만들면서 형성됨

봉제선(seamline) 스티치가 지나가며 천들을 연결해주는 선

북드 솔기(booked seam) 시접 가장자리는 공그르기 스티치로 처리하고 플레인 솔기로 연결해 시접 여유분을 좌우로 갈라 다린 솔기

브라 스트랩 키퍼(bra strap keeper) 브라나 캐미솔의 끈이 제 위치에 잘 있도록 고정시키는 역할을 하는 고리

브레이드(braid) 엮거나 꼬아서 만든 장식을 목적으로 만든 끈으로 물결 모양, 평평한 모양 등 다양한 형태가 있음

브레이드 바인딩(braid binding) 안단 처리 또는 가장자리 처리를 목적으로 브레이드를 바이어스로 사용하는 것 또는 그러한 용도의 바인딩 재료를 말함

브레이크 포인트(break point) 라펠이 뒤로 접히는 의복의 가장자리를 의미함. 전통적인 클래식 테일러드 재킷은 옆선에 솔기가 없고, 판 쪽의 패널이 옆선 쪽으로 연장되어 있는데 이는 좀 더 비싼 구성 방법이나 부드러운 핏을 만들어줌

블라인드헤밍 스티치(blindhemming stitch) 직물의 안쪽에서 발견할 수 있는 스티치로 '숨은뜨기' 또는 '공그르기'라고도 함

비율에 맞게 그리는 것(drawing to scale) 의복의 시각적인 해석으로서 정확한 치수 비율에 맞게 그리는 방법

사롱 스커트(sarong skirts) 몸통을 둘러서 묶어 입는 스커트의 일종

사이즈 세트 샘플(size set sample) 그레이드가 된 샘플들로서 4, 6, 8, 10, 12, 14, 16은 여성복으로 사용하고 보통의 경우에는 4, 8, 12, 16의 사이즈 세트를 사용해 그레이딩이 잘되었나를 확인함

사파리 드레스(safari dress) 아프리카 동물 사냥을 이미지로 한 드레스. 북아프리카 룩 등 일련의 아프리카 스타일에서 유래한 것으로 사파리 재킷의 디자인을 응용한 풍성한 실루엣. 사파리란 스와힐리(Swahili)어로 '작은 여행'을 의미함. 기능성 있는 디테일, 즉 벨트나 주름이 있는 포켓 등이 특징임

삼능직(herringbone twill) 청어의 가시를 닮아서 붙여진 이름으로 능직물

삼봉(coverstitch) 인터로크 스티치와 같은 말

상품 개발 계획표(development window) 라인플랜에 나온 스타일의 상품을 개발하기 위해 걸리는 시간

상품화 과정(commercialization process) 콘셉트가 하나의 의류상품으로 변화되는 전체 과정

새들 슬리브(saddle sleeve) 래글런 슬리브와 비슷한 스타일로서 래글런보다는 핏이 되어 있고 위쪽이 좁은 형태

색상(colorway) 한 스타일의 의류상품에 다양하게 제공되는 색상들로 한 스타일의 옷 안에 여러 가지 색상이 사용될 경우에는 다양한 색상의 조합이 색상별로 모두 표기되어야 함

샘플 메이커 샘플들을 만드는 역할을 하는 전문인

샘플 사이즈(sample size) 샘플의 크기를 의미하며 보통의 경우 여성복은 사이즈 미디엄(M), 남성복은 사이즈 라지(L)로 샘플 사이즈를 사용

샘플 상태(sample status) 샘플 개발 단계에서의 샘플 상태로 프로토 샘플, 예비 생산 샘플 등이 있음

샘플 평가 노트(sample evaluation comments) 샘플에 대한 노트, 주의사항, 수정사항, 핏에 대한 기록 등을 포함하는 페이지로 작

업지시서의 맨 마지막에 첨부되며 새로운 샘플을 요구할 때 사용됨

샘플 평가서(sample comment) 샘플을 핏한 후 핏의 결과를 적은 기록

생산 샘플(top of production sample, T.O.P) 생산라인에서 선정한 몇 개의 샘플들로 품질관리부에 보내져서 품질의 확인을 받음

섕크 단추(shank button) 플라스틱이나 금속과 같은 소재로 미리 만들어져서 부착된 섕크 또는 실기둥으로 구성된 섕크가 있음. 섕크는 단추가 윗면으로 덮는 패널의 표면 위로 올라오도록 해 보통의 경우 윗면으로 덮는 옷감의 두께로 만들어 단추가 단춧구멍을 지나고 더 높이 달리게 함으로써 의복을 덮는 패널의 겉감이 단추로 인해 눌리거나 틀어지는 것을 방지

섬유류 제품 확인법(textile fiber products identification act, TFPIA) 미국 정부 법으로서 섬유류 제품에 세 가지 다른 종류의 정보, 즉 섬유의 혼용률, 제조업체나 수입업체와 제조국가가 적혀 있는 레이블을 반드시 부착하도록 하는 규정. 이러한 레이블은 미국 내에서 판매되는 모든 의류제품에 영구적으로 부착해야 함

세로올(lengthwise grain, warp) 셀비지와 평행한 방향인 식서 방향을 의미

세일러 칼라(sailor collar) 전통적인 해군의 군복에서 유래한 스타일로 앞판은 V형이고 뒤판은 정사각형인 칼라를 의미

세트(set) 드래그 라인이나 주름이 없는 매끄러운 핏의 의복의 상태

세트-인 슬리브(set-in sleeve) 가장 기본적인 소매의 형태로서 의복의 기본 원형(sloper)에 사용됨. 이 소매는 어깨에 잘 맞으면서도 어느 정도의 자연스러운 운동감을 제공해줄 수 있음

셀비지(selvedge) 직물의 가장자리 부분으로 세로올 방향, 즉 식서 방향으로 존재

셔츠 웨이스트(shirtwaist) 셔츠 블라우스라고도 함. 칼라, 칼라밴드, 커프스, 프론트 플래킷 등과 같은 전통적인 테일러드 셔츠에서 기원함. 주로 직조 직물로 만들어졌고 가끔 벨트가 사용됨

솔기(seam) 2개 또는 그 이상의 천들을 스티치로 연결한 것

솔기에 달린 포켓(on-seam pocket) 포켓보다는 봉제라인이 중심이 되는 스타일에 사용함

솔기 여유분(seam allowance) '시접 여유분'이라고도 하며 봉제선에서 시접의 가장자리까지의 길이

솜 깃털(plumule) 다운 중에서 깃이 없는 부드러운 털

숄 칼라(shawl collar) 라펠이 없는 두 조각 칼라. 라펠을 구분함 없이 자연스럽게 의복의 앞쪽 목선을 따름. 앞을 얼마만큼, 어떤 각도로 여미느냐에 따라 다양한 형태의 숄칼라를 디자인할 수 있음

수자직 또는 공단(satin weave) 위사가 많은 경사들을 아래로 지나가거나 뛰어넘어 가는 것. 이로 인해 새틴 직물의 부드럽고 광이 나며 드레이프가 아주 잘 되는 특성이 있음. 위사가 많은 수의 경사를 한꺼번에 길게 지나가며 생긴 헐거운 조직으로 인해 여기저기 잘 걸려 원단에 흠이 잘 생기는 단점이 있음. 가장 자주 볼 수 있는 구조로는 5개 실의 반복인데 이는 4개의 실이 위쪽에 있고 1개의 실이 아래쪽에 있는 구조임

수직제조방식(vertical integration) 의류회사 자체가 생산공정 공장을 다 소유한 경우로 경영부터 생산까지가 모두 다 한 회사 소속 아래에 있음

수평제조방식(horizontal integration) 각자의 공정 과정이 각각의 제3자에 의해 따로 이루어지는 것. 재료 생산, 즉 부자재(trims), 직물, 재단, 봉제, 포장 등이 각각의 업자들에 의해 각각 다른 장소에서 이루어짐

숨은 스티치(stitch-in-the-ditch) 스티치 선이 의류제품과 바인딩 사이의 인접 솔기의 윗부분에 박음질되어 잘 보이지 않도록 하는 마무리 방법

숫자로 표기하는 사이즈(numeric sizing) 숫자를 사용해 의복의 사이즈를 표기하는 법(예 : 4, 6, 8, 10, 12)

슈퍼임포즈드 솔기(superimposed seam) 직물이 서로 겹쳐져서 생기는 것으로 직물의 끝부분에 스티치를 해서 만들어지는 솔기. 2개 또는 그 이상의 천이 나란히 포개진 상태에서 심라인을 따라 박음

스윙택(swing tack) 밑단 부분의 봉제선에서 안감과 겉감을 이어주기 위해 실로 고리를 엮어 일정 길이를 만들어 사용하며 프렌치 택 혹은 실루프라고도 함

스큐드(skewed) 직물의 올이 바르지 않은 것으로 니트일 경우에는 토킹(torqueing) 또는 토크(torque)라고도 함

스타일 번호(style number) 각 의복을 표기하는 숫자나 숫자와 글자의 조합으로 새로운 작업지시서가 만들어지면 붙여지는 스타일의 고유 번호

스타일 요약(style summary) 각 작업지시서의 가장 위쪽에 자리하고 각 스타일에 대한 중요한 정보, 즉 스타일 번호, 계절, 직물, 사이즈 정보, 핏 타입, 개발 시작일, 마지막 수정일, 샘플 상태 등을 포함

스토어 브랜드(store brand) 프라이빗 레이블을 자신의 브랜드 이

름을 걸고 판매하는 경우

스트라이크 오프(strikeoff) 대량생산에 앞서 여러 가지 색상으로 직물에 프린트를 찍어 제시하는 것

슬리브 캡(sleeve cap) 윗부분의 슬리브를 말하며 팔둘레 선의 위쪽을 의미함

슬립 드레스(slipdress) 이브닝웨어로서 란제리, 즉 스파게티 스트랩, 레이스 장식, 그리고 가벼운 실크 등과 같은 직물 등 같은 디테일을 빌려와서 사용함. 이런 드레스는 가끔씩 바이어스로 직물로 재단함.

슬릿(slit) 긴 수직의 트임으로 맞트임이라고도 하며 착용자의 운동감을 증진하는 데 사용됨. 단의 끝부분이 서로 만나고 있는 것

습식가공(wet process) 완성된 의복을 특별한 가공 과정으로 유연처리, 수축 가공, 가공 염색과 세정 처리를 하는 것

시접 끝 처리(edge finishe) 봉제 방법의 한 종류로서 제품이 솔기에서 박음질을 하기 전의 솔기 처리하는 것을 포함해 홑겹으로 된 시접의 가장자리를 처리하는 방법

실루엣(silhouette) 실루엣은 의복의 외곽선을 의미함. 정확하게 말하면 의복의 어떤 부분이 딱 맞고 어떤 부분이 헐렁하며 몸의 어떤 부분이 커버되고 어떤 부분이 커버되지 않는지를 의미함

심 그린(seam grin) '웃는 솔기'라고 해석됨. 솔기선이 잡아당겨질 때 스티치가 밖에서 보이므로 마치 사람이 이를 내놓고 웃는 것과 비슷하게 생겼다고 하여 이름이 붙여짐

심지(interfacing) 의복의 형태를 유지하고 중량감과 부피감을 더해 옷의 성능을 향상시키는 부자재로 칼라, 커프스, 플랩, 허리밴드 등에 넣어줌

서저(serger) 오버에지 스티치, 즉 오버로크를 만들어주는 기계로 오버에지와 같은 말

서플리스(surplice) 랩 드레스(wrap Dress)라고도 불리는데 넓은 소매와 길고 헐렁한 상의로, 앞여밈이 입기 쉽도록 겹쳐져 있는 것이 특징

선드레스(sundress) 민소매의 풀스커트를 소매가 짧은 매칭 재킷과 함께 입는 스타일

선버스트 플리츠(sunburst pleats) 플리츠가 위쪽에서 아래쪽으로 향해 감에 따라 점점 두꺼워지는 방법을 의미함. 이로 인해 플리츠 폭이 위쪽에서는 좁고 아랫단 쪽에서는 넓은 것을 의미함. 이런 종류의 플리츠는 위쪽이 너무 두껍고 부피가 많이 나가지 않게 하면서도 멋진 의복의 전체 실루엣을 잘 표현해주기에 얇은 직물들, 특히 열처리를 통해 영구 플리츠를 만들 수 있는 합성섬유에 제격임

시플리 레이스(schiffli lace) 가장자리가 스칼럽으로 처리된 레이스 직물

씨실(weft) 위사, 크로스 와이스 그레인, 필링(filling) 또는 픽(picks)이라고도 함

아동 노동(child labor) 각각의 나라에 따라서 정해진 노동연령 이하의 어린이를 고용해 일을 시키는 경우

아워글래스(hourglass) 모래시계형의 스타일

아이드 단추(eyed button) 바늘과 실이 통과하는 구멍이 있는 단추로 주로 2개의 구멍이 있는 단추와 4개의 구멍이 있는 단추가 사용됨.

아코디언 플리츠(accordion pleats) 좁은 플리츠들이 몸에 꼭 맞도록 만드는 방법으로 악기인 아코디언의 모습과 비슷하다고 해 그런 이름으로 불림

안감(lining) 일반적으로 겉감보다 얇은 두께의 직물로 의복의 안쪽 전체 혹은 부분을 가려 깨끗한 외관을 제공하고 착용감을 향상시킴

안단(facing) 인클로즈드 솔기의 한 종류로서 직물의 처리 안 된 로우 에지를 정리하는 방법 중 하나로 같은 종류의 직물 조각으로 처리. 안단을 댈 때 많이 사용하는 시접 처리 방법으로 천의 겉면끼리 마주보게 박은 뒤 안쪽으로 다시 뒤집어 놓은 후 다림질. 시접 여유분의 정리를 위해 안단 쪽에 탑스티치로 고정함

안전봉(safety stitch) 401 환봉과 500 오버로크 처리된 스티치가 한 공정에 이루어진 스티치

알파 사이징(alpha sizing) 알파벳 S-M-L을 이용해 사이즈를 표기하는 방식

액티브 팬츠(active pant) 달리기, 자전거 등의 액티브 스포츠를 할 때 입는 팬츠 스타일

언더라이닝(underlining) 백킹(backing)이라고도 하는데 느슨하거나 얇은 우븐 직물을 안정성 있게 하거나 얇은 두께의 우븐 직물의 시접 여유분 같은 봉제 구성 디테일이 보이지 않도록 하는 데 사용함. [주의 : 국내에서는 언더라이닝도 '심지'라고 부르는데 이는 얇은 심지 개념이고 인터페이싱(interfacing)은 빳빳한 심지 개념이다. 이 책에서는 언더라이닝이라고 부르도록 하겠다.]

언더스티칭(understitching) 안단 안쪽으로 잘 접히고 안단이 겉으로 밀려 나오는 것을 막기 위한 스티치 방법

언더프레싱(underpressing) 봉제 과정에서 이루어지는 다림질

에이전트(agent) 대리인이라고도 불리며 선진국의 의류회사에 고용되고, 저개발국가의 공장들과 함께 공동 작업을 함. 이런 중간 대리인들은 각 공장의 특성과 장점에 대해 잘 연구해 각 의류회사의 디자인과 제품의 특성에 맞는 공장을 결정하고, 가격과 생산 스케줄을 결정하며, 제품을 출고해 각각의 회사로 보내는 것까지 담당하는 중간자적인 역할을 함

에지 처리(edge finish) 봉제 방법의 한 종류로서 제품이 솔기에서 봉제되기 전에 솔기 처리하는 것을 포함해 홑겹으로 된 시접의 끝 가장자리를 처리하는 방법

엔지니어드 프린트(engineered print) 디자인된 프린트를 말하는 것으로 프린트가 패턴의 특정한 영역에 놓임

여밈 도구(fastener) 착용자가 의복을 쉽게 입거나 벗도록 입구 부분을 채워서 고정시킬 수 있도록 하는 것들로서 단추, 지퍼, 레이싱, 타이, 벨크로라고 알려진 훅 앤드 루프, 훅, 스냅 등이 있음

예비 샘플(pre-production sample) 주 생산 바로 전에 만드는 샘플로 예비 생산 샘플이라고도 함

예비생산 샘플(preproduction samples, PP) 의류제품의 실제 생산 바로 전에 만들어지는 샘플로 이 샘플이 승인되면 바로 그 스타일로 생산이 시작됨

오버올(overall) 농장의 노동복에서 기원했고 편안하고 헐렁한 허리의 핏 때문에 여성복에서도 사용됨. 빕 탑(bib top)과 멜빵 바지에 부착되어서 사용됨

오버에저(overedger) 오버에지 스티치를 만들어주는 재봉틀로 서저와 같은 말

오버에지 또는 오버로크(overedge) 500등급 스티치로 이 등급의 스티치는 삼각형의 실이 처리 안 된 시접 끝을 감싸고 있음

오차허용치수(tolerance) 그레이드 페이지에 나타나고 의복의 치수에서 허용이 가능한 오차의 양

오트 쿠튀르(haute couture) 맞춤복 전문 컬렉션으로서 대부분의 경우 하이 패션 디자이너, 즉 고가 상품을 소량으로 제작하는 세계적인 디자이너인 크리스찬 디올, 샤넬, 지방시 등의 디자이너들이 자신의 이름을 내건 브랜드

요크(yoke) 수평적인 패널로서 의복의 형태를 잡아주는 기능적인 역할과 스타일을 내기 위한 심미적인 역할을 함. 경우에 따라 형태를 잡아주거나 스타일을 동시에 충족하기 위해 사용되기도 함. 바지의 백요크와 셔츠의 백요크를 예로 들 수 있음

우븐(woven) 직조기계에 의해 만들어진 직물

원사염색(yarn dyes) 원사 상태로 하는 염색

웨일(wale) 니트에서 수직의 선을 의미

웰트 포켓(welt pocket) 피니시된 구멍이나 안쪽에 오프닝이 만들어진 안쪽 포켓으로서, 바운드 포켓이나 슬래쉬드 포켓이라고도 함. 가장자리를 장식한 천을 붙인 포켓으로 양복의 가슴 주머니가 이것에 해당함. 웰트는 '가장자리 장식'이란 뜻이며, 가슴 주머니나 상자 주머니에서 많이 볼 수 있음

위킹(wicking) 건조 가공의 하나로 실이나 직물에서 수분을 미리 빼내어 수분이 효과적으로 증발될 수 있도록 하는 가공

위편성(weft knit) 저지 등과 같이 고정된 베드의 니트기계에 의해 만들어지며 스웨터의 루프 구조와 같은 실들이 수평으로 적용되는 니트 구조를 의미함

윙 칼라(wing collar) 칼라 끝의 꺾임이 새 날개처럼 전체가 떠 보이며 옷깃의 앞면이 부드럽게 젖혀진 칼라로 앞의 꺾인 부분이 날개를 연상케 하는 데서 유래함. 칼라가 목 위쪽으로 올라가는 듯이 높고, 딱딱하고 테일러드 셔츠나 블라우스 칼라에 사용되며, 앞부분 칼라의 벌어지는 부분의 끝, 즉 스프레드 포인트(spread point)가 아래로 접혀져 있는데 이런 스타일은 이튼 칼리지의 상급생들이 입었던 스타일로 19세기 후반과 20세기에 정장용 의복으로 사용된 스타일임

유행 예측 회사(forecast company) 색상, 스타일 트렌드 등을 연구하고 책을 만들어서 유행의 방향을 예측하는 회사로 보통의 경우 18~24개월을 앞서 예측함

의류상품의 구성 디테일(construction detail) 작업지시서에 포함되는 봉제에 관한 정보, 즉 어떻게 의복이 꿰매어지는가에 대한 자세한 정보

의류실험 분석 연구원(textile lab technician) 직물 품질을 관리하는 품질관리 부서의 전문인으로 여러 실험을 통해 직물의 품질을 점검하는 전문인

의복 원형(sloper-block pattern) 개발된 패턴에 따라 핏 이즈(fit ease)가 포함된 기본적인 패턴으로 기본 원형, 블록패턴이나 파운데이션 패턴이라고도 함

이월 스타일(carry-over styles) 한 계절에서 다음 계절로 이월되어 사용되는 스타일

이중유통(dual-distribution) 기업이 그들의 상품을 자신들의 직영점(대리점)이나 백화점 등 그들의 브랜드를 소유한 다른 소매상점에서 판매하는 것

이즈(ease) 착용자의 인체 치수와 의복 치수 간의 여유분

이징(easing) 인체에 맞도록 형태를 잡아주는 방법의 하나로 개더

링과 비슷한 방법. 서로 다른 길이의 솔기를 연결할 때 다트 대신 긴 솔기 쪽에 잔잔한 개더를 넣어줌으로써 짧은 길이의 솔기와 길이를 맞추는 봉제 방법으로 인체의 섬세한 곡선을 살려줌

인클로즈드 솔기(enclosed seam) 보통 안단을 댈 때 많이 사용하는 시접 처리 방법으로 천의 겉면끼리 마주보게 박은 뒤 안쪽으로 다시 뒤집어 놓은 후 다림. 시접 여유분의 정리를 위해 안단 쪽에 탑스티치로 고정함

인터로크(interlock) 위편성 니트로서 2개의 서로 다른 1×1 립 직물들이 서로 교차되면서 함께 니트되어 하나의 직물을 이룬 것

인터로크 스티치(interlockstitch) 600등급의 스티치들은 커버스티치 또는 인터로크 스티치라고 함. 상의류와 하의류의 옆선 솔기를 완전하게 감싸주는 효과를 내고 플랫 솔기에서도 탁월하게 사용됨. 니트 직물에 한해 사용되면서 주로 사용되는 의류상품으로는 티셔츠, 언더웨어 등이 있고, 이들 상품의 솔기를 평평하게 처리할 때 주로 사용됨

일방향(one-way direction) 재단 파일이 있어서 방향성이 있는 원단 또는 프린트가 일정한 방향으로 있어서 재단 시 한 방향으로 재단하는 것

자카드(jacquard) 직조기에 특별한 도구를 첨부해서 복잡한 패턴의 직물을 만드는 것

장식(ornamentation) 시각적으로 인지할 수 있는 패턴이나 디자인으로 실이나 직물에 더해진 실이나 섬유

장식용 합사(soutache) 좁은 너비의 브레이드

점퍼(jumper) 민소매 의복으로 보통의 경우 소매가 달린 블라우스나 셔츠 또는 스웨터와 함께 입음

정바이어스(true bias) 45도 각도로 잘린 바이어스

조니 칼라(jonny collar) 이탈리안 칼라라고도 하며 단추가 없는 폴로 스타일

조드퍼(jodhpurs) 인도에서 사용되는 의복으로 승마복에서 기인해 사용된 의복

주트 슈트(zoot suit) 1930~1940년대 초에 유행했던 슈트로 어깨폭이 넓고 길이가 긴 재킷과 페그톱 팬츠를 짝 맞춘 신사복 스타일. 뉴욕의 재즈 뮤지션들이 즐겨 입기 시작하면서 유행함. 매우 과장된 스타일로서 1940년대 미국의 노동자 계급에서 인기가 있던 스타일로 미국 로스앤젤레스에서 기원함

줄리엣 슬리브(juliet sleeve) 연극 로미오와 줄리엣의 줄리엣 의상에서 기원한 소매로 소매산이 있는 위쪽은 부풀어 있고 팔꿈치를 포함해 그 아래까지 꼭 끼는 스타일

지그재그 스티치(zigzag stitch) 301 스티치의 변형인데 신축성이 있다는 특징이 있어서 속옷, 유아복, 스포츠 웨어, 단추 달기, 단춧구멍, 바택 작업 등에 사용됨. 윗실과 밑실은 중앙에서 만나 대칭적인 지그재그 패턴을 만듦

직물 레이아웃(fabric layout) 재단 시에 직물에 패턴을 놓는 직물 사용법

진동선(armscye, armseye) 진동 솔기라인

집시 스커트(gypsy skirt) 페전트 스커트 참조

차이니스 칼라(Chinese collar) 만다린 칼라 참조

착용자의 오른쪽(wearer's right) 모든 디자인의 기준으로 사용되며 보는 사람의 입장이 아닌 착용자의 입장에서 오른쪽을 의미함

청삼(cheongsam) 슬림한 의복으로 중국의 전통 의복에서 기원한 원피스 드레스

충전재(interlining) 겉감과 안감 사이에 보온성을 높이기 위해 넣는 부자재로 겉면의 입체감 있는 퀼팅 효과를 위해 사용하기도 함

취급주의 레이블(care label) 의류제품을 세탁하는 방법과 세탁하는 과정에서 주의해야 할 사항이 적혀 있는 레이블

치수 측정법(how to measure) 의복의 각 부분의 치수를 측정하는 방법

치수 측정 지점(point of measure, POM) 의복에서 치수를 재는 곳으로 각각의 스펙이 정의된 지점(예를 들어 '가슴을 가로질러서 진동의 1인치 아래 지점')

카고 포켓(cargo pocket) 포켓의 수용량을 늘리기 위해 플리츠나 벨로우를 솔기에 붙여서 만든 패치 포켓

카프탄(caftan) 길고, 헐렁한 피의 의복으로 목선에 수가 놓여 있음. 남성들의 캐주얼한 라운지 웨어로 많이 사용됨

칼라 스테이(collar stays) 남성용 셔츠의 칼라 안쪽에 들어가 있는 플라스틱 보형물로 셔츠 칼라 포인트 끝의 형태를 잡아주고 끝이 말리지 않도록 하는 역할을 함

컬러리스트(colorist) 색상을 연구하고, 스토리 보드를 만들고, 색상의 방향을 정함. 많은 경우에 트렌드 분석 회사(예 : 인터패션 플래닝)와 함께 일함

컬러 스토리(color story) 주제에 맞게 사용되는 팔레트 색상으로 의류상품과 매치되는 색상들이 사용됨

캐스케이드 칼라(cascade collar) 원형의 러플이 목선의 솔기에 위치하는 것으로 다양한 스타일이 존재하며 그 길이가 허리선까지 내려오는 것도 있음

커프(cuff) 소매나 바지의 끝에 달리는 밴드

커프스(cuffs) 시접 끝처리 방법의 하나로 소매나 바짓부리에 밴드나 끝부분을 접어서 만든 시접 처리 방법

컨버터블 칼라(convertible collar) 파자마 칼라 또는 하와이안 셔츠 칼라라고도 하며 칼라 스탠드가 없는 칼라로 자연스럽게 접히는 칼라

컨투어드 플리츠(contoured pleats) 엉덩이와 허리 사이에 다트의 셰이핑이 숨겨진 플리츠

컨투어 웨이스트 스타일(contour waist style) 팬츠나 스커트의 허리 부분에 직선으로 된 허리밴드 처리를 하지 않고, 인체의 윤곽에 잘 맞도록 허리선을 곡선으로 처리해 재단하고 구성할 때 바이어스 안단을 댄 것

컷-앤드-소(cut-and-sew) 패턴을 만들어 원단을 재단한 뒤 봉제해 완성되는 것

케이싱(casing) 직물로 터널을 만들어서 고무줄이나 끈을 넣어서 만드는 방법. 개더를 적용하는 방법

코드락(cordlock) 스토퍼(stopper)라고도 하며 의복의 형태를 잡아주기 위해 사용된 끈을 고정시켜 주는 도구로 끈을 더 이상 못 나오게 잡아 주어서 의복의 핏을 도와줌

코스(courses) 위편성 니트에 엮은 올이 너비의 방향으로 연결된 것

코트 드레스(coatdress) 더블 브레스티드(double breasted)되어 있고 이의 다양한 변형 스타일은 코트나 트렌치코트 등에서 견장, 벨트와 같은 다양한 디자인 요소를 빌려와서 사용됨

콘셉트 보드(concept board) 스케치, 스와치, 다른 영감들이 잘 표현된 프레젠테이션 보드로 의복의 스타일 그림, 색상, 직물 스와치, 프린트 아이디어, 부자재가 포함됨

콜아웃(callout) 플로트나 테크니컬 스케치 등에 동반해 그림을 설명하는 노트

큐롯(culotte) 일상적으로 치마바지라고 부르는 것으로 짧은 바지처럼 두 갈래로 갈라져 있지만 자락이 넓어서 스커트처럼 보이는 바지로 스커트와 바지의 조합을 이룬 매우 편안한 스타일

크로치 포인트(crotch point) 바지에서 뒷밑위와 앞밑위가 인심과 만나는 점

크로키(croquis) 마스터 스케치로 신속히 그리기 위해 트레이싱 용지에 본을 뜰 때 필요한 인체 외곽선을 표현한 스케치

크리스털 플리츠(crystal pleats) 일련의 좁고 평행한 플리츠가 사용되는 것으로 아주 가는 실루엣을 창조하는 데 적격임. 또한 플라운시스(flounces) 또는 러플(ruffles) 등의 사용에 아주 제격이고 수직적 시각효과를 강조하는 디자인에 사용해 새롭고 참신한 효과를 줌

클러스터 플리츠(cluster pleats) 플리츠들이 그룹으로 이루어진 것을 의미함. 이는 커다란 박스 플리츠와 작은 나이프 플리츠가 양옆쪽에 있는 여러 가지 플리츠가 함께 세트를 이루고 있는 플리츠를 의미함

클린 피니시드 시접 처리(clean finished seam) 처리가 안 된 끝단이 접혀서 스티치된 다음 솔기 자체의 연결은 플레인 솔기로 된 경우(이 경우에 솔기는 가름솔되지 않음)

킥 플리츠(kick pleats) 슬림한 스커트들은 킥 플리츠를 가지고 있는데 이는 스트레이트 스커트의 단에 첨가되어서 걷기 쉽게 해줌. 무릎 정도의 높이나 또는 조금 아래에 놓이게 되는데 보통의 경우 외 플리츠 또는 외 나이프 플리츠임

킬트(kilt) 스코틀랜드의 전통의상으로 남성이 입는 스커트

탑스티칭(topstitching) 의복의 바깥쪽에 보이는 스티칭으로 솔기에 평행함

탑 웨이트(top weight) 상의를 만들기에 적당한 무게의 직물

턱(tuck) 여분의 직물을 평행하게 동일한 공간만큼 띄어서 스티치해 고정하는 방법

턱 깊이(tuck depth) 이는 턱의 전체 접혀진 부분의 측분량을 의미함. 이때의 분량은 완성된 의복의 뒷면에서 측정된 것임

턱 솔기(tuck seam) 랩 솔기의 한 종류로 스티칭이 접힌 선에서 아주 멀리 떨어져 있고 턱의 효과를 만들어내는 것. 완성된 모습이 턱을 잡은 것 같으므로 이런 이름이 붙었음. 턱 솔기를 만드는 방법에는 두 가지가 있는데 첫 번째는 두 장의 천을 중표(中表)에 맞추어 표시대로 시침질을 하고, 시접을 한쪽으로 갈라 겉에서 원하는 폭으로 바느질하여 시침질한 것을 제거하는 방법. 두 번째는 한 장의 천을 완성대로 접고, 다른 한 장의 천 위에 겹쳐서 시침질을 하여 바느질하는 방법. 모두 스티치의 폭 만큼 턱을 잡은 듯이 뜨게 되며 장식적인 이음에 사용됨. 스티치의 폭 전부를 뜨게 하고 싶지 않을 때는 접은 선의 시침질에서 뜨게 하고 싶은 치수만큼을 빼어, 안쪽에서 시침질을 하고 앞에서 설명한 바와 같이 겉에서 바느질할 때도 있음

턴드 백 헴(turned back hem) 끝부분을 접어서 만든 일반적인 시접 끝 처리 방법으로 가장자리 끝단을 안쪽으로 뒤집어서 접는 방법

테일러드 노트(tailored knot) 다트를 처리하는 방법으로 다트를 박은 뒤 실의 여유분을 남겨 매듭을 짓는 것을 의미함

테크니컬 디자이너(technical designer) 디자이너와 함께 일하고 디자인을 상품화하기 위해 작업지시서를 만들고 가봉을 담당하는 의류 생산 과정의 중요한 기술자

테크니컬 플랫(technical flat) 비율적으로 잘 맞고 스타일의 특징이 정확하게 그려진 그림

텍스타일 디자이너(textile designer) 의복상품에 이용되는 직물 디자인을 하는 직종. 색상, 디자인 모티브 프린팅, 섬유와 직물구조, 컴퓨터 CAD 능력이 많이 요구되는 직종

텐터(tenter) 직물의 가장자리, 즉 셀비지를 핀으로 고정시키는 기계 텐터 구멍들을 만듦

텐터링 과정(tentering process) 직물의 양쪽 끝을 잡아서 폭을 정리해주는 마무리 기계로 핀을 이용하기 때문에 셀비지에 작은 구멍들이 생김

텐트 드레스(tent dress) 과장된 A라인 형태의 드레스로 디자이너 크리스토발 발렌시아가 코트 스타일로 소개한 데서 비롯됨. 1950년대에 코트와 드레스에서 텐트라인이 사용됨.

트레이드 쇼(trade show) 의류업체에서 자신들의 새 상품을 바이어들에게 보여주는 쇼로 대리점주를 상대로 자신의 회사 내 숍 매니저(또는 숍마스터)들과 일함

튜닉 드레스(tunic dress) 홀쭉한 스커트에 길이가 긴 상의를 걸쳐 도련선이 이중으로 된 드레스

트라우저 스타일(trouser style) 원래 의미는 남자 예복에 이용되는 바지를 말함. 벨트고리가 달려 있고 앞주름을 잡는 것 같은 디테일로 디자인된 스타일

트래피즈 드레스(trapeze dress) 무릎길이의 풀 텐트형 드레스로서 이브 생 로랑에 의해 1958년에 소개됨. 몸에 끼지 않는 느슨하게 입는 드레스로서 좁은 어깨에서 밑단으로 갈수록 넓어지는 스타일

트럼펫 스커트(trumpet skirt) 트럼펫 모양의 스커트로 일반적으로 발레리나 길이가 잘 어울림.

트루잉(trueing) 패턴의 형태와 연결 부분을 확인해 각각의 선들이 자연스럽게 연결되도록 만들어주는 패턴 제작 과정의 한 단계

트림(trim) 기본적인 의복에 추가적으로 붙여주는 겉으로 보여지는 장식적인 것들로서 일반적으로 단추, 지퍼 풀, 코드와 아플리케와 같은 가시적인 요소

트윌 테이프(twill tape) 봉제선과 의복의 실루엣 형태를 안정시키고 봉제를 쉽게 해주는 우븐 테이프

특별 주문 생산(specification buying) 특별 주문 생산을 통해 의류 상품을 개발한다는 것은 이들이 생산 과정 전체를 관리하나 자신들이 직접 의류 생산을 하는 것은 아니란 뜻임. 정확하게 말하면 이들은 고용한 생산업자에게 의류 생산을 주문하나, 의류 생산의 주문된 디자인과 전체의 과정들은 바로 프라이빗 레이블 회사들에 의해서 관리되어 회사가 원하는 디자인과 품질의 물건을 특정하게 지정해 생산하게 하고 이 상품에 대한 비용을 결제해 만들어진 물건을 구입한다는 뜻임. 이런 의미에서 이 프라이빗 레이블 회사들은 생산자인지 판매자인지 질문을 할 수 있음

부재료(finding) 직물과 포장자재를 제외한 의복의 구성과 봉제에 사용되는 모든 작은 부자재와 장식물들로 의복에 사용된 파인딩의 종류는 작업지시서의 부자재 내역서(bill of materials, BOM)에 따로 적도록 함

파일(pile) 직물의 구조를 나타내는 단어로 3종류의 얀이 있는데, 경사, 위사, 루프로 이루어진 표면의 직물이 있음. 이런 직물들은 방향을 맞추어서 재단해야 함

팔라초 팬츠(palazzo pants) 넓고 부드럽게 나뉜 스커트 또는 큐롯(culotte)으로서 1960년대 후반 1970년대 초반에 유행했던 스타일

패디드 헴(padded hem) 두껍고 부드러운 바이어스를 헴과 의류 제품 사이에 끼워 두꺼운 직물에서 생길 수 있는 빳빳하게 서는 주름이나 원하지 않는 직물의 딱딱한 선이 생기지 않도록 방지하기 위해 사용함

패션 스케치(fashion sketch, fashion illustration) 의복을 인체에 입힌 것으로 보통의 경우에 이상적인 비율의 인체(예 : 9등신)를 사용함

패치 포켓(patch pocket) 한 겹의 직물을 덧대어 만든 포켓으로 의복의 바깥쪽에 덧댐

패턴 메이커(pattern maker) 의류상품의 패턴을 창조하는 전문인

팬츠(pant) 전통적으로 4개의 패널, 즉 2개의 앞판과 2개의 뒤판으로 구성되어 다리를 감싸는 의복

퍼스널 스케치(personal sketch) 디자인 영감이나 디자인 저널을 위해 손으로 그린 스케치

퍼프 스커트(pouf skirt) 과장된 실루엣으로 앉아 있는 것이 불편하므로 이브닝 파티나 특별한 행사를 위해 사용됨

페그드 스커트(pegged skirt) 풍성한 둘레가 밑단 쪽으로 갈수록 좁아지는 스커트로 활동성을 주기 위해 밑에서 맞트임이나 겹트임 처리를 해줌

페그드 팬츠(pegged pant) 위쪽은 풍성하고 내려갈수록 풍성함이 줄어드는 스타일로 허리선에 개더를 많이 넣어 위쪽은 풍성하

고 아래로 내려갈수록 좁아지는 팬츠

페이퍼백 웨이스트(paperbag waist) 개더가 허리의 위쪽에 있는 팬츠 또는 스커트를 의미하며 그 형태에서 이름이 유래함

페전트 드레스(peasant dress) 주로 개더가 있는 목선과 러플이 달려 있고 여러 층의 티어로 되어 있는 스커트를 가지는 드레스

페전트 스커트(peasant skirt) 개더가 들어간 티어가 있는 긴 스커트로 많은 나라, 특히 동유럽 등의 시골에서 볼 수 있는 의복. 1970년대에 단순한 스타일과 시골로 돌아가고자 하는 트렌드가 아주 유행할 때 인기를 누린 스타일

페플럼(peplum) 상의나 블라우스에 붙은, 허리만 두르게 된 짧은 스커트 모양의 천

평직(plain weave, tabby weave, taffeta weave) 경사나 위사가 간단하게 수직을 이루면서 직조된 직물

포켓팅(pocketing) 포켓의 안쪽에 한 겹의 직물을 덧대어 만든 작은 주머니

폴더(folder) 특별한 도구의 하나로 바인딩을 정확하게 접어서 재봉하기 좋게 놓아주는 기계

폴로 드레스(polo dress) 폴로 셔츠와 같은 캐주얼한 니트 스타일로 되어 있는 드레스

폴아웃(fallout) 패턴을 잘라내고 사용할 수 없게 된 나머지 직물들

표준 신축 정도(minimum stretched) 신축성이 있는 니트 직물로 만들어진 의류제품의 치수를 측정할 경우, 표준 신축 정도로 늘려서 치수를 측정하는 방법으로 주로 티셔츠의 목 입구 부분에 사용함. 이러한 방법으로 치수를 측정함으로써 착용자가 목 입구에 편안하게 머리를 넣어 의복을 입을 수 있는지 확인함

표준 지침서(manual of standard) 치수 측정 지점과 치수를 측정하는 방법 및 그에 관련된 용어가 나와 있는 설명서

표준화 그림 그리는 법(drawing conventions) 솔기, 탑스티치 등의 다양한 요소들로서 그림을 그리는 데 일반화된 방법으로 테크니컬 스케치 등에서 쉽고 편리하게 이해를 도움

품질 평가 전문가(quality assurance professional) 의류상품의 품질 수준을 확인하는 전문인으로 한국의 경우는 KATRI라는 기관에서 일함

프라이빗 레이블(private label) 프라이빗 레이블 회사들은 대부분 특별 주문 생산을 통해 의류를 생산함. 이 과정에 따라 생산된 의류제품들은 각 회사의 독특한 디자인과 생산품질 기준에 따라 생산됨. 이 점에서 프라이빗 레이블 디자인은 독창적임. 의류상품의 디자인은 회사 내의 디자인팀에 의해 그들의 타깃 소비자에 맞게 창조되고, 이렇게 만들어진 의류상품은 각 자회사의 대리점에서만 판매가 되며 각각의 독특한 브랜드 이미지에 맞는 광고와 광고 문구, 시안 등 각각에 맞는 판촉 방법이 개발됨. 폴로, 갭, 애버크롬비 & 피치 등의 다양한 회사들이 이 카테고리에 해당됨

프레타 포르테(prêt-á-porter) 기성복이란 뜻의 프랑스어

프렌치 다트(French dart) 다트의 위치가 옆솔기에서 45도로 몸체를 향하게 되어 있는 다트

프렌치 솔기(french seam) 플레인 솔기의 한 종류로서 프렌치 솔기라고도 함. 시접의 안쪽 면끼리 바라보게 박은 뒤 이를 다시 뒤집어서 봉제하는 방법으로 '솔기 속의 솔기'라는 별명이 있음

프로그(frog) 코드나 바이어스로 싸인 코드 혹은 철사로 만들어진 여밈 도구의 한 종류로서 기능적인 역할도 하지만 장식적인 측면이 더 강조됨. 전통적인 중국인의 의복에서 시작되었고 단추 기둥도 단추에 사용된 것과 같은 코드로 만들어짐

프로토 샘플(prototype sample) 작업지시서에 따라서 만들어지는 가장 최초의 샘플

프린세스 솔기(princess seam) 형태를 잡아주기 위한 심의 하나로 허리와 가슴에 위치함

프린세스 라인(princess seaming) 프린세스 라인. 어깨나 진동선에서 시작된 수직의 절개라인으로 보통의 경우 앞쪽과 뒤쪽에 서로 대칭됨

프린세스 라인 드레스(princess seam dress) 허리 절개선 없이 프린세스 라인으로만 이루어진 드레스

플래킷(placket) 슬리브 커프스나 셔츠의 앞중심에 보이는 마무리된 여밈으로 주로 앞과 뒤 목둘레선에 단추나 스냅 같은 여밈 도구를 다는 부분

플랩(flap) 따로 분리된 포켓의 한 부분으로 포켓 안의 내용물을 안전하게 잘 보관하도록 닫아주는 뚜껑

플랫(flat, technical flat or tech sketch) 비율에 맞게 그린 특정화된 2차원적인 스케치로 어떤 경우에는 스티치와 다른 의복 구성 관련 정보도 포함됨

플랫 솔기(flat seam) 직물을 연결할 때 생기는 솔기의 한 종류로서 시접의 끝부분을 서로 만나게 맞닿게 하거나 살짝 겹치게 해 600등급의 플랫록 재봉틀을 가지고 봉제하는 방법

플레인 솔기(plain seam) 가장 일반적인 슈퍼임포즈드 솔기의 하나로 겉면끼리 마주보게 해 본봉으로 박음. 이때 스티치 모습은

위아래 면이 동일함

플로트(float, portfolio flat) 인체를 생략해 그린 단순화된 그림으로 보통의 경우 패션 일러스트레이션과 함께 사용됨

플리츠(pleats) 의복의 구성이나 디자인을 위해 다리거나 봉제를 해 잡아주는 플리츠

플리츠 깊이(pleat depth) 바깥쪽 플리츠의 접힌 곳에서 안쪽 플리츠의 접힌 곳 사이의 길이

피스 다이드 패브릭(piece-dyed fabric) 원사염색과는 달리 패턴을 잡아서 직물의 조각을 염색하는 법

핀 턱(pin tuck) 매우 좁은 턱. 예를 들면 1/8인치 또는 이보다 더 적은 것을 의미함. 이들은 다트의 대용으로 의복의 형태를 잡는 데 쓰이거나 또는 장식적인 방법으로 사용됨

필그림 칼라(pilgrim collar) 퓨리턴 칼라(puritan collar)라고도 불리는데 바로크 시대에 영국의 정치사상을 나타내는 사람들이 입은 스타일에서 유래했고 앞여밈이 있는 칼라를 의미함

핏에 대한 기록(fit history) 작업지시서에서 샘플의 치수를 측정한 기록이 나와 있는 페이지

핏 이즈(fit ease) 착용자가 옷을 입었을 때 일상생활을 편하게 하고 움직일 수 있는 정도의 여유분

핑크드 시접 처리(pinked seam) 시접 끝을 지그재그로 잘라 처리하는 것으로 의복에 부피감을 더하지 않는 처리 방법이므로 가벼운 직물의 빈티지 의복에서 많이 볼 수 있음

하렘 팬츠(harem pants) 밸리댄싱과 요술램프의 지니를 연상하게 하는 폭이 넓고 바지 목에 개더를 잡은 스타일

호블 스커트(hobble skirt) 제1차 세계대전 전에 유행한 스타일로서 밑통을 좁게 한 롱스커트로 초기의 스타일은 밑통이 걷기 불편할 정도로 좁았음

하이 포인트 숄더(high point shoulder, HPS) 목선과 어깨선이 만나는 끝점으로 상의의 치수를 측정할 때 기본점으로 사용됨

핸드(hand) 촉감

핸드룸(handloom) 직물공장에서 생산한 작게 직조된 직물의 샘플 스와치

핸드 샘플(hand sample) 공장에서 겉감에 심지(interfacing)를 대어 만든 작은 스와치로 승인을 받기 위해 보내는 것

햇 링(hat ring) 모자의 안쪽 치수를 측정하는 끈으로 된 장치로 가위와 비슷한 모양으로 생겼음. 햇 링을 햇 밴드(hat band)의 안쪽에 대고 손으로 잡고 있으면 안쪽의 지름을 잴 수 있는데 눈금 숫자로 그 크기를 가늠할 수 있음

행어(hanger) 직물 스와치를 의미하며 스와치의 윗부분에 두꺼운 종이로 만든 걸이

행커치프 헴(handkerchief hem) 손수건 끝의 처리에 주로 사용되는 방법으로 끝부분을 롤로 말아서 처리하는 것 또는 오버로크 기계로 처리하는 것

헤딩(heading) 시접의 끝부분에서 일정 거리를 두고 엘라스틱을 넣은 커프

헤어 캔버스(hair canvas) 클래식 테일러드 재킷을 구성하는 데 사용되는 직물 심지로 신축성이 매우 좋음

헴(hem) 의류제품의 가장자리에 한 시접 끝처리 방법

헴라인(hemline) 의류제품의 맨 아래 헴 혹은 접은 선으로 완성된 길이를 나타냄

호스헤어 브레이드(horsehair braid) 브레이드의 일종으로 우븐 바이어스로 만들어지고 헴을 빳빳하게 하는 데 사용되며 볼륨감과 플레어를 풍성하게 하고 얇은 전으로 된 의복의 밑단을 편인하게 놓이게 함

환봉(chainstich) 재봉기계의 하나로 윗실이 아래의 루프사와 함께 체인을 만드는 스티치(예 : 401 체인스티치)

훅 앤드 루프(hook and loop) 두 가지 종류의 테이프, 즉 우븐 훅 테이프와 다른 종류의 우븐이나 혹은 니트 루프 테이프로 구성되어 있고 벨크로(velcro)라고도 함

DTM(dyed to match) 의복에 사용되는 모든 소재의 색상의 매치를 의미함. 예를 들면 니트일 경우 사용되는 커프 트림, 단추 등의 색상의 매치가 요구됨

J-스티치(j-stitch) 바지의 앞여밈인 플라이에 사용되는 알파벳 J 형의 스티치 모습을 가진 탑스티치

PDM(product data management) 다양한 의류상품 개발 정보 관리 시스템으로 작업지시서를 만들기 위한 출력이 가능한 프로그램이기도 함

SKU(stock-keeping unit) 한 스타일에 제공되는 다양한 색상과 사이즈를 곱한 숫자

SPI(stitches per inch) 1인치당 스티치의 수. SPI가 늘어날수록 실이 더 많이 들어가고 솔기에 스티치가 더 많이 들어가서 솔기를 더 튼튼하게 만들어줌

찾아보기

저자 소개

Jaeil Lee

충남대학교 의류학과와 동 대학원에서 의류학 학사와 석사 학위를 취득한 후 미국 오하이오주립대학교 대학원에서 의류학 석사와 박사 학위를 취득했다. 미국 의류업체인 애버크롬비&피치(Abercrombie and Fitch)의 본사에서 테크니컬 디자이너로 일했고, 한국 LG패션에서 강의와 컨설팅을 했다. 현재 미국 시애틀퍼시픽대학교에서 의류 디자인과 머천다이징 프로그램의 과장이자 교수로 재직 중이다. 서울대학교(2013), 한양대학교(2014), 몽골국제대학교(2012), 중국 상하이 Intermark International Design College(2017) 등 세계의 대학에서 초청교수를 역임했고, 2018년에는 미국 정부가 수여하는 풀브라이트 교육상(Fulbright Teaching Award)을 수상하여 2018–2019년 미얀마의 양곤대학교 경영대학원에서 풀브라이트 시니어 티칭 펠로우(Fulbright Teaching Senior Fellow)로서 MBA 학생들을 가르쳤다.

저서로는 *Technical Sourcebook for Designers*(3rd Ed)(2018, Bloomsbury, UK & Fairchild Publications, USA), *Technical Sourcebook for Designers*(2nd Ed)(2015, Fairchild Publications, USA), *Technical Sourcebook for Designers*(1st Ed)(2010, Fairchild Publications, USA), 의류 디자이너를 위한 테크니컬 디자인 지침서(2012, 시그마프레스), 인문사회 학습만화 why? 옷과 패션(2012, 예림당), 나는 날마다 꿈을 디자인한다(2005, 토기장이) 등이 있다.

Camille Steen

미국 시애틀커뮤니티칼리지에서 의류 디자인을 전공한 후 30여 년간 다양한 의류제품(특히 스포츠와 레저 의류)의 생산을 총괄한 베테랑 테크니컬 디자이너다. 미국의 스키복 회사인 시렉(Serac, Inc.)과 칼버트스포츠의류(Calvert Sports Apparel)에서 디자인실을 총관리했고, 미국의 대형 백화점인 노드스트롬의 제품 생산 그룹(Nordstrom Product Group)에서 다양한 의류상품의 디자인과 테크니컬 디자인을 담당했다. 현재는 아웃도어와 여행복 회사인 엑서피시오(ExOfficio, LLC)에서 테크니컬 디자인 매니저로 재직하고 있으며, 프리랜서 텍스타일 디자이너로도 활약하고 있다.

역자 소개

이재일(Jaeil Lee)

충남대학교 의류학과와 동 대학원에서 의류학 학사와 석사 학위를 취득한 후 미국 오하이오주립대학교 대학원에서 의류학 석사와 박사 학위를 취득했다. 미국 의류업체인 애버크롬비&피치(Abercrombie and Fitch)의 본사에서 테크니컬 디자이너로 일했고, 한국 LG패션에서 강의와 컨설팅을 했다. 현재 미국 시애틀퍼시픽대학교에서 의류 디자인과 머천다이징 프로그램의 과장이자 교수로 재직 중이다. 서울대학교(2013), 한양대학교(2014), 몽골국제대학교(2012), 중국 상하이 Intermark International Design College(2017) 등 세계의 대학에서 초청교수를 역임했고, 2018년에는 미국 정부가 수여하는 풀브라이트 교육상(Fulbright Teaching Award)을 수상하여 2018–2019년 미얀마의 양곤대학교 경영대학원에서 풀브라이트 시니어 티칭 펠로우(Fulbright Teaching Senior Fellow)로서 MBA 학생들을 가르쳤다.

저서로는 *Technical Sourcebook for Designers*(3rd Ed)(2018, Bloomsbury, UK & Fairchild Publications, USA), *Technical Sourcebook for Designers*(2nd Ed)(2015, Fairchild Publications, USA), *Technical Sourcebook for Designers*(1st Ed)(2010, Fairchild Publications, USA), 의류 디자이너를 위한 테크니컬 디자인 지침서(2012, 시그마프레스), 인문사회 학습만화 why? 옷과 패션(2012, 예림당), 나는 날마다 꿈을 디자인한다(2005, 토기장이) 등이 있다.

조은주

한양대학교 의류학과와 동 대학원에서 의류학 학사와 석사 학위를 취득한 뒤 미국 의류회사인 갭(Gap)의 한국 지사(Sourcing & Vendor Development Korea)에서 머천다이저로 일했다. 2011년 미국 아이오와주립대학교에서 의류학과 머천다이징 전공으로 박사 학위를 취득했고 전임 강사로 일했다. 현재 미국 아칸소대학교에서 조교수로 재직 중이며 패션 브랜드 매니지먼트, 의류산업에서의 머천다이징 적용, 머천다이징의 학술적 이론과 적용 등의 과목을 가르치고 있다.

감수자

김현화

충남대학교 의류학과를 졸업한 뒤, 다수의 중년 여성복 브랜드에서 디자이너로서 디자인과 생산기획을 담당했다. 이후 옷을 통한 인간의 외면적 아름다움에 대한 관심을 내면의 아름다움으로 확장해, 연세대학교 연합신학대학원에서 상담코칭학으로 석사 학위를 취득했고, 연세대학교 일반대학원에서 상담코칭학 박사 학위를 수료했다. 현재 대학에서 청년들을 위한 심리적 돌봄을 실천하고 있다. 또한 디자이너와 심리상담자로서의 경험을 접목해 자존감 증진과 이미지 향상을 위한 방안의 하나로서 의류를 상담과 코칭에 활용하고 있다.

윤혜준

동덕여자대학교에서 의상학 석사와 박사 학위를 취득한 후 속옷 디자이너와 액세서리 디자이너로 활동했다. 2002년 이후 현재까지 한국생산기술연구원에서 의류산업에 대한 R&D 연구와 재직자 교육사업 및 중소기업 기술지원 등 활발하게 활동하고 있다. 저서로는 기초 봉제 팬츠 스커트 만들기(2010, 수학사)가 있으며 NCS 편직의류생산 개발위원 및 교재 집필위원으로도 활동 중이다.